Dipl. - Ing. Rainer Roedenbeck
Platanenweg 9
42489 Wülfrath

Tel.: 02058 4415

D1719983

Helmut Eggert, Wolfgang Kauschke

Lager im Bauwesen
2. Auflage

Ernst & Sohn

Helmut Eggert, Wolfgang Kauschke

Lager im Bauwesen

2. Auflage

Ernst & Sohn

Dr.-Ing. Helmut Eggert
Lenzelpfad 32
D-12353 Berlin

Dipl.-Ing. Wolfgang Kauschke
Starenweg 10
D-42781 Haan

Die Deutsche Bibliothek – CIP-Einheitsaufnahme

Eggert, Helmut
Lager im Bauwesen/Helmut Eggert; Wolfgang Kauschke. – 2. Auflage
Berlin: Ernst, Verlag für Architektur u. techn. Wiss., 1995
ISBN 3-433-01199-0
NE: Kauschke, Wolfgang;

© 1996 Ernst & Sohn Verlag für Architektur und technische Wissenschaften GmbH, Berlin

Ernst & Sohn ist ein Unternehmen der VCH Verlagsgruppe
Ernst & Sohn is a member of the VCH Publishing Group

Alle Rechte, insbesondere die der Übersetzung in andere Sprachen, vorbehalten. Kein Teil dieses Buches darf ohne schriftliche Genehmigung des Verlages in irgendeiner Form – durch Fotokopie, Mikrofilm oder irgendein anderes Verfahren – reproduziert oder in eine von Maschinen, insbesondere von Datenverarbeitungsmaschinen, verwendbare Sprache übertragen oder übersetzt werden.

All rights reserved (including those of translation into other languages). No part of this book may be reproduced in any form – by photoprint, microfilm, or any other means – nor transmitted or translated into a machine language without written permission from the publisher.

Die Wiedergabe von Warenbezeichnungen, Handelsnamen oder sonstigen Kennzeichen in diesem Buch berechtigt nicht zu der Annahme, daß diese von jedermann frei benutzt werden dürfen. Vielmehr kann es sich auch dann um eingetragene Warenzeichen oder sonstige gesetzlich geschützte Kennzeichen handeln, wenn sie als solche nicht eigens markiert sind.

Satz: Mitterweger Werksatz GmbH, Plankstadt
Druck: Mercedes-Druck GmbH, Berlin
Buchbinderei: Lüderitz & Bauer GmbH, Berlin

Printed in Germany

Unseren Frauen Ursula und Waldtraut gewidmet

Verzeichnis der Mitverfasser

Gilbert Ennesser (5.6.7)

Armin Gerber (7.3.1)

Volker Hakenjos (7.3.1)

Karl-Heinz Hehn (7.3.2)

Dieter Heiland (3.7.3)

Ekkehard Kessler (4.5.5)

Jan S. Leendertz (5.6.2)

Agostino Marioni (5.6.4)

Karl-Heinz Reinsch (3.7.1 und 3.7.2)

Hans-Peter Rieckmann (3.5)

Otto Schimetta (5.6.6)

Antonín Schindler (5.6.8)

Thomas Spuler (5.6.5)

Vorwort

Zur Gliederung:
Dieses Buch hat wie die 1. Auflage 9 Hauptabschnitte, die im folgenden mit „Kapitel" bezeichnet werden. Die Kapitel gliedern sich in maximal vierziffrige Unterabschnitte. Zur Verbesserung der Lesbarkeit und der Zitierbarkeit wurden außerdem weitere Untergliederungen vorgenommen. Vom Glossar, einer in technischen Büchern wenig verbreiteten Stichwortaufbereitung, erhoffen wir uns eine Verbesserung des Verständnisses für dieses Spezialgebiet.

Zum Inhalt:
Dieses Buch soll möglichst erschöpfende Antworten auf die Fragen geben, die beim Entwurf und bei der Konstruktion von Brücken stets, von größeren Ingenieurbauten fast immer, von sonstigen Hochbauten sehr oft auftreten, wie z. B.:
Wie muß ein Bauwerk gelagert werden? (Kapitel 2)
Welche Kräfte wirken vom Bauwerk auf das Lager? (Kapitel 3)
Welche Lager gibt es überhaupt? (Kapitel 4)
Welche technischen Regeln sind zu beachten? (Kapitel 5)
Über Zulassungen informiert das Kapitel 6.
Forschungsberichte, die sich mit wissenschaftlichen Problemen im Zusammenhang mit Lagern befassen, sind im Kapitel 7 zusammengestellt.

Das Buch wendet sich gleichermaßen an den entwerfenden und an den ausschreibenden Architekten oder Ingenieur, an den konstruierenden, rechnenden und prüfenden Ingenieur und an die ausführende Baufirma.

Es ist in der Regel so, daß mit dem Entwurf eines Bauwerkes bereits gewollt oder ungewollt die Lagerung gewählt ist. Fehlt die Kenntnis dieses Zusammenhanges, so kann dies die eigentliche Ursache späterer Bauschäden sein, etwa deshalb, weil sich die erforderliche Lagerung nicht verwirklichen ließ.

Die Schadenssumme, die auf falsche Lagerung zurückzuführen ist, ist nicht sehr umfangreich, vergleicht man sie mit anderen Schäden, insbesondere auch mit Schäden an Brücken. Diese Aussage beschränkt sich allerdings auf den Bereich BRD (alt).

Das Wort „Lager" hat nicht nur in der deutschen Sprache allgemein, sondern auch in der Technik, sogar in der Bautechnik verschiedene Bedeutungen.

Dieses Buch befaßt sich mit dem in einer Fertigungsstätte hergestellten Bauteil, das in einem Bauwerk, in aller Regel zwischen vertikal (Unterbau) und horizontal (Überbau) strukturierten Bauwerksteilen, eingebaut wird. Es leitet Kräfte definiert weiter und ermöglicht Bewegungen. Die Bezeichnung der verschiedenen Lagerarten erfolgt zum einen nach der Funktion, zum anderen auch nach dem wesentlichen Werkstoff (s. Abschn. 1.2.4). Im Glossar sind die Bezeichnungen genauer definiert.

Nicht in diesem Buch behandelt werden Lager im Sinne von „Magazin" und „Deponie" sowie die Bauwerke „Widerlager". „Schwerpunkt" des Buches ist der Brückenbau, das „klassische" Anwendungsgebiet der Lagertechnik. Im Bereich Hochbau kann auf umfangreiches Schrifttum verwiesen werden. Außerdem beschränken wir uns weitgehend auf den „nicht dynamischen" Bereich, vgl. jedoch Abschn. 2.2.5, 2.2.6 und 3.7.

Die Lagertechnik wird üblicherweise in der Hochschulausbildung nur nebenbei behandelt. Einer der Autoren hat jedoch über 9 Jahre einen Lehrauftrag zu diesem speziellen Wissensgebiet an der TU Berlin wahrgenommen [122]. Auch wenn das vorliegende Werk in erster Linie ein Fachbuch und kein Lehrbuch ist, so sind die Erfahrungen aus dieser Lehrtätigkeit in das Buch mit eingeflossen.

Zum Zustandekommen:

Ohne die Mithilfe einer Reihe von Kollegen würden wesentliche Teile dieses Buches fehlen. Hier wurde analog zur ersten Auflage vorgegangen, wenngleich nach 20 Jahren naturgemäß Veränderungen unumgänglich waren.

Zunächst ist mitzuteilen, daß Herr Kilcher, dessen Beitrag zur Hochbaulagerung in der ersten Auflage unverzichtbar war, inzwischen verstorben ist. Wir haben in memoriam dieses ideenreichen, sympathischen Kollegen seinen Beitrag auch für die zweite Auflage weitgehend übernommen (Abschn. 2.4.6).

Sodann ist anzumerken, daß Herr Grote, Mitautor der ersten Auflage, für die zweite Auflage nicht mehr zur Verfügung stand. Für seinen Rat und seine Mitwirkung bei der Überarbeitung des Abschnittes über Gummilager sagen wir an dieser Stelle herzlichen Dank, ebenso Herrn Dr. Deischl für die Aktualisierung des Abschnitts.

Wie schon bei der ersten Auflage haben auch jetzt wieder mitgewirkt die Herren Dr. Rieckmann und Dr. Hakenjos.

Als neue Mitarbeiter konnten gewonnen werden die Herren Dr. Gerber, Dr. Hehn, Dr. Heiland, Dipl.-Ing. Kessler und Dr. Reinsch. Ihnen allen sei herzlich gedankt.

Weiterhin sei den Kollegen gedankt, die bei den Zusammenfassungen der Dissertationen (Abschnitt 7.1) und in den Abhandlungen über die Situation im europäischen Ausland (Abschnitt 5.6) mitwirkten.

Dank gilt schließlich auch einer Reihe weiterer Kollegen, die uns zweckdienliche Hinweise gaben und uns mit Bildmaterial versorgten, sowie dem Verlag für die engagierte Zusammenarbeit und gelungene Ausstattung des Buches.

Berlin, im September 1995

Helmut Eggert
Wolfgang Kauschke

Inhalt

Vorwort IX

1   **Einleitung und allgemeiner Überblick** 1

1.1   Entwicklungsgeschichte 1

1.2   Begriffe und Bezeichnungen 2
1.2.1   Lagerung und Lager als Teil des Tragwerks 2
1.2.2   Abwälzen, Gleiten, Verformen 3
1.2.3   Lager, Gelenk, Pendel 5
1.2.4   Lagerbezeichnungen 6

1.3   Grundsätze zur Wahl der Lagerung 6

1.4   Auflagerbewegungen 8
1.4.1   Allgemeines 8
1.4.2   Verschiebungen infolge Temperatur 11
1.4.3   Verschiebungen infolge Vorspannen, Kriechen und Schwinden 12
1.4.4   Auflagerverschiebungen infolge äußerer Lasten 12
1.4.5   Auflagerdrehwinkel 13

1.5   Lagersymbole 14

1.6   Verdrehungswiderstand 14
1.6.1   Anfangsmoment 14
1.6.2   Rückstellmoment und Verdrehung 16
1.6.3   Weitere Abhängigkeiten 16
1.6.4   Einfluß der Horizontalkräfte 19
1.6.5   Einfluß des Rückstellmoments auf die Konstruktion 19

2   **Bauwerk und Lagerungsplan** 21

2.1   Allgemeines 21

2.2   Brücken 22
2.2.1   Einfluß der Brückenquerschnitte 22
2.2.2   Einfluß des Brückengrundrisses 25
2.2.3   Lagerungsbeispiele 30

2.2.4	Einfluß des Baugrundes	40
2.2.5	Schwingungsisolierende Lagerung von Bauwerken	41
2.2.6	Bauwerke in erdbebengefährdeten Gegenden	42
2.2.7	Von der Ausschreibung bis zum Einbau der Lager	43
2.3	Industriebau	45
2.4	Hochbau	48
2.4.1	Grundsätze	48
2.4.2	Betondächer (Flachdächer)	49
2.4.3	Beton-Zwischendecken	54
2.4.4	Pendelstützen	55
2.4.5	Fertigteile	55
2.4.6	Auflagerung von Betondecken im Hochbau	56
2.4.7	Lagerungsklassen	62
3	**Bauwerk und Lagerkräfte**	**65**
3.1	Vom Gelenk zum Lager	65
3.2	Berechnung von Brücken	66
3.2.1	Allgemeines	66
3.2.2	Abtragung vertikaler Lasten	69
3.2.3	Abtragung horizontaler Lasten in Brückenlängsrichtung	70
3.2.4	Abtragung horizontaler Lasten in Brückenquerrichtung	73
3.2.5	Kräfte in Abhängigkeit von der Lagerart	74
3.2.6	Lagerbewegung	75
3.2.7	Lagesicherheit	75
3.2.8	Sicherheitsbetrachtungen unter Berücksichtigung der Lagereigenschaften	77
3.3	Hochbau	80
3.3.1	Berechnung von Flachdachbauten	80
3.3.2	Sonstiger Hochbau	81
3.4	Tiefbau, Wasserbau, Hafenbau, Tunnelbau	81
3.5	Einfluß der Lager auf die Stabilität der Bauwerke	82
3.5.1	Allgemeines	82
3.5.2	Rand- und Zwischenbedingungen für Lager	83
3.5.3	Knicklängen von Pfeilern	85
3.5.4	Nachweis der Sicherheit am Gesamtsystem	91
3.6	Nachweis nach Theorie II. Ordnung	91
3.7	Lager für den Schwingungsschutz	93
3.7.1	Schwingungsschutzmaßnahmen für Gebäude	94
3.7.2	Beschreibung der Elemente zur Schwingungsisolierung	96
3.7.3	Abfederung von Bauwerken	104

4	**Lagerarten**	121
4.1	Grundsätzliches	121
4.2	Allgemeine Konstruktions- und Bemessungsregeln	122
4.2.1	Werkstoffe	122
4.2.2	Schnittgrößen und Freiheitsgrade	125
4.2.3	Bemessung nach dem Konzept „zulässige Spannungen"	126
4.2.4	Pressung in den Lagerfugen	129
4.2.5	Lagesicherheits-Nachweis	132
4.2.6	Konstruktive Hinweise zur Aufnahme der Horizontalkräfte in den Lagerfugen	132
4.2.7	Verankerung durch Kopfbolzen-Dübel	134
4.2.8	Korrosionsschutz	135
4.3	Feste Lager	136
4.3.1	Allgemeines	136
4.3.2	Stahl-Punktkipplager	139
4.3.3	Topflager	142
4.3.4	Kalottenlager	145
4.3.5	Feste Verformungslager	147
4.4	Gleitlager	153
4.4.1	Allgemeines	153
4.4.2	Gleitlager-System	155
4.4.3	Bemessung der Lagerplatten	156
4.4.4	Punktkipp-Gleitlager	162
4.4.5	Topf-Gleitlager	165
4.4.6	Kalottenlager	169
4.4.7	Verformungs-Gleitlager	171
4.4.8	Elastomer-Gleitlager	175
4.5	Verformungslager	177
4.5.1	Historisches	177
4.5.2	Geeignetes Material	177
4.5.3	Bemessung unbewehrter und bewehrter Elastomerlager	206
4.5.4	Sonderformen bewehrter Plattenlager	236
4.5.5	Unbewehrte Elastomerlager im Fertigteilbau	238
4.6	Kugellager	244
5	**Regelwerke/Normen**	245
5.1	Allgemeine Situation	245
5.2	Lagernorm DIN 4141	246
5.2.1	Vorbemerkungen	246
5.2.2	Normentexte	247

5.2.3	Erlasse	343
5.2.4	Richtzeichnungen	344
5.3	Bemessung von Stützenstößen im Stahlbeton – Fertigteilbau mit unbewehrten Elastomerlagern	358
5.4	Brückenbau	363
5.4.1	Lastannahmen	363
5.4.2	Stahlbau	371
5.4.3	Stahlbeton	383
5.4.4	Bauwerks-Überwachung	386
5.4.5	Zusätzliche „Vorschriften" des öffentlichen Bauherrn	390
5.5	Hochbau	401
5.6	Die Normensituation im Ausland	403
5.6.1	Vorbemerkungen	403
5.6.2	Niederlande	403
5.6.3	Großbritannien	404
5.6.4	Italien	404
5.6.5	Schweiz	405
5.6.6	Österreich	408
5.6.7	Frankreich	412
5.6.8	Brückenlager in der CSFR (Tschechische Republik)	414
6	**Zulassungen**	**419**
6.1	Einleitung	419
6.1.1	Vorgeschichte und derzeitige nationale Situation	419
6.1.2	Künftige (europäische Situation)	420
6.2	Standardtexte der allgemeinen bauaufsichtlichen Zulassungen für Lager	421
6.2.1	Allgemeines, Überblick	421
6.2.2	Gleitlager	423
6.2.3	Kalottenlager	437
6.2.4	Topflager	448
7	**Wissenschaft und Forschung**	**455**
7.1	Dissertationen	455
7.2	Forschungsberichte	467
7.2.1	Übersicht	467
7.2.2	Gleitlager	469
7.2.3	Elastomerlager	475
7.2.4	Lagerplatten	483
7.2.5	Reibung ohne PTFE	487

7.2.6	Bauteile und Bauwerke	490
7.2.7	Sonderfragen	497
7.3	Zulassungsversuche	505
7.3.1	Versuche mit Brückengleitlagern	505
7.3.2	Versuche an Topflagern	538
8	**Literatur**	545
8.1	Kurzkommentare zu einigen Veröffentlichungen	545
8.1.1	Allgemeines	545
8.1.2	Historisch interessantes Schrifttum	548
8.1.3	Versuchsberichte	549
8.1.4	Praktische Anwendungen	549
8.1.5	Berechnung, Statik	553
8.2	Zitierte Literaturstellen	556
9	**Glossar**	565
10	**Stichwortverzeichnis**	589

1 Einleitung und allgemeiner Überblick

1.1 Entwicklungsgeschichte

Allgemein wird die Auffassung vertreten, daß die erste bahnbrechende Erfindung des Menschen das Rad war, denn dazu findet sich kein Analogon in der Natur. Die Lager jedoch sind durchweg bereits von der Natur vorgegeben, und zwar sowohl in Erscheinungen außerhalb der lebenden Körper – der runde Stein als Kugel- oder Kipplager, der gefällte runde Baumstamm als Rollenlager – als auch in den Lebewesen selbst. Das Problem gegenseitiger Bewegungen von harten Teilen mußte evolutionär gelöst werden. Dies gelang, wenn auch manche Lösungen wie Bandscheiben und Hüftgelenke ihre Schwächen haben und oft nicht ein ganzes Leben ihre Funktionen erfüllen.

Gleitlager waren in früheren Zeiten aus Hartholz gefertigt. Gleitlager Stahl auf Stahl werden in [123] wie folgt beschrieben:

„Bei den Gleitlagern ruht das Trägerende auf einer gut abgehobelten, gefetteten Platte und muß bei der Bewegung die gleitende Reibung überwunden werden."

Solche Gleitlager sind aus heutiger Sicht nur für temporäre Zwecke denkbar, weil die Gleitfuge relativ schnell durch Korrosion unbrauchbar wird. Das Fett wird durch Gleitbewegung weggeschoben.

Das klassische, bewegliche Lager war noch vor 60 Jahren das 2-Rollenlager mit einer Kippplatte, und zwar als „bewegliches Kugelkipplager", wenn die Platte eine Punktkippung vorsah, andernfalls als „bewegliches Linienkipplager". Es gab auch allseitig bewegliche Lager, indem zwei Rollenlagerpaare übereinander angeordnet wurden.

Ein 1933 begonnenes Normungsvorhaben (DIN 1038, DIN 1039) wurde nie zu einem Abschluß gebracht. Die Normen waren nach heutigem Sprachverständnis Typisierungen: Die Maße für „bewegliche Kugelkipplager" und „feste Linienkipplager" von „75 t bis 300 t Auflagerkraft" wurden detailliert festgelegt und die Gewichte angegeben (das größte Lager wog 2280 kg).

Die „schwimmende Lagerung" als unheimlicher Gedanke ist alt.

Zitat aus [123]: „Zuweilen hat man alle Lager beweglich construirt. In diesem Falle müssen Vorsichtsmassregeln getroffen werden, um ein Herabrollen der Lager zu verhüten, da in Folge von Zufälligkeiten selbst bei gleicher Construktion nicht immer beide Lager in gleicher Weise wirken."

Die Vorstellung, daß bei Brücken im Gefälle das feste Lager am unteren Widerlager sein muß, obwohl es bei ordnungsgemäß, d. h. horizontal verlegten Lagern dafür eigentlich keine Begründung gibt, ist sehr alt und hat sich über die Generationen bis heute noch nicht verflüchtigt.

Zitat aus [123]: „Nur wenn die Brücke im Gefälle liegt, ordnet man meist das feste Lager am unteren Ende an, da der auftretende Schub vom Widerlager leichter als von einem Zwischenpfeiler aufgenommen werden kann."

In diesem vor mehr als 100 Jahren erschienenen Buch werden übrigens bereits Verformungslager („Kautschukplatten") erwähnt, und zwar als Alternative zu Bleiplatten, die somit als deren Vorläufer eingestuft werden können.

1.2 Begriffe und Bezeichnungen

Mit der teilweisen Einführung von Eurocodes und der weiteren Gültigkeit deutscher Normen existieren heute in den verschiedenen Regelwerken unterschiedliche Begriffe für die gleiche Sache.

In diesem Buch gilt folgendes:

Soweit vorhandene Regelwerke wiedergegeben werden oder auf sie verwiesen wird, hat die Bezeichnung in diesen Regelwerken Priorität.

Wenn für in sich geschlossene Darstellungen Sonderregelungen getroffen werden, wird dies besonders vermerkt.

Als Achsenrichtungen werden stets x für die Hauptrichtung (Längsrichtung bei Brücken), y für die horizontale Querrichtung, und z für die andere (lotrechte) Richtung, rechtwinklig zu x und y, genommen.

Wenn von vertikalen und horizontalen Lasten, Flächen, Bewegungen etc. die Rede ist, dann bezieht sich dies stets auf den Normalfall, daß die ständige Last eine lotrechte Richtung hat. Ist dies nicht der Fall, wie z. B. beim Kämpfergelenk einer Bogenbrücke, so werden die Begriffe „normal zur Lagerebene" und „in Lagerebene" benutzt.

1.2.1 Lagerung und Lager als Teil des Tragwerks

Die Darstellung eines Balkens auf mehreren Stützen als statisches System erfolgt mittels der Symbole „Gerade" (für den Balken), „Dreieck" (für die Unterstützung), „Strich unter dem Dreieck" (für die horizontale Beweglichkeit) (Bild 1.1).

Diese Darstellung ist eine extreme Vereinfachung der wirklichen Situation. Für das Ziel der Statik – Ermittlung der Schnittgrößen des Balkens (Biegemomente, Querkräfte- und Normalkräfte) – ist sie ausreichend. Das reale Tragwerk ist jedoch immer ein räumliches Gebilde, das in einfachen Fällen aus einem Überbau (Brückenüberbau, Dachdecke, Rahmenbinder) und einer Anzahl Unterbauten (Pfeiler und Widerlager bei Brücken, Stützen und Wänden bei Hochbauten) besteht.

Bild 1.1
Symbolische Darstellung eines Mehrfeldbalkens

Der Übergang zwischen Überbauten und Unterbauten – in der Skizze des Balkens auf mehreren Stützen ist das nur ein Punkt – kann auch allseitig biegesteif erfolgen. Die Berechnung des Bauwerks erfolgt dann als Gesamt-Tragwerk, und die Unterstützungsstellen des Balkens sind nur statisch definierte Punkte. Konstruktionen dieser Art interessieren uns im Rahmen dieser Abhandlung nicht (Bild 1.2).

Wenn man für Unterbauten und Überbauten verschiedene Baustoffe verwendet, ist ein biegesteifer Anschluß schwierig oder unmöglich (z. B. bei Stahlbetondecken auf Mauerwerk). Wenn die Überbauten große horizontale Ausdehnungen haben, sind biegesteife Anschlüsse unwirtschaftlich (z. B. meist bei Brücken). In solchen Fällen bietet es sich an, Bauteile zwischen dem Überbau und den Unterbauten anzuordnen, die einen Bewegungsausgleich

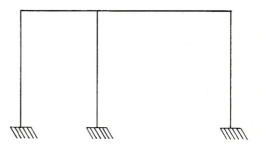

Bild 1.2
System eines Tragwerks ohne Lager
– kein Thema dieses Buches!

1.2 Begriffe und Bezeichnungen

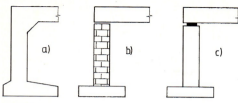

Bild 1.3
Hochbaulagerung
a) biegesteif
b) einfache Auflagerung
c) mit Lager

a) biegesteifer Deckenanschluß
b) einfaches Auflager der Decke
c) Lager zwischen Decke und Wand

1.2.2 Abwälzen, Gleiten, Verformen

Wenn sich ein Bauteil (I) auf ein zweites Bauteil (II) abstützt, so ist eine gegenseitige **Verdrehung** (Rotation) auf 3 verschiedenen Arten realisierbar:

– durch gegenseitiges Abwälzen von Berührungsflächen mit ungleicher Krümmung (Kugel, Zylinder, Ebene) (Bild 1.4)
– durch gegenseitiges Verschieben (Gleiten) von Berührungsflächen gleicher Krümmung (Kugel, Zylinder, Ebene) (Bild 1.5)
– durch Verformen zwischengeschalteter Medien (Bild 1.6)

(Verdrehung = Rotation; Verschiebung = Translation) ermöglichen. Solche Bauteile nennen wir Lager. Sie werden in der Regel von Spezialfirmen gefertigt.

Lager sind also Bauteile, die zwischen Bauwerksteilen angeordnet werden, um in der statischen Berechnung vorausgesetzte Rand- oder Zwischenbedingungen zu erfüllen.

Es gibt natürlich auch andere Alternativen zur Einspannung, zum Beispiel Betongelenke oder das einfache Auflegen des Überbaus auf den Unterbau.

Betongelenke realisieren immerhin weitgehend eine definierte Bedingung, nämlich einen Momenten-Nullpunkt.

Das einfache Auflegen, obwohl es für Hochbauten die Regel ist, erzeugt im Auflagerbereich komplizierte, von den jeweiligen Baustoffen, Toleranzen, Belastungen etc. abhängige Beanspruchungen und führt dort in vielen Fällen zwangsläufig zu irreparablen Schäden wie z.B. Abplatzungen und Biegerissen.

Die statischen Zustände in den Auflagerbereichen nennen wir **Lagerung**, unabhängig davon, ob Lager verwendet werden oder nicht.

Jedes erdgebundene Tragwerk besitzt somit eine Lagerung. Die falsche Einschätzung der Lagerung eines Tragwerks verursacht viele Schäden, wobei Risse den ersten Rang einnehmen.

In Bild 1.3 sind beispielhaft 3 Lagerungen dargestellt, und zwar

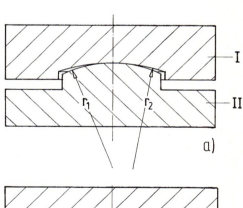

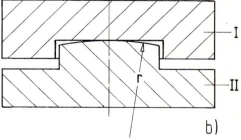

Bild 1.4
Verdrehbarkeit durch Abwälzungen
a) Kugel konvex/konkav
b) Kugel/Ebene

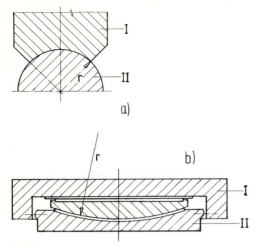

Bild 1.5
Verdrehbarkeit durch Gleitungen
a) einfaches Gleitgelenk
b) Kalottenlager

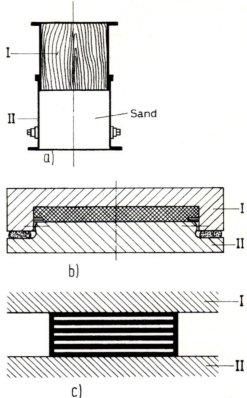

Bild 1.6
Verdrehbarkeit durch Materialdeformation
a) Sandtopf
b) Gummitopf
c) Verformungslager

Die Verdrehung (= Rotation) wird bei jedem Lager mindestens um eine Achse realisiert. Die Rotation um eine Achse (Linienkippung) wird jedoch zugunsten der allseitigen Kippung immer seltener angewandt. Im Klartext: Rollenlager und Linienkipplager sterben allmählich aus. Sie werden deshalb in den nachfolgenden Kapiteln nicht behandelt.

Die **Verschiebung** (Translation) zwischen 2 Bauteilen (I und II) läßt sich – völlig analog zur Verdrehung – ebenfalls auf 3 verschiedene Arten verwirklichen:

– durch Rollen (Bild 1.7)
– durch Gleiten (Bild 1.8)
– durch Verformen (Bild 1.9)

Ein Lager, bei dem die Verschiebung (Translation) nicht möglich ist, nennt man (bei allseitiger Fixierung) festes Lager oder Fixpunktlager. Bei einseitiger Fixierung wird es als einseitig bewegliches Lager bzw. Führungslager bezeichnet.

Für die Begriffe einseitig und allseitig werden auch die Bezeichnungen „einachsig" und „zweiachsig" verwendet. Die Verwirklichung von Translation und Rotation

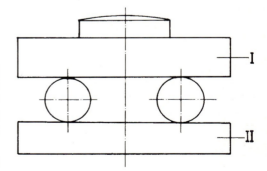

Bild 1.7
Verschiebbarkeit durch Rollen oder Kugeln
(2-Rollen-Lager mit Kippleiste)

1.2 Begriffe und Bezeichnungen

Tabelle 1.1 Lagerungsmatrix

Bewegungsart	Translation	Rotation
Wälzen	Rolle, Kugel	Flächen mit ungleicher und mit konstanter Krümmung
Gleiten	Ebenen	Flächen mit gleicher und mit konstanter Krümmung
Verformen	deformierbarer Quader	Topf; deformierbarer Quader

durch Wälzen, Gleiten oder Verformen läßt sich in der Form einer Matrix darstellen, s. Tabelle 1.1.

1.2.3 Lager, Gelenk, Pendel

In der Statik kommen die Begriffe „gelenkige Lagerung" und „Schnittkraft"-Gelenk (für die Schnittkräfte Normalkraft, Querkraft, Biege- und Torsionsmoment) nebeneinander vor. Sie bedeuten stets, daß in der Berechnung eine Schnittkraft an der Stelle des Gelenkes zu Null angenommen wurde. Im Gegensatz dazu steht die „Einspannung", bei der alle Schnittkräfte zugelassen sind.

Die Realisierung eines Gelenkes zur Erfüllung der statischen Annahmen kann auf verschiedene Weise erfolgen. Eine häufige Methode ist die Einschnürung einer Stahlbetonstütze zu einem Betongelenk. Im Stahlbau gibt es sogar die Möglichkeit, rechnerisch ein festes Moment als maximal mögliche Schnittkraft anzunehmen. Es ist dann von einem Fließgelenk die Rede.

Das Zwischenschalten von Lagern zwischen die zu verbindenden Bauteile ergibt ebenfalls ein Gelenk. Dieses Buch handelt ausschließlich von solchen Lagern.

Die Definition findet sich in DIN 4141, Teil 1, Abschn. 2, s. Kapitel 5.

Zum Begriff Lagerung – siehe DIN 4141, Teil 2 – zählen wir alles, was baulich getan wird, um die angenommenen Randbedingungen eines Bauteils zu erfüllen. Die Gründung eines Bauwerks („Bettung") gehört genauso dazu wie die Verankerung von Abspannungen, ebenso die Einspannung des Überbaus in den Unterbau.

Lager sind eine Möglichkeit, die Lagerung planmäßig zu realisieren. In einen Lagerungsplan gehören somit nicht nur die Darstellung der Lager, sondern – sofern vorgesehen – auch die Angabe weiterer Maßnahmen. Konkret ist deshalb ein Symbol für die Einspannung – × – unverzichtbar, obwohl es, weil es kein Lagersymbol ist, in den Regelwerken für Lager fehlt.

Pendel und Stelzenlager werden häufig begriffsmäßig nicht auseinandergehalten.

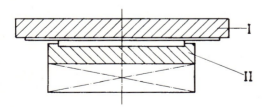

Bild 1.8
Verschiebbarkeit durch Gleiten (Brückengleitlager)

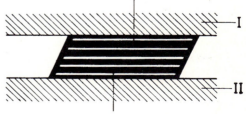

Bild 1.9
Verschiebbarkeit durch Materialdeformation (bewehrtes Elastomerlager)

In Deutschland ist es üblich geworden, die „ausgehungerten" Rollenlager, bei denen nicht benötigte Segmente abgeschnitten werden (in Großbritannien noch üblich), Stelzenlager zu nennen. Bei ihnen fallen – anders als bei Pendeln – Krümmungsmittelpunkt und Mitte zusammen. Ein Pendel liegt vor, wenn ein Bauteil von 2 Gelenken begrenzt wird. Das Pendel ist also einem Fachwerkstab gleichzusetzen, die Gelenke können Kipplager sein.

1.2.4 Lagerbezeichnungen

Bezeichnung nach der Funktion bzw. Form:

Punktkipplager, Gleitlager, Topflager, Kalottenlager, Verformungslager, Feste Lager, Bewegliche Lager, Festhaltekonstruktionen und Horizontalkraftlager sind heute üblich, im Industriebau auch Vielkugellager.

In Deutschland veraltet sind Rollenlager, Stelzenlager, Nadellager und Linienkipplager.

Bezeichnung nach dem wesentlichen Baustoff:

Man unterscheidet **Blei**lager (veraltet), **Stahl**lager, **PTFE**-Lager und **Elastomer**lager (**Gummi**lager), bewehrt/unbewehrt.

Kombinationsbezeichnungen:

Punktkippgleitlager, Topfgleitlager, Kalottengleitlager und Verformungsgleitlager sind ebenfalls gebräuchliche Bezeichnungen.

1.3 Grundsätze zur Wahl der Lagerung

Sieben Grundsätze zur Wahl der Lagerung, die sich aufgrund elementarer Überlegungen unter Berücksichtigung der allgemein anerkannten Regeln der Bautechnik ergeben, sind zu beachten, wenn Schäden auf Dauer vermieden werden sollen:

1. Die Lagerung eines Bauwerks sollte zwängungsarm sein.

Eine zwängungsarme Lagerung eines Bauwerks wird erreicht, wenn nur ein festes Lager, ein einseitig bewegliches Lager mit Bewegungsrichtung auf das feste Lager und im übrigen nur allseitig bewegliche Lager vorgesehen werden. Alle Lager müssen Auflagerdrehungen in alle vorkommenden Winkelrichtungen gestatten. Jede Abweichung von diesem Schema erzeugt Zwängungen, die durch alle Bauteile einschließlich der Lager verfolgt werden müssen. Einfache Rollen- und Linienkipplager können diese Forderung nicht erfüllen. Bei nicht zwängungsfreier Lagerung von Brücken können Zwangskräfte infolge der Verwölbung des Überbaus ein Mehrfaches der übrigen Zwangskräfte betragen und dürfen daher nicht vernachlässigt werden.

2. Statische Berechnungen sollten stets auf der sicheren Seite liegen.

Wenn Zwängungskräfte aus Formänderungen, also die Reibungskräfte bei beweglichen Lagern und die Rückstellkräfte und -momente bei Gummilagern und bei Gummitopflagern als obere Fraktilwerte gegeben sind, so sind diese Kräfte nicht anzusetzen, wenn sie günstig wirken, da der mögliche untere Grenzwert erheblich kleiner sein kann und für bewegliche Lager sogar nahe bei Null liegt, für Verformungslager kann er bei einem Bruchteil des Größtwertes liegen.

3. Die geometrischen und kinematischen Gegebenheiten müssen berücksichtigt werden.

Bei gekrümmten Brücken, bei torsionsweichem Überbau und wenn der Verschiebeweg nicht rechtwinklig zur Kippachse des

1.3 Grundsätze zur Wahl der Lagerung

Überbaus liegt, sind einfache Rollenlager und Linien-Kipplager ungeeignet. Dies gilt auch für Lager, bei denen Rotation und Translation nicht entkoppelt sind.

4. Bauwerksverformungen des Gebrauchszustandes treten tatsächlich auf.

Werden Schnittgrößen aufgrund von Bauwerksverformungen unter 1-fachen Lasten ermittelt, so ist die Sicherheit durch den Abstand zu den Widerstandsschnittgrößen gegeben. Ist die Verformung selbst Bemessungsgröße, wie beim Verschiebeweg von beweglichen Lagern und beim Kippwinkel von Topflagern, so müßten konsequenterweise Sicherheitszuschläge zu diesen Verformungswerten berücksichtigt werden. Bei Topflagern ist der Kippwinkel eine wichtige Bemessungsgröße. Wird er nur einmal im Laufe der Lebensdauer des Bauwerks überschritten, so kann dies wegen des herausquellenden Gummis unangenehme Folgen für das Bauwerk haben. Die Topflager sollten daher stets mit einem auf der sicheren Seite liegenden Kippwinkel unabhängig von der sonstigen statischen Berechnung dimensioniert werden. Das ist besonders dann zu beachten, wenn eine exakte Bestimmung des Kippwinkels nicht möglich erscheint. Bei krummen und schiefen Überbauten aus Spannbeton ist die Größe der Lagerverschiebung abhängig von der Größe der Vorspannung und dem zeitlichen Abfall infolge Schwindens und Kriechens, die Verschieberichtung ist dagegen abhängig von der Lage des Festpunktes und von der Spanngliedführung. Bei größeren Brücken mit abschnittsweiser Überbauherstellung ist eine genauere, aufwendige Berechnung dieses Vektors unerläßlich für die Bemessung und Einstellung der Lager. Die modernen Regelwerke (Eurocodes, DIN 18800) berücksichtigen die dargelegte Sicherheitsproblematik.

5. Hochwertige Lager funktionieren nur bei ordnungsgemäßem Einbau

Durch Einbaumängel, wie nachfolgend aufgeführt, können sich die lagerimmanenten Zwängungen vervielfachen:
geneigter Einbau von beweglichen Lagern, teilweises Einbetonieren von Gummilagern und Abweichung der Beweglichkeit des einseitig beweglichen Lagers von der planmäßigen Richtung.
Einbaufehler können im Extremfall die Zerstörung der Lager verursachen.

6. Lager sind Bauteile, die einer Kontrolle und Wartung bedürfen.

Der Kippspalt beim Topflager und der Gleitspalt bei allen Gleitlagertypen muß funktionsfähig bleiben. Bewegliche Lager funktionieren nicht mehr planmäßig, wenn sie verschmutzt sind. Stahllager dürfen dort, wo der Querschnitt für die Tragfähigkeit benötigt wird, nicht korrodieren. Außerdem kann es durchaus wirtschaftlich sein, einmalige oder auch seltene Bewegungen nicht durch Bewegungsfreiheit, sondern durch Positionskorrektur der Lager zu ermöglichen. Das gilt besonders für aus dem Baugrund stammende Relativbewegungen, die sehr schwer schätzbar sind, und die deshalb meist viel zu groß geschätzt werden. Voraussetzung für diese Möglichkeit sind regelmäßige und zuverlässige Beobachtungen sowie Anhebbarkeit des Bauwerks. Zur Beurteilung der Wirtschaftlichkeit muß die Wahrscheinlichkeit der Bewegungen bekannt sein.

7. Die Lager sind als Verschleißteile zu betrachten.

Moderne Lager sind seit ca. 30 Jahren im Einsatz. Für die zeitlich davor eingesetzten Rollenlager aus durchgehärtetem Edelstahl hat sich gezeigt, daß sie nicht dauerhaft sind. Wenn wir davon ausgehen, daß die Lebensdauer der Bauwerke größer ist als die der Lager, die in der Regel als Verschleißteile anzusehen sind, so ist es unerläßlich, die Möglichkeit einer späteren Auswechselbarkeit der Lager bereits im Entwurf vorzusehen. Diese Überlegung entspricht auch deshalb der heutigen Auffassung von Grundanforderungen an Bauwerke (Stichwort: Robustheit), weil der Aufwand für diese Möglichkeit relativ klein, der spätere Nutzen aber sehr groß ist.

1.4 Auflagerbewegungen

1.4.1 Allgemeines

Am Bauwerk auftretende Auflagerbewegungen begründen die Notwendigkeit des Einbaus von Lagern.

Im allgemeinen sind Verschiebungen in einer Ebene, der Lagerebene, zu ermöglichen. Verschiebungsmöglichkeiten rechtwinklig zu dieser Ebene werden bisweilen gefordert, doch entsprechende „höhenverstellbare" Lager gibt es bisher nur als injizierbare Topflager, wenn man die Verwendung von Futterblechen nicht als Lagerkonstruktion bezeichnen will. Horizontallager haben ebenfalls eine Bewegungsmöglichkeit rechtwinklig zur Lagerebene (als Nebeneffekt).

Auflagerdrehwinkel sollten bei modernen Lagern in 3 zueinander rechtwinkligen Achsen berücksichtigt werden.

Vor der Ermittlung der Auflagerbewegungen ist zunächst – abhängig von der Auflast und als vorläufige Annahme – der Lagertyp (Verformungslager oder Gleitlager) festzulegen.

Wird der Einbau von Bewegungslagern (Gleitlager, früher auch Rollenlager) vor-

Bild 1.10
Lager der ca. 100 Jahre alten Eisenbahnbrücke über die Eider bei Friedrichstadt: 3-Rollen-Lager. Verstoß gegen die Lagerungsgrundsätze 1 und 6

1.4 Auflagerbewegungen

gesehen, so sind Sicherheitszuschläge zu den rechnerischen Bewegungen des Unterstützungspunktes u. a. zur Berücksichtigung der Einbau-Imponderabilie erforderlich.

Für grobe Schätzungen kann man folgende Verschiebungswege annehmen, die sich auf die Entfernung zum nächsten ruhenden Punkt (Festlager) beziehen:

Stahlbauwerke: ± 0,50 mm/m
Stahlbetonbauwerke: + 0,30 mm/m
  − 0,60 mm/m
Spannbetonbauwerke: + 0,30 mm/m
  − 1,20 mm/m

Für die Auflagerdrehwinkel kann man normalerweise als obere Grenze 1 % ansetzen.

Wird der Einbau von Verformungslagern (Gummilagern) geplant, so sind Zuschläge wie bei Bewegungslagern nicht erforderlich. Bei Verformungslagern sind die durch Verformung entstehenden Zwängungskräfte den Wegen proportional wie bei Bauteilen aus Beton oder Stahl. Es empfiehlt sich deshalb, die Verformungslager als Bauteile in das statische System des Bauwerks zu integrieren. Diese Erkenntnis wurde bereits 1960 von Desmonsablon [19] ausführlich behandelt.

Eine eingespannte Stütze mit einem auf ihr liegenden Verformungslager kann beispielsweise im Kraftgrößenverfahren über die Gleichung

$$F_H = \frac{f}{\frac{T}{AG} + \frac{L^3}{3EI}}$$

T = Lager-Nettodicke
A = Lagerfläche
G = Schubmodul
L, E, I = Stützenwerte
F_H = Horizontalkraft

genügend genau eingeführt werden (Bild 1.11).

Bei normalen Hallenstützen oder schlanken Brückenpfeilern wird man vielfach feststellen, daß die Steifigkeit des Verformungslagers durchaus in der gleichen Größenordnung wie die Steifigkeit der Stütze liegt. In derartigen Fällen wird das gesamte statische System verfälscht, wenn man die Auflagerbewegungen ohne Berücksichtigung der diesen Wegen proportionalen Zwängungen ermittelt und mit Sicherheitszuschlägen versieht, wie sie bei der Verwendung von Bewegungslagern erforderlich sind.

Bei der Verwendung von Bewegungslagern wird man immer mindestens ein festes Lager anordnen, womit der ruhende Punkt des Bauwerks bekannt ist. Bei Verwendung verformbarer Bauteile als Lager ist ein festes (unverschiebliches) Lager dann nicht unbedingt erforderlich, wenn konsequent konstruiert und bemessen wird. Der ruhende Punkt des Bauwerks für Zwängungsverformungen (Kriechen, Schwinden, Temperatur) ergibt sich aus der Verteilung der Lagersteifigkeiten (Bild 1.12). Der konstruktive Festpunkt – der, wenn er sich auf einem Brückenpfeiler befindet, ohnehin eine Illusion ist – fehlt also, der tatsächliche Festpunkt ist nicht ortsfest.

Wenn die Lagersteifigkeit S_i unter konsequenter Einbeziehung der Stützen nach Bild 1.11

$$\frac{1}{S_i} = \frac{T_i}{A_i G} + \frac{L_i^3}{3EI_i}$$

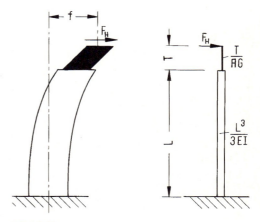

Bild 1.11
Steifigkeit einer Stütze mit Verformungslagern

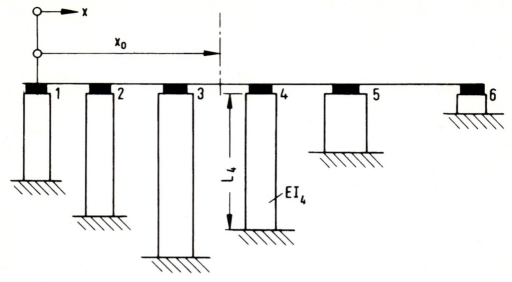

Bild 1.12
Ruhepunkt eines mehrfeldrigen Bauwerks auf Verformungslagern

ist, so wird die Abszisse des Ruhepunktes

$$x_o = \frac{\Sigma_i x_i S_i}{\Sigma_i S_i}$$

Abhängig von der Größenordnung ist die Fundamentverdrehung zusätzlich zu berücksichtigen.

Beim Einwirken äußerer Kräfte gibt es bei dieser Lagerung normalerweise keinen ruhenden Punkt. Die Verschiebung w des gesamten Bauwerks läßt sich aus der Steifigkeit der stützenden Bauteile ermitteln zu

$$w = \frac{F_H}{S_i}$$

Auch bei Bewegungslagern ist es zweckmäßig, die Verformbarkeit der Unterbauten in die Untersuchungen einzubeziehen. Entgegen jedem gefühlsmäßigen Urteil liegen die Rückstellkräfte von Bewegungslagern (Gleitreibung, Rollreibung) durchaus in der Größenordnung der Rückstellkräfte von Verformungslagern. Der rechnerische Reibungsbeiwert $\mu = 0{,}03$ entspricht beispielsweise der rechnerischen Schubverformung eines Gummilagers $\tan\gamma = 0{,}45$ bei einer Belastung mit 15 G:

$$\mu = \frac{\tau}{\sigma} \qquad \sigma = 15\,G$$
$$\tau = \tan\gamma \cdot G$$
$$\tan\gamma = 0{,}03 \cdot 15 = 0{,}45$$

Die durch Reibung entstehenden Verformungen der Unterbauten vermindern zunächst die Verschiebungswege in den Lagern (Bild 1.13). Es ist jedoch zu berücksichtigen, daß ein Teil der Verformungen irreversibel (Kriechen) ist und dann bei gegenläufigen Bewegungen ungünstig wirkt. Außerdem kann bei geringer oder schwingender Belastung der Reibungsbeiwert so klein werden, daß ein Schlupf im Lager auftritt.

Man muß nach heutiger technischer Regel Lager und Bauwerk so ausbilden, daß die Lager nach Inbetriebnahme des Bauwerks jederzeit inspiziert werden können. Eine Lagekorrektur des Lagers, falls die Verschiebungen nicht den Rechenannahmen entsprechen, sollte jedoch nur im Ausnahmefall und nur vom Lagerhersteller selbst und unter dessen Verantwortung vorgenommen werden.

Die Prüfung der Lager nach dem Einbau ist auf jeden Fall sinnvoll, um evtl. Einbaufehler rechtzeitig zu erkennen.

1.4 Auflagerbewegungen

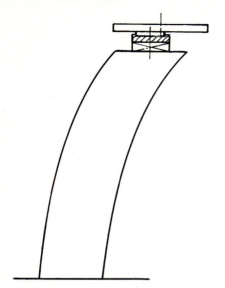

Bild 1.13
Gleitlager auf elastisch nachgiebiger Stütze

Die Möglichkeit der Lagekorrektur der Lager sollte man auf jeden Fall in die Überlegungen einbeziehen, wenn die besonders schwer erfaßbaren und gleichzeitig großen Verschiebungen aus Baugrundbewegungen zu erwarten sind.

Wenn die Sicherheitszuschläge tatsächlich einmal durch Abnormitäten im Verformungsverhalten des Bauwerks in Anspruch genommen werden, so ist es nicht erforderlich, die Reserven durch eine Lagekorrektur wieder herzustellen, wenn nicht erneut außergewöhnliche Verschiebungen befürchtet werden müssen.

Die Ursachen (Einwirkungen), die zu einer Verformung (Relativbewegung) eines festen Körpers – und damit zur Notwendigkeit der Verwendung von Lagern – führen, lassen sich in 5 Gruppen aufteilen:

a) Äußere Kräfte (Eigengewicht, sonstige ständige Lasten, Nutzlasten)
b) Temperaturänderungen
c) Innere Stoffumwandlungen (Feuchtigkeit bei Holz, Schwinden bei Beton)
d) Innere Kräfte (Vorspannung, Kriechen)
e) Verformungszwang von außen (Bodensetzungen, Erdbeben, Vorspannung)

Werden diese Einflüsse den verschiedenen Bauwerksarten zugeordnet, so läßt sich hinsichtlich der Lagerung ihre Relevanz darstellen (Tabelle 1.2).

Nachfolgend werden einige Einflüsse noch etwas genauer betrachtet. Die Konsequenzen für die statische Berechnung enthält Kapitel 3.

1.4.2 Verschiebungen infolge Temperatur

Obwohl Temperaturbewegungen von Bauwerken seit den Anfängen des Bauingenieurwesens bekannt sind und berücksichtigt werden, sind erst in jüngerer Zeit direkte Bauwerksmessungen durchgeführt worden. Hierüber wird im Kapitel 7 berichtet.

Aus solchen Messungen ergab sich, daß die Bauwerkstemperaturen den Lufttemperaturen nachlaufen. Die positiven bzw. negativen Extremwerte treten somit nie am gleichen Tag auf und nicht einmal im gleichen Temperaturzyklus. Die extremen Betontemperaturen brauchen zu ihrer Entwicklung viele warme oder kalte Tage – ein einzelner besonders heißer oder kalter Tag

Tabelle 1.2
Einwirkungsrelevanz für verschiedene Bauwerksarten hinsichtlich der Lagerung

Bauwerksart	Bewegungsursache				
	a	b	c	d	e
Betonbrücken	o	x	x	x	x
Stahlbrücken	x	x	–	–	x
Flachdachbauten	o	x	x	o	o
Fertigteilbauten	o	x	o	o	–
Betonbehälter	x	o	o	x	o
Stahlbehälter	x	x	–	–	o
Holzkonstruktionen	o	o	x	x	o

Die Symbole bedeuten:
x quantitativ berücksichtigen
o qualitativ berücksichtigen
– vernachlässigbar

ändert die Betontemperatur nicht wesentlich.

Abschließend noch ein kurzer Hinweis auf die Aufstelltemperatur, die ja zumindest bei Ortbetonbauwerken ein etwas problematischer Begriff ist. Während des „Aufstellens" erreicht der eben erstarrte Beton Temperaturen bis zu 60 °C. Die Lager sind zu diesem Zeitpunkt häufig noch arretiert, und das Lehrgerüst hat ein oft ausgeprägtes eigenes Temperaturverhalten. Auch bei Fertigteilbrücken und bei Stahlbrücken hat die meist gemessene Lufttemperatur wegen des Temperaturnachlaufes wenig mit der Aufstelltemperatur des Bauwerks zu tun.

Eine angenommene „Aufstelltemperatur" von + 10 °C ist also nur eine Vereinbarung, die dem entwerfenden Ingenieur die Arbeit erleichtern soll. Sie hat mit realen Temperaturen allenfalls die Größenordnung gemein.

1.4.3 Verschiebungen infolge Vorspannen, Kriechen und Schwinden

Kriechverformungen treten an allen Betonbauteilen auf, die einer Druckbeanspruchung ausgesetzt sind, also durchaus nicht nur an Spannbetonbauteilen.

Durch Kriechen vervielfacht sich die elastische Verformung des Bauteils, die zunächst ermittelt (und am Lager berücksichtigt) werden muß.

Die bezogene elastische Verformung ist bekanntlich $\varepsilon = \dfrac{\sigma}{E_b}$, wenn σ die (Druck-)Spannung des Betons und E_b der zugehörige Elastizitätsmodul ist.

Die Größenordnung der elastischen Verschiebungen (= Verkürzung eines vorgespannten Balkens) von Spannbetonbauteilen infolge Vorspannens liegt im allgemeinen bei 0,15 mm/m.

Bei zentrisch gedrückten Stahlbetonstützen ist dieser Wert weitaus größer, und er ist im allgemeinen auch von größerem Einfluß auf die Konstruktion als die meist vernachlässigbare Nachgiebigkeit der Lager unter zentrischem Druck.

Aus der elastischen Verformung (Dehnung) ergibt sich die Kriechverformung mit

$$\varepsilon_k = \dfrac{\sigma}{E_b} \cdot \varphi_t$$

Schwindverformungen treten ausnahmslos an allen im Freien liegenden Bauteilen aus Beton auf. Die Kriechzahl φ_t und das Schwindmaß ε_s ist den Regeln (EC2) zu entnehmen.

1.4.4 Auflagerverschiebungen infolge äußerer Lasten

Bei Verwendung von beweglichen Lagern werden äußere Horizontallasten durch feste (unverschiebliche) Lager aufgenommen. Diese Lager sind aber nur bedingt unverschieblich, weil sie zum einen ein konstruktives Bewegungsspiel haben, und zum anderen, weil sie auf meist elastisch verformbaren Bauteilen ruhen. Für die beweglichen Lager des Bauwerks ist also das konstruktive Spiel und die Verformbarkeit der das feste Lager stützenden Bauteile zu berücksichtigen.

Die Verschiebungen von verformbaren Lagerkonstruktionen (z. B. Gummilagern) wurden bereits im Abschnitt 1.4.1 behandelt.

Bei Lagern unter Trägern mit hohem biegeweichem Querschnitt kann die Dehnung ε_u des Untergurtes zu Lagerverschiebungen s von mehreren Millimetern führen (Bild 1.14).

Diese Verschiebungen sind auch für die Überprüfung der Lebensdauer von Gleitlagern interessant, die mit von der Summe der Verschiebungswege abhängt. Aus der Summierung kleiner Verkehrslastwege ergeben sich manchmal Beträge, die um Zehnerpotenzen größer sind als die Summe der Temperaturbewegungen.

1.4 Auflagerbewegungen

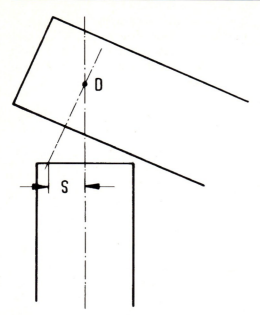

Bild 1.14
Aus Durchbiegung resultierende Lagerverschiebung s

1.4.5 Auflagerdrehwinkel

Auflagerdrehwinkel treten prinzipiell 3-achsial auf. Die Verdrehung um die vertikale Achse ist zwar eine Größenordnung kleiner als die Verdrehung um die Lagerachse, es ist aber heute üblich, sie quantitativ zu erfassen und auch in der Konstruktion zu berücksichtigen.

Wichtig ist zu wissen, daß die Auflagerdrehwinkel in Querrichtung auch wesentlich größer sein können als in Spannrichtung des Tragwerkes, z. B. bei querträgerlosen Brücken, die allerdings heute an Bedeutung verloren haben.

Auflagerdrehwinkel entstehen nicht nur durch Biegeverformungen, sondern z. B. auch an den Enden von Pendelstützen (Bild 1.15).

Bei schiefen Platten und Balken ist die Richtung der größten Verschiebung nicht rechtwinklig zur Achse des größten Drehwinkels. Meist wandert die Achse des Drehwinkels unter Verkehrslast erheblich,

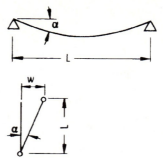

Bild 1.15
Auflagerdrehwinkel

ohne daß sich seine Größe wesentlich ändert. Ein-Rollenlager mit ihrer eindeutigen Kombination von Bewegungs- und Kipprichtung sind also dann nicht anwendbar.

Für die Ermittlung des Auflagerdrehwinkels ist es meist ausreichend, für das maximale Feldmoment eine parabelförmige Verformung wie unter Gleichlast anzunehmen, deren rechnerischer Endtangentenwinkel ja bekannt ist (Bild 1.16).

Man findet dann

$$\alpha \sim 0{,}4 \, \frac{L}{EI} \cdot \max M$$

α = Drehwinkel (Bogenmaß)
L = Stützweite
E = Elastizitätsmodul
I = Trägheitsmoment
$\max M$ = größtes Feldmoment

Diese Gleichung ist auch für das Endauflager von Durchlaufträgern hinreichend genau anwendbar.

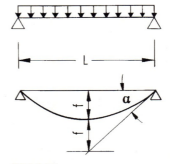

Bild 1.16
Vereinfachte Ermittlung des Auflagerdrehwinkels

Für Pendelstützen ist, wenn w die Verschiebung des Überbaus ist,

$$\alpha = \frac{w}{L}$$

Bei Bauteilen aus Beton sollte man berücksichtigen, daß sich die Auflagerdrehwinkel durch Kriechen verändern. Bei schlaff bewehrten Stahlbetonkonstruktionen vergrößern sie sich mit dem Faktor φ_t, bei Spannbetonbauteilen können sie auch kleiner werden.

Bei Verformungslagern kann auf eine Berücksichtigung des Kriecheinflusses verzichtet werden, wenn die Lager ein hinreichend ähnliches Kriechverhalten wie der Beton aufweisen.

Besonders große Auflagerdrehwinkel entstehen aus der ungewollten Parallelitätsabweichung der Bauwerksflächen beim Versetzen von Stahlträgern und Beton-Fertigteilen. Werden hierbei gegen Kantenpressungen empfindliche Lager verwendet, so ist eine plastische Ausgleichsschicht dringend zu empfehlen. Es muß dann leider meist in Kauf genommen werden, daß die Erhärtungszeit der plastischen Schicht die Montage unterbricht.

Üblich ist bei der Montage von Trägern, zunächst auf Pressen und erst danach langsam auf die entsprechend vorbereiteten Lager abzusetzen.

1.5 Lagersymbole

Die Zeichnung ist die Sprache des Ingenieurs. Sie ist universell verständlich, bedarf also keiner Übersetzung und beschleunigt die Übermittlung einer Information.

Elemente der zeichnerischen Darstellung von Grundrissen und Schnitten von Bauwerken sind zwangsläufig Lagersymbole, die zunächst in diversen Publikationen zu finden waren, in der ersten Auflage dieses Buches wohl erstmals aus damaliger (und deutscher) Sicht vollständig in einer Tabelle vorgeschlagen und inzwischen u. a. in den entsprechenden Normen des BSI und des DIN als Stand der Technik festgehalten wurden (s. DIN 4141, Teil 1, Tabelle 1).

Inzwischen hat eine europäische Einigung hierzu stattgefunden, die zu einer erheblich umfangreicheren Tabelle geführt hat, der man die immer noch vorhandene Beschränkung nicht ohne weiteres ansieht. Diese Tabelle wird in der englischen Ausgabe abgedruckt mit dem Vorbehalt, daß in der endgültigen CEN-Norm noch kleine Änderungen denkbar sind. Die Tabelle enthält nicht nur die im Prinzip schon geläufigen Grundrißsymbole, sondern auch Symbole für die Darstellung in der Ansicht, fußend auf der wohl zutreffenden Annahme, daß auch diese Symbole als Verständigungshilfsmittel nützlich sind.

1.6 Verdrehungswiderstand

1.6.1 Anfangsmoment

In den Lagern konzentrieren sich die Eigen- und Nutzlasten der Konstruktion. Drücke im Lagermaterial in einer Höhe sind die Folge, für die ein „Nachempfinden" nicht möglich ist.

Die Hertzschen Pressungen bei stählernen Punktkipplagern, sofern die nach DIN 18 800 (alt) zulässigen Werte ausgenutzt werden, erreichen z. B. Werte bis zu etwa 100 kN je cm², was dem Druck einer Wassersäule von 100 km Höhe entspricht! Beim Topflager wird das vergleichsweise „weichere" Material Elastomer „nur" dem Druck von einer ca. 3 km hohen Wassersäule ausgesetzt mit der Konsequenz einer entsprechend größeren „Aufstandsfläche". Bild 1.17 zeigt (bei zentrischer Stellung) die Pressungsverteilung für die 4 verschiedenen Lager-Grundtypen.

Diese hohen Beanspruchungen haben zur Folge, daß der Ruhezustand nicht als indifferenter „Schwebezustand" wie bei ei-

1.6 Verdrehungswiderstand

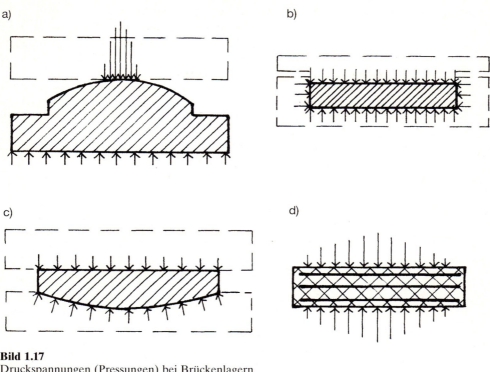

Bild 1.17
Druckspannungen (Pressungen) bei Brückenlagern
a) Druckstück eines Punktkipplagers
b) Kissen eines Topflagers
c) beweglicher Teil eines Kalottenlagers
d) unverankertes bewehrtes Elastomerlager (Verformungslager)

ner Wippe anzusehen ist. Abhängig von der Lagerart findet vielmehr ein „Verbacken" der aufeinandergedrückten Materialien statt. Dieser Zustand muß beim gegenseitigen Verdrehen der angeschlossenen Teile zunächst durch ein „Anfangsmoment" überwunden werden. Beim stählernen Punktkipplager handelt es sich bei diesem Zustand um die bei überbeanspruchtem Stahl bekannte Plastizierung, bei Kalottenlagern und Topflagern um Adhäsion im Bereich zwischen Stahl und PTFE (Gleitflächen) bzw. Stahl und Elastomer (Topfwandung).

Die Höhe des Anfangsmoments hängt unter sonst gleichen Umständen (Konstruktion und Umgebung) von der Höhe der Pressung ab. Wenn das mechanische Modell nicht bekannt ist, wird es deshalb notwendig sein, den Einfluß empirisch zur sicheren Seite hin festzulegen, also die Versuchskörper mindestens der voll ausgenutzten zulässigen Pressung auszusetzen. Bei Topflagern wurde so verfahren.

Für stählerne Punktkipplager wurde dieser Einfluß im Institut für Massivbau der Universität Karlsruhe untersucht, s. Abschn. 4.3.2.

Bei Kalottenlagern ist das mechanische Modell analytisch erfaßbar, siehe Abschnitt 4.3.4

Unterstellt wird derzeit, daß bei bewehrten Elastomerlagern dieses Anfangsmoment nicht zu berücksichtigen ist, was als pragmatisches Vorgehen akzeptabel ist.

1.6.2 Rückstellmoment und Verdrehung

Eine weitere Verdrehung nach Überwindung des Anfangsmomentes (mit infinitesimal kleinem Verdrehungswinkel) ergibt das eigentliche Rückstellmoment. Es ergibt sich beim stählernen Punktkipplager als Produkt von Auflast, Krümmungsradius und Verdrehungswinkel, wobei Verdrehungswinkel und Rückstellmoment im gleichen Sinne wirken. Formelmäßig ergibt sich die gleiche Abhängigkeit bei Kalottenlagern. Die Bauart dieses Lagers ergibt jedoch, daß Verdrehungswinkel und zugehöriges Rückstellmoment gegensinnig wirken. (Bild 1.18)

An diesen Unterschieden ist erkennbar, daß es sich hier nicht um Widerstände von Materialien wie bei den Anfangsmomenten handelt, sondern um die Berücksichtigung von kinematisch erzeugten Hebelarmen. Wenn die rechnerischen Verdrehungswinkel aus der Verkehrslast so klein sind, daß die zugehörigen Rückstellmomente kleiner als das Anfangsmoment sind, dann wirkt das Auflager wie eine Einspannung. Die Verkehrslast erzeugt dann keine Verdrehung im Auflagerbereich! Die Unkenntnis dieses Phänomens kann zu Fehlinterpretationen bei Messungen führen. Der Einfluß aus ständiger Verdrehung ist natürlich stets additiv zu berücksichtigen.

Völlig anders als bei Punktkipplagern und bei Kalottenlagern ist die Abhängigkeit zwischen Verdrehung und Rückstellmoment beim Topflager. Nach Überwindung des Verspannungszustandes bzw. des Anfangsmomentes ist wegen der offensichtlichen geometrischen Unvereinbarkeit beim Verdrehen auch bei glatter Topfinnenfläche und bestem Schmiermittel eine Verformungsarbeit im Elastomer zu leisten, die letztlich vom Schubmodul abhängt, dessen Abhängigkeiten qualitativ bekannt sind.

Der Schubmodul des Gummis und damit das Rückstellmoment des Topflagers nimmt zu

– mit abnehmender Temperatur,
– mit der Verdrehungsgeschwindigkeit.

Für die praktische Bemessung wurden die zwei Einflüsse „ruhende oder quasi ruhende Last" und „Verkehrslast" unterschieden und die entsprechenden Versuche bei den ungünstigst zu erwartenden tiefen Temperaturen durchgeführt, vgl. entspr. Regeln in den Zulassungen, Kapitel 6.

Von den bisher beschriebenen Abhängigkeiten wiederum völlig verschieden sind die Verhältnisse beim bewehrten Elastomerlager. Das bewehrte Elastomerlager besteht aus dünnen übereinanderliegenden Gummischichten mit dazwischenliegenden Stahlplatten, deren Verdrehungswiderstand (= Rückstellmoment) nach derzeitiger Auffassung im praktisch interessanten Bereich von folgendem abhängt:

– linear vom Schubmodul, vom Verdrehungswinkel und von der Lagerbreite
– mit der 5. Potenz von der Lagerlänge
– mit der reziproken 3. Potenz von der Schichtdicke

Diese Abhängigkeit ergibt sich aus der Theorie von Topaloff [91]. Wie beim Topflager, so fehlt jedoch auch hier noch ein konsequentes theoretisches Modell, bei dem alle nicht vernachlässigbaren Einflüsse berücksichtigt werden. (Eine kritische Würdigung der Topaloff-Theorie findet sich in Kapitel 4.)

1.6.3 Weitere Abhängigkeiten

Beim PTFE (Kalottenlager) sorgen Vibration und höhere Temperatur und beim Elastomer (Topflager) die Relaxation dafür, daß Rückstellmomente, deren Ursache die Verdrehung aus ständig wirkenden Lasten ist, kleiner werden, es findet eine „Entspannung" statt. Der durch ungenauen Einbau und durch die ständige Verdrehung geometrisch erzeugte Grundzustand ist natürlich unverändert vorhanden und ungeachtet aller übrigen Einflüsse zusätzlich zu

1.6 Verdrehungswiderstand

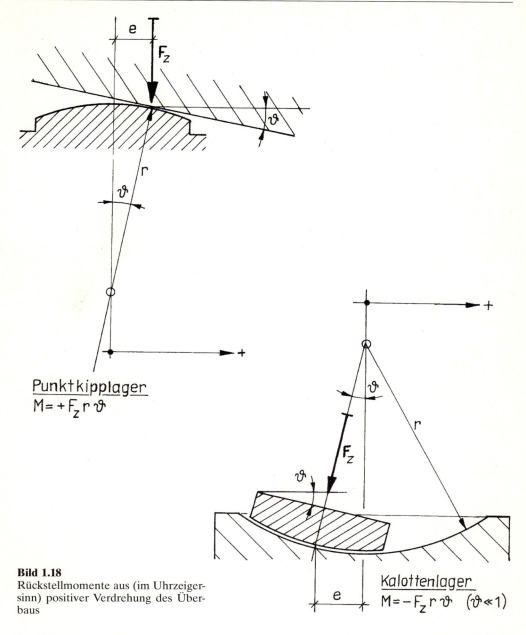

Bild 1.18
Rückstellmomente aus (im Uhrzeigersinn) positiver Verdrehung des Überbaus

berücksichtigen. Soweit er in der Höhe sicher bekannt ist, ließe sich dieser Einfluß durch Voreinstellung abschwächen.

Voreinstellungen haben jedoch den Nachteil, daß Verwechselungen beim Einbau hinsichtlich der Einbaurichtung möglich sind.

Voreinstellungen dieser Art sind u. a. aus diesem Grund nicht üblich, es wäre Feindosierung an falscher Stelle.

Bild 1.19 zeigt die qualitativen Verläufe der Rückstellmomente für die 4 Lagergrundtypen.

Die Schubnachgiebigkeit der PTFE-Platte und die Berücksichtigung weiterer

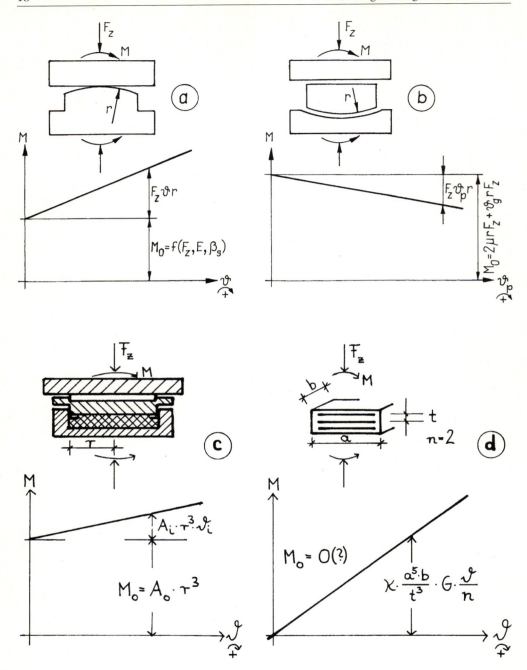

Bild 1.19
Federcharakteristik (Rückstellmomentenverlauf) bei Brückenlagern
a) Punktkipplager
c) Topflager
b) Kalottenlager
d) Elastomerlager

1.6 Verdrehungswiderstand 19

Einflüsse führen bei M_o dazu, für die Reibungszahl des Kalottenlagers nur die Hälfte des Wertes einzusetzen, der für den Translationswiderstand vorgeschrieben ist.

1.6.4 Einfluß der Horizontalkräfte

Das Rückstellmoment bei allseits festen und bei einseitig beweglichen festen Lagern ist eventuell größer als das bei beweglichen Lagern unter sonst gleichen Umständen, weil der Einfluß der Horizontalkraft zusätzlich zu berücksichtigen ist. Das Zusatzmoment entsteht aus dem Reibungswiderstand am Anschlag, der die Horizontalkraft aufnimmt.

Dabei sind prinzipiell folgende 3 Fälle bei den genannten Lagern zu unterscheiden:

- der Anschlag ist nur eine Sicherheitsmaßnahme und ist normalerweise nicht wirksam. In solchen Fällen wäre dieser Anteil für die Regelbemessung nicht zu berücksichtigen. Dies könnte der Fall sein bei Punktkipplagern, wenn die Horizontalkraft vollständig über Reibung im Berührungspunkt aufgenommen wird.
- der Anschlag ist so angeordnet, daß die Horizontalkraft direkt vom Überbau in den Unterbau geht. Dies ist z.B. beim allseits festen Kalottenlager der üblichen Bauart der Fall. In diesem Fall spielt dieser Anteil für die Bemessung der (innenliegenden) PTFE-Flächen keine Rolle.
- der Anschlag ist Teil der Lagerkonstruktion in der Art, daß die Reibung am Anschlag mit dem übrigen Lagerwiderstand stets gemeinsam wirkt. Dies ist z.B. der Fall beim Topflager, und zwar beim Einfluß der Reibung des Topfdeckels an der Topfwand. In solchen Fällen muß nicht unbedingt eine Addition ungünstiger Einflüsse in voller Höhe erfolgen: Daß die volle Verdrehung (maximale Verkehrslast) und die maximale Horizontalkraft (Wind, Bremsen, Reibung) gleichzeitig auftreten, ist auszuschließen. Die künftigen Regeln des Eurocodes und die europäische Lagernorm werden diesen Aspekt berücksichtigen.

Für den Einfluß der Führungsflächen gelten entsprechende Überlegungen.

1.6.5 Auswirkung des Rückstellmomentes auf die Konstruktion

Bislang war nur vom Rückstellmoment als solchem die Rede, nicht aber von dessen Relevanz.

Grundsätzlich gilt, daß Punktkipplager der heute üblichen Bauart ein Rückstellmoment haben, das (in jeder Richtung) so gering ist, daß die zugehörige Exzentrizität gegenüber den Stützweiten der Konstruktion von höherer Ordnung klein ist. Das heißt im Klartext, daß das Rückstellmoment für das statische System der Brücke vernachlässigbar ist. Hier liegt wohl auch der Grund dafür, daß dieses interessante Spezialgebiet bislang kaum erforscht ist.

Nicht vernachlässigbar ist jedoch die Exzentrizität gegenüber den Abmessungen der PTFE-Scheibe von Gleitlagern.

So wird es beispielsweise als unzulässig angesehen, daß die Exzentrizität größer als die Kernweite der PTFE-Fläche ist, weil eine klaffende Fuge als unakzeptabel angesehen wird.

Die Exzentrizität bewirkt gleichzeitig auf der anderen Seite der PTFE-Fläche eine Randpressung, deren Höhe beschränkt werden muß, um für den eingekammerten Thermoplast PTFE Verschleiß und Trokkenlauf in Grenzen zu halten [124].

Bedenkt man, daß die einwandfreie Lagerung eine Voraussetzung für die Realisierung des statischen Systems ist, das der Berechnung der Brücke zugrunde gelegt wurde, so ist unschwer zu erkennen, daß die korrekte – oder zumindest auf der sicheren Seite liegende – Erfassung des Rückstellmoments auch für die Brücke insgesamt von Bedeutung ist. Dauerhaftigkeit und der zeitliche Abstand von Sanierungsmaßnahmen hängen auch von diesem Detail ab.

Erwähnt sei noch, daß es in unmittelbarer Umgebung der Lager weitere nicht vernachlässigbare Einflüsse des Rückstellmoments geben kann. Z. B. muß die resultierende Auflast ausreichend sicher vom Überbau in den Unterbau geleitet werden. Wenn dabei deren Lageverschiebung von Belang ist (Stabilität im Stahlüberbau; Teilflächenpressung im anschließenden Beton), so ist die Berücksichtigung des Rückstellmomentes unerläßlich, auch bei allseitig festen Lagern.

2 Bauwerk und Lagerungsplan

2.1 Allgemeines

Die Praxis zeigt, daß oft aus Wettbewerbsgründen die billigsten Lager eingebaut werden, ungeachtet dessen, daß der Anteil der Lagerkosten an den Gesamtkosten des Bauwerks sehr gering ist. Es ist nicht verwunderlich, wenn solche Lager dann aufgrund ihrer eingeschränkten Funktionsfähigkeit Betriebsstörungen nach sich ziehen.

Bei der heutigen Tendenz zu immer leichteren Bauwerken mit größeren Verformungen und höheren Beanspruchungen der Lagermaterialien und angrenzenden Bauteile muß die Lagerung der Bauwerke so ausgeführt werden, daß keine Beeinträchtigung der Dauerhaftigkeit zu befürchten ist.

In diesem Kapitel werden die wichtigsten Einflüsse auf die Lagerung innerhalb des Gesamtbauwerks „Überbau-Lager-Unterbau" herausgestellt.

Vorab eine einfache Feststellung:
Querbewegliche Lager sollten nicht mehr gebaut bzw. eingebaut werden, s. Bild 2.1. Der Hauptanteil von Fx in Bild 2.1 ist die Bremslast.

Zur Aufnahme der Bremslast:
Bei Schraub- und Nietverbindungen, die auf Zug beansprucht werden, wird die Zugkraft auf alle Verbindungsmittel **gleichmäßig** verteilt, obwohl die Verteilung tatsächlich **un**gleichmäßig ist, unter anderem bei Schraubverbindungen wegen des unterschiedlichen Lochspiels. Die Annahme gleichmäßiger Verteilung ist deshalb gerechtfertigt, weil noch rechtzeitig vor Erreichen des Grenzzustandes ein Lastausgleich infolge der Duktilität sowohl der Schrauben als auch des damit verbundenen Materials erfolgt. Unzählige Versuche in aller Welt in den letzten 100 Jahren haben diese Annahme zu einem gesicherten Stand der Stahlbautechnik werden lassen.

Werden Bremskräfte einer Brücke rechnerisch auf mehrere Lager verteilt, so gilt analog, daß dies nur dann unbedenklich ist, wenn die in Wirklichkeit unvermeidliche ungleichmäßige Lastabtragung zu keinen Schäden mit vorzeitigem Versagen führt.

Im einfachsten Fall handelt es sich um 2 Lager auf einem Widerlager, um ein festes Lager – Lager Nr. 7 gem. DIN 4141, Teil 1

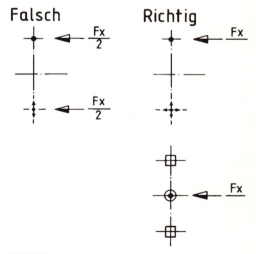

Bild 2.1
Bremslastaufnahme

– und ein querbewegliches Lager – Lager Nr. 8.

Unabhängig davon, welche Lagerart gewählt wird, ist davon auszugehen, daß der Unterschied im Lagerspiel mehrere Millimeter betragen kann. Der Nachweis, daß die Duktilität ausreichend ist, um diese Differenz zu überwinden, dürfte kaum gelingen – mit anderen Worten: Das feste Lager wird, weil es zunächst die volle Last, also die doppelte, für die es bemessen wurde, aufnehmen muß, zerstört, bevor es durch das querbewegliche Lager entlastet wird. Auf diesen Umstand wurde bereits in der ersten Auflage verwiesen. Querbewegliche Lager sollten deshalb nicht eingebaut werden!

Leider gibt es auch heute noch häufig Lagerungspläne mit querbeweglichen und festen Lagern auf **einer** Auflagerbank. Auch wenn Schäden in diesem Bereich nicht bekannt geworden sind, so dürfen hieraus keine falschen Schlüsse gezogen werden. Der Grund liegt bei der hohen Bremslast, die nur sehr selten auftritt und – möglicherweise – unrealistisch hoch (nach DIN 1072) angesetzt werden muß. Eine Rechtfertigung für eine falsche Konstruktion läßt sich daraus jedenfalls nicht herleiten.

Im Kapitel 2 gibt es bei den Lagerungsbeispielen konsequenterweise keinen Fall, bei dem Lager Nr. 8 als querbewegliches Lager vorgesehen ist.

Zum Einfluß der Lagerung auf die Konstruktion:
Welch starken Einfluß die Lagerung auf die Konstruktion haben kann, zeigt sich regelmäßig dann, wenn Rollenlager unter stählernen Überbauten gegen Gleitlager ausgewechselt werden sollen [138]. Rollenlager und Linienkipplager wirken in Querrichtung wie eine Einspannung. Ein Austausch dieser Lager gegen Punktkipplager bedeutet eine Veränderung der Schnittkräfte und damit zwangsläufig die Notwendigkeit einer Verstärkung der Überbaukonstruktion in dem betroffenen Bereich, was sich auf die Kosten der Sanierung entsprechend auswirkt.

In der Regel wird aus diesem Grunde auf die wenig üblichen Liniengleitlager zurückgegriffen. In Anbetracht dessen, daß die Auswirkung der Einspannmomente auf die Pressungsverteilung in der PTFE-Fläche kaum sicher abgeschätzt werden kann, sind diese Lager deshalb die schlechtere Lösung. Der Bauherr muß sich darüber im klaren sein, daß unkalkulierte Überbeanspruchungen im PTFE höheren Verschleiß zur Folge haben und damit eventuell eine kürzere Frist als bei Punktlagerung bis zur nächsten Auswechslung anzunehmen ist.

2.2 Brücken

2.2.1 Einfluß der Brückenquerschnitte

Kriterien für die Beurteilung, welche Lager eingesetzt werden sollen, sind neben den auftretenden Vertikal- und Horizontalkräften, die die Größe des Lagers bestimmen, vor allem die Bewegungen und Verformungen des Überbaus, die den Lagertyp beeinflussen. Für eine Längsbewegung und eine Verdrehung um die Querachse („Längsverdrehung") wird meistens ausreichend gesorgt. Wie sieht es aber mit der Querbewegung, einer Querverdrehung und u. U. mit einer Verdrehung um die vertikale Lagerachse aus? Ein Brückenbauwerk, vor allem eine Spannbetonbrücke, muß infolge Temperatur, Schwinden, Vorspannen und Kriechen auch in Querrichtung z. T. erhebliche Bewegungen ausführen können. Wird z. B. in den nachstehend aufgeführten Bauwerksbeispielen (Bild 2.2 bis 2.5) eine Möglichkeit zur Querbewegung nicht vorgesehen, so können erhebliche Überbeanspruchungen in den Lagern und angrenzenden Bauteilen auftreten und als Folge davon Schäden an den Lagern und am Beton (Auftreten von Rissen) entstehen. Eine weitere, häufig übersehene Folge der falschen Konstruktion kann sein,

2.2 Brücken

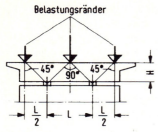

Bild 2.2

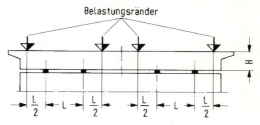

Bild 2.3

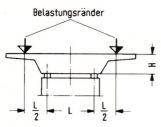

Bild 2.4

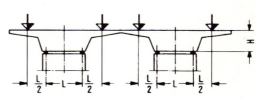

Bild 2.5

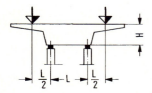

Bild 2.6

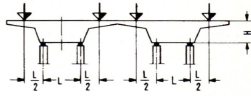

Bild 2.7

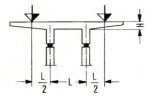

Bild 2.8

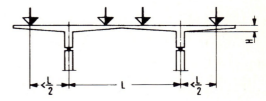

Bild 2.9

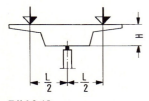

Bild 2.10

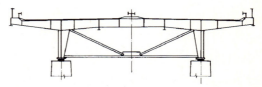

Bild 2.11

Bild 2.2 bis 2.11
Brückenquerschnitte

daß beim Quervorspannen die erzeugten Kräfte nicht, wie in der Statik vorausgesetzt, im Überbau bleiben, sondern in den steiferen Unterbau geleitet werden und somit die Sicherheit der Konstruktion beeinträchtigen. Entsprechendes gilt für das Kräftespiel infolge Kriechen und Schwinden, denn der frische Beton des Überbaus wird viel stärker kriechen und schwinden als der ältere Beton der Unterbauten.

Bei den Bauwerksbeispielen der Bilder 2.6 bis 2.9 muß eine Querbeweglichkeit durch die Lager nicht unbedingt vorgesehen werden, da die Einzelpfeiler die Funktion der Querbeweglichkeit übernehmen können. Es ist dann jedoch daran zu denken, daß durch das Auswandern der Pfeiler eine Schrägstellung entsteht, die bei den Lagern eine Querverdrehung erfordert.

Bei den Bauwerksbeispielen der Bilder 2.8 und 2.9 erfordern außerdem die sehr weichen Überbauten eine Querverdrehung der Lager, während das Lager im Bild 2.10, als Einzelunterstützung ausgeführt, eine allseitige Verdrehungsmöglichkeit für den Lastfall „einseitige Verkehrslast" benötigt.

Die Querverdrehung spielt eine um so geringere Rolle, je mehr sich die Abmessungs- und Stützungsverhältnisse des Trägers („Balkens") den Verhältnissen einer Scheibe nähern.

Eine brauchbare Maßzahl hierfür ist das Verhältnis L/H. Es wird gem. Bild 2.2 allgemein angenommen, daß bei einem Lagerabstand $L \leq 2 \cdot H$ (Verteilung unter $2 \cdot 45°$) keine „Balken"-Biegeverformung auftritt, der Scheibenzustand also erreicht ist.

Bei sehr kleinem Lagerabstand L ist darauf zu achten, daß die auftretenden Momente (z.B. aus Verkehrslast) keine abhebenden Kräfte (Zug) erzeugen, die so groß sind, daß sie bei ungünstig angenommener Überlagerung von drückenden Kräften nicht kompensiert werden (s. Lagesicherheitsnachweis, Abschn. 3). Warum?

Grundsätzlich sollte ein Lager immer eine pressende Auflast haben, denn Zuglager sind

a) Sonderkonstruktionen, also teuer,
b) schadensanfällig, verursachen deshalb oft Dauerbaustellen.

Außerdem ist das Übertragen von Horizontalkräften in Kombination mit abhebenden Kräften besonders schwierig.

Diese Horizontalkräfte, die über feste bzw. querfeste Lager weiterzuleiten sind, sollten möglichst über die vorhandenen Reibungswiderstände vom Überbau in das Lager und vom Lager in die Unterbauten, also ohne Verankerungen abgeleitet werden. Bei Rollenlagern kann dies zum „Schräglaufen" führen.

Bei einseitig beweglichen Lagern können in der Regel diese Horizontalkräfte über die vorhandenen Reibungskräfte vom Überbau in das Lager und vom Lager in die Unterbauten ohne Verankerungen übertragen werden. Aus den vorgenannten Betrachtungen und den heute zur Verfügung stehenden modernen Lagerkonstruktionen ergibt sich, daß Rollenlager bzw. Linienkipplager für den modernen Brückenbau technisch überholt sind.

Es ergeben sich aus den Erkenntnissen wichtige Forderungen an die Brückenlager-Konstruktionen, die von Linienkipplagern nicht erfüllbar sind:

1. Brückenlager müssen stets als allseitig kippbare Lager ausgebildet sein.
2. Brückenlager müssen so konstruiert sein, daß sich das Bauwerk auch in Querrichtung möglichst zwängungsarm ausdehnen kann, z.B. dadurch, daß in einer Lagerachse nur ein längsbewegliches neben sonst nur allseitig beweglichen Lagern angeordnet wird.

Bei Stahlbrücken gibt es gegenüber Stahlbetonbrücken bei der Lagerung folgende zu beachtende Unterschiede:

– Bei offenen (torsionsweichen) Überbauten (Bild 2.11) ist eine größere Querverdrehung und bei einseitiger Belastung eine Längsverschiebung aus der Querschnittsverwölbung zu erwarten.

2.2 Brücken

- Die Temperaturempfindlichkeit ist größer als bei massiven Brücken.
- Aus einseitiger Belastung und aus einseitiger Sonneneinstrahlung können nicht zu vernachlässigende Verdrehungen um lotrechte Achsen entstehen.
- Im Gegensatz zu Stahlbetonbrücken ist bei Stahlbrücken der Anteil aus der Überbauverdrehung bei der Ermittlung des Verschiebeweges nicht von vornherein zu vernachlässigen.
- Ein Lager kann nur dann ordnungsgemäß funktionieren, wenn die anschließenden Bauteile steif genug ausgebildet sind. Diese Forderung ist bei massiven Bauteilen in der Regel automatisch erfüllt. Bei stählernen Überbauten folgt hieraus die Notwendigkeit, den Untergurt im Bereich der Auflager auszusteifen (Abschn. 4.2.4.2).

2.2.2 Einfluß des Brückengrundrisses

2.2.2.1 Einfeldträger (orthogonal)

Die einfachste und wirtschaftlichste Lagerung dieses Brückentyps erfolgt nach Bild 2.12 an allen vier Auflagerpunkten A, B, C und D mit Verformungslagern, Lager-Nr. 1 gem. Lagertabelle (DIN 4141, T1), womit die Forderungen 1 und 2 gem. Abschn. 2.2.1 in einfachster Weise erfüllt werden.

Verformungslager vereinigen in sich drei Eigenschaften, die eine zwängungsarme Lagerung des Bauwerkes gewährleisten.

Sie können sich allseitig verdrehen, allseitig verformen und Horizontalkräfte aufnehmen.

Bild 2.12
Einfeldträger auf Verformungslagern

Bild 2.13
Einfeldträger auf Verformungslagern mit Festhaltekonstruktionen

Probleme mit dieser auch als „schwimmende Lagerung" bezeichneten Lagerung, die sich im wesentlichen auf einen nicht immer praktizierten waagerechten Einbau der Lager beziehen bzw. auf ein Kippen der Widerlager zurückzuführen ist, haben dazu geführt, daß Vorbehalte – um nicht zu sagen Vorurteile – gegen diese Lagerung entstanden. Es wurde in vielen Fällen dann eine Lagerung nach Bild 2.13 gewählt, mit der das Bauwerk sowohl in Längsrichtung als auch in Querrichtung durch Stahlanschläge „festgehalten" wurde. Dagegen ist – abgesehen von den höheren Kosten – prinzipiell nichts einzuwenden.

2.2.2.2 Einfeldträger (schief)

Auch hierfür ist eine Lagerung auf Verformungslagern (Nr. 1) in der Regel die einfachste und wirtschaftlichste Lösung analog Bild 2.12. Bild 2.14 zeigt die Lagerung mit einem festen Lager (A), einem allseitig beweglichen Lager (B), einem längsbeweglichen Lager (C) und wieder einem allseitig beweglichen Lager (D). Zu beachten ist in

Bild 2.14
Schiefer Einfeldträger auf Punktkipplagern

diesem Fall am Lagerpunkt (C), daß einerseits die Brücke eine Verdrehungsmöglichkeit um die Achse des Endquerträgers, die im Winkel α zur Brückenachse liegt, haben muß, andererseits aber das geführte Lager sich in Richtung der Brückenachse bewegt. Hier funktionieren alle Lager-Konstruktionen nicht mehr, bei denen durch die vom Lager-Oberteil zum Lager-Unterteil übergreifende Führung die Kipprichtung vorgegeben wird. Verformungslager mit den bisher üblichen Festhaltekonstruktionen gehören z.B. zu dieser Konstruktionsart (Abschn. 4.3.5).

Es kommen also hier nur Lager-Konstruktionen in Frage, bei denen die Bewegungs- und Kippmöglichkeiten entkoppelt sind, z.B. Stahl-Punktkipp-Gleitlager oder Topf-Gleitlager (Abschn. 4.4).

Die Anordnung eines Gleitlagers in (C) hat zur Folge, daß am Lagerpunkt (D) ebenfalls ein Gleitlager, hier aber allseitig beweglich, vorgesehen werden muß (DIN 4141, Teil 2, Abschnitt 3.6).

Die Lagerung kann aber auch mit Verformungslagern verwirklicht werden, wenn an den Lagerpunkten (A) u. (C) ein rundes Verformungslager mit einem Topf und einem Deckel kombiniert wird (Abschn. 4.3.5), und somit ein festes Punktkipplager (Lager Nr. 7d) bzw. ein einseitig bewegl. Punktkipp-Gleitlager (Lager-Nr. 8d) entsteht, bei dem das Gleiten und Kippen ebenfalls entkoppelt ist. In diesem Fall können an den Lagerpunkten (B) u. (D), wegen gleicher vertikaler Steifigkeiten,

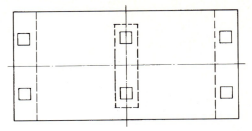

Bild 2.16
Zweifeldträger auf Verformungslagern

normale Verformungslager (Lager-Nr. 1), wie in Bild 2.15 dargestellt, eingesetzt werden.

2.2.2.3 Zweifeldträger (orthogonal)

Hier sind die Ausführungen nach Abschn. 2.2.2.1 für die Widerlager zu übernehmen, so daß nur die Lagerung auf dem Mittelpfeiler diskutiert werden muß.

Als im allgemeinen einfachste und wirtschaftlichste Ausführung kommt auch hier wieder die Lagerung auf Verformungslagern (Nr. 1) nach Bild 2.16 in Frage.

Es ist u.U. wirtschaftlicher, falls Festhalterungen verlangt werden, das feste Lager auf dem Mittelpfeiler anzuordnen, da dadurch die Bewegungsgrößen für die Verformungslager geringer werden. Ein Beispiel zeigt Bild 2.17.

2.2.2.4 Zweifeldträger (schief)

Auch hier wird eine Lagerung auf Verformungslagern die einfachste und wirtschaftlichste Lösung sein. Es müssen jedoch die

Bild 2.15
Schiefer Einfeldträger auf Verformungslagern und auf als Punktkipplager ausgebildeten Verformungslagern

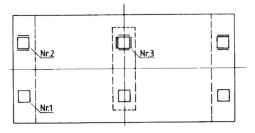

Bild 2.17
Zweifeldträger auf Verformungslagern mit Festhaltekonstruktionen

2.2 Brücken

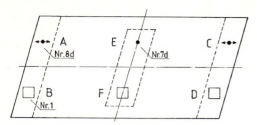

Bild 2.18
Schiefer Zweifeldträger auf Verformungslagern und auf als Punktkipplager ausgebildeten Verformungslagern

Hinweise aus Abschnitt 2.2.2.2 beachtet werden. Für den Lagerungsvorschlag nach Bild 2.18 bedeutet dies, daß an den Lagerpunkten (A) und (C) wieder einseitig bewegliche „Topf"-Verformungs-Gleitlager und an den Lagerpunkten (B) und (D) in Abhängigkeit von der Verschiebungsgröße normale Verformungslager oder allseitig bewegliche Verformungs-Gleitlager angeordnet werden können. Auf dem Mittelpfeiler wird wieder empfohlen, als festes Lager (E) ein Verformungslager, kombiniert mit einem Topf und einem Deckel als „Topf"-Verformungslager wegen der Übertragung von Horizontalkräften und Verdrehungen, zu wählen.

Es ist auch möglich, ein anderes Lagersystem zu wählen. Es dürfen jedoch innerhalb der gleichen Lagerachse keine Lager mit unterschiedlicher Steifigkeit, z.B. Stahl- und Verformungslager verwendet werden, weil sich dann das „weichere" Lager (Verformungslager) der Lastaufnahme entziehen würde, also eine Lastumlagerung zum Stahllager stattfinden würde.

2.2.2.5 Durchlaufträger (orthogonal)

Die wohl am häufigsten ausgeführten Lagerungen sind auf den Bildern 2.19 und 2.20 dargestellt.

Sie unterscheiden sich nur in der Aufnahme der Horizontalkräfte in Brückenlängsrichtung durch das feste Lager (Nr. 7). Die Anordnung des festen Lagers auf dem Widerlager deutet darauf hin, daß ange-

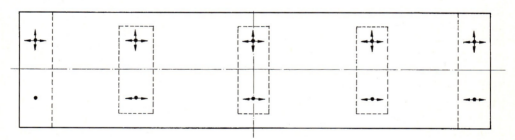

Bild 2.19
Orthogonaler Mehrfeldträger auf Punktkipplagern, Festpunkt auf dem Widerlager

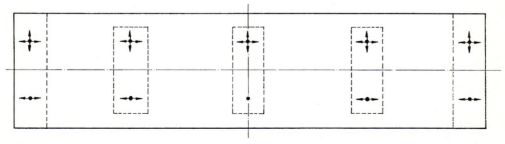

Bild 2.20
Orthogonaler Mehrfeldträger auf Punktkipplagern, Festpunkt in Bauwerksmitte

nommen wurde, daß in den Gründungsbereichen der Pfeiler unsichere Baugrundverhältnisse (Abschn. 2.2.4) vorherrschen.

Die Forderung nach der Lagerart wird beim Durchlaufträger im wesentlichen vom Einfluß des Brückenquerschnitts und den Baugrundverhältnissen bestimmt, so daß mit den Punktkipplagern (Nr. 7–9) die Forderungen 1 und 2 gem. Abschnitt 2.2.1 eindeutig erfüllt werden.

Auch hier ist es zweckmäßig, eine Untersuchung durchzuführen, ob alternativ das Lagerungssystem mit Verformungslagern (Nr. 1–6) möglich ist, um die in Abschnitt 2.2.2.1 genannten Vorteile zu nutzen.

2.2.2.6 Durchlaufträger (gekrümmt)

Bei geraden Brücken bringt die Festlegung einer einwandfreien Lagerung kaum größere Probleme. Ist der Festpunkt festgelegt, so ergibt sich die Lagerachse der geführten Lager für die Aufnahme der Horizontalkräfte in derjenigen Bauwerksachse, in der das feste Lager liegt. Die Lagerachse für eine möglichst zwängungsarme Ausdehnung des Bauwerks ergibt sich dann eigentlich von selbst. Ganz anders sieht es bei einem im Grundriß gekrümmten Bauwerk aus. Es ist bekannt, daß an einem Bauwerk die verschiedensten Bewegungen auftreten, von deren möglichst zwängungsarmer Aufnahme die Sicherheit des Bauwerks und die Reparaturanfälligkeit abhängen. Ebenso wichtig ist die Kenntnis der Bewegungsdauer und der Bewegungsrichtung.

Als wesentliche Bewegungsanteile sind die Bewegungen aus Temperatur, Schwinden, Vorspannen und Kriechen zu nennen. Ihre Größe und ihr zeitlicher Ablauf, vor allem der des Schwindens und des Kriechens, hängen von sehr vielen Faktoren ab. Exakte Voraussagen sind, trotz zahlreicher Untersuchungen, bislang nicht möglich. Man ist daher auf vereinfachende Annahmen und Abschätzungen angewiesen. In Bild 2.21 ist eine Polstrahl-Lagerung dargestellt. Die Temperatur als Ausdehnung und Verkürzung des Bauwerks bringt in der Regel den weitaus größten Einzelweg. Sie wirkt außerdem während der gesamten Lebensdauer der Brücke. Der Schwindprozeß des Betons ist dagegen nach 4 Jahren nahezu abgeschlossen. Nach dieser Zeit findet – abhängig von der Jahreszeit – abwechselnd ein Schwinden und Quellen statt, das üblicherweise vernachlässigt wird.

Die Ausdehnung bzw. Verkürzung des Bauwerks infolge vorgenannter Einflüsse wird in Richtung der eingezeichneten Polstrahlen wirken, obwohl bei abschnittsweiser Bauwerksherstellung diese Richtung für das Schwinden schon nicht mehr ganz stimmt.

Eine davon abweichende Bewegungsrichtung ergibt sich für die Bewegungsanteile aus Vorspannen und Kriechen.

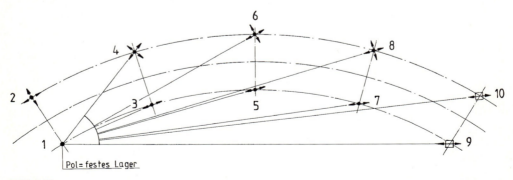

Bild 2.21
Polstrahllagerung

2.2 Brücken

Die Kriechbewegungen des Betons sind wie die Schwindbewegungen nach ca. vier Jahren beendet, sofern nicht zwischenzeitliche Lastzustandsänderungen eingetreten sind, wie z. B. Stützensenkung. Die Bewegungen infolge der elastischen Verformungen beim Vorspannen sind demgegenüber kurzzeitig.

Wie Hütten [40] gezeigt hat, folgt daraus die wichtige Tatsache, daß bei einem im Grundriß gekrümmten Bauwerk mehrere Bewegungsrichtungen wirken.

Nachfolgende Überlegungen sind anzustellen:

An den Lagern 1, 2, 4, 6, 8 und 10 nach Bild 2.21 treten kaum Probleme auf, wenn das Lager 1 allseitig fest und verdrehbar und die Lager 2, 4, 6, 8 und 10 allseitig beweglich und verdrehbar ausgeführt werden.

Die Lager 3, 5, 7 und 9 müssen von der Funktion her ebenfalls allseitig beweglich sein. Sie werden außerdem für die Aufnahme der Horizontalkräfte benötigt.

Werden die Lager 3, 5 und 7 auf relativ schlanken Einzelpfeilern angeordnet, so können sie als einseitig bewegliche Lager in Polstrahlrichtung ausgerichtet eingebaut werden. Die Pfeiler übernehmen die zusätzlichen Bewegungen quer dazu, indem sie sich verformen. Die Verformungskräfte sind berechenbar und bei der Lagerbemessung zu berücksichtigen.

Erheblich schwieriger werden die Probleme am Lager 9, da hier das Widerlager nicht zu ausgleichenden Bewegungen herangezogen werden kann. Hier kann das Verformungs-Gleitlager (Nr. 6) helfen. Der Verformungsteil, ein Elastomerlager, übernimmt den von der geführten Bewegung abweichenden Bewegungsanteil, und die entstehende Rückstellkraft baut sich durch Relaxation (Abschn. 4.4.5) ab.

Das Elastomerlager bleibt aber weiterhin wirksam für die Aufnahme von äußeren Horizontalkräften.

Um gleichmäßige Lastabtragungen zu erhalten, muß das Lager 10 in gleicher Art hinsichtlich Verformungsteil und Gleitteil ausgebildet werden. Ebenso können die Lager auf den Pfeilern als Verformungs-Gleitlager ausgeführt werden. Notwendig ist dies, wenn die Pfeilersteifigkeit zu große Kräfte an den Lagern erzeugen würde.

Nebenbei sei bemerkt, daß es wichtig ist, bei einer Lagerung in Polstrahlrichtung eine ausreichende Querbeweglichkeit des Fahrbahnübergangs zu berücksichtigen. Außerdem entstehen bei der Wahl von einseitig beweglichen Lagern zusätzliche Horizontalkräfte am Festpunkt 1 als Reaktionskräfte infolge Horizontalkraftumlenkung. In den meisten Fällen werden allerdings die Lager nicht in Polstrahlrichtung, sondern in tangentialer Richtung eingebaut (Bild 2.22). Diese Lagerungsform ist grundsätzlich möglich, wenn alle Einflüsse berücksichtigt werden.

Das so gelagerte Bauwerk wird sich ebenfalls infolge Temperaturänderung und

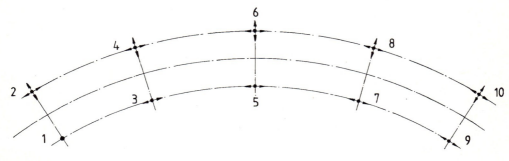

Bild 2.22
Tangentiallagerung

Schwinden in Polstrahlrichtung ausdehnen wollen. Es wird aber gezwungen (Zwängung), sich tangential zu bewegen. In der Lagerachse, die für die Aufnahme der Horizontalkräfte aus Wind vorgesehen ist, wird das Bauwerk tangential geführt.

Die Größe dieser Zwängungs-(Führungs-)kräfte hängen im wesentlichen

a) von der Krümmung und
b) von der Steifigkeit in horizontaler Richtung

des Bauwerks ab.

Diese Kräfte, die beträchtlich sein können, sind zu den übrigen Kräften (Bremsen, Wind, Fliehkraft) vektoriell zu addieren.

Zusammenfassend kann festgestellt werden, daß beide Lagerungsformen
Polstrahl-Lagerung und Tangential-Lagerung
mit den meisten der heute zur Verfügung stehenden Lagern möglich sind.

Dabei gilt für beide Lagerungen die Forderung:

Es dürfen nur Lager-Konstruktionen mit allseitiger Verdrehung eingesetzt werden. Dies ist in der Regel bei den Gleitlagern gewährleistet, bei denen das geführte Gleitteil funktionsmäßig vom Kippteil getrennt ist.

Die Polstrahllagerung ist auf Dauer die zwängungsärmere Lagerung, da hier nach dem Abklingen der Bewegungen aus Vorspannen, Schwinden und Kriechen die Bewegung aus Temperatur zwängungsarm in der eingestellten Richtung wirken kann. Die meist geringen Bewegungen aus Verkehr (Verkehrsschwingungen) wirken zwar während der gesamten Lebensdauer tangential, die Komponente, die rechtwinklig zum Polstrahl wirkt, wird jedoch in der Regel recht zwängungsarm entweder durch das vorhandene Querspiel im Gleitlager, der Elastizität des Pfeilers oder durch das Verformungslager aufgenommen.

In letzterem Fall bestimmt die zulässige Schubverformung die Grenze dieser Lagerung, wenn z. B. mit dem Verformungslager die Ausgleichsbewegung (Komponente der Gesamtbewegung, abhängig von der Krümmung des Bauwerks), auf dem Widerlager aufgenommen werden soll.

Bei der Tangential-Lagerung werden größere Zwängungskräfte immer vorhanden sein. Eine besonders sorgfältige Ausbildung der Gleitflächen in den Führungen ist daher erforderlich. Die Grenze dieser Lagerung liegt in der Größe der aufnehmbaren Verformungskräfte (Horizontalkräfte) durch die Lager bzw. die Unterbauten.

Damit die Horizontalkräfte möglichst klein gehalten werden können, ist es zweckmäßig, den Überbau im Grundriß so schlank wie möglich auszubilden, eventuell durch Aufteilung in mehrere nebeneinanderliegende Bauwerke.

Eine ebenfalls praktikable Lösung ist die Einstellung einer mittleren Bewegungsrichtung zwischen der Polstrahl-Lagerung und der Tangential-Lagerung. Es können damit sowohl die Bewegung an den Verformungslagern verkleinert als auch die Zwängungskraft reduziert werden.

Die „beste" Lösung als Ergebnis einer Optimierungsstrategie muß noch entwickelt werden [170].

Die vorgenannten Überlegungen sind sinnlos, wenn versäumt wird, die richtige Montage der Lager (auch die Einstellung der exakten Bewegungsrichtung) auf der Baustelle sicherzustellen. Dazu ist es notwendig, daß die Baustelle einen Lagerversetzplan erhält (s. DIN 4141, Teil 4), aus dem alle erforderlichen Angaben zu entnehmen sind.

2.2.3 Lagerungsbeispiele

2.2.3.1 Einfeldträger (orthogonal)

Wie schon erwähnt, ist die einfachste und langlebigste Lagerung die fast wartungsfreie Lagerung gem. Bild 2.12 (s. Abschn. 2.2.2.1). In Deutschland sind Verformungslager mit Festhaltekonstruktionen sehr weit verbreitet.

2.2 Brücken

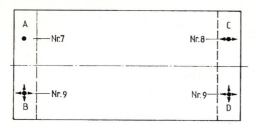

Bild 2.23
Einfeldträger auf Punktkipplagern

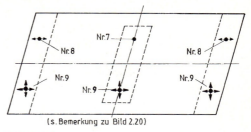

Bild 2.24
Schiefer Zweifeldträger auf Punktkipplagern

Für Neubauten ist der Lagerungsvorschlag nach Bild 2.13 die in der Praxis am weitesten verbreitete Lagerung. Nach diesem Lagerungsvorschlag befindet sich ein allseitig festes Verformungslager (Nr. 3) auf dem Widerlager. Außerdem ist für die Aufnahme der Vertikalkräfte und Ausgleichsbewegungen ein Verformungslager (Nr. 1) auf dem gleichen Widerlager angeordnet. Auf dem anderen Widerlager übernimmt ein einseitig geführtes Verformungslager (Nr. 2) die Horizontalkräfte quer zur Brücke. Daneben ist für die Aufnahme der Vertikalkräfte und Bewegungen ein weiteres Verformungslager (Nr. 1) angeordnet.

Selbstverständlich können hier auch, wenn die Bewegungsgröße dies verlangt, Verformungs-Gleitlager (Nr. 4 am Lagerpunkt C und Nr. 5 am Lagerpunkt D) bzw. Punktkipp-Gleitlager (Nr. 8 am Lagerpunkt C und Nr. 9 am Lagerpunkt D) statt der Verformungslager gewählt werden (s. Bild 2.23).

2.2.3.2 Zweifeldträger (schief)

Vorgeschlagen wird eine Lagerung gem. Bild 2.18 (s. Abschn. 2.2.2.4). Da es sich um ein im Grundriß schiefes Bauwerk handelt, dürfen auf den Widerlagern als einseitig bewegliche Lager nur Konstruktionen eingesetzt werden, bei denen die Bewegungs- und Kippmöglichkeiten entkoppelt sind (z. B. Punktkipp-Gleitlager oder Topf-Gleitlager). Die Begründung hierfür wurde bereits im Abschn. 2.2.2.2 gegeben.

Wird als festes Lager auf dem Mittelpfeiler die schon erwähnte Konstruktionsart „Elastomerlager + Topf + Deckel" (Nr. 7d) gewählt, so muß das andere Lager ebenfalls ein Verformungslager (Nr. 1) sein. Das feste Lager könnte auch auf einem Widerlager angeordnet werden, jedoch hat die dargestellte Lagerung (Bild 2.18) den Vorteil, daß die gleichbelasteten Widerlager auch gleiche Lagergrößen erhalten (größere Stückzahlen = geringere Preise). Für andere Lagerungs-Lösungen – z. B. nach Bild 2.24 – ist wieder zu beachten, daß in jedem Fall die Horizontalkräfte in Brückenlängs- und Brückenquerrichtung in jeder Auflager-Achse jeweils nur an einem Lager abzuleiten sind.

Auf keinen Fall sollte ein einseitig geführtes Punktkipp-Gleitlager (Nr. 8) um 90° gedreht eingebaut werden und als querbewegliches Lager zur Horizontalkraft-Aufnahme in Brückenlängsrichtung herangezogen werden. Diese Aufteilung des Festpunktes funktioniert nicht (s. auch Abschn. 4.3.1). Leider wird in diesem Punkt noch allzu häufig falsch konstruiert.

2.2.3.3 Durchlaufträger (orthogonal)

Beschrieben werden die Lagerungsbeispiele gem. Bild 2.25 und Bild 2.26. Die eingetragenen Lagersymbole zeigen, daß die Lager Nr. 7 bis 9 eingesetzt wurden. Selbstverständlich sollten auch hier, wenn die Tragfähigkeit ausreichend ist, funktionsmäßig gleichwertige Lagerkonstruktionen mit Verformungslagern verwendet werden.

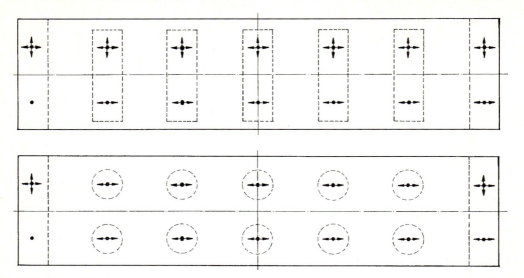

Bild 2.25 und 2.26
Lagerungsbeispiele für orthogonale Mehrfeldträger

Bild 2.25 zeigt beispielhaft die exakte Trennung der Funktionen. Nur ein Lager auf einem der beiden Widerlager ist für die Aufnahme der Horizontalkräfte in Bauwerks-Längsrichtung bestimmt. Die Kombination von ein- und allseitig beweglichen Lagern auf den anderen Auflagerachsen lassen eine allseitige zwängungsarme Ausdehnung des Bauwerks zu.

Etwas anders sieht es bei dem Lagerungsbeispiel nach Bild 2.26 aus. Hier nehmen sämtliche Lager auf den Pfeilern Horizontalkräfte (Windlasten) auf. Die erforderlichen Querbewegungen aus den verschiedenen Ursachen werden hier von Pfeilern erwartet, Zwängungen also planmäßig vorgesehen.

2.2.3.4 Durchlaufträger (gekrümmt)

Im modernen Brückenbau ist eine häufige Ausführungsform das „im Grundriß gekrümmte Bauwerk".

Deshalb wurde diese Konstruktion bereits im Abschnitt 2.2.2.6 besonders ausführlich behandelt. Wenn auch nicht alle Lagerungsmöglichkeiten besprochen werden können, soll doch auf einige ausgewählte Lagerungsformen hingewiesen werden. In Bild 2.27 wird die Polstrahl-Lagerung dargestellt, auf die bereits im Abschn. 2.2.2.6 hingewiesen wurde. Die geführten Punktkipp-Gleitlager (Gleitteil und Kippteil entkoppelt) auf Einzelpfeilern werden in Polstrahlrichtung auf den theoretischen Festpunkt ausgerichtet. Davon abweichende Bewegungen übernimmt das „Verformungsbauteil Pfeiler". Die **zwei** festen Lager wurden hier auf den Mittelpfeilern angeordnet. Damit werden die Lagerbewegungen, und somit auch die aus Zwängung entstehenden Verformungen (Ausgleichsbewegungen), insgesamt erheblich geringer. Auf den Widerlagern, die als starre Unterbauten anzusehen sind, werden Verformungs-Gleitlager (Nr. 6) vorgesehen, bei denen die frei verformbaren Elastomerlager die Funktion, die in den anderen Lagerachsen die Einzelpfeiler erfüllen, übernehmen, indem sie die von der Polstrahlrichtung abweichenden Bewegungen durch Schrägstellung (Verformung) ermöglichen.

Ein bei Sanierungen – wenn z. B. Rollenlager auszuwechseln sind – zu empfeh-

2.2 Brücken

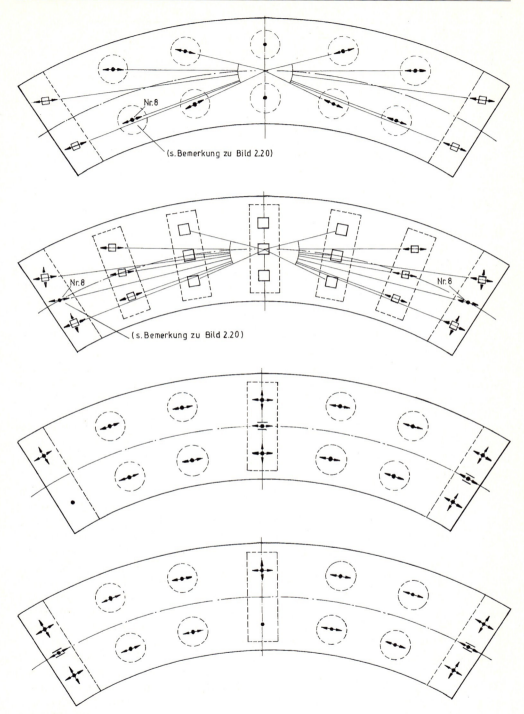

Bild 2.27 bis 2.30
Lagerungsbeispiele für gekrümmte Brücken

lendes Lagerungssystem ist in Bild 2.28 dargestellt. Da in solchen Fällen weitgehend nur noch Bewegungen aus Temperatur – Kriechen und Schwinden sind beendet – zu erwarten sind, ergibt eine Polstrahllagerung die geringsten Zwängungen. Vertikal ist das Bauwerk an allen Auflagerpunkten auf Verformungslagern abgestützt.

Die Horizontalkräfte in Brückenlängsrichtung werden von Elastomerlagern (Nr. 1) auf den drei Mittelpfeilern gummielastisch aufgenommen. Dies gilt ebenfalls für die Horizontalkräfte in Brückenquerrichtung durch die Verformungslager (Nr. 1) auf den drei Mittelpfeilern und die geführten Verformungs-Gleitlager (Nr. 6) auf den Außenpfeilern. Auf den beiden Widerlagern wird das Bauwerk in der Mitte durch ein Punktkipp-Gleitlager starr geführt.

Dabei wird der Punktkipp-Teil durch das bereits mehrfach beschriebene „Elastomerlager + Topf + Deckel" gebildet. Daneben sind dann allseitig bewegliche Verformungs-Gleitlager (Nr. 5) möglich. Das Bauwerk ist also in Querrichtung nur an den Widerlagern starr gelagert, während es auf den Pfeilern „gummielastisch" abgestützt ist.

Daraus ergeben sich für den Überbau folgende Nachweise:

a) Einhaltung der zul. Beanspruchungen aus der Überlagerung von Vertikal- und Querbelastungen.
b) Einhaltung zulässiger Überbauverformungen in Querrichtung, notfalls Anordnung stählerner Anschlagkonstruktionen.

Schließlich zeigen die Bilder 2.29 und 2.30 noch Beispiele von Tangential-Lagerungen, bei denen die Bauwerke an einzelnen Lagerpunkten durch reine Horizontalkraftlager (Nr. 14) zwangsgeführt werden. Die Lagerung nach Bild 2.30 bewirkt an den beweglichen Lagern geringere Bewegungen und mehr gleiche Lagerkonstruktionen im Vergleich zur Lagerung nach Bild 2.29.

Verschiedene Lösungen zur Lagerung eines im Grundriß gekrümmten Durchlaufträgers

Nachfolgend wird an einem im Grundriß stets gleichen Brückenüberbau gezeigt, wie die unterschiedlichen Bedingungen hinsichtlich Stützweite, Auflast und Steifigkeitsverhältnissen zwischen Überbau, Unterbau und Gründung zu verschiedenen Lagerungsplänen führen kann, angefangen vom einfachsten Fall – nur einfache bewehrte Elastomerlager entsprechend DIN 4141, Teil 14, Lager Nr. 1 der Lagertabelle – bis zum komplizierten Fall, bei dem auch Führungslager – Lager Nr. 14 – und evtl. feste H-Kraftlager erforderlich sind.

In der Erläuterung zu den verschiedenen Lagerungsstufen werden keine neuen Argumente gebracht, es handelt sich um eine anschauliche Zusammenfassung des Vorhergehenden.

Folgende 7 Grundsätze werden bei den Beispiellösungen beachtet:

- keine Linienlagerung (Nr. 10–13 der Lagertabelle)
- neben dem festen Lager nur allseitig bewegliche Lager auf der gleichen Auflagerbank
- keine Zuglager
- nur gleichartige Drucklager in einer Auflagerachse
- Polstrahllagerung ist bei gekrümmtem Grundriß besser als Tangentiallagerung
- Horizontalkraftlager nicht mehr als unbedingt nötig
- wo immer möglich, Verformungslager einsetzen!

Zusätzlich zu den Symbolen gem. DIN 4141, Teil 1, Tabelle 1 wird für die Einspannung das Symbol X benutzt.

Eine Pendelstütze, allseitig beweglich, ist lagerungsmäßig den allseitig beweglichen Gleitlagern zuzuordnen und erhält deshalb hier kein besonders Symbol.

Lager sind dann nicht notwendig, wenn die Bewegungen so klein sind, daß eine kraftschlüssige, biegesteife Verbindung mit den Unterkonstruktionen ohne großen Aufwand möglich ist.

Dies trifft zunächst zu für sehr kurze Brücken – z. B. Durchlässe – evtl. auch für solche (seltenen) Brücken, die nur sehr geringen Temperaturschwankungen ausgesetzt sind. Es gibt aber auch Fälle, in denen nur bei einem Teil der Unterstützung auf Lager verzichtet werden kann, z. B. bei Beton-Überbauten, wenn schlanke, biegeweiche Pfeiler neben kompakten Unterkonstruktionen vorhanden sind.

Überschläglich werden mit den Lastannahmen nach DIN 1072 die Stützlasten (Auflasten) ermittelt. Sie sind von der gewählten Lagerart weitgehend unabhängig.

Eine „gemischte" Lagerung, bei der Verformungslager und „nicht-Verformungslager" für das gleiche Bauwerk verwendet werden, mag teurer sein als die „reine" Lagerung, sie ist aber auf jeden Fall wartungsärmer und sollte als Alternative zumindest stets mit dem Bauherrn diskutiert werden.

Bei der **Lagerung I** (Bild 2.31) sind von einer Wartung nur die leicht zugänglichen Verformungslager auf den Widerlagern betroffen. Im großen und ganzen handelt es sich bei dieser Lagerung um eine Rahmenkonstruktion, in deren Berechnung die vier Verformungslager als verformbare Bauteile einbezogen werden.

Je nach den Verhältnissen kann es vorkommen, daß die Federkraft, die Reaktion gegen eine horizontale Verschiebung, bei den Stützen geringer ist als bei den Lagern des Widerlagers, wenn starres Verhalten des jeweils anderen Teils angenommen wird. Trifft dieser Fall nicht zu und sind insbesondere die den Widerlagern benachbarten Stützen relativ kurz und die Entfernung zum rechnerischen Fixpunkt groß, so kann die Beanspruchung dieser Stützen so groß werden, daß der **Lagerung II** (Bild 2.32) der Vorzug zu geben ist. Sprechen andere Gründe – z. B. die Kosten der Realisierung – gegen Stützeneinspannungen, so ist auf jeden Fall die **Lagerung III** (Bild 2.33) zu untersuchen.

Ob Verformungslager möglich sind, hängt zunächst nur von der Höhe der Auflast ab. Lasten, die größer sind als 1215 kN, sind auch vom größten Verformungslager (900 · 900 mm) nicht mehr aufnehmbar, sofern die Regellager nach DIN 4141, Teil 14, und deren Bemessung zugrunde gelegt werden. Für Verformungs-Gleitlager liegt dieser Grenzwert um 50 % höher, also bei 1822 kN. Eine weitere Begrenzung stellen die aufnehmbaren Verdrehungen dar, die bei Verformungs-Gleitlagern insgesamt maximal 5 ‰ betragen dürfen. Bei Verformungslagern ohne Gleitfläche ergibt sich die Begrenzung je Schichtdicke, abhängig von der Lagergröße, aus DIN 4141, Teil 14. Die Anzahl der Gummischichten, die maßgebend für die Größe der Bewegung sind, ist ebenfalls begrenzt.

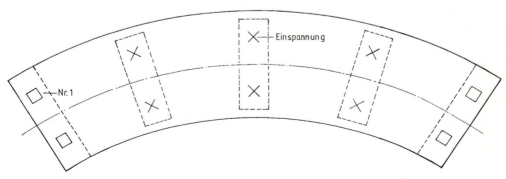

Bild 2.31
Lagerung I

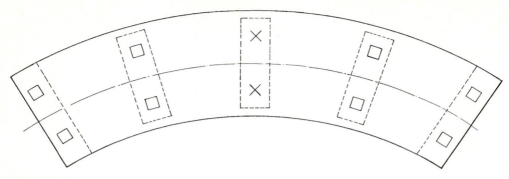

Bild 2.32
Lagerung II

Für kippweiche Lager sind doppelte Verdrehungswerte bei geringerer zulässiger Auflagerkraft zulässig.

In den meisten Fällen lassen bereits grobe Überschlagsrechnungen erkennen, ob sich eine Lagerung nur auf Elastomerlagern verwirklichen läßt.

In der künftigen europäischen Lagernorm wird in bisherigen Grenzfällen die Bemessung günstiger sein. Dies ist darauf zurückzuführen, daß diese Norm als Bemessungswert die Summe der drei Dehnungsanteile aus lotrechter Last, horizontaler Beanspruchung und Verdrehung vorsieht. In DIN 4141, Teil 14, hatte man aus Gründen der Vereinfachung davon abgesehen. In den Erläuterungen zu dieser Norm wird jedoch ebenfalls auf die Möglichkeit eines „genaueren" Nachweises hingewiesen, da die grundlegenden Zusammenhänge seit langem international bekannt sind durch den „ORE-Bericht" (ORE = Forschungs- und Versuchsamt des Internationalen Eisenbahnverbandes) [119].

Bei konsequenter Rechnung und ordnungsgemäßem Einbau (stets horizontal bei Balkenbrücken!) sind bei Straßenbrücken weder ein konstruktiver Festpunkt noch Führungen der Lager erforderlich. Werden diese Konstruktionen (FHK = Festhaltekonstruktionen) dennoch gefordert, so bedeutet dies:

– die Herstellungskosten steigen
– der Einbau wird aufwendiger
– die Wartungskosten sind höher (ohne FHK ist ja diese Brückenlagerung praktisch wartungsfrei, bei FHK müßte mindestens von Zeit zu Zeit der Korrosionsschutz erneuert werden)

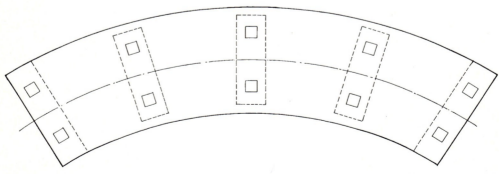

Bild 2.33
Lagerung III

2.2 Brücken

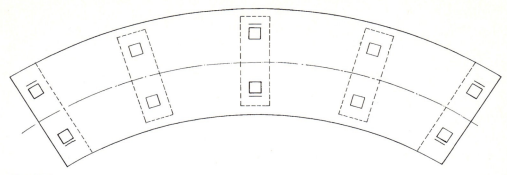

Bild 2.34
Lagerung IIIa

– die äußeren Kräfte (Bremsen und Wind) werden nicht mehr gleichmäßig (gummielastisch), sondern ungleichmäßig (unterschiedliches Spiel in den FHK) verteilt.

Erfahrungen aus der Baupraxis (kein horizontaler Lagereinbau bzw. nicht bekannte „unsichere" Baugrundverhältnisse) zeigen, daß es in vielen Fällen zweckmäßig ist, wenigstens an einigen Punkten (beide Widerlager und in der Bauwerksmitte) konstruktive Anschläge mit Spiel vorzusehen, die normalerweise ohne Funktion sind, die aber zu große Verformungen verhindern, also gegen Imponderabilien absichern und damit das Bauwerk „robuster" machen.

Diese konstruktiven Anschläge sind in den Lagerungen **IIIa**, **IV** u. **V** durch □ gekennzeichnet.

Die aufnehmbaren Verschiebungen eines Elastomerlagers errechnen sich aus der max. Elastomerdicke multipliziert mit dem zulässigen Schubwinkel, siehe DIN 4141, Teil 14, Abschnitt 5.3.

Die vom Bauwerk zu erwartende Lagerverschiebung setzt sich aus dem Anteil der Schiefstellung aus den äußeren Lasten – eine genaue Ermittlung ist nur unter Einbeziehung der Steifigkeit der Unterbauten und der Gründung möglich – und der Zwangsverschiebung (Temperatur, Schwinden, Kriechen) zusammen. Letzterer Anteil wächst mit dem Abstand vom ideellen Festpunkt. Sind die zu erwartenden Verschiebungen mit bewehrten Elastomerlagern aufnehmbar, so liegt der Lagerungsplan bereits fest mit Lagerung **IIIa** (Bild 2.34).

Sind die zu erwartenden Verschiebungen an einigen Stellen größer als die aufnehmbaren, so sind dort Verformungs-Gleitlager vorzusehen. Dies ist zunächst bei den am weitesten vom ideellen Festpunkt entfernten Lagern auf den Widerlagern zu erwarten (**Lagerung IV** in Bild 2.35). Extrem würde diese Situation mit **Lagerung V** (Bild 2.36). Das „Lösen" dieser Lager durch den Einbau einer Gleitebene hat allerdings die fatale Folge, daß sich die äußeren Lasten – z. B. Bremslasten – nun auf die verbleibenden Elastomerlager aufteilen müssen. Wenn wegen zu großer Verschiebungen Verformungs-Gleitlager vorzusehen sind, so ändern sich die Verhältnisse für die Aufnahme der Horizontallasten. Es muß dann iterativ so lange mit wechselnden Kombinationen von „normalen" bewehrten Elastomerlagern, Verformungs-Gleitlagern und evtl. Festhaltekonstruktionen gerechnet werden, bis die Kräftebilanz stimmt, z. B. **Lagerung VI** (Bild 2.37).

Bei dieser Berechnung ist die Elastizität der Unterkonstruktion und der Gründung zu berücksichtigen, grobe Abschätzungen sind hier in der Regel nicht mehr möglich.

Wenn in der für den Festpunkt vorgesehenen Lagerachse Verformungslager we-

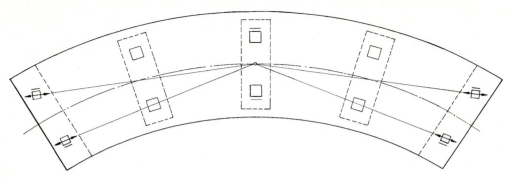

Bild 2.35
Lagerung IV

gen zu großer Auflasten nicht möglich sind, so ist ein festes Punktkipplager (Nr. 7) und ein allseitig bewegliches Punktkipp-Gleitlager (Nr. 9) vorzusehen.

Wenn in mehreren Lagerachsen Verformungslager nicht möglich sind, dann hän-

gen weitere Entscheidungen von der gesamten Tragwerksberechnung ab. Feste Lager auf benachbarten Pfeilern sind z. B. möglich, wenn die Unterbauten die Zwangskräfte aus der Rahmenkonstruktion aufnehmen können, die aus dem

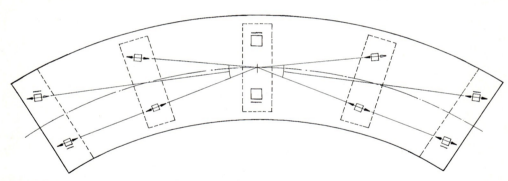

Bild 2.36
Lagerung V

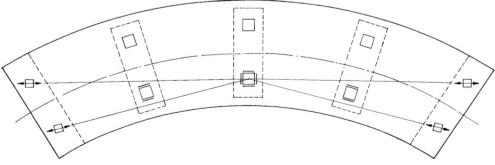

Bild 2.37
Lagerung VI

2.2 Brücken

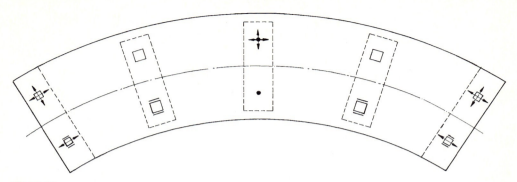

Bild 2.38
Lagerung VII
Ob Lager, die nicht entkoppelt sind, hier funktionieren, hängt u. a. auch vom Krümmungsmaß ab

Überbau und den mittels festen Lagern verbundenen Pfeilern gebildet wird.
Beispiele für gemischte Lagerungen sind **Lagerung VII** (Bild 2.38) u. **VIII** (Bild 2.39). Im Großbrückenbau wird in aller Regel die **Lagerung IX** (Bild 2.40) bevorzugt.
Wenn kleine Auflasten mit zugehörigen Horizontalkräften von längs-beweglichen Gleitlagern nicht mehr aufnehmbar sind

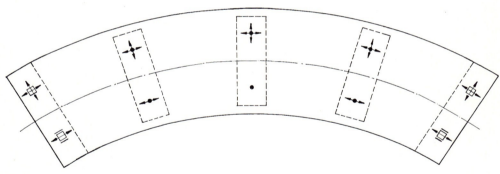

Bild 2.39
Lagerung VIII

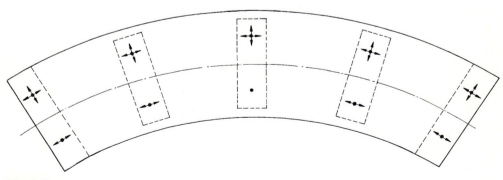

Bild 2.40
Lagerung IX

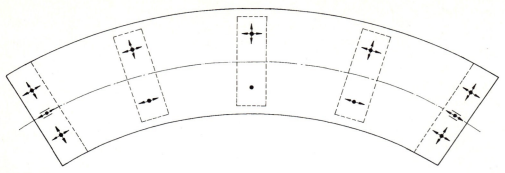

Bild 2.41
Lagerung X

(die Klaffung der Fuge ist bei Gleitlagern unzulässig!), so sind Führungslager mit allseitig beweglichen Lagern zu kombinieren, z.B. **Lagerung X** (Bild 2.41). Führungslager sind konstruktiv aufwendig (Verankerung im Beton) und verteuern die Lagerung. Es sind deshalb vor der Entscheidung zu Führungslagern alle Möglichkeiten zu prüfen, die den Einfluß der exzentrisch zur Gleitfuge angreifenden Horizontalkräfte reduzieren, wie z.B. die Veränderung des Lagerabstandes oder sogar die Veränderung der Brückenkonstruktion insgesamt.

Bei den zehn Lagerungsbeispielen wurde davon ausgegangen, daß keine Einwände dagegen bestehen, den Festpunkt in Brückenmitte, sozusagen im Schwerpunkt, anzuordnen. Soll der Festpunkt auf einem Widerlager liegen, so ist z.B. in **Lagerung X** (Bild 2.41) das Führungslager (Nr. 14) durch ein festes Horizontalkraftlager (Nr. 15) und das feste Lager in Brückenmitte durch ein einseitig bewegliches Lager (Nr. 8) zu ersetzen.

Der Vorteil eines Festpunktes in Brückenmitte ist, daß die Bewegungen „gleichmäßiger" sind, der Nachteil, daß zwei Übergangs-Konstruktionen erforderlich sind, die insgesamt teurer sind als nur eine Übergangs-Konstruktion mit der doppelten Bewegung.

2.2.4 Einfluß des Baugrundes

Der Frage, ob „sichere" oder „unsichere" Baugrundverhältnisse vorliegen, ist mit besonderer Sorgfalt nachzugehen. Eine falsche Einschätzung kann zu erheblichen Schäden an den Bauwerken führen. Die Kosten einer sorgfältigen Baugrunduntersuchung sind in der Regel von kleinerer Größenordnung als die Kosten solcher Schäden.

Bei **überschaubaren Bauwerkssetzungen bzw. Verkantungen** ist als Bestandteil der normalen Bemessung eine allseitige Verdrehung, die so groß ist, daß die Versetzung oder Verkantung schadensfrei möglich ist, sowie die Möglichkeit zum Anheben bzw. Absenken in dem vorhersehbaren Ausmaß zu berücksichtigen.

Bei den **Bauwerkssetzungen und Verkantungen infolge des Bergbaus** ist heute in Deutschland nur noch der Kohleabbau von Einfluß, der an der Erdoberfläche folgendes bewirkt:

a) vertikale Bewegungen
b) Pressungen und Zerrungen als horizontale Bewegungen aus der Wanderung der Bodenteile zum Schwerpunkt der jeweiligen Hohl-Räume hin und
c) Schiefstellungen aus unterschiedlichen Senkungsbeträgen.

Die Größen der unter b) und c) aufgeführten Bewegungen sind abhängig von der

Tiefenlage der Flöze. Wird der Abbau oberflächennah ausgeführt, so muß örtlich mit sehr großen Verschiebungen gerechnet werden (± 0,2 bis ± 0,3 % der Bauwerkslänge).

Bauwerke, die statisch unbestimmt gelagert sind, erhalten aus vertikalen Bewegungen Zwangskräfte. Abhängig von deren Größe ergeben sich daraus umfangreiche Sicherungsmaßnahmen.

Die Annahme über die Größen der zu erwartenden und damit in das Bauwerk einzuplanenden Verschiebungswerte sind gemeinsam von der Bergbau-Gesellschaft und der bauenden Verwaltung festzulegen. Daraus ergeben sich folgende Konsequenzen für die Ausbildung der Lager:

a) Alle Lager müssen eine allseitige Verdrehung zulassen.
b) Die beweglichen Lager sind als Gleitlager auszubilden, damit die Bewegungen in beliebiger Richtung in einer Ebene aufgenommen werden können. Die Bewegungs- (Verformungs-) Möglichkeiten von Elastomerlagern allein reichen hier in aller Regel nicht mehr aus.
c) An den beweglichen Lagern sind Meßvorrichtungen für alle Bewegungsrichtungen anzubringen, damit die Bewegungen kontrolliert werden können.

Außerdem sind in aller Regel Einrichtungen vorzusehen, damit die durch den Kohleabbau ausgelösten Bewegungen nach Erreichen der für den Überbau tragbaren Grenzwerte durch horizontale oder vertikale Korrekturen so ausgeglichen werden können, daß jeder Überbau wieder seine ursprüngliche Sollform erhält. Je nach Größe der vertikalen Lagerkräfte sind dafür transportable Hebeböcke oder stationäre Hubeinrichtungen für die Vertikal- und Horizontalkorrektur einzuplanen. Dies bedeutet, daß sowohl für die Lager als auch für die Korrektureinrichtungen ausreichend Platz auf den Unterbauten vorgesehen werden muß. Querträger und Traversen der Überbauten sind so breit auszubilden, daß unter Berücksichtigung aller möglichen horizontalen Bewegungen in jeder Lage angehoben oder abgesenkt werden kann.

2.2.5 Schwingungsisolierende Lagerungen von Bauwerken

Die fortschreitende Technisierung unseres Verkehrslebens hat immer mehr Fahrzeuge hervorgebracht, die Schwingungen und Erschütterungen hervorrufen.

Insbesondere in den engen Räumen der größeren Städte werden durch schienengebundene Fahrzeuge und Straßenfahrzeuge Schwingungen erzeugt, die nicht nur eine Gefahr für die Bauwerke darstellen können, sondern auch von den Menschen als unangenehm und störend empfunden werden.

Als wirkungsvolle und dauerhafte Lösung zur Minderung des Schwingungen erzeugenden Körperschalls hat sich die Lagerung von Bauwerken auf Elastomerlagern nach dem sogenannten Masse-Feder-System (MFS) ergeben.

Die Anforderungen aus der Praxis haben schon frühzeitig zur Entwicklung und Erforschung dieses Lagersystems geführt.

So wurde ein modifiziertes Elastomerlager, welches vor etwa 24 Jahren konzipiert und geprüft wurde, und innerhalb einer knapp 20-jährigen Betriebsbeanspruchung mit über $500 \cdot 10^6$ Leistungstonnen beansprucht wurde, ausgebaut und vom Bundesbahn-Zentralamt (BZA) eine labormäßige Nachprüfung der Steifigkeitswerte sowie die Untersuchung der noch vorhandenen Dauerfestigkeit der Lager im Hinblick auf eine gesicherte Aussage zur Lebensdauer in Auftrag gegeben.

Insgesamt wurde festgestellt, daß die Funktionsfähigkeit der hier verwendeten Elastomerlager nach dem Masse-Feder-System bei Einhaltung der vorliegenden Beanspruchungsgrenzen über einen Zeitraum von mindestens 50 Jahren angenommen werden kann (Abschnitt 7.2.3.8).

Bild 2.42
Begrenzung der Schubverformung (Werksfoto, ELA-Produkt)

Des weiteren wurden für ein Federelement in einem Stadtbahn-Schallschutz-System statische und dynamische Steifigkeits-Bestimmungen sowie Dauerfestigkeits-Ermittlungen an Schwingungslagern mit Schubverformungs-Begrenzung für Masse-Feder-Systeme durchgeführt (Abschn. 7.2.3.9).

In städtischen Bereichen lassen sich relativ enge Kurven nicht immer vermeiden, so daß Horizontalkräfte (Fliehkräfte) sicher aufgenommen werden müssen, ohne daß die Wirksamkeit der Schwingungsisolierung beeinträchtigt wird.

Mit einer in dem Lager eingesetzten Schubverformungs-Begrenzung war es möglich, eine „weiche" Führung und sichere Aufnahme der Horizontalkräfte zu erreichen. Ein Beispiel dazu zeigt Bild 2.42.

2.2.6 Bauwerke in durch Erdbeben gefährdeten Gegenden

Für Brückenbauwerke gibt es für deutsche Erdbebengebiete bisher keine Norm. Über den Bau und die Bemessung von Erdbeben-Sicherungen für Brücken wird es jedoch in absehbarer Zeit eine CEN-Norm geben. In Deutschland war bisher die Nachfrage nach Konstruktionen zum Schutz der Bauwerke vor Einflüssen aus Erdbebenkräften sehr gering, so daß auf diesem Spezialgebiet praktisch kaum Entwicklung und Forschung betrieben wurde.

In der Welt gibt es jedoch unzählige Erdbebengebiete, und es vergeht kein Jahr, in dem nicht von mehreren Beben mit häufig verheerenden Folgen berichtet wird, bei denen oft auch Brückenbauwerke betroffen sind (Los Angeles 1994; Kobe (Japan) 1995).

An den Bildern von eingestürzten Brückenbauwerken im Zuge von Hochstraßen erhält man den Eindruck, daß in den Ländern, die besonders von solchen Naturkatastrophen betroffen sind, keine wirksamen Konstruktionen zum Schutz der Bauwerke vor den Einflüssen aus Erdbebenkräften zur Verfügung stehen.

Dem ist jedoch nicht so. Das Problem ist die Nachrüstung, d. h. der nachträgliche Einbau, der bei älteren Bauwerken nicht vorgesehen ist. Nach dem Erdbeben in Los Angeles 1994 war der Presse zu entnehmen, daß in den USA nur etwa 30 % der bestehenden Bauwerke erdbebensicher sind.

Die Überbauten von Brücken sind für Horizontalbewegungen aus Erdbeben sehr steife Gebilde mit hoher Eigenfrequenz. Diese Tatsache führt dazu, daß es nur zwei praktikable Lösungen für das Problem der Lagerung gibt. Bei der einen Lösung werden Stützen und Überbau biegesteif miteinander verbunden und zwischen den Widerlagern und dem Überbau Bewegungslager angeordnet. Sind Überbau und Stützen entsprechend konzipiert (Stahlkonstruktionen mit möglichst geringer Masse, schlanke Stützen), so läßt sich der aus Stützen und Überbau gebildete „Rahmen" so erdbebensicher ausführen, daß die Frage der Lagerung zwischen Stützen und Fundament zu einer normalen Bemessungsaufgabe wird. Lösungen dieser Art sind für Hochstraßen besonders geeignet [125].

Bei der anderen Lösung wird das Problem vollständig mit entsprechender Ausbildung der Lagerung gelöst, etwa damit, daß Verformungslager so eingestellt werden, daß die Eigenfrequenz deutlich unter 1 Hz liegt und dadurch eine weitgehende Entkoppelung von Erdbeben- und Bauwerksbewegung erreicht wird. Da eine Erregerfrequenz im Resonanzbereich nicht auszuschließen ist, kommt der Dämpfung stets eine besondere Bedeutung zu.

Dieser einfache Vergleich von zwei grundverschiedenen Lösungen zeigt wieder einmal, wie wichtig eine rechtzeitige Abstimmung ist zwischen denen, die die Lagerung entwerfen, und den für die Bauwerkskonstruktion Verantwortlichen.

Weitere Ausführungen hierzu enthält Abschnitt 3.7.

2.2.7 Von der Ausschreibung bis zum Einbau der Lager

Der Entwurf der Brücke enthält – zwangsläufig – die Lagerung. Einer Ausschreibung, die entwurfsmäßig keinen Spielraum läßt, kommt somit große Bedeutung auch für die Lagerung zu; mit einer solchen Ausschreibung sind bereits die Weichen gestellt für viel oder wenig Ärger.

Es sind also schon bei der Ausschreibung längerfristige Gesichtspunkte zu beachten, wie z.B. die laufenden Kosten durch Inspektion und Wartung der Lager und das höhere Risiko durch größeren Verschleiß, der im ungünstigen Fall nur durch die Auswechselung der Lager behoben werden kann. Grundsätzlich handelt kurzsichtig, wer bei der Angebotswertung nur die billigsten Lagerkonstruktionen berücksichtigt und sich über eine funktionsgerechte Lagerung keine oder nur wenig Gedanken macht.

In der Vergangenheit wurden z.B. aus Kostengründen häufig Einrollenlager aus durchgehärtetem nichtrostenden Stahl – hochbelastbar – gewählt, mit der Folge, daß in späteren Jahren sämtliche Lager ausgewechselt werden mußten. Es traten gehäuft Brüche auf, sowohl an den durchgehärteten Rollen als auch an den Lagerplatten aus gleichem Material. Die Kosten solcher Auswechselungen sind weit höher als die seinerzeitigen Kosten der Lagerung. In diesem Buch wird die „Linienlagerung" als veraltete Technik nur noch am Rande behandelt.

Grundsätzlich muß jedes Bauwerk für sich betrachtet werden, und über das Zusammenwirken von Überbau, Lager, Unterbau und Baugrund muß in jedem Einzelfall erneut nachgedacht werden.

Die Aufgabe besteht vor allem darin, durch geeignete Wahl der Lagertypen und ihrer Anordnung einen optimalen Kompromiß zwischen der Übertragung der zum Gleichgewicht erforderlichen Schnittgrößen und der Ausschaltung von Zwangsbeanspruchungen, die keinen Beitrag zum Gleichgewicht leisten, zu finden.

Zur Entwurfsbearbeitung sollten folgende Hinweise beachtet werden:

1. Die Regeln in DIN 4141, Teil 2 (9/84), Lager im Bauwesen, Lagerung für Ingenieurbauwerke im Zuge von Verkehrswegen (Brücken), Abschnitt 3 und zugehörige Erläuterungen.
2. Die Hinweise in diesem Buch Kapitel 2, Bauwerk und Lagerungsplan.
3. Den einfacheren und wartungsärmeren Lagern ist stets der Vorzug zu geben, etwa nach folgender Wertskala:
   Bewehrte Elastomerlager (DIN 4141, Teil 14, Lager-Nr. 1 bis 3)
   Verformungs-Gleitlager (Lager-Nr. 4 bis 6)
   Gleitlager (Lager-Nr. 8 u. 9)
   Allseitig bewegl. Gleitlager in Kombination mit Horizontalkraftlagern (Lager-Nr. 9 mit 14 u. 15).

Die vorgenannten Lager-Nrn. beziehen sich auf DIN 4141, Teil 1, (9/84), Lager im Bauwesen, Allgemeine Regelungen, Tabelle 1.

Ausführliche Beschreibungen zu diesen Lagern finden sich in Kapitel 4 dieses Buches.

Ganz wichtig für eine korrekte Angebotsbearbeitung ist, daß bereits in der Ausschreibung möglichst vollständige Belastungsangaben und wichtige Abmessungen des Bauwerks (z.B. wie zu den Bildern 2.43 bis 2.45) angegeben werden. Es ist z.B. möglich, daß bei bestimmten Bauwerkskonstruktionen durch den Lastfall

Bild 2.43
Querschnitt am Widerlager

min.Fz (kleinste Auflagerkraft mit zugehörigen Horizontalkräften und Verdrehungen) die Lager zu Sonderkonstruktionen werden mit erheblich höheren Preisen gegenüber den normalen, ursprünglich in den Angebotsunterlagen unterstellten Lagerkonstruktionen, mit der Konsequenz, daß Nachforderungen gestellt werden.

Ebenfalls zu empfehlen ist, in der Ausschreibung die Möglichkeit zu gestatten, daß die anbietende Baufirma in Verbindung mit dem Lagerhersteller die Möglichkeit erhält, auf die Lagerung der Brückenkonstruktion Einfluß zu nehmen bzw. zu beurteilen, ob die ausgeschriebene Lagerung verbesserungsfähig ist.

Die Regel ist leider bisher immer noch, daß der Lagerhersteller nur die Lagerdaten (max. Auflast, Horizontalkraft, Verschiebung) erhält, und häufig ist auch bereits die Lagerart selbst vorgeschrieben. Die Verantwortung für den Komplex „Lagerung" liegt damit zu einem erheblichen Teil beim Brückenentwurfs-Ersteller, wogegen dann nichts einzuwenden ist, wenn dort über dieses Spezialgebiet die entsprechende Sachkenntnis vorhanden ist. Auch in diesem Bereich gilt im übrigen wie für alle Produkte, die gekauft und bezahlt werden, der Grundsatz: „Es ist zwar falsch, zu viel Geld auszugeben, ein noch größerer Fehler kann es aber sein, zu billig einzukaufen".

Für die Konstruktion und Bemessung der Lager sind heute die Normen der Reihe DIN 4141 sowie die bauaufsichtlichen Zulassungen zu beachten.

Sorgfältige Planung, Berechnung, Konstruktion und Herstellung des Lagers sind im übrigen vergebliche Mühe, wenn die Lager bis zum Einbau und beim Einbau nicht mit der erforderlichen Sorgfalt behandelt werden.

DIN 4141, Teil 4 (10/87), und Teil 11 der zukünftigen europäischen Lagernorm DIN EN 1337 enthalten hierzu alle erforderlichen Hinweise, so daß dem Leiter der Baustelle die notwendigen Informationen zugänglich sind.

Hiernach sind Protokolle über Prüfung nach der Lager-Anlieferung, den Einbau und das Freisetzen des Bauwerks auf die Lager anzufertigen.

Die Protokollführung läßt leider noch oft zu wünschen übrig. Dabei wird das Protokoll z.B. bei einem Schadensfall zum wichtigen Beweismittel.

Besonders zu empfehlen ist die Beachtung von DIN 4141, Teil 4, Abschn. 4.1. Danach soll beim Einbau des ersten Lagers seiner Art in einem Bauwerk eine Fachkraft des Lagerherstellers anwesend sein. Die Praxis zeigt, daß damit schon so mancher Einbaufehler vermieden werden konnte.

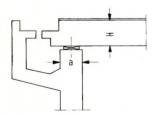

Bild 2.44
Längsschnitt am Widerlager

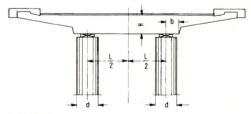

Bild 2.45
Querschnitt im Stützenbereich

2.3 Industriebau

Neben den im vorigen Abschnitt erwähnten Prinzipien treten im Industriebau besondere Bauformen und Bewegungen auf, die zusätzlich in Betracht zu ziehen sind.

Gedacht ist hier in erster Linie an Behälter und Leitungen (Bilder 2.46–2.50) sowie an Schwingungsbeanspruchungen.

Nachfolgend werden einige wesentliche Punkte herausgestellt. Im übrigen wird auf die weiteren Abschnitte dieses Kapitels verwiesen, die sinngemäß anzuwenden sind.

Bei Ringbehältern und Silos (Bild 2.51) aus Beton überlagert sich den Ringverformungen aus Vorspannung, Kriechen, Schwinden und Temperatur eine Verformung aus Innendruck P_i. Die Wege sind zwar häufig zu klein, um gegenüber Kriechen und Schwinden interessant zu sein, doch handelt es sich um alternierende kurzfristige Verformungen, deren Zwängungen nicht durch Kriechen abgebaut werden. So erweist es sich als zweckmäßig, eine Trennung und Lagerung der Behälterwand bzw. des Daches vorzusehen. Den Temperaturverformungen ist bei heißen Füllgütern, z.B. Zement, besondere Aufmerksamkeit zu widmen.

Im Tankbau werden mehr und mehr äußerst dünnwandige Behälter aus Edelstahl hergestellt, die durch den Druck der Füllung erhebliche Verformungen und Gestaltänderungen erleiden (z.B. Gärtanks). Es müssen deshalb allseitig verschiebliche und kippbare Lager vorgesehen werden. Zusätzlich ist die Möglichkeit einer Höhenkorrektur bei der Montage meist erwünscht. An die Korrosionsbeständigkeit werden extreme Anforderungen gestellt. Elastomerlager und Kalotten-Gleitlager aus korrosionsbeständigem Stahl werden hier mit guten Ergebnissen verwendet.

Bild 2.46
Methan-Pipeline auf Lagern

Bild 2.47
Pipeline-Netz

Bild 2.48
Rohr-Ausdehnungslager

2.3 Industriebau

Bild 2.49
Ansicht eines Rohr-Ausdehnungslagers

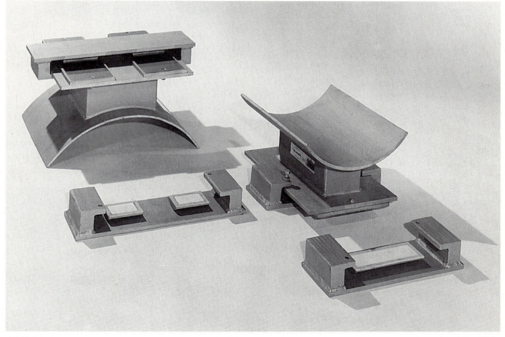

Bild 2.50
Rohr-Ausdehnungslager, Einzelteile

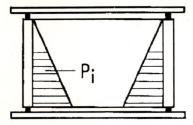

Bild 2.51
Verformung eines Behälters durch Innendruck des gelagerten Mediums

Kugelgasbehälter verformen sich durch Innendruck und extreme Temperaturschwankungen. Die Verschiebungen werden meist mit Pendelstützen aufgefangen, die sich bei einer Lagerung am Kugeläquator anbieten. Die Kipplager an den Enden der Pendelstützen können meist als Punktkipplager ausgeführt werden.

Bei einer Lagerung von Stahlbehältern direkt auf massiven Fundamenten sind Elastomerlager vorzuziehen. Bei großen Linienlasten können bewehrte Elastomerlager dicht an dicht nebeneinandergereiht werden.

Im Großleitungsbau stellte sich heraus, daß die Aufnahme der Zwängungen mit bisher üblichen „Lagern" unwirtschaftlich ist. Heute werden hierfür PTFE-Gleitkipplager vorgesehen.

Hochleitungen (Rohrbrücken) aus Beton werden vor allen Dingen zur Bewässerung in regenarmen Ländern gebaut, aber vereinzelt auch bei uns. Die Lagerung ergibt sich aus den für Brücken gültigen Prinzipien.

Die Bauwerksbeanspruchung durch Schwingungen von Maschinen bringt völlig andere Gesichtspunkte, die in der Literatur ausführlich behandelt wurde; deutschsprachige Literatur siehe z.B. [68], [126], [127]. Prinzipiell sollte man durch Schwingungen beanspruchte Bauteile von vorwiegend ruhend beanspruchten Bauteilen trennen. Zu den statisch ermittelten Auflagerbewegungen sind die dynamischen zu addieren. Entsprechendes gilt für die Kräfte.

Die Lager des Bauwesens sind regulär für die Beanspruchungen des Hochbaus und des Brückenbaus entwickelt und deshalb nicht ohne weiteres für ununterbrochene dynamische Beanspruchungen geeignet. Die Eignung für die dynamischen Anforderungen ist deshalb beim Einsatz für Schwingungsprobleme zusätzlich zu untersuchen, s. auch 7.2.3.10. Schwingungsprobleme werden von Spezialfirmen, z.B. Fa. Gerb, Berlin, auch mit „maßgeschneiderten" Stahlfedern gelöst, s. Abschn. 3.7.

2.4 Hochbau

2.4.1 Grundsätze

Unter Hochbauten sollen hier die Bauwerke verstanden werden, die für den Aufenthalt von Menschen gebaut werden. Anders als bei Brücken ist ein eindeutiger Lagerungsplan bei den komplexen Gebilden des konventionellen Wohnungs- und Bürobaus nicht möglich. Mit wachsender Größe der überspannten Räume werden allerdings auch hier die im Abschnitt über die Lagerung von Brücken aufgezeigten Grundsätze gültig. Zur Lagerung siehe auch DIN 4141, Teil 3.

Als wichtigstes neues Element im Vergleich zu Lagerungsplänen von Brücken treten hier Verformungen von räumlichen Gebilden auf, während man Brücken meist hinreichend genau durch Linien oder ebene Flächen idealisieren kann. Besonders schwierig wird die Erstellung eines Lagerungsplanes bei Repräsentativbauten wie Kirchen, Versammlungs- oder Konzertsälen, die teilweise weniger nach Zeichnungen als nach Modellen hergestellt werden (Bauwerke des Architekten Scharoun, wie z.B. die Neue Staatsbibliothek und die 2 Gebäude der Philharmonie in Berlin). Prinzipiell sind hier neben den Verformungen im Grundriß die Verformungen im Aufriß mit in Betracht zu ziehen, wobei allein aus dem Kriechen druckbelasteter Betonelemente oft erstaunliche Verschiebungsdifferenzen auftreten.

So können in diesem Abschnitt nur Grundregeln für häufige und charakteristische Fälle gegeben werden.

Wenn wir annehmen, daß ein durch Trennfugen abgeteilter Komplex im Grundriß 30 × 20 m groß ist, so sind allein aus Schwinden Verschiebungen der Ecken von ca. 5 mm zu erwarten. Voll wird sich diese Verschiebung allerdings selten auswirken, weil auch die darunter liegenden Bauteile erst kurze Zeit vorher hergestellt wurden und ebenfalls schwinden. Wenn die Herstellung der Bauteile nicht nach einer vereinbarten Reihenfolge und nach einem Zeitplan erfolgt, ist keine eindeutige Aussage über die aus Schwinden auftretenden Relativverschiebungen in den Bauteilen möglich.

Von größerem Einfluß sind Verschiebungen aus Temperaturdifferenzen, weil sie häufig und kurzfristig auftreten und weil deshalb die resultierenden Spannungen nicht durch Kriechen abgebaut werden. Nach Bobran [13] muß hier mit Relativbewegungen bis zu 0,6 mm/m gerechnet werden.

Wollte man überall eine konsequente Trennung der Bauteile herbeiführen und die größten vorstellbaren Verschiebungen durch geeignete Lager aufnehmen, so würde die Konstruktion unwirtschaftlich und durch Verlust der vielfachen statischen Unbestimmtheit meist auch weniger sicher. Dieses Optimum an Übersichtlichkeit und Bestimmbarkeit ist also nicht erwünscht.

Ebensowenig erwünscht ist das Gegenteil, nämlich ein Bauwerk ohne eingeplante Bewegungsmöglichkeiten, weil die sich dann ergebenden natürlichen Fugen (Risse) unschön sind, häufig an statisch ungünstigen Stellen liegen und außerdem in unserem Klima durch eindringendes Wasser zu Feuchtigkeits- und Frostschäden führen. Besonders der letzte Punkt hat erhebliche wirtschaftliche Konsequenzen.

Um zu entscheiden, ob eine Trennung und Lagerung der Bauteile erforderlich ist, müssen wir also abwägen, wo mit großer Wahrscheinlichkeit Risse auftreten würden und wo eine Lagerung mehr oder minder Geschmacksache ist. Vollkommen rissefreie Massivkonstruktionen gibt es nur in der Theorie (z. B. bei Verzicht auf Beton im Stadium II).

Zu diesen Problemen siehe auch [128], [129].

Für Bauten in deutschen Erdbebengebieten gibt es DIN 4149 für den Bereich üblicher Hochbauten, siehe auch [133].

2.4.2 Betondächer (Flachdächer)
2.4.2.1 Allgemeines

Schon 1935 wurde von Stortz über Schäden an Flachdächern berichtet. Manchmal werden heute noch die gleichen Fehler gemacht. Die Forschung liefert uns folgende Erkenntnisse:

Die Zwängungsspannungen, die die überall beobachteten und beschriebenen Schäden verursachen, beruhen auf unterschiedlichem Verformungsverhalten von Decke und darunterliegenden Wänden, wobei drei Einflüsse maßgeblich beteiligt sind:

– klimatische Bedingungen bei der Herstellung des Gebäudes
– werkstoffbedingte Verformungen wie Kriechen und Schwinden
– äußere Faktoren wie Temperaturverformungen

Die Biegeverformungen der Decken werden zwar durch Begrenzung der Deckenschlankheit eingeschränkt, doch treten auch aus kleinen Durchbiegungen in den Plattenecken noch abhebende Kräfte auf. Da in den Ecken auch die größten Relativverschiebungen zu erwarten sind, sind die Ecken des Mauerwerks unter Flachdächern besonders gefährdet. Außerdem verlagert selbstverständlich jeder Auflagerdrehwinkel die Lastresultierende zu den Kanten der Stütze oder Wand, was zu un-

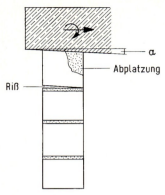

Bild 2.52
Entstehung der Risse unter einem Flachdach

angenehmen Exzentrizitäten und Abplatzungen führen kann (Bild 2.52).

Für Relativverschiebungen begnügte man sich häufig mit der Forderung, daß Dehnfugen „in nicht zu großem Abstand voneinander" vorzusehen seien. Die zulässigen Wandlängen l, die in der Regel dem halben Fugenabstand entsprechen (Tab. 2.1), sind das Ergebnis der erwähnten Forschung. Irgendeine bewegliche Lagerung der Dachdecke sowie Ringanker auf dem Mauerwerk wurden dabei nicht vorausgesetzt.

Bei Garagendächern sind die Verhältnisse meist noch etwas ungünstiger, so daß man unter ihnen in jedem Fall Lager vorsehen sollte, mit denen Verschiebungen und Auflagerdrehwinkel ermöglicht werden. Dabei kann für diese einfachen Bauwerke meist auf einen Festpunkt verzichtet werden, weil die im Hochbau üblichen unbewehrten Elastomerlager hinreichende Horizontalkräfte aufnehmen können. Wichtig ist dagegen eine konsequente Trennung und Lagerung auch im Bereich der Stürze, die meist mit der Decke monolithisch verbunden sind (Bild 2.53).

Bei Verwendung von elastisch nachgiebigen Lagern ergeben sich durch die relativ hohen Punktlasten unter den Stürzen Kraftumlagerungen, wenn die Steifigkeiten der Lager unter dem Sturz und der unter dem Dach nicht aufeinander abgestimmt werden (ihre Stauchungen müssen gleich groß sein).

Ebenso wichtig ist die Anordnung senkrechter Bewegungsfugen an den Enden der Stürze.

Die Horizontalfugen müssen die Bauteile konsequent und durchgehend voneinander trennen, gegebenenfalls auch mit Höhensprüngen. In den Höhensprüngen ist besonders auf bleibende Sicherung der Bewegungsmöglichkeit zu achten. Die Fuge darf also keinesfalls mit Putz, Bauschutt oder Dreck aufgefüllt werden (Bild 2.54). Die Wandverkleidung ist ebenfalls durchlaufend zu trennen.

Planmäßige unverschiebliche Punkte (Festpunkte oder Festzonen) sind bei größeren Dachflächen empfehlenswert, um die Größe der Verschiebungswege über die Entfernung vom Festpunkt besser vorhersagen zu können. Die Festpunkte sollten möglichst in der Mitte der Decke liegen. Treppenhausschächte eignen sich gut als Festzonen, doch ist hier auf senkrechte Verschiebungsmöglichkeiten zu achten. Mit Sicherheit werden nämlich die Schächte eine größere elastische und plastische Stauchung aufweisen als angrenzende

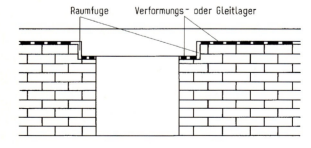

Bild 2.53
Einbeziehung der Stürze in die Lagerung

2.4 Hochbau

Tabelle 2.1
Zulässige Wandlängen l (m)

Material	ohne/mit äußerer Wärme-Dämmschicht ($1/\lambda = 1{,}5\ m^2hk/kcal$)	Nachweis für Jahreszeit	Wand-orientierung	Decke (nichtbelüftete Decke) – Ohne wärmetechnisch wirksame(r) Schicht auf der Dachhaut – Ohne untergehängte(r) leichte(r) Decke – $1/\lambda$ der oberen Wärmedämmschicht ($m^2hk/kcal$)						Mit untergehängte(r) leichte(r) Decke						Mit wärmetechnisch wirksame(r) Schicht auf der Dachhaut (z.B. Kiesschüttung) – Ohne untergehängte leichte Decke						Mit untergehängte leichte Decke					
				1,2		1,8		2,4		1,2		1,8		2,4		1,2		1,8		2,4		1,2		1,8		2,4	
				So 30°	Wi 2°	So 30°	Wi 2°	So 30°	Wi 2°	So 30°	Wi 2°	So 30°	Wi 2°	So 30°	Wi 2°	So 30°	Wi 2°	So 30°	Wi 2°	So 30°	Wi 2°	So 30°	Wi 2°	So 30°	Wi 2°	So 30°	Wi 2°
Vollziegel	ohne	Sommer	N	5,8	5,8	6,7	6,8	7,8	7,8	4,1	4,2	5,8	5,8	7,8	7,8	6,7	6,8	9,7	9,5	11,8	12,1	6,7	6,8	9,7	9,5		5,2
			SW	5,9	5,8	6,6	6,6	8,0	7,7	4,1	4,1	5,9	5,8	8,0	7,7	6,6	6,6	9,5	9,5	12,4	11,8	6,6	6,6	9,5	9,5		
		Winter		5,8	5,7	7,8	7,8	9,4	9,1	3,2	3,5	4,1	4,1	5,1	5,2	5,8	5,7	7,8	7,8	9,4	9,1	4,1	4,1	5,1	5,1		
	mit	Sommer		5,8		6,6		8,7			4,2					6,6		9,7				6,6					
		Winter		5,7	5,6			9,1		3,3					5,1	5,6			9,1			5,1				
Kalksandsteine	ohne	Sommer	N		5,8			7,9			4,1				5,8		9,3				7,9				9,1		
			SW	5,7	5,8			9,1		3,2					5,7	5,8			9,1			5,1	5,1	9,1		5,1	5,1
		Winter																									
	mit	Sommer			5,9					4,1						9,5							9,5		
		Winter						3,2							5,1							5,1				5,1

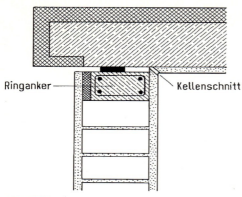

Bild 2.54
Lagerung eines Flachdaches entsprechend den Empfehlungen in DIN 1045 mit Ringanker und Lager

Wände, so daß eine senkrechte Fuge unerläßlich ist, wenn man auch hier Risse vermeiden möchte.

Selbstverständlich führt auch die Stauchung der Lager zu Kräfteumlagerungen, doch ist die Stauchung der Lager bei normaler Bemessung meist geringer als die Stauchungsdifferenzen benachbarter Wandelemente und Stützen.

Es ist zweckmäßig, nicht tragende oder geringfügig belastete Querwände auf etwa 1 m Länge von der Außenwand durch eine Fuge völlig vom Dach zu trennen, um die in Bild 2.55 angedeutete Rißbildung zu vermeiden. Gleichzeitig sollte die Querwand mit der Außenwand entweder im innigen Verband oder konsequent von ihr getrennt sein.

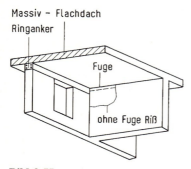

Bild 2.55
Verbindung Flachdach – Fuge

Es ist durchaus möglich, Innenbereiche des Bauwerks etwa mit den Abmessungen nach Tabelle 2.1 ohne Fugen zwischen Dach und Wänden herzustellen und nur in den Außenbereichen eine Lagerung der Dachdecke vorzusehen. Voraussetzung für diese (sehr häufig gewählte) Ausführung ist, daß in dem monolithischen Bereich die Auflagerdrehwinkel hinreichend klein sind (kleine Stützweiten), daß die Setzungsdifferenzen durch unterschiedliche Belastung der Trennwände klein sind und daß außerdem der Übergang von der monolithischen Zone zur etwas nachgiebigeren Lagerzone durch vertretbare Biegeverformungen des Massivdaches ermöglicht wird.

Selbstverständlich muß dann die Lagerung konsequent im gesamten Außenbereich auf allen Wänden erfolgen (Bild 2.56).

Wie schon angedeutet, sollte man unbedingt die unterschiedliche elastische und plastische Stauchung der Bauteile beachten und durch geeignete Fugenteilung berücksichtigen.

Auch die Setzungen des Baugrundes sind in die Überlegungen einzubeziehen. Hieraus ergibt sich normalerweise die Notwendigkeit, verschieden hohe Baukörper und Baukörper verschiedenen Alters durch senkrechte Fugen zu trennen.

2.4.2.2 Lagerwahl für massive Flachdächer

Die Lager müssen für die größten denkbaren Bewegungen in allen denkbaren Richtungen ausgelegt werden. Es empfiehlt sich, hierfür keinesfalls weniger als 0,8 mm/m (bezogen auf die Entfernung zum geschätzten Ruhepunkt) anzusetzen. Es kommen also prinzipiell nur allseitig verschiebliche Lager in Betracht. Bei Baukörperabmessungen von 30 × 30 m ergeben sich Verschiebungswege von höchstens 17 mm, wenn der Ruhepunkt in der Mitte des Baukörpers liegt.

Gleichzeitig sollten die Lager in Stützrichtung der Deckenplatte Auflagerdreh-

2.4 Hochbau

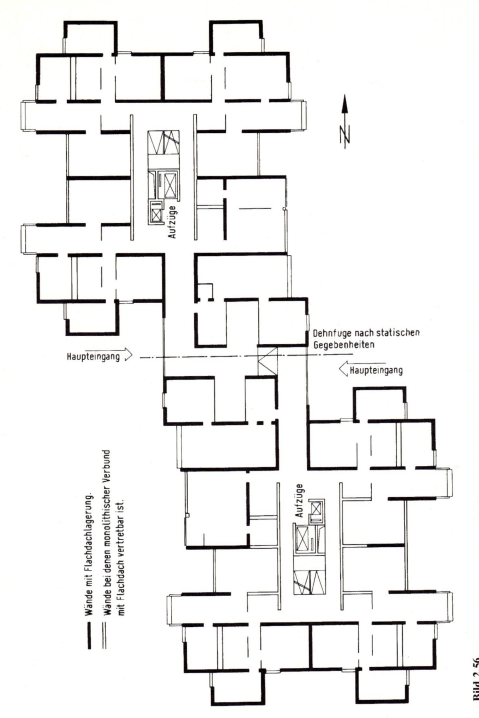

Bild 2.56
Wohnhausgrundriß mit einem Vorschlag für eine beschränkte Lagerung

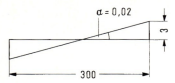

Bild 2.57
Möglicher Auflagerdrehwinkel nach DIN 1045

winkel von etwa 2 ‰ aufnehmen können. Dieser Wert ergibt sich aus den üblichen Extremwerten (Schlankheit und Spannungen) unter Berücksichtigung des Kriechens. Sind die vorgesehenen Lager für derart große Auflagerdrehwinkel nicht geeignet, so wird man eine Berechnung für den Einzelfall vornehmen müssen.

Die früher vielfach verwendeten Deckenauflager aus zwei Lagen Dachpappe oder Kunststoffolie sind für diese Drehwinkel keinesfalls geeignet, zumal sie aus Gründen der Vereinfachung normalerweise in voller Mauerwerksbreite verlegt werden. Bei einer Wanddicke von 30 cm (Außenwand) bedeutet nämlich der Drehwinkel von 2 ‰ eine Randstauchung von 3 mm (Bild 2.57).

Selbst wenn man annimmt, daß die Kriechverformung der Decke durch plastische Verformung der Wände kompensiert wird, so verbleiben immer noch Randstauchungen, die für derartige rd. 1 mm dicke „Lager" nicht aufnehmbar sind. Es ist also stets zusätzlich ein Kippteil zum Gleitteil auch im Hochbau vorzusehen. Wenn man als Kippteil ein unbewehrtes Gummilager nach Abschnitt 4.5.3 bezw. DIN 4141, Teil 15, wählt, so wird man feststellen, daß dieses Gummilager meist auch in der Lage ist, gleichzeitig die gesamten auftretenden Relativverschiebungen aufzunehmen, weshalb man auf das Gleitteil dann verzichten kann. Gleitlager sind u. E. im Hochbau selten technisch erforderlich, wie wir bereits an anderer Stelle feststellten.

Eine Lagerung auf Schaumstoff ist zwar denkbar, doch ist festzustellen, daß auch als „weich" geltende Schaumstoffe wie Polystyrolschaum (aber auch Kork) eine erhebliche Schubsteifigkeit haben, und daß sie außerdem durch alternierende Schubverformungen meist zerstört werden. Trotzdem wird zusammen mit Lagern im Hochbau fast immer Polystyrolschaum als verlorene Schalung eingebaut, der hinterher nicht entfernt wird. Es liegt nahe, daß hierdurch die Schubsteifigkeit der Lagerung beträchtlich erhöht wird. In DIN 4141, Teil 3, werden hierzu in Tabelle 1 Werte angegeben, sie sind das Ergebnis eines Forschungsvorhabens, siehe Abschn. 7.2.7.1.

2.4.3 Beton-Zwischendecken (vgl. auch Abschn. 2.4.6)

Bei Zwischendecken aus Beton ist es im allgemeinen nicht erforderlich, Lager anzuordnen, weil die Verschiebungsdifferenzen aus Schwinden und Temperatur in der Regel klein sind. Die Einflüsse von Auflagerdrehwinkeln und die abhebenden Kräfte in den Plattenecken werden durch aufgehendes Mauerwerk überdrückt. In Sonderfällen, z. B. bei weitläufigen Grundrissen in Sichtbeton, ist jedoch eine Trennung und Lagerung der Decken zu empfehlen.

Bei Sichtbetonfassaden mit innenliegender Wärmedämmung (einer häufigen, aber nicht optimalen Bauform) ist zu beachten, daß die Außenwand erheblichen Temperaturschwankungen ausgesetzt ist, während die Decken normalerweise recht gleichmäßig temperiert bleiben. Eine Trennung und Lagerung der Zwischendecken ist dann empfehlenswert (Bild 2.58).

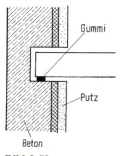

Bild 2.58
Auflagerung einer Zwischendecke bei Sichtbeton mit innenliegender Wärmedämmung

2.4 Hochbau

Bei gleichmäßiger Temperierung der Decken können die Verschiebungen allein aus den Schwinddifferenzen ermittelt werden, wenn der zeitliche Ablauf des Baufortschritts festliegt. Es ist allerdings in Betracht zu ziehen, daß unter Umständen noch während der Bauzeit erhebliche Temperaturdifferenzen im Bauwerk auftreten können (z. B. Abbindetemperaturen des Betons).

Für die Lagerwahl gelten die Hinweise in Abschnitt 2.4.2.

2.4.4 Pendelstützen

Dem ästhetischen und wirtschaftlichen Gebot nach besonders schlanken und platzsparenden Stützen folgend werden mehr und mehr Bauwerke mit Pendelstützen ausgeführt. Die Horizontalkräfte werden einem massiven Turm (Treppenhaus, Aufzüge) zugewiesen. Aus den Grundrißverschiebungen ergeben sich an Kopf und Fuß der Stütze Auflagerdrehwinkel nach Bild 2.59, die meist mit Elastomerlagern aufgenommen werden. Es empfiehlt sich, auch die Stauchungsdifferenzen der Bauteile in die Ermittlung der Auflagerbewegungen einzubeziehen, und zwar einschließlich Kriechen.

Für Katastrophenfälle (z. B. Gasexplosionen) sind Stahldollen durch die Lagermitte zweckmäßig.

Um die Steifigkeit des Bauwerks nicht unnötig herabzusetzen, sollte die Mindestdicke der Elastomerlager so gering gewählt werden, wie es die Auflagerdrehwinkel zulassen. Sachliche Voraussetzung ist ein einwandfreier Einbau der Lager.

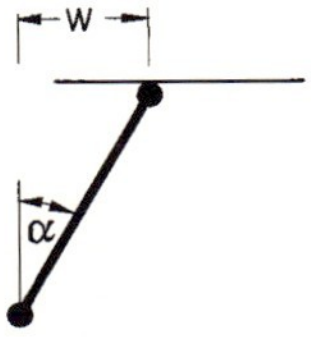

Bild 2.59
Auflagerdrehwinkel von Pendelstützen

Pendelstützen mit Elastomerlagern sind statisch komplizierter, als man zunächst glaubt, siehe auch [130], [131].

2.4.5 Fertigteilbau

Fertigteilbauten schaffen nahezu ideale Verhältnisse, da eine Vielzahl von Bewegungsfugen zwischen den meist auch noch statisch bestimmten Bauelementen vorhanden ist. Ein Lagerungsplan für vorwiegend stabartige statisch bestimmte Elemente ist trivial, die auftretenden Verschiebungen und Verdrehungen sind einfach zu ermitteln. Und das sollte man auch tun.

Für die Stabilität der Bauwerke werden auch biegesteife Knoten benötigt, weshalb ein Teil der Fugen und Gelenke außer Funktion gesetzt werden muß. Hierbei treten dann – wenn auch in geringerem Umfang – wieder die Probleme auf, die wir in Abschnitt 2.4.2 zu schildern versuchten.

Die Auflagerzonen von Fertigteilen werden meist wesentlich höher beansprucht als bei konventionellen Bauten, und dementsprechend kleinere Reserven sind für nicht berücksichtigte Kräfte vorhanden.

So ergab sich z. B. ein Schadensfall in der Auflagerzone von 8 m langen Fassadenelementen, die nur ihr Eigengewicht tragen. Das andere Auflager war durch Dollen unverschieblich. Für das „bewegliche" Lager hatte man Bleilager vorgesehen.

Die Schäden an der Südseite des Bauwerkes waren noch während der Bauzeit an einigen schönen Märztagen entstanden, die hohe Mittagstemperaturen und kräftige Nachtfröste brachten. Es war übersehen worden, daß Bleilager zur Lastzentrierung geeignet sein mögen, daß sie aber die auftretenden Temperaturverschiebungen von rd. 5 mm keinesfalls aufnehmen können. So wurde rund die Hälfte der Auflagerkonsolen zerstört.

Wie sehr gerade bei kleinen Lasten die Verschiebungen der Bauteile vergessen werden, zeigt auch ein Bericht [67] über

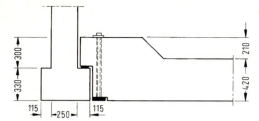

Bild 2.60
Schadhafte Auflager einer Zwischendecke aus Fertigteilen

Schäden an Balkenauflagerungen mit nur 28 KN Belastung. Die Stützweite der Balken betrug 6 m. Als Auflager waren Stahlplatten eingebaut (Bild 2.60). Die Schäden wurden mitverursacht durch Parallelitätsabweichungen der Bauwerksflächen im Lagerbereich und durch fehlende Oberflächenbewehrung (zu große Betonüberdeckung).

Als Lager bieten sich in erster Linie bewehrte oder unbewehrte Gummilager an, da zwar relativ kleine Auflagerverschiebungen, aber häufig größere Auflagerdrehwinkel aufzunehmen sind.

Gleitlager sind nur bei außergewöhnlichen Bauwerksformen oder Abmessungen von Interesse. Wenn man zur Verwendung von Gleitlagern gezwungen ist, dann sollte man hochwertige PTFE-Gleitlager verwenden.

Die Zwischenlagen aus Stahl, Blei, Asbestzement, Elastomeren, Polyäthylen, PVC u. ä., die bei der Montage von Fertigteilen zur Erzielung einer planmäßigen und höhengerechten Lagerung eingelegt werden, sind nicht als Lager zu bezeichnen. Die harten Materialien aus der Aufzählung haben den Vorteil, daß sie sich zum Höhenausgleich stapeln lassen, was z.B. bei Elastomeren problematisch ist. Dafür wächst das Schadensrisiko durch Verformungen, die die beiden geschilderten Fälle deutlich machen. Kompromisse mit härteren Elastomeren oder Polyäthylenplatten sind hier erwägenswert, brauchbare Lösungen sind noch nicht hinreichend erprobt.

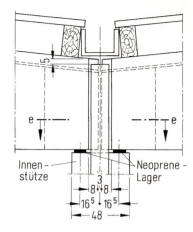

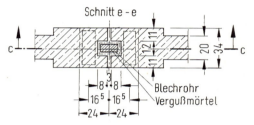

Bild 2.61
Breite Elastomerlager gegen Umkippen der Fertigteilbinder während der Montage

Generell ist bei Fertigteilen auf die Verträglichkeit der Lager mit Bauzuständen zu achten. Besonders wichtig ist hier die Sicherung von Balken und Bindern gegen Umkippen, die bisweilen außergewöhnlich breite Lager erforderlich macht (Bild 2.61).

2.4.6 Auflagerung von Betondecken im Hochbau

2.4.6.1 Problemstellung

Risse in Hochbauten gehören leider zum täglichen Bild unserer Umgebung. Die Ursachen für diese Risse sind vielfältig. Im allgemeinen sind der Zeitpunkt ihres Auftretens und die Größenordnung der Kräfte, welche sie verursachen, viel zu wenig bekannt. Fest steht nur, daß sie häufig eine Folge der Beanspruchung des Mauerwerkes durch die aufgelagerte Decke sind (Bild 2.52).

Auf jedes Deckenauflager wirkt die Verkürzung der Betondecke infolge Schwindens. Die Größenordnung des Schwindens wird normalerweise einem langsamen Temperaturabfall von 20 bis 30 °C gleichgesetzt, d. h. das mittlere Schwindmaß beträgt 0,2 bis 0,3 mm/m.

Dieser Verkürzung überlagern sich die Längenänderungen infolge Temperaturwechsel, anfänglich am Rohbau im vollen Betrag, später je nach Wärmeisolationssystem mehr oder weniger vermindert.

Die Verformung der Decke aus elastischem Anteil und bleibendem Anteil aus Kriechen führt bei den Auflagerstellen zu Auflagerdrehwinkeln, welche die Tragwand stark exzentrisch beanspruchen können, so daß hohe Kantenpressungen entstehen. Die Wand wird dadurch auf Biegung beansprucht.

Die Summe aller Verlängerungen und Verkürzungen der Decke ist je nach Jahreszeit der Erstellung verschieden groß, und die Anfangstemperatur des Betons ist bei der Berechnung der Verschiebungen beim Auflager zu berücksichtigen. Nach Angaben von H. W. Bobran [13] ist für größte jährliche Längenänderungen durch Temperaturschwankungen von Betondächern mit Werten von 0,25 bis 0,6 mm/m zu rechnen (vgl. auch Abschn. 2.4.2.2).

Das anfänglich rasche Schwinden von Betonkonstruktionen (50 % des Endschwindmaßes sind nach etwa zwei Monaten schon erreicht) sowie die großen Bewegungen aus Temperaturschwankungen ergeben beim Deckenauflager bei behinderter Dehnung große Widerstandskräfte auf die noch unverputzte, junge Tragwand. Diese frühe Beanspruchung des Mauerwerks kann dessen Festigkeit überschreiten und bereits am Rohbau feine, unsichtbare Haarrisse in den Mauerwerksfugen verursachen, über die später verputzt wird.

Die vorgerissenen Mörtelfugen bieten gegen die Bewegungen der Decke aus Restschwinden und Temperaturdifferenzen keinen Widerstand, und der Mauerwerksriß zeichnet sich durch einen sichtbaren Verputzriß ab. Die dauerhafte Reparatur solcher Risse ist kostspielig – wenn nicht unmöglich – und es besteht die Gefahr des Wiederauftretens, indem jede Temperaturbewegung sich an der schwächsten Stelle, d. h. beim alten Mauerwerksriß auswirkt.

2.4.6.2 Zusammenfassung und Folgerungen

Aus der Praxis heraus hat sich die Notwendigkeit ergeben, die sich verschieden bewegenden Bauteile voneinander zu trennen. Dies gilt allgemein für Betondecken gegen Betonfassaden, besonders aber für Betondächer gegen Tragwände.

Welche Rißursache wirkt wann wie groß auf ein Deckenlager?

Die größten Bewegungen macht der junge, ungeschützte Rohbau. Im ersten Monat wirkt die Verkürzung der Betondecke durch Schwinden um etwa 0,2 bis 0,4 %. Im ungeschützten Rohbau überlagern sich auf diese primäre Bewegung die Längenänderungen aus starken Temperaturschwankungen, ausgehend von der Abbindetemperatur (+20 bis +30°C).

Frosttemperaturen können den noch jungen, ungeschützten Beton erreichen. Später können diese Schwankungen noch etwa 20 °C betragen. Nach dem Ausschalen verursacht die Durchbiegung der Betondecke am Auflager Kantenpressung und exzentrische Wandbelastung, welche ihrerseits Wandbiegungen verursacht.

Folgerungen:
a) Die betonverkürzenden Einflüsse überwiegen in der Regel die verlängernden.
b) Die ersten Risse in den Mörtelfugen der Backsteinwände sind im Rohbau praktisch nicht sichtbar.
c) Der Verputzriß zeigt nach Monaten den längst vorhandenen Mörtelriß.
d) Im reinen Betonbau entstehen auch

später Risse bei fester Verbindung kalter Betonfassaden mit warmen Betondecken.

2.4.6.3 Verformungs- und Gleitlager

Aufgrund verschiedener Schäden unter Flach- und Ziegeldächern (vgl. Tab. 2.2) ergibt sich die Notwendigkeit, sich verschieden ausdehnende Bauteile kräftemäßig ganz oder weitgehend zu trennen, insbesondere Betondecken von Tragwänden. Ein Auflager, welches diese Bedingungen erfüllen soll, hat somit folgende Eigenschaften aufzuweisen:

– Es soll der Betonplatte gestatten, sich horizontal auf der Tragwand zu verschieben und sich beim Auflager leicht zu verdrehen.
– Die Bewegungen und damit die entsprechenden Beanspruchungen dürfen nicht oder nur stark vermindert auf die darunterliegende Wand übertragen werden. Vgl. auch [47].

2.4.6.4 Lagerungsplan

Bei der Erstellung eines Lagerungsplanes ist wie folgt vorzugehen:

Tabelle 2.2
Zusammenhang zwischen Auflager und Schaden

Auflagerung	Charakterisierung	Wirkung
Direktes Aufbetonieren	Feste Verbindung zwischen Decke und Wand	Exzentrische Wandbelastung Kantenpressung Rißgefahr für die Wand und die Decke
Dünne Trennschicht, z. B. Dachpappe, Folien, Hartfaserplatten	Empfindlich gegen feinste Unebenheiten Reibung nicht kontrollierbar	Exzentrische Wandbelastung Kantenpressung Rißgefahr für die Wand und die Decke
Ringanker mit Trennschicht	Empfindlich gegen feinste Unebenheiten Weiteres Bauelement mit unmotivierter Fuge zwischen Wand und Riegel Verschiedene Wärmedehnung zwischen Wand und Riegel	zusätzliche Rißgefahr zwischen Riegel und Wand
Dicke, weiche Trennschicht, z. B. Kork, Weichfaserplatten, Schaumstoffplatten	Sehr hoher Reibungs- und Deformationswiderstand	Reduzierte, exzentrische Wandbelastung und Kantenpressung, Rißgefahr für die Wand bleibt bestehen
Elastische Verformungslager, z. B. Neoprenstreifen	Bekannter Deformationswiderstand Ausgleich feiner Unebenheiten Elastische Verdrehbarkeit	Zentrierung der Last Vermeidung von Kantenpressungen
Gleit-Verformungslager, z. B. Kombination PTFE/Neopren	Verschiebung in Gleitschicht, Verdrehung im Neoprenstreifen Geringer Gleitwiderstand	Mögliche Zentrierung der Last für den Endzustand durch Voreinstellung des Lagers bei großen Wegen Vermeidung von Kantenpressung

1. Auf dem Grundrißplan werden die tragenden Wände, Träger und Stützen bezeichnet.
2. Die Auflasten der Tragwände werden eingetragen.
3. Die Dehnfugen werden genau bezeichnet. Einige Empfehlungen für die Anordnung von Dehnfugen:
   – Bei langen Bauten ca. alle 30 m durch das ganze Gebäude – wenn möglich alle 20 m –, zumindest aber durch die oberste Betondecke.
   – Bei L- oder U-förmigen Grundrissen im Bereich der Winkelecken zumindest die Decke trennen.
   – Höhere Bauteile wenn möglich von niedrigen Bauteilen trennen.
   – Bauteile, welche gleichzeitig an verschiedenen Stellen verschiedenen Wärmeeinflüssen ausgesetzt sind, möglichst im Bereich des Temperatureinflußwechsels trennen.
4. Bemessung der Lager
   Für jeden nun vorhandenen Betonplattenteil wird die Zone bestimmt, in deren Zentrum der Bewegungsnullpunkt liegt.
   Es ist empfehlenswert, die Fixzone im Bereich von „Wandansammlungen" vorzusehen (Treppen, Aufzug usw.). Sie kann auch genau in der Mitte, selten jedoch an einer Extremität des Hauses liegen.
5. Errechnen der zu erwartenden Horizontalbewegungen aus Schwinden und Temperaturänderung. Dies kann erfolgen unter Benutzung des Diagramms, Bild 2.62. Es gilt für Ortbeton und basiert auf der Annahme einer warmen Betonierzeit im Herbst oder Frühjahr mit relativ hoher Abbindetemperatur und Einflüssen von noch bzw. bereits kalten Tagen auf den rohen Neubau. Es bleibt dem Statiker oder Konstrukteur vorbehalten, die zu erwartende, kühlste Temperatur abzuschätzen. Das Diagramm erlaubt es, die betonverkürzenden Einflüsse abzulesen.
6. Nunmehr kann der maximale Einsatzbereich des Lagers in Form eines Kreises um den Bewegungsnullpunkt eingetragen werden (Bild 2.63). Alle Wände im Bereiche dieses Kreises ± einige dm werden nun den bekannten Lasten entsprechend mit dem passenden Verformungslager versehen.
   Alle übrigen Wände außerhalb dieses Bereiches werden mit einem Lager mit größerer Horizontal-Bewegungsmöglichkeit entsprechend der Auflast belegt (Verformungslager oder Gleitlager).
7. Konstruktives
   Wenn keine Fixzone bestimmt werden kann, muß der Bewegungsnullpunkt willkürlich gewählt werden.
   Eine beliebige x- und y-Achse durch den Bewegungsnullpunkt bezeichnet in den Umfassungswänden die Lage von Führungslagern, welche erlauben, die ganze Decke auf reine Gleitlager zu legen.
   Wichtig bei der Wahl verschiedener Lager ist weiterhin die Gleichheit der vertikalen Einsenkung unter Last. Dadurch können auf einer Wand zwei verschiedene Lager eingesetzt werden, z.B. ein Verformungslager im Bereich der Fixzone und ein Gleitlager außerhalb derselben.
   Die Verwendung verschieden dicker Elastomerlager ist sehr gefährlich: durch verschiedene Einsenkung ergeben sich zusätzlich Biegemomente in der Decke sowie daraus folgend veränderte Belastungen der Tragwände.
   Der in Deutschland häufig eingesetzte Ringanker gilt dort als anerkannte Regel der Bautechnik. Leider ist dessen Wirkung aber sehr fraglich, denn die Wand ist in der Höhe zusätzlich unterteilt. Der Ringanker besteht aus Beton und besitzt andere Eigenschaften als die Ziegelwand, welche er schützen soll:
   – anderes Schwindverhalten
   – andere Wärmedehnung

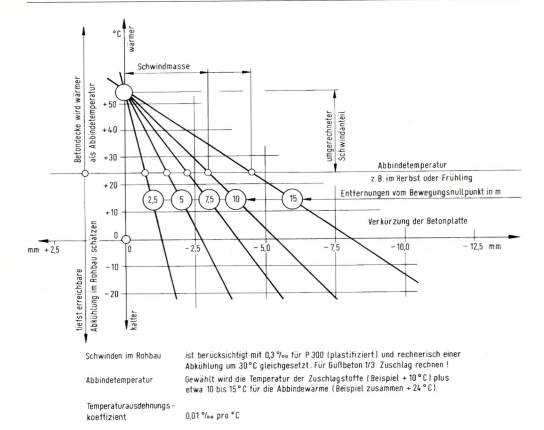

Bild 2.62
Ermittlung des Verschiebungsweges

– andere Wärmedämmeigenschaften usw.

Zur Aufnahme von Längsdehnungskräften haben sich in die oberste Mörtelschicht eingelegte, engmaschige, dünne Armierungsnetze gut bewährt (2 bis 3 Längsdrähte sowie viele Querdrähte mit einigen abgebogenen Enden, welche in Ziegelsteinlöcher gesteckt werden).

8. Drucklager für Horizontalkräfte (Bild 2.64)

Durch sinnvolle Kombination der Auflager besteht die Möglichkeit, auch horizontale Druckkräfte – z.B. Erddruck bei unterirdischen Einstellhallen – auf die Decke zu übertragen. Die Decke übergibt diese Horizontalkräfte schließlich über ein Führungslager den Querwänden.

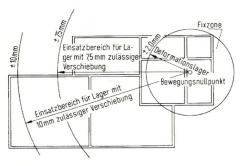

Bild 2.63
Lagerungsplan (Schema)

2.4 Hochbau

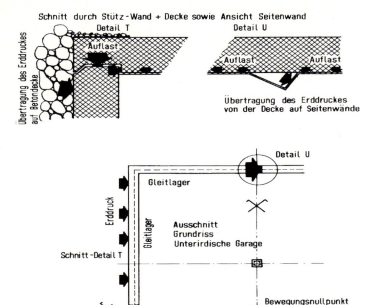

Bild 2.64
Beispiel für die Lagerung bei der Übertragung von großen Horizontalkräften bei gleichzeitiger Wirkung von Vertikalkräften

2.4.6.5 Versuchsergebnisse

Aus umfangreichen Versuchen an der EMPA Zürich wurden folgende empirische Ergebnisse und Behauptungen bestätigt:

1. Die aus den Auflagern herrührenden Querzugspannungen an der Mauerkrone sind im Normalfall ein Vielfaches unterhalb des Bruchwertes der Wand und können vernachlässigt werden.
2. Der Deformationswiderstand ist in ganz geringem Maße von der Auflast abhängig (z.B. steigt bei Verdopplung der Auflast der Widerstand nur um ca. 10 %), d.h. die Widerstandswerte bei einer Richtlast können für jeden Lagertyp ohne weiteres tabellarisch genügend genau zusammengestellt werden. Der Deformationswiderstand ist direkt abhängig vom Bewegungsweg. Weitere Einflüsse sind Temperatur und Alterung. Die Bewegungsgeschwindigkeit hat einen großen Einfluß auf den Bewegungswiderstand, aber in der Praxis genügt die Berücksichtigung der (kleinen) Werte für langsame Bewegungen, weil in diesem Verwendungsbereich schnelle Bewegungen nicht vorkommen.
3. Der Gleitwiderstand von Gleitlagern steht in direktem Zusammenhang mit der Belastung und bleibt, abgesehen vom sogen. „Anfahrwert", bei ebenen, hindernisfreien Gleitflächen über die ganze Gleitstrecke gleich.

Kleinste Unebenheiten können hingegen den Reibungswiderstand auf ein Vielfaches erhöhen.

Ebenso können unpräzis weiche Unterlagen zu starkem Anstieg des Widerstandes führen, wenn sich auf dem Gleitweg oben und unten verschieden weiche Polsterteile begegnen. Aus diesem Grunde sind Bitumenbahnen, Faserplatten oder grobkörnige Elastomere ungeeignet.

Zu dünne Polster können kleinste sandige Unebenheiten durchpressen lassen und so die Gleitfläche stören.

Zu dicke Elastomere-Schichten können durch ihre vertikale Einsenkung unter

Last für den tragenden oberen Lagerteil eine Mulde bilden, so daß dieser sich nur mit großem Widerstand seitlich verschieben kann.

Ein Gleitlager muß allen diesen Einflüssen Rechnung tragen, bevor für ein solches Lager Bemessungstabellen erstellt werden.

Die Werte müssen natürlich aus praxisnahen Versuchen stammen.

4. Standfestigkeit einer Tragwand
Die Verformungslager steigern den Deformationswiderstand einer Wand mit zunehmender Verschiebung.

Die Gleitlager bieten durch niedrigen Reibungswert wenig Gleitwiderstand. Dies bedeutet, daß Windkräfte oder horizontale Stoßkräfte nicht über ein Gleitlager an die Decke abgegeben werden können. Eine so beanspruchte Wand benötigt seitliche Aussteifungen oder Abstützungen.

2.4.6.6 Lagerkräfte (s. auch Kap. 3)

Primäre Kräfte
In der Größe bekannte Kräfte am Auflager und zwar die Vertikalkräfte aus Eigengewicht und Auflast der Betondecke, bis zu einem gewissen Grade die eventuell auftretenden Horizontalkräfte aus Winddruck und eventuelle Bremskräfte bei Fahrgeräten im Industriebau, Einstellhallen usw.

Sekundäre Kräfte
In der Größe nicht genau bekannte Kräfte, welche aus dem Deformations- oder Gleitwiderstand der verwendeten Auflager entstehen. Sie können – aufgrund von Versuchen – nur angenähert ermittelt werden. Bemessungstabellen müssen durch den Lagerhersteller durch Versuche belegt werden. Ebenso sind die Einsatz-Grenzwerte zu bestimmen. So verfügt der Statiker über Hilfen, welche ihm erlauben, in kürzester Zeit die Lager eines Baues mit größter Sicherheit zu bestimmen, ohne daß er eine Lagerberechnung erstellen muß. Die aus diesen Widerständen entstehenden Horizontalkräfte wirken in der Regel immer radial, d. h. gegen den Bewegungsnullpunkt oder von ihm weg gegen außen.

2.4.7 Lagerungsklassen

Während es im Brückenbau als unstrittige Regel gilt, daß die Lagerung als solche wichtiges Element des Tragsystems ist, wird im Hochbau zwischen zwei Qualitäten der Lagerung unterschieden. Sie werden – siehe DIN 4141, Teil 3 – Lagerungsklassen genannt.

Die „höherwertige" Klasse 1 entspricht dem Anspruch einer Brückenlagerung und bedarf keiner weiteren Erläuterung.

Die Lagerungsklasse 2 soll auch solche Maßnahmen in den Begriff „Lagerung" einbeziehen, bei denen es sich „nur" um die Vermeidung von lokalen Schäden im Stützbereich handelt.

Insbesondere dann, wenn raumüberbrückende und stützende Bauteile sich im Inneren von Gebäuden befinden, also Temperaturbewegungen nicht auszugleichen sind, reduziert sich die Aufgabe des Lagers auf ein „Komfortorgan". Wird es weggelassen, was leider auch heute noch keinesfalls die Ausnahme ist, so sind mindestens Abplatzungen im Unterstützungsbereich die Folge (Bild 2.52).

Rein rechnerisch ergibt sich unabhängig davon, aus welchem Baustoff Decke und Stütze hergestellt werden, die notwendige Mindestdicke von Zwischenschichten – Lagern – von mehreren Millimetern, siehe Bild 2.57.

Das Problem ist normativ geregelt (DIN 4141, Teil 3 und 15, siehe Kapitel 5). Die Nichtbeachtung verstößt gegen die Regeln der Technik.

Es sei darauf hingewiesen, daß es sich bei den Lagerungsklassen um einen **Bauwerks**begriff handelt, also nicht um einen Begriff, der am Bauprodukt „Lager" haftet. Die Verantwortung für die Einstufung liegt beim Tragwerksplaner. Es gibt Lager, die sowohl bei der Lagerungsklasse 1 als auch bei der Lagerungsklasse 2 eingesetzt werden können. Lager, die nur für die Lagerungsklasse 2 verwendet werden können, zeichnen sich dadurch aus, daß ihre Verwendbarkeit durch das Prüfzeugnis einer (unabhängigen) Materialprüfanstalt bestätigt wird. In diesem Prüfzeugnis müssen Aussagen über die Verwendbarkeit, natürlich auch über die Belastbarkeit, enthalten sein. Ein Zeugnis, in dem nur die stofflichen Werte bestätigt werden, reicht nicht, und Angaben in einer Firmenschrift sind natürlich – weil ihnen die Unabhängigkeit fehlt – als alleiniger Nachweis erst recht nicht akzeptabel. Die künftige Regelung wird voraussichtlich das in den Landesbauverordnungen vorgesehene bauaufsichtliche Prüfzeugnis sein.

3 Bauwerk und Lagerkräfte

3.1 Vom Gelenk zum Lager

Wird gewünscht, daß in einer Konstruktion an einer bestimmten Stelle – unabhängig von der Einwirkung – kein Biegemoment auftritt, so wird an dieser Stelle ein Momentengelenk vorgesehen (Bild 3.1). Die Aufgabe wird als praktisch gelöst angesehen, wenn das tatsächlich noch vorhandene Moment so klein ist, daß es für die statische Berechnung der Konstruktion vernachlässigt werden kann. Dieses für die Konstruktion also sehr kleine Moment wird als Rückstellmoment bezeichnet. Mit Lagern im Sinne dieses Buches werden planmäßig solche Gelenke zwischen den Unterkonstruktionen und dem Überbau z. B. einer Brücke vorgesehen (Bild 3.2). Die Rückstellmomente der Lager werden am einfachsten als Produkt der Auflast und einer Exzentrizität angegeben.

Für den Überbau ist dieses Rückstellmoment entsprechend des definitiven Eingangssatzes stets vernachlässigbar. Für den Unterbau ist zu untersuchen, ob es im Krafteinleitungsbereich zu berücksichtigen ist.

Erwähnt sei noch, daß bei schlanken, stabilitätsgefährdeten Unterbauten das Rückstellmoment die Knicklänge verkürzt, die Vernachlässigung also auf der sicheren Seite liegt.

Exzentrizitäten der durch das Lager geleiteten Auflasten entstehen im Unterbau auch unabhängig von Rückstellmomenten bei verschieblichen Lagern, wenn der Kippmechanismus dem Überbau und der Verschiebemechanismus (Gleitebene, Rollensatz) dem Unterbau zugewandt ist (Bild 3.3).

Diese Exzentrizitäten können, abhängig vom Verschiebeweg, sehr groß sein und sind daher im allgemeinen für den Unterbau nicht vernachlässigbar. Sie sind typisch für Stahlbrücken, bei denen die Einleitung einer nicht ortstreuen Last im Überbau konstruktiv aufwendig ist. In den nachfolgenden Ausführungen werden diese Exzentrizitäten nicht berücksichtigt.

Nur im Sonderfall des 1-Rollen-Lagers mit Gleitebene für die Querverschiebung

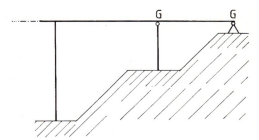

Bild 3.2
Durchlaufträger mit gelenkig (durch Lager) und biegesteif angeschlossenen Unterbauten

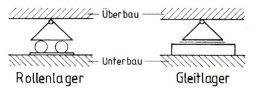

Bild 3.1
Brücke mit Gelenken (veraltet)

Bild 3.3
Bewegungslager mit obenliegender Kippplatte

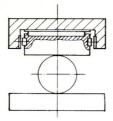

Bild 3.4
Rollenlager mit Gleitebene für Querbewegung – ungeeignet!

spielt die Exzentrizität aus der Translation für das Lager eine Rolle. Dieses Lager sollte auch aus anderen Gründen nicht gebaut werden und wurde deshalb in diesem Buch nicht behandelt (Bild 3.4).

3.2 Berechnung von Brücken

3.2.1 Allgemeines

Der Brückenbau begleitet den Menschen länger als die sonstige Technik. Die ersten Brücken waren zufällig über das Hindernis – z. B. den Fluß – gestürzte Bäume.

Zitat aus einer Flugzeuglektüre:

„Manchmal ist den Wegen etwas im Wege: Ein Bach, ein Fluß, ein Tal. Dann werden die Wege zu Stegen und gehen in die Luft. Menschlich gesehen muß es diese getretene, überfahrene Materie freudig begrüßen, auch einmal etwas unter sich zu haben: Den Bach, den Fluß, Bäume, Mensch und Tier.

Die Leute, die Wege zu Stegen machen und den Straßen das Schweben beibringen, gehören einer seltsamen Zunft an. Sie haben nur zum Schein mit Holz, Eisen, Stein umzugehen gelernt. In Wahrheit sind sie Dichter und Phantasten, genauso fixiert auf das Ziel, die Schwerkraft aufzuheben, wie die Flugzeugbauer. Natürlich tun sich die Brückenbauer schwerer mit der Schwerkraft: kein Auftrieb hebt ihre Bögen, sie tragen Pfund für Pfund ihrer Last.

Eines ist allen Brücken gemeinsam: Sie verbinden Getrenntes. Sie sind für Menschen gemacht, die zueinander wollen. Sie sind auch für Kinder gemacht. Von wo sonst läßt sich so gut spucken wie von einer Brücke?"

Die nachfolgenden Ausführungen beschränken sich auf wesentliche und grundsätzliche Hinweise zur Statik von Balkenbrücken, soweit die Lagerung dabei eine Rolle spielt.

Hängebrücken sind seltene Bauwerke und werden daher stets mit besonderer Sorgfalt jenseits der Routine berechnet. Die Lagerung der Kabel auf den Pylonen und die Lagerung der Pylone selbst sind Sonderfälle der Lagerung, die kaum mit herkömmlichen Lagern bewältigt werden können. Die Lagerung des Gesamtsystems auf den Pfeilern dagegen ist bei Hängebrücken im Prinzip ein einfacher Fall der Lagerung, weil es sich stets um gerade Brücken mit kompakten, also relativ starren Pfeilern handelt.

Hier ist jedoch zu beachten, daß der meist stählerne Überbau der Hängebrücken in der Regel große Stützweiten aufweist und daher, wie auch Lagerschäden gezeigt haben, einseitige Belastungen und einseitige Erwärmung bei der Lagerberechnung mit berücksichtigt werden müssen. Die hierfür notwendige Verdrehbarkeit um eine lotrechte Achse ist ohne Schaden für das Lager nicht bei allen Lagern gegeben, s. Tabelle 1 in DIN 4141, Teil 1. Eventuell ist diese Verdrehbarkeit durch eine zusätzliche Einrichtung zu verwirklichen, siehe Kap. 4.

Bogenbrücken mit aufgeständerter Fahrbahn (Talbrücken) sind selten geworden. Wirtschaftlicher bei ebenfalls ästhetisch befriedigender Lösung werden solche Brücken als Balkenbrücken mit sehr hohen Pfeilern hergestellt, wobei als entscheidender Vorteil hinzukommt, daß letztere der Linienführung der Straße angepaßt werden können, während Bogenbrücken nur mit gerader Gradiente üblich sind.

Für Bogenbrücken großer Stützweite (z. B. Fehmarnsundbrücke) gilt prinzipiell das gleiche wie bei den Hängebrücken.

Etwas häufiger sind Bogenbrücken im Stützweitenbereich unter 50 m, die für Straßenüberführungen bevorzugt verwendet werden. Auch hierbei handelt es sich stets um gerade Brücken. Für die aufgeständerte Fahrbahn gelten die gleichen Überlegungen wie für einen Mehrfeldträger mit elastischen Stützen. Es verbleibt als Problem die Auflagerung des Bogens, also die Ausbildung des Kämpfergelenks. Unter Berücksichtigung der Tatsache, daß diese Gelenke den Korrosionseinwirkungen meist im besonderen Maße ausgesetzt sind, bieten sich hierfür die unbewehrten Betongelenke an.

Eine andere Möglichkeit sind Elastomerlager mit einem mittig angeordneten Festhaltedollen (s. Kap. 4) oder – sofern die Gelenke zugängig sind oder die Korrosion nicht zu befürchten ist – die Ausbildung des Gelenkes mit Stahlkipplagern. Bei Stabilitätsuntersuchungen, sofern sie in bezug auf den Bogen überhaupt eine Rolle spielen (bei Stahlbetonbrücken ist das in der Regel nicht der Fall), können die Rückstellmomente meist vernachlässigt werden. Die Endtangentendrehwinkel sind bei zweckmäßiger Ausbildung des Bogens meist sehr klein, so daß sich eine genauere Untersuchung unter Einbeziehung der Elastizität des Gründungsbodens nicht lohnt und die Dimensionierung des Lagers und die Ermittlung der Kantenpressung mit der auf der sicheren Seite liegenden Annahme eines starren Bodens und einer gelenkigen Lagerung erfolgen kann. Entsprechendes gilt für Sprengwerke.

Das Bild ändert sich, wenn es sich um schlanke Bauwerke großer Stützweiten handelt, bei denen man aus wirtschaftlichen Gründen auf genauere Berechnungen nicht verzichten kann. Welche Aspekte hierbei zu beachten sind, zeigen die nachfolgenden Abschnitte.

Vorab noch einige Anmerkungen zu den **Balkenbrücken**, die am häufigsten gebaut werden.

Der inzwischen selbstverständliche Einsatz von EDV-Systemen bei der Berechnung von Bauwerken hat die Art der statischen Berechnung erheblich verändert. Früher und auch heute noch übliche Berechnungen, wie sie nachfolgend geschildert werden, nehmen zum Teil unzulässige Vereinfachungen in Kauf.

An den Stützstellen werden die dort am Durchlaufbalken ermittelten Kräfte zusammengestellt. Anschließend werden die Unterbauten losgelöst vom Überbau berechnet. Die Stützstellen-Lasten werden dabei als äußere Kräfte angesetzt.

Wenn die Unterbauten nicht nahezu starr sind, führt diese Berechnung zu falschen Ergebnissen. Für das gesamte Bauwerk liegt diese Berechnung jedoch auf der sicheren Seite. Die Nachgiebigkeit der Unterbauten, die vernachlässigt wurde, bedeutet ja eine Entspannung. Für die Ermittlung der Lagerwege ist diese Berechnung aber keinesfalls auf der sicheren Seite.

Auf das Bauwerk wirken ein:

– äußere ständige Lasten
– äußere nicht ständige Lasten
– weitere Einflüsse, die ohne Behinderung Bewegungen und Verformungen, bei Behinderung zusätzlich Beanspruchung bedeuten, und die in Tabelle 3.1 mit Zwängungen bezeichnet werden.

Denkt man sich die Stützstellen einer Konstruktion „frei geschnitten", so folgen daraus neben den für das Gleichgewicht erforderlichen Kräften Bewegungen. Zur Einhaltung der vorhandenen Stützstellenbedingung ergeben sich zusätzliche Kräfte für das Lager.

Die für die Stabilität schlanker Unterkonstruktionen zu beachtenden Merkmale sind im letzten Abschnitt dieses Kapitels zusammengestellt.

Eine zutreffende Ermittlung der Kräfte, die im Lager wirken und für die Bauwerksbemessung benötigt werden, verlangt die konsequente Berücksichtigung der Lagereigenschaften. In DIN 4141, Teil 14 und Teil 12 (Entwurf), sind diese normativ festgelegt, s. auch Tabelle 3.2

Zum Verständnis ist folgendes zu beachten:

Tabelle 3.1
Einwirkungen auf eine Brücke

Überbau	äußere Kräfte	Verkehrslast Eigengewicht Bremsen Wind	in z-Richtung in z-Richtung in x-Richtung in y-Richtung
Überbau	Zwängungen	Temperatur Schwinden Vorspannen Kriechen Stützensenkung	in alle Richtungen in alle Richtungen in Spannrichtung in Spannrichtung in z-Richtung
Unterbauten	äußere Kräfte	Eigengewicht Wind Anprall	in z-Richtung horizontal horizontal
Unterbauten	Zwängungen	Temperatur Baugrundbewegung	in alle Richtungen z (Setzung) um eine waagerechte Achse (Fundamentverdrehung)

– die Rückstellkräfte sind „Nebenschnittgrößen". Sieht man vom Sonderfall des Schubwiderstands bei Verformungslagern ab, so wird angestrebt, daß sie null sind. Sie sind allesamt ungeeignet, die Brücke hinsichtlich ihrer Zwängungen nennenswert zu beeinflussen – es ist umgekehrt: Die Konstruktion verformt sich und zwingt durch diese Verformung den Lagern Bewegungen auf. Hier liegt auch der Grund dafür, daß Linienlager heute als ungeeignet anzusehen sind: sie setzen voraus, daß in den Stützstellen um eine Achse in Rollrichtung keine Verdrehung stattfindet. Salopp ausgedrückt:
„Eine moderne Brücke denkt nicht daran, sich von einem Rollenlager die Verdrehungsrichtung vorschreiben zu lassen."
– die Translations-Nebenschnittgrößen können die Kräftebilanz in den Unterbauten merklich verändern, insbesondere wenn

Tabelle 3.2
Allgemeine Angaben zum Verformungswiderstand bei Lagern (Genaueres s. Kapitel 4)

Lagerart		infolge Translation: $\left(\dfrac{\text{Kraft in Lagerebene}}{\text{Kraft normal zur Lagerebene}}\right)$	infolge Rotation: $\left(\dfrac{\text{Verdrehungsmoment}}{\text{Kraft normal zur Lagerebene}}\right)$
Verformungslager (ohne Festhaltekonstruktion)		$\dfrac{G \cdot A \cdot \tan\gamma}{F_z}$	$K \cdot \dfrac{A^3}{t^3} \cdot \dfrac{G \cdot \vartheta}{F_z} \cdot \left(\dfrac{a}{b}\right)^2$
Gleitlager (allseitig beweglich)	Punktkippung		$r \cdot \vartheta$
Gleitlager (allseitig beweglich)	Kalotte	$\mu + \vartheta$	$R(\mu + \vartheta)$
Gleitlager (allseitig beweglich)	Topf		$\dfrac{K_0 + K_1 \cdot \vartheta_1 + K_2 \cdot \vartheta_2}{F_z}$

3.2 Berechnung von Brücken

sie große Hebelarme zur Verfügung haben, wie z. B. bei hohen Pfeilern. Im Überbau spielen sie im allgemeinen keine Rolle.
- die Rotations-Nebenschnittgrößen – z. B. nach Bild 3.5 – haben für das Bauwerk „lokale" Bedeutung. Es folgt aus ihnen das mögliche „Wandern" der Auflast mit allen Konsequenzen für die Aussteifung von stählernen Überbauten und für die Lage der Bewehrung in den massiven Bauwerksteilen (Spaltzug, Durchstanzen). Dabei ist anzumerken, daß zur Exzentrizität aus dem Rückstellmoment je nach Konstruktion des Lagers die Verschiebung der Auflast aus der Translation zu berücksichtigen ist. Dieser von der Festpunktentfernung abhängige Teil kann ein Vielfaches der Exzentrizität aus der Verdrehung betragen. Bei Gleitlagern betrifft dieser Anteil den Überbau, wenn die Gleitplatte oben liegt (Bild 3.6), und den Unterbau im anderen Fall (Bild 3.3). Diese Tatsache ist der Grund, weshalb bei Stahlbrücken häufig die Gleitplatte unten angeordnet wird, nämlich stets dann, wenn für den Unterbau diese Lastverschiebung problemlos aufnehmbar ist, im Überbau jedoch die Aussteifung über einen entsprechend größeren Bereich erhebliche Kostensteigerungen bedeutet.

Bei Verformungslagern ist dieser Vorgang etwas undurchsichtig. Eine genauere Ab-

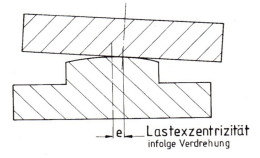

Bild 3.5
Nebenschnittgrößenbeispiel Punktkipplager:
$M_e = e \cdot F_z$

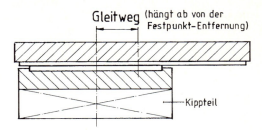

Bild 3.6
Gleitlager mit obenliegender Gleitplatte

schätzung erfordert einen größeren Rechenaufwand, siehe auch Kanning [131].

Die sichere Aufnahme und Weiterleitung der Hauptschnittgrößen ist die eigentliche Aufgabe der Lager. Wir haben in diesem Buch hierzu auch die Gleitsicherheit gezählt, die der Lagesicherheit zuzuordnen ist und „an sich" ein Problem des Bauwerks ist. Es ist jedoch davon auszugehen, daß der Überbau insgesamt sicher gegen Verschieben – also gleitsicher gelagert – ist, wenn für jedes Lager die Lagesicherheit nachgewiesen ist. Diese Konsequenz wurde bereits bei der Festlegung in den Normen gezogen: Der Nachweis der Gleitsicherheit, früher Regelungsgegenstand der Stahlbrückennorm, ist seit 1984 in DIN 4141, Teil 1, geregelt und wird auch Bestandteil der europäischen Lagernorm sein.

3.2.2 Abtragung vertikaler Lasten

Die konstruktive Hauptaufgabe eines Brückenbauwerks, die vertikale Lastabtragung, wird glücklicherweise weder von der Art der Lagerung noch von der Art der gewählten Lager wesentlich beeinflußt. Diese Tatsache hat auch eine Schattenseite, denn sie ist eine der Ursachen für die Vernachlässigung und Unterschätzung der Lagerproblematik.

Der Einfluß der Rückstellmomente der Lager auf die Veränderung der lotrechten Stützkräfte ist stets vernachlässigbar klein. Das gleiche gilt in der Regel in bezug auf die Beeinflussung der Stützenmomente über dem Lager. Ist das Stützenmoment über dem Lager Null, handelt es sich also um ein Endauflager, so bewirken Lager mit Rückstellmomenten (Topflager, bewehrte Elastomerlager, Gleitlager) eine unerhebliche Verringerung der Endfeldstützweite. Auch in diesem Fall ist die Vernachlässigung des Rückstellmomentes bei der Bemessung des Überbaus gerechtfertigt. Eine pauschale Berücksichtigung wäre jedenfalls weit von der Wirklichkeit entfernt, und eine genaue Untersuchung mittels der Scheibentheorie ein im Vergleich zum Ergebnis unnötig hoher Rechenaufwand.

Ein weiteres Problem für den „genauen Rechner" kann die vertikale Nachgiebigkeit bei Elastomerlagern sein. Eine Brücke auf Elastomerlagern wäre demnach als Balken auf elastischen Stützen zu rechnen, wobei genau genommen bei der Berücksichtigung der Elastizität von einer statisch nicht linearen, mit Temperatur und Zeit veränderlichen Kennlinie auszugehen wäre. Ist eine derart aufwendige Berechnung erforderlich? Doch wohl nur, wenn in den Fällen, in denen ähnliche elastische Verhältnisse vorliegen, ebenso verfahren wird. Vergleichen wir z. B. die Verhältnisse bei hohen Talbrücken. Ein Pfeiler möge 100 m hoch sein und eine maximale lotrechte Pressung von 4,5 N/mm² erfahren. Der zugehörige Elastizitätsmodul betrage 30 000 N/mm². In diesem Fall ist die mittlere Stauchung des Pfeilers

$$\Delta l = \varepsilon \cdot l = 0{,}15 \cdot 10^{-3} \cdot l = 15 \text{ mm} = 1{,}5 \text{ cm}.$$

Durch Kriechen vergrößert sich dieser Wert um mind. 4 cm. Ein bewehrtes Elastomerlager mit der gleichen Stauchung müßte bei voll ausgenutzter Last ca. 1,50 m dick sein, um dieses Maß zu erreichen. So hohe Lager wurden bislang noch nicht gebaut. Wer hohe Talbrücken nicht als Balken auf elastischen Stützen rechnet, darf dies somit auch nicht für Durchlaufträger auf Elastomerlagern verlangen. Hinzu kommt, daß die Anpassungssetzung und der Anteil aus ständiger Last bei nicht allzu unterschiedlichen Stützweiten den Verlauf der Stützenmomente ohnehin nicht beeinflussen und der in der Regel somit einzig interessante Anteil aus der Verkehrslast wegen der Überlinearität der Federkennlinie von Gummilagern und des Fortfalls des Kriecheinflusses wesentlich kleiner ist, als sich aus dem Verhältnis Verkehrslast zu Eigengewicht vermuten läßt. Die Vernachlässigung der Federwirkung kann in Einzelfällen unstatthaft sein, z. B. bei Dreifeldträgern mit relativ großer Mittelstützweite, wenn praktisch die gesamte ständige Last auf den beiden Pfeilern ruht und die Widerlager Auflagerkräfte nur aus der Verkehrslast erhalten. Die Nachgiebigkeit der Stützen führt dann zu einer Vergrößerung der Feldmomente. Das Ausmaß hängt von der Steifigkeit des Überbaues ab. In einem solchen Fall empfiehlt es sich, in Zusammenarbeit mit dem Lagerhersteller das Setzungsmaß des gewählten Lagertyps infolge ständiger Last vorher möglichst genau zu bestimmen – die Abschätzung der zu erwartenden lotrechten Last ergibt sich bereits genügend genau aus der Angebotsstatik – und in der Rechnung als „ständige Last" zu berücksichtigen.

Erwähnt sei auch an dieser Stelle, daß meistens die Setzungsdifferenzen im Baugrund erheblich größer sind als die Stauchungen der Gummilager, ohne daß erstere deshalb in der Statik immer berücksichtigt werden.

3.2.3 Abtragung horizontaler Lasten in Brückenlängsrichtung

Wird von dem allgemeinen Fall einer beliebig gekrümmten Brücke, der im Abschnitt 3.5 mitbehandelt wird, einmal abgesehen und nur der Fall einer geraden Brücke mit horizontalem Überbau betrachtet, so wirken in Längsrichtung drei ursächlich verschiedene Horizontalkräfte:

1. die Brems- und Beschleunigungskräfte aus dem Verkehr

3.2 Berechnung von Brücken

2. die Zwängungskräfte infolge Längenänderung des Brückenüberbaus in der Lagerebene
3. Komponenten aus der lotrechten Last infolge Schiefstellungen oder Verdrehungen des Überbaus, der Lager oder der Unterbauten.

Alle drei Kraftarten sind unerwünscht, und es ist das Bestreben eines jeden Konstrukteurs, diese Kräfte so klein wie möglich zu halten. Die Größe dieser Kräfte und die Verteilung auf das Bauwerk hängen in starkem Maße von der Lagerung ab.

Die Bremskräfte werden in ihrer Größe vorgeschrieben. Diese d'Alembertschen Kräfte sind äußere Kräfte. Können sie vom Tragwerk nicht aufgenommen werden, so ist der Einsturz unvermeidlich. Die Regelwerke enthalten daher für die Annahme dieser Kräfte auf der sicheren Seite liegende Abschätzungen, nach heutiger Sprachregelung „obere Fraktilwerte".

Die Lagerbewegungen infolge Längenänderung des Überbaus sind abhängig von der Längenänderung selbst und von den Steifigkeitsverhältnissen. Liegt ein echter Festpunkt (z. B. auf einem Widerlager) vor, so ist die Berechnung sehr einfach, denn die Verformungswege der einzelnen Lagerpunkte sind bei der hierfür meist ausreichend zutreffenden Annahme unendlich starrer Überbauten unabhängig von den elastischen Verhältnissen und nur durch die Entfernung vom Festpunkt bestimmt. Aufwendiger ist die Rechnung, wenn Verformungslager verwendet werden oder bei Anordnung des Festpunktes auf einem schlanken Brückenpfeiler oder bei Anordnung mehrerer Festpunkte auf benachbarten Brückenpfeilern. Dann muß der Festpunkt in Abhängigkeit von den elastischen Verhältnissen ermittelt werden. In [101] wird gezeigt, wie in einem solchen Fall bei Verformungslagern vorzugehen ist. Bei Verwendung von beweglichen Lagern dürfte in der Regel mit genügender Näherung auch bei festen Lagern auf schlanken Pfeilern der Festpunkt beim festen Lager liegen. Eine Überschlagsrechnung – Vergleich der Verschiebung am Pfeilerkopf mit dem festen Lager infolge der (einseitig) addierten Widerstandskräfte mit den rechnerischen Verschiebewerten der beweglichen Lager – dürfte im Einzelfall eine schnelle Klärung dieser Frage bringen.

Ist diese Verschiebung am Pfeilerkopf z. B. kleiner als $1/10$ der mittleren Verschiebung aller beweglichen Lager, so ist die Annahme, daß Festpunkt und festes Lager identisch sind, sicher gerechtfertigt.

Die Längenänderung des Überbaus hat folgende mögliche Ursachen:

1. Vorspannung
2. Kriechen $\Big\}$ nur bei Beton
3. Schwinden und Quellen
4. Temperatur
5. Eigengewicht
6. Verkehr
7. Baugrundbewegungen

Die Ursachen 5 und 6 wirken bei Balken-Brücken ausschließlich infolge Verdrehung aus der Durchbiegung des Überbaus. In geringem Maße ergeben die Ursachen 1 und 2 und bei ungleichmäßiger Temperaturverteilung auch die Ursache 4 Verdrehungsanteile, die aber meist vernachlässigt werden können.

Der Verschiebeweg infolge Verdrehung ist bei Balken mit konstantem Querschnitt

$$\Delta l_\vartheta = \vartheta \cdot h \qquad (1)$$

wobei ϑ der Drehwinkel des Überbaus und h der Abstand zwischen der sich verschiebenden Stelle des Lagers und dem Drehpunkt des Überbaus ist. Bei beweglichen Lagern ist dieser Drehpunkt gleich dem Schnittpunkt der Pfeilerachse mit der Schwerachse des Überbaus. Sind die Lager im Schwerpunkt angeordnet, entfällt dieser Anteil also. Er ist auch sonst im Vergleich zu den anderen Verschiebungsanteilen für die Bemessung des Verschiebeweges häufig vernachlässigbar klein. Eine besondere Bedeutung kann dieser Anteil jedoch für die Dauerschmierung bei Gleitlagern bekommen. Die in der Regel vorhandene Zwangskippung beim festen Lager um einen Punkt in Höhe des Lagers führt übrigens dazu, daß zu dem Wert nach Gl. (1) noch ein Translationsanteil zu addieren ist:

$$\Delta l_\vartheta = \vartheta \cdot h + \vartheta_F \cdot h_F \qquad (2)$$

wobei ϑ_F und h_F die Werte am festen Lager sind (vgl. Bild 3.7).

Die genauere Ermittlung der Verlängerung der Balkenfaser in Höhe der Lager sieht etwas anders aus, wäre aber zum einen hier unangemessen kompliziert und ist andererseits jedem Statiker heutzutage zugänglich, so daß im Rahmen dieses Buches auf weitere Ausführungen dazu verzichtet werden kann.

Auf eine vielleicht überraschende Angelegenheit ist in diesem Zusammenhang jedoch hinzuweisen. Die korrekte Ermittlung der Verformung setzt voraus, daß alle nicht vernachlässigbaren Einwirkungen berücksichtigt werden. Messungen an Brücken [135] haben gezeigt, daß die Überfahrt einzelner Fahrzeuge extrem kleine Gleitbewegungen (bis nahezu Null!) erzeugen, eine Folge des in diesem Fall nicht vernachlässigbaren Reibungswiderstands in der Gleitfuge bei den Gleitlagern oder des Verformungswiderstands des PTFE.

Der Verschiebungsanteil aus Vorspannen ist ein kurzzeitiger, einmaliger Anteil. Die Anteile aus Kriechen und Schwinden sind nach ca. 4 Jahren auf vernachlässigbare Werte abgeklungen. Sind diese Anteile bemessungsentscheidend, so können sich voreingestellte oder nachstellbare Lager lohnen.

Der Anteil aus Temperatur ist während der gesamten Lebensdauer der Brücke mit einem täglichen und einem jährlichen Rhythmus vorhanden.

Kräfte in Längsrichtung sind bei beweglichen Lagern ursächlich, aber nicht größenmäßig von den Verformungswegen abhängig, während bei Verformungslagern und bei festen Lagern (z.B. wenn feste Lager auf mehreren Pfeilern hintereinander angeordnet sind) die Rückstellkraft proportional der Verschiebungsgröße ist.

Bei beweglichen Lagern wird die Größe der Rückstellkraft abhängig von der Vertikalbelastung mit Gl. (3) ermittelt.

$$F_{xy} = \mu \cdot F_z \qquad (3)$$

Die Reibungszahl μ ist keine Konstante. Sie nimmt mit der Belastung bei Rollenlagern (Stahl) zu und bei Gleitlagern (PTFE) ab. Die Abnahme bei Gleitlagern ist dergestalt, daß man zur Vereinfachung der Rechnung dort auch die zur maßgebenden Pressung gehörige H-Kraft als Konstante annehmen könnte – man läge damit auf der sicheren Seite:

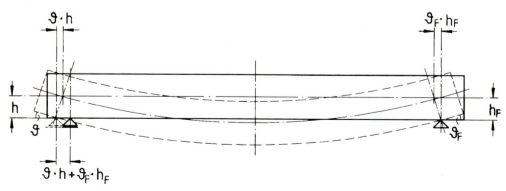

Bild 3.7
Translation am beweglichen Lager infolge Verdrehung

$$F_{xy} = (\mu \cdot zul\sigma) \cdot A \qquad (4)$$

Die analytische Beziehung zwischen Reibungszahl μ und Pressung σ in der Gleitfuge sieht im übrigen so aus:

$$\mu = \frac{C_1}{C_2 + \sigma} \qquad (5)$$

Siehe hierzu auch entspr. Regelung in den Zulassungen.

3.2.4 Abtragung horizontaler Lasten in Brückenquerrichtung

In Querrichtung treten folgende ursächlich verschiedene Lastarten auf:

1. Windlasten
2. Zwängungskräfte infolge Längenänderung
3. Komponenten aus lotrechter Last infolge Schiefstellung
4. Fliehkräfte und Seitenstoß bei Eisenbahnbrücken.

Zu den unter 2. und 3. aufgeführten Ursachen gilt das unter 3.2.3 mitgeteilte sinngemäß.

Die Aufnahme der Windlasten ist bei großen Brücken bisweilen problematisch, denn die nach Norm zugrundezulegenden Werte sind sehr hoch.

Ist eine Brücke einige hundert Meter lang, so ergibt sich hieraus eine gewaltige Windlast, die mit einer möglichst zwängungsfreien Lagerung – also mit nur 2 Lagern, die in Querrichtung Kräfte aufnehmen können – nicht mehr realisierbar ist. Es ist andererseits kaum vorstellbar, daß bei einem Orkan die rechnerische Windlast gleichzeitig auf voller Brückenlänge auftritt. Es wäre sicher lohnend, durch Messungen der Frage nachzugehen, welche Lastlängen in Abhängigkeit von der Lastgröße bei Brücken realistisch sind, und zwar weniger zwecks Einsparung von Kosten, sondern um eine zwängungsarme Lagerung zu verwirklichen.

Es bleibt abzuwarten, ob der künftige Eurocode 1 in diesem Punkt mehr Möglichkeiten offen läßt.

Die Annahme einer konstanten Windbelastung in Querrichtung und die Verfolgung dieser Kräfte im Bauwerk kann bei Talbrücken mit veränderlicher Pfeilerhöhe zu einer aufwendigen Berechnung führen, die insbesondere, wenn die Pfeiler auch noch mit der Höhe veränderliche Querschnitte haben, von Hand nicht mehr durchführbar ist. Auch wenn durch die heutigen EDV-Möglichkeiten dies nicht mehr als Problem anzusehen ist, sei doch folgende Bemerkung gestattet: Eine solche exakte Ermittlung paßt nicht zu pauschalen Annahmen für den spezifischen Winddruck. Der pauschalen Lastannahme adäquat ist eine pauschale Verteilung der Windlast auf die einzelnen Pfeiler ohne Berücksichtigung der Elastizität des Überbaus und der Pfeiler. Wer etwas genauer sein will, kann ja den längeren Pfeilern etwas kleinere Anteile zugunsten der kürzeren Pfeiler geben. Jede weitergehende Rechenverfeinerung führt nicht zu genaueren Ergebnissen, sondern nur zu vermehrter Arbeit. Zu beachten ist jedoch, daß bei Entwurfsvergleichen verschiedener Lösungen die Lastannahmen jeweils gleich sein müssen.

Inwieweit die Lagerungsunterschiede (Polstrahllagerung/Tangentiallagerung) eine unterschiedliche Kräfteverteilung in den Führungen der einseitig beweglichen und in den festen Lagern bewirken, läßt sich mangels ausreichender Parameterstudien nur durch direkten Vergleich am konkreten Beispiel beurteilen. Während es bei den äußeren Kräften dabei in der Regel nur um eine möglichst gleichmäßige Weiterleitung geht, läßt sich der Zwang – insbesondere der aus Temperaturänderung – durch geschickte Wahl der Lagerung gering halten, siehe Kap. 2.

Tabelle 3.3
Übertragbare Kräfte durch Lager, bezogen auf das Bauwerk

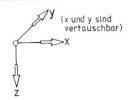

× = Planmäßige Kräfte
□ = Unerwünschte Kräfte von kleiner, aber nicht immer vernachlässigbarer Größe für das Bauwerk
○ = Unerwünschte Kräfte von stets vernachlässigbarer Größe für das Bauwerk

3.2.5 Kräfte in Abhängigkeit von der Lagerart

Ein Schnitt durch ein Konstruktionsteil kann im allgemeinen 6 „Kräfte" auslösen: eine Normalkraft, 2 Querkräfte, 2 Biegemomente und ein Torsionsmoment. Letzteres spielt bei den in horizontaler Richtung sehr steifen Brücken meist keine Rolle. Ist x die Längsrichtung und y die Querrichtung, so könnten die im Lager grundsätzlich übertragbaren Kräfte und Momente bezeichnet werden mit:

$F_z, F_x, F_y, M_x, M_y, M_z$

In der Tabelle 3.3 sind die verschiedenen Lager und die zugehörigen Kräfte, die übertragen werden, aufgeführt.

Die mit × gekennzeichneten Werte sind in jedem Fall für das Bauwerk zu berücksichtigen. Bei den mit □ gekennzeichneten Werten muß im Einzelfall nachgeprüft werden, ob die Kraft vernachlässigbar ist oder nicht (z.B. ist die Reibungskraft F_x eines Gleitlagers für den Überbau in der Regel vernachlässigbar, nicht aber für einen hohen Pfeiler).

In Tabelle 3.4 sind die Ursachen, die normalerweise für die Kräfte in Betracht kommen, zusammengestellt. Nicht alle Werte lassen sich auf einfache Weise ermitteln. Schlanke Stützen erfordern eine Untersuchung nach Theorie II. Ordnung, die Werte aus Kriechen und Schwinden lassen sich vor Baubeginn nur grob abschätzen.

Zwängungskräfte am festen und – quer zur Bewegungsrichtung – an den einseitig beweglichen Lagern entstehen übrigens auch bei jeder in Horizontalrichtung statisch unbestimmten Lagerung, abhängig davon, ob Polstrahl- oder Tangentiallagerung. Der Unterschied in den Zwängungskräften ist häufig geringer, als ohne Rechnung zu vermuten ist!

Tabelle 3.4
Lagerkräfte und deren Ursache

F_z	Eigengewicht, Verkehr, Wind quer zur Brücke
F_x am festen Lager	Bremsen, Reaktion zu den Reibungskräften, Rückstellkräfte aus Verschieben durch Kriechen, Schwinden, Vorspannen und Temperatur, Zwängungen durch Verwölbung der Konstruktion
F_x, F_y am beweglichen Lager	Reibungskräfte, abhängig von F_z
F_y am festen Lager	Wind, Fliehkräfte bei gekrümmten Eisenbahnbrücken, Rückstellkräfte aus Verschieben durch Kriechen, Schwinden, Vorspannen, Temperatur, Reaktion zu den Reibungskräften
M_x und M_y	Exzentrizität von F_z, Rückstellmoment aus Verdrehung durch Eigengewicht, Vorspannen, Verkehr

3.2.6 Lagerbewegungen

Eine exakte Ermittlung der Verformungen – Verdrehung und Verschiebung – ist im allgemeinen kaum möglich. Bei Stahlkonstruktionen lassen sich die Verformungen aus Schrumpfspannungen infolge Schweißen und Montageungenauigkeiten nur in ihrer Größenordnung abschätzen, bei Massivbauten sind die Unsicherheitsfaktoren in erster Linie Schwinden und Kriechen. Während beim Stahlbau eine Überprüfung der Annahmen und gegebenenfalls eine Korrektur der Nullstellung unmittelbar nach Fertigstellung möglich ist, wirkt sich der Einfluß des Kriechens beim Massivbau erst nach 1 bis 2 Jahren voll aus. Die sichere Abschätzung dieser Verformungen ist Voraussetzung für die Stabilitätsuntersuchung der Pfeiler nach Theorie II. Ordnung. Wie diese Untersuchung in Abhängigkeit von der Lagerung durchzuführen ist, wird in Abschnitt 3.5 gezeigt.

Zu den genannten Verformungen der Überbauten addieren sich immer die Verformungen der Unterbauten und des Baugrundes.

Zur Ermittlung der Lagerverschiebungen bei Spannbeton-Balkenbrücken sei auf die Zusammenfassung der Dissertation von P. Hütten im Kap. 7 verwiesen.

Die Aufgabe der in einer Richtung beweglichen Lager, sowohl Längenänderungen aus Temperaturschwankungen und Schwinden, elastische und plastische Verkürzungen infolge Vorspannung als auch Auflagerverdrehungen infolge Durchbiegung gleichzeitig zuzulassen, läßt sich vor allen Dingen bei gekrümmten Brücken mit den meisten Lagerarten der Nr. 6, 8 und 14 in Tabelle 1 der Lagernorm DIN 4141, Teil 1 (s. dort Fußnote 1), zwängungsarm lösen. Kapitel 2 enthält hierzu ausreichende Angaben zur Lageranordnung und -ausrichtung.

3.2.7 Lagesicherheit

Die Unterstützungen eines Baukörpers müssen in Lage und Anordnung so beschaffen sein, daß der Baukörper nicht wegrutscht, daß er nicht umkippt, und daß er seine Gliederung nicht verändert, d.h. daß keine der Unterstützungen ihren Halt durch „Abheben" verliert. Hierzu wird auch auf die Erläuterung im Abschnitt 5.2.2 zur Norm DIN 1072 verwiesen.

Zum Nachweis Gleitsicherheit:

In DIN 4141, Teil 1, steht die aus älteren Normen fortgeschriebene Gleichung (3) (siehe auch Erläuterung in der Norm):

$$v \cdot F_{xy} \leq f \cdot F_z + D \qquad (6)$$

F_{xy} ist dabei der aus F_x und F_y zu bildende Vektor der am Lager wirkenden Horizontalkräfte, außerdem gilt

$$v = 1{,}5 \text{ und } f = 0{,}2 \text{ bzw. } 0{,}5$$
$$\text{(Stahl/Stahl bzw. Stahl/Beton).} \qquad (7)$$

Statt f schreiben wir im folgenden, wie heute wieder üblich, μ.

In der Praxis wird nicht „nachgewiesen", sondern „bemessen", d.h. es wird z.B. ausgerechnet, wie groß D sein muß:

$$D \geq 1{,}5 \cdot F_{xy} - \mu \cdot F_z \qquad (8)$$

D ist die Schub-Traglast der Verankerung. Näheres s. Kapitel 4.

Die beiden anderen Lagesicherheitsnachweise

– Umkippen und
– Abheben

sind als prinzipiell stofffreie Nachweise für Brücken in DIN 1072 geregelt, und es bleibt abzuwarten, in welchen europäischen Normenteilen (Eurocodes) diese wichtigen Nachweise geregelt sind.

Bei Straßenbrücken werden die Nachweise „Abheben" und „Umkippen" als Nachweise für das Gesamtbauwerk nur selten bemessungsrelevant sein. Es handelt sich bei diesen Nachweisen um den Nachweis an der stärker gedrückten und an der weniger gedrückten Seite.

Bild 3.8
Schmale 1-Feld-Brücke in der Draufsicht

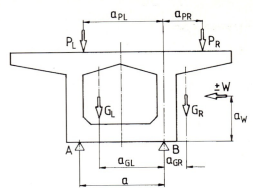

Bild 3.9
Querschnitt der Brücke Bild 3.8
($p \triangleq$ Verkehrslast, $G \triangleq$ Eigengewicht,
$W \triangleq$ Windlast, $L, R \triangleq$ links, rechts)

Zur Erläuterung seien die Lagerungsprobleme „Abheben" und „Umkippen" beispielhaft verdeutlicht:

Eine leichte Brücke (z. B. Fußgängerbrücke), deren Lagerpaare sehr eng nebeneinander stehen – Bild 3.8 und 3.9 –, ist bei voller Windlast umkippgefährdet.

Nach DIN 1072 wäre nachzuweisen z. B. Kippen um B (siehe DIN 1072, Tabelle 7):

Wind von rechts:

$$1{,}05 \cdot G_L \cdot a_{GL} - 0{,}95 \cdot G_R \cdot a_{GR} + 1{,}3 \cdot (W \cdot a_w + P_L \cdot a_{PL}) \leq \frac{A_{R,k}}{1{,}3} \cdot a \quad (9)$$

und Wind von links:

$$0{,}95 \cdot G_L \cdot a_{GL} - 1{,}05 \cdot G_R \cdot a_{GR} - 1{,}3 \cdot (W \cdot a_w + P_R \cdot a_{PR}) \geq 0 \quad (10)$$

($A_{R,k}$ ist der charakteristische Wert der aufnehmbaren Last in A).

Bei der zweiten Gleichung wurde bereits der Grundsatz berücksichtigt, daß Zuglager nicht verwendet werden sollen. Dann ist der Nachweis am weniger gedrückten Lager praktisch der Nachweis einer ausreichenden „Spreizung": durch Vergrößerung von a läßt sich das Verhältnis von günstigen und ungünstigen Einflüssen so verändern, daß die Lagesicherheit ausreichend ist.

Hierbei wurde eine einfeldrige, gerade Brücke angenommen.

Der Nachweis „Abheben" und „Umkippen" fällt in diesem Fall zusammen hinsichtlich der Laststellung (des Verkehrs).

Bei einer mehrfeldrigen, gekrümmten Brücke ist dies nicht der Fall (Bild 3.10).

Werden bei dieser Brücke ebenfalls nur Drucklager vorausgesetzt, so ist nachzuweisen, daß auch bei ungünstiger Konstellation mit den Lastfaktoren nach DIN 1072

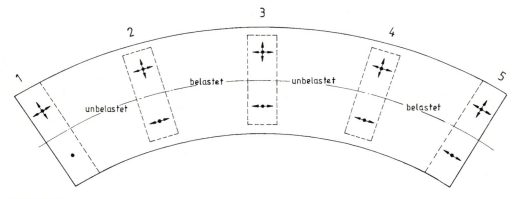

Bild 3.10
Teilbelastungen „Verkehr" für den Nachweis „Abheben in Achse 1" bei einer gekrümmten Mehrfeldbrücke

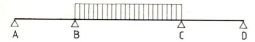

Bild 3.11
Lastfall „Abheben der Endauflager" bei ungleichen Stützweiten eines 3-Feld-Trägers

kein Lager abhebt. Dabei wirken auch feldweise veränderliche Verkehrslasten mit, so daß nicht von vornherein feststeht, ob der Nachweis „Umkippen" ungünstiger ist. Er muß also zusätzlich geführt werden. Im Fall sehr ungünstiger Stützweitenverhältnisse können bereits die Vertikallasten ohne Wind einzelne Lager auf Abheben gefährden (Bild 3.11).

Auch in diesem Fall ist beides nachzuweisen: kein Abheben bei A und D, keine Überbeanspruchung bei B und C. Bemessungsentscheidend für B und C wird in aller Regel jedoch der Nachweis bei Vollast sein.

3.2.8 Sicherheitsbetrachtungen unter Berücksichtigung der Lagereigenschaften

Im Abschnitt 3.5 und 3.6 wird das Handwerkszeug geliefert, mit dem es möglich ist, im Rahmen der derzeit geltenden und üblichen Berechnungskonzeptionen eine auf der sicheren Seite liegende Stabilitätsuntersuchung unter Berücksichtigung des Einflusses der Lagerung durchzuführen. Dabei bezieht sich die „sichere Seite" auch auf Lastannahmen, wobei im Rahmen dieses Buches hauptsächlich die Lastannahmen interessieren, die mit den Eigenschaften der Lager zusammenhängen, also die Abhängigkeit der Rückstellkräfte von der Verformung (Federkennwert) bzw. von der Last (Reibungszahl).

Wo es nötig ist, unabhängig von Regeln Nachweise in eigener Verantwortung zu führen, kann sich in gewissen Einzelfällen – insbesondere bei besonders schlanken Bauwerken – eine genauere Berücksichtigung der Abhängigkeiten unter Einbezie-

hung von Wahrscheinlichkeitsüberlegungen lohnen. Wir können hier nur die in diesem Zusammenhang wichtigsten Dinge aufzeigen und die Konsequenzen andeuten.

Gleitlager

Daß mit zunehmender Pressung bei PTFE-Gleitlagern die Reibungszahl abnimmt, ist inzwischen allgemein bekannt.

Ist die Reibungszahl unter höherer Pressung bekannt, so spricht nichts dagegen, bei der Bemessung des Bauwerks konsequent diese zu berücksichtigen. Weiterhin ist zu bedenken, daß die zugelassenen Reibungszahlen Laborwerte bei einer Temperatur von $-35\,°C$ sind. Kann man sicherstellen, daß die tiefste Temperatur, der ein Lager ausgesetzt ist, wesentlich höher als $-35\,°C$ ist, so lohnt es sich, dies zu berücksichtigen, denn bei Raumtemperatur beträgt z. B. die Reibungszahl nur noch ca. 25 % des Wertes bei $-35\,°C$.

Weiterhin ist in den zugelassenen Werten qualitativ Verschleiß (als Folge von partiellem Trockenlauf) bis zu einem gewissen Grade berücksichtigt worden. Auch diesen Faktor kann man natürlich ausschalten oder ermäßigen, indem man z. B. die Gleitplatte auswechselt, wozu allerdings ein Anheben des Bauwerks notwendig ist.

In der Regel kann das Auswechseln auf eine neue, geschmierte PTFE-Scheibe beschränkt werden.

Wenn permanent Raumtemperaturen im Lager gehalten werden könnten und eine regelmäßige Erneuerung der Gleitplatte erfolgen würde, so wäre für höhere Pressungen die Erzielung einer Reibungszahl von wesentlich weniger als 1 % – also weniger als bei hochbelasteten Rollenlagern – kein Problem.

Bei schlanken Bauwerken sollte man außerdem stets folgende Überlegung anstellen: Zur rechnerischen Horizontalkraft F_R aus der Reibung gehört eine elastische Verschiebung v_e zwischen Überbau und Unterbau, die sich elementar ermitteln läßt, etwa bei Brücken aus der Biegesteifigkeit der Stützen. Die Verschiebung infolge Schwinden, Kriechen, Temperatur und Vorspannen vollzieht sich als ein Vorgang mit sehr häufig wechselnden Richtungen. Der größtmögliche Wert, der in einer Richtung ohne zwischenzeitliche Umkehr auftreten kann, ergibt sich näherungsweise aus der Verschiebung, die zum größtmöglichen Temperaturgefälle zwischen Tag und Nacht gehört, also in Deutschland vielleicht 20 °C. Die anderen Werte sind in einem 24-Stundenzeitraum verschwindend gering. Wenn nun dieser Wert – er möge mit v_d bezeichnet werden – kleiner ist als v_e,

$$v_d < v_e \qquad (11)$$

so kann sich die in Rechnung gestellte Reibungskraft gar nicht einstellen, da ja schon ein festes Lager bei dieser Bewegung eine kleinere Kraft übertragen würde. Oder anders ausgedrückt: Würde sich ein Reibungswiderstand in der angegebenen Größe einstellen, so würde die Lagerbewegung nicht stattfinden, weil der elastische Widerstand kleiner ist. Da wir es insbesondere bei Brücken mit wechselnden Lasten zu tun haben und bei geringeren Lasten die Reibungskraft auch bei Gleitlagern (trotz höherer Reibungszahl!) abnimmt, genügt es, nur die ungünstigste Temperaturdifferenz eines Tages zu nehmen, denn in dieser Annahme steckt ja bereits die sehr unwahrscheinliche Unterstellung, daß an diesem Tage während der ganzen Zeit die rechnerische Höchstlast wirkt. Jede Teilentlastung führt sofort zu einer Entspannung des Lagers, ebenso eine Temperaturerhöhung. Es soll an dieser Stelle nicht verschwiegen werden, daß der beschriebene Effekt auch eine Gefahr beinhaltet, nämlich wenn infolge Kriechen eine Pfeilerkrümmung bei Bewegungsumkehr nicht voll zurückgeht und dann – weil dies bei der Dimensionierung unberücksichtigt blieb – die Lagerplatte zu kurz ist.

In [136] haben Weihermüller und Knöppler das Problem, die 3 Größen Auflast, Reibungskraft und Pfeilerverformung in den mechanisch richtigen Zusammenhang zu bringen, dadurch gelöst, daß sie die Pfeilerkopfverformung als unabhängige Variable angesehen haben, aus der die Horizontalkraft bei fest vorgegebener Vertikallast folgt, s. Abschnitt 3.6.

Die Reibungszahl wird kleiner mit zunehmender Pressung, mit abnehmender Geschwindigkeit und mit zunehmender Temperatur. Dieser Zusammenhang gilt qualitativ unabhängig davon, ob das Lager geschmiert ist oder nicht.

Die in den Regeln angegebenen Reibungszahlen wurden im Labor unter den zugeordneten Pressungen bei einer Temperatur von −35 °C und einer Gleitgeschwindigkeit von 0,4 mm/sec erreicht. Die Versuchslager waren geschmiert. Solange die Schmierung im Lager noch im ausreichenden Maße vorhanden ist, kann man davon ausgehen, daß die Reibungszahlen nur sehr selten in dieser Höhe erreicht werden, nämlich dann, wenn bei der seltenen Temperatur von −35 °C die maximale Auflast vorhanden ist und eine Bewegung stattfindet.

Sorge bereitet allgemein die Frage, was passiert, wenn trotz der Schmiertaschen der Vorrat an Schmiermittel verbraucht ist und die Reibungszahlen – unter gleichen Umständen – merklich in die Höhe gehen. Ideal erscheint eine Nachschmierung des Lagers, die vielleicht alle 5 Jahre bei jedem Gleitlager durchgeführt werden müßte. Aber wer soll einen solchen Wartungsdienst organisieren und durchführen? Und wäre es dann nicht zweckmäßig, die Lager so zu konstruieren, daß sie mit geringem Aufwand, also z. B. nur durch Ansetzen einer „Schmierpresse" nachgeschmiert werden können? Solche Lager wurden entwickelt [137]. Es wird jedoch angezweifelt, daß diese Methode einwandfrei funktioniert. Von gleichem Aufwand und wirkungsvoller ist ein komplettes Auswechseln der PTFE-Scheibe und des Schmierstoffs, wie schon erwähnt.

Nun betrifft die Problematik wohlgemerkt einen Zustand, der Jahre nach der Erstellung des Bauwerks auftreten kann. In diesem Zustand gibt es in der Regel nur noch vier ursächlich unterschiedliche Lagerverschiebungen:

1. Verschiebung infolge Temperaturänderung bei Balkenbrücken (im wesentlichen Längsverschiebung des Bauwerks)
2. Verschiebung infolge Verkehrsbelastung (bei Balkenbrücken z. B. infolge Verdrehung des Überbaus)
3. Schwinden und Quellen des Betons
4. Baugrundbewegungen

Die Bewegung Nr. 1 – Temperatur – erfolgt mit einer Geschwindigkeit, die in der Größenordnung von μm/sec liegt, also mindestens 2 Zehnerpotenzen niedriger als die Bewegung im Labor, die den Reibungszahlen zugrunde liegt. Die Reibungszahl, die bei geschmierten Lagern dieser sehr kleinen Bewegungsgeschwindigkeit zugeordnet ist, dürfte vernachlässigbar sein. Mit anderen Worten: Dauergeschmierte Gleitlager, die nur Temperaturbewegungen auszugleichen haben, dürften einen sehr niedrigen Reibungswiderstand über die gesamte Lebensdauer des Bauwerks haben.

Brücken erhalten aber auch Bewegungen aus Verkehr – die Bewegung Nr. 2 – mit einer Geschwindigkeit, die nach Breitbach [135] etwa den Geschwindigkeiten der Laborlager entspricht. Die Bewegungsgröße ist sehr niedrig – bei Massivbrücken weit unterhalb von einem Millimeter – und ein großer Teil der rechnerischen Bewegung macht sich gar nicht als Gleitbewegung bemerkbar. Er verschwindet durch Schubverformung des PTFE und durch Nachgiebigkeit an anderen Teilen im Lager oder in der Konstruktion. Mit anderen Worten: Eine Konstruktion, bei der nur die Bewegung Nr. 2 zu kompensieren ist, also etwa eine Brücke innerhalb von unterirdischen Räumen mit konstanter Temperatur (Bergwerk, Tropfsteinhöhle) benötigt keine Gleitlager. Das Problem ist das Zusammenspiel der Bewegungen Nr. 1 – große Wege – und Nr. 2 – viele keine Einzelbewegungen, die sich jedoch zu großen Werten aufsummieren, dadurch Verschleiß erzeugen, die Schmierung beeinträchtigen und im Laufe der Zeit die Bewegung Nr. 1, für die der Einsatz der Lager primär erfolgt, erschweren und schließlich – wenn der Abrieb so groß ist, daß Stahl auf Stahl gleitet – unmöglich macht.

Das Fazit aus den vorigen Ausführungen: Da die Bewegung Nr. 1 Vorrang vor allen anderen Bewegungen hat, ist letztlich die Polstrahllagerung die bessere Lagerung gegenüber anderen Lösungen, siehe Kapitel 2!

Die unter 3. genannte jahreszeitabhängige Verschiebung ist zeitlebens im Bauwerk vorhanden, wird aber allgemein vernachlässigt und wurde hier nur der Vollständigkeit halber erwähnt. Sie ist für die nachfolgende Betrachtung unerheblich.

Die unter 4. genannte Verschiebung ist extrem langsam und daher etwa so zu beurteilen wie die Temperaturbewegung.

Topflager

Grenzbetrachtungen beim Topflager sind besonders einfacher Art: Im ungünstigsten Fall – sei es, daß das Spiel für den Verdrehungswinkel nicht ausreicht, oder daß bei extremer Kälte das Elastomer glasartig wird, was bei Naturgummi in unseren Breiten nicht zu befürchten ist, oder daß bei Überbelastung oder beim Versagen der Dichtung das Elastomer herausquillt – kann sich eine Lastexzentrizität von der Größe des Topfradius einstellen. Hierzu wird vorausgesetzt, daß die rechnerische Überbauverdrehung größer als die elastische Verdrehung des Pfeilerkopfes infolge einer solchen Exzentrizität ist. Andernfalls ist die zur Verdrehung gehörende Exzentrizität maßgebend.

Sind die Topflager als Kippteil unter einem Gleitlager angeordnet, so wird sich bei extremen Exzentrizitäten der Gleitspalt des Gleitlagers schließen. Durch die dann auftretende Reibung Stahl auf Stahl ist das Gleitteil praktisch blockiert. Wenn der Einsatz des Lagers sinnvoll war, kann in beiden Fällen die Konsequenz nur die Auswechselung mindestens der beschädigten Teile sein.

Verformungslager

Die Problematik, die mit der genauen Berechnung von Elastomerlagern schlechthin verbunden ist, wird in Kapitel 4 behandelt. Die statischen Konsequenzen für Grenzbetrachtungen bei der Verwendung als Verformungslager sind folgende:

Die Verteilung äußerer am Überbau angreifender Horizontalkräfte auf die Unterbauten hängt von der Belastungsvorgeschichte, der Belastungsgeschwindigkeit und der Temperatur ab. Da der Widerstand unter sonst gleichen Umständen mit zunehmender Verformung wächst, wird die Verformungsgröße aus äußerer Belastung bisweilen überschätzt, die Belastungsgröße aufgrund der eingeprägten Verformungen dagegen realistisch erfaßt, so daß man insgesamt auf der sicheren Seite liegt. Daß Lager, Pfeiler und Untergrund drei hintereinander geschaltete Federn sind, deren Wirkung im Gesamtsystem zu untersuchen ist, wurde an anderer Stelle bereits gesagt. Eine Erhöhung der Lasten um einen Sicherheitsbeiwert beträfe nicht nur die Vertikal- und Horizontalkräfte, sondern logischerweise auch die Verschiebungen und Verdrehungen, so daß im allgemeinen die Schubspannungen im Lager ebenfalls um den γ-fachen Wert ansteigen. Bei Verformungslagern bieten sich für genauere Berechnungen daher aufgrund von Grenzbetrachtungen keine großen Vorteile gegenüber der normalen Bemessung an. Bruchhypothesen sind bislang noch nicht bekannt.

In kritischen Fällen kann man statt des Nachweises der zulässigen Belastung, Verschiebung und Verdrehung auf den Nachweis von Vergleichsschubspannungen mit Hilfe der ORE-Formel zurückgreifen (Kap. 4), wie es voraussichtlich auch in der CEN-Norm (DIN EN 1337) geregelt sein wird.

3.3 Hochbau

3.3.1 Berechnung von Flachdachbauten

Abhängig von der Lagerung sind folgende statische Beanspruchungen bei Flachdachbauten denkbar:

Zwängungskräfte zwischen Decke und Wand durch Längenänderung der Decke
Rückstellmomente durch Biegeverformungen der Decke
Abhebende Kräfte in den Plattenecken aus Drillmomenten
Kraftumlagerung bei unterschiedlicher lotrechter Lagerstauchung

Als Ursache dafür kommen in Betracht:

Lotrechte Belastung
Schwinden
Temperatur
Kriechen
Setzungsdifferenzen

Eine vollständige statische Berücksichtigung dieser Zusammenhänge würde im wesentlichen auf die Berechnung der Wände hinauslaufen, die in diesem Fall allgemein als ebene Flächentragwerke mit Löchern (Fenster, Türen) unter Scheiben- und Plattenbeanspruchung und komplizierten Randbedingungen anzusehen sind. Da ein großer – wenn nicht der größte – Teil der Schäden an Flachdachbauten auf oben genannte Ursachen bzw. Beanspruchungen zurückzuführen ist, kann auf eine solche Berechnung doch wohl nur dann verzichtet werden, wenn sichergestellt ist, daß die Lagerung so erfolgt, daß die Kräfte unschädlich für das Bauwerk sind. Die hierbei zu beachtenden Aspekte enthält Kapitel 2.

Werden sie nicht beachtet, so nutzt bei den üblichen Materialien für das aufgehende Mauerwerk auch eine genaue statische Berechnung kaum etwas. Die Kenntnis dieser Zusammenhänge macht deutlich, daß eine statische Berechnung für Wände ein- und zweigeschossiger Flachdachbauten, die über die Dimensionierung der Stürze hinausgeht, recht fragwürdig ist. Es bleibt für Flachdachbauten festzustellen:

> Eine exakte Lagerung nach Kapitel 2 macht weitere statische Berechnungen in der Regel überflüssig.
> Eine falsche Lagerung läßt sich nicht durch eine statische Berechnung korrigieren.

3.3.2 Sonstiger Hochbau (siehe auch DIN 4141, Teil 3)

Soweit im Hochbau Bedingungen vorliegen, die den Verhältnissen des Brückenbaus vergleichbar sind, gelten die Überlegungen des Abschnittes 3.2 entsprechend. Es handelt sich hier jedoch in der Regel nicht, wie im Brückenbau, um horizontal ausgedehnte Bauwerke. Die Anordnung von Fugen ist problematischer, da räumliche Bewegungen auftreten. Bremskräfte treten meist nicht auf.

Da andererseits die Wege klein sind, ist die Statik des Bauwerks in geringerem Maße als bei Brücken von den Lagerdaten abhängig. Dies gilt insbesondere dann, wenn keiner der angrenzenden Baukörper (im Gegensatz zu den meisten Brückenpfeilern) empfindlich gegen Lastexentrizitäten und Horizontalkräfte ist, also wenn z. B. bei einem Hochbau mit Hilfe von Lagern eine Trennung zwischen Hochhauskern und dem übrigen Bauwerk vorgenommen wird. Die Lager sind meist so klein, daß die Rückstellmomente aus Auflagerdrehwinkeln im allgemeinen keine nennenswerte Rolle spielen.

Bevorzugt zum Einsatz gelangen Elastomerlager jeglicher Art:

Bewehrte Elastomerlager
(s. DIN 4141, T. 14 und 140)
Unbewehrte Elastomerlager
(s. DIN 4141, T. 15 und 150)

Bei der Auswirkung auf die Bemessung des Bauwerks ist die Lagerungsklasse (s. DIN 4141, Teil 3) festzulegen. In vielen Fällen wird man überschläglich zeigen können, daß die Rückstellkräfte ausreichend sicher vom Bauwerk aufgenommen werden können, so daß als einziger das Bauwerk betreffender Nachweis die Lagerfugenpressung verbleibt. In solchen Fällen gelten die Regeln für die Lagerungsklasse 2 nach DIN 4141, Teil 3. Soweit für einzelne Teile oder für das gesamte Bauwerk Stabilitätsuntersuchungen erforderlich sind, gilt dies nicht mehr. Hierzu wird auf Abschn. 3.5 verwiesen.

3.4 Tiefbau, Wasserbau, Hafenbau, Tunnelbau

Das Lagerungsproblem ist nicht auf den Brücken- und Hochbau beschränkt. Die Beschränkung ist in den Regeln dennoch notwendig, weil nur für diesen Bereich die Anwendungsbedingungen so weit überschaubar sind, daß hinreichende Kriterien für die Bemessung formuliert werden können. Im übrigen Baubereich ist bei jeder einzelnen Baumaßnahme erneut von Grund auf zu prüfen, inwieweit die bekannten Festlegungen ausreichend sind. Dies betrifft auch die Statik, weil bisweilen Aufgaben zu lösen sind, die in der Hochbau- oder Brückenstatik unbekannt sind, wie z. B. das Abfangen großer Massenkräfte (Absperrwerke [166]). In diesem Bereich kommt es häufiger vor, daß eine ständige einwandfreie Funktion bei Unzugänglichkeit für Kontrolle und Wartung und Unmöglichkeit der Auswechslung erforderlich ist (z. B. Lagerung des IJ-Tunnels in Amsterdam), was auf die Sicherheitsbetrachtungen für das Bauwerk nicht ganz ohne Einfluß sein sollte.

3.5 Einfluß der Lager auf die Stabilität der Bauwerke

3.5.1 Allgemeines

Zusammenstellung häufig verwendeter Bezeichnungen
(z. T. abweichend von normativen Festlegungen)

N	Normalkraft	⎫
Q	Querkraft	⎬ Schnittkräfte
M	Moment	⎭
w	Verschiebung in Richtung Q	
X	Koordinate in Richtung N	
φ	Verdrehung (im Uhrzeigersinn positiv)	
$\Delta\varphi, \Delta w$	Verformungssprünge im Lager	
$i, i+1$	Zählindex	
sign	Vorzeichen (+ oder −)	
μ	Reibungszahl	
EJ	Stabsteifigkeit	
P	(Ersatz)-Lasten, äußere Vertikal-Last	
l	Pfeilerlänge	
v	(pauschaler) Lasterhöhungsfaktor (Sicherheitsfaktor)	
G	Schubmodul bei Verformungslagern	
A	Fläche bei Verformungslagern	
T	Nettohöhe von Verformungslagern	
R	Krümmungsradius (= Entfernung zum Pol) bei einer im Grundriß gekrümmten Brücke	
H	(äußere) Horizontalkraft, am Pfeilerkopf angreifend	

Lager sind häufig Teile von Bauwerken, welche schlanke, auf Druck beanspruchte Bauteile enthalten (z. B. Pfeiler von Brücken). Diese Bauteile bzw. das ganze Bauwerk sind dann nach der Theorie 2. Ordnung zu berechnen. Der Einfluß der verwendeten Lager ist dabei zu berücksichtigen, da je nach Typ unterschiedliche Ergebnisse zu erwarten sind. Insbesondere ist die Annahme, die Knicklänge eines Pfeilers mit verschieblichem Lager sei gleich der doppelten Pfeilerhöhe, im allgemeinen nicht zutreffend.

Für die Berechnung eines Tragwerkes unter Berücksichtigung der Verformungen sind zwei verschiedene Verfahren üblich:

a) Die Schnittlasten werden nach der Theorie 1. Ordnung berechnet. Die Theorie 2. Ordnung wird nur benutzt, um unter der Annahme eines unbeschränkt linear-elastischen Werkstoffes die Knicklängen der einzelnen Stäbe zu ermitteln. Mit diesen Knicklängen erfolgt die Bemessung nach einem dem jeweils vorhandenen Baustoff angepaßten Verfahren, wobei die zusätzlichen Beanspruchungen infolge der Verformungen näherungsweise erfaßt werden.

Es wird auf die einschlägigen Normen hingewiesen: DIN 18800, Teil 2, Ausgabe 11.90, Abschnitte 3 bis 6; DIN 1045, Ausgabe 07.88, Abschnitte 17.4.1 bis 17.4.8; Eurocode 2 (ENV 1992-1-1: 1991), Ausgabe 1992, Abschnitt 4.3.5.6; DIN 1052, Teil 1, Ausgabe 04.88, Abschnitte 9.1 bis 9.4.

b) Die Schnittlasten und Verformungen werden nach der Theorie 2. Ordnung am Gesamtsystem berechnet. Mit den dabei erhaltenen Ergebnissen werden die erforderlichen Nachweise geführt.

Vgl. dazu DIN 18800, Teil 2, Abschnitte 1 bis 2; DIN 1045, Abschnitt 17.4.9; Eurocode 2, Abschnitt 4.3.5.5.2 und Anhang 3; DIN 1052, Teil 1, Abschnitt 9.6.

Es würde über den Rahmen dieses Buches hinausgehen, die Stabilitätsnachweise grundsätzlich zu behandeln. Es wird hier auf die entsprechende Literatur [49, 55, 66, 78, 88, 105] verwiesen. Die folgenden Ausführungen beschränken sich auf die Zusammenstellung der Randbedingungen in Abhängigkeit von der Lagerkonstruktion sowie auf die Angabe von Knicklängen bzw. Berechnungsverfahren für einfache Fälle. Die Ableitung dieser Beziehung

3.5 Einfluß der Lager auf die Stabilität der Bauwerke

kann [72] entnommen werden und ist daher hier nicht aufgeführt.

3.5.2 Rand- und Zwischenbedingungen für Lager

Befindet sich innerhalb oder am Ende eines Stabes ein Lager, so sind bei der Berechnung an diesen Punkten bestimmte Zwischenbedingungen bzw. Randbedingungen einzuhalten. Diese können bei Berechnungen nach der Theorie 2. Ordnung wesentlich von der vorhandenen Normalkraft beeinflußt werden. In Bild 3.12 sind ein Stab mit einem Lager sowie die Definitionen der Schnittlasten und Verformungen dargestellt. Es ist zu beachten, daß die Normalkraft als Zugkraft positiv ist und daß Normalkraft und Querkraft parallel bzw. rechtwinklig zur unverformten Stabachse gerichtet sind. Die zugehörigen Bedingungsgleichungen sind in Tabelle 3.5 zusammengestellt. Die Gleichungen sind hier in der Form angegeben, wie sie für das Verfahren der Übertragungsmatrizen benötigt werden. Die für andere Berechnungsverfahren oder für die Verwendung als Randbedingungen erforderlichen Formulierungen sind daraus leicht herzuleiten.

Die verschiedenen Lagertypen sind in Tabelle 3.5 zu fünf Gruppen zusammengefaßt. In den zusätzlichen Gleichungen sind Anteile mit dem Reibungzahlen μ als Faktor enthalten. Die Reibung ist als äußerer Lastfall aufzufassen und beeinflußt daher die Berechnung von Knicklängen nach Abschnitt 3.5.3 nicht. Die Krümmungsradien R sind mit Vorzeichen einzusetzen, und zwar positiv, wenn der Pfeil vom Krümmungsmittelpunkt zum Lager und in positive x-Richtung zeigt. Die rechten Seiten der Momentengleichungen sind zwar für die Bemessung der Lager selbst von Bedeutung, können jedoch bei Berechnung des Gesamtsystems im allgemeinen vernachlässigt werden. Man liegt damit auf der sicheren Seite. Dadurch ist es möglich, die

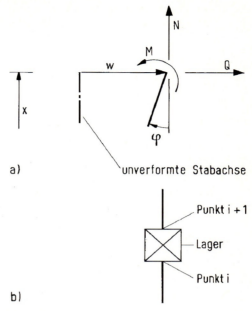

Bild 3.12a
a Schnittlasten und Formänderungen eines Stabes
b Lager innerhalb eines Stabes

jeweils zu einer Gruppe zusammengefaßten Lager in statischer Hinsicht gleich zu behandeln.

Bei den Zwischenbedingungen sind die Verformungssprünge durch

$$\Delta w = w_{i+1} - w_i, \quad \Delta \varphi = \varphi_{i+1} - \varphi_i \quad (1)$$

definiert. Zu den angegebenen zusätzlichen Gleichungen kommen noch folgende für alle Lagerarten gültige Übertragungsbedingungen hinzu:

$$\begin{aligned} w_{i+1} &= w_i + \Delta w \\ \varphi_{i+1} &= \varphi_i + \Delta \varphi \\ M_{i+1} &= M_i - N \cdot \Delta w \\ Q_{i+1} &= Q_i \end{aligned} \quad (2)$$

Es wird vorausgesetzt, daß am Lager keine Punktlasten angreifen. Die Federkonstante C_Q bei Verformunglagern ist

$$C_Q = \frac{G \cdot A}{T}$$

Tabelle 3.5
Zwischenbedingungen für Lager

Nr.	Lagergruppe	Bezeichnung nach DIN 4141	Lagertyp	Verformungssprünge	Zwischenbedingungen zusätzliche Gleichungen
1	Feste Lager	7a	Stahl-Punktkipplager		$M_i = \dfrac{R_i \cdot R_{i+1}}{R_{i+1} - R_i} \cdot N \cdot \Delta\varphi$ [1]
		7c	Topflager	$\Delta\varphi$	$M_i = -C_M \cdot \Delta\varphi - |Q| \cdot \mu_F \cdot a \cdot \text{sign}\,\Delta\varphi$
		3,7d	Elastomerlager mit Festhaltekonstrukt.		
		3b	unverschiebliche Kalottenlager		$M_i = R \cdot N(\Delta\varphi - (\mu_i + \mu_{i+1})\,\text{sign}\,(\Delta\varphi \cdot R)) - |Q|\mu_F \cdot a \cdot \text{sign}\,\Delta\varphi$ [1]
2	Verformungslager	1	Elastomerlager	$\Delta\varphi$	$M_i + M_{i+1} = -2 C_M \varphi$
				Δw	$(Q_i - N(\varphi_i + \varphi_{i+1}))/2 = C_Q \cdot \Delta w$
3	Rollenlager [2] [3]	11a	Rollenlager	$\Delta\varphi$	$M_i + M_{i+1} = 0$
				Δw	$(Q_i - N(\varphi_i + \varphi_{i+1}))/2 = -\mu N\,\text{sign}\,\Delta w$
4	Kippgleitlager [2] [3]	9a	Punktkippgleitlager	$\Delta\varphi$	$M_i = \dfrac{R_i \cdot R_{i+1}}{R_{i+1} - R_i} \cdot N \cdot \Delta\varphi$
		9c	Topfgleitlager		$M_i = -C_M \cdot \Delta\varphi$
	Gleitschicht bei i+1	5	Elastomergleitlager	Δw	$Q_{i+1} - N\varphi_{i+1} = -\mu N\,\text{sign}\,\Delta w$
		9b	Kalottengleitlager		$M_i = R(Q_{i+1} + N(\mu_i \cdot \text{sign}(\Delta\varphi \cdot R) - \varphi_{i+1}))$
5	Kippgleitlager	9a	Punktkippgleitlager	$\Delta\varphi$	$M_{i+1} = \dfrac{R_i \cdot R_{i+1}}{R_{i+1} - R_i} \cdot N \cdot \Delta\varphi$
		9c	Topfgleitlager		$M_{i+1} = -C_M \cdot \Delta\varphi$
	Gleitschicht bei i	5	Elastomergleitlager	Δw	$Q_i - N\varphi_i = -\mu N\,\text{sign}\,\Delta w$
		9b	Kalottengleitlager		$M_{i+1} = R(Q_{i+1} + N(\mu_{i+1}\,\text{sign}(\Delta\varphi \cdot R) - \varphi_{i+1}))$

3.5 Einfluß der Lager auf die Stabilität der Bauwerke

Dabei bedeuten

G = Schubmodul
A = Lagerfläche
T = Nettohöhe

Wie man den Gleichungen (2) und Tabelle 3.5 entnehmen kann, ist das Elastomerlager bei $C_Q \to \infty$ (unendliche Schubsteifigkeit) identisch mit dem Kipplager, bei $C_Q \to 0$ (keine Schubsteifigkeit) entspricht es etwa dem Rollenlager.

Alle Angaben beziehen sich auf die Wirkungsweise der Lager in ihrer Hauptverschiebungsrichtung. Sind die entsprechenden Gleichungen auch für die Querrichtung erforderlich, z.B. bei Berechnung eines Pfeilers auf Knicken in zwei Richtungen, so sind die Beziehungen je nach Konstruktionsart der Tabelle 3.5 zu entnehmen. Dabei ist insbesondere zu beachten, daß Rollenlager und Linienkipplager in Querrichtung weder kippbar noch verschieblich sind, also wie eine starre Einspannung wirken, solange die Resultierende innerhalb der Kernfläche liegt.

3.5.3 Knicklängen von Pfeilern

3.5.3.1 Allgemeines

Die Knicklängen, welche für die in Abschnitt 3.5.1 unter a) genannten Berechnungsverfahren benötigt werden, sind mit den Beziehungen des Abschnittes 3.5.2 zu ermitteln.

Die behandelten Systeme sind dem Brückenbau entnommen, jedoch sind die Beziehungen auch bei anderen gleichartigen Tragwerken sinngemäß anwendbar. Die Angaben über Knicklängen in den Abschnitten 3.5.3.1 bis 3.5.3.6 setzen voraus, daß die einzelnen Pfeiler konstante Biegesteifigkeiten haben und am Fußpunkt starr eingespannt sind. Die Belastungen müssen vom Überbau durch das Lager in den Pfeiler übertragen werden.

Es ist zweckmäßig, die Ermittlung der Knicklängen in zwei Schritten vorzunehmen, da es auf diese Weise einfach möglich ist, auch dann gute Näherungslösungen zu finden, wenn die oben genannten Voraussetzungen nicht erfüllt sind (vgl. Abschnitt 3.5.3.5. u. 3.5.3.7.). Im ersten Schritt wird die Knicksicherheit v ermittelt. Die Knicklängen der einzelnen Pfeiler i ergeben sich anschließend zu

$$l_i = \frac{\pi}{\sqrt{v}} \cdot \sqrt{\frac{EI_i}{P_i}} \qquad (3)$$

oder

$$l_{i,k} = \frac{\pi}{\sqrt{v}} \cdot \frac{l_i}{\alpha_i} \qquad (4)$$

mit

$$\alpha_i = l_i \sqrt{\frac{P_i}{EI_i}} \qquad (5)$$

Da die Knicklängenberechnung nach (3) oder (4) bei bekanntem Sicherheitsfaktor v für alle Fälle gleich ist, wird im folgenden nur noch die Ermittlung von v gezeigt, sofern die Knicklängen nicht direkt angegeben werden können. In allen Formeln können statt der tatsächlichen Größen auch Relativwerte l_i / l_c, P_i / P_c, EI_i / EI_c verwen-

---

Fußnoten zu Tabelle 3.5:
1) Der letzte Anteil der Gleichungen gibt den Einfluß der Reibung in den Anschlag- und Führungsflächen wieder. Dabei ist μ_F der Reibungsbeiwert und a der Abstand des Schwerpunktes der Reibungsfläche von der Lagerachse. Genaueres siehe Abschnitt 4.4.
2) Bei Lagern mit Gleitschichten gelten die Gleichungen für die entsprechenden Lager ohne Gleitschicht, wenn der Absolutbetrag der Querkraft in der Gleitfuge den μ-fachen Absolutbetrag der Normalkraft nicht überschreitet.
3) Die Reibungsanteile sind in den Gleichungen so angegeben, wie sie sich theoretisch ergeben. Die Reibungsbeiwerte enthalten jedoch auch Sicherheitszuschläge und -koeffizienten. Bei der Anwendung der Gleichungen sind daher die unter Berücksichtigung dieser Gesichtspunkte erlassenen Vorschriften zu beachten (vgl. DIN 1072, Ziffer 4.5).

Tabelle 3.6
Knicklängen von Pfeilern mit Lagern

Nr.	1	2	3	4	5
Lager	Kipplager	Elastomerlager	Rollenlager	Kippgleitlager Gleitschicht oben	Kippleitlager Gleitschicht unten
Knicklänge l_K	$0,7\,l$	$\varkappa \cdot l$ *	l	$2\,l$	$1,12\,l$
Knicksicherheit v	$\pi^2 \cdot \dfrac{EI}{P \cdot l_K^2}$				
Knickfigur	$0,7l$ / $0,3l$	zwischen 1 und 3 * $\varkappa$ nach Tabelle 3.16	$0,5l$ / $0,5l$		$0,56l$ / $0,44l$

det werden. Die erhaltenen Knicklängen sind dann l_c-fach anzusetzen.

Beim Sicherheitsfaktor v handelt es sich selbstverständlich um den rechnerischen Wert, der sich bei unbeschränkt linear-elastischem Baustoff ergeben würde.

Wird mit γ_F-fachen Einwirkungen und mit $1/\gamma_M$-fachen Steifigkeiten EI gerechnet, so gilt die Forderung $v \geq 1$. Altes und neues Bemessungsverfahren lassen sich so problemlos ineinander überführen.

3.5.3.2 Einzelpfeiler

Als Knicklängen von Pfeilern mit Lagern sind mindestens die Werte anzusetzen, die sich bei Annahme eines starren, unverschieblichen Überbaues ergeben würden. In Tabelle 3.6 und 3.7 sind die Werte für diesen Fall zusammengestellt.

3.5.3.3 Gerade Brücken mit beliebigen Pfeilern

Brückenlängsrichtung

Ist der Überbau einer geraden Brücke auf unterschiedlichen Pfeilern gelagert (Bild 3.13), so muß zur Ermittlung der Knicklängen das Gesamtsystem untersucht werden.

Der Knickvorgang wird dabei durch Ausweichen des Überbaues eingeleitet. Zusätzlich ist zu prüfen, ob sich aus der Betrachtung des Einzelpfeilers nach 3.5.3.2 nicht größere Knicklängen ergeben, da die Knicksicherheit einzelner Pfeiler geringer sein kann als die des Gesamtsystems. Pfeiler mit Kipp-Gleitlagern bei obenliegender Gleitschicht (Nr. 4) haben immer die Knicklänge $l_k = 2\,l$. Andererseits ist die Knicksicherheit des Gesamtsystems von diesen Pfeilern unabhängig.

Die Knicksicherheit v ist aus der Beziehung

$$f(v) = \sum_{i=1}^{n} Q_i(v) = \sum_{i=1}^{n} \frac{EI_i}{l_i^3} \cdot p(\beta_i) = o \qquad (6)$$

zu berechnen. Gleichung (6) besagt, daß im Knickfall die Summe der Querkräfte in den Pfeilern bei einer Horizontalverschiebung des Überbaues Null sein muß. Q_i ist die Querkraft des Pfeilers i bei einer Hori-

Tabelle 3.7
Knicklängenbeiwert $\varkappa$ für Elastomerlager

$\dfrac{C_Q \cdot l^3}{E \cdot J}$	0	1	2	5	10	20	∞
$\varkappa$	1,00	0,96	0,94	0,88	0,83	0,79	0,70

3.5 Einfluß der Lager auf die Stabilität der Bauwerke

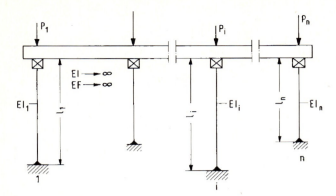

Bild 3.13
System mit ungleichen Pfeilern

zontalverschiebung des Überbaues um den Betrag 1. Die Faktoren p sind abhängig vom Lagertyp des jeweiligen Pfeilers und von

$$\beta_i = \alpha_i \sqrt{v} \qquad (7)$$

Der Wert v ist so zu bestimmen, daß Gleichung (6) erfüllt ist. Dies erfolgt zweckmäßig iterativ, indem aus den Wertepaaren v_k, $f(v_k)$ und v_{k-1}, $f(v_{k-1})$ zweier aufeinanderfolgender Schritte der Ausgangswert v_{k+1} für den nächsten durch

$$v_{k+1} = \frac{v_k \cdot f(v_{k-1}) - v_{k-1} \cdot f(v_k)}{f(v_{k-1}) - f(v_k)} \qquad (8)$$

ermittelt wird. Man beginnt mit $v_1 = 0$ und schätzt v_2 zu

$$v_2 = \frac{1}{\alpha_1^2} \qquad (9)$$

wobei der kleinste Wert α_i aller Pfeiler mit Kipplagern eingesetzt wird. Die Iterationvorschrift (8) konvergiert sehr rasch. Wenn sich v_{k+1} um nicht mehr als ca. 10 % von v_k unterscheidet, kann die Rechnung als hinreichend genau angesehen werden, da der Fehler dann etwa eine Zehnerpotenz kleiner ist.

Die Funktionen $p(\beta)$ sind für die verschiedenen Lagertypen in Tabelle 3.8 zusammengestellt. Es ist die Abkürzung

$$k_Q = \frac{C_Q \cdot l^2}{EI} \qquad (10)$$

eingeführt worden. Die Funktionswerte p für Elastomerlager stimmen für $k_Q \to \infty$ und $k_Q \to 0$ mit den Werten für Kipplager bzw. Rollenlager überein.

Brückenquerrichtung

In den meisten Fällen wird man entweder wegen großer Pfeilerbreite auf einen Knicksicherheitsnachweis verzichten oder bei in Querrichtung hinreichend steifem Überbau zwischen unverschieblichen Widerlagern die Knicklängen direkt nach 3.5.3.2 ermitteln. Sind diese Vereinfachungen nicht möglich, so kann die Knicksicherheit in Querrichtung näherungsweise aus

$$f(v) = \sum_{i=1}^{n} Q_i(v) \cdot \sin^2 \pi \frac{x_i}{L} + \frac{\pi^4 \cdot EI}{2L^3} = 0 \qquad (11)$$

ermittelt werden. Gleichung (11) ergibt sich durch Anwendung des Ritzschen Verfahrens auf den Überbau mit sinusförmiger Biegelinie. Der Überbau muß an den Widerlagern in Querrichtung unverschieblich sein. Es bedeuten

EI Biegesteifigkeit des Überbaues in Querrichtung,
L Abstand der Widerlager,
x_i Abstand des Pfeilers i vom Widerlager.

Die übrigen Bezeichnungen sind die gleichen wie für die Längsrichtung, jedoch sind die Werte der Querrichtung einzusetzen. Nach erfolgter Berechnung der Knicksicherheit ergeben sich die Knicklängen aus (3) oder (4).

Tabelle 3.8
Funktionen $p(\beta)$

β	1*	2*										3*	5*	β
		$k_q=10$	5	3	2	1,5	1,0	0,8	0,6	0,4	0,2			
0	3	2,31	1,88	1,50	1,20	1,00	0,75	0,63	0,50	0,35	0,19	0	0	0
0,2	2,95	2,27	1,84	1,47	1,18	0,98	0,74	0,62	0,49	0,35	0,18	0	0	0,2
0,4	2,81	2,15	1,74	1,39	1,11	0,92	0,69	0,58	0,46	0,32	0,17	−0,01	−0,02	0,4
0,6	2,57	1,95	1,57	1,25	0,99	0,82	0,60	0,50	0,39	0,27	0,13	−0,03	−0,10	0,6
0,8	2,23	1,67	1,33	1,04	0,81	0,65	0,46	0,37	0,28	0,17	0,05	−0,09	−0,29	0,8
1,0	1,79	1,30	1,00	0,75	0,55	0,42	0,26	0,18	0,10	0,01	−0,10	−0,21	−0,61	1,0
1,2	1,26	0,84	0,59	0,38	0,21	0,10	−0,03	−0,09	−0,16	−0,24	−0,32	−0,42	−1,09	1,2
1,4	0,62	0,28	0,08	−0,10	−0,23	−0,31	−0,42	−0,47	−0,53	−0,59	−0,65	−0,73	−1,75	1,4
1,6	−0,11	−0,38	−0,54	−0,67	−0,77	−0,84	−0,92	−0,96	−1,00	−1,05	−1,10	−1,16	−2,61	1,6
1,8	−0,96	−1,16	−1,27	−1,37	−1,44	−1,49	−1,55	−1,58	−1,61	−1,64	−1,68	−1,72	−3,72	1,8
2,0	−1,91	−2,05	−2,12	−2,19	−2,24	−2,28	−2,32	−2,34	−2,36	−2,38	−2,41	−2,44	−5,19	2,0
2,2	−2,98	−3,06	−3,11	−3,15	−3,18	−3,21	−3,23	−3,24	−3,26	−3,27	−3,29	−3,31	−7,23	2,2
2,4	−4,17	−4,21	−4,24	−4,26	−4,28	−4,29	−4,31	−4,31	−4,32	−4,33	−4,34	−4,35	−10,57	2,4
2,6	−5,49	−5,51	−5,52	−5,53	−5,53	−5,54	−5,55	−5,55	−5,56	−5,56	−5,56	−5,57	−18,74	2,6
2,8	−6,96	−6,96	−6,96	−6,97	−6,97	−6,97	−6,97	−6,97	−6,97	−6,98	−6,98	−6,98	−	2,8
3,0	−8,59	−8,59	−8,59	−8,59	−8,59	−8,59	−8,59	−8,59	−8,59	−8,59	−8,59	−8,59	−	3,0
3,2	−10,43	−10,43	−10,43	−10,43	−10,43	−10,43	−10,43	−10,43	−10,43	−10,43	−10,43	−10,43	−	3,2
3,4	−12,53	−12,53	−12,53	−12,53	−12,53	−12,52	−12,52	−12,52	−12,52	−12,52	−12,52	−12,52	−	3,4
3,6	−15,02	−14,99	−14,97	−14,95	−14,94	−14,93	−14,92	−14,92	−14,91	−14,91	−14,90	−14,89	−	3,6
3,8	−18,13	−18,01	−17,94	−17,87	−17,83	−17,78	−17,74	−17,72	−17,70	−17,67	−17,64	−17,61	−	3,8
4,0	−22,52	−22,11	−21,86	−21,64	−21,46	−21,34	−21,19	−21,12	−21,05	−20,96	−20,86	−20,75	−	4,0

3.5.3.4 Gerade Brücken mit nur zwei Pfeilertypen

Wenn die Pfeiler eines Systems zu zwei Gruppen zusammengefaßt werden können, so daß die Pfeiler innerhalb einer Gruppe gleiche Steifigkeit, Belastungen und Lagertypen haben, kann das Ergebnis von (6) in Abhängigkeit von zwei Parametern angegeben werden. Betrachtet wird ein System nach Bild 3.14. Pfeilergruppe 1 ist mit Kipplagern, Pfeilergruppe 2 mit Rollenlagern, Kipp-Gleitlagern mit untenliegender Gleitschicht oder ebenfalls Kipplagern versehen. In der Tabelle 3.9 sind die Werte l_{1k}/l_1 in Abhängigkeit von ψ und φ angegeben.

$$\psi = \frac{l_1}{l_2} \cdot \sqrt{\frac{P_1 \cdot EI_2}{P_2 \cdot EI_1}} \quad (12)$$

$$\varphi = \frac{n_1}{n_2} \cdot \frac{EI_1 \cdot l_2^3}{EI_2 \cdot l_1^3} \quad (13)$$

Die Knicklänge l_{2k} ergibt sich zu

$$l_{2k} = \psi \cdot \frac{l_{1k}}{l_1} \cdot l_2 \quad (14)$$

3.5.3.5 Gerade Brücken mit Kipplagern

Sind bei der Berechnung der Knicksicherheit eines Systems nur Pfeiler mit Kipplagern zu berücksichtigen, so ergibt sich nach [71] die einfache Näherungsformel

$$v = \frac{\pi^2}{4} \cdot \frac{\sum\limits_{1}^{n} EI_i/l_i^3}{\sum\limits_{1}^{n} P_i/l_i} \quad (15)$$

Die Knicklängen sind wieder nach (3) oder (4) zu berechnen. Gleichung (15) ist ausreichend genau, wenn sich für alle Stützen $l_{i,k} \geq 1,2\, l_i$ ergibt.

3.5.3.6 Gekrümmte Brücken

Bei Brücken, die im Grundriß gekrümmt sind, gestaltet sich die Stabilitätsberechnung im allgemeinen Fall sehr aufwendig. Unter den meist erfüllten Voraussetzungen, daß an den Widerlagern jeweils nur eine Verschiebungsrichtung vorhanden ist und daß der Überbau in Horizontalrichtung gegenüber den Pfeilern als starr angesehen werden kann, ist die Ermittlung der Knicksicherheit des Gesamtsystems mittels der Gleichung

$$f(v) = \sum\limits_{i=1}^{n} (Q_{ui}(v) \cdot \cos^2\gamma_i + Q_{vi}(v) \cdot \sin^2\gamma_i) \cdot \left(\frac{R_i}{R_o}\right)^2 = 0 \quad (16)$$

möglich. Der Knickvorgang des Gesamtsystems wird durch eine Drehung um den Pol eingeleitet.

In (16) bedeutet (vgl. auch Bild 3.15)

R_i/R_o Abstand des Lagers vom Pol, bezogen auf einen Vergleichswert

Tabelle 3.9
Tafel der Werte l_{1k}/l_1 für Rollenlager

ψ \ φ	0,2	0,5	1,0	2,0	5,0	10,0
0,2	11,94	9,12	7,53	6,12	4,65	3,80
0,5	4,97	3,96	3,36	2,90	2,47	2,27
1,0	2,85	2,47	2,28	2,15	2,07	2,03
2,0	2,12	2,05	2,03	2,01	2,01	2,00
$\geq$ 5,0	2,00	2,00	2,00	2,00	2,00	2,00

Tafel der Werte l_{1k}/l_1 für Kipp-Gleitlager

ψ \ φ	0,2	0,5	1,0	2,0	5,0	10,0
0,2	15,86	11,90	9,51	7,68	6,28	5,89
0,5	6,50	4,99	4,31	3,42	2,83	2,56
1,0	3,54	2,90	2,63	2,32	2,15	2,01
2,0	2,33	2,15	2,10	2,04	2,02	2,01
$\geq$ 5,0	2,00	2,00	2,00	2,00	2,00	2,00

Tafel der Werte l_{1k}/l_1 für feste Kipplager

ψ \ φ	0,2	0,5	1,0	2,0	5,0	10,0
0,2	9,17	8,28	7,26	6,09	4,65	3,93
0,5	3,74	3,47	3,17	2,84	2,46	2,27
1,0	2,00	2,00	2,00	2,00	2,00	2,00
2,0	1,23	1,42	1,58	1,74	1,87	1,93
5,0	0,93	1,22	1,45	1,66	1,83	1,91
10,0	0,89	1,19	1,43	1,64	1,83	1,91

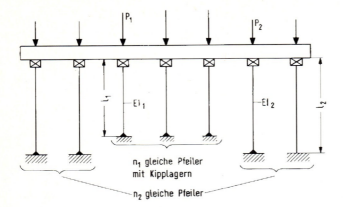

Bild 3.14
Brücke mit 2 Pfeilertypen

γ_i Winkel zwischen der Hauptachse v von Lager und Pfeiler i und dem Polstrahl

Q_{ui}, Q_{vi} Querkräfte des Pfeilers i in Richtung u bzw. v, berechnet wie in (6)

Sind die Verschiebungsrichtungen auf den beiden Widerlagern parallel, so liegt der Pol im Unendlichen. Es gilt dann

$$\frac{R_i}{R_o} = 1.$$

Zeigen die Achsen v der Pfeiler außerdem auf den Pol, so geht Gleichung (16) wegen $\sin^2\gamma_i = 0$ und $\cos^2\gamma_i = 1$ in Gleichung (6) über.

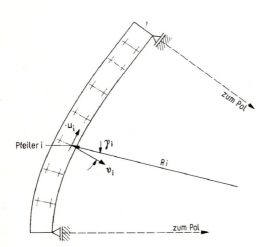

Bild 3.15
Im Grundriß gekrümmte Brücke

3.5.3.7 Elastische Einspannung, variable Biegesteifigkeit und Längskraft

Bisher war vorausgesetzt, daß Längskraft und Biegesteifigkeit des Pfeilers konstant sind und daß am Fuß starre Einspannung angenommen werden kann. Wenn diese Voraussetzungen nicht erfüllt sind, kann die Ermittlung der Knicksicherheit v nach den oben angegebenen Formeln näherungsweise erfolgen, wenn als Last P und als Biegesteifigkeit EI modifizierte Werte P' und EI' eingesetzt werden.

Als über die Höhe veränderliche Last kommt das Eigengewicht in Betracht. Bei etwa gleichmäßiger Verteilung des Pfeilergewichtes G kann

$$P' = P + G/3 \qquad (17)$$

angesetzt werden [86]. Die modifizierte Biegesteifigkeit EI' wird durch die elastische Einspannung und den Verlauf der Biegesteifigkeit $EI(x)$ bestimmt. Für den in Bild 3.16 dargestellten Fall mit elastischer Einspannung in der um Δl unterhalb des Pfeilerfußes liegenden Fundamentsohle und stetig veränderlicher Biegesteifigkeit kann näherungsweise

$$EI' = \frac{EI_o}{2{,}4\dfrac{EI_o(l+\Delta l)}{C_m l^2} + \left(14 + 45\dfrac{EI_o}{EI_1} + 9\dfrac{EI_o}{EI_2} + 7\dfrac{EI_o}{EI_3}\right)/75} \qquad (18)$$

gesetzt werden. Die Näherung ist für $EI' \geq 0{,}5\, EI_o$ ausreichend genau.

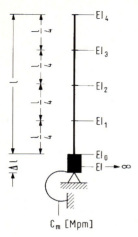

Bild 3.16
Pfeiler mit elastischer Einspannung und veränderlicher Biegesteifigkeit

Die Werte P' und EI' sind nur bei der Ermittlung der Knicksicherheit v zu verwenden. Die anschließende Knicklängenermittlung erfolgt nach (3), wobei als Biegesteifigkeit der Wert EI_o am Pfeilerfuß und als Last P die Summe aller Lasten oberhalb des Pfeilerfußes, also $P + G$, einzusetzen sind.

3.5.4 Nachweis der Sicherheit am Gesamtsystem

Berechnungsverfahren zum Nachweis der Sicherheit am Gesamtsystem oder geeigneten Teilsystemen (Spannungsproblem 2. Ordnung oder Stabilitätsproblem ohne Gleichgewichtsverzweigung) sind in der Literatur beschrieben (vgl. [49, 55, 66, 78, 88, 102, 105]).

Es ist zu beachten, daß die bei Berechnungen nach der Theorie 1. Ordnung üblichen Randbedingungen nicht ausreichen, um die Verhältnisse bei Lagern zu erfassen. Statt dessen sind die in Abschnitt 3.5.2 angegebenen Gleichungen anzusetzen.

3.6 Nachweis nach Theorie II. Ordnung

In der „alten" Stabilitätsnorm des Stahlbaus, DIN 4114, war der Nachweis nach Theorie II. Ordnung im Blatt 2 geregelt. Er galt als „Rettungsanker", wenn der Nachweis mit Ersatzstab und Knickzahlen nicht zum Erfolg führte.

Im Prinzip ist es auch bei den neuen Regeln so und auch in anderen Stoffbereichen: der übergeordnete, alles erfassende Nachweis ist der, bei dem alle Einflüsse systematisch berücksichtigt werden, also auch die Vergrößerung der Hebelarme durch die Verformung, während die Nachweise, die von Verzweigungslasten, vom ideellen „Knicken", ausgehen, so aufgebaut sind, daß nicht alle Reserven ausgenutzt sind.

Es bleibt aber unbenommen, grundsätzlich den Nachweis nach Theorie II. Ordnung bei den Brückenpfeilern zu führen. Zu bedenken ist lediglich, daß es wohl eher die Ausnahme ist, daß Brückenpfeiler tatsächlich knickgefährdet sind, d. h. man sollte sich zunächst mit dem einfachsten Nachweis befassen. Gelingt er, ist alles in Ordnung.

Für den Nachweis nach Theorie II. Ordnung für Brückenpfeiler unter Einschluß der Lagerreibung wurde von Weihermüller und Knöppler [136] das mechanisch zutreffende Modell erstmalig dargestellt, siehe Bild 3.17.

Für Nachweise mit den Teilsicherheitsfaktoren γ_F und γ_M ergibt sich danach folgendes praktische Vorgehen, wobei die Bezeichnungen, soweit möglich, DIN 4141 entsprechen (Bild 3.18).

Für einen vorgegebenen Stahlbetonpfeiler sind zunächst die Beziehungen zwischen einer außen am Kopf angreifend gedachten Horizontalkraft F_{xy} und der Kopfauslenkung v für vorgegebene Vertikallasten F_z nach Theorie II. Ordnung zu ermitteln. Dabei sind die Bodensteifigkeit und auch eine Anfangsexzentrizität e zu be-

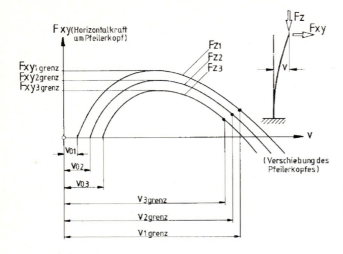

Bild 3.17
Beziehung zwischen Verschiebung und Lasten am Pfeilerkopf nach Weihermüller und Knöppler mit $F_{Z3} > F_{Z2} > F_{Z1}$

rücksichtigen. Um die Rechnung zu vereinfachen, sollte letztere unter Annahme einer Reibungszahl 0,03 (= μ_{max}) und der maximalen Verdrehung ϑ_{max} ermittelt werden. Aus e und F_z erhält man nach Theorie II. Ordnung $v_o > e$.

Weitere Punkte der Kurvenschar werden erhalten durch Einbeziehung von F_{xy} in diese Rechnung.

v_{grenz} ist erreicht durch stofflich vorgegebene Grenzen (i. allg. Dehngrenzen).

Die Berechnung muß mit um $\dfrac{1}{\gamma_M}$-fach reduzierten Steifigkeiten und Festigkeiten (Stahl und Beton) erfolgen.

Die Kurvenschar gibt die von den Vertikallasten F_z abhängigen Beanspruchbarkeiten $F_{xy\,grenz}$ und v_{grenz} an.

Sodann werden für verschiedene Lastkombinationen unter γ_F-fachen Einwirkungen F_z, F_{xy} und e und außerdem v_d ermittelt, das ist der u. a. unter 1,3-fachen Temperaturverformungen $v_{T,d}$ anzunehmende Wert, wobei – falls von Belang – die Elastizität des „Festpunktes" zu berücksichtigen ist.

F_{xy} ist bei allseitig beweglichen Lagern die zu F_z gehörende Reibungskraft zuzüglich der am Pfeilerkopf (ersatzweise) angreifenden Windlast auf den Pfeiler in Knickrichtung, wobei der für den Wind anzunehmende Wert für γ_F, wenn sich aus den Regelwerken kein ermäßigter Wert ergibt, mit 1,3 anzunehmen ist. Der Versatz zwischen Windlast und Reibungskraft kann in der Annahme der Resultierenden durch eine Abminderung berücksichtigt werden.

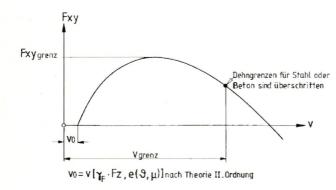

Bild 3.18
Stabilitätsnachweis am Pfeilerkopf

Bei einseitig beweglichen Lagern ist die Reibungskraft aus der Führung zu berücksichtigen, die ebenfalls zunächst aus der Windlast stammt und außerdem eventuell noch aus Zwängungskräften. Da der Wind nicht gleichzeitig aus verschiedenen Richtungen wehen kann, ist diese Führungskraft alternativ anzusetzen für die zuvor genannte Ersatzlast für „Wind auf den Pfeiler". Ist diese Ersatzlast der größere Wert, so wird die Kraft auf die Führungsleisten auf die Zwängungskräfte beschränkt, andernfalls die Ersatzlast weggelassen. Der Nachweis lautet sodann zunächst

$v_d \leq v_{grenz}$

Das wird bei nahe am Festpunkt gelegenen Lagern erfüllt sein. Sollte dieser Nachweis **nicht** gelingen, so muß wenigstens erfüllt sein

$F_{xy} \leq F_{xygrenz}$

andernfalls ist der Pfeiler zu verstärken.

Bei Einschubvorgängen ist $v_d = \infty$ und somit stets der zweite Nachweis maßgebend. Ansonsten wird sicher häufig dadurch der Nachweis verkürzt werden können, daß für den maximal möglichen Wert für F_z der Wert v_{grenz}, bei dem der Pfeiler seine Stabilität verliert, ermittelt und gezeigt wird, daß v_d stets darunter bleibt. In solchen Fällen spielt also die Größe von μ gar keine Rolle für diesen Pfeiler.

Dies bedeutet nicht, daß die Größe der Reibungskraft belanglos ist, denn es ist noch der Festpunkt, der die Resultierende aller Reibungskräfte aufzunehmen hat, zu bemessen. Dort ist zunächst die Haltbarkeit der Verankerungen zu überprüfen, die in der Regel bemessen werden, d.h. sie tragen nur mit der in Rechnung gestellten Sicherheit. Allerdings ist die resultierende Reibungskraft nur ein Teil der am Festpunkt aufzunehmenden Horizontalkraft. Der wesentliche Teil ist in vielen Fällen die Bremslast. Ist dieser Festpunkt auf einem Pfeiler angeordnet, und wird für diesen Pfeiler die Stabilität untersucht, so darf dafür die resultierende Reibungskraft gem. DIN 1075 zu Null angenommen werden.

Bei dieser Regel wird gedanklich davon ausgegangen, daß der Instabilitätsvorgang eine Bewegung am Pfeilerkopf voraussetzt, für die sich die Reibung als der Bewegung grundsätzlich entgegenwirkend günstig erweist. Diese günstige Wirkung darf allerdings bei der Bemessung nicht berücksichtigt werden.

Weihermüller und Knöppler [136] entwickeln für den festen Pfeiler ein Szenario mit unterschiedlichen Annahmen und kommen zu folgendem Schluß:

„... daß im Falle des Pfeilers mit festem Lager der Ansatz einer Lagerreibungskraft nur dann mechanisch geboten ist, wenn die Grenzverschiebung des Pfeilers geringer ist als die größte denkbare Relativverschiebung zwischen den reibungskrafterzeugenden Lagern und dem reibungskraftaufnehmenden Pfeiler."

und

„... Im Hinblick auf die Bewegungsbegrenzung des Überbaus an den Widerlagern wäre die Stabilität des Pfeilers mit festem Lager sogar etwas günstiger zu beurteilen als die des Pfeilers mit beweglichem Lager."

Es bleibt – vorbehaltlich einer anderen Regel in einem künftigen EC 2, Teil 2 – festzustellen, daß bei Theorie II. Ordnung nur bei Pfeilern mit beweglichen Lagern die Reibungskraft zu berücksichtigen ist, während bei Festpunktpfeilern die die Verschiebung auslösenden Kräfte ohne die resultierende Reibungskraft aus den beweglichen Lagern zu ermitteln ist.

3.7 Lager für den Schwingungsschutz

In den Abschnitten 3.1–3.6 wurde stets davon ausgegangen, daß die Lager in vertikaler Richtung unendlich steif sind, die Verteilung der Auflagerkräfte somit unabhängig von der Lagerwahl ermittelt wird.

Dafür und auch für die Verteilung der Lagerkräfte in der Lagerebene („horizontale Kräfte") galt das Bauwerk samt Einwirkungen als ruhend. Die dynamischen Eigenschaften des Lagers waren infolgedessen irrelevant.

In den meisten Anwendungsfällen ist diese Betrachtung ausreichend. Ein Problem, das in der ersten Auflage noch nicht behandelt wurde, ist der gezielte Einsatz von Lagerelementen zwecks Abschirmung gegen Einwirkungen dynamischer Art. Die folgende Abhandlung, verfaßt von K.-H. Reinsch (Abschnitt 3.7.1 und 3.7.2) und D. Heiland (Abschnitt 3.7.3), gibt einen Einblick in die derzeit zur Verfügung stehenden Möglichkeiten auf diesem Gebiet.

Die dabei zum Einsatz kommenden „Lager" sind von anderer Natur als die im Abschnitt 1.3 definierten, dieser Abschnitt hat insofern eine Sonderstellung in diesem Buch.

3.7.1 Schwingungsschutzmaßnahmen für Gebäude

Im folgenden Kapitel werden Schwingungsschutzmaßnahmen für Gebäude beschrieben. Der Einsatz von Schutzmaßnahmen kann prinzipiell drei Gründe haben:

– Das Gebäude selbst vor Schäden zu bewahren.
– Menschen in Gebäuden vor hörbaren und spürbaren Störungen zu schützen.
– Den ordnungsgemäßen Betrieb von empfindlichen Fertigungsanlagen und Meßgeräten zu ermöglichen (Produktionsstätten für Komponenten der Mikroelektronik, Elektronenmikroskope usw.).

Bei der Schwingungsübertragung gibt es drei Bereiche, die unterschieden werden müssen:

– die Erschütterungsquelle (Schwingungsimmission)
– das Übertragungsmedium (z. B. der Boden) und
– der Empfänger (Schwingungsemmission).

Die über den Baugrund auf das Gebäude einwirkenden Anregungen werden als Fußpunkterregungen bezeichnet. Quellen hierfür sind Schwer- und Arbeitsmaschinen wie Schmiedehämmer, Pressen, Rammen, Sprengerschütterungen usw., der Straßenverkehr, der Verkehr von schienengebundenen Fahrzeugen, wie Hochgeschwindigkeitsbahnen, U- und S-Bahnen und im Extremfall Erdbeben, Bild 3.19.

Die Störungen, die auf den Menschen einwirken, können im spürbaren und hörbaren Bereich liegen.

Spürbare Störungen werden durch mechanische Erschütterungen hervorgerufen. Störungen, die im hörbaren Bereich liegen, werden durch Körperschall verursacht, der durch das Gebäude geleitet und an den Decken und Wänden als sekundärer Luftschall abgestrahlt wird.

Diese Störungen betreffen nicht nur Wohngebiete, sondern auch Theater- und Konzertsäle, Opernhäuser, Kongreßzentren und Hotels.

Bei den zu treffenden Schutzmaßnahmen für das Gebäude und für Menschen in den Gebäuden ist prinzipiell zwischen 2 Maßnahmen der Schwingungsisolierung zu unterscheiden:

Aktive Schwingungsisolierung
Dies bedeutet, daß der Erreger isoliert wird, um die Schwingungsübertragung auf die Umgebung zu vermindern.

Passive Schwingungsisolierung
Hierbei werden die zu schützenden Gebäude durch Isolierelemente von ihrem Erreger mechanisch abgeschirmt.

Zusätzlich besteht noch die Möglichkeit, durch fertigungstechnische und konstruktive Maßnahmen am Erreger Schwingungsreduzierungen zu erreichen.

Um die Störungen auf ein zulässiges Maß zu reduzieren, müssen in Abhängigkeit von dem Aufstellungsort und der Art

3.7 Lager für den Schwingungsschutz

der Schwingungs- oder Stoßeinwirkung die geeigneten Isolierelemente ausgewählt werden. Es ist zu unterscheiden zwischen

- einer periodischen Erregung (z. B. durch Kolbenmaschinen)
- einer stochastischen Erregung (z. B. durch U-Bahn oder Erdbeben)
- einer Stoßanregung (z. B. durch Schmiedehämmer oder Pressen)

Als Isolierelemente werden in diesem Kapitel Federelemente, die aus zylindrischen Schraubendruckfedern aufgebaut sind, beschrieben. Diese Elemente werden mit VISCO Dämpfern kombiniert. Der Einsatz dieser Bauteile ist seit Jahrzehnten Stand der Technik bei der elastischen Aufstellung von Maschinen (Turbinen, Schmiedehämmern, Pressen, Kohlemühlen usw.) und Aggregaten (Klimageräte, Pumpen usw.).

Durch den Einsatz dieser Elemente können gleichzeitig folgende Aufgabenstellungen gelöst werden:

- Reduzierung mechanischer Erschütterungen
- Reduzierung von Körperschallübertragungen
- Ausgleich von Baugrundsetzungen

Die Schwingungsisolierung erfolgt hierbei durch die Federelemente. Die Isolierwirkung ist um so besser, je tiefer die Lagerungsfrequenz ist bzw. je größer das Frequenzverhältnis η ist (η = Erregerfrequenz f / Lagerungsfrequenz f_0). In Bild 3.20 ist die Amplitudenfunktion der Kraftübertragung bei konstanter Erregerkraftamplitude für verschiedene Dämpfungsgrade D dargestellt.

Die Kurven zeigen, daß eine Isolierwirkung erst ab einem Frequenzverhältnis $\eta > \sqrt{2}$ eintritt, da erst dann der Übertragungsfaktor $V_p < 1$ wird. Angestrebt wird in der Regel ein Abstimmungsverhältnis von η = 3 bis 4. Höhere Abstimmungsverhältnisse bringen im Verhältnis zum erforderlichen Aufwand nur eine geringe Verbesserung des Isolierwirkungsgrades.

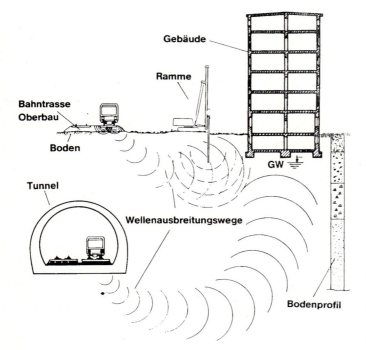

Bild 3.19 Schematische Darstellung der Schwingungsausbreitung (Entnommen aus dem Faltblatt Soil Dynamics, Grundbauinstitut TUB Prof. Savidis)

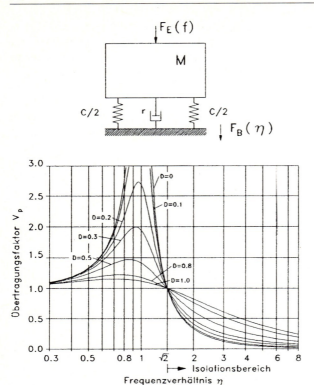

Bild 3.20
Kraftübertragung bei konstanter Erregerkraftamplitude

Die Bestimmungsgleichung für den Übertragungsfaktor V_p lautet:

$$V_p = \frac{F_B}{F_E} = \sqrt{\frac{1 + 4 D^2 \cdot \eta^2}{(1 - \eta^2)^2 + 4 D^2 \cdot \eta^2}}$$

Weiterhin ist aus dem Diagramm der Einfluß der Dämpfung zu ersehen. Die Dämpfung wird vor allem im Bereich der Resonanz benötigt. In allen anderen Bereichen führt sie zu einer Verschlechterung des Isolierwirkungsgrades. Die Festlegung der erforderlichen Dämpfung stellt also immer einen Kompromiß zwischen ausreichender Amplitudenreduzierung und dem zu erreichenden Isolierwirkungsgrad dar.

3.7.2 Beschreibung der Elemente zur Schwingungsisolierung

Stahlfedern und VISCO-Dämpfer werden einzeln oder miteinander kombiniert ausgeführt. In beiden Fällen hat die Aufteilung der Funktionen Federung und Dämpfung auf zwei Bauelemente den großen Vorteil, die Parameter Steifigkeit und Dämpfung unabhängig voneinander optimal an die jeweilige Aufgabe anpassen zu können. Dies ist beispielsweise bei Gummielementen mit ihrer eingeprägten Werkstoffdämpfung nur sehr beschränkt möglich. Neben Steifigkeit und Dämpfung bestimmt die Systemmasse entscheidend die dynamischen Eigenschaften.

3.7.2.1 Federelemente

Aufbau und Funktion
Federelemente bestehen aus einer oder mehreren zylindrischen Schraubendruckfedern, Bild 3.21, die zwischen einer Gehäuseoberschale und einer Unterschale durch Ringe zentriert werden. Die meisten Elemente lassen sich vorspannen. Hierzu sind Schrauben und Muttern vorhanden, durch

3.7 Lager für den Schwingungsschutz

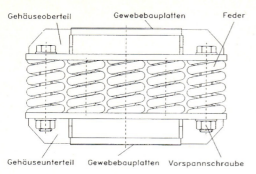
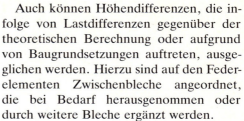

Bild 3.21
Federelement

die eine im Werk oder vor Ort aufgebrachte Vorspannung gesichert werden kann. Die Federelemente werden auf die Last, die sie einmal aufnehmen sollen, vorgespannt, so daß sie dann während der Bauphase wie Festpunkte wirken. Nach Beendigung der Bauarbeiten werden die Muttern gelöst und die Schwingungsisolierung in Funktion gesetzt.

Weiterhin befinden sich in den Gehäuseschalen Nischen, in die hydraulische Zylinder eingebracht werden können, mit deren Hilfe die Federelemente unter dem Fundament wieder vorgespannt werden können. Nach Sicherung der Vorspannung durch Anziehen der Muttern ist hierdurch ein Ausbau und damit ein Austausch der Elemente möglich. Eine Anpassung an die tatsächlich auftretenden Verhältnisse ist z. B. durch die Wahl einer anderen Federbestückung möglich.

Auch können Höhendifferenzen, die infolge von Lastdifferenzen gegenüber der theoretischen Berechnung oder aufgrund von Baugrundsetzungen auftreten, ausgeglichen werden. Hierzu sind auf den Federelementen Zwischenbleche angeordnet, die bei Bedarf herausgenommen oder durch weitere Bleche ergänzt werden.

Bei nicht vorspannbaren Federelementen wird, um Schiefstellungen während der Bauphase durch unterschiedliche Lastaufbringung zu vermeiden, entweder eine steife Lastverteilungsplatte vorgesehen oder durch andere bautechnische Maßnahmen für eine gleichmäßige Belastung der Federelemente gesorgt.

Die Federelemente werden schraubenlos durch selbstklebende Gewebebauplatten befestigt, die sowohl eine Klebewirkung auf der Stahl- als auch auf der Betonseite aufweisen. Die Klebewirkung beginnt, sobald eine Last aufgebracht wird und steigt mit der Zeit an. Durch diese Gewebebauplatten werden zusätzlich kleine Unebenheiten im Auflagerbereich ausgeglichen. Schließlich führen sie zu einer weiteren Verbesserung der Körperschalldämmung, da eine zusätzliche Trennfläche (Impedanzsprung) zwischen Bauwerk und Federelement hergestellt wird.

Kenngrößen
Das Kraft-Verformungsverhalten eines Stahlfederelementes ist durch eine lineare Kennlinie sowohl in vertikaler als auch in

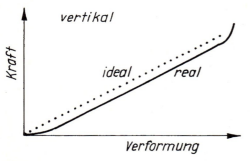
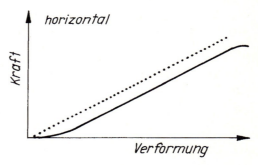

Bild 3.22
Vertikale und horizontale Federkennlinie

horizontaler Richtung im Anwendungsbereich gekennzeichnet, Bild 3.22.

Die charakteristischen Eigenschaften eines Federelementes werden durch die folgenden Größen beschrieben:

- vertikale und horizontale Federraten
- zulässiger vertikaler und horizontaler Federweg
- zulässiger dynamischer Federhub
- Tragfähigkeit

Diese Eigenschaften hängen wiederum direkt von den Eigenschaften der eingesetzten Stahlfedern ab, d.h. vom verwendeten Federwerkstoff, von den geometrischen Abmessungen sowie der Anzahl und Kombination der einzelnen Federn. Auf die Berechnungen, die für zylindrische Schraubendruckfedern aus rundem Federstahldraht in DIN 2089 ausführlich beschrieben werden, soll an dieser Stelle nicht weiter eingegangen werden. Die Berechnungen der vertikalen Eigenschaften sind hierbei exakt formuliert. In horizontaler Richtung sind allerdings nur Näherungslösungen angegeben. Große Fortschritte wurden durch experimentelle Untersuchungen erreicht. Wesentlich ist nur, daß neben den zulässigen Beanspruchungen auch die Knicksicherheit und Formstabilität sowie das Eigenschwingverhalten betrachtet werden müssen.

Schraubendruckfedern lassen sich für statische Federwege zwischen 5 mm und 25 cm sinnvoll und wirtschaftlich auslegen und können daher mit ihrer linearen Federkennung einen Eigenfrequenzbereich in vertikaler Richtung von 7 Hz bis herunter zu etwa 1,2 Hz abdecken. Sie zeichnen sich durch Linearität, eine praktisch unbegrenzte Lebensdauer sowie unveränderliche und temperaturunabhängige Federungseigenschaften aus.

Stahlfedern sind auch in horizontaler Richtung wirksam. Das Verhältnis von Längs- und Quersteifigkeit ist bei Schraubendruckfedern über große Bereiche einstellbar, so daß eine elastische Lagerung

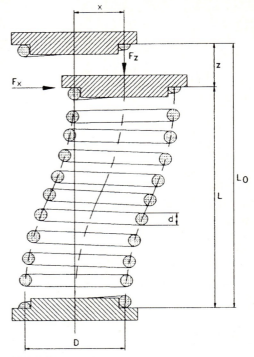

Bild 3.23
Querfederung einer Schraubenfeder

optimal an die jeweilige Aufgabe angepaßt werden kann, Bild 3.23. Dies ist immer dann bei der Schwingungsisolierung einer Anlage notwendig, wenn Erregungen in mehreren Richtungen auftreten, z.B. bei einem Erdbeben.

Körperschalldämmung
Durch den Einsatz der Stahlfedern wird nicht nur eine hohe Reduzierung von Erschütterungen erreicht, sondern auch eine erhebliche Verminderung der Körperschallübertragung, die sich als sekundär abgestrahlter Luftschall in den Gebäuden bemerkbar machen kann.

Dies gilt uneingeschränkt für den Bereich, in dem die Erregerfrequenzen unterhalb der 1. Eigenfrequenz der Stahlfeder liegen. Bei Anregungen oberhalb der Eigenfrequenz können durch gezielte Maßnahmen der Körperschalldämmung und -dämpfung, die im folgenden beschrieben

3.7 Lager für den Schwingungsschutz

werden, auch in diesem Bereich hohe Werte der Körperschallreduzierung erreicht werden.

Im Prinzip gelten für die Körperschalldämmung die gleichen Gesetze wie für die Isolierung mechanischer Schwingungen. Eine gute Dämmung, d.h. Minderung der Übertragung, erreicht man also auch hier durch die Einschaltung elastischer Zwischenschichten (Impedanzsprünge).

Um die Wirksamkeit solcher elastischer Zwischenbauteile beurteilen zu können, betrachtet man einen Einmassenschwinger, auf den eine Wechselkraft F_0 wirkt. Übertragen wird dann die Kraft F_1, deren Betrag und Phase von dem zwischengeschalteten Dämmelement abhängig ist.

Die Wirksamkeit der elastischen Lagerung wird als Dämmung L bezeichnet und berechnet sich allgemein zu

$$L = 20 \cdot \log \left(\frac{F_1}{F_0}\right)$$

Die Abhängigkeit der Dämmung L vom Dämpfungsgrad D ist in Bild 3.24 dargestellt.

Schraubenfedern sind massebehaftet und besitzen daher elastische Federungs- und auch Trägheitseigenschaften. Sie sind somit schwingungsfähige Systeme, die Eigenschwingungen ausführen können.

Für die Beschreibung der longitudinalen Eigenschwingungen kann man ihnen eine gleichmäßig über die Federlänge l verteilte Masse m und eine Längssteifigkeit k zuordnen. Wie bei einem kontinuierlichen Stab kann dann von einer Schallgeschwindigkeit c und einer Wellenlänge λ gesprochen werden.

$$c = \sqrt{\frac{E}{\varrho}} \quad c = \sqrt{\frac{l^2 \cdot k}{m}} \quad \lambda = \frac{c}{f}$$

Nach DIN 2089 berechnet sich die erste Federeigenfrequenz mit $\lambda_1 = 2l$ zu

$$f_1 = \frac{3560 \cdot d}{n \cdot D_m^2} \sqrt{\frac{G}{\varrho}}$$

d	= Drahtdurchmesser	[mm]
D_m	= mittlerer Windungs-durchmesser	[mm]
G	= Schubmodul	[N/mm²]
ϱ	= Dichte	[kg/dm³]
n	= Anzahl der wirksamen Windungen	

Weitere Eigenfrequenzen liegen bei $f_j = j \cdot f_1$ ($j = 2, 3, 4, \ldots$). Die Dämmkurve für eine Stahlfeder, deren Federeigenfrequenz f_1 das Zehnfache der Systemeigenfrequenz f_0 beträgt, ist in Bild 3.25 aufgetragen. Oberhalb der Lagerungsfrequenz, d.h. für Frequenzverhältnisse größer als 1, steigt die Dämmung zunächst mit dem Verhältnis $(f/f_0)^2$ an. Durch die Eigenschwingungen der Feder wird der Anstieg gestört. Der erste Einbruch liegt bei der Eigenfrequenz f_1, die weiteren Einbrüche folgen bei $j \cdot f_1$.

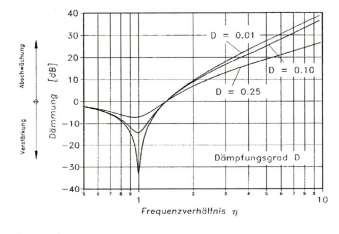

Bild 3.24 Schwingungsdämmung durch elastische Lagerung (η = Erregerfrequenz/Systemeigenfrequenz)

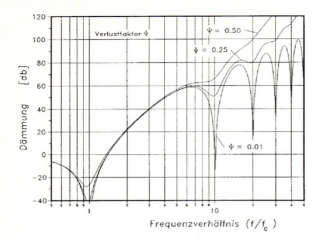

Bild 3.25
Theoretische Dämmkurve eines Feder-Masse-Systems für verschiedene Werte des Verlustfaktors Ψ (Ψ entspricht dem Verlustfaktor d nach DIN 1311, Teil 2)

Diese Einbrüche werden jedoch immer schwächer, je weiter die betrachtete Federeigenfrequenz von der Systemeigenfrequenz entfernt ist, weil dort die Grunddämmung schon größer ist.

Das Frequenzverhältnis

$$\frac{f_1}{f_0} = \frac{\frac{1}{2}\sqrt{\frac{k}{m}}}{\frac{1}{2\cdot\pi}\sqrt{\frac{k}{M}}} = \pi\sqrt{\frac{M}{k}}$$

mit:

M = Masse des Gesamtsystems
m = Masse der Feder bzw. Federn
k = Federsteifigkeit

hängt nicht von der Steifigkeit der Feder ab und soll möglichst groß sein. Bei gegebener Last wählt man also eine möglichst leichte Feder.

Die Tiefe der Dämmungseinbrüche hängt vom Verlustfaktor, also der Materialdämpfung, ab, die bei Stahl außerordentlich niedrig ist. Die Dämmwirkung der Stahlfedern kann jedoch stufenweise je nach den gestellten Forderungen wesentlich verbessert werden:

1. durch Bedämpfung der Stahlfedern

Schon durch eine geringe Bedämpfung der Federenden wird der Verlustfaktor erheblich erhöht, so daß die Einbrüche bei den Federresonanzen wesentlich verringert werden, ohne damit die Systemeigenschaften merklich zu verändern.

2. durch Hintereinanderschalten von Federn mit Zwischenmassen

Dadurch können die Federresonanzen gezielt zu höheren Frequenzen hin verschoben werden, so daß sie in Bereiche fallen, in denen die Grunddämmwirkung schon groß ist und dadurch die Einbrüche in der Dämmkurve nicht so stark ausfallen.

3. durch Einschaltung elastisch-plastischer Scheiben zwischen der Federaufstandsfläche und dem Gehäuse

Hierdurch entstehen zusätzliche Impedanzsprünge. Die erzielten Verbesserungen liegen im wesentlichen im Bereich oberhalb 1000 Hz.

Diese Maßnahmen haben dazu geführt, daß mit Stahlfedern bessere Dämmungen zu erzielen sind als mit Gummielementen, die zwar eine höhere Materialdämpfung aufweisen, aber nur höhere Systemeigenfrequenzen f_0 zulassen.

Die Hauptanwendungsbereiche für Stahlfedern zur Körperschalldämmung sind:

– Maschinen und Aggregate wie Transformatoren, Wärmepumpen, Aufzugsanlagen usw. mit konstanten Erregerfrequenzen.

3.7 Lager für den Schwingungsschutz

- Reduzierung der Körperschallübertragung auf Gebäude, verursacht z.B. durch schienengebundenen Verkehr (breites Anregungsspektrum).

In allen Fällen ist eine tiefe Systemeigenfrequenz anzustreben, wie sie nur mit Stahlfedern sinnvoll zu erreichen ist.

Vorteile
Die Vorteile der Stahlfederelemente gegenüber anderen elastischen Lagerungselementen sind:

- die großen Federwege
- gleichbleibende Eigenschaften über Jahrzehnte
- keine Empfindlichkeit gegenüber Temperaturunterschieden
- gute Berechenbarkeit
- anpaßbare horizontale und vertikale Federkonstanten
- Wirksamkeit in allen Richtungen des Raumes
- enge, genormte Toleranzen der physikalischen Kenngrößen.

Von wesentlichem Einfluß für die zu erzielenden Isolierwirkungsgrade, sowohl für die Erschütterungsisolierung als auch für die Körperschalldämmung, ist die Steifigkeit der Unterkonstruktion für die Federelemente. Die mit den hier angegebenen Berechnungsformeln ermittelten Werte sind nur unter idealen Aufstellungsbedingungen zu erreichen. Als Richtwert kann hierbei angenommen werden, daß die Steifigkeit der Unterkonstruktion mindestens um den Faktor 10 größer sein muß als die Steifigkeit der elastischen Lagerung.

3.7.2.2 VISCO-Dämpfer

Aufbau und Wirkungsweise
Der VISCO*)-Dämpfer ist im Jahre 1937 auf Anregung des Reichsmarineamtes entstanden. Er sollte die Aufgabe lösen, federnd gelagerte Dieselbordaggregate über die biegekritische Drehzahl zu bringen, ohne daß unzulässige Bewegungen auftreten. Die Forderung allgemeingültig formuliert lautet, eine Dämpfungseinrichtung für federnd gelagerte Maschinen zu schaffen, die in keinem der 6 Freiheitsgrade blockiert und in allen Richtungen dämpfend wirkt.

VISCO-Dämpfer bestehen aus einem Dämpfergehäuse, einem hochviskosen Dämpfungsmedium und einem Dämpferstempel, Bild 3.26. Der in das Dämpfungsmedium eintauchende Dämpferstempel ist in allen Raumrichtungen bis zum begrenzenden Dämpfergehäuse hin beweglich. Der Dämpfer ist daher in Richtung aller 6 Freiheitsgrade wirksam.

Die Dämpfungskräfte entstehen aufgrund von Scherung und Verdrängung im Dämpfungsmedium und sind näherungsweise proportional zur Relativgeschwindigkeit v zwischen Dämpferstempel und Dämpfergehäuse mit dem Dämpfungswiderstand r als Proportionalitätsfaktor.

$$F = r \cdot v$$

Um die Funktion des Dämpfers sicherzustellen, muß sich ein Dämpferbauteil, entweder der Stempel oder der Topf, in Ruhe befinden. Dies bedeutet für die praktische Anwendung, daß eine ausreichend steife

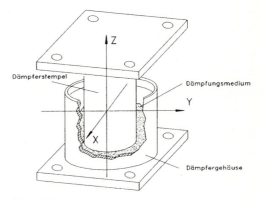

Bild 3.26
Prinzipieller Aufbau eines VISCO-Dämpfers (System GERB)

---

*) VISCO: Eingetragenes Warenzeichen der Fa. GERB Schwingungsisolierungen GmbH & Co. KG, Berlin, Essen.

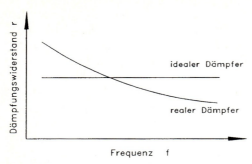

Bild 3.27
Frequenzabhängigkeit des Dämpfungswiderstandes

Anschlußkonstruktion für den Einbau der Dämpfer erforderlich ist. In diesem Fall kann mit der Absolutgeschwindigkeit des Dämpferstempels bzw. des Dämpfergehäuses gerechnet werden.

Bei einem idealen Dämpfer ist der Dämpfungswiderstand r frequenzunabhängig, Bild 3.27. Diese Frequenzunabhängigkeit ist identisch mit der Forderung nach einer geschwindigkeitsproportionalen Dämpfungskraft.

Für einen idealen Dämpfer lautet die Gleichung für die Widerstandskraft F ausgehend von der Auslenkung x

$$x = \hat{x} \sin(\omega t)$$

und der Geschwindigkeit v

$$v = \hat{x} \omega \cos(\omega t)$$

$$F = r \cdot \hat{x} \omega \sin(\omega t + 90°)$$

In diesem Fall besitzt die Widerstandskraft eine Phasenverschiebung von +90° zur dynamischen Auslenkung.

Ideale Dämpfer gibt es jedoch nur in der Theorie. VISCO Dämpfer haben einen frequenzabhängigen Dämpfungswiderstand, was im Hinblick auf die Schwingungsisolierung einen positiven Nebeneffekt hat, da es oberhalb der Lagerungseigenfrequenz zu dem gewünschten Abfall der Dämpfung kommt.

Ursache für den Abfall des Dämpfungswiderstandes sind die Materialeigenschaften der verwendeten Medien. Es handelt sich hierbei um viskoelastische bzw. elastoviskose Materialien, bei denen die resultierenden Widerstandskräfte nicht mehr rein geschwindigkeitsproportional sind, sondern sich aus der Addition von elastischen und dämpfenden Anteilen ergeben.

Die Güte eines Dämpfers läßt sich nun über den Phasenwinkel beurteilen. Je näher der Phasenwinkel bei 90° liegt, desto besser ist die Güte des Dämpfers, d. h. um so mehr entspricht der Dämpfer einem idealen Dämpfer. Bei VISCO Dämpfern liegt der Phasenwinkel normalerweise in einem Bereich zwischen 60° bis 80°, Bild 3.28.

Die Fläche der sich stationär ausbildenden Hystereseschleife ist ein Maß für die

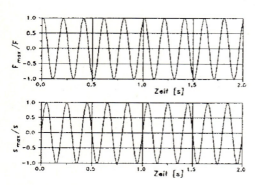
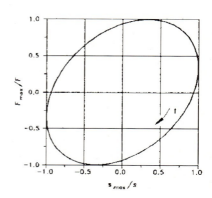

Bild 3.28
Zeitverhalten und Hystereseschleife

Dämpfungswirkung des Dämpfers und entspricht der pro Zyklus in Wärme umgesetzten und dem Schwingungssystem entzogenen Energie. Durch die Umwandlung von Bewegungsenergie in Wärme kommt es zu einem Temperaturanstieg im Dämpfungsmedium, bis sich ein thermodynamisches Gleichgewicht im Dämpfer einstellt.

Die resultierende Bauteildämpfung hängt vom Dämpfungsmedium, dem konstruktiven Aufbau und der Beanspruchung des Dämpfers ab.

Bei einem idealen Dämpfer mit 90° Phasenlage zwischen Kraft und Weg würde sich bei der Darstellung in Bild 3.28 ein Kreis ergeben.

Das geschwindigkeitsproportionale Verhalten der Dämpfer hat den Vorteil, daß langsame Vorgänge, wie z.B. die Wärmedehnung bei Rohrleitungssystemen nicht behindert werden. Statische Lasten können deshalb von VISCO-Dämpfern nicht aufgenommen werden. Hierfür müssen elastische Elemente parallel geschaltet werden.

Die viskoelastischen Eigenschaften des Dämpfers können näherungsweise durch rheologische Ersatzmodelle beschrieben werden, die sich aus der Kombination von idealen Federn und idealen Dämpfern bilden lassen, Bild 3.29. Das wohl bekannteste Modell ist das Voigt-Kelvin-Modell, das für die Abbildung vieler schwingungstechnischer Aufgabenstellungen herangezogen wird.

Für die Beschreibung des prinzipiellen Dämpferverhaltens ist das Maxwell-Modell geeignet, das über ideale Relaxationseigenschaften verfügt und so die viskoelastischen Eigenschaften der Dämpfer sowohl bei harmonischer Anregung als auch beim Aufbringen einer sprungartigen Belastung gut erfaßt.

Je größer der abzubildende Frequenzbereich ist und je mehr Einflußgrößen zu berücksichtigen sind, um so komplexer müssen die Ersatzmodelle allerdings werden.

Kenngrößen

Die Kenngrößen eines Rohrleitungsdämpfers sind:

- der vertikale und horizontale Dämpfungswiderstand
- die Nennlast
- der vertikale und horizontale Arbeitsweg

Bei der Dämpferauslegung wird in der Regel von dem erforderlichen Dämpfungswiderstand ausgegangen, der für eine zu erzielende Systemdämpfung notwendig ist.

Einsatzfälle und Vorteile

VISCO-Dämpfer werden als Einzelelemente oder in Kombination mit elastischen Lagerungselementen eingesetzt. Ein Beispiel ist die in Bild 3.30 dargestellte Ausführung mit Stahlfedern.

Bei der Schwingungsisolierung von Gebäuden werden viskose Dämpfer zusätzlich zur Erhöhung der Standsicherheit, beispielsweise bei Windanregung, eingesetzt.

Viskose Dämpfer können allgemein in folgenden Bereichen eingesetzt werden:

- in allen Fällen, in denen ein Aufschaukeln in der Resonanzzone zu befürchten

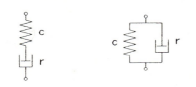

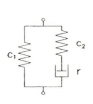

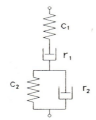

Bild 3.29
Rheologische Ersatzmodelle

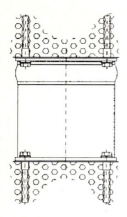 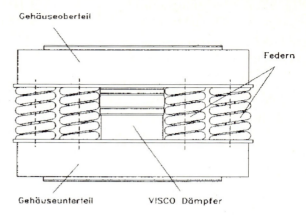

Bild 3.30
Einzeldämpfer und Federelement – VISCO-Dämpfer-Kombinationen

ist, besonders bei federnd gelagerten Kolbenmaschinen
- in allen Fällen, in denen bei rotierenden Maschinen durch das Entstehen einer Unwucht Betriebsschwingungen zu erwarten sind
- zur Aufnahme des Kurzschlußmomentes bei elektrischen Maschinen
- zur Stabilisierung von Arbeitsmaschinen, die ohne Fundament federnd aufgestellt werden
- zum schnellen Abklingen von Bewegungen federnd gelagerter Maschinen, die stoßweise arbeiten (Hämmer, Friktionsspindelpressen usw.)
- als Ersatz oder Ergänzung für Fundamentmasse, falls es nicht möglich oder nicht wirtschaftlich ist, ein genügend großes Fundament als Beruhigungsmasse zu verwirklichen
- zum Dämpfen von Seilschwingungen
- zum Dämpfen von Rohrleitungsschwingungen, die wegen der Temperaturausdehnung nicht starr befestigt werden dürfen

Dämpfer weisen dabei folgende Vorteile auf:
- Wirksamkeit in allen Richtungen des Raumes
- genaue Dimensionierbarkeit für den jeweiligen Einsatzfall
- Realisierung hoher Dämpfungswiderstände auf angemessenem Raum
- Wartungsfreiheit
- gleichbleibende Eigenschaften über Jahrzehnte.

3.7.3 Abfederung von Hochbauten

3.7.3.1 Allgemeines

Die Abfederung ganzer Hochbauten ist heute Stand der Technik. Allein in Deutschland wurden mehr als 400 Gebäude abgefedert. Dabei handelt es sich um praktisch jede Art von Hochbauten, angefangen von Einfamilienhäusern über Kirchen bis zu großen Konzertsälen. Als Lagerelemente finden meist sogenannte Federelemente Anwendung. Solche Federelemente sind, soweit es um hochelastische Lager geht, aus einzelnen Schraubendruckfedern aus Stahl aufgebaut, die ggf. mit zusätzlichen viskosen Dämpfern kombiniert sind. Die Anwendung dieser Federelemente erstreckt sich auf die Gebiete

- Erschütterungsisolierung
- Erdbebensicherung
- Setzungsausgleich (Bergsenkungen)
- Reduzierung von Körperschallübertragungen.

3.7.3.2 Erschütterungsisolierung (Mechanische Schwingungen)

Die Schwingungsisolierung von Bauwerken hat den Zweck, die im Baugrund vorhandenen Erschütterungen an einer Weiterleitung in das Bauwerk zu hindern. Hierzu macht man sich das einfache physikalische Prinzip zunutze, daß bei einem elastisch gelagerten Starrkörper mit der vertikalen Eigenfrequenz f_o Störfrequenzen mit einer Frequenz von $f \geq \sqrt{2} \cdot f_o$ nach folgender Formel reduziert werden (siehe auch Kapitel 3.7.1):

$$V = \frac{1}{1 - \eta^2} \quad \text{(ohne Berücksichtigung der Dämpfung)} \quad (1)$$

mit

$$\eta = \frac{f}{f_o} \quad (2)$$

und

f = Erregerfrequenz
f_o = Eigenfrequenz

Die häufigste Ursache von Erschütterungen im Baugrund ist der schienengebundene Personen- und Güterverkehr. Das Anregungsspektrum reicht hier von etwa 12 bis 60 Hz. Bei U-Bahnen, die oft in nur wenigen Metern Tiefe Gebäude unterfahren, kommt allerdings noch das Problem der direkten Körperschallübertragung hinzu. Von Schienenbahnen verursachte Erschütterungen können in Entfernungen von bis zu 200 m (bei sehr ungünstiger Geologie sogar noch weiter) deutlich wahrnehmbar sein. Bei weniger als 25 m Abstand zwischen Gleiskörper und Gebäuden ist fast immer eine Maßnahme zur Erschütterungsreduzierung erforderlich. Bild 3.31 macht die für die Erschütterungsübertragung vom Erzeuger zum Bauwerk verantwortlichen Mechanismen deutlich.

Weitere Verursacher von Erschütterungen können z.B. Schmiedehämmer, Pressen oder andere Schwermaschinen sein.

Erschütterungen im Frequenzbereich von 10 bis 30 Hz müssen in ihrer Wirkung auf das jeweilige Bauwerk besonders genau untersucht werden, da hier unter Umständen Deckenresonanzen mit ca. 5-facher Verstärkung berücksichtigt werden müssen. In Deutschland gibt die Norm DIN 4150, Teil 2, Anhaltswerte für noch zumutbare Erschütterungswerte und berücksichtigt dabei das soziale Umfeld, in dem das Bauwerk errichtet wird (Tabelle 3.9).

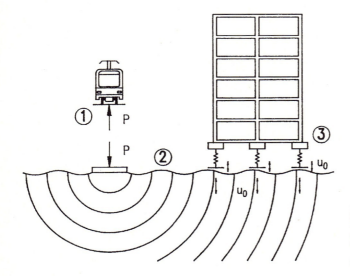

Bild 3.31
Erschütterungsweiterleitung durch den Baugrund. (1) Erzeuger, (2) Weiterleitung durch den Baugrund, (3) Bauwerk

Tabelle 3.9
Zumutbare Erschütterungswerte nach DIN 4150, Teil 2

Zeile	Einwirkungsort	tags			nachts		
		A_u	A_o	A_r	A_u	A_o	A_r
1	Einwirkungsorte, in deren Umgebung nur gewerbliche Anlagen und gegebenenfalls ausnahmsweise Wohnungen für Inhaber und Leiter der Betriebe sowie für Aufsichts- und Bereitschaftspersonen untergebracht sind (vergleiche Industriegebiete § 9 BauNVO)	0,4	6	0,2	0,3	0,6	0,15
2	Einwirkungsorte, in deren Umgebung vorwiegend gewerbliche Anlagen untergebracht sind (vergleiche Gewerbegebiete § 8 BauNVO)	0,3	6	0,15	0,2	0,4	0,1
3	Einwirkungsorte, in deren Umgebung weder vorwiegend gewerbliche Anlagen noch vorwiegend Wohnungen untergebracht sind (vergleiche Kerngebiete § 7 BauNVO, Mischgebiete § 6 BauNVO, Dorfgebiete § 5 BauNVO)	0,2	5	0,1	0,15	0,3	0,07
4	Einwirkungsorte, in deren Umgebung vorwiegend oder ausschließlich Wohnungen untergebracht sind (vergleiche reines Wohngebiet § 3 BauNVO, allgemeine Wohngebiete § 4 BauNVO, Kleinsiedlungsgebiete § 2 BauNVO)	0,15	3	0,07	0,1	0,2	0,05
5	Besonders schutzbedürftige Einwirkungsorte, z. B. in Krankenhäusern, in Kurkliniken, soweit sie in dafür ausgewiesenen Sondergebieten liegen.	0,1	3	0,05	0,1	0,15	0,05

In Klammern sind jeweils die Gebiete der Baunutzungsverordnung – BauNVO – angegeben, die in der Regel den Kennzeichnungen unter Zeile 1 bis 4 entsprechen. Eine schematische Gleichsetzung ist jedoch nicht möglich, da die Kennzeichnung unter Zeile 1 bis 4 ausschließlich nach dem Gesichtspunkt der Schutzbedürftigkeit gegen Erschütterungseinwirkung vorgenommen ist, die Gebietseinteilulg in der BauNVO aber auch anderen planerischen Erfordernissen Rechnung trägt.

Auslegung der Ferderelemente

Wesentlicher Parameter für die Auslegung der Federelemente ist die vertikale Lagerungsfrequenz. Berechnungen, die im einfachsten Fall auf dem Einmassenschwingermodell mit einem Freiheitsgrad (SDOF = Single Degree of Freedom) und bei verfeinerten Verfahren auf Mehrmassenschwingermodellen mit mehreren Freiheitsgraden (MDOF = Multi Degree of Freedom) beruhen, ermöglichen die Prognose der zu erwartenden Erschütterungen in geplanten Gebäuden (Bild 3.32). Die erforderliche vertikale Lagerungsfrequenz wird derart gewählt, daß die zu erwartenden Erschütterungen im Bauwerk nicht zu einer Belästigung von Menschen bzw. zu Störungen von maschinellen Ausrüstungen führen.

Die lineare Lastverformungsbeziehung der Federelemente sowie der statisch und dynamisch identische E-Modul führen dazu, daß man die vertikale Lagerungsfrequenz (Eigenfrequenz) f_z direkt über die Einsenkung z der Federelemente unter statischer Last bestimmen kann. Die Beziehung lautet:

3.7 Lager für den Schwingungsschutz

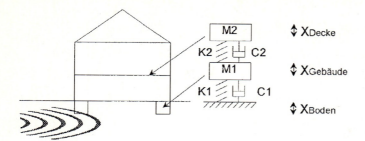

Bild 3.32
Zweimassenschwinger für Erschütterungsprognosen

$$z = \frac{250}{f_z^2} \quad (3)$$

mit

f_z in Hz und z in mm

In Bild 3.33 ist diese Abhängigkeit grafisch dargestellt. Den mit fallender Lagerungsfrequenz erforderlichen größeren statischen Einsenkungen stehen baupraktische Grenzen entgegen. Als Optimum sowohl in bezug auf die Isolierwirkung als auch auf die technische Realisierbarkeit haben sich für die Abfederung von Gebäuden Lagerungseigenfrequenzen von 3 bis 5 Hz herausgestellt. Auch hier können die verwendeten Federelemente durch Variation der Federsteifigkeiten sowie der Anzahl der in einem Federelement zusammengefaßten Einzelfedern in weiten Bereichen den statischen Lasten angepaßt werden.

Schwingungsisolierung ganzer Gebäude

Die Schwingungsisolierung ganzer Gebäude zum Schutz vor verkehrs- und industrieinduzierten Erschütterungen hat sich weltweit als eine der effektivsten Maßnahmen dieser Art bewährt. Der Erfolg solcher Maßnahmen hängt nicht zuletzt von der konsequenten Realisierung der Trennfuge sowie einer exakten Auslegungsberechnung ab. Bei der Ausbildung der Trennfuge muß auch bedacht werden, daß Hausanschlußleitungen elastisch ausgeführt werden müssen. Dies kann z.B. durch Ausbildung von Leitungsschleifen bzw. Einbau von Leitungskompensatoren erreicht werden.

Die Anordnung der Federelemente ist äußerst flexibel und kann sowohl als Linienlager, z.B. in aufgehenden Wänden, als Punktlager in Stützen oder als Flächenlager geschehen. Möglich wird dies durch

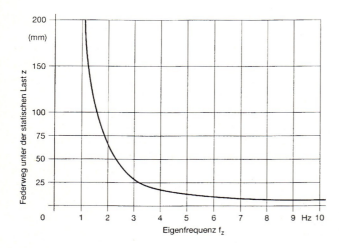

Bild 3.33
Abhängigkeit der Lagerungsfrequenz von der Einsenkung unter statischer Last

Bild 3.34
Erschütterungsisolierung eines 7-geschossigen Bürogebäudes, Lagerungsfrequenz 3,0 Hz, Tiefgarage

einreihige, zweireihige oder mehrreihige Anordnung der Einzelfedern innerhalb eines Federelementes. Bild 3.34 zeigt die linienförmige Anordnung von Federelementen unterhalb der Kellerdecke eines Parkgeschosses eines Münchener Bürogebäudes. Bild 3.35 zeigt den Federelement-Verteilungsplan eines Berliner Bürogebäudes, welches auf Streifenfundamenten längs zweier U-Bahn-Tunnelröhren gegründet ist. Die Erschütterungen konnten so um 90 % reduziert werden. Hierbei wurde eine Abfederungseigenfrequenz von 3,5 Hz angestrebt und erreicht. Die Einsenkung der Federelemente unter statischer Last beträgt 20 mm.

Schwingungsisolierung von Gebäudebereichen (Raum-in-Raum)
Auch die Abfederung einzelner Geschosse eines Gebäudes bzw. einzelner Räume innerhalb eines Gebäudes hat sich bewährt; letztere Methode bezeichnet man auch als Raum-in-Raum-Lösung. Auf diese Weise lassen sich Erschütterungen und Körperschall, die z.B. von einem Technikgeschoß innerhalb eines Bürogebäudes ausgehen, vom übrigen Gebäude fernhalten. In Berlin wurde z.B. ein bereits vorhandenes 4-geschossiges Bürogebäude nachträglich um ein abgefedertes Stockwerk erhöht, in dem zahlreiche Klimageräte und Ventilatoren installiert wurden. Auch in solchen Fällen werden Lagerungsfrequenzen von 3 bis 5 Hz gewählt.

Oftmals sollen innerhalb eines Gebäudes lediglich bestimmte Räume vor Erschütterungen oder Körperschall geschützt werden, wie dies z.B. bei TV-Studios oder Laborräumen der Fall ist. Bei Diskotheken oder Sportstätten hingegen muß das übrige Gebäude vor den dort erzeugten Geräuschen und Erschütterungen geschützt werden. In beiden Fällen haben sich eine La-

3.7 Lager für den Schwingungsschutz

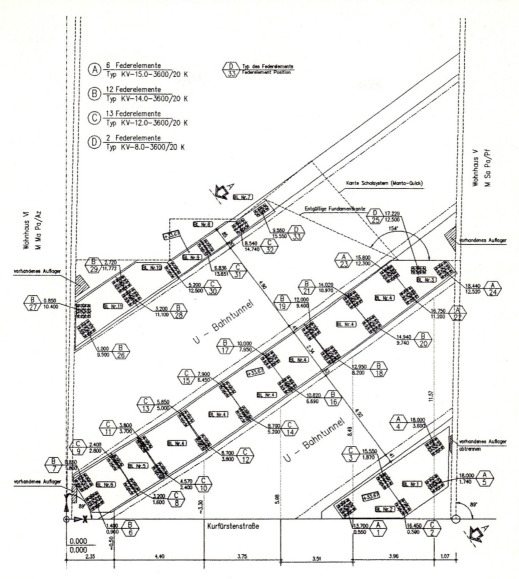

Bild 3.35
Federelementverteilungsplan Gebäude Berlin, Kurfürstenstraße

gerungsfrequenz von 5,5 Hz sowie eine Systemdämpfung von ca. 10 % als optimale Lagerungsparameter erwiesen. Besonderes Augenmerk muß dann natürlich auf den Effekt der Eigenanregung der Räume gelegt werden. Bild 3.36 zeigt eine typische Laborlagerung als Raum-in-Raum-Lösung.

In solchen Fällen, in denen die Einbauhöhe stark eingeschränkt ist, können in den Fußboden integrierbare Federelemente eingesetzt werden. Solche Federelemente sind von oben einstellbar und auswechselbar und ebenfalls mit verschiedenen Traglasten erhältlich. Der besondere Vorteil besteht darin, daß sich die Deckenher-

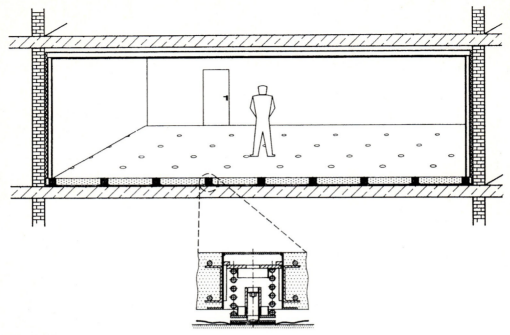

Bild 3.36
Raum-in-Raum-Konstruktion

stellung damit wesentlich vereinfacht. Die Decke selbst wird durch eine Zwischenfolie (Dämmplatte) vom Primärfußboden getrennt und direkt auf dieser betoniert. Vorher werden die Federelementhülsen an der statisch erforderlichen Stelle aufgestellt. Nach dem Abbinden des Betons werden die einbetonierten Hülsen mit vorgespannten Federeinbausätzen bestückt. Durch Entspannen dieser Einbausätze hebt sich der Fußboden automatisch an, und es entsteht eine eindeutige Luftfuge zwischen den beiden Decken. Zusätzlich kann der so gelagerte Boden über die eingebaute Höhenregulierung nivelliert werden (Bild 3.37).

3.7.3.3 Setzungsausgleich

Parallele Setzungen eines ganzen Gebäudes, selbst wenn sie mehrere Meter betragen, wie es häufig in Bergsenkungsgebieten vorkommt, sind für das Bauwerk selbst von untergeordneter Bedeutung. Eine leichte Schrägstellung des Gebäudes mag für die Bewohner unangenehm sein, aber dies allein stellt normalerweise noch keine Gefahr für das Gebäude dar. Ungleichmäßige Setzungen über die Gebäudegrundfläche können jedoch zu gefährlichen Rissen in der Gebäudekonstruktion führen, die u. U. die weitere Nutzung des Gebäudes unmöglich machen.

Eine der unangenehmsten Erscheinungsformen bergbaulicher Einwirkungen sind Erdtreppen und Gruben. Die Differenzen in den vertikalen Bewegungen zweier benachbarter Erdschollen führen zu Abtreppungen der Erdoberfläche oder zu Wellenbildungen mit sehr kleinen Radien (Bild 3.38). Zur dauerhaften Sanierung und Sicherung von Gebäuden, die durch solche Unregelmäßigkeiten des Baugrundes berührt werden, werden seit Jahren die unterschiedlichsten Methoden angewendet.

3.7 Lager für den Schwingungsschutz

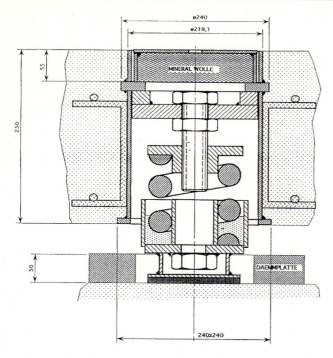

Bild 3.37
Schwingboden-Federelemente
(voll integrierbar)

Die einfachste und zugleich auch am schwierigsten zu realisierende Methode ist die Verstärkung von Gebäuden mit Stahl- oder Stahlbetonkonstruktionen, um die Eigensteifigkeit des Bauwerks zu vergrößern. Die so ertüchtigten Bauwerke müssen in der Lage sein, durch freies Auskragen oder Überbrücken diese unterschiedlichen Bodenbewegungen auszugleichen.

Die Grenzen solcher Verfahrensweisen liegen bei Tragweiten von ca. 3 m und Stützweiten von etwa 5 m.

Eine Verbesserung dieses Verfahrens ist die Anwendung von nachstellbaren mechanischen oder hydraulischen Hubmitteln im

Grubenbildung   Treppenbildung

Bild 3.38
Ausgleich von Setzungsunterschieden mittels hochelastischer Federelemente

Zusammenwirken mit aussteifenden Konstruktionen. Diese Hubmittel sind als passive Elemente zu bezeichnen, da sie nicht in der Lage sind, selbsttätig Höhenveränderungen des Baugrundes auszugleichen.

Eine einfache, aber wirkungsvolle und seit Jahren bewährte Art der Bauwerkssicherung ist die Verwendung von aktiven Ausgleichselementen auf der Basis von hochelastischen Federelementen; aktiv deshalb, weil sie in bestimmten Grenzen selbsttätig die unterschiedlichen vertikalen Bodenbewegungen aufgrund ihrer hohen Elastizität ausgleichen. Dadurch verhindern sie, daß die natürlichen Unterstützungskräfte des Baugrundes vollständig verlorengehen.

Auslegung der Federelemente
Die hier verwendeten Federelemente weisen einen nutzbaren Federweg von bis zu 250 mm auf. Die abzustützende Gebäudelast wird als Mittelbelastung der Feder angenommen. Der zum Ausgleich der Setzungen erforderliche Federweg wirkt als zusätzliche bzw. vermindernde Last um die Mittelbelastung. Diese Über- oder Unterbelastung, die in Abhängigkeit von der Eigensteifigkeit des zu sichernden Bauwerks in einer Größenordnung von etwa 25 % der Mittelbelastung liegt, muß vom Gebäude selbst aufgenommen werden können. Bei einer angenommenen Einfederung von 200 mm unter statischer Last bedeuten relative Setzungen von 50 mm demnach nur eine Lastvariation von 25 %. Das ist etwa der Bereich, den ein Gebäude ohne große Nachteile noch aufnehmen kann, bevor ein Nachrichten der Federelemente erforderlich wird.

Überwachung
Die Zusammendrückung der Federn kann durch eine elektronische Meßeinrichtung überwacht werden (Bild 3.39). Die Kontrolle der Setzungsaktivitäten erfolgt durch Ablesung der Meßwerte oder per automatischer Datenfernübertragung via Modem.

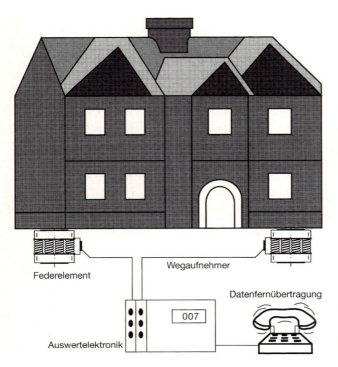

Bild 3.39
Prinzipskizze der Datenfernabfrage von hochelastisch gelagerten Bauwerken

Wenn im Verlauf der Bergsenkung festgestellt wird, daß in den Federn der durch die zulässige Lastvariation begrenzte nutzbare Federweg überschritten wird, muß die Feder auf ihre Ausgangshöhe zurückgestellt werden. Dies geschieht relativ einfach durch Unterfütterung bzw. Wegnahme von Futterblechen (Bild 3.40). Da die Setzungsgeschwindigkeiten normalerweise gering sind, wird eine solche Nachstellung üblicherweise erst nach längeren Zeiträumen erforderlich.

3.7.3.4 Erdbebenisolierung

Prinzip der „Full Base Isolation"
Häufig wird bei der Erdbebenisolierung nur an die Entkopplung von Bauwerken vom Untergrund in horizontaler Richtung gedacht. Dabei reduziert man die für ein Bauwerk schädlichen horizontalen Beschleunigungen auf ein zulässiges Maß. Hierzu werden auf einer Fundamentplatte horizontal wirkende Isolierungs-Elemente angeordnet, die im Normalfall nur die vertikal wirkenden statischen Gebäudelasten aufzunehmen haben. Bei Erdbebenanregung verformen sich diese Lager in horizontaler Richtung und der volle Energieeintrag in das Bauwerk wird verhindert. Die ebenfalls bei einem Erdbeben auftretenden vertikalen Beschleunigungsanteile dagegen werden vollständig in das Bauwerk eingeleitet. Bild 3.41 zeigt beispielhaft die Antwortspektren des 1952 in Kalifornien, USA, gemessenen sogenannten „Taft" Erdbebens in horizontaler und vertikaler Richtung.

Bei der „Full Base Isolation" wird das oben beschriebene Prinzip in alle drei Raumrichtungen verwirklicht. Da sich in vertikaler Richtung die Lagerverformungen der statischen Gebäudelasten mit den bei einem Erdbeben auftretenden dynami-

Bild 3.40
Setzungsausgleich durch Unterfütterung der Federelemente mit Ausgleichsblechen

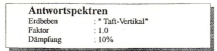
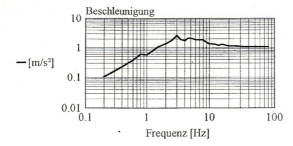

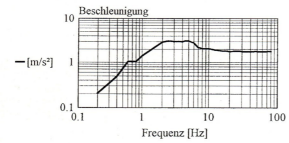

Bild 3.41
Antwortspektren des „Taft"-Erdbebens in horizontaler und vertikaler Richtung

schen Verformungen überlagern, kommen hier nur Federelemente mit Schraubendruckfedern aus Stahl in Frage. Bild 3.42 zeigt ein solches Federelement mit zulässigen dynamischen Verformungen von ca. 80 mm sowohl in horizontaler als auch in vertikaler Richtung. Dadurch können vertikale Lagerungseigenfrequenzen bis zu 1,4 Hz erreicht werden. Die statisch aufnehmbare Last je Federelement ist durch unterschiedliche Federtypen und durch eine unterschiedliche Anzahl von Einzelfedern im Federelement in weiten Grenzen variierbar.

Bei einer Erdbebenisolierung muß je nach Abstimmfrequenz der Lagerelemente mit Relativbewegungen zwischen Bauwerk und Fundament von bis zu 300 mm gerechnet werden. Diese Bewegungen können durch zusätzliche Dämpfer wesentlich reduziert werden. Bei der „Full Base Isolation Technik" kommen viskose Dämpfer zum Einsatz, die, analog zum Federelement, in alle drei Raumrichtungen wirken (Bild 3.26). Andere Dämpfungselemente, wie z. B. plastisch verformbare Bleidämpfer oder Reibungsdämpfer haben den Nachteil, daß sie zunächst eine starre Anbindung darstellen und erst bei unzulässig großen Bewegungen dämpfend wirken. Kleinere Erdbeben werden demnach gar nicht isoliert, bei größeren Erdbeben werden die Dämpfer plastisch verformt und müssen ggf. ausgewechselt werden.

3.7 Lager für den Schwingungsschutz

Erdbebenisolierung von Einzelaggregaten
Als besonders sinnvoll hat sich die full base isolation von Notstromaggregaten in Erdbebengebieten erwiesen. Auch andere Maschinen, wie z. B. Druckmaschinen werden zunehmend erdbebensicher gelagert, um auch im Notfall einsatzbereit zu bleiben. In Mexiko City überstand z. B. ein 75 m langes und 5 m breites Fundament für eine Rotationsdruckmaschine mit einer Abfederungseigenfrequenz von 2–3 Hz das große Erdbeben von 1985 ohne Schaden. Auch hier waren den Federn viskose Dämpfer parallel geschaltet. Es wird deutlich, daß hier die „Full Base Isolation Technik" zum Einsatz kommen muß, um die Maschinen vor zu großen Beschleunigungen in allen Raumrichtungen zu schützen.

Erdbebenisolierung von Gebäuden und Gebäudeteilen
Bild 3.43 zeigt das Modell eines doppelschaligen Gebäudes, bei dem eine Raum-in-Raum-Technik zum gleichzeitigen Schutz gegen Flugzeugabsturz, Erdbeben und Gaswolkenexplosion bei einer deutschen Wiederaufbereitungsanlage eingesetzt werden sollte. Die äußere, sehr steife Schale mit Wanddicken von 1–2 m bildet den äußeren Schutz gegen Flugzeugabsturz. Das innere Gebäude, bei einem Kernkraftwerk beispielsweise der Reaktor, wird komplett als zusammenhängendes Bauwerk in alle drei Raumrichtungen isoliert. Der Vorteil dieser Methode besteht darin, daß von außen eingeleitete Erschütterungen wie z. B. Flugzeugabstürze, Erdbeben oder Druckwellen vom inneren Bauwerk ferngehalten werden.

Eine weitere Form der Basisisolierung besteht darin, spezielle schützenswerte Ge-

Bild 3.42
Federelement mit Schraubendruckfedern aus Stahl und integriertem VISCO-Dämpfer (GERB Werksfoto)

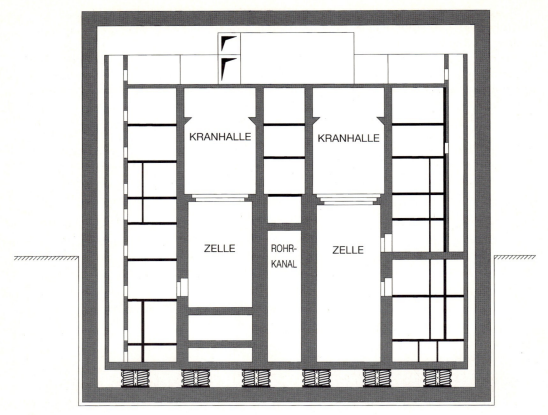

Bild 3.43
Modell eines elastisch gelagerten doppelschaligen Gebäudes als Schutz gegen Erdbeben und Flugzeugabsturz

schoßdecken innerhalb eines Gebäudes zu isolieren. Solche Gebäude müssen sehr steif konstruiert werden, um auch bei eingeleiteten Erdbebenbeanspruchungen nicht zerstört zu werden. Die eigentliche Erdbebenisolierung geschieht zwischen den Stützpunkten der sogenannten Schwingdecke und der Decke selbst. Das Funktionsprinzip gleicht dem im vorhergehenden Kapitel beschriebenen.

3.7.3.5 Erschütterungsschutz im Gleisbau

Schienenfahrzeuge erzeugen Lärm und Erschütterungen. Letztere entstehen im wesentlichen aufgrund instationärer Abrollvorgänge der Räder auf den Schienen und werden von dort an die Umgebung abgegeben, d. h. an die Luft als Schall und in den Untergrund als Körperschall bzw. Erschütterungen eingeleitet.

Zusätzlich zum Abrollgeräusch können sich aufgrund von Schienenriffeln oder Flachstellen weitere Erschütterungs- und Schallquellen überlagern.

Um die Erschütterungen und die Körperschallübertragung zu reduzieren, werden elastische Zwischenschichten an verschiedenen Stellen in den Übertragungsweg von der Schiene in den Baugrund eingebaut. Grundsätzlich besitzt auch der in Deutschland standardmäßig verwendete Schotteroberbau elastische Eigenschaften. Bei gebäudenahen Gleisanlagen oder bei

3.7 Lager für den Schwingungsschutz

Gebäudeunterfahrungen von U-Bahnen reicht der Schotteroberbau zur hinreichenden Erschütterungs- und Körperschallreduzierung in seiner Wirkung nicht aus. Verbesserungen lassen sich durch sogenannte Unterschottermatten oder elastische Schienenbefestigungen erzielen, die aufgrund ihrer höheren Elastizität die Abstimmfrequenz des Lagersystems zu niedrigeren Frequenzen hin verschieben.

Als wirkungsvollste Maßnahme hat sich das sogenannte „Masse-Feder-System" in den letzten Jahren bewährt. Durch Einfügen einer Zwischenmasse zwischen die elastischen Lager und die Schienen wird so ein tief abgestimmtes schwingungsfähiges und damit auch schwingungsisolierendes System geschaffen. Als Material für die verwendeten Federelemente kommen Elastomere und Stahlfedern in Frage. Sie unterscheiden sich im wesentlichen in ihrer vertikalen Lagerungsfrequenz. Mit Elastomerlagern lassen sich Masse-Feder-Systeme auf ca. 12 bis 18 Hz abstimmen. Stahlfedern ermöglichen Lagerungsfrequenzen von 1,5 bis 7 Hz. Darüber hinaus besitzen Lagerelemente aus Stahlfedern den Vorteil, daß sie eine sehr hohe horizontale Steifigkeit aufweisen und dadurch Brems- oder Fliehkräfte ohne nennenswerte Bewegungen aufnehmen können.

Soweit uns bekannt ist, liegen bisher keinerlei Erfahrungen über Masse-Feder-Systeme unter 5 Hz vor. Es kann davon ausgegangen werden, daß ein Optimum zwischen 5 und 7 Hz vorhanden ist, da bereits unterhalb von 4 Hz mit ersten Wagenkasten-Eigenfrequenzen der Schienenbahnen gerechnet werden muß. Aus fahrdynamischen Gründen sollte eine Überschneidung vermieden werden.

Auslegung der Federelemente
Die wichtigsten Parameter sind:

– die Masse der Fahrbahnplatte pro Meter,

Bild 3.44
Masse-Feder-System als Fertigteil-Troglösung

– die Achslast des Schienenfahrzeuges sowie
– die vertikale Lagerungsfrequenz der Fahrbahnplatte.

Die Masse der Fahrbahnplatte sollte mindestens ein Drittel der Achslast betragen, d. h., bei einer Schienenbahn mit z. B. 10 t Achslast mindestens 3,3 t pro Meter. Die sich daraus ergebenden Plattenstärken von, um bei obigem Beispiel zu bleiben, ca. 40 cm der Fahrbahnplatten führen zu entsprechend hohen Biegesteifigkeiten. Bei einer angestrebten Lagerungsfrequenz von 5–7 Hz wird eine Einsenkung unter Eigengewicht von ca. 6–10 mm angestrebt. Bei einer Zugüberfahrt entstehen sehr langwellige Verformungslinien, die in ihrer

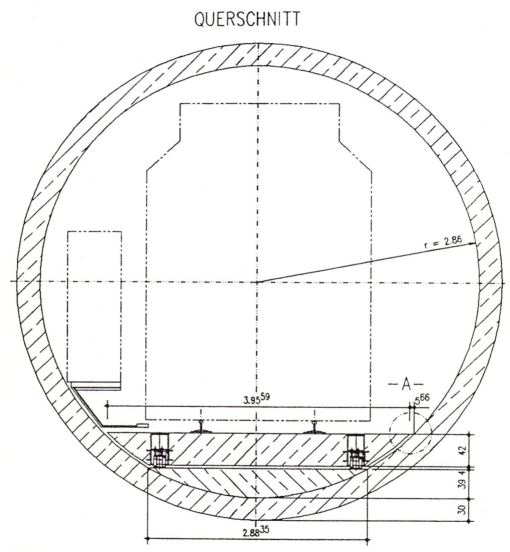

Bild 3.45
Querschnitt eines Masse-Feder-Systems mit in den Fahrbahnplatten integrierten Federelementen

Spitze noch einmal 7 bis 9 mm betragen können. Diese zusätzliche Verformung führt jedoch aufgrund der geringen Krümmungen zu keiner nennenswerten Schienenbelastung.

Die Länge der in einem Stück betonierten Fahrbahnplatten können bis nahezu 100 m betragen. Die dabei entstehende Längsverformung aus Schwindvorgängen muß besonders berücksichtigt werden.

Ausführungsvarianten
Zur Realisierung von tief abgestimmten Masse-Feder-Systemen auf Federelementen finden zwei Varianten Verwendung. Zum einen handelt es sich um eine aus Fertigteilen bestehende Trogkonstruktion und zum anderen um eine platz- und kostensparende Ortbeton-Konstruktion mit jederzeit zugänglichen Federlagern. Bild 3.44 zeigt ein in Berlin eingebautes Masse-Feder-System als Fertigteil-Troglösung. Die Tröge sind derart ausgebildet, daß sie nachträglich mit Schotter gefüllt werden können und dadurch ein Standardgleisoberbau möglich ist.

Bild 3.45 zeigt den Querschnitt eines Masse-Feder-Systems mit in den Fahrbahnplatten integrierten Federelementen, deren Stahlbetonplatten in Ortbetonbauweise als 30 m lange Plattensegmente hergestellt und bei der Kölner U-Bahn (Streckenabschnitt Köln-Mülheim) eingebaut wurden. Durch die nachträglich von oben eingesetzten Federeinbausätze wird die Platte von der Tunnelsohle automatisch getrennt und höhenmäßig eingestellt. Solche Systeme bieten vor allen Dingen den Vorteil der Zugänglichkeit, des platzsparenden Einbaus sowie der nachträglichen Höhenjustierung.

4 Lagerarten

4.1 Grundsätzliches

Im nachfolgenden Kapitel wird über den Stand der Technik zur Konstruktion und Bemessung der verschiedenen Lagerarten berichtet. Lagerarten, die heute in Deutschland kaum noch oder nicht mehr verwendet werden, finden nur kurze oder keine Erwähnung. Die Lagerarten unterscheiden sich durch ihre Konstruktionsprinzipien. Die Einteilung der Lagertypen erfolgt dagegen nach den statischen und kinematischen Funktionen (siehe Kapitel 1).

In den letzten 20 Jahren haben sich aus durchgeführten Versuchen mit Lagern im Labor, Messungen an Lagern im Bauwerk und umfangreichen Erfahrungen mit Lagern im praktischen Einsatz eine ganze Reihe neuer Konstruktions- und Bemessungsregeln ergeben.

Wichtigste Regelwerke in Deutschland für eine lagerspezifische Ausbildung von Bauwerksauflagern sind die bauaufsichtlichen Zulassungen einzelner Lagertypen und die Normenreihe DIN 4141, Lager im Bauwesen.

Zusätzlich muß der neueste Stand der Stahlbaunormen, Massivbaunormen und der DS 804 der Deutschen Bahn AG beachtet werden, die auch Regeln für das Zusammenwirken zwischen dem Lagerbauteil und den anschließenden Bauwerksteilen enthalten.

Konzept „Zulässige Spannungen"

Im Lager konzentrieren sich die auf das Bauwerk einwirkenden Kräfte. Daraus folgt, daß die Art der Bemessung davon abhängt, wie das Bauwerk bemessen wurde. Es sind hierbei bekanntlich drei Möglichkeiten zu unterscheiden:

Die Einwirkungen (Lasten, Temperaturen) auf das Bauwerk werden in der voraussichtlichen Höhe – also ohne Multiplikation mit einer Sicherheitszahl – in der Bemessung berücksichtigt. Im Bauwerk entstehen daraus zulässige Beanspruchungen, die gegenüber den Bruchwerten einen Sicherheitsabstand haben. Dies ist die derzeit in Deutschland noch übliche Bemessung bei Brücken. Sie gilt allerdings als veraltet.

Konzept „Globalfaktor"

Die Einwirkungen werden pauschal mit einem Sicherheitsfaktor multipliziert, die daraus ermittelten Beanspruchungen im Baustoff werden mit den Bruchwerten verglichen. Diese Bemessungsmethode wird seit jeher dort angewandt, wo eine Berechnung nach Theorie II. Ordnung als notwendig angesehen wird, also beim Nachweis der Stabilität und bei der Berechnung von Bogen- und Hängebrücken. Das ω-Verfahren bei der Berechnung der Knickstabilität hat als Grundlage den Nachweis mit pauschalierten Sicherheitsfaktoren, wie in den Erläuterungen zur (alten) Stabilitätsnorm DIN 4114 nachlesbar ist. Sofern – wie bisher üblich – bei der Wahl der Sicherheitsfaktoren die gleichen Kategorien wie beim Nachweis mit zulässigen Beanspruchungen gewählt werden (d.h. Einteilung in Hauptlasten, Zusatzlasten und Sonderlasten), sind beide Verfahren im Prinzip gleichwertig.

Konzept „Teilsicherheitsbeiwerte"

Die einzelnen Einwirkungen werden, abhängig von ihrem Wahrscheinlichkeitsgehalt (Streubereiche, Fraktilwert), mit Teilsicherheitsbeiwerten multipliziert, und abhängig von der Wahrscheinlichkeit des gleichzeitigen Auftretens kombiniert. Die daraus ermittelten Beanspruchungen im Baustoff werden den Beanspruchbarkeiten gegenübergestellt, die erhalten werden, wenn die Festigkeitswerte durch Teilsicherheitsbeiwerte dividiert werden, die den Wahrscheinlichkeitsgehalt der angenommenen Festigkeitswerte berücksichtigen. Es sei hinzugefügt, daß die Teilsicherheitsbeiwerte der Einwirkungen weitere Imponderabilien berücksichtigen, sich also nicht nur aus einer statistischen Auswertung von Meßwerten der Einwirkungen ableiten lassen, und daß dieses Bemessungskonzept vorsieht, daß Systemempfindlichkeiten mit einem zusätzlichen Systemfaktor berücksichtigt werden können.

Das zuletzt skizzierte Bemessungskonzept ist das moderne, den europäisch harmonisierten zukünftigen Normen (Eurocodes) zugrundeliegende Konzept, dessen vollständige Verwirklichung noch bevorsteht. In speziellen Bereichen, wie z. B. der Bemessung von Lagern, bereitet es Schwierigkeiten, dieses Konzept anzuwenden. Eine besondere Erschwernis liegt darin, daß beim „alten" Konzept in sehr ungleichmäßiger Weise die Gebrauchstauglichkeit Bemessungsbestandteil war – z. T. durch Beschränkung der Verformungen, z. T. aber auch durch Restriktionen anderer Art –, während beim modernen Konzept die beiden Kategorien „Tragfähigkeit" und „Gebrauch" über Faktoren gesteuert werden und somit eine Umwandlung des alten in das neue Konzept bei gleichzeitig weitgehender Beibehaltung der „unter dem Strich" zu erzielenden Ergebnisse im Grunde nicht möglich ist.

Ein Zwang, das neue Konzept anzuwenden, wird europaweit nach allgemeiner Erfahrung wohl nicht vor dem Jahre 2000 gegeben sein. Es lohnt sich deshalb durchaus, in diesem Buch noch die bisherige Bemessung nach dem Konzept „zulässige Spannungen" als weiterhin gültige Regelbemessung darzustellen.

Das neue Bemessungskonzept liegt auch der neuen Stahlbau-Grundnorm DIN 18800 Teile 1 bis 4 (11/90) zugrunde. Dieser Norm wurden durch Anpassungsrichtlinien diejenigen Fachnormen des Stahlbaus angepaßt, die noch nach dem „alten" Konzept formuliert wurden, ausgenommen der Bereich Brücken.

4.2 Allgemeine Konstruktions- und Bemessungsregeln

In diesem Abschnitt werden als Bearbeitungsgrundlage die Regeln angegeben, die sich bei der Konstruktion und Bemessung von Lagerbauteilen bewährt haben, und die in allen Lagerkonstruktionen zur Anwendung kommen können.

4.2.1 Werkstoffe

4.2.1.1 Walzstahl und Stahlguß

Es sind folgende Stahlsorten zu verwenden:

1. Von den allgemeinen Baustählen nach DIN EN 10 025 (früher DIN 17100) die Stahlsorten Fe 360 B (RSt 37–2), Fe 360 D1 (St 37–3 N) und Fe 510 D1 (St 52–3 N).
2. Stahlguß GS 52.3 nach DIN 1681 sowie Vergütungsstahl C 35N nach DIN 17200.

Andere Stähle dürfen gem. Normenbestimmung nur verwendet werden,

a) wenn ihre mechanischen Eigenschaften, chemische Zusammensetzung und Schweißeignung aus den Gütevorschriften oder Werknormen der Stahlhersteller ausreichend hervorgehen und diese Stähle einer der anfangs genannten Stahlsorten zugeordnet werden können,

4.2 Allgemeine Konstruktions- und Bemessungsregeln

b) wenn für einzelne Anwendungsgebiete die den besonderen Bedingungen angepaßten Stähle in den speziellen Fachnormen vollständig beschrieben und hinsichtlich der Verwendung geregelt sind,

c) wenn ihre Brauchbarkeit, z. B. im Rahmen einer bauaufsichtlichen Zulassung oder Zustimmung im Einzelfall, besonders nachgewiesen ist.

Die Stahlsorten sind entsprechend dem vorgeschriebenen Verwendungszweck und ihrer Schweißeignung auszuwählen. Bei geschweißten Lagerbauteilen wird empfohlen, zur Wahl der Stahlgütegruppen die DASt-Richtlinie 009 und zur Vermeidung von Terrassenbrüchen die DASt-Richtlinie 014 zu beachten.

Für Lagerteile, die einem Spannungs- und/oder Verformungsnachweis unterliegen, müssen Bescheinigungen nach DIN EN 10 204 (früher DIN 50 049) vorliegen. Diese sind in der Regel die Abnahmeprüfzeugnisse 3.1.B oder 3.1.C.

Für Bleche und Breitflachstahl in geschweißten Lagerbauteilen mit Dicken über 30 mm, die im Bereich der Schweißnähte auf Zug beansprucht werden, muß der Aufschweißbiegeversuch nach SEP 1390 (Stahl-Eisen-Prüfblatt) durchgeführt und durch ein Abnahmeprüfzeugnis belegt sein.

Wenn aus schweißtechnischen Gründen ein Höchstwert für das Kohlenstoffäquivalent (CEV) entsprechend Tabelle 4.1 nach der Schmelzanalyse vereinbart wurde, ist der Gehalt der in der nachstehenden Formel genannten Elemente, unter Beachtung der in DIN EN 10 025, Abschn. 7.3 genannten zusätzlichen Anforderungen, in der Prüfbescheinigung anzugeben.

$$CEV = C + \frac{Mn}{6} + \frac{Cr + Mo + V}{5} + \frac{Ni + Cu}{15}$$

4.2.1.2 Verbindungsmittel

Es sind Schrauben der Festigkeitsklasse 4.6, 5.6 und 10.9 nach DIN ISO 898 Teil 1, zugehörige Muttern der Festigkeitsklassen 4, 5 und 10 nach DIN ISO 898 Teil 2 und Scheiben, die mindestens die Festigkeit der Schrauben haben, zu verwenden.

Für Schrauben, die nur als konstruktive Verbindungsmittel eingesetzt werden, sind nichtrostende Schrauben nach DIN 267, Teil 11 in der Stahlgruppe A4 (1.4401) zu bevorzugen.

Bei feuerverzinkten hochfesten Schrauben sind nur komplette Garnituren (Schrauben, Muttern und Scheiben) eines Herstellers zu verwenden. Feuerverzinkte Schrauben der Festigkeitsklasse 10.9 sowie zugehörige Muttern und Scheiben dürfen nur verwendet werden, wenn sie vom Schraubenhersteller im Eigenbetrieb oder unter seiner Verantwortung im Fremdbetrieb verzinkt wurden.

Andere metallische Korrosionsschutzüberzüge, z. B. die galvanische Verzinkung, dürfen verwendet werden, wenn

1. die Verträglichkeit mit dem Stahl gesichert ist und

Tabelle 4.1
Höchstwerte für das Kohlenstoffäquivalent *(CEV)* nach der Schmelzanalyse

	Stahlsorte Kurzname	Desoxidationsart	Stahlart	Kohlenstoffäquivalent max. für Nenndicken in mm		
				≤40	> 40 ≤ 150	>150
1	Fe 360 B	FN	BS	0.35	0.38	0.40
2	Fe 360 D1	FF	QS	0.35	0.38	0.40
3	Fe 510 D1	FF	QS	0.45	0.47	0.49

Tabelle 4.2
Rand- und Lochabstände gem. Bild 4.1

	e_1	e_2	e
kleinste Abstände	2.0 d	1.5 d	3.0 d
größte	3.0 d	3.0 d	

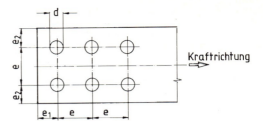

Bild 4.1
Randabstände e_1 und e_2 sowie Lochabstände e

2. eine wasserstoffinduzierte Versprödung vermieden wird, siehe auch DIN 267, Teil 9 und
3. ein adäquates Anziehverhalten nachgewiesen wird.

Für planmäßig vorgespannte Verbindungen sind Schrauben der Festigkeitsklasse 10.9 zu verwenden. Werden sie als gleitfeste Verbindungen eingesetzt, so sind die Reibflächen nach DIN 18800, Teil 7, vorzubehandeln.

Zugbeanspruchte Verbindungen mit Schrauben der Festigkeitsklasse 10.9 sind planmäßig vorzuspannen. Bei hochfesten Schrauben sind Unterlegscheiben kopf- und mutterseitig anzuordnen. Für die Rand- und Lochabstände gilt Tabelle 4.2 und Bild 4.1.

Beim Entwerfen von kraftübertragenden Verbindungen ist darauf zu achten, daß sich alle Lagerteile einfach bearbeiten, verbinden und erhalten lassen.

Im Auflagerbau haben sich insbesondere HV-Verbindungen mit planmäßig vorgespannten hochfesten Schrauben und einem Lochspiel 0,3 mm $< \Delta d \leq$ 2,0 mm bewährt.

Außerdem ist durch das maximal mögliche Spiel von 2 mm sowohl ein einfacher Einbau als auch ein relativ leichtes Auswechseln (kein Verklemmen) der Lagerteile zu erreichen.

Wegen der Forderung nach Auswechselbarkeit der Lagerteile ist die Schraubverbindung die wichtigste wieder lösbare Befestigungsart geworden.

Für eine Schraubverbindung, deren konstruktive Gestaltung der jeweiligen Betriebsbeanspruchung angepaßt und die zuverlässig vorgespannt wurde, muß im allgemeinen keine zusätzliche Schraubensicherung vorgesehen werden [161].

Bei überwiegend dynamischer Beanspruchung der Schraubverbindung, die auch im Brückenbau nicht immer auszuschließen ist, können konstruktive Maßnahmen ein selbsttätiges Lösen der Schraubverbindung verhindern. Zu den besten und effektivsten Sicherungsmethoden gehören sicher aufgebrachte hohe Vorspannkräfte in Verbindung mit einem ausreichend großen Klemmlängen-Verhältnis l_k/d. Dies ist am einfachsten mit hochfesten Schrauben (HV) zu realisieren (Tabelle 4.3). Paßschrauben brauchen nicht gesichert zu werden.

Tabelle 4.3
Klemmlängen-Verhältnis l_k/d zur Sicherung einer 10.9-Schraubenverbindung [161]

Ursache/Beanspruchung	in Achsrichtung der Schraube Gefahr des LOCKERNS	normal zur Schraubenachse Gefahr des LOSDREHENS
Setzen bzw. Kriechen	$l_k/d \geq 2$	$l_k/d \geq 2$
Losdrehen infolge von Relativbewegungen zwischen Schraube und Mutter	$l_k/d \geq 2$	$l_k/d \geq 4$

4.2.1.3 Schweißzusätze, Schweißhilfsstoffe

In Deutschland dürfen nur Schweißzusätze und Schweißhilfsstoffe verwendet werden, die durch das Bundesbahn-Zentralamt Minden zugelassen sind. Schweißhilfsstoffe sind z. B. Schweißpulver und Schutzgase.

Die DS 920 01 „Verzeichnis der von der Deutschen Bundesbahn zugelassenen Schweißzusätze, Schweißhilfsstoffe und Hilfsmittel für das Lichtbogen- und Gasschmelzschweißen" kann bei der Drucksachenzentrale der Deutschen Bahn AG, Stuttgarter Str. 61a, 76137 Karlsruhe, bezogen werden.

Die Lagerbauteile und ihre Verbindungen müssen schweißgerecht konstruiert werden, Anhäufungen von Schweißnähten sollen vermieden werden.

Zur Sicherung der Güte ist der Schweißtechnik besondere Beachtung zu schenken, weil sie nicht nur eine Vielzahl von Fügeverfahren anbieten kann, sondern auch zugleich das Beherrschen von verfahrenstechnischen und thermischen Einflüssen voraussetzt. Hierzu zählen aus schweißtechnischer Hinsicht insbesondere die Beachtung von DIN 18800, Teil 7, (5/83), und für die Bemessung und Konstruktion DIN 18800, Teil 1, (3/81).

Betriebe, die Bauwerksauflager herstellen, müssen besonders ausgebildetes und erfahrenes Personal sowie eine geeignete Ausstattung zur Herstellung geschweißter Bauteile und Konstruktionen aus Stahl nachweisen.

In Deutschland wird für Betriebe, die Bauwerksauflager herstellen, der „Große Eignungsnachweis" nach Abschn. 6.2 von DIN 18800, Teil 7, gefordert. Grundlage für den Nachweis der Eignung ist hierzu auch DIN 8563, Teile 1 und 2.

4.2.2 Schnittgrößen und Freiheitsgrade

An den Übergangspunkten zweier Bauteile, an denen Lager angeordnet sind, können 6 Hauptschnittgrößen $(F_z, F_x, F_y, M_x,$ $M_y, M_z)$ und 6 Relativbewegungen $(v_x, v_y,$ $v_z, \vartheta_x, \vartheta_y, \vartheta_z)$ auftreten (vgl. auch DIN 4141, Teil 1, Abschn. 2).

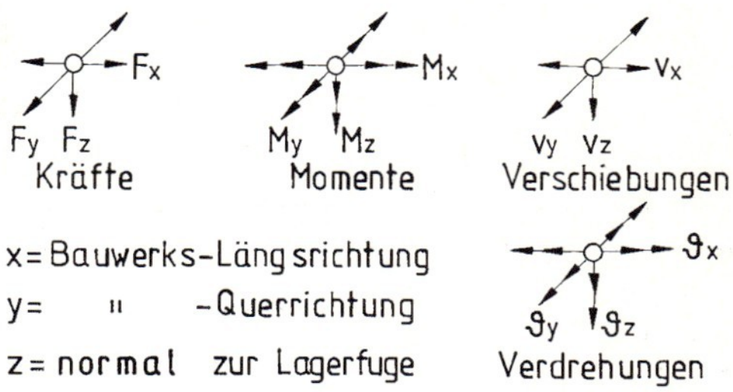

Diesen Relativbewegungen wirken Lagerwiderstände (Nebenschnittgrößen) entgegen. Es sind den Kräften F die Verschiebungen v und den Momenten M die Verdrehungen ϑ mit jeweils gleichem Index zugeordnet (Bild 4.2).

Nach der Art der Relativbewegungen sind folgende Nebenschnittgrößen zu unterscheiden (bei gleichen Bewegungsgrößen):

a) Widerstand gegen eine abwälzende Bewegung, z. B. Verdrehung bei stählernen Punktkipplagern (s. Abschn. 4.3.2).
   Der Widerstand ist nur lastabhängig.

b) Widerstand gegen gleitende Bewegung, bei Gleit- und Kalottenlagern (s. Abschn. 4.4.4).
   Der Gleitwiderstand ist last- und temperaturabhängig.

c) Widerstand gegen verformende Bewegung, bei Topf- u. Elastomerlager (s. Abschn. 4.3.3 bzw. 4.3.5.).
   Der Verformungswiderstand ist größen-(format-), weg- und temperaturabhängig.

Bild 4.2
Koordinatensystem

x = Bauwerks-Längsrichtung
y =   "   -Querrichtung
z = normal zur Lagerfuge

Kräfte: F_x, F_y, F_z
Momente: M_x, M_y, M_z
Verschiebungen: v_x, v_y, v_z
Verdrehungen: ϑ_x, ϑ_y, ϑ_z

Berücksichtigung von Mindestbewegungen
Die Lagernorm DIN 4141, Teil 1 gibt im Kapitel 4 Mindestbewegungen an, die sowohl bei der Bemessung als auch bei der Konstruktion berücksichtigt werden müssen.

Mindestbewegungen für den statischen Nachweis
Verdrehung:
min $\vartheta_{xy} = \pm 0{,}003$ (rad)

Diese Verdrehung ist mit der Angabe in den Belastungsangaben für die Lagerbemessung zu vergleichen und zu überprüfen, ob hier der Erhöhungsfaktor $k = 1{,}3$ bereits enthalten ist.

Mit dem größeren Wert ist die Bemessung durchzuführen.
Verschiebung:
min $v = \pm 2$ cm

Die Mindestwerte gelten nicht für Lagerteile (Elastomerlager), die die Bewegungen planmäßig durch Verformung aufnehmen.

Mindestwerte der Bewegungsmöglichkeiten
Für die bauliche Durchbildung sind ohne Berücksichtigung in der statischen Berechnung die Bewegungen für den statischen Nachweis zu vergrößern. Dies gilt nicht für Lagerteile (Elastomerlager), die die Bewegungen planmäßig durch Verformungen aufnehmen.
Verdrehung:
$\Delta \vartheta = \pm 0{,}005$ (rad), mindestens jedoch eine Bewegung von $\pm 1{,}0$ cm. Damit soll erreicht werden, daß auch noch nach der „statischen Verdrehung" ein sicherer Abstand zur Bauteilkante erhalten bleibt.
Verschiebung:
$v = \pm 2$ cm

Die Verschiebungsmöglichkeit bei beweglichen Lagern insgesamt muß mindestens sein:
in Hauptverschiebungsrichtung des Bauwerks $v = \pm 5$ cm
und in Querrichtung dazu $v = \pm 2$ cm.

Zu den konstruktiven Verschiebungen ist anzumerken, daß bei relativ kurzen Lagerabständen in Bauwerks-Querrichtung der zu berücksichtigende konstruktive Verschiebungswert von $\pm 2{,}0$ cm unangemessen hoch sein kann. Pauschalfestlegungen in Regelwerken sollten kein Hinderungsgrund für eine Überprüfung im Einzelfall sein, wenn der Verdacht vorliegt, daß der Einzelfall sehr stark vom „Normalfall" abweicht.

4.2.3 Bemessung nach dem Konzept „zulässige Spannungen"

4.2.3.1 Allgemeiner Spannungsnachweis

Der allgemeine Spannungsnachweis ist für alle Bauteile und Verbindungsmittel für die verschiedenen in den Fachnormen festgelegten Lastfälle zu führen. Die errechneten vorhandenen Spannungen sind den zulässigen gegenüberzustellen. Für die Lastfälle H und HZ sind die zulässigen Spannungen für Bauteile und Verbindungsmittel bzw. die zulässigen übertragbaren Kräfte für Schrauben in DIN 18800, Teil 1 (3/81), Tabellen 7 bis 13 angegeben (siehe Kapitel 5, Regelwerke).

Im Brückenlagerbau wird in der Rechenpraxis auf die Unterscheidung zwischen Lastfall H und HZ verzichtet. Insbesondere im Massivbau ist der Unterschied zwischen beiden Lastfällen sehr gering, so daß akzeptiert wird, die Beanpruchungen unter der maximalen Vertikalkraft (max. Fz) den zulässigen Spannungen im Lastfall H gegenüberzustellen. Man liegt damit auf der sicheren Seite.

4.2.3.2 Rechenwerte für die mechanischen Werkstoffeigenschaften

In DIN 18800, Teil 1, Tabelle 12, wird für die zul. Spannungen von Lagerteilen und Gelenken je Werkstoff und Lastfall lediglich ein Rechenwert angegeben ohne Angabe einer zugehörigen Erzeugnisdicke. Im Auflagerbau wird jedoch mit einer relativ großen Bandbreite von Erzeugnisdicken gearbeitet. Mit zunehmender Erzeugnisdicke nimmt die Streckgrenze R_{eH} ab. In DIN EN 10 025, (1/91), werden hierzu in Tabelle 10 Angaben gemacht.

Es wäre konsequent, die zulässigen Spannungen – anders als in DIN 18800 – in Abhängigkeit von der Streckgrenze festzu-

4.2 Allgemeine Konstruktions- und Bemessungsregeln

legen. Mit dem (in der Regel auch bisher in den zulässigen Werten berücksichtigten) pauschalen Sicherheitsfaktor 1,5 erhält man dann für den Spannungsnachweis im Lastfall H:

$$\text{zul}\,\sigma \leq \frac{R_{eH}}{1,5}; \quad \text{zul}\,\tau \leq \frac{R_{eH}}{1,5 \cdot \sqrt{3}}$$

4.2.3.3 Betriebsfestigkeitsnachweis

Nach DS 804 – Vorschrift für Eisenbahnbrücken und sonstige Ingenieurbauwerke – Abs. 158, braucht für Lagerteile unter stählernen Eisenbahnbrücken kein Betriebsfestigkeitsnachweis geführt zu werden.

Bei Straßenbrücken ist die Dauerschwingbeanspruchung aus der Verkehrsbelastung erheblich geringer als bei Eisenbahnbrücken. Außerdem ist bei Massivbrücken gegenüber Stahlbrücken unter sonst gleichen Umständen diese Beanspruchung ebenfalls geringer. Damit kann die Regel nach DS 804 bedenkenlos auch für Lager unter massiven Eisenbahnbrücken und für stählerne und massive Straßenbrücken angewendet werden.

4.2.3.4 Lagerplatten

Lagerplatten sind ebene Flächentragwerke, die als elastische Kreisplatten unter zentralsymmetrischer Belastung je nach Stützung (gleichmäßige oder parabolische Spannungsverteilung oder elastisch gebettet, seltener nach der Balkentheorie) bemessen werden. Ausgangspunkt für die Bemessung von Lagerplatten sind in Versuchen [162] gemessene Spannungen und Verformungen, die durch ein daraus abgeleitetes Bemessungsverfahren [163] näherungsweise reproduziert wurden, s.a. Abschn. 7.2.4.1.

Diese Bemessungsregeln sind, da Versuche die Grundlage bilden, empirischer Natur und durchaus verbesserungsfähig. Die damit errechneten Lagerabmessungen ergeben praktisch sinnvoll erscheinende Abmessungen.

Die Nachweise für die unterschiedlich gestützten Lagerplatten werden in den Abschnitten für die einzelnen Lagerkonstruktionen mitgeteilt.

Konstruktive Plattendicken

Aus konstruktiven und fertigungstechnischen Gründen ist es zweckmäßig, bestimmte Mindestdicken der Lagerplatten nicht zu unterschreiten.

In den Zulassungsbescheiden für Gleitlager wird dafür angegeben:

Gleitplatten $\quad t_p \geq 0,04 \cdot D_{Lp}$ bzw. mindestens 25 mm

Ankerplatten und $\quad t_A \geq 0,02 \cdot D_{Lp}$ bzw. Futterplatten $\quad$ mindestens 18 mm

(D_{Lp} = Diagonale oder Durchmesser der Lagerplatten)

4.2.3.5 Schraubverbindungen

Für Schraubverbindungen haben sich in Bauwerksauflagern insbesondere HV-Verbindungen mit planmäßig vorgespannten hochfesten Schrauben in der konstruktiven Ausbildung nach Bild 4.3 bewährt. Bei fachgerechter Vorbereitung der Berüh-

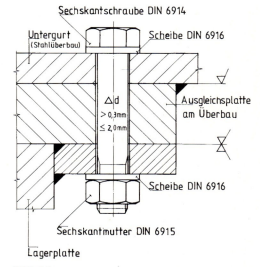

Bild 4.3
Planmäßig vorgespannte hochfeste Schraubverbindung

rungsflächen kann hierfür eine gleichmäßige Kraftübertragung angenommen werden.

Nachfolgend werden die Nachweise für gleitfeste Verbindungen mit hochfesten Schrauben (GV- und GVP-Verbindung) der Festigkeitsklasse 10.9 mit den Bemessungsregeln und Tabellen nach DIN 18800, Teil 1 (3/81), im folgenden mit [DIN] bezeichnet, bzw. bei „nicht vorwiegend ruhenden Kräften" nach DS 804, im folgenden mit [DS] bezeichnet (s. Kapitel 5 Regelwerke), mitgeteilt.

Zulässige übertragbare Kräfte von HV-Schrauben je Gleitfläche in GV- und GVP-Verbindungen

Die zul. Kräfte $zul Q_{GV}$ und $zul Q_{GVP}$ je Schraube und je Reibfläche rechtwinklig zur Schraubenachse sind nach [DIN] in Tabelle 9 und [DS] in Tabelle 30 zu finden.

Lochleibungsdruck

Der Lochleibungsdruck σ_l in den zu verbindenden Bauteilen ist rechnerisch nach Formel (1) nachzuweisen; dabei ist der Einfluß von Reibungskräften unberücksichtigt zu lassen.

$$\sigma_l = \frac{Fxy}{d \cdot n \cdot min\ t} \leq zul\ \sigma_l \qquad (1)$$

mit Fxy = result. Horizontalkraft
d = Schraubendurchmesser
n = Anzahl der Schrauben
$min\ t$ = kleinste Blechdicke

Die Werte für $zul \sigma_l$ sind in Tabelle 7 [DIN] bzw. Tabelle 24 [DS] angegeben.

GVP-Verbindungen mit Beanspruchungen wechselnder Vorzeichen

Werden GVP-Verbindungen durch Schnittkräfte mit wechselnden Vorzeichen beansprucht, so ist nachzuweisen, daß

– die dem Betrage nach größere Kraft gleich oder kleiner ist als $zul Q_{GVP}$ in:
[DIN] Tabelle 9, Spalte 5 und 6 bzw.
[DS] Tabelle 30, Spalte 9

– die dem Betrage nach kleinere Kraft gleich oder kleiner ist als $zul Q_{GV}$ in:
[DIN] Tabelle 9, Spalte 3 und 4 bzw.
[DS] Tabelle 30, Spalte 7.

Zugbeanspruchungen

Die Zugbeanspruchung aus äußerer Belastung wird rechnerisch ausschließlich den Schrauben zugewiesen. Die auf die einzelne Schraube entfallende Zugkraft Z darf die Werte in
[DIN] Tabelle 10, Spalte 9 und 10 und
[DS] Tabelle 26, Spalte 7 und 8
nicht überschreiten.

Abminderung der übertragbaren Kräfte in GV- und GVP-Verbindungen bei zusätzlicher Zugbeanspruchung

Bei gleichzeitigem Auftreten einer Beanspruchung aus äußerer Belastung in Richtung und rechtwinklig zur Richtung der Schraubenachse ist die zulässige übertragbare Kraft $zul Q_{GV}$ wie folgt abzumindern.

Die abgeminderte Kraft beträgt in einer GV-Verbindung:

$$zul\ Q_{GV,Z} = (0{,}2 + \\ + 0{,}8 \cdot \frac{zul\ Z - Z}{zul\ Z}) \cdot zul\ Q_{GV} \qquad (2)$$

in einer GVP-Verbindung:

$$zul\ Q_{GVP,Z} = 0{,}5 \cdot zul\ Q_{SLP} + \\ + (0{,}2 + 0{,}8 \cdot \frac{zul\ Z - Z}{zul\ Z}) \cdot zul\ Q_{GV} \qquad (3)$$

Es sind einzusetzen aus [DIN]:
– für $zul\ Q_{GV}$ die Werte nach Tabelle 9
– für $zul\ Q_{SLP}$ die Werte nach Tabelle 8
– für $zul\ Z$ die Werte nach Tabelle 10
– für Z die vorhandene zusätzliche Zugkraft

und aus [DS]:
– für $zul\ Q_{GV}$ die Werte nach Tabelle 30
– für $zul\ Q_{SLP}$ die Werte nach Tabelle 25
– für $zul\ Z$ die Werte nach Tabelle 26
– für Z die vorhandene zusätzliche Zugkraft

4.2 Allgemeine Konstruktions- und Bemessungsregeln

4.2.3.6 Schweißverbindungen

Mindestdicken von Kehlnähten

Im Bauwerks-Auflagerbau werden für die tragenden Bauteile relativ große Plattendicken ($t \geq 18$ mm) eingesetzt. Deshalb wird aus schweißtechnischen Gründen empfohlen, bereits konstruktiv folgende Grenzwerte für die Schweißnahtdicke a von Kehlnähten einzuhalten.

$$5 \text{ mm} \leq a \leq 0{,}7 \cdot \min t \quad \text{bzw.} \quad (4)$$

$$a \geq \sqrt{\max t} - 0{,}5 \quad (a \text{ und } t \text{ in mm}) \quad (5)$$

Der Richtwert nach (5) vermeidet ein Mißverhältnis von Nahtquerschnitt und verbundenen Querschnittsteilen (s. auch [164]).

Allgemeine Bemessungsregeln für Schweißverbindungen durch Lichtbogenschweißung

In Schweißverbindungen von Bauwerks-Auflagern sind aus Horizontal-Kräften Momenten- und Schubbeanspruchungen nachzuweisen.

In Bild 4.4 sind die möglichen Spannungsrichtungen in einer Kehlnaht angegeben.

Hierin bedeuten:

$\sigma_\perp$ = Normalspannung quer zur Nahtrichtung

$\tau_\perp$ = Schubspannung quer zur Nahtrichtung

$\tau_\parallel$ = Schubspannung in Nahtrichtung

Die zulässigen Spannungen für Kehlnähte sind in DIN 18800, Teil 1 (3/81), Tabelle 10, Zeilen 4 bis 7 angegeben (s. Kapitel 5, Regelwerke).

Normalspannung

$$\sigma_\perp = \frac{F}{A_S} = \frac{F}{\Sigma(a \cdot l)} \leq \text{zul}\sigma_{D,Z} \quad (6)$$

$$\sigma_\perp = \frac{M_S}{W_S} = \leq \text{zul}\sigma_Z \quad (7)$$

Schubspannung

$$\tau_\perp \text{ bzw. } \tau_\parallel = \frac{F}{A_S} = \leq \text{zul}\tau \quad (8)$$

mit F = zu übertragender Schnittgröße (Fxy)

A_S = rechnerische Schweißnahtfläche
a = Nahtdicke
l = Nahtlänge
M_S = Biegemoment
W_S = Widerstandsmoment

Vergleichswert σ_v

Für den biegsteifen Anschluß gilt:

$$\sigma_v = \sqrt{\sigma_\perp^2 + \tau_\perp^2 + \tau_\parallel^2} \leq \text{zul}\sigma_v \quad (9)$$

4.2.4 Pressung in den Lagerfugen

4.2.4.1 Betonfugen

Für die Übertragung von konzentrierten Lasten werden in der Norm DIN 1075 (4.81), Abschn. 8 (s. Kapitel 5, Regelwerke), die konstruktiven Bedingungen und Regeln für den Nachweis der Teilflächenpressung angegeben.

Maßgebend ist in der Regel der Nachweis mit der ausmittig belasteten Lagerplatte. In Bild 4.5 ist die Auflagersituation für die rechteckige Lagerplatte dargestellt. Hierin bedeuten e_x und e_y die Exzentritäten der Lastresultierenden Fz, die im Schwerpunkt der Lager-Ersatzfläche (A_L')

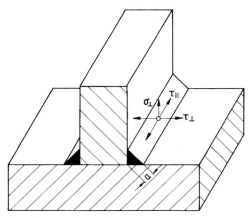

Bild 4.4
Spannungsrichtungen in einem Kehlnahtanschluß

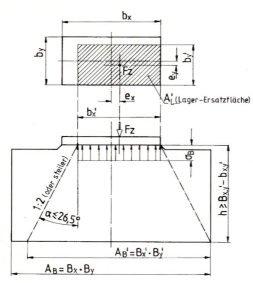

Bild 4.5
Lager- und Beton-Ersatzfläche bei einer ausmittig belasteten rechteckigen Lagerplatte

und Beton-Ersatzfläche (A_B') wirkend angenommen wird.

Abmessungen der Lagerplatte

$$A_L = b_x \cdot b_y \qquad (10)$$

Abmessungen der Lager-Ersatzfläche

$$b_x' = b_x - 2e_x; \quad b_y' = b_y - 2e_y \qquad (11)\ (12)$$

$$A_L' = b_x' \cdot b_y' \qquad (13)$$

Abmessungen der Betonfläche

$$A_B = B_x \cdot B_y \qquad (14)$$

Abmessungen der Beton-Ersatzfläche

$$B_x' = B_x - 2e_x; \quad B_y' = B_y - 2e_y \qquad (15)\ (16)$$

$$A_B' = B_x' \cdot B_y' \qquad (17)$$

Mit beiden Ersatzflächen und der vorhandenen Betonqualität wird die zul. Betonpressung zu:

$$\text{zul}\sigma_1 = \frac{\beta_R}{2{,}1} \cdot \sqrt{\frac{A_B'}{A_L'}} \leq 1{,}4 \cdot \beta_R \qquad (18)$$

(β_R-Werte s. Tabelle 4.4)

Die vorhandene (angenommen gleichmäßige) Pressung unter der Ersatzplatte beträgt dann:

$$\sigma_B = \frac{F_z}{A_L'} \leq \text{zul}\sigma_1 \qquad (19)$$

Ähnlich wird mit kreisförmigen Lagerplatten verfahren. Nach Bild 4.6 ist dafür eine Lager-Ersatzfläche zu ermitteln, unter der ebenfalls eine gleichmäßige Pressung angenommen wird.

Der Schwerpunkt der Lager-Ersatzfläche (A_L') liegt im Abstand e_{xy} vom Kreismittelpunkt und muß mit dem Schwerpunkt der Beton-Ersatzfläche A_B' übereinstimmen, wobei e_{xy} die (bekannte) Exzentrizität der Lastresultierenden F_z ist. Diese Lager-Ersatzfläche kann mit ausreichender Genauigkeit mit dem Abminderungsfaktor α_L nach Gleichung (20) ermittelt werden.

$$\alpha_L = 1 - 0{,}75 \cdot \pi \cdot \frac{e_{xy}}{D_L} \qquad (20)$$

Damit wird die Lager-Ersatzfläche zu:

$$A_L' = \alpha_L \cdot 0{,}7854 \cdot D_L^2 \qquad (21)$$

Zur Bestimmung der Beton-Ersatzfläche wird zuerst eine vorhandene rechteckige Betonfläche in eine flächengleiche Kreis-

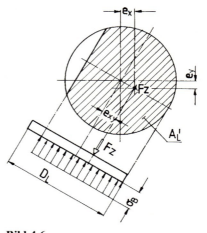

Bild 4.6
Lager-Ersatzfläche bei einer ausmittig belasteten kreisförmigen Lagerplatte

4.2 Allgemeine Konstruktions- und Bemessungsregeln

Tabelle 4.4
Rechenwerte β_R gem. DIN 1045

Nennfestigkeit des Betons β_{WN}	N/mm²	25	35	45	55
Rechenwerte β_R	N/mm²	17,5	23	27	30

fläche mit dem Durchmesser D_B umgewandelt und dann ebenfalls mit Gleichung (20) der zugehörige Abminderungsfaktor – α_B – ermittelt, indem D_L durch D_B ersetzt wird.
Man erhält:

$$D_B = \sqrt{\frac{B_x \cdot B_y}{0{,}7854}} \quad (22)$$

$$A_B' = \alpha_B \cdot 0{,}7854 \cdot D_B^2 \quad (23)$$

Die weiteren Nachweise, zulässige und vorhandene Betonpressung, werden mit den Gleichungen (18) und (19) durchgeführt.

Bei der Ermittlung der Betonpressungen am Überbau wird gleichermaßen vorgegangen, jedoch sind folgende Punkte zu beachten:

– Wenn der Überbau bereits quer zur Pressung Druck aus der Lastabtragung des Hauptsystems hat, werden die Spaltzugspannungen diese Druckspannungen lediglich reduzieren – Spaltzugbewehrung für diese Richtung entfällt also.
– Wenn die Stege so dünn sind, daß eine Verankerung der Spaltzugbewehrung, die sich evtl. für die Querrichtung ergibt, nicht möglich ist, sind geschlossene Bügel erforderlich.
– Sitzen die Lager unter dünnen Teilen des Überbaus (Platten), so ist erforderlichenfalls Durchstanzen zu untersuchen. Dieser Nachweis richtet sich in Deutschland nach DIN 1045, Ausgabe Juli 1988, Abschnitt 22.5. Abhängig vom vorhandenen Bewehrungsgrad ergibt sich aus der Schubspannung im Rundschnitt in der oberen Lagerplatte, ob überhaupt und wieviel Schubbewehrung einzulegen ist. Einzelheiten siehe Normentext. Für Überschlagrechnungen kann als Faustformel gelten, daß die Schubbewehrung voraussichtlich entfällt, wenn die Schubspannung kleiner als τ_{011} gem. Tabelle 13 in DIN 1045 ist.

Formel für die Ermittlung der vorhandenen Schubspannung bei runden Platten:

$$vorh\,\tau = \frac{maxFz}{(d_o + h_m) \cdot \pi \cdot h_m} \quad (24)$$

mit $maxFz$ = maximale Normalkraft
d_o = Plattendurchmesser
h_m = Nutzhöhe der Betonplatte

4.2.4.2 Stahlfugen

Bei Stahlkonstruktionen erfolgt die Einleitung der Auflagerkräfte in die Tragkonstruktion über Aussteifungen. Die Anordnung, die Abmessungen sowie der Spannungsnachweis in dem Lastübertragungsquerschnitt ist Sache des für den Überbau zuständigen Stahlbau-Ingenieurs. Für einen Nachweis der Lastübertragung von der Tragkonstruktion in das Lager gibt es kein allgemein übliches Verfahren.

In der Praxis bewährt hat sich eine konstruktive Ausbildung des Stahlquerschnitts im Lasteinleitungsbereich nach Bild 4.7.

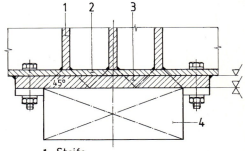

1 Steife
2 Untergurt
3 Ausgleichsplatte
4 Lager

Bild 4.7
Lastübertragung zwischen Stahlüberbau und Lager

Bei dieser Konstruktion wird angenommen, daß bei einer Lastverteilung unter 45° die Lagerplatte als gleichmäßig belastet bemessen werden kann. Voraussetzung hierfür ist eine mechanische Bearbeitung in der Kontaktfläche zwischen Lagerplatte und Tragkonstruktion.

4.2.5 Lagesicherheits-Nachweis

Der Lagesicherheits-Nachweis umfaßt die Nachweise der Sicherheit gegen Abheben, Sicherheit gegen Umkippen (Erreichen der kritischen Pressung) und Sicherheit gegen Gleiten (s. Abschn. 3.2.7).

Die Nachweise gegen Abheben und Umkippen sind generell vom Brückenkonstrukteur zu führen, während der Nachweis der Gleitsicherheit zum Aufgabenbereich des Lager-Konstrukteurs gehört.

Nachweis der Gleitsicherheit

Der Nachweis der Gleitsicherheit in den Fugen unverankerter Elastomerlager ist mit dem Nachweis der Mindestpressung erbracht. Die Sicherheit gegen Gleiten in den Lagerfugen zu anschließenden Bauteilen und gegen Gleiten von Lagerteilen (Lager/Ankerplatte) gegeneinander ist gem. Lagernorm DIN 4141, Teil 1, Abschn. 6, nachzuweisen mit:

$$v \cdot Fxy \leq \mu_k \cdot Fz + D \tag{25}$$

Hierin bedeuten:

v = Sicherheitsbeiwert, anzusetzen ist 1.5

Fxy = Resultierende Kraft in der Lagerfugenebene

μ_k = Reibungszahl: Stahl/Stahl = 0.2
Stahl/Beton ⎫
Beton/Beton ⎬ = 0.5

Diese Reibungszahlen setzen für die Stahlfläche voraus:
– bei Stahl/Stahl: spritzverzinkt oder zinksilikatbeschichtet
– bei Stahl/Beton: unbeschichtet und fettfrei, oder wie bei Stahl/Stahl
– allgemein: vollständige Aushärtung der Beschichtung vor Lagereinbau oder Zusammenbau der Lagerteile.

Fz = Druckkraft rechtwinklig zur Lagerfugenebene

D = Traglast der Verankerungen (s. Abschnitt 4.2.7)

Bei dynamischen Beanspruchungen mit großen Lastschwankungen, wie z.B. bei Eisenbahnbrücken, dürfen die Horizontallasten nicht über Reibung abgetragen werden, d.h. es ist dann $\mu_k = 0$ zu setzen.

4.2.6 Konstruktive Hinweise zur Aufnahme der Horizontalkräfte in den Lagerfugen

Bestimmt wird die Konstruktion durch das kleinstmögliche Verhältnis zwischen vertikaler Auflast und resultierender Horizontalkraft Fz/Fxy.

Die einfachste Konstruktion ergibt sich, wenn dieses Lastverhältnis, aus Gleichung (25) in Abschn. 4.2.5 abgeleitet, für die

Lagerfuge
Stahl/Stahl $\dfrac{Fz}{Fxy} \geq 7.5$ bzw. für die

Lagerfuge
Stahl/Beton $\dfrac{Fz}{Fxy} \geq 3.0$ beträgt.

Dann werden (s. Bild 4.8 bis 4.10) die Horizontalkräfte reibschlüssig in den Lagerfugen aufgenommen.

In DIN 4141 Teil 1, Abschn. 7.5, wird gefordert, daß das Lager oder Lagerteile, die für die Funktion des Lagers und des Bauwerks ständig erforderlich sind und die einer unverträglichen Funktionsveränderung (Verschleiß) unterliegen, zum Zwecke einer einwandfreien Wartung zugänglich (ausreichende Zwischenraumhöhe zwischen Über- und Unterbau, s. Abschn.

4.2 Allgemeine Konstruktions- und Bemessungsregeln

5.2.2, Lag 6) und auswechselbar sein müssen.

In der Praxis hat sich hierfür bei Stahlkontaktflächen eine Schraubverbindung mit planmäßig vorgespannten hochfesten Schrauben (Ausführung in Anlehnung an Bild 4.3) zwischen Ankerplatte (1), Futterplatte (2) und Lager (3) in Bild 4.8 bzw. zwischen der zum Stahlüberbau gehörenden Ausgleichsplatte (4) und dem Lager (3) in Bild 4.9 bewährt.

Ein gleitfester Anstrich in den Stahlkontaktflächen ist hier nicht erforderlich. Ausreichend ist die in Abschn. 4.2.8 angegebene Grundbeschichtung als thermische Spritzverzinkung.

Für eine sichere Lastübertragung sind jedoch die Kontaktflächen zwischen Ankerplatte/Futterplatte/Lager (Bild 4.8) bzw. zwischen Stahlüberbau und Lager (Bild 4.9) mechanisch zu bearbeiten.

Die lösbare Verbindung zur Verankerung der Lager mit den Betonkonstruktionen (Bilder 4.8 bis 4.10) ist nur ein konstruktiver Anschluß und dient lediglich zur Lagerfixierung.

Aufwendigere Konstruktionen entstehen, wenn das Lastverhältnis $F_z/F_{xy} < 7.5$ für Stahl/Stahl – Kontaktflächen bzw. $F_z/F_{xy} < 3.0$ für Stahl/Beton – Kontaktflächen beträgt, weil dann die vorhandene Reibungskraft nicht ausreicht, um die äußeren Horizontalkräfte aufzunehmen. Es müssen Verankerungen (z. B. Schrauben, Kopfbolzen) vorgesehen werden.

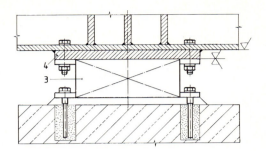

Bild 4.9
Lagerfugen wie Bild 4.8

Wenn angenommen wird, daß nur für die Stahlkontaktflächen eine kraftschlüssige Verbindung durch planmäßig vorgespannte hochfeste Schrauben erforderlich ist, und die Kontaktflächen Stahl/Beton noch ausreichend sicher die äußeren Horizontalkräfte über die vorhandene Reibungskraft weiterleiten können, so kann die gleiche Konstruktionsart gewählt werden wie in den Bildern 4.8 und 4.9 dargestellt. Lediglich die Stahlkontaktflächen erfordern jetzt einen gleitfesten Anstrich entsprechend Abschn. 4.2.8.

Die Bilder 4.11 und 4.12 zeigen Lagerkonstruktionen, bei denen wegen $F_z/F_{xy} < 3.0$ sowohl gegen den Über- als auch gegen den Unterbau verankert werden muß.

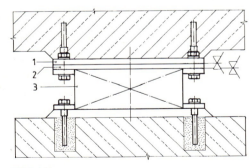

Bild 4.8
Lagerfugen
Obere und untere Lagerfuge $F_z/F_{xy} \geq 7{,}5$; konstruktive Verankerung; obere Lagerfuge $F_z/F_{xy} < 7{,}5$; Verbindung der Stahl-Platten durch einen stahlbaumäßigen Schraubanschluß; untere Lagerfuge $F_z/F_{xy} \geq 3{,}0$; konstruktive Verankerung

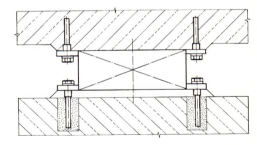

Bild 4.10
Obere und untere Lagerfuge $F_z/F_{xy} \geq 3{,}0$; konstruktive Verankerung

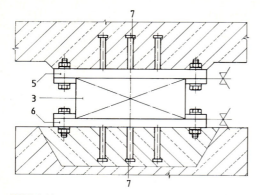

Bild 4.11
Obere und untere Lagerfuge $Fz/Fxy < 3{,}0$; Verankerung im Beton durch Kopfbolzen-Dübel; Verbindung zwischen Lager und Ankerplatten durch einen stahlbaumäßigen Schraubanschluß

Die kraftschlüssige Verbindung der Ankerplatten – Kopfplatte (5) und Fußplatte (6) – in Bild 4.11 bzw. des Stahlüberbaus (4) und der Fußplatte (6) in Bild 4.12 mit dem Lager (3) durch planmäßig vorgespannte hochfeste Schrauben und einen gleitfesten Anstrich zwischen den mechanisch bearbeiteten Kontaktflächen wurde bereits beschrieben.

Bleibt noch die Horizontalkraft-Aufnahme in der Fuge Lager/Betonkonstruktion.

Eine Möglichkeit, Horizontalkräfte über die Lagerfläche gleichmäßig verteilt in den Beton einzuleiten, bieten Kopfbolzendübel (7) nach Abschnitt 4.2.7.

Diese Verankerungselemente erfordern, sofern sie an der unteren Lagerplatte angeordnet sind, mehr oder weniger große Aussparungen im Konstruktionsbeton, die nachträglich vergossen werden müssen. Die erforderliche Bewehrung (in den Beispielen nicht dargestellt) muß auf diese Aussparungen abgestellt werden. Ebenso müssen die Verankerungselemente und die Bewehrung aufeinander abgestimmt werden. Beispiele für eine Bewehrungsführung unter Bauwerks-Auflagern sind in der DS 804 als Erläuterung zum Abs. 222 dargestellt.

4.2.7 Verankerung durch Kopfbolzen-Dübel

Grundlagen für die Konstruktion und Bemessung werden in den bauaufsichtlichen Zulassungen für Gleitlager gegeben.

Der Nachweis der Verankerung richtet sich nach Gleichung (24) in Abschnitt 4.2.5.

Bei Verwendung von Kopfbolzen nach DIN 32 500, Teil 3, dürfen als Tragfähigkeit D die Rechenwerte nach Tabelle 4.5 in vorgenannte Gleichung eingesetzt werden, wenn folgende Bedingungen erfüllt sind:

– Die Achsabstände der Kopfbolzen dürfen untereinander in Kraftrichtung nicht kleiner als $5 \cdot d_1$ und quer dazu nicht kleiner als $4 \cdot d_1$ sein.
– Im anschließenden Bauteil muß eine oberflächennahe Netzbewehrung aus Betonstahl $\varnothing$ 12/15 cm, die im Bereich

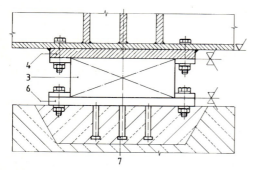

Bild 4.12
Obere und untere Lagerfuge $Fz/Fxy < 3{,}0$; Verbindung zwischen Stahlüberbau und Lager durch einen stahlbaumäßigen Schraubanschluß; Verankerung im Beton durch Kopfbolzen-Dübel

Tabelle 4.5
Rechenwerte der Kopfbolzen-Tragfähigkeit D in kN

Betonfestig-keitsklasse	Kopfbolzen-Durchmesser d_1 (mm)	
	19,05	22,22
B25	65	90
B35	85	105

4.2 Allgemeine Konstruktions- und Bemessungsregeln

von Bauteilrändern bügelförmig auszubilden ist, vorhanden sein.

Die Werte der Tabelle 4.5 gelten nur, wenn nach DIN 1045 nachgewiesen wird, daß bei Versagen des Betons auf Zug ein Ausbrechen des Betons durch eine Betonstahlbewehrung verhindert wird. Dabei ist ein der Bewehrungsführung entsprechendes Stabwerksmodell, bei dem die Druckstreben an den Schweißwülsten ansetzen, zugrunde zu legen.

Die infolge der Horizontalkräfte F_{xy} im Stabwerksmodell auftretenden Bolzenzugkräfte müssen kleiner sein als die aus der Lagerungskraft F_z resultierenden Bolzendruckkräfte.

Auf den Nachweis der Betonstahlbewehrung darf verzichtet werden, wenn die Abstände der Kopfbolzen zum Rand der zugehörigen Betonkonstruktion in Kraftrichtung nicht kleiner als 700 mm und quer dazu nicht kleiner als 350 mm sind.

Die von den Kopfbolzen ggf. aufzunehmende Schwingbeanspruchung $\Delta S = (maxS - minS)$ infolge von nicht vorwiegend ruhender Belastung nach DIN 1055, Teil 3, oder Verkehrsregellasten nach DIN 1072 oder Lastenzügen UIC 71 nach DS 804 darf die Werte ΔS nach Tabelle 4.6 nicht überschreiten.

Beim Nachweis der dynamischen Beanspruchung der Kopfbolzen ist die Reibung in der Fuge zum anschließenden Bauteil zu vernachlässigen.

Anmerkung: Brems- und Windlasten gehören zu den „vorwiegend ruhenden" Lasten.

Übertragung großer Horizontalkräfte
Besteht das Problem, daß bei einer geringen Vertikalkraft eine große Horizontalkraft übertragen werden muß ($F_z/F_{xy} \ll 3$), so empfiehlt sich folgende Vorgehensweise:

- Mit der exzentrisch angreifenden Vertikalkraft F_z wird die Teilflächenpressung nach Abschnitt 4.2.4.1 nachgewiesen.

Tabelle 4.6
Zulässige Schwingbeanspruchung ΔS in kN im Gebrauszustand ($v = 1.0$)

	Kopfbolzen-Durchmesser d_1 (mm)	
	19.05	22.22
ΔS	20	30

- Aus Gleichung (25) in Abschnitt 4.2.5 wird die Traglast D bestimmt und damit aus Tabelle 4.5 mit den Rechenwerten der Tragfähigkeiten D die Anzahl der Kopfbolzen-Dübel ermittelt.
- Falls die Kopfbolzen-Dübel im Zugbereich zur Übertragung der Horizontallasten mit herangezogen werden sollen, sind diese zusätzlich durch Rückverankerungen zu sichern.

4.2.8 Korrosionsschutz

Die Stahlflächen von Lagern sind durch metallische Überzüge und/oder Beschichtungen so gegen Korrosion zu schützen, daß sie dem jeweiligen Klima und den am Einsatzort auftretenden Sonderbeanspruchungen standhalten (s. DIN 4141, Teil 1).

Der Ausführung sind DIN 55 928, Teile 1 bis 8, sowie die „Richtlinien zur Anwendung der DIN 55 928 (RiA)" und die zugehörigen Einführungsverfügungen zugrunde zu legen. Es dürfen nur Beschichtungsstoffe nach den TL 918 300 verwendet werden. Ausnahmen bedürfen der Zustimmung im Einzelfall, s. auch DS 804, bzw. künftig eines allgemeinen bauaufsichtlichen Prüfzeugnisses nach den Landesbauordnungen.

Keine Beschichtung erhalten Gleitflächen aus nichtrostenden Sonderstählen, weiterhin nichtkorrodierende Metall- bzw. Kunststoff-Flächen, Meßflächen und Flächen, die mit Beton mindestens 4 cm überdeckt und bei denen klaffende Fugen ausgeschlossen sind. Der Einfluß des Korrosionsschutzes auf die Reibungszahlen (siehe Abschnitt 4.2.5.1) ist beim Gleitsicherheitsnachweis nach DIN 4141, Teil 1, zu beachten.

Korrosionsschutz-Systeme

Bewährte Beschichtung für Bauwerks-Auflager
Vorbereitung der Oberflächen:
Strahlen – Normreinheitsgrad Sa 3
(DIN 55 928)

Grundbeschichtung:
Thermische Spritzverzinkung
Sollschichtdicke 100 µm

Deckbeschichtung:
(nach TL 918 300, Blatt 87)
1. Deckbeschichtung
Eisenglimmerfarbe auf Epoxydharz-Grundlage
(Stoff-Nr. 687.12, grau DB 702)
Sollschichtdicke 80 µm
2. Deckbeschichtung
Eisenglimmerfarbe auf Polyurethan-Grundlage
(Stoff-Nr. 687.71, grau DB 701)
Sollschichtdicke 80 µm

Gleitfester Anstrich:
Vorbereitung der Oberflächen:
Strahlen – Normreinheitsgrad Sa 3
(DIN 55 928)

Beschichtung:
(nach TL 918 300, Blatt 85)
Zinkstaubfarbe auf Alkalisilikat-Grundlage
(Stoff-Nr. 685.03, grau)
Sollschichtdicke 40 µm

Trockenzeit:
Bei Temperaturen unter 20 °C verlängert sich die Trockenzeit. Durch Prüfung der Filmhärte kann festgestellt werden, ob das Material durchgehärtet ist. Eine beschleunigte Trocknung (z. B. Ofen) ist nicht empfehlenswert. Das Vorspannen der HV-Schrauben kann nach 24 h vorgenommen werden.

4.3 Feste Lager

4.3.1 Allgemeines

Ein festes Lager kann als Stahl-Punktkipplager, als Topflager, als Kalottenlager und auch als Elastomerlager mit einer Festhaltekonstruktion ausgebildet werden. Nach heutiger Vorstellung muß dies so erfolgen, daß in allen Richtungen (Symbol ●) Kippbewegungen möglich sind. Das Lager ist also nur fest in bezug auf Translationsbewegungen (v_x, v_y).

Auf weitere Möglichkeiten, Festpunkte auszubilden, wird nachfolgend hingewiesen. Hat der Konstrukteur z. B. die Aufgabe, ein Gelenk (z. B. für den Anschluß einer Pendelstütze an das Fundament und an den Überbau) zu entwerfen, so muß die Lösung nicht zwangsläufig zu stählernen Lagern führen. Er kann sich auch für ein Betongelenk entscheiden, das damit sinngemäß ebenfalls unter die festen Kipplager fällt. Punktkipplager aus Beton sind aber selten, denn die mit solchen Lagern übertragbaren Vertikallasten sind relativ gering.

Anschlüsse, bei denen weder Rotation noch Translation möglich ist, werden nicht durch Lager hergestellt. Man spricht in solchen Fällen von Einspannung. Solche Anschlüsse waren in der Vergangenheit im Hochbau die Regel. Sie sind im allgemeinen die primitivere Konstruktionsform und stets dort gerechtfertigt, wo aufgrund des verwendeten Materials (Holz, Ziegelmauerwerk) oder der Unempfindlichkeit der Bauwerke (Durchlässe, Stützmauern) Schäden durch Bewegungen im Bauwerk oder im Untergrund nicht zu erwarten sind oder durch Fugen ausgeglichen werden können, bzw. wo es unbedenklich ist, wenn sich Gelenke selbsttätig ausbilden (durch Rissbildung).

Es gibt jedoch Ausnahmen. Die Rheinbrücke Bendorf hat z. B. im Strombrückenbereich einen biegesteifen Anschluß zwischen Überbau und Pfeilern, der sich aufgrund der Baumethode (Freivorbau) als

4.3 Feste Lager

beste Lösung ergab. Eine solche Lösung hat allerdings gestalterische Konsequenzen.

Feste Lager geben somit an die anschließenden Konstruktionsteile Kräfte normal zum Lager ab, wobei die durch die Lageänderung der Vertikalkraft enstehende Horizontalkraft in der Regel bei der Bemessung der Überbauten vernachlässigt wird. Bei der Bemessung der Unterbauten ist jedoch der Einfluß, insbesondere wenn größere Verdrehungen erwartet werden, zu überprüfen.

Außerdem erzeugt die Verdrehung bei allen derzeit bekannten Lagerkonstruktionen Momente, und zwar beim

Stahl-Punktkipplager infolge Exzentrizität aus der Geometrie und dem Abwälzwiderstand (lastabhängig).

Topflager und Elastomerlager infolge Rückstellmoment (größen-, weg- und temperaturabhängig).

Kalottenlager infolge Exzentrizität aus der Geometrie und dem Hebelarm der Reibung (temperatur- und lastabhängig).

Weiter werden bei festen Lagern aus Zwängungen und äußeren Belastungen des Bauwerks herrührende Kräfte (Wind, Bremsen) übertragen, die Reibungsmomente in den Anschlagflächen der Lager erzeugen.

Besonderes Augenmerk gilt der Anordnung mehrerer Lager in einer Auflagerbank.

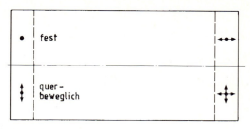

Bild 4.14
Falsche Lagerung einer Einfeldbrücke

Nach Kapitel 2 darf innerhalb einer Lagerachse auf Widerlagern oder Pfeilerscheiben immer nur ein allseitig festes Lager angeordnet werden (Bild 4.13). Alle anderen Lager auf dieser Achse müssen allseitig beweglich sein.

Die Anordnung eines querbeweglichen Lagers in einer Achse mit dem festen Lager (Bild 4.14) ist keine brauchbare Lösung. Nachfolgend wird dies am Beispiel Stahl-Punktkipplager erläutert.

Das feste Lager – dargestellt ohne Verankerungskonstruktion – (Bild 4.15) besteht aus einem Lageroberteil (1), Druckstück (2) und Lagerunterteil (3).

Die Horizontalkräfte gelangen also vom Überbau in das Oberteil, über die Fuge Stahl/Stahl (Oberteil/Druckstück) durch das Unterteil in den Unterbau. Bei einem Lastverhältnis $Fz/Fxy \geq 7{,}5$ geschieht dies reibschlüssig ohne Verschiebung in der Fuge Stahl/Stahl (1,5-fache Sicherheit, Reibungszahl 0,2). Beim querbeweglichen Lager (Bild 4.16) gibt es eine weitere Fuge durch Anordnung einer Gleitplatte (4) mit

Bild 4.13
Richtige Lagerung einer Einfeldbrücke

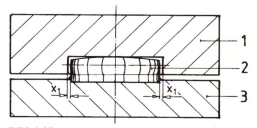

Bild 4.15
Festes Stahl-Punktkipplager (ohne Verankerung)

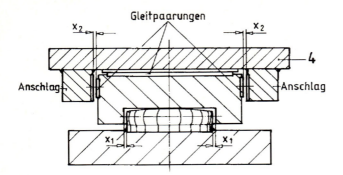

Bild 4.16
Beispiel für ein querbewegliches Lager

einem erheblich kleineren Reibungswiderstand im Vergleich zur Fuge Stahl/Stahl. Hier ist der Kraftfluß nicht reibschlüssig. Dieses Lager kann deshalb erst Horizontalkräfte aufnehmen, wenn das mehr oder weniger große Spiel x_2 überwunden ist. Weil der Überbau für diese Bewegungen wie eine starre Scheibe wirkt, geht dies nur, wenn Gleiten in der Fuge Stahl/Stahl beim festen Lager um das gleiche Maß erfolgt. In der Regel ist schon aus fertigungstechnischen Gründen $x_1 < x_2$. Dies bedeutet, daß die gesamte Horizontalkraft zunächst in das feste Lager geht. Eine Überbeanspruchung ist nicht ausgeschlossen. Die recht aufwendige Konstruktion eines querbeweglichen Lagers ist also in diesem Lagerungsfall ohne die beabsichtigte Wirkung. Daraus entsteht die praxisgerechte Forderung, nur ein allseitig festes Lager pro Auflagerachse anzuordnen, dieses Lager und die anschließenden Bauteile für die gesamten Horizontalkräfte zu dimensionieren und alle anderen Lager in dieser Auflagerachse als allseitig bewegliche Lager auszuführen.

Nebenbei bemerkt: Allseitig bewegliche Lager sind erheblich preiswerter als einseitig bewegliche.

Funktion und Verschleiß im Drehpunkt der festen Lager

Alle Festlager-Konstruktionen haben die Aufgabe, außer den Vertikalkräften, Kräfte in Lagerebene (meist Horizontalkräfte) sicher aufzunehmen und weiterzuleiten.

Aufgrund unterschiedlicher Lösungen für die Ausbildung funktionsgerechter Anschlagkonstruktionen werden nachfolgend die Probleme aufgezeigt, die in Stahlkontaktflächen bei gleichzeitigem Wirken von Horizontalkräften und Verdrehungen auftreten können. Es handelt sich hierbei um Bewegungswiderstände, die sich aus dem Verschleiß bei Relativbewegungen zwischen zwei Grenzflächen – dem Reibungsverschleiß – ergeben können.

Die Bilder 4.17 und 4.18 zeigen unter-

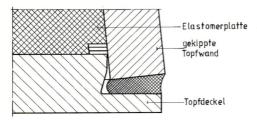

Bild 4.17
Ebene Kontaktfläche zur Aufnahme der Horizontalkräfte (problematisch)

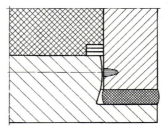

Bild 4.18
Ballige Kontaktfläche zur Aufnahme der Horizontalkräfte (unproblematisch)

schiedliche Ausbildungen der Stahlkontaktflächen am Beispiel „Topflager".

Es ist leicht einzusehen, daß bei Gleichzeitigkeit von Kontakt und Verdrehung zylindrischer Flächen (Bild 4.17) nicht genau erfaßbare Beanspruchungen auftreten, während bei einer balligen Ausbildung (Bild 4.18) eine definierte Lasteinleitung erfolgt und deshalb mit den Gleichungen nach Hertz (Abschnitt 4.3.2.4) die Lastaufnahme nachweisbar ist.

Es ist auch einzusehen, daß bei gleichzeitiger Wirkung von Horizontalkraft und Verdrehung die Bewegungswiderstände (Reibung) in den zylindrischen Kontaktflächen erheblich größer sein müssen als bei einer balligen Ausbildung.

Diese Bewegungswiderstände können, wenn es zu plastischen Verformungen in den Kontaktflächen kommt, unkontrollierte Beanspruchungen im Lager und in den angrenzenden Bauteilen erzeugen. Besonders problematisch können diese nicht überschaubaren Beanspruchungen in PTFE-Gleitflächen werden, wenn die Festlager-Konstruktionen als Kipplager in Gleitlagern eingesetzt werden. Deshalb wird in den nachfolgenden Beschreibungen der Festlager-Konstruktionen die ballige Ausbildung der Kontaktflächen der zylindrischen vorgezogen.

Reibungsbeiwerte μ_k in den Anschlag-Konstruktionen

Die nachfolgenden Überlegungen gelten für alle Festlager-Konstruktionen, bei denen Beanspruchungen aus Horizontalkraft und gleichzeitiger Relativbewegung in den Kontaktflächen auftreten.

Es ist jedoch die unterschiedliche Höhe der aufzunehmenden Horizontalkraft zu beachten. Während beim Stahl-Punktkipplager nur eine Restschubkraft ΔF_H (nach Abzug des Reibungswiderstandes in der Druckfläche) wirkt, ist bei allen anderen Konstruktionen die Horizontalkraft F_{xy} in voller Höhe aufzunehmen.

Es stellt sich die Frage, ob die Wirkungen aus der Horizontalkraft F_{xy} und der Verdrehung ϑ gleichzeitig auftreten und damit die sich daraus ergebenden Lastexzentrizitäten e_{Fxy} und e_ϑ in voller Höhe überlagert werden müssen.

Hierzu bringt der Entwurf zur Gleitlagernorm DIN 4141, Teil 12 (s. Kapitel 5, Regelwerke), einen praktikablen Vorschlag.

In Tabelle 4 (Index[4)]) dieses Entwurfs wird für Stahl-Kontaktflächen ein Reibungsbeiwert von $\mu_k = 0,2$ angegeben, allerdings mit der Einschränkung, daß der Anteil der Exzentrizität aus der Horizontalkraft (e_{xy}) geringer ist als der Anteil aus der Verdrehung der Vertikalkraft (e_ϑ). In anderen Fällen (größere Horizontalkraft) ist als Reibungsbeiwert (s. Abschnitt 7.2.5.4) $\mu_k = 0,4$ einzusetzen.

Allgemeine Konstruktions- und Bemessungsregeln

Die in Abschnitt 4.2 angebenen Regeln sind bei allen Festlager-Konstruktionen anzuwenden.

Lagerspezifische Nachweise, sowie die beim Nachweis in den verschiedenen Lagerfugen zu berücksichtigenden Lastexzentrizitäten, werden bei den nachfolgend beschriebenen Festlager-Konstruktionen angegeben.

4.3.2 Stahl-Punktkipplager

4.3.2.1 Funktion und Konstruktion

Die Grundkonstruktion ist in Bild (4.19) dargestellt. Sie erlaubt Verdrehungen um alle Achsen (x, y, z) und erhält daher das Symbol ●. Seit Eisenbahnbrücken gebaut werden, haben sich Stahl-Punktkipplager bewährt. Sie sind sehr robust und benötigen außer einem gelegentlichen Anstrich kaum Wartung.

Das allseitige Kippen um die Achsen x und y geschieht durch Abwälzen des ebenen Lageroberteils (1) auf dem kugelkalottenförmig ausgebildeten Druckstück (2). Ebenso ist eine Verdrehung des Lager-

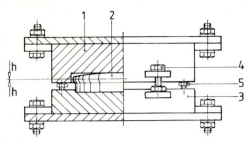

Bild 4.19
Stahl-Punktkipplager (ohne Verankerung)

oberteils auf dem Druckstück um die vertikale Lagerachse (z) möglich.

Voraussetzung für eine einwandfreie Funktion bei allen Lagerkonstruktionen ist ein transportsicherer, unverrückbarer und kippsicherer Zusammenbau durch eine Hilfskonstruktion mittels Schraubverbindung.

In der Vergangenheit wurde dies beim Stahl-Punktkipplager nicht immer beachtet, so daß sich beim Einbau des Lagers in das Bauwerk das Lageroberteil (1) nicht immer zentrisch und damit auch nicht waagerecht auf dem kugelkalottenförmig ausgebildeten Druckstück (2) befand. Auch beim Betonieren des Überbaus ist durch eine exzentrische Belastung im Lastfall „Frischbeton" eine Verdrehung (Kippen) des Oberteils bei einer nicht kippsicheren Hilfskonstruktion möglich. Dies ist beim Stahl-Punktkipplager besonders zu beachten, da im unbelasteten Zustand die „Berührung" von Lageroberteil und Druckstück tatsächlich nur in einem Punkt stattfindet, d.h. der Abwälzwiderstand wird hier zu Null, und ein Verdrehen der Lagerplatten gegeneinander geschieht ohne Widerstand. Dieses allein konstruktiv zu lösende Problem dürfte heute kaum noch auftreten, da gem. Bild (4.19) die Konstruktion hinsichtlich der Verbindung der Lagerteile unverrückbar und transportsicher ausgebildet wird.

Die Schraubverbindung (4) sorgt beim Anheben des Lagers am Lageroberteil für eine feste Verbindung der Lagerplatten zueinander, während die Stützschrauben (5) den parallelen Einbau der Lagerplatten zueinander garantieren. Es wird empfohlen, diese Schrauben in nichtrostendem Stahl auszuführen, da sie nicht ausgebaut werden können. (Eine Kontaktkorrosion ist beim Einbau von Verbindungsmitteln aus nichtrostendem Material in nicht korrosionsfestes Material nicht zu befürchten.)

Außerdem ist die Lagernorm DIN 4141, Teil 4, zu beachten. Hiernach sind sowohl beim Einbau (Abschn. 5.2) als auch nach dem Freisetzen (Abschn. 5.3) alle Ergebnisse der Kontrolldaten in einem Lagerprotokoll festzuhalten.

4.3.2.2 Bauaufsichtliche Zulassung

Stahl-Punktkipplager bedürfen keiner bauaufsichtlichen Zulassung, denn sie waren schon seit eh und je in den Stahlbau-Normen – DIN 18800 Teil 1, (3/81), Tab. 12 – allerdings nur mit der Angabe der Hertzschen Pressung und der Biegespannung – geregelt. Über zu berücksichtigende Rückstellmomente ist sowohl in den DIN-Normen als auch in der gesamten Lagerliteratur nichts zu finden.

In [124] wurde erstmals auf Versuche mit Lagerkörpern aus Fe 510D1 (St52–3) hingewiesen, bei denen unter der in den Stahlbaunormen angegebenen Hertzschen Pressung bleibende Verformungen in den Kontaktflächen gemessen wurden.

Bleibende Verformungen erzeugen bleibende Abplattungen in den Kugelformen und damit eine Veränderung der Geometrie für die Relativbewegung aus Verdrehung im Abwälzbereich. Unbekannt war bisher der dabei entstehende Abwälzwiderstand aus Verformungsarbeit und der veränderten Geometrie.

Die Kenntnis des Widerstandes im Abwälzbereich eines Stahl-Punktkipplagers ist besonders wichtig bei der Verwendung dieses Lagers als Kippteil bei einem Punktkipp-Gleitlager.

4.3.2.3 Versuchsergebnisse – zulässige Hertzsche Pressung

Neueste Versuchsergebnisse für den Problembereich „Hertzsche Pressung" liegen nun vor, so daß für die in Abschnitt 4.2.1 angegebenen Lagermaterialien eine Aussage über die Größe der Gesamtexzentrizität aus geometrischer Verdrehung und Abwälzwiderstand mit Gleichung (1) angegeben werden kann.

$$e\vartheta = [\vartheta + 0{,}015 \cdot \vartheta \, (\frac{\sigma_o}{Rm})^5] \cdot r_K \qquad (1)$$

Erläuterungen:
$e\vartheta$ = Exzentrizität [cm]
ϑ = lastabhängiger Drehwinkel [‰]
$\dfrac{\sigma_o}{Rm} \sim 1{,}65$ = durch bisherige Versuche abgesichertes Verhältnis

σ_o = lastabhängige Hertzsche Pressung [N/mm²]
Rm = Zugfestigkeit [N/mm²]
r_k = Kugelradius [m]

4.3.2.4 Konstruktions- und Bemessungsregeln

Grundlagen für die Konstruktion und Bemessung sind in Abschnitt 4.2 angegeben.

Nachweis der Hertzschen Pressung aus Vertikalkraft
Für den häufigsten Fall – Kugelkalotte gegen Ebene – (Bild 4.20) gilt folgende Gleichung:

$$\sigma_o = 0{,}388 \cdot \sqrt[3]{\frac{Fz \cdot E^2}{r_k^2}} \qquad (2)$$

Sind beide Kontaktflächen gekrümmt (Bild 4.21), so ermittelt sich der Kugelradius r_k aus beiden Einzelradien r_1 und r_2 für Gleichung (2) aus:

$$r_k = \frac{1}{1/r_1 - 1/r_2} \qquad (3)$$

Für den Durchmesser der Hertzschen Berührungsfläche (Bild 4.20 u. Bild 4.21) erhält man:

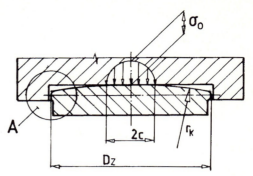

Bild 4.20
Hertzsche Pressungs-Verteilung Kugel gegen Ebene bei Stahl-Punktkipplagern

$$2c = 2{,}22 \cdot \sqrt[3]{\frac{Fz \cdot r_k}{E}} \qquad (4)$$

Aufnahme der Horizontalkräfte
Eine zwängungsarme Krafteinleitung wird mit einer balligen Ausbildung der Kontaktflächen erreicht (Bild 4.22).
Es preßt sich dabei ein doppelt-gekrümmter (torusförmiger) Körper (Druckzapfen) gegen eine zylindrische Fläche (Lageroberteil). Dazu wird über den Druckzapfen-Durchmesser Dz eine parabolische Pressungsverteilung angenommen.
Wie bereits ausgeführt, wirkt beim Stahl-Punktkipplager nur noch eine abgeminderte Schubkraft von:

$$\Delta F_H = Fxy - \frac{0{,}2 \cdot Fz}{1{,}5} \qquad (5)$$

Die Hertzsche Pressung (Zylinder/Ebene) wird damit zu:

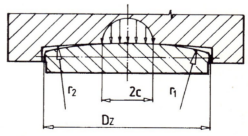

Bild 4.21
Hertzsche Pressungs-Verteilung Kugel gegen Hohlkugel bei Stahl-Punktkipplagern

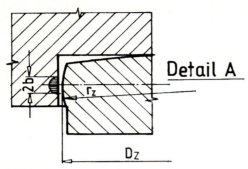

Bild 4.22
Hertzsche Pressung aus Horizontalkraft in der balligen Kontaktfläche bei Stahl-Punktkipplagern

$$\sigma_o = 0{,}418 \cdot \sqrt{\frac{1{,}5 \cdot \Delta F_H \cdot E}{r_z \cdot D_z}} \qquad (6)$$

Die Berührungsbreite ergibt sich ebenfalls nach Hertz mit:

$$2b = 3{,}04 \cdot \sqrt{\frac{1{,}5 \cdot \Delta F_H \cdot r_z}{D_z \cdot E}} \qquad (7)$$

Lastexzentrizitäten für den Nachweis in den Lagerfugen

Auftretende Kipp-Bewegungen, Reibungsmomente und Momente infolge von Horizontalkräften bewirken Exzentrizitäten der Vertikallasten und erzeugen zusätzliche Beanspruchungen.

Nachfolgende Exzentrizitäten sind in jedem Lastfall ($maxFz$, $minFz$) bei der Verfolgung der Beanspruchungen in den einzelnen Lagerfugen zu berücksichtigen.

Infolge Verdrehung in Abhängigkeit von der Hertzschen Pressung

$$e\vartheta = \left[\vartheta + 0{,}015 \cdot \vartheta \left(\frac{\sigma_o}{Rm}\right)^5\right] \cdot r_K \qquad (1)$$

(Erläuterungen s. Abschn. 4.3.2.3)

Infolge Reibungsmoment

$$e_\mu = \frac{\mu_k \cdot \Delta F_H \cdot D_z/2}{Fz} \qquad (8)$$

μ_k s. Abschnitt 4.3.1

Infolge Horizontalkräfte

$$e_{FH} = \frac{Fxy \cdot h}{Fz} \,; \quad h = \text{Abstand zu den Lagerfugen} \qquad (9)$$
(s. Bild 4.19)

Summe der Lastexzentrizitäten

$$\Sigma e = e\vartheta + e_\mu + e_{FH} \qquad (10)$$

4.3.3 Topflager

4.3.3.1 Entwicklung

Das mechanische Prinzip des Topflagers – die Übertragung von lotrechten Kräften über einen mit einem amorphen Medium gefüllten Topf, der kleine und langsame Drehbewegungen nahezu zwängungsfrei ausführt – dürfte schon seit Jahrhunderten bekannt sein und im sandgefüllten Topf (Bild 4.23) für Baumaßnahmen häufig Verwendung gefunden haben, unter anderem auch weil – durch Entfernung des Sandes – eine einfache Absenkung des gestützten Bauteils (z. B. eines Lehrgerüstes) möglich ist.

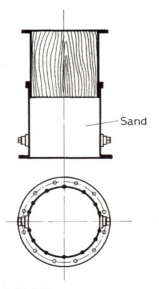

Bild 4.23
Sandtopf

4.3 Feste Lager

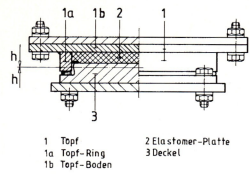

1 Topf	2 Elastomer-Platte
1a Topf-Ring	3 Deckel
1b Topf-Boden	

Bild 4.24
Topflager – Topfausführung in Schweißkonstruktion (ohne Verankerung)

Die heute üblichen Topflager (Bild 4.24 und 4.25) gehen auf eine Entwicklung aus dem Jahr um 1960 zurück [11], [50] und sind mit gummielastischem Material – synthetischem oder natürlichem Kautschuk – gefüllt.

Die Verwendung der Topflager ist in Deutschland durch bauaufsichtliche Zulassungen geregelt.

4.3.3.2 Funktion und Konstruktion

Das Topflager erhält das Lagerungs-Symbol •, mit dem gekennzeichnet wird, daß das Lager allseitig kippbar ist. Die Kippung (Verdrehung) erfolgt durch Verformung und Verschiebung des Elastomers im Topf.

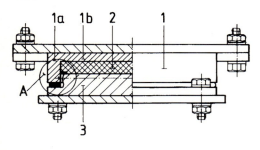

1 Topf	2 Elastomer-Platte
1a Topf-Wand	3 Deckel
1b Topf-Boden	

Bild 4.25
Topflager – Topfausführung „massiv" (ohne Verankerung)

Es liegt auf der Hand, daß bei einer Verschiebung des Elastomers (Gummi) gegen die stählerne Innenwand große Reibungswiderstände auftreten. Diese werden bei den normalen Elastomerlagern (Kapitel 4.5) sogar benötigt, damit sie sich zwischen den Bauteilen nicht verschieben können.

In dem vorliegenden Fall des Topflagers ist die Reibung allerdings nicht erwünscht, da sie die Kippbewegungen behindert. Die (gewünschte) zwängungsarme Kippbewegung ist nur möglich, wenn das Elastomer an der gesamten Umfangsfläche dauerhaft reibungsarm (Schmierung) gelagert wird.

Rückstellmoment

Bei der gegenseitigen Verdrehung der durch ein Topflager verbundenen Teile ist ein Verdrehungs-Widerstand, das sog. Rückstellmoment, zu überwinden.

Grundlage für eine Abschätzung der Größenordnung dieses Rückstellmomentes sind Versuche (s. Abschnitt 7.3.2).

Wegen unterschiedlicher Topflager-Konstruktionen sind die Formeln zur Ermittlung der Rückstellmomente den gültigen Zulassungen zu entnehmen. Zu beachten sind dabei auch die angegebenen Drehwinkel-Begrenzungen und andere Anwendungs-Bedingungen.

Topflager-Dichtung

Im Gegensatz zu den Sandtöpfen (Bild 4.23) ist bei Töpfen mit Füllungen aus sog. viskoelastischen Stoffen eine Abdichtung des Elastomers gegen Ausfließen aus dem Spalt zwischen Topf und Deckel erforderlich (Bild 4.26).

Dieses Konstruktionselement hat den Lager-Konstrukteur schon vor große Probleme gestellt. Da die Dichtung als solche nicht „bemessen" werden kann, sind zur Beurteilung der ausreichenden Dichtungs-Qualität aufwendige Zulassungsversuche erforderlich. Die Konstruktionsart und Material-Qualität der Dichtung sowie die Größe des zulässigen Spiels zwischen Topf

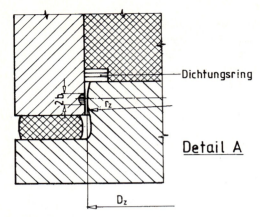

Bild 4.26
Beispiel einer Dichtung zur Sicherung der Elastomerplatte gegen Ausfließen
Hertzsche Pressung aus Horizontalkraft in der balligen Kontaktfläche bei Topflagern

und Deckel sind in den bauaufsichtlichen Zulassungen verbindlich geregelt.

Beanspruchung der Dichtung
Das Elastomer des Topflagers wird bei voller rechnerisch möglicher Belastung einem Druck von 30 N/mm² ausgesetzt, der nach unstrittiger Auffassung wie ein hydrostatischer Druck gleichmäßig im Elastomer verteilt ist. Dieser Druck entspricht einer Wassersäule von 3 km Höhe. Da eine Verdrehung zwischen Topf und Deckel möglich sein muß, damit das Lager überhaupt funktioniert, ist ein Spiel zwischen beiden unerläßlich. Die Dichtung, die den Austritt des unter hohem Druck stehenden Elastomers verhindern muß, wird durch die Vielzahl wechselnder Verdrehungen einem hohen Verschleiß unterworfen. Funktionierende Dichtungen sind deshalb das Ergebnis technischer Entwicklungen mit großem Aufwand. Sie sind oft patentrechtlich geschützt.

Verschiedene Lösungen
1. Die „klassische" Topfdichtung besteht aus 3 Messingringen, die aus gezahnten Stangen hergestellt und um jeweils 120° Versatz bezüglich der Lage des Stoßes übereinandergelegt werden. Diese Messingdichtung ist Bestandteil der meisten bisher eingebauten Topflager-Konstruktionen.

2. Zeitweilig zugelassen war eine Dichtung aus glasfaserverstärktem PTFE. Es hat sich aber in der praktischen Anwendung gezeigt, daß diese Dichtung nicht in der Lage ist, die durch Fertigungstoleranzen bedingten Spaltbreiten sicher zu überbrücken. Die Folge war, daß durch den Spalt zwischen Topfwand und Deckel Gummi ausgepreßt wurde. Diese Dichtung wurde deshalb nur kurze Zeit eingesetzt. Es mußten in einer Reihe von Anwendungsfällen Topflager mit diesen Dichtungen unter großem Aufwand (Anheben des Überbaus) ausgewechselt werden [137].

3. Eine patentrechtlich noch geschützte Dichtung besteht aus einer Kette, deren einzelne Glieder aus POM (Polyoxymethylen) bestehen, und die in das Gummikissen einvulkanisiert ist. Diese Dichtung ist Bestandteil einer Topflager-Zulassung.

4. Eine ebenfalls patentrechtlich geschützte Dichtung besteht aus kohlegefülltem PTFE. Ihre Verschleißfestigkeit übertrifft die der bewährten Messingdichtung laut Versuchsergebnis. Sie ist ebenfalls Bestandteil von Topflager-Zulassungen.

5. In England wird als Dichtung auch ein Ring aus nichtrostendem Stahl verwendet. Über Erfahrung in der Anwendung und über Versuchsergebnisse mit dieser Dichtung ist uns nichts bekannt.

4.3.3.3 Konstruktions- und Bemessungsregeln

Grundlagen für die Konstruktion und Bemessung sind in Abschnitt 4.2 angegeben.

Bauaufsichtliche Zulassung
In Deutschland gibt es mehrere Topflager-Konstruktionen verschiedener Lagerfirmen, deren Herstellung durch bauaufsichtliche Zulassungen geregelt sind.

In deren „Besonderen Bestimmungen" (s. Abschn. 6.2.4) werden Regeln für die Konstruktion und Bemessung aufgeführt.

Angegeben wird die Formel für die Ermittlung des Rückstellmomentes M_E, die Pressungsverteilung aus äußerer Horizontalkraft Fxy zwischen Topf und Deckel, die Bemessung des Topfringes (Topfwand), Hinweise für den Anschluß Topfring/Topfboden sowie die Größe des Reibungsmomentes zwischen Topf und Deckel aus der äußeren Horizontalkraft und gleichzeitiger Kipp-Bewegung.

Lastexzentrizitäten für den Nachweis in den Lagerfugen

Auftretende Verdrehungen, Reibungsmomente und Momente infolge von Horizontalkräften bewirken Exzentrizitäten der Vertikallasten und erzeugen zusätzliche Beanspruchungen.

Nachfolgende Exzentrizitäten sind in jedem Lastfall (max Fz, min Fz) bei der Verfolgung der Beanspruchungen in den einzelnen Lagerfugen zu berücksichtigen.

Infolge Rückstellmoment

$$e_\vartheta = \frac{M_E}{Fz} \leq \frac{D}{8} ; \tag{1}$$

D = Durchmesser der Elastomerplatte

Infolge Reibungsmoment

$$e_\mu = \frac{\mu_k \cdot Fxy \cdot a}{Fz} ; \tag{2}$$

μ_k siehe Abschnitt 4.3.1
a = Radius der Elastomerplatte

Infolge Horizontalkräfte

$$e_{FH} = \frac{Fxy \cdot h}{Fz} ; \tag{3}$$

h = Abstand zu den Lagerfugen (s. Bild 4.24)

Summe der Lastexzentrizitäten

$$\Sigma e = e_\vartheta + e_\mu + e_{FH} \tag{4}$$

Aufnahme der Horizontalkräfte

Eine zwängungsarme Krafteinleitung wird mit einer balligen Ausbildung der Kontaktflächen erreicht (Bild 4.26). Es preßt sich dabei ein doppelt gekrümmter (torusförmiger) Körper (Andrehung am Deckel) gegen eine zylindrische Fläche (Topfinnenwand). Es wird über die ballige Andrehung am Deckel mit dem Durchmesser Dz eine parabolische Pressungsverteilung angenommen.

Die Hertzsche Pressung (Zylinder/Ebene) wird zu:

$$\sigma_o = 0{,}418 \cdot \sqrt{\frac{1{,}5 \cdot Fxy \cdot E}{r_z \cdot Dz}} \tag{5}$$

Die Berührungsbreite ergibt sich ebenfalls nach Hertz mit:

$$2b = 3{,}04 \cdot \sqrt{\frac{1{,}5 \cdot Fxy \cdot r_z}{Dz \cdot E}} \tag{6}$$

4.3.4 Kalottenlager

4.3.4.1 Funktion und Konstruktion

Das feste Kalottenlager (Bild 4.27) erhält das Lagerungssymbol ●, mit dem gekennzeichnet wird, daß das Lager allseitig „kippbar" ist. Rein sprachlich gesehen ist das feste Kalottenlager ein Gleitlager, da bei dieser Lager-Konstruktion die Bauwerks-Verdrehungen weder durch ein Abwälzen (Stahl-Punktkipplager) noch durch ein Verformen (z. B. Elastomerplatte im Topflager), sondern aus kinematischen Gründen durch Gleitbewegungen in der gekrümmten Gleitfläche (3) und ausgleichenden Gleitbewegungen in der ebenen Gleitfläche (2) stattfinden.

Das feste Kalottenlager überträgt die äußeren Horizontalkräfte Fxy über ein „topfähnlich" ausgebildetes Lageroberteil direkt (übergreifend) auf das Lagerunterteil (5).

Durch die Anschlag-Konstruktion mit einem Spiel „x" zwischen der Wand (1a) und dem ballig angedrehtem Lagerunterteil (5) wird das feste Kalottenlager zu ei-

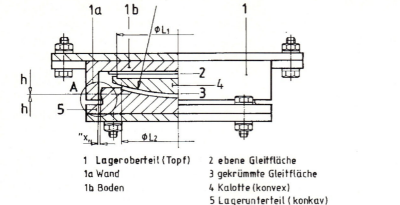

1 Lageroberteil (Topf)
1a Wand
1b Boden
2 ebene Gleitfläche
3 gekrümmte Gleitfläche
4 Kalotte (konvex)
5 Lagerunterteil (konkav)

Bild 4.27
Festes Kalottenlager
(ohne Verankerung)

nem begrenzt beweglichen Gleitlager. Deshalb werden hier nur Hinweise für die Aufnahme der Horizontalkräfte im Lager und die zu berücksichtigenden Lastexzentrizitäten für den Nachweis in den anschließenden Lagerfugen aufgeführt. Alle weiteren Hinweise für die Bemessung, z. B. der Gleitflächen und der Lagerplatten, werden im Abschnitt 4.4 – Gleitlager – gegeben.

4.3.4.2 Konstruktions- und Bemessungsregeln

Grundlagen für die Konstruktion und Bemessung sind in Abschnitt 4.2 angegeben.

Bauaufsichtliche Zulassung
Die Verwendung der Kalottenlager ist in Deutschland durch bauaufsichtliche Zulassungen (s. Abschn. 6.2.3) geregelt.

In den „Besonderen Bestimmungen" werden Regeln für die Konstruktion und Bemessung aufgeführt, die sich im wesentlichen auf das Kalottenlager als Gleitlager beziehen. In Abschn. 3.2.3 werden hierzu die Exzentrizitäten angegeben, die für den Nachweis in den anschließenden Lagerfugen berücksichtigt werden müssen.

Lastexzentrizitäten für den Nachweis in den anschließenden Lagerfugen
Die Exzentrizitäten für den Nachweis in den Gleitflächen werden im Abschnitt 4.4.4 angegeben.

Nachfolgende Exzentrizitäten sind in jedem Lastfall *maxFz, minFz* bei der Verfolgung der Beanspruchungen in den einzelnen Lagerfugen zu berücksichtigen.

Infolge Reibungsmoment aus Verdrehung

$$e_{\vartheta,\mu} = (\vartheta \pm \mu) \cdot r_k; \quad (1)$$

ϑ = Drehwinkel [rad]
μ = Reibungszahl gem. Abschn. 3.2.2 der Zulassung. (Siehe auch Kommentar dazu im Abschn. 4.4.4 – Kalottenlager)
r_k = Radius der gekrümmten Gleitfläche

Bemerkung:
Das Reibungsmoment aus Verdrehung ϑ_p unter Verkehrsbelastung erzeugt plus/minus-Beanspruchungen. Solange $\mu > \vartheta_p$ ist, genügt es daher, für ϑ die einmalige Verdrehung aus ständiger Last ϑ_g [rad] einzusetzen.

Infolge Reibungsmoment aus Horizontalkraft in den Kontaktflächen

$$e_\mu = \frac{\mu_k \cdot Fxy \cdot Dz/2}{Fz}; \quad (2)$$

$D_z/2$ = Abstand der Anschlagfläche vom Lagerzentrum

Infolge Horizontalkräfte

$$e_{FH} = \frac{Fxy \cdot h}{Fz} ; \qquad (3)$$

h = Abstand zu den Lagerfugen (s. Bild 4.27)

Bemerkung:
Beim Kalottenlager haben in der Regel die Horizontalkräfte praktisch keine Wirkung in den Gleitflächen. Voraussetzung ist, daß die Horizontalkräfte voll in den Anschluß zum Über- und Unterbau weitergeleitet werden. Dann treten in den Gleitflächen keine Beanspruchungen auf, da auch ohne Kalotte (4) die Horizontalkräfte übertragen werden können.

Summe der Lastexzentrizitäten

$$\Sigma e = e_{\vartheta,\mu} + e_\mu + e_{FH} \qquad (4)$$

Aufnahme der Horizontalkräfte im Drehpunkt des Lagers

Eine zwängungsarme Krafteinleitung wird mit einer balligen Ausbildung der Kontaktflächen erreicht (Bild 4.28). Es preßt sich dabei ein doppelt gekrümmter (torusförmiger) Körper (Andrehung am Lagerunterteil 5) gegen eine zylindrische Fläche (Wand 1a). Es wird über die ballige Andrehung am Lagerunterteil mit dem Durchmesser Dz eine parabolische Pressungsverteilung angenommen.

Die Hertzsche Pressung (Zylinder/Ebene) wird zu:

$$\sigma_o = 0{,}418 \cdot \sqrt{\frac{1{,}5 \cdot Fxy \cdot E}{r_z \cdot Dz}} \qquad (5)$$

Die Berührungsbreite ergibt sich ebenfalls nach Hertz mit:

$$2b = 3{,}04 \cdot \sqrt{\frac{1{,}5 \cdot Fxy \cdot r_z}{Dz \cdot E}} \qquad (6)$$

Anschluß Wand/Boden am Lageroberteil

Beim Nachweis des Anschlusses der Wand (1a) an den Boden (1b) genügt es in Anlehnung an die Topflager-Zulassung (Abschn. 3.2.5) nachzuweisen, daß die Querkraft und das zugehörige Moment sowohl von der Wand (1a) als auch vom Boden (1b) aufgenommen werden können.

4.3.5 Feste Verformungslager

4.3.5.1 Allgemeines

Verformungslager mit Festhaltekonstruktionen gibt es in sehr unterschiedlichen Ausführungen. Die wohl am häufigsten verwendete Konstruktionsart ist in Bild 4.29 dargestellt (s. auch Abschn. 5.2.2 – Lag 11).

Es handelt sich hierbei um einfache Schweißkonstruktionen des allgemeinen Stahlbaus, die nach den einschlägigen technischen Baubestimmungen bemessen werden. Diese Konstruktionen werden üblicherweise mehr als einfache Wegbegrenzungen oder Endanschläge empfunden denn als Lager. Dementsprechend begnügt man sich häufig mit unbearbeiteten Anschlagflächen und relativ groben Bemessungsannahmen. Mit den bei Schweißkonstruktionen zulässigen Toleranzen ist z. B. eine gleichmäßige und gleichzeitige Beanspruchung der beiden Anschläge (1b und

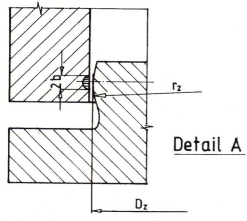

Bild 4.28
Detail A aus Bild 4.27
(Hertzsche Pressung aus Horizontalkraft in der balligen Kontaktfläche bei festen Kalottenlagern)

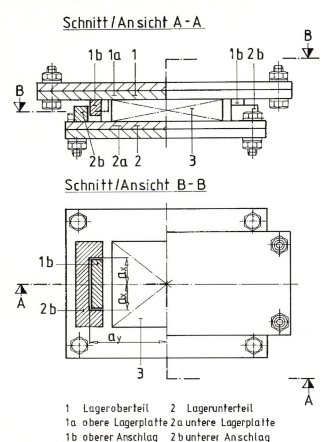

Bild 4.29
Verformungslager mit Festhaltekonstruktionen für 2 Achsen (ohne Verankerung)

1 Lageroberteil 2 Lagerunterteil
1a obere Lagerplatte 2a untere Lagerplatte
1b oberer Anschlag 2b unterer Anschlag
3 Verformungslager

2b) nach Bild 4.29 nicht realistisch, obwohl so gerechnet wird.

In Abschnitt 4.3.1 wurde bereits ausführlich auf die Problematik bei ebenen Anschlagflächen hingewiesen.

Bei gleichzeitiger Wirkung von Horizontalkraft und Verdrehung treten nicht nur unkontrollierbare Bewegungswiderstände (Reibung, Fressen) in den Kontaktflächen auf, sondern auch der Hebelarm der Horizontalkraft zum Schweißnahtanschluß vergrößert sich erheblich. Ein realistischer Nachweis der Beanspruchungen in den Schweißnahtanschlüssen ist praktisch nicht möglich. Deshalb wird auch bei den nachfolgend beschriebenen festen Verformungslagern eine ballige Ausbildung der Kontaktflächen einer ebenen bzw. zylindrischen Ausbildung vorgezogen.

Damit wird auch bei diesen Lagerkonstruktionen eine definierte Lasteinleitung gewährleistet und mit den Gleichungen nach Hertz die Lastaufnahme nachweisbar.

4.3.5.2 Konstruktions- und Bemessungsregeln

Grundlagen für die Konstruktion und Bemessung von Lagerbauteilen und für die anschließenden Konstruktionen sind in Abschnitt 4.2 angegeben. Für die Konstruktion und Bemessung der Verformungslager gilt DIN 4141, Teil 14, sowie die ausführlichen Informationen in Abschnitt 4.5.

4.3 Feste Lager

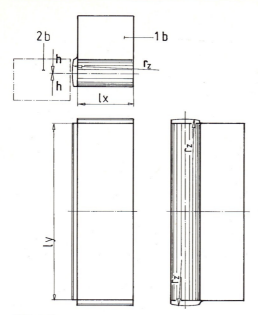

Bild 4.30
Ballige Ausbildung des oberen Anschlags zum Lager nach Bild 4.29

4.3.5.3 Verformungslager mit Festhaltekonstruktionen für 2 Achsen

Funktion und Konstruktion
Die in Bild 4.29 dargestellte Festhaltekonstruktion wird funktionsmäßig verbessert, indem der obere Anschlag (1b) – wie in Bild 4.30 dargestellt – ballig ausgebildet wird.

Diese Lagerkonstruktion erhält damit das Lagerungssymbol ▯, mit dem gekennzeichnet wird, daß das Lager über zwei Achsen (x, y) kippbar ist. Eine Verdrehung um die senkrechte Lagerachse (z) ist wegen des geringen und unterschiedlich großen Spiels zwischen den Anschlägen stark eingeschränkt.

Auch das bereits in Abschnitt 4.3.5.1 beschriebene Problem einer gleichmäßigen und gleichzeitigen Beanspruchung beider Anschläge muß hier beachtet werden. Dazu wird in der Vornorm DIN 4141, Teil 13,

Absatz – Anschluß des Anschlagteils – (s. Abschn. 5 – Regelwerke) gefordert:

„Werden in einer Festhaltekonstruktion zwei voneinander durch Abstand getrennte Anschläge angeordnet, so ist die gleichmäßige Verteilung der aufzunehmenden Horizontalkräfte durch konstruktive Maßnahmen (Stellschrauben, Futterstreifen, Drehteller usw.) herzustellen. Eine gleichmäßige Abtragung der Horizontalkräfte über alle Anschläge ist sicherzustellen, andernfalls ist jeder dieser Anschläge für die Gesamtkraft zu bemessen."

Lastexzentrizitäten für den Nachweis in den Lagerfugen
Auftretende Verdrehungen, Reibungsmomente und Momente infolge von Horizontalkräften bewirken Exzentrizitäten der Vertikallasten und erzeugen zusätzliche Beanspruchungen.

Nachfolgende Exzentrizitäten sind in jedem Lastfall $maxFz$, $minFz$ bei der Ermittlung der Beanspruchungen in den einzelnen Lagerfugen zu berücksichtigen.

Infolge Rückstellmomente
Die Formel für die rechnerischen Rückstellmomente M werden in DIN 4141, Teil 14, Gleichung (10), angegeben.

Damit wird die Lastexzentrizität zu:

$$e_{\vartheta y} = \frac{Mx}{Fz} \; ; \quad e_{\vartheta x} = \frac{My}{Fz} \qquad (1)\ (2)$$

Infolge Reibungsmomente

$$e_{\mu x} = \frac{\mu_k \cdot Fx \cdot a_x}{Fz} \; ; \; e_{\mu y} = \frac{\mu_k \cdot Fy \cdot a_y}{Fz} \quad (3)\ (4)$$

μ_k siehe Abschnitt 4.3.1
a_x bzw. a_y = Abstände der Anschlagflächen vom Lagerzentrum

Infolge Horizontalkräfte

$$e_{Fx} = \frac{Fx \cdot h}{Fz} \; ; \quad e_{Fy} = \frac{Fy \cdot h}{Fz} \qquad (5)\ (6)$$

h = Abstand zu den Lagerfugen (s. Bild 4.30)

Summe der Lastexzentrizitäten

$$\Sigma e_x = e_{\vartheta y} + e_{\mu x} + e_{Fx} \quad (7)$$

$$\Sigma e_y = e_{\vartheta x} + e_{\mu y} + e_{Fy} \quad (8)$$

Aufnahme der Horizontalkräfte im Drehpunkt des Lagers

Eine zwängungsarme Krafteinleitung wird mit einer balligen Ausbildung der Kontaktflächen erreicht (Bild 4.30). Es pressen sich hier ein zylindrischer Körper (1b) und eine ebene Fläche (2b) aneinander. Bei der Annahme, daß beide Anschläge gleichmäßig und gleichzeitig tragen, wird die Hertzsche Pressung in x-Richtung zu:

$$\sigma_{ox} = 0{,}418 \cdot \sqrt{\frac{Fx \cdot E}{lx \cdot r_z}} \quad (9)$$

Die Berührungsbreite ergibt sich ebenfalls nach Hertz mit:

$$2b = 3{,}04 \cdot \sqrt{\frac{Fx \cdot r_z}{2 \cdot lx \cdot E}} \quad (10)$$

und in y-Richtung:

$$\sigma_{oy} = 0{,}418 \cdot \sqrt{\frac{Fy \cdot E}{ly \cdot r_z}} \quad (11)$$

$$2b = 3{,}04 \cdot \sqrt{\frac{Fy \cdot r_z}{ly \cdot E}} \quad (12)$$

4.3.5.4 Zapfenlager

Funktion und Konstruktion

Eine definierte Einleitung der Horizontalkräfte erfolgt bei dem in Bild 4.31 dargestellten Verformungslager über die ballig ausgebildete Andrehung am Innenzapfen (3a).

Drehbewegungen sind bei dieser Konstruktion um alle Achsen (x, y, z) möglich, so daß dieses Lager mit dem Lagerungssymbol ● gekennzeichnet wird.

Der Zapfen (3a) ist in das Verformungslager korrosionssicher einvulkanisiert. Er kann sowohl – wie in Bild 4.31 dargestellt – an das Lagerunterteil (3) angedreht als auch mit dem Lagerunterteil durch eine Schweißnaht verbunden sein.

Lastexzentrizitäten für den Nachweis in den Lagerfugen

Auftretende Verdrehungen, Reibungsmomente und Momente infolge von Horizontalkräften bewirken Exzentrizitäten der Vertikallasten und erzeugen zusätzliche Beanspruchungen.

Nachfolgende Exzentrizitäten sind in jedem Lastfall (*maxFz, minFz*) bei der Verfolgung der Beanspruchungen in den einzelnen Lagerfugen zu berücksichtigen.

Infolge Rückstellmoment

Die Formel für das rechnerische Rückstellmoment M – für z. B. runde Verformungslager – wird in DIN 4141, Teil 14, Gleichung (11), angegeben. Damit wird die Exzentrizität zu:

$$e_\vartheta = \frac{M}{Fz} \quad (1)$$

Infolge Reibungsmoment

$$e_\mu = \frac{\mu_k \cdot Fxy \cdot Dz/2}{Fz} \; ; \quad (2)$$

μ_k siehe Abschnitt 4.3.1
$Dz/2$ = Abstand der Anschlagfläche vom Lagerzentrum (s. Bild 4.32)

Infolge Horizontalkraft

$$e_{FH} = \frac{Fxy \cdot h}{Fz} \; ; \quad (3)$$

h = Abstand zu den Lagerfugen (s. Bild 4.31)

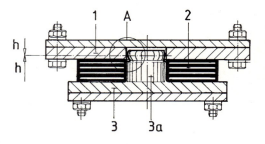

1 Lageroberteil 3 Lagerunterteil
2 Verformungslager 3a Zapfen

Bild 4.31
Zapfenlager (Verformungslager mit Innenzapfen ohne Verankerung)

4.3 Feste Lager

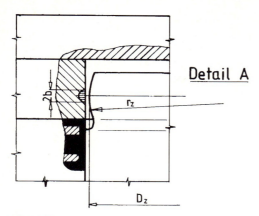

Bild 4.32
Hertzsche Pressung aus Horizontalkraft in der balligen Kontaktfläche bei Zapfenlagern

Summe der Lastexzentrizitäten

$$\Sigma e = e_\vartheta + e_\mu + e_{FH} \quad (4)$$

Aufnahme der Horizontalkräfte im Drehpunkt des Lagers
Eine zwängungsarme Krafteinleitung wird mit einer balligen Ausbildung der Kontaktflächen erreicht (Bild 4.32). Es preßt sich dabei ein doppelt gekrümmter (torusförmiger) Körper (Andrehung am Zapfen) gegen eine zylindrische Fläche (Lageroberteil). Es wird über die ballige Andrehung am Zapfen mit dem Durchmesser Dz eine parabolische Pressungsverteilung angenommen.

Die Hertzsche Pressung (Zylinder/Ebene) wird zu:

$$\sigma_o = 0{,}418 \cdot \sqrt{\frac{Fxy \cdot E}{r_z \cdot Dz}} \quad (5)$$

Die Berührungsbreite ergibt sich ebenfalls nach Hertz mit:

$$2b = 3{,}04 \cdot \sqrt{\frac{Fxy \cdot r_z}{Dz \cdot E}} \quad (6)$$

Begrenzung des Zapfen-Durchmessers
Gemäß DIN 4141, Teil 14, Abschn. 5.1, brauchen Bohrungen, die rechtwinklig zur Lagerebene gehen, bei der Ermittlung der mittleren Lagerpressung σ_m (anrechenbare Grundfläche) nicht berücksichtigt zu werden, wenn folgende Bedingungen erfüllt sind:

– Gesamtquerschnitt der Löcher ≤ 5 % der Verformungslager-Fläche
– Lochdurchmesser ≤ 80 mm
– Lochachse innerhalb des Kernquerschnitts der Verformungs-Lagerfläche (bei runden Lagern = D/8, bei rechteckigen Lagern aus a/6 u. b/6)

4.3.5.5 Topf-Verformungslager

Funktion und Konstruktion
Das Topf-Verformungslager (Bild 4.33) erhält das Lagerungssymbol ●, mit dem gekennzeichnet wird, daß das Lager allseitig kippbar ist. Die Kippung (Verdrehung) erfolgt durch Verformung des Elastomerlagers.

Das Topf-Verformungslager ist sehr ähnlich der Topflagerkonstruktion nach Abschnitt 4.3.3. Es unterscheidet sich im wesentlichen in der Wahl des Verformungsteils. Anstelle einer in den Topf eingepaßten Elastomerplatte wird bei dieser Konstruktion ein Verformungslager (gem. DIN 4141, Teil 14) mit Spiel in den Topf eingelassen (Bild 4.33). Der bei den Topflagern mit eingepaßter Elastomerplatte wirksame hydrostatische Innendruck auf die Topfwandung tritt hier nicht auf. Topf und Deckel übernehmen bei dieser Konstruktion im

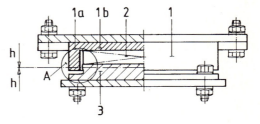

1 Topf
1a Topf-Wand
1b Topf-Boden
2 Verformungslager
3 Deckel

Bild 4.33
Topf-Verformungslager – Topfausführung „massiv" (ohne Verankerung)

wesentlichen die Lagesicherung durch Aufnahme und Weiterleitung der Horizontalkräfte. Der Innentopf erhält einen kompletten Korrosionsschutz, so daß weder eine Topflager-Dichtung noch eine Dichtung im Kippspalt (Abschn. 5.2.2 – Lag 5) erforderlich ist.

Erhöhung der mittleren Lagerpressung im Verformungslager
Nach DIN 4141, Teil 14, Abschn. 5.2, darf die mittlere Pressung σ_m im Verformungslager um 50 % erhöht werden, wenn, was hier der Fall ist, Beanspruchungen parallel zur Lagerebene (Schubverformung) ausgeschaltet werden. Diese Pressungserhöhung wird begründet mit einer genaueren Bemessung der Verformungslager nach Schubspannungen mit den „ORE-Formeln" (s. Erläuterungen zum Abschn. 5). Formeln für den Nachweis auf Schubspannungen sowie Erläuterungen zur Verteilung der Schubspannungen im Verformungslager werden im Abschn. 4.5.3 angegeben. Der Schubspannungs-Nachweis setzt sich aus den Anteilen aus Vertikalkraft und Verdrehung zusammen und wird mit dem 5-fachen Wert des Schubmoduls des Verformungslagers begrenzt.

$zul\Sigma\tau = \tau_{\sigma m} + \tau_\alpha \leq 5 \cdot G;$
G = Schubmodul = 1 N/mm²

Lastexzentrizitäten für den Nachweis in den Lagerfugen
Auftretende Verdrehungen, Reibungsmomente und Momente infolge von Horizontalkräften bewirken Exzentrizitäten der Vertikallasten und erzeugen zusätzliche Beanspruchungen.

Nachfolgende Exzentrizitäten sind in jedem Lastfall ($maxFz$, $minFz$) bei der Verfolgung der Beanspruchungen in den einzelnen Lagerfugen zu berücksichtigen.

Infolge Rückstellmoment
Die Formel für das rechnerische Rückstellmoment M für runde Verformungslager wird in DIN 4141, Teil 14, Gleichung (11), angegeben. Damit wird die Exzentrizität zu:

$$e_\vartheta = \frac{M}{Fz} \qquad (1)$$

Infolge Reibungsmoment

$$e_\mu = \frac{\mu_k \cdot Fxy \cdot Dz/2}{Fz} ; \qquad (2)$$

μ_k siehe Abschnitt 4.3.1
$Dz/2$ = Abstand der Anschlagfläche vom Lagerzentrum

Infolge Horizontalkraft

$$e_{FH} = \frac{Fxy \cdot h}{Fz} ; \qquad (3)$$

h = Abstand zu den Lagerfugen (s. Bild 4.33)

Summe der Lastexzentrizitäten

$$\Sigma e = e_\vartheta + e_\mu + e_{FH} \qquad (4)$$

Aufnahme der Horizontalkräfte im Drehpunkt des Lagers
Eine zwängungsarme Krafteinleitung wird mit einer balligen Ausbildung der Kontaktflächen erreicht (Bild 4.34). Es preßt sich dabei ein doppelt gekrümmter (torusförmi-

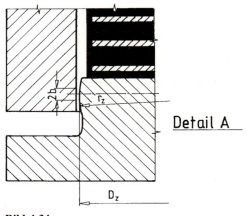

Bild 4.34
Hertzsche Pressung aus Horizontalkraft in der balligen Kontaktfläche bei Topf-Verformungslagern

4.4 Gleitlager

ger) Körper (Andrehung am Deckel) gegen eine zylindrische Fläche (Topfinnenwand). Es wird über die ballige Andrehung am Deckel mit dem Durchmesser Dz eine parabolische Pressungsverteilung angenommen.

Die Hertzsche Pressung (Zylinder/Ebene) wird zu:

$$\sigma_o = 0{,}418 \cdot \sqrt{\frac{1{,}5 \cdot Fxy \cdot E}{r_z \cdot Dz}} \qquad (5)$$

Die Berührungsbreite ergibt sich ebenfalls nach Hertz mit:

$$2b = 3{,}04 \cdot \sqrt{\frac{1{,}5 \cdot Fxy \cdot r_z}{Dz \cdot E}} \qquad (6)$$

Anschluß Topfwand/Topfboden
Beim Nachweis des Anschlusses der Topfwand (1a) an den Boden (1b) genügt in Anlehnung an die Topflager-Zulassung (Abschn. 3.1.5) der Nachweis, daß die Querkraft und das zugehörige Moment sowohl von der Topfwand (1a) als auch vom Topfboden (1b) aufgenommen werden können.

4.4 Gleitlager

4.4.1 Allgemeines

Aus den Überlegungen in Kapitel 2 – Bauwerk und Lagerungsplan – hat sich ein Lager besonders qualifiziert, moderne Bauwerke funktionsgerecht zu lagern, das Gleitlager. Auch im Rahmen der Sicherheitsbetrachtungen unter Einschluß der Lagereigenschaften gem. Abschn. 3.2.8 bietet sich das Gleitlager als günstige Lagerung an.

Aber auch das Gleitlager hat seine Grenzen und eine fachliche Beurteilung des Einsatzes dieses Lagers ist, wie bei allen anderen Lagerkonstruktionen ebenfalls, unbedingt erforderlich. Die Probleme dieses Lagers dürften wohl in der Gleitfläche und damit verbunden in der Schmierung der Gleitfläche liegen.

In Abschn. 7.3.3 wird ausführlich über die Grundlagen zur Prüfung und Beurteilung von Gleitlagern im Brücken- und Hochbau berichtet. Es zeigt sich, daß die Schmierwirksamkeit u. a. von der Größe der Gleitwegsummierung abhängt.

Die Frage nach der Dauerwirkung der Schmierung in Verbindung mit dem zu lagernden Bauwerk muß deshalb gestellt werden, wobei eine gemeinsame Betrachtung Bauwerk, Lager, Unterbau zu erfolgen hat.

Die Bewegung aus Verkehr kann je nach Bauwerkskonstruktion zur maßgebenden Bewegungsgröße werden. Obwohl sich nur kleine Hin- und Herbewegungen einstellen, können sich bei starkbefahrenen Bauwerken erhebliche Gleitwege bis zu mehreren Kilometern addieren. (s. Abschn. 7.2.6.4 bis 7.2.6.7)

Die Überlegungen sollten sich dabei auf die „Verformungsanfälligkeit" des Bauwerkes infolge Verkehrsbelastung konzentrieren. Kommt man zu dem Ergebnis, daß das Bauwerk so „steif" ist, daß so gut wie keine Verformungen aus Verkehr auftreten, dürfte die heute ausgeführte Schmierung bei zulassungsgemäß verwendeten Lagern eine dauerhafte Lösung sein.

Ergibt jedoch die statische Untersuchung, daß es sich um ein „weiches" Bauwerk handelt, so sind sorgfältige Überlegungen unter Einbeziehung von Bauwerk, Lager und Unterbau durchzuführen.

Durch ein Einbeziehen der Unterbauten in die Gesamtbetrachtungen ist eine praktikable Lösung möglich.

Bei einer Lagerung auf schlanken Pfeilern z. B. können die relativ kleinen Bewegungen aus Verkehrsbelastung durch die elastische Verformung der Stützen aufgenommen werden, ohne daß eine Bewegung in den Gleitflächen stattfinden muß.

Die Rückstellkraft des Pfeilers läßt sich nach Gleichung (1) ermitteln.

$$H = \frac{3 \cdot E \cdot I \cdot e}{L^3} \qquad (1)$$

e = Verschiebung
L, E, I = Stützenwerte

Entsprechend läßt sich bei Verformungs-Gleitlagern verfahren:

$$H = \frac{G \cdot A \cdot e}{T} \qquad (2)$$

G, A, T = Elastomerlagerwerte

Da die Schubverformungen sehr klein sind, ist *G* meist größer als der Rechenwert der Zulassungen (Bild 4.5.7).

Bei sehr kleinen Verschiebungswerten *e* aus Verkehr kann diese Horizontalkraft kleiner sein als der Wert, der sich aus dem Produkt von Auflast und Gleitreibungszahl ergibt. In solchen Fällen ist die Verschleißgefahr sehr gering, da dann nur noch die wesentlich langsameren und in der Summe geringeren Bewegungen aus Temperatur, Schwinden und Kriechen vorhanden sind.

Ein Gleitlager ist kein Gleitlager mehr und alle vorangegangenen Überlegungen sind sinnlos, wenn nicht die in der Werkstatt sorgfältig hergestellten Gleitflächen auf lange Dauer erhalten bleiben.

Dies kann nur durch einen wirksamen Schutz (auch während des Transportes und der Montage) der Gleitflächen gesichert werden.

Bei der Konstruktion der Lager, insbesondere der Gleitlager, ist unbedingt an eine zumutbare Überwachungsmöglichkeit der Lager im eingebauten Zustand zu denken.

Als erste Konsequenz aus dem Vorhergesagten ist eine ausreichende lichte Höhe zwischen dem Überbau und dem Unterbau zu nennen (s. Abschn. 5.2.3 – Lag 6). Es wird empfohlen, dieses Maß mit mind. 30 cm auszuführen.

Als weitere Forderung ist ein einfaches Lösen und Befestigen des Gleitflächenschutzes zu nennen. Eine ausreichende Abdichtung der Gleitflächen ist Voraussetzung für eine funktionierende Dauerschmierung.

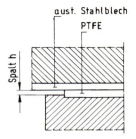

Bild 4.35
Spalthöhe beim Gleitlager

Eine besonders wichtige Kenngröße für die Überwachung ist die Spalthöhe *h* (Bild 4.35).

Werden die zulässigen Werte gem. Zulassung im Laufe der Zeit trotz korrekten Einbaus unterschritten, so kann dies zwei Gründe haben:

a) Verschleiß
b) Verformung (Kriechen)

Der Bundesminister für Verkehr hat im Allgemeinen Rundschreiben Nr. 14/86 (s. Abschnitt 5.2.2) folgende Bewertung bei der Gleitspaltmessung $h - \Delta h$ angegeben:

$h - \Delta h \geq 1{,}0$ mm	Gleitteil in Ordnung,
$h - \Delta h < 1{,}0$ mm $\geq 0{,}5$ mm	jährliche Messung erforderlich,
$h - \Delta h < 0{,}5$ mm $\geq 0{,}2$ mm	Lager in Kürze instandsetzen bzw. ersetzen, evtl. Gutachter einschalten,
$h - \Delta h < 0{,}2$ mm	Lager umgehend instandsetzen bzw. ersetzen, evtl. Gutachter einschalten.

Die Anordnung der Meßstellen für die Gleit- und Kippspalt-Messungen werden in den Richtzeichnungen (Lag s. Abschn. 5.2.3) angegeben.

4.4 Gleitlager

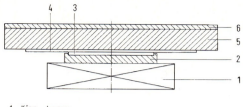

Bild 4.36
Gleitlager-System

4.4.2 Gleitlager-System

Bild 4.36 stellt ein Gleitlager-System dar.

Normalerweise werden von einem Gleitlager zwei Funktionen verlangt, nämlich das Kippen und das Gleiten.

Im Gleitlagersystem werden diese Funktionen durch den Kippteil (1) und den Gleitteil (2–6) ausgeführt.

Auf die Kipplager gem. Abschn. 4.3 könnte demnach ein Gleitteil gesetzt werden und schon hätte man ein funktionsfähiges Gleitlager. Folgende Kipplager kommen hierfür in Betracht:

Stahl-Punktkipplager	Abschnitt 4.3.2
Topflager	Abschnitt 4.3.3
Kalottenlager	Abschnitt 4.3.4
Verformungslager	Abschnitt 4.5
Feste Verformungslager	Abschnitt 4.3.5

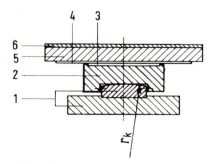

Bild 4.37
Punktkipp-Gleitlager

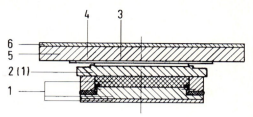

Bild 4.38
Topf-Gleitlager

Es sind die z. Z. gebräuchlichsten Lagertypen. Die Bilder 4.37 bis 4.40 zeigen beispielhaft diese Gleitlager als allseitig bewegliche Lager, wobei die Abdichtung der Gleitflächen sowie die Zusammenbau- und Verankerungsteile nicht dargestellt sind.

Im folgenden werden nur die Nachweise aufgeführt bzw. nur auf solche hingewiesen, die dem Gleitteil zuzuordnen sind.

Zu beachten sind dazu sowohl die Allgemeinen Konstruktions- und Bemessungsregeln gem. 4.2 sowie die in Abschn. 4.3 angegebenen Regeln für die Bemessung der festen Lager.

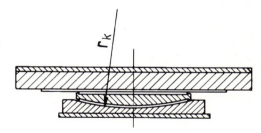

Bild 4.39
Kalottenlager

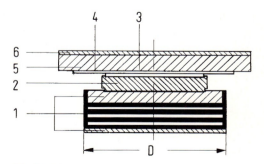

Bild 4.40
Verformungs-Gleitlager

4.4.3 Bemessung der Lagerplatten

4.4.3.1 Allgemeines

Die statische Berechnung einer Konstruktion liefert nie die wirkliche Situation, sondern nur eine Abschätzung der zu erwartenden Verhältnisse zur sicheren Seite. Es gelingt daher auch nie, durch Messung am fertigen Bauwerk die Genauigkeit einer Statik nachzuweisen, sondern allenfalls deren Zuverlässigkeit.

Bei der Gleitplatte und der PTFE-Aufnahme eines Gleitlagers ist es wichtig, daß diese sich nicht zu stark verformen, weil sonst die einwandfreie Funktion nicht mehr gewährleistet ist. Der Gleitspalt darf durch die Verformung nicht zugeklemmt werden!

Geht man vor wie sonst auch bei der Statik, d.h. schlägt man sich auf die „sichere Seite", so bedeutet das hier, daß eine konstante PTFE-Pressung auf der einen Seite und eine größere oder kleinere Pressung, konstant oder parabolisch verteilt – je nach Lagertyp – auf der anderen Seite angenommen wird und mit diesen Annahmen nach Formeln der Plattentheorie, die in Lehrbüchern der Statik zu finden sind, die Verformung ermittelt wird. Die Verformung hängt dann in erheblichem Maße ab von den Plattenmaßen, und zwar von der Plattendicke in der dritten Potenz (reziprok) und vom Durchmesser (bei runden Platten) in der vierten Potenz.

Für die folgenden Abschnitte werden in Tabellen Funktionen $\emptyset_W$ und $\emptyset_M$ angegeben, mit denen in einfacher Form die Biegebeanspruchung und Verformung der PTFE-Aufnahmen nachgewiesen werden kann.

Versuchsreihen mit Lagerplatten (Abschn. 7.2.4.2 bis 7.2.4.4), die sich insgesamt über 10 Jahre hinzogen, haben gezeigt, daß insbesondere

– die Pressungs-Verteilung
– die Qualität und Dicke der Mörtelfuge und
– der elastische Halbraum „Beton"

einen großen Einfluß auf die Verformung der Lagerplatten haben. Petersen (Abschn. 7.2.4.1) hat eine Nachrechnung vorgenommen, die auch mit den Versuchs-Ergebnissen im Einklang stehen.

Diese Formeln sind Bestandteil der Zulassungen. Sie sind ebenfalls im Entwurf DIN 4141, Teil 12, enthalten und werden auch in die CEN-Lagernorm übernommen werden, denn wir haben nichts Besseres.

Es ist hier allerdings dringend auf unsere Erkenntnisgrenzen hinzuweisen, d.h. mit Grenzbetrachtungen außerhalb der praktischen Anwendung kann man diese Formeln leicht ad absurdum führen, sie gelten nur innerhalb der angegebenen Schranken und unter der Voraussetzung, daß die sonstigen Regeln – ordnungsgemäße Herstellung, ordnungsgemäßer Einbau, ausreichend verdichteter Beton – eingehalten wurden.

4.4.3.2 Zulassungen

Die Verwendung von Gleitlagern ist in der Bundesrepublik Deutschland grundsätzlich durch bauaufsichtliche Zulassungen geregelt (s. Kapitel 6).

In der Lagernorm-Reihe DIN 4141 ist ein Entwurf (Gelbdruck) zum Teil 12 für Gleitlager entstanden (s. Kapitel 5), der beachtenswerte Regeln für die Konstruktion und Bemessung enthält. Obwohl die zum Gelbdruck eingesandten Stellungnahmen bereits beraten wurden, wird es keinen Weißdruck geben, da wegen der z.Z. stattfindenden europäischen Normung (CEN-Norm) mit gleichem Inhalt aufgrund einer „Stillstandsvereinbarung" der Vorrang gegeben wird. Statt eines „Weißdrucks" wurde deshalb ein zweiter „Gelbdruck" veröffentlicht. In den BESONDEREN BESTIMMUNGEN der Zulassungen werden Grundlagen für die Herstellung, Verwendung und Überwachung angegeben.

Nachfolgend werden Erläuterungen zu den Regeln gegeben, die für alle Gleitlager-Typen Anwendung finden können.

4.4 Gleitlager

Vom Lagertyp abhängige Regeln werden bei den einzelnen Lagern angegeben.

4.4.3.3 Gleitplatte unter Stahlbetonkonstruktionen

Die Bemessung der Gleitplatten setzt sich gem. Zulassungen aus drei Nachweisen zusammen.

Geometrie

Die Dicke der Gleitplatte wird in Abhängigkeit der äußeren Abmessungen ermittelt:

$$t_p \geq 0{,}04 \cdot D_{LP}; \qquad (1)$$
jedoch mindestens 25 mm

D_{LP} = Diagonale der Gleitplatten-Abmessungen

Werden Ankerplatten vorgesehen, so beträgt diese Dicke:

$$t_a \geq 0{,}02 \cdot D_{LP}; \qquad (2)$$
jedoch mindestens 18 mm

D_{LP} = Platten-Diagonale

Betonpressung

Die für die Ermittlung der Vergleichsspannung nach DIN 1075 anzusetzende Teilfläche A_L darf durch Lastausbreitung unter $2 \cdot 45°$ – ausgehend von der PTFE-Gleitfläche durch die Gleitplatte (und Ankerplatte) hindurch – bestimmt werden.

Der Nachweis der Betonpressung erfolgt mit den Formeln in Abschnitt 4.2 4.1.

Verformung

In den Zulassungen wird gefordert, die Lagerplatten so zu bemessen, daß unter Belastung des Lagers noch ein funktionsgerechter Gleitspalt h (Bild 4.35) gewährleistet ist.

Diese Bedingung ist erfüllt, wenn die Summe der auf das Maß L der PTFE-Platte bezogenen max. Relativverformung der Gleitplatte Δw_1 und der PTFE-Aufnahme Δw_2 nicht größer ist als

$$zul \Delta w = h \cdot (0{,}45 - 2 \cdot \sqrt{h/L}) \qquad (3)$$

Zusätzlich ist nur in diesem Fall bei der Bemessung für die Gleitplatte und die PTFE-Aufnahme nachzuweisen, daß die zugehörigen Biegebeanspruchungen die Streckgrenze nicht überschreiten.

Für die Gleitplatte darf gem. Zulassung anstelle eines „genauen" Nachweises eine „Näherungslösung" angewendet werden. Der Rechengang für die Gleitplatte ist in der Zulassung ausführlich beschrieben. Er gilt aber nur für Lagerplatten ohne Querschnittsschwächung (s. Bild 4.42). Für Lagerplatten mit Querschnittsschwächungen und für solche, die zur Aufnahme von Schnittgrößen aus Führungen dienen (Bild 4.43), sind jedoch die Spannungen zum Nachweis des elastischen Zustandes oder der Tragsicherheit zu berechnen.

Verformungsrichtung

Für die Gleitplatte ist die Verformungsrichtung aufgrund der Muldenbildung im Beton vorgegeben (Bild 4.41).

Bei der PTFE-Aufnahme ist dies anders (s. Abschnitt 4.4.3.7). Gem. Zulassung darf die Relativverformung Δw_2 nach der Theorie der elastischen Kreisplatte berechnet werden. Danach hängt die Verformungs-Richtung, z. B. bei Topf-Gleitlagern und Verformungs-Gleitlagern, von der Belastung (konstant, abgestuft oder parabolisch) der PTFE-Aufnahme und von dem Verhältnis L/D (PTFE-Durchmesser/Elastomer-Durchmesser) ab.

Keine Probleme gibt es, wenn das Verhältnis L/D so gewählt wird, daß die Rela-

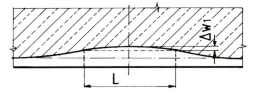

Bild 4.41
Muldenbildung zwischen Lagerplatte und Betonkonstruktion, elastischer Halbraum

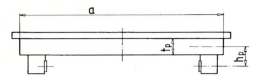

Bild 4.42
Gleitplatte mit Außenführung

tivverformung der PTFE-Aufnahme die gleiche Richtung aufweist wie die Gleitplatte. Gemäß Zulassung ist dann $\Delta w_2 = 0$ zu setzen. Die Verformung der PTFE-Aufnahme sollte aber trotzdem nicht größer sein als die der Gleitplatte.

Gleitplatte mit Außenführung
Werden die Führungsleisten gem. Bild 4.42 angeordnet, so haben wir keine Querschnitts-Schwächung der Gleitplatte und können den Nachweis auf Verformung mit der „Näherungslösung" gem. Zulassung durchführen.

Aufgrund der exzentrischen Horizontalkraft-Einleitung entstehen aber im Randbereich der Gleitplatte örtliche Beanspruchungen aus einem „Krempelmoment" und aus Zugbeanspruchung, die überprüft werden müssen.

Bewährt hat sich hierfür der nachfolgend aufgeführte sehr einfache (auf der sicheren Seite liegende) Nachweis:

Biegebeanspruchung

$$M_k = Fy \cdot h_p; \qquad (4)$$

Fy = äußere Horizontalkraft
h_p = Abstand der Führungsfläche bis Mitte Gleitplatte

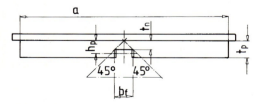

Bild 4.43
Gleitplatte mit innerer Führungsnut

t_p = Dicke der Gleitplatte

$$W = \frac{lx' \cdot t_p^2}{6}; \qquad (5)$$

lx' = Zugehörige verfügbare Länge in jeder Bewegungsstellung

$$\sigma_k = \frac{M_k}{W}; \qquad (6)$$

Zugbeanspruchung

$$\sigma_z = \frac{Fy}{t_p \cdot lx'} \qquad (7)$$

Nachzuweisen ist:

$$max\sigma = \sigma_k + \sigma_z \leq zul\sigma \qquad (8)$$

Anschluß der Führungsleisten
Die Führungsleisten sind stahlbaumäßig anzuschließen. Bei einer Schraubverbindung sind die Regeln in Abschn. 4.2.3.5 und bei einer Schweißverbindung die Regeln in Abschn. 4.2.3.6 zu beachten.

Gleitplatte mit Innenführung
Für den Nachweis der Gleitplatte mit Querschnitts-Schwächung (Führungsnut) nach Bild 4.43 gibt es z.Z. noch keine gleichwertige „Näherungslösung" zum Nachweis der Verformungsgröße, wie sie für die Gleitplatte ohne Querschnitts-Schwächung entwickelt wurde.

Um auch für diese Ausführung auf die „Näherungslösung" zurückgreifen zu können, wird vorgeschlagen, in Anlehnung an die Lastausbreitung unter $2 \cdot 45°$ bei der Ermittlung der Betonpressung die verbleibende Restdicke t_n im Verhältnis zur Führungsnut-Breite b_f so festzulegen, daß eine „Abstützung" unter $2 \cdot 45°$ über der Führungsnut-Breite b_f erfolgt (Bild 4.43).

Die Restdicke t_n der Gleitplatte wird dann zu:

$$t_n \geq b_f/2 \qquad (9)$$

Damit wird angenommen, daß sich eine vergleichbar große Muldenbildung im Beton ergibt, wie sie sich bei der Gleitplatte ohne Querschnitts-Schwächung ausbildet.

4.4 Gleitlager

Diese Annahme ist jedoch weder durch Versuche noch durch theoretische Untersuchungen gestützt. Sie bezieht sich lediglich auf die in der Vergangenheit durchgeführte Bemessungsmethode, die nur den Nachweis der Betonpressung kannte. Auch hier wurde eine Lastverteilung unter 2 · 45° – ausgehend von der PTFE-Gleitfläche durch die Gleitplatte hindurch bis zur Betonfuge – angenommen. Probleme sind bei ordnungsgemäßer Ausbildung der Beton-Kontaktflächen (Mörtelfugen) aus der Praxis nicht bekannt geworden.

Es wird deshalb mit allem Vorbehalt empfohlen, neben der Bemessung nach der Geometrie und der Betonpressung auch den Nachweis nach Verformungen mit den Formeln der „Näherungslösung" aus der Zulassung für diese Platte anzuwenden.

Der Bemessungs-Durchmesser Lp ergibt sich dann aus der Gleitplattenbreite a zu:

$$Lp = 1{,}13 \cdot a \qquad (10)$$

Zusätzlich zu den Verformungen ist die Aufnahme der Schnittgrößen aus der Führung im geschwächten Querschnitt der Gleitplatte (Bild 4.43) nachzuweisen.

Wegen des sehr abrupten Querschnitt-Übergangs (Kerbwirkung) wird empfohlen, entgegen der Zulassung, nach dem Konzept „zul. Spannungen" (s. Abschnitt 4.2.3) die Nachweise durchzuführen:

Biegebeanspruchung

$$M_k = \frac{Fy \cdot h_p}{2} ; \qquad (11)$$

h_p = Abstand der Führungsfläche bis zur Lagerfuge

$$W = \frac{lx' \cdot t_n^2}{6} \qquad (12)$$

lx' = Zugehörige verfügbare Länge in jeder Bewegungsstellung

t_n = Restdicke der Gleitplatte

$$\sigma_k = \frac{M_k}{W} \qquad (6)$$

Zugbeanspruchung

$$\sigma_z = \frac{Fy}{lx' \cdot t_n} \qquad (13)$$

Nachzuweisen ist:

$$max\sigma = \sigma_k + \sigma_z \leq zul\sigma \qquad (14)$$

4.4.3.4 Gleitplatte unter Stahlkonstruktionen

Bei einer Ausbildung des Stahlquerschnitts im Lasteinleitungsbereich wie in Abschn. 4.2.4.2 beschrieben, werden die Abmessungen der Gleitplatte konstruktiv wie folgt ermittelt:

Geometrie

Die Dicke der Gleitplatte ergibt sich nach Gleichung (1).

Lastübertragungs-Fläche

Es ist hierbei sicherzustellen, daß sich die auf den Lasteinleitungsbereich projizierte PTFE-Fläche in jeder Verschiebungsstellung innerhalb des Stahl-(Steifen-)Querschnitts des Überbaus befindet. Es wird dann davon ausgegangen, daß dann keine Biegebeanspruchung (Verformung) auftritt.

4.4.3.5 Bemessung der PTFE-Aufnahme

PTFE-Pressung

Für den Nachweis der PTFE-Pressung gilt die einfache technische Biegelehre ($\sigma = Fz/A \pm M/W$). Die Pressungen sind gem. Zulassung in den einzelnen Lastfällen einzuhalten. Es darf keine klaffende Fuge auftreten.

PTFE-Aufnahme

Neue Erkenntnisse aus der Forschung und theoretische Untersuchungen über die Pressungsverteilung in PTFE-Gleitflächen haben zu neuen Vorgaben für die Bemessung von PTFE-Aufnahmen geführt, auf die in den Zulassungen hingewiesen wird.

So wird für die PTFE-Aufnahmen von Topf- und Verformungs-Gleitlagern angegeben, daß die Bemessung nach der Theo-

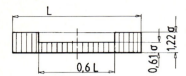

Bild 4.44
Abgestufte PTFE-Pressung

rie der elastischen Kreisplatte durchgeführt werden darf.

Die Pressungsverteilung in der PTFE-Fläche ist danach sowohl konstant als auch abgestuft (Bild 4.44) anzunehmen, während die Pressungsverteilung in der Elastomerplatte zum Topflager als konstant und die Pressungsverteilung im Verformungslager (Elastomerlager) parabolisch anzunehmen ist.

Allerdings wird auch hier gefordert, wie bereits für die Gleitplatte angegeben, daß für Lagerplatten mit Querschnitts-Schwächung (geschraubte Führungsleiste) und für solche, die zur Aufnahme von Schnittgrößen dienen (angearbeitete Führungsleiste nach Bild 4.47), die Spannungen zum Nachweis des elastischen Zustands oder der Tragsicherheit zu berechnen sind.

Formeln für die Biegespannungen von Kreisplatten mit unbelasteten Feldern und für solche mit Nuten stehen nicht zur Verfügung. Es werden daher zusätzliche Überlegungen zur Bemessung auch dieser Plattenformen erforderlich.

In den folgenden Bemessungs-Beispielen für die verschiedenen Gleitlager-Konstruktionen werden nur die bekannten Formeln für den Nachweis der PTFE-Aufnahmen (ohne Querschnitts-Schwächung) nach der Theorie der elastischen Kreisplatte angegeben, was zur Folge hat, daß diese bei den einseitig beweglichen Gleitlager-Konstruktionen nur für solche mit einer Außenführung gelten.

Verformungs-Richtung der PTFE-Aufnahmen
Für die Gleitlager-Konstruktionen (Abschn. 4.4.4 bis 4.4.8) wurden mit den Formeln nach der Theorie der elastischen Kreisplatte die Verformungs-Richtungen der PTFE-Aufnahmen überprüft.

Es wurde sowohl die konstante als auch die abgestufte Pressung in der PTFE-Gleitfläche in die Untersuchungen einbezogen.

In Bild 4.45 sind die vier in Deutschland gebräuchlichen Gleitlagertypen dargestellt. Direkt neben jedem Gleitlager sind die Pressungs-Verteilung und die Grenzwerte für die zugehörigen Durchmesser angegeben, aus denen sich die Verformungs-Richtungen der PTFE-Aufnahmen ergeben. Für die hier nicht dargestellte abgestufte PTFE-Pressung in der PTFE-Scheibe sind diese Grenzwerte in Klammern angegeben.

Topf-Gleitlager (Bild 4.45 a)
Die PTFE-Aufnahme (Deckel) dieses Lagers erfährt bei einer konstanten Pressungs-Verteilung in der PTFE-Scheibe und einem Durchmesser-Verhältnis von $L/D < 1$ stets eine Verformung Δw_2, die entgegengesetzt zur Verformung Δw_1 der Gleitplatte wirkt. Dies bedeutet, daß Δw_1 und Δw_2 addiert werden müssen. Erst bei einem Verhältnis $D/L = 1$ tritt weder eine Verformung noch eine Biegebeanspruchung in der PTFE-Aufnahme auf.

Bei einer abgestuften PTFE-Pressung ergibt sich bereits ab einem Durchmesser-Verhältnis von $L/D > 0,92$ eine Verformung Δw_2, die in die gleiche Richtung geht wie Δw_1 der Gleitplatte, es ist hier also $\Delta w_2 = 0$ zu setzen. Maßgebend wird aber in jedem Fall die Verformung aus der konstanten PTFE-Pressung. Das bedeutet, daß die rechnerische PTFE-Pressung kaum höher als die der Elastomer-Pressung sein darf, was der Funktionsdauer der Gleitfläche sicherlich zugute kommt.

Kalottenlager (Bild 4.45 b)
Bei dieser Lagerkonstruktion wird davon ausgegangen (vorausgesetzt $L_1 = L_2$), daß die Kalotte so gut wir keine Verformungen erleidet, also als starrer Stempel betrachtet

4.4 Gleitlager

werden kann (s. auch Abschn. 4.4.7.3). Dies gilt sowohl für eine konstante als auch für eine abgestufte PTFE-Pressung. Folglich ist $\Delta w_2 = 0$ zu setzen.

Punktkipp-Gleitlager (Bild 4.45 c)
Aufgrund des Verhältnisses der Belastungsglieder von $L/dm > 1$ zueinander ergibt sich eine Verformung Δw_2, die immer in die gleiche Richtung wirkt wie die Verformung Δw_1 der Gleitplatte (s. hierzu auch Abschn. 4.4.5.3).

Verformungs-Gleitlager (Bild 4.45 d)
Hier ergaben die Untersuchungen mit konstanter PTEF-Pressung, daß bei einem Verhältnis der Belastungsglieder von $L/D > 0,8$ die Verformung Δw_2 der PTFE-Aufnahme in die gleiche Richtung wirkt wie die Verformung Δw_1 der Gleitplatte. Diese Grenze wird bei abgestufter PTFE-Pressung bereits bei einem Verhältnis der Belastungsglieder von $L/D > 0,72$ erreicht. Die Beanspruchung unter konstanter PTFE-Pressung wird wieder maßgebend. Bei Einhaltung des Durchmesser-Verhältnisses von $L/D > 0,8$ ist $\Delta w_2 = 0$ zu setzen.

PTFE-Aufnahme mit Außenführung
Werden die Führungsflächen wie in Bild 4.46 angeordnet, so haben wir keine „Störung" in der PTFE-Gleitfläche und wir

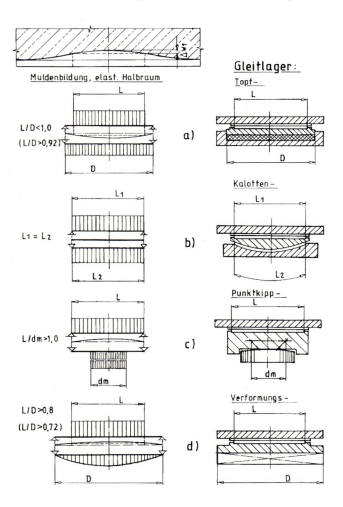

Bild 4.45
Verformungs-Richtungen der PTFE-Aufnahmen

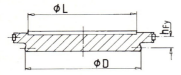

Bild 4.46
PTFE-Aufnahme mit Außenführung

können die Bemessung der PTFE-Aufnahme nach der Theorie der elastischen Gleitplatte durchführen. Auf einen zusätzlichen Nachweis aus dem Versatzmoment $M = Fy \cdot h_{Fy}$ kann in der Regel verzichtet werden.

PTFE-Aufnahme mit Innenführung
Für den Nachweis der PTFE-Aufnahme mit einer Innenführung (Bild 4.47), die eine Teilung der PTFE-Fläche zur Folge hat, sind keine Formeln zur Bemessung der Platte bekannt. Diese Anordnung der Führung gibt es in der Praxis nur für das Topf- und das Verformungs-Gleitlager.

Aus den Untersuchungen zur Bestimmung der Verformungsrichtung bei PTFE-Aufnahmen hat sich speziell bei diesen beiden Gleitlager-Konstruktionen gezeigt, daß die abgestufte PTFE-Pressung günstigere Verformungs-Bedingungen ergibt.

Durch die Teilung der PTFE-Gleitfläche durch die Führungsleiste ergibt die konstant anzunehmende PTFE-Pressung eine Biegebeanspruchung, die, verglichen mit einer ungeteilten PTFE-Aufnahme, weiter nach außen gerichtet ist. Damit kann angenommen werden, daß bei Anwendung der Formeln nach der Theorie der elastischen

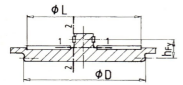

Bild 4.47
PTFE-Aufnahme mit angearbeitetem Führungssteg

Kreisplatte und Ausbildung der PTFE-Aufnahme mit einem angearbeiteten Führungssteg gem. Bild 4.47, die Verformung Δw_2 nicht größer wird als bei einer Platte ohne Mittenführung.

Zusätzlich zu den Nachweisen aus der Annahme einer elast. Kreisplatte ist die Aufnahme der Schnittgrößen (Führungskraft Fy) am Übergang vom Führungssteg zur PTFE-Aufnahme (Biege- u. Schubspannung) im Schnitt 1–1 nachzuweisen. Außerdem ist aus dem Versatzmoment $M = Fy \cdot h_{Fy}$ nach der einfachen technischen Biegelehre die Biegebeanspruchung in der PTFE-Aufnahme (Schnitt 2–2) zu ermitteln und mit der Biegespannung aus der Bemessung nach der elast. Kreisplatte zu überlagern.

4.4.4 Punktkipp-Gleitlager

4.4.4.1 Allgemeines

Erhält das Punktkipp-Gleitlager (Bild 4.37) das Symbol ─┼─, so wird damit ausgesagt, daß dieses Lager ein allseitig kippbares und allseitig bewegliches Lager ist.

Durch Anordnung von Führungsleisten (Bild 4.48) wird dieses Lager zu einem einseitig beweglichen Lager mit dem Symbol ─○─. Das Punktkipp-Gleitlager wurde aus dem festen Punktkipplager (Abschnitt 4.3.2) entwickelt.

4.4.4.2 Konstruktions- und Bemessungsregeln

Allgemeine Grundlagen für die Konstruktion und Bemessung von Bauwerks-Auflagern sind in Abschnitt 4.2 angegeben. Außerdem sind spezielle Regeln für die Konstruktion und Bemessung des Stahl-Punktkipplagers (Abschn. 4.3.2) als Kippteil des Punktkipp-Gleitlagers zu beachten.

Für die Bemessung der Gleitplatte wurde bereits in Abschn. 4.4.3 auf die besonderen Regelungen hingewiesen.

4.4 Gleitlager

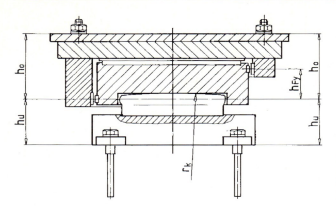

Bild 4.48
Punktkipp-Gleitlager mit oberer und heruntergezogener Führungsleiste, Bezeichnungen, Hebelarme

4.4.4.3 Bemessung der PTFE-Aufnahme

Grundlagen

Wie bereits in Abschnitt 4.4.3.5 erläutert, ist die Verformungsgröße Δw_2 bzw. Verformungsrichtung der PTFE-Aufnahme im Bereich des Gleitspaltes h (Einfassung der PTFE-Scheibe) zu ermitteln und die Einhaltung von zulässigen Werten nachzuweisen.

Aus einer Untersuchung von Petersen (s. Abschn. 7.2.4.1) geht hervor, daß sich die PTFE-Aufnahme unter Belastung immer in die gleiche Richtung verformt wie die Gleitplatte. Dies bedeutet gem. Zulassung, daß die Verformung $\Delta w_2 = 0$ zu setzen ist. Die Platte zur Aufnahme der PTFE-Scheibe ist nachgiebig. Ungleichförmigkeit und Randspannungs-Spitze der PTFE-Pressung sind geringer als bei starren Platten. Die PTFE-Aufnahme zum Punktkipp-Gleitlager kann unter der Annahme einer konstanten PTFE-Pressung berechnet und bemessen werden. Es muß dabei sichergestellt sein, daß sie eine derart ausreichende Steifigkeit besitzt, daß die Gleitkinematik gewährleistet ist. Dies wird angenommen, wenn die Verformung Δw_2 der PTFE-Aufnahme nicht größer wird als die Verformung Δw_1 der Gleitplatte. Dafür werden nachfolgend neben den Formeln für die Biegebeanspruchung der PTFE-Aufnahme auch die Formeln für die Kontrolle der Verformungsgröße angegeben.

Biegebeanspruchung

In Bild 4.49 sind die PTFE-Aufnahme und in Bild 4.50 die Belastungsglieder für den Nachweis nach der Theorie der elastischen Kreisplatte dargestellt. Nachfolgender Bemessungsvorgang hat sich schon seit vielen Jahren in der Praxis bewährt.

Zur Ermittlung der Belastungsfläche mit dem Durchmesser dm (Belastungsglied b) wird angenommen, daß sich die Vertikalkraft F_z unter $2 \cdot 45°$ bis zur Mittellinie der Platte verteilt.

Mit dem Durchmesser der Hertzschen Berührungsfläche $2c$ nach Gleichung (4), Abschnitt 4.3.2.4, wird der Durchmesser dm der Lastverteilungsfläche zu:

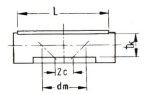

Bild 4.49
PTFE-Aufnahme: Druckverteilung

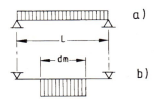

Bild 4.50
Belastungsglieder

$$dm = 2c + t_k \quad (1)$$

Maßgebend wird das Moment in Plattenmitte mit

$$M = \frac{Fz}{50{,}3} \cdot \varnothing_M \quad (2)$$

In Tabelle 4.7 sind für verschiedene Belastungsverhältnisse

$$\beta = \frac{dm}{L} \quad (3)$$

die Biegefaktoren $\varnothing_M$ angegeben. Zwischenwerte dürfen interpoliert werden.

Mit dem Widerstandsmoment

$$W = t_k^2/6 \quad (4)$$

wird die Biegespannung zu:

$$\sigma_B = M/W \leq zul\sigma \quad (5)$$

(s. Abschnitt 4.2.3.2)

Bemerkung
Der Nachweis der Biegebeanspruchung im Lagerunterteil kann analog mit den gleichen Formeln geführt werden. Rechteckige Lagerplatten werden in flächengleiche Kreisplatten umgerechnet.

Verformung
Plattensteifigkeit

$$K = \frac{E \cdot t_K^2}{10{.}92} \quad (6)$$

(E = Elastizitätsmodul der PTFE-Aufnahme)

Der Verformungsnachweis der PTFE-Platte an der PTEE-Einfassung lautet:

$$\Delta w_2 = \frac{Fz \cdot L^2}{1045{.}5 \cdot K} \cdot \varnothing_W \leq \Delta w_1 \leq zul\Delta w \quad (7)$$

($zul\Delta w$ s. Gleichung (3) in Abschn. 4.4.3.3)

Die Verformungsfaktoren $\varnothing_W$ sind entsprechend den gewählten Belastungsverhältnissen β der Tabelle 4.7 zu entnehmen. Zwischenwerte dürfen interpoliert werden.

4.4.4.4 Lastexzentritäten für den Nachweis der Pressung in der PTFE-Gleitfläche

Für den Nachweis der Pressung in der PTFE-Gleitfläche gilt die einfache technische Biegelehre ($\sigma = Fz/A \pm M/W$). Als gedrückter Querschnitt ist die gesamte PTFE-Gleitfläche ohne Abzug der Schmiertaschen anzunehmen.

Es darf dabei keine klaffende Fuge auftreten ($e_{xy} \leq L/8$).

Auf die Ermittlung der Lastexzentrizität aus der Reibungskraft Fx in der PTFE-Gleitfläche kann, weil vernachlässigbar, verzichtet werden.

Die Nachweise sind für alle in der Zulassung genannten Lastfälle zu führen.

Die Lastexzentritäten setzen sich aus nachfolgend aufgeführten Anteilen zusammen:

Verdrehung in Abhängigkeit von der Hertzschen Pressung

mit Gleichung (1) aus Abschnitt 4.3.2.3

$$e_{x,\vartheta} = \left[\vartheta_y + 0{,}015 \cdot \vartheta_y \left(\frac{\sigma_o}{Rm} \right)^5 \right] \cdot r_k \quad (8)$$

Tabelle 4.7
Biegefaktoren $\varnothing_M$ und Verformungsfaktoren $\varnothing_W$ zum Nachweis der Biegebeanspruchung und Verformung der PTFE-Aufnahme bei Punktkipp-Gleitlagern (Bild 4.49 und 4.50)

$\beta = \dfrac{dm}{L}$	0.15	0.20	0.25	0.30	0.35	0.40	0.45	0.50	0.55	0.60	0.65	0.70	0.75
$\varnothing_M$	10.55	9.04	7.87	6.90	6.07	5.35	4.71	4.13	3.60	3.10	2.64	2.21	1.80
$\varnothing_W$	7.50	7.25	6.96	6.63	6.26	5.87	5.46	5.02	4.57	4.10	3.62	3.12	2.62

4.4 Gleitlager

$$e_{y,\vartheta} = \left[\vartheta_x + 0{,}015 \cdot \vartheta_x \left(\frac{\sigma_o}{Rm}\right)^5\right] \cdot r_k \quad (9)$$

Horizontalkraft Fy (äußere Einwirkung)

$$e_{Fy} = \frac{Fy \cdot h_{Fy}}{Fz} \quad (10)$$

In Bild 4.48 ist die Führungsfläche auf der linken Seite bis auf die Kipplinie des Druckzapfens heruntergezogen. Dies hat zur Folge, daß die Horizontalkraft Fy jetzt direkt von der Führungsfläche durch die PTFE-Aufnahme in den Druckzapfen fließt, ohne eine Beanspruchung in der PTFE-Gleitfläche zu erzeugen.

In diesem Fall werden die Lastexzentrizitäten aus Fy zu Null.

Diese konstruktive Maßnahme ist offensichtlich immer dann zu empfehlen, wenn ein sehr ungünstiges (d. h. großes) Lastverhältnis Fz/Fy vorliegt.

Reibungskraft in der Führungsfläche

$$F_R = \mu_{Fü} \cdot Fy; \quad (11)$$

$\mu_{Fü}$ in Abhängigkeit von der Gleitpaarung in der Führungsfläche (s. Abschnitt 6.2.2)

$$e_{Fü} = \frac{F_R \cdot h_{Fy}}{Fz} \quad (12)$$

Reibungsmoment infolge Wirkung der Horizontalkräfte im Drehpunkt des Lagers

Die resultierende Horizontalkraft beträgt:

$$Fxy = \sqrt{Fy^2 + F_R^2} \approx Fy \quad (13)$$

Die wirksame Horizontalkraft beträgt:

$$F_H = Fxy - \frac{0{,}2 \cdot Fz}{1{,}5} \quad (14)$$

und das Reibungsmoment wird zu:

$$M_\mu = \mu_k \cdot F_H \cdot Dz/2 \quad (15)$$

Daraus wird nur eine Lastexzentrizität in y-Richtung ermittelt

$$e_\mu = \frac{M\mu}{Fz} \quad (16)$$

Summe der Lastexzentrizitäten

in x-Richtung

$$\Sigma e_x = e_{x,\vartheta} + e_{Fü} \quad (17)$$

in y-Richtung

$$\Sigma e_y = e_{y,\vartheta} + e_{Fy} + e_\mu \quad (18)$$

Für eine kreisförmige PTFE-Gleitfläche wird die resultierende Lastexzentrizität zu:

$$e_{xy} = (\sqrt{\Sigma e_x^2 + \Sigma e_y^2}) \leq L/8 \quad (19)$$

Pressung in der PTFE-Gleitfläche

$$\sigma = \frac{Fz}{0{,}7854 \cdot L^2} \cdot (1 + \frac{8 \cdot e_{xy}}{L}) \leq zul\sigma \quad (20)$$

(s. Abschn. 6.2.2)

4.4.4.5 Lastexzentrizitäten für den Nachweis in der oberen und unteren Lagerfuge

Die Ermittlung der Exzentrizitäten erfolgt analog zur Ermittlung der Lastexzentrizitäten bei der PTFE-Gleitfläche jedoch mit den Hebelarmen ho bzw. hu (s. Bild 4.48).

4.4.5 Topf-Gleitlager

4.4.5.1 Allgemeines

Das Topf-Gleitlager Bild 4.38 erhält das Symbol ⊣⊦ , weil es sich um ein allseitig kippbares und allseitig bewegliches Lager handelt. Durch Anordnung von Führungsleisten (Bild 4.51) wird dieses Lager zu einem einseitig beweglichen Lager mit dem Symbol ⊸⊸ . Das Topf-Gleitlager wurde

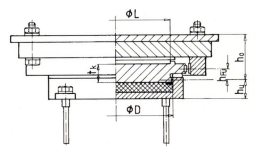

Bild 4.51
Topf-Gleitlager: Bezeichnungen, Hebelarme

aus dem Topflager (Abschn. 4.3.3) entwickelt.

4.4.5.2 Konstruktions- und Bemessungsregeln

Allgemeine Grundlagen für die Konstruktion und Bemessung von Bauwerks-Auflagern sind in Abschn. 4.2 angegeben. Außerdem sind spezielle Regeln, die das Topflager als Kipplager betreffen, zu beachten (Abschn. 4.3.3). Für die Bemessung der Lagerplatten (Gleitplatte und PTFE-Aufnahme) wurde bereits in Abschn. 4.4.3 auf die besonderen Regelungen hingewiesen.

4.4.5.3 Bemessung der PTFE-Aufnahme

Grundlagen

Die Gleitlager-Zulassung (Abschn. 6.2.2) gibt hierzu an, daß die maximale Relativ-Verformung Δw_2 nach der Theorie der elastischen Kreisplatte berechnet werden darf. Die Pressung in der Elastomerplatte ist dabei konstant anzunehmen, während die Pressung in der PTFE-Scheibe konstant oder abgestuft (Bild 4.44) anzunehmen ist. Der ungünstigere Fall ist maßgebend. Wenn sich die Gleitplatte und die PTFE-Aufnahme in die gleiche Richtung verformen, dann ist $\Delta w_2 = 0$ zu setzen. Siehe hierzu auch die Ausführungen im Abschnitt 4.4.3.5.

Nachfolgend werden die Formeln sowohl für die Biegebeanspruchung als auch für die Verformung der PTFE-Aufnahme angegeben.

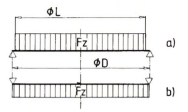

Bild 4.52
Belastungs-Glieder:
a) konstante PTFE-Pressung
b) konstante Pressung in der Elastomer-Platte

Beanspruchung mit konstanter PTFE-Pressung

In Bild 4.52 sind die Belastungsglieder für den Nachweis der PTFE-Aufnahme nach der Theorie der elastischen Kreisplatte dargestellt, und zwar das Belastungsglied a) als konstante Pressung in der PTFE-Scheibe mit dem Durchmesser L und das Belastungsglied b) als konstante Pressung in der Elastomer-Platte mit dem Durchmesser D.

Biegebeanspruchung

Maßgebend wird das Moment in Plattenmitte mit

$$M_1 = \frac{Fz}{50.3} \cdot \varnothing_{M1} \qquad (1)$$

In Tabelle 4.8 sind für verschiedene Belastungsverhältnisse

$$\beta = \frac{L}{D} \qquad (2)$$

die Biegefaktoren $\varnothing_{M1}$ angegeben. Zwischenwerte dürfen interpoliert werden.

Tabelle 4.8
Biegefaktoren $\varnothing_{M1}$ und Verformungsfaktoren $\varnothing_{W1}$ zum Nachweis der Biegebeanspruchung und Verformung unter konstanter PTFE-Pressung der PTFE-Aufnahme bei Topf-Gleitlagern (Bild 4.52)

$\beta = \frac{L}{D}$	0.70	0.75	0.80	0.85	0.90	0.95	1.00
$\varnothing_{M1}$	2.21	1.80	1.41	1.04	0.68	0.34	0.00
$\varnothing_{W1}$	1.84	1.71	1.51	1.24	0.90	0.49	0.00

4.4 Gleitlager

Mit der Plattendicke t_k wird die Biegebeanspruchung zu:

$$\sigma = \frac{M_1 \cdot 6}{t_k^2} \leq R_{eH} \qquad (3)$$

(gem. Zulassung darf die Biegebeanspruchung die Streckgrenze nicht überschreiten).

Verformung

Plattensteifigkeit K siehe Gleichung (6) in Abschnitt 4.4.4.3
Die Verformung der PTFE-Aufnahme an der PTFE-Einfassung beträgt:

$$\Delta w_2 = \frac{F_z \cdot D^2}{1045{,}5 \cdot K} \cdot \varnothing_{W1} \qquad (4)$$

Die Verformungsfaktoren $\varnothing_{W1}$ sind entsprechend den gewählten Belastungsverhältnissen β der Tabelle 4.8 zu entnehmen. Zwischenwerte dürfen interpoliert werden.

Nach Abschn. 4.4.3.5 sind in diesem Fall die Verformung der Gleitplatte Δw_1 und die Verformung der PTFE-Aufnahme Δw_2 zu addieren.

Der Verformungsnachweis an der PTFE-Einfassung lautet:

$$\Delta w = \Delta w_1 + \Delta w_2 \leq zul\Delta w \qquad (5)$$

($zul\Delta w$ s. Gleichung (3) in Abschn 4.4.3.3)

Beanspruchung mit abgestufter PTFE-Pressung

Bild 4.53 zeigt die Belastungsglieder für den Nachweis der PTFE-Aufnahme nach der Theorie der elastischen Kreisplatte, und zwar Belastungsglieder c) und d) die Beanspruchungen aus der abgestuften Pressung (Bild 4.44) in der PTFE-Scheibe

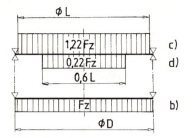

Bild 4.53
Belastungs-Glieder:
c)+d) abgestufte PTFE-Pressung
b) konstante Pressung in der Elastomer-Platte

und das Belastungsglied b) die konstante Pressung in der Elastomer-Platte mit dem Durchmesser D.

Biegebeanspruchung

Maßgebend wird das Moment in Plattenmitte mit

$$M_2 = \frac{F_z}{50{,}3} \cdot \varnothing_{M2} \qquad (6)$$

In Tabelle 4.9 sind für verschiedene Belastungsverhältnisse

$$\beta = \frac{L}{D} \qquad (2)$$

die Biegefaktoren $\varnothing_{M2}$ angegeben. Zwischenwerte dürfen interpoliert werden.

Mit der Plattendicke t_k wird die Biegebeanspruchung zu:

$$\sigma = \frac{M_2 \cdot 6}{t_k^2} \leq R_{eH} \qquad (7)$$

Verformung

Plattensteifigkeit K siehe Gleichung (6) in Abschnitt 4.4.4.3.

Tabelle 4.9
Biegefaktoren $\varnothing_{M2}$ und Verformungsfaktoren $\varnothing_{W2}$ zum Nachweis der Biegebeanspruchung und Verformung unter abgestufter PTFE-Pressung in der PTFE-Aufnahme bei Topf-Gleitlagern (Bild 4.53).

$\beta = \dfrac{L}{D}$	0.70	0.75	0.80	0.85	0.90	0.95	1.00
$\varnothing_{M2}$	1.58	1.16	0.77	0.38	0.017	−0.34	−0.68
$\varnothing_{W2}$	1.45	1.25	0.98	0.63	0.20	−0.31	−0.90

$$\Delta w_2 = \frac{Fz \cdot D^2}{1045.5 \cdot K} \cdot \varnothing_{W2} \qquad (8)$$

Die Verformungsfaktoren $\varnothing_{W2}$ sind entsprechend den gewählten Belastungsverhältnissen β der Tabelle 4.9 zu entnehmen. Zwischenwerte dürfen interpoliert werden.

Negativ-Verformungsfaktoren bedeuten, daß sich die PTFE-Aufnahme in die gleiche Richtung wie die Gleitplatte verformt.

Der Verformungsnachweis an der PTFE-Einfassung lautet für positive Verformungsfaktoren $\varnothing_{W2} > 0$

$$\Delta w = \Delta w_1 + \Delta w_2 \leq zul\Delta w \qquad (5)$$

($zul\Delta$w s. Gleichung (3) in Abschn. 4.4.3.3)

und für negative Verformungsfaktoren $\varnothing_{W2} < 0$
$$|\Delta w_2| \leq |\Delta w_1| \leq zul\Delta w \qquad (9)$$

4.4.5.4 Lastexzentrizitäten für den Nachweis der Pressung in der PTFE-Gleitfläche

Für den Nachweis der Pressung in der PTFE-Gleitfläche gilt die einfache technische Biegelehre ($\sigma = Fz/A \pm M/W$). Als gedrückter Querschnitt ist die gesamte PTFE-Gleitfläche ohne Abzug der Schmiertaschen anzunehmen.

Es darf dabei keine klaffende Fuge auftreten ($e_{xy} \leq L/8$).

Auf die Ermittlung der Lastexzentrizität aus der Reibungskraft Fx in der PTFE-Gleitfläche kann, weil vernächlässigbar, verzichtet werden.

Die Nachweise sind für alle in der Zulassung genannten Lastfälle zu führen.

Rückstellmoment aus der Elastomer-Platte
(gem. Zulassung)

$$e_{x,ME} = \frac{M_{Ex}}{Fz}; \quad e_{y,ME} = \frac{M_{Ey}}{Fz} \qquad (10)\ (11)$$

Die weitere Rechnung erfolgt wie in Abschnitt 4.4.4.4:

Horizontalkraft Fy (äußere Einwirkung)

$$e_{Fy} = \frac{Fy \cdot h_{Fy}}{Fz} \qquad (12)$$

Reibungskraft in der Führungsfläche

$$F_R = \mu_{Fü} \cdot Fy; \qquad (13)$$

$\mu_{Fü}$ abhängig von der Gleitpaarung in der Führungsfläche (s. Abschnitt 6.2.2)

$$e_{Fü} = \frac{F_R \cdot h_{Fy}}{Fz} \qquad (14)$$

Reibungsmoment infolge Wirkung der Horizontalkräfte im Drehpunkt des Lagers

Die resultierende Horizontalkraft beträgt:

$$Fxy = \sqrt{Fy^2 + F_R^2} \approx Fy \qquad (15)$$

und das Reibungsmoment wird zu:

$$M_\mu = \mu_k \cdot Fxy \cdot Dz/2 \qquad (16)$$

Daraus wird nur eine Lastexzentrizität in y-Richtung ermittelt.

$$e_\mu = \frac{M_\mu}{Fz} \qquad (17)$$

Summe der Lastexzentrizitäten
in x-Richtung

$$\Sigma e_x = e_{x,ME} + e_{Fü} \qquad (18)$$

in y-Richtung

$$\Sigma e_y = e_{y,ME} + e_{Fy} + e_\mu \qquad (19)$$

Für eine kreisförmige PTFE-Gleitfläche wird die resultierende Lastexzentrizität zu:

$$e_{xy} = \sqrt{\Sigma e_x^2 + \Sigma e_y^2} \leq L/8 \qquad (20)$$

Pressung in der PTFE-Gleitfläche

$$\sigma = \frac{Fz}{0{,}7854 \cdot L^2} \cdot \left(1 + \frac{8 \cdot e_{xy}}{L}\right) \leq zul\sigma \qquad (21)$$
(s. Abschn. 6.2.2)

4.4.5.5 Lastexzentrizitäten für den Nachweis in der oberen und unteren Lagerfuge

Die Ermittlung der Exzentrizitäten erfolgt analog zur Ermittlung bei der PTFE-Gleitfläche, jedoch mit den Hebelarmen ho bzw. hu (s. Bild 4.51).

4.4.6 Kalottenlager

4.4.6.1 Allgemeines

Das Kalottenlager (Bild 4.39) erhält das Symbol ⊸⊕⊸, weil es sich um ein allseitig verdrehbares und allseitig bewegliches Lager handelt.

Einseitig bewegliche Kalottenlager (Bild 4.54) entstehen aus dem festen Kalottenlager (Bild 4.27), indem die kreisrunden Anschläge (1a) durch gegenüberliegende parallele Führungsleisten ersetzt werden. Sie erhalten dann nach DIN 4141, Teil 1, Tabelle 1, das Symbol ⊸•⊸.

Funktions-Einschränkung

Beim einseitig beweglichen Kalottenlager treten gegenüber anderen Gleitlager-Konstruktionen (Punktkipp-, Topf- und Elastomer-Gleitlager), die ebenfalls das Symbol ⊸•⊸ erhalten, gewisse Schwierigkeiten dadurch auf, daß es bei der in Bild 4.54 dargestellten Konstruktion eines einseitig beweglichen Kalottenlagers nicht möglich ist, Führung und Verdrehung zu entkoppeln. Durch das Übergreifen der Führungsleisten auf das Lagerunterteil ergibt sich daher nur eine durch die Führungsleisten vorgegebene Dreh-(Kipp-)Richtung. Diese Einschränkung muß immer dann beachtet werden, wenn die Bewegungsrichtung (z.B. bei einer Polstrahl-Lagerung) von der Verdrehungsrichtung (tangential) abweicht. Um eine gleichwertige Funktionsfähigkeit zu den vorgenannten Gleitlager-Konstruktionen (alle notwendigen Frei-

heitsgrade) zu erreichen, sind zusätzliche Konstruktions-Elemente (z.B. Führungsring) erforderlich.

4.4.6.2 Konstruktions- und Bemessungsregeln

Allgemeine Grundlagen für die Konstruktion und Bemessung von Bauwerks-Auflagern sind in Abschnitt 4.2 angegeben. Außerdem sind spezielle Regeln zum festen Kalottenlager (Abschn. 4.3.4), welches ja bereits ein „begrenzt bewegliches" Lager darstellt, zu beachten. Für die Bemessung der Gleitplatte wurde in Abschn. 4.4.3 auf Bemessungs-Regeln hingewiesen.

4.4.6.3 Bemessung der PTFE-Aufnahme

Beim Kalottenlager haben wir es mit zwei PTFE-Aufnahmen – der Kalotte und dem Lagerunterteil – zu tun, die getrennt betrachtet werden müssen.

Kalotte

Petersen kommt in seiner Untersuchung zur Verformung von Lagerplatten (s. Abschn. 7.2.4.1) zu dem Ergebnis, daß die Kalotte unter Beanspruchung nur eine geringe Verformung erleidet. Sie kann somit als starrer Stempel nach beiden Richtungen, also nach oben und nach unten, aufgefaßt werden. Die Abmessungen der Kalotte brauchen somit nur noch konstruktiv festgelegt zu werden, nachdem der PTFE-Durchmesser L und der Kugelradius r_k nach den Regeln der Zulassung ermittelt wurden.

Stempeleffekt

Weil die Kalotte relativ starr ist, muß beim PTFE mit entsprechender Ungleichförmigkeit und Randspannungs-„Spitzen" gerechnet werden. Petersen (s. Abschn. 7.2.4.1) äußert sogar die Vermutung, daß eine ausgeprägte Ungleichförmigkeit der PTFE-Pressung im Extremfall eine Zerstörung der PTFE-Scheibe im Randbereich bewirken könnte. Auswirkungen zu großer

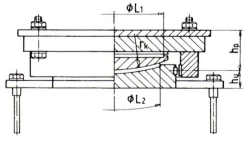

Bild 4.54
Kalottenlager: Bezeichnungen, Hebelarme

Randbeanspruchungen der PTFE-Scheibe werden im Abschnitt 7.3.3 durch die Bilder 41 und 45 gezeigt. Dieser Effekt, der bei gleichen Verhältnissen auch für andere Lager gilt, ist in seinen Auswirkungen noch nicht erforscht.

Lagerunterteil

Das Lagerunterteil bei Kalottenlagern ist mit den Regeln der Zulassung wie die Gleitplatte zu bemessen (s. Abschn. 4.4.3.3).

4.4.6.4 Lastexzentrizitäten für den Nachweis der Pressung in der PTFE-Gleitfläche

Für den Nachweis der Pressung in der PTFE-Gleitfläche gilt die einfache technische Biegelehre ($\sigma = Fz/A \pm M/W$). Als gedrückter Querschnitt ist die gesamte PTFE-Gleitfläche ohne Abzug der Schmiertaschen anzunehmen.

Es darf dabei keine klaffende Fuge auftreten ($e_\vartheta \leq L/8$).

Auf die Ermittlung der Lastexzentrizität aus der Reibungskraft Fx in der PTFE-Gleitfläche (infolge Translation) kann, weil vernachlässigbar, verzichtet werden.

Die Nachweise sind für alle in der Zulassung genannten Lastfälle zu führen.

Reibungsmoment infolge Verdrehung

$$e_\vartheta = (\vartheta \pm \mu) \cdot r_k \qquad (1)$$

ϑ = Drehwinkel [rad]
μ = Reibungszahl gem. Abschn. 3.1.1 der Zulassung

Das Reibungsmoment aus Verdrehung ϑ_p unter Verkehrsbelastung erzeugt plus/minus-Beanspruchungen in der PTFE-Gleitfläche. Solange $\mu > \vartheta_p$ ist, genügt es, für ϑ die einmalige Verdrehung aus ϑ_g [rad] einzusetzen.

Ein weiterer Hinweis bezieht sich auf die Formel zur Ermittlung der Reibungszahl in der Kalottenlager-Zulassung (Abschn. 6.2.3). Da unterschiedliche Reibungszahlen für die beiden PTFE-Gleitflächen angenommen werden dürfen, müßte die Gleichung lauten:

$$\mu = \frac{1{,}0\ (1{,}2)}{10 + \sigma_m} \geq 0{,}025\ (0{,}03) \qquad (2)$$

Äußere Horizontalkräfte

Bei Kalottenlagern ist bei den in Deutschland üblichen Konstruktionen kein Einfluß der Horizontalkräfte in den PTFE-Gleitflächen vorhanden. Voraussetzung ist, daß die äußeren Horizontalkräfte (Fy) voll in den Anschluß zum Über- bzw. Unterbau weitergeleitet werden. Es treten dann aus Fy in den PTFE-Gleitflächen keine Beanspruchungen auf, da auch ohne Kalotte die Horizontalkräfte übertragen werden können.

4.4.6.5 Lastexzentrizitäten für den Nachweis in der oberen und unteren Lagerfuge

Infolge Reibungsmoment aus Verdrehung

$$e_\vartheta = (\vartheta \pm \mu) \cdot r_k \qquad (1)$$

Infolge Horizontalkraft Fy (äußere Einwirkung)

$$e_{Fy} = \frac{Fy \cdot ho(hu)}{Fz} \qquad (3)$$

Infolge Reibungskraft F_R in den Führungsflächen

$$e_{FR} = \frac{0{,}08 \cdot Fy \cdot ho(hu)}{Fz} \qquad (4)$$

Wegen der in Abschnitt 4.4.6.1 beschriebenen Funktions-Einschränkung wird gem. Kalottenlager-Zulassung (s. Abschn. 6.2.3) in den Führungsflächen die Gleitpaarung PTFE/aust. Stahlblech vorgeschrieben. Hierfür gilt generell die Reibungszahl $\mu = 0{,}08$.

Summe der Lastexzentrizitäten in x-Richtung

4.4 Gleitlager

$$\Sigma e_x = e_{\vartheta x} + e_{FR} \qquad (5)$$

in y-Richtung

$$\Sigma e_y = e_{\vartheta y} + e_{Fy} \qquad (6)$$

4.4.6.6 Beanspruchung der PTFE-Führungsflächen

Wie bereits in Abschnitt 4.4.6.5 ausgeführt, ist als Gleitpaarung in den Führungsflächen von Kalottenlagern PTFE gegen aust. Stahlblech vorgeschrieben. Die PTFE-Streifen sind gem. Zulassung auszuführen und zu kammern. Bei der Ermittlung der Pressungen dürfen die normal zur Gleit-(Führungs-)Fläche wirkenden Kräfte mittig angenommen werden (mittlere Pressung). Die zulässige Pressung beträgt dann 45 N/mm².

Da die Führungsleisten von der Gleitplatte direkt auf das Lagerunterteil übergreifen, erhalten die PTFE-Streifen aus Verdrehung eine Randstauchung. Die Zulassung begrenzt diese Verformung mit $\Delta h \leq 0{,}1$ mm. Mit der Breite B des PTFE-Streifens ergibt sich der zul. Drehwinkel zu:

$$\text{zul } \vartheta_x = 0{,}2/B \qquad (7)$$

B = Breite des PTFE-Streifens in mm

Bei größeren Drehwinkeln sind zusätzliche Konstruktions-Elemente (z. B. Kippleisten) vorzusehen.

Nicht geklärt ist in diesem Zusammenhang die Wirkung auf die PTFE-Führungsflächen bei einer Verdrehung um die vertikale Lagerachse (ϑ_z) bzw. Abweichung von der vorgegebenen Einbaurichtung oder auch Abweichung in der Parallelität zwischen Führungsleisten und Lagerunterteil. Mit der Mindestbreite B des PTFE-Streifens von 15 mm und einer zugehörigen Streifenlänge von $25 \cdot B = 375$ mm wird bei der gleichen zulässigen Rand-Stauchung von 0,1 mm die zul. Verdrehung

$$zul\,\vartheta_z = 0{,}2/375 = 0{,}0005 \qquad (8)$$

4.4.7 Verformungs-Gleitlager

4.4.7.1 Allgemeines

Unter Verformungsgleitlager werden hier solche Gleitlager verstanden, bei denen Horizontalkräfte über ein Verformungslager vom Überbau in den Unterbau geleitet werden.

Wie schon in der Einleitung zu den Gleitlagern (Abschn. 4.4.1) ausgeführt, nimmt das Verformungs-Gleitlager eine Sonderstellung unter den Gleitlagern ein.

Es ist nämlich in der Lage, durch das Kipplager (Elastomerlager) zusätzliche sogenannte „Kleinstbewegungsgrößen" auszuführen und die Gleitflächen von den Bewegungen aus Verkehrsschwingungen zu entlasten.

In den Abschn. 2.2.2.6, 2.2.3.4 und 2.2.4.2 wird bereits auf diese Lager hingewiesen.

Immer dann, wenn die Bewegungsrichtungen nicht eindeutig festgelegt werden können, kann dieses Lager durch zusätzliche Verformungsmöglichkeit des Elastomers einen Bewegungsausgleich (Zwängungsabbau) herbeiführen.

Das allseitig bewegliche Verformungs-Gleitlager (Bild 4.40) erhält das Symbol ⊕ , mit dem ausgesagt werden soll, daß dieses Lager durch eine Gleitfläche allseitig verschieblich ist. Das Elastomerlager übernimmt die allseitige Kippung und darüber hinaus im Rahmen der zulässigen Verformungen weitere Horizontalbewegungen.

Das einseitig bewegliche Verformungs-Gleitlager erhält das Symbol ⊟ (Bild 4.55).

Hier ist die vorhandene Gleitfläche durch Führungsleisten für eine Gleitbewegung nur in einer Richtung begrenzt.

Das Elastomerlager übernimmt auch hier die allseitige Kippung und zusätzliche Ausgleichsbewegungen durch die Verformung des Elastomers.

Die Grenze für den Einsatz dieses einseitig beweglichen Verformungs-Gleitla-

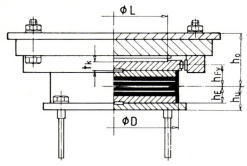

Bild 4.55
Verformungs-Gleitlager: Bezeichnungen, Hebelarme

gers ist mit der Größe der zulässigen Verformung und der maximal zulässigen Nettohöhe gegeben.

4.4.7.2 Konstruktions- und Bemessungsregeln

Allgemeine Grundlagen für die Konstruktion und Bemessung von Bauwerks-Auflagern sind in Abschn. 4.2 angegeben. Da sich dieses Gleitlager aus einem Elastomerlager (Kippteil) und einem Gleitteil zusammensetzt, wird an dieser Stelle auf die grundsätzlichen Ausführungen in Abschn. 4.5 hingewiesen. Hinsichtlich der Bemessung der Lagerplatten (Gleitplatte und PTFE-Aufnahme) wurde bereits in Abschn. 4.4.3 auf die besonderen Regelungen hingewiesen.

4.4.7.3 Bemessung der PTFE-Aufnahme

Die Gleitlager-Zulassung (Abschn. 6.2.2) gibt hierzu an, daß die maximale Relativ-Verformung Δw_2 nach der Theorie der elastischen Kreisplatte berechnet werden darf. Die Pressung in dem Elastomerlager ist dabei parabelförmig anzunehmen, während die Pressung in der PTFE-Scheibe konstant oder abgestuft (Bild 4.44) anzunehmen ist.

Der ungünstigere Fall ist maßgebend. Wenn sich die Gleitplatte und die PTFE-Aufnahme in die gleiche Richtung verformen, dann ist $\Delta w_2 = 0$ zu setzen. Allerdings sollte auch hier – siehe Ausführungen in Abschnitt 4.4.4.3 – $\Delta w_2 \leq \Delta w_1$ sein.

Nachfolgend werden die Formeln sowohl für die Biegebeanspruchung als auch für die Verformung der PTFE-Aufnahme angegeben.

Beanspruchung mit konstanter PTFE-Pressung

In Bild 4.56 sind die Belastungsglieder für den Nachweis der PTFE-Aufnahme nach der Theorie der elastischen Kreisplatte dargestellt. Dabei stellt das Belastungsglied a) die konstante Pressung in der PTFE-Scheibe mit dem Durchmesser L und das Belastungsglied b) die parabelförmige Pressung in dem Elastomerlager mit dem Durchmesser D dar.

Biegebeanspruchung

Maßgebend wird das Moment in Plattenmitte mit

$$M_1 = \frac{F_z}{50.3} \cdot \varnothing_{M1} \qquad (1)$$

In Tabelle 4.10 sind für verschiedene Belastungsverhältnisse

$$\beta = \frac{L}{D} \qquad (2)$$

die Biegefaktoren $\varnothing_{M1}$ angegeben. Zwischenwerte dürfen interpoliert werden.

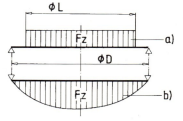

Bild 4.56
Belastungs-Glieder:
a) konstante PTFE-Pressung
b) parabelförmige Pressung im Elastomerlager

4.4 Gleitlager

Tabelle 4.10
Biegefaktoren $\varnothing_{M1}$ und Verformungsfaktoren $\varnothing_{W1}$ zum Nachweis der Biegebeanspruchung und Verformung unter konstanter PTFE-Pressung in der PTFE-Aufnahme bei Verformungs-Gleitlagern (Bild 4.56)

$\beta = \dfrac{L}{D}$	0.55	0.60	0.65	0.70	0.75	0.80	0.85	0.90	0.95	1.00
$\varnothing_{M1}$	2.07	1.57	1.11	0.68	0.27	−0.12	−0.49	−0.85	−1.20	−1.53
$\varnothing_{W1}$	1.08	0.98	0.82	0.60	0.33	−0.017	−0.43	−0.91	−1.46	−2.08

Mit der Plattendicke t_k wird die Biegebeanspruchung zu:

$$\sigma = \frac{M_1 \cdot 6}{t_k^2} \leq R_{eH} \qquad (3)$$

(gem. Zulassung darf die Biegebeanspruchung die Streckgrenze nicht überschreiten)

Verformung

Plattensteifigkeit K siehe Gleichung (6) in Abschnitt 4.4.4.3.

Die Verformung der PTFE-Aufnahme an der PTFE-Einfassung beträgt:

$$\Delta w_2 = \frac{Fz \cdot D^2}{1045.5 \cdot K} \cdot \varnothing_{W1} \qquad (4)$$

Die Verformungsfaktoren $\varnothing_{W1}$ sind entsprechend den gewählten Belastungsverhältnissen β der Tabelle 4.10 zu entnehmen. Zwischenwerte dürfen interpoliert werden.

Negative Verformungsfaktoren bedeuten, daß sich die PTFE-Aufnahme in die gleiche Richtung wie die Gleitplatte verformt.

Der Verformungsnachweis an der PTFE-Einfassung lautet für positive Verformungsfaktoren $\varnothing_{W1} > 0$

$$\Delta w = \Delta w_1 + \Delta w_2 \leq zul\ \Delta w \qquad (5)$$

($zul \Delta w$ s. Gleichung (3) in Abschnitt 4.4.3.3.)

und für negative Verformungsfaktoren $\varnothing_{W1} < 0$

$$|\Delta w_2| \leq |\Delta w_1| \leq zul\ \Delta w \qquad (6)$$

Beanspruchung mit abgestufter PTFE-Pressung

Bild 4.57 zeigt die Belastungsglieder für den Nachweis der PTFE-Aufnahme nach der Theorie der elastischen Kreisplatte, und zwar die Belastungsglieder c) und d) für die Beanspruchungen aus der abgestuften Pressung (Bild 4.44) in der PTFE-Scheibe und das Belastungsglied b) für die parabelförmige Pressungs-Verteilung im Elastomerlager mit dem Durchmesser D.

Biegebeanspruchung

Maßgebend wird das Moment in Plattenmitte mit

$$M_2 = \frac{Fz}{50.3} \cdot \varnothing_{M2} \qquad (7)$$

In Tabelle 4.11 sind für verschiedene Belastungsverhältnisse

$$\beta = \frac{L}{D} \qquad (2)$$

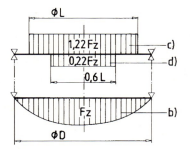

Bild 4.57
Belastungs-Glieder:
c)+d) abgestufte PTFE-Pressung
b) parabelförmige Pressung im Elastomerlager

Tabelle 4.11
Biegefaktoren $\varnothing_{M2}$ und Verformungsfaktoren $\varnothing_{W2}$ zum Nachweis der Biegebeanspruchung und Verformung unter abgestufter PTFE-Pressung in der PTFE-Aufnahme bei Verformungs-Gleitlagern (Bild 4.57)

$\beta = \dfrac{L}{D}$	0.55	0.60	0.65	0.70	0.75	0.80	0.85	0.90	0.95	1.00
$\varnothing_{M2}$	1.45	0.95	0.49	0.05	−0.37	−0.77	−1.15	−1.51	−1.87	−2.21
$\varnothing_{W2}$	0.84	0.70	0.49	0.21	−0.13	−0.55	−1.04	−1.61	−2.25	−2.99

die Biegefaktoren $\varnothing_{M2}$ angegeben. Zwischenwerte dürfen interpoliert werden.

Mit der Plattendicke t_k wird die Biegebeanspruchung zu:

$$\sigma = \frac{M_2 \cdot 6}{t_k^2} \leq R_{eH} \qquad (8)$$

(gem. Zulassung darf die Biegebeanspruchung die Streckgrenze nicht überschreiten)

Verformung
Plattensteifigkeit K siehe Gleichung (6) in Abschnitt 4.4.4.3.
Die Verformung der PTFE-Aufnahme an der PTFE-Einfassung beträgt:

$$\Delta w_2 = \frac{Fz \cdot D^2}{1045.5 \cdot K} \cdot \varnothing_{W2} \qquad (9)$$

Die Verformungsfaktoren $\varnothing_{W2}$ sind entsprechend den gewählten Belastungsverhältnissen β der Tabelle 4.11 zu entnehmen. Zwischenwerte dürfen interpoliert werden.

Negative Verformungsfaktoren bedeuten, daß sich die PTFE-Aufnahme in die gleiche Richtung wie die Gleitplatte verformt.

Der Verformungsnachweis an der PTFE-Einfassung lautet für positive Verformungsfaktoren $\varnothing_{W2} > 0$

$$\Delta w = \Delta w_1 + \Delta w_2 \leq zul\,\Delta w \qquad (10)$$

($zul\,\Delta w$ s. Gleichung (3) in Abschnitt 4.4.3.3.)

und für negative Verformungsfaktoren $\varnothing_{W2} < 0$

$$|\Delta w_2| \leq |\Delta w_1| \leq zul\,\Delta w \qquad (11)$$

4.4.7.4 Lastexzentritäten für den Nachweis der Pressung in der PTFE-Gleitfläche

Für den Nachweis der Pressung in der PTFE-Gleitfläche gilt die einfache technische Biegelehre ($\sigma = Fz/A \pm M/W$). Als gedrückter Querschnitt ist die gesamte PTFE-Gleitfläche ohne Abzug der Schmiertaschen anzunehmen.

Es darf dabei keine klaffende Fuge auftreten ($e_{xy} \leq L/8$).

Auf die Ermittlung der Lastexzentrizität aus der Reibungskraft Fx in der PTFE-Gleitfläche wird nachfolgend verzichtet.

Die Nachweise sind für alle in der Zulassung genannten Lastfälle zu führen.

Infolge Rückstellmoment aus dem Elastomerlager (DIN 4141, Teil 14)

$$e_{x,MR} = \frac{M_{Rx}}{Fz} \;;\quad e_{y,MR} = \frac{M_{Ry}}{Fz} \qquad (12)\;(13)$$

Infolge Horizontalkraft Fy (äußere Einwirkung)

$$e_{Fy} = \frac{Fy \cdot h_{Fy}}{Fz} \qquad (14)$$

Infolge Reibungskraft in der Führungsfläche

$$F_R = \mu_{Fü} \cdot Fy; \qquad (15)$$

$$e_{Fü} = \frac{F_R \cdot h_{Fy}}{Fz} \qquad (16)$$

4.4 Gleitlager

Summe der Lastexzentrizitäten
in x-Richtung

$$\Sigma e_x = e_{x,MR} + e_{Fü} \quad (17)$$

in y-Richtung

$$\Sigma e_y = e_{y,MR} + e_{Fy} \quad (18)$$

Für eine kreisförmige PTFE-Gleitfläche wird die resultierende Lastexzentrizität zu:

$$e_{xy} = \sqrt{\Sigma e_x^2 + \Sigma e_y^2} \leq L/8 \quad (19)$$

Pressung in der PTFE-Gleitfläche

$$\sigma = \frac{Fz}{0{,}7854 \cdot L^2} \cdot (1 + \frac{8 \cdot e_{xy}}{L}) \leq zul\sigma \quad (20)$$

(s. Abschn. 6.2.2)

4.4.7.5 Lastexzentrizitäten für den Nachweis in der oberen und unteren Lagerfuge

Die Ermittlung der Exzentrizitäten erfolgt analog zur Ermittlung bei der PTFE-Gleitfläche jedoch mit den Hebelarmen ho bzw. hu (s. Bild 4.55).

4.4.7.6 Pressung – Elastomerlager

Für das Elastomerlager wird der Nachweis der mittleren Pressung geführt mit:

$$max\sigma_m = Fz/A \leq 1{,}5 \cdot \sigma_m \quad (21)$$

(σ_m gem. DIN 4141, Teil 14, Tabelle 5)

Die für die Lagerfuge Elastomerlager – Ankerplatte mit dem Hebelarm h_E ermittelten Lastexzentrizitäten (analog zur PTFE-Gleitfläche) sind mit der Kernweite des Elastomerlagers zu begrenzen.

4.4.7.7 Schubverformung

Horizontalkräfte erzeugen im Elastomerlager Schubverformungen, die gem. DIN 4141, Teil 14, Abschn. 5.3, begrenzt sind mit:

$$zul \tan \gamma = v/T \leq 0{,}7 \quad (22)$$

v = Horizontal-Verformung
T = Elastomerdicke

Wird die Schubverformung aus der Reibungskraft Fx in der PTFE-Gleitfläche vernachlässigt, so ermittelt sich als überschlägiger Anhaltswert die aufnehmbare äußere Horizontalkraft Fy zu:

$$zulFy = \frac{0{,}7 \cdot A \cdot G}{\sqrt{1 + \mu^2}} \quad (23)$$

A = Grundfläche des Elastomerlagers
G = Schubmodul
μ = Reibungszahl in der Führungsfläche in Abhängigkeit von der Gleitpaarung (s. Abschn. 6.2.2)

4.4.8 Elastomer-Gleitlager

4.4.8.1 Allgemeines

Mit einem Elastomer-Gleitlager sind Kombinationen aus einem **festen** Elastomerlager (Abschnitt 4.3.5.4 u. 4.3.5.5) und einem Gleitteil gemeint.

Im vorhergehenden Abschnitt (4.4.7) wurde das Verformungsgleitlager ausführlich besprochen.

Die Grenze dieses Lagers ergab sich mit der Größe der aufnehmbaren äußeren Horizontalkräfte.

Sind nun größere Horizontalkräfte zu übertragen oder ist sogar eine zusätzliche Bewegung des Verformungslagers unerwünscht, können diese Probleme mit dem festen Elastomerlager gem. Abschn. 4.3.5.4 u. 4.3.5.5 gelöst werden. Das feste Elastomerlager ist ein festgesetztes Verformungslager.

Wenn es somit im „Gleitlagersystem" Bild 4.36 nur die Funktion des Kipplagers zu übernehmen hat – Ausgleichsbewegungen über Verformungen werden nicht verlangt – hat es die gleiche Wirkungsweise wie ein allseitig-kippbares Lager. Das hierzu gehörige allseitig bewegliche „Elastomer-Gleitlager" erhält daher auch das Symbol ⤒.

Das zugehörige einseitig bewegliche Elastomer-Gleitlager bekommt analog zu den vorhergehenden Überlegungen das Symbol ⟷ (Bild 4.58).

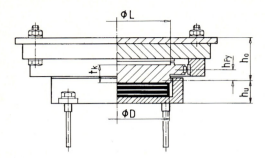

Bild 4.58
Elastomer-Gleitlager: Bezeichnungen, Hebelarme

Zur Aufnahme äußerer Horizontalkräfte werden Führungsleisten angeordnet.

4.4.8.2 Konstruktions- und Bemessungsregeln

Allgemeine Grundlagen für die Konstruktion und Bemessung von Bauwerks-Auflagern sind in Abschn. 4.2 angegeben. Da sich dieses Gleitlager aus einem festen Elastomerlager (Kippteil) und einem Gleitteil zusammensetzt, wird an dieser Stelle auf die grundsätzlichen Ausführungen in den Abschnitten 4.3.5.5 und 4.5 hingewiesen. Für die Bemessung der Lagerplatten (Gleitplatte und PTFE-Aufnahme) wurde bereits in Abschn. 4.4.3 auf die besonderen Regelungen hingewiesen.

4.4.8.3 Bemessung der PTFE-Aufnahme

Da bei dieser Lagerkonstruktion die PTFE-Aufnahme ebenfalls mit einem Elastomerlager nach der Theorie der elastischen Kreisplatte bemessen wird, können die in Abschnitt 4.4.7.3 angegebenen Grundlagen und Formeln vollinhaltlich übernommen werden.

4.4.8.4 Lastexzentrizitäten für den Nachweis der Pressung in der PTFE-Gleitfläche

Grundlagen
Für den Nachweis der Pressung in der PTFE-Gleitfläche gilt die einfache technische Biegelehre $(\sigma = Fz/A \pm M/W)$. Als gedrückter Querschnitt ist die gesamte PTFE-Gleitfläche ohne Abzug der Schmiertaschen anzunehmen.

Es darf dabei keine klaffende Fuge auftreten $(e_{xy} \leq L/8)$.

Auf die Ermittlung der Lastexzentrizität aus der Reibungskraft Fx in der PTFE-Gleitfläche wird – weil vernachlässigbar – nachfolgend verzichtet.

Die Nachweise sind für alle in der Zulassung genannten Lastfälle zu führen.

Infolge Rückstellmoment aus dem Elastomerlager (DIN 4141, Teil 14)

$$e_{x,MR} = \frac{M_{Rx}}{Fz} \; ; \quad e_{y,MR} = \frac{M_{Ry}}{Fz} \quad (1)\,(2)$$

Infolge Horizontalkraft Fy (äußere Einwirkung)

$$e_{Fy} = \frac{Fy \cdot h_{Fy}}{Fz} \quad (3)$$

Infolge Reibungskraft in der Führungsfläche

$$F_R = \mu_{Fü} \cdot Fy; \quad (4)$$

$$e_{Fü} = \frac{F_R \cdot h_{Fy}}{Fz} \quad (5)$$

Reibungsmoment infolge Wirkung der Horizontalkräfte im Drehpunkt des Lagers
Die resultierende Horizontalkraft beträgt:

$$Fxy = \sqrt{Fy^2 + F_R^2} \approx Fy \quad (6)$$

und das Reibungsmoment wird zu:

$$M_\mu = \mu_k \cdot Fy \cdot Dz/2 \quad (7)$$

Daraus wird nur eine Lastexzentrizität in y-Richtung ermittelt.

$$e_\mu = \frac{M_\mu}{Fz} \quad (8)$$

Summe der Lastexzentrizitäten
in x-Richtung

$$\Sigma e_x = e_{x,MR} + e_{Fü} \quad (9)$$

in y-Richtung

4.5 Verformungslager

$$\Sigma e_y = e_{y,MR} + e_{Fy} + e_\mu \qquad (10)$$

Für eine kreisförmige PTFE-Gleitfläche wird die resultierende Lastexzentrizität zu:

$$e_{xy} = \sqrt{\Sigma e_x^2 + \Sigma e_y^2} \leq L/8 \qquad (11)$$

Pressung in der PTFE-Gleitfläche

$$\sigma = \frac{Fz}{0{,}7854 \cdot L^2} \cdot (1 + \frac{8 \cdot e_{xy}}{L}) \leq zul\sigma \qquad (12)$$

(s. Abschn. 6.2.2)

4.4.8.5 Lastexzentrizitäten für den Nachweis in der oberen und unteren Lagerfuge

Die Ermittlung der Exzentrizitäten erfolgt analog zur Ermittlung bei der PTFE-Gleitfläche, jedoch mit den Hebelarmen ho bzw. hu (s. Bild 4.58).

4.4.8.6 Pressung – Elastomerlager

Für das Elastomerlager wird der Nachweis der mittleren Pressung geführt mit:

$$max\,\sigma_m = Fz/A \leq 1{,}5 \cdot \sigma_m \qquad (13)$$

(σ_m gem. DIN 4141, Teil 14, Tabelle 5)

4.5 Verformungslager

Dieser Abschnitt ist in den Detailaussagen, insbesondere solchen, die sich auf Versuche abstützen, auf CR-Lager abgestellt.

4.5.1 Historisches

Gummi als tragendes Material ist dem Bauingenieur auch heute noch vielfach suspekt, obwohl Gummilager allein in Deutschland in etwa 100 000 Bauwerken eingebaut worden sein dürften. Um so höher ist der Weitblick eines französischen Ingenieurs zu würdigen, der bereits im Jahre 1932 für Gummiplatten als Brückenlager plädierte. Es war Valette, Chef-Ingenieur der französischen Staatsbahnen. In seiner Studie über alte Stahlbrücken berichtete er 1936 in den „Annales des Ponts et Chaussées" über Gummiplatten, die im Jahre 1932 wegen ihrer großen Verformbarkeit unter Brücken eingebaut wurden. In erster Linie war hier daran gedacht, den „harten Punkt" auf dem Widerlager einer Brücke zu eliminieren – hart im Vergleich zum biegeweichen Brückenbalken. Die seinerzeit noch gemauerten Widerlager wurden durch die Stoßbeanspruchung zerstört, und die Verwendung von Bleilagern konnte die Schäden nicht verhüten.

Ganz konkret gibt Valette an, daß man ein Material gefunden habe, dessen Alterungsbeständigkeit auf 20 Jahre geschätzt und für 10 Jahre garantiert werde, und dessen Preis 10 Franken/dm^3 betrage. Heute liegen beide Zahlen höher, wobei die Alterungsbeständigkeit erheblich stärker gestiegen ist als der Preis.

Später war es noch einmal ein französischer Ingenieur, E. Freyssinet, der die endgültigen Impulse für die weltweite Verbreitung von Gummilagern im Bauwesen gab. Sein grundlegendes Patent Nr. 110 0285 aus dem Jahre 1954 wurde zwar weitgehend nicht beachtet, da Vorveröffentlichungen aus dem Maschinenbau und dem Fahrzeugbau bekannt wurden, doch war vor 20 Jahren eine gehörige Portion Phantasie für einen Bauingenieur erforderlich, der an Bauwerken eine mit Maschinen vergleichbare Kinematik entdeckte.

Etwa seit dem Jahre 1960 befassen sich mehr und mehr Leute mit diesem engen Spezialgebiet, wie sich aus dem anschwellenden Literaturverzeichnis und auch an inzwischen 8 (deutschen) Doktorarbeiten ablesen läßt.

4.5.2 Geeignetes Material

4.5.2.1 Auswahl und Entscheidung

Während sich Valette damit begnügen konnte, nur vier Forderungen für die gewünschte Gummiqualität zu stellen, nämlich mäßige Verformungen unter Normalbelastung, hinreichende Festigkeit, niedriger Preis und lange Lebensdauer (in dieser Reihenfolge), sind wir heute in der Lage, etwas mehr ins Detail zu gehen.

Bei Versuchen mit den uns Bauingenieuren geläufigen Prüfmethoden wird man leicht verleitet, jedes gummielastische Material als geeignet für unsere Zwecke anzunehmen, wenn es nur eine hinreichende Festigkeit (für die Lasten) und eine hinreichende Nachgiebigkeit (für die Verformungen) aufweist. Es handelt sich hier jedoch um einen etwas voreiligen Schluß, da Gummi einige für Bauingenieure kuriose Eigenschaften hat, wie wir sehen werden. Als Beispiel sei an dieser Stelle der Joule-Effekt erwähnt: Erwärmt man einen gedehnten Gummifaden, so wird der Gummifaden normalerweise nicht länger, sondern kürzer (Bild 4.59). Verblüffend ist dieser Versuch nur, weil unsere Denkweise zu exklusiv auf das elastische Verhalten von Beton und Stahl geeicht ist. Wir müssen uns auf die einfache Gesetzmäßigkeit der Molekularphysik besinnen, um den Joule-Effekt normal zu finden (s. 4.5.2.2.3.1).

Zusätzlich spielt bei Gummilagern die Zeit eine wesentliche Rolle, und zwar viel intensiver als bei Beton und Stahl, von denen uns ja auch eine gewisse Zeitabhängigkeit ihres Verhaltens bekannt ist.

Fatal hat sich bisweilen ausgewirkt, daß man in den üblichen Prüfpressen die Querzugkräfte übersah, die aus der Belastung des Lagers in den belasteten Flächen auftreten. Sie fallen in einer Prüfpresse mit Druckplatten aus Stahl nicht weiter auf, führen aber bei weniger zugfesten Druckflächen zu Zerstörungen. Leider hat z. B. Beton keine große Zugfestigkeit, und tatsächlich sind durch unsachgemäße Verwendung von unbewehrten Gummilagern neben Bagatellschäden auch ernsthafte Schäden an Betonbauwerken aufgetreten.

Bewußt haben wir bisher den unkorrekten Ausdruck Gummi für die Bezeichnung der Lager benutzt. Mit dem von Kind auf geläufigen Ausdruck sind die wesentlichen Eigenschaften der Lager festgehalten, während die technisch korrekteren Ausdrücke zumindest heute noch etwas verschwommene Vorstellungen erwecken. Als Synonym für Gummilager haben sich in Deutschland eingebürgert die Ausdrücke Elastomerlager, Neopren-Lager und Verformungslager.

Ein Elastomer ist ein gummielastischer Stoff. Er entsteht aus der Vulkanisation von natürlichem oder synthetischem Kautschuk. Der Ausdruck Elastomer ist also übergeordnet und neutral. Neoprene ist dagegen der (nicht geschützte) Markenname für den Chloropren-Kautschuk der Firma DuPont, die das Material im Jahre 1932 entwickelte. Nach dem Ablauf der Patente gibt es zwischenzeitlich viele Markennamen für Chloroprene-Kautschuk, die meist auf „pren" enden.

Chloropren-Kautschuk ist das neben Naturkautschuk in der Welt am weitesten verbreitete Grundmaterial (Rohelastomer oder Rohpolymer) für Gummilager. Dieser synthetische Kautschuk bietet eine hervorragende Beständigkeit gegen äußere Einflüsse und zeitabhängige molekulare Veränderungen. In Ländern mit großen Naturkautschuktraditionen – es handelt sich in

Bild 4.59
Der Joule-Effekt (Entropie-Elastizität). Ein gedehnter Gummifaden zieht sich zusammen, wenn er erwärmt wird

erster Linie um England und die Niederlande, aber auch um Kanada – wird Naturkautschuk für Lager im Bauwesen verwendet. Neben Kostenvorteilen dürften eher Produktionserfahrung und Gewöhnung als handfeste technische Argumente für diese Wahl sprechen. Dessen ungeachtet bleibt die Tatsache, daß Naturkautschuk eine geringere Alterungsbeständigkeit hat als Chloropren-Kautschuk, auch wenn man sie bei ersterem durch Beimischung von Alterungsschutzmitteln kräftig erhöhen kann. Ähnliche Alterungsschutzmittel werden allerdings auch dem schon ursprünglich beständigeren Chloropren-Kautschuk beigemischt, so daß im Endeffekt der Abstand in der Beständigkeit unverändert bleibt. So erwarten die AASHO-Bestimmungen 1961 von Naturkautschuk nur etwa $1/8$ der Ozonbeständigkeit des Chloroprens.

Strittig ist natürlich, welche Beständigkeit wir überhaupt benötigen, aber niemand kann umgekehrt gewährleisten, daß ein Bauwerk nach 30 oder 80 Jahren abgerissen wird, oder daß die Lager (falls technisch möglich) nach dieser Zeitspanne ausgewechselt werden. Als Vorzüge von Naturkautschuk werden dessen geringe Kriechneigung und die geringere Versteifung bei tiefen Temperaturen genannt. Es kann aber gezeigt werden, daß die Kriechneigung in den meisten Anwendungsfällen von Gummilagern eher angenehm ist, und daß die relative Versteifung bei tiefen Temperaturen zwar vorhanden, aber bautechnisch selten von Interesse ist, weil sie durch andere, bautechnisch durchaus interessante Phänomene kompensiert wird.

Entwickelt wurden auch Hybridlager, d. h. solche Lager, bei denen nur eine äußere Schicht aus Chloropren-Kautschuk besteht, während der innere Bereich aus Naturkautschuk besteht. Von diesen Lagern wird erwartet, daß sie die Vorteile beider Stoffe vereinigt und die Nachteile vermeidet.

Chloroprene-Kautschuk hat eine kaugummiartige Farbe und Konsistenz. Er ist zwischenzeitlich in vielen Varianten erhältlich. Um aus ihm ein bautechnisch optimales und vulkanisierbares Material zu erhalten, ist die Zugabe von 10 bis 20 Hilfs- und Füllstoffen erforderlich, deren richtige Abstimmung aufeinander zusammen mit der richtigen Vulkanisation erst die gummielastischen Eigenschaften ergibt, die wir nutzen wollen. Schwarz wird er durch Beimengung von besonderen Rußtypen, die technologisch von großer Bedeutung sind. Selbst bei gleichen oder ähnlichen mechanischen Kennwerten ist Chloropren-Kautschuk nicht gleich Chloropren-Kautschuk, und auch gute Markennamen schützen nicht vor Fehlgriffen, da sie sich durchweg auf den unverarbeiteten Rohkautschuk beziehen. Die Wahl der richtigen Chloropren-Varianten, der Anteil des Rohkautschuks im fertigen Produkt, die übrigen Mischungsbestandteile und die Vulkanisation sind miteinander für die Materialeigenschaften bestimmend.

Die Wahl der Chloropren-Typen ist von besonderer Bedeutung für das Verhalten des fertigen Lagers bei tiefen Temperaturen und für die Kriechneigung. Einige Typen zeigen schon bei mäßigen Temperaturen einen Versteifungseffekt, der als Kristallisation bezeichnet wird, und den wir später schildern werden.

Der Prozentsatz des Rohelastomers im fertigen Produkt ist z. Z. in der Bundesrepublik und in den USA auf mindestens 60 % festgesetzt worden, und zwar in der Bundesrepublik nach Gewicht und in den USA nach Volumen, was etwa 55 % des Gewichts entspricht. Mit rund 60 % des Gewichts ist etwa das Optimum erreicht. Das Optimum hängt vom Herstellertyp ab und liegt zwischen 57 und 63 Gew.-%. Ein geringerer Anteil verbilligt und verschlechtert das Vulkanisat, während es ein größerer Anteil verteuert und ebenfalls verschlechtert. (Das gilt allerdings nur für unseren Zweck.) Das Rohelastomer ohne alle Zutaten (also reiner Chloropren-Kautschuk) ist bautechnisch unbrauchbar.

In Deutschland sind z. Z. folgende Stoffgewichtsanteile am fertigen Gummi vereinbart:

Kautschuk $\geq$ 60 %
Rußgehalt $\leq$ 25 %
Hilfsstoffgehalt $\leq$ 15 %
Aschegehalt $\leq$ 6 % (SiO$_2$; weißer Ruß!)

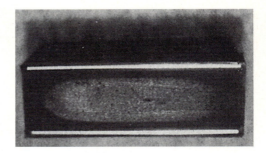

Bild 4.60
Aufgesägtes, nicht durchvulkanisiertes Lager. Von außen ist der Vulkanisationsfehler optisch nicht zu erkennen. Der helle Bereich ist plastisch und von Blasen durchsetzt

Diese Werte allein garantieren noch nicht die Güte eines Gummilagers. Auch innerhalb dieser Grenzen kann man durch die richtige oder falsche Auswahl der Zuschläge mehr oder weniger brauchbare Elastomerqualitäten erhalten. Es wird deshalb gleichzeitig großer Wert auf die Einhaltung mechanischer Mindestwerte gelegt, die in DIN 4141, Teil 140, Tabelle 2, zusammengestellt wurden.

Diese Tabelle enthält Werte, die sich nicht direkt mit dem Tragverhalten eines Elastomerlagers identifizieren lassen, die jedoch nachprüfbare Kenngrößen für die mechanische Qualität des Materials sind. Kaum eine dieser Kenngrößen läßt sich am fertigen Lager nachweisen, sondern es ist wie beim Beton erforderlich, eigene Prüfkörper herzustellen. Variationen im Vulkanisationsprozeß ändern allerdings die Eigenschaften von Elastomer stärker als die Variationen bei der Aushärtung eines Betons. Da Elastomer ein sehr schlechter Wärmeleiter ist, wird z. B. bei der Vulkanisation eines Elastomerlagers die äußere Schicht zu lange geheizt, während die inneren Schichten in der Nähe des Vulkanisationsminimums liegen. Die Eigenschaften des Elastomers sind also innerhalb eines Lagers nicht konstant. Es steht außer Zweifel, daß die für die Ermittlung der Materialkennwerte eigens gefertigten Prüfkörper optimal vulkanisiert werden, um die Prüfwerte zu erzielen. Bei der Festlegung der Höhe der Prüfwerte wurde dem Rechnung getragen. Die Materialkennwerte der Prüfkörper gewährleisten somit lediglich einen gewissen Qualitätsstandard, und sie dokumentieren die Identität des eingesetzten Materials. Sie sind im fertigen Produkt nur teilweise realisiert. Erst durch Versuche an fertigen Lagern ist man sicher, daß ein Material mit den gefundenen Kontrollwerten zufriedenstellende Lager ergibt. Wenn dies einmal in grundlegenden (Zulassungs-)Versuchen festgestellt wurde, kann man sich auf die Überwachung der Kontrollwerte beschränken, solange sich Fertigungsverfahren und Lagerdicke nicht wesentlich ändern.

Die Lagerdicke ist wegen des erwähnten Einflusses der Wärmeleitung auf die Vulkanisation von großer Bedeutung. Nur bis zu ca. 60 mm Dicke lassen sich Elastomerlager ohne zusätzliche Maßnahmen einigermaßen gleichmäßig durchvulkanisieren (Bild 4.60) (HF-Vorwärmung, Thermoelement-Temperatur-Kontrolle). Die Größe der Lager im Grundriß ist nur von sekundärem Einfluß auf die Qualität, obwohl man sie gefühlsmäßig als wichtiger einstufen würde. Die Grundrißabmessungen müssen nur bei der Wahl der Pressenkraft für den Vulkanisationsprozeß berücksichtigt werden, weil der spezifische Druck bei der Vulkanisation möglichst hoch sein sollte.

4.5.2.2 Physikalische Eigenschaften

4.5.2.2.1 Gummielastizität

Im technischen Sinne ist die Elastizität von Elastomer miserabel und die Stoßelastizität ebenfalls. Auffallend hoch ist dagegen das Maß der möglichen elastischen Verformungen, die bei Elastomer um mindestens zwei Zehnerpotenzen größer sind als bei Stahl (Bild 4.61). Ursache dieser Differenz ist der unterschiedliche Ursprung der inneren Kräfte, die der deformierenden Kraft entgegenwirken. Bei den technisch hochelastischen Stoffen handelt es sich um Kräfte zwischen den Atomen, die einer Veränderung der Abstände zwischen den Atomen entgegenwirken. Bei gummielastischen Stoffen entstehen die inneren Kräfte überwiegend aus einer Änderung der Entropie der schwingenden Moleküle. (Zwar nicht korrekt, aber anschaulich kann man Entropie mit „Unordnung" verdeutschen.) Die Abstände der Atome gummielastischer Stoffe ändern sich kaum unter Last. Gummielastische Stoffe sind deshalb ähnlich wie Flüssigkeiten fast inkompressibel, d.h. gummielastische Verformungen bedeuten Deformation bei konstantem Volumen.

Aus der Bedeutung der Molekularschwingungen ergibt sich, daß die Gesetze der Gummielastizität weitgehend aus dem zweiten Hauptsatz der Wärmelehre hergeleitet werden können.

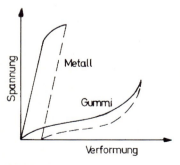

Bild 4.61
Charakteristische Form der Spannungs-Dehnungs-Linien von Metall und Gummi bzw. Elastomer

Stoffe mit gummielastischen Eigenschaften bestehen aus langen Kettenmolekülen, die in sich an fast allen Stellen allseits frei gelenkig sind. Die Ketten sind chemisch oder mechanisch durch vereinzelte Querglieder verbunden. An allen anderen Stellen sind die Molekülteile frei beweglich, weil die zwischenmolekularen Kräfte (van der Waals'sche Kräfte) klein sind. Diese zwischenmolekularen Kräfte sind die Ursache der Elastizität harter Stoffe.

Die Querglieder zwischen den Molekülketten werden größtenteils durch einen Vorgang erzeugt, den man Vulkanisation nennt. Die Vulkanisation erfolgt meist durch Wärmezufuhr, nachdem für die Herstellung von Quergliedern geeignete Substanzen beigemischt wurden.

Molekulare Schwingungen finden in harten und in gummielastischen Stoffen statt, doch sind sie in gummielastischen Stoffen weiträumiger, da die Molekülteile frei gegeneinander beweglich sind. Die zwischenmolekularen Kräfte sind ja klein und Querglieder sind nur vereinzelt vorhanden. Auf diese Weise entsteht ein wildes Gewirr ineinander verschlungener, schwingender Molekülketten. Bei der Deformation durch eine äußere Kraft wird eine Ausrichtung der Ketten erzeugt, ein geordneter Zustand. Physikalisch gesprochen: Die Entropie nimmt ab. Nach den Gesetzen der Wärmelehre strebt die Entropie aber einem Maximum zu, weshalb der gummielastische Stoff in die Ausgangsgestalt zurückkehren möchte, bei der die Unordnung seiner Moleküle größer war.

Diese Deutung der Gummielastizität klärt viele Phänomene. Es ist einleuchtend, daß Energiezufuhr in Form von Wärme die Molekularbewegung vergrößert (die Entropie nimmt ab), womit der Drang zur Unordnung zunimmt. Der gedehnte Gummifaden möchte sich folglich bei Erwärmung verkürzen, das verformte Gummilager übt nach dem gleichen Prinzip bei Temperaturerhöhung eine größere Rückstellkraft aus. Umgekehrt bedeutet ein Absinken der Temperatur auch einen Abbau der vorhandenen Rückstellkräfte. Das klingt recht ungewohnt, läßt sich aber durch Versuche nachweisen.

Wenn die Kräfte zwischen den Molekülen auch klein sind, so sind sie doch vorhanden. Sie müssen bei der mit der Verformung verbundenen Ausrichtung der Moleküle überwunden werden. Hierzu ist eine bestimmte Schwingungsenergie der Moleküle erforderlich, eine Potentialschwelle, die erreicht werden muß. Da sich die Schwingungsenergie der einzelnen Molekülteile ständig ändert – nur der Durchschnittswert ist angebbar – kann man für das Erreichen dieser Potentialschwelle nur eine Wahrscheinlichkeit ermitteln. Ein stationärer Spannungs- und Verformungszustand ist erst erreicht, wenn überall die Potentialschwelle wenigstens kurzzeitig erreicht wurde. Das dauert etwas, und damit ist die Verformung von Gummi auch zeitabhängig. Diese Zeitabhängigkeit ist stärker ausgeprägt als beispielsweise das Kriechen von Beton, oder genauer gesagt: Die Zeitmaße sind zu kleineren Werten verschoben. Die relativen Kriechmaße sind jedoch erheblich kleiner als bei Beton.

Es ergibt sich, daß die Belastungsgeschwindigkeit und die Belastungsdauer eine große Rolle spielen. Bei schnellerer Belastung – besonders bei Stößen und Schwingungsbelastungen – wirkt Gummi steifer, weil die Potentialschwelle zur Überwindung der van der Waals'schen Kräfte nur an wenigen energiereichen Stellen des Stoffes erreicht wird. Meßwerte sind nur vergleichbar, wenn Zeitangaben gemacht werden. Außerdem sind Temperaturangaben erforderlich, da die Schwingungsenergie der Moleküle von der absoluten Temperatur abhängt.

Die Schwingungsenergie der Moleküle sinkt mit fallender Temperatur, womit gleichzeitig die Wahrscheinlichkeit abnimmt, daß die Potentialschwelle zur Überwindung der zwischenmolekularen Anziehungskräfte überwunden wird. Temperaturabfall und stoßartige Belastung bewirken also die gleiche Versteifung durch den wachsenden Einfluß der zwischenmolekularen Kräfte.

Sinkt die Temperatur für längere Zeit, so gewinnen die zwischenmolekularen Anziehungskräfte relativ zu der mit der Temperatur sinkenden Schwingungsenergie mehr Bedeutung und bewirken nach und nach eine Ausrichtung der Moleküle zu mehr oder weniger steifen „Kristallen". Dieses Einfrieren von Gummi spielt sich im Verlaufe mehrerer Tage ab, wobei die Kristallisationsgeschwindigkeiten bei einer für die Gummisorte charakteristischen Temperatur ein Maximum aufweist. (Bei Chloropren zwischen 0 °C und 10 °C.)

Die „Kristallisation" ist reversibel. Sie kann durch eine höhere Temperatur (im Einklang mit der Molekular-Theorie) oder durch Energiezufuhr in anderer Form beseitigt werden (vgl. Relaxation und Kriechen).

Die Neigung zur Kristallisation mit ihrem Versteifungseffekt wirkt sich letzten Endes nur als eine Verzögerung in der Verformung aus (Bild 4.74 u. 4.75). Da diese Verformung nach Entlastung auch recht langsam wieder zurückgeht, kann man von einem plastischen Verhalten sprechen, welches sich dem elastischen überlagert. Die Grenze zwischen gummielastischen und plastischen Stoffen ist fließend.

Für bautechnische Zwecke kommt es durchaus vor, daß man bewußt gummielastische Stoffe mit einer Neigung zur Kristallisation wählt, um langzeitige Bauwerksverformungen einigermaßen spannungsfrei aufnehmen zu können. Für kurzzeitige Beanspruchungen kann der aus diesem Stoff gefertigte Körper elastisch wirken.

4.5.2.2.2 Schubmodul

Der Schubmodul gummielastischer Materialien erscheint als relativ einfache Größe. Er ist verführerisch leicht meßbar (Bild 4.62) und ist ziemlich unabhängig von den

4.5 Verformungslager

Bild 4.62
Übliche Vorrichtung zur Ermittlung des Schubmoduls

Dimensionen der Prüflinge und der Auflast, nicht aber von der Belastungsgeschwindigkeit. Es wird zwischen einem „statischen" und einem „dynamischen" (frequenzabhängigen) G-Modul unterschieden. Letzterer spielt für das Erdbeben eine Rolle (Bild 4.126).

Trotzdem ist der Schubmodul so vielen Einflüssen unterworfen, daß es fraglich erscheint, ob seine Verwendung als Bemessungsgrundlage unbedingt zweckmäßig ist.

Wenn wir zunächst unbekümmert Schubversuche durchführen, wie sie jedem Versuchsingenieur geläufig sind (Bild 4.62), so finden wir, was wir (noch) erwarten:

Es gelten die bekannten Beziehungen (Bild 4.63)

$$\tan\gamma = \frac{Fxy}{A \cdot G}$$

$\tan\gamma$ = Schubverformung
Fxy = Schubkraft

A = Lagerfläche
G = Schubmodul

Die Kurve (Bild 4.64) zeigt das typische Schubspannungs-Verformungs-Verhalten eines Elastomerlagers. Im Bereich des Verformungsnullpunktes ist – in Einklang mit der Theorie der Gummielastizität – die Kurve steil, flacht dann ab und wird schließlich wieder steil. In Bild 4.65 wurde der Schubmodul aus Bild 4.64 dargestellt. Diese Kurve ist allerdings erst reproduzierbar, wenn mindestens zwei gleichartige Belastungen vorausgegangen sind, und wenn seit diesen Belastungen noch nicht viel Zeit

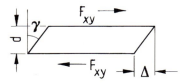

Bild 4.63
Schubverformung von Gummilagern

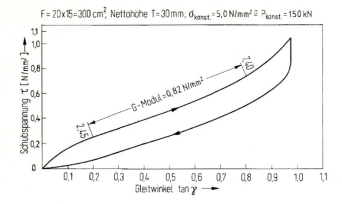

Bild 4.64
Schubspannungs-Gleitwinkel-Diagramm bei einer Belastungsgeschwindigkeit von $\tan \gamma = 2{,}9$/min

verflossen ist (Mullins Effekt). Bei einer Erstbelastung ist die Kurve immer steiler, d. h. der Schubmodul ist größer (Bild 4.66). Ferner ist die von den beiden Verformungsästen umschlossene Fläche (Hysterese) bei einer Erstbelastung auch immer größer.

Anders ausgedrückt: Ein Elastomer wird durch Vorverformung weicher, seine Dämpfung nimmt ab. Beide Änderungen erfolgen mit sehr wenigen Lastspielen und erreichen sehr schnell einen Grenzwert. Verformungen, die größer sind als die Vorverformungen, verlaufen in dem die Vorverformung überschreitenden Bereich wie eine Erstverformung. Eine Deutung dieses Verhaltens gibt Mullins in [61].

Die bei der praktischen Bemessung von Elastomerlagern durchweg verwendeten Sehnenwerte für den Schubmodul, z. B. zwischen $\tan \gamma = 0{,}2$ und $\tan \gamma = 0{,}9$, sind also nicht die absolut ungünstigsten Werte, sondern vernünftige Rechenwerte.

Wenn man auf die schon erwähnten und noch folgenden Variationsmöglichkeiten nicht eingeht, so kann man einen Zusammenhang zwischen Shorehärte und Schubmodul angeben (Bild 4.67).

Bei der Shorehärte von 60° findet man $G = 1$ N/mm². Da allein schon die Methode der Shorehärte-Messung eine Schwankungsbreite von ± 5 Einheiten bedingt (DIN 53505), ergibt sich eine Toleranz von etwa ± 0,2 N/mm², die konsequent in den deutschen Regelungen angegeben wurde.

Entsprechend der Theorie der Gummielastizität findet man, daß der Schubmodul für stoßartige Belastung höher liegt. Die

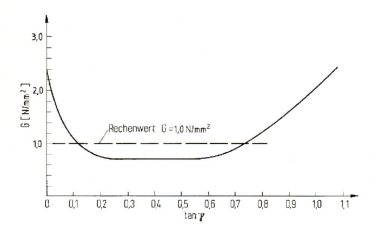

Bild 4.65
Schubmodul in Abhängigkeit von der Verformung

4.5 Verformungslager

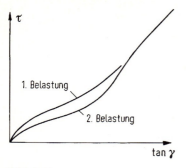

Bild 4.66
Mullins-Effekt

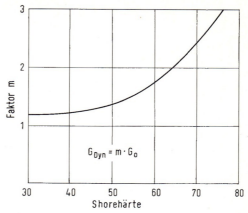

Bild 4.68
Normaler Zusammenhang zwischen dynamischem und statischem Schubmodul. Das tatsächliche Verhältnis hängt vom Elastomer-Typ, der Temperaturhöhe, der Dauer der Temperatur, der Frequenz und der Amplitude ab

Differenz ist von der Stoßzeit (bei pulsierender Belastung von der Frequenz) abhängig (4.5.2.2.11). Sie ist um so größer, je steifer der gummielastische Stoff ist.

Bei einer bestimmten Mischung zeigte sich, daß Änderungen der Verformungsgeschwindigkeit zwischen 0,17 bis 10,0 [tanγ/min] ohne Einfluß auf die Größe des Schubmoduls sind, wie Bild 4.69 zeigt. (Unstetigkeiten in den Kurven sind wahrscheinlich auf nicht gemessene Temperaturänderungen zurückzuführen.)

Zum Einfluß größerer Verformungsgeschwindigkeiten (Schwingungen) siehe auch Abschnitt 4.5.2.2.11.

Ein nicht immer unerheblicher Einfluß auf den gemessenen Schubmodul ergibt sich aus der Auflagerpressung und der relativen Nettodicke T/a des Prüfkörpers. Ohne Auflagerpressung ist ein Schubmodul

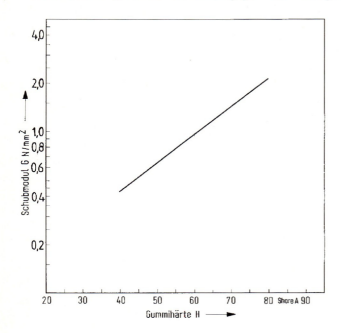

Bild 4.67
Normaler Zusammenhang zwischen Gummihärte und Schubmodul

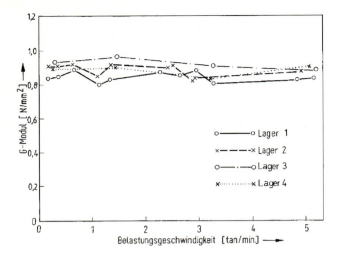

Bild 4.69
Schubmodul in Abhängigkeit von verschiedenen Verformungsgeschwindigkeiten (Schubmodul als Sekante zwischen tan $\gamma = 0{,}2$ und tan $\gamma = 0{,}9$)

nur schwer meßbar, da Haftreibungswiderstand zur Einleitung der Schubspannungen benötigt wird. Aus der Auflagerpressung entstehen jedoch immer Schubverformungen, wie in Abschn. 4.5.2.2.5 ausgeführt wird. Die Größe dieser Schubverformungen hängt von der relativen Nettodicke T/a ab. Die Schubverformungen, die ohne äußere Horizontalkraft entstehen, führen zu einer Abminderung des gemessenen scheinbaren Schubmoduls.

4.5.2.2.3 Realistische Schubspannungen und Rückschlüsse auf den Schubmodul

Schubverformungen von Lagern entstehen aus Bauwerksverformungen, denen das Elastomerlager folgt, und durch äußere Kräfte. Obwohl die Gleichung

$$\tan\gamma = \frac{F_R}{A \cdot G} \; ; \; F_R = Fxy$$

allgemein gültig ist, ist es zweckmäßig, hier zwischen actio und reactio zu unterscheiden: Wir haben einmal eine Verformung γ, aus der eine Rückstellkraft F_R entsteht, und einmal eine äußere Kraft Fxy, aus der eine Verformung γ resultiert (Bild 4.63).

Ursache und Wirkung oder Abzisse und Ordinate sind austauschbar. Für die Berechnung entsteht hieraus keine Schwierigkeit, wenn das Lager konsequent als verformbares Bauteil angenommen wird.

Für die Ermittlung der Bauwerksverformungen, die ein Elastomerlager beanspruchen, gelten die Bestimmungen der einschlägigen Normen, z.B. DIN 1072 für Straßen- und Wegbrücken.

In dieser Norm werden für verformbare Bauteile in Brücken (zu ihnen gehören die Elastomerlager) Temperaturen angegeben.

Es sei klargestellt, daß es sich hierbei nicht um tatsächlich zu erwartende Temperaturen handelt, sondern um Vereinbarungen, die in ihrer Natur z.B. den Vereinbarungen über die Lasten aus Straßenverkehr entsprechen. Sicherheiten gegen denkbare Abweichungen von den angenommenen Bewegungen müssen also in den Sicherheitsbeiwerten enthalten sein.

Wir unterscheiden hier drei Schubverformungszustände, die Spannungen erzeugen:

a) Schubverformungen, die stationär oder quasistationär sind, erzeugen die Schubspannungen τ_1.
b) Schubverformungen, die durch temperaturbedingte Bauwerksbewegungen kurzzeitig erzwungen werden, erzeugen die Schubspannungen τ_2.

4.5 Verformungslager

c) Schubverformungen, die durch äußere Kräfte in Lagerebene erzeugt werden, erzeugen die Schubspannungen τ_3.

Schubspannungen τ_1 aus stationären Schubverformungen

Das Bauwerk befindet sich in Ruhe. Es treten z. Zt. keine Bewegungsvorgänge auf.

Die vorhandenen Schubverformungen der Lager sind langsam oder schnell entstanden, und es ist seit Verformungsbeginn Zeit verflossen.

In Fachkreisen wurde bisher angenommen, daß die Relaxation zeitlich wie das Kriechen verlaufen müsse, aber mit größeren Beträgen. Man folgerte also, daß man die Verformungsanteile aus Vorspannen, Kriechen, Schwinden und von etwa 50 % der gesamten Temperaturverformungen (jahreszeitliche Verformungen) mit einem Relaxationsfaktor von mindestens (1−0,4) abmindern könne, sofern mit dem Kurzzeitschubmodul bei Raumtemperatur von $G_0 = 1\,N/mm^2$ gerechnet wurde. In jedem Falle steht fest, daß hier Unterschiede im Verhalten der verschiedenen Lagerfabrikate bestehen.

So lange keine weiteren Versuchsergebnisse vorliegen, setzen wir für die nachfolgenden Überlegungen einen Relaxationsfaktor (1−0,2) an, was einem Teilsicherheitsfaktor von $0,4:0,2 = 2$ entspricht.

Die Schubspannungen sind bei stationärer Verformung abhängig von der jeweiligen Umgebungstemperatur. Die Variationen gegenüber der Schubspannung bei +20 °C sind in Bild 4.70 angegeben. Dieser ungewohnte Zusammenhang wurde bereits als Joule-Effekt erwähnt. Sein Eintluß ist von erheblicher Bedeutung, und es ist erstaunlich, daß er bisher nur in theoretischen Veröffentlichungen erwähnt wird, nicht aber im Zusammenhang mit Elastomerlagern. Bautechnisch weniger interessante Phänomene, wie die Versteifung von Chloroprene-Kautschuk bei tiefen Temperaturen werden oft erwähnt, während der gegenläufige und nach Spannungsbeträgen wichtigere Joule-Effekt unbekannt ist.

Einzelheiten finden sich in Abschn. 4.5.2.2.6.

Die Werte nach Bild 4.70 stammen allerdings aus einer kleinen Zahl von Meßwerten und sie wurden nur für ein einziges Elastomer im relativ weitgesteckten Rahmen der Möglichkeiten ermittelt.

Für vorgespannte Massivbrücken kann man folgende Überlegungen anstellen:

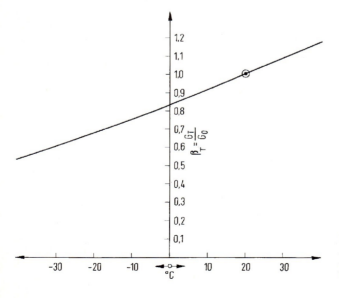

Bild 4.70
Änderung des Schubmoduls bei stationärer Verformung und variabler Temperatur (Joule-Effekt)

Wenn die jahreszeitliche Temperaturverformung des Bauwerks negativ ist (Winter), addiert τ_1 sich meist zu den Werten aus Vorspannen, Kriechen und Schwinden.

Es könnte in diesem Fall neben der Relaxation für die Ermittlung der Spannungen ein Ermäßigungsfaktor $\beta = 0{,}95$ aus dem Joule-Effekt eingesetzt werden. Diesen Wert erhält man folgendermaßen: Wir nehmen die jahreszeitliche Temperaturbewegung entsprechend einer Temperaturänderung des Bauwerks von $-10\,°C$ gegenüber der Aufstelltemperatur an (die Bauwerkstemperatur sei also $0\,°C$), und gleichzeitig setzen wir die Ist-Temperatur des Lagers mit $+15\,°C$ hoch ein, was der Temperaturabweichung einzelner Bauteile entspricht. Für $+15\,°C$ ergibt sich aus Bild 4.70 $\beta \sim 0{,}95$.

Wenn die jahreszeitliche Temperaturänderung positiv ist (Sommer), so wird die Bauwerksveränderung aus Vorspannen, Kriechen und Schwinden um die 10° entsprechende Temperaturverformung abgebaut. Andererseits ergibt sich aus Bild 4.64 eine Vergrößerung des Schubmoduls bei stationärer Verformung aus hoher Temperatur um rund 15 %, wenn die Lagerverformung um $15\,°C$ über die Bauwerkstemperatur von $10 + 10 = +20\,°C$ steigt (also auf $+35\,°C$).

Rechnet man ein konkretes Bauwerk durch, so wird man meist feststellen, daß sich bei hoher wie bei niedriger mittlerer Jahrestemperatur in etwa der gleiche Endwert für die Summe der Schubspannungen $\tau_1 + \tau_2$ ergibt. Entgegen der weit verbreiteten Auffassung sind daher die Rückstellkräfte eines Gummilagers im Sommer von der gleichen Größenordnung wie im Winter.

Diese für eine Massivbrücke angestellten Überlegungen gelten analog auch für Stahlbrücken.

Zahlenbeispiel für die Abschätzung von τ_1

Vorzeichenregel: Bauwerksverlängerungen erzeugen positive Schubspannungen

V = Verformungsanteil aus Vorspannen
K = Verformungsanteil aus Kriechen
S = Verformungsanteil aus Schwinden
T_∞ = Verformungsanteil aus langzeitigen Temperaturschwankungen
T = Verformungsanteil aus kurzzeitigen Temperaturschwankungen
$V + K + S + T_\infty + T = 1$
zul $\tan\gamma$ = zulässiger Schubverformungstangens der Lager
G_0 = Zwei-Minuten-Schubmodul bei $+20\,°C$
ψ = Endrelaxationsmaß des Elastomers 0,2 (Annahme)
β_T = Variationskoeffizient des Schubmoduls bei stationärer Verformung in Abhängigkeit von der Temperatur T
α_T = Variationskoeffizient des Schubmoduls bei Änderung der Verformung in Abhängigkeit von der Temperatur T (Bild 4.71)

Wir nehmen an, daß keine Verformungen aus äußeren Horizontalkräften auftreten. Daher setzen wir den zulässigen $\tan\gamma$ voll mit 0,7 ein, während man sich in der Praxis meist mit kleineren Werten begnügen wird, um Verformungen aus äußeren Horizontalkräften innerhalb der zulässigen Grenzen aufnehmen zu können.

Da die Richtungen einzelner Schubverformungsanteile durchaus unterschiedlich sein können, sei klargestellt, daß wir hier immer die vektorielle Summe aller Schubverformungen meinen, wenn von Schubverformung gesprochen wird.

Massivbrücke (Ortbeton, vorgespannt)

$\tau_1 = (V + K + S \pm T_\infty) \cdot$ zul $\tan\gamma \cdot G_0 (1 - \psi) \cdot \beta_T$

Die angenommenen Verformungsanteile aus Vorspannen, Kriechen und Schwinden

4.5 Verformungslager

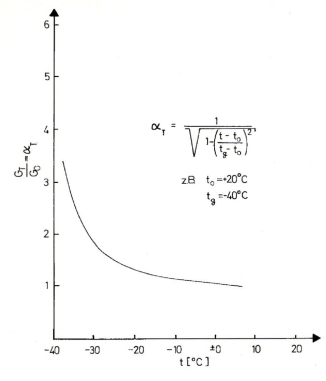

Bild 4.71
Änderung des Schubmoduls für instationäre Verformungen in Abhängigkeit von der Temperatur (Beispiel) mit t_g = Glaspunkt-Temperatur

sind mittlere Erfahrungswerte, die in konkreten Fällen durchaus auch anders ausfallen können.

Wir rechnen hier mit

V = 0,15
K = 0,45
S = 0,20
$T\infty$ = 0,10
T = 0,10
Σ = 1,00

Winter
Verformung entsprechend einer Bauwerkstemperatur von 10–20/2 = 0 °C.
Lagertemperatur +15 °C ergibt $\beta_T \sim 0{,}95$.

$\tau_1 = (-0{,}15 + 0{,}45 + 0{,}20 + 0{,}10) \cdot 0{,}7 \cdot$
$\qquad 1{,}0 \cdot (1 - 0{,}2) \cdot 0{,}95 = 0{,}48 \text{ N/mm}^2$

Sommer
Verformung entsprechend einer Bauwerkstemperatur von 10 + 20/2 = +20 °C.
Lagertemperatur (irreal hoch) +35 °C ergibt $\beta_T \sim 1{,}15$.

$\tau_1 = -(0{,}15 + 0{,}45 + 0{,}20 - 0{,}10) \cdot 0{,}7 \cdot 1{,}0$
$\qquad (1 - 0{,}2) \cdot 1{,}15 = 0{,}45 \text{ N/mm}^2$

Stahlbrücke

$\tau_1 = \pm T_\infty \cdot \text{zul} \tan\gamma \cdot (1 - \psi)\, \beta_T$

T_∞ = 0,5
T = 0,5
Σ = 1,0

Winter
Verformung entsprechend einer Bauwerkstemperatur von 10 − 35/2 = −7,5 °C.
Lagertemperatur +12,5 °C ergibt $\beta_T \sim 0{,}95$.

$\tau_1 = -0{,}5 \cdot 0{,}7 \cdot 1{,}0 \cdot (1 - 0{,}2) \cdot 0{,}95$
$\quad = -0{,}27 \text{ N/mm}^2$

Sommer
Verformung entsprechend einer Bauwerkstemperatur von 10 + 35/2 = +27,5 °C.
Lagertemperatur +35 °C (irreal hoch) ergibt $\beta_T \sim 1{,}15$.

$$\tau_1 = +0{,}5 \cdot 0{,}7 \cdot 1{,}0 \cdot (1-0{,}2) \cdot 1{,}15$$
$$= +0{,}32 \text{ N/mm}^2$$

Schubspannungen τ_2 aus kurzzeitigen temperaturbedingten Verformungen

Temperaturbedingte Vergrößerungen der Lagerverformungen erzeugen zusätzliche Spannungen. Nach Bild 4.71 ist mit einem größeren Schubmodul zu rechnen, wenn die zusätzliche Verformung aus sinkenden niedrigen Temperaturen entsteht.

Die Verformungen $\tan\gamma_T$ entstehen nicht linear mit der Temperaturänderung. Die Temperatur des Bauwerks hinkt der Temperatur der Lager nach, und wir nehmen, wie oben, für diese Temperaturdifferenz 15 °C an.

Der Schubmodul $\alpha_T \cdot G_0$ nach Bild 4.71 ist selbstverständlich aus der Temperatur der Lager zu ermitteln und nicht aus der für die Bewegung maßgebenden Bauwerkstemperatur. t_G ist die Temperatur des Übergangs in einen glasartigen Zustand.

Kriechen (oder Relaxation) wird – soweit es in den durch Versuche gefundenen Modulen $\alpha_T \cdot G_0$ nicht enthalten ist – sicherheitshalber nicht berücksichtigt.

Als kurzzeitige Temperaturbewegungen definieren wir die nach den jahreszeitlichen Bewegungen T_∞ (die bei der Ermittlung von τ_1 berücksichtigt wurden) verbleibenden 50 % der Temperaturbewegungen. Bei Massivbrücken werden dementsprechend die Bewegungen ermittelt zwischen 0 °C und –10 °C, bei Stahlbrücken zwischen –7,5 °C und –25 °C.

Bei der angenommenen Temperaturdifferenz von 15 °C zwischen Bauwerk und Lager ergäbe sich der interessierende, den Bewegungen entsprechende Steifigkeitsbereich der Lager für Massivbrücken zwischen –22,5 °C und –40 °C. Da bei uns Temperaturen von –35 °C schon selten sind, korrigieren wir den letzten Bereich auf –17,5 °C bis –35 °C.

Allgemein gilt:

$$\tau_2 = G_0 \int_m^n \alpha_T \cdot \frac{d\tan\gamma}{dT} \, dT$$

m und n bezeichnen die Grenzen der **Lager**temperatur.

Es wird angenommen, daß die Abhängigkeit der Verformung $\tan\gamma$ von der **Bauwerks**temperatur linear ist. Nehmen wir weiter vereinfachend an, daß die Temperaturdifferenz zwischen Lager und Bauwerk konstant ist, so läßt sich die Integration zur Ermittlung der Schubspannung τ_2 analog zu der jedem Statiker geläufigen Auswertung der Integralflächen $\int M_i M_k \, ds$ durchführen (vgl. Bild 4.72).

Zahlenbeispiel für die Abschätzung von τ_2

Massivbrücke:
Die Bauwerkstemperatur sinkt von 0 °C auf –10 °C.
Die Lagertemperatur sinkt von –15 °C auf –25 °C. (Bild 4.72)

$$\tau_2 = -10 \cdot 1{,}0 \cdot 1/2 (1{,}15 + 1{,}33) \cdot 0{,}07$$
$$= 0{,}087 \text{ N/mm}^2.$$

Stahlbrücke:
Die Bauwerkstemperatur sinkt von –7,5 °C auf –25 °C.
Die Lagertemperatur sinkt von –17,5 °C auf –35 °C. (Bild 4.72.2)

$$\tau_2 = -10 \cdot [12{,}5 \cdot 1/2 \,(0{,}118 + 0{,}144) \cdot 0{,}02$$
$$+ 5 \cdot 1/2 \,(1{,}44 + 2{,}14) \cdot 0{,}02$$
$$= 0{,}507 \text{ N/mm}^2$$

Zwischenbilanz (Schubspannungen aus erzwungenen Schubverformungen)
Wenn Schubverformungen der Gummilager aus äußeren Kräften in Richtung der erzwungenen Schubverformungen nicht auftreten, so ergibt sich der rechnerische Schubmodul G:

für Massivbrücken

$$\Sigma \tau = \tau_1 + \tau_2 = -0{,}48 - 0{,}09 = -0{,}57 \text{ N/mm}^2$$

4.5 Verformungslager

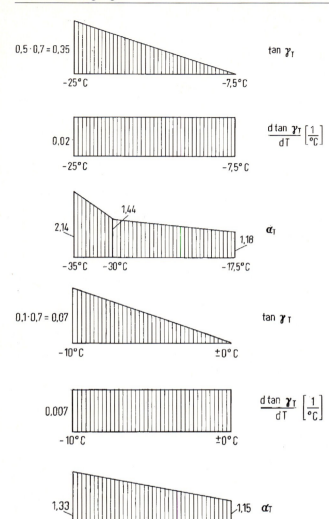

Bild 4.72
Integral-Flächen zur Ermittlung der Schubkraft aus mit sinkender Temperatur wachsenden Verformungen, a) bei Stahlbrücken, b) bei Massivbrücken

$$G_{ist} = \frac{0{,}57}{0{,}7} = 0{,}81 \text{ N/mm}^2$$

für Stahlbrücken

$$\Sigma\tau = \tau_1 + \tau_2 = -0{,}27 - 0{,}51 = -0{,}78 \text{ N/mm}^2$$

$$G_{ist} = \frac{0{,}78}{0{,}7} = 1{,}11 \text{ N/mm}^2$$

Es ist also festzuhalten, daß für durch Bauwerksbewegungen erzwungene Verformungen der rechnerische Schubmodul $G_0 = 1 \text{ N/mm}^2$ bei vorgespannten Massivbrücken etwas zu groß ist.

Bei Stahlbrücken ist unter den vereinbarten Bedingungen der angenommene Schubmodul etwas zu klein. Der rechnerische Schubmodul aus der Beanspruchung durch schlaff bewehrte Ortbetonbauwerke und vorgespannte Fertigteile liegt etwa in der Mitte zwischen den beiden abgeleiteten Werten.

Eine Abminderung der resultierenden

Schubspannungen erfolgt auch durch die Schubverformungen aus Auflast, die im Abschn. 4.5.2.5 (Stabilitätsverhalten) beschrieben werden. Sie können zu einer Minderung der Schubspannungen bis zu rund 50 % führen.

Außerdem ergibt sich aus Abschn. 1.1, daß die Temperaturgrenzen wahrscheinlich erhebliche Reserven beinhalten.

Eine Berechnung mit $G_0 = 1\,\text{N/mm}^2$ kann leichtsinnig sein, wenn die so ermittelten Schubkräfte im Bauwerk statisch günstig wirken. Für langdauernde äußere Schubkräfte sind Kriechen und Relaxation zu berücksichtigen. Das Verbot der Übertragung ständiger äußerer Schubkräfte durch Gummilager findet hier seine Begründung.

Schubspannungen τ_3 aus äußeren Kräften

Durch äußere Schubkräfte entstehen zusätzliche Verformungen der Gummilager. Die Spannungen ergeben sich mit den Modulen $\alpha_T \cdot G_0$ nach Bild 4.71, entsprechend der jeweiligen Lagertemperatur zum Zeitpunkt der Verformung und je nach Dauer der Beanspruchung mit einem Kriechbeiwert φ. Der zusätzliche Versteifungseffekt für schlagartige Belastung bleibt im allgemeinen unberücksichtigt, da die im Bauwesen auftretenden Belastungen nicht als schlagartig im gummitechnischen Sinn angesehen werden, sofern es sich nicht um ausgesprochene Stoßbeanspruchungen handelt. Eine Angabe des Schubmoduls für stoßartige Belastungen ist schwierig, doch erscheint beispielsweise für Anprallasten und Seitenstöße ein Schubmodul $G = 1{,}5$ bis $2{,}0 \cdot G_0$ für die Ermittlung der Verformungen angebracht (Bild 4.68).

Allgemein gilt:

Fxy = äußere Schubkraft (meist Horizontalkraft)
A = Lagerfläche
φ = Kriechmaß (Bild 4.73)

$$\tau_3 = \frac{Fxy}{A}$$

$$\tan\gamma = \frac{\tau_3}{\alpha_T \cdot G_0 \,(1+\varphi)}$$

Für G_0 wird in der Regel $1\,\text{N/mm}^2$ einzusetzen sein.

Bei resultierenden Verformungen von weniger als $\tan\gamma = 0{,}2$ und mehr als $\tan\gamma = 0{,}7$ müßte streng genommen nach Bild 4.66 ein größerer Schubmodul als G_0 angenommen werden, ebenso bei stoßartigen Verformungen gemäß Bild 4.68.

Der Schubmodul in Bild 4.64 ist durch die Steigung der Kurve gegeben. Sie ist im Koordinaten-Ursprung etwa doppelt so groß wie im vereinbarten Meßbereich $\tan\gamma = 0{,}2$ bis $0{,}9$. (Bild 4.65).

4.5.2.2.4 Elastizitätsmodul

Gummi ist wie eine Flüssigkeit fast inkompressibel.

Für theoretische Zwecke kann man aus der für inkompressible Materialien gelten-

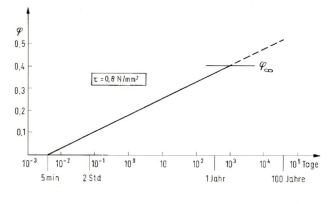

Bild 4.73
Kriechfunktion eines Elastomers (Beispiel)

den Querkontraktionsziffer $\mu = 0{,}5$ (Poisson) ableiten

$E = 2(1 + \mu) G = 3 G$

Für den Schubmodul G gilt das in 4.5.2.2.2 und 4.5.2.2.3 Gesagte. Er ist die einzige leicht meßbare Größe, die bei der Ermittlung aller Spannungs- und Verformungszustände eines Gummikörpers allgemein verwendbar ist.

Eine grundlegende Abweichung zwischen dem Zusammenhang $E = 3G$ und der Wirklichkeit besteht darin, daß der Schubmodul des Prüfkörpers im Koordinatenursprung größer ist als im Arbeitsbereich, während der Elastizitätsmodul der Elastomerlager im Bereich kleiner Pressungen kleiner ist als im Arbeitsbereich. Man spricht gerne von „Anpassungssetzungen", die den rechnerischen Elastizitätsmodul so klein werden lassen, doch spielen hier wahrscheinlich auch andere Faktoren eine Rolle.

In der Literatur wird häufig der Youngsche Elastizitätsmodul erwähnt. Dieser Elastizitätsmodul ist die Tangente an die Spannungs-Dehnungslinie im Koordinaten-Ursprung.

Der Kompressionsmodul, der sich aus der nicht völlig fehlenden Volumen-Kompressibilität ergibt, wächst mit steigendem Druck. Bei Drücken bis 1000 bar liegt er in der Größenordnung von 5×10^3 N/mm².

4.5.2.2.5 Stabilitätsverhalten

Bewehrte Elastomerlager sind gezielt so konstruiert, daß die Schubsteifigkeit gering, die Drucksteifigkeit aber sehr groß ist.

Wegen des großen Unterschiedes zwischen Schubsteifigkeit und Drucksteifigkeit der Lager ist jede Druckverformung von Gummilagern mit einer Schubverformung verbunden, die häufig mit Knicken bezeichnet wird.

Es handelt sich hierbei allerdings nicht um ein Lastverzweigungsverhalten, sondern um stabile Spannungs-Verformungs-Zustände, die allerdings irgendwann zu unverträglich großen Verformungen führen können.

Auf dieses wird später näher eingegangen.

4.5.2.2.6 Kriechen und Relaxation

Während über das Kriechverhalten von Chloroprenekautschuk einige Untersuchungen vorliegen, ist die Relaxation – die zeitliche Änderung der Spannung bei konstanter Verformung – kaum erforscht. Beide Eigenschaften sind stofflich bekanntlich identisch und sie hängen außerdem von Faktoren ab, die in der Materialbeschreibung der Regeln kaum erfaßt sind, so daß sich voraussichtlich auch regelmäßige Elastomere verschiedener Fabrikate nicht gleich verhalten.

Das Kriech- und Relaxationsverhalten hängt von folgenden Einflüssen ab:

a) Kautschukart und Typ
   Zunahme mit der Neigung zur Kristallisation
b) Mischungsbestandteile
   Zunahme mit der Neigung zur Kristallisation
c) Härte des Vulkanisats
   Zunahme mit wachsender Härte
d) Vulkanisationsgrad
   Abnahme mit wachsendem Vulkanisationsgrad
e) Verformungsgeschichte
   Abnahme mit der Dauer und Größe von Vorverformungen, vor allem, wenn diese bei erhöhten Temperaturen auftraten
f) Verformgröße
   Zunahme wächst mit wachsenden Verformungen. Bei sehr großen Verformungen nimmt die Kriechneigung wieder ab.
g) Pulsierende und alternierende Spannungen und Verformungen
   Zunahme mit dem Auftreten von pulsierenden und alternierenden Spannungen und Verformungen

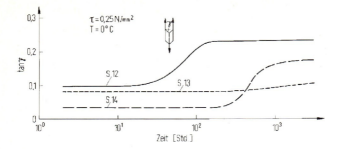

Bild 4.74
Schubkriechversuche von Keen bei 0° C

h) **Temperaturen**
Zunahme mit wachsenden Temperaturen (vgl. Unterschied zwischen Bild 4.74 u. 4.75).

Beanspruchungsart
Wenn wir das uns hauptsächlich interessierende Schubkriechen mit 100 % ansetzen, so beträgt das Kriechen unter Druckbelastung nur rund 80 % und das Kriechen unter Zugbelastung etwa 130 %.

Kriechen bei konstanter Schubspannung
Am Prüfamt für den Bau von Landverkehrswegen der Technischen Universität München wurden an damals zulassungsgemäßen Elastomerlagern Schub-Kriechversuche über 3 Jahre und 2 Monate durchgeführt. Es wurden aus normalen Elastomerlagern zwei Prüfkörper gemäß Bild 4.76 u. 4.77 herausgearbeitet, in die durch angehängte Gewichte eine Schubspannung von 0,8 N/mm² eingeleitet wurde.

Das Verformungsverhalten der Prüfkörper ist in Bild 4.78 wiedergegeben. Es läßt sich ablesen:

1) Nach 3 Jahren und 2 Monaten betrug die Endkriechzahl $\varphi = 0{,}39$, wobei als elastische Verformung die Verformung nach 5 Minuten definiert worden war. Diese Definition erfolgte in Übereinstimmung mit der Versuchsanordnung von Keen [45].
2) Schon nach einer Woche ist etwa die Hälfte der Kriechverformungen aufgetreten.
3) Geringfügige Temperaturänderungen um etwa 5 K verändern die Kriechneigung sichtlich.
4) Die bleibende Verformung, die wir bei den Zwischenentlastungen feststellen, wächst schneller als die Kriechverformung. Sie beträgt nach 3 Monaten 29 % der Gesamtverformung und nach 3 Jahren 50 % der Gesamtverformung.
5) Bei einer Belastungsumkehrung nach über 3jähriger Schubverformung reagieren die bleibend verformten Prüfkörper mit dem gleichen Schubmodul wie bei der Erstbelastung. Lediglich das relative Kriechmaß ist in diesem Ast der Prüfkurve etwas geringer, was mit

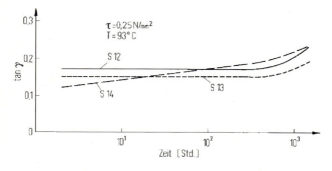

Bild 4.75
Schubkriechversuche von Keen bei 93° C

4.5 Verformungslager

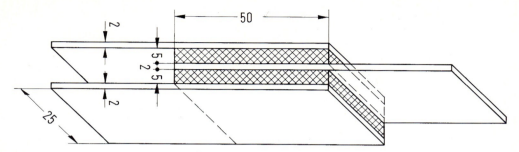

Bild 4.76
Aus Elastomerlagern herausgearbeitete Prüfkörper für die 3jährigen Schubkriechversuche des Prüfamtes für den Bau von Landverkehrswegen der TU München

der gewählten Definition des Kriechbeginns (5 Minuten) zusammenhängt. Erkennbar ist, daß die Rückverformung etwas schneller erfolgt, und daß der Übergangsknick zum Kriechast der Kurve etwas stärker ausgeprägt ist. Das

Bild 4.77
Prüfkörper bei der Umkehrung der Belastungsrichtung nach 995 Tagen (Bild 4.78) und nach Versuchsende

Verhalten der bleibend verformten Prüfkörper ist also im Wesentlichen so, als ob sie so schief wie sie sind vulkanisiert worden wären.

Kriechen unter konstanter Druckspannung
Pare und Keiner schildern in [64] Versuche, bei denen Probekörper aus Chloroprenekautschuk ohne Bewehrungseinlagen von $150 \times 300 \times 38$ mm einmal einer ruhenden Druckbelastung und zum Vergleich gleichzeitig einer 10minütig alternierenden Schubbelastung ausgesetzt wurden. Bei der Versuchsdauer beschränkte man sich leider auf nur 2–3 Stunden. In Bild 4.79 sind die von ihnen gefundenen relativen Kriechwerte wiedergegeben.

Kriechen unter Druckbelastung sollte auch an den Lagern unter dem Albany-Court-Gebäude in London in den Jahren 1967/68 gemessen werden [107], doch klang der Hauptteil des Kriechens während der Bauzeit von einem Jahr bereits ab. Tatsächlich gemessen wurde dann die Dickenänderung der Lager durch Temperaturschwankungen, die erheblich größer waren als die Restkriechverformungen. Das war zu erwarten, da der Temperaturausdehnungskoeffizient von Gummi groß ist (s. 4.5.2.2.10).

Im Jahre 1968 wurde am Institut für Beton- und Stahlbeton der Universität Karlsruhe an einem runden Elastomerlager ∅ 800 ein exzentrischer Dauerstandsver-

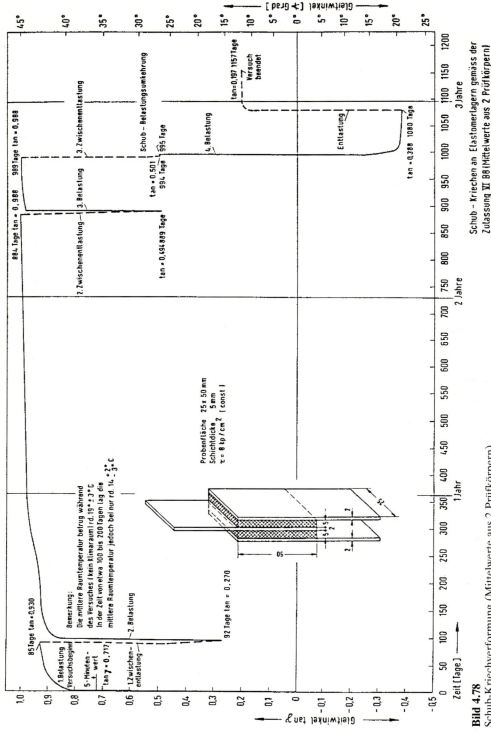

Bild 4.78
Schub-Kriechverformung (Mittelwerte aus 2 Prüfkörpern)

4.5 Verformungslager

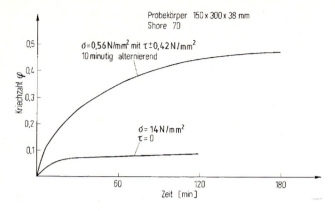

Bild 4.79
Druck-Kriechverformung nach Pare-Keiner. Bei dem Versuch mit alternierender Schubbelastung ist mit Sicherheit ein Schlupf in den belasteten Lagerflächen entstanden, da sonst die angegebenen Verformungen nicht möglich sind

such mit einer mittleren Auflagerpressung von 21 N/mm² durchgeführt. Die Exzentrizität der Last wurde gleich der Kernweite des Lagers gewählt. Die Kriechverformung – bezogen auf die Verformung 5 Minuten nach der Belastung – betrug bei etwa 6stündiger Belastung 8 % (Zunahme des Auflagerdrehwinkels pro Schicht, Bild 4.80).

Baustellenbeobachtungen
In einigen Fällen konnte man auch in der Praxis die Einflüsse der Relaxation beobachten. Wenn Brücken oder andere Bauteile aus irgendwelchen Gründen angehoben werden mußten, stellte man fest, daß die verformten Gummilager durchaus nicht spontan in die unverformte Ausgangsgestalt zurückkehrten. Präzise Meßergebnisse liegen leider nicht vor. Die Schilderungen reichen vom vollständigen Abbau der Verformung innerhalb einiger Stunden bis zur praktisch konstant bleibenden Verformung während der Beobachtungszeit. Die Gründe für diesen weiten Spielraum liegen im unterschiedlichen Verhalten der verschiedenen Lager, in Temperaturdifferenzen und nicht zuletzt in der subjektiven Beurteilung der Beobachter.

Molekulare Zusammenhänge
Bei Kriech- und Relaxationsvorgängen spielen die in Abschn. 4.5.2.2.1 geschilderten Querglieder zwischen den Molekülketten des gummielastischen Materials eine große Rolle. Beim Kriechen von Chloropren-Kautschuk werden diese Querglieder offensichtlich nur umgelagert und nicht

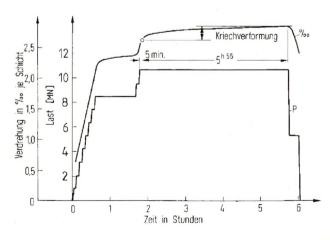

Bild 4.80
Exzentrische Dauerbelastung eines runden Elastomerlagers $\varnothing$ 800 × 70 mm (mit 3 Gummischichten von je 15 mm Dicke). Exzentrizität der Last gleich der Kernweite ($d/8 = 10$ cm)

zerstört. Sie weichen den bei großen Verformungen entstehenden großen Beanspruchungen aus und suchen sich eine „bequemere" Position. Letzten Endes findet also im beanspruchten Material noch einmal der gleiche Vorgang wie bei der Vulkanisation statt (Bilder 4.81 und 4.82).

4.5.2.2.7 Haftreibung

Die Haftreibung zwischen Gummi und Bauwerk interessiert uns aus zwei Gründen:

1. Alle Horizontalkräfte werden normalerweise durch Haftreibung in die Lager eingeleitet.
2. Bei unbewehrten Lagern ist die Haftreibung in den belasteten Flächen maßgeblich am Tragvermögen und Tragverhalten der Lager beteiligt.

Die klassischen Reibungsgesetze gelten bei Gummi nicht. Der Reibungsbeiwert ist abhängig von der Größe der Reibungsfläche, der Oberflächenbeschaffenheit und der spezifischen Pressung in der Reibfläche.

Bild 4.81
Prüfkörper zur Untersuchung von Relaxation und Joule-Effekt im Klimaraum

Zum Problem Reibung s. a. Dissertation Schrage (Kapitel 7) und die zugehörigen Ibac-Forschungsberichte.

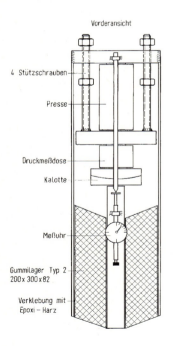
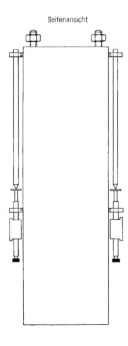

Bild 4.82
Prüfkörper zur Untersuchung von Relaxation und Joule-Effekt

4.5 Verformungslager

Sofern ein inniger Kontakt zwischen Gummi und Bauwerksfläche vorhanden ist, sind hohe Reibungsbeiwerte bis weit über 1 möglich. Ein besonders inniger Kontakt und damit ein besonders hoher Reibungsbeiwert wird erzielt auf sehr glatten Flächen, z. B. Glas. Wenn Gummilager in ein Mörtelbett verlegt werden oder wenn direkt auf das Gummilager betoniert wird, so erzielt man den gleichen Effekt. Verfälscht wird diese Eigenschaft durch Reste von Formtrennmitteln auf der Oberfläche der Gummiteile.

Auf rauhen Oberflächen, z. B. auf Sandpapier, werden schlechtere Reibungsbeiwerte erzielt. Möglicherweise hängt dieses Phänomen damit zusammen, daß auf den Spitzen der Rauhigkeit recht hohe Auflagerpressungen entstehen, die mit einem wesentlich kleineren Reibungsbeiwert verknüpft sind. Der „Reibungs"-Gewinn durch die Verformungsarbeit beim Passieren der Unebenheiten wirkt sich erst bei gleitender Reibung aus und ist nicht groß genug, um den Reibungsverlust auf rauhen Oberflächen auszugleichen.

Der innige Kontakt zwischen den Reibungsflächen darf keinesfalls durch nicht schubfeste Stoffe unterbrochen werden. Die katastrophale Wirkung eines Wasserfilms in der Reibfläche von Reifen ist jedem Autofahrer geläufig, doch werden immer wieder Gummilager in strömendem Regen verlegt. Bis das Wasser vom Beton aufgesogen worden ist, vergeht einige Zeit, in der keine nennenswerten Schubkräfte zwischen Lager und Bauwerk übertragen werden können, und unbewehrte Lager können in dieser Zeit auch keine nennenswerte Normalbelastung aufnehmen, weil ihr Tragverhalten von der Reibung in den belasteten Flächen abhängt. Die Montage von Fertigteilen auf unbewehrten Elastomerlagern ist bei Regenwetter also nur ratsam, wenn die Auflagerflächen trocken gehalten werden können.

Problematisch ist die Anordnung eines Klebers zwischen Gummilager und Bau-

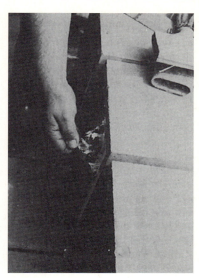

Bild 4.83
Dauerplastische Kleber beeinträchtigen das Tragvermögen unbewehrter Elastomerlager durch Verminderung der Reibung in den belasteten Flächen

werk. Häufig werden diese Kleber aus Unkenntnis oder Schlamperei falsch verarbeitet, so daß sie nicht oder erst spät voll durchhärten. Besonders unangenehm sind dauerplastische Klebmassen (Bild 4.83), die bei Arbeiten mit Betonfertigteilen bisweilen zum Befestigen der Gummilager an den Fertigteilen benützt werden. Man läßt sich dadurch bestechen, daß derartige Kleber ohne Wartezeit und bei jedem Wetter eine für die Montage ausreichende Haftung des Gummilagers am Fertigteil ergeben, und man wundert sich, wenn so befestigte unbewehrte Elastomerlager zu Bruch gehen. In dem Abschnitt über unbewehrte Elastomerlager werden wir zeigen, daß nichts anderes zu erwarten ist (Abschn. 4.5.3.1).

Als böse Überraschung kann sich im Laufe der Zeit herausstellen, daß sich bestimmte nicht schubfeste Materialien aus dem Gummi eines Lagers an seiner Oberfläche konzentrieren. Derartige Ausblühungen können vor allem durch Weichmacher und Ozonschutzwachse auftreten.

Gummitechnisch ist der letzte Effekt nicht ganz unerwünscht, da die Ozonbeständigkeit erhöht wird, doch sind Gummitypen mit derartigen Eigenschaften für Lager wenig geeignet.

Die größten erreichbaren Reibungswerte zwischen Gummi und anderen Materialien entstehen generell erst nach einem Schlupf. Für bautechnische Zwecke bedeutet das, daß man die maximal möglichen Haftreibungswiderstände nicht ausnützen kann.

Wenn wir mit der Prüfanordnung zur Ermittlung des Schubmoduls den Reibungsbeiwert prüfen (Bild 4.62), so finden wir, daß dieser für wachsende Auflagerpressungen zwischen 0 und 5 N/mm² kraß absinkt (Bild 4.84). Für zulassungsgemäße Elastomerlager auf rauhem Beton liegen die Reibbeiwerte geringfügig niedriger als in dieser Kurve angegeben.

Wenn man abweichend von den Vorschriften der meisten Länder ein Elastomer von weniger als 60° Shore verwendet, so liegen die Reibbeiwerte beträchtlich niedriger. Bei Elastomerlagern von 50° Shore wurden beispielsweise Reibbeiwerte gemessen, die etwa halb so groß sind wie nach Bild 4.84.

Es ist unzweckmäßig, mit den Reibbeiwerten nach Bild 4.84 zu arbeiten, da sie einen falschen Eindruck von den vorhandenen Sicherheiten vermitteln. Das Ziel unserer Untersuchungen ist doch nur, eine Schubkraft in der Grenzfläche zwischen Lager und Bauwerk zu übertragen, und der Schub wird im Versuch direkt gemessen. Wir nennen diese Schubspannungen Reibschubspannungen. Die für Elastomerlager geltenden Reibschubspannungen sind in Bild 4.85 aufgetragen. Im Widerspruch zu dem durch die Reibbeiwerte vermittelten Eindruck ist die Gleitsicherheit bei kleinen Auflagerpressungen kleiner als bei großen Auflagerpressungen.

Konsequent wurde deshalb für bewehrte Elastomerlager vorgeschrieben, daß die Oberfläche der Lager bei kleinen Auflagerpressungen am Bauwerk verankert werden muß.

Bei den oben geschilderten Versuchen blieb unberücksichtigt, daß sich zwischen Lager und Zement – oder Kunstharzmörtel auch eine Haftung einstellt. Quantitative

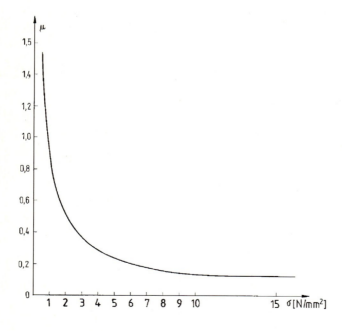

Bild 4.84
Reibbeiwerte μ in Abhängigkeit von der Pressung für Elastomerlager auf Beton oder Stahl

4.5 Verformungslager

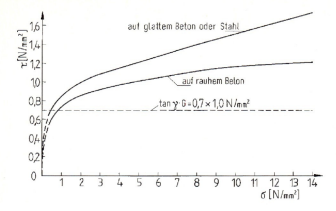

Bild 4.85
Reibzahl (Reibschubspannung) τ in Abhängigkeit von der Pressung für Elastomerlager auf den angegebenen Reibflächen bei ruhender Belastung

Messungen dieser Haftung liegen bisher nicht vor, und deren Ergebnisse dürften auch stark von den Fertigungsmethoden des Lagerherstellers abhängen (nämlich von den bei der Lagerherstellung verwendeten Formtrennmitteln).

Es wurde beobachtet, daß unter lang anhaltenden Auflagerpressungen die Reibzahl kräftig ansteigen kann, was vermutlich auf einer durch Kriechen vergrößerten Reibfläche beruht (wir erinnern uns, daß die Größe der Reibfläche und die Innigkeit des Kontaktes maßgebend sind für die Größe des Haftreibungswiderstandes von Gummi). Dieser Effekt wird dazu führen, daß für nur gelegentlich entlastete Elastomerlager auch im Bereich kleinerer Pressungen eine höhere Reibzahl als nach Bild 4.85 vorhanden sein wird. In diesem Phänomen liegt wahrscheinlich der Grund dafür, daß man in der Bundesrepublik Deutschland in der Anfangszeit der Anwendung rund 10 Jahre generell mit unverankerten Elastomerlagern gearbeitet hat, ohne Lager mit erkennbarem Schlupf entdecken zu können. Quantitative Messungen fehlen bisher.

Bei unbewehrten Elastomerlagern können die Reibzahlen nach Bild 4.85 höchstens als Näherung angenommen werden. Hauptgrund sind hierfür die formatabhängigen Schubspannungen τ_p und τ_a aus senkrechter Belastung (Abschn. 4.5.3.1.1 u. 4.5.3.1.2), die sich der Schubspannung aus horizontaler Beanspruchung überlagern. Damit ist die für horizontale Beanspruchungen unbewehrter Elastomerlager noch verfügbare Reibung nicht nur von der Flächenpressung, sondern auch vom Format der Lager abhängig (Abschn. 4.5.3.3.1).

Fast völlig unerforscht ist die Beeinflussung der Reibzahl durch schwellend pulsierende vertikale Belastung. Bei einem Dauerstandsversuch an bewehrten Elastomerlagern unter exzentrisch pulsierender Belastung bei gleichzeitiger Schubverformung, der am Prüfamt für den Bau von Landverkehrswegen der Technischen Universität München durchgeführt wurde, ergab sich, daß die erzwungene Schubverformung schon nach geringer Pulsierungszahl durch einen Schlupf in der belasteten Fläche abgebaut wurde (Bild 4.86 u. 4.87). Der daraus ablesbare Rückgang der Reibzahl ist allerdings dadurch verfälscht, daß sich in der belasteten Fuge den Schubspannungen aus Schubverformung noch die Schubspannungen aus Exzentrizität überlagern (Auflagerdrehwinkel, Kirschkerneffekt) (Abschn. 4.5.3.1.2).

Wenn das Bauteil mit seiner Masse auf dem als Feder wirkenden Elastomerlager in Resonanzschwingungen gerät, kann die Auflast – und damit auch die Reibung – Null werden.

Wie schwierig die Vorhersage der Reibung gerade bei unbewehrten Elastomerlagern ist, ergab sich zufällig bei Schneide-

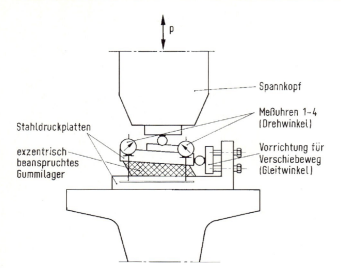

Bild 4.86
Versuchseinrichtung für Versuche unter exzentrisch pulsierender vertikaler Last bei gleichzeitiger Schubverformung

versuchen mit einer hydraulischen Schere. Der Niederhalter der Schere übt eine Druckbelastung auf die Gummikörper aus. Wird jetzt von diesem verformten Körper eine Scheibe abgeschnitten (links in Bild 4.88), so müßte diese eine gleichmäßige parabolische Schnittfläche aufweisen. Wie die abgeschnittene Scheibe tatsächlich aussieht, zeigt Bild 4.89. Durch unterschiedliche Reibungsbeiwerte in der optisch vollkommen gleichförmig belasteten Fläche entstanden erhebliche lokale Verformungsunterschiede, die der Schnitt fixierte. Der in Bild 4.90 dargestellte Schnittkörper entstand auf die gleiche Weise, wobei der rechts im Bild befindliche Teil nur mit dem Handballen etwas gerieben wurde. Die geringen Mengen von Fett und Feuchtigkeit einer Hand reichen also aus, den Reibungsbeiwert auf feinbearbeiteten Stahlplatten „sichtbar" herabzusetzen.

4.5.2.2.8 Brandschutz

Der in Deutschland für Elastomerlager verwendete Chloroprene-Kautschuk ist

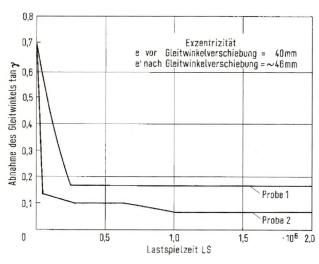

Bild 4.87
Rückgang der Schubverformung unter pulsierender Belastung durch Schlupf in den belasteten Flächen (Regenwurmeffekt)

4.5 Verformungslager

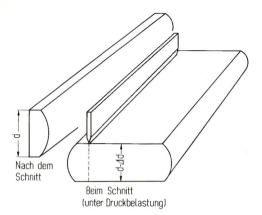

Bild 4.88
Theoretische Verformungen beim Schneiden eines Gummikörpers. Links der nach dem Schnitt erwartete Körper

Bild 4.89
Der tatsächlich durch den Schnitt entstandene Körper. Die Abweichungen deuten auf Reibungsabweichungen in den belasteten Flächen hin

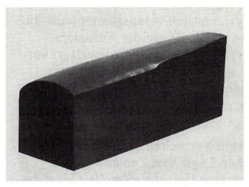

Bild 4.90
Der ungleichmäßige Schnitt entstand durch einen geringfügigen Reibungsunterschied: Die rechte Hälfte des Gummikörpers war vor dem Schnitt mit dem Handballen abgerieben worden

nach DIN 4102 „schwerentflammbar". Er ist damit sicherer als andere Elastomere.

Trotzdem können die Lager bei vollentwickelten Bränden nach DIN 4102 Blatt 2 verbrennen, doch tropfen sie wenigstens nicht ab.

Ebenso wie beim Brand von PVC, welches in Form von Fußbodenbelägen und elektrischen Isolierungen in jedem Hochbau vorhanden ist, entsteht beim Brennen von Chloropren-Kautschuk Chlorgas, welches sich mit der Luftfeuchtigkeit und dem Löschwasser zu Salzsäure verbindet. Bezogen auf das Volumen entwickeln Gummilager aus Chloropren zwar nur halb so viel Chlor wie PVC, und PVC ist normalerweise in erheblich größeren Mengen in einem Bauwerk vorhanden, doch sollte man diese Eigenschaft kennen.

4.5.2.2.9 Wasseraufnahme

Eine nennenswerte Aufnahme von Wasser aus der Luftfeuchtigkeit konnte bei den für Lager verwendeten Elastomeren nicht nachgewiesen werden.

Bei einer Lagerung unter Wasser wird jedoch Wasser aufgenommen. Diese Wasseraufnahme hat nach den bisher bekannten Untersuchungen keinen Einfluß auf die Festigkeit oder das Verformungsverhalten des Materials, auch nicht bei Temperaturen unter dem Gefrierpunkt.

Dies scheint nach internen Industrieuntersuchungen (> 10 Jahre Einwirkung) auch für Salzwasser und insbesondere für Chloropren-Kautschuk zu gelten.

Die Wasseraufnahme ist auch vom Salzgehalt des Wassers abhängig. Die obere Kurve in Bild 4.91 wurde mit destilliertem Wasser erhalten und sie ist somit besonders ungünstig.

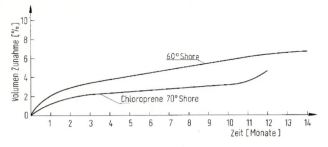

Bild 4.91
Quellung von unbelasteten Elastomerproben bei Unterwasserlagerung (Raumtemperatur), obere Kurve bei destilliertem Wasser

Es erscheint wahrscheinlich, daß die Wasseraufnahme eines Elastomer-Körpers unter Druckbelastung geringer ist als in Bild 4.91 dargestellt.

Nach dem bisherigen Stand der Kenntnisse könnte man also Elastomerlager aus Chloropren-Kautschuk auch unter Wasser einbauen. Gegebenenfalls könnte man aber auch auf andere Elastomere ausweichen, die teilweise erheblich weniger Wasser aufnehmen, z. B. Butylkautschuk.

4.5.2.2.10 Thermische Eigenschaften

In den früheren Abschnitten über Schubmodul, Schubspannung, Kriechen und Relaxation haben wir bereits Einflüsse tiefer Temperaturen behandelt. Wir stellten fest, daß tiefe Temperaturen eine Versteifung für zusätzliche Bewegungen mit sich bringen, und erwähnten, daß auch die Dauer der Einwirkung tiefer Temperaturen eine Versteifung bringt.

Von bautechnisch größerem Einfluß ist allerdings der gegenläufige Joule-Effekt, der die Schubspannung aus bereits vorhandenen Verformungen mit sinkender Temperatur abbaut, und zwar erheblich. Dieser Effekt ist in Bild 4.70 dargestellt.

Bei sehr tiefen Temperaturen wird Gummi aus Chloropren-Kautschuk irgendwann sprödbrüchig (glasartig). Bei Elastomeren aus Chloropren-Kautschuk ist die Sprödbrüchigkeit um −50 °C zu erwarten. Durch Zusätze von Butyloleaten kann die Sprödbrüchigkeit bis unter −70 °C gesenkt werden, wobei allerdings andere Eigenschaften verschlechtert werden.

Man kann davon ausgehen, daß fast alle Elastomere aus Chloropren-Kautschuk bei Temperaturen um 150 °C vulkanisiert werden, daß sie also prinzipiell diese Temperatur vertragen müßten. Tatsächlich werden jedoch Mischungen, die für Lager vorgesehen sind, empfindlich gegen derartig hohe Temperaturen, wenn diese längere Zeit andauern, und vor allen Dingen, wenn sie zusätzlich mit Oberflächendehnungen auftreten.

In jedem Falle sollte man im Auge behalten, daß die Alterung von Elastomeren durch erhöhte Temperaturen enorm beschleunigt wird (Bild 4.92). Selbst wenn das Material durch besondere Zusätze auf Hochtemperaturbeständigkeit gezüchtet wurde, muß man immer noch die Haftung zwischen Elastomer und Bewehrungseinlagen im Auge behalten, die ebenfalls mit länger anhaltenden Temperaturen sinkt.

Der in den Regeln angegebene obere Grenzwert von +70 °C ist für ständige Temperaturen ein hoher Wert, während er für kurzzeitige Temperaturbeanspruchungen große Sicherheiten beinhaltet. (Bild 4.92)

Wegen der Wärmeentwicklung ist die Bearbeitung von Elastomerlagern mit schnellaufenden Schleif- und Trennscheiben zu unterlassen. Durch die schlechte Wärmeleitung und -speicherung des Materials läßt sich eine derartig bearbeitete Elastomerfläche jederzeit anfassen, ohne daß man sich die Finger verbrennt, doch Augenblicke vorher sind mit Sicherheit unverträglich hohe Temperaturen vorhanden gewesen. Es ist besonders unangenehm, daß

4.5 Verformungslager

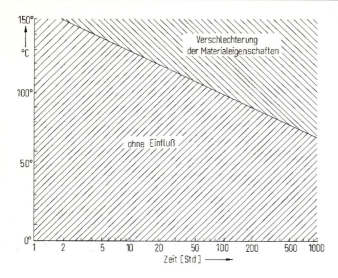

Bild 4.92
Prinzipieller Zusammenhang zwischen Alterungsbeständigkeit und Temperatur (bei hohen Temperaturen)

durch Überhitzung entstandene Schäden erst mit Verformung und Zeit sichtbar werden.

Empfohlen wird deshalb z. B. eine Bearbeitung mit einem elektrischen Handhobel.

Schweißarbeiten an Lagern mit offen liegenden Metallteilen sind aus diesem Grunde ebenfalls zu unterlassen, sofern nicht durch intensive und gezielte Kühlung Schäden verhindert werden können. Auch bei Schweißarbeiten sind die Schäden normalerweise nicht beim Abschluß der Arbeiten erkennbar. Versuche haben gezeigt, daß nicht nur die Qualität des Elastomers, sondern auch die Haftung zwischen den zutage liegenden Metallteilen und dem Elastomer ohne besondere Maßnahmen zerstört wird.

Für Berechnungen können folgende Werte angenommen werden:

Wärmeleitfähigkeit [Kcal/mh K]   0,20
Spezifische Wärme [cal/g K]   0,40

Linearer Wärmeaus-
dehnungskoeffizient [1/K] $200 \cdot 10^{-6}$

Zur Auswirkung dieses sehr hohen Ausdehnungskoeffizienten auf die Konstruktion siehe auch Kap. 7.

4.5.2.2.11 Schwingungstechnische Eigenschaften

Gummilager werden in zunehmendem Maße auch als Federn in schwingenden Systemen benutzt. Das gestellte Problem ist meist die Dämmung von Erschütterungen (Straßen- und Schienenverkehr) oder die Dämpfung von Stößen (Erdbeben).

Im Vergleich zu Stahlfedern haben Gummifedern eine erheblich höhere Dämpfung, so daß freie Schwingungen nach 3–4 Perioden ausklingen. Gleichzeitig sind die Federwege klein, zumindest im Vergleich zu Spiralfedern. Da der Isolierwirkungsgrad einer Schwingungsdämmung im normalen überkritischen Bereich praktisch direkt vom Federweg abhängt, muß man häufig abweichend von den Regeln für ruhende Beanspruchung die Lager so anordnen, daß sie nicht durch Druck, sondern durch Schub beansprucht werden, da auf diese Weise größere Federwege möglich sind.

Für die Isolierung niederfrequenter Schwingungen (unter etwa 8 Hz) parallel zur Richtung der Lagerlast (Normalkraft) sind bei den großen Lasten von Bauwerken Lösungen mit Gummilagern schwierig. Quer zur Richtung der Normalkraft (Horizontalkräfte) können dagegen auch noch langsamere Schwingungen gut gedämmt werden.

4.5.3 Bemessung unbewehrter und bewehrter Elastomerlager

Die einfachste Ausführungsform von Elastomerlagern sind Gummiplatten, deren Dicke im allgemeinen zwischen 0,5 und 5 cm liegt. Derartige „unbewehrte Lager" werden durch die vier in Bild 4.93 dargestellten Beanspruchungen verformt. Hierbei bleibt das Volumen der Lager konstant, da das Material praktisch inkompressibel ist.

In den Skizzen 1 bis 4 setzen wir voraus, daß eine ausreichende Reibung oder Haftung in den belasteten Lagerflächen vorhanden ist, da die Verformungsbilder sonst grundsätzlich anders aussehen (Bild 4.93). Ohne Haftung in den belasteten Flächen entstehen große Verformungen, die für das Bauwerk und auch für die Alterungsbeständigkeit des Lagers in der Regel unerwünscht sind.

Die Bemessung dieser Lager wird in Abschnitt 4.5.3.3 behandelt.

Man kann erzwingen, daß die belasteten Lagerflächen auch bei höheren Beanspruchungen unverformt bleiben, wie es Bild 4.93 fordert, indem man zugfeste Scheiben auf die belasteten Oberflächen der Gummiplatten aufbringt (Bild 4.94)

Die Haftung zwischen dieser „Bewehrung" und der Gummiplatte ist neben der Zugfestigkeit der Bewehrung maßgebend für das Tragvermögen eines derartigen Lagers.

Man kann mehrere derartige Schichten übereinander anordnen, wenn die Zusammendrückungen verringert werden sollen (Bild 4.94).

Wird Gummi in einem Topf eingeschlossen, so kann der Deckel des Topfes Kippbewegungen auf dem Elastomer ausführen. Das Gummi wirkt wie eine besonders zähe Flüssigkeit (Bild 4.95). Diese Lager

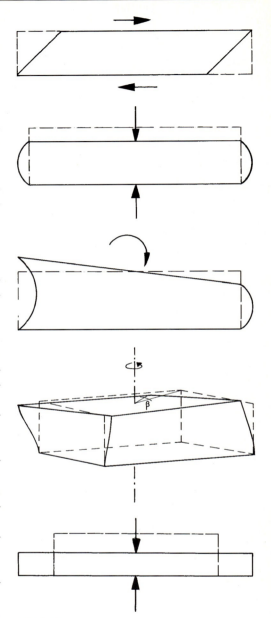

Bild 4.93
Verformungen eines plattenförmigen, gedrückten Gummikörpers

werden heute nicht mehr als Elastomerlager bezeichnet, sie werden in einem eigenen Abschnitt behandelt.

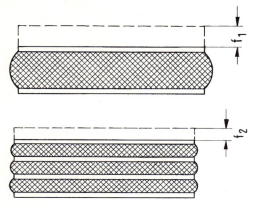

Bild 4.94
Bewehrungsbleche in den gedrückten Flächen von Gummikörpern. Die Stauchung f_2 ist erheblich kleiner als die Stauchung f_1

4.5.3.1 Elastizitätstheoretische Spannungsermittlung

4.5.3.1.1 Druckverformung

Für eine Druckverformung nach Bild 4.96 ergibt sich in einem Punkt der x-y-Ebene die Differentialgleichung

$$\Delta \sigma = \frac{\delta^2 \cdot \sigma}{\delta x^2} + \frac{\delta^2 \cdot \sigma}{\delta y^2} = \frac{12 \cdot G \cdot \varepsilon}{t^2}$$

Die Spannungen σ im Lager verteilen sich, im Schnitt gesehen, parabelähnlich, da sich der Lagerrand der Tragwirkung entzieht. Die größte Spannung tritt in Lagermitte auf (Bild 4.97).

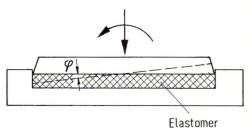

Bild 4.95
Topflager für Kippbewegungen

Aus der Analogie obiger Differentialgleichung mit der Differentialgleichung der St-Venantschen Torsion ergibt sich

$$\max \sigma = \frac{\sigma_m \cdot a \cdot A}{2 \cdot W_T}$$

A = Lagerfläche
W_T = Torsionswiderstandsmoment der gedrückten Fläche

Für Rechtecke mit $b/a \geqslant 1$ ist

$$\max \sigma = \frac{\sigma_m}{2\eta_2}$$

Für runde Lager ist

$$\max \sigma = 2 \sigma_m$$

Die Schubspannungen τ_{zx} und τ_{xy} verteilen sich geradlinig über die Lagerbreite. Sie sind am größten in der unverformten Grenzfläche am Lagerrand in der Mitte der längeren Lagerseite.

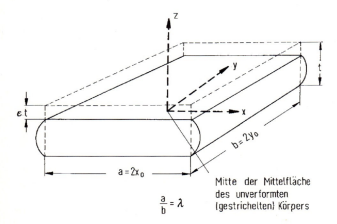

Bild 4.96
Verformung unter Druckbelastung

b/a	1,0	1,5	2	3	4	6	8	10	∞
η_2	0,208	0,231	0,246	0,267	0,282	0,299	0,307	0,313	0,333
$\dfrac{1}{2\eta_2}$	2,40	2,16	2,03	1,87	1,77	1,67	1,63	1,60	1,50

$$max\ \tau = \frac{\sigma_m \cdot t \cdot A}{W_T} = 2 \cdot \frac{t}{a} \cdot max\ \sigma$$

Für Rechtecke mit $b/a \geq 1$ ist in der Mitte der längeren Lagerseite

$$max\ \tau = \frac{\sigma_m}{\eta_2} \cdot \frac{t}{a}$$

In der Mitte der kürzeren Lagerseite ist

$$\tau = \eta_1 \cdot max\ \tau$$

b/a	1,0	1,5	2	3	4
η_1	1,000	0,858	0,796	0,753	0,745
b/a	6	8	10	∞	
η_1	0,743	0,743	0,743	0,743	

Für runde Lager mit dem Durchmesser d ist

$$max\ \tau = 4 \cdot \frac{t}{d} \cdot \sigma_m$$

Aus der Zusammendrückung ε eines derartigen Gummikörpers kann ein ideeller Elastizitätsmodul E_i

$$E_i = \frac{\sigma_m}{\varepsilon}$$

gebildet werden, der keine Materialkonstante ist, sondern eine von den Abmessungen des Gummikörpers abhängige Rechengröße. Er ergibt sich zu

$$E_i = \frac{3 \cdot G \cdot I_T}{t^2 \cdot A}$$

I_T = Torsionsträgheitsmoment der gedrückten Fläche
A = Lagerfläche

Für Rechtecke mit $b/a \geq 1$ ist

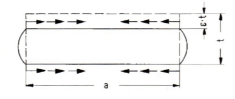
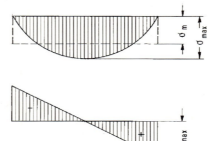

Bild 4.97
Spannungen aus Druckverformung

4.5 Verformungslager

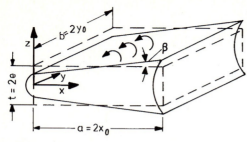

Bild 4.98
Beanspruchung durch Auflagerdrehwinkel

$$E_i = 3 \cdot G \cdot \left(\frac{a}{t}\right)^2 \cdot \eta_3$$

b/a	1,0	1,5	2	3	4
η_3	0,140	0,196	0,229	0,263	0,281
b/a	6	8	10	∞	
η_3	0,299	0,307	0,313	0,3	

Für runde Lager mit dem Durchmesser d ist

$$E_i = \frac{3 \cdot G}{8} \cdot \left(\frac{d}{t}\right)^2$$

4.5.3.1.2 Auflagerverdrehungen

Auflagerverdrehungen nach Bild 4.98 führen zu der Differentialgleichung

$$\Delta \sigma = \frac{\delta^2 \cdot \sigma}{\delta x^2} + \frac{\delta^2 \cdot \sigma}{\delta y^2} = \frac{12 \cdot G \cdot \alpha}{t^3} \cdot x$$

Die Spannungen σ im Lager verteilen sich in Form einer Spannungswelle mit positivem und negativem Bereich. Die größten Spannungen treten in der Nähe der Viertelspunkte auf. In der Lagermitte sind die Spannungen Null (Bild 4.99).

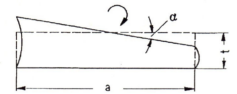

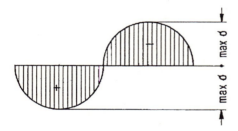

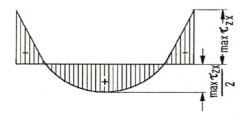

Bild 4.99
Spannungen aus Auflagerdrehwinkeln

Wenn vorausgesetzt wird, daß die Gummilager nicht gegen Zugkräfte am Bauwerk verankert werden, dann kann diese Spannungsverteilung selbstverständlich nur auftreten, solange aus Druckverformung hinreichend große Spannungen vorhanden sind, um den Zugbereich der gefundenen Spannungswelle zu überdrücken.

Außerdem wissen wir, daß die Abweichungen von der Linearität des Spannungs-Dehnungs-Verhaltens gerade in der Gegend des Spannungsnullpunktes und beim Vorzeichenwechsel besonders kraß sind. Selbst wenn wir also Zugspannungen aufnehmen können, wird der errechnete Zusammenhang falsch sein. Bei gleichem Drehwinkel wird das Moment kleiner.

Wenn wir keine Zugspannungen aufnehmen wollen oder können, gelten die untenstehenden Gleichungen nur, solange bei Rechtecklagern

$$\alpha \leq \frac{\eta_4}{6} \cdot \frac{\sigma_m}{G} \cdot \left(\frac{t}{a}\right)^3$$

ist. Bei diesem Wert werden die Zugspannungen aus Verdrehung überdrückt. Die Beschränkung ist gleichbedeutend mit

$$\frac{M}{Fz} = e \leq \frac{a}{6}$$

d. h. die Exzentrizität ist kleiner als die Kernweite des Lagers.

Die Lösung der D-Gleichung lautet dann

$$v = \frac{96}{\pi^4} \cdot G \cdot \alpha \cdot \left(\frac{a}{t}\right)^3 \cdot \sum_n \cdot \sum_m \cdot$$
$$\frac{1}{n \cdot m \cdot [n^2 + \lambda^2 \cdot m^2]}$$
$$\cdot \sin n \cdot \frac{\pi}{a} \cdot x \cdot \sin m \cdot \frac{\pi}{b} \cdot y.$$
$$n = 2, 4, 6, 8, \ldots; m = 1, 3, 5, 7 \ldots$$

Für den unendlich langen Lagerstreifen ist eine geschlossene Lösung möglich, aus der man findet

$$\sigma = x \cdot \frac{G}{4} \cdot \left(\frac{a}{t}\right)^3 \cdot \xi \cdot (\xi^2 - 4);$$

$$\xi = \frac{x}{x_0}; \ x_0 = \frac{a}{2}$$

$$max \ \sigma = 0{,}096 \cdot G \cdot \left(\frac{a}{t}\right)^3 \cdot \alpha$$

an der Stelle $x = 0{,}29 \ a$

Die Schubspannungen τ_{zx} verteilen sich parabelförmig. Sie erreichen ihren Größtwert in der Mitte des Lagerrandes b und einen halb so großen Wert in Lagermitte (Bild 4.99).

Für rechteckige Lager ist

$$max \ \tau = \alpha \cdot \frac{G}{2} \cdot \left(\frac{a}{t}\right)^2 \text{ an der Stelle } x = \frac{a}{2}$$

Für runde Lager ist

$$max \ \tau = \alpha \cdot \frac{3 \cdot G}{8} \cdot \left(\frac{d}{t}\right)^2 \text{ an der Stelle}$$
$$x = \frac{d}{2}$$

Das Moment, welches den Drehwinkel α erzeugt, ist für rechteckige Lager mit $b/a \geq 1$

$$M = \frac{G \cdot a^5 \cdot b \cdot \alpha}{\eta_4 \cdot t^3}$$

b/a	1,0	1,5	2	3	4
η_4	85,7	75,9	71,4	67,0	64,5
b/a	6	8	10	∞	
η_4	62,5	61,2	60,6	60,0	

für runde Lager mit dem Durchmesser d ist

$$M = \frac{G \cdot d^6 \cdot \alpha}{150 \cdot t^3}$$

Selbstverständlich ergibt eine Verdrehung α auch eine Komponente F_H aus der Auflast Fz, die normalerweise unberücksichtigt bleibt (Kirschkerneffekt).

$$F_H = Fz \cdot \alpha/2$$

(Vergleiche Bild 4.101)

Ihr Einfluß ist sehr schön zu sehen in Bild 4.100, wo sie kurz vor dem Bruch eine Verformung des gesamten Lagers erzeugt, die der Verformung der Einzelschicht nach Bild 4.100 entgegengesetzt ist.

Diese Kraft wirkt – wie in diesem Abschnitt immer vorausgesetzt – in der Mittelebene des Lagers. Sie ist eine Komponente der Normalkraft.
Genaueres hierzu siehe [131].

4.5.3.1.3 Schubverformungen

Wir nahmen zunächst an, daß Schubverformungen nach Bild 4.102 in ihrer Gesetzmäßigkeit trivial seien. Zwischen Verformung und Spannung besteht dann der bekannte Zusammenhang

$$\tan \gamma = \frac{\tau}{G}$$

Da es sich um einen Zusammenhang handelt, der rein materialabhängig ist, wird auf den Abschnitt 4.5.2.2 verwiesen.

Für zulassungsgemäße Lager kann mit $G = 1 \text{ N/mm}^2$ gerechnet werden. Dieser Schubmodul gilt für eine Beanspruchung von zwei Minuten Dauer. Kriechen und Relaxation wurden in Abschn. 4.5.2.2 behandelt.

Eine durch das Bauwerk erzwungene Schubverformung des Lagers mit der Fläche A erzeugt also eine Rückstellkraft (reactio)

$$F_R = \tan \gamma \cdot G \cdot A$$

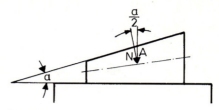

Bild 4.101
Kirschkerneffekt. Durch Auflagerdrehwinkel entstehen Schubverformungen

Eine vom Bauwerk kommende Kraft F_A (actio) ergibt eine Lagerverformung

$$\tan \gamma = \frac{F_A}{A \cdot G}$$

Beide Verformungen bzw. die daraus resultierenden Spannungen sind zu addieren. Treten die Spannungen und Verformungen in verschiedenen Richtungen auf, so erfolgt die Addition vektoriell, also beispielsweise

$$\tan \gamma = \sqrt{\tan^2 \gamma_x + \tan^2 \gamma_y}$$

Verdrillungen im Grundriß der Lager (Bild 4.93) erzeugen Schubverformungen

$$max \tan \gamma = \frac{\beta \cdot \sqrt{a^2 + b^2}}{\Sigma t}$$

Auch diese Schubverformung ist ggf. zu berücksichtigen.

Aus jeder Schubverformung entsteht selbstverständlich ein Moment (Bild 4.103)

$$M = G \cdot \tan \gamma \cdot A \cdot d$$

Dieses Moment wird üblicherweise nicht berücksichtigt, da es bei den praktisch ver-

Bild 4.100
Durch Keilflächen exzentrisch belastetes bewehrtes Elastomerlager bei rund 200 N/mm² Auflagerpressung

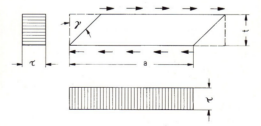

Bild 4.102
Spannungen aus Schubverformung

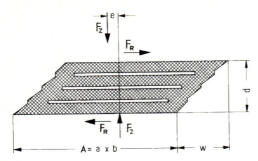

Bild 4.103
Aus Schubverformung entstehende Exzentrizität der Auflast

wendeten Lagern eine kleine Lastexzentrizität ergibt. Das Moment bedeutet nur eine geringfügige Deformation des Spannungsbauches σ aus Druckverformung (Bild 4.97).

Umgekehrt ergibt eine Lastexzentrizität (oder ein Auflagerdrehwinkel) immer eine Schubverformung der Lager, wie sich aus dieser Gleichung ablesen läßt, und wie in Abschnitt 4.5.3.1 bei dem Einfluß der Auflagerdrehwinkel beschrieben wird.

Ganz so trivial, wie aus den bisherigen Ausführungen geschlossen werden könnte, sind eigentlich die Schubbeanspruchungen von Gummilagern nicht, weil die Schubverzerrungen im Verhältnis zu den Abmessungen der Körper nicht klein sind. Innerhalb der Körper treten Zugspannungen auf, die durch die in Bild 4.102 oder 4.104

Bild 4.104
Zugspannungen in der freien Oberfläche schubverformter Gummilager führen zum Abheben der Lagerränder vom Bauwerk

unübersehbare Dehnung der Oberflächen augenfällig werden. Die inneren Zugspannungen führen zu einer geringen Dickenänderung von Gummilagern bei Schubverformung, die sich bei Schubversuchen mit starren Prüfpressen in einem Abfall der Auflast äußert.

Die Oberflächendehnung führt zu einem Abheben der Lagerränder vom Bauwerk (Bild 4.104), wenn die Steifigkeit der Bewehrungsbleche diese Verformung nicht verhindert. Es dürfte allerdings klüger sein, durch biegeweiche Bewehrungsbleche bzw. durch eine hinreichende seitliche Gummiüberdeckung der Bleche (Bild 4.115) dafür zu sorgen, daß die Verformungen ermöglicht werden, denn sonst müßte man in der Haftzone zwischen Gummi und Bewehrung neben den im Randbereich großen Schubspannungen auch noch erhebliche Zugspannungen aufnehmen. Verankerte Gummilager (Bild 4.115) mit zwangsläufig relativ steifen Deckblechen sind deshalb in ihrem Tragverhalten prinzipiell schlechter als unverankerte Gummilager nach Bild 4.115.

Untersuchungen, mit denen die beschriebenen Spannungen elastizitätstheoretisch erfaßt werden könnten, sind den Verfassern nicht bekannt.

4.5.3.2 Aufnahme der Schubspannungen – Beanspruchung der Bewehrung

Die ermittelten Schubspannungen müssen durch Haftreibung oder Haftung in die als unendlich steif angenommenen belasteten Bauwerksflächen oder in die an ihre Stelle tretenden Bewehrungseinlagen (Bild 4.94) eingeleitet werden.

Die Aufnahme durch Haftreibung stößt auf Schwierigkeiten, da im Bereich der größten Schubspannungen (am Rand) die Pressung null ist. Das postulierte Verformungsbild ist also systematisch nur durch irgendwie erzeugte Haftung realisierbar.

Die Schubspannungen τ aus Bild 4.97 resultieren in einer Zugbeanspruchung Z der

4.5 Verformungslager

belasteten Bauwerksflächen bzw. der Bewehrung. Für den unendlich langen Lagerstreifen ergibt sich mit der Annahme des hydrostatischen Spannungszustandes aus σ_m die längenbezogene Zugkraft:

$$Z = max\ \sigma \cdot t = 1{,}5\ \sigma_m \cdot t$$

Bei dem vorausgesetzten Verformungsbild verteilt sich diese Kraft je zur Hälfte auf die angrenzenden Flächen, also auf Bewehrung oder Bauwerksoberfläche.

Zur Bemessung von Stützenstößen siehe Kapitel 5 und 7.

4.5.3.3 Bemessung von unbewehrten und bewehrten Plattenlagern

(s. hierzu auch Abschnitt 4.4.6)

4.5.3.3.1 Unbewehrte Gummilager – allgemeine Hinweise

Die nachfolgenden Ausführungen gelten nur mit Einschränkungen für EPDM-Lager und für profilierte Lager, die jeweils durch allgem. bauaufs. Zulassungen geregelt sind, siehe Kapitel 6.

Die in Abschnitt 4.5.3 angestellten Überlegungen über das Tragverhalten bzw. die Spannungsverteilung treffen hier nur beschränkt zu, da nach Bild 4.97 und 4.99 die größten Schubspannungen dort aufgenommen werden müßten, wo die Pressung (und damit die Reibung) null ist. Das Verformungsbild 4.93/1 bis 4 ist also nicht realisierbar. In Wirklichkeit werden wir immer einen Verformungszustand finden, der je nach Belastung und Reibungsbeiwert zum Bild 4.93/5 tendiert (dort ist die Reibung mit null angenommen).

Wir sind nicht in der Lage, den Spannungszustand quantitativ zu beschreiben. Wegen der unter Baustellenverhältnissen stark schwankenden Reibung in den belasteten Flächen wird eine „strenge Theorie" zwangsläufig Illusion bleiben. Die Reibung (4.5.2.2) schwankt mit der Rauhigkeit, der Zeit, der Shorehärte, der Nässe der Auflagerfläche, der Pressung, dem bei der Herstellung verwendeten Formtrennmittel, dem Elastomer, der Schwellung (Lastpulsierung) u.a. Versuche unter Laborbedingungen, die definierte unterschiedliche Reibungsverhältnisse voraussetzten, ergaben deshalb Verformungsdifferenzen von 500 % und mehr [27, 31]. Wenn wir behaupten, die Spannungen seien den Verformungen proportional, müßte man also sehr große Sicherheitsbeiwerte vorschlagen, sofern wir von den Spannungen nach der strengen Theorie ausgehen.

Ein Blick auf Bild 4.105 verdeutlicht sofort worum es geht: Die dargestellten Kurven unterscheiden sich nur durch die Reibung in den belasteten Flächen. Fällt die Reibung aus, so gilt die Kurve $S = 0$, weil keine unverformte belastete Fläche mehr vorhanden ist. Der Zähler der Gleichungen für den Formfaktor wird somit Null.

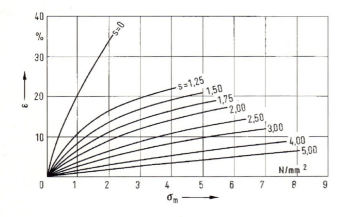

Bild 4.105
Idealisierte Spannungs-Stauchungs-Linien von unbewehrten Gummilagern

Bei Kurzzeitversuchen ist ein Bruch unbewehrter Gummilager nur in Ausnahmefällen zu erreichen, z. B. bei extrem kleinen Formfaktoren oder minderwertigem Material.

Lange vor einem Bruch treten Verformungen auf, die von heute verwendeten Elastomeren nicht als Dauerbeanspruchung vertragen werden (Bild 4.106).

Wie sehr Alterungsschäden von der Dehnung abhängen, ist auf Bild 4.107 zu erkennen. Die ungedehnte Innenseite des Naturkautschukkabels (rechts) ist rissefrei. Wenn auch auf dem Bild das Neopren-Kabel (links) schadensfrei ist, so gilt doch das gleiche Prinzip der Alterungsschädigung bei großer Dehnung auch für Chloropren-Kautschuk.

Vertretbar sind große Lagerverformungen nur an Stellen, an denen eine Alterungsschädigung der Lager für das Bauwerk ohne Konsequenzen bleibt. Als groß sind Druckverformungen zu verstehen, die unter rechnerischen Bedingungen 10 bis 15 % der Ausgangsdicke überschreiten. Daraus folgt, daß man den Sicherheitsbeiwert nicht auf eine Bruchspannung, sondern auf eine Verformung, die ohne Alterungsschäden (Risse) vertragen wird, beziehen muß. Die Dimensionierung gegen eine Schädigungsgrenze in Form einer Bruchdehnung wird analog der Britischen Regelung künftig voraussichtlich europäisch üblich sein.

Bild 4.107
Oberflächendehnungen von Gummi beeinträchtigen die Alterungsbeständigkeit. Links im Bild Neoprene, rechts Natur-Kautschuk

Für alternierende Schubbeanspruchung sei noch einmal der in Bild 4.79 gezeigte Effekt ins Gedächtnis gerufen, der die Stauchungen unangenehm wachsen läßt.

Abmessungen unbewehrter Elastomerlager
Die Abmessungen im Grundriß sollten bei Gummilagern für die vorhandenen Lasten so klein wie möglich sein. Jede überflüssige Gummifläche muß bei Bauwerksbewegungen mit verformt werden und erzeugt so zusätzliche Zwängungen.

Die Lagerdicke t sollte aus dem gleichen Grunde möglichst groß sein, wenn die mit der Dicke wachsenden Druckverformungen und Kosten vertretbar sind.

Die Grundform der Lagerflächen kann im Prinzip frei gewählt werden. Nicht geschlossene Lagerformen, z. B. U-, T- und L-Formen, haben jedoch so ungleichmäßige Spannungsverteilungen, daß von ihrer Verwendung abzuraten ist.

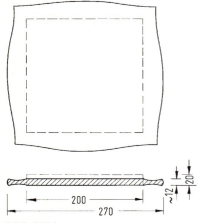

Bild 4.106
Verformungsbild eines überlasteten unbewehrten Gummilagers, bei dem in den Randzonen ein kräftiger Schlupf aufgetreten ist

4.5 Verformungslager

Das Verhältnis der Lagerdicke t zur kleineren Grundrißseite a sollte $1/10$ nicht überschreiten.

In Deutschland wurde außerdem eine untere Grenze für die Lagerdicke für erforderlich gehalten, um die auf Baustellen immer wieder beobachteten Unebenheiten der Bauwerksflächen schlucken zu können. Als Mindestdicke wurde $a/30$ vereinbart.

Weiter wurde festgelegt, daß Gummiplatten mit weniger als 4 mm Dicke nicht mehr normengemäß sind. Dünnere Platten mögen als Zwischenlage bei Fertigteilen durchaus nützlich sein, doch sind gerade hier so große Abweichungen von den planmäßigen Beanspruchungen zu erwarten, daß jede Bemessung zu einer Eulenspiegelei wird.

Andererseits könnte man bei derartig dünnen Gummiplatten höhere Pressungen zulassen, weil eine denkbare Schädigung des Gummis selten zu einer Gefahr für das Bauwerk wird. Das ingenieurmäßige Risiko verlagert sich von den Lagern zu lokalen Setzungen im Bauwerk.

Druckbeanspruchung unbewehrter Elastomerlager

Hier geht es in erster Linie nicht um Spannungen, sondern um Verformungen. Wegen des am Lagerrand unvermeidlichen Schlupfes versagt die strenge Theorie.

Empirisch wurden Gleichungen ermittelt, die relativ zu den Schwankungen der Reibung präzise zu nennen sind. Sie basieren auf dem Formfaktor. (Die Verwendung des Formfaktors bei der Spannungsermittlung bewehrter Lager führt bei nicht unendlich langen Lagern zu recht ungenauen Werten, wie Topaloff [91] nachgewiesen hat.)

Der Formfaktor ist das Verhältnis der gedrückten (und gleichzeitig unverformten) Lagerfläche zur freien Oberfläche (Bild 4.108)

$$S = \frac{\text{gedrückte (und unverformte) Fläche}}{\text{freie Oberfläche}}$$

Zahlreiche Versuche von verschiedenen Seiten lassen darauf schließen, daß dieser Formfaktor für die unterschiedlichsten geometrischen Formen verwendbar ist. Mit

$t =$ Lagerdicke erhält man

$$S = \frac{a \cdot b}{2 \cdot t (a + b)} \quad \text{für rechteckige Lager } a \cdot b$$

$$S = \frac{b}{2 \cdot t} \quad \text{für Streifenlager}$$

$$S = \frac{a \cdot b - r^2 \cdot \pi \cdot n}{2 \cdot t (a + b + r \cdot \pi \cdot n)} \quad \text{für rechteckige Lager } a \cdot b \text{ mit } n \text{ runden Löchern } \varnothing\, 2r$$

$$S = \frac{r}{2 \cdot t} \quad \text{für runde Lager } \varnothing\, 2r$$

Mit diesem Formfaktor S kann aus der mittleren Pressung σ_m die relative Stauchung ε ermittelt werden.

$$\varepsilon = f(\sigma_m, S)$$

Für diese Funktion werden die verschiedensten Gleichungen angegeben. Ihre Fehler sind unerheblich im Vergleich zu den Fehlern aus der Annahme über die Reibung in den Oberflächen und der Tatsache, daß Gummi in die Unebenheiten der Auflagerflächen eingepreßt wird, was zu einer zusätzlichen scheinbaren Zusammendrückung führt.

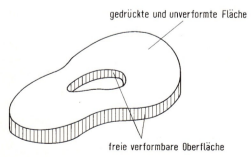

Bild 4.108
Vereinbarungen zur Definition des Formfaktors

Zusammenhang zwischen Spannung σ_m und relativer Stauchung ε (Bild 4.109)	Quelle	
Kurvenschar Bild 4.105	Good Year	[111]
	Grote	[31]
	Du Pont	[108]
$\varepsilon = \dfrac{\sigma_m}{4 \cdot G \cdot S^2 + 3 \cdot \sigma_m}$ Für Lager gemäß den Richtlinien [22] ist $G = 1 \pm 0{,}2$ N/mm²	ORE	[119]
	Italienische Norm	[112]
$\varepsilon = \dfrac{\sigma_m}{6 \cdot K \cdot G \cdot S^2 + 3 \cdot G}$ Shorehärte 50 60 70 K 0,75 0,60 0,55 Für Lager gemäß Lagernorm ist $G = 1 \pm 0{,}2$ N/mm²	Gent	[29]
	Ministry of Transport London	[115]

Die ermittelte Stauchung soll mit Rücksicht auf die Alterungsbeständigkeit einen bestimmten Wert nicht überschreiten, den wir ebenfalls mit Quelle angeben:

Zulässige theoretische Lagerstauchung	Quelle
$\varepsilon = 0{,}07$	[103] AASHO-Standard 1969
$\varepsilon = 0{,}20$ (indirekt)	DIN 4141, Teil 15
$\varepsilon = 0{,}15$	[108] Dupont [119] ORE-Empfehlungen

Selbstverständlich werden die Verformungen auch durch Kriechen des Materials vergrößert. Da das Kriechen bei Gummi wesentlich schneller verläuft als bei Beton, werden diese Verformungen immer vor Ende der Bauzeit auf uninteressante Werte abgeklungen sein. Messungen am Albany Court Gebäude in London [107] bestätigen diese Überlegung. Außerdem sind die relativen Kriechwerte (Verhältnis der plastischen zur elastischen Verformung) erheblich kleiner als bei Beton.

Bei unbewehrten Elastomerlagern unterscheiden sich größere Formfaktoren, wie gesagt, von kleineren nur durch die Haftreibung in den belasteten Flächen. Ohne Reibung ist der Formfaktor unabhängig von den Abmessungen des Lagers immer null, weil der Zähler der Gleichung für den Formfaktor null wird (es ist keine unverformte Fläche vorhanden). Da die Reibung unter Baustellenverhältnissen nicht hinreichend genau definierbar ist, erscheint es angebracht, neben der theoretischen Verformung (unter Ansatz optimaler Reibung) noch die Pressung σ_m zu beschränken.

Zulässige mittlere Pressung	Quelle
zul $\sigma_m = 1{,}2 \cdot G \cdot S$	Elastomerlager (Abschn. 5.4) DIN 4141, Teil 15
zul $\sigma_m = 5{,}6$ N/mm² (für ständige Last 3,5 N/mm²)	AASHO-Standard [103]

Da der für das Tragverhalten unbewehrter Lager so wichtige Reibungsbeiwert bei pulsierender Belastung stark abnimmt (Regenwurmeffekt [31] Bild 4.87 wurde festgelegt, daß unbewehrte Lager nur für vorwiegend ruhende Belastung verwendet werden dürfen.

Wie angedeutet, wäre es durchaus vertretbar, bei Gummiplatten mit weniger als

4.5 Verformungslager

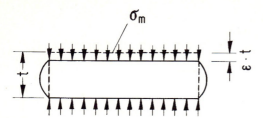

Bild 4.109
Druckverformung eines Gummikörpers

4 mm Dicke, die kaum noch als „Lager" anzusprechen sind, höhere Pressungen zuzulassen.

Diese Möglichkeit ist vor allen Dingen für die Montage von Fertigteilen interessant, bei denen man nur Unebenheiten und Parallelitätsabweichungen ausgleichen muß, wobei die Gummiplatte letzten Endes nur als eine Alternative zur mörtellosen Fuge anzusehen ist.

Es ist jedoch wichtig abzuschätzen, wo Gefahren aus Schäden an den Lagern auftreten können, oder wo durch Abweichungen von den rechnerischen Auflagerbedingungen die Bauteile selbst gefährdet sind. Ein Maximum an technischer und rechtlicher Sicherheit bietet der Bezug auf die Norm DIN 4141, Teil 15.

Für die Abschätzung von Risiken sollte man bei der Verwendung dünner hochbelasteter Gummilager folgendes beachten:

1. Wenn die Reibungsverhältnisse optimal sind (keine Relativbewegung zwischen Gummi und Beton), so sind diese Lager normalerweise sehr steif. Die Stauchungen sollten deshalb über den Formfaktor ermittelt werden, um Aussagen über verträgliche Unebenheiten auf den Oberflächen der Bauteile machen zu können. Die Größe der lokalen Unebenheiten sollte das Doppelte der theoretischen Stauchung nicht überschreiten. Punktartige Unebenheiten bis zur Hälfte der Lagerdicke sind vertretbar, wenn sie nicht scharfkantig sind, und wenn ihre größte Abmessung in der Draufsicht die halbe Lagerdicke nicht übersteigt.

2. Wenn man aus Parallelitätsabweichungen Lastexzentrizitäten vermeiden will, die größer sind als die Kernweite, so darf die Parallelitätsabweichung nicht größer sein als

$$\alpha = \frac{6 \cdot \varepsilon \cdot t}{a} \text{ (Bild 4.110)}$$

Ist diese Bedingung auf der Baustelle nicht erfüllt, so hebt das Lager auf einer Seite ab, die Breite a trägt nicht voll und damit steigt σ entsprechend an. Die Lastexzentrizität wächst um die Hälfte der zwischen Bauwerk und Lager klaffenden Fuge.

Auf Realismus bei der Abschätzung der Parallelitätsabweichung sollte man besonderen Wert legen, da hohe Genauigkeitsanforderungen an Betonfertigteile einen unwirtschaftlichen Aufwand erfordern.

3. Die Zugkräfte in den belasteten Flächen sind mit

$$Z = 1{,}5 \, \sigma_m \cdot t \text{ (Kraft pro Längeneinheit)}$$

anzunehmen.

Die normale Spaltzugkraft addiert sich zu diesen Zugkräften, wobei die Spaltzugkräfte eigentlich in einer anderen Ebene liegen. Wenn man findet, daß Stahlplatten zur Aufnahme der Zugkräfte in den belasteten Flächen der Fertigteile erforderlich werden, so sind bewehrte Gummilager wahrscheinlich vorzuziehen.

4. Da die Reibhaftung zwischen Lager und Bauwerk bei hohen Pressungen nicht ausreicht, um Verformungen der belasteten Flächen zu verhindern, muß man mit

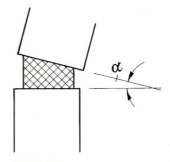

Bild 4.110
Auflagerdrehwinkel aus Kippbewegungen und Parallelitätsabweichungen

großen Verformungen und aus ihnen resultierenden Alterungsschäden rechnen. Es erscheint sinnvoll, für die Druckverformungen mindestens 50 % der Lagerdicke anzusetzen, also etwa 2 mm. Bei sehr hohen Pressungen muß man größere Stauchungen in Betracht ziehen. Die Konsequenzen für das Bauwerk sind zu untersuchen. Daß sich hierbei alle Lagerpunkte gleichmäßig senken, kann man nicht unbedingt voraussetzen, zumal wenn die Belastungen unterschiedlich sind. Im Regelfall dürfte allerdings diese zusätzliche Verformung des Bauwerks in die Größenordnung der sonstigen Vernachlässigungen und Vereinfachungen in der Statik fallen, wie in dem Abschnitt über Brücken festgestellt wurde.

5. Hingewiesen sei auch auf einen recht unangenehmen Effekt: Wenn ein hochbelastetes unbewehrtes Gummilager seitlich ausgequetscht wird, dann vergrößert sich seine Grundfläche $a \cdot b$, und seine Dicke t verringert sich. Hierdurch wächst der Widerstand gegen Auflagerdrehwinkel sehr stark an, wie sich aus der Gleichung

$$M = \frac{a^5 \cdot b \cdot \alpha}{50 \cdot t^3} \cdot G$$

ergibt, auch wenn diese Gleichung nur eine Näherung ist. Außerdem wächst mit der Fläche $a \cdot b$ auch die Rückstellkraft aus erzwungenen Verformungen $F_R = a \cdot b \cdot G \cdot \tan \gamma$.

Auflagerverdrehung unbewehrter Elastomerlager

Über die Zulässigkeit von Auflagerverdrehungen sind unter den wiederholt geschilderten praktischen Verhältnissen keine eindeutigen Herleitungen möglich.

Von der Geometrie eines verformten Lagers ausgehend erscheint es logisch, den zulässigen Auflagerdrehwinkel von der Stauchung durch Auflast abhängig zu machen (Bild 4.111). Man könnte z.B. mit einer solchen Forderung verhindern, daß klaffende Fugen entstehen oder Lastexzentritäten, die größer sind als die Kernweite. Dieses Verfahren wird z.B. von [119] ORE, [115] Ministry of Transport und [112] italienische Norm vorgeschlagen durch die Forderung

$$\alpha \leq \frac{2 \cdot \varepsilon \cdot t}{a} \qquad (1)$$

Nachteilig ist, daß mit einer solchen Forderung ohne Last auch kein Auflagerdrehwinkel erlaubt wird. Dabei muß man doch zugeben, daß ein beliebig großer Winkel dem Lager nicht schaden könnte, wenn es allenfalls berührt aber nicht belastet wird (sofern nicht besondere Maßnahmen zur Aufnahme von Zugspannungen in der belasteten Lagerfläche getroffen werden). Außerdem sind die rechnerisch ermittelten Stauchungen ε allenfalls größenordnungsmäßig gleich der wirklichen Stauchung. Deshalb beschränkte man sich in der Norm 4141, Teil 15, vereinfachend darauf, durch eine recht pauschale Festlegung Exzesse zu verhüten.

Es wurde vereinbart

$$\text{zul } \alpha = 0{,}5 \cdot \frac{t}{a} \qquad (2)$$

Die durch die Verdrehung hervorgerufene Randstauchung wird also auf 25 % der Lagerdicke begrenzt. Nach der Norm ist mit einer größten Stauchung von etwa 20 % unter Druckbelastung zu rechnen, so daß also die Bedingung Gl.(1) schon bei voller Last klaffende Fuge bedeutet. Bei Lasten, die kleiner sind als die zulässige, nimmt man in Gl. (2) mit sinkender Last wachsende Exzentrizitäten und ggf. klaffende Fugen in Kauf.

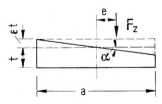

Bild 4.111
Beanspruchung durch Auflagerdrehwinkel

4.5 Verformungslager

Die Exzentrizitäten können, falls erforderlich, aus den Verhältnissen für unverformbare belastete Flächen (optimale Reibung) abgeschätzt werden. Die tatsächliche Exzentrizität ist immer kleiner als die auf diese Art ermittelte. Die Gleichungen für das Moment M finden sich in 4.5.3.1.

Es ist (Bild 4.111)

$$e \leq \frac{M}{N} \quad \text{falls } e < \text{Kernweite}$$

Das Ungleichheitszeichen wurde eingeführt, weil das in den Gleichungen für M geforderte Verformungsbild 4.99 mangels Haftung in den belasteten Flächen nicht realisiert ist. Das Ergebnis liegt also immer auf der sicheren Seite.

Die Gleichung gilt nur, so lange man die Lastexzentrizität e kleiner findet als die Kernweite k des Lagers (siehe 4.5.3.1).

Schubbeanspruchung unbewehrter Elastomerlager

Die Schubbeanspruchung unbewehrter Elastomerlager folgt den allgemeinen materialbedingten Gesetzen, die in 4.5.2.2 ausführlich behandelt wurden. Es gilt

$$\tan \gamma = \frac{\tau}{G}$$

Für Material gemäß den Normen (Kap. 5) kann man mit $G = 1$ N/mm² rechnen. Dieser Schubmodul gilt für eine Beanspruchung von zwei Minuten Dauer. Kriechen, Relaxation und stoßartige Belastungen wurden in 4.5.2.2 behandelt.

Da die Schubverzerrungen im Vergleich zu den Lagerabmessungen nicht klein sind, entstehen im Lager und besonders an seiner Oberfläche Zugspannungen, die wir in Abschnitt 4.5.3.1 beschrieben haben. Da diese Zugspannungen nicht in die Bauwerksoberfläche übertragen werden können, heben die bei der Verformung entstandenen spitzen Winkel vom Bauwerk ab. Da weiter ohnehin am Lagerrand immer mit einem kleinen Schlupf aus der Auflast zu rechnen ist (vgl. 4.5.3.3), ist wie bei der Druckbeanspruchung kaum angebbar, welche Lagerfläche sich definitiv an einer Schubbeanspruchung beteiligt (Bild 4.106).

Bei einem Verhältnis von etwa $t >$ a/4 nimmt die scheinbare Schubsteifigkeit der Lager kräftig ab, da sie offensichtlich zu „rollen" beginnen.

Hier liegt einer der Gründe für die Beschränkung der Abmessungen auf

$t \leq$ a/10

Ursache des Umkippens der Lager ist das unberücksichtigte Moment

$$M = \tan \gamma \cdot G \cdot t = F_R \cdot t$$

Die zulässige Schubverformung wurde in der Norm DIN 4141, Teil 15, festgelegt mit

zul $\tan \gamma = 0.6 \cdot (t - 2)/t \quad$ (t in mm)

Abweichend davon lassen die ital. Norm [112] und der AASHO-Standard [103] nur $\tan \gamma = 0.5$ zu.

Die Norm schränkt also de facto die zulässige Schubverformung dadurch ein, daß von der Dicke t immer 2 mm abzuziehen sind, wenn man die Schubverformung aus ihr ermittelt.

Diese Zusatzbestimmung soll den Verlust an wirksamer Lagerdicke durch unebene Bauwerksflächen ausgleichen.

Vgl. im übrigen die Ausführungen unter dem Stichwort „Schubverformungen".

Schlupf unbewehrter Elastomerlager

Über die Reibung wurde bereits in Abschnitt 4.5.2.2 einiges mitgeteilt.

Während wir bei bewehrten Lagern die Reibung voll für die Einleitung von Horizontalkräften in die Lager (actio und reactio aus Schubbeanspruchung) nutzen können, wird bei unbewehrten Lagern ein Anteil durch die Schubspannungen aus Druckverformung aufgezehrt (Bild 4.97 und 4.99). Wie groß dieser Anteil ist, hängt vom Formfaktor der Lager ab. Dies ist ein weiterer Grund für die Beschränkung der zulässigen Pressungen auf Lagern mit großen Formfaktoren.

Eine auch nur angenäherte Ermittlung der Verhältnisse würde bei einer Bemessung mehrere Rechengänge erfordern.

In DIN 4141, Teil 15, hat man sich deshalb damit begnügt, pauschal einen Reibungsnachweis mit einem Reibungsbeiwert nur für die Lagerungsklasse 1 und nur für den Fall, daß das Durchrutschen als unzulässig angesehen wird, von 0,05 zu fordern, was technisch vernünftig erscheint. Als maximal ungünstigster Wert wird 0,5 angegeben. Diese Regelung ist mit anderen (älteren) Regeln nicht vergleichbar, z.B. Du Pont [108]:

zul H = 0,2 · *N*

Das Ministry of Transport [115] unterscheidet Reibungsbeiwerte μ

Gummi auf Beton   *zul* μ = 0,333
Gummi auf Stahl   *zul* μ = 0,250

Der AASHO-Standard [103] hält die Verankerung wenigstens einer Lageroberfläche am Bauwerk für erforderlich, wenn die Pressung kleiner wird als 1,4 N/mm². Da hierfür bei unbewehrten Lagern eigentlich nur eine Klebung in Betracht kommt und wir beobachten mußten, daß Kleber auf kleineren Baustellen meist falsch verarbeitet werden, halten wir eine derartige Forderung für unzweckmäßig (Bild 4.83).

Die italienische Norm [112] und ORE [119] geben einen Reibungsbeiwert

$$zul\ \mu = 0{,}1 + \frac{0{,}2}{\sigma_m}\ ;\ \sigma_m\ [\text{N/mm}^2]$$

an und fordern

$$\sigma_m \geq 1{,}0 \cdot \frac{a+b}{b}$$

a, b [mm], σ_m [N/mm²]

Da hierbei b immer die größere Lagerseite ist, ergibt sich eine Mindestpressung zwischen 1 und 2 N/mm².

Höhere Reibungsbeiwerte können in jedem Fall in Betracht gezogen werden, wenn die Konsequenzen eines Schlupfes untersucht werden. Für das Lager ist ein einmaliger Schlupf bei ebenen und glatten Bauwerksflächen meist unbedenklich. Bei mehrfachem Schlupf sollte allerdings beachtet werden, daß sich die Wege ungünstig addieren können, weil eine Rückkehr in die Nullage nicht sehr wahrscheinlich ist. Außerdem ist zu berücksichtigen, daß die vertikalen Verformungen aus Druckbelastung beim Auftreten eines Schlupfes anwachsen (Bild 4.79).

Stabilitätsverhalten

Das Stabilitätsverhalten unbewehrter Gummilager folgt offenbar anderen Gesetzen als in Abschnitt 4.5.1.4 beschrieben, weil die Stauchungen meist erheblich größer sind.

Ein Schadensfall bot eine anschauliche Demonstration (Bild 4.112). Um eine besonders weiche Lagerung zu erzielen, hatte

Bild 4.112
Ausgeknickte Stapel von jeweils 4 übereinander angeordneten Gummilagern von je 20 mm Dicke

4.5 Verformungslager

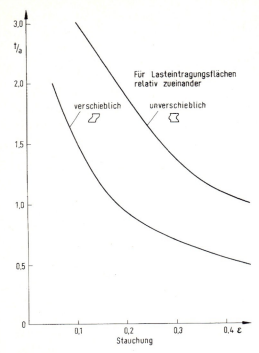

Bild 4.113
Zusammenhang zwischen relativer Nettodicke und rechnerischer Druckverformung als Kriterium für die Knicksteifigkeit

man 4 unbewehrte Lager 150/250/20 mm mit Klebestreifen zu einem 80 mm dicken Lager zusammengebunden und unter Fertigteile mit ca. 15 t Auflast (= 0,15 MN) gelegt. Ohne die geringste äußere Schubkraft oder erzwungene Schubverformung traten dennoch so große Schubverformungen auf, daß die Bauteile nach wenigen Stunden neben den Lagern auf dem Dach standen, wodurch glücklicherweise ein Absturz verhindert wurde.

Im Maschinenbau sind für die Stabilität von Gummifedern die Stabilitätsgrenzen nach Bild 4.113 üblich. Es ist zu erwarten, daß für große Stauchungen bzw. kleine Formfaktoren Bild 4.113 Anwendung finden kann, falls man aus irgendwelchen Gründen den zulässigen Wert für die maximale Lagerdicke überschreiten will oder muß.

Praktische Bemessung unbewehrter Elastomerlager nach DIN 4141, Teil 15

1. Erforderliche Angaben:

$max\ Fz$: maximale Auflast   } nur vorwiegend ruhende Lasten sind zulässig

$min\ Fz$: minimale Auflast

H_1: äußere Horizontalkräfte (in allen Richtungen)

w: Verschiebungswege im Auflagerpunkt (in allen Richtungen) infolge Schwinden und Temperaturänderung

α: Auflagerdrehwinkel (in allen Richtungen)

Gegebenenfalls:
Platzverhältnisse
zul. Belastung der angrenzenden Bauteile

2. Passende Dicke t wählen

$$\frac{w + 1{,}2}{0{,}6} = \text{erf. } t \text{ [mm]; } w \text{ [mm]}$$

Zuschlag für H_1 schätzen, aufrunden auf Vielfaches von 5 mm

3. Aus Bild 4.114 mit der Dicke t ein für $max\ Fz$ ausreichendes Format wählen. Zwischengrößen können interpoliert werden.
Formate, die kleiner oder größer sind als die Grenzwerte in Bild 4.114 entsprechen nicht den Richtlinien. Größere Formate sind unter Umständen vertretbar, kleinere nur in Ausnahmefällen

4. Nachweise

	Rechteck	Streifen	Kreisscheibe
Formfaktor	$S = \dfrac{a \cdot b}{2 \cdot t \cdot (a+b)}$	$S = \dfrac{b}{2 \cdot t}$	$S = \dfrac{d}{4 \cdot t}$

Pressung $max\ \sigma_m = \dfrac{max\ Fz}{A} \leq 1{,}2 \cdot G \cdot S$

$min\ \sigma = \dfrac{min\ Fz}{A}$

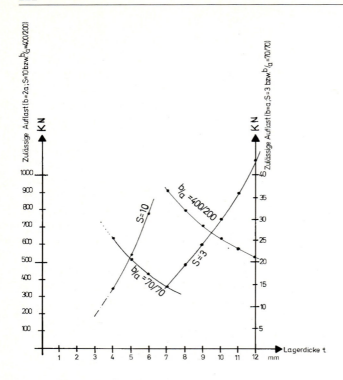

Bild 4.114
Grenzwerte nach DIN 4141,
Teil 15, Tabelle 1

Schubverformung mit $G = 1$ N/mm^2

in x-Richtung	in y-Richtung
$\tan \gamma_{1x} = \dfrac{H_{1x}}{G \cdot A}$	$\tan \gamma_{1y} = \dfrac{H_{1y}}{G \cdot A}$
$\tan \gamma_{2x} = \dfrac{w_x}{t}$	$\tan \gamma_{2y} = \dfrac{w_y}{t}$
$\Sigma \tan \gamma_x$	$\Sigma \tan \gamma_y$

$$\tan \gamma = \sqrt{\tan^2 \gamma_x + \tan^2 \gamma_y} \leq 0{,}6 \cdot \frac{t-2}{t}$$

mit $G = 1$ N/mm^2

Horizontalkräfte
$H_x = \tan \gamma_x \cdot G \cdot A$
$H_y = \tan \gamma_y \cdot G \cdot A$

Reibung
$$\frac{\tan \gamma \cdot G}{\sigma_m} \leq 0{,}05$$

(σ_m ist der zu H$_1$ zugehörige kleinste Wert, ohne genaueren Nachweis, also $\min \sigma$)

Auflagerdrehwinkel
$$\alpha \leq 0{,}5 \cdot \frac{t}{a}$$

5. Beachten:
5.1 Zul. Belastung der angrenzenden Bauteile.
5.2 Bewehrung der belasteten Flächen für Spaltzugkräfte
5.3 Nachweis der Querzugkraft
5.4 Nachweis der Güteüberwachung der Lager
5.5 Einbauvorschriften und sonstige Bedingungen der Norm prüfen.

4.5.3.3.2 Bemessung bewehrter Elastomerlager

Abmessungen und Formgebung
Die Abmessungen im Grundriß sollten so klein wie für die vorhandenen Lasten zulässig sein. Jede überflüssige Gummifläche muß bei Bauwerksbewegungen mit verformt werden und erzeugt so zusätzliche Zwängungen.

4.5 Verformungslager

Die wirksame Lagerdicke

$T = n \cdot t$
$n =$ Zahl der Schichten
$t =$ Schichtdicke

sollte aus dem gleichen Grunde möglichst groß sein, wenn die mit der Dicke wachsenden Druckverformungen und Kosten vertretbar sind.

Die Bemessung ergibt sich aus den Regeln in DIN 4141, Teil 14, bzw. künftig aus dem Teil 3 der europäischen Lagernorm, siehe Abschn. 5.

Die wirksame Lagerdicke T wird auch Nettodicke genannt, weil die nicht verformbaren Bewehrungseinlagen in ihr nicht enthalten sind. Außerdem wird hierfür auch der Ausdruck „gesamte Gummidicke" benutzt.

Das Verhältnis der wirksamen Lagerdicke T zur kleineren Grundrißseite a soll – von Sonderfällen abgesehen – 1/5 nicht überschreiten.

Der ursprüngliche Grund für diese Beschränkung ist die hauptsächlich an dicken unbewehrten Gummilagern gemachte Beobachtung, daß die scheinbare Schubsteifigkeit bei größeren Werten T/a abfällt, weil die Lager zu „rollen" beginnen. Bei bewehrten Lagern nach den Zulassungsbedingungen tritt dieser Effekt kaum in Erscheinung, möglicherweise wegen der Biegesteifigkeit der Bewehrungsbleche. Konsequent unterscheidet der AASHO-Standard auch mit $T/a \leq 1/5$ für unbewehrte Lager und $T/a \leq 1/2$ für bewehrte Lager.

Die ORE-Empfehlungen [119], die italienische Norm [112] und die französischen Vorschriften [113] beschränken T/a auf 1/5, geben aber gleichzeitig eine Gleichung für eine „Knickspannung" an, die man nach T/a auflösen kann.

$$\frac{T}{a} \leq \frac{2}{3} \cdot \frac{S \cdot G}{\sigma_m} \qquad \begin{array}{l} S = \text{Formfaktor} \\ G = \text{Schubmodul} \end{array}$$

Diese Gleichung ist mit einiger Sicherheit falsch, da die auftretenden Verformungen dem Formfaktor nicht umgekehrt proportional sind.

Die richtige Gleichung für den Zusammenhang zwischen Auflast und Schubauslenkung („Knicken") ist bisher nicht bekannt.

Nach ORE kann σ verdoppelt werden, wenn das Bauwerk einseitig festgehalten wird.

Die englische Vorschrift [115] hält $T/a \leq 1$ für vertretbar.

Deutschland ist das einzige Land, in dem auch eine untere Grenze für die Lagerdicke eingeführt wurde, um für grobe Einbaufehler eine Mindestdicke von verformbarem Material verfügbar zu haben. Als Mindestdicke wurde a/10 vereinbart. Die Festlegung einer solchen runden Zahl ist selbstverständlich Ermessenssache, und sie beruht im wesentlichen auf unserer Vertrautheit mit dem Dezimalsystem.

Der Schichtaufbau der Lager ist in der Norm geregelt.

Bei der Vielzahl der denkbaren Lagerformate und Schichtdicken wäre es unsinnig, mit Zwischenlösungen zu operieren, bei denen der ganze Komplex von der Fertigung über die Bemessung bis zum Einbau jedesmal neu durchdacht werden müßte, und zwar unter der zusätzlichen Belastung durch Verwechslungsmöglichkeiten.

In Bild 4.115/1 ist ein normales unverankertes Gummilager im Schnitt dargestellt. Bei Bild 4.115/2 und 3 handelt es sich um Lager, deren Oberfläche am Bauwerk verankert ist, um einen Schlupf zu vermeiden (Abschnitt 4.5.3.2).

Allgemein sind für die Formgebung von bewehrten Gummilagern folgende Aspekte von Interesse:

Am Rand der Bewehrungseinlagen treten Schubspannungsmaxima und zusätzliche Zugspannungen auf (Bild 4.97 und 4.99). Sie können verkleinert werden, wenn eine Ausführung nach Bild 4.116/1 oder 2 gewählt wird.

Die Ausführungsform 2 ist wegen der erforderlichen komplizierten Formen teuer in der Herstellung.

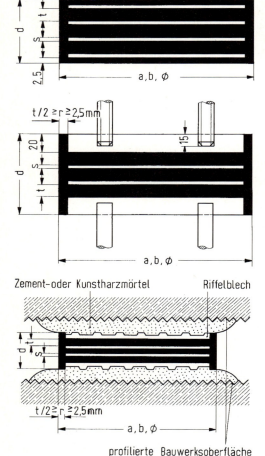

Bild 4.115
Normengemäße Bauformen von bewehrten Gummilagern

Die Ausführungsform 3, die z.B. beim Zuschneiden von Lagern aus größeren Platten entsteht, ist dagegen spannungsmäßig ausgesprochen ungünstig.

Die Schichtdicken t sollten klein sein, um die Belastbarkeit und die von der Verformung abhängige Alterungsbeständigkeit zu steigern. Nur die angestrebten zulässigen Auflagerdrehwinkel erzwingen eine Vergrößerung der Schichtdicke t bei größeren Lagern.

Bei den Ausführungsformen 2 und 3 ist ein besonderer Korrosionsschutz der Bewehrungseinlagen erforderlich, wenn diese nicht von ähnlicher Korrosionsbeständigkeit sind wie das Elastomer. Außerdem ist eine korrosionsbeständige Haftung zwischen Bewehrung und Elastomer erforderlich. Versuche haben gezeigt, daß die Bindeschicht ein spezifisches Korrosionsverhalten hat. Bild 4.117 zeigt ein kippweiches Elastomerlager nach einem Bruchversuch und anschließender dreijähriger Lagerung im Freien. Es ist gut zu erkennen, daß die Korrosion nicht nur die Schmalseiten der Bewehrungsbleche angreift, sondern vor allem die Bindeschicht zwischen Gummi und Blech.

Die Oberflächenverformung soll zur Erhöhung der Alterungsbeständigkeit klein sein. Zu diesem Zweck kann bei der Ausführungsform 1 die seitliche Überdeckung r der Bewehrungseinlagen groß gewählt werden, wodurch sich die seitliche Verwölbung v unter Last verringert, weil ein gewisser Ausgleich im Bereich der Bewehrungsdicke möglich ist.

Wenn keine Oberflächenverankerung (Rutschsicherung) der Lager erforderlich ist, so ist es vorzuziehen, daß die Lageroberfläche aus Gummi besteht (z.B. Bild 4.116 oben). Diese äußere Gummischicht darf nicht zu dick sein, da sie sonst das Bauwerk ähnlich auf Querzug beansprucht wie ein unbewehrtes Lager. Im allgemeinen ist 2,5–3 mm eine vernünftige Dicke, die einen hinreichenden Korrosionsschutz bietet, kleine Unebenheiten ausgleicht und als „Reibbelag" auch nicht zu dick erscheint.

In Bild 4.116/6 ist ein bewehrtes Elastomerlager dargestellt, bei dem jedes zweite Bewehrungsblech verkürzt ist. Diese Ausführungsform gestattet besonders große Auflagerdrehwinkel, weshalb diese Lager unter der Bezeichnung „kippweiche Elastomerlager" bekannt wurden. Diese Lager werden in Abschnitt 4.5.4.2 behandelt.

4.5 Verformungslager

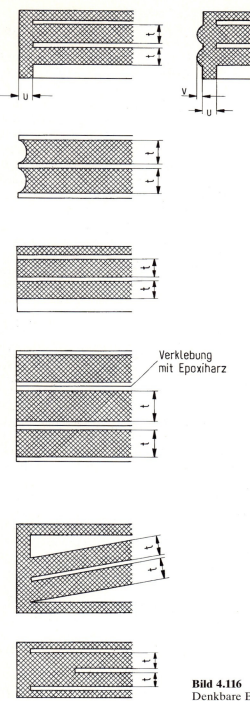

Bild 4.116
Denkbare Bauformen von bewehrten Gummilagern

Bild 4.117
Schnitt durch ein kippweiches Gummilager nach Bruchversuch. Das Teil hat anschließend etwa 3 Jahre im Freien gelegen

Die Formgebung der Lager im Grundriß ist dadurch eingeschränkt, daß man für die Herstellung Formen benötigt, die Innendrücken von etwa 15 N/mm² standhalten müssen. Man tut also gut daran, sich auf bestimmte Standardformate festzulegen, für die man Formen bereithalten kann.

Die Notwendigkeit der Kompromißlösung verursacht voraussichtlich, daß die Lager nach der europäischen Lagernorm etwas andere Lagerformate haben werden.

Bei gleicher Fläche sind hinsichtlich der Schubverformung alle denkbaren Grundrißformen in etwa gleichwertig. Hinsichtlich der Druckbeanspruchung sind runde Lager optimal (große Formfaktoren), während für Auflagerdrehwinkel Rechteckformate vorzuziehen sind, sofern die Kippachse eines signifikant größeren Drehwinkels angebbar ist.

Ist eine Rutschsicherung (Oberflächenverankerung) erforderlich, so sind anvulkanisierte Stahlplatten zur Verankerung (Bild 4.115/2 und 3) empfehlenswert, wenn man nicht bei unbedeutenderen Beanspruchungen mit einer Klebung vorlieb nehmen will.

In 4.5.3.1 wurde dargelegt, daß die anvulkanisierten Stahlplatten möglichst biegeweich sein müssen.

Selbstverständlich besteht kein zwingender Grund dafür, alle Gummischichten und alle Bewehrungseinlagen gleich dick zu machen. In England wählt man beispielsweise die äußeren Bewehrungsbleche prinzipiell dicker, was wir für ungünstig halten

(4.5.3.1). Bei der in Frankreich viel verwendeten Lagerform nach Bild 4.116/4 ist das außenliegende Bewehrungsblech prinzipiell das dünnste.

Der Unterschied in den Spannungen zwischen runden Lagern und solchen mit rechteckigem Grundriß, wie sie als Standardformate üblich sind, ist allerdings unerheblich, so daß man wegen der besseren Platzausnutzung und des günstigeren Preises Rechteckformate bevorzugen kann, ohne Nachteile in Kauf nehmen zu müssen.

Solange man geschlossene und kompakte Lagerflächen verwendet, sehen wir keine grundlegende Einwände gegen abweichende Lagerformate, die sich den Platzverhältnissen des Bauwerks anpassen. Nicht durchweg konvexe Lagerformen, beispielsweise U-, T- und L-Formen, haben jedoch so ungleichmäßige Spannungsverteilungen, daß von ihrer Verwendung im allgemeinen abzuraten ist.

Wir erwähnten, daß die Schubbeanspruchung des Gummis die maßgebende Beanspruchung eines Gummilagers ist (neben den für die Alterungsbeständigkeit wichtigen Verformungen). Die größten Schubspannungen treten auf an der Grenze zwischen Gummi und Bewehrung, und zwar an den Rändern der Bleche.

Die ORE-Versuche [119] zeigten, daß bei optimaler Haftung an der Bewehrung (Schubbruch im Material, nicht in der Fuge) die Summe der Schubspannungen bei Lagern nach Bild 4.116 die Größenordnung des fünffachen Schubmoduls nicht wesentlich überschreiten sollte.

Diese Grenze ergab sich aus Versuchen mit exzentrisch pulsierender Belastung bei 2 Millionen Lastspielen. Der Wert ist durch keine Bruchhypothese untermauert, doch bisher erwies er sich als brauchbar. Wir nehmen also an

$$\Sigma \tau \leq 5 \cdot G$$

Vorausgesetzt ist hierbei, daß der Widerstandswert für die Schubhaftung zwischen

4.5 Verformungslager

Bewehrung und Gummi größer ist als 5 G (bei normgemäßen Elastomerlagern mit $G = 1 \pm 0{,}2$ N/mm² wird in einem definierten Schubbruchversuch eine Haftung $\tau > 7$ N/mm² gefordert).

Die Schubspannungen entstehen aus Druckverformung, Auflagerverdrehung und Schubverformung. Sie können nach 4.5.3.1 ermittelt werden.

Für den unendlich langen Lagerstreifen fanden wir dort z. B.

Druck: $\tau_p = 3 \cdot \sigma_m \cdot \dfrac{t}{a}$

Verdrehung: $\tau_\alpha = \dfrac{G}{2} \cdot \left(\dfrac{a}{t}\right)^2 \cdot \alpha$

Schub: $\tau_m = G \cdot \tan \gamma$

Somit wird

$$\tau_p + \tau_\alpha + \tau_m \leq 5 \cdot G$$

Für rechteckige oder runde Lager können die entsprechenden Schubspannungsanteile aus 4.5.3.1 entnommen werden. ORE [119] schlägt allerdings vor, die bequemen Formeln für den unendlich langen Streifen generell zu verwenden, was sicher eine vernünftige Näherung ist, so lange die rechte Seite der Gleichung ebenfalls nur eine Näherung ist und nicht durch eine Bruchhypothese präzisiert wird.

Nach 4.5.3.1.2 muß außerdem sein

$$\alpha \leq \dfrac{\eta_4}{6} \cdot \dfrac{\sigma_m}{G} \cdot \left(\dfrac{t}{a}\right)^3$$

Wird der Auflagerdrehwinkel α größer, so hebt der entlastete Lagerrand ab (Bild

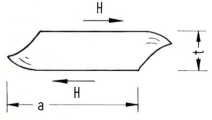

Bild 4.118
Rollbeginn eines Gummilagers

4.118), was gleichbedeutend ist mit einer Verringerung der tragenden Breite a. Da a hier in die dritte Potenz eingeht, ergibt sich, daß schon eine geringfügig klaffende Fuge einen erheblich größeren zulässigen Auflagerdrehwinkel bedeutet. Die sich mit der Breite a ändernde mittlere Lagerpressung σ_m wächst aber bei Überschreitungen von α nur wenig. (Die Kantenpressungen sind bei Gummilagern in jedem Falle Null).

Die strenge Bindung der Zulässigkeit von Auflagerdrehwinkeln an das Vorhandensein einer Auflast $\sigma_m \cdot A$ ist mit Sicherheit übertrieben, wie wir in 4.5.3.3.1 schon feststellten. Der „klaffenden Fuge" zwischen Lager und Bauwerk entspricht ja die gerissene Zugzone von Mauerwerk, die bis zu $a/2$ als vertretbar erachtet wird.

Wenn wir hier ebenso weit gehen wollten, so ergäbe sich aus der restlichen Tragbreite $a/2$ eine Erhöhung des möglichen Auflagerdrehwinkels auf das Achtfache, während die mittlere Pressung σ_m nur auf das Doppelte wüchse.

Wir haben jetzt also zwei von einander unabhängige Zusammenhänge, nämlich $\alpha = f_1(\sigma_m)$ und $\sigma_m = f_2(\alpha)$, die in Bild 4.119 dargestellt sind. Der zulässige Bereich wäre wegen $\alpha = f_1(\sigma_m)$ nicht praktikabel. Bei der Abfassung der Norm ging man deshalb pragmatisch vor und setzte erst einmal zulässige Pressungen σ_m fest, die in Anbetracht der zulässigen Betonpressungen zwischen 10 und 15 N/mm² gewählt wurden. Aus $\sigma_m = f_2(\alpha)$ konnte man dann einen zugehörigen zulässigen Auflagerdrehwinkel zul α errechnen, wie in Bild 4.119 gezeigt ist. Für die Lager nach DIN 4141 T.14 rechnet man mit dem unteren Grenzwert des Schubmoduls $G = 0{,}8$ N/mm². Die in der Summe der Schubspannungen 5 G schon enthaltene Sicherheit wurde also noch etwas vergrößert.)

Anschließend wurde mit $\alpha = f_1(\sigma_m)$ überprüft, ob

$$zul\ \alpha \leq \alpha$$

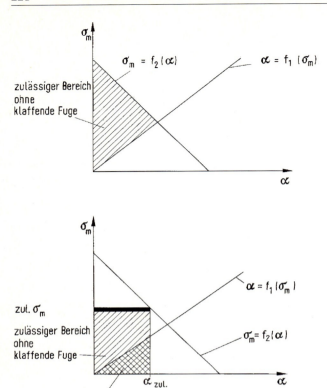

Bild 4.119
Kriterien für die Festlegung zulässiger Auflagerdrehwinkel

Weil man *zul* σ_m geschickt gewählt hatte, ist diese Bedingung bei normengemäßen Gummilagern immer erfüllt, wenn $\sigma_m = zul\ \sigma$

In Ermangelung einer präzisen Bruchtheorie ist wie schon angedeutet die uns mögliche recht genaue Ermittlung der Spannungen zur Zeit von sekundärem Interesse. Konsequent läuft die Norm auf eine Lager**wahl** hinaus, nicht auf eine Berechnung. Der hier gezeigte Weg, der zu den Werten der Norm führt, sollte deshalb nur zu einer Überprüfung kraß von der Norm abweichender Lagerformen oder Lagerbeanspruchungen beschritten werden.

Bemessung bewehrter Elastomerlager nach Druckspannungen und Beanspruchung der Bewehrung

Wir zeigten im vorigen Kapitel, daß der logische Bemessungsweg über einen Schubspannungsnachweis nur praktikabel ist, wenn wir die größten zulässigen Druckspannungen auf pauschale Grenzen festlegen. Wir konnten uns in Deutschland relativ zu anderen Ländern recht große zulässige Pressungen leisten, weil vergleichende Versuche [119] eine Überlegenheit des seinerzeit mehr oder minder zufällig gewählten Lageraufbaus demonstrierten. Zugleich wurde auch der Qualitätsstandard durch recht strenge Zulassungs- und Überwachungsrichtlinien abgesichert, die andere Länder in dieser Form nicht kennen. Hierdurch erreichte man zudem eine Kon-

4.5 Verformungslager

zentration der Erfahrungen bei wenigen mit den Lagern befaßten Stellen, was vom Standpunkt der Sicherheit begrüßenswert ist.

zulässige Druckspannungen	Quelle
10 N/mm² für Lagerflächen ≤ 350 cm² 12,5 N/mm² für > 350 cm² Lagerflächen < 1200 cm² 15 N/mm² für Lagerflächen ≥ 1200 cm²	DIN 4141, Teil 14
5,6 N/mm² aus Hauptlasten 3,5 N/mm² aus ständiger Last	[103] AASHO-Standard

Andere Länder fordern eine Bemessung über die Verformungen (England) oder über die Schubspannungen (Frankreich, Italien).

Die künftige, für Europa geltende Bemessung wird, wie schon erwähnt, ebenfalls ein Verformungsnachweis sein.

Ein Bruch unter Druckbelastung tritt bei normgemäßen Elastomer-Lagern immer durch Zerreißen der Bewehrungsbleche auf, die – obwohl theoretisch reichlich überdimensioniert – bei statischer Belastung das schwächste Glied sind. (Bei dynamischer Belastung ist die Haftung an der Bewehrung das schwächste Glied).

In Bild 4.117 ist die Bruchstelle des mittleren Bewehrungsbleches gut zu erkennen.

Die im gleichen Bild sichtbare Korrosionsanfälligkeit der Bindeschicht zwischen Gummi und Bewehrung ist mit einer der Gründe, weshalb sich bisher keine bewehrten Lager mit außenliegenden korrosionsbeständigen Bewehrungen (z.B. GFK-Platten) durchsetzen konnten. Das Lager hatte nach dem Bruchversuch 3 Jahre im Freien gelegen.

In Bild 4.120 sind die Ergebnisse einiger Bruchversuche an Lagern 150 × 200 mm und 300 × 400 mm wiedergegeben. Der Bruch wurde immer bei zügiger Laststeigerung erreicht. Unter ständiger Last sind die Bruchlasten kleiner.

Wir halten die sehr hohe Bruchsicherheit für wünschenswert, weil die Lager besonders bei Fertigteilen häufig nur mit einem Teil ihrer Fläche tragen. (Die Auflagerflächen sind nicht parallel zu den Lageroberflächen.) Der relativ geringe Mehraufwand für die Bewehrung enthebt uns für diesen leider nicht seltenen Fall größerer Sorgen – zumindest hinsichtlich der Lager.

In Bild 4.120 ist bemerkenswert, daß die Abstufung der zulässigen Auflagerpressung mit den erreichten Bruchlasten absolut nichts zu tun hat. Die Bruchlasten der kleinen Lager liegen eher höher als die großer Lager. Die Ursache dieser Beobachtung ist zweifellos, daß die belasteten Pressenflächen durch Reibung ebenfalls als Bewehrung wirken. Dies ergibt sich aus den erheblich kleineren Bruchlasten für die relativ dicken Lager 300 × 400 × 70 mm.

Die rechnerische Beanspruchung der Bewehrungseinlagen wurde bereits in Abschnitt 4.5.3.2 behandelt.

Bemessung bewehrter Elastomerlager nach Verformungen

Wir erwähnten bereits, daß die Schubverformungen in der Bundesrepublik durch die Norm für den Regelfall begrenzt werden auf

$zul \tan \gamma = 0,7$

Über die Ermittlung dieser Verformungen wurde in 4.5.3.1 berichtet.

Diese Beschränkung ist in den meisten Ländern geläufig.

Eine gelegentliche Überschreitung des heute zulässigen Schubverformungswinkels ist in Anbetracht der hohen Teilsicherheit gegen Schubbruch für sich allein keine Katastrophe.

Druckverformungen bewehrter Gummilager entstehen dadurch, daß Gummi seitlich zwischen den Blechen herausgequetscht wird (Bild 4.121).

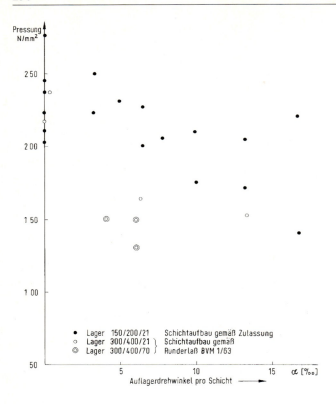

Bild 4.120
Ergebnisse von Bruchversuchen an bewehrten Gummilagern

Das Verhältnis der Druckverformungen zu den Spannungen läßt sich als ideeller Elastizitätsmodul E_i aufschreiben

$$E_i = \frac{\sigma}{\varepsilon}$$

Dieser ideelle Elastizitätsmodul ist keine Materialkonstante, sondern ein formatabhängiger Kennwert. Er läßt sich errechnen nach 4.5.3.1.1.

Bewußt wurde in der Norm darauf verzichtet, die ideellen Werte E_i anzugeben, weil man nicht zu Rechenkunststücken mit dubiosem Ergebnis Anlaß geben möchte.

Die Versuche zeigen nämlich, daß die Übereinstimmung der Theorie mit der Praxis hier weit weniger gut ist als bei den Auflagerdrehwinkeln, über die wir in diesem Abschnitt weiter unten berichten.

Die theoretischen Elastizitätsmoduln E_i sind nur als Tangentenwerte der Laststauchungskurve in der Gegend der größten zulässigen Spannung unter der einfachen rechnerischen Nutzlast (Gebrauchstauglichkeitsuntersuchung) verwendbar. Zur Ermittlung der Gesamtverformungen sind von Fall zu Fall wechselnde „Anpassungssetzungen" A zuzuschlagen, die zwischen 0,5 und 3 mm liegen. Die Ursache dieser „Anpassungssetzungen" A ist im einzelnen

Bild 4.121
Normales Verformungsverhalten eines Gummilagers unter Druckbelastung

4.5 Verformungslager

nicht bekannt. Sie treten auch auf, wenn die Auflagerflächen sorgfältig abgeglichen wurden.

Die Lagerstauchung f ist also

$$f = A + T \cdot \frac{\sigma}{E_i}$$

Bei dünnen Lagern sollte man hier abweichend von der allgemeinen Definition als T nur die Summe der innenliegenden Gummischichten einsetzen (also ohne die dünnen äußeren Deckschichten).

Bild 4.122 gibt einige charakteristische Spannungs-Stauchungs-Linien wieder, aus denen Werte für A geschätzt werden können. Da die Anpassungssetzungen A der Nettodicke T nicht unbedingt proportional zu sein scheinen, wurden die bei den Versuchen gefundenen Werte auch als absolute Wege angegeben.

Erwähnt sei, daß selbstverständlich auch eine eventuelle Rauhigkeit der Bauwerksoberflächen oder Unebenheiten der Lageroberflächen zu scheinbaren Stauchungen

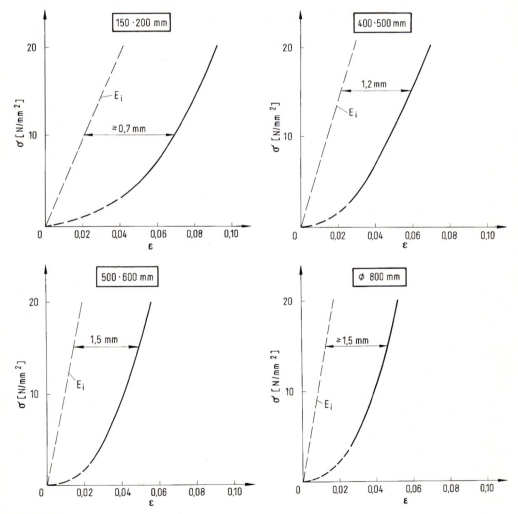

Bild 4.122
Spannungs-Stauchungs-Linien von Gummilagern

führen, die in der „Anpassungssetzung" A noch nicht enthalten sind.

Es sei wiederholt, daß praktisch aus jeder Druckverformung gleichzeitige Schubverformungen entstehen, die sich allerdings nicht mit den vom Bauwerk erzwungenen Schubverformungen addieren. Eine entsprechende Reduktion von *zul* tan γ ist also nicht erforderlich.

Auflagerdrehwinkel α erzeugen Schubspannungen, die in 4.5.3.1 behandelt worden sind. Aus Grenzen für diese Schubspannungen hat man zulässige Auflagerdrehwinkel errechnet, die in DIN 4141, Teil 14, festgelegt sind, und die mit den vorhandenen Auflagerdrehwinkeln verglichen werden.

Aus einem erzwungenen Auflagerdrehwinkel α entsteht ein Rückstellmoment M, welches gegebenenfalls zu berücksichtigen ist. Nach der Norm ist zu rechnen

für rechteckige Lager: $M = \dfrac{a^5 \cdot b \cdot G}{50 \cdot t^3} \cdot \alpha$

für runde Lager: $M = \dfrac{D^6 \cdot G}{100 \cdot t^3} \cdot \alpha$

Hierin ist:

a = Seite rechtwinklig zur Drehwinkelachse
b = Seite parallel zur Drehwinkelachse
D = Lagerdurchmesser
G = Schubmodul
t = Schichtdicke
α = Auflagerdrehwinkel pro Schicht

Wenn α aus der Annahme einer gelenkigen Lagerung ermittelt wird, ergibt sich häufig ein irreal großes Moment M. In derartigen Fällen dürfte meist das statische Modell falsch gewählt worden sein.

Umgekehrt gelten die Gleichungen selbstverständlich auch für die Ermittlung eines Auflagerdrehwinkels aus einer exzentrisch angreifenden Last, beispielsweise wenn – als Beispiel für eine weder übliche noch sinnvolle Anordnung – Gummilager unter Rollenlagern angeordnet werden (Bild 4.123). Es ist zu beachten, daß nach

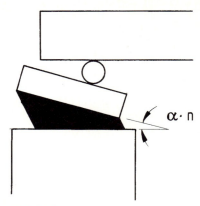

Bild 4.123
Auf Gummilager verlegtes Rollenlager

Abschnitt 4.5.2.2 der effektive Schubmodul durchaus kleiner sein kann als nach der vereinbarten Meßmethode der Zulassung zu erwarten wäre. Der Drehwinkel wird dann größer, was dem Gummilager zwar nicht schadet, möglicherweise aber den Rollenlagern oder dem Bauwerk.

Weiter sei aus Abschnitt 4.5.3.1.2 die Überlegung wiederholt, daß aus jedem Auflagerdrehwinkel $n \cdot \alpha$ eine Horizontalkraft

$$F_R = \frac{n \cdot \alpha \cdot F_z}{2} \quad \text{(Bild 4.101)}$$

entsteht, die die Schubverformung

$$\tan \gamma = \frac{n \cdot \alpha \cdot F_z}{2 \cdot A \cdot G}$$

erzeugt. Dabei bedeutet

n = Zahl der Schichten
α = Drehwinkel pro Schicht
A = Lagerfläche
G = Schubmodul
F_z = Auflast

Sie ist in Bild 4.100 zu erkennen.

Bemessung bewehrter Elastomerlager auf Schlupf

Anders als bei unbewehrten Gummilagern ist ein Schlupf zwischen Lager und Bauwerk bei bewehrten Gummilagern häufig

4.5 Verformungslager

nur von geringem technischen Interesse, sofern er nicht bei der Übertragung äußerer Horizontalkräfte auftritt.

In Abschnitt 4.5.2.2 sind Angaben über die Reibung in der Kontaktfläche zwischen Lager und Bauwerk gemacht. Wir hatten dort gefunden, daß unter ruhender Belastung und größter zulässiger Schubverformung der Lager ein Schlupf unter einer ruhenden Auflagerpressung von mehr als rund 1 N/mm^2 ausgeschlossen ist (Bild 4.85). Lange Dauer der Last und Haftung zwischen Beton und Gummi verbessern die Verhältnisse offensichtlich.

Aus Versuchen mit schubverformten Lagern unter exzentrisch pulsierender Belastung weiß man allerdings, daß die Reibung bei nicht ruhender Belastung klein werden kann. Dieser für alle Materialien gültige Effekt ist eigentlich bekannt, und er wird im Maschinenbau häufig zur bewußten Herabsetzung der Reibung genutzt. Bei Gummilagern wurde aber der Einfluß der verschiedenen Parameter wie Größe der Pressung, des Schwellbereichs oder der Frequenz bisher nicht erforscht.

Gerutschte Gummilager sind nur sehr selten aufgetreten. Nachfolgend wird von zwei Fällen berichtet.

Bei dem einen Bauwerk war an Lagern ⌀ 600 × 110 mm ein Schlupf von ca. 10 mm in Brückenquerrichtung aufgetreten, weil die Quervorspannung zeitlich vor der Längsvorspannung aufgebracht worden war. Die Last der Brücke ruhte also noch auf dem Lehrgerüst, und die unbelasteten Gummilager entzogen sich der Querverformung durch einen Schlupf.

Bei dem zweiten Bauwerk hatten sich die Widerlager auf einem schlechten Baugrund erheblich bewegt, und trotz einer Auflagerpressung von über 4 N/mm^2 hatten sich die Gummilager einer übermäßigen Schubverformung durch Schlupf entzogen. Sie blieben auf diese Weise ebenso wie das Bauwerk nahezu schadensfrei (Bild 4.124 u. 4.125).

Auffällig war, daß hier der Schlupf bei allen beteiligten Lagern nur zwischen Überbau und Lager auftrat, nicht aber zwischen Unterbau und Lager. Mit großer Wahrscheinlichkeit ist dieser Umstand darauf zurückzuführen, daß die Lageroberfläche ebenso wie die Schalung kräftig mit Schalöl behandelt worden war, welches sich in das Holz der Schalung einsaugte, nicht aber in das Gummi der Lager. So entstand eine deutlich erkennbare ölgetränkte Betonoberfläche im Lagerbereich, die als Gleitbahn wirkte.

Interessant ist auch, daß einige dieser Lager überhaupt keine Schubverformung mehr aufwiesen. Dieser Umstand ist möglicherweise darauf zurückzuführen, daß der Schlupf kurzzeitig erfolgte, und daß die hierbei aufgebaute kinetische Energie einen „Bremsweg" ergab.

Bild 4.124/125
Schlupf zwischen Gummilager und Bauwerk durch Schalöl auf den Lagern

Es erscheint zwar aussichtslos, die Benetzung der Lager mit Schalöl zu verhindern, weil mit dem Einölen der Schalung nicht gerade die besten Kräfte einer Baustelle betraut werden, doch sollte man wenigstens den Versuch machen, den entsprechenden Passus der Regeln (Verbot der Berührung mit Öl und Fett) in der Praxis durchzusetzen.

AASHO [103] fordert eine Rutschsicherung mindestens der Lageroberseite am Überbau, wenn

$\sigma < 1{,}4$ N/mm^2

ORE [119] fordert eine Verankerung bei

$\sigma < 2$ N/mm^2

In DIN 4141, Teil 14, schreibt man eine Oberflächenverankerung vor, wenn die kleinste Pressung kleiner als folgende Werte ist:

$\sigma < 3$ N/mm^2 für bewehrte Lager bis 0,12 m^3 bzw.

$\sigma < 5$ N/mm^2 für bewehrte Lager über 0,12 m^3

Der Ausdruck „Verankerung" führt leider häufig zu falschen Vorstellungen. Selbstverständlich bleiben verankerte Lager allseitig beweglich, obwohl ihre Aufstandsfläche mit dem Bauwerk verbunden wird.

Die Reibung von Gummilagern wurde ausführlich in 4.5.2.2 behandelt. Wiederholt sei nur der Hinweis, daß die Mindestpressungen nach der Norm gefühlsmäßig vereinbarte Zahlenwerte sind, die nicht durch eindeutige Versuchsergebnisse belegt werden können. Zwar sind auch die übrigen „zulässigen" Werte mehr oder minder vereinbart, doch kann man die Folgen eines eventuellen einmaligen Schlupfes so klar überschauen, daß man hier dem entwerfenden Ingenieur etwas mehr Entscheidungsfreiheit als sonst bei uns üblich zubilligen könnte.

In Deutschland sind hauptsächlich zwei Typen von verankerten Lagern gebräuchlich:

Bild 4.115/2 zeigt Lager mit einer Oberflächenverankerung durch Dollen oder Schrauben. Die Dollen sind in die Deckbleche der Lager eingelassen und übertragen ihre Kräfte durch Lochleibungsdruck. Um die geforderte Auswechselbarkeit zu gewährleisten, dürfen die Dollen nicht angeschweißt werden.

Bild 4.115/3 und 4.126 zeigen Lager mit Riffelblechverankerung, die ähnlich wirkt wie die Rippung am Betonstahl.

Voraussetzung ist allerdings eine minimale Auflagerpressung von 3 N/mm^2 beim Auftreten der größten zulässigen Schubverformung oder eine entsprechende (statisch unbestimmte) vertikale Kraft, die bei vertikalen Wegen von Bruchteilen eines Millimeters erzeugt wird. An den Flanken der Riffeln entsteht nämlich eine vertikale Kraftkomponente, die zu einer Hebung des Bauwerks und zum anschließenden Schlupf führt, wenn keine Gegenkraft vorhanden ist.

Eine Haftung zwischen Riffelblech und Mörtel ist nicht vorausgesetzt und auch nicht erwünscht, um die Auswechselbarkeit der Lager zu gewährleisten.

Die tatsächliche Schubtragfähigkeit dieser Verankerung konnte nur an massiven Stahlkörpern mit identischer geriffelter Oberfläche nachgewiesen werden, da die entsprechenden Schubverformungen der Elastomer-Lager die Ergebnisse verfälschten.

Bild 4.126
Verankerung von bewehrten Gummilagern durch aufvulkanisierte Riffelbleche

4.5 Verformungslager

Man fand (wiederum ohne Haftung) in Zementmörtel von 60 N/mm² Würfelfestigkeit und in Ortbeton B 25 für Lager 20 × 30 cm

$$\tau_{Bruch} = 1{,}5 + 0{,}75\,\sigma;\ \sigma,\ \tau\ [\text{N/mm}^2]$$

Im Prinzip wäre es auch denkbar, die Deckbleche am Bauwerk anzuschweißen. Diese Möglichkeit wurde jedoch ausdrücklich verboten, da ohne ausreichende Kühlung die Haftung zwischen Gummi und Stahl zerstört wird. Versuche ergaben, daß auch vorsichtige und gefühlsmäßig „kalte" Schweißungen zu Schäden führen können.

In den meisten Fällen genügt übrigens eine **einseitige** Verankerung!

Bemessung auf Zug
Die Übertragung von Zugkräften ist in DIN 4141, Teil 14, nicht geregelt. Die Norm gilt nur für Drucklager.

Nur die englische Vorschrift [115] gibt für die zulässigen Zugspannungen eine Gleichung an:

$$zul\ \sigma_m = \frac{G \cdot (3{,}6 \cdot S^2 - 3{,}6 \cdot S + 3)}{2 + 2{,}2 \cdot S^2}$$

Für die bei bewehrten Gummilagern gebräuchlichen Formfaktoren S zwischen 8 und 12 ergeben sich hieraus zulässige Zugspannungen zwischen 1,4 N/mm² und 1,5 N/mm².

Wir sind der Auffassung, daß man durch konstruktive Maßnahmen am Bauwerk in jedem Falle ständige Zugbeanspruchungen von Elastomer-Lagern vermeiden sollte. Lassen sie sich nicht vermeiden, so sollte man trotz des großen Aufwandes nicht auf eine Probebelastung jedes einzelnen Lagers verzichten.

Für gelegentliche kurzzeitige Zugbeanspruchungen, wie sie bei ungünstigen Laststellungen an den spitzen Ecken schiefer Brücken oder an den Endauflagern mehrfeldriger Balken auftreten können, ist die Verwendung verankerter Gummilager im Prinzip unbedenklich.

Die mittlere Zugspannung sollte dann 10 % der zulässigen Druckspannung, also 1–1,5 N/mm² nicht überschreiten. Nach Versuchen liegt die Bruchsicherheit dann bei 1,5 bis 2,0. Sie dürfte für die beschriebenen Anwendungsfälle ausreichend sein.

Die Zugverankerung der Deckbleche am Bauwerk kann nach den Regeln des Stahlbaus ausgeführt werden, wobei Baustellenschweißungen, wie gesagt, unzulässig sind.

Auf die Auswechselbarkeit ist auch hier zu achten.

Praktische Bemessung bewehrter Elastomerlager nach DIN 4141, Teil 14

1. Erforderliche Angaben:
   max Fz maximale Auflast
   min Fz minimale Auflast
   Fxy   äußere Horizontalkräfte (in allen Richtungen)
   v   Verschiebungswege (in allen Richtungen)
   α Auflagerdrehwinkel (in allen Richtungen)
   Gegebenenfalls:
       Platzverhältnisse
       zul. Belastung der angrenzenden Bauteile.

2. Grundrißformat mit der maximalen Auflast aus den Regellagern, siehe DIN 4141 Teil 14. Die zulässige Pressung beträgt je nach Lagerformat 10 bis 15 N/mm².

3. Minimale Pressung prüfen – Lagertyp wählen.
   Beträgt die minimale Pressung weniger als 3 N/mm² (5 N/mm² für Lager über 300 × 400 mm), so ist ein verankertes (rutschgesichertes) Lager zu wählen.

4. Erforderliche Nettodicke feststellen und passende oder nächstgrößere Nettodicke für das gewählte Grundrißformat und den Lagertyp (verankert oder unverankert) aus den Tabellen wählen.
   Wenn *v* und *Fxy* in der gleichen Richtung wirken, dann

$$\boxed{\begin{array}{l} erf\ T = \dfrac{v}{0{,}7 - \dfrac{Fxy}{G \cdot A}} \quad [\text{mm}] \\[2mm] Fxy \text{ in N} \\ G = 1\ \text{N/mm}^2 \\ A = \text{Fläche des gewählten Lagers} \end{array}}$$

Sonst muß man T schätzen und folgende Nachweise führen:

$$\tan\gamma_x = \dfrac{v_x}{T} + \dfrac{Fx}{G \cdot A}$$

$$\tan\gamma_y = \dfrac{v_y}{T} + \dfrac{F_y}{G \cdot A}$$

$$\tan\gamma_{x,y} = \sqrt{\tan^2\gamma_x + \tan^2\gamma_y} \leq 0{,}7$$

5. Zulässige Verdrehungswinkel für die gewählte Nettodicke T aus den Tabellen der Zulassung entnehmen und mit den vorhandenen Drehwinkeln vergleichen. Gegebenenfalls dickeres Lager wählen.

6. Rückstellkräfte feststellen

$$\left.\begin{array}{l} F_{Rx} = G \cdot A \cdot \tan\gamma_x \\ F_{Ry} = G \cdot A \cdot \tan\gamma_y \\ F_{Rx,y} = G \cdot A \cdot \tan\gamma_{x,y} \end{array}\right\} G = 1\ \text{N/mm}^2$$

Dieses Bemessungsschema gilt nur, wenn die angrenzenden Bauteile steif sind im Verhältnis zu den Lagern. Sonst ist es erforderlich, die Gummilager als verformbare Bauteile in das statische System einzubringen und die statisch unbestimmten Kräfte und Verformungen zu ermitteln.

4.5.4 Sonderformen bewehrter Plattenlager

4.5.4.1 Voreingestellte Elastomerlager

Eine Voreinstellung von Gummilagern ist – anders als bei Gleitlagern – nur möglich, wenn die aus der Verformung resultierenden Kräfte während der Transport- und Montagezeit aufgenommen werden können. Das ist z.B. mit einer Arretierungsvorrichtung nach Bild 4.127 möglich. Die Verformung muß mit geeigneten Vorrichtungen im Werk erzeugt werden, und sie kann nachträglich kaum korrigiert werden. Immerhin ist es auf diese Weise möglich, die zulässigen Verschiebungen von Gummilagern in einer Richtung unter Verzicht auf Verschiebungen in der entgegengesetzten Richtung zu verdoppeln.

Es ist unbedingt erforderlich, die Arretierungsvorrichtung derartiger Lager vor dem Auftreten von Bauwerksverformungen zu lösen. Bei vorgespannten Bauwerken muß man damit rechnen, daß beim Lösen der Arretierungen vor dem Vorspannen noch keine nennenswerte Auflast vorhanden ist. Mangels Reibung würden diese Lager daher schlagartig in ihre unverform-

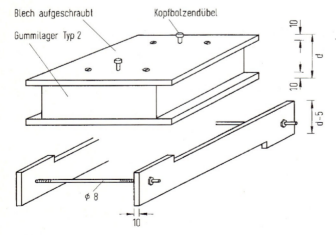

Bild 4.127
Vorrichtung zur Arretierung voreingestellter Gummilager

4.5 Verformungslager

te Gestalt zurückkehren. Aus diesem Grunde sollten voreingestellte Gummilager prinzipiell verankerte (rutschgesicherte) Lager sein.

4.5.4.2 Kippweiche Elastomerlager

In Deutschland sind bewehrte kippweiche Gummilager gemäß Bild 4.128 bauaufsichtlich zugelassen.

In Material und Herstellungsverfahren sind sie identisch mit normalen bewehrten Elastomer-Lagern gemäß DIN 4141, Teil 14, und wie diese werden sie unverankert (Typ 1) oder verankert (Typ 2, 4 oder 5) hergestellt. Lediglich im Schichtaufbau und in der Bemessung bestehen Unterschiede.

Jedes zweite Bewehrungsblech ist verkürzt, wobei die außenliegenden Bewehrungsbleche immer bis zu den Rändern reichen müssen. Die Schichtdicke t und die Zahl der Schichten n beziehen sich jeweils auf die Lagermitte. Die Nettodicke T wird dagegen abweichend am Lagerrand ermittelt. Sie ist die Dicke aller Elastomerschichten im unbelasteten Zustand zuzüglich der Dicke der verkleinerten Bleche.

Die zulässigen Auflagerdrehwinkel dieser kippweichen Elastomer-Lager sind doppelt so groß wie die normaler bewehrter Elastomer-Lager.

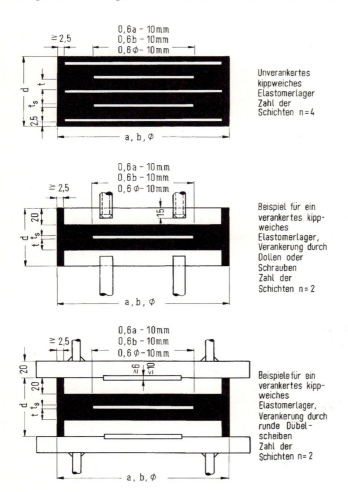

Bild 4.128 Zulassungsgemäße kippweiche Gummilager

Die aus den Auflagerdrehwinkeln entstehenden Rückstellmomente betragen nur 25 % der Rückstellmomente normaler bewehrter Elastomer-Lager, also

für rechteckige Lager:

$$M = 0{,}25 \, \frac{a^5 \cdot b \cdot G \cdot \alpha}{50 \cdot t^3}$$

für runde Lager:

$$M = 0{,}25 \, \frac{D^6 \cdot G \cdot \alpha}{100 \cdot t^3}$$

a = Seite rechtwinklig zur Drehwinkelachse
b = Seite parallel zur Drehwinkelachse
D = Lagerdurchmesser
t = Schichtdicke
α = Auflagerdrehwinkel pro Schicht
G = 1 N/mm^2

Mit Rücksicht auf die größere Verformbarkeit der kippweichen Elastomer-Lager wurde die zulässige Pressung auf 80 % der zulässigen Pressung normaler Elastomer-Lager festgesetzt.

Lagerfläche A	zul σ
cm^2	N/mm^2
$A \leq 400$	8
$400 < A < 1200$	10
$A \geq 1200$	12

Die zulässige Schubverformung beträgt tanγ = 0,7, doch da bei diesen Lagern durch die etwas abweichende Definition die Nettodicke T größer ist als bei normalen bewehrten Elastomer-Lagern, ist auch die zulässige Verschiebung relativ zur Einbauhöhe etwas größer.

Aus Gründen der Vereinfachung wurde festgelegt, daß kippweiche Elastomer-Lager schon bei Pressungen unter 5 N/mm^2 generell zu verankern sind (d. h. ihre Oberfläche muß gegen Schlupf gesichert werden).

4.5.5 Unbewehrte Elastomerlager im Fertigteilbau

Unbewehrte Elastomerlager sind im Hochbau nach der Norm DIN 4141, Teil 15, anzuwenden. Hauptsächlich werden diese Lager im Stahlbeton-Fertigteilbau eingesetzt.

Für Massiv-Ortbetonkonstruktionen ist schon wegen der geringen Beanspruchbarkeit aus vertikalen Lasten durch die Norm DIN 4141, Teil 15, eine gewisse Grenze der Anwendbarkeit gegeben. Unter günstigsten Bedingungen könnten 960 KN übertragen werden. Von wenigen Fällen abgesehen sind im Ortbetonbau bei notwendigen Lagerungen wesentlich größere Auflasten zu übertragen. Hier ist im übrigen der Abschnitt 5.4 letzter Absatz der Norm gegenstandslos und zwar aus folgendem Grund:

Im Ortbetonbau werden die Lager fast immer auf rauhe Betonflächen verlegt und dann mit dem Ortbeton des zu lagernden Teiles überbetoniert. Diese Art des Lagereinbaus hat zur Folge, daß die Lager nicht verrutschen können. Die Lagerhersteller sind der Ansicht, daß dem Lager beigemischtes Paraffin bei Belastung ausschwitzt. Dadurch wirke eine Trennung zu den angrenzenden Betonflächen. Die Lageranwender geben zu bedenken, daß selbst stark aufgetragene Schalöle oft nicht in der Lage sind eine Schalung vom Ortbeton zu trennen. Deshalb kann eine Trennung zwischen Lager und angrenzender Betonfläche nicht wirksam auftreten und zum Verrutschen der Lager führen.

Anders verhält sich der o. a. Vorgang bei Stahlbeton-Fertigteilen. Die angrenzenden Lagerflächen werden nicht frisch aufbetoniert, sondern sind bei der Montage der Fertigteile tragfähig erhärtet und von glatter Oberfläche.

Die Grenzen der Norm DIN 4141, Teil 15, reichen häufig auch für den Anwendungsbereich zur Lagerung von Fertigteilen aus [155].

Da jedoch konstruktive Fertigteile weitgehend typisiert wurden, wird ein Nachweis der Lagerung in der Statik notwendig. Die abgebildeten Nomogramme (Bilder 4.130 u. 4.131) können zu einer Vereinfachung der Statik beitragen, wenn man eine Kopie davon in die Berechnung einheftet und auf dem Blatt vermerkt wird, für welche Auflast es gelten soll und welche Lagerungsflächen von der Konstruktion her zur Verfügung stehen.

Durch die Typisierung der Fertigteile sind die Parameter „Auflast" (F_z) und vorhandene Lagerfläche (A) bekannt. Handelt es sich um eine quadratische Lagerungsfläche, so braucht man nur einen Punkt im Nomogramm mit den fett ausgezogenen Linien kenntlich zu machen und der Nachweis nach DIN 4141, Teil 15, ist erfolgt:

– Der Formfaktor s ist ermittelt;
– σ_m ist ermittelt;
– Die notwendige Festigkeitsklasse des Betons der angrenzenden Lagerflächen ist ebenfalls festgelegt. (Vergleiche Beispiel 1).

Auf dem Nomogrammblatt ist noch genügend Platz, um die notwendigen Ordnungsvermerke am oberen Blattrand einzutragen. Zusätzlich können auch die Statikangaben auf dem Blatt erfolgen, falls diese nicht im Vortext der Statik bereits vorhanden sind.

In gleicher Weise kann mit dem Nomogramm bei rechteckigen Lagern verfahren werden. In den häufigsten Fällen kommt als Folge der Typisierung der Fertigteile durch die Industriewerke ein Lagerseitenverhältnis von $b/a = 2,0$ vor. Wiederum sind Fz und Abmessungen der Auflagerflächen bekannt. Man markiert diese Stelle mit einem Punkt. Damit sind auch für das betreffende rechteckige Lager die oben angeführten Nachweise erbracht (siehe Beispiel 2). Wenn eine Lagerung durch einen Punkt innerhalb des Nomogramms markiert werden kann, ist sichergestellt, daß die Vorschriften der Norm DIN 4141, Teil 15, eingehalten werden. Vorausgesetzt wird dabei daß alle Angaben des Nomogrammblattes beachtet werden.

Für die häufig vorkommende rechteckige Fläche eines Lagers mit den Abmessungen $170/340/t$ sind im Nomogramm bei $a = 170$ mm die zulässigen Lasten Fz angeschrieben. Falls größere Durchbiegungen der zu lagernden Bauteile zu erwarten sind, empfiehlt es sich immer, die größtmögliche Lagerdicke t zu wählen und gegebenenfalls den Winkel nachzurechnen.

Es folgen die Beispiele für die Anwendung der Nomogrammung zur Bemessung der Lager:

Beispiel 1:
Bekannt ist die Auflast und die Lagerfläche $Fz = 164$ KN; $a = b = 170$ mm (ergibt sich aus den vorhandenen Maßen der Fertigteile). Von der Lagerseite a ausgehend sucht man im Nomogramm die Stelle der vorhandenen Auflast Fz. Man erhält damit die größte Lagerdicke $t = 9$ mm und kann rechtwinklig dazu am linken Rand ablesen:

– $s = 4,7$
– $\sigma_m = 7,56$ N/mm^2
– Die Betonauflagerflächen müssen mindestens aus Beton BI B15 bestehen.

Beispiel 2:
$F_z = 437$ KN; $a = 170$ mm; $b = 340$ mm (bekannt); $b/a = 2,0$; $t = 9$ mm.

Die Betonauflagerflächen müssen mindestens aus BI B25 bestehen.

– $s = 6,26$
– $\sigma_m = 7,56$ N/mm^2

Hinweis: Die Beispiele sind in den Nomogrammen eingetragen.

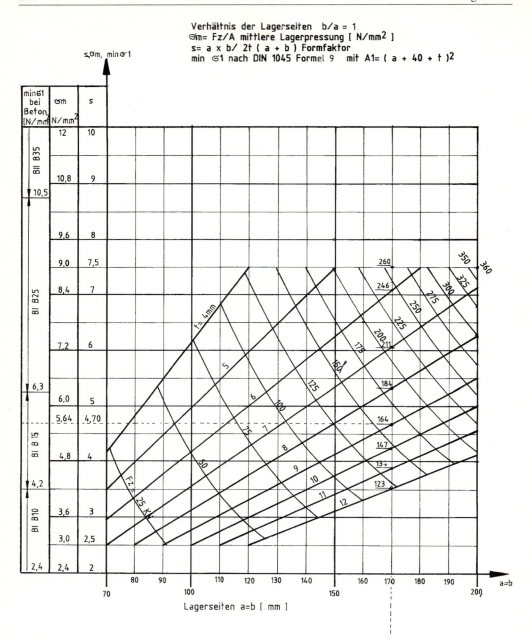

Bild 4.130
Nomogramm mit *b/a* = 1
Zur Bemessung unbewehrter Elastomerlager

4.5 Verformungslager

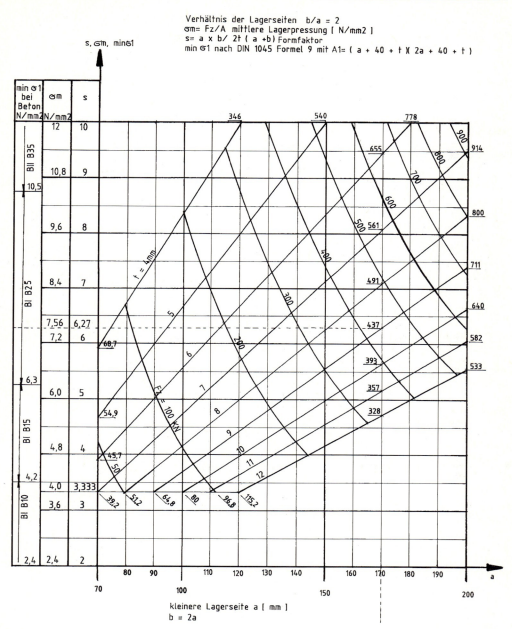

Bild 4.131
Nomogramm mit $b/a = 2$
Zur Bemessung unbewehrter Elastomerlager

Berechnung der Stauchung

Im Verbunddeckenbereich aus sogenannten Fertigteil-PI-Platten mit überbetonierter Ortbetonschicht hat man es häufig mit Durchlaufträgern bei den Deckenpositionen zu tun. Der Anteil der Druckstauchung des Lagers aus den Lastfällen:

- Aufbringen der Ortbetonschicht,
- zusätzliche ständige Last und
- Verkehrslasten

kann gelegentlich bei der Berechnung des Durchlaufträgers auschlaggebend für die Bemessung werden. Es wird dann die Beantwortung der Frage nach der Lagerstauchung unter den PI-Plattenrippen wichtig. Abschnitt 5.6 von DIN 4141, Teil 15, gibt hierzu eine einfache Rechenregel an, die in Kap. 5 dieses Buches steht. Eine Ermittlung der Stauchung auf dem Rechenweg wäre dann besonders wünschenswert, wenn zu entscheiden ist, ob für die betreffende Lagerung die Lagerungsklasse 1 oder 2 zugrunde zu legen ist. In den Erläuterungen zu Abschnitt 5.6 der Norm, 1. Absatz, wird auf diesen Punkt besonders hingewiesen. Verformungen sind im Bauwesen ganz allgemein bei der Berechnung von vielen abzuschätzenden Parametern abhängig und die Rechenergebnisse sind mit entsprechenden Unsicherheiten behaftet. Es ist in den o.a. Fällen kein besonderer Aufwand, wenn die in den Erläuterungen zu DIN 4141, Teil 15/5.6, genannte Entscheidungs-Schwelle zwischen den Lagerungsklassen und den dort erwähnten Ausnahmen bestimmt werden kann. Die Einsenkungen können dann im Bereich der Prüfung der statischen Berechnungen leicht mit den nachfolgenden Formeln beurteilt werden.

Die Formeln basieren auf statistischen Auswertungen einer großen Zahl von Lagern, die nach den ehemaligen „Richtlinien für unbewehrte Elastomerlager" und den dort angegebenen Werkstoffqualitäten zum Einbau von verschiedenen Lagerherstellern geliefert wurden, und dürften somit die Qualität des in der Norm genannten genaueren Nachweises besitzen.

Nach Teil 15 der Norm DIN 4141 gibt es keinen definierten Elastizitätsmodul. Er ist nur für die Prüfung der physikalischen Anforderungen nach DIN 4141, Teil 150, zu bestimmen. Da aber die im vorhergehenden Absatz erwähnten statistischen Auswertungen aus Mittelwerten bezogen wurden und sich auf Formfaktoren der geprüften Lager beziehen, ergaben sich in Abhängigkeit von der Lagergeometrie veränderliche Vergleichsmodule als Elastizitätsmodule. Nicht berücksichtigt werden konnte der in den Erläuterungen zur Norm DIN 4141, Teil 15, Abschnitt 5.6, letzter Absatz, genannte Anteil aus dem nichtlinearen Anstieg der Verformungskennlinie.

In den Bemessungsabschnitten der statischen Berechnungen ist jedoch die Anwendung von Elastizitätsmodulen allgemein üblich, und so ist es auch für die unbewehrten Elastomerlager wünschenswert, mit gleicher Gewohnheit rechnen zu können. Die Ergebnisse für die o.a. statistischen Auswertungen wurden von Lagern verschiedener Werkstoffqualitäten gewonnen. Die Tatsache, daß der geometrische E-Modul für einen bestimmten Formfaktor konstant bleibt, macht es möglich, mit nur einem E-Modul zu rechnen. Die Rechenergebnisse liegen für die Stauchung auf der sicheren Seite, d.h. die errechneten Stauchungen sind größer als die tatsächlichen. Als Bezeichnung des E-Moduls wird der Ausdruck E_v = Vergleichs-E-Modul benutzt. Dies soll auch darauf hinweisen, daß dieser Wert nicht als charakteristischer Wert „Ec" in den Berechnungen statischer Systeme angewendet werden darf. Der genannte Vergleichsmodul ergibt sich zu:

$$E_v = \frac{\sigma_m}{\varepsilon}$$

Bekannt müssen sein:

- der Formfaktor s des Lagers;
- die Dicke t des Lagers in mm;

4.5 Verformungslager

– σ_m als vorhandene Lagerpressung in N/mm².

Dann ist mit:

$$\varepsilon = \frac{\Delta t}{t}$$

$$\varepsilon^2 = 2p \cdot \sigma_m$$

$$2p = \sigma_m \cdot \frac{1}{1000 \cdot \sqrt{1/e^n}}$$

$2p$ = der Parameter einer Parabel (die Parabelöffnungsweite) hier in Abhängigkeit von ε^2/σ_m.

und $n = \dfrac{(7{,}5 - s^2)}{6{,}25 - 0{,}5 \cdot (7{,}5 - s)} - 7{,}64$

die Einsenkung wird

$$\Delta t = t \cdot \sqrt{2p \cdot \sigma_m}$$

mit delta t = Einsenkung unter Fz in mm, gültig bis $s = 7{,}5$. Bei s größer 7,5 ist n als eine Konstante von der Größe –7,64 in die Berechnung einzuführen. Hiermit läßt sich auch feststellen, wie groß der Anteil der Stauchung von Lastgruppen sein wird [156].

Besonders zu beachten ist noch, daß die o. a. Formeln nur linear veränderliche Ergebnisse liefern, d. h. also, die in den Erläuterungen zur Norm DIN 4141, Teil 15, zu Abschnitt 5.6 letzter Absatz erwähnten Verformungskennlinien werden nicht in der dort genannten Form angegeben. Der Ev-Modul gilt jeweils nur für eine spezielle Lagerform. Auch können die Stauchungen nicht mit analytischen Interpolationen ($x_1/x_2 = y_1^2/y_2^2$ nicht möglich) berechnet werden, sondern nur mit der jeweils speziellen Parabelöffnungsweite ($\varepsilon^2 = 2p \cdot \sigma_m$) für eine gesuchte Stauchung, oder falls $2p$ bereits ausgerechnet wurde, über den Ev. Für statische Berechnungen, bei denen Einsenkungen zu berücksichtigen wären, liegt man mit den Ergebnissen für die Stauchungen aus den hier angegebenen Formeln in aller Regel noch auf der sicheren Seite. Im zulässigen Anwendungsbereich der Norm DIN 4141, Teil 15, sind die Anteile der Stauchungen noch nicht so ausschlaggebend, daß diese für Berechnungen eines Bauwerkes maßgebend würden.

Die Formel für Δt müßte an sich noch durch zwei Faktoren ergänzt werden und lautet dann:

$$\Delta t = \alpha_m \cdot \beta_m \cdot t \cdot \sqrt{2p \cdot \sigma_m}$$

α_m = Ein Steuerungsfaktor für verschiedene nicht stetig verlaufende Parabelfunktionen.

β_m = Ein Steuerungsfaktor für den signifikanten Übergang einer Lagerform-Veränderung unter Auflasten.

Die eingangs erwähnte Auswertung von Druckstauchungsfunktionen ergab nur den Anhaltspunkt für das Vorhandensein dieser beiden Merkmale, nicht jedoch klare zu bestimmende Werte. Beide Faktoren scheinen hauptsächlich von m abhängig, aber darüber hinaus auch von der Materialbeschaffenheit des jeweiligen Lagers. Solange es ähnlich wie bei den Baustoffen Stahl und Beton an den Produktionsstätten der Halbfabrikate „Elastomere" keine statistischen fortgeschriebenen Auswertungen zu den Materialkennwerten gibt, wird auch keine sachlich fundierte Aussage zu den Faktoren α_m und β_m möglich sein. Im Betonbau sichert z. B. eine Vielzahl von Druckstauchungsauswertungen für BI und BII die Kenntnis der Materialgüte und der dazugehörigen Materialkennwerte. An Stellen der Lastkonzentrationen wie z. B. bei Lagerungen sollte Entsprechendes eigentlich auch vorausgesetzt werden können. Die Anzahl der nach der Norm DIN 4141, Teil 150 durchgeführten Prüfungen ist jedoch zu gering, um eine wie oben beschriebene Qualitätssicherung zu erhalten. Es ist aus den zuvor erläuterten Gründen kein nennenswerter Mangel, den nichtlinearen Effekt zu vernachlässigen. Für den zugelassenen Bereich der Norm DIN 4141, Teil 15, wie dieser auch im Nomogramm vollständig erfaßt ist, genügt zunächst die o. a. Abschätzung mit $\alpha_m = 1$ und $\beta_m = 1$.

4.6 Kugellager

Im Maschinenbau werden Stahlkugeln in Lagern seit langem verwendet. Lager für Brücken- und Hochbauten im Sinne dieses Buches mit Stahlkugeln gibt es bisher nur in Spezialfällen. Sie sind technisch realisiert für kleine Rollwege (in der Regel bis ± 25 mm), Vertikalbelastungen bis 5000 KN und als allseitig und einseitig bewegliche Lager (mit bis zu 10% H-Kraft Aufnahme). Der Vorteil ist – lt. Herstellerangabe – die Wartungsfreiheit: die Bruchlasten liegen 2 Zehnerpotenzen über den Nutzlasten, unter denen die Reibungszahlen maximal 0,01 betragen, also kleiner sind als bei irgendwelchen anderen Bewegungslagern.

Bild 4.129
Punktkipp-Kugellager (Werkfoto Hilgers)

Bei diesen Lagern werden eine größere Anzahl von Kugeln zwischen 2 Stahlplatten gehalten. Eine obere Kipp-Platte ermöglicht die Punktkippung.

5 Regelwerke/Normen

5.1 Allgemeine Situation

Normative Festsetzungen sind in einer Welt, die von der Technik beherrscht wird, unverzichtbar [139].

In Deutschland werden die nationalen Normen vom Deutschen Institut für Normung (DIN) erstellt. An den ca. 60 000 Normen haben unzählige, ehrenamtlich tätige Fachleute aus Industrie, Wissenschaft und Verwaltung mitgearbeitet. Das DIN leistet nur die Geschäftsstellenarbeit.

Das DIN ist außerdem auch die Geschäftsstelle für die europäische Normung (CEN), die – als ein Ergebnis des europäischen Zusammenschlusses – in vielen Bereichen, insbesondere auch im Bauwesen, nach und nach die nationale Normung ablöst. So entstandene Normen heißen DIN-EN-Normen.

Weiterhin ist DIN auch die Geschäftsstelle für die weltweit gültigen ISO-Normen. Neben den DIN, EN und ISO-Normen gibt es eine unübersehbare Menge weiterer mehr oder weniger gültiger Regelvereinbarungen, allgemein Regelwerke genannt.

Häufig werden – fälschlicherweise – DIN-Normen als Vorschriften bezeichnet. Vorschriften sind jedoch Regeln, die von jedem beachtet werden müssen, wie Gesetze und Verordnungen. DIN-Normen können allenfalls aufgrund von Vorschriften, aber auch durch beidseitige Vereinbarung verbindlich sein.

Werden Regeln und Arbeitshilfen nach dem Verbindlichkeitsgrad geordnet, so ergibt sich etwa folgende Hierarchie:

Stellungnahme eines Fachmanns
offizielles Sachverständigen-Gutachten
Fachzeitschriften, Bücher
Richtlinien paritätisch besetzter
    Ausschüsse
Normen (DIN/EN/ISO)
Erlasse einer Behörde, Zulassungen
Verordnungen aufgrund eines Gesetzes
Gesetze (z. B. Bauordnung)
Verfassung (Grundgesetz)

Die Normen werden in dem Maße verbindlich, in dem sie Bestandteil von Verträgen, Erlassen, Zulassungen oder Vorschriften eines öffentlichen Bauherrn sind.

Dem steht nicht entgegen, daß beispielsweise Normen den allgemein anerkannten Stand der Technik darstellen, Zulassungen dagegen nicht!

In Deutschland sind in der Regel die Verdingungsordnungen für Bauleistungen (VOB), die als DIN-Normen herausgegeben werden, Vertragsbestandteil beim Bauen.

Beim Bau von Straßenbrücken von Bund und Ländern sind die Zusätzlichen Technischen Vorschriften für Kunstbauten (ZTV-K) des Bundesverkehrsministers zu beachten, beim Bau von Eisenbahnbrücken das Regelwerk DS 804 der Bahn AG. Das Verkehrsministerium hat außerdem weitere Richtlinien und Richtzeichnungen herausgegeben, von denen hier die für Lager – LAG – interessieren, siehe Abschnitt 5.2.4.

In diesem Kapitel werden nur die aktuellen Regeln wiedergegeben, die unmittelbar für Bemessung und Konstruktion von Lagern benötigt werden.

Tabelle 5.1
Übersicht der für die Lager relevanten DIN-Normen

	Brücken	Hochbauten
Grundnorm, stoffübergreifend	DIN 1072, DIN 1076, (DS 804)	DIN 1055
Grundnorm, stoffbezogen	DIN 1045, DIN 18800, DIN 1052, DIN 1053	
bauartbezogene Normen	DIN 1075, DIN 18809, DIN 1074	DIN 18801
Lagernorm DIN 4141	Teil 1, Teil 4 Teil 2 E Teil 12, V Teil 13, Teil 14, 140	Teil 3 Teil 15, 150

Mit Rücksicht darauf, daß derzeit die neuen Bemessungsregeln des Eurocodes und der neuen Stahlbaugrundnorm noch nicht für den Brückenbau gültig und spezielle Anpassungsregeln für den Hochbau nicht vorhanden sind, beschränken wir uns auf die Darstellung des bislang gültigen Konzepts (Konzept nach zulässigen Spannungen).

Die geplante englischsprachige Ausgabe dieses Buches wird die bevorstehende CEN-Normung und damit auch das neue Bemessungskonzept enthalten.

DIN-Normung in Form von Typisierung – wie etwa die Profiltabellen von Stahlträgern – gibt es im Bereich Lager heute nur in DIN 4141, Teil 14, im Bereich bewehrter Elastomerlager. Dort sind Tabellen für Regellagergrößen angegeben. Dies ist eine Fortschreibung der Tabellen früherer Zulassungen, von der nur ausnahmsweise abgewichen wird. Für unbewehrte Elastomerlager gibt es in DIN 4141, Teil 15, außerdem eine gegenüber Teil 14 weniger verbindliche Regellagertabelle.

Für die übrigen Lagerbereiche gibt es nur sog. „Werksnormen", Tabellen in den Herstellerprospekten, die lediglich zur Orientierung dienen und die Herstellung spezieller Unterlagen – Zeichnungen, statische Berechnung – für jeden einzelnen Auftrag nicht entbehrlich machen.

Die Normung bzw. Typisierung von Brückenlagern wurde des öfteren versucht. Vor ca. 60 Jahren gab es bereits die Entwürfe zu DIN 1038 „Bewegliches Kugelkipplager für Balkenbrücken von 75 t bis 300 t Auflagerkraft", und zu DIN 1039 für „Festes Linienkipplager für Balkenbrücken von 75–300 t Auflagerkraft".[1] Das bewegliche Lager war ein 2-Rollen-Lager mit einer Punktkippplatte, ein Lager, gegen das die Vorbehalte, die dieses Buch gegen die 1-Rollenlager enthält, natürlich nicht gelten würden. Lager aus dieser Zeit sind für moderne Brücken kaum brauchbar. Rollreibungszahl, Bauhöhe, Herstellungskosten und Gewicht liegen zu hoch. Dieser Anwendungsbereich wird heute praktisch von Verformungslagern abgedeckt.

5.2 Lagernorm DIN 4141

5.2.1 Vorbemerkungen

Ende der 70er Jahre wurde mit der Bearbeitung eines eigenen Normen-Regelwerkes für Lager im Bauwesen begonnen, mit dem – Zug um Zug – die Zulassungen und die z. T. nicht mehr aktuellen Regelungen in anderen Normen abgelöst und bislang noch nicht vorhandene, aber dringend notwendige neue Regelungen getroffen werden sollten. Mit den neun vorliegenden Teilen – ein Teil davon als Vornorm – wurde diese Arbeit abgeschlossen, obwohl ein weiterer Teil bereits im Entwurfsstadium vorliegt (Teil 12: Gleitlager). Der Grund: Seit Februar 1989 wird an einer europäischen Norm (CEN) in gleicher Sache gear-

---

[1] Die Information hierzu verdanken wir Herrn Dr.-Ing. Nölke, Universität Hannover.

beitet. Die Spielregeln verpflichten in solchen Fällen die beteiligten Länder, nationale Normungsarbeiten, sofern sie nicht kurz vor dem Abschluß stehen, einzustellen. Aus diesem Grunde konnten danach nur noch die Teile 140, 15 und 150 im Weißdruck erscheinen. Die Herausgabe von Teil 13 als Vornorm ist ein Sonderfall im Zusammenhang mit der Bauregelliste A [171].

Soweit Regelungen in dieser Normenreihe frühere Regelungen (in Normen oder Zulassungen) ablösten, waren Änderungen im Zuge der Anpassung an den neuesten Stand der Technik erforderlich. Da die Zulassungen laufend dem technischen Stand angepaßt wurden und die wichtigsten Brückennormen (DIN 1072, DIN 1075 und die Normen für Stahlbrücken) synchron einer Neubearbeitung unterzogen wurden, hielt sich die Änderung im sachlichen Inhalt in Grenzen.

Die Normenreihe enthält eine Reihe von neuen Regelungen als unmittelbare Umsetzung von Forschungsergebnissen und als konsequente Anwendung von Lagerungsgrundsätzen, die schon 1972 auf dem 9. IVBH-Kongreß mitgeteilt wurden [140].

Bei der Struktur der Normenreihe wurde auf die unterschiedlichen Interessensgruppen (Bauwerksplaner, Bauwerkskonstrukteur, Lagerhersteller) Rücksicht genommen.

Nachfolgend wurden zunächst die Normentexte abgedruckt und anschließend die Richtzeichnungen (LAG), da sie in einem direkten Zusammenhang zu den Lagernormen stehen.

Kommentare zur Norm finden sich außer im Anhang zum Normentext auch in folgenden Veröffentlichungen: [141], [142].

5.2.2 Normentexte

DIN 4141 Lager im Bauwesen

Teil			
	1	Allgemein Regelungen	248
	2	Lagerung für Ingenieurbauwerke im Zuge von Verkehrswegen (Brücken)	259
	3	Lagerung für Hochbauten	264
	4	Transport, Zwischenlagerung und Einbau	268
	12	Gleitlager	275
	13	Festhaltekonstruktionen und Horizontalkraftlager	288
	14	Bewehrte Elastomerlager; Bauliche Durchbildung und Bemessung	312
	140	Bewehrte Elastomerlager; Baustoffe, Anforderungen, Prüfungen und Überwachung	324
	15	Unbewehrte Elastomerlager; Bauliche Durchbildung und Bemessung	332
	150	Unbewehrte Elastomerlager; Baustoffe, Anforderungen, Prüfungen und Überwachung	338

DK 624.078.5 : 624.04 : 69 : 001.4
: 003.62 : 620.22 : 614.841.4

DEUTSCHE NORM   September 1984

Lager im Bauwesen
Allgemeine Regelungen

DIN 4141 Teil 1

Structural bearings; general design rules
Appareils d'appui pour ouvrages d'art; indications générales

Diese Norm wurde im Fachbereich „Einheitliche Technische Baubestimmungen" ausgearbeitet. Sie ist den obersten Bauaufsichtsbehörden vom Institut für Bautechnik, Berlin, zur bauaufsichtlichen Einführung empfohlen worden.

Zu den Normen der Reihe DIN 4141 gehören:
DIN 4141 Teil 1   Lager im Bauwesen; Allgemeine Regelungen
DIN 4141 Teil 2   Lager im Bauwesen; Lagerung für Ingenieurbauwerke im Zuge von Verkehrswegen (Brücken)
DIN 4141 Teil 3   Lager im Bauwesen; Lagerung für Hochbauten
DIN 4141 Teil 4 *) Lager im Bauwesen; Transport, Zwischenlagerung und Einbau
DIN 4141 Teil 14 *) Lager im Bauwesen; Bewehrte Elastomerlager
Folgeteile in Vorbereitung

Inhalt

		Seite
1	Anwendungsbereich	1
2	Begriff	1
3	Lagerwiderstände	2
4	Statisch zu berücksichtigende Einwirkungen auf die Lager (Lasten, Bewegungen)	4
5	Mindestwerte der Bewegungsmöglichkeiten	4
6	Nachweis der Gleitsicherheit	5
7	Grundsätze der baulichen Durchbildung	5
8	Brandschutz	6

1 Anwendungsbereich

Diese Norm ist anzuwenden für Lager sowie die diese berührenden Flächen der angrenzenden Bauteile von Brücken und hinsichtlich der Lagerung damit vergleichbaren Bauwerken und bei Hoch- und Industriebauten.

Diese Norm ist nicht anzuwenden für Lager, die (als Hauptschnittgrößen) auch Momente M_z übertragen oder bei denen F_z eine Zugkraft sein kann (siehe Tabelle 1).

Für Lager für Bauzustände darf diese Norm sinngemäß angewendet werden.

2 Begriff

Ein Lager ist ein Bauteil, das die Aufgabe hat, von den 6 Schnittgrößen, die an den Verbindungsstellen zwischen zwei Bauteilen möglich sind (F_x, F_y, F_z, M_x, M_y, M_z), bestimmte, ausgewählte Schnittgrößen (Hauptschnittgrößen des Lagers) ohne oder mit begrenzten Relativbewegungen der Bauteile zu übertragen und im Wirkungssinn der übrigen Schnittgrößen Freiheitsgrade (v_x, v_y, v_z, ϑ_x, ϑ_y, ϑ_z) für Relativbewegungen der Bauteile zu bieten, d. h. Verschiebungen bzw. Verdrehungen zu ermöglichen. Diesen Relativbewegungen wirken Lagerwiderstände (Nebenschnittgrößen) entgegen. Nach Art der Widerstände ist zwischen

– Roll- und Gleitwiderständen (Bewegungswiderständen) von Bewegungselementen,

– Verformungswiderständen von Verformungselementen

zu unterscheiden.

Nach Art und Zahl der übertragenen Hauptschnittgrößen und der Freiheitsgrade gilt für die gebräuchlichen Lager Tabelle 1, wobei ein Lagertyp durch seine statischen und kinematischen Funktionen gekennzeichnet ist. F_z ist hierbei diejenige Kraft, die das Lager senkrecht zur Lagerfuge des gelagerten Bauteils überträgt. Die Koordinatenrichtungen x und y sind vertauschbar.

Im Sinne dieser Norm gelten nicht als Lager:

a) **Einbauhilfen (Montagehilfen)**, die vor der planmäßigen Bauwerksnutzung entfernt oder unwirksam werden (vergleiche hierzu DIN 4141 Teil 3, Ausgabe 09.84, Abschnitt 8.3),

b) **Fugenfüllungen**, die Kraftüberleitungen zwischen benachbarten Bauteilen weitgehend oder völlig verhindern sollen (vergleiche hierzu DIN 4141 Teil 3, Ausgabe 09.84, Abschnitt 4.2),

c) **Sperrschichten**, die das Eindringen von Wasser, Frischbeton, Schmutz oder ähnlichem in bestimmte Bauwerkteile verhindern sollen,

d) **Trennschichten** zwischen Decken und Wänden, z. B. in Form einer doppelten Dachpappenlage oder aus unkaschierten „Gleitfolien" (vergleiche hierzu sinngemäß DIN 18530, Ausgabe 12.74, Abschnitt 4.2).

---

*) Z. Z. Entwurf

Fortsetzung Seite 2 bis 11

Seite 2 DIN 4141 Teil 1

3 Lagerwiderstände
3.1 Zuordnung zu den Lastarten

Schnittgrößen infolge von Roll- und Gleitwiderständen von Lagern sind Zusatzlasten. Jedoch sind mindestens anzusetzen für die Bemessung von

a) Gleitlagern als Lastfall I [1]) die halben Werte der aus Lastfall I zuzüglich der wahrscheinlichen Baugrundbewegung herrührenden Gleitwiderstände,

b) Rollenlagern als Hauptlast die halben Werte der aus Eigenlast, Vorspannung, Schwinden, Kriechen, Temperaturänderung und wahrscheinlicher Baugrundbewegung herrührenden Rollwiderstände,

c) allen sonstigen Teilen, bei denen zwischen Hauptlast und anderen Lastfällen unterschieden wird, als Hauptlast die halben Werte, die aus den Gleit- und Rollwiderständen der anderen Lager bei den Lastfällen nach Aufzählung a und Aufzählung b herrühren.

Schnittgrößen infolge von Verformungswiderständen von Lagern sind

— Hauptlasten, wenn sie Lasten infolge von Hauptlasten übertragen,

— Zusatzlasten, wenn sie Lasten infolge von Zusatzlasten übertragen und

— Lasten aus Zwang, wenn sie durch Zwangsbeanspruchungen hervorgerufen werden.

3.2 Lagerwiderstände allgemein

Die zur Ermittlung der Bewegungs- und Verformungswiderstände (Nebenschnittgrößen) anzusetzenden Beiwerte werden für die einzelnen Lagerarten in den Folgeteilen dieser Norm festgelegt. Sie sind sowohl für den Zustand rechnerischer Bruchlast (des Bauwerks) als auch für Berechnungen unter Gebrauchslast anzusetzen. Sie berücksichtigen bereits neben den physikalischen Schwankungsbreiten der Lagereigenschaften und den erforderlichen Sicherheitsbeiwerten der Normen auch die Einflüsse von baupraktisch unvermeidbaren Einbauungenauigkeiten, die sich wie Veränderungen im Bewegungs- oder Verformungswiderstand der Lager auswirken. Die Größe dieser vorausgesetzten Einbauungenauigkeiten ist bei den zugehörigen Widerstandsbeiwerten angegeben.

Von den für Bewegungswiderstände angegebenen Reibungszahlen (max. f, min. f) [2]) ist bei der Bemessung anderer, von den Nebenschnittgrößen betroffener Bauteile der jeweils ungünstigere Wert anzusetzen.

Die bei den einzelnen Lagerarten angegebenen Beiwerte zur Ermittlung der Bewegungs- und Verformungswiderstände gelten allgemein für den Bereich folgender Normalbedingungen:

a) Für Temperaturen im Lager in den mit entsprechenden Eignungsversuchen korrespondierenden Grenzen (siehe Erläuterungen).

b) Für Einbauungenauigkeiten (z. B. Neigungsfehler), bezogen auf das unverformte statische System des Bauwerkes bzw. vor Funktionsbeginn bis zu der bei den einzelnen Lagerarten in den Folgenormen angegebenen Größe.

Werden diese Einbauungenauigkeiten überschritten, so ist die Auswirkung dieses Fehlers rechnerisch nachzuweisen. Dabei ist die Differenz zwischen der gemessenen und der für die einzelnen Lagerarten bereits berücksichtigten Einbauungenauigkeit rechnerisch zu verfolgen. Andernfalls muß der Einbaufehler beseitigt werden.

c) Für Verschiebungs- und Verdrehungsgeschwindigkeiten, wie sie unter den Lasten nach DIN 1072, DS 804 [3]) bzw. DIN 1055 Teil 1 bis Teil 6 auftreten (siehe Erläuterungen).

d) Die Lager dürfen bestimmten Schadstoffen nicht ausgesetzt sein. In den Folgeteilen dieser Norm sind für die verschiedenen Lagerarten die bisher bekannten häufiger auftretenden Schadstoffe angegeben.

e) Durch die Wahl der Lagerart und der Konstruktion und durch eine den örtlichen Verhältnissen (Umwelt usw.) angepaßte Wartung des Lagers muß sichergestellt sein, daß keine unzulässigen Verschmutzungen der Lager eintreten und daß Schäden rechtzeitig erkannt und beseitigt werden können.

f) Verschleißteile müssen auswechselbar sein (siehe Abschnitt 7.5).

3.3 Roll- und Gleitwiderstände mehrerer Lager

Entstehen Schnittgrößen in Lagern und in deren Berührungsflächen mit den angrenzenden Bauteilen aus Bewegungswiderständen mehrerer Lager, so sind

— unter der Voraussetzung, daß die Ungenauigkeiten beim Einbau (z. B. Verdrehung), die Verschmutzung und der Verschleiß keine bevorzugte Richtung bzw. Seite haben und,

— soweit keine genauere Untersuchung unter Berücksichtigung der Wahrscheinlichkeit der Überlagerung der Reibungskräfte vorgenommen wird,

für die Berechnung der Schnittgrößen die Reibungszahlen f der jeweiligen Lager in Abhängigkeit

— von der ungünstigen bzw. günstigen Wirkung der Reibung und

— von der Zahl der ungünstig bzw. günstig wirkenden Lager

nach folgenden Gleichungen anzusetzen:

$$f_u = f'(1 + \alpha) \qquad (1)$$
$$f_g = f'(1 - \alpha) \qquad (2)$$

Hierin bedeuten:

u ungünstig

g günstig

f' ein in den Folgeteilen der Norm festzusetzender Wert. Solange dafür keine Angabe vorliegt, ist $f' = 0,5 \cdot \max. f$ anzusetzen.

α ein in den Folgeteilen der Norm festzusetzender Wert, der unterhalb einer bestimmten Zahl n_i und oberhalb einer anderen bestimmten Zahl n_k der jeweils ungünstig bzw. günstig wirkenden Lager konstant und dazwischen veränderlich ist.

Die Zahlen n_k und n_i sind ebenfalls in den Folgeteilen der Norm festzusetzen. Solange dafür keine Angabe vorliegt, kann angesetzt werden

n	α
≤ 4	1
$4 < n < 10$	$\dfrac{16 - n}{12}$
≥ 10	0,5

das heißt $n_i = 4$ und $n_k = 10$.

Damit ergibt sich der Verlauf der Reibungszahlen nach Bild 1.

---

[1]) Lastfall I ist eine nur für Gleitlager geltende Lastgruppierung und umfaßt Eigenlast, Vorspannung, Schwinden, Kriechen und Temperaturänderung (siehe Erläuterungen).

[2]) Kurzzeichen nach DIN 50 281

[3]) Zu beziehen bei der Drucksachenverwaltung der Bundesbahndirektion Hannover, Schwarzer Weg 8, 4950 Minden.

DIN 4141 Teil 1　Seite 3

Tabelle 1.

Lager Nr	Symbol	Kurzzeichen	Lagertyp und -funktion	Verschiebung allgemein	Verschiebung x-Richtung	Verschiebung y-Richtung	Verschiebung z-Richtung	Relativbewegungen (Hauptschnittgrößen)	Lagerarten (Beispiele)	Lager Nr
1	□	V2	Verformungslager	zweiachsig verschiebbar	verformend	verformend		F_x, F_y / V_x, V_y	Elastomerlager (EL)	1
2	▯	V1	Verformungslager	einachsig verschiebbar	verformend	keine		F_y / V_x	EL mit Festhaltekonstruktion für 1 Achse	2
3	▣	V	Verformungslager	keine	keine	keine	nahezu keine	F_x, F_y	EL mit Festhaltekonstruktion für 2 Achsen	3
4	⊕	VG1	Verformungsgleitlager	einachsig verschiebbar	gleitend und verformend	keine		F_y / V_x	EL mit 1-achsig beweglichem Gleitteil und Festhaltekonstruktion für die andere Achse	4
5	⊕	VG2	Verformungsgleitlager	zweiachsig verschiebbar	gleitend und verformend	gleitend und verformend		$V_x^{2)}$, $V_y^{2)}$	EL mit 2-achsig beweglichem Gleitteil	5
6	⊕	VGE2	Verformungsgleitlager	einachsig verschiebbar	verformend	verformend		F_x, F_y / V_y	EL mit 1-achsig beweglichem Gleitteil	6
7	○	P	Punktkipplager	keine	keine	keine		F_x, F_y / $\vartheta_x, \vartheta_y, \vartheta_z$	a) Stählernes Punktkipplager; b) Kalottenlager; c) Topflager; d) EL mit Festhaltekonstruktion für 2 Achsen	7
8	⊶	P1	Punktkipplager	einachsig verschiebbar	gleitend oder rollend	keine		F_y / V_x	1-achsig bewegliches Lager wie Lager Nr 7 Aufzählungen a) bis d)	8
9	⊷	P2	Punktkipplager	zweiachsig verschiebbar	gleitend oder rollend	gleitend oder rollend		V_x, V_y	2-achsig bewegliches Lager wie Lager Nr 7 Aufzählungen a) bis d)	9
10	—	L	Linienkipplager	keine	keine	keine	keine	F_x, F_y / $\vartheta_x^{1)}$	a) Stählernes Linienkipplager; b) Betongelenk (kein Lager nach Definition)	10
11	⊢	L 1 3)	Linienkipplager	einachsig verschiebbar	gleitend oder rollend	keine		F_y / V_x	a) Einrollenlager; b) Einseitig bewegliches Linienkippgleitlager (Bewegung ⊥ zur Kippachse)	11
12	⊣	L1q 3)	Linienkipplager	einachsig verschiebbar	keine	gleitend oder rollend		F_x / V_y	Quer zur Bewegungsrichtung kippbares Gleitlager (Bewegung in Richtung der Kippachse)	12
13	⊢	L2 3)	Linienkipplager	zweiachsig verschiebbar	gleitend oder rollend	gleitend oder rollend		V_x, V_y, M_x	2-achsig bewegliches Linienkipp-Gleit- oder Rollenlager	13
14	⊡	H1	Horizontalkraftlager	einachsig verschiebbar	gleitend	keine	gleitend	F_y / V_x	1-achsig festes Führungslager (keine Aufnahme von Vertikallasten und Momenten)	14
15	⊙	H	Horizontalkraftlager	keine	keine	keine	gleitend	F_x, F_y / ϑ_x	Festpunkt- oder Horizontalkraftlager, 2-achsig fest (keine Aufnahme von Vertikallasten und Momenten)	15

$^{1)}$ bis $^{4)}$ siehe Seite 4

Kräfte: F_x, F_y, F_z　Momente: M_x, M_y, M_z　Schnittgrößen

Verschiebungen: v_x, v_y, v_z　Verdrehungen: $\vartheta_x, \vartheta_y, \vartheta_z$　Bewegungen

Seite 4   DIN 4141 Teil 1

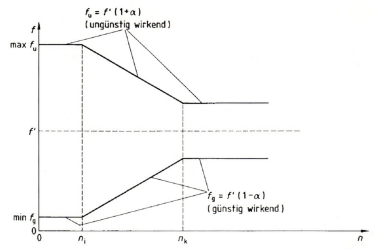

Bild 1. Relative Werte f der Gleit- und Rollreibungszahlen der Lager, die für die Belastung eines anderen Lagers ungünstig bzw. günstig wirken, in Abhängigkeit von der Zahl n der ungünstig bzw. günstig wirkenden Lager.

4 Statisch zu berücksichtigende Einwirkungen auf die Lager (Lasten, Bewegungen)

4.1 Allgemeines

Für die Ermittlung der Einwirkungen auf die Lager gelten die für das Bauwerk maßgebenden Annahmen z. B. in DIN 1072, DS 804 [3]), DIN 1055 Teil 1 bis Teil 6 und gegebenenfalls weiteren Regelwerken für besondere Anwendungsfälle. Soweit keine Annahmen festgesetzt sind, müssen sie aus den Gegebenheiten und den Naturgesetzen sinngemäß hergeleitet werden. Diese Einwirkungen sind entsprechend den einschlägigen Bestimmungen (Regelwerken, Zulassungen o. ä.) statisch zu berücksichtigen.

4.2 Vergrößerung der Bewegungen (Verschiebungen, Verdrehungen)

Sofern die Lagerbewegungen nicht nach Regelwerken ermittelt werden, die dafür spezielle Angaben enthalten, sind die nach Abschnitt 4.1 zu ermittelnden und zu berücksichtigenden Bewegungen zu vergrößern. Wenn dafür keine ableitbaren realistischen Grenzwerte bekannt sind, kann als Erhöhungsfaktor $k = 1,3$ angenommen werden. Die planmäßig durch Verformung von Lagerteilen aufgenommenen Bewegungen brauchen nicht vergrößert zu werden.

4.3 Berücksichtigung der Aufstellbedingungen

Wenn zum Zeitpunkt der Lagerherstellung die genauen Bedingungen bei der Herstellung der Verbindung des Überbaues mit dem festen Lager für die Bauzustände bzw. für den endgültigen Zustand nicht bekannt sind (z. B. Temperaturen) und eine entsprechende Nachstellung nicht vorgesehen ist, sind die nach Abschnitt 4.2 zu ermittelnden und zu berücksichtigenden Einwirkungen (in der Regel die Bewegungen, in Sonderfällen auch die Lasten) mindestens um soviel zu vergrößern, wie die Abweichung der angenommenen von den möglichen Bedingungen ausmachen kann. Entsprechende Festlegungen in den anderen Regelwerken (z. B. in DIN 1072) bleiben unberührt.

4.4 Mindestbewegungen für den statischen Nachweis

Sofern in den Folgeteilen dieser Norm, in den Zulassungen oder in anderen Regelwerken, z. B. in den in Abschnitt 4.1 aufgeführten Regelwerken, keine weitergehenden Anforderungen gestellt werden, sind in der statischen Berechnung die Verdrehung mit mindestens ±0,003 (Bogenmaß) und die Verschiebung mit mindestens ±2 cm anzunehmen. Diese Mindestmaße gelten nicht für Lagerteile, die die Bewegung planmäßig durch Verformung aufnehmen.

5 Mindestwerte der Bewegungsmöglichkeiten

Sofern in den Folgeteilen dieser Norm oder in den Zulassungen nicht weitergehende Anforderungen gestellt werden, sind in der baulichen Durchbildung ohne Berücksichtigung in der statischen Berechnung die Bewegungsmöglichkeiten der Lager – soweit sie nicht planmäßig durch Verformung von Lagerteilen aufgenommen werden und sofern überhaupt planmäßig Bewegungsmöglichkeiten vorgesehen sind – um folgende Mindestwerte gegenüber den Werten nach Abschnitt 4.2 zu vergrößern:

---

[3]) Siehe Seite 2

Fußnoten zu Tabelle 1
[1]) ϑ_z kann bei einzelnen Lagerarten eng begrenzt sein
[2]) Gleitend und verformend
[3]) Wenn gekennzeichnet werden soll, ob gleitend oder rollend, so sind die Buchstaben g und r mit Angabe der Bewegungsrichtung zu verwenden, also z. B. L2, g_y, r_x.
[4]) Ob v_z von Bedeutung ist, ist im Einzelfall zu prüfen.

DIN 4141 Teil 1   Seite 5

a) Verdrehung
Die nach den Abschnitten 4.1 bis 4.3 ermittelten Werte vergrößert um

$$\Delta \vartheta = \pm 0{,}005 \text{ (Bogenmaß), mindestens jedoch um}$$

$$\Delta \vartheta = \pm \frac{1}{a}$$

(a maßgebender Radius in cm bei der Ermittlung der Verdrehung)

b) Verschiebung
Die nach den Abschnitten 4.1 bis 4.3 ermittelten Werte vergrößert um ± 2 cm. Jedoch muß die Verschiebungsmöglichkeit bei Gleit- und Rollenlagern von Brücken und vergleichbaren Bauwerken, insgesamt mindestens in der

– Hauptverschiebungsrichtung des Bauwerks ± 5 cm,

in

– Querrichtung dazu ± 2 cm

betragen.

6 Nachweis der Gleitsicherheit

Der Nachweis der Gleitsicherheit in den Fugen unverankerter Elastomerlager ist mit dem Nachweis der Mindestpressung (eine Norm über unbewehrte Elastomerlager ist in Vorbereitung) erbracht.

Die Sicherheit gegen Gleiten von Lagerteilen gegeneinander und in den Fugen zu anschließenden Bauteilen ist im übrigen mit der folgenden Gleichung nachzuweisen:

$$v \cdot F_{xy} \leq f \cdot F_z + D \qquad (3)$$

Hierin bedeuten:

v Sicherheitszahl. Es ist anzunehmen $v = 1{,}5$

F_z Summe aller Lasten normal zur Lagerebene

F_{xy} Resultierende in Lagerebene
Dabei sind F_z und F_{xy} unter Berücksichtigung der 1,35fachen Relativbewegung der Lager unter Gebrauchslast zu ermitteln [4]. (F_z und F_{xy} gelten für die gleiche zugehörige maßgebliche Lastkombination.)

D Schubkraft bei Traglast der Verankerungen

f Reibungszahl. Es ist anzunehmen $f = 0{,}2$ für Stahl/Stahl und $f = 0{,}5$ für Beton/Beton und Stahl/Beton

Die angegebenen Reibungszahlen setzen für die Stahloberfläche voraus

– bei Stahl/Stahl: unbeschichtet und fettfrei, oder spritzverzinkt oder zinksilikatbeschichtet

– und bei Stahl/Beton: wie bei Stahl/Stahl oder ungeschützte Stahlfläche

– sowie allgemein: vollständige Aushärtung der Beschichtung vor Einbau oder Zusammenbau der Teile.

Bei dynamischen Beanspruchungen mit großen Lastschwankungen, wie z. B. bei Eisenbahnbrücken, dürfen die Horizontallasten nicht über Reibung abgetragen werden, d. h. es ist dann $f = 0$ zu setzen.

7 Grundsätze der baulichen Durchbildung

7.1 Lagerspiel

Das zulässige Lagerspiel (Bewegungsmöglichkeit von einer Extremlage zu anderen), ist, wenn es rechnerisch Null ist, möglichst gering zu halten.

Als Anhaltswerte für das Spiel $2\,\Delta$ gilt folgende Grenze:

$$2\,\Delta \leq 2 \text{ mm}$$

Bei größerem Spiel ist zu prüfen, ob die Auswirkung des Lagerspiels auf die Kräfteverteilung am Bauwerk zu untersuchen ist.

Das Lagerspiel darf nicht zur Aufnahme planmäßiger Lagerbewegungen oder als Bewegungsreserve herangezogen werden, es sei denn, es wird durch entsprechende Maßnahmen sichergestellt, daß das Lagerspiel bis zur Inbetriebnahme in der gewünschten Richtung zur Verfügung steht.

Infolge des Lagerspiels wird eine horizontale Auflagerkraft bei der Anordnung von mehreren festen Lagern in einer Auflagerachse in der Regel nur jeweils von einem der festen Lager aufgenommen. Durch konstruktive Maßnahmen am Lager oder am angrenzenden Bauteil kann eine Verteilung auf mehrere Lager ermöglicht werden. Hierfür ist ein statischer Nachweis zu erbringen.

7.2 Sicherung gegen das Herausfallen oder Herausrollen von Lagerteilen

Wenn ein Lockern der Lagerteile z. B. durch dynamische Wirkungen nicht ausgeschlossen werden kann, so sind Vorkehrungen zur Sicherung gegen das Herausfallen bzw. Herausrollen von Lagerteilen zu treffen.

7.3 Kennzeichnung und Ausrüstung der Lager

Die Lager sind vom Hersteller zu kennzeichnen mit

– Namen des Herstellers
– Typ
– Baujahr
– Werknummer
– Positionsnummer
– Einbauort
– Einbaurichtung
– größter planmäßiger Normal- und Tangentiallast
– größten planmäßigen Verschiebungen.

Die Kennzeichnung muß unverwechselbar, dauerhaft und – soweit später von Interesse – im eingebauten Zustand des Lagers lesbar sein.

Für Lager, die aus mehreren, nicht fest miteinander verbundenen Teilen aufgebaut sind, gelten die folgenden Anforderungen:

Zur Sicherung auf dem Transport und beim Einbau sind die Lagerteile unter Berücksichtigung der erforderlichen Voreinstellung durch vom Lagerhersteller zu liefernde Hilfskonstruktionen so miteinander zu verbinden (arretieren), daß sie sich bei Beginn ihrer Funktion in der planmäßigen Lage befinden. Die Verbindungen müssen spielfrei und für die Beanspruchungen beim Transport und bis zum Funktionsbeginn hinreichend verformungsarm bemessen sein. Sie müssen durch Schraubverbindungen erfolgen oder bei Funktionsbeginn des Lagers schadensfrei selbstlösend sein. In der Regel sollten jedoch die Hilfskonstruktionen vor Funktionsbeginn des Lagers weitgehend entfernt werden.

Zum Heben und Versetzen müssen Lager Anschlagstellen (Bauteile mit Ösen) haben, sofern die Lager nicht so geringes Gewicht haben, daß sie von Hand bewegt werden können.

Zum Ausrichten und zur späteren Kontrolle auch des Verdrehungszustandes müssen bei Lagern – im allgemeinen ausgenommen bei Verformungslagern nach Tabelle 1, Lager Nr 1 bis 3 – für Brücken und vergleichbare Bauwerke Meßflächen vorhanden und in den Zeichnungen ausgewiesen sein. Die Abweichungen der Parallelität der Meßflächen zu den Bezugsflächen dürfen höchstens 1 ‰ betragen.

An jedem Rollen- und Gleitlager (einschließlich Führungslager) sind bei Brücken und vergleichbaren Bauwerken, soweit in den Folgeteilen dieser Norm nichts Abweichendes gesagt ist, gut sichtbare, stabile Anzeigevorrichtungen für

---

[4] In Ausnahmefällen – bei sehr verschieblichen Tragsystemen – kann es erforderlich werden, F_z und F_{xy} unter 1,35facher Last an einem wirklichkeitsnahen Tragsystem zu ermitteln.

5.2 Lagernorm DIN 4141

Seite 6 DIN 4141 Teil 1

die Lagerverschiebungen anzubringen, auf denen zumindest die für das Lager zulässigen Endstellungen der Verschiebungen markiert sind.

Sind Maßveränderungen in Abhängigkeit von der Zeit (z. B. bei der Spalthöhe bei PTFE-Gleitlagern) nicht auszuschließen, so sind Meßmöglichkeiten vorzusehen, an denen diese Veränderungen mit der für ihre Beurteilung erforderlichen Genauigkeit gemessen werden können.

7.4 Korrosionsschutz

Die Stahlflächen von Lagern sind durch metallische Überzüge und/oder Beschichtungen nach DIN 55 928 Teil 1 bis Teil 9 so gegen Korrosion zu schützen, daß sie dem jeweiligen Klima und den am Einsatzort auftretenden Sonderbeanspruchungen standhalten. Ausgenommen sind Walzflächen bzw. Gleitflächen aus nichtrostenden Sonderstählen, weiterhin nichtkorrodierende Metall- bzw. Kunststoff-Flächen, Meßflächen und Flächen, die mit Beton mindestens 4 cm überdeckt und bei denen klaffende Fugen ausgeschlossen sind. Der Einfluß des Korrosionsschutzes auf die Reibungszahlen (siehe Abschnitt 6) ist zu beachten.

7.5 Auswechselbarkeit

Lager oder Lagerteile, die für die Funktion des Lagers und des Bauwerks ständig erforderlich sind und die einer unverträglichen Funktionsänderung (z. B. Verschleiß) unterliegen, müssen zum Zwecke einer einwandfreien Wartung zugänglich und auswechselbar sein. Sie und die angrenzenden Bauteile sind deshalb baulich so durchzubilden, daß das Auswechseln des ganzen Lagers oder das Auswechseln einzelner Lagerteile möglich ist, nachdem die beiden begrenzenden Bauteile um maximal 10 mm auseinandergedrückt wurden (Anheben).

In den Folgeteilen dieser Norm ist für die einzelnen Lagerarten festgelegt, welche Lagerteile auswechselbar sein müssen.

Beim Auswechseln von Lagern und Lagerteilen sind die erforderlichen Oberflächengenauigkeiten der Kontaktflächen und gegebenenfalls Bauhöhentoleranzen der auszutauschenden Teile im Hinblick auf Lager und Bauwerk zu beachten.

Wenn in Ausnahmefällen Lager nicht zugänglich sind und nicht ausgewechselt werden können, müssen sie für die erforderliche Lebensdauer korrosionssicher und wartungsfrei sein, oder es ist nachzuweisen, welche Zusatzkräfte beim Ausfall der Lagerfunktion auftreten und daß sie vom Bauwerk schadlos aufgenommen werden können. Bezüglich der Verwendbarkeit von Stahlplatten siehe Abschnitt 7.6.

7.6 Maßnahmen für Höhenkorrektur

Besteht die Notwendigkeit, Maßnahmen für Höhenkorrekturen vorzusehen, so ist diese Höhenkorrektur durch Auspressen oder Unterpressen mit Feinmörtel und Ähnlichem vorzunehmen.

Die Anordnung von zusätzlichen Platten ist nur zulässig, wenn ihre Planparallelität bis zum Einbau gesichert ist.

8 Brandschutz

Feuerwiderstandsklassen nach DIN 4102 Teil 2 können allgemein nicht angegeben werden.

Die Anforderungen an die Lager bei Brandeinwirkung hinsichtlich der Übertragung der Lagerschnittgrößen (Hauptschnittgrößen), hinsichtlich der Bewegungs- und Verformungswiderstände und hinsichtlich der Lagerreibung werden in den Folgeteilen dieser Norm beschrieben.

Soweit das Brandverhalten nicht abgeschätzt werden kann, muß dort, wo Brandschutzanforderungen gestellt werden, entweder das Lager gegen Brand geschützt werden oder der Ausfall der für die Standsicherheit maßgeblichen Lagereigenschaften in Rechnung gestellt werden.

Zitierte Normen und andere Unterlagen

DIN	1055 Teil 1	Lastannahmen für Bauten; Lagerstoffe, Baustoffe und Bauteile, Eigenlasten und Reibungswinkel
DIN	1055 Teil 2	Lastannahmen für Bauten; Bodenkenngrößen, Wichte, Reibungswinkel, Kohäsion, Wandreibungswinkel
DIN	1055 Teil 3	Lastannahmen für Bauten; Verkehrslasten
DIN	1055 Teil 4	Lastannahmen für Bauten; Verkehrslasten, Windlasten nicht schwingungsanfälliger Bauwerke
DIN	1055 Teil 5	Lastannahmen für Bauten; Verkehrslasten, Schneelast und Eislast
DIN	1055 Teil 6	Lastannahmen für Bauten; Lasten in Silozellen
DIN	1072	Straßen- und Wegbrücken; Lastannahmen
DIN	4102 Teil 2	Brandverhalten von Baustoffen und Bauteilen; Bauteile, Begriffe, Anforderungen und Prüfungen
DIN	4141 Teil 3	Lager im Bauwesen; Lagerung im Hoch- und Industriebau
DIN	18 530	Massive Deckenkonstruktionen für Dächer; Richtlinien für Planung und Ausführung
DIN	50 281	Reibung in Lagerungen; Begriffe, Arten, Zustände, physikalische Größen
DIN	55 928 Teil 1	Korrosionsschutz von Stahlbauten durch Beschichtungen und Überzüge; Allgemeines
DIN	55 928 Teil 2	Korrosionsschutz von Stahlbauten durch Beschichtungen und Überzüge; Korrosionsschutzgerechte Gestaltung
DIN	55 928 Teil 3	Korrosionsschutz von Stahlbauten durch Beschichtungen und Überzüge; Planung der Korrosionsschutzarbeiten
DIN	55 928 Teil 4	Korrosionsschutz von Stahlbauten durch Beschichtungen und Überzüge; Vorbereitung und Prüfung der Oberflächen
DIN	55 928 Teil 5	Korrosionsschutz von Stahlbauten durch Beschichtungen und Überzüge; Beschichtungsstoffe und Schutzsysteme
DIN	55 928 Teil 6	Korrosionsschutz von Stahlbauten durch Beschichtungen und Überzüge; Ausführung und Überwachung der Korrosionsschutzarbeiten
DIN	55 928 Teil 7	Korrosionsschutz von Stahlbauten durch Beschichtungen und Überzüge; Technische Regeln für Kontrollflächen

Seite 7 DIN 4141 Teil 1

DIN 55 928 Teil 8		Korrosionsschutz von Stahlbauten durch Beschichtungen und Überzüge; Korrosionsschutz von tragenden dünnwandigen Bauteilen (Stahlleichtbau)
DIN 55 928 Teil 9		Korrosionsschutz von Stahlbauten durch Beschichtungen und Überzüge; Bindemittel und Pigmente für Beschichtungsstoffe
DS 804		Vorschrift für Eisenbahnbrücken und sonstige Ingenieurbauwerke

Weitere Normen und andere Unterlagen

DIN	1045	Beton und Stahlbeton; Bemessung und Ausführung
DIN	1073	Stählerne Straßenbrücken; Berechnungsgrundlagen
DIN	1075	Betonbrücken, Bemessung und Ausführung
DIN	4141 Teil 2	Lager im Bauwesen; Lagerung für Ingenieurbauwerke im Zuge von Verkehrswegen (Brücken)
DIN	4141 Teil 4	Lager im Bauwesen; Transport, Zwischenlagerung und Einbau

[1] Rahlwes, K., Lagerung und Lager von Bauwerken, Beton-Kalender Teil 2 z.B. 1981, S. 473 ff.
[2] Grundlagen für die Sicherheit von Bauwerken (GruSiBau), Beuth Verlag
[3] Eggert, Grote, Kauschke, Lager im Bauwesen, Verlag von Wilhelm Ernst und Sohn, Berlin

Erläuterungen
Zu Abschnitt 1 Anwendungsbereich

Die klare Abgrenzung „Lager mit den angrenzenden Bauteilen" besagt, daß irgendwelche Regelungen, die das Bauwerk betreffen, nicht Gegenstand dieser Norm sind. Diese Abgrenzung ist zwecks Vermeidung von Doppelfestlegungen notwendig. Daraus läßt sich natürlich keinesfalls der Schluß ziehen, daß diese Norm keine Auswirkungen auf die Bauwerke hat; diese sind aber lediglich indirekt.

Außer dem hier mit dem ersten Satz eingegrenzten Anwendungsbereich gibt es im Bauwesen eine Reihe von weiteren Einsatzmöglichkeiten für Lager, etwa im Wasserbau oder im kerntechnischen Ingenieurbau, die zusätzliche, in dieser Norm nicht berücksichtigte Überlegungen erfordern.

Entsprechendes gilt, wenn ein Lager dergestalt verwendet werden soll, daß Momente um eine lotrechte Achse — M_z — planmäßig übertragen werden sollen, was z. B. bei Elastomerlagern mit größerer Grundfläche vorstellbar wäre. Lager, die planmäßig Zugkräfte übertragen, sind an sich schon problematisch, und es ist generell zu empfehlen, solche Lagerungsfälle zu vermeiden. Obwohl es in der Vergangenheit solche Anwendungsfälle gegeben hat, sah sich der Ausschuß nicht in der Lage, eine Normung der Kriterien vorzusehen, die zu beachten sind, damit solche Lager keiner wiederholten Instandsetzungen bedürfen.

In Bauzuständen sind nach heutiger Ansicht die gleichen Sicherheiten einzuhalten wie im endgültigen Zustand. Dem steht nicht entgegen, daß die Einflüsse, bei denen der Zeitfaktor bestimmend war, günstiger bewertet werden. Wenn z. B. in der frostfreien Jahreshälfte Gleitlager nur für Verschiebungsvorgänge während des Bauens verwendet werden, so kann mit merklich kleineren Reibungszahlen gegenüber der für Dauergebrauch festgelegten gerechnet werden, denn die Einflüsse „Verschleiß" und „Kälte" entfallen hier. Insofern war hier „sinngemäß" angebracht, die Bedingungen sind im Einzelfall zu vereinbaren.

Bei den derzeit bekannten Lagern und deren Anwendung ist es ausreichend, wenn die Verdrehungen und Verschiebungen einen Sicherheitszuschlag erhalten und anschließend das Lager bemessen wird. Es ist dabei unerheblich, ob die Bemessung dann mit gesplitteten Faktoren (wie noch im Entwurf Ausgabe Januar 1981 vorgeschlagen) oder nach zulässigen Spannungen (wie derzeit üblich) erfolgt. Die Bemessung im einzelnen wurde in vorliegender Norm offen gelassen. Soweit Bedarf für Regelungen vorhanden ist, bleibt dies den speziellen Teilen für die einzelnen Lagerarten vorbehalten.

Bezüglich der Lagerplattenbemessung ist eine auf umfangreiche, in Karlsruhe durchgeführte Versuche gestützte Regelung in absehbarer Zeit zu erwarten.

Zur Lagerbemessung siehe auch [1].

Zu Abschnitt 2 Begriffe

Die allseitige Einspannung stellt kein Lager dar und fällt somit nicht in den Anwendungsbereich dieser Norm. Eine solche Lagerung — nämlich z. B. die biegesteife Verbindung eines Pfeilers mit dem Überbau — ist aber durchaus üblich und im Einzelfall sicher auch sinnvoll.

Die Rollenlager und Linienkipplager — Lager Nr 10 bis 13 — sind veraltet und werden bei Neubauten praktisch nicht mehr verwendet. Die Belassung in der Norm erfolgte mit Rücksicht auf bestehende, zu sanierende Bauten.

Die Lager V1 und V, also bewehrte Elastomerlager mit Festhaltekonstruktion, bedeuten lagerungsmäßig nichts anderes als eine Addition von V2 (Lager Nr 1) und einem Horizontalkraftlager (H1 oder H). Der Anwender sollte sich dessen bewußt sein. In manchen Fällen mag es sinnvoll sein, diese beiden Funktionen örtlich zu trennen.

Auch bei Verformungslagern läßt sich an der Ziffer ablesen, wieviel Verschiebungsmöglichkeiten gegeben sind.

Im übrigen wurden seltene Lagerarten in der Beispielsammlung nicht aufgenommen.

Bestimmte Verformungselemente einzelner Lager sind aufgrund ihres Verformungswiderstandes geeignet, im Wirkungssinne ihrer Freiheitsgrade auch Hauptschnittgrößen mit definierten und begrenzten Relativbewegungen der Bauteile zu übertragen. In solchen Fällen ist das entsprechende Feld der Tabelle 1 durch eine Diagonale gekennzeichnet.

Zum Problem „Nebenschnittgröße M_z" bzw. zur Fußnote 1 der Tabelle 1:

Mit Momenten M_z als Nebenschnittgrößen ist stets bei Linienkippung ohne Gleitschicht zu rechnen. Den maximal möglichen Wert erhält man mit der Annahme, daß die Verdrehung durch Überwindung der Reibung in der Kippfuge ermöglicht wird. Bei Rollenlagern ist Schräglauf die Folge, bei Linienkipplagern z. B. eine Beschädigung der Schubsicherung. Es ergeben sich auch aus dieser Betrachtung Einsatzgrenzen für Lager mit Linienkippung.

5.2 Lagernorm DIN 4141

Seite 8 DIN 4141 Teil 1

Bei Punktkippung (Lager Nr 1 bis 8) und bei Führungs- und Festpunktlagern hängt es von der speziellen Konstruktion ab, ob M_z als Nebenschnittgröße vorhanden ist. Für das Bauwerk dürften diese Nebenschnittgrößen stets vernachlässigbar sein. Ob sie für das Lager vernachlässigbar sind, sollte in Zweifelsfällen durch überschlägliche Rechnung untersucht werden. Es sind 3 Fälle zu unterscheiden:

a) Spielfreie, nachgiebige Konstruktionen
   (z. B. bewehrte Elastomerlager)
   — die Nebenschnittgröße M_z ist in diesen Fällen vernachlässigbar.

b) Unnachgiebige Konstruktionen mit Lagerspiel gegen Verdrehung um die z-Achse (z. B. einschig verschiebliches Kalotten-Lager mit DU-Metallführung)
   — die Nebenschnittgröße M_z kann bei diesen Konstruktionen erhöhten Verschleiß der Führungen bewirken. Hier sollte also wenigstens eine Vergleichsrechnung durchgeführt werden. Durch Anordnung einer entsprechenden Zwischenplatte als Drehteller kann dem Mangel abgeholfen werden.

c) Spielfreie, gegen Verdrehungen um die z-Achse unnachgiebige Konstruktionen sind als Lager in aller Regel ungeeignet, da sie die Zwängungsgröße M_z, die sich rechnerisch ergibt, nicht zerstörungsfrei aufnehmen können.

Die Definition dessen, was kein Lager ist, wurde vom Entwurf DIN 4141 Teil 3 übernommen, weil es sich ja um eine Substanz von DIN 4141 Teil 1 handelt, wenngleich die aufgeführten Dinge hauptsächlich im Hochbau vorkommen.

Zu Abschnitt 3.1 Zuordnung zu den Lastarten

Während nach DIN 1072 die Einwirkungen in Hauptlasten, Zusatzlasten und Sonderlasten nach der Wahrscheinlichkeit des Auftretens und der Überlagerung eingeteilt werden, wird bei der Bemessung von Gleitebenen derzeit in den Zulassungen nach der Einwirkungsdauer unterschieden in Lastfall I und II. In beiden Regelungsarten gibt es das Element ständig wirkender Lasten, und es war klarzustellen, inwieweit Teile der Roll- und Gleitlagerwiderstände sich wie ständig wirkende Lasten verhalten. Die totale „Entspannung", also das Fehlen jeglicher Kräfte aus Rollen bzw. Gleiten in einer Konstruktion, ist nicht vorstellbar. Messungen über die im Mittel vorhandenen Werte gibt es nicht. Die Regelung, daß die halben Werte ständigen Lasten zu behandeln sind, ist in Anbetracht des vorhandenen Sicherheitsspielraumes und sonstiger Wahrscheinlichkeiten eine auf der sicheren Seite liegende Festlegung.

Bei Verformungswiderständen sind diese Überlegungen nicht maßgebend, denn die Verformungswiderstände sind bekanntlich prinzipiell von den Zwängungskräften anderer elastischer Tragwerksteile nicht unterscheidbar.

Zu Abschnitt 3.2 Lagerwiderstände allgemein

Die Lagerwiderstände sind nicht nur streuende Größen wie andere Einflußgrößen auch. Sie sind insbesondere definiert für einen bestimmten Anwendungsbereich hinsichtlich Beanspruchung und äußeren Bedingungen:

Die Temperaturbegrenzung betrifft baupraktisch derzeit nur Lager, bei denen PTFE oder Elastomer verwendet wird.

PTFE-Reibungszahlen setzen eine Temperatur oberhalb von $-35\,°C$ und nicht wesentlich über $+21\,°C$ voraus, so daß also der Außeneinsatz in Deutschland abgedeckt ist.

Elastomer ist in einem Temperaturbereich von -30 bis $+70\,°C$ zu verwenden, wobei der Schubmodul bei $-30\,°C$ bereits doppelt so hoch ist wie bei Normaltemperatur. Die Rückstellmomente von Topflagern setzen eine Temperatur über mehrere Tage von mindestens $-20\,°C$ voraus.

Für den Einsatz im Anwendungsbereich der Norm kann man, von Sonderfällen (Hochgebirge; Kühlhausbau) abgesehen, die Temperaturabhängigkeit außer acht lassen.

Die Einbauungenauigkeiten betreffen vorrangig die Gleit- und Rollenlager. Es leuchtet ein, daß die Erhöhung des Bewegungswiderstandes durch die Ungenauigkeit des Einbaus nur einen Bruchteil des rechnerischen Bewegungswiderstandes betragen dürfen, damit für die Einwirkung der übrigen Einflüsse noch genügend Freiraum bleibt.

Bei großen Belastungsgeschwindigkeiten vergrößert sich der Schubmodul bei Elastomerlagern und das Rückstellmoment bei Topflagern erheblich. Im allgemeinen ist dies ein günstiger Effekt, weil große Belastungsgeschwindigkeiten fast nur aus äußeren Kräften kommen und die Versteifung die (in der Regel unerwünschte) Bauwerksbewegung verringert. Für davon betroffene Gleitflächen ist dieser Effekt jedoch ungünstig. Der PTFE-Verschleiß ist außerdem bei konstanter Pressung etwa der Gleitgeschwindigkeit proportional (vgl. [3] S. 301 ff).

Die Auswechselbarkeit von Verschleißteilen — im Maschinenbau selbstverständlich — sollte inzwischen auch im Bauwesen Allgemeingut des Konstrukteurs sein.

Schadstoffe führen zu irreparablen Schäden an den Lagern (Korrosion, Zerstörung des Elastomers). Davon begrifflich zu trennen ist die Verschmutzung, deren Einfluß bei Rollenlagern erheblich sein kann. Ob Gleitlager in ihrer Wirkung durch Verschmutzung beeinträchtigt werden, ist noch ungeklärt.

Zu Abschnitt 3.3 Roll- und Gleitwiderstände mehrerer Lager

Folgende wesentliche Einflüsse auf das Reibungsverhalten sind zu beachten:

a) Abweichungen zwischen dem Laborversuch und dem Verhalten des Lagers im Bauwerk,
b) Einflüsse von Einbauungenauigkeiten,
c) Einflüsse von Verschmutzung,
d) Einflüsse von Verschleiß,
e) Einflüsse von Temperatur.

Während die Einflüsse a) und b) bei den Lagern eines Bauwerks beliebig streuen können, kann für die Einflüsse d) und e) bei allen Lagern eines Bauwerks eine gemeinsame Tendenz angenommen werden. Der Einfluß c) (Verschmutzung) kann bei den Lagern eines Bauwerks sowohl streuen wie auch mit einer gemeinsamen Tendenz behaftet sein. Wird ein Bauteil nur vom Bewegungswiderstand eines einzigen Lagers betroffen, so muß bei ungünstiger Wirkung dieses Bewegungswiderstandes die Maximalkombination (max. f), bei günstiger Wirkung die Minimalkombination (min. f) aller Einflüsse bei der Ermittlung des Bewegungswiderstandes berücksichtigt werden. Wird dagegen ein Bauteil von den Bewegungswiderständen vieler Lager beeinflußt, so nähern sich die statistisch streuenden Einflüsse a) und b) und möglicherweise auch Einfluß c) im Durchschnitt aller beteiligten Lager gemeinsamen Mittelwerten. Theoretisch müßten dann sowohl bei den günstig wie den ungünstig wirkenden Bewegungswiderständen die gleichen Reibungszahlen f in Erscheinung treten, wenn man deren Lastabhängigkeit entsprechend berücksichtigt. In der Norm bleibt jedoch sicherheitshalber auch bei einer großen Anzahl von Lagern zwischen den günstig wirkenden und den ungünstig wirkenden Reibungszahlen stets noch ein Abstand. Der Minimalwert der ungünstig wirkenden und der Maximalwert der günstig wirkenden Reibungszahlen wird bei jeweils 10 beteiligten Lagern erreicht. Dabei bedeutet die Anzahl der beteiligten Lager jeweils die Anzahl der Lager, deren Einfluß ungünstig bzw. günstig wirkt.

In DIN 1072, Ausgabe November 1967, durften die entlastenden Widerstände von Rollen- und Gleitlagern zur Hälfte angesetzt werden. Dies ist für ein einzelnes Lager eine prinzipiell bedenkliche Festlegung, weil die realen (im Unterschied zu den zugelassenen) Reibungszahlen in der ersten Zeit der Nutzungsdauer (unverschmutzt und noch kein Verschleiß) durchaus in die Größenordnung der Einbautoleranzen kommen können und dann — wenn diese Einflüsse gegenläufig sind — die resultierende Kraft Null ist. Für zugelassene Lager wurde daher die Berücksichtigung der entlastenden Wirkung untersagt.

Für eine größere Anzahl von Lagern ist es höchst unwahrscheinlich, daß die Einbauungenauigkeit stets zur gleichen Richtung hin erfolgt. Für eine größere Anzahl von Lagern ist es auch unwahrscheinlich, daß die bislang zugelassenen Werte alle gleichzeitig auftreten.

Es ist also bei einer größeren Anzahl von Lagern gerechtfertigt, sowohl die belastenden Widerstände etwas zu reduzieren als auch entlastende Widerstände mit in Rechnung zu stellen.

Die Regelung wurde nun so getroffen, daß bei einer geringeren Anzahl die bisherige „Zulassungsbestimmung" gilt, bei sehr vielen Lagern mit gleicher Belastung und dem Festpunkt in Lagermitte im Endeffekt die Anweisung nach DIN 1072, Ausgabe November 1967, gültig ist (statt $1{,}0 \times$ belastend minus $0{,}5 \times$ entlastend künftig $0{,}75 \times$ belastend minus $0{,}25 \times$ entlastend).

Die Regelung dürfte in der Regel zu keinen Komplikationen führen. Die „beteiligten Lager" sind immer die, die sich an der Belastung oder an der Entlastung beteiligen, so daß im allgemeinen für n nach Bild 1 verschiedene Werte zu nehmen sind. Bei großflächigen Lagerungen — etwa extrem breiten kurzen Brücken — sind die Verhältnisse komplizierter, und man wird möglicherweise in solchen Fällen den Abschnitt 3.3 nur sinngemäß anwenden können.

Zu Abschnitt 4   Statisch zu berücksichtigende Einwirkungen auf die Lager (Lasten, Bewegungen)

Sowohl hierfür als auch für andere vereinfachte Regelungen in dieser Norm gilt stets, daß in Sonderfällen, die aus dem Rahmen des derzeit Üblichen herausfallen, die Norm nicht gelten kann und deshalb dann entsprechende Überlegungen nach [2] anzustellen sind.

Zu Abschnitt 4.1   Allgemeines

Für den Brückenbau liegen vollständige Regelungen in den Regelwerken DIN 1072 (Lastannahmen für Straßenbrücken) und DS 804 (Vorschriftenwerk der Deutschen Bundesbahn) vor. Im übrigen Baubereich sind Lücken vorhanden. So ist z.B. für den konventionellen Hochbau bislang nicht geregelt, mit welchen Temperaturdifferenzen bei der Ermittlung von Zwängungen oder Verformungen zu rechnen ist. Die Formulierung nach Abschnitt 4 soll bewirken, daß in Anwendungsfällen außerhalb des Brückenbaus stets vorab überprüft wird, ob in den Regelwerken vollständige Bemessungsgrundlagen enthalten sind. Sofern Lücken vorhanden sind, sind diese nach eigenem Ermessen und in eigener Verantwortung in Abstimmung mit der prüfenden Stelle bzw. mit der Bauaufsicht zu schließen.

Zu Abschnitt 4.2   Vergrößerung der Bewegungen (Verschiebungen, Verdrehungen)
und
Zu Abschnitt 4.3   Berücksichtigung der Aufstellbedingungen

In den zusätzlichen Bestimmungen zu DIN 1072 wurden schon vor einigen Jahren Regelungen getroffen, die dem Phänomen der Diskontinuität an den Lagerungspunkten Rechnung tragen, und zwar entweder durch Vergrößerung der Einflüsse um 1,3 (Schwinden, Kriechen) oder durch Vergrößerung des Temperaturbereichs, der neben der Berücksichtigung der Unkenntnis der Einbautemperatur ebenfalls eine Erhöhung dieser Wirkung um den Faktor 1,3 bedeutet.
Im Entwurf DIN 1072 wurde diese Regelung beibehalten.

Für Verformungslager, die in ihrer Wirkung anderen verformbaren Bauteilen gleichen, erübrigt sich diese Erhöhung in Anbetracht der in den zulässigen Werten für Verdrehwinkel und Schubverformung enthaltenen Sicherheiten. Für Verdrehungen von Topflagern gilt dies natürlich nicht, denn bei diesen werden die Verdrehungen nicht durch eine entsprechende Verformung aufgenommen, sondern die Elastomer-Verformung ist eine geometrisch unvermeidbare zusätzliche Erscheinung, wobei gleichzeitig eine erhebliche Auswirkung das Gleiten des Elastomers an der Stahlwandung hat.

Die hohe Empfindlichkeit eines Lagers gegen unsachgemäßen Eingriff verbietet es in aller Regel, daß an dem Lager nach Verlassen des Herstellerwerkes noch irgendwelche Änderungen vorgenommen werden. Man sollte also z.B. nicht ein Lager auf den Mittelwert zwischen den extremen Temperaturen einstellen und nach Freisetzen des Überbaus den dann herrschenden Temperaturverhältnissen durch Nachstellen anpassen. Zumindest sollte dies eine ganz seltene Ausnahme sein. Die Regel wird deshalb sein, daß man sich mit einer Abschätzung der Verhältnisse zum Zeitpunkt des Funktionsbeginns begnügt und einen zusätzlichen Sicherheitszuschlag vornimmt. In den fiktiven Temperaturannahmen nach DIN 1072 ist ein für Brückenverhältnisse in der Regel ausreichender Zuschlag bereits enthalten, so daß für das Hauptanwendungsgebiet der Lager hier in aller Regel kein Problem auftritt.

Ein in diesem Abschnitt nicht behandeltes Problem ist die Berücksichtigung von solchen Verschiebungen aus der Statik, die aus Gründen der statischen Sicherheit der Konstruktion sehr große Werte annehmen, die einerseits für das Lager unakzeptabel, andererseits aber auch unrealistisch sind. Es handelt sich dabei insbesondere um den Einfluß der Brückenpfeilerkopfverschiebungen, die beim Nachweis der Pfeilerstabilität ermittelt wurden. Diese Werte betragen bei den nach DIN 1045 erforderlichen Annahmen für Imperfektion und Werkstoff bei schlanken Pfeilern eventuell ein Mehrfaches des sonst ausschlaggebenden Betrages aus der Temperaturverformung des Überbaus. Ein gangbarer Weg zur angemessenen Berücksichtigung dieses Effektes muß noch gefunden werden. Für die Lagernorm blieb zunächst keine andere Wahl, als eine generelle Anforderung der Berücksichtigung von etwas erhöhten Einwirkungen zu stellen. Denkbar und akzeptabel wäre in diesem Fall eine angemessene Reduzierung der ungewollten Vorkrümmung des Pfeilers und die Annahme einer realistischen mittleren Spannungs-Stauchungs-Linie des Betons. DIN 1075, Ausgabe April 1981, Abschnitt 7.2.1, enthält im letzten Satz einen Hinweis, der aber sinngemäß vorläufig verwendbar ist.
Dem Sinn der Annahme von Verformungs-Bewegungen entspricht, daß Verdrehungen von Topflagern wie Gleit- oder Rollbewegungen behandelt werden, obwohl hier zum Teil auch eine Verformung (des Elastomers) erfolgt.

Zu Abschnitt 4.4   Mindestbewegungen für den statischen Nachweis

Eine konsequente Anwendung der in GruSiBau dargelegten Sicherheitsüberlegungen würde es erfordern, daß der Ermittlung der Verdrehungen die Anteile verschiedenen Vorzeichens auch unterschiedlich gewichtet werden, um den Effekt „Differenzen großer Zahlen" z.B. beim Spannbeton abzufangen.

Diese Überlegung wurde hier vorweggenommen durch Angabe eines Mindestwertes anhand durchgerechneter extremer Anwendungsfälle des konventionellen Brückenbaus, der auch noch einen Imperfektionszuschlag von 1‰ enthält. Daß ein Teil dieses Mindestwertes als Zuschlag auch bei größeren Verdrehungen berücksichtigt werden müßte, wurde — des geringen Einflusses wegen — aus Vereinfachungsgründen vernachlässigt.

5.2 Lagernorm DIN 4141

Seite 10 DIN 4141 Teil 1

Der Mindestwert für Verschiebungen enthält neben der Einbauungenauigkeit noch einen (nicht quantifizierbaren) Imponderabilienzuschlag.

Bezüglich der Einreihung von Topflagern vgl. Erläuterung zu Abschnitt 4.2.

Zu Abschnitt 5 Mindestwerte der Bewegungsmöglichkeiten

Schon seit jeher wurde es für erforderlich gehalten, daß auch bei extremer Bewegungslage noch genügend Reserve vorhanden ist, etwa ein Überstand am Topfrand bei größter Verdrehung des Topfdeckels oder bei Gleitlagern ein „Respektabstand" vom Rand der Gleitfläche. Die bisherigen Regeln, die meist in den Zulassungsbescheiden verankert waren, wurden jetzt verallgemeinert. Die Sonderregelung für Mindestverschiebungen bei Brückenlagern, die in Längsrichtung über die Anforderung nach Abschnitt 4.4 hinausgehen, sollen eine dort unangemessene „Feindosierung" verhindern.

Nachfolgend werden einige Beispiele für den maßgebenden Radius a gegeben:

a) Bei Kipplagern:
  - Für die Bemessung des Druckstückes:
    a_1 Krümmungsradius
  - Für die Bemessung des Anschlags der Druckplatte:
    a_2 halber Durchmesser der Ausdrehung

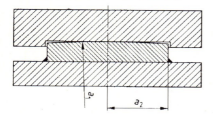

b) Bei Topflagern:
  a Radius des Topfes oder des Deckels

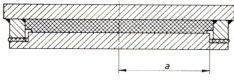

c) Bei Kalottenlagern:
Für die Gleitflächenbemessung ist der Kalotten-Krümmungsradius a_1, für die Anschlagbemessung der halbe lichte Abstand der Führungsleisten a_2 zu nehmen.

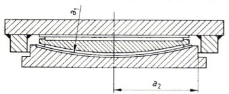

Zu Abschnitt 6 Nachweis der Gleitsicherheit

Während die anderen Lagesicherheitsnachweise (Abheben und Umkippen) vollständig in den Anwendungsnormen geregelt werden, wurde es – auch nach Absprache mit dem Arbeitsausschuß DIN 1072 – für zweckmäßig gehalten, den Nachweis der Gleitsicherheit in den verschiedenen Fugen eines Lagers hier zu regeln, da z. B. die Bemessung der Verankerungen, die Bestandteil des Lagers sind, von diesem Nachweis abhängig sind, es sich hier also um eine Lagerbemessung handelt.

Mit der Beschränkung der Reibungszahl 0,5 auf die Paarungen Stahl/Beton und Beton/Beton und der Herabsetzung der Reibungszahl Stahl/Stahl von bisher 0,3 bzw. 0,5 auf 0,2 (entsprechend dem unteren Wert von Versuchen) hielt der Arbeitsausschuß die Beschränkung auf einen Nachweis nach Gleichung (3) für vertretbar. Da auf der linken Seite der Gleichung – also für die Ermittlung von F_{xy} – Erleichterungen aus Abschnitt 3.3 und auch künftig aus DIN 1072 (bei der Windlastannahme) zu unterstellen sind, dürfte die Reduzierung des Reibungswertes auf 0,2, die ja gegenüber DIN 1073, Ausgabe Juli 1974, immerhin eine Verdoppelung der erforderlichen haltenden Kräfte $f \cdot F_z + D$ bedeutet, noch keine spürbare Auswirkung haben.

Die „Traglast der Verankerungen" ist nicht immer definiert, z. B. bei Verbindungen mit hochfesten Schrauben. In solchen Fällen ist sinngemäß zu verfahren, d. h. daß man für D ersatzweise das Produkt aus zulässiger Schubkraft und dem zugehörigen Sicherheitsfaktor nimmt. Bei vorgespannten Reib-Verbindungen (GV-Verbindungen) ist für D das Produkt aus zulässiger übertragbarer Kraft und Gleitsicherheitszahl zu nehmen, wenn ein Gleiten in der Fuge um den Betrag des Lochspiels verhindert werden soll. Andernfalls sind die 1,7fachen zulässigen übertragbaren Kräfte der SL-Verbindung für den Lastfall H zu nehmen.

Zu Abschnitt 7.1 Lagerspiel

In folgenden Fällen ist ein Lagerspiel zu beachten:
1. Bei Rollenlagern: Das Spiel in der Führungseinrichtung
2. Bei Punktkipplagern das Spiel
   a) zwischen Druckstück und Oberteil bei stählernen Punktkipplagern
   b) zwischen Deckel und Topf bei Topflagern
   c) zwischen Oberteil und Unterteil bei festen Kalottengleitlagern
   bei Festhaltekonstruktionen
3. Das Spiel in der Führungsleiste bei einseitig beweglichen Gleitlagern und bei Führungslagern
4. Das Spiel bei Horizontalkraftlagern.

Aus dieser Zusammenstellung wird schon ersichtlich, daß eine allgemeine Festlegung für das Lagerspiel nicht möglich ist. So kann z. B. bei stählernen Punktkipplagern bei hinreichend kleinen, durch Reibung Stahl auf Stahl sicher aufnehmbaren Horizontalkräften ein wesentlich größeres Spiel toleriert werden als bei Topflagern, deren Dichtung nur bei sehr kleinem Spiel gesichert ist.

Da bei einem Spiel nicht vorherbestimmt ist, an welcher Seite die Teile anliegen, ist das Spiel für die Aufnahme planmäßiger Bewegungen im allgemeinen nicht geeignet. Es wurden aber schon erfolgreich vorläufige, das Spiel aufhebende Arretierungen aus Kunststoff angewandt, die nur für die geringen Kräfte beim Transport und bei der Montage dimensioniert waren und die dann nach Freisetzen des Lagers zerstört wurden. Maßnahmen dieser Art erfordern besondere Sorgfalt bei allen Beteiligten und sollten auf Ausnahmen beschränkt bleiben.

Eine Ausnahme sollte auch die genaue Berücksichtigung des Lagerspiels in der Statik für das Bauwerk sein, denn in der Regel hat das Lagerspiel allenfalls zusätzliche Zwangskräfte im Bauwerk zur Folge, während die Traglastsicherheit unberührt bleibt. Es ist aber erforderlich, diesen Einfluß zumindest grob abzuschätzen.

Abschnitt 7.1 letzter Absatz betrifft z. B. den Fall, daß mehrere Brückenlager auf einer gemeinsamen Auflagerbank angeordnet sind. Die Problematik einer gemeinsamen

Tragwirkung für Horizontalkräfte ist im Buch „Lager im Bauwesen", Verlag Ernst & Sohn 1974, auf den Seiten 14 und 90 dargestellt.

Bei der Beurteilung des Lagerspiels ist natürlich auch das mögliche Spiel zwischen Rollen und ähnlichen Elementen und den zugehörigen Eingriffsöffnungen zu beachten, abhängig von dem Gleitsicherheitsnachweis nach Abschnitt 6.

Im übrigen muß man sich darüber im klaren sein, daß die Realisierung eines aus statischen Gründen für notwendig gehaltenen kleineren Lagerspiels einen entsprechend höheren Fertigungsaufwand bei der Lagerherstellung bedeutet.

Zu Abschnitt 7.2 Sicherung gegen das Herausfallen oder Herausrollen von Lagerteilen

Dieser Abschnitt wurde so formuliert, daß man nicht etwa den Eindruck bekommt, daß gegen andere Normen verstoßen werden darf zugunsten einer Sicherung.

Zu Abschnitt 7.3 Ausrüstung der Lager

Die wenigen Angaben auf dem Typschild können natürlich nicht davon entbinden, z. B. bei Sanierungsmaßnahmen, eine genaue Bestandsaufnahme an Hand der Ausführungsunterlagen (Pläne, Statik) vorzunehmen.

Für Anzeigevorrichtungen gibt es eine Richtzeichnung des „Bund/Länder-Fachausschuß Brücken- und Ingenieurbau". Der Arbeitsausschuß war im übrigen der Auffassung, daß für eine Normung der Anzeigevorrichtungen kein Bedürfnis vorhanden ist.

Zu Abschnitt 7.4 Korrosionsschutz

Neu aufgenommen wurde die Regelung, daß die Überdeckung durch Beton bei ungeschütztem Stahl mindestens 4 cm sein muß.

Zu Abschnitt 7.5 Auswechselbarkeit

Die zur Anforderung von 10 mm passende Regelung für das Bauwerk wird die Folgeausgabe von DIN 1072 (z. Z. Entwurf, Ausgabe August 1983) enthalten (10 mm Anheben bei halber Verkehrslast).

Zu Abschnitt 7.6 Maßnahmen für Höhenkorrektur

Bei der Korrektur von wahrscheinlichen und möglichen Baugrundbewegungen im Brückenbau ist im allgemeinen davon auszugehen, daß nicht das Lager ausgewechselt, sondern nur die Höhe des Auflagerpunktes zu korrigieren ist. In der Vergangenheit hielt man hierfür zusätzlich Stahlplatten für brauchbar, wobei es als Vorteil gewertet wurde, wenn bereits beim Lagereinbau solche Platten vorgesehen wurden, die man dann je nach Bedarf entfernen oder ergänzen konnte. Schäden haben gezeigt, daß dies ein Irrtum war, es sei denn, man treibt einen unverhältnismäßig hohen Aufwand zur Herstellung planparalleler Platten-Ober- und -Unterflächen. Andernfalls wirkt ein Plattenpaket wie eine Feder, was insbesondere für Gleitlager nicht akzeptabel ist. Besser ist es, eine Höhenkorrektur durch andere Maßnahmen vorzunehmen. Ein entsprechender Hinweis ist nach Auffassung des Beratungsgremiums wegen zu geringer Kenntnis der Zusammenhänge erforderlich.

Zu Abschnitt 8 Brandschutz

Für den Bereich „unbewehrte Elastomerlager" werden in der in Vorbereitung befindlichen Norm konkrete Hinweise zum Brandschutz gegeben werden.

Internationale Patentklassifikation

E 04 B 1 – 36

DIN 4141 Teil 2

DK 624.078.5 : 624.21/.8 : 69 : 001.4 DEUTSCHE NORM September 1984

Lager im Bauwesen
Lagerung für Ingenieurbauwerke im Zuge von Verkehrswegen (Brücken)

DIN 4141 Teil 2

Structural bearings; articulation systems for bridges
Appareils d'appui pour ouvrages d'art; articulation des ponts

Diese Norm wurde im Fachbereich „Einheitliche Technische Baubestimmungen" ausgearbeitet. Sie ist den obersten Bauaufsichtsbehörden vom Institut für Bautechnik, Berlin, zur bauaufsichtlichen Einführung empfohlen worden.

Zu den Normen der Reihe DIN 4141 gehören:
DIN 4141 Teil 1   Lager im Bauwesen; Allgemeine Regelungen
DIN 4141 Teil 2   Lager im Bauwesen; Lagerung für Ingenieurbauwerke im Zuge von Verkehrswegen (Brücken)
DIN 4141 Teil 3   Lager im Bauwesen; Lagerung für Hochbauten
DIN 4141 Teil 4 *) Lager im Bauwesen; Transport, Zwischenlagerung und Einbau
DIN 4141 Teil 14 *) Lager im Bauwesen; Bewehrte Elastomerlager
Folgeteile in Vorbereitung

Inhalt

	Seite		Seite
1 Anwendungsbereich	1	5 Grundsätze und Entwurfsgrundlagen für Prüfung, Wartung, Nachstellung und Auswechslung der Lager	2
2 Begriff	1	6 Lagerversetzplan	2
3 Grundsätze für Lagerung und Bemessung	1		
4 Lagerungsplan	2		

1 Anwendungsbereich
Diese Norm ist anzuwenden für die Lagerung von Brücken und damit hinsichtlich der Lagerung vergleichbaren Bauwerken im Zuge von Verkehrswegen.

2 Begriff
Als Lagerung wird die Gesamtheit aller baulichen Maßnahmen bezeichnet, welche dazu dienen, die sich aus der statischen Berechnung ergebenden Schnittgrößen (Kräfte, Momente) aus einem Bauteil in ein anderes zu übertragen und gleichzeitig an diesen Stellen die planmäßigen Bauteilverformungen zu ermöglichen.

3 Grundsätze für Lagerung und Bemessung

3.1 In den Entwurf eines Bauwerks sind die Lager als Bauwerksteile und die Lagerung einzubeziehen. Dabei ist zu beachten:
– Die Stützungen des Bauwerks und die Bewegungsmöglichkeiten der Lager müssen festgelegt sein.
– Alle Wirkungen (einschließlich der Zwängungen) auf die Lager und infolge der Lager müssen in der Berechnung, Bemessung und baulichen Durchbildung der Lager und der sie berührenden Flächen der angrenzenden Bauteile verfolgt werden. Dabei sind auch die Verformungen des Bauwerks und seiner Bauteile zu erfassen, soweit sie Einfluß auf die Lager haben.

3.2 Es ist eine spiel- und zwängungsarme Lagerung auszubilden, wenn nicht aus statischen, konstruktiven oder funktionellen Gründen ein planmäßiges Spiel und/oder planmäßige Zwängungen beabsichtigt bzw. erforderlich sind.
Bei Brücken für Schienenfahrzeuge darf wegen der Einhaltung der Gleisgeometrie die Bewegung in der Regel nur in Gleisrichtung erfolgen.

3.3 Wenn bei einer Lagerungsart das Versagen einer Haltung (Stützung) oder das Überschreiten einer rechnerisch oder konstruktiv angenommenen Bewegungsgröße nicht auszuschließen ist, müssen dagegen Sicherungen angeordnet werden, wenn sonst die Gefahr eines Versagens des Bauwerks gegeben wäre.

3.4 Für die Festlegung der Lagerung sind aus der statischen Berechnung des Bauwerks die maßgeblichen statischen Schnittgrößen und Bewegungsgrößen (Verschiebungen und Verdrehungen) zu ermitteln und zusammenzustellen.

*) Z. Z. Entwurf

Fortsetzung Seite 2 bis 5

Normenausschuß Bauwesen (NABau) im DIN Deutsches Institut für Normung e.V.

Seite 2 DIN 4141 Teil 2

3.5 Die Einstellung der Lager ist aufgrund der Bemessung nach Abschnitt 3.4 und in der Regel so zu wählen, daß für den Funktionsbeginn der Lager im Bauwerk Änderungen (zumindest Änderungen auf der Baustelle) vermieden werden.

Einmalige Bewegungen von Lagern (z. B. infolge von Baugrundbewegungen, Schwinden, Kriechen und Abbindetemperatur) dürfen durch Nachstellen der eingebauten Lager unter Last wieder rückgängig gemacht werden (siehe Abschnitt 5). In diesem Fall beschränkt sich die planmäßige Bewegungsmöglichkeit auf die sich wiederholenden Bewegungen.

3.6 Bei Verwendung von mehr als 3 Lagern zur Abstützung eines Bauteils dürfen Lager unterschiedlicher Art oder Steifigkeit nur verwendet werden, wenn die unterschiedliche Steifigkeit berücksichtigt werden kann.

3.7 Werden Bauteile nicht auf den Lagern hergestellt (z. B. eingeschobene Überbauten), so sind schon bei der Bemessung die Einbaumaßnahmen festzulegen, die eine planmäßige Abtragung der Lasten sicherstellt.

4 Lagerungsplan

Für jedes Bauwerk mit Lagern ist beim Ausführungsentwurf ein Lagerungsplan unter Verwendung der Symbole und Benennungen nach DIN 4141 Teil 1, Ausgabe 09.84, Tabelle 1 aufzustellen. Dieser Plan muß mit allen wesentlichen Abmessungen enthalten:

a) Grundriß des Bauwerks mit Haupttraggliedern und Schiefewinkel(n),
b) Längsschnitt des Bauwerks,
c) Querschnitte des Bauwerks im Bereich der Lagerachsen, Höhenkoten und Neigungen im Lagerbereich,
d) Anordnung und Kennzeichnung der Lager,
e) Senkrechte und waagerechte Lagerkräfte, gegebenenfalls Kräftepaare mit zugehörigen Richtungen,
f) Richtungen (einzelne Anteile) und Größtwerte der Lagerverschiebungen und -verdrehungen,
g) Lagereinstellwerte nach Größe und Richtung mit Angabe der zugehörigen Werte der Einflußgrößen (z. B. Temperatur).
Gegebenenfalls Änderungen der Einstellwerte in Abhängigkeit von den Einflußgrößen. In Sonderfällen die Neigung der Lager nach Größe und Richtung.
h) Erforderliche Baustoffgüte in der Lagerfuge.

5 Grundsätze und Entwurfsgrundlagen für Prüfung, Wartung, Nachstellung und Auswechslung der Lager

Die Lager müssen überprüft und gewartet werden können. Die Lager müssen dafür zugänglich, Lager und Bauwerk dafür ausgebildet sein.

DIN 1076 bzw. DS 803[1]) sind zu beachten.

Danach sind auch die Zeitabstände für die Prüfung festzusetzen, sofern nicht in anderen Teilen dieser Norm oder in den entsprechenden Zulassungen kürzere Zeitabstände bestimmt sind.

Wenn für die Bemessung der Lager und des Bauwerks die Nachstellung der Lager nach einer einmaligen Lagerbewegung ausgenutzt werden soll, sind die Prüfung der Lagerstellung und die Nachstellung zu einem Zeitpunkt vorzusehen, den der voraussichtliche Bewegungsablauf erfordert.

Beim Nachstellen von Lagern oder Auswechseln von Lagern oder Lagerteilen muß die Gefahr eines Versagens des Bauwerks oder eines Bauwerksteils ausgeschlossen sein. Die Pressenaufstell- und -ansatzpunkte sind am Bauwerk dauerhaft zu markieren; die rechnerischen Pressenkräfte sind ebenfalls dauerhaft am Bauwerk anzugeben. Sonderteile oder -geräte, die gegebenenfalls durch die Besonderheit des Bauwerks für diese Arbeiten an den Lagern benötigt werden, sind für das Bauwerk vorzuhalten; ihr Aufbewahrungsort am Bauwerk ist am Verwendungsort dauerhaft zu vermerken. Die für die vorbeschriebenen Arbeiten an den Lagern erforderlichen Maßnahmen, die einzuhaltenden Verkehrslasten, die verfügbaren Lichträume und sonstigen zu beachtenden Gegebenheiten sind in einer bei den Bauwerksakten und beim Bauwerksbuch (Brückenbuch) aufzubewahrenden Anweisung zu beschreiben.

6 Lagerversetzplan

Es ist ein Lagerversetzplan mit allen beim Einbau zu beachtenden Angaben (Maße, Höhen, Neigungen, Seiten- und Längenlage, Toleranzen, Baustoffgüten in der Lagerfuge) zu fertigen.

Der Lagerversetzplan darf mit dem Lagerungsplan in einer Entwurfsunterlage zusammengefaßt werden.

Nähere Angaben zum Einbau enthält DIN 4141 Teil 4 (z. Z. Entwurf).

Zitierte Normen und andere Unterlagen

DIN 1076   Ingenieurbauwerke im Zuge von Straßen und Wegen; Überwachung und Prüfung
DIN 4141 Teil 1   Lager im Bauwesen; Allgemeine Regelungen
DIN 4141 Teil 4   (z. Z. Entwurf) Lager im Bauwesen; Transport, Zwischenlagerung und Einbau
DS   803   Vorschriften für die Überwachung und Prüfung von Kunstbauten (VÜP)[1])

Weitere Unterlagen

[1] Eggert, Grote, Kauschke, Lager im Bauwesen, Verlag Ernst + Sohn, Berlin, München, 1974, Kap. 2
[2] Eggert, Vorlesungen über Lager im Bauwesen, Verlag Ernst + Sohn, Berlin, München, Kap. 7.1

---

[1]) Zu beziehen bei der Drucksachenverwaltung der Bundesbahndirektion Hannover, Schwarzer Weg 8, 4950 Minden.

5.2 Lagernorm DIN 4141

Erläuterungen

Allgemeines

Die „Lagerung" ist ein dem Statiker geläufiger Begriff. Synonyme sind „Stützbedingungen" und „Randbedingungen". In der Regel ist mit dem Begriff „Lagerung" keinesfalls der Begriff „Lager" verknüpft, die „Lagerung" ist eine Annahme, eine Arbeitshypothese für die statische Berechnung, nachdem die konstruktiven Merkmale des Tragwerks bereits festgelegt sind.

In vielen Fällen trifft der entwerfende Ingenieur „auf der sicheren Seite liegende" Annahmen (z. B. gelenkige Lagerung statt elastischer Einspannung), und der Prüfer folgt diesen Annahmen möglicherweise auch, wenn sie in besonderen Fällen für bestimmte Grenzbetrachtungen nicht auf der sicheren Seite liegen.

Bei Brücken haben wir es meist mit unverkleideten, langgestreckten Tragwerken zu tun, die den jahreszeitlichen Temperaturschwankungen ausgesetzt sind und daher zwangsläufig entsprechende Längenänderungen erfahren. Man hat daher seit je her – von sehr kurzen Brücken abgesehen – im Brückenbau spezielle Bauteile für die Lagerung vorgesehen.

Die bei alten Brückenbauwerken noch vorhandenen Linienkippungen sind für moderne Brückenbauwerke ungeeignet und gehören deshalb der Vergangenheit an. Die fehlenden Verdrehungsmöglichkeiten um die Längsachse und um die vertikale Achse sind mit den heute üblichen im Vergleich zu alten Brücken in ihren Tragreserven voll ausgenutzten Konstruktionen in der Regel nicht verträglich. Siehe auch [1].

Wenn in dieser Norm die Linienkippung Berücksichtigung findet, so liegt dies daran, daß man bei bestehenden Bauten für den Fall der Sanierung Regeln haben möchte. Es ist aber zu empfehlen, dennoch in solchen Fällen stets zu prüfen, ob es nicht sinnvoll ist, diese Lager gegen Lager mit Punktkippung auszuwechseln, wobei selbst geringe Überschreitungen zugelassener Werte (z. B. bei Elastomerlager) immer noch besser sind als die Beibehaltung der Linienlagerung, speziell der Rollenlager mit geringer Verformungstätigkeit.

Zu Abschnitt 3.1

Im allgemeinen wird man eine Lagerung wählen, die das Bauwerk als Ganzes optimiert und nicht etwa nur einzelne Bauteile wie z. B. die Lager.

Das Bauwerk als Ganzes und seine Bauteile, insbesondere die durch die Lagerung und die Wirkungen der Lager besonders beeinflußten Bauteile wie auch die Lager selber, sind unter Einbeziehung der Lagerung und der Lagerwirkung zu entwerfen, zu berechnen und zu bemessen; eine getrennte Betrachtung der Bauteile diesseits und jenseits der Lager, ohne Berücksichtigung der gegenseitigen Beeinflussung durch die Lager, insbesondere auch ohne Berücksichtigung der Verformungen, kann zu erheblichen Fehlern in der Bemessung der Lager und der übrigen Bauteile führen mit gefährlichen Unterbemessungen oder einseitigen Überbemessungen ohne Verbesserung der Gesamtsicherheit.

Zu den Verformungen der Bauteile gehören auch die elastischen und bleibenden Verformungen der Unterbauten (schlanke Pfeiler, hohe Widerlager) und ihrer unteren und gegebenenfalls seitlichen Bodenfuge; besondere Sorgfalt ist bei mehreren Festpunkten zwischen dem Überbau und den Unterbauten geboten, wobei der eigentliche Festpunkt (Ruhepunkt) des Überbaus sich höchstens zufällig auf einem Unterbau befindet und bei verschiedenen Lastfällen unterschiedlich sein kann. Solche Verformungen gehen besonders in die Lagerverschiebungen ein.

Es ist darauf zu achten, daß die getroffenen Rechnungsannahmen hinsichtlich der Schnittgrößen, Spannungsgrößen und -verteilung sowie Verformungen bei der baulichen Durchbildung und Bemessung der Lager und der von der Lagerung besonders beeinflußten Bauteile auch tatsächlich eingehalten werden.

Bei Gleitlagern ist die „Gleitbahn" oben anzuordnen, so daß sich der Lasteintragungspunkt auf den Unterbau nicht ändert. Sofern es bei Stahlbrücken nicht möglich ist, den Überbau im Gleitbereich ausreichend auszusteifen, ist jedoch die umgekehrte Anordnung zweckmäßig, so daß sich der Lasteintragungspunkt gegenüber dem Unterbau mit der Lagerverschiebung verändert.

Für die Wirksamkeit von Horizontallagern ist zu bedenken, daß ein Teil der Horizontalkräfte unvermeidlich über die Reibung abgetragen wird. Wie der Einwirkungen zu überlagern sind, regelt DIN 1072.

Zu Abschnitt 3.2

Ein S p i e l in der Lagerung kann während seiner Wirksamkeit ein anderes statisches System erzeugen als beabsichtigt war. Außerdem kann es zu einer ungewollten und möglicherweise gefährlichen Schlagbeanspruchung führen. Daher sind möglichst spielarme Konstruktionen auszubilden, besonders wenn abhebende Lagerkräfte auftreten können.

Von den 8 theoretisch denkbaren zwängungsfreien Lagerungen mit Punktlagern [2] ist der baupraktische Fall die Lagerung mit e i n e m festen Lager, e i n e m einseitig beweglichen Lager (mit Bewegung zum festen Lager) und im übrigen nur allseitig beweglichen Lager. Alle Lager müssen außerdem Drehwinkel in allen Richtungen gestatten. Abweichungen von diesem Schema erhöhen die Zwängungen. Sind die Verhältnisse so, daß die Horizontalkräfte mit dieser Lagerung nicht aufgenommen werden können, so wird man die Forderung nach zwängungsarmer Lagerung dadurch berücksichtigen, daß man die Stellung und Verteilung der Lager entsprechend günstig wählt. Beispiele hierfür enthält [1].

Bei Stahlquerträgern muß insbesondere auch die Verformung bei exzentrischer Lagerstellung in Brückenlängsrichtung und gegebenenfalls die Auswirkung von ungleichmäßiger Temperaturänderung beachtet werden, die besonders bei temperaturempfindlichen Überbauten mit Stahlfahrbahnplatten von Bedeutung sind.

Bei nicht zwängungsfreier Lagerung von Brückenüberbauten können infolge der Verdrehung und Verwölbung des Überbaus erhebliche und keinesfalls vernachlässigbare Zwängungen auftreten, die die übrigen Zwängungen weit übersteigen.

Die Anordnung mehrerer fester Lager in einer Achse nebeneinander und die sich hieraus ergebenden Zwängungen sind nur vertretbar, wenn die daraus folgenden Maßnahmen (z. B. die notwendige Rissebeschränkung in den anschließenden Stahlbeton- oder Spannbetonbauteilen) in wirtschaftlichem Rahmen getroffen werden können. Nur unter denselben Voraussetzungen kann bei langen Talbrücken mit hohen Pfeilern die feste Lagerung

Seite 4 DIN 4141 Teil 2

des Überbaus auf mehrere benachbarte Pfeiler verteilt werden.

Bei abschnittsweiser Herstellung gekrümmter Überbauten sind für die Ermittlung der Wirkungslinien und Zwängungen zusätzliche Untersuchungen erforderlich.

Für einen Überbau ist die Verwendung verschiedener Lagerarten in einer Lagerachse nur zulässig, wenn auf jeder Auflagerbank nur Lager der gleichen Art verwendet werden, wobei z. B. stählerne Punktkipplager und Kalottenlager nach DIN 4141 Teil 1/09.84, Tabelle 1, Lagerarten 7 und 8 b gleichartige Lager sind, oder die unterschiedliche Steifigkeit und Verformung der verschiedenartigen Lager erfaßt sind. Für die Anordnung von Einzellagern nebeneinander zur Aufnahme von Linienlasten ist eine eingehende statische Untersuchung unter Einbeziehung der Verformung die Voraussetzung.

Zu Abschnitt 3.4

Bei der Berechnung der Verschiebung ist auch der Einfluß aus der Überbauwinkelverdrehung über dem festen Lager zu berücksichtigen.

Bei der Bemessung sind nicht nur die planmäßigen Zwängungen und Verformungen zu erfassen. Auch gegebenenfalls nicht planmäßig (z. B. durch Einbaufehler) entstandene Zwängungen und Verformungen sind durch Zusatzrechnungen zu erfassen; erforderlichenfalls müssen diese Einbaufehler nachträglich behoben werden.

Bei Spannbetonüberbauten ist die Größe der Lagerverschiebung u. a. abhängig von der Größe der Vorspannung und vom Kriechen und Schwinden, die Verschieberichtung ist dagegen abhängig von der Tragwerksform, der Lage des Festpunktes und von der Spanngliedführung. Bei Brücken mit abschnittsweiser Überbauherstellung ist eine genaue Berechnung unerläßlich für die Bemessung und Voreinstellung der Lager.

Zu Abschnitt 3.5

Wenn die Voraussage der Baugrundverformung unsicher ist oder später eine wesentliche Baugrundverformung möglich ist, sind Maßnahmen vorzusehen und erforderlichenfalls Vorrichtungen einzubauen, die ein Nachstellen der Lager ermöglichen. Der Umfang der Nachstellung muß den im Baugrundgutachten enthaltenen Setzungsangaben, den eventuellen Senkungen aus bergbaulichen Einflüssen und den besonderen Verhältnissen des Bauwerks Rechnung tragen.

Das Nachstellen der Lager kann auch dazu dienen, die ständige Last nach Abklingen von Kriechen und Schwinden des Überbaus für dessen mittlere wirksame Dauertemperatur weitgehend momentenfrei abzutragen, insbesondere für die Unterbauten, bei bestimmten Bauwerken (z. B. Bögen) auch für die Überbauten. Damit kann man mit kleineren Bemessungsgrößen, aber auch ohne weitere Kriecheinflüsse auskommen, die ja wiederum die Bemessungsgrößen steigern würden. Natürlich müssen die bis zur Nachstellung davon abweichenden Verhältnisse berücksichtigt werden, insbesondere bei dem noch kriechempfindlicheren jüngeren Beton. Das Nachstellen der Lager erfordert aber zusätzliche Anforderungen und Risiken. Dies ist beim Abwägen der Vor- und Nachteile einer solchen Maßnahme zu bedenken.

Zu Abschnitt 3.6 und Abschnitt 3.7

Daß Bauteile nicht so genau hergestellt werden können, daß mehr als 3 Lagerungspunkte ohne besondere Maßnahmen „satt" aufliegen, sollte jedem Bauingenieur geläufig sein.

Zu Abschnitt 4

Zur Erstellung des Lagerungsplanes sind im allgemeinen die folgenden Unterlagen erforderlich:

- Lageplan mit Angabe des Kurvenbandes des zu überführenden Verkehrsweges, Schiefewinkel, Grundriß des Bauwerks, Breite des Verkehrsbandes usw.
- Gradientenplan mit Angaben über Neigung des Bauwerks, Gefälleänderungen im zu überführenden Verkehrsweg usw.
- Übersichtszeichnung von dem Bauwerk.
- Beschreibung des Tragsystems mit allen wesentlichen Angaben und Maßen.
- Angaben über wahrscheinliche und mögliche Setzungen des Baugrundes, bergbauliche Einwirkungen usw.
- Angabe der Verschiebungswege, Lagerkräfte und Verdrehungen.
- Querschnitte des Bauwerks im Bereich der Auflagerachsen sowie Zeichnungen von den Einzelheiten des Über- und Unterbaus in dem Lagerbereich, insbesondere soweit daraus Entwurf und Berechnung sowie das Tragverhalten des Lagers wesentlich beeinflußt wird.
- Zulässige Beton- und Mörtelpressungen bzw. Angabe der dafür maßgeblichen Bestimmungen.
- Gegebenenfalls Zulassungsbescheide vorgesehener Lager.

In Sonderfällen, z. B. bei Bogen- und Rahmentragwerken, sind zusätzliche Angaben zu machen.

Zu Abschnitt 5

Die Prüf-, Wartungs- und Ausbesserungsarbeiten sowie die Arbeiten zur Korrektur der Lagerstellung und Auswechslung der Lager müssen sicher, zuverlässig und möglichst einfach durchführbar sein. Für die Anordnung von Pressen zum Anheben muß – auch bei Pfeilern – der entsprechende Platz vorgesehen werden. Bei kleinen Querschnittsabmessungen von Stützen und Pfeilern kann ausnahmsweise darauf verzichtet werden, wenn diese nicht zu hoch sind und die Lasten mittels Hilfsstützen auf die Fundamente abgesetzt werden können.

Wenn für ein Bauwerk eine kürzere Betriebsdauer erwartet wird als seine Lebensdauer, und wenn zwar für die Betriebsdauer keine Notwendigkeit einer Auswechslung von Lagern oder Lagerteilen zu erwarten ist, wohl aber für die Lebensdauer, dann darf auf die Auswechselbarkeit nur verzichtet werden, wenn infolge eines Lagerschadens am nicht mehr benutzten Bauwerk keine Gefahr entsteht.

Auch im angehobenen Zustand tritt – insbesondere infolge Verkehrslast – eine Auflagerwinkelverdrehung ein; ihre Auswirkung muß berücksichtigt werden. Bei der behelfsmäßigen Stützung auf Pressen, die meist in zwei Querachsen parallel zur Lagerachse angeordnet werden, erhält ein Teil der Pressen im arretierten Zustand aus Auflagerwinkelverdrehungen eine erheblich größere Last

5.2 Lagernorm DIN 4141

als bei Annahme einer gleichmäßigen Tragwirkung aller Pressen.

Im angehobenen oder sonst von der planmäßigen Stützung freigesetzten Zustand muß ein Überbau oder entsprechendes Bauteil durch entsprechende Maßnahmen sicher gehalten sein. So sind z. B. besondere Sicherungen erforderlich, wenn ein festes Lager, noch dazu, wenn es das einzige ist, angehoben wird oder wenn die Haltung für Pendelwände, z. B. die Hinterfüllung von pendelwandartigen Widerlagern, entfernt wird.

Die Angaben, die an dem Bauwerk angebracht sein müssen, entheben für den Regelfall einer planmäßigen Vorbereitung von Arbeiten an den Lagern nicht von der Verpflichtung, die dafür geforderten und beim Brückenbuch aufzubewahrenden Unterlagen zugrunde zu legen.

Zu Abschnitt 6

Beim Anfertigen des Lagerversetzplans und beim Versetzen des Lagers (vergleiche DIN 4141 Teil 4, z. Z. Entwurf) sind die Einbauanweisungen des Lagerherstellers zu beachten. Dringend zu empfehlen ist, sich rechtzeitig darum zu bemühen, daß mindestens beim Versetzen der ersten Lager eines Bauwerkes ein fachkundiger Vertreter des Lagerherstellers anwesend ist, nach dessen Anleitung dann weiterhin verfahren werden kann.

Internationale Patentklassifikation

E 01 D 19-04

DK 624.078.5 : 624.9 : 69
: 001.4 : 003.62 : 620.22

DEUTSCHE NORM September 1984

Lager im Bauwesen
Lagerung für Hochbauten

DIN 4141
Teil 3

Structural bearings; bearing systems for buildings
Appareils d'appui pour ouvrages d'art; systèmes d'appui dans le bâtiment

Diese Norm wurde im Fachbereich „Einheitliche Technische Baubestimmungen" ausgearbeitet. Sie ist den obersten Bauaufsichtsbehörden vom Institut für Bautechnik, Berlin, zur bauaufsichtlichen Einführung empfohlen worden.
Zu den Normen der Reihe DIN 4141 gehören:

DIN 4141 Teil 1   Lager im Bauwesen; Allgemeine Regelungen
DIN 4141 Teil 2   Lager im Bauwesen; Lagerung für Ingenieurbauwerke im Zuge von Verkehrswegen (Brücken)
DIN 4141 Teil 3   Lager im Bauwesen; Lagerung für Hochbauten
DIN 4141 Teil 4*) Lager im Bauwesen; Transport, Zwischenlagerung und Einbau
DIN 4141 Teil 14*) Lager im Bauwesen; Bewehrte Elastomerlager
Folgeteile in Vorbereitung

Inhalt

	Seite		Seite
1 Anwendungsbereich	1	6 Bauliche Durchbildung und Einbauanweisungen	2
2 Begriff	1	7 Bautechnische Unterlagen	2
3 Lagerungsklassen	1	7.1 Positionspläne	2
3.1 Lagerungsklasse 1	1	7.2 Ausführungszeichnungen	2
3.2 Lagerungsklasse 2	1	8 Ergänzende Angaben für bestimmte Anwendungsfälle	3
4 Allgemeine Lagerungsgrundsätze	2	8.1 Massive Flachdächer und ähnliche Bauteile	3
4.1 Festpunkte	2	8.2 Ergänzende Angaben für Fertigteile und Auflagerflächen	3
4.2 Fugenausbildungen	2		
5 Nachweise für die Lagerung	2	8.3 Einbauhilfen (Montagehilfen)	3
5.1 Lagerungsklasse 1	2		
5.2 Lagerungsklasse 2	2		

1 Anwendungsbereich

Diese Norm gilt für Lagerungen von Bauteilen und Bauwerken im Hochbau. Bei brückenähnlichen Hochbaukonstruktionen ist im Einzelfall zu prüfen, ob bestimmte Teile der in DIN 4141 Teil 2 festgelegten Bestimmungen mit beachtet werden müssen.

2 Begriff

Als Lagerung wird die Gesamtheit aller baulichen Maßnahmen bezeichnet, welche dazu dienen, die sich aus der statischen Berechnung ergebenden Schnittgrößen (Kräfte, Momente) aus einem Bauteil in ein anderes zu übertragen und gleichzeitig an dieser Stelle planmäßige Bauteilverformungen zu ermöglichen.

3 Lagerungsklassen

3.1 Die **Lagerungsklasse 1** umfaßt alle rechnerisch nachzuweisenden Lagerungen, bei denen eine Gefährdung der Standsicherheit des Bauwerkes im Falle einer Überbeanspruchung oder eines Ausfalles von Lagern möglich ist. Für die Lagerungsklasse 1 dürfen nur genormte Lager oder für diese Lagerungsklasse allgemein bauaufsichtlich zugelassene Lager verwendet werden.

3.2 Die **Lagerungsklasse 2** umfaßt alle nicht in Lagerungsklasse 1 fallenden Lagerungen. Voraussetzung für die Einstufung in diese Klasse ist, daß die angrenzenden Bauteile außer durch die jeweils rechnerische Pressung in der

---

*) Z. Z. Entwurf

Fortsetzung Seite 2 bis 4

5.2 Lagernorm DIN 4141

Seite 2 DIN 4141 Teil 3

Lagerfuge nur unwesentlich durch andere Lagerreaktionen beansprucht werden und daß die Standsicherheit des Bauwerks bei Überbeanspruchung des Lagers oder Ausfall der Lagerfunktion nicht gefährdet wird. Außer den Lagern nach Abschnitt 3.1 dürfen für die Lagerungsklasse 2 auch andere Lager verwendet werden, wenn z. B. durch Versuche bei einer dafür anerkannten Prüfstelle nachgewiesen worden ist, daß sie für den vorgesehenen Anwendungsfall geeignet sind.

4 Allgemeine Lagerungsgrundsätze
4.1 Festpunkte
Bei horizontal verschiebbar gelagerten Bauteilen ist zu prüfen, ob Festpunkte oder Festzonen angeordnet werden müssen, durch die der Bewegungsnullpunkt des zu lagernden Bauteils festgelegt wird.

Zu beachten ist, daß durch unbeabsichtigte Festpunkte die Bauteillagerung nachteilig beeinflußt werden kann.

4.2 Fugenausbildungen
Jedes Bauteil ist in horizontaler und vertikaler Richtung durch Fugen derart von den angrenzenden Bauteilen zu trennen, daß die vorgesehene Lagerung wirksam werden kann. Zu beachten ist, daß auch vermeintlich weiche Fugenfüllungen die freie Verformbarkeit nennenswert beeinträchtigen können (siehe Tabelle 1).

5 Nachweise für die Lagerung
5.1 Lagerungsklasse 1
Aus der statischen Berechnung der aufzulagernden Bauteile müssen Größe, Lage und Richtung der auf das Lager wirkenden Kräfte hervorgehen.

Ferner sind Nachweise für die zu erwartenden Bewegungen und Lagerverformungen zu führen.

Die in den Lagerfugen wirkenden Rückstellkräfte, Rückstellmomente, Reibungskräfte, Querzugkräfte sowie Verschiebungen des Lastangriffs sind, soweit erforderlich, in ihrer Wirkung auf die angrenzenden Bauteile und auf das Gesamtbauwerk zu verfolgen. Auch die Federwirkung bei vertikal nachgiebigen Lagerarten (Lager Nr 1 bis 6 nach DIN 4141 Teil 1/...84, Tabelle 1) ist zu beachten: die Einsenkungen müssen möglichst gleichmäßig sein.

5.2 Lagerungsklasse 2
Für die Lagerung sind die Druckspannungen aufgrund der zu übertragenden Vertikallasten und die übrigen Beanspruchungen aufgrund von Schätzwerten nachzuweisen. Zur Vermeidung von örtlichen Beschädigungen an den angrenzenden Bauteilen (z. B. Rißbildungen, Abplatzungen) sind konstruktive Maßnahmen vorzusehen (z. B. Querzugbewehrungen, Randabstände).

6 Bauliche Durchbildung und Einbauanweisungen
Soweit Anforderungen an die bauliche Durchbildung und den Einbau der Lager in anderen Teilen dieser Norm nicht bereits enthalten sind, gelten folgende Festlegungen:

a) Die Umgebungseinflüsse sind im Hinblick auf mögliche Schädigungen der Lager zu überprüfen.

b) Eine Auswechselbarkeit der Lager ist in der Regel nicht zu fordern. Für Lager der Lagerungsklasse 1 ist im Einzelfall zu prüfen, ob eine Möglichkeit zur Lagerauswechselung vorgesehen werden muß.

c) Der Oberflächenzustand und die planmäßige Ausrichtung der Auflagerflächen sind zu überprüfen. Gegebenenfalls sind die Auflagerflächen durch Nacharbeit in den planmäßigen Zustand zu bringen.

7 Bautechnische Unterlagen
7.1 Positionspläne
In die Positionspläne der statischen Berechnung des Bauwerkes sind für jedes einzelne Lager die folgenden Angaben aufzunehmen:

a) genaue Lage im Bauwerk

b) Lagerungssymbol nach DIN 4141 Teil 1 (nur für Lagerungsklasse 1)

c) Richtung der Bewegungen (nur für Lagerungsklasse 1)

Außerdem soll die Lage der Festpunkte bzw. Festzonen angegeben werden.

7.2 Ausführungszeichnungen
In die Ausführungszeichnungen für das Bauwerk sind für jedes einzelne Lager die folgenden Angaben einzutragen:

a) genaue Lage im Bauwerk

Tabelle 1. **Anhaltswerte für den Widerstand von Fugenfüllungen**

Fugenfüllungen	Scherwiderstand S_G mit $\tau = S_G \cdot tg\,\gamma$ N/mm^2	Dehnwiderstand S_E (Druck/Zug) mit $\sigma = S_E \cdot \varepsilon$ N/mm^2
Fugendichtungsmassen: Polysulfid (siehe DIN 18 540 Teil 2) Silicon (siehe DIN 18 540 Teil 2) Polyurethan (s. DIN 18 540 Teil 2) Polyacrylat	0,5	1,0
Rundprofil PUR-Schaumstoff	0	0,2 [1]
Platten Schaumstoff, Typ W nach DIN 18 164 Teil 1 Poröse Holzfaser (siehe DIN 68 750)	keine Richtwerte angebbar	0,3 [1] 15,0 [1]

[1] Nur für Druckbeanspruchung, bei Zugbeanspruchung $S_E = 0$

b) eindeutige Bezeichnung
c) Ebenheitstoleranzen für die Auflagerflächen (vergleiche Abschnitt 8.2)
d) Parallelitätstoleranzen für die Auflagerflächen (vergleiche Abschnitt 8.2)
e) Hinweise auf Einbauvorschriften.

8 Ergänzende Angaben für bestimmte Anwendungsfälle

8.1 Massive Flachdächer und ähnliche Bauteile

Für die Planung und Ausführung ist DIN 18 530 zu beachten [1]).

Wenn kein genauer Nachweis geführt wird, können in der Regel die Verschiebewege der Deckenplatte gegenüber den Wänden für die Lagerbemessung unter Benutzung der folgenden Rechenwerte ermittelt werden:

- **Wärmedehnzahl** $\alpha_t = 0{,}01$ mm/mK (für alle Beton- und Mauerwerksarten)
- **Temperaturdifferenz** zwischen Deckenplatte und darunterliegender Wand und Decke $\Delta T = \pm 20$ K
- **Schwindmaße** nach Tabelle 2

Tabelle 2. **Rechenwerte der Schwindmaße in mm/m**

	max.	min.
Ortbeton	0,6	0,2
Betonfertigteile	0,4	0,1
Ziegelmauerwerk	0,2	−0,2
Kalksandsteinmauerwerk	0,4	0,1
Gasbetonmauerwerk	0,4	0,1
Bimsbetonmauerwerk	0,6	0,2

8.2 Ergänzende Angaben für Fertigteile und Auflagerflächen

Diese Angaben beziehen sich auf die Lagerung von Fertigbauteilen aus Stahlbeton und Spannbeton; sinngemäß gelten sie auch für vorgefertigte Teile aus anderen Baustoffen, z. B. Stahl oder Holz sowie für Auflagerflächen im Betonbau.

Die Ebenheitstoleranz für Auflagerflächen ist in den Ausführungszeichnungen anzugeben; sie beträgt einheitlich für alle Lagergrößen 2,5 mm. Sind für bestimmte Lagerarten höhere Genauigkeiten erforderlich, so ist dies in den betreffenden Teilen dieser Norm angegeben. Für die Prüfung der Toleranzen gilt DIN 18 202 Teil 5 sinngemäß.

Abweichungen von der Parallelität zugehöriger Auflagerflächen infolge Herstell- und Montagetoleranzen sind in der statischen Berechnung mindestens mit 1 % zu berücksichtigen und rechnerisch wie planmäßige Verdrehungen zu behandeln.

Die Auflagerflächen sind zum Schutz der Lager sorgfältig zu entgraten.

8.3 Einbauhilfen (Montagehilfen)

Einbauhilfen müssen so konstruiert sein, daß sie den Einbau und die maßgerechte Justierung der Lager oder Bauteile sicherstellen.

Eine Überprüfung anhand von markierten Meßstellen am Lagerunterbau kann erforderlich sein. Die Meßstellen sind als Bezugsmaße für die Einbaurichtung und Parallelität der Lagerebenen vorzusehen.

Einbauhilfen müssen das zu lagernde Bauteil so lange tragen, bis das Lager seine volle Funktion hat. Dabei müssen sie das Lager oder die Bauteile während der einzelnen Bauzustände (Betonieren, Entschalen, Montieren usw.) in der planmäßigen Lage halten und auch eine Schrägstellung oder außerplanmäßige Exzentrizitäten verhindern.

Beim Ausbau der Einbauhilfen muß eine plötzliche Krafteinleitung in das eingebaute Lager vermieden werden. Verformungslager dürfen nach dem Ausbau der Hilfen nicht an der freien Verformung der Seitenflächen behindert werden.

---
[1]) Weitere Angaben, vor allem zur Verformungsberechnung, enthält [1] und [2].

Zitierte Normen und andere Unterlagen

DIN 4141 Teil 2	Lager im Bauwesen; Lagerung für Ingenieurbauwerke im Zuge von Verkehrswegen (Brücken)
DIN 18 164 Teil 1	Schaumkunststoffe als Dämmstoffe für das Bauwesen; Dämmstoffe für die Wärmedämmung
DIN 18 202 Teil 5	Maßtoleranzen im Hochbau; Ebenheitstoleranzen für Flächen von Decken und Wänden
DIN 18 530	Massive Deckenkonstruktionen für Dächer; Richtlinien für Planung und Ausführung
DIN 18 540 Teil 2	Abdichten von Außenwandfugen im Hochbau mit Fugendichtungsmassen; Fugendichtungsmassen, Anforderungen und Prüfung
DIN 68 750	Holzfaserplatten; Poröse und harte Holzfaserplatten, Gütebedingungen

[1] Pfefferkorn, W.: Konstruktive Planungsgrundsätze für Dachdecken und ihre Unterkonstruktionen, Verlagsgesellschaft Rudolf Müller, Köln

[2] Schubert, P., und Wesche, K.: Verformung und Rißsicherheit von Mauerwerk, Mauerwerks-Kalender 1981, Verlag W. Ernst & Sohn, Berlin

Weitere Normen und andere Unterlagen

DIN 18 203 Teil 1 Maßtoleranzen im Hochbau; Vorgefertigte Teile aus Beton und Stahlbeton

[3] Kanning, W.: Elastomer-Lager für Pendelstützen — Einfluß der Lager auf die Beanspruchung der Stützen. Der Bauingenieur 55 (1980), S. 455

[4] J. Müller-Rodeholz: Einfluß der Steifigkeit von Fugenmassen. Forschungsbericht des IfBt Az.: IV/1-5-206/79. Zu beziehen durch Informationszentrum RAUM und BAU (IRB) der Fraunhofer-Gesellschaft, Nobelstraße 12, D-7000 Stuttgart 80

[5] Frank Müller, H. Rainer Sasse, Uwe Thormahlen: Stützenstöße im Stahlbeton-Fertigteilbau bei unbewehrten Elastomerlagern, Heft 339 des DAfStb, W. Ernst & Sohn, Berlin, 1982

[6] Kessler, E., und Schwerm, D.: Unebenheiten und Schiefwinkligkeiten der Auflagerflächen für Elastomerlager bei Stahlbeton-Fertigteilen. Betonwerk + Fertigteiltechnik 49 (1983), Beilage fertigteilbau forum 13/83, S. 1–5

5.2 Lagernorm DIN 4141

Seite 4   DIN 4141 Teil 3

Erläuterungen

Diese Norm enthält als wichtigsten Bestandteil die Einteilung in 2 Lagerungsklassen. Mit dieser Einteilung wird an sich nachvollzogen, was weitgehendst seit vielen Jahren gängige Praxis ist, mit dem wichtigen Unterschied, daß durch die Einteilung die Zusammenhänge deutlich gemacht werden und dem auf diesem Gebiet vorhandenen Wildwuchs begegnet wird. Künftig werden Lager nur dann normgerecht bzw. nach den allgemein anerkannten Regeln der Technik verwendet, wenn ihre Eignung nachgewiesen wird. Im allgemeinen wird es wirtschaftlicher sein, für ein Tragwerk des Hochbaus die Lagerungsklasse 2 zu verwirklichen, auch wenn genormte oder zugelassene Lager verwendet werden.

Den Unterschied zwischen beiden Lagerungsklassen kann man deutlich erkennen bei der Ausbildung von Pendelstützen [3]:

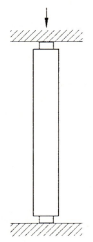 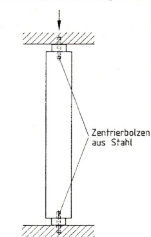

Lagerungsklasse 1
(ohne Berücksichtigung der Rückstellkräfte unstabil!)

Lagerungsklasse 2
(wenn Drehsteifigkeit vernachlässigt wird)

Die Tabelle 1, in der den Fugenausfüllungen statische Eigenschaften zugeordnet werden, ist neu. Sie ist das Ergebnis eines vom Institut für Bautechnik geförderten Forschungsvorhabens [4] und soll nur „rohe" Anhaltswerte liefern.

Zum Anwendungsbereich dieser Norm gehören die unbewehrten Elastomerlager, für die eine eigene Norm z. Z. erstellt wird. Gültig sind vorläufig noch für CR-Mischungen die ETB-Richtlinien und für andere Lager — z. B. EPDM-Lager — die entsprechenden Zulassungen.

Ein Sonderfall der Lagerung sind Stützenstöße. Der Einfluß von Elastomerlagern in Stützenstößen auf die Bemessung dieses Bereichs wurde erforscht. Das Ergebnis mit Bemessungsformeln wurde veröffentlicht [5]. Eine spezielle Normung ist bislang nicht vorgesehen.

Die Angaben zur Ebenheitstoleranz und zur Parallelitätsanforderung in Abschnitt 8.2 sind untermauert durch eine große Anzahl von Messungen, über die in [6] berichtet wird.

Internationale Patentklassifikation

E 04 B 1 – 36

DK 624.078.5 : 624.21/.9 : 69 : 620.1   DEUTSCHE NORM   Oktober 1987

Lager im Bauwesen
Transport, Zwischenlagerung und Einbau

DIN 4141 Teil 4

Structural bearings; transport, intermediate storing, installation
Appareils d'appui pour bâtiments; transport, entreposage intermédiare, montage

Zu den Normen der Reihe DIN 4141 „Lager im Bauwesen" gehören:

DIN 4141 Teil 1   Lager im Bauwesen; Allgemeine Regelungen
DIN 4141 Teil 2   Lager im Bauwesen; Lagerung für Ingenieurbauwerke im Zuge von Verkehrswegen (Brücken)
DIN 4141 Teil 3   Lager im Bauwesen; Lagerung für Hochbauten
DIN 4141 Teil 4   Lager im Bauwesen; Transport, Zwischenlagerung und Einbau
DIN 4141 Teil 14 Lager im Bauwesen; Bewehrte Elastomerlager, Bauliche Durchbildung und Bemessung
Folgeteile in Vorbereitung

Inhalt

	Seite		Seite
1 Anwendungsbereich	1	**5 Protokolle**	2
2 Allgemeine Anforderungen	1	5.1 Vor dem Einbau	2
3 Prüfung nach der Anlieferung	1	5.2 Einbau	3
4 Einbau	2	5.3 Freisetzen	3
4.1 Allgemeines	2	5.4 Vorübergehende Festpunkte	3
4.2 Aufsetzen des Lagers auf den Unterbau	2	**6 Abschließende Arbeiten**	3
4.3 Aufbringen des Überbaues bzw. des oben befindlichen Bauteils auf das Lager	2	Muster Lagerprotokoll	4
4.4 Zwischenlagen für eine Höhenkorrektur	2	Zitierte Normen	6
4.5 Einbautoleranzen	2	Weitere Normen und andere Unterlagen	6
4.6 Mörtelfugen	2	Erläuterungen	6
4.7 Schalung für die Mörtelfugen	2		
4.8 Freisetzen	2		

1 Anwendungsbereich

Diese Norm gilt für Lager von Brücken und von damit hinsichtlich der Lagerung vergleichbaren Bauwerken nach DIN 4141 Teil 2 sowie für Lager der Lagerungsklasse 1 nach DIN 4141 Teil 3 für Hochbauten.

2 Allgemeine Anforderungen

Sofern in den Normen der Reihe DIN 4141, in bauaufsichtlichen Zulassungen oder seitens der Hersteller für den Transport, die Zwischenlagerung und den Einbau bestimmter Lager besondere Anweisungen bestehen, sind diese über die hier angegebenen Regelungen hinaus zu beachten.

Transport, Zwischenlagerung und Einbau von Lagern dürfen nur durch eigens dafür eingewiesene Fachleute erfolgen.

Die Lager sind pfleglich zu behandeln und vor Beschädigung, nicht planmäßiger Veränderung und Schmutz zu schützen. Sie sind nur an besonders dafür (gegebenenfalls vorübergehend) vorgesehenen Anschlagstellen zu fassen, zu heben und zu versetzen, falls das nicht von Hand geschehen kann. Der Lagerversetzplan nach DIN 4141 Teil 2/09.84, Abschnitt 6, erforderliche Zulassungen und besondere Anweisungen nach dem ersten Absatz müssen auf der Baustelle vorliegen.

3 Prüfung nach der Anlieferung

Vor dem Einbau ist auf der Baustelle der Liefer- bzw. Zusammenbau-Zustand der Lager (siehe DIN 4141 Teil 1/09.84, Abschnitt 7.3) zu überprüfen, dabei insbesondere:

– das Freisein von äußerlich erkennbaren Beschädigungen, insbesondere des Korrosionsschutzes (siehe DIN 4141 Teil 1/09.84, Abschnitt 7.4), gegebenenfalls Art, Ausmaß und Ausbesserungsmöglichkeiten von Schäden;
– die Sauberkeit;
– der planmäßige und feste Sitz der Hilfskonstruktionen (siehe DIN 4141 Teil 1/09.84, Abschnitt 7.3);
– die Übereinstimmung mit dem Lagerversetzplan und den Ausführungszeichnungen, soweit dies nicht ganz oder zum Teil durch Überwachung oder Abnahme gesichert ist, in jedem Fall jedoch
– die Kennzeichnung,
– die Meßflächen
– die gegebenenfalls geforderte Anzeigevorrichtung,
– die Größe und Richtung der Voreinstellung,
– die gegebenenfalls vorgesehene Nachstellmöglichkeit.

Fortsetzung Seite 2 bis 7

Normenausschuß Bauwesen (NABau) im DIN Deutsches Institut für Normung e.V.

Seite 2   DIN 4141 Teil 4

4 Einbau

4.1 Allgemeines

Veränderungen des Anlieferungszustandes dürfen nur in Sonderfällen, auf ausdrückliche Weisung nach Lagerversetzplan und nur von fachkundigen Beauftragten des Lagerherstellers oder von ihm dafür Unterwiesenen der bauausführenden Firma durchgeführt werden.

Bei Einbau des ersten Lagers seiner Art in einem Bauwerk soll eine Fachkraft des Lagerherstellers anwesend sein.

Die Lagereinstellung muß den beim Einbau erforderlichen Wert haben. Die Anzeigevorrichtung nach DIN 4141 Teil 1/ 09.84, Abschnitt 7.3, muß diesem Wert entsprechen.

Die Lager sind entsprechend dem Lagerversetzplan nach
- Positionsnummer,
- Richtung,
- Höhen-,
- Seiten- und
- Längenlage sowie
- sonstigen Bedingungen,

in der Regel allseits horizontal, nur in Sonderfällen den Angaben entsprechend geneigt, unter Beachtung der Toleranzen (siehe Abschnitt 4.5) einzubauen.

Alle für die Lagerung bedeutenden Gegebenheiten und Maßnahmen bei Einbau, Festsetzen und Freisetzen sowie bei Funktionsänderung des Lagers sind festzustellen. Hierzu gehören die ungefähre Bauwerkstemperatur, in Sonderfällen deren unterschiedliche Verteilung.

Nach Übernahme der Funktion durch das Lager sind diese Werte wieder zu überprüfen.

4.2 Aufsetzen des Lagers auf den Unterbau

Lager dürfen im allgemeinen nicht unmittelbar auf das darunter liegende Bauteil verlegt werden; vielmehr ist eine Mörtelausgleichsschicht zwischenzuschalten. Nur Elastomerlager dürfen lose auf eine Auflagerfläche verlegt werden und nur, wenn diese sauber, trocken, eben und allseits horizontal ist.

Das Lager ist auf Stellschrauben abzusetzen und mit deren Hilfe in die geforderte Lage zu bringen.

Das Lager darf
- auf ein zähplastisches, in der Mitte überhöhtes, Mörtelbett abgesetzt werden, so daß der überschüssige Mörtel allseits hervorquellen kann;
- mit hinreichend fließfähigem Mörtel untergossen oder unterpreßt werden; dabei ist auf gute Entlüftung zu achten;
- besonders bei großen Lagerplatten mit Mörtel unterstopft werden; dabei ist bei einer Seitenlänge $\geq$ 50 cm besondere Sorgfalt erforderlich.

In jedem Fall ist eine vollflächige Auflagerung herzustellen.

4.3 Aufbringen des Überbaues bzw. des oben befindlichen Bauteils auf das Lager

Ortbetonbauteile werden im allgemeinen unmittelbar auf die fertig verlegten Lager betoniert. Lageroberfläche und Bauteil sollen sich unmittelbar berühren. Das Zwischenlegen einer Folie ist unzulässig.

Fertigteile, Stahlbauteile und Überbauten, die zuvor örtlich hergestellt und anschließend eingeschoben oder eingehoben werden, sind zunächst auf Hilfsstützungen abzusetzen und dann mit den Lagern zu unterbauen. Der Zwischenraum zwischen Lageroberfläche in Sollstellung und Unterfläche des oberen Bauteils wird bei oben befindlichen Stahlbauteilen mit – erforderlichenfalls keiligen – Stahlblechen gefüttert, bei oben befindlichen Massivbauteilen mit einer Mörtelausgleichsschicht nach Abschnitt 4.2 gefüllt. Das unmittelbare Absetzen solcher Bauteile auf Lager ist nur in Ausnahmefällen gestattet, wenn sichergestellt ist, daß die Berührungsflächen nur innerhalb der Grenzabweichung von der Soll-Lage abweichen.

Das Schweißen und Brennschneiden am Lager ist nur in Sonderfällen gestattet. Es darf nur durch Fachleute des Lagerherstellers und ohne Beeinträchtigung wärmeempfindlicher Teile (z. B. Kunststoff, Korrosionsschutz und ähnliche) erfolgen.

4.4 Zwischenlagen für eine Höhenkorrektur

Hinweise hierzu enthält DIN 4141 Teil 1/09.84, Abschnitt 7.6.

4.5 Einbautoleranzen

Die Grenzabweichung von der Sollebene und der Sollparallelität ist abhängig von der Lagerart und ist den entsprechenden Normen der Reihe DIN 4141 zu entnehmen. Wenn diese Grenzwerte überschritten werden, ist nach DIN 4141 Teil 1/ 09.84, Abschnitt 3.2, Aufzählung b, letzter Absatz, zu verfahren.

4.6 Mörtelfugen

Die Mörtelfuge muß $\geq$ 2 cm dick sein.

Bei Mörtelfugen von 2 bis 5 cm Dicke muß der Mörtel eine solche Festigkeit haben, daß seine zulässige Beanspruchung unter Berücksichtigung der senkrechten **und** waagerechten Kräfte wenigstens der in der statischen Berechnung ausgewiesenen Beanspruchung, also gegebenenfalls der erhöhten zulässigen Teilflächenpressung nach DIN 1045, entspricht.

Die Festigkeit des Fugenmörtels ist durch Eignungsprüfung nach den einschlägigen Bestimmungen nachzuweisen.

Bei zementgebundenen Mörteln ist die benachbarte Betonfläche vor dem Einbau mit Wasser zu sättigen, damit kein Wasser entzogen wird; unmittelbar vor dem Einbau ist das nicht eingedrungene Wasser zu entfernen.

Reaktionsharzmörtel oder -verpreßstoff müssen hinsichtlich Festigkeit und Verformung dauerhaft sein.

Reaktionsharzmörtel darf nicht in unmittelbarer Berührung mit Elastomer stehen (siehe Erläuterungen).

Mörtelfugen dicker als 5 cm sind nach DIN 1045/12.78, Abschnitt 17.2, zu bemessen.

4.7 Schalung für die Mörtelfugen

Die Schalung darf erst nach ausreichender Erhärtung des Mörtels entfernt werden. Dies muß jedoch vor dem Freisetzen des vom Lager getragenen Bauteils restlos erfolgt sein und darf nicht durch Ausbrennen geschehen.

4.8 Freisetzen

Das Freisetzen des Bauwerks auf die Lager und deren Inbetriebnahme erfolgt nach Plan und Anweisung, welche die Ausführungsunterlagen enthalten müssen.

Erst wenn der Mörtel der Zwischenschicht(en) ausreichend erhärtet ist, sind die Stellschrauben zu entlasten.

5 Protokolle

Über die Festlegungen, Prüfungen und deren Ergebnisse nach den Abschnitten 3, 4 und 5.1 bis 5.4 sind Protokolle (siehe Muster) zu fertigen.

5.1 Vor dem Einbau

Alle Ergebnisse der Prüfungen nach Abschnitt 3.

5.2 Einbau

- Tag und Stunde des Einbaus,
- Bauwerkstemperatur nach Abschnitt 4.1,
- Voreinstellung des Lagers (Größe und Richtung),
- Lage des Lagers zum Überbau/Unterbau und zu den Achsen,
- Zustand des Lagers einschließlich seines Korrosionsschutzes,
- gegebenenfalls Änderung der Voreinstellung,
- Unverrückbarkeit der Hilfskonstruktion,
- Zustand der Auflagerbank und des Lagersockels,
- Zusammensetzung und Eignungsprüfung des Fugenmörtels.

5.3 Freisetzen

Im selben Protokoll ist festzuhalten, ob die Lager nach dem Erhärten der Mörtelfugen und Lösen der Hilfskonstruktionen (siehe Abschnitt 4.8) in sich und zur Horizontalen ihre Lage behalten bzw. den planmäßigen Wert angenommen haben. Die zu diesem Zeitpunkt vorhandenen ungefähren Bauwerkstemperaturen, die Lagerstellung sowie Tag und Stunde sind im Protokoll zu vermerken.

5.4 Vorübergehende Festpunkte

Werden bewegliche Lager zunächst als Festlager eingebaut, so müssen zum Zeitpunkt des Lösens dieser Lager weitere Messungen nach Abschnitt 5.2 erfolgen und protokolliert werden.

6 Abschließende Arbeiten

Durch gegebenenfalls noch auszuführende Korrosionsschutzarbeiten darf die Funktion des Lagers nicht beeinträchtigt werden.

Schutzvorrichtungen für die Lager müssen leicht lösbar und wieder anbringbar sein.

Die Ansatzpunkte für die Pressen zum Entlasten der Lager, die erforderlichen Pressenkräfte und die Aufbewahrungsorte von gegebenenfalls für das Auswechseln benötigter Sonderteile müssen in Lagernähe an den entsprechenden Stellen und im Bauwerksbuch vermerkt werden.

5.2 Lagernorm DIN 4141

DIN 4141 Teil 4   Seite 4

Muster

Lagerprotokoll

Dieses Muster eines Lagerprotokolls enthält zwar die im Regelfall als unverzichtbar angesehenen Protokollpunkte, muß aber nicht vollständig sein hinsichtlich der zu überprüfenden und eventuell zu protokollierenden Merkmale (siehe Abschnitt 5).

Bauwerk (Bezeichnung, Lage): _____

Bauweise des Bauwerks: _____

Auftraggeber: _____

_____

Auftragnehmer: _____

_____

Lagerart nach Zulassung bzw. Normen der Reihe DIN 4141: _____

Hersteller/Auftrag-Nr: _____

Zulassungs-Nr: _____   Geltungsdauer bis: _____

Fremdüberwacher: _____

Lagerungsplan- bzw. Lagerversetzplan-Nr: _____

		1		2	3	4	5
1		Einbauort (Stützungs-Nr/Lager-Nr/Lage) nach Plan					
2		Lagertyp (Kurzzeichen)					
3		Auflast F_z in kN					
4		Horizontalkräfte F_x/F_y in kN					
5		rechnerischer Verschiebeweg*) in mm	$e_x \pm$				
			$e_y \pm$				
6		Voreinstellung*) in mm	e_{vx}				
			e_{vy}				
7	vor dem Einbau	Zeichnungs-Nr/Blatt-Nr					
8		Datum der Anlieferung					
9		ordnungsgemäß abgeladen, auf Kanthölzern gelagert und abgedeckt					
10		Ort der Kennzeichnung					
11		Anzeigevorrichtung vorhanden					
12		Sauberkeit und Korrosionsschutz					
13		Planmäßiger und fester Sitz der Arretierung					
14		Sauberkeit der Mörtelkontaktflächen					
15		Dicke der Mörtelfuge in mm	oben				
		(u): unbewehrt, (b): bewehrt	unten				
16		Fabrikat des Mörtels mit Angabe der Eignungsprüfung					

*) Fußnote siehe Seite 5

DIN 4141 Teil 4 Seite 5

(Fortsetzung)

		1	2	3	4	5
17	vor dem Einbau	Einbringungsart des Mörtels				
18	Einbau	Datum/Uhrzeit				
19		Bauwerkstemperatur in °C				
20		Richtung*) und Größe der Voreinstellung nach Plan und Kennzeichnung				
21		Abweichung von der Horizontalen in mm/m, festgestellt an den Meßflächen				
22		Sauberkeit und Korrosionsschutz				
23	Funktionsbeginn	Datum/Uhrzeit				
24		Bauwerkstemperatur in °C				
25		Arretierung gelöst/entfernt				
26		Sauberkeit und Korrosionsschutz				
27		Abweichung von der Horizontalen in mm/m, festgestellt an den Meßflächen				
28		Nullmessung in mm Höchstwerte/Mindestwerte — Verschiebung				
		Gleitspalt				
		Kippspalt				
29		Bemerkungen bzw. Hinweise z. B. über besondere Einbauanweisung, Bauzustände, vorübergehende Festpunktänderung				

*) Positives Vorzeichen bedeutet vom Festpunkt weg.

aufgestellt:

Ort

Datum

Auftragnehmer

gesehen:

Ort

Datum

Auftraggeber

5.2 Lagernorm DIN 4141

Seite 6 DIN 4141 Teil 4

Zitierte Normen

DIN 1045 Beton und Stahlbeton; Bemessung und Ausführung

Normen der Reihe DIN 4141 Lager im Bauwesen
DIN 4141 Teil 1 Lager im Bauwesen; Allgemeine Regelungen
DIN 4141 Teil 2 Lager im Bauwesen; Lagerung für Ingenieurbauwerke im Zuge von Verkehrswegen (Brücken)
DIN 4141 Teil 3 Lager im Bauwesen; Lagerung für Hochbauten

Weitere Normen und andere Unterlagen

DIN 1076 Ingenieurbauwerke im Zuge von Straßen und Wegen; Überwachung und Prüfung
DIN 4141 Teil 14 Lager im Bauwesen; Bewehrte Elastomerlager, Bauliche Durchbildung und Bemessung
DS 804*) Vorschrift für Eisenbahnbrücken und sonstige Ingenieurbauwerke (VEI)

Erläuterungen

Zu Abschnitt 1
Für die Vergleichbarkeit eines Bauwerks mit Brücken gibt es verschiedene Gesichtspunkte, so z. B. den baulichen Schwierigkeitsgrad, die Art der Belastung oder anderes. Hier kommt es nur auf die Vergleichbarkeit hinsichtlich der Lagerung an, wie sie in DIN 4141 Teil 2/09.84, Abschnitt 2, beschrieben ist.

Zu Abschnitt 2
Für bestimmte Lagerarten können aufgrund ihrer baulichen Durchbildung, der verwendeten Baustoffe oder anderem zusätzlich spezielle Anforderungen für Transport, Zwischenlagerung oder Einbau bestehen. Sie sind im Interesse der Übersichtlichkeit und wegen ihrer nicht allgemeinen Verbindlichkeit in dem Wortlaut der vorliegenden Norm DIN 4141 Teil 4 weggelassen, müssen aber fallweise beachtet werden.
Um Mängel und Schäden an den zum Teil empfindlichen Lagern und bei deren späterer Funktion infolge unsachgemäßer Ausführung der hier behandelten Arbeiten zu vermeiden, muß gefordert werden, daß diese Arbeiten nur von „eigens dafür eingewiesenen Fachleuten" ausgeführt werden; darin ist eingeschlossen, daß die Anforderungen an diese Fachleute sich natürlich nach dem Empfindlichkeits- und Schwierigkeitsgrad der Aufgabe richten: Einfachere Aufgaben stellen auch geringere Anforderungen. Die Grundsätze für die sachgemäße Handhabung und Lagerung werden ausdrücklich aufgeführt, um den dabei Tätigen und dafür Verantwortlichen die Bedeutung vor Augen zu führen.
Der Lagerversetzplan, erforderliche Zulassungen, Einbauvorschriften und gegebenenfalls besondere Anweisungen müssen bereits **vor** der Anlieferung der Lager auf der Baustelle vorliegen, damit die Prüfung und weitere Handhabung nach der Anlieferung sachgemäß und rechtzeitig erfolgen kann.

Zu Abschnitt 3
Die geforderten Prüfungen bedürfen eines gewissen Zeitaufwandes und müssen daher mit den übrigen Aufgaben der dafür Zuständigen in zeitlichem Einklang stehen. Daher wird der Zeitraum für diese Prüfung eingegrenzt zwischen „nach der Anlieferung" und „vor dem Einbau" und nicht etwa die Prüfung „bei Anlieferung" verlangt. Es ist vertragliche Sache der Beteiligten, gegebenenfalls den Prüfungszeitpunkt zu vereinbaren.
Die Prüfungen sollen sicherstellen, daß die vorgesehenen Lager in mängelfreiem Zustand zum Einbau bereitstehen.
Die Aufzählung der Prüfungen soll ihre vollständige Durchführung sichern helfen. Damit wird auch gleichzeitig die Beweissicherung veranlaßt und die Grundlage für eine Instandsetzung gegeben, wenn ausnahmsweise doch Mängel vorhanden sind. Die Aufzählung ist nur für den Regelfall vollständig; besondere Verhältnisse und Lagerarten können weitere Prüfungen erfordern.

Die Protokollierung der Prüfungen und ihrer Ergebnisse wird in Abschnitt 5 gefordert.

Zu Abschnitt 4
Die Protokollierung der Festlegungen, Maßnahmen, Daten, Prüfungen und deren Ergebnisse wird in Abschnitt 5 gefordert.

Zu Abschnitt 4.1
Eine Veränderung des Anlieferungszustandes (sogar wenn bei der vorbeschriebenen Prüfung eine Veränderung als notwendig befunden wurde) kann die Ursache für (neue) Mängel werden und soll daher auf das Notwendige oder den Fall deutlicher technischer oder wirtschaftlicher Vorteile eingeschränkt bleiben; außerdem ist äußerste Sorgfalt geboten.
Da die Erfahrung gezeigt hat, daß beim Einbau doch Fehler vorkommen, erscheint es insgesamt wirtschaftlicher, beim Einbau den Aufwand zu verstärken, um so später wesentlich größere Aufwendungen für möglicherweise erforderliche Korrekturen und Instandsetzungen zu vermeiden. Dem soll dienen, daß beim Einbau des ersten Lagers seiner Art bei einem Bauwerk eine Fachkraft des Lagerherstellers zugegen ist; erfahrungsgemäß gehen dann die späteren Wiederholungen einer Arbeit leichter und besser von der Hand. Bei dieser Aufforderung ist je nach Schwierigkeitsgrad die Verhältnismäßigkeit zu beachten.
Auch um Einbaufehler zu vermeiden, werden die wichtigsten Gesichtspunkte aufgeführt, die beim Einbau beachtet werden müssen.
Die Temperatur ist in einem Bauwerk praktisch immer als instationäres nichtlineares Temperaturfeld verteilt. Für die rechnerische Ermittlung des Temperatureinflusses kann ersatzweise ein gleichmäßiges oder ein ungleichmäßiges lineares Temperaturfeld angesetzt werden, das instationär, also zeitabhängig die vollständig gleichen Verformungen des Bauwerks hervorruft wie das tatsächliche Temperaturfeld, und zwar genau genommen im Überbau und Unterbau einschließlich der Gründung. Die Temperaturfelder der Unterbauten sind meistens nur bei hohen schlanken Pfeilern, bei der Gründung gar nicht von Belang. So sind also im allgemeinen nur die Temperaturfelder der Überbauten von Bedeutung. Die Messung der Temperaturen in einem solchen Feld ist sehr schwierig, die Umrechnung auf das einem ungleichmäßigen hinsichtlich der Verformung gleichwertigen gleichmäßigen oder nichtgleichmäßig linearen Temperaturfeld **sehr** aufwendig. Baupraktisch läuft daher die gestellte

---
*) Zu beziehen bei der
Drucksachenverwaltung der Deutschen Bundesbahn,
Stuttgarter Straße 61, 7500 Karlsruhe

Aufforderung auf die ungefähre Ermittlung der ungefähren Überbautemperatur hinaus. Bei deutlichen Unterschieden zwischen den Temperaturen der Bauteile des Überbaus müssen die Temperaturen mit einer möglichst gut angesetzten Oberflächenmessung (Prüffehler vermeiden!) an den repräsentativen Orten des Überbaus (Fahrbahnplattenoberfläche, Fahrbahnplattenunterfläche, Stegseitenflächen (außen, innen), Stegunterflächen und Bodenplattenunterflächen) bestimmt werden.

Zu den Abschnitten 4.2 bis 4.8

Die Arbeitsgänge und die gegebenenfalls dafür unterschiedlichen wichtigsten Möglichkeiten sowie die zugehörigen Anforderungen werden angegeben; deren Gründe sind wohl durchweg aus dem Sachverhalt her einsehbar.

Bei unmittelbarem Absetzen der Bauteile auf ein Lager kommt es darauf an, daß die Endwinkelverdrehung schon vor dem Aufsetzen der Bauteilunterfläche auf das Lager den nach dem Absetzen der Last vorhandenen Wert angenommen hat; dies ist im allgemeinen nur durch eine vorübergehende Stützung in unmittelbarer Nähe des Lagers zu erreichen.

Bei bewehrten Elastomerlagern ist nach DIN 4141 Teil 14 das Schweißen an den Deckblechen verboten.

Für Reaktionsharzmörtel können heute noch keine allgemein gültigen Regelungen angegeben werden. Hinsichtlich der Dauerhaftigkeit in Bezug auf Festigkeit und Verformung (beides in ihrem zeitlichen Verlauf) und hinsichtlich von Eignungsprüfungen muß man das Bestmögliche nach dem jeweiligen Stand der Technik anstreben. Das Verbot einer unmittelbaren Berührung mit dem Elastomer ist erforderlich, um ein unbeabsichtigtes Gleiten in dieser Fuge zu verhindern. Eine unmittelbare Berührung ist nicht gegeben, wenn die Mörteloberfläche z. B. nach dem Gelieren und vor Beendigung des Erhärtungsvorgangs mit Quarz- oder Korundsand der Körnung 0,5 mm/1,0 mm abgestreut wird.

Zu Abschnitt 5

Das Lagerprotokoll ist nur ein Muster, es kann nach Bedarf und Wunsch abgewandelt werden. Beigefügt wurde es, um den Benutzer dem Zwang zu entheben, selbst von Grund auf ein solches Lagerprotokoll zu entwickeln.

Als Gründe für die Protokollführung ergeben sich nach den Erläuterungen zu Abschnitt 3 die Sicherung der vollständigen Durchführung der Prüfung und die gegebenenfalls erforderliche Beweissicherung. Diese Gründe gelten auch für die Protokolle über die Arbeiten nach Abschnitt 4. Außerdem haben diese Protokolle den Zweck, die Ausgangswerte für die spätere Überpüfung des Lagerverhaltens zu liefern. Sie ermöglichen die Beurteilung, ob das Lager sich planmäßig oder anders als erwartet verhält, und erleichtern, die Gründe für etwaige Abweichungen zu erkennen, so daß sie abgestellt werden können. Damit schaffen die Protokolle eine wesentliche Voraussetzung für einen Teil der Aufgaben nach DIN 1076 bzw. DS 804; für die hinsichtlich der Lagerung mit Brücken vergleichbaren Bauwerke fehlen zwar solche Regelungen, sie sind aber aus diesen beiden Regelwerken sinngemäß ableitbar, und damit dienen die Protokolle bei diesen Bauwerken den entsprechenden Aufgaben.

Wegen dieser Verwendung der Protokolle wurden dorthinein Angaben übernommen, die aus den Ausführungsunterlagen zu entnehmen sind. Damit soll die Notwendigkeit entfallen, sich für die Lagerarbeiten die entsprechenden Angaben aus verschiedenen Unterlagen zusammensuchen zu müssen. Vielmehr hat man mit dem jeweiligen Lagerversetzplan sowie mit einer gegebenenfalls erforderlichen Zulassung und zusätzlichen besonderen Anweisungen alle zum Einbau notwendigen Unterlagen am Einbauort und führt mit dem Protokoll das Feldbuch.

Natürlich richtet sich der Umfang des Protokolls nach Größe, Art und Bedeutung des Bauwerks.

Das als Beispiel angegebene Lagerprotokoll ist nicht etwa zu umfangreich: Die Eintragungen erfolgen zeitlich immer nur abschnittsweise. Die Gliederung und Folge entsprechen dem Arbeitsablauf. Die „Checklisten"-Form erleichtert, nichts Wesentliches außer acht zu lassen. Alle Angaben in den Protokollen bezeichnen solche Sachverhalte, deren Kenntnis sich bei Überprüfungen, Klärung von Schadensursachen und Instandsetzungen von Lagern als wünschenswert erwiesen haben, die aber bisher nachträglich oft nur sehr schwer oder gar nicht ermittelt werden konnten. Sofern eine Abfrage nicht relevant ist, braucht das entsprechende Listenfeld nur einen Strich zu erhalten. Die letzte Zeile ermöglicht es, in besonderen Fällen ohne Einengung auf Erforderliches oder Bemerkenswertes einzugehen.

Zu Abschnitt 6

Hier haben die Erfahrungen bei der Überprüfung und Wartung von Lagern Pate gestanden.

Internationale Patentklassifikation

E 04 B 1/36
E 01 D 19/04
G 01 M 19/00

5.2 Lagernorm DIN 4141

DIN 4141, Teil 12 – Gleitlager (Entwurf)

Der Teil 12 der Lagernorm wurde als Entwurf („Gelbdruck") im Dezember 1991 veröffentlicht mit der Bitte an die Fachöffentlichkeit um Stellungnahme. Die beim DIN eingegangenen Stellungnahmen wurden beraten (Einspruchsverhandlung). Das Resultat der Beratung wäre normalerweise die endgültige Norm gewesen. Weil aber inzwischen die Bearbeitung einer europäischen Normung (CEN-Norm) mit gleichem Inhalt erfolgt (auf Vorschlag des italienischen Normungsinstituts), gibt das DIN keinen Weißdruck mehr heraus (Stillstandsvereinbarung). Statt dessen wurde im November 1994 ein zweiter Gelbdruck herausgegeben, der dem Ergebnis der Einspruchsverhandlung entspricht und somit den nationalen Stand der Technik der Gleitlager darstellt. Der Inhalt, der im übrigen auch mit den entsprechenden Zulassungen des Deutschen Instituts für Bautechnik abgestimmt ist, wird nachfolgend mitgeteilt. (Der 2. Entwurf kann beim Beuth-Verlag, Berlin, bezogen werden.)

Die praktische Konsequenz für die Fachwelt ist, daß zunächst – bis die europäische Norm zur Verfügung steht – weiterhin für die Gleitlager eine allgemeine bauaufsichtliche Zulassung vorliegen muß, siehe Kapitel 6.

Auszüge aus: DIN 4141, Teil 12 (2. Normenentwurf)

Gleitlager für den endgültigen Zustand dürfen nicht als Hilfsmittel beim Taktschiebeverfahren verwendet werden.

Bei der Abstapelung von Unterstützungen – z.B. bei Verbundbrücken – sind Gleitlager erst **nach** Beendigung dieses Vorgangs einzubauen.

Begriff

Gleitlager sind Lager nach DIN 4141, Teil 1, bei denen mindestens eine Relativbewegung der durch das Lager verbundenen Bauteile durch Gleiten ermöglicht wird, wenn spezielle Gleitwerkstoffe verwendet werden.

Bauliche Durchbildung

Gleitlager müssen eine Gleitbewegung zwischen den beiden angeschlossenen Bauwerksteilen (z.B. Unterbau und Überbau) ermöglichen. Die Gleitbewegung erfolgt in einer Ebene (Gleitebene) oder – bei einem sogenannten Kalottenlager – in einem Ausschnitt einer Kugelfläche (Kalotte). Die Gleitungen in einer Ebene können – mittels Führungselemente – einachsig geführt – oder allseitig erfolgen. Sie müssen immer auch eine allseitige Kippung und eine Drehung um die Hochachse ermöglichen; diese Bewegung (Kippung und Drehung) erfolgt bei einem Kalottenlager durch die Gleitung in der Kalotte. Die Gleitbewegungen in einer Ebene können dauernd möglich oder zeitlich begrenzt sein (Erläuterungen: 1).

Tabelle 1
Gleitlager – Zusammenstellung (siehe DIN 4141, Teil 1/09.84, Tabelle 1) (siehe Erläuterungen)

Lager Nr	Symbol ⤷x y	Kurz-zeichen	Lagertyp und -funktion	nach Bild
4 5 6		VG1 VG2 VGE2	Verformungs-gleitlager	4 5; 6 7
7 8 9		P P1 P2	Kalotten-lager	8 10; 11 9
8 9		P1 P2	Topf-Gleitlager	13 12
8 9		P1 P2	Punktkipp-Gleitlager	14 15
14		H1	Horizontal-kraftlager	16

Tabelle 2
Formelzeichen

Formelzeichen	Bedeutung	Bemerkung
f	Reibungszahl	siehe Tabelle 6
h	Spalthöhe im unbelasteten Zustand	siehe Bild 1
t_p	Dicke der Gleitplatte	siehe Gleichung (7) und (10)
t_g	Dicke des Gleitwerkstoffs	siehe Bilder 1, 3
D_{LP}	Diagonale oder Durchmesser der Gleitplatte	siehe Bild 1
L	Durchmesser oder Diagonale der PTFE-Fläche	siehe Bild 1
θ	Auflagerdrehwinkel	siehe Tabelle 4
F_z	Last normal zur Lagerfuge (= Auflagerkraft)	siehe Tabelle 4
F_x, F_y	Lasten in x- bzw. in y-Richtung der Lagerebene	siehe Tabelle 4
σ	mittlere Pressung in der Gleitfläche	siehe Tabelle 6
a	Beiwert bei Punktkipplagern	siehe Tabelle 4
h_z	Hebelarm für Last in Lagerebene	siehe Tabelle 4 und Bilder 4, 7, 13, 15
r_D	Radius des Topfdeckels bzw. des Druckstücks	siehe Tabelle 4 und Bilder 4, 8, 13, 15
r_K	Krümmungsradius	siehe Bilder 8–11, 14–16

Die Gleitung erfolgt zwischen einer Fläche (Ebene oder Kalotte) aus dem eingelassenen Gleitwerkstoff PTFE und einem aufgeschweißten oder aufgeschraubten austenitischen Stahlblech oder einer hartverchromten stählernen Kalotte als Gegenwerkstoff. Die Flächen sind mit einem Silikonfett als Schmierstoff geschmiert. Außer den Führungsgleitflächen haben die Flächen des Gleitwerkstoffes für die dauerhafte Schmierung kalottenförmige Schmiertaschen zur Aufnahme eines Schmierstoffsvorrates. Der Gleitwerkstoff kann über oder unter der Gleitfläche liegen.

In einer Gleitfuge wirken

- Gleitwerkstoff
- Schmierstoff
- Gegenwerkstoff

zusammen, siehe Abschnitt „Baustoffe für die Gleitelemente".

Die PTFE-Gleitflächen mit planmäßigen ständigen Pressungen müssen entweder kreisförmig oder rechteckig sein. Diese Flächen dürfen z. B. für die Innenführung in zwei oder vier gleiche Teile geteilt sein (siehe Bild 1 und Bild 2).

Gleitwerkstoffe in Plattenform (einschließlich solcher für gekrümmte Gleitflächen) sind in einer stählernen Aufnahme einzulassen (siehe Bild 1). Vertikal angeordnete PTFE-Platten sind zusätzlich zu verkleben (Erläuterung: 2).

Die Gegenwerkstoff-Gleitflächen dürfen keine Beschichtung erhalten und müssen dauerhaft gegen Verschmutzung, z. B. durch Faltenbalgen, die horizontal unter der ebenen Gleitfläche angeordnet sind, geschützt werden, wobei eine mögliche Kondenswasseransammlung zu vermeiden ist. Der Gleitflächenschutz muß zur Kontrolle und Wartung der Lager leicht lösbar und ebenso leicht wieder anzubringen sein (Erläuterung: 3).

Bei untenliegenden Gleitflächen (z. B. bei Stahlbrücken) gilt die Regel sinngemäß.

Gleitwerkstoffe und Gegenwerkstoffe müssen auswechselbar sein. Die Auswechslung muß am ausgebauten Lager erfolgen (Erläuterung: 4).

Baustoff Stahl und Elastomer

Es dürfen nur Stähle mit einem Abnahmeprüfzeugnis B nach DIN 50049 zum Einsatz gelangen.

Für die Gleitplatte, die PTFE-Aufnahme, die Führungsleisten und die Ankerplatte ist Stahl Fe 360 B oder Fe 510 D1 nach DIN EN 10025 zu verwenden, für angeschraubte Führungsleisten darf auch Vergütungsstahl 1 C 45 nach DIN EN 10 083 Teil 2 genommen werden. Für Kippteile aus bewehrtem Elastomer sind die in DIN 4141, Teil 14 geregelten Elastomerlager zu verwenden. Kippteile für Topfgleitlager bedürfen eines besonderen Nachweises (Erläuterung: 5).

Für Kopfbolzen ist Stahl nach DIN 32 500, Teil 3, zu verwenden.

Baustoffe für die Gleitelemente

Allgemeines
Die Baustoffe für die Gleitelemente sind in Tabelle 3 angegeben. Die gleichbleibende Qualität der Produkte ist durch eine Güteüberwachung nach Abschnitt 8 nachzuweisen.

Gleitwerkstoff
Die Dicke t_g der PTFE-Platten ist in Tabelle 7 angegeben.

Maße nach Tabelle 5 und Bild 1 und Bild 3.

Tabelle 3
Baustoffe für die Gleitelemente

1	Gleitwerkstoff	Polytetrafluorethylen (PTFE) weiß ohne Regenerate oder Füllstoffe, freigesintert, nicht nachverdichtet. Mehrschicht-Werkstoff P 1*) in Anlehnung an DIN 1494, Teil 4
2	Schmierstoff	Schmierfett K nach DIN 51 825
3	Gegenwerkstoff	mindestens 1,5 mm dickes austenitisches Stahlblech aus X5 CrNiMo 17 122 (Werkstoffnr. 1.4401) nach DIN 17 441. Hartchrom (nur in der gekrümmten Fläche von Kalottenlagern)

*) Der Mehrschicht-Werkstoff ist für Führungen geeignet, wenn durch die Bauart des Lagers sichergestellt ist, daß Verdrehungen θ_z ohne nennenswerte Zwängungen vom Lager aufgenommen werden können.

Schmierstoff
Der Schmierstoff muß seine Wirksamkeit innerhalb der für das Bauwerk zu erwartenden Temperaturen beibehalten. Er darf weder verharzen noch die Werkstoffe an der Gleitfläche angreifen.

Gegenwerkstoff
Es ist austenitisches Stahlblech in Ausführungsart n (III c) nach DIN 17 441/07.85, Tabelle 8, zu verwenden. Es ist gleitseitig durch Schleifen und erforderlichenfalls durch abschließendes Polieren mit mechanisch geführten Maschinen nachzubehandeln. Die gemittelte Rauhtiefe R_z darf 1 μm (5 μm für Lager nach Bild 5) nicht überschreiten. Das austenitische Gleitblech ist mit der stählernen Gleitplatte (Trägerplatte) durch Schweißen mit durchgehender Naht oder Verschraubung mit Schrauben der Stahlgruppe A 4 nach DIN ISO 3506 schubfest zu verbinden. Bei einer Verschraubung des Blechs mit der Trägerplatte ist die Kontaktfläche dieser Platte vor Korrosion zu schützen. Die Oberflächenhärte muß 150 bis 220 HV 1 aufweisen. Die fertig bearbeitete Gleitfläche ist bis zum Zusammenbau des Lagers mit einer Folie gegen Beschädigung zu schützen.

Die Dicke der Hartchromschicht (siehe Tabelle 3, Zeile 3) muß mindestens 100 μm betragen und darf keine durchgehenden Poren und keine durchgehenden Risse aufweisen. Die gemittelte Rauhtiefe R_z darf 3 μm nicht überschreiten.

Zulässige Beanspruchungen und statischer Nachweis

Pressungen
Bei der Ermittlung der Pressungen in den Gleitflächen ist die Exzentrizität der Auflagerkraft zu berücksichtigen. Bei planmäßig zentrischer Anordnung von Kippteil und Gleitteil entsteht die Exzentrizität durch Einbauungenauigkeiten, durch Bewegungen zwischen Überbau und Unterbau und durch die Kräfte F_x und F_y, die gegenüber

der Gleitebene einen Versatz haben. In Tabelle 4 sind Angaben über die zu berücksichtigenden Teile in Abhängigkeit von der Bauart für die Druckflächen (Zeilen 1 bis 4) zusammengestellt. Weitere Einflüsse sind gegebenenfalls zu berücksichtigen.

Siehe auch DIN 4141, Teil 1/09.84, Abschnitt 4 (Erläuterung: 6).

Bei Anwendung der Tabelle 5 sind die Nachweise für σ_{min} mit den für den Lagesicherheitsnachweis z. B. nach DIN 1072 und

Tabelle 4
Rückstellmomente in den Druckflächen[1)]

	Lagerart	Bild-Nr.	Primärursache	Formel
1	VG1, VG2, VGE2	4–7	Verdrehung	$M\,(\theta)$[2)]
			Horizontalkraft[3)]	$F_y\,(h_z + f_K \cdot r_D)$[4)]
2	Kalottenlager	8–11	ständige Verdrehung θ_g[5)]	$r_K \cdot \theta_g \cdot F_z$
			Reibung[6)]	$r_K \cdot \max f_u \cdot F_z$
3	Topflager	12, 13	Verdrehung	$M\,(\theta, F_z)$[7)]
			Horizontalkraft[3)]	$F_y\,(h_z + f_K \cdot r_D)$[4)]
4	Punktkipplager	14, 15	ständige Verdrehung θ_g[5)]	$r_K \cdot \theta_g \cdot F_z$
			nicht ständige Verdrehung θ_p	$(1 + a) \cdot r_K \cdot \theta_p \cdot F_z$[8)]
			Horizontalkraft[3)]	$F_y\,(h_z + f_K \cdot r_D)$[4)9)]

[1)] Es handelt sich hierbei um die mit Schmiertaschen ausgebildeten Gleitflächen, für die nach Tabelle 5 Randpressungen nachzuweisen sind. Angenommen wurde eine planmäßig horizontale Lage und – bei einachsig verschiebbaren Lagern – eine Beweglichkeit in x-Richtung. Andere Verhältnisse sind entsprechend zu berücksichtigen. Inwieweit die Einflüsse für den Nachweis in einer PTFE-Fläche zu berücksichtigen sind, hängt von den speziellen konstruktiven Gegebenheiten ab und wird hier nicht im einzelnen geregelt.
[2)] Siehe DIN 4141, Teil 14/09.85, Gleichung (10), (11).
[3)] Entfällt bei allseitig beweglichen Lagern.
[4)] f_K ist die Reibungszahl Stahl/Stahl in der die Kraft übertragenden Kontaktfläche des Kippteils. Abweichend von Tabelle 6 darf wegen der geringen Wahrscheinlichkeit gleichzeitiger Wirkungen $f_K = 0{,}2$ angenommen werden, wenn das Rückstellmoment aus der Verdrehung größer ist als das infolge Horizontalkraft.
[5)] θ_g ist die dauernde Abweichung von einer zentrisch angenommenen Ausgangslage. Durch Voreinstellung läßt sich dieser Anteil des Rückstellmoments reduzieren.
[6)] Bei der Verdrehung aus Verkehrsbelastung wirken die Einflüsse aus Reibung und Verdrehungswinkel gegenläufig, so daß nur der größere von beiden – das ist in baupraktischen Fällen die Reibung – zu berücksichtigen ist.
[7)] M ist durch Versuche unter Berücksichtigung der Einflüsse Temperatur, Schmierung, Belastungsgeschwindigkeit, Geometrie und Pressung zu bestimmen, vergleiche Erläuterungen.
[8)] Zusätzlich zur geometrisch bedingten Exzentrizität entsteht bei der Verdrehung durch plastische Verformung in der Kontaktfläche ein Widerstand, der abhängig ist von der Höhe der Hertz'schen Pressung und der mit dem Beiwert a zu berücksichtigen ist. Bleibt die Hertz'sche Pressung im elastischen Bereich, so kann $a = 0$ gesetzt werden.
[9)] Der Anteil $f_K \cdot r_D$ ist nur dann zu berücksichtigen, wenn die Horizontalkraft so groß ist, daß die Reibung in der Druckfläche überwunden wird. Sofern kein genauerer Nachweis erfolgt, ist F_y in voller Größe zu berücksichtigen.

5.2 Lagernorm DIN 4141

Tabelle 5
Zulässige Pressungen in der Gleitfläche (Erläuterungen: 8).

Belastung	Pressung	Druckflächen siehe Bild 1 $L \geq$ 75 mm $\leq$ 1500 mm	Führungsflächen	
			P 1 mindestens 10 mm breit 2,5 mm dick	PTFE einmalig geschmiert Länge : Breite $\leq$ 25 Mindestmaße siehe Bild 2 Mindestdicke 5,5 mm
		Zulässige Pressung in N/mm²		
Lastfall I: (ständige und nicht kurzzeitig wirkende Last)[1]	mittlere Pressung	$\leq$ 30	$\leq$ 100[2]	$\leq$ 5[2]
	Randpressung	$\leq$ 40	entfällt	entfällt
Lastfall II: (sämtliche Lasten bzw. Maximalbelastung)	mittlere Pressung	$\leq$ 45	$\leq$ 100	$\leq$ 45
	Randpressung	$\geq$ 0 $\leq$ 60	entfällt	entfällt

[1] Z. B. Eigenlast, Vorspannung, Schwinden, Kriechen, Temperatur, wahrscheinliche Baugrundbewegung.
[2] Nur für Pressung aus Zwang, planmäßig dürfen Führungsflächen nicht ständige Lasten übertragen.

den in den Regelungen nach DIN 4141, Teil 1/09.84, Abschnitt 4, angegebenen Erhöhungsfaktoren durchzuführen.

Die Nachweise in den Gleitflächen sind in allen Lastfällen (LF I, LF II, LF min. F_z) mit den zugehörigen Schnittkräften bzw. Schnittgrößen zu führen. Es sind möglichst gleichmäßige Pressungen anzustreben, und in den PTFE-Gleitflächen dürfen rechnerisch keine klaffenden Fugen auftreten.

Reibungswiderstände
Die für die Bemessungen der dem Gleitlager zugehörigen Bauteile zu verwendenden Reibungszahlen sind in Tabelle 6 zusammengestellt.

Zu den damit ermittelten Kräften in der Gleitebene sind die Kräfte, die durch Verdrehung der Gleitfläche (Kippen) gegen die planmäßige Ebene entstehen, zusätzlich zu berücksichtigen (Erläuterung: 7).

Für den statischen Nachweis von Bauzuständen in Bauzeiten, in denen ständige

Tabelle 6
Reibungszahlen
(siehe DIN 4141, Teil 1/09.84, Bild 1)

Werkstoff (siehe Tabelle 3 und Bilder 1 bis 3)	P 1 (nur für Führungsflächen)	PTFE einmalig geschmiert (nur für Führungsflächen oder nicht dauernd wirkende Gleitflächen)	PTFE mit gespeichertem Schmierstoff	Stahl/Stahl
	f_F	f_F	σ in N/mm²	f_S
Reibungszahl	0,2	0,08	$\max f_u = \dfrac{1,2}{10 + \sigma} \geq 0,03$	1,0

Temperaturen > 0°C zu erwarten sind, dürfen die festgelegten Werte max f_u auf ⅔ ermäßigt werden.

Die Rechenwerte gelten nicht für hochdynamische Beanspruchungen.

Stahlbauteile
Anstelle von genaueren Nachweisen ist für die den PTFE-Gleitflächen benachbarten stählernen Teile nachfolgender Verformungsnachweis zu führen, womit sich ein zusätzlicher Festigkeitsnachweis erübrigt. Im Bereich der PTFE-Gleitfläche ist die Relativverformung der Gleitplatte an der als Ebene anzunehmenden PTFE-Fläche begrenzt (Erläuterung: 9).

Es ist nachzuweisen

$$\Delta w_1 + \Delta w_2 \leq \Delta w \qquad (1)$$

Hierin bedeuten:

Δw_1 die Verformung der Platte, die dem anschließenden Beton des Über- oder Unterbaus zugewandt ist,

Δw_2 die Verformung der anderen, dem Lagermittelpunkt zugewandten Platte.

Die beiden Verformungsanteile sind nur dann zu berücksichtigen, wenn sie sich addieren. Bei gleichsinniger Verformung ist $\Delta w_2 = 0$ zu setzen.

Die zulässigen Verformungen errechnen sich nach Gleichung (2):

$$\Delta w = h\,(0{,}45 - 2\sqrt{h/L}) \qquad (2)$$

Es gilt für Kreisplatten:

$$\Delta w_1 = 0{,}55 \cdot \frac{1}{L} \cdot K_1 \cdot K_2 \cdot \alpha_{EF} \cdot \alpha_r \qquad (3)$$

mit

$$K_1 = 0{,}30 + 0{,}55\,\frac{D_{LP}}{L} \qquad (4)$$

$$K_2 = 1{,}1 + (1{,}7 - 0{,}85\,\frac{D_{LP}}{L})\,(2 - \frac{D_{LP}}{x}) \qquad (5)$$

jedoch mindestens $K_2 = 1{,}1$

$$\alpha_{EF} = (\frac{F_\infty}{E_{b,\infty}} + \frac{F_o}{E_{b,o}}) \qquad (6)$$

$$\alpha_r = (\frac{L}{L + 2\,tp})^2 \cdot (\frac{3 \cdot x}{D_{LP}})^{0{,}4} \qquad (7)$$

mit

x Bezugsdurchmesser = 300 mm,

F_o; F_∞ die Auflagerkräfte zum Zeitpunkt $t = 0$ (kurzzeitig wirkende Lasten) und $t = \infty$ (kriechererzeugende Dauerlasten) in kN,

$E_{b,o}$; $E_{b,\infty}$ die zu F_o, F_∞ gehörigen E-Module des Betons

Näherungsweise darf angenommen werden

$$E_{b,\infty} = ⅓ \cdot E_{b,o} \qquad (8)$$

Für Rechteckplatten mit den Abmessungen a und b, wobei $a \leq b$ ist, darf Gleichung (3) angenommen werden mit

$$D_{LP} = 1{,}13 \cdot a \qquad (9)$$

Bei Platten mit nicht konstanter Dicke ist für t_p ein mittlerer Wert einzusetzen. Für den konkaven Unterteil eines Kalottenlagers darf angenommen werden

$$t_p = min\ t_p + 0{,}6\ (max\ t_p - min\ t_p), \qquad (10)$$

wobei min t_p und max t_p die extremalen Plattendicken sind.

Für die Ermittlung von Δw_2 ist die Theorie elastischer Platten anzuwenden, wobei Rechteckplatten nach Gleichungen für Kreisplatten mit der gleichen Vereinfachung wie bei Δw_1 berechnet werden dürfen ($D_{LP} = 1{,}13 \times a$).

Die Verformung von Kalotten und von PTFE-Aufnahmen stählerner Punktkipp-Gleitlager darf Null gesetzt werden. Für andere Lager sind die Verformungen zu ermitteln. Dabei sind folgende Pressungsverteilungen anzunehmen:

a) Bei Topflagern:
   hydrostatischer Innendruck
b) Bei Elastomerlagern:

5.2 Lagernorm DIN 4141

Siehe DIN 4141, Teil 14/09.85, Abschnitt 5.2, letzter Satz.

c) In der PTFE-Fuge:
Entweder konstante Pressung oder folgende Pressungsverteilung:

Zu einem inneren konzentrischen Bereich mit 0,6 L als Durchmesser ein konstanter Druck von 61 % der mittleren Pressung, im äußeren Bereich ebenfalls konstanter Druck.
Dabei ist der ungünstigere Fall maßgebend.

Mit dem Nachweis der Verformung erübrigt sich ein Biegespannungsnachweis der Platten. Der Einfluß von Querschnittsschwächungen, z. B. durch eine Führungsnut, ist jedoch nachzuweisen.

Die Verankerung der Lagerplatten im Beton wird in einer in Vorbereitung befindlichen Norm geregelt.

Regelbauarten

Abweichungen
Eine Zusammenstellung der Regelbauarten enthalten die Bilder 4 bis 16. Lager, die nicht diesen Regelbauarten entsprechen, bedürfen, soweit sie sich nicht einer dieser Bauarten zuordnen lassen, hinsichtlich der Funktionsfähigkeit zusätzlicher, in dieser Norm nicht geregelter Nachweise.

Führung
Bei allen Lagerkonstruktionen – mit Ausnahme der Lager nach den Bildern 4 bis 10, hier ist nur PTFE zulässig – dürfen in den Führungsflächen sowohl PTFE als auch P1 als Gleitwerkstoff verwendet werden. Ebenso ist es zulässig, bei allen einachsig verschiebbaren Lagern – mit Ausnahme der Lagerarten nach den Bildern 10, 11 und 16, hier ist nur eine Außenführung möglich – sowohl eine Innen- als auch eine Außenführung anzuordnen.

Verankerung
Ankerplatten sind nicht dargestellt. Sie

Tabelle 7
Maße

Gegenstand	Maße
Gleitplattendicke (ebene Gleitplatte)	$t_p \geq D_{LP}/25$ ≥ 25 mm
Gleitwerkstoffdicke	$t_g \geq 2,2$ h ≤ 8 mm
Spalthöhe unbelastet nach Bild 1	$h = 1,75$ mm $+ L/1200$ mm ≥ 2 mm
nach Bild 2	$h = 2,5 \pm 0,2$ mm
Spalthöhentoleranz	$L \leq 1200$ mm $\pm 0,2$ mm
	$L > 1200$ mm $\pm 0,3$ mm

müssen mindestens 18 mm bzw. 0,02 D_{LP} dick sein und den gleichen Anforderungen an die Ebenheit genügen wie die Gleitplatte.

Die Befestigung ist so auszuführen, daß die Anforderung der Auswechselbarkeit nach DIN 4141, Teil 1/08.84, Abschnitt 7.5, erfüllt ist (siehe Erläuterungen: 10).

Maßanforderungen
Für Regelbauarten sind die Maße nach Tabelle 7 einzuhalten. Die Werte gelten für das unbelastete, beschichtete Lager. Die größte Unebenheit der Gleitplatte darf $0,0003 \cdot L$ nicht überschreiten.

Transport, Einbau und Kontrolle der Funktionsfähigkeit

Transport und Einbau
Die entsprechenden Anforderungen nach DIN 4141, Teil 4, sind zu beachten (Erläuterung: 11).
Zum Zeitpunkt der Belastung muß das Lager etwa den gleichen Temperaturen ausgesetzt sein wie zur Zeit des Einlegens der PTFE-Platte bei der Herstellung. Bei

zu erwartenden Abweichungen von mehr als 10 K sind unter Einschaltung eines Sachverständigen besondere Maßnahmen – z.B. Aufheizen des Lagers – zu treffen.

Einbauungenauigkeiten
Über die vom Lagerhersteller ausgewiesenen Meßflächen sind die Lager in der planmäßigen Neigung (in der Regel horizontal) auszurichten. Werden bei Funktionsbeginn Abweichungen über 5‰ festgestellt, so ist nachzuweisen, daß diese unschädlich sind (Erläuterung: 12).

Zustandskontrolle (Erläuterung: 13).
Der Zustand der eingebauten Gleitlager ist im fertigen Bauwerk regelmäßig zu kontrollieren. Dabei sind insbesondere die Größe des Gleitspaltes (verbliebene Spalthöhe), die Gleitfugen der seitlichen Führungen, der Zustand der freiliegenden Bereiche der ebenen Gleitfläche aus austenitischem Stahl, z.B. Ebenheitsabweichungen, Befestigungsmängel und Korrosionsschäden, zu prüfen und die Lagerstellung mit Angabe der ungefähren Bauwerks-Temperatur festzuhalten (siehe auch DIN 4141, Teil 4).

Bei einem an den Meßflächen festgestellten Gleitspalt > 1 mm ist ein Gleitlager im Hinblick auf horizontale Relativbewegungen als funktionstüchtig zu bezeichnen.

Liegt der Gleitspalt zwischen 0,5 und 1 mm, so ist das Lager anschließend einer jährlichen Kontrolle zu unterziehen.

Bei einem Gleitspalt < 0,5 mm und ≥ 0,2 mm ist der Zustand des Lagers genauer zu untersuchen und zu beurteilen. Dasselbe gilt bei Verwölbungen im Gleitblech in der Größenordnung von mehr als 1 mm.

In beiden letztgenannten Fällen ist das Lager in Kürze instand zu setzen. Bei einem Gleitspalt von weniger als 0,2 mm sind unverzüglich Instandsetzungsmaßnahmen einzuleiten.

Überwachung (Güteüberwachung), Kennzeichnung, Lieferschein
Für das Verfahren der Überwachung ist DIN 18 200 maßgebend, sofern im folgenden nichts anderes bestimmt wird.

Für Umfang, Art und Häufigkeit der Eigen- und Fremdüberwachung gilt folgendes:

Die Fremdüberwachung muß bei kontinuierlicher Fertigung mindestens viermal im Jahr erfolgen. Im Rahmen der Fremdüberwachung sind die Ergebnisse der Eigenüberwachung zu kontrollieren und Prüfungen an Stichproben durchzuführen. Die Fremdüberwachung ist von einer für diese Lager bauaufsichtlich anerkannten Prüfstelle[1] durchzuführen. Zu prüfen sind die in Tabelle 8 aufgeführten Eigenschaften.

Im Rahmen der Fremdüberwachung sind außerdem Modellager-Reibungsversuche mit aus der Produktion entnommenen Proben durchzuführen, wobei die Reibungszahlen 70 % der für die Bemessung angenommenen Werte bei der ersten Bewegung bei $-35°C$ nicht überschreiten dürfen. Diese Versuche sind durchzuführen bei einer Pressung von 30 N/mm^2 und einer Gleitwegsumme von 20 m.

Nachdem im Rahmen einer Erstprüfung die Eignung der zur Verwendung vorgesehenen Baustoffe nach Tabelle 3 festgestellt wurde, muß bei jeder neuen Charge diese Feststellung wiederholt werden. Dies darf vereinfachend dadurch erfolgen, daß die unveränderliche Qualität der „neuen" Charge eines Baustoffs unter Verwendung der zwei anderen Baustoffe aus „alten" Chargen mit einem von der fremdüberwachenden Stelle festzulegenden Gleittest nachgewiesen wird.

---
[1] Liste beim Deutschen Institut für Bautechnik, Berlin.

5.2 Lagernorm DIN 4141

Tabelle 8
Güteüberwachung

Prüfgegenstand	Eigenschaft	Prüfumfang
PTFE weiß freigesintertes Plattenmaterial	Maße und Form Größe und Anordnung der Schmiertaschen Dichte Reißfestigkeit Reißdehnung Kugeldruckhärte	jede Platte jede Platte je 200 kg Material 3 5 5 10 Eindrücke (3 Proben)
Austenitischer Stahl für Gleitblech	Ausführungsart Oberflächenbehandlung Dicke Rauhtiefe Kleinlasthärte	jedes Coil bzw. jede Blechlieferung
Hartverchromte Kalotten	Rauhtiefe Schichtdicke	jede Kalotte jede Kalotte
	Poren- und Rissefreiheit	Sichtprüfung jede Kalotte Ferroxyltest 1mal je Lieferung
Mehrschicht-werkstoff P 1	Gesamtdicke Deckschichtdicke (PTFE + Blei) Imprägnierungsgrad	jede Charge
Schmierstoff Siliconfett	Ruh- und Walkpenetration Tropfpunkt Ölabscheidung Oxidationsbeständigkeit Pourpoint des Grundöls IR-Spektrum	jede Charge
Lagerteile bzw. fertige Lager	Maße, Ebenheit, Schmiegung bei gekrümmten Flächen, Spalthöhe, Kippspalt, Funktionsfreiheit, Meßflächen, Korrosionsschutzdicke, Gleitflächenschutz, Typschild mit Bezeichnung, Voreinstellung, Anzeigevorrichtung, Beschriftung der Lageroberseite und einer vertikalen Seite	jedes Lager

Erläuterungen

1
Temporär wirksame Gleitteile haben den Vorteil, daß der sich über größere Zeiträume entwickelnde Verschleiß nicht berücksichtigt werden muß. Das Kippteil ist bei solchen Lagern stets ein Verformungslager.

Das Gleitteil solcher Lager dient am Anfang der Gebrauchszeit mit einer Dauer von 5 Jahren zum Ausgleich der gesamten horizontalen Bewegungen. Nach dieser Zeit, wenn die Bewegungen infolge Vorspannen, Schwinden und ca. 80 % des Kriechens abgeklungen sind, ist mit der Möglichkeit zu rechnen, daß das Gleitteil seine Funktionsfähigkeit verloren hat. Das Lager muß daher für die restlichen bzw. dauernd auftretenden Bewegungen als reines Verformungslager (Elastomer-Lager) bemessen sein.

Es ist jedoch stets zu berücksichtigen, daß das Lager auch über die vorgenannte Zeit hinaus als Gleitlager voll funktionsfähig sein kann. Für die Lagerung der Bauwerke gelten daher die gleichen Grundsätze wie für Gleitlager, das heißt z. B., daß äußere Kräfte in der Gleitebene zu keinem Zeitpunkt aufgenommen werden können, wenn nicht besondere Anschläge oder Führungen vorhanden sind.

2
Eine Alternative zu eingelassenen PTFE-Platten sind PTFE-Folien, die auf Elastomer aufvulkanisiert sind. Sofern dafür die gleichen Schmiertaschen vorgesehen werden, gelten die Regeln dieser Norm entsprechend (siehe Bild 5).

Verklebungen von PTFE mit Stahl sind als alleinige Befestigung unsicher und sollen deshalb nur als zusätzliche lagesichernde Maßnahme erfolgen.

3
Eine Kondenswasseransammlung wird vermieden, wenn die Gleitflächen nicht völlig abgedichtet werden.

Eine Belüftung wird ermöglicht, wenn die Abdichtung mit Faltenbalgen nur dort vorgenommen wird, wo die größeren Bewegungen auftreten. Dies ist in der Regel die Brückenlängsrichtung.

Schürzen können zum Schutz der Gleitflächen während des Transportes und Einbaus der Lager unten geschlossen sein. Nach Beendigung des Lagereinbaus sind die Schürzen nach unten wieder zu öffnen.

4
Die Notwendigkeit der Auswechselbarkeit betrifft alle Gleitwerkstoffe und Gegenwerkstoffe, bei einseitig beweglichen Lagern also auch die Führungsleisten und bei Führungslagern somit praktisch das gesamte Lager. Auch daraus kann sich die Notwendigkeit, Ankerplatten anzuordnen, ergeben.

5
Der „besondere Nachweis" bei Topflagern wird zur Zeit im Rahmen einer allgemeinen bauaufsichtlichen Zulassung erbracht.

6
Auch in den Führungsflächen können Exzentrizitäten auftreten:

a) Bei einer Verdrehung θ_z um die vertikale Lagerachse bei gleichzeitiger Kontaktpressung im Kippteil. Die Größe des Reibungsmomentes ist im wesentlichen von der Gleitpaarung (Korrosionsfestigkeit, Reibungszahl) in den Kontaktflächen der Kippteile abhängig (siehe Bilder 11; 13; 15; 16). Siehe auch Abschnitt 6.

b) Bei Anordnung von Kippleisten an den Führungsflächen aus θ_x (siehe Bilder 10; 11).

Zu Tabelle 4, 3. Zeile
Die Abhängigkeit des Rückstellmoments von der Pressung bzw. Auflast ist bei Topflagern – wie bei bewehrten Elastomerlagern – gering.

Der komplizierten Abhängigkeit von der Geometrie läßt sich auf der sicheren Seite

5.2 Lagernorm DIN 4141

liegend dadurch begegnen, daß man die Versuche mit der kleinsten Elastomerdicke bzw. dem kleinstzulässigen Verhältnis Dicke zu Durchmesser durchführt. Es verbleibt dann eine Abhängigkeit vom Durchmesser und ansonsten eine Beziehung der Form $M \sim K_0 + K_1 \cdot \theta_1 + K_2 \cdot \theta_2$, wobei der Drehwinkel θ_1 aus langsamer, der Drehwinkel θ_2 aus schneller Bewegung herrührt.

7
Reibungszahlen
In der Regel handelt es sich bei der in allgemeiner Form gehaltenen Formulierung um den Hinweis, daß Reibungszahl f und Verdrehung θ addiert werden müssen, um bei einem planmäßig horizontal liegenden Gleitlager die Horizontalkraft zu ermitteln, also z. B. $F_x = (f_u + \theta) \cdot F_z$.

8
Die Umstellung auf das künftige Sicherheitskonzept mit geteilten Sicherheitsfaktoren für Einwirkung und Widerstand wurde hier mit Rücksicht auf die aktuell noch gültigen nationalen geltenden Normen, z.B. für Brückenbauten, noch nicht vorgenommen. Der Nachweis der klaffenden Fuge ist dessen ungeachtet bereits seit Gültigkeit von DIN 4141, Teil 1, und DIN 1072 in der jetzigen Form mit Teilsicherheitsfaktoren durchzuführen. Eine Begrenzung der Randpressung bei Führungsflächen dient vor allem der Verhinderung des sogenannten „Schubladeneffekts".

9
Die Berechnung der Gleitplatte setzt die Kenntnis des E-Moduls des Betons zum Zeitpunkt $t = 0$ und $t = \infty$ voraus. Der E-Modul für $t = 0$ ist DIN 4227, Teil 1/07.88, Abschnitt 7.3, Tabelle 5 zu entnehmen.

Der Nachweis der Querzugspannungen und der Beton-Pressung σ_1 darf mit einer Teilfläche, die dem PTFE-Durchmesser zuzüglich der bis zu zweifachen Plattendicke entspricht, unter Annahme einer gleichmäßig verteilten Pressung geführt werden. Die Bemessung erfolgt nach anerkannten Regeln.

10
Die Festlegung korrespondiert mit Angaben „mindestens 20 mm dick", wenn die Bearbeitungstoleranz berücksichtigt wird.

11
Gleitlager müssen für die Zeiten des Transports und des Einbaus eine Sicherung gegen Verschieben der Gleitplatte und gegenseitiges Verdrehen der Lagerteile haben. Punktkipplager sind naturgemäß in letzterem Punkt besonders empfindlich.

12
Beim Einbau der Lager sind Ungenauigkeiten unvermeidlich (siehe hierzu DIN 4141, Teil 1/09,84, Abschnitt 3.2, und Erläuterungen hierzu). Neigungsfehler hieraus sind in den Reibungszahlen nach Tabelle 6 dieser Norm mit 5‰ berücksichtigt.

Zum Ausrichten und zur Kontrolle der Neigung der Gleitfläche sind nach DIN 4141, Teil 1/09.84, Abschnitt 7.3, für die dort erwähnten Lager Meßflächen vorzusehen. Grundsätzlich sind nur diese geeignete Anschlagstellen für Meßvorrichtungen. Als solche kommen nur Präzisionswasserwaagen mit tonnenförmig geschliffener Libelle bei einer Libellenteilung und Empfindlichkeitsangabe von weniger als 5‰ in Betracht.

Eine Neigungskontrolle an der Oberseite des zusammengebauten Lagers ist ausnahmsweise nur dann zulässig, wenn die Lageroberseite und alle Bauteile zwischen dieser und den Meßflächen planparallel bearbeitet sind und die Parallelität zwischen Meßflächen und der Oberfläche unmittelbar vor dem Versetzen überprüft wird. Auch hierbei ist eine Wasserwaage mit der vorgenannten Libellengenauigkeit erforderlich.

Übliche Baustellen-Wasserwaagen sind nicht geeignet!

Wird das Lager nicht vom Hersteller oder unter seiner Anleitung versetzt und sind die Meßflächen für den Anschlag einer Wasserwaage nicht geeignet, so muß die Lagerzeichnung oder die Einbauanweisung Hinweise auf geeignete Meßgeräte und den vorzunehmenden Meßvorgang enthalten.

Der im letzten Satz erwähnte Nachweis ist im allgemeinen dadurch zu führen, daß der über 3‰ hinausgehende Teil des Neigungsfehlers der Reibungszahl zugeschlagen und Lager und angrenzende Bauteile für die so erhöhte Reibungskraft nachgewiesen werden.

13
Für Brücken wird nach DIN 1076 (Straßenbrücken) bzw. DS 804 (Eisenbahnbrücken) eine regelmäßige Kontrolle des Bauwerkszustands und damit auch der Lager vorgeschrieben. Bei Verwendung von Gleitlagern ist eine entsprechende Kontrolle auch bei anderen Bauwerken erforderlich, wobei sinngemäß verfahren werden sollte.

Zusammenstellung der Bildunterschriften EDIN 4141 Teil 12

Bild 1
PTFE-Gleitflächen mit Schmiertaschen
Beispiele von Lagerplattenformen
(Siehe Zulassung, Kap. 6.2.2, Blatt 3)

Bild 2
PTFE-Führungsflächen (ohne Schmiertaschen)
(Siehe Zulassung, Kap. 6.2.2, Blatt 4)

Bild 3
Anordnung und Maße der Schmiertaschen für PTFE-Gleitflächen (Schmiertaschen sind bei maximal 200 °C einzupressen)
(Siehe Zulassung, Kap. 6.2.2, Blatt 3)

Bilder 4 bis 16
Gleitlager, schematisch dargestellt
Anmerkung: In den Darstellungen liegt die Gleitplatte stets über dem Kippteil. Soll die Ortsveränderung der Druckfläche beim Überbau infolge Gleitbewegungen vermieden werden, ist auch die umgekehrte Lage sinnvoll (z. B. bei Stahlbrücken).

Bild 4
Verformungsgleitlager (VG1 – Lager Nr. 4)
Obwohl bei diesem Lagertyp der Gleitteil mit Führung getrennt vom Kippteil angeordnet ist, kann bei kleinem Spiel zwischen den Leisten im Kippteil θ_z sehr eng begrenzt sein. Diese Einschränkung kann aufgehoben werden z. B. durch Anordnen eines Zapfens im Verformungslager. Die Hinweise in DIN 4141, Teil 14/09.85, Abschnitt 5.1 sind dann zu beachten.

Bild 5
Verformungsgleitlager (VG2 – Lager Nr 5)
vereinfachte Ausführung
(mit zeitlich begrenzter Gleitfähigkeit, vergleiche Erläuterungen)

(= bew. El.lager mit aufvulkanisierter Gleitfolie; keine Abbildung in diesem Buch)

Bild 6
Verformungsgleitlager (VG2 – Lager Nr 5)
(Siehe Bild Nr. 4.40)

Bild 7
Verformungsgleitlager (VGE2 – Lager Nr 6)
Mehrschicht-Werkstoff-Außenführung
(Siehe Bild Nr. 4.54)

Bild 8
Kalottenlager (P – Lager Nr 7) mit Hartchrom als Gegenwerkstoff im Kippteil
(Siehe Bild Nr. 4.27)

Bild 9
Kalottenlager (P2 – Lager Nr 9)
(Siehe Bild Nr. 4.39)

Bild 10
Kalottenlager (P1 – Lager Nr 8)
PTFE-Außenführung
Diese Konstruktion ist auch ohne Kippleisten in der Führung möglich, wenn die Randstauchung im PTFE aus $\theta_x \leq 0,1$ mm beträgt. Hier gilt ebenfalls die Einschränkung, daß bei kleinem Spiel zwischen Führung und Lagerunterteil θ_z sehr eng begrenzt sein kann. Abhilfe ist z. B. durch Konstruktion nach Bild 11 möglich.
(Siehe Bild Nr. 4.53)

Bild 11
Kalottenlager (P1 – Lager Nr 8) mit Drehring – ermöglicht Drehung um die vertikale Lagerachse
Anmerkung: Die Darstellung dieses Lagers mit einem „Drehring" ist nur als Beispiel gedacht.

5.2 Lagernorm DIN 4141

Ebenso ist auch eine Konstruktion mit einem „Drehteller" unter dem Lagerunterteil denkbar. In beiden Fällen ist die Größe der exzentrischen Beanspruchungen in den Führungsleisten abhängig von der Ausbildung der Gleitpartner in bezug auf Korrosionsfestigkeit und Reibungszahl.
(Keine Abbildung in diesem Buch)

Bild 12
Topf-Gleitlager (P2 – Lager Nr 9)
(Siehe Bild Nr. 4.38)

Bild 13
Topf-Gleitlager (P1 – Lager Nr 8)
mit Gleitteil der Mittenführung
(Mehrschicht-Werkstoff/austenitisches Stahlblech)
(Vgl. Bild Nr. 4.47)

Bild 14
Punktkipp-Gleitlager (P2 – Lager Nr 9)
(Siehe Bild Nr. 4.45 c))

Bild 15
Punktkipp-Gleitlager (P1 – Lager Nr 8)
mit Gleitteil der seitlichen Führung (PTFE weiß bzw. Mehrschicht-Werkstoff/austenitisches Stahlblech)
(Siehe Bild Nr. 4.48)

Bild 16
Horizontalkraftlager (H1 – Lager Nr 14) mit Kippteil (Mehrschicht-Werkstoff)

Oktober 1994

	Lager im Bauwesen Festhaltekonstruktionen und Horizontalkraftlager Bauliche Durchbildung und Bemessung	Vornorm **DIN** V **4141-13**

ICS 91.080.00; 93.040

Deskriptoren: Lager, Bauwerksteil, Horizontalkraftlager, Festhaltekonstruktion, Bauwesen

Structural bearings — Restraints and side thrust bearings — Design and construction

Appareils d'appui pour ouvrages d'art — Constructions d'encastrement et paliers de butée — Dimensionnement et exécution

Eine Vornorm ist das Ergebnis einer Normungsarbeit, das wegen bestimmter Vorbehalte zum Inhalt oder wegen des gegenüber einer Norm abweichenden Aufstellungsverfahrens vom DIN noch nicht als Norm herausgegeben wird. Zur vorliegenden Vornorm ist kein Entwurf veröffentlicht worden.

Zu den Normen der Reihe DIN 4141 "Lager im Bauwesen" gehören:

DIN 4141-1	Lager im Bauwesen — Allgemeine Regelungen
DIN 4141-2	Lager im Bauwesen — Lagerung für Ingenieurbauwerke im Zuge von Verkehrswegen (Brücken)
DIN 4141-3	Lager im Bauwesen — Lagerung für Hochbauten
DIN 4141-4	Lager im Bauwesen — Transport, Zwischenlagerung und Einbau
E DIN 4141-12	Lager im Bauwesen — Gleitlager
DIN V 4141-13	(Vornorm) Lager im Bauwesen — Festhaltekonstruktionen und Horizontalkraftlager — Bauliche Durchbildung
DIN 4141-14	Lager im Bauwesen — Bewehrte Elastomerlager — Bauliche Durchbildung und Bemessung
DIN 4141-15	Lager im Bauwesen — Unbewehrte Elastomerlager — Bauliche Durchbildung und Bemessung
DIN 4141-140	Lager im Bauwesen — Bewehrte Elastomerlager — Baustoffe, Anforderungen, Prüfungen und Überwachung
DIN 4141-150	Lager im Bauwesen — Unbewehrte Elastomerlager — Baustoffe, Anforderungen, Prüfungen und Überwachung

Fortsetzung Seite 2 bis 24

Normenausschuß Bauwesen (NABau) im DIN Deutsches Institut für Normung e.V.

Seite 2
DIN V 4141-13 : 1994-10

Inhalt

		Seite
1	Anwendungsbereich	3
2	Begriffe und Formelzeichen	3
3	Bauliche Durchbildung	4
3.1	Allgemeines	4
3.2	Festhaltekonstruktionen der Gruppe I .	5
3.3	Festhaltekonstruktionen der Gruppe II	5
4	Baustoffe	6
4.1	Konstruktionselemente	6
4.2	Berührungsflächen	6
4.3	Verformungselemente	6
5	Zulässige Beanspruchung und statische Nachweise	6
5.1	Pressungen	6
5.2	Reibung	7
5.3	Verträglichkeitsnachweise Lager/ Bauwerk	7
5.4	Anschluß des Anschlagteils	7
5.5	Anschlagteile und deren Tragplatte . .	7
5.6	Futterplatten	7
5.7	Verankerungen	7
6	Regelausführungen/Beispiele	8
7	Transport und Einbau	8
8	Überwachung, Kennzeichnung, Lieferschein	8
8.1	Allgemeines	8
8.2	Hersteller-Eigenüberwachung	9

		Seite
8.3	Fremdüberwachung	9
8.4	Kennzeichnung	9
8.5	Lieferbescheinigung	9
Anhang A.1	Kennzeichnung und Einbau einer Festhaltekonstruktion . .	10
Anhang A.2	Bezeichnung der Einzelteile und Beispiele der Verankerungsarten für Lager- bzw. Ankerplatte und Bauwerk . . .	11
Anhang A.3	Bearbeitungs- und Kontrollmaßtoleranzen	13
Anhang A.4	Beispiele für die Ausbildung und Anordnung von Einknaggen-Festhaltekonstruktionen der Gruppe I, alle Lagerteile austauschbar	15
Anhang A.5	Beispiele für die Ausbildung und Anordnung von Einknaggen- bzw. Mehrknaggen-Festhaltekonstruktionen der Gruppe II, alle Lagerteile austauschbar	17
Anhang A.6	Beispiele für die Ausbildung und Anordnung eines Horizontalkraftlagers (H) bzw. Führungslagers (H 1) der Gruppe II, alle Lagerteile austauschbar .	19
	Zitierte Normen und andere Unterlagen . . .	22
	Weitere Normen und andere Unterlagen . .	23
	Erläuterungen	23

Seite 3
DIN V 4141-13 : 1994-10

1 Anwendungsbereich

Diese Vornorm regelt Anwendung, bauliche Durchbildung, Baustoffe, Bemessung und Überwachung von Lagern oder Lagerteilen, mit denen Bauwerksverschiebungen in mindestens einer Richtung planmäßig durch Anschläge unterbunden oder begrenzt werden.

Diese DIN gilt nur im Zusammenhang mit DIN 4141 Teil 1, Teil 2, Teil 3, Teil 4, Teil 12 (z. Z. Entwurf)[1] und Teil 14.

2 Begriffe und Formelzeichen

<u>Festhaltekonstruktionen</u> (FHK) sind Bauteile, die in einer oder zwei Richtungen (in der Regel) horizontale Verschiebungen unterbinden oder begrenzen. Es werden unterschieden FHK der Gruppe I (siehe 3.2) und FHK der Gruppe II (siehe 3.3).

<u>Horizontalkraftlager</u> sind Lager, bei denen nur Horizontalkräfte übertragen werden (siehe DIN 4141 Teil 1/09.84, Tabelle 1, Lagersymbol Nr 14 und 15).

<u>Lagerplatten</u> sind Bauteile, die schubfest und austauschbar mit dem Bauwerk verbunden sind (siehe Anhang A.2).

<u>Ankerplatten</u> sind Bauteile, die schubfest durch mechanische Schubsicherung mit dem Bauwerk verbunden sind.

<u>Futterplatten</u> sind Bauteile, die entweder zwischen Lagerkörper und Lagerplatte oder zwischen Lagerplatte und Ankerplatte zur Höhenkorrektur angeordnet sind (siehe DIN 4141 Teil 1/09.84, 7.6 einschließlich Erläuterungen).

<u>Anschlagteile</u> (Knaggen) sind diejenigen Bauteile, die Kräfte unmittelbar aufnehmen und weiterleiten.

Bezeichnungen und Toleranzen sind in den Anhängen A.2 bis A.4 dargestellt.

<u>Formelzeichen</u>

A, B, C	Schnittebenen in den Skizzen;
a, b	Lagerseiten;
D	Durchmesser bei runden Lagern;
d	Dicke der Dübelscheibe;
d_1	Kopfbolzendurchmesser;
e	Tiefe des Spaltes zwischen allen Kombinationen von Stahlplatten, z. B. Ankerplatte-Lagerplatte oder Lagerplatte-Futterplatte bzw. zwischen Stahlplatten und Lager (siehe Bild 1);
v_x	Verschiebung in x-Richtung;
v_y	Verschiebung in y-Richtung;
e_{vx}	Voreinstellung in x-Richtung;
e_{vy}	Voreinstellung in y-Richtung;
f	Reibungszahl;
F_x	Schnittgrößen in x-Achse;
F_y	Schnittgrößen in y-Achse;
F_z	Schnittgrößen in z-Achse;
L	Flächendiagonale bei Rechtecklagern;
l_1	Länge der größeren Rechtecklager-Seite;
l_2	Länge der kleineren Rechtecklager-Seite;
R_z	Rauhtiefe nach mechanische Bearbeitung;
ϑ_x	Auflager-Drehwinkel (rad) um die x-Achse;

---

[1] Bis zum Erscheinen einer Norm gelten die bauaufsichtlichen Zulassungen.

Seite 4
DIN V 4141-13 : 1994-10

ϑ_y Auflager-Drehwinkel (rad) um die y-Achse;

ϑ_z Drehwinkel (rad) um die z-Achse;

s   Spiel z. B. bei Knaggen oder Dübelscheiben von Anschlag zu Anschlag;

    Achslage nach DIN.

3 Bauliche Durchbildung

3.1 Allgemeines

Die Lagerplatten von Festhaltekonstruktionen müssen auswechselbar sein. Auf den Lagerplatten sind Anschläge anzuordnen, siehe Anhänge.

Ankerplatten müssen mindestens 18 mm dick sein. An den Seiten, die der Festhaltekonstruktion bzw. den Futterplatten zugeordnet sind, gilt die Toleranzklasse U nach DIN 7168 Teil 2.

Anschließenden Bauteilen sind die Lagerplatten durch konstruktive Maßnahmen anzugleichen.

Bei einer Verankerung im Beton durch Kopfbolzen nach DIN 32 500 Teil 3 sind folgende Bedingungen einzuhalten:

– die Achsabstände der Kopfbolzen dürfen untereinander in Kraftrichtung nicht kleiner als $5 \times d_1$ und quer dazu nicht kleiner als $4 \times d_1$ sein;

– die Randabstände der Kopfbolzen sind in Abhängigkeit von der Betonfestigkeit und der Bewehrungsführung festzulegen. Sofern kein genauerer Nachweis erfolgt, sind folgende Abstände der Kopfbolzen zum Rand des Betonkörpers, in dem sie verankert sind, einzuhalten:

700 mm in Kraftrichtung;
350 mm quer dazu;

– die Kopfbolzen müssen mindestens 90 mm in den von der Bewehrung umfaßten Bereich des Stahlbetons einbinden;

– im anzuschließenden Bauteil muß eine oberflächennahe Netzbewehrung aus Betonstahl BSt 420/500 (oder BSt 500/550) entsprechend dem statischen Nachweis, mindestens jedoch Ø 12 mm/150 mm, vorhanden sein.

Die Bewehrung muß nach DIN 1045/07.88, 18.6 ausreichend verankert sein. Der Randabstand soll mindestens $4 \times d_1$ betragen.

Abweichungen hiervon sind zulässig, siehe 5.7.

Die schubfeste Verbindung einschließlich der Verankerungselemente ist im übrigen nach der Richtlinie für die Bemessung und Ausführung von Stahlverbundträgern auszuführen.

Die Berührungsflächen zwischen Anker- und Lagerplatten bei Festhaltekonstruktionen sind so vorzubereiten, daß nach dem Einbau und vor der Lasteinleitung folgende Toleranzen eingehalten werden:

$t \leq 0{,}002 \times l_1$;

Dabei sind:

    t die maximale Abweichung vom vollflächigen Kontakt der Berührungsflächen;

    l_1 die Plattenlänge parallel zum klaffenden Rand;

    l_2 die Plattenlänge rechtwinklig zum klaffenden Rand;

$e_1 \leq 0{,}1 \times l_1$;

$e_2 \leq 0{,}1 \times l_2$;

Dabei sind:

    e_1, e_2 die Tiefe des Spaltes.

Seite 5
DIN V 4141-13 : 1994-10

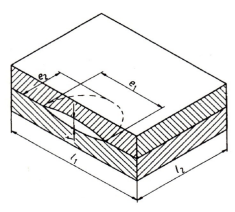

Bild 1: Einbautoleranzen

Festhaltekonstruktion, Futter- und Ankerplatten bzw. Lagerplatten sind vor dem Einbau als ganzes miteinander so zu verschrauben, daß keine gegenseitige Verschiebung der Platten eintreten kann. Die Montageverschraubung ist so auszuführen, daß sie auch unter Beanspruchung gelöst werden kann.

Sämtliche nicht von Beton bedeckten Bauteilflächen aus Stahl sowie 5 cm breite Randstreifen von betonberührten Flächen sind mit Korrosionsschutz (siehe DIN 4141 Teil 1/09.84, 7.4) zu versehen (siehe Abschnitt 6). Die Berührungsflächen der Verformungslager erhalten keine Deckbeschichtung mit Ausnahme eines 20 mm breiten Randbereichs.

Bei den Toleranzen der Abmessungen und Winkelmaße von Ankerplatten und Lagerplatten sind die Grenzabmaße nach DIN 2310 Teil 3/11.87, Tabelle 3, Toleranzklasse B und bei Geradheit und Ebenheit die Toleranzklasse U nach DIN 7168 Teil 2/07.86, Tabelle 1 einzuhalten, soweit in den Anlagen hierzu keine anderen Angaben vorliegen.

Es werden für die Festhaltekonstruktionen zwei Anforderungsgruppen festgelegt:

Die Festhaltekonstruktionen in Gruppe I sind nur bei Einhaltung folgender Kriterien anzuwenden:

- Verdrehung um die Hauptachsen der Berührungsflächen $\leq 0{,}05$ bzw. bei balliger Ausbildung $\leq 0{,}01$;
- Verschiebungen $\leq \pm 50$ mm bei Straßenbrücken;
- Dehnlängen < 25 m bei Eisenbahnbrücken.

Die Festhaltekonstruktionen der Gruppe II sind für alle anderen Fälle anzuwenden.

3.2 Festhaltekonstruktionen der Gruppe I

Ausbildung und Anordnung siehe Anhang A.4.

Die Berührungsflächen der Anschläge der Gruppe I müssen folgenden Anforderungen genügen:

- mechanische Bearbeitung (siehe Erläuterungen);
- Spiel (mit Korrosionsschutz) ≤ 2 mm bei beiden Knaggen auf gleicher Seite und in gleicher Größe (siehe Anhang A.3). Ist aus statischen Gründen ein anderes Spiel notwendig, so ist dies durch Justiereinrichtungen zu gewährleisten;
- Ebenheitstoleranzen der Futterplatte bzw. mehrerer übereinander angeordneter Futterplatten (DIN ISO 1101, DIN 7167)

$$1\ \text{mm} > t < 0{,}003\ l_3\ (l_3 = \text{lastabtragende Flächendiagonale}).$$

3.3 Festhaltekonstruktionen der Gruppe II

Ausbildung und Anordnung siehe Anhänge A.5 und A.6.

5.2 Lagernorm DIN 4141

Seite 6
DIN V 4141-13 : 1994-10

Die Berührungsflächen (Gleitflächen) müssen folgenden Anforderungen genügen:

- Parallelität in beiden Ebenen (DIN ISO 1101/ 03.85, 14.7.4.) ≤ 0,3 mm (ohne Korrosionsschutz);
- Baustoffe für Gleitelemente nach DIN 4141 Teil 12/09.94 (z. Z. Entwurf)[1], Tabelle 2, der folgenden Gleitpaarungen (mit oder ohne Schmierstoffspeicherung):
  - Mehrschichtwerkstoff P 1/austenitischer Stahl oder PTFE weiß freigesintert/austenitischer Stahl;
  - P 1 mit Bronzerücken t = 2,5 mm;
  - PTFE t ≥ 5 mm;
- Spiel in der Gleitfuge ≤ 1 mm (ist durch Justiereinrichtungen zu gewährleisten);
- Elemente der Gleitpaarungen wie folgt:
  - PTFE ist nach DIN 4141 Teil 12/09.94 (z. Z. Entwurf)[1], Bild 1 und Tabelle 7 in die PTFE Aufnahme einzulassen oder bei rückseitig geätztem PTFE einzukleben;
  - PTFE-Folie ist 1 mm dick auf ein bewehrtes Elastomerlager nach DIN 4141 Teil 14 aufzuvulkanisieren;
  - P 1 ist (1,5 + 0,1) mm tief einzusenken oder zu verschrauben und in beiden Fällen zusätzlich zu verkleben;
  - austenitischer Stahl ist mit durchgehender Naht zu verschweißen oder mit nichtrostenden Schrauben zu befestigen.

Weitere Regeln sind den entsprechenden Zulassungen zu entnehmen.

4 Baustoffe

4.1 Konstruktionselemente

Folgende Baustoffe sind zu verwenden:

- für die stählernen Bauteile Stahl nach DIN EN 10 025 oder DIN 17 440 bzw. DIN 17 441 (siehe Erläuterungen);
- Kopfbolzen nach DIN 32 500 Teil 3;
- Schrauben der Festigkeitsklassen 5.6, 8.8 und 10.9 nach DIN EN 20 898 Teil 1, zugehörige Muttern der Festigkeitsklassen 5,8 und 10 nach DIN EN 20 898 Teil 2 und Scheiben mit mindestens gleicher Festigkeit wie die der Schrauben (siehe Erläuterungen).

4.2 Berührungsflächen

Für Festhaltekonstruktionen nach Gruppe II sind die Baustoffe in den Berührungsflächen nach 3.3 geregelt.

4.3 Verformungselemente

Für die Verformungselemente gilt DIN 4141 Teil 14.

5 Zulässige Beanspruchung und statische Nachweise

5.1 Pressungen

In den Berührungsflächen ist beim statischen Nachweis von den nachfolgend aufgeführten Werten auszugehen:

- für Festhaltekonstruktionen der Gruppe I:
Nachweis für den Lastfall HZ (siehe DIN 18 809 bzw. DS 804);

---

[1] Siehe Seite 3

Seite 7
DIN V 4141-13 : 1994-10

- für Festhaltekonstruktionen der Gruppe II:
  wie Gruppe I und außerdem zulässige Pressung nach DIN 4141 Teil 12 (z. Z. Entwurf)[1]).

5.2 Reibung

Für die Gleitpaarungen gelten folgende Reibungszahlen:

Gruppe I: $f = 1$ (Stahl/Stahl)
Gruppe II: $f = 0,2$ (Mehrschichtwerkstoff P 1/austenitischer Stahl)
            $f = 0,08$ (PTFE/austenitischer Stahl)
            $f = 0,03$ bis $0,08$ (PTFE/austenitischer Stahl, Schmiertaschen mit Schmierstoff, keine klaffende Fuge, siehe DIN 4141 Teil 12 (z. Z. Entwurf)[1]))

Weitere Regeln siehe entsprechende Zulassungsbescheide.

5.3 Verträglichkeitsnachweise Lager/Bauwerk

Die Konstruktionen sind für die Übertragung der Kräfte zu bemessen, die aus allen zu erwartenden Einwirkungen (einschließlich Zwangseinwirkungen) resultieren. In das mechanische Modell für die statische Berechnung des Bauwerkes sind sie mit den mechanischen Funktionen nach DIN 4141 Teil 1/09.84, Tabelle 1 einzuführen, die sich aus ihrer Konstruktion und den mechanischen Funktionen – mit ihnen gegebenenfalls verbundener – anderer Lagerelemente oder Lager ergeben.

Sind in der Wirkungsrichtung einer Festhaltekonstruktion mehrere Festhaltekonstruktionen oder andere in dieser Richtung nicht bewegliche Lager angeordnet, so ist nachzuweisen, daß die aufzunehmenden Kräfte auch unter Berücksichtigung der Lagerspiele ausreichend genau planmäßig auf die einzelnen Lager verteilt abgetragen werden.

5.4 Anschluß des Anschlagteils

Für einachsig verschiebbare Konstruktionen ist die Bemessung wie für Gleit- oder Rollenlager durchzuführen. Die Regelungen nach DIN 4141 Teil 1/ 09.84, 4.2 und 5 sind zu berücksichtigen.

Werden in einer Festhaltekonstruktion zwei voneinander durch Abstand getrennte Anschläge angeordnet, so ist die gleichmäßige Verteilung der aufzunehmenden Horizontalkraft durch konstruktive Maßnahmen (Stellschrauben, Futterstreifen, Drehteller usw.) herzustellen.

Eine gleichmäßige Abtragung der Horizontalkräfte über alle Anschläge ist sicherzustellen, andernfalls ist jeder dieser Anschläge für die Gesamtkraft zu bemessen.

5.5 Anschlagteile und deren Tragplatte

Es gelten die Normen DIN EN 287 Teil 1, DIN EN 288 Teile 1 bis 3, DIN 18 800 Teil 1 und DS 804.

Nachzuweisen sind im Bauteil und in den Anschlüssen die Biege-, Zug-, Druck- und Schubbeanspruchungen aus den äußeren Kräften parallel zur Lagerebene mit den dabei entstehenden Kräften aus Reibung.

5.6 Futterplatten

Werden Futterplatten zwischen Lagerkörper und Lagerplatten vorgesehen, so müssen die Höhe der Anschläge und der statische Nachweis den ungünstigeren Fall von Vorhandensein oder Entfallen der Futterplatten berücksichtigen.

5.7 Verankerungen

Der Nachweis der Verankerung richtet sich nach DIN 4141 Teil 1/09.84, Gleichung 3.

Für vorwiegend ruhende Beanspruchung sind die Tragfähigkeiten in Tabelle 1 angegeben.

---

[1]) Siehe Seite 3

Seite 8
DIN V 4141-13 : 1994-10

Tabelle 1: Tragfähigkeiten

Betonfestigkeitsklasse	Kopfbolzendurchmesser mm	
	19	22
	Tragfähigkeit kN	
B 25	65	90
B 35	85	105

Bei fehlender Auflast ist nachzuweisen, daß bei Versagen des Betons auf Zug ein Ausbrechen des Betons durch eine Betonstahlbewehrung verhindert wird. Dem Nachweis ist ein geeignetes Stabwerksmodell zugrunde zu legen.

Für dynamische Beanspruchung gilt:

Die von den Kopfbolzen aufzunehmende Tragfähigkeitsdifferenz (ΔD) infolge von nicht vorwiegend ruhender Belastung nach DIN 1055 Teil 3 oder Verkehrsregellasten nach DIN 1072 oder Lastbild UIC 71 nach DS 804 darf die Werte der Tabelle 2 nicht überschreiten (siehe Erläuterungen):

Tabelle 2: Tragfähigkeitsdifferenzen ΔD_p

Kopfbolzendurchmesser	19	22
Tragfähigkeitsdifferenz ΔD_p kN	20	30

6 Regelausführungen/Beispiele

Siehe Anhänge A.3 bis A.6.

Als Korrosionsschutz ist ein Duplexsystem zu verwenden, bestehend aus einem metallischen Überzug (Spritzverzinkung nach DIN 8565), Sollschichtdicke 100 μm, und zwei Deckbeschichtungen mit Epoxidharz-Eisenglimmerstoffen nach TL 918 300 Blatt 87, Sollschichtdicke je 80 μm. Vor dem Aufbringen der Zinkschicht sind die Flächen mit scharfkantigen Strahlmitteln zu strahlen (erforderlicher Norm-Reinheitsgrad nach DIN 55 928 Teil 4: Sa 3; Mittenrauheitswert nach DIN 4768: R_z 12,5 μm, magnetisch gemessen 30 μm bis 40 μm).

7 Transport und Einbau

Für Transport und Einbau gilt sinngemäß DIN 4141 Teil 4.

Parallelität und Spiel sind nach dem Einbau und dem Aufbringen des Eigengewichtes des Bauwerks zu überprüfen.

8 Überwachung, Kennzeichnung, Lieferschein

8.1 Allgemeines

Die einwandfreie Herstellung von Festhaltekonstruktionen setzt besondere Kenntnisse, Erfahrungen, Fertigungseinrichtungen und eine laufende Fertigungskontrolle (Güteüberwachung) voraus. Für den Nachweis der Überwachung ist das einheitliche Überwachungszeichen zu führen. Die Bestimmungen bezüglich der Überwachung der Verformungslager – (DIN 4141 Teil 14/Teil 140) und Gleitlagerherstellung (DIN 4141 Teil 12 (z. Z. Entwurf)[1] – sind zu beachten.

---

[1] Siehe Seite 3

8.2 Hersteller-Eigenüberwachung

8.2.1 Baustoffe

Für die Stähle sind Zeugnisse nach DIN 50 049/08.86, 3.1.B, für Beschichtungen Abnahmebescheinigung nach DB-TL 918 300 bzw. nach DIN 8565 erforderlich.

Für den Gleitwerkstoff ist DIN 4141 Teil 12/09.94 (z. Z. Entwurf)[1], Abschnitt 8 maßgebend.

8.2.2 Herstellung

Für die Schweißarbeiten an den Festhaltekonstruktionen ist der große Eignungsnachweis nach DIN 18 800 Teil 7 erforderlich.

Für die Fertigung der Festhaltekonstruktionen Gruppe II mit Kippmöglichkeit gelten die Regelungen für die Herstellung von Gleitlagern nach DIN 4141 Teil 12 (z. Z. Entwurf)[1] und bei Verwendung von Verformungslagern nach DIN 4141 Teil 14.

8.2.3 Prüfumfang

Abmessungen, Rauheit, Korrosionsschutz und die zugehörigen Toleranzen sind an jedem Lager zu überprüfen und zu protokollieren.

8.3 Fremdüberwachung

8.3.1 Allgemeines

Grundlage der Fremdüberwachung ist die DIN 18 200.

Durch die Fremdüberwachung ist zu überprüfen:

– Verwendung der Baustoffe nach 8.2.1;

– Vorliegen des gültigen großen Eignungsnachweises nach 8.2.2;

– Abmessungen, Rauheit, Korrosionsschutz und die zugehörigen Toleranzen nach Abschnitt 3 und 8.2.3;

– vor der Aufnahme der Fertigung ist von einer für diesen Überwachungsbereich anerkannten amtlichen Materialprüfanstalt die Eignung des Herstellers sowie der Fertigungsanlagen zu überprüfen und zu bestätigen.

8.3.2 Regelprüfung

Bei jeder Regelprüfung sind dem Fremdüberwacher die Aufzeichnungen der Eigenüberwachung zur Prüfung vorzulegen.

Die Regelprüfung ist mindestens viermal im Jahr durchzuführen. Nach einem Überwachungszeitraum von fünf Jahren kann die Fremdüberwachungshäufigkeit bei ordnungsgemäßen Ergebnissen auf zweimal im Jahr reduziert werden.

8.3.3 Sonderprüfungen

Für die Durchführung von Sonderprüfungen gilt DIN 18 200.

8.4 Kennzeichnung

Jedes Lager nach dieser Norm erhält eine Kennzeichnung entsprechend dem in Anhang A.1 dargestellten Typenschild.

Diese Kennzeichnung muß im eingebauten Zustand sichtbar sein (siehe Anhang A.1).

8.5 Lieferbescheinigung

Mit jeder Lieferung sind auf bzw. mit dem Lieferschein vom Hersteller die relevanten technischen Kenndaten aufzuführen sowie die Übereinstimmung mit der DIN zu bestätigen. Der Lieferschein ist zusammen mit den Eigenüberwachungsunterlagen aufzubewahren. Der Lieferschein ist zusätzlich in der Bauwerksakte abzulegen.

---

[1] Siehe Seite 3

5.2 Lagernorm DIN 4141

Seite 10
DIN V 4141-13 : 1994-10

Anhang A.1
Kennzeichnung und Einbau einer Festhaltekonstruktion

Dieser Anhang gilt für Festhaltekonstruktionen der Gruppen I und II, für Führungslager H 1 und Horizontalkraftlager H. Für ihren Einbau sind DIN 4141 T 1, DIN 4141 T 4, DIN 4141 T 13 und DIN 4141 T 14 erforderlich. Außerdem müssen Lagerversetzplan, Lagerzeichnungen, Meßwerkzeuge für den Einbau und die Eignungsprüfung für den Verqußmörtel vorliegen. Die Lagerachsen sind am Bauwerk zu vermessen und ein Einbauprotokoll ist anzufertigen.

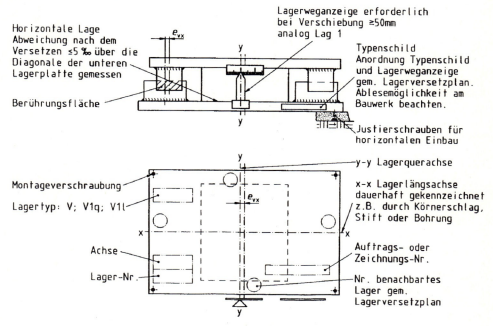

Bild A.1.1: Obere Lager- bzw. Ankerplatte

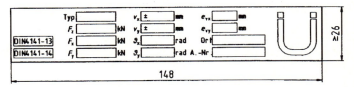

Bild A.1.2: Typenschild

Anhang A.2
Bezeichnung der Einzelteile und Beispiele der Verankerungsarten für Lager- bzw. Ankerplatte und Bauwerk

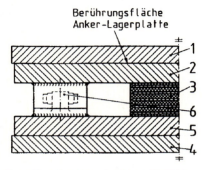

Bild A.2.1: Ausführung mit Ankerplatten

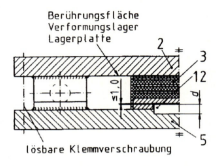

Bild A.2.2: Ausführung ohne Ankerplatten

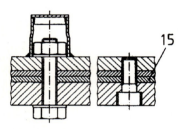

Bild A.2.3: Ausführung mit Futterplatte(n) zwischen Anker- und Lagerplatte

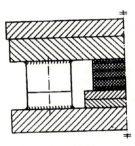

Bild A.2.4: Ausführung mit Futterplatte(n) zwischen Verformungslager und Lagerplatte

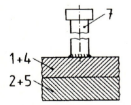

Bild A.2.5: Kopfbolzendübel

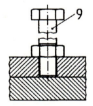

Bild A.2.6: Ankerschraube

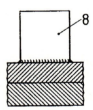

Bild A.2.7: Blockdübel

5.2 Lagernorm DIN 4141

Seite 12
DIN V 4141-13 : 1994-10

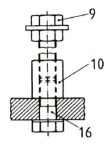

Bild A.2.8: Verbindung mit vorgespannter Schraube

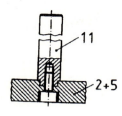

Bild A.2.9: verschraubte Schubdolle

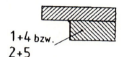

Bild A.2.10: Angeschweißte Lagerplatte

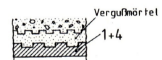

Bild A.2.11: Profilierte Oberflächen

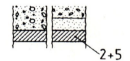

Bild A.2.12: Reibschluß nach DIN 4141 Teil 1

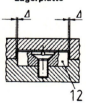

Bild A.2.13: Dübelscheibe(n)

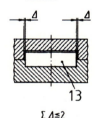

Bild A.2.14: Paßfeder

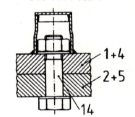

Bild A.2.15: Verbindung nach DIN 18 800 Teil 1

In den Bildern A.2.1 bis A.2.15, A.5.1 bis A.5.3 und A.6.3 bedeuten:

1 + 4	obere/untere Ankerplatte $\geq$ 18 mm
2 + 5	obere/untere Lagerplatte $\geq$ 20 mm
3	Verformungslager DIN 4141 Teil 14 unverankert bzw. ein- oder beidseitig verankert
6	Anschläge starr bzw. gelenkig
7	Kopfbolzendübel
8	Blockdübel
9	Ankerschraube gekontert
10	Koppelmutter Güte 10
11	lösbare Schubdollen
12	Dübelscheibe(n) $10 < d < 16$ Spiel $\leq$ 2 mm
13	Paßfeder Spiel $\leq$ 2 mm
14	Schraubverbindung nach DIN 18 800 Teil 1
15	Futterplatte(n) siehe auch 3.2
16	HV-Schraube

Die Verbindungsmittel sind nach DIN 18 800 Teil 1 zu bemessen. Eventuelles Spiel der Verbindungsmittel auf die Lastverteilung bei mehreren Lagern ist zu berücksichtigen. Alle lösbaren Verbindungen sind mit Molybdänsulfid zu schmieren.

Seite 13
DIN V 4141-13 : 1994-10

Anhang A.3
Bearbeitungs- und Kontrollmaßtoleranzen

Die Bilder A.3.1 bis A.3.4 gelten für Festhaltekonstruktionen der Gruppe I allseitig fest (V), längsfest (V 1 l) und Horizontalkraftlager. Alle Maße in Millimeter und mit Korrosionsschutz gemessen.

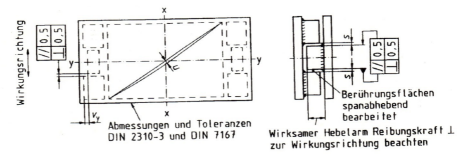

$u \leq 0{,}003 \times l$; max. 1,0 siehe DIN 4141 Teil 14/09.85, Abschnitt 7.2
Bei mehreren Festhaltungen auf einer Achse in der Wirkungsrichtung siehe Abschnitt 5.2, Absatz 2.

Bild A.3.1: Ungleichmäßige Lastabtragung auf einen Anschlag, Lagerplatten mit Bauwerk starr verbunden
(nur zulässig bei $\vartheta_y \leq 0{,}005$)

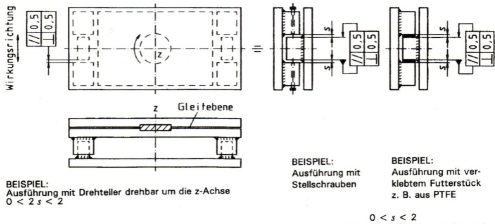

Bild A.3.2: Gleichmäßige Lastabtragung auf beide Anschläge, Ausbildung mit Drehteller, Stellschrauben oder elastischen Futterstücken (nur zulässig bei $\vartheta_y \leq 0{,}005$)

5.2 Lagernorm DIN 4141

Seite 14
DIN V 4141-13 : 1994-10

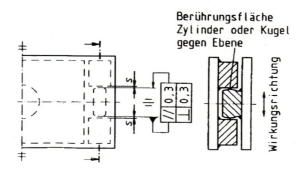

$0 < s < 0{,}3$
Drehteller: keine Toleranzangabe nötig
Stellschrauben: Eingeengte Toleranz

Bild A.3.3: Gleichmäßige Lastabtragung auf beide Anschläge (zulässig bei $\vartheta_y \leq 0{,}01$) Ausbildung mit Drehteller oder Stellschrauben

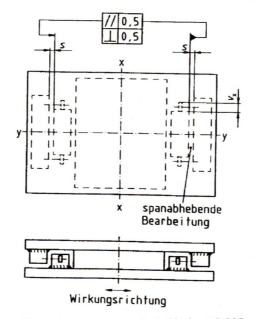

$v_x \pm 50$ mm begrenzt, nur zulässig bis $\vartheta_x \leq 0{,}005$
v_y nach statischem Erfordernis.
Lagerplatten mit Bauwerk starr verbunden.
Ausführung mit Stellschrauben. $0 < 2s < 2$ Keine Toleranzangabe für s nötig.
Reibungskraft $\perp$ zur Wirkungsrichtung und Rückstellkraft des Verformungslagers beachten.
Verschiebung v_x siehe DIN 4141 Teil 1/09.84, Abschnitt 5.

Bild A.3.4: Lastabtragung auf einen Anschlag, Festhaltungen seitlich zu den Verformungslagern

Anhang A.4
Beispiele für die Ausbildung und Anordnung von Einknaggen-Festhaltekonstruktionen der Gruppe I, alle Lagerteile austauschbar

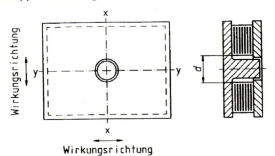

d nach DIN 4141 Teil 14/09.85, 5.1
$d \leq 5\%$ der Lagerfläche bzw. innerhalb des Kernquerschnittes
$\vartheta_{x,y} < 0{,}005$ drehbar um die z-Achse

Bild A.4.1: Festhaltekonstruktionen mit Innenführung duch Schubdübel (allseits fest (V))

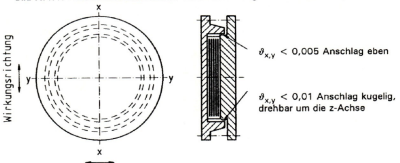

$\vartheta_{x,y} < 0{,}005$ Anschlag eben

$\vartheta_{x,y} < 0{,}01$ Anschlag kugelig, drehbar um die z-Achse

Bild A.4.2: Festhaltekonstruktionen mit Außenführung duch Ringanschlag (allseits fest (V))

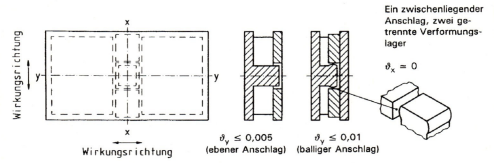

Ein zwischenliegender Anschlag, zwei getrennte Verformungslager

$\vartheta_x = 0$

$\vartheta_y \leq 0{,}005$ (ebener Anschlag) $\vartheta_y \leq 0{,}01$ (balliger Anschlag)

Bild A.4.3: Festhaltekonstruktionen mit ebenen oder balligem Anschlag (allseits fest (V) oder längst fest (V 1 l))

Seite 16
DIN V 4141-13 : 1994-10

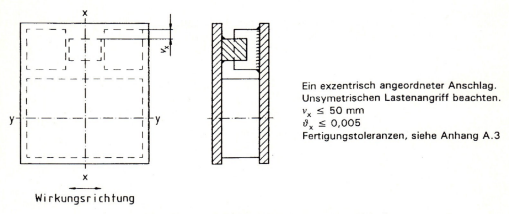

Ein exzentrisch angeordneter Anschlag.
Unsymetrischen Lastenangriff beachten.
$v_x \leq 50$ mm
$\vartheta_x \leq 0{,}005$
Fertigungstoleranzen, siehe Anhang A.3

Wirkungsrichtung

Bild A.4.4: Festhaltekonstruktionen (quer fest (V 1 q))

Seite 17
DIN V 4141-13 : 1994-10

Anhang A.5
Beispiele für die Ausbildung und Anordnung von Einknaggen- bzw. Mehrknaggen-Festhaltekonstruktionen der Gruppe II, alle Lagerteile austauschbar

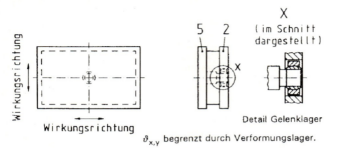

Bild A.5.1: Festhaltekonstruktionen mit Innenführung durch Schubdübel mit wartungsfreiem Gelenklager (allseits fest (V))

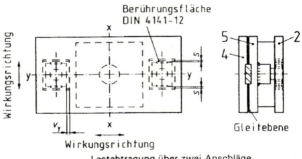

Lastabtragung über zwei Anschläge.
$0 < 2s < 2$
Drehwinkel begrenzt durch VL, Drehteller erforderlich.

Bild A.5.2: Festhaltekonstruktion mit zwei außenliegenden Gelenkknaggen mit Gleiteinrichtung (längs fest (V 1 l))

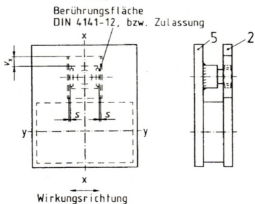

Lastabtragung über eine exzentrisch liegende Gelenkknagge mit Gleiteinrichtung.
$0 < 2s < 2$. $\vartheta_{x,y}$ begrenzt durch VL.

Bild A.5.3: Festhaltekonstruktion mit exzentrisch liegender Gelenkknagge (quer fest (V 1 q))

Seite 18
DIN V 4141-13 : 1994-10

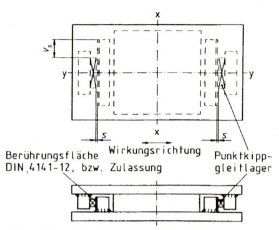

Lastabtragung über seitliche Führungsleisten. Drehwinkel ϑ_x begrenzt durch VL, bzw. Punktkippgleitlager.

Bild A.5.4: Festhaltekonstruktion mit zwei außenliegenden Führungsleisten gegen Punktkippgleitlager (quer fest (V 1 q))

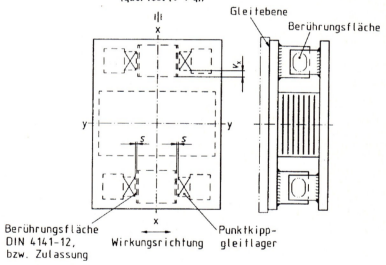

Lastabtragung über zwei Anschläge. Drehwinkel $\vartheta_{x,y}$ begrenzt durch VL bzw. Punktkippgleitlager.
Bei Verdrehung um die z-Achse, Drehteller erforderlich.

Bild A.5.5: Festhaltekonstruktion mit zwei getrennten Gleitflächen gegen Punktkippgleitlager (quer fest (V 1 q))

Seite 19
DIN V 4141-13 : 1994-10

Anhang A.6
Beispiele für die Ausbildung und Anordnung eines Horizontalkraftlagers (H) bzw. Führungslagers (H 1) der Gruppe II, alle Lagerteile austauschbar

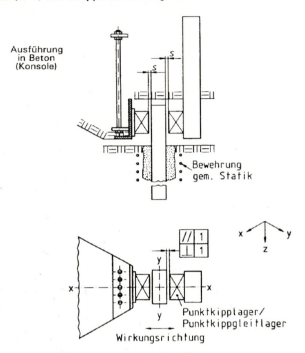

Stahlteile nicht austauschbar.
Drehwinkelbegrenzung durch Verformungslager.
Verformungslager austauschbar, Höhenausgleich und Querverschub möglich. Spiel $0 < 2s < 1$

Bild A.6.1: Horizontalkraftlager (einseitig fest (H 1))

Seite 20
DIN V 4141-13 : 1994-10

Ausführung
in Beton
(Konsole)

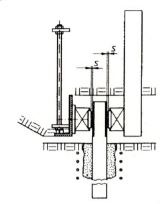

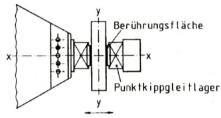

Stahlteile nicht austauschbar.
Berührungsflächen nach DIN 4141 Teil 12 (z. Z. Entwurf).
Verschleißteile austauschbar.
Spiel $0 < 2s < 0{,}3$. Drehwinkel $\vartheta_{x,y}$ nach konstruktiver Möglichkeit.

Bild A.6.2: Führungslager (einseitig fest (H 1))

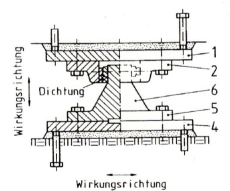

Ausführung mit wartungsfreien Gelenklagern.
Verschleißteile austauschbar.
Drehwinkel $\vartheta_{x,y,z} < 0{,}1$
Spiel $0 < 2s < 0{,}3$
Höhenausgleich möglich, Dichtung erforderlich.

Bild A.6.3: Horizotalkraftlager (allseits fest (H))

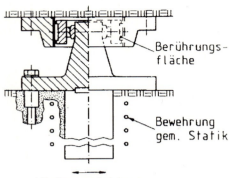

Wirkungsrichtung

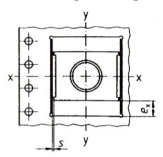

Ausführung mit wartungsfreiem Gelenklager.
Berührungsflächen nach DIN 4141 Teil 12 (z. Z. Entwurf) bzw. Zulassung.
Verschleißteile austauschbar. Spiel $0 < 2s < 0,3$.
Drehwinkel $\vartheta_{x,y,z} < 0,1$
Höhenausgleich möglich. Dichtung erforderlich.

Bild A.6.4: Führungslager (einseitig fest (H 1))

Seite 22
DIN V 4141-13 : 1994-10

Zitierte Normen und andere Unterlagen

DIN 1045	Beton und Stahlbeton; Bemessung und Ausführung
DIN 1055 Teil 3	Lastannahmen für Bauten; Verkehrslasten
DIN 1072	Straßen und Wegbrücken; Lastannahmen
DIN 2310 Teil 3	Thermisches Schneiden; Autogenes Brennschneiden; Verfahrensgrundlagen, Güte, Maßtoleranzen
DIN 4141 Teil 1	Lager im Bauwesen; Allgemeine Regelungen
DIN 4141 Teil 2	Lager im Bauwesen; Lagerung für Ingenieurbauwerke im Zuge von Verkehrswegen (Brücken)
DIN 4141 Teil 3	Lager im Bauwesen; Lagerung für Hochbauten
DIN 4141 Teil 4	Lager im Bauwesen; Transport, Zwischenlagerung und Einbau
DIN 4141 Teil 12	(z. Z. Entwurf) Lager im Bauwesen; Gleitlager
DIN 4141 Teil 14	Lager im Bauwesen; Bewehrte Elastomerlager; Bauliche Durchbildung und Bemessung
DIN 4141 Teil 140	Lager im Bauwesen; Bewehrte Elastomerlager; Baustoffe, Anforderungen, Prüfungen und Überwachung
DIN 4768	Ermittlung der Rauheitsmeßgrößen R_a, R_z, R_{max} mit elektrischen Tastschnittgeräten; Begriffe, Meßbedingungen
DIN 7167	Zusammenhang zwischen Maß-, Form- und Parallelitätstoleranzen; Hüllbedingung ohne Zeichnungseintragung
DIN 7168 Teil 2/01.86	Allgemeintoleranzen; Form und Lage
DIN 8565	Korrosionsschutz von Stahlbauten durch thermisches Spritzen von Zink und Aluminium; Allgemeine Grundsätze
DIN 17 440	Nichtrostende Stähle; Technische Lieferbedingungen für Blech, Warmband, Walzdraht, gezogenen Draht, Stabstahl, Schmiedestücke und Halbzeug
DIN 17 441	Nichtrostende Stähle; Technische Lieferbedingungen für kaltgewalzte Bänder und Spaltbänder sowie daraus geschnittene Bleche
DIN 18 200	Überwachung (Güteüberwachung) von Baustoffen, Bauteilen und Bauarten; Allgemeine Grundsätze
DIN 18 800 Teil 1	Stahlbauten; Bemessung und Konstruktion
DIN 18 800 Teil 7	Stahlbauten; Herstellen, Eignungsnachweise zum Schweißen
DIN 18 809	Stählerne Straßen- und Wegbrücken; Bemessung, Konstruktion, Herstellung
DIN 32 500 Teil 3	Bolzen für Bolzenschweißen mit Hubzündung; Betonanker und Kopfbolzen
DIN 50 049/08.86	Bescheinigungen über Materialprüfungen
DIN 55 928 Teil 4	Korrosionsschutz von Stahlbauten durch Beschichtungen und Überzüge; Vorbereitung und Prüfung der Oberflächen
DIN EN 287 Teil 1	Prüfung von Schweißern; Schmelzschweißen; Teil 1: Stähle; Deutsche Fassung EN 287-1:1992
DIN EN 288 Teil 1	Anforderung und Erkennung von Schweißverfahren für metallische Werkstoffe; Teil 1: Allgemeine Regeln für das Schmelzschweißen; Deutsche Fassung EN 288-1:1992
DIN EN 288 Teil 2	Anforderung und Erkennung von Schweißverfahren für metallische Werkstoffe; Teil 2: Schweißanweisung für das Lichtbogenschweißen; Deutsche Fassung EN 288-2:1992
DIN EN 288 Teil 3	Anforderung und Erkennung von Schweißverfahren für metallische Werkstoffe; Teil 3: Schweißverfahrensprüfungen für das Lichtbogenschweißen von Stählen; Deutsche Fassung EN 288-3:1992

Seite 23
DIN V 4141-13 : 1994-10

DIN EN 10 025	Warmgewalzte Erzeugnisse aus unlegierten Baustählen; Technische Lieferbedingungen; Deutsche Fassung EN 10 025:1990 (enthält Änderung A 1:1993)
DIN EN 20 898 Teil 1	Mechanische Eigenschaften von Verbindungselementen; Teil 1: Schrauben (ISO 898−1:1988); Deutsche Fassung EN 20898−1:1991
DIN EN 20 898 Teil 2	Mechanische Eigenschaften von Verbindungselementen; Teil 2: Muttern mit festgelegten Prüfkräften; Regelgewinde (ISO 898−2:1992); Deutsche Fassung EN 20898−2:1993
DIN ISO 1101	Technische Zeichnungen; Form- und Lagetolerierung; Form-, Richtungs-, Orts- und Lauftoleranzen; Allgemeines, Definitionen, Symbole, Zeichnungseintragungen
DB-TL 918 300	Technische Lieferbedingungen für Anstrichstoffe[2])
DB-TL 918 300 Blatt 85	Beschichtungsstoffe mit Zinkstaub für Stahlbauten auf Alkali-Silikat-Grundlage[2])
DB-TL 918 300 Blatt 87	Beschichtungsstoffe auf Epoxidharz- und Polyurethangrundlage für dickschichtige Beschichtungen auf Stahl[2])
DS 804	Vorschrift für Eisenbahnbrücken und sonstige Ingenieurbauwerke[2])
	Richtlinie für die Bemessung und Ausführung von Stahlverbundträgern[3])

Weitere Normen und andere Unterlagen

DIN 267 Teil 12	Schrauben, Muttern und ähnliche Gewinde- und Formteile; Technische Lieferbedingungen; Blechschrauben
DIN 1075	Betonbrücken; Bemessung und Ausführung
DIN 1494 Teil 4	Gleitlager; Gerollte Buchsen für Gleitlager; Werkstoffe
DB-TL 91802	Allgemeine Baustähle, Kaltprofile, kaltgefertigte geschweißte Hohlprofile[2])

Erläuterungen

Zu Abschnitt 1

Genormt wird der Teil an einer Lagerkonstruktion, der für die Übertragung der Horizontalkräfte vorgesehen ist und nicht ein verwendeter Lagertyp.

Zu Abschnitt 2

Ein Beispiel für die mechanische Schubsicherung der Ankerplatte ist in Anhang A.2 dargestellt.

Zu 3.1

In der Kontaktfläche zwischen Elastomer und Stahl (Verformungslager/Ankerplatte bzw. Verformungslager/Lagerplatte) wird die zulässige Rückstellkraft über Reibung abgetragen, vergleiche DIN 4141 Teil 1/09.84, Abschnitt 6; die Ausbildung der Oberfläche ist darauf abzustimmen (z. B. strahlen und flammspritzverzinken, gleitfester Anstrich usw.). Bei Unterschreitung der Mindestpressung ist das Verformungslager mindestens einseitig zu verankern. (Bei planmäßiger Übertragung von äußeren Horizontalkräften sind natürlich beide Lagerfugen zu verankern!).

Für die Übertragung der Rückstellkräfte des Elastomerlagers durch Reibung kann der gleitfeste Anstrich nach DB-TL 918 300 Blatt 85 herangezogen werden. In diesem Fall ist die Fläche vorher thermisch zu verzinken.

Die nach dem Zusammenbau verbleibenden Öffnungen sind mit Material, das mit der Beschichtung verträglich ist, zu verschließen. Der Eingriff von Verdübelungselementen darf durch den Spalt nicht beeinträchtigt werden.

---

[2]) Zu beziehen bei: DB Drucksachenzentrale, Stuttgarter Str. 61 a, 76137 Karlsruhe.

[3]) Zu beziehen bei: Beuth Verlag GmbH, 10772 Berlin.

Seite 24
DIN V 4141-13 : 1994-10

Zu 3.2

Brennschneiden oder gleichwertig rauhe Oberflächen gelten nicht als mechanisch bearbeitet. Eventuell einzuhaltende Toleranzen des Lagerspiels zwecks Sicherstellung einer einwandfreien Kraftübertragung – bei Lastabtragung über beide Anschläge, bei fehlendem Drehteller, bei Stellschrauben – sind auf den Anlagen angegeben.

In Abhängigkeit von Größe und Art der Verformung werden so unterschiedliche Anforderungen an Baustoff und Ausbildung der Anschlag-Berührungsflächen, die die Verformungen verhindern, gestellt, daß eine Einteilung in zwei Gruppen erforderlich ist.

Die Forderung der Auswechselbarkeit der Festhaltekonstruktion gemäß DIN 4141 Teil 1/09.84, 7.5 ist z. B. durch Reibschluß-Verankerung (DIN 4141 Teil 1/09.84, Abschnitt 6) oder durch eine im Bauwerk verbleibende Ankerplatte und der mit ihr verbundenen Lagerplatte oder durch eine verschraubte Verankerung erfüllt.

Zu 4.1

Es kommt auf die Materialherkunft an: Flachzeug, Stäbe und Drähte bis zur Verfestigungsklasse SK 700 sind in DIN 17 440, daraus geformte oder geschweißte Profile in DIN 17 441 geregelt.

Zu 5.1

Beim Nachweis der Pressung in Gruppe I darf der Einfluß der Verkantung vernachlässigt werden. Im übrigen siehe DIN 4141 Teil 12 (z. Z. Entwurf)[1] bzw. Gleitlagerzulassung.

Zu 5.2

Bezüglich der Überlagerung der Reibungskräfte aus Zwängung und Wind siehe DIN 1072/12.85, 4.2 und 4.5.

Zu 5.7

Zweck der Festhaltekonstruktionen ist die Sicherung der Festpunkte, das heißt die sichere Aufnahme der Windlast (in Querrichtung) und der Brems- und Anfahrlast (in Längsrichtung). Wind- und Bremslasten zählen nach den genannten Regeln zu den vorwiegend ruhenden Lasten, erzeugen also keine dynamische Beanspruchung.

Weiterhin müssen von den Festhaltekonstruktionen die Reaktionskräfte aus der Bewegung (Gleit- und Rollenlager) oder Verformung (Verformungslager) aufgenommen werden.

Mindestens die Höhe dieser Beanspruchung errechnet sich anteilmäßig auch aus solchen Lasten, die als nicht vorwiegend ruhend einzustufen sind, wie z. B. die Verkehrsregellasten nach DIN 1072.

Die Belastung wird allerdings nur in geringem Maße von der Bewegung aus der Belastung, also der Untergurtdehnung aus der Biegeverformung des Überbaus erzeugt. Diese Bewegung ist so gering, daß die Nachgiebigkeit der Struktur den größten Teil der Kräfte "verschwinden" läßt, und sie findet nur zu einem sehr geringen Anteil unter den Bedingungen statt, die den Reibungszahlen zugeordnet sind (Kälte, Verschleiß). Diejenige Überbaubelastung, die während der langsamen, aber vom Maß her wesentlich größeren Bewegung durch Temperaturänderung wirkt, kommt naturgemäß der ruhenden Last nahe. Insgesamt lassen diese Überlegungen den Schluß zu, daß die Reaktionskräfte an Festpunkten nicht zu den "nicht vorwiegend ruhenden Belastungen" zählen. Dies ist auch in DIN 1072 so vorgesehen, die Regellasten selbst sind dort nach 3.3.8 den Nachweisen der Dauerschwingbeanspruchung zugrunde zu legen, während die Bewegungs- und Verformungswiderstände nach 4.5 Zusatzlasten sind (jeweils auf Ausgabe Dezember 1985 bezogen).

Der Nachweis der dynamischen Beanspruchung von Kopfbolzendübeln bei Festhaltekonstruktionen bei Straßenbrücken ist somit auf den seltenden Fall beschränkt, in dem die Verkehrslast unmittelbar den Kopfbolzen beansprucht, zum Beispiel bei rahmenartigen Tragstrukturen.

---

[1]) Siehe Seite 3

DK 624.078.5-036.074 : 69   DEUTSCHE NORM   September 1985

Lager im Bauwesen
Bewehrte Elastomerlager
Bauliche Durchbildung und Bemessung

DIN 4141 Teil 14

Structural bearings; laminated elastomeric bearings

Appareils d'appui pour ouvrages d'art; appuis en élastomère fretté

Diese Norm wurde im NABau-Fachbereich II „Einheitliche Technische Baubestimmungen (ETB)" ausgearbeitet.

Zu den Normen der Reihe DIN 4141 gehören:

DIN 4141 Teil 1	Lager im Bauwesen; Allgemeine Regelungen
DIN 4141 Teil 2	Lager im Bauwesen; Lagerung für Ingenieurbauwerke im Zuge von Verkehrswegen (Brücken)
DIN 4141 Teil 3	Lager im Bauwesen; Lagerung für Hochbauten
DIN 4141 Teil 4 *)	Lager im Bauwesen; Transport, Zwischenlagerung und Einbau
DIN 4141 Teil 14	Lager im Bauwesen; Bewehrte Elastomerlager, Bauliche Durchbildung und Bemessung

Folgeteile in Vorbereitung

Inhalt

	Seite		Seite
1 Anwendungsbereich	1	6 Regellager	4
2 Begriffe und Formelzeichen	1	7 Transport und Einbau	4
3 Bauliche Durchbildung	1	8 Überwachung (Güteüberwachung), Kennzeichnung, Lieferschein	5
4 Baustoffe	2	Zitierte Normen und andere Unterlagen	10
5 Zulässige Beanspruchungen/Statischer Nachweis	2	Erläuterungen	10

1 Anwendungsbereich

Diese Norm regelt die Verwendung von bewehrten Elastomerlagern für den Brücken- und Hochbau in einem Temperaturbereich zwischen −25 °C und +50 °C, kurzzeitig bis +70 °C.

Diese Norm gilt nur im Zusammenhang mit DIN 4141 Teil 1, Teil 2 und Teil 3.

2 Begriffe und Formelzeichen

Elastomerlager sind verformbare Bauteile (Verformungslager). Jede von außen einwirkende Last, die, neben der zentrischen Stauchung, eine Relativbewegung (Verschiebung, Verdrehung) der durch das Lager miteinander verbundenen Bauteile bewirkt, erzeugt eine Lagerverformung.

A	Grundfläche des Lagers
a, b	Seitenabmessungen bei Lagern mit rechteckigem Grundriß; a ist die kleinere Seite oder (bei der Berechnung des Rückstellmomentes M) die Seite senkrecht zur Drehwinkelachse
D	Lagerdurchmesser bei Lagern mit kreisrundem Grundriß
d	Dicke (= Bauhöhe) des unbelasteten Lagers
F	Auflast
G	Schubverformungsmodul (Rechengröße für die Ermittlung der Rückstellkräfte)
n	Anzahl der Elastomerschichten zwischen den Bewehrungsblechen
r	Seitliche Elastomer-Überdeckung
s	Dicke der einzelnen inneren Bewehrungsbleche
T	Elastomerdicke = Summe aller Einzelschichtdicken des Elastomers
t	Elastomerschichtdicke zwischen zwei Bewehrungsblechen
x	Dicke der einzelnen äußeren Bewehrungsbleche (Deckbleche) (bei verankerten Lagern)
α	Drehwinkel je Elastomerschicht
γ	Schubverformungswinkel des Lagers
σ_m	Mittlere Lagerpressung
$\min \sigma$	Mittlere Lagerpressung bei der rechnerisch kleinsten Auflast

3 Bauliche Durchbildung

Bewehrte Elastomerlager sind im Grundriß viereckig (rechteckig, quadratisch) oder kreisrund und haben **ebene**, in gleichem Abstand voneinander und symmetrisch zur Ebene in mittlerer Höhe (Lagerebene) angeordnete Bewehrungseinlagen aus Stahlblech, die durch Warmvulkanisation mit den Elastomerschichten verbunden werden.

Bei unverankerten Lagern sind die Bewehrungseinlagen nur innen, bei verankerten Lagern zusätzlich auch außen (Deckbleche) angeordnet.

Elastomerlager mit Grundflächen von ≧ 350 mm × 450 mm bzw. 400 mm Durchmesser müssen mindestens 3 Elastomerschichten haben.

Die Ränder der Bewehrungseinlagen müssen sorgfältig bearbeitet sein, um Kerbwirkungen zu vermeiden.

*) Z. Z. Entwurf

Fortsetzung Seite 2 bis 12

Normenausschuß Bauwesen (NABau) im DIN Deutsches Institut für Normung e.V.
Normenausschuß Kautschuktechnik (FAKAU) im DIN

Seite 2   DIN 4141 Teil 14

Bewehrte Elastomerlager dürfen senkrecht zur Lagerebene durch die Elastomerschichten und Bewehrungsbleche durchbohrt werden (vergleiche Abschnitt 5.1).

Die Lager dürfen unverankert oder verankert (d. h. konstruktiv gegen Bewegungen in der Berührungsfuge zwischen Lager und anschließendem Bauteil gesichert) eingebaut werden.

Unverankerte Lager sind auswechselbar. Auch bei verankerten Lagern kann – entsprechend DIN 4141 Teil 1/09.84, Abschnitt 7.5 – die Auswechselbarkeit des Lagers oder einzelner Lagerteile baulich ausgebildet werden.

Der Aufbau unverankerter Lager ist aus Bild 1 ersichtlich.

Beispiele für verankerte Lager sind in Bild 2 dargestellt.

Elastomerlager sind entsprechend DIN 4141 Teil 1 zu kennzeichnen (siehe Abschnitt 8).

Freiliegende Stahlteile sind entsprechend den einschlägigen Bestimmungen ausreichend gegen Korrosion zu schützen.

4 Baustoffe

4.1 Elastomer

Es ist ein Elastomer auf Basis Chloropren-Kautschuk zu verwenden; das Elastomer muß eine gute Widerstandsfähigkeit gegen die Einwirkungen der Witterung und des Ozons besitzen und alterungsbeständig sein.[1])

4.2 Stahl

Für die Bewehrungseinlagen (Stahlbleche) ist Stahl St 50-2, St 52-3 oder St 60-2 nach DIN 17 100 zu verwenden.

5 Zulässige Beanspruchungen/Statischer Nachweis

5.1 Anrechenbare Grundfläche

Bohrungen durch die Lager rechtwinklig zur Lagerebene brauchen bei der Bemessung nicht berücksichtigt zu werden, wenn folgende Bedingungen erfüllt sind:

– Gesamtquerschnitt der Löcher ≦ 5% der Lagerfläche
– Lochdurchmesser ≦ 80 mm
– Lochachse innerhalb des Kernquerschnittes der Lagerfläche
– Schutz der Bohrungswandung vor Witterungseinflüssen.

---

[1]) Eine Norm, in der die Zusammensetzung des Elastomers und die Überwachung der Fertigung festgelegt wird, ist in Vorbereitung. Bis zum Erscheinen dieser Norm gelten die Richtlinien für die Güteüberwachung von bewehrten Elastomerlagern im Rahmen der Eigenüberwachung und der Fremdüberwachung, veröffentlicht z. B. in „Lager im Bauwesen", Eggert/Grote/Kauschke, Verlag W. Ernst & Sohn, Berlin.

5.2 Beanspruchung rechtwinklig zur Lagerebene

Bei einer Auflast F ist die mittlere Lagerpressung

$$\sigma_m = \frac{F}{A} \qquad (1)$$

$$A = a \cdot b \text{ bzw.} \qquad (2)$$

$$A = \frac{\pi \cdot D^2}{4} \qquad (3)$$

Die mittlere Lagerpressung σ_m darf in der Regel die Werte der Tabelle 5 nicht überschreiten.

Eine Erhöhung dieser Pressung bis zu 50 % ist zulässig, wenn durch Zwischenschaltung einer Gleitschicht Beanspruchungen nach Abschnitt 5.3 weitgehend ausgeschaltet werden. Hierfür ist ein besonderer Nachweis, z. B. eine bauaufsichtliche Zulassung, erforderlich. Die in den an den Lagern liegenden Bauteilen auftretenden Spaltzugspannungen sind zu ermitteln. Dabei ist in der Fuge eine Druckspannungsverteilung nach einer quadratischen Parabel zu berücksichtigen.

5.3 Beanspruchung parallel zur Lagerebene

Bei einer Parallelverschiebung v zwischen Überbau und Unterbau ergibt sich die Schubverformung zu

$$\tan \gamma = \frac{v}{T} \qquad (4)$$

und die zugehörige Kraft in der Lagerebene zu

$$F_{xy} = A \cdot G \cdot \tan \gamma \qquad (5)$$

mit $G = 1\,\text{N/mm}^2$

Bei Lagern mit einer Elastomerdicke $T \leqq a/5$ bzw. $D/5$ gilt

$$\text{zul } \tan \gamma = 0{,}7 \qquad (6)$$

Für dickere Lager $T \leqq \dfrac{a}{3}$ bzw. $\dfrac{D}{3}$ gilt

$$\text{zul } \tan \gamma = 0{,}7 - \left(\frac{T}{a} - 0{,}2\right) \text{ bzw.} \qquad (7)$$

$$= 0{,}7 - \left(\frac{T}{D} - 0{,}2\right) \qquad (8)$$

Schubverformungen in mehreren Richtungen sind vektoriell zu addieren.

Die Bauwerksverschiebungen v parallel zur Lagerebene sind nach den für das aufzulagernde Bauteil geltenden technischen Baubestimmungen zu ermitteln. Dabei brauchen die für Bewegungslager (Rollenlager, Gleitlager u. ä.) vorgeschriebenen Sicherheitszuschläge nicht in Ansatz gebracht zu werden.

Planmäßige Beanspruchungen parallel zur Lagerebene aus ständigen äußeren Lasten einschließlich des Erddrucks sind unzulässig. Beanspruchungen parallel zur Lagerebene aus Zwang und kurzzeitigen äußeren Lasten sind jedoch zulässig, sofern die dabei auftretenden Verschiebungen in konstruktiver Hinsicht zulässig sind.

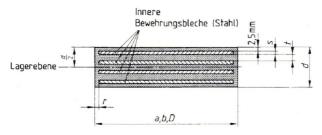

Bild 1.   Bewehrte Elastomerlager ohne Verankerung

DIN 4141 Teil 14   Seite 3

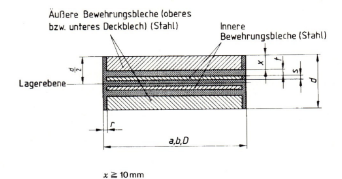

a) Vollflächig verankertes bewehrtes Elastomerlager

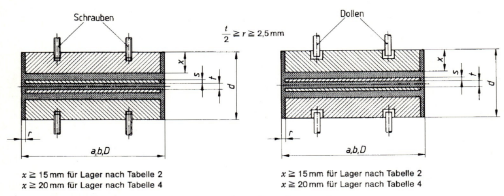

$x \geq 15$ mm für Lager nach Tabelle 2
$x \geq 20$ mm für Lager nach Tabelle 4

$x \geq 15$ mm für Lager nach Tabelle 2
$x \geq 20$ mm für Lager nach Tabelle 4

b) Bewehrtes Elastomerlager mit Verankerung durch Dollen oder Schrauben

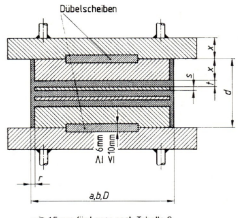

$x \geq 15$ mm für Lager nach Tabelle 2
$x \geq 20$ mm für Lager nach Tabelle 4

c) Bewehrtes Elastomerlager mit Verankerung durch runde Dübelscheiben

Bild 2.   Bewehrte Elastomerlager mit Verankerung

5.4 Verdrehung

Bei einer Verdrehungsdifferenz ϑ zwischen Überbau und Unterbau ist der Drehwinkel je Elastomerschicht

$$\alpha = \frac{\vartheta}{n} \qquad (9)$$

Die Drehwinkel α dürfen die Werte nach Tabelle 5 nicht überschreiten. Wird von der Pressungserhöhung nach Abschnitt 5.2 Gebrauch gemacht, so ist

$$\vartheta = n \cdot \alpha \leq 0{,}005$$

einzuhalten.

Am fertigen Bauwerk durch Imperfektionen auftretende bleibende Parallelitätsabweichungen zwischen den an das Lager angrenzenden Bauwerksflächen dürfen zusammen mit dem planmäßigen Drehwinkel das 1,3fache des zulässigen Drehwinkels nach Tabelle 5 nicht überschreiten; außerdem darf dabei der Verkehrslastanteil das 0,5fache der in Tabelle 5 angegebenen Werte nicht überschreiten.

Aus der Verdrehung der Lager beträgt das rechnerische Rückstellmoment

- für rechteckige Lager
$$M = \frac{a^5 \cdot b \cdot G}{50 \cdot t^3} \cdot \alpha \qquad (10)$$

- für kreisrunde Lager mit G nach Abschnitt 5.3
$$M = \frac{D^6 \cdot G}{100 \cdot t^3} \cdot \alpha \qquad (11)$$

5.5 Gleitsicherheit

Zur Vermeidung des Gleitens von unverankerten Lagern müssen folgende Bedingungen erfüllt sein:

a) Bei Elastomerlagern mit Grundflächen von max 300 mm × 400 mm bzw. max 350 mm Durchmesser

$$\sigma_m \geq 3{,}0 \text{ N/mm}^2$$

b) Bei Elastomerlagern mit größeren Grundflächen

$$\sigma_m \geq 5{,}0 \text{ N/mm}^2$$

Für Bauwerke mit hoher dynamischer Beanspruchung nach DS 804, z. B. für Eisenbahnbrücken, können höhere Anforderungen notwendig werden.

Bei kleineren mittleren Pressungen sind die Lager zu verankern, und es ist ein Nachweis nach DIN 4141 Teil 1/09.84, Abschnitt 6, zu führen.

5.6 Stauchung

Zusätzlich zu einer Setzung des Lagers von etwa 1 mm infolge Anpassung an die das Lager berührenden Flächen des Bauteils können unter der zulässigen Last Stauchungen von etwa 2 % der Elastomerdicke T auftreten.

Da die Verformungskennlinien nicht linear sind, ist der Stauchungsanteil von Verkehrslasten kleiner als ihr Anteil an der Gesamtlast.

Der Einfluß der Stauchung des Lagers auf das angrenzende Bauteil ist erforderlichenfalls nachzuweisen.

5.7 Lastverteilung auf mehrere Lager

(vergleiche DIN 4141 Teil 2/09.84, Abschnitt 3.6)

Werden unter einem Bauteil mehr als 2 Lager in einer Auflagerlinie angeordnet mit einem Verhältnis

$$\frac{\max \, (A/T)}{\min \, (A/T)} \leq 1{,}2$$

so darf die Lastverteilung ohne Berücksichtigung der Lagerstauchung ermittelt werden. Im anderen Fall sind besondere – in dieser Norm nicht geregelte – Nachweise erforderlich (siehe auch Abschnitt 7.4 und Abschnitt 7.5).

6 Regellager

Für Regellager sind die Angaben zur baulichen Durchbildung in den Tabellen 1 bis 5 zusammengestellt. Für diese Lager erstreckt sich der statische Nachweis auf die Pressung, Schubverformung und Verdrehung.

Zwischengrößen dürfen im Rahmen dieser Norm hergestellt werden, wenn t und s dem nächstkleineren flächengleichen Lager entsprechen.

7 Transport und Einbau

7.1 Die entsprechenden Bestimmungen in DIN 4141 Teil 4 (z. Z. Entwurf) sind zu beachten.

7.2 Um unplanmäßige Beanspruchungen der Lager auszuschließen, müssen die an den Lagern anliegenden Flächen der Bauteile parallel zueinander und eben sein.

Sind diese Flächen der Bauteile beim Einbau der Lager nicht mehr plastisch verformbar (kein Mörtelbett oder Ortbeton), so darf ihre größte Abweichung u von einer Ebene bezogen auf die Lagermaße höchstens sein

$$u \leq 0{,}003 \cdot a \text{ bzw. } 0{,}003 \cdot D$$

und $\quad u \leq 1{,}0 \text{ mm}$

Die Parallelitätsabweichungen sind in Abschnitt 5.4 geregelt.

7.3 Die Auflagerflächen sind planmäßig so vorzusehen, daß unter dem Einfluß der ständigen Last einschließlich Erddrucks im angenommenen unverformten Zustand des Bauwerks keine Schubverformung des Lagers stattfindet. (Vergleiche auch Abschnitt 5.3, letzter Absatz.)

7.4 Die Anordnung von zwei oder mehreren Lagern hintereinander in Längsrichtung (Richtung der Haupttragwirkung) des aufzulagernden Bauteils für ein und denselben rechnerischen Auflagerpunkt ist in Ausnahmefällen möglich, aber nur, wenn die Last-Stauchungskurven der Lager für den zu erwartenden Beanspruchungsbereich bekannt sind (z. B. aufgrund von Versuchen) und wenn mit deren Hilfe nachgewiesen wird, daß auch bei ungünstigster Lastkombination die zulässige Beanspruchung der einzelnen Lager nicht überschritten wird.

7.5 Bei im Grundriß statisch unbestimmter Lagerung eines Fertigteils ist in der Regel zwischen den überzähligen Lagern und dem darunter befindlichen Bauteil eine Mörtelschicht auszuführen. Während des Aushärtens dieser Mörtelschicht muß die Lagerung von Hilfskonstruktionen übernommen werden. Das Mörtelbett kann entfallen, wenn die planmäßige Lastübertragung durch alle Lager auf andere Weise sichergestellt wird.

7.6 Die Seitenflächen der Lager dürfen nicht in ihrer planmäßigen Verformung (Schrägstellung, Verdrehung) behindert sein.

7.7 Werden die Lager unterstopft, so ist auf gute Mörtelqualität besonders zu achten. Die Last der von den Lagern abzutragenden Konstruktion darf nicht nur über Keile – auch nicht zeitweilig – direkt das Lager belasten, es sei denn, es wird eine ausreichend dicke Stahlplatte (mindestens 20 mm) zwischengeschaltet. Keile müssen nach Erhärten des Unterstopfmaterials wieder entfernt werden.

7.8 Schweißarbeiten an den Deckblechen verankerter Lager sind unzulässig.

7.9 Durch geeignete Maßnahmen ist sicherzustellen, daß die Lager nicht mit Fetten, Lösungsmitteln o. ä. benetzt werden, insbesondere nicht mit Schalöl.

DIN 4141 Teil 14   Seite 5

8 Überwachung (Güteüberwachung), Kennzeichnung, Lieferschein

8.1 Allgemeines

Die einwandfreie Herstellung bewehrter Elastomerlager setzt besondere Kenntnisse, Erfahrungen, Fertigungseinrichtungen und eine laufende Fertigungskontrolle (Güteüberwachung) voraus. Das Erfüllen dieser Voraussetzungen wird dem Vulkanisationswerk nach erfolgreicher Erstprüfung durch Vergabe eines Werkkennzeichens bestätigt, wobei das Vorliegen der Herstellungsvoraussetzungen für dickere Lager (siehe Abschnitt 5.3 Formeln (7) und (8)) durch ein gesondertes Werkkennzeichen zu bescheinigen ist. [2]

8.2 Kennzeichnung

Die Lager müssen unter dem Namen des Vulkanisationswerkes mit Angabe der Grundfläche, Tragkraft, Dicke d, Elastomerdicke T und der Anzahl der Elastomerschichten n geliefert werden.

Die Lager müssen das Werkkennzeichen des Vulkanisationswerkes und die Fertigungsnummer tragen. Mit dem Werkkennzeichen bestätigt der Hersteller, daß die Lager dieser Norm entsprechen. Wenn nach den bauaufsichtlichen Vorschriften eine Überwachung gefordert wird, so ist für den Nachweis der Überwachung das einheitliche Überwachungszeichen [3] zu führen.

Außerdem sind die entsprechenden Bestimmungen von DIN 4141 Teil 1/09.84, Abschnitt 7.3, zu beachten.

8.3 Lieferschein

Bei jeder Lieferung von Lagern hat der Lieferant zu bescheinigen, daß das Lager dieser Norm entspricht und damit auch aus einer güteüberwachten Fertigung stammt.

[2] Das Verzeichnis der Werkkennzeichen (Lagerzeichen) wird vom Institut für Bautechnik, Berlin, geführt und veröffentlicht.

[3] Siehe z. B. Runderlaß des Ministers für Landes- und Stadtentwicklung Nordrhein-Westfalen „Überwachung der Herstellung von Baustoffen und Bauteilen; Einheitliche Überwachungszeichen" vom 31. 07. 1980, veröffentlicht im Ministerialblatt des Landes Nordrhein-Westfalen 1980, Seite 1901.

Tabelle 1. **Regellagergrößen, unverankerte Lager** (für $\sigma_m \geq 3{,}0$ N/mm²) [4]

1	2	3	4	5	6
Maße für A und D	Dicke des unbelasteten Lagers d	Elastomerdicke T	Anzahl der Elastomerschichten n	Elastomerschichtdicke t	Dicke der Bewehrungsbleche s
mm	mm	mm	–	mm	mm
100 × 100 100 × 150	14 21 28 (35) (42)	10 15 20 (25) (30)	1 2 3 (4) (5)	5	2
150 × 200	21 28 35 42 (49) (56) (63)	15 20 25 30 (35) (40) (45)	2 3 4 5 (6) (7) (8)	5	2
200 × 250 200 × 300 200 × 400 ⌀ 200	30 41 52 (63) (74) (85)	21 29 37 (45) (53) (61)	2 3 4 (5) (6) (7)	8	3
250 × 400 ⌀ 250	41 52 63 (74) (85) (96)	29 37 45 (53) (61) (69)	3 4 5 (6) (7) (8)	8	3
300 × 400 ⌀ 300	41 52 63 74 85 (96) (107) (118)	29 37 45 53 61 (69) (77) (85)	3 4 5 6 7 (8) (9) (10)	8	3
⌀ 350	54 69 84 99 (114) (129) (144)	38 49 60 71 (82) (93) (104)	3 4 5 6 (7) (8) (9)	11	4

[4] Für die Lager, die zu den in ( ) angegebenen Werten gehören, gelten die einschränkenden Bedingungen nach Abschnitt 5.3 Formeln (7) und (8).

5.2 Lagernorm DIN 4141

Seite 6   DIN 4141 Teil 14

Tabelle 2. **Regellagergrößen, verankerte Lager** (für $\sigma_m < 3{,}0$ N/mm²) [4]

1	2	3	4	5	6
Maße für A und D	Dicke des unbelasteten Lagers d	Elastomerdicke T	Anzahl der Elastomerschichten n	Elastomerschichtdicke t	Dicke der Bewehrungsbleche s
mm	mm	mm	—	mm	mm
100 × 100 100 × 150	42 49 56 (63) (70)	10 15 20 (25) (30)	2 3 4 (5) (6)	5	2
150 × 200	49 56 63 70 (77) (84) (91)	15 20 25 30 (35) (40) (45)	3 4 5 6 (7) (8) (9)	5	2
200 × 250 200 × 300 200 × 400 ⌀ 200	60 71 82 (93) (104)	24 32 40 (48) (56)	3 4 5 (6) (7)	8	3
250 × 400 ⌀ 250	60 71 82 93 (104) (115) (126)	24 32 40 48 (56) (64) (72)	3 4 5 6 (7) (8) (9)	8	3
300 × 400 ⌀ 300	71 82 93 104 (115) (126) (137) (148)	32 40 48 56 (64) (72) (80) (88)	4 5 6 7 (8) (9) (10) (11)	8	3
⌀ 350	71 86 101 116 (131) (146) (161)	33 44 55 66 (77) (88) (99)	3 4 5 6 (7) (8) (9)	11	4

[4] Siehe Tabelle 1

Tabelle 3. **Regellagergrößen, unverankerte Lager** (für $\sigma_m \geq 5{,}0$ N/mm^2)[4]

1	2	3	4	5	6
Maße für A und D	Dicke des unbelasteten Lagers d	Elastomerdicke T	Anzahl der Elastomerschichten n	Elastomerschichtdicke t	Dicke der Bewehrungsbleche s
mm	mm	mm	–	mm	mm
350 × 450	54 69 84 99 (114) (129) (144)	38 49 60 71 (82) (93) (104)	3 4 5 6 (7) (8) (9)	11	4
400 × 500 ⌀ 400	54 69 84 99 114 (129) (144) (159)	38 49 60 71 82 (93) (104) (115)	3 4 5 6 7 (8) (9) (10)	11	4
450 × 600 ⌀ 450	54 69 84 99 114 129 (144) (159) (174)	38 49 60 71 82 93 (104) (115) (126)	3 4 5 6 7 8 (9) (10) (11)	11	4
500 × 600 ⌀ 500	54 69 84 99 114 129 144 (159) (174) (189) (204)	38 49 60 71 82 93 104 (115) (126) (137) (148)	3 4 5 6 7 8 9 (10) (11) (12) (13)	11	4
600 × 700 ⌀ 600	70 90 110 130 150 170 (190) (210) (230)	50 65 80 95 110 125 (140) (155) (170)	3 4 5 6 7 8 (9) (10) (11)	15	5
700 × 800 ⌀ 700	70 90 110 130 150 170 190 (210) (230) (250) (270)	50 65 80 95 110 125 140 (155) (170) (185) (200)	3 4 5 6 7 8 9 (10) (11) (12) (13)	15	5

[4] Siehe Tabelle 1

5.2 Lagernorm DIN 4141

Seite 8   DIN 4141 Teil 14

Tabelle 3. (Fortsetzung)

1	2	3	4	5	6
Maße für A und D	Dicke des unbelasteten Lagers d	Elastomerdicke T	Anzahl der Elastomerschichten n	Elastomerschichtdicke t	Dicke der Bewehrungsbleche s
mm	mm	mm	—	mm	mm
800 × 800 ⌀ 800	79 102 125 148 171 194 (217) (240) (263) (286) (309)	59 77 95 113 131 149 (167) (185) (203) (221) (239)	3 4 5 6 7 8 (9) (10) (11) (12) (13)	18	5
900 × 900 ⌀ 900	79 102 125 148 171 194 217 (240) (263) (286) (309) (332)	59 77 95 113 131 149 167 (185) (203) (221) (239) (257)	3 4 5 6 7 8 9 (10) (11) (12) (13) (14)	18	5

Tabelle 4. **Regellagergrößen, verankerte Lager (für $\sigma_m < 5{,}0$ N/mm²)** [4]

1	2	3	4	5	6
Maße für A und D	Dicke des unbelasteten Lagers d	Elastomerdicke T	Anzahl der Elastomerschichten n	Elastomerschichtdicke t	Dicke der Bewehrungsbleche s
mm	mm	mm	—	mm	mm
350 × 450	81 96 111 126 (141) (156) (171)	33 44 55 66 (77) (88) (99)	3 4 5 6 (7) (8) (9)	11	4
400 × 500 ⌀ 400	81 96 111 126 141 (156) (171) (186) (201)	33 44 55 66 77 (88) (99) (110) (121)	3 4 5 6 7 (8) (9) (10) (11)	11	4
450 × 600 ⌀ 450	81 96 111 126 141 156 (171) (186) (201) (216)	33 44 55 66 77 88 (99) (110) (121) (132)	3 4 5 6 7 8 (9) (10) (11) (12)	11	4

[4]) Siehe Tabelle 1

Tabelle 4. (Fortsetzung)

1	2	3	4	5	6
Maße für A und D	Dicke des unbelasteten Lagers d	Elastomerdicke T	Anzahl der Elastomerschichten n	Elastomerschichtdicke t	Dicke der Bewehrungsbleche s
mm	mm	mm	—	mm	mm
500 × 600 ⌀ 500	81 96 111 126 141 156 171 (186) (201) (216) (231)	33 44 55 66 77 88 99 (110) (121) (132) (143)	3 4 5 6 7 8 9 (10) (11) (12) (13)	11	4
600 × 700 ⌀ 600	95 115 135 155 175 195 (215) (235) (255) (275)	45 60 75 90 105 120 (135) (150) (165) (180)	3 4 5 6 7 8 (9) (10) (11) (12)	15	5
700 × 800 ⌀ 700	95 115 135 155 175 195 215 (235) (255) (275) (295) (315)	45 60 75 90 105 120 135 (150) (165) (180) (195) (210)	3 4 5 6 7 8 9 (10) (11) (12) (13) (14)	15	5
800 × 800 ⌀ 800	104 127 150 173 196 219 242 (265) (288) (311) (334)	54 72 90 108 125 144 162 (180) (198) (216) (234)	3 4 5 6 7 8 9 (10) (11) (12) (13)	18	5
900 × 900 ⌀ 900	104 127 150 173 196 219 242 265 (288) (311) (334) (357) (380)	54 72 90 108 126 144 162 180 (198) (216) (234) (252) (270)	3 4 5 6 7 8 9 10 (11) (12) (13) (14) (15)	18	5

5.2 Lagernorm DIN 4141

Seite 10 DIN 4141 Teil 14

Tabelle 5. **Zulässige Pressungen und Drehwinkel**

1	2	3	4	5
Maße für A und D	Elastomer-schichtdicke t	Mittlere Lagerpressung σ_m	Drehwinkel α je Elastomerschicht bei Drehwinkelachse	
			parallel zur größeren Grundrißseite	parlallel zur kleineren Grundrißseite
mm	mm	N/mm²	arc	arc
100 × 100	5	10,0	0,0040	0,0040
100 × 150	5	10,0	0,0040	0,0030
150 × 200	5	10,0	0,0030	0,0030
200 × 250	8	12,5	0,0030	0,0025
200 × 300	8	12,5	0,0030	0,0020
200 × 400	8	12,5	0,0030	0,0012
250 × 400	8	12,5	0,0025	0,0012
300 × 400	8	15,0	0,0020	0,0012
350 × 450	11	15,0	0,0025	0,0020
400 × 500	11	15,0	0,0020	0,0015
450 × 600	11	15,0	0,0020	0,0012
500 × 600	11	15,0	0,0020	0,0012
600 × 700	15	15,0	0,0020	0,0015
700 × 800	15	15,0	0,0020	0,0012
800 × 800	18	15,0	0,0020	0,0020
900 × 900	18	15,0	0,0015	0,0015
Ø 200	8	10,0		0,0040
Ø 250	8	12,5		0,0040
Ø 300	8	12,5		0,0030
Ø 350	11	12,5		0,0040
Ø 400	11	15,0		0,0030
Ø 450	11	15,0		0,0030
Ø 500	11	15,0		0,0020
Ø 600	15	15,0		0,0020
Ø 700	15	15,0		0,0020
Ø 800	18	15,0		0,0020
Ø 900	18	15,0		0,0015

Zitierte Normen und andere Unterlagen

DIN 4141 Teil 1   Lager im Bauwesen; Allgemeine Regelungen
DIN 4141 Teil 2   Lager im Bauwesen; Lagerung für Ingenieurbauwerke im Zuge von Verkehrswegen (Brücken)
DIN 4141 Teil 3   Lager im Bauwesen; Lagerung für Hochbauten
DIN 4141 Teil 4   (z. Z. Entwurf) Lager im Bauwesen; Transport, Zwischenlagerung und Einbau
DIN 17 100   Allgemeine Baustähle; Gütenorm
DIN 18 200   Überwachung (Güteüberwachung) von Baustoffen, Bauteilen und Bauarten; Allgemeine Grundsätze
DS 804   Vorschrift für Eisenbahnbrücken und sonstige Ingenieurbauwerke (VEI) [5]

Richtlinien für die Güteüberwachung von bewehrten Elastomerlagern im Rahmen der Eigenüberwachung und der Fremdüberwachung

Runderlaß des Ministers für Landes- und Stadtentwicklung Nordrhein-Westfalen: Überwachung der Herstellung von Baustoffen und Bauteilen; Einheitliche Überwachungszeichen

Erläuterungen

DIN 4141 Teil 14 richtet sich – wie vorher die Besonderen Bestimmungen der allgemeinen bauaufsichtlichen Zulassungen – an die am Bau Beteiligten. Die speziellen Regelungen der Güteüberwachung werden in einem separaten Teil der Normen der Reihe DIN 4141 abgehandelt. Entsprechend wurde auch schon bisher verfahren. Die Güteüberwachungsregelungen interessieren im Detail nur die Überwachungsstellen und die Lagerhersteller, so daß es sinnvoll ist, diese Norm damit nicht zu belasten.

Zu Abschnitt 1 Anwendungsbereich

Temperaturen, wie sie im Brückenbau unter Umständen auftreten können, sind jedoch **für das Lager** unschädlich. Niedrige Temperaturen führen zu einer Versteifung der Lager dermaßen, daß unterhalb von $-30\,°C$ Bewegungen nicht mehr ohne besonderen Nachweis aufnehmbar sind.

---

[5] Zu beziehen bei der Drucksachenverwaltung der Deutschen Bundesbahn, Hinterm Hauptbahnhof 2a, 7500 Karlsruhe

DIN 4141 Teil 14 Seite 11

Die Abhängigkeit des Schubmoduls als der hierfür maßgebenden Größe zeigt für instationäre Verformung einen nahezu konstanten Verlauf bis etwa −30 °C und bei weiterer Abkühlung eine fast sprunghafte Erhöhung, so daß bei −40 °C bereits der 6fache Wert registriert wird (Übergang in einen glasartigen Zustand; vergleiche z. B. „Lager im Bauwesen", Verlag Ernst & Sohn, 1974, Seite 138, Bild 4.129).

Zu Abschnitt 2 Begriffe und Formelzeichen

Die bislang schon in den Zulassungen üblichen Begriffe und Formelzeichen wurden, soweit sie mit den für DIN-Normen allgemein und speziell in DIN 4141 Teil 1 bis Teil 3 bereits festgelegten Regelungen korrespondieren, beibehalten.

Zu Abschnitt 3 Bauliche Durchbildung

Eine Erweiterung gegenüber den Zulassungen betrifft der ausdrückliche Hinweis auf die Zulässigkeit von Bohrungen (vergleiche auch Abschnitt 5.1).

Zu den Bildern 1 und 2, Randabstand r

Die angegebene Ungleichung $\frac{t}{2} \geq r \geq 2,5$ mm ist eine Bandbreitenangabe, innerhalb der der Abstand gewählt werden darf.

Für den unteren Wert von $t = 5$ mm erhält man genau $r = 2,5$ mm als planmäßige Überdeckung, für die sich die Toleranz nach den Güteüberwachungsrichtlinien in der in Bearbeitung befindlichen Norm richtet.

Zu Abschnitt 4.1 Elastomer

Die Einschränkung auf Polychloropren-Kautschuk ist auch eine Voraussetzung für die Ausführungen zu Abschnitt 1.

Zu Abschnitt 5 Zulässige Beanspruchungen/Statischer Nachweis

Eine genaue Berechnung des Zwischenbauteils „Gummilager" verbietet sich schon deshalb, weil die dafür wesentlichen Eigenschaften des Materials stark streuen. Der Abschnitt 5 enthält die einfachen, auf der sicheren Seite liegenden, seit langem üblichen Berechnungsgrundsätze. Wenn alle Beanspruchungen (Druck, Verschiebung, Verdrehung) voll ausgenutzt werden, liegt die noch vorhandene Sicherheit im Rahmen des bei anderen tragenden Bauteilen Üblichen. Bei genauerem Nachweis in Sonderfällen läßt sich aufgrund dieser Erkenntnis sicher ab und zu für eine Teilbeanspruchung ein größerer Wert rechtfertigen, etwa auf der Basis von Versuchen, von „genaueren" nicht linearen Theorien oder der sogenannten ORE-Formeln [6]. Entsprechendes gilt bei von der Norm abweichenden Lagerformaten.

Zu Abschnitt 5.2 Beanspruchung rechtwinklig zur Lagerebene

Eine Erhöhung der zulässigen zentrischen Pressung bei Verformungsgleitlagern ist aus vorgenannten Gründen gerechtfertigt, weil eine Gleitschicht den Verschiebungseinfluß nahezu verschwinden läßt, so daß für einen anderen Teil – die Pressung – höhere Beanspruchungen zugestanden werden können bei unveränderter Gesamtsicherheit.

Für einseitig bewegliche Verformungsgleitlager gilt diese Überlegung dann, wenn die Schubverformung quer zur Gleitung ebenfalls sehr klein ist. Das Weitere regeln die Zulassungen.

Die Annahme einer im Schnitt parabelförmigen Druckspannungsverteilung – Parabel 2. Grades – ist auf der sicheren Seite im Vergleich zu Kurven höheren Grades. Rechnungen und Messungen haben bislang Druckverteilungen mit einem größeren Völligkeitsgrad ergeben.

Für Verformungsgleitlager sind übrigens derzeit noch allgemeine bauaufsichtliche Zulassungen erforderlich (Eine Norm über Verformungsgleitlager ist in Vorbereitung).

Zu Abschnitt 5.3 Beanspruchung parallel zur Lagerebene

Die Lager können Lasten rechtwinklig und parallel zur Lagerebene sowie gegenseitige Verdrehungen und Verschiebungen der Auflagerflächen aufnehmen. Aus der bisherigen Anwendungspraxis hat sich ergeben, daß es sich nicht lohnt, eine vermutlich genauere Berechnung dadurch zu erreichen, daß der bei Elastomeren vorhandene Kriecheinfluß mit einbezogen wird. Stattdessen wird – was technisch stets möglich ist – die planmäßige Aufnahme ständiger Beanspruchung in Lagerebene ausgeschlossen (siehe Abschnitt 5.3). Die so getroffenen Regelungen sind auf der sicheren Seite. Die unplanmäßigen geringen Beanspruchungen parallel zur Lagerebene infolge ständiger Abweichung der Lagerebene von der planmäßigen Lage, z. B. durch ungenauen Einbau oder durch die Bauwerkstoleranzen, sind dagegen zulässig (siehe Abschnitt 5.4). Bei statisch unbestimmten Systemen hat dies konsequenterweise zur Folge, daß mit veränderlicher Gliederung für ständige und nicht ständige Last gerechnet werden muß.

Daß sich das Kriechverhalten nicht verändert, wird im übrigen indirekt im Rahmen der Güteüberwachung kontrolliert durch die sogenannte Identifikationsprüfung.

Für Lager mit $T > \frac{a}{3}$ bzw. $\frac{D}{3}$ werden keine Angaben gemacht. Solche Lager wurden bisher nicht untersucht, sie gehören auch nicht mehr zu den Regellagern der Tabellen 1 bis 5.

Werden in Sonderfällen solche Lager benötigt, so sind sie wie neue Bauarten zu behandeln, d. h. man benötigt für deren Verwendung eine Zustimmung im Einzelfall oder eine allgemeine bauaufsichtliche Zulassung.

Zu Abschnitt 5.3, Formel (5) und Abschnitt 5.4, Formeln (10) und (11)

Der Schubmodul ist ein Rechenwert, der merklich formabhängig ist und so definiert wurde, daß er als Ersatz für eine echte, nur vom Werkstoff abhängige Materialkenngröße in dem durch die Regellager und die Bemessungsgrenzen festgelegten Bereich verwendet werden kann. Die zulässige Abweichung bei einer versuchsmäßigen Überprüfung im Rahmen der Güteüberwachung beträgt ±20%, woraus deutlich wird, daß es sich bei Verformungsberechnungen mit Hilfe des Schubmoduls stets nur um überschlägige Berechnungen handeln kann.

---

[6] Eggert, H.: Vorlesungen über Lager im Bauwesen, Verlag Wilhelm Ernst & Sohn, Berlin/München.

5.2 Lagernorm DIN 4141

Seite 12 DIN 4141 Teil 14

Die im Vergleich zur Bauhöhe relativ großen Schubverformungen können in den Fällen, in denen die Lagerbedingungen einen großen Einfluß auf die Stabilität der Konstruktion haben können, etwa bei Pendelstützen, einen zunächst nicht vermuteten Einfluß haben, wobei nicht von vornherein klar ist, ob die Vernachlässigung auf der sicheren oder unsicheren Seite liegt, siehe z. B. W. Kanning, Elastomerlager für Pendelstützen..., „Der Bauingenieur" 55 (1980), S. 455–460.

In dieser Norm wurde das Bauteil Verformungslager konsequent verformbaren Bauteilen aus anderen Baustoffen vergleichbar behandelt. Während in den bislang geltenden Zulassungsbescheiden Rückstellkräfte und -momente aus erzwungenen Verformungen, wenn sie statisch günstig wirkten, unberücksichtigt bleiben mußten, gibt es künftig diese oder eine damit vergleichbare Bestimmung nicht mehr. Auch die Norm DIN 1072 (z. Z. Entwurf) wird hierzu keinen Ersatz vorsehen, da Sicherheitslücken – etwa durch sonst unzureichend bemessene Unterbauten – nicht zu befürchten sind in Anbetracht anderer konservativer Festlegungen mit Auswirkungen an gleicher Stelle. Der Streuung in den Werkstoffeigenschaften des Elastomers, die Grund war für die seinerzeitige Festlegung, entsprechen vergleichbare Verhältnisse in anderen tragenden Werkstoffen.

Zu Abschnitt 5.6 Stauchung

Versuche zur quantitativen Erfassung der Stauchung einer gedrückten Elastomerschicht wurden an verschiedenen Versuchsanstalten durchgeführt, vergleiche z. B. die Ausführungen in „Lager im Bauwesen" (1974) S. 205/206.

Jüngere Ergebnisse von systematischen Untersuchungen finden sich in dem Forschungsbericht „Auflagerausbildung bei Fertigteilen" (1983, Technische Universität Braunschweig), des Bundesministeriums für Raumordnung, Bauwesen und Städtebau, Aktenzeichen B 15-80 01 80-22. Die dort angegebene empirische Formel vermittelt einen Eindruck von der Komplexität dieses, praktisch in der Regel unbedeutenden Problems:

$$f = t \cdot \frac{\sigma_m}{10 \cdot G \cdot S + 2 \cdot \sigma_m} \cdot \frac{1}{K_e} \cdot K_T \cdot K_Z \cdot K_u + \Delta t_0$$

S Formfaktor = $\frac{\text{gedrückte Fläche}}{\text{freie Fläche}}$

K Korrekturfaktor mit den Indizes für Einflüsse der Oberfläche (e), Temperatur (T), Zeit (Z) und Belastungswechsel (u)

Zu Abschnitt 7.3

Die Lager sind so anzuordnen, daß es sich bei einer Vernachlässigung von Einflüssen höherer Ordnung und ohne den Einfluß der Nutzlasten einschließlich Wind und Schnee um reine Drucklager handelt, und dies natürlich nur, was den planmäßigen Zustand angeht. Dies ist sowohl bei der Bemessung des Lagers (siehe Abschnitt 5.3) als auch bei der Herstellung der Auflagerflächen nach Abschnitt 7.3 zu beachten. Toleranzen des Zustands I. Ordnung (also die Ungenauigkeit der Herstellung) als auch die Einflüsse nach Theorie II. Ordnung (also die Verdrehungen aus den Bauwerksbeanspruchungen) werden hierbei nicht beachtet und im übrigen natürlich begrenzt, z. B. nach DIN 4141 Teil 4 (z. Z. Entwurf) und nach Abschnitt 5.4.

Zu Abschnitt 7.5

Die zulässige Druckspannung in der Mörtelfuge regelt DIN 1045/12.78, Abschnitt 17.3.4.

Zu Abschnitt 8.1 Kennzeichnung

Die Lagerkennzeichnung muß drei grundverschiedene Dinge ermöglichen:

a) Es muß erkennbar sein, wer das Lager gefertigt hat, denn die Lager sehen im übrigen alle gleich aus. Dies wird durch das in Abschnitt 8.1 genannte Kennzeichen erreicht, das – wie bisher – vom Lagerhersteller entworfen wird und das sich auch bei den derzeit auf dem Markt befindlichen Lagern nicht ändern wird. Die „Vergabe" durch die MPA bedeutet das Einverständnis zwischen Überwacher und Überwachtem nach erfolgter Erstprüfung. Ein beim Institut für Bautechnik nicht registriertes Kennzeichen ist in diesem Sinne nicht vergeben worden und entspricht auch nicht der Norm. Bei mißbräuchlicher Verwendung kann dieses Zeichen natürlich auch entzogen werden.

b) Aus dem Äußeren des Lagers ist allenfalls für Experten sichtbar, für welche Beanspruchungen usw. das Lager bemessen ist. Nach DIN 4141 Teil 1/09.84, Abschnitt 7.3, ist das Lager deshalb mit den wichtigsten Informationen auszustatten, vergleiche auch Fußnote 4.

c) Aufgrund von behördlich erlassenen Vorschriften ist die laufende Überwachung durch das Überwachungskennzeichen zu dokumentieren.

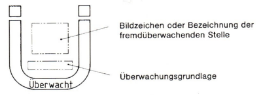

Die Anforderungen nach den Aufzählungen a), b) und c) können natürlich auch in einer einzigen Kennzeichnung vereinigt werden, was im einzelnen hier nicht geregelt werden muß.

Internationale Patentklassifikation

E 04 B 1/36   E 01 D 19/04

DK 624.078.5-036.74 : 69 : 620.1   DEUTSCHE NORM   Januar 1991

Lager im Bauwesen
Bewehrte Elastomerlager
Baustoffe, Anforderungen, Prüfungen und Überwachung

DIN 4141 Teil 140

Structural bearings; laminated elastomeric bearings; Building materials, requirements, testing and inspection

Appareils d'appui pour ouvrages d'art; Appuis en élastomère fretté; Matériaux de construction, exigences, essais et contrôle

Diese Norm wurde im NABau-Fachbereich II „Einheitliche Technische Baubestimmungen (ETB)" ausgearbeitet.

Zu den Normen der Reihe DIN 4141 „Lager im Bauwesen" gehören:

DIN 4141 Teil 1	Lager im Bauwesen; Allgemeine Regelungen
DIN 4141 Teil 2	Lager im Bauwesen; Lagerung für Ingenieurbauwerke im Zuge von Verkehrswegen (Brücken)
DIN 4141 Teil 3	Lager im Bauwesen; Lagerung für Hochbauten
DIN 4141 Teil 4	Lager im Bauwesen; Transport, Zwischenlagerung und Einbau
DIN 4141 Teil 14	Lager im Bauwesen; Bewehrte Elastomerlager; Bauliche Durchbildung und Bemessung
DIN 4141 Teil 15	Lager im Bauwesen; Unbewehrte Elastomerlager; Bauliche Durchbildung und Bemessung
DIN 4141 Teil 140	Lager im Bauwesen; Bewehrte Elastomerlager; Baustoffe, Anforderungen, Prüfungen und Überwachung
DIN 4141 Teil 150	Lager im Bauwesen; Unbewehrte Elastomerlager; Baustoffe, Anforderungen, Prüfungen und Überwachung

Folgeteile in Vorbereitung

Inhalt

		Seite			Seite
1	**Anwendungsbereich**	2	4.1.10	Verhalten nach Wärmeeinwirkung (künstlicher Alterung)	4
2	**Baustoffe**	2	4.1.11	Verhalten bei Ozoneinwirkung	4
2.1	Elastomer	2	4.1.12	Härte-Zunahme nach Kälteeinwirkung	4
2.1.1	Zusammensetzung des Elastomers	2	4.2	Prüfung des Stahls	4
2.1.2	Physikalische Eigenschaften des aus Prüfplatten entnommenen Elastomers	2	4.3	Kennwert-Prüfungen	4
			4.3.1	Ermittlung der Lagersteifigkeit	4
2.1.3	Physikalische Eigenschaften des aus Lagern entnommenen Elastomers	2	4.3.2	Ermittlung der Schubsteifigkeit und des Schubverformungsmoduls	4
2.2	Stahl	2	4.3.3	Ermittlung der Rückstellmomente	5
3	**Anforderungen an Lager bzw. Lagerausschnitte**	2	4.4	Festigkeitsprüfungen	5
			4.4.1	Dauerschwellversuch mit zentrischer Lasteinleitung	5
3.1	Oberflächenbeschaffenheit	2			
3.2	Maße und Aufbau	2	4.4.2	Druckbruchversuch	5
3.3	Elastische Kennwerte	3	4.4.3	Schubbruchversuch	5
3.4	Festigkeitseigenschaften	3	5	**Eignungs- und Überwachungsprüfungen**	6
4	**Prüfungen**	3	5.1	Allgemeines	6
4.1	Prüfungen des Elastomers	3	5.2	Eignungsprüfung (Erstprüfung)	6
4.1.1	Allgemeines	3	5.3	Eigenüberwachung	6
4.1.2	Chloropren-Kautschukgehalt und Nachweis	3	5.4	Fremdüberwachung	6
4.1.3	Gehalt an mineralischen Bestandteilen	3	5.4.1	Allgemeines	6
4.1.4	Rußgehalt	3	5.4.2	Fremdüberwachungsprüfung	7
4.1.5	Charakterisierung des Elastomers	3	5.4.3	Sonderprüfung	7
4.1.6	Shore-A-Härte	3		**Zitierte Normen und andere Unterlagen**	8
4.1.7	Reißfestigkeit und Reißdehnung	3			
4.1.8	Weiterreißwiderstand	3		**Erläuterungen**	8
4.1.9	Druckverformungsrest	3			

Fortsetzung Seite 2 bis 8

Normenausschuß Bauwesen (NABau) im DIN Deutsches Institut für Normung e.V.
Normenausschuß Kautschuktechnik (FAKAU) im DIN

Seite 2 DIN 4141 Teil 140

1 Anwendungsbereich

Diese Norm ist anzuwenden für bewehrte Elastomerlager nach DIN 4141 Teil 14. Sie regelt die Zusammensetzung des Elastomers und die Prüfung des Elastomers und der Lager bei der Fertigung (Erstprüfung und Überwachung).

2 Baustoffe
2.1 Elastomer
2.1.1 Zusammensetzung des Elastomers

Die Zusammensetzung des Elastomers auf Basis Chloropren-Kautschuk muß den in Tabelle 1 angegebenen Werten entsprechen.

Die Inhaltsstoffe und deren Massenanteile sind vom Hersteller zu wählen. Änderungen der Inhaltsstoffe und/oder der Massenanteile sind in den Protokollen der Eigenüberwachung niederzulegen und der fremdüberwachenden Stelle unaufgefordert mitzuteilen. Die Abweichungen von der Elastomer-Rezeptur sind nach Abschnitt 4.1.5 einzuhalten.

Tabelle 1. Zusammensetzung des Elastomers

Inhaltsstoff	Massen-anteil %	Prüfung nach Abschnitt
Chloropren-Kautschuk	min. 60	4.1.2
Hochaktive Füllstoffe (Ruß, kolloidale Kieselsäure) davon Ruß	max. 25 min. 15	4.1.4 4.1.5
Extrahierbare Bestandteile (Hilfsstoffe)	max. 15	4.1.5.5
Mineralische Bestandteile (abzüglich eventuell vorhandener kolloidaler Kieselsäure)	max. 6	4.1.3

2.1.2 Physikalische Eigenschaften des aus Prüfplatten entnommenen Elastomers

Die physikalischen Eigenschaften müssen den in Tabelle 2 angegebenen Werten entsprechen.

2.1.3 Physikalische Eigenschaften des aus Lagern entnommenen Elastomers

Die physikalischen Eigenschaften müssen den in Tabelle 2 angegebenen Werten entsprechen.

2.2 Stahl

Für die Bewehrungseinlagen (Stahlbleche) ist Stahl St 50-2, St 50-3 oder St 60-2 nach DIN 17 100 zu verwenden.

Die Ränder der Bewehrungseinlagen müssen sorgfältig bearbeitet sein, um Kerbwirkungen zu vermeiden.

3 Anforderungen an Lager bzw. Lagerausschnitte
3.1 Oberflächenbeschaffenheit

Die Oberflächen müssen technisch glatt, eben und frei von Narben, Anrissen und Fremdkörpereinschlüssen sein.

Tabelle 2. Physikalische Eigenschaften des Elastomers aus Prüfplatten und Lagern

Eigenschaft	Anforderungen an das Elastomer aus		Prüfung nach Abschnitt
	Prüfplatten	Lagern	
Härte	60 ± 5 Shore A	60 ± 5 Shore A	4.1.6
Dichte	$\varrho_n \pm 0{,}02\,g/cm^3$	$\varrho_n \pm 0{,}02\,g/cm^3$	4.1.5.1
Reißfestigkeit Normstab S 2 Normring R 1	min. 19 N/mm² min. 17 N/mm²	min. 13 N/mm² min. 12 N/mm²	4.1.7
Reißdehnung Normstab S 2 Normring R 1	min. 450 % min. 450 %	min. 400 % min. 400 %	4.1.7
Weiterreißwiderstand Streifenprobe Winkelprobe	min. 10 N/mm min. 20 N/mm	min. 8 N/mm min. 16 N/mm	4.1.8
Druckverformungsrest 24 h/70 °C	max. 15 %	max. 20 %	4.1.9
Verhalten nach Wärmeeinwirkung 7 d/70 °C: Härte-Zunahme Reißfestigkeits-Abnahme Reißdehnungs-Abnahme		max. 5 Shore A max. 15 % max. 25 %	4.1.10 4.1.6 4.1.7 4.1.7
Verhalten nach Ozoneinwirkung		Rißbild Stufe 0	4.1.11
Härte-Zunahme nach Kälteeinwirkung: 7 d/-10 °C 24 h/-30 °C		max. 30 Shore A max. 35 Shore A	4.1.12

3.2 Maße und Aufbau

Lageraufbau siehe DIN 4141 Teil 14/09.85, Tabellen 1 bis 4. Dabei sind folgende Toleranzen einzuhalten:

Lagergrundriß: $a; b; D$ (siehe DIN 4141 Teil 14/09.85, Abschnitt 2):
Klasse M 4 nach DIN 7715 Teil 2;
bei Nennmaß über 160 mm: ± 1,5 %

Lagerdicke: d: Klasse M 4 nach DIN 7715 Teil 2;
bei Nennmaß über 160 mm: ± 1,5 %

Seitliche Elastomerüberdeckung: $t/2 \geq r \geq 2{,}5$;
für $t < 8$ mm gilt die gleiche Toleranz wie für $t = 8$ mm.
Innenschicht-Dicke t, Außenschicht-Dicke t_a und Blechdicke s siehe Bild 1 und Tabelle 3.
Die Dicke x und die zugehörigen Grenzabmaße aufvulkanisierter Bewehrungsbleche muß für

— Lager nach DIN 4141 Teil 14/09.85, Bild 2 a
  $(10 \,{}^{+\,1{,}2}_{-\,0{,}5})$ mm,
— Lager nach DIN 4141 Teil 14/09.85, Tabelle 2
  $(15 \,{}^{+\,1{,}3}_{-\,0{,}5})$ mm,
— Lager nach DIN 4141 Teil 14/09.85, Tabelle 4
  $(20 \,{}^{+\,1{,}3}_{-\,0{,}6})$ mm

betragen.

Sind dickere Bewehrungsbleche für verankerte bewehrte Elastomerlager erforderlich, so gelten die Grenzabmaße für die Dicke von 20 mm.

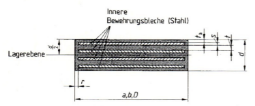

Bild 1. Bewehrtes Elastomerlager ohne Verankerung

Tabelle 3. **Innenschicht-Dicken t fertiger Lager, zugehörige Außenschicht-Dicken t_a und Blechdicken s sowie Grenzabmaße in mm**

t	Grenzabmaße	t_a	Grenzabmaße	s	Grenzabmaße
5	±0,7	2,5	±0,5	2	+0,6 / -0,3
8	±1,1	2,5	±0,8	3	+0,8 / -0,6
11	±1,3	2,5	+1,5 / -1,0	4	+0,8 / -0,4
15	±1,6	2,5	+2,0 / -1,0	5	+1,1 / -0,4
18	±1,8	2,5	+2,5 / -1,0	5	+1,1 / -0,4

3.3 Elastische Kennwerte

Der Elastizitätsmodul E_i ist nach Abschnitt 4.3.1 zu bestimmen; er kann zur Identifikation der jeweiligen Lagerserie und zur Ermittlung der Stauchung benutzt werden (siehe DIN 4141 Teil 14/09.85, Abschnitt 5.6).
Der Schubverformungsmodul G muß Tabelle 4 entsprechen.

3.4 Festigkeitseigenschaften

Unter den Bedingungen einer Dauerschwellbeanspruchung darf keine Zerstörung der Verbindung Elastomer/Bewehrung oder Schädigung des Elastomers auftreten.
Die Lager müssen gegenüber den zulässigen Pressungen eine 8fache Bruchsicherheit haben und eine Schubbruchspannung von mindestens 7 N/mm² oder eine Schubbruchverformung tan $\gamma \geq 3{,}5$ erreichen.

4 Prüfungen

4.1 Prüfung des Elastomers

4.1.1 Allgemeines

Wenn im folgenden nichts anderes angegeben ist, werden die Probekörper nach DIN 53 502 hergestellt und bei der Temperatur (23 ± 2) °C konditioniert und geprüft. Die Probekörper müssen vor der Prüfung mindestens 16 h der Prüftemperatur angeglichen worden sein (siehe DIN 53 500).
Die Probekörper sind den Prüfplatten, die in der erforderlichen Dicke aus den jeweiligen Mischungschargen hergestellt werden, bzw. den fertigen Lagern jeweils aus dem Bereich der Lagermitte zu entnehmen.

4.1.2 Chloropren-Kautschukgehalt und Nachweis

Die qualitative Analyse hat durch Pyrolyse und nachfolgende IR-Spektrometrie nach ISO 4650 oder durch ein gleichwertiges Verfahren zu erfolgen. Die quantitative Analyse erfolgt nach DIN 53 621 Teil 2.

4.1.3 Gehalt an mineralischen Bestandteilen

Prüfung nach DIN 53 568 Teil 1; eventuell vorhandenes kolloidales Siliciumdioxid ist durch Abrauchen mit Flußsäure zu bestimmen.

4.1.4 Rußgehalt

Aufschluß mit tert-Butylhydroperoxid und Osmiumtetroxid in 1,4-Dichlorbenzol; Filtration durch einen Filtriertiegel. Trocknung des Rückstandes unter Stickstoffspülung bei 325 °C über 30 min und anschließender sofortiger Wägung, danach Veraschung nach DIN 53 568 Teil 1 und erneute Wägung. Der Massenverlust ergibt die in der Probe vorhandene Rußmenge.

4.1.5 Charakterisierung des Elastomers

4.1.5.1 Bestimmung der Dichte

Prüfung nach DIN 53 479. Die Grenzabweichung beträgt ± 0,02 g/cm³ vom Ergebnis der Eignungsprüfung.

4.1.5.2 Nachweis von Alterungsschutzmitteln

Prüfung nach DIN 53 622 Teil 2. Durch dünnschichtchromatographische Analyse ist das Alterungsschutzmittel zu charakterisieren und bei jeder Fremdüberwachungsprüfung nach Abschnitt 5.4 nachzuweisen.

4.1.5.3 Thermogravimetrische Bestimmung

Eine Elastomerprobe von (10 ± 2) mg ist bei einer linearen Heizrate von 10 K/min bis auf 900 °C mit einem geeigneten Analysegerät zu erhitzen. Die Massenänderung des Probekörpers ist zu registrieren und mit der 1. Ableitung der Kurve aufzuzeichnen. Es ist eine Doppelbestimmung durchzuführen. Die Charakteristik der 1. Ableitung ist bei jeder Fremdüberwachungsprüfung nach Abschnitt 5.4 nachzuweisen.

4.1.5.4 Thermoanalytische Bestimmung

Durch Thermoanalyse ist der Glasübergangspunkt des Elastomers zu bestimmen. Bei Abweichungen von der Eignungsprüfung bei der thermogravimetrischen Bestimmung nach Abschnitt 4.1.5.3 ist der Glasübergangspunkt nachzuweisen. Heizrate 4 K/min.

4.1.5.5 Bestimmung der extrahierbaren Bestandteile

Das Elastomer ist nach DIN 53 553 zu extrahieren. Am Extrakt ist eine infrarotspektroskopische Analyse nach DIN 51 451 durchzuführen und das IR-Spektrum ist aufzuzeichnen. Bei Abweichungen von der Eignungsprüfung bei der thermogravimetrischen Bestimmung nach Abschnitt 4.1.5.3 ist die Charakteristik des IR-Spektrums nachzuweisen.

4.1.6 Shore-A-Härte

Prüfung nach DIN 53 505.

4.1.7 Reißfestigkeit und Reißdehnung

Prüfung nach DIN 53 504 am Normstab S 2 oder alternativ am Normring R 1.

4.1.8 Weiterreißwiderstand

Prüfung nach DIN 53 507 Probekörper A (Streifenprobe) oder alternativ nach DIN 53 515 (Winkelprobe).

4.1.9 Druckverformungsrest

Prüfung in Anlehnung an DIN 53 517 mit dem Probekörper I ⌀ (13 ± 0,5) mm × (6,3 ± 0,3) mm bei folgender Beanspruchung:

(24 ± 2) h bei (70 ± 2) °C

5.2 Lagernorm DIN 4141

Seite 4   DIN 4141 Teil 140

4.1.10 Verhalten nach Wärmeeinwirkung (künstlicher Alterung)

Prüfung nach DIN 53 508 in einem Wärmeschrank mit Zwangsdurchlüftung mit einer Dauer von 7 d bei (70 ± 1) °C. Nach der Alterung sind die Härte nach Abschnitt 4.1.6, Reißfestigkeit und Reißdehnung nach Abschnitt 4.1.7 zu prüfen.

4.1.11 Verhalten bei Ozoneinwirkung

Prüfung nach DIN 53 509 Teil 1 Verfahren A an Probekörpern mit einer Dehnung von 30 % bei einer Beanspruchungsdauer von (96 $^{0}_{-1}$) h bei (40 ± 2) °C. Die Ozonkonzentration beträgt dabei (200 ± 20) pphm.

4.1.12 Härte-Zunahme nach Kälteeinwirkung

Zu prüfen ist in Anlehnung an DIN 53 541 nach einer Lagerung von 7 d bei −10 °C und nach 24 h bei −30 °C die Änderung der Härte gegenüber der Ausgangshärte bei (23 ± 2) °C nach Abschnitt 4.1.6.

4.2 Prüfung des Stahls

Die Prüfung erfolgt nach DIN 50 145.

4.3 Kennwert-Prüfungen

4.3.1 Ermittlung der Lagersteifigkeit

Die statische Federkennlinie dient zur Überprüfung des Elastizitätsmoduls E_i. Bevor die Verformungskennlinie (siehe Bild 2) aufgenommen wird, sind die Lager ohne Erholzeit zweimal bis zur zulässigen Pressung σ_m vorzubelasten, wobei die Belastung stufenweise um 2 N/mm² zu erhöhen und jede Laststufe zwei min zu halten ist. Anschließend ist bei einer dritten Be- und Entlastung das Spannungs-Einfederungs-Diagramm aufzunehmen, wobei die Verformung gleichzeitig an den vier Eckpunkten, bei runden Lagern an den Eckpunkten des eingeschriebenen Quadrats des Lagers zu messen ist. Alternativ darf die Verformungskennlinie kontinuierlich aufgenommen werden, wobei eine Belastungsgeschwindigkeit von 0,50 bis 0,75 N/mm² je min einzuhalten ist.

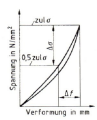

Bild 2. Bestimmung der Verformungskennlinie

Die Werte zur Bestimmung der Verformungskennlinie errechnen sich zu:

$$E = \frac{\Delta\sigma}{\Delta\varepsilon}; \quad \sigma = \frac{F_z}{A}; \quad \Delta\varepsilon = \frac{\Delta f}{T}$$

Hierin bedeuten:

A   Grundfläche des Lagers $a \cdot b$ bzw. $\dfrac{\pi \cdot D^2}{4}$

t   Elastomerschichtdicke zwischen zwei Bewehrungsblechen

T   Summe aller Einzelschichtdicken

4.3.2 Ermittlung der Schubsteifigkeit und des Schubverformungsmoduls

(vergleiche DIN 4141 Teil 14/09.85, Abschnitt 5.3)

Das Lager erhält eine konstante Vorlast von:

$$F_z = 0{,}5 \cdot A \cdot S \text{ in N}$$

(S Formfaktor, A in mm²)

Formfaktor $S_R = \dfrac{a \cdot b}{2\,t(a+b)}$;

$$S_K = \frac{D}{4\,t}$$

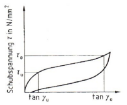

Bild 3. Bestimmung des Schubverformungsmoduls und des Schubspannungs-Diagramms

Der Schubverformungsmodul G errechnet sich zu:

$$G = \frac{\tau_o - \tau_u}{\tan\gamma_o - \tan\gamma_u} = \frac{\Delta\tau}{\Delta\tan\gamma}$$

mit

$$\tan\gamma_o = 0{,}90 - \frac{T}{625}$$

$\tan\gamma_u = 0{,}20 =$ konstant

Im Versuch sind die Kontaktflächen der Stahlplatten mit Riefen im Abstand von etwa 5 mm und einer Tiefe von 0,6 mm (V-förmig, 60°-Öffnung) zu versehen, die rechtwinklig zur Schubrichtung verlaufen sollen.

Der Versuch ist bei einer Temperatur von (23 ± 2) °C und (50 ± 2) °C je dreimal durchzuführen. Nach jeder Be- und Entlastung in Schubrichtung ist eine Entlastung auf 0,1 F_z vorzunehmen; bei der dritten Be- und Entlastung ist das Schubspannungs-Gleitwinkeldiagramm aufzunehmen. Die im annähernd geraden Teil des Diagramms nach Bild 3 etwa im Bereich

$$\tan\gamma_u = 0{,}20 \text{ bis } \tan\gamma_o = 0{,}90 - \frac{T}{625}$$

ermittelte Differenz der Schubspannungen dient der Ermittlung des Schubverformungsmoduls.

Das Schubspannungs-Diagramm ist mit einer Verformungsgeschwindigkeit von 1,5 bis 3 mm/s zu ermitteln.

Die Schubsteifigkeit ist außerdem bei den Temperaturen −30 °C, −25 °C, −20 °C, −15 °C und 0 °C bei der ersten und dritten Be- und Entlastung aufzunehmen (Temperatur-Grenzabweichung ± 2 °C). Die Einkühlzeit auf −30 °C hat mindestens 7 d zu betragen; für die Prüfungen in den folgenden Zwischenstufen sind jeweils Kühlzeiten von 48 h vorzusehen. Die Einkühlung und Prüfung hat unter der Last F_z zu erfolgen. Die Werte nach Tabelle 4 sind einzuhalten.

Tabelle 4. **Schubverformungsmodul** G

Temperatur °C	Schubverformungsmodul N/mm²
23 ± 2 (RT)	0,8 bis 1,2
50 ± 2	min. 70 % des RT-Wertes
−30 ± 2	max. 3facher RT-Wert
−25 ± 2	max. 2,75facher RT-Wert
−20 ± 2	max. 2,5facher RT-Wert
−15 ± 2	max. 2,0facher RT-Wert
± 0 ± 2	max. 1,5facher RT-Wert

4.3.3 Ermittlung der Rückstellmomente

Eine Versuchsanordnung zur Ermittlung des Rückstellmomentes ist in Bild 4 a) dargestellt.

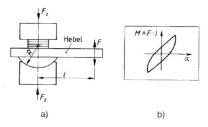

a)   b)

Bild 4. Versuchsanordnung zur Ermittlung der Rückstellmomente

Die Belastung F_z ist in zwei Stufen (0,5 × zul σ und zul σ) aufzubringen. In jeder Belastungsstufe wird über den Hebelarm und ein reibungsarmes Gelenklager das Lager von + zul tan α bis − zul tan α verdreht. Über das bei diesem Versuch aufzuzeichnende Kraft- (bzw. Momenten-) Drehwinkeldiagramm (siehe Bild 4) wird das Rückstellmoment ermittelt.

Die Prüffrequenz soll für einen Lastwechsel (± zul tan α) ≤ 0,03 Hz (33 s) sein. Es werden je Versuch 20 Lastwechsel aufgebracht. Die Versuche werden bei Raumtemperatur durchgeführt.

Die Versuchswerte sind mit den rechnerisch ermittelten Rückstellmomenten nach DIN 4141 Teil 14/09.85, Gleichungen (10) und (11) zu vergleichen.

Für ± zul tan α darf der Absolutwert für das Rückstellmoment M um höchstens 10 % überschritten werden.

4.4 Festigkeitsprüfungen

4.4.1 Dauerschwellversuch mit zentrischer Lasteinleitung

Vor, während und nach dem im folgenden beschriebenen Versuch ist die Verformungskennlinie nach Abschnitt 4.3.1 aufzunehmen. Dabei dürfen die Federkennlinientoleranzen höchstens 10 % betragen.

Der Dauerschwellversuch ist an zwei Lagern oder Lagerausschnitten (≥ 150 mm × 200 mm, mindestens vierschichtig) vorzunehmen. Ober- und Unterlast sind so ein zustellen, daß die Randschubspannungen bei Oberlast etwa 7,0 N/mm² und bei Unterlast etwa 3,5 N/mm² erreichen. Die Randschubspannungen sind rechnerisch nach Gleichung (1) bzw. Gleichung (2) zu ermitteln.

Für Lager mit rechteckigem Grundriß gilt:

$$\tau = \frac{\sigma_m \cdot t}{\eta \cdot a} \quad (1)$$

wobei

b/a	1,0	1,5	2	3	4	6
η	0,209	0,232	0,246	0,267	0,282	0,299

	8	10	∞
	0,308	0,313	0,333

Für Lager mit rundem Grundriß gilt:

$$\tau = 4 \cdot \frac{t}{D} \cdot \sigma_m \quad (2)$$

Die Prüffrequenz ist auf 2,5 Hz bis 3,5 Hz zu begrenzen, die Lastspielzahl muß mindestens 2,5 · 10⁶ betragen. Aufzunehmen ist laufend die Schwingbreite sowie die absolute Verformung.

Nach Beendigung des Dauerversuchs sind die Probekörper zu zerschneiden, zu untersuchen und zu beurteilen.

4.4.2 Druckbruchversuch

Zwei Probekörper sind bis zum Bruch der Bewehrung oder bis zum plastischen Herausquellen des Elastomers zu belasten. Die Lasteinleitung kann kontinuierlich mit einer Belastungsgeschwindigkeit von 4 bis 6 N/mm² je min oder in Stufen von 10 bis 20 N/mm² — wobei die Last in jeder Stufe zwei min konstant zu halten ist — erfolgen.

Die Verformungsmessung ist wie in Abschnitt 4.3.1 geregelt durchzuführen.

Bei großen Lagern kann dieser Versuch auch an Teilstücken ≥ 200 mm × 300 mm durchgeführt werden.

Der Nachweis, daß mindestens die 8fache zulässige Pressung schadfrei ertragen wird, ist unter Umständen der Verformungsmessung zu entnehmen.

4.4.3 Schubbruchversuch

Dieser Versuch ist an Lagerelementen mit einer Grundrißfläche von 10 000 mm² — angestrebtes Seitenverhältnis 1 : 1 — durchzuführen; die Kopfenden sind unter 45° zu schneiden. Unter einer konstanten Belastung F_z = 40 kN ist über die beiden äußeren Bleche eine Horizontalkraft aufzubringen (siehe Bild 5). Die Belastungsgeschwindigkeit soll dabei zwischen 15 und 30 N/mm² je min betragen.

Bei diesem Versuch muß entweder eine Schubbruchspannung τ ≥ 7,0 N/mm² oder eine Schubbruchverformung tan γ ≥ 3,5 erreicht werden.

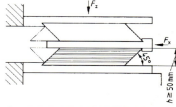

Bild 5. Bestimmung der Schubbruchspannung

5 Eignungs- und Überwachungsprüfungen

5.1 Allgemeines

Die Einhaltung der in dieser Norm festgelegten Anforderungen ist in jedem Herstellerwerk durch eine Überwachung, bestehend aus Eigen- und Fremdüberwachung, zu prüfen. Grundlage für das Verfahren der Überwachung ist DIN 18 200 mit den in der vorliegenden Norm aufgeführten Ergänzungen.

5.2 Eignungsprüfung (Erstprüfung)

Die Probekörper für die Erstprüfung sind als Zufallsproben zu entnehmen und müssen auf den für die spätere Fertigung vorgesehenen Anlagen hergestellt worden sein.

Soll die spätere Fertigung auch **dickere Lager** nach DIN 4141 Teil 14 beinhalten, so ist auch sinngemäß eine gesonderte Erstprüfung für **dickere Lager** durchzuführen.

Das Elastomer muß den Festlegungen nach Abschnitt 2.1 und der Stahl den Festlegungen nach Abschnitt 2.2 genügen; die Probekörper sind den inneren Schichten der Proben zu entnehmen.

An Lagern bzw. Lagerausschnitten sind alle in den Abschnitten 4.3 und 4.4 aufgeführten Nachweise zu erbringen.

Die Ergebnisse der Erstprüfung(en) sind in einem Prüfbericht zu bewerten.

Eine Änderung der Rezeptur ist dem Überwacher anzuzeigen, und die Erstprüfung ist zu wiederholen.

5.3 Eigenüberwachung

Die Prüfungen im Rahmen der Eigenüberwachung müssen sicherstellen, daß nur Lager zur Auslieferung kommen, die die in dieser Norm festgelegten Eigenschaften aufweisen. Die Probekörper sind so zu entnehmen, daß der Durchschnitt der Erzeugung erfaßt wird. Die Ergebnisse der Eigenüberwachung sind festzuhalten, sicher aufzubewahren und der überwachenden Stelle auf Verlangen vorzulegen.

In Tabelle 5 sind Art und Umfang der Eigenüberwachungsprüfungen aufgeführt.

5.4 Fremdüberwachung

5.4.1 Allgemeines

Die Fremdüberwachung ist von einer für die Fremdüberwachung von bewehrten Elastomerlagern anerkannten Überwachungsgemeinschaft (Güteschutzgemeinschaft) oder einer hierfür anerkannten Prüfstelle[1]) aufgrund eines Überwachungsvertrages durchzuführen.

[1]) Verzeichnisse der bauaufsichtlich anerkannten Überwachungsgemeinschaften (Güteschutzgemeinschaften) und Prüfstellen werden beim Institut für Bautechnik geführt und in seinen Mitteilungen, zu beziehen beim Verlag Wilhelm Ernst & Sohn, veröffentlicht.

Tabelle 5. Art und Umfang der Eigenüberwachungsprüfungen

Prüfung	Prüfung nach Abschnitt	Häufigkeit	Bemerkung
Zusammensetzung des Elastomers	4.1.2 bis 4.1.5	4 × jährlich*)	Grenzwerte nach Tabelle 1
Physikalische Kennwerte an ungealterten Proben aus Prüfplatten	4.1.6 bis 4.1.9	jede Mischungscharge	Grenzwerte nach Tabelle 2
	4.1.6 und 4.1.7	4 × jährlich	Grenzwerte nach Tabelle 2, Spalte 3
	4.1.10 bis 4.1.12	1 × jährlich	Grenzwerte nach Tabelle 2, Spalte 2
Bewehrungseinlage	DIN 50 145	5 % der Blechtafelflächen	alternativ: Bescheinigung 500 49-2.2 und Härteprüfung
Physikalische Kennwerte an Lagern bzw. Lagerausschnitten	3.2	1 × monatlich	Maße/Schichtaufbau
	4.4.2	mindestens 3 %*) der Fertigung	Druckbruchversuch
	4.4.3	mindestens 3 %*) der Fertigung	Schubbruchversuch
Schubverformungsmodul	4.3.2	4 × jährlich	Lager bis 500 mm × 600 mm bzw. ⌀ 500 mm
Schubverformungsmodul bei (23 ± 2) °C	4.3.2	jedes Lager	Lager > 500 mm × 600 mm bzw. ⌀ 500 mm
Schubverformungsmodul bei −30 °C bis +50 °C	4.3.2	1 × jährlich	auch an Lagerausschnitten möglich

*) Nach einer Überwachungsspanne von 5 Jahren mit bestimmungsgemäßen Eigen- und Fremdüberwachungsergebnissen kann im Einvernehmen mit dem Fremdüberwacher die Häufigkeit bei der Zusammensetzung des Elastomers auf 2 × jährlich bzw. bei den physikalischen Kennwerten auf 1,5 % reduziert werden.

Der Fremdüberwacher ist berechtigt, an allen im Rahmen der Eigenüberwachung durchzuführenden Prüfungen teilzunehmen und alle Unterlagen über die Eigenüberwachung einzusehen. Die Fremdüberwachung ist an amtlich entnommenen Proben durchzuführen. Prüfungen im Rahmen der Fremdüberwachung dürfen vom Fremdüberwacher auch bei einer anderen anerkannten Prüfstelle auf Kosten des Lagerherstellers durchgeführt werden.

Liegt keine kontinuierliche Fertigung vor, so hat der Lagerhersteller jeden Produktionsbeginn dem Fremdüberwacher mittels Fertigungsanzeige so rechtzeitig anzukündigen, daß eine ordnungsgemäße Fremdüberwachung stattfinden kann.

5.4.2 Fremdüberwachungsprüfung

Bei jeder Fremdüberwachungsprüfung sind dem Fremdüberwacher die Aufzeichnungen der Eigenüberwachung zur Prüfung vorzulegen.

Der Überwachungsbericht muß über DIN 18 200 hinausgehend zusätzlich folgende Angaben enthalten:

a) Bezeichnung der entnommenen Probekörper und Angaben über deren Entnahmen,
b) Ergebnis der Überprüfung der Eigenüberwachung,
c) Fortschreibung der statistischen Auswertung der Ergebnisse der durchgeführten Fremdüberwachungsprüfungen.

Art, Umfang und Häufigkeit der Fremdüberwachungsprüfungen sind in Tabelle 6 zusammengestellt.

5.4.3 Sonderprüfung

Für die Durchführung von Sonderprüfungen gelten DIN 18 200 sowie die Festlegungen des Überwachungsvertrages.

Tabelle 6. Art, Umfang und Häufigkeit der Fremdüberwachungsprüfung

Prüfung	Prüfung nach Abschnitt	Häufigkeit	Bemerkung
Zusammensetzung des Elastomers	4.1.2 bis 4.1.5	2 × jährlich*)	Grenzwerte nach Tabelle 1
Physikalische Kennwerte an ungealterten und gealterten Proben	4.1.6 bis 4.1.9	4 × jährlich	Grenzwerte nach Tabelle 2 bzw. 3
	4.1.10 bis 4.1.12	1 × jährlich	
Schubverformungsmodul	4.3.2	4 × jährlich	Lager bis 500 mm × 600 mm bzw. ⌀ 500 mm
Schubverformungsmodul bei (23 ± 2) °C	4.3.2	jedes 5. Lager*)	Lager > 500 mm × 600 mm bzw. ⌀ 500 mm
Schubverformungsmodul bei −30 °C bis +40 °C	4.3.2	1 × jährlich	auch an Lagerausschnitten möglich
Schubbruchversuch	4.4.3	4 × jährlich*)	Es soll 1 % der Fertigung erfaßt werden; dies gilt besonders bei nicht kontinuierlicher Fertigung

*) Nach einer Überwachungsspanne von 5 Jahren mit bestimmungsgemäßen Eigen- und Fremdüberwachungsergebnissen kann die Häufigkeit bzw. der Prüfumfang auf die Hälfte reduziert werden.

Zitierte Normen und andere Unterlagen

DIN 4141 Teil 14	Lager im Bauwesen; Bewehrte Elastomerlager; Bauliche Durchbildung und Bemessung
DIN 7715 Teil 2	Gummiteile; Zulässige Maßabweichungen, Formartikel aus Weichgummi (Elastomeren)
DIN 17 100	Allgemeine Baustähle; Gütenorm
DIN 18 200	Überwachung (Güteüberwachung) von Baustoffen, Bauteilen und Bauarten; Allgemeine Grundsätze
DIN 50 145	Prüfung metallischer Werkstoffe; Zugversuch
DIN 51 451	Prüfung von Mineralölerzeugnissen und verwandten Produkten; Infrarotspektrometrische Analyse; Allgemeine Arbeitsgrundlagen
DIN 53 479	Prüfung von Kunststoffen und Elastomeren; Bestimmung der Dichte
DIN 53 500	Prüfung von Kautschuk und Elastomeren; Konditionier- und Prüfbedingungen, Dauer, Temperatur und Luftfeuchte
DIN 53 502	Prüfung von Elastomeren und mit Elastomeren beschichtete Gewebe; Probekörper, Richtlinien für die Herstellung
DIN 53 504	Prüfung von Kautschuk und Elastomeren; Bestimmung von Reißfestigkeit, Zugfestigkeit, Reißdehnung und Spannungswerten im Zugversuch
DIN 53 505	Prüfung von Kautschuk, Elastomeren und Kunststoffen; Härteprüfung nach Shore A und Shore D
DIN 53 507	Prüfung von Kautschuk und Elastomeren; Bestimmung des Weiterreißwiderstandes von Elastomeren; Streifenprobe
DIN 53 508	Prüfung von Elastomeren; Künstliche Alterung
DIN 53 509 Teil 1	Prüfung von Kautschuk und Elastomeren; Bestimmung der Beständigkeit gegen Rißbildung unter Ozonwirkung; Statische Beanspruchung
DIN 53 515	Prüfung von Kautschuk und Elastomeren und von Kunststoff-Folien; Weiterreißversuch mit der Winkelprobe nach Graves, mit Einschnitt
DIN 53 517	Prüfung von Kautschuk und Elastomeren; Bestimmung des Druckverformungsrestes nach konstanter Verformung
DIN 53 541	Prüfung von Kautschuk und Elastomeren; Bestimmung der Kristallisation durch Messung der Härte
DIN 53 553	Prüfung von Kautschuk, Elastomeren, Hartgummi und Rußen; Bestimmung des Gehaltes an extrahierbaren Bestandteilen
DIN 53 568 Teil 1	Prüfung von Kunststoffen, Kautschuk und Elastomeren; Bestimmung des Glührückstandes ohne chemische Vorbehandlung der Probe
DIN 53 621 Teil 2	Prüfung von Kautschuk und Elastomeren; Quantitative Bestimmung von Polymeren, Bestimmung des Chloroprenkautschuk-Gehaltes
DIN 53 622 Teil 2	Prüfung von Kautschuk und Elastomeren; Dünnschichtchromatographische Analyse; Nachweis von Alterungsschutzmitteln in Kautschuk und Elastomeren
ISO 4650	Kautschuk; Identifikation durch das infrarotspektrometrische Verfahren

Mitteilungen des Instituts für Bautechnik, Verlag Wilhelm Ernst & Sohn, Berlin

Erläuterungen

Bei der Überarbeitung von DIN 4141 Teil 14/09.85 wurden die Abschnitte 4.1 und 4.2 der genannten Norm, durch einen Hinweis auf diese Norm ersetzt.

Internationale Patentklassifikation

E 04 B 1/36
G 01 N 33/44

DK 624.078.5-036.074 : 69.001.2　　　DEUTSCHE NORM　　　Januar 1991

Lager im Bauwesen
Unbewehrte Elastomerlager
Bauliche Durchbildung und Bemessung

DIN 4141 Teil 15

Structural bearings; unreinforced elastomeric bearings; design and construction
Appareils d'appui pour ouvrages d'art; appuis en elastomère non renforcé; dimensionnement et exécution

Diese Norm wurde im NABau-Fachbereich II „Einheitliche Technische Baubestimmungen (ETB)" ausgearbeitet.

Zu den Normen der Reihe DIN 4141 „Lager im Bauwesen" gehören:

DIN 4141 Teil 1	Lager im Bauwesen; Allgemeine Regelungen
DIN 4141 Teil 2	Lager im Bauwesen; Lagerung für Ingenieurbauwerke im Zuge von Verkehrswegen (Brücken)
DIN 4141 Teil 3	Lager im Bauwesen; Lagerung für Hochbauten
DIN 4141 Teil 4	Lager im Bauwesen; Transport, Zwischenlagerung und Einbau
DIN 4141 Teil 14	Lager im Bauwesen; Bewehrte Elastomerlager; Bauliche Durchbildung und Bemessung
DIN 4141 Teil 15	Lager im Bauwesen; Unbewehrte Elastomerlager; Bauliche Durchbildung und Bemessung
DIN 4141 Teil 140	Lager im Bauwesen; Bewehrte Elastomerlager; Baustoffe, Anforderungen, Prüfungen und Überwachung
DIN 4141 Teil 150	Lager im Bauwesen; Unbewehrte Elastomerlager; Baustoffe, Anforderungen, Prüfungen und Überwachung

Folgeteile in Vorbereitung

Inhalt

	Seite		Seite
1 Anwendungsbereich	1	5.6 Stauchung	3
		5.7 Lastverteilung auf mehrere Lager	3
2 Begriff, Formelzeichen	1	6 Regellager	3
3 Bauliche Durchbildung	2	7 Transport und Einbau	4
4 Baustoffe	2	8 Überwachung (Güteüberwachung, Kennzeichnung, Lieferschein)	4
5 Zulässige Beanspruchungen/Statischer Nachweis	2	8.1 Allgemeines	4
5.1 Allgemeines	2	8.2 Kennzeichnung	4
5.2 Anrechenbare Grundfläche	2	8.3 Lieferschein	4
5.3 Beanspruchung rechtwinklig zur Lagerebene	2	Zitierte Normen und andere Unterlagen	4
5.4 Beanspruchung parallel zur Lagerebene	2	Erläuterungen	4
5.5 Verdrehung	2		

1 Anwendungsbereich

Diese Norm regelt die Verwendung von unbewehrten Elastomerlagern für den Hochbau in einem Temperaturbereich zwischen −25 °C und +50 °C.

Diese Norm gilt nur im Zusammenhang mit DIN 4141 Teil 1, Teil 3 und Teil 150.

Diese Norm gilt nicht für die Verwendung bei Stützenstößen und bei Kranbahnen bzw. sonstigen nicht vorwiegend ruhend beanspruchten Bauteilen nach DIN 1055 Teil 3 (siehe Erläuterungen).

2 Begriff, Formelzeichen

Elastomerlager

Elastomerlager sind verformbare Bauteile (Verformungslager).

A　Grundfläche des Lagers
a, b　Seitenabmessungen bei Lagern mit rechteckigem Grundriß. a ist die kleinere Seite oder (bei der Berechnung des Rückstellmomentes M) die Seite rechtwinklig zur Drehwinkelachse.
D　Lagerdurchmesser bei Lagern mit kreisrundem Grundriß
d　Lochdurchmesser
t　Dicke (= Bauhöhe) des unbelasteten Lagers
t_r　rechnerischer Wert für die Dicke eines profilierten oder gelochten Lagers
r　Abstand des Lagerrandes von der Kante des anschließenden Bauteils
G　Schubverformungsmodul (Rechengröße für die Ermittlung der Rückstellkräfte)
α　Drehwinkel

Fortsetzung Seite 2 bis 6

Normenausschuß Bauwesen (NABau) im DIN Deutsches Institut für Normung e.V.
Normenausschuß Kautschuktechnik (FAKAU) im DIN

5.2 Lagernorm DIN 4141

Seite 2 DIN 4141 Teil 15

γ Schubverformungswinkel des Lagers
F_z Auflast
σ_m Mittlere Lagerpressung; $\sigma_m = \dfrac{F_z}{A}$

min. σ Mittlere Lagerpressung bei der rechnerisch kleinsten Auflast

S Formfaktor (Verhältnis von gedrückter zu freier Lagerfläche)
z. B.
bei Rechteckgrundriß $S = \dfrac{a \cdot b}{2 \cdot t(a + b)}$

3 Bauliche Durchbildung

Unbewehrte Elastomerlager sind im Regelfall im Grundriß viereckig (rechteckig, quadratisch) oder kreisrund.

Lager mit Oberflächenprofilierungen oder siebartig gleichmäßig über die Lagerfläche verteilten Lochungen dürfen nur bei Lagerungsklasse 2 nach DIN 4141 Teil 3 angewendet werden.

Bei diesen Lagern gilt als Mindestdicke der rechnerische Wert t_r für eine massive Platte gleichen Volumens und gleicher Grundfläche.

Für die Dicke des unbelasteten Lagers t und die Lagerabmessung a sind folgende Bedingungen einzuhalten, wobei bei kreisrunden Lagern für a jeweils D einzusetzen ist:

$t \geq \dfrac{a}{30}$ bzw. 4 mm

$t \leq \dfrac{a}{10}$ bzw. ≤ 12 mm

70 mm $\leq a \leq 200$ mm

Dicken $t < 5$ mm bis $t = 4$ mm sind zulässig, wenn die Ebenheitstoleranz — abweichend von DIN 4141 Teil 3/ 09.84, Abschnitt 8.2, zweiter Absatz — auf 1,5 mm verringert wird.

4 Baustoffe

Für unbewehrte Elastomerlager dürfen nur Vulkanisate auf Basis Chloropren-Kautschuk (CR) verwendet werden, siehe DIN 4141 Teil 150.

5 Zulässige Beanspruchungen/Statischer Nachweis

5.1 Allgemeines

Die Bemessung unbewehrter Elastomerlager richtet sich nach der Einstufung der Lagerung in eine Lagerungsklasse nach DIN 4141 Teil 3. Bei einem Anteil von weniger als 75% ständiger Belastung sind die Lager stets nach der Lagerungsklasse 1 zu bemessen und gegen Lagerwanderungen zu sichern.

5.2 Anrechenbare Grundfläche

Bohrungen durch die Lager rechtwinklig zur Lagerebene mit einem Querschnitt von insgesamt höchstens 10% der Bruttolagerfläche brauchen bei der Bemessung nicht berücksichtigt zu werden, wenn es sich um höchstens zwei axialsymmetrisch nebeneinander angeordnete kreisförmige Löcher handelt, deren Abstand zwischen den Löchern mindestens $2\,d$ und zum Lagerrand mindestens $0,3\,a$ bzw. $0,3\,b$ beträgt (siehe Bild 1).

5.3 Beanspruchung rechtwinklig zur Lagerebene
(siehe Erläuterungen)

Unabhängig von der Lagerungsklasse sind folgende Werte einzuhalten:

$$\sigma_m \leq 1,2 \cdot G \cdot S \qquad (1)$$

mit $G = 1$ N/mm^2

Für die Ermittlung des Formfaktors S darf die Lagerbreite b höchstens mit dem doppelten Wert der Lagertiefe a in Rechnung gestellt werden.

Die für die angrenzenden Bauteilflächen zulässigen Spannungen (z. B. Teilflächenpressung für Betonflächen) sind zu beachten.

Die Aufnahme der infolge der ungleichförmigen Spannungsverteilung und der Querdehnungsbehinderung des Elastomers entstehenden quergerichteten Zugkräfte sind in den angrenzenden Bauteilen nachzuweisen, z. B. durch entsprechende Bewehrung bei Stahlbeton (siehe Erläuterungen). Hierbei darf bei Lagern der Lagerungsklasse 2 mit rechteckigem Grundriß vereinfachend angesetzt werden, daß die Auflagerkraft verteilt auf einen 0,3 a tiefen Streifen an der äußeren Lagerkante in die angrenzenden Bauteile eingeleitet wird. Wenn kein genauerer Nachweis erbracht wird, darf bei Lagerungsklasse 2 wie folgt gerechnet werden:

Querzugkraft (aus Querdehnung des Elastomers)

$$Z_q = 1,5 \cdot F \cdot t \cdot a \cdot 10^{-5} \qquad (2)$$

mit a und t in mm.

Bei Lagerungsklasse 1 darf die Querzugkraft, sofern kein genauerer Nachweis z. B. durch Versuche erfolgt, mit Hilfe der Angaben in Heft 339 des Deutschen Ausschusses für Stahlbeton ermittelt werden.

Die Bewehrung für die Querzugkraft ist so nahe wie möglich am Lager anzuordnen.

5.4 Beanspruchung parallel zur Lagerebene

Planmäßige Beanspruchungen parallel zur Lagerebene aus ständigen äußeren Lasten einschließlich des Erddrucks sind unzulässig. Beanspruchungen parallel zur Lagerebene aus Zwang, aufgezwungenen Verformungen und kurzzeitigen äußeren Lasten sind jedoch zulässig, sofern die dabei auftretenden Verschiebungen in konstruktiver und statischer Hinsicht zulässig sind.

Für Lagerungsklasse 1 ist der Nachweis zu führen, daß

$$F_x, F_y = H_1 + H_2 \leq 0,05 \cdot F_z \qquad (3)$$

ist.

Hierin bedeuten:
H_1 äußere Horizontalkraft (nicht ständig)
H_2 Zwängungskraft ($H_2 = A \cdot G \cdot \tan \gamma$; G siehe Abschnitt 5.3)
(siehe Erläuterungen)

Wenn kein genauerer Nachweis geführt wird, ist unabhängig von der Lagerungsklasse die Schubverformung auf $\tan \gamma \leq 0,6 \cdot (t - 2)$ begrenzt.

Wird das Durchrutschen des Lagers als konstruktiv zulässig angesehen, so muß mit einer Reaktionskraft von bis zu 50% der Lagerauflast auf die angrenzenden Bauteile gerechnet werden, falls kein genauerer Nachweis erbracht wird.

DIN 4141 Teil 15 Seite 3

5.5 Verdrehung

Die nachfolgende Bemessung ist nur bei Lagerungsklasse 1 durchzuführen.

Der Drehwinkel α des Lagers infolge elastischer und plastischer Verformung der Bauteile zuzüglich der Anteile aus Unebenheit und Schiefwinkligkeit der Auflagerflächen ist nach Gleichung (4) begrenzt:

$$\text{zul. } \alpha = 0{,}5 \cdot \frac{t}{a} \qquad (4)$$

Falls kein genauerer Nachweis erbracht wird, darf der Drehwinkel durch Addition der nachfolgenden Einflüsse ermittelt werden:

a) Wahrscheinliche Bauteilverformung unter Gebrauchslast
b) ⅔ der wahrscheinlichen Bauteilverformungen aus Kriechen und Schwinden
c) Schiefwinkligkeit mit 0,01
d) Unebenheit mit 0,625 : a (a in mm)
(siehe Erläuterungen)

Die Exzentrizität e infolge der Lagerverdrehung ist bei der Bemessung der angrenzenden Bauteile nach Gleichung (5) zu berücksichtigen:

$$e = \frac{a^2}{2\,t} \cdot \alpha \qquad (5)$$

5.6 Stauchung

Der Einfluß der Stauchung des Lagers auf das angrenzende Bauteil ist erforderlichenfalls nachzuweisen.

Wenn kein genauerer Nachweis geführt wird, ist — zusätzlich zu einer Setzung des Lagers von etwa 1 mm infolge Anpassung an die das Lager berührenden Flächen des Bauteils — die Stauchung in der Lagerachse unter der zulässigen Last mit etwa 20 % der Elastomerdicke t anzunehmen.

5.7 Lastverteilung auf mehrere Lager

(siehe DIN 4141 Teil 2/09.84, Abschnitt 3.6)

Werden unter einem Bauteil mehr als 2 Lager in einer Auflagerlinie angeordnet mit einem Verhältnis

$$\frac{\max.(A/t)}{\min.(A/t)} \leq 1{,}2 \qquad (6)$$

so darf die Lastverteilung ohne Berücksichtigung der Lagerstauchung ermittelt werden. Im anderen Fall sind besondere — in dieser Norm nicht geregelte — Nachweise erforderlich (siehe auch Abschnitt 7.2 und Abschnitt 7.3).

Die Anordnung von zwei oder mehreren Lagern hintereinander in Längsrichtung (Richtung der Haupttragwirkung) des aufzulagernden Bauteils für ein und denselben rechnerischen Auflagerpunkt ist in Ausnahmefällen möglich, aber nur, wenn die Last-Stauchungskurven der Lager für den zu erwartenden Beanspruchungsbereich bekannt sind (z. B. aufgrund von Versuchen) und wenn mit deren Hilfe nachgewiesen wird, daß auch bei ungünstigster Lastkombination die zulässige Beanspruchung der einzelnen Lager nicht überschritten wird.

6 Regellager

Die Werte σ_m und S für die Grenzmaße rechteckiger Regellager nach Abschnitt 3 sind in Tabelle 1 zusammengestellt (siehe Erläuterungen).

Tabelle 1. Mögliche Lagermaße

	$b = a$					$b = 2a$				
t mm	$b/a/t$ mm	S	σ_m N/mm² nach Gleichung (1)	zul. α ‰ nach Gleichung (4)	$\dfrac{e}{\alpha}$ mm nach Gleichung (5)	$b/a/t$ mm	S	σ_m N/mm² nach Gleichung (1)	zul. α ‰ nach Gleichung (4)	$\dfrac{e}{\alpha}$ mm nach Gleichung (5)
4	70/70/4	4,375	5,25	29	612	240/120/4	10,0	12,0	17	1800
5	70/70/5	3,50	4,20	36	490	300/150/5	10,0	12,0	17	2250
6	70/70/6	2,92	3,50	43	408	360/180/6	10,0	12,0	17	2700
7	70/70/7	2,50	3,00	50	350	400/200/7	9,52	11,43	17	2857
8	80/80/8	2,50	3,00	50	400	400/200/8	8,33	10,0	20	2500
9	90/90/9	2,50	3,00	50	450	400/200/9	7,41	8,89	22	2222
10	100/100/10	2,50	3,00	50	500	400/200/10	6,67	8,00	25	2000
11	110/110/11	2,50	3,00	50	540	400/200/11	6,06	7,27	27	1818
12	120/120/12	2,50	3,00	50	600	400/200/12	5,56	6,67	30	1667

7 Transport und Einbau

7.1 Um unplanmäßige Beanspruchungen der Lager auszuschließen, müssen die an den Lagern anliegenden Flächen der Bauteile möglichst parallel zueinander und eben sein (vergleiche DIN 4141 Teil 3/09.84, Abschnitt 5.5 und Abschnitt 8.2).

7.2 Bei im Grundriß statisch unbestimmter Lagerung eines Fertigteils ist in der Regel zwischen den überzähligen Lagern und dem darunter befindlichen Bauteil eine Mörtelschicht auszuführen. Während des Aushärtens dieser Mörtelschicht muß die Lagerung von Hilfskonstruktionen übernommen werden. Das Mörtelbett darf entfallen, wenn die planmäßige Lastübertragung durch alle Lager auf andere Weise sichergestellt wird.

7.3 Die Seitenflächen der Lager dürfen nicht in ihrer planmäßigen Verformung (Schrägstellung, Verdrehung) behindert sein.

7.4 Bei Lagerungsklasse 1 ist zu beachten: Werden die Lager unterstopft, so ist auf gute Mörtelqualität besonders zu achten. Die Last der von den Lagern abzutragenden Konstruktion darf nicht nur über Keile — auch nicht zeitweilig — direkt das Lager belasten, es sei denn, es wird eine ausreichend dicke Stahlplatte zwischengeschaltet. Keile müssen nach Erhärten des Unterstopfmaterials wieder entfernt werden.

7.5 Durch geeignete Maßnahmen ist sicherzustellen, daß die Lager nicht mit Fetten, Lösungsmitteln oder ähnlichem benetzt werden, insbesondere nicht mit Schalöl.

8 Überwachung (Güteüberwachung), Kennzeichnung, Lieferschein

8.1 Allgemeines

Die einwandfreie Herstellung unbewehrter Elastomerlager setzt besondere Kenntnisse, Erfahrungen, Fertigungseinrichtungen und eine laufende Fertigungskontrolle (Güteüberwachung) voraus. Das Erfüllen dieser Voraussetzungen wird vom Hersteller (Vulkanisationswerk) nach erfolgreicher Erstprüfung bestätigt.

Art und Umfang der Überwachung sind in DIN 4141 Teil 150 geregelt.

8.2 Kennzeichnung

Die Lager müssen das Kennzeichen des Vulkanisationswerkes tragen. Mit diesem Kennzeichen bestätigt der Hersteller, daß die Lager dieser Norm entsprechen. Wenn nach den bauaufsichtlichen Vorschriften eine Überwachung gefordert wird, so ist für den Nachweis der Überwachung das einheitliche Überwachungszeichen zu führen.

8.3 Lieferschein

Bei jeder Lieferung von Lagern hat der Hersteller zu bescheinigen, daß das Lager dieser Norm entspricht und damit auch aus einer güteüberwachten Fertigung stammt.

Zitierte Normen und andere Unterlagen

DIN 1055 Teil 3	Lastannahmen für Bauten; Verkehrslasten
DIN 4141 Teil 1	Lager im Bauwesen; Allgemeine Regelungen
DIN 4141 Teil 2	Lager im Bauwesen; Lagerung für Ingenieurbauwerke im Zuge von Verkehrswegen (Brücken)
DIN 4141 Teil 3	Lager im Bauwesen; Lagerung für Hochbauten
DIN 4141 Teil 150	Lager im Bauwesen; Unbewehrte Elastomerlager, Baustoffe, Anforderungen, Prüfungen und Überwachung
Heft 339	des Deutschen Ausschusses für Stahlbeton (DAfStb) „Stützenstöße im Stahlbeton-Fertigteilbau mit unbewehrten Elastomerlagern, Berlin 1982[1]

Erläuterungen

Zu Abschnitt 1 Anwendungsbereich

Diese Norm löst die bisherigen ETB-Richtlinien für unbewehrte Elastomerlager ab. Obwohl zum Teil im Ausland (z. B. in den USA) unbewehrte Elastomerlager auch im Brückenbau verwendet werden, beließ der Arbeitsausschuß die bisherige Beschränkung auf den Hochbau wegen der Schwierigkeit der Lagesicherung bei pulsierender Beanspruchung, die im Brückenbau zu erwarten ist.

Sonstige nicht vorwiegend ruhend beanspruchte Bauteile wirken sich auf die Lager ähnlich aus wie Brückenbauten. Wenn in Ausnahmefällen im Einvernehmen mit der zuständigen Behörde eine Anwendung bei nicht vorwiegend ruhend beanspruchten Bauteilen erfolgen soll, sind besondere Nachweise, zu führen. Dies kann nach derzeitigem Kenntnisstand nur auf der Grundlage von Versuchen und Fachgutachten erfolgen.

Die Güteüberwachung wird in einem weiteren Teil der Normen der Reihe DIN 4141 geregelt; seine Bestimmungen betreffen in der Regel nur den Hersteller und den Überwacher.

Bei der Verwendung für Stützenstöße handelt es sich im wesentlichen um eine hohe vertikale Beanspruchung. Das nach umfangreichen Untersuchungen herausgegebene Heft 339 des Deutschen Ausschusses für Stahlbeton enthält alle für die Gebrauchssicherheiten notwendigen Regeln, so daß z. Z. eine Normenbedürftigkeit für diesen Anwendungsfall nicht besteht.

Prinzipiell vorausgesetzt wird ein solcher anschließender Baustoff, der sowohl ausreichende Druckfestigkeit als auch Zugfestigkeit besitzt, also Stahl, Stahlbeton, bewehrtes Mauerwerk oder Holzwerkstoff, der in beiden Richtungen Zug aufnehmen kann, z. B. Sperrholz. Die sichere Aufnahme der in den angrenzenden Bauteilen auftretenden Zugkräfte ist nach den jeweils geltenden technischen Baubestimmungen nachzuweisen.

---

[1] Vertrieb durch Verlag von Wilhelm Ernst & Sohn, Berlin-München

Zu Abschnitt 3 Bauliche Durchbildung

Die Regelungen dieser Norm setzen rechteckige oder kreisrunde Grundrisse voraus. Bei abweichender Form, wie z. B. ellipsenförmig oder dreieckförmig, dürfte eine sinnvolle Umrechnung, z. B. in eine flächengleiche Form, ohne weiteres möglich sein. Bei Grundrißflächen mit einspringenden Ecken oder solchen, bei denen der Umfang eine im Vorzeichen wechselnde Krümmung besitzt, hilft die Norm nicht weiter. In solchen Fällen sollte man geeignete Versuche durchführen und nach den allgemeinen Regeln der Statik bemessen.

Zu Abschnitt 4 Baustoffe

Ursprünglich war beabsichtigt worden, EPDM-Lager in die Normung mit einzubeziehen. Versuche neueren Datums haben jedoch gezeigt, daß EPDM Eigenschaften besitzt, die bei Chloropren-Kautschuk allenfalls in abgeschwächter Form vorhanden sind, nämlich ein zeitabhängiges Versagen bei hoher Druckbeanspruchung, die auch z. B. bei exzentrischem Druck ungeachtet eines anderen Nachweises nicht immer auszuschließen ist.

Zu Abschnitt 5 Zulässige Beanspruchungen/ Statischer Nachweis

Zu Abschnitt 5.1 Allgemeines

Die Forderung einer konstruktiven Lagesicherung bei einem größeren Anteil von nicht ständigen Lasten beruht auf der Vorstellung, daß abwechselnde Be- und Entlastung zu einer Wanderung ähnlich der Bewegung eines Velourteppichs führen. Im Sinne dieser Bestimmung ist es, daß zu den ständigen Lasten auch quasi-ständige Lasten zu zählen sind, also Lasten, die nur sehr selten entfernt werden oder relativ selten auftreten. Hierüber ist im konkreten Einzelfall Einvernehmen zu erzielen. Wie in anderen Fällen auch ist bei der Anwendung dieser Regel nicht formal, sondern sinngemäß vorzugehen. Der Arbeitsausschuß sah sich außerstande, diese Regel schärfer zu fassen.

Zu Abschnitt 5.2 Anrechenbare Grundfläche

Obwohl das hier zugestandene Außerachtlassen einer Bohrung von 10% der Lagerfläche wegen der gleichzeitigen Verkleinerung des Formfaktors und Verkleinerung der Druckfläche erheblich mehr als 10% rechnerisches Spannungsdefizit bedeutet, konnte diese Regelung verantwortet werden, weil sich weder in bezug auf die Haftzugspannungen noch in bezug auf das Gesamtverhalten des Lagers solche mittigen Bohrungen in nennenswertem Umfang schädlich auswirken. Dies rührt auch daher, weil bei der stets vorhandenen Exzentrizität die tatsächliche Auflagerung nur im Randbereich stattfindet. Vergleiche hierzu auch Bild 1 und die Regelung in Abschnitt 5.3 über die anzusetzende Fläche für die Spaltzugkraft.

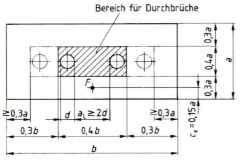

Bild 1. Zentrische Anordnung kreisförmiger Durchbrüche

Zu Abschnitt 5.3 Beanspruchung rechtwinklig zur Lagerebene

Gegenüber den Festlegungen in der bislang gültigen Richtlinie für unbewehrte Elastomerlager ist als wesentliche Änderung die Obergrenze von 5 N/mm^2 entfallen. Die jetzige Regelung bedeutet bemessungspraktisch, daß Lager, die in ihren Maßen über den bewehrten Elastomerlagern liegen, auch nahezu mit der gleichen zulässigen Pressung zu bemessen sind, es findet also ein fast stetiger Übergang statt. Seitens der Anwender (Fertigteilindustrie) wurden deutlich höhere Pressungswerte gewünscht, die zur Folge gehabt hätten, daß die Pressungen für unbewehrte Elastomerlager für einen großen Teil des Anwendungsbereiches über den von bewehrten Elastomerlagern gelegen hätten, was mechanisch wenig einleuchtend ist. Bewehrte und unbewehrte Elastomerlager sind natürlich schon deshalb schwer vergleichbar, weil das, was beim bewehrten Elastomerlager das entsprechend dimensionierte und durch Vulkanisation mit dem Elastomer verbundene Bewehrungsblech des Lagers leistet, nun das angrenzende Bauteil nach Reibungsübertragung leisten muß durch den Nachweis der Querzugkraft. Dabei weisen die Spannungsverteilungen in einer Vertikalpressung unbewehrter Elastomerlager in der Regel geringere Größtwerte und daraus resultierende Spaltzugkräfte auf, sie verhalten sich also günstiger. Das unterschiedliche Verformungsverhalten der Lagerarten wird durch die zulässigen Lagerabmessungen berücksichtigt. Während mit der Gleichung (1) zunächst nur erreicht wird, daß bei zunehmender Lagerdicke wegen des gleichzeitig abnehmenden Formfaktors die Pressung reduziert wird und sich damit die Einsenkung in Grenzen hält, wird mit Gleichung (2), für die in der vorhandene Auflast eingeht, die Verknüpfung zwischen Pressung und Querzugkraft erreicht. Diese Gleichung ist neu und löst die unzutreffende Gleichung nach den Richtlinien ab. Die Gleichung ist nicht ableitbar, was sich auch schon dadurch vermuten läßt, daß die Gleichung nicht dimensionsecht ist. Die Gleichung ist das Resultat von umfangreichen Versuchen im Zusammenhang mit Stützenstößen, vergleiche Bild 38 des Heftes 339 DAfStb, 1982.

Die Spaltzugkraft kann nach einschlägiger Literatur, z. B. nach F. Leonhardt, Vorlesungen über Massivbau, 2. Teil, ermittelt werden. Die Ermittlungen sind grobe Vereinfachungen. Mit der daraus ermittelten Bewehrung wird alles zusammengenäht, so daß es sich empfiehlt, hier nicht allzu sparsam zu sein.

Daß das Lager innerhalb der Bewehrung liegen muß, also zum Randabstand der Bewehrung der Bewehrungsdurchmesser zu addieren ist, um zum Mindestrandabstand des Lagers zu kommen, dürfte Stand der Technik sein.

Die Bewehrungsanordnung sollte für beide Einflüsse ebenfalls in Analogie zu Heft 339 des DAfStb erfolgen, vergleiche Bild 2. Meist reicht die über das Auflager ohnehin geführte Unterzugbewehrung in Längsrichtung aus, für die in der Tiefe von 0,2 a anzuordnende Bewehrung für die Querzugkraft. Für die Spaltzugkraft sind Zulagen erforderlich, die Bewehrung in Querrichtung erreicht man durch Verringerung des Bügelabstandes.

Zu Abschnitt 5.4 Beanspruchung parallel zur Lagerebene

Das Verbot ständiger äußerer Lasten in Richtung der Lagerebene betrifft sämtliche Verformungslager, bewehrt und unbewehrt, und wird damit begründet, daß die Lager bei solchen Lasten zum Wandern neigen.

In der Lagerungsklasse 2 geht man davon aus, daß ein Durchrutschen des Lagers entweder nicht zu erwarten oder unschädlich ist. Wie unsicher im übrigen die Beurteilung der Reibung zwischen unbewehrten Elastomerla-

5.2 Lagernorm DIN 4141

Seite 6 DIN 4141 Teil 15

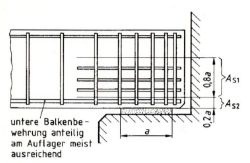

untere Balkenbewehrung anteilig am Auflager meist ausreichend

Erforderliche Bewehrung für Spaltzug (A_{s1}) und Querzug (A_{s2}):

erf $A_{s1} \geq (0{,}8\ Z_s)/$zul. σ_s

erf $A_{s2} \geq (0{,}2\ Z_s + Z_q)/$zul. $\sigma_s \geq (0{,}02\ F_z + Z_q)/$zul. σ_s

Bild 2. Bewehrungsanordnung im Bereich eines Balkenauflagers (Beispiel)

gern und anschließenden Bauteilen ist, läßt sich aus dem großen Unterschied zwischen 0,05 (Lager soll nicht rutschen) und 0,5 (das Rutschen des Lager wird unterstellt) ablesen. Genauere Festlegungen hätten nur in Abhängigkeit näher zu definierender Oberflächenqualität der angrenzenden Bauteile erfolgen können. Dazu bestand weder die Möglichkeit noch der Bedarf.
Mit der Anwendung der Gleichung für F_x, F_y ist indirekt auch der Nachweis der Einhaltung einer zulässigen Schubverformung erbracht.

Zu Abschnitt 5.5 Verdrehung

Bei Stahlbeton-Biegeträgern kann der Verdrehungswinkel α eines Lagers aus der Durchbiegung unter Gebrauchslast des gelagerten Bauteils nach Heft 240 DAfStb ermittelt werden.
Die Parameter für die Schiefwinkeligkeit und Ebenheit entsprechen den Anforderungen nach DIN 4141 Teil 1 und Teil 3. Für spezielle Fragen wird auf das fertigteilbauforum Heft 13 vom Juni 1983 hingewiesen.

Zu Abschnitt 5.6 Stauchung

Der Einfluß der Stauchung wird nur in Ausnahmefällen und nur bei Anwendung von Lagerungsklasse 1 nachzuweisen sein. Die jetzige Festlegung ist eine Verfeinerung gegenüber der in der Größenordnung zu ähnlichen Ergebnissen führenden Angabe in den Richtlinien.
Da die Verformungskennlinien nicht linear sind, ist der Stauchungsanteil von Verkehrslasten kleiner als ihr Anteil an der Gesamtlast.

Zu Abschnitt 5.7 Lastverteilung auf mehrere Lager

Die hier angesprochene Auflagerung betrifft praktisch die Lagerung von Flächentragwerken. Sämtliche in einer Auflagerlinie vorkommenden Lager sind entsprechend ihres Verhältnisses A/t der Größe nach zu ordnen. Der Unterschied zwischen dem größten dieser Werte und dem kleinsten darf nicht mehr als 20% betragen.

Zu Abschnitt 6 Regellager

Die Vielfalt der praktisch verwendeten Lagerformen macht derzeit eine tabellarische Auflistung mit Bemessungshilfen wie für die bewehrten Elastomerlager noch nicht möglich. Für den praktisch ausschließlich vorkommenden Bereich rechteckiger Lager konnten somit lediglich die Grenzmaße zusammengestellt werden.

Zu Abschnitt 7 Transport und Einbau

Gegenüber den bisherigen Regelungen haben sich Veränderungen ergeben, die auf praktischen Erfahrungen beruhen und ihren Niederschlag bereits in DIN 4141 Teil 14 (Bewehrte Elastomerlager) gefunden haben; darauf wird sinngemäß verwiesen.
Extrem glatte Begrenzungsflächen wirken sich bei Elastomerlagern schädlich aus, weil dann die Haftreibung zwischen den unterschiedlichen Baustoffen nicht ausreicht; Schalöl und ähnliches verschlechtern dies noch.

Zu Abschnitt 8 Überwachung (Güteüberwachung), Kennzeichnung, Lieferschein

Die Überwachung unbewehrter Elastomerlager wird bereits seit Erscheinen der Richtlinie gefordert. Die Bestimmungen zur Kennzeichnung sind neu, entsprechen den heutigen Vorstellungen und sind analog zu den lager (DIN 4141 Teil 14) formuliert worden.

Internationale Patentklassifikation

E 04 B 1/36
G 01 N 33/44

DK 624.078.5-036.074 : 69 : 620.1   DEUTSCHE NORM   Januar 1991

Lager im Bauwesen
Unbewehrte Elastomerlager
Baustoffe, Anforderungen, Prüfungen und Überwachung

DIN 4141 Teil 150

Structural bearings; Unreinforced elastomeric bearings; Building materials, requirements, testing and inspection

Appareils d'appui pour ouvrages d'art; Appuis en élastomère non renforcé; Matériaux de construction, exigences, essais et contrôle

Diese Norm wurde im NABau-Fachbereich II „Einheitliche Technische Baubestimmungen (ETB)" ausgearbeitet.

Zu den Normen der Reihe DIN 4141 „Lager im Bauwesen" gehören:

DIN 4141 Teil 1	Lager im Bauwesen: Allgemeine Regelungen
DIN 4141 Teil 2	Lager im Bauwesen; Lagerung für Ingenieurbauwerke im Zuge von Verkehrswegen (Brücken)
DIN 4141 Teil 3	Lager im Bauwesen; Lagerung für Hochbauten
DIN 4141 Teil 4	Lager im Bauwesen; Transport, Zwischenlagerung und Einbau
DIN 4141 Teil 14	Lager im Bauwesen; Bewehrte Elastomerlager; Bauliche Durchbildung und Bemessung
DIN 4141 Teil 15	Lager im Bauwesen; Unbewehrte Elastomerlager; Bauliche Durchbildung und Bemessung
DIN 4141 Teil 140	Lager im Bauwesen; Bewehrte Elastomerlager; Baustoffe, Anforderungen, Prüfungen und Überwachung
DIN 4141 Teil 150	Lager im Bauwesen; Unbewehrte Elastomerlager; Baustoffe, Anforderungen, Prüfungen und Überwachung

Folgeteile in Vorbereitung

Inhalt

	Seite		Seite
1 Anwendungsbereich	2	4.1.8 Weiterreißwiderstand	2
		4.1.9 Druckverformungsrest	2
2 Baustoff	2	4.1.10 Dauerstandfestigkeit	2
2.1 Zusammensetzung des Elastomers	2	4.1.11 Verhalten nach Wärmeeinwirkung (künstlicher Alterung)	3
2.2 Physikalische Eigenschaften des Elastomers	2	4.1.12 Verhalten bei Ozoneinwirkung	3
3 Anforderungen an Lager bzw. Lagerausschnitte	2	4.1.13 Härte-Zunahme nach Kälteeinwirkung	3
		4.2 Kennwert-Prüfungen	3
3.1 Oberflächenbeschaffenheit	2	4.2.1 Ermittlung der Lagersteifigkeit	3
3.2 Grenzabmaße	2	4.2.2 Ermittlung der Schubsteifigkeit und des Schubverformungsmoduls	3
3.3 Elastische Kennwerte	2		
4 Prüfungen	2	5 Eignungs- und Überwachungsprüfungen	3
4.1 Prüfung des Elastomers	2	5.1 Allgemeines	3
4.1.1 Allgemeines	2	5.2 Eignungsprüfung (Erstprüfung)	3
4.1.2 Chloropren-Kautschukgehalt und Nachweis	2	5.3 Eigenüberwachung	3
4.1.3 Gehalt an mineralischen Bestandteilen	2	5.4 Fremdüberwachung	4
4.1.4 Rußgehalt	2	5.4.1 Allgemeines	4
4.1.5 Charakterisierung des Elastomers	2	5.4.2 Fremdüberwachungsprüfung	4
4.1.6 Shore-A-Härte	2	5.4.3 Sonderprüfung	4
4.1.7 Reißfestigkeit und Reißdehnung	2	Zitierte Normen	4

Fortsetzung Seite 2 bis 4

Normenausschuß Bauwesen (NABau) im DIN Deutsches Institut für Normung e.V.
Normenausschuß Kautschuktechnik (FAKAU) im DIN

Seite 2 DIN 4141 Teil 150

1 Anwendungsbereich

Diese Norm ist anzuwenden für unbewehrte Elastomerlager nach DIN 4141 Teil 15. Sie regelt die Zusammensetzung des Elastomers, die Prüfung des Elastomers und der Lager bei der Fertigung (Erstprüfung und Überwachung).

Alle Hinweise auf DIN 4141 Teil 140 beziehen sich auf die Ausgabe 01.91.

2 Baustoff

2.1 Zusammensetzung des Elastomers

Es gilt DIN 4141 Teil 140/01.91, Abschnitt 2.1.1.

2.2 Physikalische Eigenschaften des Elastomers

Die physikalischen Eigenschaften müssen den in Tabelle 1 angegebenen Werten entsprechen.

Tabelle 1. Physikalische Eigenschaften des Elastomers

Eigenschaft	Anforderungen	Prüfung nach Abschnitt
Härte	(60 ± 5) Shore A	4.1.6
Dichte	$\varrho_n \pm 0{,}02$ g/cm^3	4.1.5.1
Reißfestigkeit Normstab S 2 Normring R 1	min. 13 N/mm^2 min. 12 N/mm^2	4.1.7
Reißdehnung Normstab S 2 Normring R 1	min. 400 % min. 400 %	4.1.7
Weiterreißwiderstand Streifenprobe Winkelprobe	min. 8 N/mm min. 16 N/mm	4.1.8
Druckverformungsrest 24 h/70 °C	max. 20 %	4.1.9
Dauerstandfestigkeit 100 d/23 °C 40 N/mm^2	$\varphi_k \leq 30$ %	4.1.10
Verhalten nach Wärmeeinwirkung 7 d/70 °C:		4.1.11
Härte-Zunahme	max. 5 Shore A	4.1.6
Reißfestigkeits-Abnahme	max. 15 %	4.1.7
Reißdehnungs-Abnahme	max. 25 %	4.1.7
Verhalten nach Ozoneinwirkung	Rißbild Stufe 0	4.1.12
Härte-Zunahme nach Kälteeinwirkung: 7 d/−10 °C 24 h/−30 °C	max. 30 Shore A max. 30 Shore A	4.1.13 4.1.6 4.1.6

3 Anforderungen an Lager bzw. Lagerausschnitte

3.1 Oberflächenbeschaffenheit

Es gilt DIN 4141 Teil 140/01.91, Abschnitt 3.1.

3.2 Grenzabmaße

Die Grenzabmaße der Lager richten sich nach Klasse M 4 DIN 7715 Teil 2.

3.3 Elastische Kennwerte

Der Elastizitätsmodul E_i ist nach Abschnitt 4.2.1 zu bestimmen; er kann zur Identifikation der jeweiligen Lagerserie und zur Ermittlung der Stauchung benutzt werden.

Der Schubverformungsmodul G muß DIN 4141 Teil 140/01.91, Tabelle 4 entsprechen.

4 Prüfungen

4.1 Prüfung des Elastomers

4.1.1 Allgemeines

Es gilt DIN 4141 Teil 140/01.91, Abschnitt 4.1.1, Absatz 1.

Die Probekörper sind den fertigen Lagern jeweils aus dem Bereich der Lagermitte zu entnehmen.

4.1.2 Chloropren-Kautschukgehalt und Nachweis

Es gilt DIN 4141 Teil 140/01.91, Abschnitt 4.1.2.

4.1.3 Gehalt an mineralischen Bestandteilen

Es gilt DIN 4141 Teil 140/01.91, Abschnitt 4.1.3.

4.1.4 Rußgehalt

Es gilt DIN 4141 Teil 140/01.91, Abschnitt 4.1.4.

4.1.5 Charakterisierung des Elastomers

4.1.5.1 Bestimmung der Dichte

Es gilt DIN 4141 Teil 140/01.91, Abschnitt 4.1.5.1.

4.1.5.2 Nachweis von Alterungsschutzmitteln

Es gilt DIN 4141 Teil 140/01.91, Abschnitt 4.1.5.2.

4.1.5.3 Thermogravimetrische Bestimmung

Es gilt DIN 4141 Teil 140/01.91, Abschnitt 4.1.5.3.

4.1.5.4 Thermoanalytische Bestimmung

Es gilt DIN 4141 Teil 140/01.91, Abschnitt 4.1.5.4.

4.1.5.5 Bestimmung der extrahierbaren Bestandteile

Es gilt DIN 4141 Teil 140/01.91, Abschnitt 4.1.5.5.

4.1.6 Shore-A-Härte

Es gilt DIN 4141 Teil 140/01.91, Abschnitt 4.1.6.

4.1.7 Reißfestigkeit und Reißdehnung

Es gilt DIN 4141 Teil 140/01.91, Abschnitt 4.1.7.

4.1.8 Weiterreißwiderstand

Es gilt DIN 4141 Teil 140/01.91, Abschnitt 4.1.8.

4.1.9 Druckverformungsrest

Es gilt DIN 4141 Teil 140/01.91, Abschnitt 4.1.9.

4.1.10 Dauerstandfestigkeit

Die Prüfung erfolgt an je zwei Probekörpern mit den Maßen 100 mm × 100 mm × 10 mm. Über 100 d ist eine konstante zentrische Beanspruchung von 40 N/mm^2 bei (23 ± 2) °C einzuhalten.

Als Kontaktflächen sind stahlgerahmte Feinbetonscheiben (Festigkeitsklasse B 45, Regelsieblinie B 8 nach DIN 1045) mit den Maßen 140 mm × 140 mm × 50 mm zu verwenden. Die glattgeschalten Kontaktflächen sind nach Erreichen der 7-Tage-Festigkeit hochdruckwasserzustrahlen bis die gröberen Zuschläge sichtbar werden.

DIN 4141 Teil 150 Seite 3

Das Kriechmaß φ_k in % errechnet sich zu:

$$\varphi_k = \frac{t_1 - t_2}{t_0 - t_1} \cdot 100$$

Hierin bedeuten:
t_0 Dicke des unbelasteten Lagers in mm
t_1 Dicke des Lagers in mm 5 min nach der Belastung
t_2 Dicke des Lagers in mm nach der vorgegebenen Beanspruchungsdauer

Es sind φ_k und t_1 anzugeben. Die Probekörper sind nach dem Versuch visuell zu bemustern und Veränderungen am Lager sind zu dokumentieren.

4.1.11 Verhalten nach Wärmeeinwirkung (künstlicher Alterung)
Es gilt DIN 4141 Teil 140/01.91, Abschnitt 4.1.10.

4.1.12 Verhalten bei Ozoneinwirkung
Es gilt DIN 4141 Teil 140/01.91, Abschnitt 4.1.11.

4.1.13 Härte-Zunahme nach Kälteeinwirkung
Es gilt DIN 4141 Teil 140/01.91, Abschnitt 4.1.12.

4.2 Kennwert-Prüfungen

4.2.1 Ermittlung der Lagersteifigkeit
Es gilt DIN 4141 Teil 140/01.91, Abschnitt 4.3.1, Absatz 1.
Die Werte zur Bestimmung der Verformungskennlinie errechnen sich zu:

$$E = \frac{\Delta \sigma}{\Delta \varepsilon}; \quad \sigma = \frac{F_z}{A}; \quad \Delta \varepsilon = \frac{\Delta f}{t}$$

Hierin bedeuten:
A Grundfläche des Lagers $a \cdot b$ bzw. $\dfrac{\pi \cdot D^2}{4}$
t Elastomerschichtdicke (anzustreben ist $t = 12$ mm)

4.2.2 Ermittlung der Schubsteifigkeit und des Schubverformungsmoduls
Es gilt DIN 4141 Teil 140/01.91, Abschnitt 4.3.2.

5 Eignungs- und Überwachungsprüfungen

5.1 Allgemeines
Es gilt DIN 4141 Teil 140/01.91, Abschnitt 5.1.

5.2 Eignungprüfung (Erstprüfung)
Es gilt DIN 4141 Teil 140/01.91, Abschnitt 5.2, Absatz 1.
Das Elastomer muß den Festlegungen nach Abschnitt 2 genügen.
Lager bzw. Lagerausschnitte müssen die Anforderungen nach Abschnitt 3 erfüllen.
Es gilt DIN 4141 Teil 140/01.91, Abschnitt 5.2, Absatz 5 und 6.

5.3 Eigenüberwachung
Es gilt DIN 4141 Teil 140/01.91, Abschnitt 5.3, Absatz 1.
In Tabelle 2 sind Art und Umfang der Eigenüberwachungsprüfungen aufgeführt.

Tabelle 2. Art und Umfang der Eigenüberwachungsprüfungen

Prüfung	Prüfung nach Abschnitt	Häufigkeit	Bemerkung
Zusammensetzung des Elastomers	4.1.2 bis 4.1.5	4 × jährlich*)	Grenzwerte nach DIN 4141 Teil 140/01.91, Tabelle 1
Physikalische Kennwerte an ungealterten und gealterten Proben	4.1.6 bis 4.1.9	jede Mischungscharge	Grenzwerte nach Tabelle 1
	4.1.11	4 × jährlich	
	4.1.12	1 × jährlich	Ozonbeständigkeit
Schubverformungsmodul bei (23 ± 2) °C	4.2.2	4 × jährlich	Grenzwerte nach DIN 4141 Teil 140/01.91, Tabelle 1
Schubverformungsmodul bei −30 °C bis +50 °C	4.2.2	1 × jährlich	auch an Lagerabschnitten möglich

*) Nach einer Überwachungsspanne von 5 Jahren mit bestimmungsgemäßen Eigen- und Fremdüberwachungsergebnissen kann im Einvernehmen mit dem Fremdüberwacher die Häufigkeit auf 2 × jährlich reduziert werden.

Seite 4 DIN 4141 Teil 150

5.4 Fremdüberwachung
5.4.1 Allgemeines
Es gilt DIN 4141 Teil 140/01.91, Abschnitt 5.4.1.

5.4.2 Fremdüberwachungsprüfung
Es gilt DIN 4141 Teil 140/01.91, Abschnitt 5.4.2, Absatz 1 und 2 mit Aufzählung a) bis c).
Art, Umfang und Häufigkeit der Fremdüberwachungsprüfungen sind in Tabelle 3 zusammengestellt.

Tabelle 3. Art, Umfang und Häufigkeit der Fremdüberwachungsprüfung

Prüfung	Prüfung nach Abschnitt	Häufigkeit	Bemerkung
Zusammensetzung des Elastomers	4.1.2 bis 4.1.5	2 × jährlich*)	Grenzwerte nach DIN 4141 Teil 140/01.91, Tabelle 1
Physikalische Kennwerte an ungealterten und gealterten Proben	4.1.6 bis 4.1.9	4 × jährlich	Grenzwerte nach Tabelle 1
	4.1.12	1 × jährlich	Ozonbeständigkeit
Schubverformungsmodul bei (23 ± 2) °C	4.2.2	4 × jährlich	Grenzwerte nach DIN 4141 Teil 140/01.91 Tabelle 4; auch an Lagerabschnitten möglich
Schubverformungsmodul bei −30 °C bis +40 °C	4.2.2	1 × jährlich	

*) Nach einer Überwachungsspanne von 5 Jahren mit bestimmungsgemäßen Eigen- und Fremdüberwachungsergebnissen kann die Häufigkeit bzw. der Prüfumfang auf die Hälfte reduziert werden.

5.4.3 Sonderprüfung
Es gilt DIN 4141 Teil 140/01.91, Abschnitt 5.4.3.

Zitierte Normen
DIN 1045   Beton und Stahlbeton; Bemessung und Ausführung
DIN 4141 Teil 15   Lager im Bauwesen; Unbewehrte Elastomerlager, Bauliche Durchbildung und Bemessung
DIN 4141 Teil 140 Lager im Bauwesen; Bewehrte Elastomerlager; Baustoffe, Anforderungen, Prüfungen und Überwachung
DIN 7715 Teil 2   Gummiteile; Zulässige Maßabweichungen, Formartikel aus Weichgummi (Elastomeren)

Internationale Patentklassifikation
E 04 B 1/36
G 01 N 33/44

5.2.3 Erlasse

Im folgenden werden aus den Erlassen und Rundschreiben nur die Teile wiedergegeben, die aktuelle, über Selbstverständliches Hinausgehendes enthalten.

Zu DIN 4141 Teile 1, 2 und 14 (ARS Nr. 14/86):

(3) **Teil 1: Abschnitt 7.6, Absatz 2:**
Zusätzliche Platten (Futterplatten) zur Höhenkorrektur sind nur vorzusehen, wenn sie unumgänglich notwendig sind. Sie müssen grundsätzlich planparallel sein, was – in Abhängigkeit von der Plattendicke und -größe – i. a. nur durch mechanische Bearbeitung zu erreichen ist.
Wenn die Futterplatten angeordnet werden müssen, sind in der Regel (z. B. bei Massivbrücken) auch gleichzeitig Ankerplatten anzuordnen. Die Ankerplatten müssen an den Seiten, die den Futterplatten zugewandt sind, planeben sein. Die oberen Lagerplatten, bei Gleitlagern z. B. die Gleitplatten, sind mechanisch planparallel zu bearbeiten. Obere Lager-, Futter- und Ankerplatten sind vor dem Einbau als Ganzes miteinander zu verschrauben.

(4) **Teil 2: Abschnitt 3:**
Die endgültigen Lager dürfen beim Abstapeln von Stahlverbundbrücken nicht als Hilfslager verwendet werden.

(5) **Teil 2: Abschnitt 5, Absatz 5:**
In der Regel wird es nicht möglich sein, die genannten Sonderteile und -geräte am Bauwerk aufzubewahren. Es ist deshalb ein anderer geeigneter Aufbewahrungsort (z. B. Autobahn- bzw. Straßenmeisterei) zu wählen und zu vermerken.

(8) **Teil 14: Abschnitt 6, Absatz 2:**
Die Formulierung „... dem nächstkleineren flächengleichen Lager..." ist nicht eindeutig. Gemeint ist „... dem flächenmäßigen nächstkleineren Lager..."

Anlage
Druckfehlerberichtigung

Zu DIN 4141, Lager im Bauwesen;
Teil 1 – Allgemeine Regelungen
(Ausgabe September 1984)

(1) **Tabelle 1:**
Die Verschiebungen x, y, z sind in den ersten drei Spalten unter „Hauptschnittgrößen/Relativbewegungen" mit Kleinbuchstaben anstelle von Großbuchstaben zu bezeichnen.

Weiterhin ist in Zeile 1 der 1. Spalte auch das Feld F_x zu schraffieren.

(2) **Erläuterungen zu Abschnitt 5, Bild b):**
Für die vollständige Darstellung der Topfdichtung ist die obere Begrenzungslinie des Topfdeckels auf beiden Seiten zur Topfwand hin zu verlängern.

(VkBl 1986 S. 294)

Allgemeines Rundschreiben Straßenbau Nr. 18/1987 Sachgebiet 5: Brücken- und Ingenieurbau

Bonn, den 15. Dezember 1987
StB 11/38 55.10–15/160 Va 87

Oberste Straßenbaubehörden der Länder

Betr.: **Technische Baubestimmungen;**
hier: **DIN 4141, Lager im Bauwesen: Teil 4 – Transport, Zwischenlagerung und Einbau (Ausgabe Oktober 1987)**

Bei der Anwendung ist folgendes zu beachten:

(1) **Zu den Abschnitten 2 und 4.1**
Unsachgemäßer Transport, Zwischenlagerung und Einbau können bei Lagern Schäden verursachen, die deren Funktion wesentlich beeinträchtigen und den Austausch einzelner Lagerteile oder ganzer Lager erforderlich werden lassen. Es ist deshalb besonderer Wert darauf zu legen, daß Arbeiten an Lagern nur von eigens dafür eingewiesenen Fachkräften ausgeführt werden und zumindest beim Einbau des ersten Lagers seiner Art am Bauwerk eine Fachkraft des Lagerherstellers am Einbauort anwesend ist (vgl. auch Erläuterungen zu Abschnitt 4.1). Bei Lagern, die der Zustimmung im Einzelfall unterliegen, ist entsprechend **bei jedem Lager** zu verfahren.
Lager dürfen in der Regel nur in vollständig zusammengebautem Zustand transportiert, zwischengelagert und eingebaut werden; dies gilt auch für Verformungsgleitlager. Ist der Transport in Einzelteilen ausnahmsweise zwingend notwendig, so darf der Zusammenbau auf der Baustelle nur durch Fachkräfte des Lagerherstellers erfolgen; entsprechend ist bei ggf. erforderlicher Änderung der Voreinstellung vorzugehen.

(2) **Zu Abschnitt 3**
Außer den **Meßflächen** nach DIN 4141, Teil 1, Abschnitt 7.3, Absatz 6, sind auch **Meßstellen** für Gleit- und ggf. Kippspaltmessun-

5.2 Lagernorm DIN 4141

gen nach den Richtzeichnungen Lag 2 bis 5 und 7 des Bund/Länder-Fachausschusses Brücken- und Ingenieurbau anzuordnen. Diese Meßstellen sind zusätzlich zu den nach den Richtzeichnungen vorgesehenen Markierungen farblich kontrastierend hervorzuheben.
An jedem Rollen- und Gleitlager (einschl. Führungslagern) von Brücken und vergleichbaren Bauwerken sind nach DIN 4141, Teil 1, Abschnitt 7.3, Absatz 7 Anzeigevorrichtungen für die Lagerverschiebungen anzubringen Diese Anzeigevorrichtungen sind nach der Richtzeichnung Lag 1 auszuführen.

(3) **Zu Abschnitt 5**
Lagerprotokolle nach dem der Norm beigefügten Muster sind grundsätzlich für alle neuen Lager und **Lagerinstandsetzungen größeren Umfangs** aufzustellen. Für die nach der Inbetriebnahme von Bauwerken durchzuführenden Messungen gilt DIN 1076, Abschnitt 6.1.2.6.
Die Lagerprotokolle sind zu den Bauwerksakten zu nehmen.

(4) **Zu Abschnitt 6, Absatz 3**
Die Anordnung von Pressen auf Unterbauten ist nach der Richtzeichnung Lag 6 vorzunehmen.

Muster für einen Einführungserlaß
– Fassung Dezember 1984 –

DIN 4141 Teile 1 bis 3 – Lager im Bauwesen –
Ausgabe September 1984

2 Bei Anwendung der Normen DIN 4141, Teile 1 bis 3, Ausgabe September 1984, ist folgendes zu beachten:
Geeignete Prüfstellen für den Nachweis nach DIN 4141, Teil 3, Abschnitt 3.2, letzter Satz, werden in einer Liste beim Institut für Bautechnik geführt.

Zur Zeit sind dies folgende:

Institut für Baustoffe, Massivbau und Brandschutz
der TU Braunschweig
– Amtliche Materialprüfungsanstalt für das Bauwesen –
Beethovenstraße 52
38106 Braunschweig

Prüfamt für den Bau von Landverkehrswegen
der
Technischen Universität München
Arcisstraße 21
80333 München

Institut für Massivbau und Baustofftechnologie
– Amtliche Materialprüfungsanstalt –
der Universität Karlsruhe
Postfach 6380, Kaiserstraße 12
76131 Karlsruhe

Staatliche Materialprüfungsanstalt
Universität Stuttgart (Technische Hochschule)
Pfaffenwaldring 32
70569 Stuttgart

5.2.4 Richtzeichnungen

Zuordnung:

Lag	DIN 4141
1	Teil 1, Abschn. 7.3, und Teil 4, Muster Lagerprotokoll
2, 3, 4, 5, 7	Teil 1, Abschn. 7.3, und Teil 4, Abschn. 3
6	Teil 1, Abschn. 7.5, und Teil 2, Abschn. 5
8	Teil 4, Abschn. 6
9	Teil 14
10, 11	Teil 13
12	Teil 4, Muster Lagerprotokoll

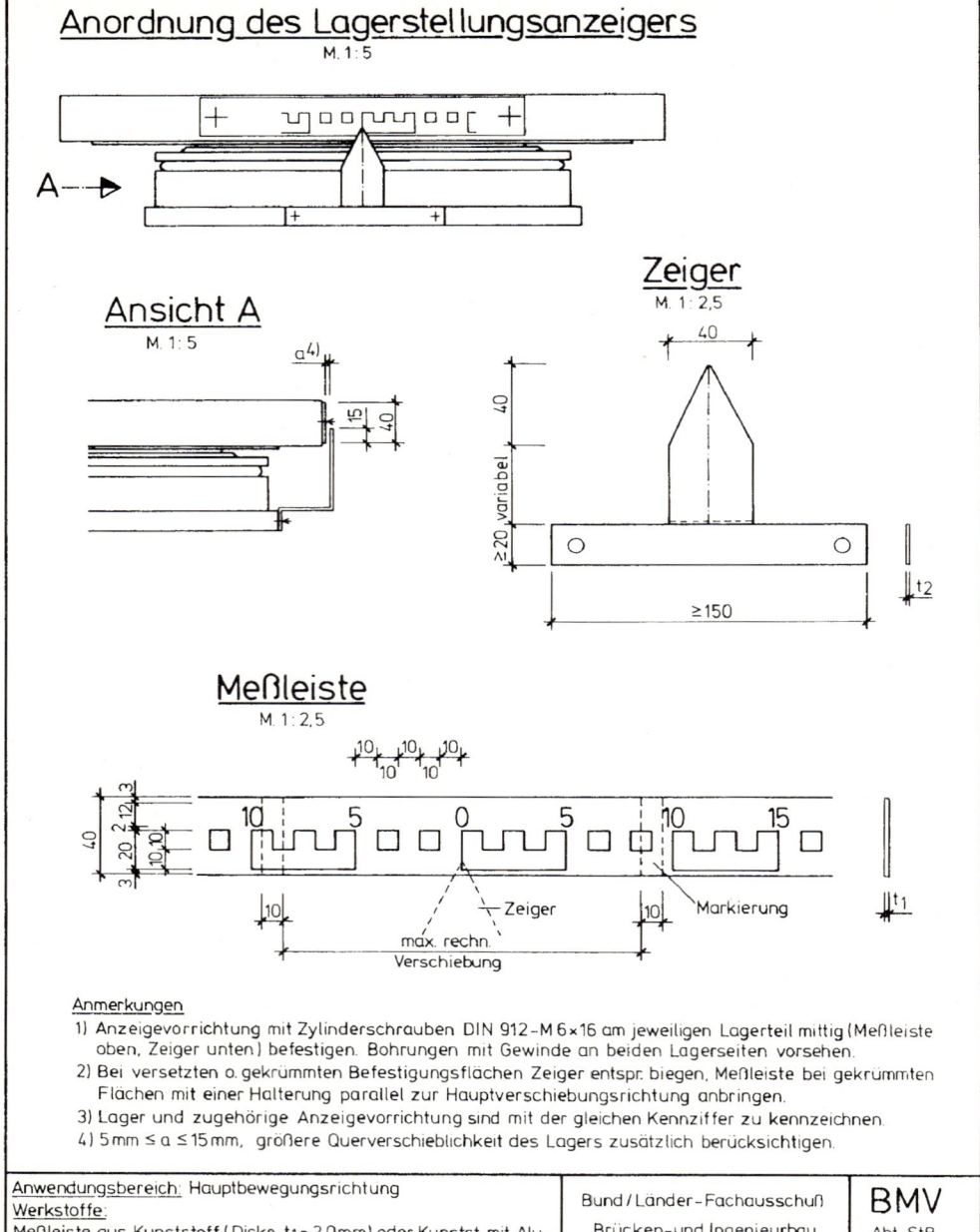

Anordnung des Lagerstellungsanzeigers
M. 1:5

Ansicht A
M. 1:5

Zeiger
M. 1:2,5

Meßleiste
M. 1:2,5

Zeiger

max. rechn. Verschiebung

Markierung

Anmerkungen
1) Anzeigevorrichtung mit Zylinderschrauben DIN 912-M 6×16 am jeweiligen Lagerteil mittig (Meßleiste oben, Zeiger unten) befestigen. Bohrungen mit Gewinde an beiden Lagerseiten vorsehen.
2) Bei versetzten o. gekrümmten Befestigungsflächen Zeiger entspr. biegen, Meßleiste bei gekrümmten Flächen mit einer Halterung parallel zur Hauptverschiebungsrichtung anbringen.
3) Lager und zugehörige Anzeigevorrichtung sind mit der gleichen Kennziffer zu kennzeichnen.
4) 5 mm ≤ a ≤ 15 mm, größere Querverschieblichkeit des Lagers zusätzlich berücksichtigen.

Anwendungsbereich: Hauptbewegungsrichtung	Bund/Länder-Fachausschuß	BMV
Werkstoffe:	Brücken- und Ingenieurbau	Abt. StB
Meßleiste aus Kunststoff (Dicke t_1= 2,0mm) oder Kunstst. mit Alu-Bewehr (Dicke t_1= 1,0mm) uv-und witterungsbest. Regellängen in mm: 220, 320, 420, 520, 620, 720, 820. Leiste gelb, RAL 1014. Skala und Zahlen schwarz, RAL 9005; Markierung aus Kunstst.-Folie, 0,5 mm dick, leucht-hellrot, RAL 30-26.		Richtzeichnung
Zeiger aus nichtrostendem Stahl (Dicke t_2=2,0mm) Werkst.-Nr. 1.4401 nach DIN 17440, Zeigerspitze (Maß 40) leucht-hellrot, RAL 30-26.	**Lagerstellungs-Anzeiger**	**Lag 1**
Verbindungsmittel aus nichtrostendem Stahl, Werkst.-Nr. 1.4401 nach DIN 267, Teil 11.	für Gleit- und Rollenlager	Jan. 1991

5.2 Lagernorm DIN 4141

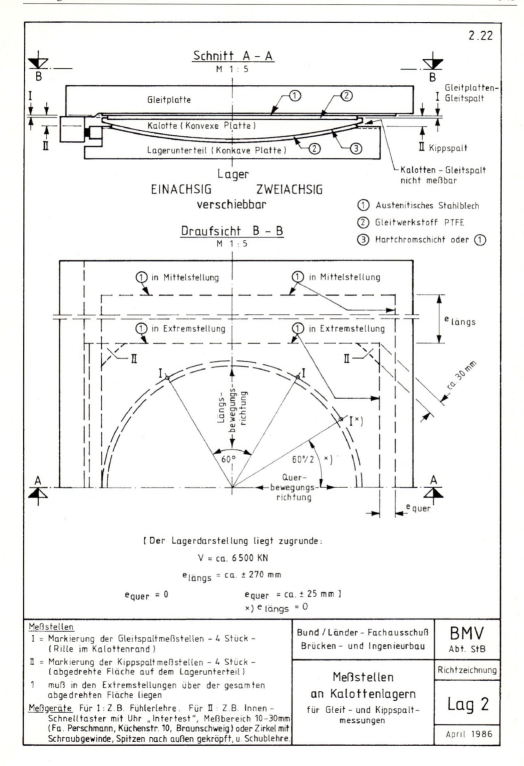

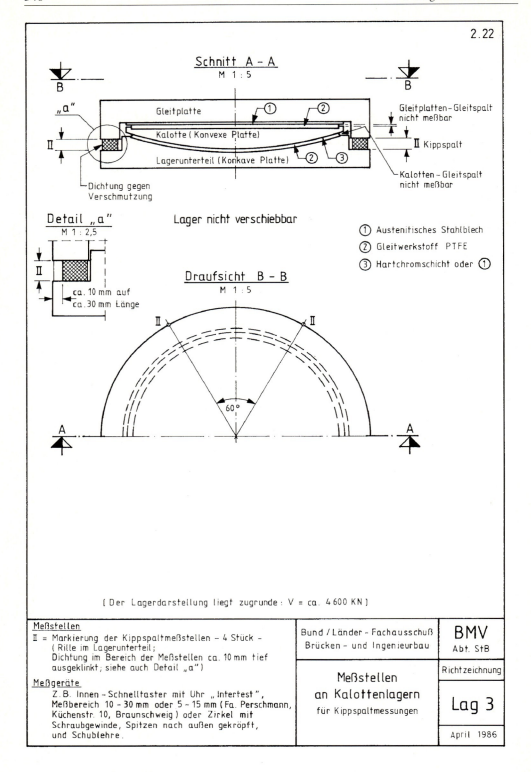

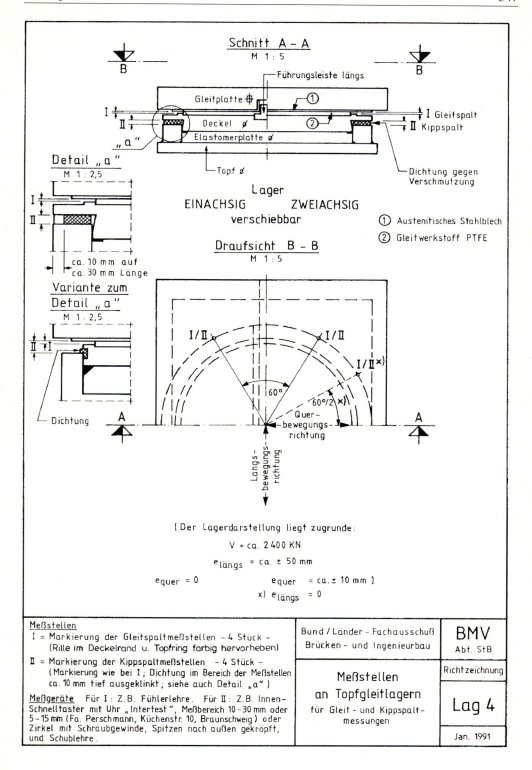

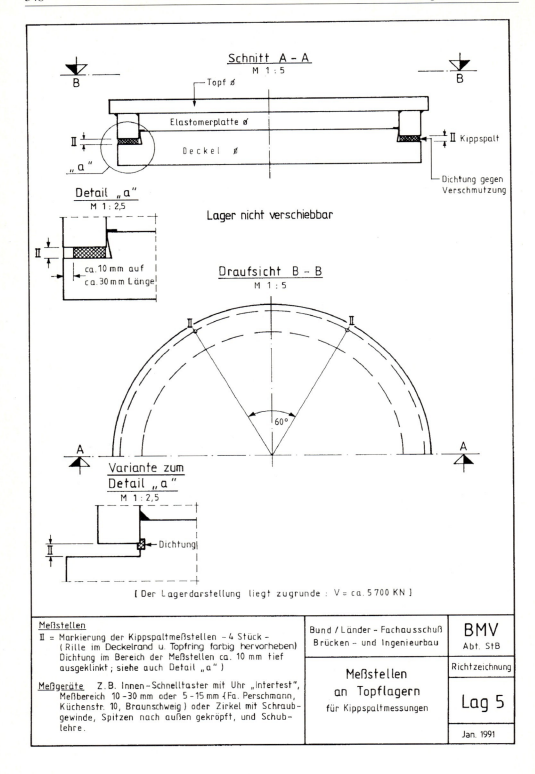

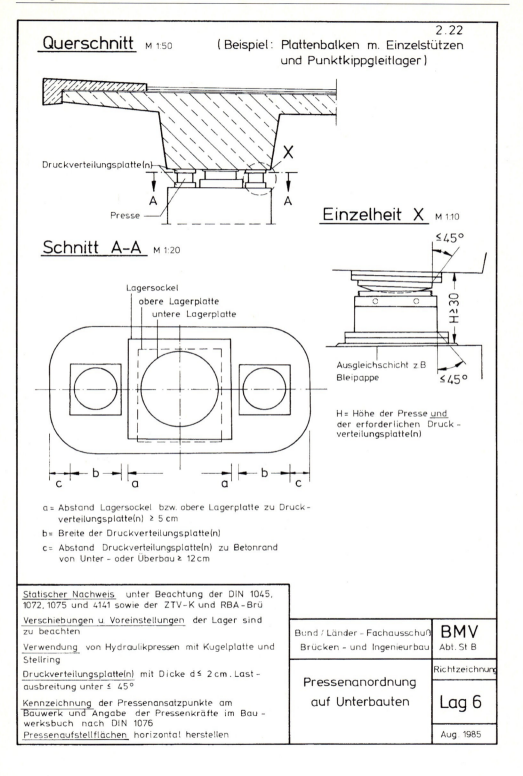

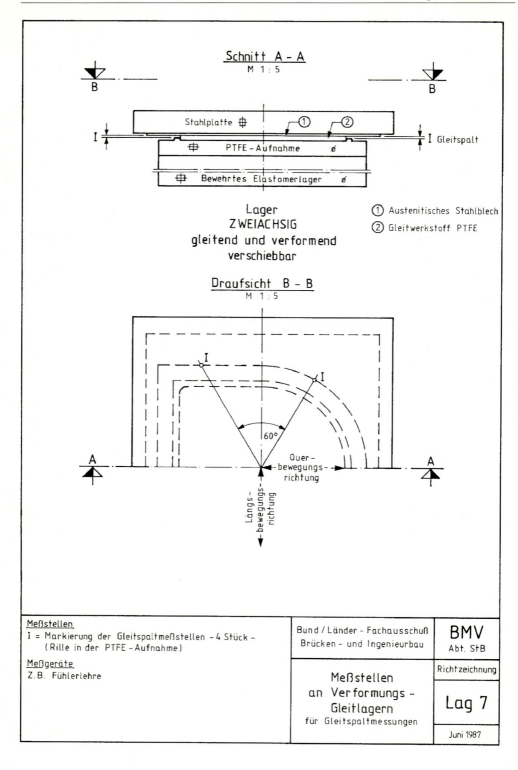

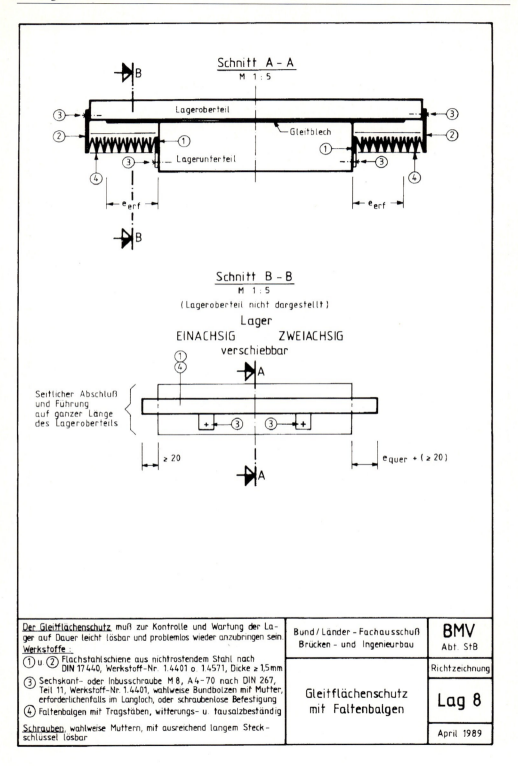

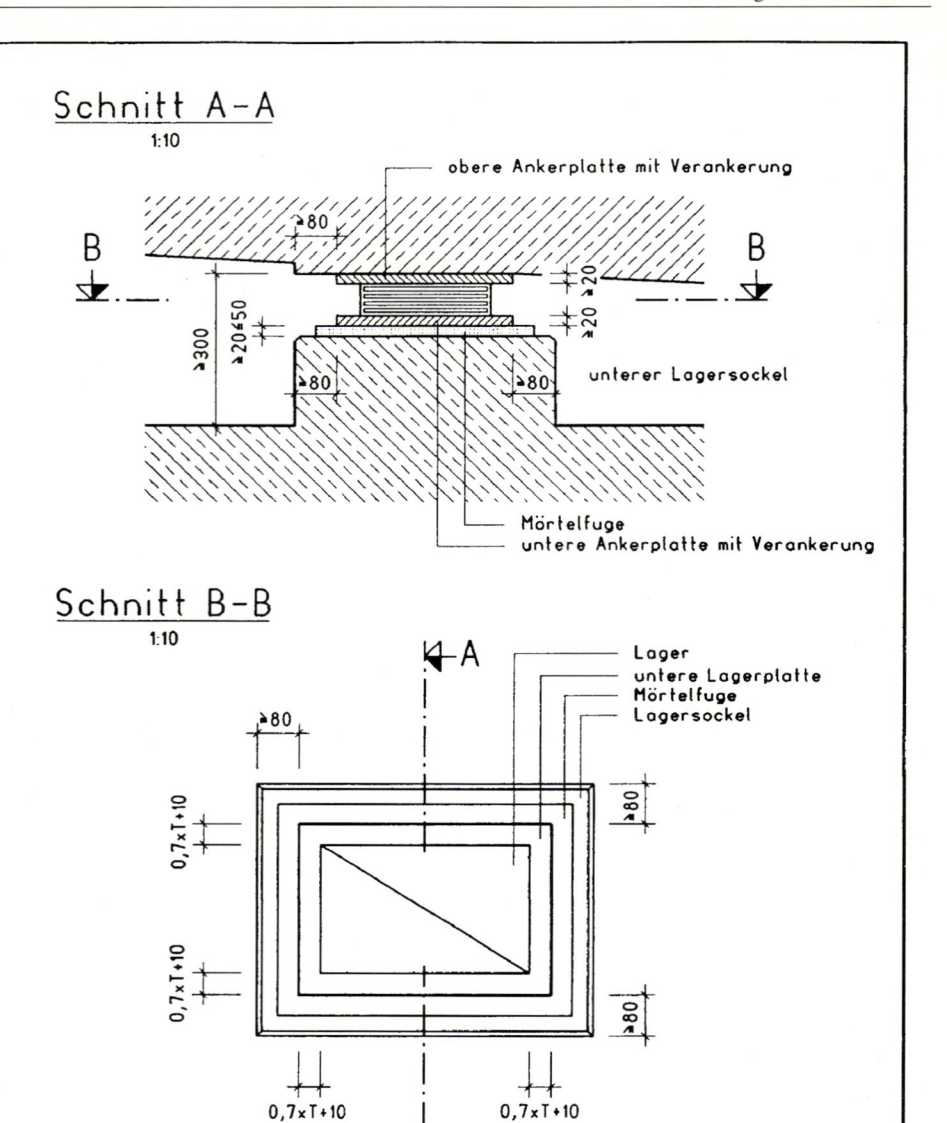

Schnitt A-A
1:10

obere Ankerplatte mit Verankerung

B   B

unterer Lagersockel

Mörtelfuge
untere Ankerplatte mit Verankerung

Schnitt B-B
1:10

Lager
untere Lagerplatte
Mörtelfuge
Lagersockel

Statischer Nachweis erforderlich. Korrosionsschutz aus Spritzverzinkung und 2 Deckbeschichtungen nach ZTV-KOR.	Bund/Länder-Fachausschuß Brücken- und Ingenieurbau	**BMV** Abt. StB
Berührungsfläche Stahl/Elastomer mit Ausnahme eines 2 cm breiten Randes nicht beschichten.		Richtzeichnung
T = Elastomerdicke nach DIN 4141, Teil 14.	**Verformungslager ohne Verankerung**	**Lag 9**
Ein oberer Lagersockel kann angeordnet werden.		Nov. 1992

5.2 Lagernorm DIN 4141

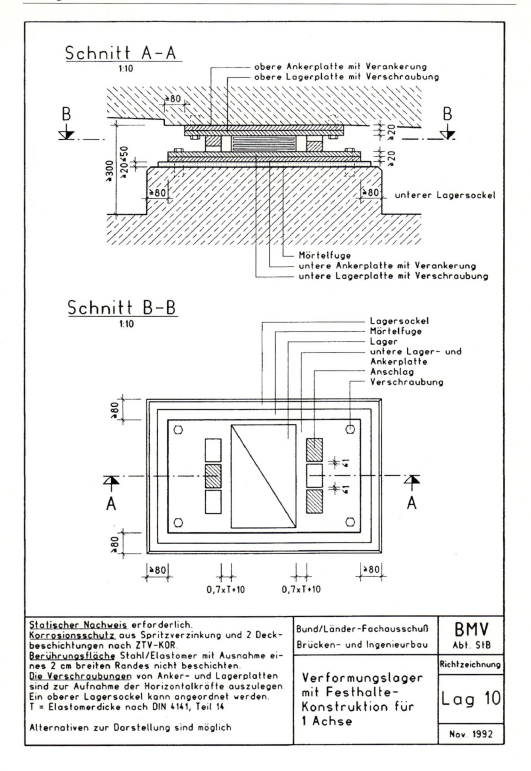

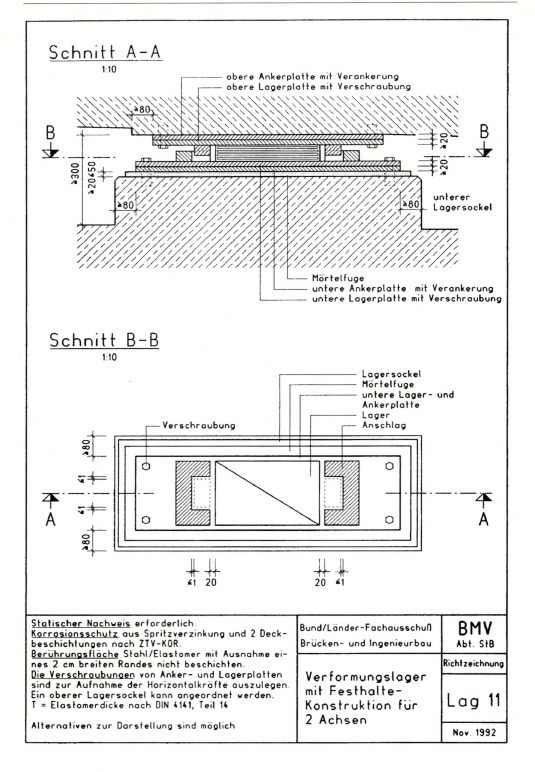

5.2 Lagernorm DIN 4141

Lagerprotokoll

Bauverwaltung	(KA 151)	Bauwerks-Nummer: 4 5 6 7 8 9 10 11 12
Dienststelle (KA 151) — Amt [15 16 17 18] NS [19 20]	Blatt-Nr. _____ 1)	(KA 153) Bauwerksname: 13 ... 30
	Ersteinbau / Austausch / Korrektur 2)	

Auftragnehmer	Hersteller
Auftrags-Nr.	Fachkraft (Name)
Lagerungs- / Lagerversetzplan Nr.	anwesend am
Lagerart	nach Zulassungs-Nr./DIN 4141, Teil 2)
Geltung der Zulassung bis	Fremdüberwacher
Mörtelfabrikat und Eignungsprüfung	
Herstellungsart der Mörtelfuge	(unten) (oben)

Nr.		Beschreibung				
1		Einbauort (Stützungs-Nr./Lager-Nr.) nach Plan				
2		Lagerzeichnungs-Nr.				
3		Lagertyp (Kurzzeichen nach DIN 4141, Teil 1)				
4		Auflast F_z (kN)				
5		Horizontalkräfte F_x / F_y (kN)	/	/	/	/
6		Rechnerische Verschiebung $e_x\pm$ / $e_y\pm$ (mm) 3)	/	/	/	/
7	vor dem Einbau	Voreinstellung $e_{vx}\pm$ / $e_{vy}\pm$ (mm) 3)	/	/	/	/
8		Anlieferung am				
9		Ordnungsgemäß abgeladen, gelagert, abgedeckt				
10		Kennzeichnung auf der Lageroberseite vorhanden				
11		Meßeinrichtungen und Typenschild vorhanden				
12		Sauberkeit und Korrosionsschutz				
13		Arretierung fest und planmäßig				
14		Zustand der Mörtelkontaktflächen				
15		Überbau angehoben am				
16		Mörtel eingebracht am oben / unten	/	/	/	/
17	Einbau	Mörtelfugendicke oben/unten (mm) 4)	/	/	/	/
18		Temperatur Luft/Bauwerk (°C)	/	/	/	/
19		Horizontale Meßflächenabweichung x/y (mm/m)	/	/	/	/
20		Richtung und Größe der Voreinstellung (mm) 3)				
21		Überbau / Traggerüst abgesenkt am / Uhr	/	/	/	/
22		Arretierung gelöst und entfernt am				
23	Funktionsbeginn	Gleitflächenschutz vorhanden				
24		Temperatur Luft/Bauwerk (°C)	/	/	/	/
25		Horizontale Meßflächenabweichung x/y (mm/m)	/	/	/	/
26		Sauberkeit und Korrosionsschutz				
27		Nullmessung Verschiebung $e_x\pm$ / $e_y\pm$ (mm) 3)	/	/	/	/
28		Nullmessung Gleitspalt max./min. (mm)	/	/	/	/
29		Nullmessung Kippspalt max./min. (mm)	/	/	/	/
30		Bemerkungen, besondere Hinweise usw. (ggf. auf zusätzlichem Blatt)				

Fußnoten: 1) wenn >4 Lager: fortlaufende Nr.   2) Nichtzutreffendes streichen   3) + = vom Festpunkt weg   4) u = unbewehrt, b = bewehrt

Aufgestellt: Ort _____ Datum _____ Auftragnehmer	Gesehen: Ort _____ Datum _____ Auftraggeber

| Bund/Länder-Fachausschuß Brücken- und Ingenieurbau | BMV Abt. St B | Formblatt Anlage 6 zum Bauwerksbuch nach DIN 1076 | Januar 1991 | Lag 12 |

5.3 Bemessung von Stützenstößen im Stahlbeton-Fertigteilbau mit unbewehrten Elastomerlagern

Unbewehrte Elastomerlager sind in DIN 4141, Teil 15 und 150, geregelt. Aus den Angaben der Norm sind auch die Werte entnehmbar, die für die Bemessung der anschließenden Teile benötigt werden, soweit dies von den Lagereigenschaften abhängt.

Diese Regeln sind recht konservativ, müssen sie doch alle denkbaren Fälle abdecken. Für den Spezialfall „Stützenstoß" ergeben sich mit der zulässigen Pressung in Teil 15 Abmessungen für die Elastomerlager, die mit dem Bedarf bei hochbelasteten Stützen nicht in Einklang zu bringen sind. Dies war noch krasser in der Zeit davor, als die Richtlinien für unbewehrte Elastomerlager noch gültig waren, die kleinere zulässige Pressungen zuließen als die Norm.

Tragglieder, bei denen die Fähigkeit zur Übertragung von Kräften in Lagerebene planmäßig nicht benötigt wird und die außerdem im Auflagerbereich entsprechend bewehrt sind, eignen sich für überdurchschnittlich hoch belastete Lager. Zu beachten ist dabei, daß bei der Bemessung von Lagern stets die Haltbarkeit der anschließenden Bauteile und der Konstruktion insgesamt das Ziel ist – die Haltbarkeit des Lagers selbst ist nur Mittel zum Zweck.

Nach umfangreichen Versuchen konnte geklärt werden, unter welchen Bedingungen mit unbewehrten Elastomerlagern versehene Stützenstöße zu bemessen sind. Das Ergebnis wurde im Heft 339 des Deutschen Ausschusses für Stahlbeton veröffentlicht. Ein Auszug daraus – der Bemessungsvorschlag – wird nachfolgend wiedergegeben. Weil sich dieser Vorschlag auf eine Tabelle im **Entwurf** zu DIN 4141, Teil 3, bezieht, die in die **endgültige** Normenfassung aufgrund von Einsprüchen nicht aufgenommen wurde, wird auch diese Tabelle mit abgedruckt. (Es bestehen keine Bedenken, diese Tabelle für Stützenstöße anzuwenden.)

Folgendes blieb im Bemessungsvorschlag unberücksichtigt:

Wenn keine planmäßigen Horizontalkräfte vom Lager aufgenommen werden sollen, so handelt es sich entweder um Lager mit Dollen oder um Pendelstützen, die jedoch – als Folge der Schiefstellung – eine (kleine) Komponente der Längskraft zwangsläufig in der Lagerebene aufnehmen müssen. Nur bei „echten" Gelenken ist dies ohne Verformung möglich. Die schubweichen Elastomerlager werden sich jedoch schrägstellen, und es ist zu raten, diese Schubverformung neben der Verdrehung zu berücksichtigen – vgl. auch J. Grote u. H. Kreuzinger [130] und W. Kanning [131]. Diese Schubverformung ist im nachfolgenden Bemessungsvorschlag nicht berücksichtigt, dort wurde zentrische Belastung vorausgesetzt. Daraus folgt, daß diese Schubverformung gegenüber den sonstigen Abmessungen vernachlässigbar sein muß, also „eine Größenordnung kleiner" als die Grundrißabmessungen der Lager. Bei Einhaltung der Bedingungen in DIN 4141, Teil 15, Abschnitt 5.4 ist dies der Fall, wie leicht nachprüfbar ist. Die Spaltzugkraft ist, wie die Untersuchungen gezeigt haben, bei exzentrischer Last kleiner als bei zentrischer, und vom sog. „Kirschkerneffekt" (bei dem das Lager „wegrutscht") ist man bei dieser Bemessung noch mit ausreichender Sicherheit entfernt.

Auszüge aus: Entwurf DIN 4141, Teil 3 (Ausgabe 1.81)

Tabelle 3
Abweichungen von der Parallelität zugehöriger Auflagerflächen (Maße in mm)

Genauigkeits-klasse	größte Lagertiefe		
	100	200	300
A	3,0	4,0	5,0
B	2,0	2,5	3,0
C	1,0	1,2	1,5

8.3 Fertigteile

Die Angaben dieses Abschnittes beziehen sich auf die Lagerung von Fertigbauteilen aus Stahlbeton und Spannbeton, sinngemäß gelten sie auch für vorgefertigte Teile aus anderen Baustoffen, z. B. Stahl oder Holz sowie für Auflagerflächen im Betonbau.

Die Ebenheitstoleranzen für Auflagerflächen richten sich nach DIN 18202, Teil 5, Ausgabe 10. 79, Abschnitt 2.1, Zeile 3 bzw. 4. Die gewählte Genauigkeitsklasse ist in den Ausführungszeichnungen anzugeben.

Abweichungen von der Parallelität zugehöriger Auflagerflächen infolge Herstell- und Montagetoleranzen sind in der statischen Berechnung mindestens mit den Werten nach Tabelle 3 zu berücksichtigen und den planmäßigen Verdrehungen gleichzusetzen. Sie sind in den Ausführungszeichnungen anzugeben. Die Tabellenwerte können gradlinig interpoliert werden.

Die Auflagerflächen sind zum Schutz der Lager sorgfältig zu entgraten.

Auszüge aus: DAStB-Heft 339

Stützenstöße im Stahlbeton-Fertigteilbau mit unbewehrten Elastomerlagern

5. Bemessungsansatz

5.1 Aus den Versuchsauswertungen resultierende Randbedingungen

Der Stoß von Stützen über Elastomerlager stellt statisch gesehen ein Gelenk dar. Eine planmäßige Übertragung eines Momentes über einen solchen Kontaktstoß hinweg ist also nicht vorgesehen. Da der Kontaktstoß jedoch keine genaue Punktlagerung bildet, führen Schiefstellungen zu ausmittigen Belastungen des Lagers. Diese sind bei der Bemessung der unmittelbar an das Lager angrenzenden Bauwerksteile zu berücksichtigen.

Bei einem Stützenstoß im Sinne der vorliegenden Untersuchung können die Schiefstellungen infolge von Herstell- und Montagetoleranzen mit den in DIN 4141, Teil 3, E 1.81, Tabelle 3, angegebenen Abweichungen von der Parallelität zugehöriger Auflagerflächen ermittelt werden. Dabei sollte die höchste Genauigkeitsklasse (Klasse C) gefordert und zugrundegelegt werden. Dies gilt auch für die Lagerung eines Stützenfußes auf einem Fundament.

Im allgemeinen Fall der Lagerung eines Stützenendes mit einem Elastomerlager sind zusätzliche elastische und plastische Verformungen der angrenzenden Bauteile zu berücksichtigen.

Der aus diesen Werten resultierende Gesamtwinkel sollte die Werte nach DIN 4141, Teil 3, E 1.81, Tabelle 3, Genauigkeitsklasse B, nicht überschreiten. Dies bedingt die Einhaltung einer Fertigungs- und Montagegenauigkeit der Klasse C. Die entsprechenden Werte lauten, auf α (in ‰) umgerechnet:

	Stützenbreite b (mm)			
	150	200	300	500
zul. Gesamtverdrehung α	16	12	10	8
infolge Fertigung und Montage	8	6	5	4

In den entsprechenden Nachweisen sollten neben den geometrischen Toleranzen und den planmäßigen elastischen Verformungen (Verdrehungen) in einer getrennten Rechnung auch die zeitabhängigen Verformungen mit erfaßt werden. Bei der Ermittlung der Zugkräfte im Einleitungsbereich infolge von Lagerschiefstellungen sollten demgegenüber nur die elastischen Verformungsanteile berücksichtigt werden. Die zeitabhängigen Verformungen führen wegen des ausgeprägten zeitabhängigen Verformungsverhaltens der Lagerung nicht zu einer Erhöhung der Querzugkräfte.

Die mittlere Lagerpressung sollte 20 N/mm² nicht überschreiten, solange für höhere Beanspruchungen keine versuchsmäßigen Nachweise vorliegen. Diese müßten auch die Dauerbeanspruchbarkeit des Elastomers unter den entsprechenden Bedingungen umfassen.

Horizontalkräfte dürfen durch die Elastomerlagerung nicht planmäßig übertragen werden.

Die Lagerdicke sollte so gewählt werden, daß bei kleinen Lagern (kleinste Kantenlänge 200 mm) der Formfaktor S des Lagers etwa 9 und bei großen Lagern (kleinste Kantenlängen über 400 mm) etwa 15 beträgt.

Die kleinste Stützenseite sollte 150 mm nicht unterschreiten, die größte 600 mm nicht überschreiten. Das Verhältnis der Stützenseiten $b:d$ sollte 2:1 nicht überschreiten.

Die Betonfestigkeitsklasse sollte mindestens B35 entsprechen.

5.2 Bemessungsgrößen

5.2.1 Spaltzugkraft Z_S

Die Spaltzugkraft nimmt aufgrund der experimentellen Ergebnisse mit zunehmender Ausmitte ab. Für die Bemessung sind daher die Spaltzugkräfte bei mittiger Beanspruchung der Stütze maßgebend.

In Bild 37 wird der aus den Versuchsergebnissen ermittelte Verlauf der bezogenen maximalen

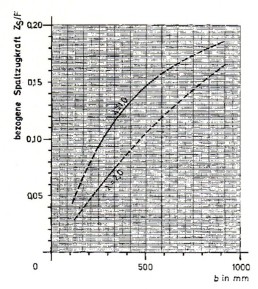

Bild 37
Abhängigkeit der bezogenen Spaltzugkraft Z_S/F von der Druckflächenseite b und dem Seitenverhältnis $\lambda = b/d$ (mittige Beanspruchung)

Spaltzugkraft Z_S/F in Abhängigkeit von der Lagerfläche dargestellt. Die Kurven geben die 95 %-Fraktile der aus den Versuchen ermittelten Werte an.

Der Kurvenverlauf im Bereich $b > 500$ mm ergibt sich aus der Überlegung, daß sich die Kurven asymptotisch an den Höchstwert $Z_S/F = 0{,}25$ annähern werden. Es wird im weiteren angenommen, daß der die Spaltzugkraft mindernde Einfluß des Seitenverhältnisses λ mit wachsender Abmessung b verloren geht. Die Kurven für verschiedene λ werden sich also mit wachsendem b annähern.

Die Spaltzugkraft tritt schwerpunktmäßig etwa in einem Abstand $h = 0{,}6 \cdot b$ von der Lagerfläche entfernt auf.

5.2.2 Abreißzugkraft Z_R

Die Abreißkraft Z_R konnte nicht mit ausreichender Genauigkeit unabhängig von den übrigen Querzugkräften versuchsmäßig ermittelt werden.

Für die Bemessung wird deshalb auf eine Überschlagsformel zurückgegriffen.

Die Formel ergibt im Bereich ohne klaffende Lagerfuge einen nur geringen Anstieg von Z_R. Bei Lagerungen entsprechend den empfohlenen Einschränkungen (s. Abschnitt 5.1) liegen deutlich kleinere Teilflächenverhältnisse vor. Es ist für eine praktische Bemessung daher ausreichend, von einer konstanten Kraft $Z_R = 0{,}02 \cdot F$ auszugehen, die im Randbereich $h < 0{,}2 \cdot b$ durch Bewehrung abzudecken ist.

Im Falle ungewollter größerer Lastausmitten wandert die Kraft Z_R zunehmend vom Lagerrand weg und kann durch die für Z_S angeordnete Bewehrung aufgenommen werden, die für größere Ausmitten überdimensioniert ist.

5.2.3 Zugkraft in der Lagerfuge Z_τ

Die Zugkräfte in der Lagerfuge zeigen eine ausgeprägte Abhängigkeit von der Lagerdicke t, dem Formfaktor S und der Lagerschiefstellung α.

Die Kurvenverläufe in Bild 38 geben die 95 %-Fraktile der aus den Versuchen ermittelten Werte wieder. Da die Versuche eine lineare Abhängigkeit von der Lagerdicke t ergaben, wurde zur Vereinfachung der Darstellung die Zugkraft Z_τ auf F und t bezogen. Die Kraft hat unmittelbar in der Lagerkontaktfläche ihren Größtwert. Sie muß daher durch eine möglichst oberflächennahe Bewehrung aufgenommen werden.

5.2.4 Sekundäre Spaltzugkraft Z_{S2}

Die bei ausmittiger Belastung außerhalb der Wirkungsebenen von Z_R und Z_τ auftretende sekundäre Querzugkraft ist bei Stützenstößen, die gemäß den Einschränkungen von Abschnitt 5.1 ausgeführt werden, praktisch bedeutungslos. Die entstehenden Kräfte werden durch die Bü-

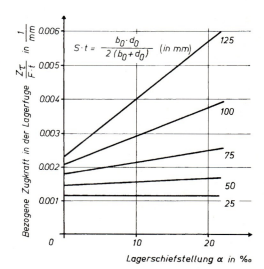

Bild 38
Abhängigkeit der bezogenen Zugkraft in der Lagerfuge $Z_\tau/F \cdot t$ von der Lagerschiefstellung α, dem Formfaktor S und der Lagerdicke t

gelbewehrung für den zentrischen Lastfall abgedeckt.

5.2.5 Teilflächenbelastung
Die nach DIN 1045 begrenzte Teilflächenbeanspruchung braucht bei Einhaltung der Grenzwerte gemäß Abschnitt 5.1 nicht nachgewiesen zu werden. Örtliche Überschreitungen sind wegen der dann erforderlichen starken Bügelbewehrung unbedenklich.

5.2.6 Ausmitte
Die aus der Lagerverdrehung resultierende Ausmitte muß gegebenenfalls bei der Stützenbemessung berücksichtigt werden.

5.3 Bemessungsvorgang und konstruktive Hinweise

Im folgenden werden sämtliche Bedingungen zusammengefaßt, die bei der Bemessung eines elastomergelagerten Stützenfußes zu beachten sind. Der Bemessungsvorgang wird beschrieben. Es werden Hinweise zur Ausbildung und Anordnung der errechneten Bewehrung gegeben.

a) Betongüte
$> B35$

b) Stützenabmessungen:
$b \quad > 150$ mm
$\quad\quad < 600$ mm
$b/d > \frac{1}{2}$

c) Belastung:
Es dürfen nur Vertikalbelastungen des Lagers auftreten. Horizontallasten sind durch zusätzliche konstruktive Maßnahmen (z.B. Dollen) aufzunehmen.

d) Lagerquerschnitt:
Die Größe des Elastomerlagers darf die von den Bügeln umschlossene Querschnittsfläche der Stütze nicht überschreiten.

e) Lagerdicke:
Die Lagerdicke t ergibt sich aus der Größe des Formfaktors S, der folgende Richtwerte einhalten soll:
– kleinere Lagerseite = 120 mm $\quad S = 9$
– kleinere Lagerseite > 400 mm $\quad S = 15$
Zwischenwerte sind zu interpolieren. Diese Zahlenangaben leiten sich aus Optimierungsbetrachtungen über die hier berichteten Versuche und über zahlreiche Versuche für ausgeführte Bauwerke ab.

Die Zahlenwerte für die Lagerdicke sind auf volle mm zu runden. Lagerdicken unter 4 mm sollten nicht angewendet werden.

f) Lagerpressung:
Es ist eine mittlere Lagerpressung von $\sigma_{Lm} < 20$ N/mm² einzuhalten.

g) Lagerschiefstellung (Lagerverdrehung):
α Ermittlung der **elastischen** Stützenverformungen, die zu einer Lagerverdrehung führen.
β Ermittlung der **zeitabhängigen** Stützenverformungen wie vor.
γ Ermittlung der zu berücksichtigenden Herstellungs- und Montagetoleranzen nach DIN 4141, Teil 3, E 1.81, Abschnitt 8.3, Klasse C.
δ Die Gesamtverdrehung aus α bis γ darf die Werte der Klasse B nicht überschreiten.

h) Ermittlung der Querzugkräfte:
α Ermittlung der Spaltzugkraft Z_S aus Bild 37.
β Ermittlung der Abreißkraft
$Z_R = 0,02 \cdot F$.
γ Ermittlung der Zugkraft in der Lagerfuge Z_τ aus Bild 38. Als Schiefstellung α sind nur die Werte nach g) α und g) γ anzusetzen,

i) Ermittlung und Verteilung der Bewehrung:
Da die drei Lastanteile h) α bis h) γ aus unterschiedlichen Schiefstellungen der Stütze resultieren und nicht in der gleichen Höhenlage auftreten, wird folgende Bewehrungsanordnung empfohlen:
Die für Z_S bei Ausnutzung der zulässigen Stahlspannung $zul\sigma_s = \beta_S/1,75$ erforderliche Bewehrung wird gleichmäßig über die Höhe der Einleitungszone $h = b$ verteilt (Bild 39a). Auf den Bereich $0,2\,b < h < 1,0\,b$ entfällt damit die Bewehrung $A_{s1} = (0,8 \cdot Z_S)/zul\sigma_s$.
Die im Randbereich vorhandene Bewehrung $A_s = 0,2 \cdot Z_S/zul\sigma_s$ wird auf die für Z_R erforderli-

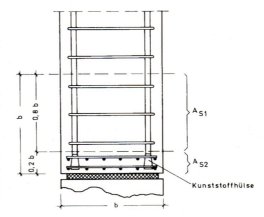

Bild 39
Bewehrungsanordnung im Bereich der Stützenenden

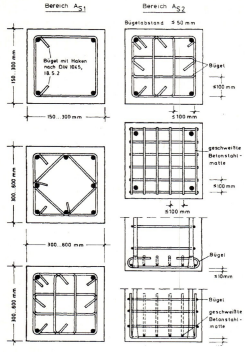

Bild 40
Empfohlene Querbewehrungsformen für die Stützenenden

che Bewehrung angerechnet. Damit ist im Randbereich $0 < h < 0{,}2\,b$ die Bewehrung

$$A_{s2} = (0{,}2 \cdot Z_S + Z_\tau)/zul\sigma_s,$$

mindestens jedoch

$$A_{s2} = (0{,}02 \cdot F + Z_\tau)/zul\sigma_s$$

anzuordnen.

Die Bewehrung A_{s2} soll so dicht wie möglich unter der Kontaktfläche liegen.

k) Ausbildung der Bewehrung:
Ein kraftschlüssiger Kontakt der Längsbewehrung mit der Lagerfläche ist durch geeignete Maßnahmen (z.B. Kunststoffhülsen), die eine Übertragung von Spitzendruck verhindern, auszuschließen.

Die Längsbewehrung ist durch eine außen umlaufende Bewehrung zu umschließen. Die Stöße dieser Bewehrung sind so auszubilden, daß ein Versagen der Stöße (z.B. Öffnen von Bügeln) nicht möglich ist.

In Bild 40a sind Bügelformen angegeben, die sich in zahlreichen Versuchen als besonders geeignet erwiesen haben.

Im Bereich der Bewehrung A_{s1} soll der gegenseitige Abstand der in Querrichtung liegenden Stäbe 300 mm nicht überschreiten, im Bereich der Bewehrung A_{s2} sollen 100 mm nicht überschritten werden.

Die Bügelabstände in Längsrichtung der Stütze sollen 100 mm (A_{S1}) bzw. 50 mm (A_{S2}) nicht unterschreiten, um ein Ausknicken der Längsbewehrung bei hohen Lagerverdrehungen auszuschließen.

6. Zusammenfassung

Der Stoß von Stahlbeton-Fertigteilstützen mit Hilfe unbewehrter Elastomerlager ist von erheblichem praktischen Interesse. Bisher fehlten jedoch eindeutige Bemessungsgrundlagen für das Lager und für die angrenzenden Betonquerschnitte.

Die besonderen Verformungseigenschaften gummiartiger Werkstoffe bedingen bestimmte Druck- und Schubspannungsverteilungen in der Kontaktfuge Elastomer-Beton. Hieraus resultieren in Verbindung mit den Reibungsverhältnissen in der Kontaktfuge Zugkräfte in den Stützenenden:

– Spaltzugkräfte aus Teilflächenbelastungen
– Abreißzugkräfte aus exzentrischen Belastungen
– Zugkräfte aus behinderter Querdehnung des Lagers.

Diese Kräfte müssen durch Bügelbewehrung aufgenommen werden. Um den Zusammenhang zwischen diesen Kräften und den maßgebenden Parametern

– mittlere Druckspannung
– Lagergeometrie (Grundfläche, Dicke)
– Lagerverdrehung (Exzentrizität der Belastung)
– Rauheit der Betondruckflächen
– Belastungszeit

zu erfassen und für ein sicheres, baupraktisch anwendbares Bemessungsverfahren zugänglich zu machen, wurden

– theoretische Betrachtungen
– umfangreiche Versuche

durchgeführt. Die Auswertungen ergaben, daß die meisten Parameter durch Einschränkungen hinsichtlich zulässiger

– Baustoffe
– konstruktiver Freiheiten
– geometrischer Toleranzen

bei der Bemessung vernachlässigt werden können. Das vorgeschlagene Bemessungsverfahren kann daher auf die Berücksichtigung der Einflußgrößen

- Stützenbreite, Lagerbreite
- Stützentiefe, Lagertiefe
- Lagerdicke
- vertikale Gebrauchslast

beschränkt werden. Die Abhängigkeit der Querzugkräfte in den Stützen von diesen Variablen wird in nur zwei einfachen Diagrammen dargestellt.

Neben den Ergebnissen der Versuche im elastischen Verformungsbereich werden Beobachtungen bei Tragfähigkeitsuntersuchungen mitgeteilt. Ferner werden Hinweise gegeben für eine zweckmäßige Ausbildung der Bügelbewehrung an den Stützenenden.

Die Aussagen des Berichtes beziehen sich auf den Stoß von Stahlbeton-Fertigteilstützen und die Auflagerung derartiger Stützen auf geeigneten Fundamenten. Auf die Verhältnisse bei der Auflagerung anderer Fertigteile sind die Angaben nur dann übertragbar, wenn vergleichbare Verhältnisse vorliegen. Hierzu gehören u. a.:

- Lagerabmessungen
- Fertigungs- und Montagetoleranzen der Bauteile (Ebenheit und Planparallelität)
- Bewehrungsführung in den angrenzenden Bauteilen
- Ausschluß von Horizontalkräften

5.4 Brückenbau

5.4.1 Lastannahmen

DIN 1072 Straßen- und Wegbrücken; Lastannahmen
Ausgabe Dezember 1985 mit Beiblatt 1 Erläuterungen

In dieser deutschen Ausgabe wird auf den Abdruck der vollständigen Norm verzichtet. Es wird auf den im Verlag Ernst & Sohn jährlich erscheinenden Betonkalender Teil II verwiesen, in dem hin und wieder die Norm abgedruckt wird.

Die auf Lager unmittelbar Bezug nehmenden Regeln sind nachfolgend wiedergegeben. Vorab wird noch auf folgendes hingewiesen:

Abweichend von den Regeln für ruhend beanspruchte Stahlbetonbauten, aber in Übereinstimmung mit den (alten) Regeln im Stahlbau gibt es für Brücken Lastfälle aus Hauptlasten (H) und Zusatzlasten (Z) und außerdem Sonderlasten (S), denen die einzuhaltenden Sicherheiten bzw. zulässigen Spannungen in den stoffbezogenen Normen DIN 1075 (Betonbrücken) bzw. DIN 18809 (Stahlbrücken) zugeordnet sind. Dieser Einteilung liegen Überlagerungswahrscheinlichkeitsüberlegungen zugrunde, die – wenn auch mit z. T. anderer Gewichtung – beim künftigen, europäisch vereinbarten Nachweiskonzept ebenfalls eine Rolle spielen.

Für nicht-bewegliche Brücken im endgültigen Zustand gibt es – siehe Normentext – für den normalen Nutzungszustand 5 Hauptlasten, von denen für die Stützstellen – also für Lager – nur 3 (ständige Lasten, Verkehrsregellasten und wahrscheinliche Baugrundbewegungen) eine Rolle spielen, und 6 Zusatzlasten, von denen für Lager ebenfalls nur 3 (Wind, Bremslast, Lagerwiderstände) von Belang sind.

In DIN 1072, Abschnitt 4.1.3 wird im hier wiedergegebenen 4. Absatz eine Vorgabe gemacht, um die Verkrümmung von Pfeilern durch ungleiche Erwärmung zu berücksichtigen. Sowohl dieser Einfluß als auch eine Verdrehung aus wahrscheinlichen Baugrundbewegungen führen zu einer Gleitbewegung eines auf dem Pfeilerkopf befindlichen Gleitlagers. Diese Werte sind übrigens nach der Bestimmung in DIN 4141, Teil 1, Abschnitt 4.2 mit dem Faktor 1,3 zu vergrößern und den Werten, die sich aus der Überbauverformung nach Tabelle der Norm (fiktive Temperaturgrenzwerte) ergibt, hinzuzurechnen. (In Tabelle 6 ist – siehe Erläuterungen – der Sicherheitsaspekt ausreichend berücksichtigt.)

Zum Lagesicherheitsnachweis
(DIN 1072, DIN 4141)

Der Lagesicherheitsnachweis hat eine über mehr als ein Jahrzehnt reichende Vorgeschichte und ist – auch nach neuesten Vorstellungen über die Bauwerkssicherheit – stets zusätzlich zum Nachweis der Festigkeit einer Konstruktion zu führen. Er betrifft die äußere Stabilität des Baukörpers. Das Bauwerk soll dort stehen bleiben, wo es gebaut wurde (Gleitsicherheitsnachweis), es soll nicht umkippen, und es soll „fest auf dem Boden" bleiben (Nachweis gegen Abheben). Bei den meisten Bauwerken – z. B. übliche Häuser – steht die Lagesicherheit ohne weitere Rechnung fest, ein Nachweis erübrigt sich. Ist ein Bauwerk an mehreren Stellen unterstützt, so ist der Gleitsicherheitsnachweis unter jeder einzelnen Stützstelle (Lagerplatte) zu führen, denn ein Verschieben auch nur einer Lagerplatte würde ja die Konstruktion insgesamt unbrauchbar machen.

Das Gleiche trifft beim Nachweis „Abheben" zu, während es beim Nachweis „Umkippen" nur selten so sein wird, daß ein Nachweis am einzelnen Lager einen Sinn ergibt. Weil beim Lagesicherheitsnachweis gegen den Verlust eines Gleichgewichtszustands abgesichert wird, sind destabilisierende Einflüsse, die bei einem solchen Ereignis verschwinden oder sogar ihr Vorzeichen ändern, belanglos, so daß Rückstellmomente und Rückstellkräfte, die am betrachteten Lager durch dessen Eigenschaft entstehen, zu Null gesetzt werden. Das gilt jedoch nicht für die aus den Rückstellkräften anderer Lager ermittelte Reaktionskraft am festen Lager, denn Ursache und Wirkung sind hier räumlich getrennt.

Die Lagesicherheitsnachweise sind letztlich auch als Festigkeitsnachweise gedacht: wenn die Reibung beim Gleitsicherheitsnachweis oder der Abstand zwischen zwei Lagern beim Nachweis gegen Abheben nicht ausreichend ist, so kann dem mit Schub- oder Zugverankerung abgeholfen werden. Der letztere Fall ist problematisch, auch wenn bei 1-fachen Lasten das betreffende Lager noch gedrückt wird, es sich also nicht um ein Zuglager im Gebrauchslastfall handelt. Eine Zug-Verankerung zur Erfüllung des Lagesicherheitsnachweises bedeutet einen zusätzlichen Aufwand am Lager und im anschließenden Bauwerk, u. a. eine Vorspannung der Verankerung, so daß statt dessen zu empfehlen ist, am Bauwerk selbst entsprechende Veränderungen vorzunehmen, z. B. den Abstand der Lager zu vergrößern. Manchmal dürfte auch ein genaueres Nachrechnen unter Berücksichtigung von Einflüssen, die bei der ersten Rechnung „auf der sicheren Seite liegend der Einfachheit halber" vernachlässigt wurden, hilfreich sein. Sofern für den Lagesicherheitsnachweis von Belang, ist als Lagerstellung die ungünstigste anzunehmen, die sich aus den in DIN 1072 angegebenen Temperaturschwankungen ergibt. Eine Rolle spielt dies wohl nur bei Gleitlagern mit untenliegender Gleitplatte. (Vgl. auch DIN 1072 Abschn. 6.2 (4)).

(Abschnitt 3.2.7 behandelt den Lagesicherheitsnachweis im Detail.)

Auszüge aus: DIN 1072, Dezember 1985 Straßen- und Wegbrücken Lastannahmen

Anwendungsbereich

(1) In dieser Norm werden die Einwirkungen behandelt, die bei Planung und Konstruktion von Straßen- und Wegbrücken zu beachten sind. Die Festlegungen dieser Norm werden als Lastannahmen bezeichnet. Sie sind anstelle der wirklich auftretenden Einwirkungen anzuwenden.

(2) Die Lastannahmen gelten auch für das Nachrechnen bestehender Straßen- und Wegbrücken. Sie sind bei anderen Bauwerken im Zuge von Straßen, auf die Straßenverkehrslasten einwirken (z.B. Durchlässe, Stützwände), sinngemäß anzuwenden.

(3) Außergewöhnliche Einwirkungen wie Anprall von Schienenfahrzeugen, Eisdruck, Schiffsstoß, Erdbeben und Lastannahmen für bestimmte Sonderfälle werden nicht erfaßt. Sie sind erforderlichenfalls mit der für die Bauaufsicht zuständigen Stelle abzustimmen (siehe Beiblatt 1 zu DIN 1072).

(4) Bei Brücken mit Gleisen sind auch die Bau- und Betriebsvorschriften für die betreffende

5.4 Brückenbau

Schienenbahn zu beachten (siehe Beiblatt 1 zu DIN 1072).

Einteilung der Lasten und Bildung der Lastfälle

(1) Die Lastannahmen sind einzuteilen in (siehe Beiblatt 1 zu DIN 1072):

a) Hauptlasten (H), das sind:
Ständige Lasten — siehe Abschnitt 3.1
Vorspannung — siehe Abschnitt 3.2
Verkehrsregellasten — siehe Abschnitt 3.3
Schwinden des Betons — siehe Abschnitt 3.4
Wahrscheinliche Baugrundbewegungen — siehe Abschnitt 3.5
Anheben zum Auswechseln von Lagern — siehe Abschnitt 3.6

b) Zusatzlasten (Z), das sind:
Wärmewirkungen — siehe Abschnitt 4.1
Windlasten — siehe Abschnitt 4.2
Schneelasten — siehe Abschnitt 4.3
Lasten aus Bremsen und Anfahren (Bremslast) — siehe Abschnitt 4.4
Bewegungs- und Verformungswiderstände der Lager und Fahrbahnübergänge — siehe Abschnitt 4.5
Dynamische Wirkungen bei beweglichen Brücken — siehe Abschnitt 4.6
Lasten auf Geländer — siehe Abschnitt 4.7
Lasten aus Besichtigungswagen — siehe Abschnitt 4.8

c) Sonderlasten (S), das sind:
Sonderlasten aus Bauzuständen — siehe Abschnitt 5.1
Mögliche Baugrundbewegungen — siehe Abschnitt 5.2
Ersatzlasten für den Anprall von Straßenfahrzeugen — siehe Abschnitt 5.3
Ersatzlasten für den Seitenstoß auf Schrammborde und seitliche Schutzeinrichtungen — siehe Abschnitt 5.4

(2) Kriechen und Relaxation sind zugeordnet zu den erzeugenden Einwirkungen zu berücksichtigen.
(3) Abweichend von Absatz 1, Aufzählung b, ist die Bremslast für die Berechnung von Fahrbahnübergängen als Hauptlast anzusetzen.
(4) Die Hauptlasten bilden in ungünstigster Zusammenstellung den Lastfall H; die Haupt- und Zusatzlasten bilden in ungünstigster Zusammenstellung den Lastfall HZ.
(5) Ist in einem Bauteil die Beanspruchung aus einer Zusatzlast größer als die Beanspruchung aus den Hauptlasten ohne ständige Lasten und gegebenenfalls ohne Vorspannung, dann ist diese Zusatzlast als Hauptlast einzustufen. Der Lastfall H wird dann ausschließlich durch diese Zusatzlast zusammen mit den ständigen Lasten und gegebenenfalls Vorspannung gebildet.
(6) Die Sonderlasten sind nach den Bestimmungen der Abschnitte 5.1 bis 5.4 je für sich, gegebenenfalls zusammen mit Haupt- und Zusatzlasten anzusetzen.

3.3.5 Verkehrslasten in Sonderfällen

(2) Gleichzeitig mit dem Anheben zum Auswechseln von Lagern (siehe Abschnitt 3.6) dürfen die Verkehrsregellasten (Schwingbeiwert ist zu berücksichtigen) auf die Hälfte abgemindert werden.

3.5 Wahrscheinliche Baugrundbewegungen

Die zu erwartenden Verschiebungen und Verdrehungen von Stützungen infolge wahrscheinlich auftretender Baugrundbewegungen sind zu berücksichtigen. Soweit eine vollständige oder teilweise Wiederherstellung der planmäßigen Stützbedingungen vorgesehen ist, sind die vorübergehend zugelassenen Verschiebungen und Verdrehungen einzusetzen (siehe Beiblatt 1 zu DIN 1072).

3.6 Anheben zum Auswechseln von Lagern

Für das Auswechseln von Lagern oder Lagerteilen ist ein Anheben des gelagerten Bauteils in den einzelnen Auflagerlinien je für sich zu berücksichtigen. Das Anhebemaß beträgt 1 cm, sofern nicht die gewählte Lagerbauart einen größeren Wert erfordert (wegen der gleichzeitig anzusetzenden Verkehrsregellasten und der Bremslast siehe Abschnitt 3.3.5, Absatz 2, und Abschnitt 4.4, Absatz 3, im übrigen siehe Beiblatt 1 zu DIN 1072).

4.1.3 Temperaturunterschiede

(4) Temperaturunterschiede in Stützen, Pfeilern und dergleichen aus Beton sind, sofern von Bedeutung, mit 5 K zwischen einander gegenüberliegenden Außenrändern des Querschnitts anzusetzen.

4.4 Lasten aus Bremsen und Anfahren (Bremslast)

(1) Die Bremslast von Straßenfahrzeugen ist mit 25 % der Hauptspurbelastung, bestehend aus Regelfahrzeug und Flächenlast p_1, mindestens jedoch mit $\frac{1}{3}$ der Lasten der Regelfahrzeuge in der Haupt- und Nebenspur anzusetzen, höchstens jedoch mit 900 kN. Ein Schwingbeiwert wird dabei nicht berücksichtigt (siehe Beiblatt 1 zu DIN 1072).

(2) Die innerhalb dieser Grenzen maßgebende Belastungslänge ergibt sich aus der Laststellung für die jeweils untersuchte ungünstigste Überlagerung der Bremslast mit der Verkehrsregellast (siehe Beiblatt 1 zu DIN 1072).
(3) Beim Auswechseln von Lagern darf außer der Verkehrsregellast – siehe Abschnitt 3.3.5, Absatz 2 – auch die Bremslast von Straßenfahrzeugen entsprechend abgemindert werden.
(8) Bewegungswiderstände von Rollen- und Gleitlagern dürfen zur Abtragung der Bremslast nicht herangezogen werden.

4.5 Bewegungs- und Verformungswiderstände der Lager und Fahrbahnübergänge

(1) Die von der Bauart der Lager abhängigen Kenngrößen der Bewegungswiderstände (Roll- und Gleitwiderstände) und der Verformungswiderstände sind den Zulassungsbescheiden bzw. den Normen der Reihe DIN 4141 zu entnehmen.
(2) Roll- und Gleitwiderstände von Lagern für lotrechte Lasten sind mit der Lagerkraft aus ständigen Lasten zu berechnen; soweit die Bewegungswiderstände nicht entlastend wirken, ist zusätzlich die halbe Verkehrsregellast nach Tabelle 1 oder Tabelle 2 und die volle Verkehrslast von etwa vorhandenen Schienenfahrzeugen (jeweils ohne Schwingbeiwert) zu berücksichtigen.
(3) Gleitwiderstände von Lagern bzw. Lagerteilen, die in Brückenlängsrichtung beweglich sind und quer zur Brückenachse wirkende waagerechte Lasten aufzunehmen haben, sind entweder aus der Summe der Zwangbeanspruchungen (z. B. infolge Wärmewirkungen, Baugrundbewegungen, Brückenkrümmung) oder aus den 0,3fachen Windlasten zu ermitteln; der größere Wert ist maßgebend (siehe Beiblatt 1 zu DIN 1072).
(4) Für Lager, Pendel und Stelzen herkömmlicher Bauart, für die Angaben aus einem Zulassungsbescheid oder aus Normen der Reihe DIN 4141 nicht entnommen werden können, gilt:
a) Bei Rollenlagern ist der Rollwiderstand mit 5 % der Lagerkraft anzunehmen (siehe Beiblatt 1 zu DIN 1072).
b) Bei Stelzenlagern bzw. Pendeln, deren Wälzflächenhalbmesser gleich der halben Pendelhöhe ist, ist der Rollwiderstand bei einer Höhe bis zu 0,3 m wie bei Rollenlagern anzusetzen. Bei Höhen über 3 m darf er auf 1 % der Lagerkraft abgemindert werden; Zwischenwerte sind geradlinig einzuschalten.
c) Bei Pendeln bzw. Stelzen, deren Wälzflächenhalbmesser nicht gleich der halben Höhe ist, außerdem in Fällen, in denen die Verdrehmöglichkeit nicht durch Wälzflächen, sondern durch elastische, plastische oder hydraulische Gelenke bewirkt wird, ist zusätzlich zu der durch die planmäßigen Bewegungen bedingten Schiefstellung eine ungewollte Schiefstellung von ± 1 % zu berücksichtigen.

(5) Bei Verformungslagern sind für die Bemessung des Bauwerks Verformungswiderstände aus einer waagerechten Verformung der Lager von mindestens 1 cm für jede Bewegungsrichtung anzusetzen.
(6) Die Reaktionskräfte aus Roll- und Gleitwiderständen, Verformungswiderständen und Schiefstellungen sind an den festen Lagern anzusetzen. Für die Überlagerung der Roll- und Gleitwiderstände mehrerer Lager, ebenso im Falle von Bauteilen nach Absatz 4, Aufzählung b, gilt DIN 4141, Teil 1/09.84, Abschnitt 3.3. Bei Bauteilen nach Absatz 4, Aufzählung c, sind die Reaktionskräfte aus den planmäßigen und den ungewollten Schiefstellungen in ungünstigster Kombination voll auf die festen Lager wirkend anzunehmen.
(7) Die Reaktionskräfte an den festen Lagern aus Roll- und Gleitwiderständen und Bremslast sind voll zu überlagern, wenn kein genauerer Nachweis geführt wird (siehe Beiblatt 1 zu DIN 1072).
(8) Verformungswiderstände von Fahrbahnübergängen sind zusätzlich zu den übrigen Lastfällen zu berücksichtigen (siehe Beiblatt 1 zu DIN 1072).

5.2 Mögliche Baugrundbewegungen

Die Verschiebungen und Verdrehungen von Stützungen infolge möglicher Baugrundbewegungen sind in ihrer ungünstigsten Zusammenstellung und in Überlagerung mit den Haupt- und gegebenenfalls Zusatzlasten – jedoch ohne die wahrscheinlichen Baugrundbewegungen – nach Angabe der Bemessungsnormen zu berücksichtigen. Soweit vorgesehen ist, die planmäßigen Stützbedingungen ganz oder teilweise wiederherzustellen, gilt Abschnitt 3.5 sinngemäß (siehe Beiblatt 1 zu DIN 1072/12.85, Abschnitt 3.5).

6 Besondere Nachweise

6.1 Bewegungen an Lagern und Fahrbahnübergängen

(1) Die Bewegungen an Lagern und an Fahrbahnübergängen sind für den Gebrauchszustand zu ermitteln. Dabei sind folgende Einflüsse in ungünstigster Zusammenstellung nach den Berechnungsgrundlagen der Abschnitte 3, 4 und gegebenenfalls 5 zu berücksichtigen, wobei auch Bauzustände zu beachten sind:
a) beim Überbau: Wärmewirkungen, Vorspannung, Schwinden und Kriechen des Betons

sowie Einflüsse aus der Verformung (z. B. aus Tangentendrehwinkeln an den Auflagerpunkten);
b) bei den Stützungen: Verschiebungen und/oder Verdrehungen (siehe Beiblatt 1 zu DIN 1072).

(2) Bei Lagern sind die Festlegungen über Mindestwerte nach DIN 4141, Teil 1/09.84, Abschnitte 4.4 und 5, zu beachten.

(3) Für die Ermittlung der Bewegungen an Rollen- und Gleitlagern und an Fahrbahnübergängen, außerdem an Pendeln und Stelzen gelten zusätzlich folgende Festlegungen (siehe Beiblatt 1 zu DIN 1072):
a) Kriechen und Schwinden sind, soweit in ungünstigem Sinne wirkend, 1,3fach zu berücksichtigen.
b) Für das Einstellen der Lager und Fahrbahnübergänge ist nicht die Aufstelltemperatur von +10 °C nach Abschnitt 4.1, sondern die beim Herstellen der endgültigen Verbindung mit den festen Lagern vorhandene mittlere Bauwerkstemperatur maßgebend (siehe Beiblatt 1 zu DIN 1072).
c) Für Temperaturschwankungen sind fiktive Temperaturgrenzwerte nach Tabelle 6 zugrunde zu legen (siehe Beiblatt 1 zu DIN 1072).

Tabelle 6
Fiktive Temperaturgrenzwerte

1 Brückenart	2 fiktive höchste Temperatur	3 fiktive tiefste Temperatur
1 Stählerne Brücken und Verbundbrücken	+75 °C	−50 °C
2 Betonbrücken und Brücken mit einbetonierten Walzträgern	+50 °C	−40 °C

d) In folgenden Fällen gelten Abweichungen von Tabelle 6 (siehe Beiblatt 1 zu DIN 1072):
– In Bauzuständen und wenn Lager und Fahrbahnübergänge erst nach Herstellung der endgültigen Verbindung mit den festen Lagern aufgrund von Messungen der mittleren Bauwerkstemperatur genau eingestellt werden, dürfen die angegebenen Temperaturgrenzwerte oben und unten bei Brücken nach Zeile 1 um je 15 K, bei Brücken nach Zeile 2 um je 10 K verkleinert werden.
– Wird während des Bauvorganges der Festpunkt geändert, sind zusätzliche Unsicherheiten durch Vergrößerung der angegebenen Temperaturgrenzwerte oben und unten um je 15 K bzw. je 10 K bei der Berechnung für den endgültigen Zustand zu berücksichtigen.

(4) Bei statischen Nachweisen sind die Festlegungen nach Absatz 3 nur maßgebend für Lager und Lagerfugen sowie für Fahrbahnübergänge und deren Verankerungen. Für den statischen Nachweis aller anderen Bauteile, auf deren Bemessung die Bewegung einen Einfluß hat, sind die Bewegungen nach Absatz 1 zu ermitteln.

6.2 Lagesicherheit

(1) Der Nachweis der Lagesicherheit umfaßt die Nachweise der Sicherheit gegen Gleiten, Abheben und Umkippen. Die Lagesicherheit ist, sofern sie nicht zweifelsfrei feststeht, nachzuweisen für Lagerfugen (ohne und mit Verankerungen) und für Gründungsfugen (siehe Beiblatt 1 zu DIN 1072).

(2) Die Sicherheit gegen Gleiten in der Lagerfuge ist nach DIN 4141, Teil 1, die Sicherheit gegen Gleiten in der Gründungsfuge nach DIN 1054 nachzuweisen.

(3) Der Nachweis der Sicherheit gegen Abheben und Umkippen ist zusätzlich zu den Nachweisen zu führen, die in den Bemessungsnormen für den Gebrauchszustand und/oder den rechnerischen Bruchzustand gefordert sind. Er ist erbracht, wenn in den untersuchten Fugen die aufnehmbaren Schnittgrößen, ermäßigt durch Division mit den Widerstands-Teilsicherheitsbeiwerten, mindestens gleich denen sind, die sich aus den mit den Last-Teilsicherheitsbeiwerten vervielfachten Lasten ergeben.

(4) Für diesen Nachweis gelten die Last-Teilsicherheitsbeiwerte γ_f nach Tabelle 7. Grundlage sind die Gebrauchslasten in ungünstigster Zusammenstellung. In Bauzuständen sind – siehe Abschnitt 4.2.3, Absatz 3 und Absatz 4 – gegebenenfalls auch lotrechte Windlastkomponenten zu berücksichtigen; Schneelasten sind auf ungünstigen Teilflächen anzusetzen. Die Schnittgrößen sind mit den Steifigkeiten des Gebrauchszustandes zu berechnen. In den Nachweis einzuführende Lagerstellungen sind nach Abschnitt 6.1, Absatz 1, mit ihrem 1,0fachen Wert zu berücksichtigen (siehe Beiblatt 1 zu DIN 1072).

(5) Beträgt der Abstand zwischen den Widerlagern oder sonstigen eine Verdrehung des Überbaues verhindernden Lagerungen mehr als 50 m, so ist für den Nachweis der Sicherheit gegen Umkippen bei den Regelklassen 60/30 und 30/30 anstelle der Verkehrsregellasten nach Ta-

Tabelle 7
Last-Teilsicherheitsbeiwerte γ_f für den Nachweis der Sicherheit gegen Abheben und Umkippen

	1 Lasten	2 γ_f
1	Alle Lasten, soweit keine andere Angabe	1,3
2	ständige Lasten (ausgenommen Erddruck) a) günstig wirkend b) ungünstig wirkend	0,95 1,05*)
3	Erddruck, günstig wirkend soweit Berücksichtigung zulässig	0,7
4	Vorspannung des Tragwerks	
5	Anheben zum Auswechseln von Lagern	
6	Wärmewirkungen (maßgebend Tabelle 3)	1,0
7	Entlastend wirkende Verkehrslasten bei Windlast mit Verkehr nach Abschnitt 4.2.1, Absatz 4	
8	Mögliche Baugrundbewegungen (hier auch als Ersatz für den Einfluß der wahrscheinlichen Baugrundbewegungen)	
9	Sonderlasten aus Bauzuständen	1,5
10	Bewegungs- und Verformungswiderstände der Lager und Fahrbahnübergänge	0
11	Lasten aus Besichtigungswagen	

*) Bei Holzkonstruktionen kann unterschiedliche Feuchte einen höheren Wert erfordern.

belle 1 und der Windlasten, falls ungünstiger, ein Lastfall zu berücksichtigen, bei dem ausschließlich die Fläche der Hauptspur mit $p_5 = 9{,}0$ kN/m² (ohne Schwingbeiwert) belastet ist (siehe Beiblatt 1 zu DIN 1072).
(6) Die Widerstands-Teilsicherheitsbeiwerte γ_m sind dem Anhang A zu entnehmen. Ersatzweise sind, soweit die Bemessung mit zulässigen Spannungen für den Gebrauchszustand erfolgt, dem Nachweis die nach Anhang A erhöhten zulässigen Spannungen zugrunde zu legen (siehe Beiblatt 1 zu DIN 1072).
(7) Sind bei Lagern, die aufgrund ihrer Konstruktion gegen Abheben empfindlich sind, Verankerungen erforderlich, müssen diese so vorgespannt sein, daß unter den mit den Last-Teilsicherheitsbeiwerten γ_f vervielfachten Lasten keine Ankerdehnung eintritt.

Anhang A
Zusätzliche Angaben zum Nachweis der Lagesicherheit

A.1 Allgemeines

Die nachfolgenden Angaben gelten für die Widerstände, die bei Straßen- und Wegbrücken dem Nachweis der Sicherheit gegen Abheben und Umkippen in Abstimmung mit Abschnitt 6.2 zugrunde zu legen sind.
   Anmerkung: Die Angaben können in die entsprechenden Bemessungsnormen bei deren Neubearbeitung aufgenommen werden; der Anhang kann dann zu gegebener Zeit zurückgezogen werden.

A.2 Zusätzliche Angaben

(1) Beim Nachweis der Sicherheit gegen Abheben und Umkippen nach Abschnitt 6.2 sind die Widerstands-Teilsicherheitsbeiwerte γ_m nach Tabelle A.1 bzw. die mit den Beiwerten nach Tabelle A.2 erhöhten, für den Lastfall H geltenden zulässigen Spannungen des Gebrauchszustandes einzuhalten (siehe Beiblatt 1 zu DIN 1072).
   (2) Pressungen und Ankerkräfte sind nach den Bedingungen des Gleichgewichts und der Verträglichkeit der Formänderungen entsprechend den jeweils geltenden Werkstoffgesetzen zu ermitteln. Bei vorgespannten Ankern (z. B. HV-Schrauben, Spannstähle) ist die Vordehnung 1,0fach einzusetzen.

Zu Abschnitt 2
Einteilung der Lasten und Bildung der Lastfälle

Die in der Norm enthaltenen Lastannahmen bilden im wesentlichen eine Weiterentwicklung der bisherigen Norm auf der gleichen (deterministischen) Grundlage nach dem gegenwärtigen Kenntnisstand. Die Lastannahmen sind nicht als „charakteristische Werte" im Sinne der neuen Sicherheitstheorie zu betrachten. Zur Normung „charakteristischer Werte" für Straßen- und Wegbrücken reichen die derzeit vorliegenden Kenntnisse noch nicht aus.
   Die bisherige Einteilung der Lasten in Hauptlasten, Zusatzlasten und Sonderlasten wurde

5.4 Brückenbau

Tabelle A.1
Widerstands-Teilsicherheitsbeiwerte γ_m

	1 Baustoff	2 γ_m
1	Betonstahl, bezogen auf die Streckgrenze β_s	1,3
2	Spannstahl, bezogen auf die Streckgrenze $\beta_{0,2}$ (siehe Zulassungsbescheid)	
3	Beton, bezogen auf den Rechenwert der Druckfestigkeit $\beta_R = 0,6\ \beta_{WN}$ nach DIN 4227, Teil 1 (siehe auch Tabelle A.2, Zeile 4)	
4	Baugrund, Grundbruch; Nachweis nach DIN 4017, Teil 2/08.79, Abschnitt 8.1 Bezugsgröße: Last mit $\eta_p = \gamma_m$	

Tabelle A.2
Beiwerte zur Erhöhung der im Gebrauchszustand für Lastfall H zulässigen Spannungen

	1 Baustoff	2 γ_m
1	Baustahl	1,3
2	Lager nach den Normen der Reihe DIN 4141	
3	Schrauben, bezogen auf DIN 18 800, Teil 1/03.81, Tabelle 10	
4	Beton-Teilflächenpressung, bezogen auf DIN 1075/04.81, Abschnitte 8.2 und 8.3	
5	Holz	

grundsätzlich beibehalten. Die Lasten des Lastfalles H und des Lastfalles HZ sind jeweils in ungünstigster Zusammenstellung zu überlagern. Verfeinerte Überlagerungsregeln wurden nur für die Fälle Temperaturunterschied/Verkehr und (wie schon bisher) Wind/Verkehr angegeben. Eine weitergehende Aufspaltung in einzelne Lastkombinationen wurde nicht vorgenommen. Dafür war die Überlegung maßgebend, daß im Zusammenhang mit der Erarbeitung eines neuen Sicherheitskonzeptes die Gewichtung der einzelnen Einwirkungen bei Überlagerungen eingehend überprüft werden muß. Dies bleibt einer späteren Weiterentwicklung der Norm vorbehalten. Für die Zwischenzeit sollten Umstellungen, die nur vorübergehend gelten, vermieden werden.

Die Einstufung der Bremslast auf Fahrbahnübergänge als Hauptlast sowie die Einstufung der möglichen Baugrundbewegungen als Sonderlast ist bei den zugehörigen Abschnitten erläutert.

Zu Abschnitt 3.5 und Abschnitt 5.2
Wahrscheinliche bzw. mögliche Baugrundbewegungen

Zwang, der durch Baugrundbewegungen verursacht wird, deren Auftreten wahrscheinlich ist („wahrscheinliche Baugrundbewegungen"), ist als Hauptlast zu behandeln (siehe Abschnitt 3.5).

Zwang, der durch Baugrundbewegungen verursacht wird, deren Auftreten nicht wahrscheinlich, aber als Grenzwert möglich ist („mögliche Baugrundbewegungen"), kann bei der Bemessung mit abgeminderten Sicherheitsbeiwerten berücksichtigt werden. Er ist daher als Sonderlast (siehe Abschnitt 5.2) ausgewiesen.

Als wahrscheinliche Baugrundbewegung gelten eine Verschiebung und/oder eine Verdrehung, die eine Stützung unter dem Einfluß der dauernd wirkenden Lasten bei den vorliegenden Baugrundverhältnissen voraussichtlich erleiden wird. Sie wird also je Stützung durch einen Wert für die Verschiebung bzw. Verdrehung gekennzeichnet. Soweit diese Werte im Einzelfalle nicht bereits vorgegeben sind, sind sie an Hand der Bodenkennwerte zu ermitteln.

Als mögliche Baugrundbewegungen gelten die Grenzwerte der Verschiebungen und/oder Verdrehungen, die eine Stützung im Rahmen der Unsicherheiten, die mit der Vorhersage von Baugrundbewegungen verbunden sind, erleiden kann. Die möglichen Baugrundbewegungen werden also in der Regel je Stützung durch 2 Werte für Verschiebung bzw. Verdrehung gekennzeichnet. Bei der Berechnung des Einflusses möglicher Baugrundbewegungen sind dementsprechend jeweils die ungünstigsten Überlagerungen möglicher Baugrundbewegungen an verschiedenen Stützungen zu berücksichtigen.

Die Baugrundbewegungen unterliegen einer Wechselwirkung mit dem Bauwerk, wenn mit dem zeitlichen Ablauf der Baugrundbewegungen im Bauwerk Zwangschnittgrößen entstehen, die die Baugrundbeanspruchung ändern.

Die Berücksichtigung von Kriechen und Relaxation richtet sich nach Abschnitt 2, Absatz 2. Im Falle einer vollständigen oder teilweisen Wiederherstellung der planmäßigen Stützbedingungen sind bei Betonbrücken die bis zum Zeitpunkt der Ausführung dieser Maßnahme durch Baugrundbewegung verursachten Zwangbeanspruchungen durch Kriechen und Relaxation bereits mehr oder minder abgebaut; auch die Beanspruchungen aus der Wiederherstellung der Stützbedingungen werden wieder abgemindert.

Zu Abschnitt 3.6
Anheben zum Auswechseln von Lagern

Die Möglichkeit zum Auswechseln von Lagern ist bei der Planung nach DIN 4141, Teil 1, vorzusehen. Das erforderliche Anhebemaß für den Überbau ist mit Rücksicht auf die Kosten des Anhebens in den einzelnen Auflagerlinien je für sich zu berücksichtigen. Nur bei sehr eng beieinanderliegenden Auflagerlinien (z. B. bei zwei benachbarten Auflagerlinien auf einem Pfeiler) kann ausnahmsweise ein gleichzeitiges Anheben an zwei Auflagerlinien in Betracht gezogen werden. Das Anheben gilt als Hauptlast, da nach Abschnitt 3.3.5, Absatz 2, nur die halbe Verkehrsregellast zu überlagern ist. Das angegebene Anhebemaß von 1 cm ist aus baupraktischen Gründen als Mindestwert anzusehen. Jedoch kann die Bauart der Lager ein größeres Maß bedingen. Zu dessen Festlegung sind genauere Überlegungen auch zum Auswechselungsvorgang selbst zweckmäßig.

Zu Abschnitt 4.1.2
Temperaturschwankungen

Die angegebenen Temperaturschwankungen decken die innerhalb der Lebensdauer der Bauwerke möglichen Grenzwerte nicht voll ab. Für das Berechnen der Bewegungen an Lagern und Fahrbahnübergängen ist daher zusätzlich Abschnitt 6.1 zu beachten. In Fällen nach Absatz 2 brauchen beim Feststellen der geringsten Dicke vollständig umschlossene Hohlräume (z. B. bei Hohlplatten) nicht abgezogen zu werden, wenn ihr Querschnitt nicht mehr als 50 % des jeweiligen Gesamtquerschnitts des zugehörigen Bauteils ausmacht.

Zu Abschnitt 4.1.3
Temperaturunterschiede

Die Angaben nach DIN 1072/11.67 waren unvollständig und beruhten teilweise auf Abschätzungen. Es war daher eine grundlegende Überarbeitung aufgrund neuer Erkenntnisse erforderlich. Da genauere Untersuchungen jedoch erst für Teilgebiete vorliegen, müssen gegenwärtig gewisse Lücken offenbleiben. Die Angaben der Norm decken jedoch die in der Praxis auftretenden Regelfälle ab.

Zu Abschnitt 4.5
Bewegungs- und Verformungswiderstände der Lager und Fahrbahnübergänge

Die in DIN 1072/11.67 enthaltene Angabe, daß der Reibungswiderstand bei Gleitlagern im allgemeinen mit 0,2 der Stützlast anzunehmen ist, wurde nicht übernommen, weil Gleitlager mit der Gleitpaarung Stahl/Stahl für lotrechte Lasten nicht mehr gebräuchlich sind. Darüber hinaus war zu beachten, daß nach vorliegenden Versuchen der Reibungsbeiwert von stählernen Gleitlagern stark streut und bis zu 1,0 betragen kann. Deshalb mußte auch davon abgesehen werden, für die Gleitwiderstände von Lagern, die in Brückenlängsrichtung beweglich sind und quer zur Brückenachse wirkende waagerechte Lasten aufzunehmen haben, zahlenmäßige Angaben in die Norm aufzunehmen. Die Gleitwiderstände solcher Lager bzw. Lagerteile müssen vielmehr unter Berücksichtigung der Beanspruchung, der Werkstoffe, der konstruktiven Gestaltung und der vorgesehenen Wartung nach den Erfordernissen des Einzelfalles festgelegt werden, soweit sie nicht Zulassungsbescheiden oder Normen der Reihe DIN 4141 entnommen werden können. Solche Lager müssen im übrigen so ausgebildet sein, daß Widerstände durch Klemmwirkungen und dergleichen vermieden werden.

Für die Bemessung der Lager bzw. Lagerteile, die quer zur Brückenachse wirkende waagerechte Lasten aufzunehmen haben, ist die ungünstigste Kombination dieser Lasten maßgebend. Für die Berechnung der Gleitwiderstände, die von diesen Lasten erzeugt werden, wurde jedoch aufgrund von Überlegungen zur Überlagerungswahrscheinlichkeit von Einwirkungskombination und Bewegungsablauf eine abweichende Regelung getroffen; die Ermittlung der Gleitwiderstände aus der 0,3fachen Windlast soll dabei einen Berechnungswert auch für solche Fälle liefern, in denen Zwangbeanspruchungen theoretisch nicht auftreten. Wenn in besonderen Fällen Gleitwiderstände für Lager zu berechnen sind, die längs zur Brückenachse wirkende waagerechte Lasten aufzunehmen haben, kann (z. B. bezüglich der Bremslast) sinngemäß verfahren werden.

Nach Versuchsergebnissen reicht der bisher für Rollenlager herkömmlicher Bauart ohne Zulassung angenommene Rollwiderstand von 3 % der Lagerkraft wegen der bei den zulässigen Hertz-Pressungen auftretenden Verformungen nicht aus; entsprechend diesen Versuchsergebnissen wurde der Wert auf 5 % angehoben.

Die bisher uneingeschränkt geltende Regelung der vollen Überlagerung von Reaktionskräften an den festen Lagern aus Roll- und Gleitwiderständen und Bremslast ist eine auf der sicheren Seite liegende Vereinfachung, die in der Mehrzahl der Fälle (waagerecht unnachgiebige Anordnung des Festpunktes auf Widerlagern oder sehr steifen Pfeilern) zutreffende Ergebnisse liefert und daher auch in Zukunft der Regelfall bleibt. Bei Anordnung der festen Lager auf waagerecht elastischen Stützungen (z.B. auf Pfeilern von Talbrücken) kann die Bremslast jedoch zu Pfeilerverformungen und Richtungsumkehrungen bei den Roll- und Gleitwiderständen führen, die eine Abminderung der Reaktionskräfte gegenüber der Summe aus allen Einflüssen bewirken. Wird dies durch genaueren Nachweis erfaßt, so ist das elastische Verhalten aller Pfeiler (auch der mit Rollen- oder Gleitlagern) zu berücksichtigen [150].

**Zu Abschnitt 6.1
Bewegungen an Lagern und
Fahrbahnübergängen**

Unter Bewegungen werden in diesem Zusammenhang die auf Lager oder Fahrbahnübergänge einwirkenden Verschiebungen und Verdrehungen verstanden. Die sachlichen Festlegungen entsprechen den früheren Bestimmungen mit nur geringfügigen Abweichungen.

Bei den Verschiebungen und/oder Verdrehungen der Stützungen können insbesondere folgende Einflüsse, die in ungünstigster Kombination zu überlagern sind, bedeutsam sein:

– Ausmitte bei der Einleitung der lotrechten Lasten aus dem Überbau
– Temperaturunterschiede in Pfeilern, Stützen und dergleichen
– Windlasten
– Bremslast
– Resultierende Lasten aus unterschiedlichen Bewegungs- und Verformungswiderständen der Lager
– Baugrundbewegungen.

Beim Ermitteln der Bewegungen sind auch Verschiebungen der Stützung des festen Lagers (z.B., wenn sich dieses auf einem hohen Pfeiler befindet) zu beachten.

Die Bewegungen, die – siehe Absatz 1 – nach den Abschnitten 3 und 4 sowie gegebenenfalls Abschnitt 5 ermittelt werden, liegen niedriger als die Grenzwerte der möglichen Bewegungen. Dies ist unbedenklich, wenn – wie z.B. bei Rahmen ohne oder mit Kopfgelenken oder bei Verformungslagern – die Bemessung mit einem Sicherheitswert belegt ist, der Überbeanspruchungen bei Überschreitung der angenommenen Bewegungen auffängt. Für die in Absatz 3 genannten Konstruktionen, die gegen Bewegungsüberschreitungen empfindlich sind, muß jedoch für Kriechen, Schwinden und Temperaturschwankungen mit erhöhten Grenzwerten gerechnet werden. Daraus folgt konstruktionsabhängig die Notwendigkeit unterschiedlicher Berechnungsgrundlagen für die Bewegungen entweder nur nach Absatz 1 und 2 oder unter zusätzlicher Berücksichtigung von Absatz 3.

Für Temperaturschwankungen wurde in Absatz 3 aufgrund vorliegender Untersuchungen davon ausgegangen, daß Brücken bei den in Deutschland herrschenden Klimaverhältnissen unter Berücksichtigung der Bandbreiten in der geographischen und topographischen Lage sowie in der Konstruktion innerhalb ihrer Nutzungsdauer näherungsweise folgende Grenzwerte der mittleren Bauwerkstemperatur (in Bild 3 als Realistische Bauwerks-Grenztemperatur bezeichnet) erreichen können:

– Stahlbrücken: +60°C und −35°C
– Betonbrücken: +40°C und −30°C.

Bei Fällen nach Absatz 3 ist es wichtig, daß bei der Auslegung der Bewegungsmöglichkeiten die zum Zeitpunkt der Herstellung der endgültigen Verbindung mit den festen Lagern vorhandene mittlere Bauwerkstemperatur richtig erfaßt wird. In vielen Fällen – in denen auch eine Berichtigung der Lagereinstellung nach Fertigstellung des Bauwerks unwirtschaftlich wäre – muß diese Bauwerkstemperatur vorausgeschätzt werden und unterliegt somit einem Schätzfehler. Die fiktiven Temperaturgrenzwerte nach Tabelle 6 wurden aus den Realistischen Bauwerks-Grenztemperaturen dadurch gewonnen, daß die letzteren oben und unten bei Brücken nach Tabelle 6, Zeile 1, um je 15 K, bei Brücken nach Tabelle 6, Zeile 2, um je 10 K zur Berücksichtigung eines Schätzfehlers in dieser Größenordnung vergrößert wurden. Ist beim Einstellen der Lager oder Fahrbahnübergänge aufgrund des Bauverfahrens von einer vorläufigen Annahme für die Aufstelltemperatur ausgegangen worden und reichen diese Zuschläge im Einzelfall nicht aus, muß die Einstellung berichtigt werden.

Sofern eine genaue Einstellung der Lager oder Fahrbahnübergänge erst nach Herstellen der endgültigen Verbindung mit den festen Lagern aufgrund von Temperaturmessungen vorgesehen und durchgeführt wird, entfallen die vorstehend genannten Temperaturzuschläge; nach Absatz 3, Aufzählung d, dürfen die Werte der Tabelle 6 ermäßigt werden. Sie entsprechen

370 5 Regelwerke/Normen

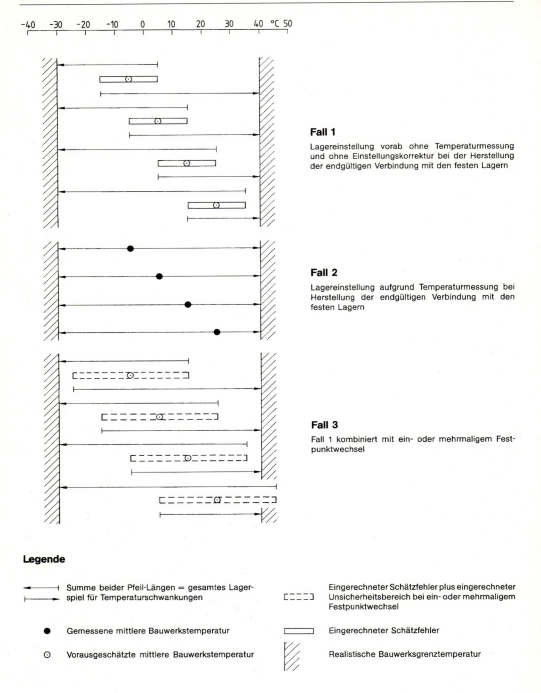

Bild 3. Anwendung der Tabelle 6 beim Ermitteln der Bewegungen aus Temperaturschwankungen bei Betonbrücken

dann den oben aufgeführten Realistischen Bauwerks-Grenztemperaturen. Die ermäßigten Werte gelten auch für Bauzustände.

Die für den Fall des Festpunktwechsels angegebene Rechenregel gilt unabhängig davon, wie oft der Festpunkt gewechselt wird; ihre Sicherheit setzt voraus, daß die für Bauzustände angegebenen Temperaturgrenzwerte in jedem Zustand voll abgedeckt sind. Wenn die genaue Einstellung der Lager bzw. Fahrbahnübergänge erst nach dem Herstellen der endgültigen Verbindung mit den festen Lagern erfolgt, genügen auch im Falle eines Festpunktwechsels bei der Berechnung des Endzustandes die verkleinerten Temperaturgrenzwerte.

Die für die Anwendung der Tabelle 6 unter Berücksichtigung der Abweichungen nach Absatz 3, Aufzählung d, maßgebenden Fälle sind mit Bezug auf die Realistischen Bauwerks-Grenztemperaturen am Beispiel der Betonbrücken in Bild 3 schematisch dargestellt.

Zu Abschnitt 6.2
Lagesicherheit

Zum Anhang A:
Zusätzliche Angaben zum Nachweis der Lagesicherheit

Gegenüber DIN 1072/11.67 wurden die zum Teil mit unterschiedlichen Lastfaktoren belegten Nachweise der Sicherheit gegen Umkippen und der Sicherheit gegen Abheben von den Lagern ohne Gefahr des Umkippens in einer einheitlichen Regelung zusammengefaßt. Wie bisher ist für den Nachweis die Anwendung von Teilsicherheitsbeiwerten vorgesehen. Die Regelungen waren unter Einschluß auch der Bauzustände übergreifend für alle Bauarten zu treffen, die bei Straßen- und Wegbrücken angewandt werden. Im Interesse eines einheitlichen Konzeptes konnte nicht vollständig an in anderen Normen bereits enthaltene Angaben angeschlossen werden. Auch konnten vergleichende Betrachtungen zum Sicherheitsniveau der Bemessungsnormen für die verschiedenen Bauarten nicht vorgenommen werden.

Da bezüglich der Gleitsicherheit in anderen Normen hinreichende Angaben zur Verfügung stehen, konnten die eigenständigen Regelungen der Norm auf den Nachweis der Sicherheit gegen Abheben und gegen Umkippen beschränkt werden. Der Nachweis wird nur ausdrücklich gefordert für Lagerfugen und für Gründungsfugen. In manchen Fällen kann sich jedoch bei ungünstiger Steigerung von Teileinflüssen eine verminderte Sicherheit auch für andere Bauteile ergeben, die nach den Bemessungsnormen ordnungsgemäß bemessen sind. Regelungen für solche Fälle konnten hier nicht getroffen werden, weil sie einen zu weitgehenden Eingriff in die Bemessungsnormen dargestellt hätten. Es wird jedoch empfohlen, die Sicherheit entsprechender Bauteile auch mit dem für Lager- und Gründungsfugen geltenden Konzept zu überprüfen.

Da es sich um einen Nachweis oberhalb des Gebrauchszustandes handelt, ebenso auch aus Gründen der Rechenvereinfachung, wurde auf eine Trennung nach den Lastfällen H und HZ verzichtet.

Für die Bewegungs- und Verformungswiderstände der Lager und Fahrbahnübergänge darf nach Tabelle 7, Zeile 10, wegen der Bewegungsumkehr beim Kippen mit $\gamma_f = 0$ gerechnet werden.

Angaben zur Berücksichtigung der Ersatzlasten für den Anprall von Straßenfahrzeugen nach Abschnitt 5.3 wurden nicht gemacht; denn in Gründungsfugen sind diese im allgemeinen nicht zu berücksichtigen, und in Lagerebene kann ein Abgleiten unter diesen Lasten in der Regel nur durch besondere Bauelemente verhindert werden, die aufgrund Abschnitt 5.3 bemessen sind.

Die in Abschnitt 6.2, Absatz 5, aufgeführte erhöhte Hauptspurbelastung entspricht, vervielfacht mit $\gamma_f = 1,3$, einer dicht aufgefahrenen Kolonne von nach StVZO zugelassenen schweren Fahrzeugen.

Zur Wahl des Erddruckansatzes ist anzumerken, daß im allgemeinen auch in den Fällen, in denen für die Bemessung der Bauteile mit Erdruhedruck zu rechnen ist, beim Nachweis der Lagesicherheit der aktive Erddruck zugrundegelegt werden darf.

5.4.2 Stahlbau

DIN 18809 Stählerne Straßen- und Wegbrücken;
Bemessung, Konstruktion, Herstellung. Sept. 87

Die für Lager unmittelbar wichtigen Abschnitte dieser Norm werden nachfolgend wiedergegeben.

Diese Norm ist – siehe Abschnitt 1 – auch dann für Brückenlager verbindlich, wenn es sich ansonsten ausschließlich um eine Betonbrücke handelt, sofern stählerne Teile zu bemessen sind und andere Bestimmungen – insbesondere solche mit jüngerem Datum – dem nicht entgegenstehen.

In den Anmerkungen zur Bezugsnorm DIN 18800, Teil 1, Ausg. 3/81, wird erklärt, warum für Stahlbrücken diese alte Norm per Erlaß noch gültig ist. Es darf aber hier darauf hingewiesen werden, daß keinerlei Risiko damit verbunden ist, wenn die neue Stahlbaugrundnorm verwendet wird, vorausgesetzt, es wird stets das Verfahren elastisch – elastisch angewandt. Wo immer behördliche Einwände dem nicht entgegenstehen, sollte so verfahren werden, hat man doch den großen Vorteil, die neuesten normativ aufbereiteten Regeln benutzen zu können.

Anmerkung: Die hier abgedruckte Tabelle 5, die mit gleichen Werten auch in DS 804 (Tabelle 30) zu finden ist, ist bei Lagern nur dann anzuwenden, wenn über die Reibverbindung Verkehrslasten zu übertragen sind.

Auszüge aus: DIN 18809, September 1987 Stählerne Straßen- und Wegbrücken Bemessung und Konstruktion

1 Anwendungsbereich

Diese Norm ist anzuwenden für alle tragenden Bauteile aus Stahl von Straßen- und Wegbrücken. Bei Brücken mit Gleisen sind auch die Bau- und Betriebsvorschriften für die betreffende Schienenbahn zu beachten.
Diese Fachnorm gilt nur in Verbindung mit den Grundnormen DIN 18800, Teil 1/03.81, und DIN 18800, Teil 7/05.83 (alle entsprechenden Verweise beziehen sich auf diese Ausgaben). Es sind hier nur davon abweichende oder zusätzlich zu beachtende Regelungen aufgeführt.

2 Werkstoffe

2.1 Walzstahl Stahlguß, Gußeisen

(Zu DIN 18800, Teil 1, Abschnitt 2.1.3, erster Absatz)
Sämtliche verwendeten Stähle – ausgenommen für untergeordnete Bauteile – sind mindestens durch Bescheinigung DIN 50049–2.2 zu belegen.

5 Erforderliche Nachweise

5.1 Allgemeines

(Zu DIN 18800, Teil 1, Abschnitt 5.1, dritter Absatz)
Die Anwendung des Traglastverfahrens nach DASt-Richtlinie 008 zum Nachweis der Tragsicherheit ist **nicht** gestattet.

5.2 Allgemeiner Spannungsnachweis

(Zu DIN 18800, Teil 1, Abschnitt 5.2)
Es sind die Nachweise für die Lastfälle H, HZ und – soweit erforderlich – für HS (Haupt- und Sonderlasten) zu führen.

5.3 Lagesicherheit

(Zu DIN 18800, Teil 1, Abschnitt 5.4)
Der Nachweis der Lagesicherheit ist nach DIN 1072 zu führen.

9.4 Besondere Konstruktionsregeln

9.4.6 Lager

Es gilt DIN 4141, Teil 1 und Teil 2.

7.2.3 Verbindungen mit Zugbeanspruchung in Richtung der Schraubenachse

7.2.3.1 Nichtplanmäßig vorgespannte Verbindungen

(Zu DIN 18800, Teil 1, Abschnitt 7.2.3.1)
Hochfeste Schrauben ohne Vorspannung oder mit nicht planmäßiger Vorspannung dürfen nur für untergeordnete Bauteile verwendet werden.

11 Anforderungen an den Betrieb

(Zu DIN 18800, Teil 7)
Die Herstellung geschweißter stählerner Brücken erfordert in außergewöhnlichem Maße Sachkenntnisse und Erfahrungen der damit betrauten Personen sowie die besondere Ausstattung der Betriebe mit geeigneten Einrichtungen.
Unternehmen, in deren Betrieben derartige Schweißarbeiten ausgeführt werden, müssen daher den Großen Eignungsnachweis nach DIN 18800, Teil 7, Abschnitt 6, mit der Erweiterung zur Herstellung geschweißter stählerner Straßenbrücken erbringen.
Schweißarbeiten dürfen nur von Schweißern ausgeführt werden, die über eine gültige Prüfbescheinigung nach DIN 8560/05.82, Prüfgruppe B II. verfügen.

DIN 18800, Teil 1, Stahlbauten; Bemessung und Konstruktion; März 1981

Diese Norm, die Grundnorm für den gesamten Stahlbau war, ist eigentlich veraltet. Sie enthält Bestimmungen – z. B. über zulässige Lochleibungsspannungen oder über die Lagesicherheit – die aus heutiger Sicht falsch sind. Die Anwendung bedeutet

Tabelle 5
Vorspannkraft und zulässige übertragbare Kräfte zul Q_{GV} und zul Q_{GVP} je Schraube und je Reibfläche (Scherfläche) senkrecht zur Schraubenachse in kN für Werkstoffdicken $t \geq 3$ mm

1		2	3	4	5	6
	Schrauben	Vorspannkraft F_V nach DIN 18 800, Teil 7, Tabelle 1, Spalte 2	zul Q_{GV} (GV-Verbindungen) Lochspiel 0,3 mm < $\Delta d \leq 2$ mm		zul Q_{GVP} (GV-Verbindungen) Lochspiel $\Delta d \leq 0,3$ mm	
			Werkstoff der zu verbindenden Bauteile			
			St 37, St 52		St 37, St 52	
			Lastfall		Lastfall	
			H	HZ	H	HZ
		kN	kN	kN	kN	kN
1	M 12	50	18	20	36,5	41,0
2	M 16	100	35,5	40,0	67,5	76,5
3	M 20	160	57,0	64,0	105,5	119,5
4	M 22	190	68,0	76,0	126,0	142,5
5	M 24	220	78,5	88,0	147,0	166,5
6	M 27	290	103,5	116,0	189,5	214,5
7	M 30	350	125,0	140,0	230,5	261,0
8	M 36	510	182,0	204,0	332,5	376,0

aber kein Sicherheitsrisiko, und die derzeitige Situation ist so, daß der Brückenbau und damit auch der Stahlbrückenbau noch nicht mit dem neuen Bemessungskonzept versehen ist – u. a. wäre dazu eine Neubearbeitung von DIN 1072 notwendig – so daß als Bezugsnorm für DIN 18 809 – Stahlbrücken – vorläufig weiterhin diese veraltete Norm in Deutschland gilt und angewandt wird.

In den Bemerkungen zu DIN 18 809 wurde bereits darauf verwiesen, daß mit einer kleinen Einschränkung durchaus die neue Norm DIN 18 800/11.90 ohne Sicherheitsrisiko angewandt werden kann.

Nachfolgend werden die Bestimmungen der Norm DIN 18 800/3.81 wiedergegeben, die für die Bemessung von stählernen Teilen der Lager von Belang sein können. (Der Lagesicherheitsnachweis gehört nicht dazu, denn der ist nach DIN 1072 zu führen.)

Die künftige Entwicklung geht dahin, daß ein spezieller Eurocode für Stahlbrücken erstellt wird.

1 Allgemeine Angaben

Entwurf, Bemessung und Konstruktion von Stahlbauten erfordern gründliche Fachkenntnisse. Daher dürfen diese Arbeiten nur von solchen Fachleuten und Betrieben ausgeführt werden, die entsprechende Kenntnisse und Erfahrungen in den jeweiligen Anwendungsgebieten haben und eine sorgfältige Ausführung der übernommenen Aufgaben bieten.

1.2 Bautechnische Unterlagen

Für die Beurteilung der Standsicherheit des Stahlbauwerks im Endzustand, von Montagezuständen und für die bautechnische Überwachung sind die bautechnischen Unterlagen nach den Abschnitten 1.2.1 bis 1.2.3 erforderlich.

1.2.1 Berechnung (Nachweis der Standsicherheit)

Hierzu gehören der allgemeine Spannungsnachweis, der Stabilitätsnachweis und der Nachweis der Sicherheit gegen Abheben, Umkippen und Gleiten. Diese Nachweise müssen ausreichende Angaben enthalten über:
a) Lastannahmen
b) Statische Systeme (auch für Bauzustände)
c) Werkstoffe

d) Maße und Querschnittswerte aller tragenden Bauteile und Verbindungen
e) Ungünstigste Beanspruchung aller tragenden Bauteile und Verbindungen
f) Formänderungen, soweit diese für die Standsicherheit und für die Gebrauchsfähigkeit von Bedeutung sind
g) Belastungsangaben für die Fundamente

1.2.2 Ausführungsunterlagen
Sie müssen alle für die Prüfung und Abnahme notwendigen Angaben über Maße, Querschnitte, Werkstoffe, Verbindungen und den Korrosionsschutz enthalten. Sofern Besonderheiten bei der Montage zu beachten sind, ist dies ebenfalls zu vermerken.

1.2.3 Bescheinigungen
Siehe Abschnitt 2.1.3

2 Werkstoffe

2.1 Walzstahl, Stahlguß, Gußeisen

2.1.1 Stahlsorten
Als Werkstoffe dürfen im allgemeinen nur die Stähle St 37–2, St 37–3 und St 52–3 nach DIN 17 100 verwendet werden, im folgenden kurz mit St 37 bzw. St 52 bezeichnet.

Als Werkstoffe für Lager, Gelenke und Sonderbauteile dürfen außer den Baustählen St 37 und St 52 auch Stahlguß GS 52.3 nach DIN 1681, Vergütungsstahl C 35 N nach DIN 17 200 und Grauguß GG 15 nach DIN 1691 verwendet werden.

Andere Stähle dürfen nur verwendet werden,
a) wenn ihre mechanischen Eigenschaften, chemische Zusammensetzung und Schweißeignung aus den Gütevorschriften oder Werknormen des Stahlherstellers ausreichend hervorgehen und diese Stähle einer der im 1. Absatz genannten Stahlsorten zugeordnet werden können,
b) wenn für einzelne Anwendungsbereiche die den besonderen Bedingungen angepaßten Stähle in den speziellen Fachnormen vollständig beschrieben und hinsichtlich der Verwendung geregelt sind
c) wenn ihre Brauchbarkeit, z. B. im Rahmen einer allgemeinen bauaufsichtlichen Zulassung, besonders nachgewiesen ist.

2.1.2 Güteauswahl
Die Auswahl der Stähle richtet sich nach dem Verwendungszweck. (Empfehlungen zur Wahl der Stahlgütegruppen enthält DASt-Ri 009.)

2.1.3 Bescheinigungen
Die verwendeten Stähle sind durch Bescheinigungen nach DIN 50049 zu belegen, ausgenommen ungeschweißte Bauteile aus St 37 und untergeordnete Bauteile.

Für Bleche und Breitflachstähle in geschweißten Bauteilen mit Dicken über 30 mm bei St 37–2 und St 37–3 und über 25 mm bei St 52–3, die auf Zug oder Biegezug beansprucht werden, muß der Aufschweißbiegeversuch nach DIN 17 100 durchgeführt und durch ein Prüfzeugnis belegt sein.

In den Fachnormen oder bei der Bestellung können gegebenenfalls auch weitergehende Festlegungen getroffen werden, die sich auf die vorzulegende Bescheinigung nach DIN 50049, auf Art, Umfang und Bewertung von zusätzlichen Prüfungen sowie die Kennzeichnung der Stähle beziehen können.

2.1.4 Kennzeichnung
Die verwendeten Stähle, ausgenommen St 37–2, sind gegen Verwechselungen zu kennzeichnen. Bei Trennung der Teile ist die Kennzeichnung auf die Einzelteile zu übertragen.

2.1.5 Rechenwerte für Werkstoffeigenschaften
In Tabelle 1 sind die Rechenwerte für Werkstoffeigenschaften von Walzstahl, Stahlguß und Gußeisen angegeben, die zur Ermittlung von Formänderungen und Schnittgrößen in die Berechnung einzusetzen sind.

2.3 Schrauben, Niete

2.3.1 Festigkeitsklassen, Stahlsorten
Im allgemeinen sind Schrauben in den Festigkeitsklassen 4.6, 5.6 und 10.9 nach DIN ISO 898, Teil 1, zu verwenden.

Als Werkstoffe für Niete sind die Stahlsorten USt 36–1 und RSt 44–2 nach DIN 17 111 zu verwenden.

Für die Verwendung anderer Verbindungsmittel gilt Abschnitt 2.1.1, 3. Absatz, sinngemäß.

2.3.2 Hochfeste Schrauben
Für hochfeste Schrauben nach DIN 6914 in der Festigkeitsklasse 10.9 nach DIN ISO 898, Teil 1, sind Muttern nach DIN 6915 in der Festigkeitsklasse 10 nach DIN 267, Teil 4, und gehärtete Unterlegscheiben nach DIN 6916 bis DIN 6918 in der Festigkeitsklasse 10.9 nach DIN ISO 898, Teil 1, zu verwenden.

2.3.3 Bescheinigungen
Für Schrauben 10.9 hat das Herstellerwerk laufend durch geeignete Prüfungen nachzuweisen, daß die Anforderungen hinsichtlich Festigkeitseigenschaften, Oberflächenbeschaffenheit, Maßhaltigkeit und Anziehverhalten für diese Schrau-

Tabelle 1
Rechenwerte für Werkstoffeigenschaften für Walzstahl, Stahlguß und Gußeisen (vgl. Abschn. 4.2.3.2)

	1	2	3	4	5
	Stahl	Streckgrenze β_s N/mm^2	Elastizitätsmodul E N/mm^2	Schubmodul G N/mm^2	Lineare Wärmedehnzahl α_T K^{-1}
1	Baustahl St 37	240 [1]	210 000	81 000	$12 \cdot 10^{-6}$
2	Baustahl St 52	360 [2]	210 000	81 000	$12 \cdot 10^{-6}$
3	Stahlguß GS 52	260	210 000	81 000	$12 \cdot 10^{-6}$
4	Vergütungsstahl C 35 N	280	210 000	81 000	$12 \cdot 10^{-6}$
5	Grauguß GG 15	–	100 000	38 000	$10 \cdot 10^{-6}$

[1] Für Materialdicken $\leq$ 100 mm
[2] Für Materialdicken $\leq$ 60 mm
Für größere Dicken sind entsprechende Festlegungen zu treffen

ben erfüllt sind. Hierüber ist vom Hersteller eine Bescheinigung nach DIN 50 049, mindestens ein Werkszeugnis auszustellen.

Die übrigen Schrauben und Niete sind nach den Grundsätzen von DIN 267, Teil 5, zu prüfen. Eine Bescheinigung hierfür wird nicht gefordert.

2.3.4 Feuerverzinkte hochfeste Schrauben

Werden Schrauben 10.9 und zugehörige Muttern und Scheiben in feuerverzinkter Ausführung verwendet, darf die Feuerverzinkung nur vom Schraubenhersteller im Eigenbetrieb bzw. Fremdbetrieb unter seiner Verantwortung übernommen werden. Es sind nur komplette Garnituren (Schrauben und Muttern) von ein und demselben Hersteller zu verwenden. Bei anderen Korrosionsschutzüberzügen, z.B. galvanische Verzinkung, ist die Möglichkeit einer Wasserstoffversprödung in Betracht zu ziehen.

2.4 Kopf- und Gewindebolzen

Es dürfen Kopfbolzen nach DIN 32 500, Teil 3, mit den Festigkeitseigenschaften $\sigma_B = 450$ bis 600 N/mm^2 und $\sigma_s \geq 350$ N/mm^2 sowie Gewindebolzen nach DIN 32 500, Teil 1, in der Festigkeitsklasse 4,8 ($\sigma_B \geq 400$ N/mm^2, $\sigma_s = 320$ N/mm^2) verwendet werden.

2.5 Schweißzusatzwerkstoffe, Schweißpulver, Schutzgase

Schweißzusatzwerkstoffe, Schweißpulver und Schutzgase müssen DIN 1913, DIN 8557, DIN 8559 und DIN 32 526 entsprechen, eignungsgeprüft und gegebenenfalls gekennzeichnet sein. (Siehe auch DIN 1000, Ausgabe Dezember 1973, Abschnitt 4.4.2.3.)

(Anm.: DIN 1000 wurde inzwischen durch DIN 18 800 Teil 7 abgelöst.)

3 Grundsätze für die Berechnung

3.1 Allgemeines

Die nach Abschnitt 5 für alle tragenden Bauteile und Verbindungen geforderten Nachweise sind vollständig, übersichtlich und prüfbar zu führen. Die Berechnung muß in sich geschlossen sein und eindeutige Angaben für die Ausführungszeichnungen enthalten. Es dürfen deshalb im allgemeinen keine Werte aus anderen Berechnungen ohne Herleitung oder Quellenangabe übernommen werden.

3.2 Genauigkeit

Die Genauigkeit ist dem Berechnungsverfahren und der Eigenart des Tragsystems anzupassen. Bei Seilkonstruktionen sind außer den elastischen Formänderungen der Seile auch die Änderungen des Seildurchhanges in der Berechnung zu berücksichtigen.

Die für die Bemessung maßgebenden Querschnittswerte sowie Schnitt- und Stützgrößen dürfen auf 3 Ziffern gerundet werden.

3.3 Berechnungsverfahren

Die Berechnungsverfahren sind freigestellt.

Werden neue Berechnungsverfahren angewendet, sollten sich Aufsteller und Prüfer vor Aufstellen der Berechnung abstimmen. Für außergewöhnliche Formeln und Berechnungsverfahren ist die Quelle anzugeben, sofern sie veröffentlicht ist; anderenfalls sind die Formeln oder Verfahren so weit abzuleiten, daß ihre Richtigkeit nachgeprüft werden kann.

Für ganz oder teilweise mit Hilfe der elektronischen Datenverarbeitung (EDV) durchgeführte Berechnungen sind die „Vorläufigen Richtlinien für das Aufstellen und Prüfen elektronischer Standsicherheitsberechnungen" zu beachten; u. a. sind danach Bezeichnung und Herkunft der Programme anzugeben und die für die Bemessung maßgebenden Angaben auszudrucken.

Sollen Berechnungen durch Bauteil- oder Modellversuche ergänzt oder ersetzt werden, haben Aufsteller und Prüfer vorher das Versuchsprogramm untereinander abzustimmen.

5.2 Allgemeiner Spannungsnachweis

Der allgemeine Spannungsnachweis ist für alle Bauteile und Verbindungsmittel für die verschiedenen in den Fachnormen festgelegten Lastfälle (z. B. H = Hauptlasten, HZ = Haupt- und Zusatzlasten, S = Sonderlasten) zu führen. Die errechneten Spannungen sind den zulässigen Werten gegenüberzustellen. Für die Lastfälle H und HZ sind die zulässigen Spannungen für Bauteile und Verbindungsmittel bzw. die zulässigen übertragbaren Kräfte für Schrauben und Niete in Abschnitt 8, Tabellen 7 bis 13, angegeben.

7.3.2 Widerstandsabbrennstumpfschweißen

Bei Anwendung des Widerstandsabbrennstumpfschweißens ist ein Gutachten einer hierfür amtlich anerkannten Stelle vorzulegen. Darin sind die zulässigen Beanspruchungen der Schweißverbindung anzugeben.

7.3.3 Bolzenschweißen

Kopf- und Gewindebolzen können durch Stumpfschweißung mit dem Stahlbauteil verbunden werden. Zulässige Spannungen, die für die Schweißnaht und den Bolzen gelten, sind in Tabelle 13 angegeben.

7.4 Zusammenwirken verschiedener Verbindungsmittel

Bei Verwendung verschiedener Verbindungsmittel ist auf die Verträglichkeit der Formänderungen in der Verbindung zu achten. Gemeinsame Kraftübertragung darf z.B. angenommen werden bei gleichzeitiger Anwendung von
– Nieten und Paßschrauben
– GV- oder GVP-Verbindungen und Schweißnähten
– Schweißnähten in einem Gurt und Nieten, Paßschrauben oder gleitfeste Verbindungen in allen übrigen Querschnittsteilen bei vorwiegend auf einachsige Biegung beanspruchten Stößen.

Die zulässige übertragbare Gesamtkraft ergibt sich durch Addition der zulässigen übertragbaren Kräfte der einzelnen Verbindungsmittel.

SL-Verbindungen dürfen nicht mit SLP-, GV-, GVP- und Schweißverbindungen zur gemeinsamen Kraftübertragung herangezogen werden.

Tabelle 7
Zulässige Spannungen für Bauteile in N/mm²

1			2	3	4	5
			\multicolumn{4}{c}{Werkstoff}			
	Spannungsart		\multicolumn{2}{c}{St 37}	\multicolumn{2}{c}{St 52}
			\multicolumn{4}{c}{Lastfall}
			H N/mm²	HZ N/mm²	H N/mm²	HZ N/mm²
1	Druck und Biegedruck *(zul σ_D)* für Stabilitätsnachweis nach DIN 4114, Teil 1 und Teil 2 (siehe Abschnitt 5.3)		140	160	210	240
2	Zug und Biegezug Druck und Biegedruck *(zul σ)*		160	180	240	270
3	Schub *(zul τ)*		92	104	139	156
4	Lochleibungsdruck *(zul σ_l)* für Materialdicken $\geqq$ 3 mm bei Verbindung durch	SL	rohe Schrauben (DIN 7990), hochfeste Schrauben (DIN 6914) oder Senkschrauben (DIN 7969) Lochspiel 0,3 mm $<$ $\Delta d \leqq$ 2 mm – ohne Vorspannung	280	320	420	480
5		SL	hochfeste Schrauben (DIN 6914) Lochspiel 0,3 mm $<$ $\Delta d \leqq$ 2 mm nicht planm. Vorspannung: $\geqq 0,5 \cdot F_V$ (F_V n. Tab. 9, Spalte 2)	380	430	570	645
6		SLP	Niete (DIN 124 und DIN 302) oder Paßschrauben (DIN 7968) Lochspiel $\Delta d \leqq$ 0,3 mm ohne Vorspannung	320	360	480	540
7		SLP	hochfeste Paßschraube (Lochspiel $\Delta d \leqq$ 0,3 mm) nicht planm. Vorspannung: $\geqq 0,5 \cdot F_V$ (F_V n. Tab. 9, Spalte 2)	420	470	630	710
8		GV, GVP	hochfeste Schraube (Lochspiel 0,3 mm $<$ $\Delta d \leqq$ 2 mm) hochfeste Paßschraube (Lochspiel $\Delta d \leqq$ 0,3 mm) Vorspannung: $1,0 \cdot F_V$ (F_V n. Tab. 9, Spalte 2)	480	540	720	810

Tabelle 8
Zulässige übertragbare Scherkräfte $zul\ Q_{SL}$ und $zul\ Q_{SLP}$ je Schraube bzw. Niet und je Scherfläche senkrecht zur Schrauben- bzw. Nietachse in kN und zulässige Spannungen für Schrauben und Niete in SL/SLP-Verbindungen in N/mm²

	1	2	3	4	5	6	7	8	9	10	11	12	13	14	15
	Schraubengröße		SL-Verbindungen Rohe Schrauben (DIN 7990), hochfeste Schrauben (DIN 6914), Senkschrauben (DIN 7969) Lochspiel 0,3 mm < $\Delta d \leq$ 2 mm [1]							SLP Verbindungen Paßschrauben (DIN 7968), Niete (DIN 124 und DIN 302) Lochspiel $\Delta d \leq$ 0,3 mm					
			Scher- fläche	DIN 7990 DIN 7969 4.6 [2]		DIN 7990 DIN 7969 5.6 [2]		DIN 6914 10.9 [2]		Scher- fläche	Paß- schrauben 4.6 [2] Niete St 36		Paß- schrauben 5.6 [2] Niete St 44		Paß- schrauben 10.9 [2]
			$\frac{\pi \cdot d^2}{4}$	Lastfall		Lastfall		Lastfall		$\frac{\pi \cdot d^2}{4}$	Lastfall		Lastfall		Lastfall
				H	HZ	H	HZ	H	HZ		H	HZ	H	HZ	H	HZ
			mm²	kN	kN	kN	kN	kN	kN	mm²	kN	kN	kN	kN	kN	kN
1	M 12		113	12,7	14,2	19,2	21,5	27,0	30,5	133	18,6	21,3	27,9	31,9	37,0	42,5
2	M 16		201	22,5	25,3	34,1	38,2	48,5	54,5	227	31,8	36,3	47,7	54,5	63,5	72,5
3	M 20		314	35,2	39,6	53,4	59,7	75,5	85,0	346	48,4	55,4	72,2	83,0	97,0	111,0
4	M 22		380	42,6	47,9	64,6	72,2	91,0	102,5	415	58,1	66,4	87,2	99,6	116,5	133,0
5	M 24		452	50,6	57,0	76,8	85,9	108,5	122,0	491	68,7	78,6	103,1	117,8	137,5	157,0
6	M 27		573	64,2	72,2	97,4	108,9	137,5	154,5	616	86,2	98,6	129,4	147,8	172,5	197,0
7	M 30		707	79,2	89,1	120,2	134,3	169,5	191,0	755	105,7	120,8	158,6	181,2	211,5	241,5
8	M 36		1018	114,0	128,3	173,1	193,4	244,5	275,0	1075	150,6	172,0	225,8	258,0	301,1	344,0
9	Abscheren $zul\ \tau_a$ (N/mm²)		112	126		168	192	240	270	–	140	160	210	240	280	320
10	Lochleibungs- druck zul σ_l(N/mm²)		280	320		420[3]	470[3]	[4]	[4]	–	320	360	480[3]	540[3]	[4]	[4]

1) Bei Anschlüssen und Stößen seitenverschieblicher Rahmen ist $\Delta d \leq$ 1 mm einzuhalten (siehe Abschnitt 7.2.1.1, 3. Absatz).
2) Festigkeitsklassen der Schrauben gemäß DIN ISO 898, Teil 1.
3) Bei Verwendung in Bauteilen aus St 37 sind die dafür zulässigen kleineren Werte nach Tabelle 7, Zeilen 4 bis 8, anzusetzen.
4) Es sind hier die $zul\ \sigma_l$-Werte des zu verbindenden Bauteils maßgebend.

5.4 Brückenbau

Tabelle 9
Vorspannkraft und zulässige übertragbare Kräfte *zul* Q_{GV} und *zul* Q_{GVP} je Schraube und je Reibfläche (Scherfläche) senkrecht zur Schraubenachse in kN für Materialdicken $t \geqq 3$ mm

	1	2	3	4	5	6
	Schrauben-größe	Vorspannkraft F_V siehe DIN 1000 Ausgabe Dezember 1973 Tabelle 1, Spalte 2	*zul* Q_{GV} (GV-Verbindungen) Lochspiel 0,3 mm $< \Delta d \leqq 2$ mm		*zul* Q_{GVP} (GVP-Verbindungen) Lochspiel $\Delta d \leqq 0,3$ mm	
			Werkstoff der zu verbindenden Bauteile			
			St 37, St 52		St 37, St 52	
			Lastfall		Lastfall	
			H	HZ	H	HZ
		kN	kN	kN	kN	kN
1	M 12	50	20,0	22,5	38,5	43,5
2	M 16	100	40,0	45,5	72,0	82,0
3	M 20	160	64,0	72,5	112,5	128,0
4	M 22	190	76,0	86,5	134,0	153,0
5	M 24	220	88,0	100,0	156,5	178,5
6	M 27	290	116,0	132,0	202,0	230,5
7	M 30	350	140,0	159,0	245,5	280,0
8	M 36	510	204,0	232,0	354,5	404,0

Für GV-Verbindungen mit Lochspiel 2 mm $< \Delta d \leqq 3$ mm sind die Werte der Spalte 3 und 4 auf 80 % zu ermäßigen.

Tabelle 10
Zulässige übertragbare Zugkräfte $zul\,Z$ je Schraube bzw. Paßschraube in Richtung der Schraubenachse in kN [1)]

	1	2	3	4	5	6	7	8	9	10
	Schrauben-größe	Spannungs-querschnitt A_s	Schrauben ohne Vorspannung						Schrauben mit planmäßiger Vorspannung[3)] 10.9[4)]	
			4.6[4)]		5.6[4)]		10.9[2), 4)]			
			Lastfall							
			H	HZ	H	HZ	H	HZ	H	HZ
		mm²	kN	kN	kN	kN	kN	kN	kN	kN
1	M 12	84,3	9,3	10,5	12,6	14,3	30,5	34,6	35,0	40,0
2	M 16	157	17,3	19,6	23,6	26,7	56,5	64,4	70,0	80,0
3	M 20	245	27,0	30,6	36,8	41,7	88,2	100,5	112,0	128,0
4	M 22	303	33,3	37,9	45,5	51,5	109,0	124,2	133,0	152,0
5	M 24	353	38,8	44,1	53,0	60,0	127,0	144,7	154,0	176,0
6	M 27	459	50,5	57,4	68,9	78,0	165,2	188,2	203,0	232,0
7	M 30	561	61,7	70,1	84,2	95,4	202,0	230,0	245,0	280,0
8	M 36	817	89,9	102,1	122,6	138,9	294,0	335,0	357,0	408,0
9	$zul\,\sigma_Z$ (N/mm²):		110	125	150	170	360	410	$0{,}7 \cdot F_V/A_S$	$0{,}8 \cdot F_V/A_S$

[1)] In SL- und SLP-Verbindungen sind bei gleichzeitiger Beanspruchung auf Abscheren und Zug alle Einzelnachweise (Q, σ_l, Z) unabhängig voneinander zu führen. Dabei dürfen die zulässigen Werte für die einzelnen Beanspruchungsarten nach den Tabellen 7, 8 und 10 ohne Nachweis einer Vergleichsspannung voll ausgenutzt werden. Für den zulässigen Lochleibungsdruck σ_l sind in planmäßig vorgespannten Verbindungen ($1{,}0 \cdot F_V$) die Werte nach Tabelle 7, Zeile 5 (SL-Verbindungen) bzw. Zeile 7 (SLP-Verbindungen), in nicht planmäßig vorgespannten Verbindungen ($\geqq 0{,}5 \cdot F_V$) die Werte nach Tabelle 7, Zeile 4 (SL-Verbindungen) bzw. Zeile 6 (SLP-Verbindungen) in Rechnung zu stellen. Diese Werte gelten nur für $Z = zul\,Z$. Für kleinere Werte Z kann zwischen den Werten der Tabelle 7, Zeilen 5 und 4 bzw. 7 und 6 geradlinig interpoliert werden.
[2)] Nur in Sonderfällen, siehe Abschnitt 7.2.3.1
[3)] F_V nach Tabelle 9, Spalte 2
[4)] Festigkeitseigenschaften der Schrauben nach DIN ISO 898, Teil 1.

5.4 Brückenbau

Tabelle 11
Zulässige Spannungen für Schweißnähte in N/mm²

1			2	3	4	5	6	7
Nahtart			Nahtgüte (siehe Tabelle 6, Spalte 4)	Spannungsart	St 37		St 52	
							Lastfall	
					H	HZ	H	HZ
		Bild nach Tabelle 6, Spalte 4			N/mm²	N/mm²	N/mm²	N/mm²
				Spannungen senkrecht zur Nahtrichtung				
1	Stumpfnaht	Zeile 1	alle Nahtgüten	Druck und Biegedruck $zul\ \sigma_D$	160	180	240	270
	D(oppel)-HV-Naht (K-Naht)	Zeile 2						
	HV-Naht	Zeilen 3 u. 4	Nahtgüte nachgewiesen[1]	Zug und Biegezug $zul\ \sigma_Z$				
2	D(oppel)-HY-Naht[2] (K-Stegnaht)	Zeile 5						
3	HY-Naht[2]	Zeile 6	Nahtgüte nicht nachgewiesen					
	Dreiblechnaht	Zeile 13						
4	Kehlnähte	Zeile 7 bis 12	alle Nahtgüten	Druck und Biegedruck $zul\ \sigma_D$	135	150	170	190
5	Dreiblechnaht	Zeile 14		Zug und Biegezug $zul\ \sigma_Z$				
6	alle Nähte	Zeile 1 bis 14		Schub in Nahtrichtung $zul\ \tau$				
7	HY-Naht	Zeile 6		Vergleichswert $zul\ \sigma_V$				
	Kehlnähte	Zeile 7 bis 12						

[1] Freiheit von Rissen, Binde- und Wurzelfehlern und Einschlüssen, ausgenommen vereinzelte und unbedeutende Schlackeneinschlüsse und Poren, ist mit Durchstrahlungs- oder Ultraschalluntersuchung nachzuweisen. Dieser Nachweis gilt als erbracht, wenn beim Durchstrahlen von mindestens 10 % der Nähte, wobei die Arbeit aller beteiligten Schweißer gleichmäßig zu erfassen ist, ein einwandfreier Befund (d. h. mindestens Nahtgüte „blau" nach IIW-Katalog) festgestellt wird.

[2] Wegen des vorhandenen Wurzelspaltes kommen für Zug und Biegezug nur die Werte der Zeile 3 in Betracht.

Tabelle 12
Zulässige Spannungen für Lagerteile und Gelenke [1] in N/mm² (vgl. Abschn. 4.2.3.2)

1	3	4	5	6	7	8	9	10	11
	Werkstoff								
	GG-15		St 37		St 52		GS 52		C 35 N
Spannungsart	Lastfall								
	H	HZ	H	HZ	H	HZ	H	HZ	H	HZ
	N/mm²	N/mm²	N/mm²	N/mm²	N/mm²	N/mm²	N/mm²	N/mm²	N/mm²	N/mm²
1 Druck	100	110								
2 Biegedruck	90	100	160	180	240	270	180	200	160	180
3 Biegezug	45	50								
4 Berührungsdruck nach Hertz[2]	500	600	650	800	850	1050	850	1050	800	1000
5 Lochleibungsdruck bei Gelenkbolzen[3]	[4]		210	240	320	360	240	265	210	240

[1] Für andere Stähle und Baustoffe (z. B. bei Kunststofflagern) sind die jeweiligen allgemeinen bauaufsichtlichen Zulassungen maßgebend. Ein Normblatt über Lager ist in Vorbereitung.
[2] Bei beweglichen Lagern mit mehr als 2 Rollen sind diese Werte auf 85 % zu ermäßigen. Solche Lager sind jedoch möglichst zu vermeiden.
[3] Diese Werte gelten nur für mehrschnittige Verbindungen.
[4] Als Gelenkbolzen nicht verwendbar.

Tabelle 13
Zulässige Spannungen für Kopf- und Gewindebolzen in N/mm²

1	2	3	4	5	6
Spannungsart	Kopfbolzen nach DIN 32 500, Teil 3		Gewindebolzen nach DIN 32 500, Teil 1		Maßgebender Querschnitt für Spannungsnachweis
	Lastfall		Lastfall		
	H	HZ	H	HZ	
	N/mm²	N/mm²	N/mm²	N/mm²	
1 Zug	165	185	140	160	Spannungsquerschnitt
2 Biegezug und Biegedruck			–	–	Schaft
3 Schub	140	160	–	–	Schaft

8 Zulässige Spannungen

Die zulässigen Spannungen bzw. zulässigen übertragbaren Kräfte für den allgemeinen Spannungsnachweis für Bauteile, Verbindungsmittel, Lager und Gelenke sind in den Tabellen 7 bis 13 angegeben; Tabelle 14 enthält die zulässigen Werte β_α für den nach Abschnitt 5.4 zu führenden Lagesicherheitsnachweis.

Davon abweichende zulässige Spannungen und Werte β_α bei Ausnahmebelastungen, z. B. Anprallasten, Sonderlasten bzw. außergewöhnlichen Bauzuständen, z. B. Montage, Umbau, sind fallweise in den Fachnormen enthalten.

5.4.3 Stahlbeton

DIN 1075 Betonbrücken; Bemessung und Ausführung; Ausgabe April 1981

Nachfolgend werden aus den Abschnitten 5.1 und 7.2 Auszüge und der Abschnitt 8 vollständig wiedergegeben.

Die Norm erschien 3 Jahre bevor die ersten Teile von DIN 4141 vorlagen und 4½ Jahre vor der Neufassung von DIN 1072. Sie war im Gefolge der neu herausgegebenen Stahlbeton-Grundnorm DIN 1045 überfällig – die vorhergehende Ausgabe von DIN 1075 erschien 1955! Unzulänglichkeiten hinsichtlich der Abstimmung mit später erscheinenden mitgeltenden Normen waren unvermeidlich. Im vorliegenden Fall ist folgendes anzumerken:

Zu 5.1.2, letzter Satz („freie" Drehbarkeit):
Nachdem die Rollenlager inzwischen für Neubauten nicht mehr verwendet werden, und im übrigen Lager ohne allseitige Verdrehbarkeit nicht dem Stand der Technik entsprechen, würde dieser Satz heute lauten:
Tragwerke dürfen als allseitig drehbar gelagert berechnet werden, wenn sie mit dem stützenden Teil durch ein entsprechend ausgebildetes Betongelenk oder durch Lager nach DIN 4141 verbunden sind.

Zu 7.2.2: (Knicksicherheit und Gleitreibung)

Das Phänomen, das dieser Bestimmung zugrundeliegt, wurde von Weihermüller und Knöppler [136] systematisch untersucht, siehe auch Abschnitt 3.6. Bei der Formulierung der Normenbestimmung konnte dieser Artikel nicht mehr berücksichtigt werden, die Normenbearbeitung war bereits abgeschlossen. Im Einführungserlaß konnte jedoch nachfolgender Hinweis aufgenommen werden:
„In Abschnitt 7.2.2 ist Absatz 5 durch nachfolgende, klarstellende Fassung zu ersetzen:
Für den Nachweis der Knicksicherheit ist bei Pfeilern mit Rollen- oder Gleitlagern die Lagerreibungskraft gleich Null zu setzen, d. h. weder als verformungsbehindernd noch als verformungsfördernd einzuführen, sofern **sich im Knickfall** die Richtung der Reibungskraft umkehrt."

Zu 8. (Teilflächenpressung):
Der Fall „mittige Belastung" wird unter Lagerplatten nicht vorkommen, weil es das Rückstellmoment „0" nicht gibt. Der Hinweis, daß DIN 4141 Hinweise über die anzusetzenden Lagerplatten entnommen werden können, ist unzutreffend. Lagerplatten sind nach geltenden Normen für den Stahlbau zu bemessen, bei Gleitplatten kommt ein Verformungsnachweis hinzu.
A_1 (s. Bild 6) ist also, solange nichts anderes bekannt ist, identisch mit der Fläche der Lagerplatte, an die der Beton anschließt.
Die Exzentrizitäten e_x und e_y sind zu ermitteln unter Berücksichtigung aller gleichzeitig auftretenden Biegemomente, wie
– Rückstellmomente aus der Verdrehung (s. DIN 4141, Teil 12, Entwurf)
– Momente aus der mit einem Abstand zur Lagerebene angreifenden Horizontalkräfte: Bremslast, Windlast, Reibungskraft, Zwängungskräfte.

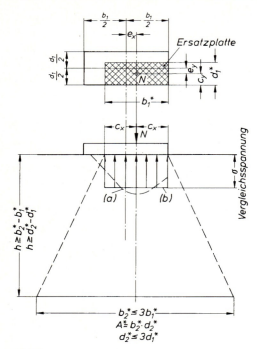

Bild 6
Zulässige Spannung σ_1 und Vergleichsspannung σ bei mittig belasteter Lagerplatte

Grundriß der Lagerplatte
$A_1 = b_1 \cdot d_1$

Grundriß der Ersatzplatte
$A_1^* = b_1^* \cdot d_1^*$
$b_1^* = 2\,c_x$
$d_1^* = 2\,c_y$

(a) wirkliche
(b) angenommene } Verteilung

$$\sigma = \frac{N}{b_1^* \cdot d_1^*} \leq \text{zul. } \sigma_1$$

$$\text{zul. } \sigma_1 = \frac{\beta_R}{2{,}1} \sqrt{\frac{A^*}{A_1^*}} \leq 1{,}4\,\beta_R$$

Ausmitten e_x und e_y
Abmessungen der Ersatzplatte
$b_1^* = b_1 - 2\,e_x$
$d_1^* = d_1 - 2\,e_y$

Dieser Nachweis wird mit 1-fachen Lasten (Einwirkungen) geführt und ist zu unterscheiden vom Nachweis gegen Umkippen, der in DIN 1072 geregelt ist, und bei dem ebenfalls Teilflächenpressungen nachzuweisen sind, siehe Erläuterungen zu DIN 1072.

Laut Einführungserlaß zu DIN 1075 gilt außerdem:

Zu Abschnitt 8 – Übertragung von konzentrierten Lasten
Für den Lastfall HA gilt der Wert β_{WN} des anschließenden Betons als zulässige Pressung unter den Lagerplatten.

Auszüge aus: DIN 1075

1 Anwendungsbereich

Diese Norm ist anzuwenden für die Über- und Unterbauten sowie Fundamente von Brücken aus Beton, Stahlbeton und Spannbeton.

5 Tragwerke des Überbaues

5.1 Allgemeines

5.1.1 Begriff
Überbauten geben ihre Lasten direkt oder indirekt auf Stützen, Pfeiler und Widerlager ab (siehe Abschnitt 7).
Für bogenförmige Tragwerke siehe Abschnitt 6.

5.1.2 Systemwahl
Das gewählte statische System einschließlich der Verteilung der Steifigkeiten muß das Tragverhalten hinreichend genau erfassen. Mit dem gewählten System muß der Kraftfluß eindeutig zu beschreiben sein.
Die Durchbiegung von Stahlbetonbauwerken im Zustand II ist nach einem wirklichkeitsnahen, die Möglichkeit der Rißbildung berücksichtigenden Verfahren (z.B. nach Heft 240 DAfStb) zu ermitteln. Dabei darf nur die in den mitwirkenden Breiten b_m enthaltene Bewehrung angesetzt werden.
Bei Anordnung von Schrägen und/oder Querschnittsverstärkungen darf ihre Mitwirkung nicht größer angenommen werden, als sich bei einer Neigung der Schrägen von 1:3 ergeben würde.

Tragwerke dürfen nur dann als frei drehbar gelagert berechnet werden, wenn sie gelenkig mit dem stützenden Teil verbunden sind.

7.2.2 Nachweis der Knicksicherheit

Der Knicksicherheitsnachweis ist nach DIN 1045, Abschnitt 17.4, zu führen. Für Stahlbetonwände gilt DIN 1045, Abschnitt 25.5.4.

Eine zu erwartende Schiefstellung eines Pfeilerfundamentes unter Dauerlast ist bei der Bestimmung der Lastausmitte zu beachten.

Wenn die Baugrundelastizität einen nennenswerten Einfluß auf die Knicksicherheit hat, ist diese unter Zugrundelegung der Grenzwerte der Steifeziffer für Kurzzeitbelastung zu berücksichtigen.

Für den Nachweis der Knicksicherheit ist bei Pfeilern mit Rollen- oder Gleitlagern die Lagerreibungskraft gleich Null zu setzen, d.h. weder als verformungsbehindernd noch als verformungsfördernd einzuführen, weil sich die Richtung der Reibungskraft umkehrt.

Bei Festpfeilern ist eine z.B. aus Lagerreibung infolge Temperaturdehnung herrührende Pfeilerausbiegung beim Knicksicherheitsnachweis nur als zusätzliche Lastausmitte zu berücksichtigen, während die diese Ausbiegung bewirkende Lagerreibungskraft gleich Null zu setzen ist.

Pfeiler mit Elastomer-Lagern sind wie Festpfeiler zu behandeln, wenn die auftretenden Kräfte im Knickfall aufgenommen werden können.

8 Übertragung von konzentrierten Lasten

8.1 Allgemeines

Die für die Übertragung großer konzentrierter Lasten auf den Beton vorgesehenen Platten (Kopfplatten und Fußplatten von Stützen, Lagerplatten usw.) sollen möglichst rechtwinklig zur Wirkungslinie der Kräfte aus ständigen Lasten angeordnet werden. Ist die ständige Last gering, so ist hierfür die Wirkungslinie der häufig auftretenden Größtlast maßgebend.

Für Lager gelten DIN 4141, Teil 1 bis Teil 3, bzw. die jeweils gültigen Zulassungsbescheide.

Bei der Bemessung der unmittelbar an die lastübertragenden Platten angrenzenden Betonteile sind die zu übertragenden Lasten, Verschiebewege, Dreh- und Kippwinkel sowie die dabei auftretenden Verformungswiderstände für alle

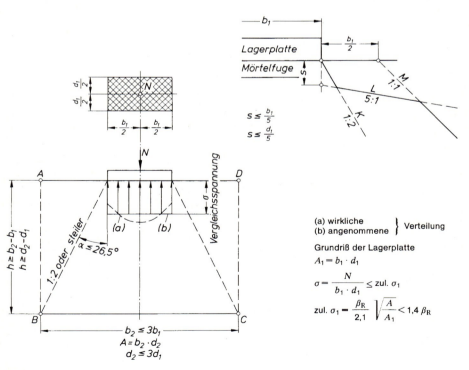

Bild 7
Zulässige Spannung σ_1 und Vergleichsspannung σ bei ausmittig belasteter Lagerplatte

während der Errichtung und im Gebrauch auftretenden Zustände in der ungünstigsten Zusammenstellung zu berücksichtigen.

8.2 Mittig belastete Übertragungsplatte

An die Übertragungsplatte (Kopf- und Grundplatte) angrenzender Beton muß in einer Höhe, die etwa gleich der Breite der Übertragungsplatte ist, mindestens der Festigkeitsklasse B 25 entsprechen.

Die zulässige Druckspannung im Beton infolge Teilflächenbelastung ist nach DIN 1045, Abschnitt 17.3.3, Gleichung (9), zu ermitteln, wenn im Beton unterhalb der beanspruchten Teilfläche die Spaltzugkräfte aufgenommen werden können (z. B. durch Bewehrung oder vorhandenen Querdruck). Ist die Aufnahme der Spaltzugkräfte nicht gesichert, so muß die Teilflächenspannung

für Stahlbeton $\quad \sigma_1 \leq \dfrac{\beta_R}{2{,}1}$ und $\quad$ (3)

für Beton $\quad \sigma_1 \leq \dfrac{\beta_R}{3{,}0}$ $\quad$ (4)

betragen.

Die zur Ermittlung der Vergleichsspannung anzusetzende Fläche A_1 ist von der Bauart der Lager abhängig und ist DIN 4141, Teil 1 bis Teil 3, zu entnehmen.

Das „Übertragungsprisma" $A\ B\ C\ D$ nach Bild 6 muß ganz im Beton liegen. Lediglich am Kopf dürfen die durch die Geraden K, L und M abgeschnittenen Teile fehlen. Die Stufe unter der Lagerplatte einschließlich Mörtelfuge gemäß DIN 1045, Abschnitt 17.3.4, darf nicht höher sein als $b_1/5$ bzw. $d_1/5$; der kleinere Wert ist maßgebend. Die Höhe h des Übertragungsprismas darf nicht größer sein als die halbe Höhe des an die Übertragungsplatte anschließenden Beton-Bauteils. Bei Platten ist erforderlichenfalls die Sicherheit gegen Durchstanzen nachzuweisen.

8.3 Ausmittig belastete Übertragungsplatte

Bei ausmittig belasteter rechteckiger Lagerplatte ist als Ersatzplatte $A_1 = b_1 \cdot d_1$ anzunehmen (Bild 7). Für andere Formen von Lagerplatten ist sinngemäß zu verfahren.

5.4.4 Bauwerks-Überwachung

DIN 1076 Ingenieurbauwerke im Zuge von Straßen und Wegen; Überwachung und Prüfung; März 1983

Bei dieser Norm handelt es sich um den Werterhalt insbesondere von Brücken. Diese wichtige Norm wird konsequent überall dort angewandt, wo der Bundesverkehrsminister zuständig ist (Autobahn, Bundesstraßen, Bundesbahn). Bei Brücken im Zuge von zweit- und drittrangigen Straßen und bei kommunalen Brücken hängt es von der finanziellen Lage und dem Problembewußtsein der zuständigen Instanzen ab, in welchem Maße eine Pflege und Werterhaltung dieses öffentlichen Eigentums erfolgt. Insgesamt gesehen ist die Situation in Deutschland in den alten Bundesländern und in den westlichen Nachbarländern jedoch relativ gut, verglichen etwa mit dem Zustand in den USA, wo der irreparable Zerfall inzwischen offenkundig ist. Die regelmäßige und sachkundige Durchführung der Wartung und Überwachung setzt einen umfangreichen Stab von Fachleuten auf allen Ebenen voraus. Außerdem muß die Konstruktion der Brücken bereits die späteren Wartungsmaßnahmen in Betracht ziehen. Es ist leicht einzusehen, daß es nicht möglich sein würde, kurzfristig hier etwas nachzuholen, was über Jahrzehnte versäumt wurde, selbst wenn das dafür notwendige Geld vorhanden wäre. In Deutschland wird dies ein Problem sein, das die neuen Länder betrifft, wobei sich die geringen Investitionen in Infrastrukturmaßnahmen in der DDR in diesem Fall positiv auswirken. Es wurden nur wenige anspruchsvolle Brücken gebaut, hochwertige (und entsprechend empfindliche) Lager wurden z. B. kaum verwendet, in vielen Fällen – z. B. bei Autobahnüberführungen – bestehen die „Lager" aus einer hochfesten Mörtelfuge. Es bleibt abzuwarten, ob sich im Laufe der Zeit in diesem Bereich große Probleme ergeben.

Für Europa wird es für Brückenlager eine analoge CEN-Norm in absehbarer Zeit geben, siehe englische Ausgabe dieses Buches. Unmittelbare Erwähnung finden in DIN 1076 die Lager nur an wenigen Stellen. Die Bestimmungen mit den für Lager wichtigen Aspekten werden nachfolgend wiedergegeben.

Neben den Mängeln, die bei vorhandenen Brücken abzustellen sind, weil die Funktion unmittelbar beeinträchtigt ist, sollten auch noch zwei weitere – eigentlich selbstverständliche – Maßnahmen in Betracht gezogen werden:

1. Eine Überprüfung und – falls erforderlich – eine Korrektur der Lagerstellungsanzeige, damit, wie es sein soll, der Bewegungszustand des Lagers schon aus der Entfernung erkennbar ist. Bei ungewöhnlichen Witterungszuständen (Jahrhundert-Kälte oder -Hitze) kann es notwendig sein, sich in sehr kurz bemessenen Zeiträumen Gewißheit darüber zu verschaffen, ob noch alles in Ordnung ist.
2. Eine Modernisierung der Teile, die nicht mehr dem Stand der Technik entsprechen und ohne großen Aufwand ausgewechselt werden können. Dazu kann der Lagerherstellungsanzeiger gehören, aber auch der Gleitflächenschutz. Eventuell kann auch dazu gehören, daß fehlende Meßflächen, die heutzutage vorgeschrieben, früher aber nicht üblich waren, nachträglich angebracht werden.

Notiz aus der Wochenzeitung „Die Zeit" vom 17.5.91

Infrastruktur in Nöten

Im Jahre 1989 starb in New York ein Autofahrer, nachdem ihm auf der Roosevelt-Brücke ein abgebrochener Betonbrocken in die Frontscheibe gefallen war. Der Schaden an der Brücke wurde nur notdürftig repariert. Der Metropole, die mit einem horrenden Budgetdefizit zu kämpfen hat, ging nämlich das Geld aus. Tote mußten zwar nicht mehr beklagt werden – aber New York droht, so der Gewerkschaftsführer und Straßenbau-Ingenieur Louis Albano, „der absolute Verkehrsinfarkt". Insgesamt wurden im vergangenen Jahr die Mittel für den Ausbau von Straßen und Brücken um ein Fünftel gekürzt.

Wie der Millionenstadt geht es weiten Teilen der Vereinigten Staaten. Vierzig Prozent der Autobahnen sind in einem beklagenswerten Zustand; Verkehrsstaus wurden vor allem in den Großstädten zur Regel. 240 000 Brücken müßten repariert werden. Flughäfen sind überfüllt. Den Preis für die marode Infrastruktur zahlt die Wirtschaft des Landes: Experten schätzen, daß allein im inneramerikanischen Handel durch Verspätungen jährlich 35 Milliarden Dollar verlorengehen.

Aber auch das internationale Geschäft leidet unter der schlechten Infrastruktur. „Wenn andere Nationen Produkte schneller transportieren können, sind wir weniger konkurrenzfähig", meint Clyde Prestowitz, Chef des Economy Strategy Institute in Washington. „Ausbleibende Investitionen in die Infrastruktur bedeuten wirtschaftlichen Abstieg", erklärte auch Verkehrsminister Samuel Skinner.

Doch trotz dieser Einsicht gibt keine andere große Industrienation so wenig Geld für den Bau und Unterhalt von Straßen, Flughäfen und Eisenbahnen aus wie Amerika. In den sechziger Jahren flossen noch vier Prozent des Bruttosozialproduktes in die Verbesserung der Infrastruktur, heute sind es weniger als zwei Prozent. Nach Ansicht des Ökonomen David Aschauer ist dies auch ein wichtiger Grund für das geringe Produktivitätswachstum der US-Wirtschaft. Wären die Staatsausgaben für die Infrastruktur auf ihrem historischen Stand geblieben, so Aschauer, könnte das Wachstum der Produktivität heute um fünfzig Prozent höher sein.

Eine schnelle Verbesserung der Situation ist nicht in Sicht. Zwar hat die Bundesregierung einen 105 Milliarden Dollar teuren Fünfjahresplan vorgelegt, der unter dem Motto „Ausbau statt Neubau" steht. Aber angesichts der Tatsache, daß allein die Reparatur der Brücken insgesamt 50 Milliarden Dollar und der Erhalt der Autobahnen jährlich 35 Milliarden Dollar kosten dürfte, reicht diese Summe bei weitem nicht aus. Und eine kräftige Erhöhung der Benzinsteuer zur Finanzierung von Investitionen läßt sich politisch nicht durchsetzen.

Amerikas Autofahrer werden sich deshalb auch weiterhin durch Staus und tiefe Schlaglöcher quälen müssen. Daß viele Straßen so schlecht sind, liegt auch an der Rückständigkeit der Straßenbauer. „Wenn ihre Technik besser ist als unsere, esse ich meinen Hut", beschreibt Wayne Muri, Chefingenieur der Autobahnbehörde im Bundesstaat Missouri, seine Einstellung, die er vor einer Informationsreise durch Deutschland, Frankreich und Schweden im Herbst 1990 noch hatte. „Ich kam ohne Hut zurück", bekennt er mittlerweile. ten

Auszug aus: DIN 1076

1 Anwendungsbereich

Diese Norm regelt die technische Überwachung und Prüfung der Standsicherheit und Verkehrssicherheit von Brücken. Tunneln, Durchlässen und sonstigen Ingenieurbauwerken im Zuge von Straßen und Wegen.

Sie sollen sich auf ihre Standsicherheit, ihre Funktionsfähigkeit und ihren baulichen Zustand erstrecken, soweit dies für die Sicherheit des Verkehrs und für die Lebensdauer der Bauwerke selbst erforderlich ist.

Besondere Überwachungs- und Prüfungsvorschriften sind zu beachten. Eine laufende sorgfältige Überwachung und Prüfung der Bauwerke durch sachkundige Personen ist unerläßlich.

2 Zweck

Die regelmäßige Überwachung und Prüfung der Bauwerke hat den Zweck, etwa eingetretene Mängel rechtzeitig zu erkennen und den Baulastträger bzw. Unterhaltungsträger dadurch in die Lage zu versetzen, sie zu beseitigen, bevor größerer Schaden eintritt oder die Verkehrssicherheit beeinträchtigt wird. Die Beseitigung der Mängel selbst ist nicht Gegenstand dieser Norm. Hierzu durchgeführte Maßnahmen sind jedoch im Bauwerksbuch (siehe Anhang B) bei den Prüfungsbefunden einzutragen.

6 Bauwerksprüfung

Alle Bauwerke nach Abschnitt 3 sind in regelmäßigen Abständen unter besonderer Berücksichtigung der bei früheren Prüfungen gemachten Feststellungen zu prüfen; die Prüfung schließt die Überwachung nach Abschnitt 5 ein. Die Prüfungsbefunde nach Abschnitt 6.1 bis Abschnitt 6.4 sind zu protokollieren. Soweit erforderlich sind sie durch Skizzen und fotografische Aufnahmen zu ergänzen.

Die zur Behebung von Mängeln oder Schäden veranlaßten Maßnahmen sowie der Zeitpunkt der Ausführung sind jeweils in die Bauwerksbücher einzutragen.

Bei der Prüfung ist für ausreichende Beleuchtung zu sorgen.

Sollte sich bei Bauarbeiten die Gelegenheit ergeben, z. B. bei Erneuerung des Brückenbelages, an sonst schwer bzw. nicht zugänglichen Stellen eine Prüfung durchzuführen, ist diese wahrzunehmen.

Die Prüfungen sind aufgeteilt in:

– Einfache Prüfungen (siehe Abschnitt 6.1),
– Hauptprüfungen (siehe Abschnitt 6.2),
– Prüfungen aus besonderem Anlaß (siehe Abschnitt 6.3) und
– Prüfungen nach besonderen Vorschriften (siehe Abschnitt 6.4).

Mit den Prüfungen ist ein sachkundiger Ingenieur zu betrauen, der auch die statischen und konstruktiven Verhältnisse der Bauwerke beurteilen kann. Ihm müssen je nach Größe der zu prüfenden Bauwerke Hilfskräfte und entsprechendes Gerät zur Verfügung stehen.

Die erste Hauptprüfung ist vor der Abnahme der Bauleistung, die zweite Hauptprüfung vor Ablauf der Verjährungsfrist für Gewährleistungsansprüche durchzuführen (siehe Abschnitt 6.2).

Die Prüfungen nach Abschnitt 6.3 ersetzen weder die einfachen noch die Hauptprüfungen.

6.1 Einfache Prüfung

Die einfachen Prüfungen sind in **Zeitabständen von 3 Jahren**, an Holzbauwerken jedoch jährlich – soweit vertretbar ohne Verwendung besonderer Rüstungen – nach den Abschnitten 6.1.1 bis 6.1.2.13 vorzunehmen. Die Lichtraumprofile sind dabei zu kontrollieren.

Werden bei einer einfachen Prüfung bedenkliche Mängel, Schäden oder Hinweise auf erhebliche Veränderungen gegenüber dem letzten Prüfbefund festgestellt, so ist diese ganz oder teilweise auf den Umfang einer Hauptprüfung zu erweitern.

6.1.2 Zustand

Der Zustand der Bauwerke wird durch die Festlegungen in den Abschnitten 6.1.2.1 bis 6.1.2.13 überprüft.

6.1.2.1 Gründungen

Die Bauwerke sind auf Hinweise etwa eingetretener Setzungen, Kippungen, Unterspülungen und Auskolkungen zu prüfen.

Unterbauten im Wasserwechselbereich sind bei niedrigen Wasserständen zu prüfen. Dies gilt insbesondere für Holzkonstruktionen.

Sind Anzeichen vorhanden, die auf eine chemische Verunreinigung des Grund- oder Oberflächenwassers schließen lassen, so ist zu prüfen, ob das Wasser für das Bauwerk schädliche Eigenschaften besitzt.

6.1.2.2 Massive Bauteile

Mauerwerk, Beton, Stahlbeton- und Spannbetonbauteile sind auf Risse, Ausbauchungen, Durchfeuchtungen, Ausblühungen, Rostverfärbungen, Hohlstellen und Abplatzungen zu prüfen.

Stellen mit Rostverfärbungen sind bei einfacher Zugänglichkeit auch auf Hohlstellen abzuklopfen. Der Zustand des Oberflächenschutzes ist zu prüfen.

Auf freiliegende Bewehrung ist zu achten.

Rißbreiten, insbesondere im Bereich von Arbeitsfugen, und Abplatzungen sind bei einfacher Zugänglichkeit zu messen. Bedenkliche Risse sind auf weitere Bewegungen zu kontrollieren (z. B. durch geeignete Meßmarken mit Datumsangabe).

Auflagerbereichen ist besondere Aufmerksamkeit zu widmen.

Das Mauerwerk ist auf einwandfreien Zustand der Fugen zu prüfen.

6.1.2.3 Stahl- und andere Metallkonstruktionen

Stahlkonstruktionen sind auf Risse und Verformungen (Verbiegungen und Verbeulungen), insbesondere die Anschlüsse auf festen Sitz, die Schweißnähte auf offensichtliche Risse zu prüfen.

Die Konstruktionen sind insbesondere im Bereich der Schweißnähte auf offensichtliche Risse, Schrauben und Niete stichprobenweise auf festen Sitz zu überprüfen.

Alle Stahlteile, auch die Anschlüsse von Seilen, Kabeln und Hängern, sind auf offensichtliche Korrosion zu untersuchen; Grad und Umfang sind anzugeben.

Zu den Konstruktionen gehören auch ortsfeste Besichtigungseinrichtungen wie Stege, Podeste, Leitern, Treppen und die Stahlkonstruktionen beweglicher Besichtigungseinrichtungen.

Sinngemäß gleiche Untersuchungen sind bei anderen Metallkonstruktionen vorzunehmen.

6.1.2.6 Lager, Übergangskonstruktionen und Gelenke

Lager, Übergangskonstruktionen und Gelenke sind stets zu prüfen auf:

- Funktion (z. B. Beweglichkeit, Dichtigkeit),
- Zustand (z. B. Sauberkeit, Korrosion, Schäden, planmäßige Stellung, Verformungen von Konstruktionsteilen, lose Verankerungen, Hämmern).

Anzeigevorrichtungen für die Stellung beweglicher Lager sind abzulesen bzw. die Lagerstellung einzumessen. Diese Werte sind mit den Angaben der am Bauwerk gemessenen Temperaturen und Luftschattentemperatur z. Z. der Ablesung in den Prüfbefunden festzuhalten.

6.2 Hauptprüfung

Jedes sechste Jahr sind die Bauwerke einer Hauptprüfung zu unterziehen. Die Hauptprüfung ersetzt die einfache Prüfung.

Die Hauptprüfung umfaßt sämtliche für einfache Prüfungen vorgeschriebene Untersuchungen. Außerdem sind bei den Hauptprüfungen auch die schwer zugänglichen Bauwerksteile, gegebenenfalls unter Zuhilfenahme von Besichtigungseinrichtungen, Rüstungen und ähnlichem zu prüfen. Abgedeckte Bauwerksteile (z. B. Schutzhauben bei Seilen, **Lagermanschetten,** Schutzhüllen, Schachtabdeckungen und ähnliches) sind zu öffnen. Die einzelnen Brückenteile sind, soweit nötig, vor dieser Prüfung sorgfältig zu reinigen, um auch versteckte Schäden auffinden zu können.

6.2.1 Gründungen

Die Bauwerke sind zu prüfen, ob Setzungen, Kippungen, Unterspülungen und Auskolkungen vorhanden sind. Soweit notwendig, sind Messungen, Peilungen oder ähnliches des Flußbettes einschließlich des Kolkschutzes gegebenenfalls mit Tauchereinsatz vorzunehmen. Auch die Bauteile unter Wasser sind zu prüfen.

6.2.2 Massive Bauteile

Abplatzungen im Bereich von Spanngliedern und Risse parallel dazu sind, soweit notwendig, bis zur Spannbewehrung punktuell zu verfolgen.

Bei bedenklichem Zustand des Betons sind Karbonatisierungstiefe, Betondeckung und Rostgrad der Bewehrung festzustellen und Materialproben zu entnehmen.

Besondere Aufmerksamkeit ist Auflagerbereichen bei indirekter Kraftabtragung sowie früher sanierten Bereichen zu widmen.

6.2.3 Stahl- und andere Metallkonstruktionen

Verformungen (Verbiegungen und Verbeulungen) sind aufzumessen. Bei Stahlkonstruktionen sind alle Niete zu überprüfen. Ein Abklopfen ist erforderlich, wenn durch Risse in der Beschichtung am Rande des Nietkopfes oder durch Rosterscheinungen an diesen Stellen anzunehmen ist, daß der Niet lose ist. Das Gewicht des Abklopfhammers darf 300 g nicht überschreiten. Schraubenverbindungen sind auf festen Sitz der Muttern und hochfeste Schrauben durch Stichproben auf verlangte Klemmwirkung zu prüfen.

Bei geschweißten Konstruktionen sind alle Schweißnähte zu besichtigen, verschmutzte Nähte sind zu reinigen. An verdächtig erscheinenden Stellen ist die Beschichtung zu beseitigen und die Prüfung mit geeigneten Mitteln durchzuführen.

Alle losen oder mangelhaften Niete und Schrauben, alle Risse in den Schweißnähten und alle Schäden an den einzelnen Teilen sind deutlich zu kennzeichnen.

5.4.5 Zusätzliche „Vorschriften" des öffentlichen Bauherrn

In Deutschland sind für den Bereich „Brückenlager" 2 zusätzliche Regelwerke zu beachten:

1. ZTV – K 88
Ausführlicher Titel: Zusätzliche Technische Vertragsbedingungen für Kunstbauten (Bundesministerium für Verkehr, Deutsche Bundesbahn)*

In Anbetracht dessen, daß an der Erstellung der Norm DIN 4141 auch Mitarbeiter der bauenden Verwaltung beteiligt waren, wurden von Ausgabe zu Ausgabe weniger Bestimmungen für Lager in die ZTV-K zugunsten entsprechender Normenregelungen aufgenommen. Da von Zeit zu Zeit eine Überarbeitung erfolgt, muß es dem Leser überlassen bleiben, sich über die Aktualität des nachfolgenden Auszugs Gewißheit zu verschaffen:

9. Lager, Gelenke, Übergänge und Geländer

Es gelten, außer für Betongelenke, DIN 4141, DIN 17100, DIN 17440, DIN 18800 Teil 7 und DIN 18809. Für Korrosionsschutz gilt Abschnitt 10.1 entsprechend.

9.1 Lager

9.1.1 Allgemeines
Es dürfen nur allgemein bauaufsichtlich zugelassene Lager oder nach DIN-Vorschriften und DS 804 entwickelte Konstruktionen verwendet werden. Für Materialgüten und Fertigung ist dem Auftraggeber die Fremdüberwachung nachzuweisen.

Die Aufnahme der Horizontalkräfte im angehobenen Zustand, insbesondere beim Ausbau der festen Lager ist nachzuweisen und durch geeignete Maßnahmen sicherzustellen. Beim Anheben von Überbauten sind Pressen mit Stellring und Kalottenkopf zu verwenden.

Die Anhebeanweisungen sind zur Prüfung vorzulegen. Unter- und Überbauten sind so zu dimensionieren, daß bei jeder Lagerstellung die Hubpressen ohne zusätzliche Hilfsgerüste auf den Unterbauten angesetzt werden können.

Bei horizontal elastischer Lagerung oder bei Anordnung mehrerer Festpunktpfeiler ist der Gesamtruhepunkt mittels Grenzbetrachtung aller maßgebenden Steifigkeiten zu ermitteln. Bei der Bemessung der Bauwerke ist unabhängig von der eingebauten Lagerart eine Lagerreibung von mindestens 3 % der Auflast anzusetzen, wenn sich dadurch ungünstigere Schnitt- und Verformungsgrößen ergeben.

Obere und untere Lagerplatten sind durch lösbare Halterungen zu befestigen, um das gesamte Lager auswechseln zu können.

Die Parallelität zwischen Ober- und Unterteil des Lagers ist sicherzustellen. Durchbiegungen der Lagerplatten, auch im Bauzustand, sind durch geeignete Maßnahmen zu verhindern.

Zusätzliche Platten (Futterplatten) zur Höhenkorrektur sind nur vorzusehen, wenn sie unumgänglich notwendig sind. Sie müssen grundsätzlich planparallel sein, was – in Abhängigkeit von der Plattendicke und -größe – i. a. nur durch mechanische Bearbeitung zu erreichen ist.

Wenn Futterplatten angeordnet werden müssen, sind in der Regel (z. B. bei Massivbrücken) auch gleichzeitig Ankerplatten anzuordnen. Die Ankerplatten müssen an den Seiten, die den Futterplatten zugewandt sind, planeben sein. Die oberen Lagerplanen, bei Gleitlagern z. B. die Gleitplatten, sind mechanisch planparallel zu bearbeiten. Obere Lager-, Futter- und Ankerplatten sind vor dem Einbau als ganzes miteinander zu verschrauben.

Die endgültigen Lager dürfen beim Abstapeln von Stahlverbundbrücken nicht als Hilfslager verwendet werden.

Die Lagerprotokolle nach DIN 4141, Teil 4, Abschnitt 5, sind dem Auftraggeber zu übergeben.

9.1.2 Verformungslager (Elastomerlager)
Bewehrte Elastomerlager dürfen nur verwendet werden, wenn ihre Herstellung nachweislich der Überwachung (Guteüberwachung), bestehend aus Eigen- und Fremdüberwachung, unterliegt.

Verformungslager dürfen nur zwischen Ankerplatten eingebaut werden. Die Ankerplatten müssen zusätzlich um den Betrag der bleibenden Verformung des Überbaues vergrößert werden, um eine spätere Auswechslung des Lagers zu erleichtern.

---

* Quelle: Verkehrsblatt-Verlag, Hohe Straße 36, 44139 Dortmund

5.4 Brückenbau

Tabelle 10
Temperaturbereiche

Brückenart	fiktive höchste Temperatur	fiktive tiefste Temperatur
Stählerne Brücken und Stahlverbundbrücken	+75 °C	−50 °C
Massive Brücken und Brücken mit einbetonierten Walzträgern	+50 °C	−40 °C

9.2 Gelenke

9.2.1 Betongelenke
Es gelten DIN 1045 und EB DIN 1045
Ungeschützte Betongelenke dürfen im Erdreich und/oder im Einflußbereich von korrosionsfördernden Medien, z.B. Tausalze, nicht verwendet werden.

9.2.2 Bleigelenke
Bleigelenke dürfen nicht verwendet werden.

2. DS 804
Vorschrift für **E**isenbahnbrücken und sonstige **I**ngenieurbauwerke (VEI)*

Die Bundesbahn hat ein eigenes technisches Regelwerk, dessen einzelne Blätter gegen neue ausgetauscht werden können. Zu jeder, mit Elementnummern versehenen Regel wird außerdem die Hintergrundinformation gespeichert, so daß jederzeit hinterfragt werden kann, worauf sich eine Regel abstützt, unabhängig davon, ob der für die Regel-Formulierung Verantwortliche noch verfügbar ist. Hinter dieser für die Verwendung außerordentlich nützlichen Methode verbirgt sich das sog. Siebke-Konzept, das leider in gleicher Weise für die wesentlich komplexere Normengestaltung nicht übernommen werden konnte, da man den ohnehin schon großen Aufwand nicht ins Unfinanzierbare steigern wollte.

DS 804 verweist, wo immer es möglich ist, auf vorhandene Regelwerke, regelt also nur Additives.

Auch hier gilt, daß es dem Anwender überlassen bleiben muß, sich zu vergewissern, ob wesentliche Teile noch aktuell sind.

Auszüge aus: DS 804

Wärmewirkungen in Lagern und Fahrbahnübergängen

64 – Der Ermittlung von Bewegungen an Lagern (ausgenommen Verformungslager) und Fahrbahnübergängen aus Wärmewirkungen sind fiktive Temperaturbereiche nach Tabelle 10 zugrundezulegen.

Wird während des Bauvorganges der Festpunkt eines Tragwerkes geändert, so sind die zusätzlichen Unsicherheiten durch Vergrößerung der in der Tabelle 10 angegebenen Temperaturbereiche nach oben und unten bei stählernen Brücken und Stahlverbundbrücken um je 15 K und bei massiven Brücken um je 10 K bei der Berechnung für den endgültigen Zustand abzudecken.

In Bauzuständen und wenn Lager bzw. Fahrbahnübergänge erst nach Herstellung der Verbindung des Tragwerkes mit dem endgültigen festen Lager aufgrund von Messungen der mittleren Bauwerkstemperatur genau eingestellt werden, dürfen die in der Tabelle 10 angegebenen Temperaturbereiche um je 15 K bzw. 10 K verkleinert werden.

Bei einteiligen Tragwerken mit Schienenauszügen über beiden Tragwerksenden und Festpunktsgruppen in Tragwerksmitte darf der Temperaturbereich für die Ermittlung der Schienenauszugsbewegungen nicht abgemindert werden.

Die Bewegungen an Lagern und Fahrbahnübergängen aus Kriechen und Schwinden sind – soweit ungünstig wirkend – mit dem 1,3fachen Wert nach DIN 4227, Teil 1, zu berücksichtigen.

Bei Verformungslagern ist der Einfluß der Wärmewirkungen auf die Verschiebung in Lagerebene nach den Abs. 60 bis 62 anzunehmen. Die Bewegungsanteile aus Kriechen und Schwinden sind nicht zu erhöhen.

Erläuterungen zu 64
Unter Verformungslager ist lediglich das Lagerkissen zu verstehen. Für die ggf. parallel zur Ver-

---
* Bezug: Drucksachenverlag der Bahn AG, Friedrichstr. 81–82, 10117 Berlin

schieberichtung bei den beweglichen Lagern notwendige Festhaltekonstruktion gelten die Regelungen wie für die Lager allgemein; damit sind die Werte der Tabelle 10 maßgebend.

Unter Fahrbahnübergängen sind zu verstehen: Querfugenkonstruktionen und Schienenauszugsvorrichtungen.

Die Temperaturbereiche der Tabelle 10 enthalten für Unsicherheiten bei Bestimmung der Aufstelltemperatur Zuschläge von ± 15 K bei Stahlbrücken und von ± 10 K bei Massivbrücken. Ist beim Einstellen der Lager oder Fahrbahnübergänge aufgrund des Bauverfahrens von einer vorläufigen Annahme für die Aufstelltemperatur ausgegangen worden und reichen diese Zuschläge im Einzelfall nicht aus, muß die Einstellung berichtigt werden.

Die für den Fall des Festpunktwechsels angegebene Rechenregelung gilt unabhängig davon, wie oft der Festpunkt gewechselt wird; ihre Sicherheit setzt voraus, daß die für Bauzustände angegebenen Temperaturbereiche in jedem Fall voll abgedeckt sind.

Werden Lager bzw. Fahrbahnübergänge erst nach dem Herstellen der Verbindung mit dem endgültigen festen Lager genau eingestellt, genügen auch im Falle eines Festpunktwechsels bei der Berechnung des Endzustandes die verkleinerten Temperaturbereiche.

Vgl. auch Abs. 393.

Zum Nachweis ausreichender Auszugslängen von Schienenauszügen vgl. Abs. 175A.

Die Haupteinflüsse auf die Bewegungen an Schienenauszügen sind in **Anlage 4A** dargestellt.

Bei einteiligen Tragwerken mit Schienenauszügen über beiden Tragwerksenden ist eine genaue Einstellung und die Vorhersage des Verhaltens der elastischen Horizontalunterstützungen (Festpunktgruppe) in der Tragwerksmitte oft sehr schwierig.

Eine Festpunktsgruppe besteht aus mehreren fest mit dem Tragwerk verbundenen Pfeilern.

Verschiebungswiderstände von Lagern

75 – Die Verschiebungswiderstände von Lagern sind zu berücksichtigen, sofern sie belastend wirken. Sie sind in jeder möglichen Bewegungsrichtung der beweglichen Lager anzunehmen. Die erforderlichen Rechengrößen der Verschiebungswiderstände, die von der Bauart der Lager abhängen, sind DIN 4141 und den allgemeinen bauaufsichtlichen Zulassungen zu entnehmen.

Erläuterungen zu 75

Verschiebungswiderstände von Lagern sind Bewegungswiderstände (Roll- und Gleitwiderstand) von Bewegungselementen und Verformungswiderstände gegen Verschieben von Verformungselementen.

Es ist zu beachten, daß bei gekrümmten Brücken die Bewegungsrichtung eines beweglichen Lagers nicht mit der Richtung der Tragwerksachse ober den Lagern übereinzustimmen braucht.

Bewegungswiderstände von Lagern

76 – Die Bewegungswiderstände der Lager sind mit der lotrechten Lagerkraft aus den ständigen Lasten und dem Lastbild UIC 71 ohne Schwingfaktor zu berechnen. Bewegungswiderstände, die entlastend wirken, sind hierbei nicht zu berücksichtigen.

Bei stählernen Lagern aus St 37, St 52 oder Stahlguß ist, sofern kein Zulassungsbescheid vorliegt, der Bewegungswiderstand

– bei Rollenlagern   zu 0,05
– bei Gleitlagern   mit der Paarung Stahl/Stahl
                     (vgl. Abs. 253) zu 1,00

anzunehmen.

Werden Gleitlager mit der Paarung Stahl/Stahl in Bauzuständen verwendet und dafür Sorge getragen, daß während der Einbauzeit ihre Funktionsfähigkeit unverändert erhalten bleibt darf der Bewegungswiderstand auf 0,05 reduziert werden.

Erläuterungen zu 76

Durch Korrosion und Abnutzung sowie Verschmutzung kann der Bewegungswiderstand bei Gleitlagern beträchtlich anwachsen.

Die Anwendung des Bewegungswiderstandes von 0,05 setzt voraus, daß die Gleitflächen vor Korrosion und Verschmutzung geschützt werden.

Reaktionskräfte aus Verschiebungswiderständen am festen Lager

77 – Die Reaktionskräfte aus Verschiebungswiderständen der beweglichen Lager sind am festen Lager anzusetzen.

Reaktionskräfte aus Verschiebungswiderständen und Anfahr- und/oder Bremslasten sind zu überlagern.

Die Überlagerung der Bewegungswiderstände (vgl. Erläuterungen zu 75) mit Anfahr- und/oder Bremskräften darf unterbleiben bei Brücken – nicht jedoch bei deren Bauteilen für Längskraftkopplungen –

– *die aus einem oder mehreren Einfeldträgern bestehen*
– *als Durchlaufträger mit einer Länge $l \leqq 120$ m vom festen Lager aus gemessen*

5.4 Brückenbau

– als Durchlaufträger mit einer Länge l > 120 m vom festen Lager aus gemessen, wenn an den beweglichen Lagern die Unterbauten durch den Bewegungswiderstand bei ständiger Last um weniger als 2 mm horizontal verschoben werden.

Die Kräfte aus dem Bewegungswiderstand an den beweglichen Lagern dürfen bei der Überlagerung mit Anfahr- und/oder Bremskräften um den Betrag reduziert werden, um den sich infolge der gesamten horizontalen Überbaubewegung beim Anfahren und/oder Bremsen die jeweiligen horizontalen Auflagerkräfte entsprechend ihrer horizontalen Auflagersteifigkeit vermindern.

Die Kraft aus dem jeweiligen Bewegungswiderstand am einzelnen Unterbau darf nicht um mehr als ihren größten Betrag bei ständiger Last abgemindert werden.

Erläuterungen zu 77

Bei Anordnung der festen Lager auf waagerecht elastischen Stützungen erzeugt die Anfahr- und/oder Bremskraft Pfeilerverformungen, die zu einer Abminderung der horizontalen Reaktionskräfte gegenüber der Summe aus Bewegungswiderständen der Lager und Anfahr- und/oder Bremslasten führen.

Ist der Verformungsanteil beweglicher Lager groß gegenüber der Unterbauverformung, so sind nur geringe Abminderungen der Reaktionskräfte aus Bewegungswiderständen der Lager zu erwarten.

10 Bemessung besonderer Bauteile

Bemessung der Lager allgemein

225 – Die Lager sind für alle lotrechten und waagerechten Beanspruchungen zu bemessen, die bei den maßgebenden Lastfällen während der Errichtung und im Gebrauch des Bauwerks auftreten können.

Horizontale Auflagerlasten quer zur Tragwerkslängsachse, z. B. aus Wind, Seitenstoß oder Fliehkraft, sollen in jeder Auflagerachse durch ein in Querrichtung festes Lager aufgenommen werden.

Bei Tragwerken von Eisenbahnbrücken sind die Horizontallasten stets durch feste Lager aufzunehmen. DIN 4141, Lager im Bauwesen, ist zu beachten.

Tragwerke von Eisenbahnbrücken mit einer Gesamtlänge von nicht mehr als 25 m dürfen, bei durchgehend verschweißtem Gleis, auch „schwimmend", d. h. in Brückenlängsrichtung elastisch gelagert werden, wenn sie in Querrichtung zur Gleisachse mechanisch festgehalten werden. Die Lagerkräfte aus Bremsen und Anfahren sind dabei, soweit sie ungünstig wirken, aus einer Überbauverschiebung von 3 mm in Richtung der Brems- oder Anfahrkraft zu ermitteln.

Rollenlager müssen zentrisch belastet werden.

Erläuterungen zu 225

Lotrechte und waagerechte Beanspruchungen können sich ergeben aus vertikalen und horizontalen Auflasten, ferner aus Verdrehungen und Verschiebungen. Letztere können sich z. B. ergeben aus Wärmewirkungen, Schwinden und Kriechen, Vorspannen, infolge des Endtangentendrehwinkels und aus Verdrehungen und Verschiebungen der Stützungen.

Elastomerlager ohne mechanische Verformungsbegrenzung gelten nicht als feste Lager.

Unter der Voraussetzung, daß ein durchgehend geschweißtes Gleis vorhanden ist, gilt die Regelung über „schwimmende" Lagerung auch für Hilfsbrücken in dem genannten Stützweitenbereich.

Unter einem durchgehend geschweißten Gleis ist zu verstehen, daß dieses ohne Unterbrechung noch mindestens 40 m über die Tragwerksenden hinaus im Schotterbett verlegt ist.

Bemessung zulassungspflichtiger Lager

226 – Für die zulassungspflichtigen Lager gelten die allgemeinen bauaufsichtlichen Zulassungen, sofern sie nicht durch diese Vorschrift oder durch Einzelverfügungen eingeschränkt werden.

Zusätzlich zu den Angaben in den allgemeinen bauaufsichtlichen Zulassungen sind folgende Nachweise zu führen

– bei Topflagern
die Aufnahme und Weiterleitung von Horizontalkräften über den Anschluß der Topfwandung an die Bodenplatte hinaus bis in die Mörtelfuge
– bei Rollenlagern
sind die zur Parallelführung der Rollen erforderlichen Zahnleisten und deren Anschlüsse an die Rolle zu bemessen. Dabei ist anzunehmen, daß die in Rollrichtung auftretende Reibkraft auf die Führungsflächen der Zahnleisten wirkt.

Der in den allgemeinen bauaufsichtlichen Zulassungen geforderte Nachweis einer Mindestpressung darf beim Nachweis der Sicherheit gegen Abheben infolge der Ersatzlast 2 für entgleiste Eisenbahnfahrzeuge entfallen.

Zwängungsbeanspruchung bei Linienkipp- und Rollenlagern

227 – Werden Linienkipp- oder Rollenlager verwendet, muß die Zwängungsbeanspruchung in der Auflagerlinie durch Einspannmomente von Lagerquerträgern und -querrahmen bei der Bemessung des Lagers berücksichtigt werden.

In der Auflagerlinie darf eine starre Einspannung angenommen werden, wenn kein genauerer Nachweis über die Nachgiebigkeit der Lagerung geführt wird.

Klaffende Fugen sind zu vermeiden (vgl. Abs. 146).

Starre Auflagerlinien sind auch bei der Bemessung der Auflagerquerträger anzunehmen, soweit sie ungünstig wirken. Eine Entlastung des Feldbereiches des Endquerträgers durch eine auflagerbedingte Einspannung ist nicht anzusetzen.

Hertzsche Pressungen in Lagern

228 – Bei Lagern mit linien- oder punktförmiger Berührung ist die Hertzsche Pressung nachzuweisen. Bei der Bemessung von Gelenkbolzen ist zusätzlich das Biegemoment im Bolzen zu berücksichtigen. Die Verteilung der Pressung in Lagerfugen ist geradlinig anzunehmen.

Zwängungsbeanspruchungen von Ankern

229 – Die Zwängungsbeanspruchung von Ankern infolge Auflagerverdrehung und -verschiebung ist bei der Bemessung zu berücksichtigen.

Erläuterungen zu 229

Durch die Bewegungen des Tragwerks an den verankerten Auflagern können folgende Zwängungsbeanspruchungen in Ankern zusätzlich zur Ankerzugkraft auftreten
– Biegemomente infolge Verschiebung und Verdrehung des Tragwerks
– zusätzliche Normalkräfte bei größeren Verschiebungen infolge der Ankerdehnungen.

Verteilung der Horizontallasten F_x auf die Unterbauten

230 – Bei der Bemessung von Widerlagern und Pfeilern sind die Anfahr- und Bremslasten sowie die Verschiebungswiderstände der Lager auf die zwischen Querfugen vorhandene Breite der Widerlager und Pfeiler als gleichmäßig verteilt anzunehmen. Sofern keine Querfugen vorhanden sind, ist die gesamte Breite der Unterbauten anzunehmen.

12.3 Rechenwerte der Bau- und Werkstoffe

Rechenwerte der Bau- und Werkstoffe

253 – Die Rechenwerte
– lineare Wärmedehnzahl α_T in K^{-1}
– Elastizitätsmodul E in N/mm^2
– Schubmodul G in N/mm^2
– Poisson-Zahl ν

sind den einschlägigen Normen zu entnehmen.

Für Stahl und Beton sind sie der nachstehenden Tabelle zu entnehmen.

Tabelle 22
Rechenwerte für Stahl und Beton

1	2	3	4	5
Bau- und Werkstoffe	α_t in K^{-1}	E in N/mm^2	G in N/mm^2	ν
Stahl Stahlguß	$12 \cdot 10^{-6}$	210000	81000	0,3
Beton B 10 B 15 B 25 B 30 B 35 B 45 B 55	$10 \cdot 10^{-6}$	22000 26000 30000 34000 37000 39000	– – 13000 14000 15000 16000	0,2

Ist der Elastizitätsmodul des Betons für die Trag- und Gebrauchsfähigkeit der Brücke von entscheidender Bedeutung, dann ist rechtzeitig vor Baubeginn durch Eignungsprüfung an der gewählten Betonmischung die Übereinstimmung des Elastizitätsmoduls mit den Berechnungsannahmen zu überprüfen (s. auch DIN 4227/1, Ausg. Juli 88, Abs. 7.3).

Reibungsbeiwerte μ sind im Einzelfall unter Berücksichtigung späterer Betriebsbedingungen durch Versuche zu belegen. Sie bedürfen der Zustimmung der genehmigenden Stelle.

12.4 Zulässige Spannungen, Beanspruchbarkeit und übertragbare Kräfte

Zulässige Spannungen stählerner Tragwerke beim Allgemeinen Spannungsnachweis für Lastfall H und HZ

255 – Die zulässigen Spannungen stählerner Tragwerke beim Allgemeinen Spannungsnachweis für Bauteile, Verbindungsmittel, Lager und Gelenke und beim Stabilitätsnachweis sind für die Lastfälle H und HZ für die Baustähle St 37 und St 52 den Tabellen 24 bis 30 zu entnehmen.

Für hochfeste Baustähle (vgl. Abs. 237) sind die zulässigen Spannungen der DASt-Richtlinie 011 zu entnehmen.

Erläuterungen zu 255

Mit dem allgemeinen Spannungsnachweis wird die Sicherheit gegen Erreichen der Streckgrenze nachgewiesen.

5.4 Brückenbau

Bei Annahme der Streckgrenze für St 37 mit 240 N/mm² und St 52 mit 360 N/mm² ergeben sich näherungsweise die globalen Sicherheitsbeiwerte nach Tabelle 23, die für beide Baustahlsorten gelten.

Auf die Dickenabhängigkeit der Streckgrenze gemäß DIN 17100 wird hingewiesen.

Walztoleranzen und abweichende Werte für die Streckgrenze verändern die Sicherheitsbeiwerte. Die beim Stabilitätsnachweis gegebenen und anzuwendenden Sicherheitszahlen sind in DIN 4114 enthalten.

Tabelle 23
Sicherheitsbeiwerte für Baustähle

Spannungsart	Lastfall H	HZ
Zug, Druck, Schub	1,50	1,33
Vergleichsspannung	1,33	1,25

Tabelle 24
Zulässige Spannungen für Bauteile in N/mm²

1			2	3	4	5
			\multicolumn{4}{	c	}{Werkstoff}
\multicolumn{3}{	c	}{Spannungsart}	St 37		St 52	
			\multicolumn{4}{	c	}{Lastfall}
			H	HZ	H	HZ
1	\multicolumn{2}{	l	}{Druck und Biegedruck, wenn Stabilitätsnachweis für die Bemessung maßgebend ($zul\ \sigma_D$)}	140	160	210	240
2	\multicolumn{2}{	l	}{Zug und Biegezug; Druck und Biegedruck, wenn Stabilitätsnachweis nicht für die Bemessung maßgebend ($zul\ \sigma$)}	160	180	240	270
3	\multicolumn{2}{	l	}{Schub ($zul\ \tau$)}	92	104	139	156
4	\multicolumn{2}{	l	}{Vergleichsspannung ($zul\ \sigma$) (vgl. Abs. 144)}	160	180	240	270
5	Lochleibungsdruck ($zul\ \sigma_l$) bei Verbindung durch	SL	rohe Schrauben (DIN 7990) oder hochfeste Schrauben (DIN 6914) Lochspiel ≦ 1,0 mm – ohne Vorspannung	280	320	420	480
6		SL	hochfeste Schrauben (DIN 6914) Lochspiel ≦ 1,0 mm teilweise Vorspannung: ≧ $0,5 \cdot F_v$ (F_v n. Tab. 30, Spalte 2)	380	430	570	640
7		SLP	Niete (DIN 124 und 302) oder Paßschrauben (DIN 7968) Lochspiel ≦ 0,3 mm	320	360	480	540
8		SLP	hochfeste Paßschrauben (Lochspiel ≦ 0,3 mm) teilw. Vorspannung: ≧ $0,5\ F_v$ (F_v n. Tab. 30, Spalte 2)	420	470	630	710
9		GV, GVP	hochfeste Schrauben (Lochspiel ≦ 1,0 mm) hochfeste Paßschrauben (Lochspiel ≦ 0,3 mm) Vorspannung: $1,0 \cdot F_v$ (F_v n. Tab. 30, Spalte 2)	480	540	720	810

Tabelle 25
Zulässige Scherkräfte *zul Q_{SL}* und *zul Q_{SLP}* je Schraube bzw. Niet und je Scherfläche senkrecht zur Schrauben- bzw. Nietachse in kN

	1	2	3	4	5	6	7	8	9	10	11
		Rohe Schrauben (DIN 7990) Lochspiel = 1,0 mm			Paßschrauben (DIN 7968), Niete (DIN 124 und DIN 302) Lochspiel $\leq$ 0,3 mm						
	Schrau-ben-durch-messer	Scher-fläche	Güte 4.6		Scher-fläche	Paß-schrauben 4.6 Niete St 36		Paß-schrauben 5.6 Niete St 44		Paß-schrauben 10.9	
		$\frac{\pi \cdot d^2}{4}$	Lastfall H	Lastfall HZ	$\frac{\pi \cdot d^2}{4}$	Lastfall H	Lastfall HZ	Lastfall H	Lastfall HZ	Lastfall H	Lastfall HZ
		cm²	kN	kN	cm²	kN	kN	kN	kN	kN	kN
1	M 12	1,13	12,7	14,2	1,33	18,6	21,3	27,9	31,9	37,0	42,5
2	M 16	2,01	22,5	25,3	2,27	31,8	36,3	47,7	54,5	63,5	72,5
3	M 20	3,14	35,2	39,6	3,46	48,4	55,4	72,7	83,0	97,0	111,0
4	M 22	3,80	42,6	47,9	4,15	58,1	66,4	87,2	99,6	17,0	133,0
5	M 24	4,52	50,6	57,0	4,91	68,7	78,6	103,0	118,0	138,0	157,0
6	M 27	5,73	64,2	72,2	6,16	86,2	98,6	129,0	148,0	173,0	197,0
7	M 30	7,07	79,2	89,1	7,55	106,0	121,0	159,0	181,0	212,0	242,0
8	M 36	10,18	114,0	128,3	10,75	151,0	172,0	226,0	258,0	–	–

Tabelle 26
Zulässige übertragbare Zugkräfte *zul Z* je Schraube bzw. je Paßschraube in kN

	1	2	3	4	5	6	7	8
			Schrauben ohne Vorspannung		Schrauben 10.9 mit planmäßiger Vorspannung: 1,0 F_v			
	Schrauben-durch-messer	Spannungs-quer-schnitt A_s cm²	4.6	5.6	Vorwiegend ruhende Belastung		Nicht vorwiegend ruhende Belastung	
			Lastfall H, HZ	Lastfall H, HZ	Lastfall H	Lastfall HZ	Lastfall H	Lastfall HZ
1	M 12	0,84	9,3 10,5	12,6 14,3	35,0	40,0	30,0	35,0
2	M 16	1,57	17,3 19,6	23,6 26,7	70,0	80,0	60,0	70,0
3	M 20	2,45	27,0 30,6	36,8 41,7	112,0	128,0	96,0	112,0
4	M 22	3,03	33,3 37,9	45,5 51,5	133,0	152,0	114,0	133,0
5	M 24	3,53	38,8 44,1	53,0 60,0	154,0	176,0	132,0	154,0
6	M 27	4,59	50,5 57,4	68,9 78,0	203,0	232,0	174,0	203,0
7	M 30	5,61	61,7 70,1	84,2 95,4	245,0	280,0	210,0	245,0
8	M 36	8,17	89,9 102,1	122,6 138,9	–	–	–	–
					$0{,}7 \cdot F_v$[1]	$0{,}8 \cdot F_v$[1]	$0{,}6 \cdot F_v$[1]	$0{,}7 \cdot F_v$[1]

[1] F_v nach Tabelle 30 Spalte 2

Tabelle 27
Zulässige Spannungen für Verbindungsmittel in N/mm^2

1	2	3	4	5	6	7	8	9	10	11	12	13	14	15	16	17	18	19	20
Spannungsart	Niete (DIN 124)				Rohe Schrauben (DIN 7990)		Paßschrauben (DIN 7968)						Ankerschrauben und -bolzen				Maßgebender Querschnitt		
	St 36 für Bauteile aus St 37		St 44 für Bauteile aus St 52		4.6		4.6		5.6		10.9		4.6		5.6				
	\multicolumn{12}{} Festigkeitseigenschaften der Schrauben gemäß DIN ISO 898 Teil 1												Niete	Paßschrauben	Rohe Schrauben / Ankerschrauben / Ankerbolzen
	\multicolumn{16}{} Lastfall																
	H	HZ	H	HZ	H	HZ	H	HZ	H	HZ	H	HZ	H	HZ	H	HZ			
1 Abscheren	140	160	210	240	112	126	140	160	210	240	280	320					Niete	Schaft	Schaft
2 Lochleibungsdruck	\multicolumn{16}{} Es sind hier die zulässigen Spannungen nach Tabelle 24 Zeile 5 bis 9 einzuhalten																Loch	Loch	Loch
3 Zug	50	55	75	80	110	125	110	125	150	170	1)	1)	110	125	150	170	Schaft	Spannungsquerschnitt A_s	

1) siehe Abs. 214

Tabelle 28
Zulässige Spannungen für Schweißnähte in N/mm²

	1	2	3	4		5	6	7	8
						\multicolumn{2}{c}{St 37}	\multicolumn{2}{c}{St 52}
	Nahtart	Bild nach Tabelle 20 Spalte 2	Nahtgüte	Spannungsart		\multicolumn{4}{c}{Lastfall}
						H	HZ	H	HZ
1	Stumpfnaht	Zeile 1	alle Nahtgüten	Druck und Biegedruck	Spannungen quer zur Nahtrichtung	160	180	240	270
2	DHV-Naht	Zeile 2	Nahtgüte nachgewiesen[1]	Zug und Biegezug					
3	HV-Naht mit Kehlnaht	Zeile 3 und 4	Nahtgüte nicht nachgewiesen			135	150	170	190
4	DHY-Naht	Zeile 5	alle Nahtgüten	Druck und Biegedruck		160	180	240	270
5	HY-Naht	Zeile 6		Zug- und Biegezug					
6	HY-Naht Kehlnähte	Zeile 7 Zeile 8 bis 10	alle Nahtgüten	Druck und Biegedruck Zug und Biegezug Schub		135	150	170	190
7	alle Nähte	Zeile 1 bis 10	Alle Nahtgüten	Schub in Nahtrichtung					
8	HY-Naht Kehlnähte	Zeile 7 Zeile 8 bis 10	alle Nahtgüten	Vergleichswert					

Zum Nachweis der Nahtgüte gilt die entsprechende Fußnote in DIN 18800, Teil 1, Ausgabe 03.81, Tabelle 11. Bei Schweißnähten an Bauteilen, für die ein Betriebsfestigkeitsnachweis zu führen ist, siehe Abs. 382.

5.4 Brückenbau

Tabelle 29
Zulässige Spannungen für Lagerteile und Gelenke in N/mm²

1	2	3	4	5	6	7	8	9
Spannungsart	Werkstoff							
	St 37		St 52		GS 52		C 35 N	
	H	HZ	H	HZ	H	HZ	H	HZ
1 Druck, Biegedruck und Biegezug	160	180	240	270	180	200	160	180
2 Berührungsdruck nach Hertz[2)]	650	800	850	1050	850	1050	800	1000
3 Lochleibungsdruck bei Gelenkbolzen	210	240	320	360	240	265	210	240

[2)] Diese Werte gelten für bewegliche Lager mit 1 und 2 Rollen

Tabelle 30
Zulässige übertragbare Kräfte von hochfesten Schrauben je Gleitfläche in GV- und GVP-Verbindungen in kN

1	2	3	4	5	6	7	8	9	10
Schrauben-durch-messer	Vor-spann-kraft F_v	Vorwiegend ruhende Belastung				Nicht vorwiegend ruhende Belastung			
		zul Q_{GV}		zul Q_{GVP}		zul Q_{GV}		zul Q_{GVP}	
		St 37/St 52		St 37/St 52		St 37/St 52		St 37/St 52	
	kN	H	HZ	H	HZ	H	HZ	H	HZ
1 M 12	50,0	20,0	22,5	38,5	43,5	18,0	20,0	36,5	41,0
2 M 16	100,0	40,0	45,5	72,0	82,0	35,5	40,0	67,5	76,5
3 M 20	160,0	64,0	72,5	113,0	128,0	57,0	64,0	106,0	120,0
4 M 22	190,0	76,0	86,5	134,0	153,0	68,0	76,0	126,0	143,0
5 M 24	220,0	88,0	100,0	157,0	179,0	78,5	88,0	147,0	167,0
6 M 27	290,0	116,0	132,0	202,0	231,0	104,0	116,0	190,0	215,0
7 M 30	350,0	140,0	159,0	246,0	280,0	125,0	140,0	231,0	261,0
M 36	540,0	204,0	232,0	355,0	404,0				

In Bauteilen mit vorwiegend ruhender Belastung dürfen gleitfeste Verbindungen auch mit einem Lochspiel von 1 mm $< \Delta d \leq 3$ mm verwendet werden. Es sind dann die Werte der Spalten 3 und 4 dieser Tabelle auf 80 % zu ermäßigen.

15.7 Besondere Bauteile

Anforderungen an Lager

359 – Lotrechte und waagerechte Kräfte müssen über Lager abgetragen werden.

Die Lager müssen entsprechend ihren vorgesehenen Funktionen Verschiebungen und Verdrehungen des Tragwerks in Längs- und Querrichtung ermöglichen. DIN 4141, Lager im Bauwesen, ist zu beachten.

Bei Querverformungen muß auch in Querrichtung das Kippen der Lager möglich sein, andernfalls ist Abs. 227 zu beachten.

Ausbildung der Lager allgemein

360 – Feste und bewegliche Lager sind im allgemeinen als Kipplager auszubilden.

Die einzelnen Lagerteile sollen eine gedrungene Form erhalten und den Wasserablauf nicht behindern.

Die Rollen beweglicher Lager müssen eine Führung erhalten. Die Roll- bzw. Gleitwege der Lager sind über das rechnerische Maß um ± 2 cm zu vergrößern. Wegen der Einstellung der Lager vgl. Abs. 393.

Bei Lagern von Rahmen- und Pendelstützen ist zusätzlich zu beachten, daß die Stützen durch anprallende Fahrzeuge nicht verschoben und nicht aus der Lagerung gehoben werden dürfen. Die unteren Lager sind bodenfrei anzuordnen.

Für die Ausbildung neuer Lagertypen sind die allgemeinen bauaufsichtlichen Zulassungen maßgebend.

Bei Festhaltekonstruktionen von Elastomerlagern soll das zulässige Lagerspiel nicht mehr als 2 mm betragen. Die Kraftübertragungsflächen der Festhaltekonstruktionen für horizontale Lasten sind spanabhebend zu bearbeiten.

Durch geeignete Zwischenlagen in allen Anlageflächen ist beim Zusammenbau des Lagers sicherzustellen, daß das Lagerspiel bis zur Inbetriebnahme zur Verfügung steht.

Bei Elastomerlagern mit Festhaltekonstruktionen für eine Achse müssen bei Tragwerken mit Dehnlängen über 25 m die Führungsflächen für Bewegungen in Brückenlängsrichtung mit Gleitpartnern entsprechend der Zulassung für Gleitlager ausgeführt werden.

Der Lagerhersteller muß eine Gleitlagerzulassung besitzen.

Gleitflächen von Gleitlagern sind durch abnehmbare Faltenbälge zu sichern.

Bei allen Gleitlagern sind Meßmöglichkeiten für die Gleitspaltmessung vorzusehen. Bei Kalotten- und Topfgleitlagern sind die Meßstellen nach den Richtzeichnungen des BMV Lag 2 bis Lag 5 auszuführen.

Erläuterungen zu 360
Zusätzliche Angaben sind in der ZTV-K88 enthalten.

Mit der Forderung nach bodenfreier Anordnung der Lager, d. h. über der Nutz- bzw. Straßenfläche, soll eine Funktionsbehinderung durch Verschmutzung vermieden werden.

Unter Lagerspiel ist hier die Bewegungsmöglichkeit von einer Extremlage zur anderen zu verstehen.

Geeignete Zwischenlagen in den Anlageflächen können Streifen aus Elastomer sein.

Unter Dehnlänge ist der Abstand vom festen Lager zum beweglichen Führungslager zu verstehen.

Konstruktion und Anordnung von Lagerstellungsanzeigen sind in der Richtzeichnung (Rz) „Lag 1" des BMV beschrieben.

Zugänglichkeit, Nachstellbarkeit und Auswechselbarkeit der Lager

361 – Die Lagerkörper sollen jederzeit leicht zugänglich sein (Rz FÜB – vgl. Ds 804 00 10). Für das Besichtigen, das Auswechseln oder das Nachrichten der Lager sind Räume oder Nischen für Pressen zum Anheben der Tragwerke vorzusehen. Wo Setzungen der Widerlager und/ oder Pfeiler zu erwarten sind und eine Wiederherstellung der planmäßigen Stützbedingungen vorgesehen ist (vgl. Abs. 28) müssen entsprechende Vorkehrungen für einen Höhenausgleich getroffen werden.

Die Lager und ihre Befestigungen sind baulich so durchzubilden, daß das Auswechseln des ganzen Lagers oder das Auswechseln einzelner Teile, die dem Verschleiß unterliegen, möglich ist. Beim Höhenausgleich oder beim Auswechseln von Lagern und Lagerteilen sind die erforderlichen Oberflächengenauigkeiten der Kontaktflächen zu beachten. Futterplatten müssen planparallel sein. Sie dürfen nur dann verwendet werden, wenn gleichzeitig obere Ankerplatten eingebaut werden. Die an den Futterplatten anliegenden Flächen der oberen Anker- und Lagerplatten sind planparallel herzustellen.

Obere Lager-, Futter- und Ankerplatten sind vor dem Einbau als ganzes miteinander zu verschrauben.

Die Auflagerbank ist so auszubilden, daß die vertikalen Pressenkräfte aufgenommen und mögliche Horizontalkräfte, die nach Abschnitt 3 anzusetzen sind, abgeleitet werden können.

Die Pressenaufstell- und -ansatzpunkte sind am Bauwerk dauerhaft zu markieren.

Erläuterungen zu 361
An den Endquerträgern müssen die Tragwerke durch Pressen angehoben werden können, z. B.

um Auflagerteile auszuwechseln. Zu den auszuwechselnden Teilen gehören auch die Verformungslager und die Festhaltekonstruktionen der Verformungslager.

Die Endquerträger werden zur Einleitung von Kräften ausgesteift (vgl. Abs. 324).

Durch geeignete Maßnahmen, wie z.B. Vertiefungen in der Auflagerbank oder besondere bewehrte Betonrippen auf der Auflagerbank, gegen deren Flanken kraftschlüssig abgestützt werden kann, wird die Möglichkeit des Ableitens von Horizontalkräften geschaffen.

Somit können jederzeit Hilfslager eingebaut und Reparaturarbeiten an den Brückenlagern ohne Betriebsbehinderung durchgeführt werden.

Die Forderung nach der Auswechselbarkeit der Lager bzw. der Lagerteile gilt auch für Verformungslager. Bei ihnen wird die Anzahl der auszuwechselnden Teile vermindert, wenn die Horizontallasten Führungs- bzw. Festpunktlagern zugewiesen werden.

Planparallele Flächen lassen sich i.a. nur durch mechanische Bearbeitung erreichen.

Für den Lageraustausch bei Brücken der Neubaustrecken der DB sind Richtzeichnungen mit Erläuterungsberichten vorhanden.

Toleranzwerte für Lagerteile

392 – Die Berührungsflächen der Lager- und Ankerplatten von Festhaltekonstruktionen bei Elastomerlagern sind so vorzubereiten, daß nach dem Zusammenbau folgende Toleranzen eingehalten werden:

- $f = 0,002 \cdot l_1$; hierbei bedeuten
  f maximale senkrechte Abweichung vom vollflächigen Kontakt der Berührungsflächen (vgl. Bild 62)
  l_1 parallel zum klaffenden Rand vorhandene Plattenlänge
- $e = 0,1 \cdot l_2$; hierbei bedeuten
  e Tiefe des Spaltes
  l_2 rechtwinklig zum klaffenden Rand vorhandene Plattenlänge

Die Fugen sind durch Verpressen zu schließen. Das Verpreßmaterial muß mit dem Anstrich der Stahlteile verträglich sein. Der Eingriff von Befestigungselementen (z.B. Dübelscheiben) darf durch den Spalt nicht beeinträchtigt werden.

Erläuterungen zu 392
Bild 62
Toleranzen in den Berührungsflächen von Lagerplatten (ist identisch mit Bild 1 in DIN V 4141 Teil 13, s. dort)

Transport, Einbau und Einstellung der Lager und Fahrbahnübergänge

393 – Für den Transport, den Einbau und das Einstellen der Lager sind die Bestimmungen der DIN 4141, Teil 4, der ZTV-K und die besonderen Bestimmungen der Zulassungsbescheide für Lager zu beachten.

Für das Einstellen der Lager und Fahrbahnübergänge ist die beim Herstellen der endgültigen Verbindungen mit dem festen Lager vorhandene mittlere Bauwerkstemperatur zugrunde zu legen.

Wird das Tragwerk auf den Lagern betoniert, so müssen auch die Abbindetemperaturen des Betons beachtet werden.

Lagerfugen

394 – Zwischen Lager und Auflagerbank ist eine Lagerfuge aus Zementmörtel oder Kunststoffmörtel herzustellen. wenn mögliche Bautoleranzen ausgeglichen werden sollen. Die Fugendicke darf hierbei nicht weniger als 2 cm und soll nicht mehr als 5 cm betragen.

Erläuterungen zu 394
Für die Mörtelfugen ist speziell DIN 4141, Teil 4, Abs. 4.6 zu beachten.

Anordnung von Lagerdollen

395 – Die zur Aufnahme der Horizontalkraft vorzusehenden Dollen sind parallel zur Kraftrichtung anzuordnen.

Besondere Bestimmungen für Eisenbahnbrücken und sonstige Ingenieurbauwerke auf Nebenbahnen ohne Reisezugbetrieb mit einer Höchstgeschwindigkeit bis zu 50 km/h

2 Bemessung

Verzicht auf bewegliche Lager

4 – Anstelle der Ausbildung von festen und beweglichen Lagern darf bei einer Stützweite bis zu höchstens 25 m eine „schwimmende" Lagerung vorgesehen werden (vgl. Abs. 225 der DS 804).

5.5 Hochbau

Verglichen mit dem Brückenbau steht für den Hochbau eine ähnliche Anzahl von Regeln für die Verwendung von Lagern nicht zur Verfügung. Neben gelegentlicher Erwähnung in DIN 1045 gibt es einige Regeln in der Mauerwerksnorm DIN 1053, Teile 1 und 3, die nachfolgend wiedergegeben werden.

Auszug aus: DIN 1053, Teil 1

8.1.4 Anschluß der Wände an die Decken und den Dachstuhl

8.1.4.1 Allgemeines
Umfassungswände müssen an die Decken entweder durch Zuganker oder durch Reibung angeschlossen werden.

8.1.4.2 Anschluß durch Zuganker
Zuganker (bei Holzbalkendecken Anker mit Splinten) sind in belasteten Wandbereichen, nicht in Brüstungsbereichen, anzuordnen. Bei fehlender Auflast sind erforderlichenfalls Ringanker vorzusehen. Der Abstand der Zuganker soll im allgemeinen 2 m, darf jedoch in Ausnahmefällen 4 m nicht überschreiten. Bei Wänden, die parallel zur Deckenspannrichtung verlaufen, müssen die Maueranker mindestens einen 1 m breiten Deckenstreifen und mindestens zwei Deckenrippen oder zwei Balken, bei Holzbalkendecken drei Balken, erfassen oder in Querrippen eingreifen.

Werden mit den Umfassungswänden verankerte Balken über einer Innenwand gestoßen, so sind sie hier zugfest miteinander zu verbinden.
Giebelwände sind durch Querwände oder Pfeilervorlagen ausreichend auszusteifen, falls sie nicht kraftschlüssig mit dem Dachstuhl verbunden werden.

8.1.4.3 Anschluß durch Haftung und Reibung
Bei Massivdecken sind keine besonderen Zuganker erforderlich, wenn die Auflagertiefe der Decke mindestens 100 mm beträgt.

Auszug aus: DIN 1053, Teil 3, Seite 3

4.2 Lasteinleitung

Die Auflagerkräfte von bewehrtem Mauerwerk sollen in direkter Lagerung auf Druck eingeleitet werden. Falls dies nicht möglich ist, müssen die Auflagerkräfte durch ausreichend verankerte Bewehrung aufgenommen werden.
Bei Balken und wandartigen Trägern, die außer ihrer Eigenlast Lasten abzutragen haben, müssen diese Lasten im Bereich der Biegedruckzone oder oberhalb davon eingetragen werden, wenn keine ausreichende Aufhängebewehrung zur Übertragung dieser Lasten bis in die Höhe der Biegedruckzone vorhanden ist.

5.6 Die Normensituation im Ausland (Europa)

5.6.1 Vorbemerkung

Die nachfolgenden Angaben sind eine „Momentaufnahme" ohne Anspruch auf Vollständigkeit. In der Regel gibt es in anderen Ländern keine speziellen Normen für Lager oder Brückenlager, ein Defizit, dem in Europa künftig durch eine CEN-Norm abgeholfen werden wird.

Maßstab für die Auswahl der Länder war die Mitarbeit an der CEN-Norm. Es kann davon ausgegangen werden, daß das Regelungsdefizit bei den Ländern, über die nicht berichtet wird, noch größer ist.

Ein Bericht über die Tschechische Republik wurde aufgenommen, um exemplarisch zu zeigen, wie die Situation in einem ehemaligen Ostblockland ist. Gedanklich war man dort schon weiter als wir jetzt in Deutschland sind, der Grenzlastnachweis war bereits Routine.

Im Ausland ist in aller Regel noch nicht der Stand der Lagertechnik, wie er in diesem Buch (und auch in der 1. Auflage) dargestellt wird, verwirklicht. Dies zeigt sich z.T. auch in den hier wiedergegebenen Regeln.

5.6.2 Niederlande

In den Niederlanden gibt es keine spezifischen nationalen Lagernormen. Es gibt aber 3 Dokumente, die als Leitfaden verwendet werden.

– NEN 1008 „Voorschriften voor het Ontwerpen van Stalen Bruggen", Ausgabe 1963
  Teil D. Auflager
  Art. 76 Zulässige Spannungen für Zug und Druck
  Art. 77 Zulässige Hertzsche Pressung
  Art. 78 Zulässiger Druck auf Mauerwerkskonstruktionen, Beton oder Naturstein
  Diese Regeln beziehen sich im Grunde auf die Verwendung von Rollenlagern, Linienkipplagern und Punktkipplagern, wie sie bei der Veröffentlichung dieser Normen noch üblich waren.
– Rapport Brugopleggingen
  Ausgabe 1983
  In diesem Buch, herausgegeben vom damaligen Directie Bruggen (jetzt: Bouwdienst Rijkswaterstaat), werden Grundsätze für Entwurf, Einbau usw. genannt für die „modernen" Brückenlager. Daneben sind auch die derzeit vorliegenden Erfahrungen mit diesen Lagern erwähnt. Die Anforderungen aus diesem Buch, obwohl teilweise überholt durch neuere Erkenntnisse, werden in und außerhalb von Rijkswaterstaat noch immer verwendet.
  Zur Zeit wird das Buch überarbeitet, wobei versucht wird, die zukünftigen europäischen Entwicklungen zu berücksichtigen.
– Materiaaleisen voor Rubber en den Staalplaten van Oplegblokken voor Brugopleggingen (MRB 1988).
  In dieser „Rijkswaterstaatnorm" werden die Anforderungen an Materialien wie Gummi und Stahlplatten genannt, aus denen Gummilager hergestellt werden. Daneben sind auch Form und Maßtoleranzen gegeben.

Als nicht nationale Regeln/Normen werden BS und DIN anerkannt, vorausgesetzt, die maximal zulässigen Spannungen usw. im Rapport Brugopleggingen werden nicht überschritten.

Für Brücken (sowohl aus Beton als auch aus Stahl, feste und bewegliche) werden die Belastungen dem NEN 1008 entnommen. Dies sind allerdings zunächst Brückenbelastungen, aus denen die Auflagerkräfte abgeleitet werden müssen. Im Rahmen der neuen Bauvorschriften werden diese zur Zeit neu analysiert, auch um einen Vergleich zum bestehenden Konzept für Eurocode 1 und evtl. Vorschläge für Änderungen zur Verfügung zu haben.

Demnächst wird NEN 6723, „Voorschriften Beton, Betonnen Bruggen 1992" veröffentlicht. Weil im Moment keine Normen für Brückenlager vorhanden sind, hat das Normkomitee einen Abschnitt den Gummilagern gewidmet, der entfällt, sobald dieses in einer speziellen NEN oder europäischen Norm besser geregelt ist.

Bis 1991 war die Verwendung von Normen lediglich eine Vertragsangelegenheit zwischen Auftraggeber und Auftragnehmer. Ab 1992 werden die Normen eingebettet im „Bouwbesluit". Das bedeutet, daß eine gesetzliche Verpflichtung besteht, in den Normen die Leistungen bis auf das Niveau von Anforderungen festzulegen. Da dies für die Praxis ziemlich abstrakt ist, werden viele Normen so ausgearbeitet, daß die Leistungen damit erreicht werden. Leider sind viele bestehende Normen noch nicht dazu geeignet, und es wird deshalb eine Übergangsperiode geben. Immerhin bleibt das sogenannte Gleichwertigkeitsprinzip gültig, d. h., man kann auf den Nachweis nach detaillierten Normen verzichten, wenn man beweisen kann, daß der Entwurf alle Anforderungen erfüllt. Neben der technischen Bedeutung ist auch die vertragsrechtliche Bedeutung sehr groß.

5.6.3 Großbritannien

Das (unabhängige) nationale Normeninstitut heißt British Standards Institution, abgekürzt BSI. Die von diesem Institut herausgegebenen Normen heißen BS xx. Die Bedeutung der Normen für den Anwender ist vergleichbar der Bedeutung von DIN-Normen in Deutschland.

Für die Bemessung von Brücken (Stahl, Beton und Verbund) gibt es die Normenreihe BS 5400, die (im Teil 2) auch einen Teil für Lasten und auch eigene Regeln für die Baustoffe hat (Teile 6–8).

Der Teil 9 betrifft die Brückenlager, und zwar Teil 9.1 die Bemessung und Teil 9.2 die Baustoffe, Herstellung und Einbau.

Originaltitel:
British Standard

Steel, concrete and composite bridges
Part 9, Bridge bearings
Section 9.1 Code of practice for design of bridge bearings
Section 9.2 Specification for materials, manufacture and installation of bridge bearings

5.6.4 Italien

In Italien ist folgende Norm für Lager im Bauwesen gültig:

CNR – 10018/85 „Apparechi d'appoggio in gomma e PTFE nelle construzioni".

Normalerweise werden ausländische Normen in Italien nicht verwendet.

Folgende Regeln werden für die Berechnung und Konstruktion von Brückenlagern verwendet:

D.M.LLPP 04.05.90 (vom Ministerium für öffentliche Arbeiten)
(Berechnung, Konstruktion und Zulassung von Straßenbrücken)

Legge 02.02.1974 N.64 (Gesetz)
(Regeln für die Konstruktionen mit besonderen Empfehlungen für die Erdbebenzonen)

CNR 10012/85
(Regeln für die Bestimmung der Einwirkungen auf Konstruktionen)

CNR 10011/85
(Stahlkonstruktionen: Regeln für die Bemessung, Herstellung, Zulassung und Unterhaltung)

Legge 5.11.71 N. 1086 (Gesetz)
(Norm für Konstruktionen aus Stahlbeton, Spannbeton und Stahl)

Die italienische Lagernorm CNR 10018–85 ist eine Empfehlung und somit nicht bindend. Jedoch wird von den Hauptanwendern von Brückenlagern (Bundesstraßen, Autobahnen, Eisenbahn) die Einhaltung dieser Regel verlangt. Die übrigen genann-

5.6 Die Normensituation im Ausland (Europa)

ten Regeln sind, sofern nicht unmittelbar Gesetz, per Gesetz eingeführt und somit stets bindend vorgeschrieben.

5.6.5 Schweiz

Im Kapitel 1 (Lager) in den Richtlinien für konstruktive Einzelheiten von Brücken weist das Bundesamt für Straßenbau auf mitgeltende Bestimmungen hin.

Zum Verbindlichkeitsgrad gilt folgendes:
Generell sind in der Schweiz Normen, Empfehlungen und Richtlinien rechtlich nicht automatisch verbindlich. Im Normalfall werden sie aber durch ein Vertragswerk zwischen Kunde und Lieferant als verbindlich erklärt, wobei auch hier der Lieferant sich nicht in jedem Fall auf eine als verbindlich erklärte, gültige Norm abstützen darf (Negativbeispiel: Gültige Norm, die nicht mehr dem „Stand der Technik" entspricht).

Nachfolgend werden noch die bei der Bemessung und Konstruktion von Bauwerksauflagen mitgeltenden Bestimmungen angegeben.

Bundesamt für Straßenbau der Schweiz
Richtlinien für konstruktive Einzelheiten von Brücken

Auszug:

1 Allgemeines

1.1 Einleitung

Brückenlager haben die Aufgabe, die aus der Belastung des Überbaus auftretenden Kräfte in den Unterbau weiterzuleiten. Sie müssen die gegenseitigen Bewegungen des Unter- und Überbaus zwängungsarm ermöglichen.

Die Wahl der Lager muss auf das statische System der Brücke und auf die Baugrundverhältnisse abgestimmt sein. Auch für die Lagerung sind die Tragsicherheit und Gebrauchstauglichkeit nachzuweisen.

Das vorliegende Kapitel umfasst im wesentlichen die Anforderungen an die Brückenlagerung sowie eine Eignungsbewertung der üblichen Lagertypen unter Berücksichtigung von Bau- und Betriebserfahrungen. Informationen aus Prospekten von Lagerlieferanten sind im folgenden nur insofern wiederholt, als sie für das Verständnis wichtig sind.

1.2 Mitgeltende Bestimmungen

Folgende Bestimmungen sind zu beachten:

SN 505 160 Norm SIA 160
Einwirkungen auf Tragwerke (Ausgabe 1989)

SN 555 161 Norm SIA 161
Stahlbauten (Ausgabe 1979)

SN 562 162 Norm SIA 162
Betonbauten (Ausgabe 1989)

SN 588 169 Empfehlung SIA 169
Erhaltung von Ingenieur-Bauwerken (Ausgabe 1987)

SBB Richtlinien der Bauabteilung Generaldirektion SBB
Richtlinien für die Oberflächenbehandlung von Stahlkonstruktionen (Ausgabe 1.5.1981)

Weitere Angaben enthalten die folgenden Unterlagen:
DIN 4141 Teile 1, 2 und 4
Lager im Bauwesen – Allgemeine Regelungen/Lagerung für Ingenieurbauwerke im Zuge von Verkehrswegen (Brücken)/Transport, Zwischenlagerung und Einbau (September 1984)

DIN 55 928 Korrosionsschutz von Stahlbauten durch Beschichtungen und Überzüge
Ergänzende Angaben können u.a. den Bauaufsichtlichen Zulassungen und weiteren Veröffentlichungen des Instituts für Bautechnik (Berlin) sowie der Empfehlung der Schweizerischen Zentralstelle für Stahlbau entnommen werden.

1.3 Einheiten für Längen

Die Längen sind in diesem Kapitel in m oder mm angegeben.

1.4 Lagersignaturen

Die Lagersignaturen nach der Norm DIN 4141 sind in der Tab. 1, Lagersignaturen, angegeben.

1.5 Übersicht über die Lagerarten

Die Tab. 2 enthält eine Übersicht über die Lagerarten.

Tabelle 1
Lagersignaturen

	Kurz-bezeich-nung	Symbol	Lagertyp (Funktion)		Art der Verschiebung	
					x-Richtung	y-Richtung
Horizontalkraftlager	A	▢	Verformungslager	zweiachsig verschiebbar	verformend	verformend
	B	▯	Verformungslager	einachsig verschiebbar	verformend	
	C	▯	Verformungslager	fest		
	D	⊟	Verformungs-Gleitlager	einachsig verschiebbar	verformend/ gleitend[1)]	
	E	⊕	Verformungs-Gleitlager	zweiachsig verschiebbar	verformend/ gleitend[1)]	verformend/ gleitend[1)]
	F	⊟	Verformungs-Gleitlager	zweiachsig verschiebbar	verformend/ gleitend[1)]	verformend
Linienkipplager	G	○	Punktkipplager	fest		
	H	—○—	Punktkipplager	einachsig verschiebbar	gleitend oder rollend	
	J	⊕	Punktkipplager	zweiachsig verschiebbar	gleitend oder rollend	gleitend oder rollend
Punktkipplager	K	│	Linienkipplager	fest		
	L	—│—	Linienkipplager	einachsig verschiebbar	gleitend oder rollend	
	M	│	Linienkipplager	einachsig quer verschiebbar		gleitend
	N	⊢│⊣	Linienkipplager	zweiachsig verschiebbar	gleitend oder rollend	gleitend oder rollend
Verformungslager	O	⊙⊙	Führungslager	einachsig und vertikal verschiebbar	gleitend	
	P	⊙	Festpunktlager	horizontal fest, vertikal verschiebbar		

[1)] Verformung des Elastomers, Gleiten auf PTFE-Schicht

5.6 Die Normensituation im Ausland (Europa)

Tabelle 2
Übersicht über die Lagerarten

Lagerart / Lagertyp	Topflager	Verformungslager	Stahllager	Stahl-Rollenlager
Feste Lager Linienkipplager			K Stahl-Linien-kipplager[1]	
Punktkipplager	G Topf-Festlager	C Verformungs-festlager	G Stahl-Punkt-kipplager[2]	
Einachsig verschiebbare Lager Linienkipplager			ML Stahl-Linien-kipp-Gleitlager	L Einrollenlager
Punktkipplager	H Topf-Gleitlager	B Verformungs-lager D Verformungs-Gleitlager	H Stahl-Punkt-kipp-Gleitlager[3]	H Topf-Doppel-rollenlager[4]
zweiachsig verschiebbare Lager Linienkipplager			H Stahl-Linien-kipp-Gleitlager	
Punktkipplager	J Topf-Gleitlager	A Verformungs-lager F Verformungs-Gleitlager E Verformungs-Gleitlager	J Stahl-Punktkipp-Gleitlager[3]	
Horizontal-kraftlager Festpunktlager	P Topf-Gleitlager, vertikal eingebaut (vorgespannt)[5]	P Verformungs-lager, vertikal eingebaut (vorgespannt)[5]	P Schubdornlager	
Führungslager			O Stahl-Führungs-lager	

[1] auch: Wälzgelenk (gepanzert), heute kaum mehr verwendet
[2] auch: Festes Kalottenlager
[3] auch: Kalotten-Gleitlager
[4] auch: Stahl-Punktkipp-Doppellager
[5] nur in Ausnahmefällen (Bewegungen und Ermüdungssicherheit beachten)

Die Buchstaben beziehen sich auf Tab. 1, Lagersignaturen.

5.6.6 Österreich

In Österreich gibt es keine eigene Norm für Lager. Die Bemessung einfacher Stahl-Lager erfolgt nach folgenden Normen:

ÖNORM B 4002: Straßenbrücken, Allgemeine Grundlagen, Berechnung und Ausführung der Tragwerke; Belastungsannahmen

ÖNORM B 4202: Massivbau-Straßenbrücken; Temperaturfestlegung für Massivbrücken

ÖNORM B 4502: Straßenbrücken-Verbundbau; Temperaturfestlegung

ÖNORM B 4602: Straßenbrücken-Stahlbau; Temperaturfestlegungen, Zuschläge

ÖNORM B 4600, Teil 2: Stahlbau, Berechnung der Tragwerke.

Für andere Lager (Elastomere-, Topf-, Gleitlager usw.) werden deutsche Regeln angewandt. Lediglich die äußeren Einwirkungen sind in den ÖNormen geregelt.

Neben diesen Normen gibt es die Richtlinie:

RVS 15.441 Brückenausrüstung Lager; Ausstattung, Wartung und Einbau

(RVS = Richtlinien und Vorschriften für den Straßenbau.) Diese Richtlinie enthält keine Bemessungsregeln.

Die Normen sind verbindlich. Die Richtlinie ist für Bundesstraßen verbindlich, wird aber auch für andere Straßenkategorien angewandt.

Es folgen Auszüge aus den genannten Regeln.

Auszüge aus: ÖNORM B 4002 – 1.12.1970 Straßenbrücken, Allgemeine Grundlagen, Berechnung und Ausführung der Tragwerke

2.6. Bremskräfte, Reibungswiderstände beweglicher Lager und Rückstellkräfte

2.6.2 Die gleitende Reibung ist mit 20 %, die rollende mit 3 % des Auflagerdruckes aus sämtlichen Belastungen ohne dynamischen Beiwert anzunehmen, wenn nicht durch besondere Zulassungen andere Werte nachgewiesen werden.

Entlastend wirkende Reibungskräfte (z. B. bei der Berechnung fester Lager) sind auf die Hälfte der angegebenen Werte zu ermäßigen.

2.6.3 Die Reaktionskräfte am starren Lager aus Lagerreibung und Bremskraft sind zu überlagern. Ist z. B. eine Tragwerksverschiebung durch Bremskraft möglich, so ist ein entsprechender Abbau der gleichgerichteten Lagerreibung zulässig.

Auszüge aus: ÖNORM B 4202 – 1.3.1975 Massivbau – Straßenbrücken

1. Allgemeines

1.1 Geltungsbereich

Diese ÖNORM gilt für Tragwerke von Straßenbrücken und deren Unterbauten, soweit diese Bauteile aus Stahlbeton, Beton oder Mauerwerk bestehen.

2. Belastungen, Einwirkungen, allgemeine Berechnungsregeln und Bewehrungsrichtlinien

2.1 Maßgebende Belastungen

Die maßgebenden Belastungen sind der ÖNORM B 4002 zu entnehmen.

3.4.6 Standsicherheit

Treten in der Gründungssohle eines Bauwerkes waagrechte Kräfte (Erddruck, Bremskräfte, Zwängungskräfte aus Temperatur, Schwinden und Kriechen, Rückstellkräfte von Verformungslagern, Reibungskräfte u.dgl.) auf, dann ist, wenn kein genauer Nachweis erbracht wird, nachzuweisen, daß in der waagrechten Projektion der Aufstandsfläche ein Reibungswiderstand von mindestens der 1,5-fachen Summe der waagrechten Kräfte vorhanden ist.

Der Erdwiderstand darf bei flach gegründeten Bauwerken nur insoweit in Rechnung gestellt werden, als das Bauwerk ohne Gefahr eine Verschiebung erfahren kann, die hinreicht, den geforderten Erdwiderstand wachzurufen, und als gewährleistet ist, daß der den Erdwiderstand erzeugende Boden weder dauernd noch vorübergehend entfernt wird.

Die Sicherheit gegen Umsturz (Kippsicherheit) muß mindestens 1,5 betragen.

In beiden Fällen – Gleit- und Kippsicherheit – dürfen günstig wirkende Verkehrslasten nicht berücksichtigt werden.

3.6 Lager, Fahrbahn- und Gehwegübergänge (Dilatationen)

Bei der Berechnung der Dilatationswege sind in sinngemäßer Anwendung des Abschnittes 3.7.2 alle Bewegungen des Tragwerkes aus der Belastung des Tragsystemes, den Einwirkungen von Bremskraft, Wind und den Änderungen der Tragwerkstemperatur sowie aus Schwinden und Kriechen zu berücksichtigen.

Bei der Feststellung des Einstellmaßes ist der Einbauzeitpunkt zu beachten.

3.6.1 Für die Bemessung der Lager- und Fahrbahn- bzw. Gehwegübergänge ist die höchste mittlere Brückentemperatur mit $+40\,°C$ und die tiefste mittlere Brückentemperatur mit $-35\,°C$ anzunehmen. im übrigen gelten die unter 2.2 angegebenen Temperaturdifferenzen.

Bei Rollen- und Stelzenlagern sowie Fahrbahn- und Gehwegübergängen ist zu dem ermittelten Dehnweg aus Temperatur ein Sicherheitszuschlag a zu machen, der jedoch bei Spannungsnachweisen außer Ansatz bleiben kann. Der Wert a ist bei einer Entfernung L des betrachteten Lagers vom Festhaltepunkt für

$L \leqq 20$ m mit $a = 0,5$ cm und für
$L \leqq 20$ m mit $a = 1$ cm

anzunehmen.

Die wirksamen Anteile aus Schwindverkürzung und allfälliger Kriechverkürzungen sind mit dem Faktor 1,3 zu vervielfachen. Bei Stahlbetontragwerken darf das gesamte Schwindmaß mit $15\,°C$ Temperaturabnahme angenommen werden.

Bei Rollen- und Stelzenlagern von Brücken, die auf Erdbebenwirkung zu rechnen sind, ist auch die mögliche größte Verschiebung infolge der Erdbeben-Ersatzlasten nach ÖNORM B 4000, Teil 3, unter Beachtung der besonderen Bestimmungen der ÖNORM B 4002, Abschnitt 2.9, in Brückenlängsrichtung nachzuweisen, wobei diese Verschiebung mit den Verschiebungen aus Temperatur gemäß Abschnitt 3.6 dieser Norm zu überlagern sind, sofern nicht durch geeignete Maßnahmen der zusätzliche Verschiebungsweg aus Erdbebenwirkungen begrenzt wird.

Der gesamte Abwälzweg muß bei Rollen- und Stelzenlagern in beiden Richtungen um 2 cm größer sein als der rechnungsmäßig erforderliche Verschiebungsweg.

3.6.2 Bei elastisch verformbaren Dilatationen ist die Aufnahme der in den Grenzstellungen auftretenden Druck- und Zugkräfte im Tragwerk und im Widerlager nachzuweisen. Insbesondere sind die bei schräger Fuge parallel zu dieser wirkenden Antriebskräfte durch geeignete Vorkehrungen (seitliche Unverschieblichkeit der Lager oder Führungsdorne) ohne Relativverschiebung abzuleiten.

3.6.3 Sofern für das Versetzen von Dilatationen durchgehende Ausnehmungen erforderlich sind, ist deren Größe so zu bestimmen, daß auch eine einwandfreie Betoneinbringung möglich ist. Erforderlichenfalls muß die Fahrbahnplatte durch entsprechend ausgebildete Dilatationsträger verstärkt werden (siehe auch 3.1.3). Eine Verankerung der Dilatation in der Schlepp-Platte ist unzulässig.

3.7 Berechnung und konstruktive Ausbildung der Lager und Gelenke

3.7.1 Alle Lager und Gelenke müssen dauernd kontrollierbar sein. Für die Möglichkeit der Lagerinstandhaltung oder einer Lagerauswechslung sind entsprechende Vorkehrungen zu treffen. In Fällen, in denen mit Anprallstoß gemäß ÖNORM B 4002, Abschnitt 2.7, gerechnet werden muß, dürfen weder Beton- noch Bleigelenke ausgeführt werden.

3.7.2 Allgemeine Rechnungsannahmen
(1) Lager und Gelenke sind für die maßgebenden Kräfte, multipliziert mit dem dynamischen Beiwert, zu berechnen.
(2) Für die Festlegung von Verschiebungen und Verdrehungen müssen alle während des Baues und der Benutzung auftretenden freien oder gezwängten, elastischen und plastischen Verformungen von Tragwerk und Unterbau berücksichtigt werden.
(3) ÖNORM B 4002, Abschnitt 2.6.2, zweiter Absatz, ist sinngemäß auf die Rückstellkräfte aus der Wirkung von Verformungslagern, Dilatationen und Pendeln anzuwenden.
(4) Die Anordnung und Ausführung der Lager muß der erwünschten Wirkungsweise entsprechen.
(5) Die Sicherheit gegen Abheben der Lager und Gelenke muß im ungünstigsten Fall mindestens 1,2-fach sein. Ist diese Bedingung nicht erfüllt, so sind entsprechende bauliche Vorkehrungen zur Verhinderung des Abhebens zu treffen.

3.7.3 Stahllager und Gelenke
Die Berechnung stählerner Lager und Gelenke hat nach ÖNORM B 4600, Teil 2, zu erfolgen.

3.7.5 Bleigelenke (veraltet)

Auszüge aus: ÖNORM B 4502 – 1.5.81
Verbundbau – Straßenbrücken

1.5 Baustoffe
Für den Stahlteil gelten die Bestimmungen der ÖNORM B 4602 und insbesondere die Bedingungen der ÖNORM B 4600, Teil 2, Abschnitt 3.3.4.2. Für den Betonteil gelten bei Stahlbeton die Bestimmungen der ÖNORM B 4202 und bei Spannbeton die der ÖNORM B 4252.

Für Verbundmittel gelten die im Abschnitt 3.3.6 dieser ÖNORM angeführten Bestimmungen.

2 Belastungen, Einwirkungen

2.2 Einwirkungen

2.2.1 Für die Berechnung sind zu unterscheiden:
Die normalen Einwirkungen auf das fertige Bauwerk, die Montagezustände und Betonierzustände, die Katastrophenfälle.

2.2.2 Temperatureinwirkungen
Als Wärmedehnzahl ist für Stahl und Beton $\alpha_T = 1{,}2 \times 10^{-5}$ je °C anzunehmen.

2.2.2.5
Für die Bemessung der Lager sowie der Fahrbahn- und Gehwegübergänge ist die höchste mittlere Brückentemperatur mit +50 °C und die tiefste mittlere Brückentemperatur mit −35 °C anzunehmen. Die zusätzlich zu berücksichtigenden Sicherheitszuschläge sind der ÖNORM B 4602, Abschnitt 3.6, zu entnehmen.

Auszüge aus: ÖNORM B 4602 – 1.8.1975
Stahlbau – Straßenbrücken

2.2.2 Temperatureinwirkungen
2.2.2.7 Für Lager sowie für Fahrbahn- und Gehwegübergänge gelten die in Abschnitt 3.6 angeführten Werte.

3.6 Lager, Fahrbahn- und Gehwegübergänge
Für die Bemessung der Lager sowie der Fahrbahn- und Gehwegübergänge ist die höchste mittlere Brückentemperatur mit +55 °C, die tiefste mittlere Brückentemperatur mit −35 °C anzunehmen. Ansonsten gelten grundsätzlich die in Abschnitt 2.2.2 festgelegten Temperaturdifferenzen. So sind für die Verformungen zufolge des Temperaturgefälles die Temperaturdifferenzen nach Abschnitt 2.2.2.3. anzusetzen.

Bei beweglichen Lagern sowie Fahrbahn- und Gehwegübergängen ist der ermittelte Gesamtdehnweg um einen Sicherheitszuschlag a zu vergrößern, der jedoch bei Spannungsnachweisen außer Ansatz bleiben kann. Der Wert a ist bei einer Entfernung l des betrachteten Lagers vom Festhaltepunkt

$l \leq 20$ m mit $a = 0{,}5$ cm
$l > 20$ m mit $a = 1{,}0$ cm

anzunehmen.

Für das Einstellen der Lager ist die beim Einbau der Bewegungslager vorhandene mittlere Bauwerkstemperatur zugrunde zu legen. Ist dieser Wert nicht mit ausreichender Genauigkeit feststellbar, so ist der oben angeführte Sicherheitszuschlag entsprechend zu erhöhen. Dies gilt sinngemäß auch für Fahrbahn- und Gehwegübergänge.

6 Lager, Gelenke, Verankerungen

6.1 Lager und Gelenke

6.1.1 Beim Allgemeinen Spannungsnachweis ist der dynamische Beiwert zu berücksichtigen. Die zulässigen Spannungen und die für die Berührungsstellen zulässigen örtlichen Pressungen sind der Tabelle 2 oder 3 zu entnehmen (hier nicht abgedruckt).

Die zulässigen örtlichen Pressungen sind um 10 % zu ermäßigen, wenn die Verteilung der Last auf die einzelnen Rollen oder Stelzen nicht statisch bestimmt ist.

6.1.2 Die auftretenden örtlichen Pressungen dürfen nach folgenden Formeln berechnet werden, wenn die Voraussetzungen mit genügender Annäherung erfüllt sind:

1. Bei schneidenartiger Streifenberührung

$$\sigma_1 = \frac{C}{b \cdot l}$$

2. Bei Linienberührung

$$\sigma_2 = 0{,}59 \sqrt{\frac{C \cdot (1/r_1 - 1/r_2)}{l \cdot (1/E_1 + 1/E_2)}}$$

für $r_1 = r$, $r_2 = \infty$, $E_1 = E_2 = E$

$$\sigma_2' = 0{,}42 \sqrt{\frac{C \cdot E}{l \cdot r}}$$

3. Bei Punktberührung

$$\sigma_3 = 0{,}62 \sqrt[3]{\frac{C(1/r_1 - 1/r_2)^2}{(1/E_1 + 1/E_2)^2}}$$

für $r_1 = r$, $r_2 = \infty$, $E_1 = E_2 = E$

$$\sigma_3' = 0{,}39 \sqrt{\frac{C \cdot E^2}{r^2}}$$

Es bedeuten
C   die größte Lagerlast
b   die Berührungsbreite
l   die Berührungslänge
r, r_1, r_2 die Krümmungsradien der Lagerteile an der Berührungsstelle (Bild 16)
E, E_1, E_2 die Werte des Elastizitätsmoduls für die einzelnen Teile

6.1.3 Alle Lagerkörper und ihre abstehenden Teile sind so steif auszubilden, daß eine annähernd gleichmäßige Lastübertragung gewährleistet wird. Alle Teile sind gegen unerwünschte Lageänderungen zu sichern; bewegliche Lager und Gelenke müssen zugänglich sein.

Auszüge aus: RVS 15.441, Blatt 1, Ausgabe Mai 1988
Brückenausrüstung
Lager
Ausstattung, Einbau und Wartung

INHALTSVERZEICHNIS

1. Anwendungsbereich
2. Allgemeines
3. Lagerung und Lagertypen
4. Ausstattung der Lager
5. Transport, Einbau und Kontrollen
6. Wartung und Überwachung
7. Auswechseln von Lagern bzw. Korrektur der Lagerstellung
8. Einschlägige Normen und Vorschriften

1. Anwendungsbereich

Die vorliegende Richtlinie ist für Lager von Straßen- und Fußgängerbrücken des öffentlichen Verkehrs anzuwenden.

2. Allgemeines

Lager im Sinne dieser Richtlinie sind speziell hergestellte Konstruktionen aus Stahl und/oder Kunststoff, die die Auflagerreaktionen aus einem Bauteil in einen anderen übertragen und gleichzeitig weitgehendst zwängungsfrei planmäßige Verformungen gestatten sollen. Betongelenke und ähnliche Konstruktionen sowie ausschließlich in Bauzuständen verwendete Lager sind nicht Gegenstand dieser Richtlinie.

3. Lagerung und Lagertypen

Die Lagerung eines Tragwerkes oder Bauteiles ist so festzulegen, daß durch geeignete Wahl der Lagertypen und ihrer Anordnung keine schädlichen Zwangsbeanspruchungen auftreten.

Im Regelfall ist das Tragwerk in mindestens einem Punkt festzuhalten. Die Lager einer Lagerachse müssen hinsichtlich Verformung und Rückstellkraft miteinander verträglich sein. Elastomerlager einer Lagerachse sollen möglichst gleich groß sein.

In Tabelle 1 sind die im Brückenbau üblichen Lagertypen in Abhängigkeit von ihrer Beweglichkeit und Bauart dargestellt. Für jede Lagertype sind ein Symbol und eine Kurzbezeichnung angegeben. Fallweise vorkommende andere Lagertypen sind als Sonderformen eingehend zu beschreiben (Tabelle 1, Zeile 15).

Die in Tabelle 1 dargestellten Lagertypen gelten für den Endzustand. Sind im Bauzustand andere Lagerfunktionen vorgesehen, so sind diese gesondert anzugeben.

In generellen Projekten sind die vorgesehenen Lagertypen in einer schematischen Grundrißskizze durch die entsprechenden Symbole darzustellen. Ausführungsprojekte müssen neben Symbol bzw. Kurzzeichen auch die Bauart gemäß Tabelle 1 enthalten (Lagerversetzplan, siehe Punkt 4.6.2).

4. Ausstattung der Lager

4.1 Grundsätzliches

Die Lager müssen zum Zweck einer einwandfreien Wartung und Auswechselbarkeit zugänglich sein. Bei der Auswechslung der Lager darf der anschließende Beton nicht zerstört werden. Zu diesem Zweck sind die Lager von diesem durch Stahlplatten (Ankerplatten) mit einer Dicke von mindestens 10 mm oder der 2½fachen erforderlichen Schweißnahtdicke oder einer Dicke von 2,5 % des Durchmessers bzw. der Diagonale der Ankerplatte zu trennen (Abbildung 1, Abbildung 2). Der größere Wert ist maßgebend.

Ausgenommen davon sind nicht verankerte Elastomerlager und Elastomerlager mit Riffelblech-(Tränenblech-)Verankerung (Abbildung 3). Bei letzteren ist für die Auswechselbarkeit ein Mörtelbett von mindestens 4 cm Dicke vorzusehen.

Bei Verformungsgleitlagern gelten für die Elastomerseite die Bestimmungen für Elastomerlager sinngemäß.

Die Verbindung der Lager mit den Ankerplatten hat durch Verschweißen (Dichtnaht) oder Verschrauben bzw. Einsetzen von Dübelscheiben (mit Korrosionsschutz der Kontaktflächen) zu erfolgen. Die Schweißnähte müssen am eingebauten Lager zugänglich sein, insbesondere müssen Trenn- und Schweißarbeiten einwandfrei durchgeführt werden können. Bei der Festlegung der Höhe von Dübelscheiben ist auf die Anhebemöglichkeit des Tragwerkes Rücksicht zu nehmen. Bei korrosionsgeschützten Kontaktflächen darf die Reibung nicht zur Aufnahme von Horizontalkräften herangezogen werden.

Die Ankerplatten sind allseitig mindestens um 20 mm bzw. um die 2½fache erforderliche Schweißnahtdicke größer als die Lagerplatten auszuführen. Bei beweglichen Lagern ist dieses Maß in der Verschiebungsrichtung um je 10 % des zulässigen Gesamtverschiebungsweges zu vergrößern, mindestens jedoch auf das 1,5fache der Ankerplattendicke.

5.6.7 Frankreich

Die Mitgliedsstaaten der Europäischen Wirtschaftsgemeinschaft haben sich über einige sog. „wesentliche Anforderungen" geeinigt.

Wie diese wesentlichen Anforderungen eingehalten werden, wird für jedes Bauprodukt den entsprechenden „technischen Spezifikationen" überlassen. Im Sinne der Produktrichtlinie sind damit die EN-Normen gemeint.

Außerdem ist die Gebrauchsfähigkeit der Produkte auf die Funktion im Bauwerk zu beziehen und nicht nur auf die zur Zeit bestehenden Lagerregeln zu beschränken.

Nach diesen Prinzipien wurden in Frankreich Lagernormen erarbeitet. Es wurde besonders beachtet, daß die bestehenden Normen den Stand der Technik nicht einfrieren, und daß der Weg für Forschung nach leistungsfähigeren Produkten offen bleibt. In den Bereichen, wo diese Prinzipien zur Zeit nicht einhaltbar sind, gibt es in Frankreich keine Normen. Dann muß für jeden Einzelfall der Lagerhersteller beweisen können, daß seine eigenen „Spezifikationen" für den vorgesehenen Gebrauch zuverlässig sind.

Ausländische Fabrikationen müssen in der Praxis wenigstens die Anforderungen der Normen oder Zulassungen ihres eigenen Landes erfüllen. In der Regel sind ausländische Anwendungsbedingungen sehr unterschiedlich. Es obliegt den einzelnen Dienststellen, unter Beachtung des Prinzips der Gleichbehandlung, durch eigene Regeln Ordnung zu schaffen.

Allgemeines

Lager sind als Bauteile eines Tragwerks anzusehen. Wird das Tragwerk durch Verformungen nur unwesentlich beansprucht, dann sollte der Einbau dieser Sonderbauteile nicht erfolgen. Die Funktionstüchtigkeit der Lager ist durch die Gefährdung der Standsicherheit und durch die Wahrscheinlichkeit des Auftretens von Schäden am Bauwerk zu begrenzen. Eine Norm mit genaueren Einschränkungen gibt es nicht.

Die Bemessung von Lagern oder Lagerteilen aus Stahl oder Beton wird nach den üblichen Regelwerken für Stahl- und Betonbau durchgeführt.

Bewehrte Elastomerlager

Die Bemessung, die wichtigsten Werkstoffkennwerte und die Prüfung von bewehrten Elastomerlagern wurde 1967 schon vom Straßenministerium im „Bulletin Technique N° 4" festgelegt.

Damals wurden Elastomerlager aus großen Platten hergestellt. Die verschiedenen Lager wurden daraus je nach den gewünschten Abmessungen ausgeschnitten. Die Prüfkörper wurden in gleicher Weise nach vorgeschriebenen Maßen ausgeschnitten und geprüft. Die Bruchversuche ergaben Werte, die stets hoch über den zugelassenen Druckspannungen lagen. Gleichzeitig aber wurde im eingebauten Zustand mangelhafte Haftung am Rand der Stahleinlagen festgestellt. Mit der Stahlkorrosion nahmen die Schäden zu.

Für die Praxis waren also Bruchversuche allein nur wenig aussagefähig.

Außerdem wurde bezweifelt, daß ausgeschnittene Proben das Verhalten des ganzen Lagers widerspiegeln können. Auf nationaler Ebene wurde beschlossen:

- die Leistungsfähigkeit der Lager nur an einbaufertigen Lagern zu beurteilen, und nicht mehr durch Bruchproben. Als untergeordnete Prüfung, für die werkseigene Produktionskontrolle, behalten aber die üblichen Werkstoffprüfungen ihre Bedeutung. Die festgelegten Stoffgrenzwerte sind jedoch für die Beurteilung der Brauchbarkeit nicht mehr entscheidend.
- einbaufertige Lager nur noch mit einer 5 mm dicken seitlichen Gummischicht herzustellen. Das setzt für die Hersteller voraus, daß die Lagerabmessungen nicht mehr beliebig, sondern nach vorgegebenen Werten gewählt werden.

Beurteilungskriterien

1 – Kurzzeitverhalten

a) **Beim Entwurf des Tragwerks** wird die Brauchbarkeit der Lager durch die Steifigkeitsmatrix dargestellt. Nach der ideal-elastischen Theorie für bewehrte Elastomerlager sind Einwirkungen und Verformungen durch Steifigkeitswerte linear verbunden, für rechteckige Lager z. B.:

Schubverformung u, Horizontalkraft H.

$$u = (n\,t/G\,A) \cdot H$$

Druckverformung v, Druckkraft N.

$$v = (k_1\,n\,t^3/G\,a^3\,b) \cdot N$$

Lagerverdrehung ϑ, Moment $M = N \cdot e$, e Lastexzentrizität.

$$\vartheta = (k_2\,n\,t^3/G\,a^5\,b) \cdot M$$

n Anzahl der Elastomerschichten
a kleinere Grundrißseite der Bewehrung
b größere Grundrißseite der Bewehrung
G Schubmodul
t Dicke der Elastomerschicht
k_1, k_2 Konstante, vom Verhältnis b/a abhängig
A Fläche der Bewehrung

Durch die üblichen Schub- und Druckversuche (zentrisch oder exzentrisch belastet) werden die entsprechenden Verformungen gemessen.

Die oben angegebenen Steifigkeiten können durch das Verhältnis der gemessenen Werte Verformung/Einwirkung ermittelt werden. Die Abweichungen von den oben angegebenen ideal elastischen Werten stellen dann das wirkliche Verhalten der Lager dar.

b) **Beim Nachweis des Tragwerks** sind auch die anliegenden Querschnitte Lager/Tragwerk und das nichtlineare Verhalten bei den Stoffgesetzen zu berücksichtigen. Der nichtlineare Nachweis der Querschnitte wird für den Baustoff Beton vom EC 2 gefordert.

Die Versuche für die Ermittlung des Schubmoduls, des Elastizitätsmoduls und der Verdrehungssteifigkeit sind in den Normen T 47 802, T 47 804 und T 47 810 festgelegt.

Als zusätzliche Kurzzeitversuche gelten:

T47 808 Statische Belastung durch Teilflächen, exzentrisch belastet
T47 810 Statische Belastung durch exzentrische Belastung
T47 814 Shore A Härtemessung am einbaufertigen Lager

2 – Langzeitverhalten

Die Dauerhaftigkeit der Lager wird nach durchgeführten Langzeitversuchen und mit Hilfe von künstlichen Alterungsversuchen geschätzt.

Langzeitversuche sind:

- T47 805 Dauerschwellversuch
- T47 806 Druckverformung bei Langzeitbelastung
- T47 807 Relaxation bei Langzeitschubverformung

Alterungsversuche sind:
- T 47 812 Ozonbeständigkeit
- T 47 813 Salznebelbeständigkeit

Bei künstlicher Temperaturalterung (+100 °C, −25 °C) werden Schubmodul und Elastizitätsmodul vor und nach der Alterung gemessen.

Anforderungen an bewehrte Elastomerlager

Die Grenzwerte für die Lagerstoffe hat jeder Lagerhersteller selbst festzulegen, sie können aus Konkurrenzgründen nicht in einer Norm veröffentlicht werden.

Für die Überwachung der einbaufertigen Produktion fordert die Anforderungsnorm T 47 815 das Einhalten:

- der vorgeschriebenen Abmessungen und Toleranzen
- der Shore A Härte
- des Schubmoduls und des Elastizitätsmoduls
- der Ozonbeständigkeit
- der Haftung zwischen Elastomer und Bewehrung.

Alle anderen Prüfverfahren werden nur für die Eignungsversuche gefordert und durchgeführt.

Fremdüberwachung

Die Bescheinigung der Konformität mit den oben genannten Normen wird durch eine unabhängige qualifizierte Stelle durchgeführt und durch das Anbringen mit dem NF-Zeichen gekennzeichnet.

Die Konformitätsbescheinigung bleibt eine unverbindliche Formulierung.

Bemessung der bewehrten Elastomerlager

Alle bestehenden Bemessungsregeln sind entweder von der ideal elastischen Theorie abgeleitet oder sehr vereinfachte Faustregeln. Diese Regeln können eine Hilfe für die Bemessung der Lager sein, aber **in keinem Fall den Nachweis ersetzen,** daß die Beanspruchungen des eingebauten Lagers die „wesentlichen Anforderungen" einhalten.

Außerdem sind die bestehenden Bemessungsregeln nicht mehr im Einklang mit dem neuen Sicherheitskonzept der EC (vgl. Nachweis der anliegenden Lagerfläche/Tragwerk). Ein Vorschlag für einen Nachweis von bewehrten Elastomerlagern liegt z. Zt. vor.

Topflager

Die Norm T 47 816 für Topflager ist in 3 Teile eingeteilt:

1. Allgemeines
2. Technische Angaben für den Lagerhersteller
3. Einbau von Topflagern

Teil 2 enthält alle technischen Angaben, die der Hersteller braucht für eine eindeutige Fertigung der ausgeschriebenen Lager.

In Teil 3 wird der Einbau der Topflager im Zusammenhang mit den am meisten gebräuchlichen Bauverfahren erläutert.

Bei Topflagern bleibt die Dauerbeständigkeit der Dichtung problematisch. Mangelhafte Dichtungen sind die häufigste Schadensursache dieser Produkte.

Die Herstellungsweise der Dichtung kann man nicht in einer Norm regeln, weil jeder Hersteller sein eigenes Patent hat. Versuche für die Eignung der Dichtung wäre die richtige und die beste Lösung. Leider besteht bislang noch kein Konsens, solche Versuche durchzuführen.

5.6.8 Tschechische Republik

1. Stand der Lagertechnik

1.1 Vorbemerkung

Die folgenden Angaben beschreiben den bisherigen Zustand auf dem Gebiet der Brückenlager in der ČSFR, wie er sich während der letzten Jahrzehnte des gemeinsamen Staates entwickelt hat. Inwieweit die Teilung des Staates in zwei selbständige Republiken diese Situation beeinflussen wird, ist noch nicht abzusehen. Die voraussichtliche Übernahme von Eurocode-Normen wird sicher größeren Einfluß ausüben.

Auf die Klassifikation von ČSFR-Normen und Vorschriften und die bisherige Konzeption der Berechnung nach Grenzlastzuständen wird ebenfalls näher eingegangen.

1.2 Verformungslager

Die ältere Generation (seit 1965) besteht aus 3 Typen (unbewehrt, bewehrt mit 1 Blech oder mit zwei Blechen) und 9 Untertypen, mit der Einbauhöhe von 9 mm oder 18 mm und mit der zulässigen Auflast von 0,1 MN bis 0,6 MN.

Die zweite Generation (seit 1989) besteht aus 6 Typen, mit entweder 3 oder 5 Bewehrungsblechen, mit der Einbauhöhe von 22 mm bis 53 mm, und mit der zulässigen Auflast von 0,3 MN bis 1,8 MN.

1.3 Topflager (ON 02 3570 – 1974)

Die 8 typisierten Größen haben die zulässigen Auflasten von 1,25 MN bis 13,0 MN und die Einbauhöhen von 86 mm bis 143 mm bei den Typen N (festes Lager) und von 96 mm bis 174,5 mm bei den Typen NGe (einseitig beweglich) und NGa (allseitig beweglich).

1.4 Stählerne Kipplager und Rollenlager (ON 73 6277 – 1965)

(entfällt, siehe Kap. 1 dieses Buches)

1.5 Geschweißte stählerne Kipp- und Rollenlager

(entfällt, siehe Kap. 1 dieses Buches)

1.6 Kalottenlager

Es wurde eine typisierte Reihe der Kalottenlager allseitig fest (KTF), einseitig beweglich (KTO) und allseitig beweglich (KTA) in 6 Größen mit der zulässigen Auflast von 1,0 MN bis 12,0 MN, mit der Einbauhöhe von 110,2 mm bis 207,2 mm und für die Längsbewegung (Dilatation) von ± 25 mm entwickelt.

2. Technische Regeln (Regelwerke)

2.1 Allgemeine Situation

In der ČSFR gibt es drei Niveaus der technischen und technologischen Regel:

– **Staatsnormen,** bezeichnet ČSN, z. B. ČSN 73 6203 – 1986, Belastung von Brücken. Da die Institution von Prüfingenieuren nicht existierte, waren die Staatsnormen insoweit gesetzlich vorgeschrieben (verbindlich), daß im Fall eines Versagens der Konstruktion infolge Mißachtung der Normvorschriften sich der Täter (Entwurfsingenieur, Fertigungsbetrieb, Montagebetrieb) strafbar machte. Ab 1. 1. 1993 werden die Staatsnormen nicht mehr verbindlich sein. Die Bauentwürfe werden durch die autorisierten Bauingenieure geprüft und durch die zuständigen Baubehörden genehmigt. Bei der Prüfung und Genehmigung sind allerdings die Regelwerke zu beachten!

– **Ressortnormen,** bezeichnet ON, z. B. ON 73 6277 – 1965, Entwerfen der Brückenlager in Stahl, die in mehreren Industrieressorts benutzt werden und nicht verbindlich waren. Ab 1. 1. 1993 werden keine weiteren Ressortnormen erarbeitet.

– Verschiedene Betriebsnormen und Betriebsrichtlinien, technische oder technologische Forderungen, Typisierungsunterlagen u. ä., die die Arbeit der Benutzer erleichtern und viel Zeit sparen. Auch sie sind nicht verbindlich.

Insgesamt mehrere Tausend Normen (vorwiegend Staatsnormen) wurden zentral durch das Federative Amt für Normalisation und Maße in Prag herausgegeben.

Alle Regelwerke, sowohl Staatsnormen als auch Ressortnormen, als auch Richtlinien, technische Vertragsbedingungen, Typisationsunterlagen u. ä. und deren Änderungen werden im Entwurf zur fachlichen Diskussion den Interessierten vorgelegt, und die Einwände und Bemerkungen werden sorgfältig bei der Fassung des definitiven Textes berücksichtigt, bevor der Entwurf durch eine spezielle Kommission genehmigt wird.

2.2 Regelwerke für Brückenlager

Die allgemeinen konstruktiven Forderungen an die Brückenlager und deren Einbau ist in der Staatsnorm ČSN 73 6201 – 1978, Entwerfen und Raumanordnung von Brückenbauten, in Abs. 333 bis 339 festgehalten.

Für die Belastung der Lager gilt die Staatsnorm ČSN 73 6203, Belastung von Brücken, die in der Ausgabe 1968 für die zulässigen Spannungen konzipiert wurde und danach in der Ausgabe 1986 für die Grenzlastzustände umgearbeitet wurde.

Als „Ressortnorm" wurden ausgearbeitet:
ON 73 6277 – 1965, Entwerfen der Brückenlager aus Stahl, und ON 02 3570 – 1974, Topflager.

Die anderen Lagertypen wurden in verschiedenen Betriebsrichtlinien, Technischen Bedingungen, Werksangebotsunterlagen u. ä. erfaßt.

Um die ausreichende Information der Bauherren, der Entwurfsingenieure und der Baubetriebe zu gewährleisten, hat das Verkehrsministerium das Ausarbeiten einer Typisierungsrichtlinie – TSm-V-706/1986, Zubehör der Brücken – veranlaßt, in der fast alle in der ČSFR erzeugten typisierten Lager enthalten sind.

2.3 Übergang zum Grenzlastverfahren

Die klassische Bemessung der Konstruktionen nach zulässigen Spannungen wird schrittweise durch die Bemessung nach Grenzlastzuständen ersetzt.

Die dafür nötigen Lastannahmen (d. h. Lasten und Beiwerte γ_G und γ_Q) wurden erarbeitet:

– für den Hochbau, Industriebau u. ä. im Jahre 1967 durch die Staatsnorm ČSN 73 0035 – 1967, Belastung von Baukonstruktionen, revidiert in den Jahren 1976 und 1986,
– für den Brückenbau durch die Staatsnorm ČSN 73 6203 – 1986, Belastung von Brücken.

Für die Betonkonstruktionen wurde die Grenzlastbemessung durch die Staatsnorm ČSN 73 1201 – 1967, Entwerfen von Betonkonstruktionen, eingeführt. Wegen der vielen Einwände aus der Praxis wurde diese Norm durch die Staatsnorm ČSN 73 2001 – 1970, Entwerfen von Betonbauten, ersetzt, die in dem Zeitraum 1970 bis 1975 die Grenzlastbemessung sowohl mit dem globalen Sicherheitsbeiwert als auch mit den Teilsicherheitsbeiwerten erlaubte. Ab 1976 wurde dann nur die Bemessung mit den Teilsicherheitsbeiwerten zugelassen.

Für die Stahlkonstruktionen wurde das Grenzlastverfahren (mit den Teilsicherheitsbeiwerten) durch die Staatsnorm ČSN 73 1401 – 1966 b, Entwerfen von Stahlkonstruktionen, eingeführt.

Für die Betonbrücken und Stahlbetonverbundbrücken liegen die für die Grenzlastbemessung überarbeiteten Normen zur Zeit der Manuskripterstellung dieses Buches noch immer nicht vor. Mit Rücksicht auf die zu erwartenden europäischen Normen bzw. Eurocodes wurde die weitere Bearbeitung dieser Normen vorläufig unterbrochen.

Für die Stahlbrücken wurde das Grenzlastverfahren im Jahre 1987 durch die unter der Leitung des Verfassers überarbeitete Staatsnorm ČSN 73 6205 – 1984, Entwerfen von Stahlbrückenkonstruktionen, eingeführt.

2.4 Grenzlastverfahren im Stahlbrückenbau

In der Staatsnorm ČSN 73 6205 – 1984 wird die Summe der durch die Grenzlasteinwirkungen hervorgerufenen Spannungen an der linken Seite der Grundformel mit der reduzierten nominalen Streckgrenze $f_{y,k}/\gamma_M$ an der rechten Seite verglichen:

$$\Sigma \sigma_{Gi} + \psi \cdot \Sigma \sigma_{Qi} \leq f_{y,k}/\gamma_M$$

Die Teilsicherheitsbeiwerte γ_{Gi}, γ_{Qi} für die Spannungsermittlung auf der linken Seite und γ_M variieren wie folgt:

γ_{Gi} für ständige Lasten von 1,1 bis 1,5, wobei für das Eigengewicht sowohl der Stahl- als auch Betonkonstruktionen mit $\gamma_G = 1,1$, der Isolations- und anderer Schichten mit $\gamma_G = 1,3$, der Fahrbahnschichten mit $\gamma_G = 1,5$, des Schotterbettes bei den Eisenbahnbrücken mit $\gamma_G = 1,4$ und bei U-Bahnbrücken mit $\gamma_G = 1,2$ usw. eingesetzt werden. Der Ausnahmewert $\gamma_G = 1,8$ gilt für das Schotterbettgewicht im Bergbaugebiet für die Brücken ohne einfache Korrigierbarkeit,

γ_{Qi} für veränderliche Lasten von 1,0 bis 1,4, davon die übliche bewegliche Last mit $\gamma_Q = 1,4$, der Winddruck mit $\gamma_Q = 1,3$, Temperatureinflüsse, Seitenstöße und Bremskräften mit $\gamma_Q = 1,2$ usw.,

für die gewalzten und geschmiedeten Stähle
    mit $f_{y,k} \leq 300\ \text{N} \cdot \text{mm}^{-2} \rightarrow \gamma_M = 1,15$
    mit $f_{y,k} > 300\ \text{N} \cdot \text{mm}^{-2} \rightarrow \gamma_M = 1,25$
für die Gußstähle
    mit $f_{y,k} \leq 300\ \text{N} \cdot \text{mm}^{-2} \rightarrow \gamma_M = 1,25$
    mit $f_{y,k} > 300\ \text{N} \cdot \text{mm}^{-2} \rightarrow \gamma_M = 1,35$
Die Kombinationsbeiwerte ψ werden wie folgt eingesetzt:

Tabelle 1
Kombinationsbeiwerte ψ

	ständige Belastungen	veränderliche Belastungen	außerordentliche Belastungen
Grundkombinationen	1,0	maßgebende Belastung 1,0	–
	1,0	zwei oder drei Belastungen 0,9	–
	1,0	vier und mehr Belastungen 0,8	–
außerordentliche Kombination	1,0	beliebige Zahl von Belastungen 0,8	eine außerordentliche Belastung 1,0

Vor zwei Jahren wurde noch eine „feinere" (und freilich kompliziertere) Variierung des Kombinationsbeiwertes ψ vorgeschlagen, jedoch noch nicht für die Stahlbrücken eingeführt.

In allerletzter Zeit sind die meisten Fachleute in der ČSFR der Meinung, es wäre vorteilhaft, das viel einfachere Konzept der Grenzlastzustände nach Eurocode 3 (ENV 1993 – 1–1) für die Stahlkonstruktionen zu übernehmen. Einige Wissenschaftler behaupten dagegen, daß die (wenn auch kompliziertere) Differenzierung der Beiwerte γ_{Gi}, γ_Q, und γ_M und ψ

zur genaueren Erfassung der wirklichen Grenzlasttragfähigkeit der Konstruktion beiträgt.

Anmerkung:
ČSFR als affiliate member CEN beabsichtigt, in den zukünftigen Regeln die einfacheren Teilsicherheitsbeiwerte für Lasten (Kästchenbeiwerte in ENV 1993 – 1–1) mit $\gamma_G = 1{,}2$ und $\gamma_Q = 1{,}4$ einzuführen. Die Teilsicherheitsbeiwerte γ_M für Baustoffe werden nunmehr untersucht und werden dann im NAD der ENV für Beton-, Stahl-, Verbund-, Holz- u. ä. Konstruktionen eingeführt.

6 Zulassungen

6.1 Einleitung

6.1.1 Vorgeschichte und derzeitige nationale Situation

Seit gebaut wird, besteht auch das Bedürfnis der menschlichen Gesellschaft, das Baugeschehen soweit zu reglementieren und nicht der Willkür des einzelnen zu überlassen, daß der Gemeinschaft keine Gefahr droht. Ein Bauwerk soll in der Regel nicht nur einer Person und nicht nur einer Generation von Nutzen sein.

Die Vielfalt der Aufgaben in der Bautechnik bringt es mit sich, daß nicht für alles fertige Regeln vorhanden sind, deren Einhaltung behördlicherseits geprüft werden kann.

Diese Regelungslücke wird in Deutschland durch allgemeine bauaufsichtliche Zulassungen geschlossen. Hierfür wurde früher ein Zulassungsantrag bei der Obersten Baubehörde unter Beifügung entsprechender Nachweise gestellt. Die Behörde stellte dann nach Prüfung einen Zulassungsbescheid aus.

Am 1. Juli 1968 nahm das Institut für Bautechnik in Berlin, eine Gemeinschaftseinrichtung von Bund und Ländern, die Arbeit auf. Diese Behörde übernahm unter anderem die Aufgabe, zentral, mit Gültigkeit für die Bundesrepublik Deutschland, die genannten Zulassungen zu erteilen. Vorrangig handelte es sich um den Bereich, für den vorher die einzelnen Bundesländer die Verantwortung hatten. Dazu gehörten jedoch auch die Zulassungen, die vom Bundesminister für Verkehr ausgestellt wurden, weil sie hauptsächlich für Verkehrsbauten (Brücken) benötigt wurden. Der Bereich Elastomer-Lager gehörte, weil Elastomerlager auch viel im Hochbau verwendet wurden, zur ersten Kategorie. Die anderen Lager wurden den Verkehrsbauten zugeordnet.

Der Zulassungsbereich „Lager" beschränkte sich konsequenterweise auf den nicht geregelten Bereich, d. h. daß Rollen- und Kipplager alter Bauart, für die es zulässige Beanspruchungen in den entsprechenden Normen gab, keiner Zulassung bedurften. In der Brückenlastennorm DIN 1072 wurde die „Zulassungspflicht" von der Reibung abhängig gemacht: Sehr kleine Werte für Rollen- oder Gleitlager bedingten eine Zulassung.

Zulassungsbereiche sollten nach Herausbildung eines regelbaren Standes der Technik von normativen Regeln abgelöst werden. Es zeigte sich jedoch, daß die Hersteller, die „im Besitz" einer Zulassung waren, diese Zulassungen keinesfalls als temporären Behelf ansahen, sondern als Qualitätszertifikat, für das sie viel Geld (für die Zulassungsversuche) ausgegeben hatten. Dies führte dazu, daß nur wenige Zulassungsbereiche, und diese auch nur sehr zögernd, in Normen überführt werden konnten. Bei Lagern waren dies nur die bewehrten Elastomerlager (DIN 4141, Teil 14). Für die normalen unbewehrten Elastomerlager (Teil 15) gab es nie Zulassungen, Vorläufer der Norm war eine Richtlinie.

Für Gleitlager (Teil 12) stünde die Herausgabe der Norm unmittelbar bevor, wenn nicht inzwischen – siehe Abschnitt

5.2 – durch Aufnahme der Arbeiten an einer CEN-Normenreihe Stillstandsvereinbarungen die Herausgabe verhinderten.

Somit wird es zunächst weiterhin Zulassungen für die verschiedenen Arten von Gleitlagern, für Topflager, für auftraggeschweißte Rollenlager und für Sonderformen von bewehrten Elastomerlagern geben. Die Standardtexte dieser Zulassungen, Stand 1994, werden im nachfolgenden Abschnitt wiedergegeben.

Anzumerken ist, daß seit der Vereinigung Deutschlands die Zulassungen selbstverständlich auch in den neuen Bundesländern gelten, und daß seit Beginn des Jahres 1993 die deutsche Zulassungsbehörde das Attribut „deutsch" in ihren Namen aufgenommen hat:

Deutsches Institut für Bautechnik, abgekürzt DIBt.

Sowohl die nach Norm (DIN 4141, Teil 14, Teil 15, und DIN 18800) als auch die nach Zulassungen gefertigten Lager werden einer Güteüberwachung unterzogen. Rechtsgrundlage dafür waren bislang die Güteüberwachungsverordnungen der Bundesländer. Der Überwachungsnachweis wurde durch das Ü-Zeichen (s. Allgemeine Bestimmungen) erbracht.

Mit den neuen Bauordnungen, die bis zum Erscheinen dieses Buches voraussichtlich von allen Landesparlamenten beschlossen werden, wird das Bauordnungsrecht den Bedürfnissen des gemeinsamen europäischen Marktes angepaßt. Das Bauordnungsrecht bleibt – verfassungskonform – Länderrecht.

Auch die neuen Bauordnungen entsprechen weitgehend einer Musterbauordnung, auf die sich vorab einvernehmlich Vertreter aller Bundesländer geeinigt haben. Auch für die Güteüberwachung haben sich die Rechtsgrundlagen durch die neuen Bauordnungen geändert.

Das Ü-Zeichen wird es weiterhin geben, wenngleich es künftig Übereinstimmungszeichen genannt wird. Mit dem Ü-Zeichen wird der Nachweis erbracht, daß das Bauprodukt – das Lager – mit den Festlegungen in der Zulassung übereinstimmt. Voraussetzung ist die werkseigene Produktionskontrolle (bislang: Eigenüberwachung) und eine regelmäßige Fremdüberwachung (wie bisher).

Zulassungen nach den neuen Bauordnungen gibt es für nicht geregelte Bauprodukte und Bauarten. In einer Bauregelliste A, die vom DIBt veröffentlich wird, sind die geregelten Fälle zusammengestellt, auf die durch Zulassung zu regelnde Fälle wird in der Liste verwiesen.

6.1.2 Künftige (europäische) Situation

Mit dem Abbau der Handelshemmnisse in der europäischen Gemeinschaft ab 1993 gelten auch neue Spielregeln für Zulassungen und Normen. Als sogenannte technische Spezifikationen gibt es danach die in der Bauproduktenrichtlinie harmonisierten Normen der europäischen Normenorganisation (CEN) oder europäische technische Zulassungen (ETA). Während bislang hinsichtlich der Zulassungsnotwendigkeit die Betonung auf „neuartig" lag (was bei vielen Zulassungsgegenständen durchaus fraglich war), müssen künftig alle Bauprodukte, an die wesentliche Anforderungen gestellt werden und die nicht durch harmonisierte Normen abgedeckt sind, zugelassen sein. Die „wesentlichen Anforderungen" sind gem. Bauproduktenrichtlinie folgende 6 Bereiche:

Festigkeit, Brandschutz, Gesundheit und Umweltschutz, Nutzungssicherheit, Schallschutz, Wärmeschutz.

Lager gehören mindestens zu denjenigen Bauprodukten, deren Festigkeit nachgewiesen werden muß, sie sind also von der Regelung betroffen.

Abgesehen vom noch etwas unklaren Zwischenzustand wird es nach Fertigstellung der europäischen Lagernorm nur noch Zulassungen für nicht genormte Sonderformen und für Hochbaulager geben.

Inwieweit es sich bei diesem „Zulassungs-Rest" um nationale Zulassungen – die auf bislang nicht beschränkte Zeit weiterhin möglich sind – oder bereits um ETA's handeln wird, läßt sich momentan nicht abschätzen. Es ist sicher auch eine Bedarfsfrage.

Hinzuweisen ist auf die künftige Bauregelliste B, die z. Zt. noch leer ist und die für den künftigen europäischen Zustand die Liste A ablösen wird.

Schon jetzt gibt es europäische Länder, die kein Problem darin sehen, deutsche allgemeine bauaufsichtliche Zulassungen als Nachweis anzuerkennen, während das Umgekehrte – Anerkennung einer ausländischen Zulassung in Deutschland – baurechtlich nicht vorgesehen ist.

Eine Zulassung setzt einen (formlosen) Antrag und einen Eignungsnachweis (Versuche, Gutachten, geprüfte statische Berechnungen) voraus.

An diesem Prinzip wird sich auch europäisch nichts ändern.

Die Zulassungsbehörde bedient sich in Deutschland bei ihrer Entscheidung der beratenden Hilfe von Sachverständigenausschüssen, deren Mitglieder ehrenamtlich tätig sind. Für die europäischen Zulassungen wird man in ähnlicher Weise verfahren.

Bislang gab es – bedarfsabhängig – für die verschiedenen Zulassungsbereiche Richtlinien, in denen die speziellen Spielregeln, durchzuführende Versuche, einzuhaltende Sicherheiten etc. festgehalten wurden. Auch diese wird es europäisch geben, sie nennen sich „Zulassungsleitlinien". Damit wird sichergestellt, daß die Zulassungen nach einheitlichen Grundsätzen erteilt werden, unabhängig davon, in welchem Land der Antrag gestellt wurde.

Der Verwaltungsaufwand für europäische Zulassungen wird sicher größer werden als der für nationale, und es bleibt zu hoffen, daß sich dies nicht spürbar auf die zeitliche Distanz zwischen Antrag und Erteilung der Zulassung auswirkt.

6.2 Standardtexte der allgemeinen bauaufsichtlichen Zulassungen für Lager

6.2.1 Allgemeines, Überblick

Die Zulassungen weisen generell eine 3-Teilung auf:

Allgemeine Bestimmungen
Besondere Bestimmungen
Anlagen

Außerdem gibt es für den Anwendungsbereich Lager noch zusätzliche, nicht veröffentlichte Regeln, die sich auf die Werkstoffeigenschaften und auf Einzelheiten zu Herstellung, Überwachung und Einbau beziehen. Auf solche Regeln wird in den Besonderen Bestimmungen hingewiesen. Diese Regeln werden auch hier nicht veröffentlicht. Sie sind nur bis zu einem gewissen Grad standardisiert und gehören zum know-how des Antragstellers. Sie sind für den Anwender, für den dieses Kapitel hauptsächlich gedacht ist, nicht wichtig. Diese Regeln sind beim DIBt und bei der güteüberwachenden Stelle hinterlegt.

Für die Überwachung gilt derzeit noch: Sowohl die genormten wie auch die zugelassenen Lager müssen güteüberwacht sein, die überwachenden Stellen müssen anerkannt sein.

Zulassungen gelten in der Regel 5 Jahre. Die Gültigkeitsdauer kann, wenn eine ordnungsgemäße Überwachung bestätigt wird, jeweils um weitere 5 Jahre verlängert werden. Alles weitere ist den Allgemeinen und Besonderen Bestimmungen zu entnehmen.

Als Standardtext wurde stets der Text der Zulassung mit jüngstem Datum genommen. Es ist nicht davon auszugehen, daß die allgemeinen Bestimmungen einer Zulassungsgruppe Wort für Wort gleich sind, denn zur Zeit der Zulassungserteilung wird der Text stets aktualisiert, was insbesondere den Bezug auf Normen und Richtlinien betrifft.

Für sämtliche Zulassungen gilt der gleiche Text für die Allgemeinen Bestimmungen. Er wird hier nicht abgedruckt.

Soweit Anlagezeichnungen wiedergegeben werden, handelt es sich um eine beispielhafte Wiedergabe. Im konkreten Zulassungsbescheid* können die Zeichnungen anders aussehen.

Antragsteller (Lagerhersteller) für Brückenlager sind die Firmen

1. Clouth Gummiwerke (C)
2. FIP (F)
3. Glacier GmbH – Sollinger Hütte (GS)
4. Gumba (GU)
5. Mageba (MAG)
6. Friedrich Maurer Söhne (MAU)
7. Römer (RÖ)
8. Ronald Kaiser (RK)
9. Schwäbische Hüttenwerke (S)
10. Vorspann-Technik (V)

Die z. Zt. vorliegenden Lagerzulassungen verteilen sich wie folgt:

– Den Antragsteller Kaiser gibt es nicht mehr
– Die Zulassungen haben seit dem 1. 1. 95 eine neue Struktur

Rollenlager werden nicht mehr für Neubauten verwendet. Sanierungsfälle erfordern darüber hinaus in der Regel Sonderlösungen. Auf die Wiedergabe eines Standardtextes wird deshalb verzichtet.

Für Gleitlager und Verformungsgleitlager gibt es den im nächsten Abschnitt (6.2.2) wiedergegebenen Standardtext, für Kalottenlager den im Abschnitt 6.2.3 abgedruckten Standardtext und schließlich im Abschnitt 6.2.4 den Standardtext für Topflager.

Bei den Sonderfällen handelt es sich um folgendes:

– Bewehrtes Clouth Elastomerlager Typ SG mit einer durch die Norm DIN 4141, Teil 14, nicht abgedeckten Verankerung
– Gumba-NOFRI-Lager mit einem nur temporär wirkenden Gleitteil

	C	F	GS	GU	MAG	MAU	RÖ	RK	S	V
Rollenlager			1						1	
Gleitlager			1	1	1				1	1
Verformungsgleitlager	1		1	1	1			1	1	1
Kalottenlager		1			1	1	1		1	
Topflager			2			1			2	
Sonderfälle	1			2					1	

Zu dieser Zusammenstellung ist anzumerken, daß sie nur temporär sein kann und schon beim Erscheinen des Buches mindestens in folgenden Punkten überholt sein kann:

– Die Verformungsgleitlager werden künftig nicht mehr durch separaten Bescheid geregelt

---

* Die Zulassungsbescheide des DIBt können bezogen werden vom ARCONIS Literatur-Service c/o Informationszentrum RAUM und BAU der Fraunhofer-Gesellschaft, Nobelstraße 12, D-70569 Stuttgart, Tel. 07 11–9 70 26 25, Fax 07 11–9 70 29 00.

– Kippweiches bewehrtes Elastomerlager der Fa. Gumba (Abweichung von DIN 4141, Teil 14)
– SHW-Neohublager Typ NHL, ein Topflager mit einer Vorrichtung zum Höhenausgleich.

Hochbaulagerzulassungen gibt es nur für unbewehrte Elastomerlager, die nicht nach DIN 4141, Teil 15 und Teil 150, beurteilt werden können. Die Gründe liegen entweder im Stofflichen – die Norm behandelt nur Lager aus Cloroprene-Kautschuk – oder in der Abweichung von der Norm. Die Lager nach Norm sind platten- oder streifenförmig mit ebenen Ober- und Unterflächen.

Es gibt z. Zt. folgende 5 zugelassene unbewehrte Elastomerlager:

– Unbewehrte Elastomer-Lager höherer Härte (Antragsteller: Calenberg Ingenieure)
– Unbewehrte EPDM-ESZ-Pyramidenlager (Antragsteller: ESZ GmbH, W. Bekker)
– Unbewehrte Elastomerlager aus EPDM (Antragsteller: Continental)
– Unbewehrte Elastomerlager aus EPDM (Antragsteller: Metzeler)
– Unbewehrte Elastomerlager ESZ-Typ 200 (Antragsteller: ESZ GmbH, W. Bekker)

Die Besonderen Bestimmungen regeln vor allem den Werkstoff (Zusammensetzung, Güteüberwachung) und die zulässigen Beanspruchungen, wobei soweit wie möglich auf die normativen Vorgaben (DIN 4141, Teil 15 und 150) verwiesen wird.

Ein Standardtext existiert „mangels Masse" für den Bereich Hochbaulager nicht.

6.2.2 Gleitlager

Für Gleitlager wurde parallel zur Bearbeitung des Normenentwurfs für DIN 4141, Teil 12, ein Standardtext erarbeitet, der nachfolgend wiedergegeben wird. Künftig gilt, daß nur solche Gleitlager für einen Antragsteller zugelassen sind, die in den Anlagezeichnungen konkret beschrieben sind, während bislang die Anlagezeichnungen hinsichtlich des Kippteils nur beispielhafte Darstellungen waren. Auf die Wiedergabe der speziellen Anlageblätter mußte zugunsten einer allgemeinen Darstellung in diesem Buch verzichtet werden.

Deutsches Institut für Bautechnik   Foto: N. Balmer

Besondere Bestimmungen für Gleitlager

1 Allgemeines
1.1 Beschreibung, Anwendungsbedingungen

Die Zulassung betrifft Lager für Brücken und Hochbauten, die sich aus der Verbindung eines Gleitteils (Gleitlager) mit einem Kippteil ergeben. Zugelassen sind im Rahmen dieses Bescheides nur die in der Anlage dargestellten Lagerkombinationen. Alternativ zur Darstellung auf den Anlageblättern dürfen die Lager auch mit untenliegender Gleitplatte verwendet werden (sinnvoll z. B. bei Stahlbrücken).

Gegenstand dieser Zulassung ist das Gleitteil einschließlich ggf. erforderlicher Führungen, Verankerungsteile, Verbindungsmittel und Futterplatten. Die Eignung des Kippteils muß durch andere Zulassungen oder nach Normen nachgewiesen werden.

Die Lager wirken in der Regel als zweiachsig verschiebbare Punktkipplager. Durch Anordnung von Führungen (Innen- oder Außenführungen) kann die Gleitbewegung eingeschränkt werden und damit aus dem zweiachsig verschiebbaren Lager ein einachsig verschiebbares Lager entstehen. Es ist sicherzustellen, daß auch bei diesen Lagern die allseitige Verdrehung nicht behindert wird (vgl. Abschnitt 2.3.3).

Das tribologische System (Gleitfläche) des Gleitteils besteht aus der Materialpaarung austenitischer Stahl gegen Polytetrafluorethylen (PTFE) mit gespeichertem Silikonfett. In Führungen ist auch die Materialpaarung austenitischer Stahl gegen Mehrschicht-Werkstoff zulässig.

Gleitlager, bei denen die Abmessung L der PTFE-Platte nach Anlage Blatt 3 1500 mm überschreitet oder 75 mm unterschreitet, fallen nicht in den Geltungsbereich dieser Zulassung.

Gleitlager unterliegen dem Verschleiß. Gemäß DIN 4141 Teil 1 sind daher Möglichkeiten zur Wartung und Erneuerung vorzusehen.

Die für die endgültige Lagerung des Bauwerks bestimmten Gleitlager dürfen während der Bauphase nicht als Hilfslager (z. B. beim Taktschieben oder Abstapeln von Überbauten) dienen.

Gleitlager nach dieser Zulassung dürfen Temperaturverläufen ausgesetzt werden, wie sie unter Überbauten klimabedingt in Deutschland auftreten. Ihre Verwendung ist nicht für hochdynamische Beanspruchungen (z. B. Erdbeben) geregelt.

Das tribologische System (Gleitfläche) des Gleitteils besteht aus dem Material austenitischer Stahl gegen Polytetrafluorethylen (PTFE) mit gespeichertem Silikonfett.

1.2 Hinweise auf Normen und sonstige Regelwerke

Die für die Konstruktion und Anwendung wichtigsten Normen und Richtlinien sind nachstehend aufgeführt; sie sind in der jeweils gültigen Fassung anzuwenden, soweit in dieser Zulassung nichts anderes bestimmt ist.

DIN 1045	Beton- und Stahlbeton; Bemessung und Ausführung
DIN 1055	Lastannahmen für Bauten
DIN 1072	Straßen- und Wegbrücken; Lastannahmen
DIN 1075	Betonbrücken; Bemessungen und Ausführung
DIN 1076	Ingenieurbauwerke im Zuge von Straßen und Wegen; Überwachung Prüfung
DIN 4141 Teil 1–4 Teil 14	Lager im Bauwesen
DIN 4227 Teil 1	Spannbeton; Bauteile aus Normalbeton mit beschränkter oder voller Vorspannung
DIN 8563 Teil 1–10	Sicherung der Güte von Schweißarbeiten
DIN 18 800 Teil 1 und 7 (03.81)	Stahlbauten; Bemessung und Konstruktion; Herstellen, Eignungsnachweise zum Schweißen
DIN 18 809	Stählerne Straßen- und Wegbrücken; Bemessung, Konstruktion, Herstellung
DIN 32 500 Teil 3	Bolzen für Bolzenschweißen mit Hubzündung; Betonanker und Kopfbolzen
DS 804	Vorschrift für Eisenbahnbrücken und sonstige Ingenieurbauwerke (VEI)
ZTV-K	Zusätzliche Technische Vorschriften für Kunstbauten

2 Herstellung
2.1 Grundlagen

Nachfolgende Angaben betreffen die Herstellung des Gleitlagers. Zusätzlich zu diesen Angaben müssen die in den „Bedingungen für die bauliche Durchbildung und Überwachung (Güteüberwachung) von PTFE-Gleitlagern" festgelegten Anforderungen und Baugrundsätze eingehalten werden (vgl. Abschnitt 4.2).

2.2 Werkstoffe

2.2.1 Stahl
Es dürfen nur Stähle mit einem Abnahmeprüfzeugnis B nach DIN EN 10 204 zum Einsatz gelangen.

Für die Gleitplatte, die PTFE-Aufnahme, die Führungsleisten und die Ankerplatten ist Stahl Fe 360 B oder Fe 510 D1 nach DIN EN 10 025 zu verwenden. Für angeschraubte Führungsleisten darf auch Vergütungsstahl nach DIN EN 10 083 Teil 2 genommen werden.

2.2.2 Austenitischer Stahl
Für Gleitbleche ist nichtrostender Stahl X 5 CrNiMo 17 12 2 mit der Werkstoffnummer 1.4401 nach DIN 17 441 zu verwenden.

2.2.3 Polytetrafluorethylen
Als Rohmaterial darf nur reines Polytetrafluorethylen (Kurzbezeichnung: PTFE weiß) ohne Zusatz von wiederaufbereitetem Material (Regenerate) oder Füllstoffen verwendet werden. Es darf nur freigesintertes, nicht nachverdichtetes Plattenmaterial, das gemäß Abschnitt 4 beim Unterlieferanten überwacht wird („Brückenlagerqualität"), für Gleitflächen eingesetzt werden.

2.2.4 Mehrschicht-Werkstoff
Mehrschicht-Werkstoff muß aus einem Bronzerücken mit einer porösen Schicht aus Zinnbronze, in deren Poren und auf deren Oberfläche sich eine Mischung aus PTFE und Blei befindet, bestehen. Im übrigen gelten sinngemäß die für den Mehrschicht-Werkstoff P 1 in DIN 1494 Teil 4 genannten Einzelheiten.

Es darf nur Material verwendet werden, das gemäß Abschnitt 4 beim Unterlieferanten überwacht wird („Brückenlagerqualität").

2.2.5 Schmierstoff
Als Schmierstoff für Gleitflächen muß Siliconfett eingesetzt werden. Es darf nur Material verwendet werden, das gemäß Abschnitt 4 beim Unterlieferanten überwacht wird („Brückenlagerqualität").

2.3 Konstruktive Durchbildung, Grenzabmessungen, Toleranzen

2.3.1 Gleitplatte
Die Dicke der Gleitplatte muß, bezogen auf die Plattendiagonale D_{LP} mindestens $0{,}04 \times D_{LP}$, jedoch mindestens 25 mm betragen.

Die größte Unebenheit der Gleitplatte darf $0{,}0003 \cdot L$ nicht überschreiten. Diese Anforderung muß auf beiden Seiten der Gleitplatte erfüllt sein, wenn Anker- oder Futterplatten anschließen (vgl. Abschnitt 2.3.7), sonst nur auf der Gleitblechseite. Bezüglich der Abmessung L siehe Anlage Blatt 3.

2.3.2 PTFE-Aufnahme
Der obere Rand der Vertiefung (Kammerung) zur Aufnahme einer Platte oder eines Streifens aus PTFE ist scharfkantig auszubilden. Im Bereich des Übergangs von der Wandung zum Boden der Kammerung darf der Radius der Ausrundung 1 mm nicht überschreiten (vgl. Anlage Blatt 2). Das lichte Maß der Kammerung ist so zu wählen, daß das PTFE-Element planmäßig ohne Spiel – erforderlichenfalls nach vorherigem Abkühlen – eingepaßt werden kann. Ein eventuell bereichsweise vorhandener Spalt zwischen der Wandung der Kammerung und dem PTFE-Element darf die in den „Bedingungen" (s. Abschnitt 4.2) genannten Werte nicht überschreiten. Der Rand der PTFE-Aufnahme ist erforderlichenfalls so abzuarbeiten, daß nur eine Einfassung der Kammerung von rd. 10 mm Breite und $3^{-0{,}0}_{+0{,}1}$ mm Höhe verbleibt (vgl. Anlage Blatt 2). Ist die Einfassung an keiner Stelle breiter als 15 mm, so kann die Abarbeitung entfallen.

Für die Ebenheit gelten sinngemäß die Anforderungen nach Abschnitt 2.3.1. Die kleinste Dicke muß mindestens 25 mm betragen.

2.3.3 Führungen
Für die bei einachsig verschiebbaren Lagern erforderlichen Führungen sind nur die in der Anlage Blatt 1 dargestellten Konstruktionen und Materialien zugelassen.

Als Materialpaarung in den Gleitflächen kommen austenitischer Stahl gegen Streifen aus PTFE oder Mehrschicht-Werkstoff in Frage. Streifen aus Mehrschicht-Werkstoff sind nur zulässig, wenn die Lagerkonstruktion die Aufnahme der Verdrehungen nahezu zwängungsfrei ermöglicht.

Werden PTFE-Streifen verwendet, sind diese gemäß Abschnitt 2.3.2 in den Führungsleisten oder der PTFE-Aufnahme zu kammern und zusätzlich zu verkleben, wobei die Einfassung der Kammerung an den Schmalseiten rd. 10 mm breit sein muß. An den Längsseiten soll die Breite der Einfassung nicht kleiner als 3 mm sein. Streifen aus Mehrschicht-Werkstoff müssen verklebt und mindestens stirnseitig etwa in halber Streifendicke versenkt eingesetzt werden.

Die Gleitflächen der Führungen sind geometrisch so auzubilden, daß ein Festfressen bzw. Verklemmen verhindert wird. Die rechnerische Stauchung eines PTFE-Streifens, die sich aus der Unparallelität bei Verdrehung um eine horizontale Achse ergibt, darf nicht größer als 0,1 mm sein. Eine Überschreitung dieses Grenzwertes ist durch ein zusätzliches Gelenkstück (Kippleiste) zu vermeiden (vgl. Anlage Blatt 1).

2.3.4 PTFE-Elemente

PTFE-Elemente sind Platten oder Streifen mit kreisförmiger oder rechteckiger Gleitfläche.

PTFE-Platten dürfen gemäß Anlage Blatt 3 in maximal vier formgleiche Teile gleicher Nenndicke, die separat gekammert sind, aufgeteilt sein. Die Kleinstabmessung B gemäß Anlage Blatt 3 darf 50 mm nicht unterschreiten.

Der maximale Abstand von in mehrere Einzelflächen aufgeteilten PTFE-Platten darf nicht größer als 20 mm sein. Bei einachsig verschiebbaren Lagern mit Innenführung darf der Abstand quer zur Bewegungsrichtung nicht größer als 20 mm sein. Bei einachsig verschiebbaren Lagern mit Innenführung darf der Abstand quer zur Bewegungsrichtung nicht größer sein als die doppelte Dicke der angrenzenden Stahlplatten.

In PTFE-Platten sind Vertiefungen (Schmiertaschen) gemäß Anlage Blatt 3 zur Schmierstoffspeicherung vorzusehen. Sie dürfen kalt oder warm (bis 200 °C) eingepreßt werden. Bei Pressungen aus ständigen Lasten von weniger als 5 N/mm² darf auf Schmiertaschen verzichtet werden.

Die Spalthöhe h des Gleitlagers und die Dicke t der PTFE-Platte (siehe Anlage Blatt 2) müssen folgenden Bedingungen entsprechen:

$h = 1{,}75 + L/1200$
$t \geq 2{,}2 \cdot h$

Dabei darf h nicht kleiner als 2 mm und t nicht größer als 8 mm sein. Der Toleranzbereich von h darf bei $L \leq 1200$ mm $\pm 0{,}2$ mm und bei $L > 1200$ mm $\pm 0{,}3$ mm betragen. Die vorgenannte Bedingung für die Spalthöhe h gilt für das unbelastete, mit Korrosionsschutzbeschichtung versehene Lager im Bereich von Meßstellen nach Abschnitt 2.4.7.

PTFE-Streifen in Führungen besitzen keine Schmiertaschen, ihre Breite B muß mindestens 15 mm, ihre Dicke t mindestens 5,5 mm und die zugehörige Spalthöhe h $2{,}3 \pm 0{,}2$ mm betragen.

Das Verhältnis L_1/B darf nicht größer als 25 sein, wobei L_1 die Länge des Einzelstreifens ist. Erforderlichenfalls sind mehrere, einzeln gekammerte Streifen nach den vorgenannten Grundsätzen anzuordnen.

2.3.5 Streifen aus Mehrschicht-Werkstoff

Streifen aus Mehrschicht-Werkstoff müssen mindestens 10 mm breit sein.

2.3.6 Gleitblech

Angeschweißte Gleitbleche müssen mindestens 1,5 mm, angeschraubte mindestens 2,5 mm dick sein.

2.3.7 Verankerungen, Lagerplatten, Futterplatten

Zweiachsig verschiebbare Lager brauchen – außer bei Eisenbahnbrücken – nicht in den angrenzenden Bauteilen verankert zu werden.

Sind bei einachsig verschiebbaren Lagern Verankerungen erforderlich (vgl. Abschnitt 3.1.7), müssen diese zum Zweck der Auswechselbarkeit des Lagers z. B. an der Gleitplatte lösbar angeschlossen sein. Nicht lösbare Anker (z. B. geschweißte Kopfbolzendübel) sind an einer zusätzlichen Stahlplatte (Ankerplatte) anzuschließen. Die Dicke der Ankerplatten muß, bezogen auf die Plattendiagonale D_{LP}, mindestens $0{,}02 \cdot D_{LP}$ jedoch mindestens 18 mm betragen. Futterplatten müssen mindestens 18 mm dick sein.

Die für die Gleitplatte gemäß Abschnitt 2.3.1 vorgeschriebene Ebenheitsanforderung gilt auch für die der Gleitplatte zugewandten Seite der Ankerplatte und die Futterplatten.

Bei Verformungsgleitlagern ist zwischen dem Mörtelbett und dem bewehrten Elastomerlager eine mindestens 18 mm dicke Stahlplatte (Grundplatte) anzuordnen. Der Anschluß am Elastomer ist sinngemäß nach Abschnitt 2.4.4 herzustellen.

2.4 Zusammenbau, Ausstattung

2.4.1 Befestigung des Gleitblechs

Das Gleitblech ist mit der Gleitplatte durch Schweißen mit durchgehender Naht oder Verschrauben mit nichtrostender Naht oder Verschrauben zu verbinden. Es ist durch geeignete Maßnahmen dafür zu sorgen, daß das Gleitblech an der Gleitplatte ganzflächig anliegt (Vermeidung von Lufteinschluß).

2.4.2 Schmierung

Die Gleitflächen von PTFE-Elementen sind unmittelbar vor dem Zusammenbau des Lagers zu säubern und mit Schmierstoff nach Abschnitt 2.2.5 zu versehen. PTFE-Platten sind so zu schmieren, daß die Schmiertaschen gefüllt sind. Streifen in Führungen aus PTFE oder Mehrschicht-Werkstoff erhalten eine Anfangsschmierung, indem die Gleitflächen mit Schmierstoff eingerieben werden und der überschüssige Schmierstoff entfernt wird.

2.4.3 Schutz gegen Korrosion und Verschmutzung

Das Gleitlager muß entsprechend DIN 4141 Teil 1, Abschnitt 7.4 gegen Korrosion geschützt sein, wobei die Kammerungsoberflächen der PTFE-Aufnahme nur mit der Grundbeschichtung zu versehen sind. Bei angeschraubtem Gleitblech ist auch die Kontaktfläche der Gleitplatte am Gleitblech durch geeignete Maßnahmen ausreichend vor Korrosion zu schützen.

Die Gleitflächen dürfen keinen Anstrich erhalten; sie sind in geeigneter Weise, z. B. durch einen Faltenbalgen in Zieharmonikaausführung, der parallel unterhalb der Gleitplatte angeordnet ist, gegen Verschmutzung und Beschädigung zu schützen. Der Gleitflächenschutz muß zur Kontrolle und Wartung des Lagers leicht lösbar und problemlos wieder anzubringen sein.

Beim Zusammenbau ist darauf zu achten, daß kein Staub und keine Fremdpartikel in die Gleitflächen gelangen.

2.4.4 Verbindung der Lagerteile

Das Gleitteil und das Kippteil sowie die ggf. vorhandenen Anker- und Futterplatten müssen zur Übertragung von Kräften (Reibungskräfte, äußere Horizontalkräfte) miteinander kraftschlüssig und – wenn für die Auswechselbarkeit erforderlich – lösbar verbunden sein.

Wird ein Gleitlager mit einem bewehrten Elastomerlager durch einfaches Aufeinanderlegen kombiniert (Verformungsgleitlager), so ist die Kontaktfläche der PTFE-Aufnahme am Elastomer durch Korundstrahlen aufzurauhen und durch thermisches Spritzen nach DIN 55 928 vor Korrosion zu schützen. Die so vorbehandelte Kontaktfläche besitzt ausreichende kraftschlüssige Eigenschaften, sofern die Bedingungen nach DIN 4141 Teil 14, Abschnitt 5.5 erfüllt sind. Die Verbindung zwischen Gleitlager und bewehrtem Elastomerlager darf auch durch Aufvulkanisieren der PTFE-Aufnahme hergestellt werden. Verklebungen sind nicht zulässig, Montageklebungen sind nicht Gegenstand der Zulassung.

Sämtliche Lagerteile müssen im Werk zusammengebaut und als eine komplette Lagereinheit ausgeliefert werden. Dabei dürfen Schrauben nur so weit angezogen werden, daß die daraus resultierende Verwölbung der Stahlplatten nicht größer als $0,0006 \cdot L$ ist. Andernfalls sind Schrauben erst auf der Baustelle nach dem Freisetzen des Überbaus endgültig mit dem ggf. vorgeschriebenen Drehmoment anzuziehen. Solche Lager sind zu markieren.

2.4.5 Voreinstellung

Eine Voreinstellung der Lager ist durch eine Hilfskonstruktion mittels Schraubverbindung unverrückbar und transportsicher so zu fixieren, daß sich die Lager bei Beginn ihrer Funktion in der planmäßigen Lage und Form befinden. Auf dem Lagerobertteil ist die Richtung der Vorstellung zum Lagerunterteil durch einen Pfeil zu kennzeichnen. Hinsichtlich der Änderung der Voreinstellung auf der Baustelle gilt DIN 4141 Teil 4, Abschnitt 4.1.

2.4.6 Anzeigevorrichtung

In Hauptverschieberichtung ist eine Anzeigevorrichtung nach DIN 4141 Teil 1, Abschnitt 7.3 vorzusehen.

2.4.7 Meßstellen

Die gemäß DIN 4141 Teil 1, Abschnitt 7.3 für das Ausrichten des Lagers vorgeschriebene Meßebene (Meßfläche) ist aus nichtrostendem Stahl herzustellen und an der Grundplatte auf der mit dem Typenschild versehenen Seite des Lagers anzuordnen.

Für die Kontrolle der Spalthöhe nach Abschnitt 2.3.4 müssen in Hauptverschieberichtung je Lagerseite mindestens zwei Meßstellen an der PTFE-Aufnahme markiert werden. An diesen Meßstellen darf die Schichtdicke des Korrosionsschutzes 300 µm nicht überschreiten.

2.4.8 Kennzeichnung

Das Lager ist gemäß DIN 4141 Teil 1 zu kennzeichnen und mit einem Typenschild, das ggf. auf der Seite der Anzeigevorrichtung anzubringen ist, zu versehen. Die Ausführung und die Beschriftung des Typenschildes ist mit der fremdüberwachenden Stelle abzustimmen. Bezüglich des Überwachungszeichens gilt Teil I, Abschnitt 9, dieses Bescheides.

3 Verwendung

3.1 Statische Nachweise, Bemessung

3.1.1 Allgemeines

Bei der Bemessung des Lagers und der angrenzenden Bauteile sind die aus dem Bauwerk angreifenden Kräfte und Bewegungen infolge äußerer Lasten und Zwängen sowie sämtliche daraus resultierende Reaktionskräfte des Lagers infolge des Reibungswiderstandes in den Gleitflächen und des Verdrehungswiderstandes des Kippteils zu berücksichtigen.

Zur planmäßigen aufnahme bzw. Abminderung äußerer horizontaler Lasten dürfen Reibungswiderstände von Gleitflächen nicht herangezogen werden. Für die Ermittlung der Begegnungen (Verschiebungen, Verdrehungen) gilt DIN 4141 Teil 1. Soweit für die Bemessung des Lagers maßgebend, sind die Bewegungen nach

DIN 4141 Teil 1, Abschnitt 4 und 5 zu vergrößern. Ausgenommen von der Vergrößerung nach DIN 4141 Teil 1, Abschnitt 4.2 sind die aus Schwinden, Kriechen und Temperatur resultierenden Anteile der Bewegungen, sofern diese Einflüsse nach DIN 1072, Abschnitt 6.1 berücksichtigt werden.

Es darf nur **ein** Kippteil mit dem Gleitlager kombiniert werden. Einzelheiten der Bemessung des Kippteils sind in DIN 4141 oder den allgemeinen bauaufsichtlichen Zulassungen geregelt.

3.1.2 Reibungszahlen
Für Materialpaarungen mit PTFE-Platten ist die Reibungszahl in Abhängigkeit von der mittleren Pressung σ_m (N/mm²) wie folgt zu bestimmen:

$$\mu = \frac{1{,}2}{10 + \sigma_m} \geq 0{,}03$$

Die Reibungszahl wird auf maximal 0,08 begrenzt.
In Führungen gelten die folgenden Reibungszahlen:
$\mu = 0{,}08$ für die Materialpaarung PTFE/austenitischer Stahl
$\mu = 0{,}20$ für die Materialpaarung Mehrschicht-Werkstoff/austenitischer Stahl

3.1.3 Stählerne Lagerteile
3.1.3.1 Tragsicherheit
Die Tragsicherheit der Stahlteile ist, soweit erforderlich, in jedem Einzelfall gemäß DIN 18 800 Teil 1 nachzuweisen.

3.1.3.2 Gleitplatte und PTFE-Aufnahme (Lagerplatten)
Die Lagerplatten sind so zu bemessen, daß unter Belastung des Lagers noch ein funktionsgerechter Gleitspalt und eine hinreichend gleichmäßige Verteilung der PTFE-Pressungen gewährleistet sind. Diese Bedingung ist erfüllt, wenn die Summe der auf das Maß L der PTFE-Platte bezogenen maximalen Relativverformungen der Gleitplatte (Δw_1) und der PTFE-Aufnahme (Δw_2) nicht größer ist als

$$\text{zul } \Delta w = h\, (0{,}45 - 2 \cdot \sqrt{h/L}).$$

Zusätzlich ist nachzuweisen, daß ist nachzuweisen, daß die zugehörige Biegebeanspruchung die Streckgrenze nicht überschreitet. Dient die Lagerplatte zur Aufnahme von Schnittgrößen aus Führungen, so ist die Tragsicherheit nach Abschnitt 3.1.3.1 nachzuweisen.

Das mechanische Modell für diese Nachweise soll sämtliche die Verformungen nennenswert beeinflussenden Lagerteile und angrenzenden Bauteile mit ihren elastischen Kurz- und Langzeiteigenschaften im Gebrauchszustand berücksichtigen. Dabei sind der Berechnung folgende Annahmen zugrunde zu legen:

– Zentrische Belastung
– Fiktiver Elastizitätsmodul des PTFE: 400 N/mm²
– Im Falle angrenzender Massivbauteile: Lineare Reduzierung des Elastizitätsmoduls des Betons oder des Mörtels vom Rand zum Zentrum der Gleitplatte um 20 %.

Erforderlichenfalls – z. B. bei großen, im Bauzustand nicht abgesteiften Gleitplatten – ist auch der aus der Frischbetonbelastung resultierende Verformungsanteil zu berücksichtigen.

Anstelle eines genauen Nachweises dürfen nachstehende Näherungslösungen angewendet werden.
Nachweis der Relativverformung Δw_1:
Für kreisförmige Gleitplatten gilt

$$\Delta w_1 = 0{,}55 \cdot \frac{1}{L} \cdot \varkappa_b \cdot \alpha_b \cdot \varkappa_p \cdot \alpha_p$$

mit den Faktoren
$\varkappa_b = 1{,}1 + (1{,}7 - 0{,}85 \cdot L_p/L) \cdot (2 - L_p/L_o)$
    wenn $L_o \leq L_p \leq 2\, L_o$
$\varkappa_b = 1{,}1$ wenn $L_p > 2\, L_o$

$$\alpha_b = \frac{F_\infty}{E_{b,\infty}} + \frac{F_o}{E_{b,o}}$$

$\varkappa_p = 0{,}30 + 0{,}55 \cdot L_p/L$

$$\alpha_p = \left(\frac{L}{L + 2 \cdot t_p}\right)^2 \cdot \left(\frac{3\, L_o}{L_p}\right)^{0{,}4}$$

Es bedeuten
L_p Durchmesser der Gleitplatte
t_p Dicke der Gleitplatte
F_o Kurzzeitig wirkende Lasten (Verkehrslasten etc.)
F_∞ Kriecherzeugende Dauerlasten
$E_{b,o}$ Elastizitätsmodul des Betons
$E_{b,\infty}$ Reduzierter Elastizitätsmodul des Betons zur Erfassung des Kriechens unter Dauerlasten F_∞
    ($E_{b,\infty} \parallel 1/3\, E_{b,o}$)
L_o Bezugsdurchmesser = 300 mm

Diese Näherungslösung gilt für Gleitplatten, die an Bauteile aus Beton der Festigkeitsklasse B 25 oder höher anschließen, wobei sich zusätzliche Spannungsnachweise erübrigen, wenn mindestens Beton der Festigkeitsklasse B 35 und Stahl Fe 510 D1 verwendet werden und Δw_1 zul Δw nicht überschreitet. Werden Werkstoffe niedrigerer Festigkeit verwendet, darf der Nachweis der Spannungen in den Lagerplatten nur dann entfallen, wenn die Relativverformung Δw_1 nachstehende Grenzwerte nicht überschreitet:

0,90 · zul Δw bei Verwendung von B 25,
0,67 · zul Δw bei Verwendung von Fe 360 B,
0,60 · zul Δw bei Verwendung von B 25 und Fe 360 B.

Für Lagerplatten mit Querschnittsschwächungen und für solche, die zur Aufnahme von Schnittgrößen aus Führungen dienen, sind jedoch die Spannungen zum Nachweis des elastischen Zustandes oder der Tragsicherheit zu berechnen (s.o.).
Vorstehende Näherungslösung darf auch auf quadratische Platten mit den Seiten a und rechteckige Platten mit den Seiten a < b angewendet werden, wenn sie zu kreisförmigen Platten mit dem Durchmesser $L_p = 1,13 \cdot a$ idealisiert werden.

Nachweis der Relativverformung Δw_2:
Für PTFE-Aufnahmen, die an bewehrte Elastomerlager oder an Elastomerkissen von Topflagern anschließen, darf die maximale Relativverformung Δw_2 nach der Theorie der elastischen Kreisplatte berechnet werden.
Dabei ist die Verteilung der an der PTFE-Aufnahme angreifenden Elastomer- und PTFE-Pressungen wie folgt anzunehmen:
Im Anschluß an
– ein Topflager: Konstant
– ein bewehrtes Elastomerlager: Parabelförmig ($\sigma_{max} = 1,5 \cdot \sigma_m$)
– die PTFE-Platte: Konstant oder gemäß nachstehender Skizze. Der ungünstigere Fall ist maßgebend.

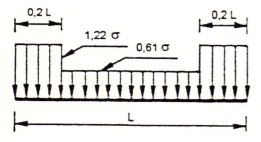

Wenn sich die Gleitplatte und die PTFE-Aufnahme in dieselbe Richtung verformen, dann ist $\Delta w_2 = 0$ zu setzen.
Quadratische und rechteckige Platten dürfen in der zuvor genannten Weise zu kreisförmigen Platten idealisiert werden.

3.1.3.3 Gleitblech
Länge und Breite des Gleitblechs richten sich nach dem aus der Gesamtheit der Bewegungen resultierenden rechnerischen Verschiebungsweg der Lagerung. Werden bei Verwendung eines bewehrten Elastomerlagers als Kippteil (Verformungsleitlager) zur Begrenzung des Gleitweges Anschläge vorgesehen und ist das bewehrte Elastomerlager in seiner Verformbarkeit parallel zur Lagerebene nicht behindert (z. B. durch eine Festhaltekonstruktion), so darf der maßgebende Verschiebungsweg entsprechend DIN 1072 wie bei bewehrten Elastomerlagern ohne Erhöhung der Kriech- und Schwindwerte und ohne erhöhte (fiktive) Temperaturbereiche ermittelt werden.

3.1.3.4 Verankerung in anschließende Bauteile
Der Nachweis der Verankerung richtet sich nach DIN 4141 Teil 1, Gleichung (3).
Für die Tragfähigkeit und die konstruktive Ausbildung der Verankerungsmittel gelten die entsprechenden Technischen Baubestimmungen oder allgemeinen bauaufsichtlichen Zulassungen.
Bei Verwendung von Kopfbolzen nach DIN 32 500 Teil 3 dürfen als Tragfähigkeit D die Rechenwerte nach Tafel 1 in vorgenannte Gleichung eingesetzt werden, wenn folgende Bedingungen erfüllt sind:

– Die Achsabstände der Kopfbolzen dürfen untereinander in Kraftrichtung nicht kleiner als $5 \cdot d_1$ und quer dazu nicht kleiner als $4 \cdot d_1$ sein.
– Die Kopfbolzen müssen nach dem Schweißen mindestens 90 mm in den bewehrten Beton einbinden.
– Im anzuschließenden Bauteil muß eine oberflächennahe Netzbewehrung aus Betonstahl $\emptyset$ 12/15 cm, die im Bereich von Bauteilrändern bügelförmig auszubilden ist, vorhanden sein.

Tafel 1: Rechenwerte der Kopfbolzen-Tragfähigkeit D in kN

Betonfestigkeitsklasse	Kopfbolzen-Durchmesser (mm)	
	19,05	22,22
B 25	65	90
B 35	85	105

Die Werte der Tafel 1 gelten nur, wenn nach DIN 1045 nachgewiesen wird, daß bei Versagen des Betons auf Zug ein Ausbrechen des Betons durch eine Betonstahlbewehrung verhindert wird. Dabei ist ein der Bewhrungsführung entsprechendes Stabwerkmodell, bei dem die Druckstreben an den Schweißwülsten ansetzen, zugrunde zu legen. Die infolge der Lagerungskraft $F_{x,y}$ im Stabwerkmodell auftretenden Bolzenzugkräfte müssen kleiner sein als die aus der Lagerungskraft F_z resultierenden Bolzendruckkräfte.

Auf den Nachweis der Betonstahlbewehrung darf verzichtet werden, wenn die Abstände der Kopfbolzen zum Rand der zugehörigen Betonkonstruktion in Kraftrichtung nicht kleiner als 700 mm und quer dazu nicht kleiner als 350 mm sind.

Die von den Kopfbolzen ggf. aufzunehmende Schwingbeanspruchung (max S – min S) infolge von nicht vorwiegend ruhender Belastung nach DIN 1055 Teil 3 oder Verkehrsregellasten nach DIN 1072 oder Lastenzügen UIC 71 nach DS 804 darf die Werte ΔS nach Tafel 2 nicht überschreiten.

Tafel 2: Zulässige Schwingbeanspruchung ΔS im Gebrauchszustand ($v = 1,0$) in kN

	Kopfbolzen-Durchmesser (mm)	
	19,05	22,22
ΔS	20	30

Beim Nachweis der dynamischen Beanspruchung der Kopfbolzen ist die Reibung in der Fuge zum anschließenden Bauteil zu vernachlässigen.

3.1.4 PTFE-Platten

Platten aus PTFE nach Anlage Blatt 3 sind so zu bemessen, daß die Pressungen die zulässigen Werte nach Tafel 3 nicht überschreiten (Grenzabmessungen siehe Abschnitt 2.3.4).

Für den Nachweis der Pressung gilt die einfache technische Biegelehre ($\sigma = F/A \pm M/W$). Dabei ist als gedrückter Querschnitt die gesamte PTFE-Gleitfläche ohne Abzug der Schmiertaschenflächen anzunehmen. Es darf keine klaffende Fuge auftreten (Lastfall III).

3.1.5 Streifen aus PTFE oder Mehrschicht-Werkstoff

Streifen aus PTFE oder Mehrschicht-Werkstoff in Führungen dürfen nicht zur Übertragung ständiger Lasten dienen. Zwängungen gelten in diesem Zusammenhang nicht als ständige Lasten. Wegen der Mindestabmessungen siehe Abschnitt 2.3.4 und 2.3.5.

Bei Ermittlung der Pressungen dürfen die normal zur Gleitfläche wirkenden Kräfte mittig angreifend angenommen werden (mittlere Pressung).

Die zulässigen Pressungen betragen bei PTFE-Streifen maximal 45 N/mm², infolge Zwängungen allein 5 N/mm². Streifen aus Mehrschicht-Werkstoff dürfen bis 100 N/mm² beansprucht werden.

3.1.6 Angrenzende Bauteile

Der Lasteinleitungsbereich ist statisch zu untersuchen und erforderlichenfalls bei Massivbauten durch Spaltzugbewehrung oder bei Stahlbauten durch Aussteifungsbleche zu verstärken. Die für die Ermittlung der Vergleichsspannung nach DIN 1075 anzusetzende Teilfläche A_1 darf durch Lastausbreitung innerhalb der Lagerplatten unter 45° bestimmt werden.

Zwängungen, die sich aus Lagerwiderständen bei Verschiebungen und Verdrehungen ergeben, sind in den angrenzenden Bauteilen weiter zu verfolgen.

3.2 Einbau, Kontrollen

3.2.1 Unterlagen

Bei Lagerlieferung müsen auf der Baustelle außer dem Zulassungsbescheid die Einbaurichtlinien des Lagerherstellers und der Lagerungs- und Lagerversetzplan gemäß DIN 4141 Teil 2 vorliegen.

Tafel 3: Zulässige Pressungen von PTFE-Platten in N/mm²

Lastfall	rechteckige PTFE-Platten		runde PTFE-Platten	
	mittlere Pressung	Randpressung	mittlere Pressung	Randpressung
I	30	30	30	40
II	45	45	45	60
III	–	>0	–	>0

Lastfall I: Eigenlast, Vorspannung, Schwinden, Kriechen, Temperatur, wahrscheinliche Baugrundbewegungen
Lastfall II: Maximalbelastung
Lastfall III: Lastkombination zur Bestimmung der minimalen PTFE-Randpressung

3.2.2 Versetzen des Lagers

Beim Einbau des Lagers ist DIN 4141 Teil 1 und 4 zu beachten. Der Einbau des ersten Lagers seiner Art in ein Bauwerk muß von einer Fachkraft des Lagerherstellers kontrolliert werden.

Das Lager ist gemäß dem Lagerversetzplan an der Meßebene nach Abschnitt 2.4.7 horizontal unter Verwendung eines Meßgerätes mit einer Genauigkeit von mindestens 0,3‰ zu justieren.

Nach dem Herstellen der Mörtelfuge darf der an der Meßebene festgestellte Neigungsfehler nicht größer als 3‰ sein.

3.2.3 Schweißarbeiten am Lager

Schweißarbeiten am Lager sowie Abbrennen von Schrauben, Haltestäben usw. sind auf der Baustelle nur unter Verantwortung des Lagerherstellers zulässig.

3.2.4 Mörtelfugen

Die Festigkeit des Fugenmörtels muß mindestens der eines Betons der Festigkeitsklasse B25 entsprechen. Im übrigen gilt DIN 4141 Teil 4.

3.2.5 Protokolle

Das Lagerprotokoll nach DIN 4141 Teil 4 ist zu den Bauakten zu nehmen.

3.2.6 Kontrollen

Nach Funktionsbeginn ist eine Nullmessung gemäß DIN 4141 Teil 4 durchzuführen.

Bei den am fertigen Bauwerk im Gebrauchszustand regelmäßig durchzuführenden Kontrollen der Lager (vgl. z. B. DIN 1076) sind insbesondere die Größe des Gleitspaltes (verbliebene Spalthöhe), dessen Gleichmäßigkeit über den Umfang der PTFE-Scheibe (soweit möglich), der Zustand freiliegender Bereiche der Gleitflächen für vertikale und horizontale Lasten (z. B. Unebenheiten des Gleitblechs, Befestigungsmängel, Korrosionsschäden usw.) und der Verschiebungszustand zu überprüfen und zu protokollieren. Die während der Kontrollen zu messende Lufttemperatur ist ebenfalls zu protokollieren.

Bei einer Spalthöhe > 1 mm ist ein Gleitlager im Hinblick auf horizontale Verschiebbarkeit längerfristig als funktionstüchtig anzusehen. Bei geringerer Spalthöhe sind häufigere Kontrollen vorzunehmen. Dasselbe gilt bei Verwölbungen im Gleitblechbereich in der Größenordnung von mehr als 1 mm.

Wird Kontakt zwischen der stählernen PTFE-Aufnahme und dem Gleitblech festgestellt, gilt das Lager als funktionsuntüchtig.

4 Überwachung
4.1 Allgemeines

Die Einhaltung der in diesem Bescheid festgelegten Anforderungen und Eigenschaften ist in jedem Herstellwerk durch eine Überwachung, bestehend aus Eigen- und Fremdüberwachung, zu prüfen. Für das Verfahren der Überwachung ist DIN 18 200 – Überwachung (Güteüberwachung) von Baustoffen, Bauteilen und Bauarten; Allgemeine Grundsätze – maßgebend, sofern im folgenden nichts anders bestimmt ist.

Für Umfang, Art und Häufigkeit der Überwachung des Gleitlagers und seiner Einzelteile gilt Abschnitt 4.2. Einzelheiten der Überwachung des Kippteils sind in DIN 4141 oder den allgemeinen bauaufsichtlichen Zulassungen geregelt. Die Fremdüberwachung ist von einer dafür bauaufsichtlich anerkannten Prüfstelle* auf der Grundlage eines Überwachungsvertrages durchzuführen. Der Überwachungsvertrag bedarf der Zustimmung des Deutschen Instituts für Bautechnik.

Eine Kopie des Überwachungsvertrages ist dem Deutschen Institut für Bautechnik und/oder der zuständigen obersten Bauaufsichtsbehörde zu übersenden. Der Überwachungsvertrag muß dem Überwachungsvertrag-Muster in der jeweils gültigen Fassung entsprechen und den Überwachungsgegenstand und die Überwachungsgrundlage eindeutig nennen. Ein zusammenfassender Bericht über die Eigen- und Fremdüberwachung mit entsprechenden Ergebnissen und deren Bewertung ist von der fremdüberwachenden Stelle spätestens 1/2 Jahr vor Ablauf der Geltungsdauer des Zulassungsbescheids dem Deutschen Institut für Bautechnik zuzuleiten.

4.2 Überwachungsmodalitäten

Die im Rahmen der Überwachung durchzuführenden Prüfungen sind in den „Bedingungen für die bauliche Durchbildung und Überwachung (Güteüberwachung) von PTFE-Gleitlagern"** festgelegt, soweit nicht die Überwachungsbestimmungen der technischen Baubestimmungen und allgemein bauaufsichtlichen Zulassungen gelten. Außerdem sind in diesen „Bedingungen" Einzelheiten der Werkstoffeigenschaften und der Herstellung geregelt.

Die Ergebnisse der Eigenüberwachung sind mindestens 6 Jahre aufzubewahren. Die Fremdüberwachung ist mindestens viermal im Jahr durchzuführen. Lager, bei denen die Abmessung L der PTFE-Platte 1000 mm überschreitet, sind durch die freumdüberwachende Stelle einzeln zu überwachen.

---

* Das Verzeichnis der anerkannten Prüfstellen wird beim Deutschen Institut für Bautechnik geführt.

** Nicht veröffentlicht, liegt der fremdüberwachenden Stelle und dem Deutschen Institut für Bautechnik vor.

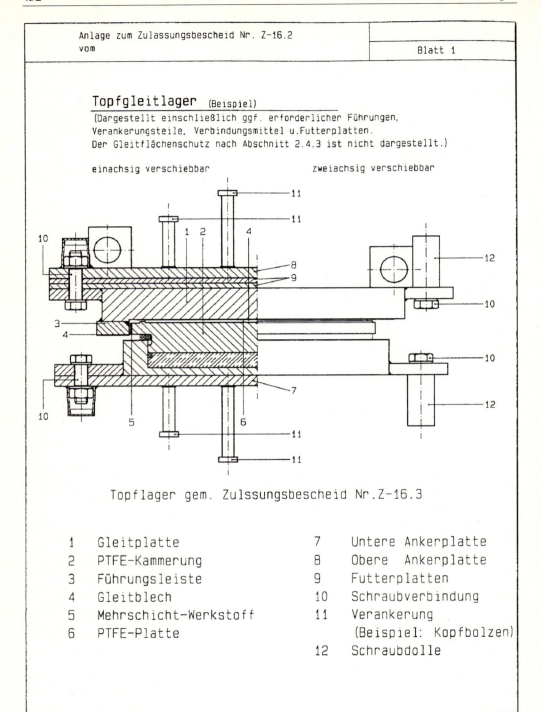

6.2 Standardtexte der allgemeinen bauaufsichtlichen Zulassungen für Lager

Anlage zum Zulassungsbescheid Nr. Z-16.2 vom	
	Blatt 2

Verformungsgleitlager (Beispiel)

(Dargestellt einschließlich ggf. erforderlicher Verankerungsteile, Verbindungsmittel u. Futterplatten. Der Gleitflächenschutz nach Abschnitt 2.4.3 ist nicht dargestellt. Festhaltekonstruktionen sind nicht Gegenstand der Zulassung.)

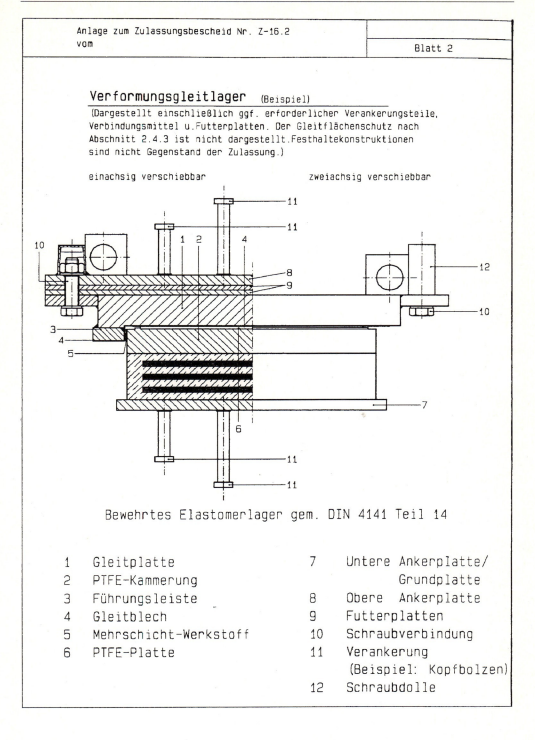

Bewehrtes Elastomerlager gem. DIN 4141 Teil 14

1	Gleitplatte	7	Untere Ankerplatte/ Grundplatte
2	PTFE-Kammerung		
3	Führungsleiste	8	Obere Ankerplatte
4	Gleitblech	9	Futterplatten
5	Mehrschicht-Werkstoff	10	Schraubverbindung
6	PTFE-Platte	11	Verankerung (Beispiel: Kopfbolzen)
		12	Schraubdolle

Anlage zum Zulassungsbescheid Nr. Z-16.2 vom	Blatt 3

Schnitte durch die Gleitflächen (Pos. gem. Blatt 1)
(h = Spalthöhe, t = PTFE-Dicke, h und t nach Abschnitt 2.3.4)
(Abarbeitung, Einfassung und Ausrundung nach Abschnitt 2.3.2)

Materialpaarung: PTFE-aust.Stahlblech
(ringsum geschweißt)

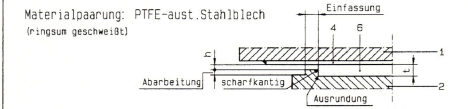

Materialpaarung: PTFE-aust.Stahlblech
(verschraubt)

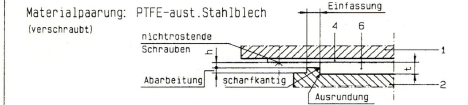

6.2 Standardtexte der allgemeinen bauaufsichtlichen Zulassungen für Lager 435

Anlage zum Zulassungsbescheid Nr. Z-16.2 vom

Blatt 4

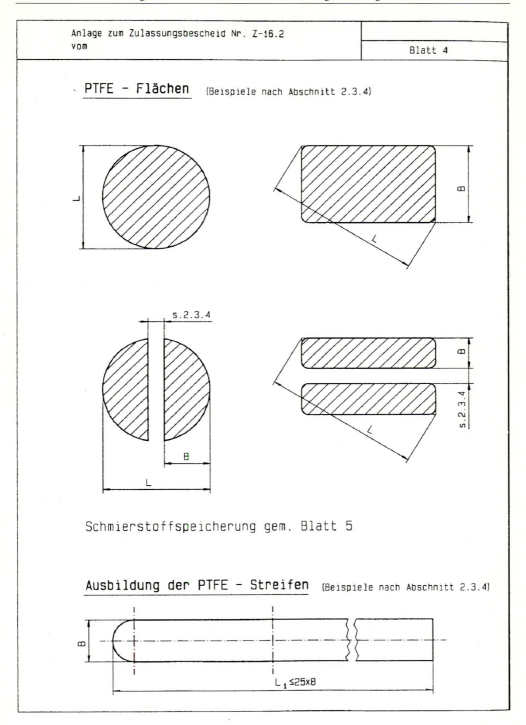

PTFE - Flächen (Beispiele nach Abschnitt 2.3.4)

Schmierstoffspeicherung gem. Blatt 5

Ausbildung der PTFE - Streifen (Beispiele nach Abschnitt 2.3.4)

$L_1 \leq 25 \times B$

| Anlage zum Zulassungsbescheid Nr. Z-16.2 vom | Blatt 5 |

Ausbildung der Schmiertaschen
(Maße in mm)

Draufsicht auf die Schmiertaschen

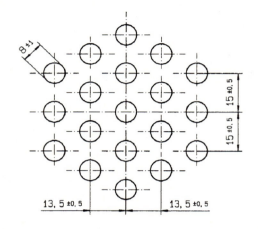

Hauptverschiebungsrichtung

Schnitt durch eine Schmiertasche

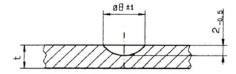

6.2.3 Kalottenlager

Das Besondere der Kalottenlager ist, daß hier – jedenfalls bei der in Deutschland üblichen Bauart – stets 2 Gleitflächen wirksam sind: eine ebene und eine gekrümmte.

Es ist somit das einzige Gleitlager, bei dem alle 3 Lagerformen – P, P 1 und P 2 nach DIN 4141, Teil 1, Tabelle 1 – möglich sind, und es ist auch das einzige Gleitlager, bei dem Kippung und Gleitung – Rotation und Translation – nicht voll entkoppelt sind. Bei einer Rotation zwischen den angeschlossenen Bauteilen findet stets auch eine Gleitbewegung in der ebenen Gleitfläche statt. Die Folge ist, daß ein zusätzlicher konstruktiver Aufwand erforderlich ist, um beim einseitig beweglichen Lager alle notwendigen Freiheitsgrade sicherzustellen.

Eine generelle Verdrehungsbeschränkung aufgrund von Eignungsversuchen wie bei Verformungs- und Topfgleitlagern entfällt hier. Die Verdrehungsgröße beeinflußt außerdem die PTFE-Kantenpressung! Weil die aufnehmbaren Pressungen des gekammerten PTFE höher sind als die des Gummis, kann das Lager bei Platznot Vorteile bringen, weil es „unter sonst gleichen Umständen" eine kleinere Grundfläche hat als Topf- und Verformungslager.

Während bei allen Gleitlagern ein großer Teil der Gleitfläche frei liegt und in aller Regel eines zusätzlichen Schutzes und/oder einer Wartung bedarf, ist bei den Kalottenlagern von der gekrümmten Gleitfläche während der gesamten Nutzungsdauer nur der kleine, für die Verdrehung benötigte Teil außerhalb der Druckfläche. Das führt dazu, daß kein großes Verschmutzungs- und Korrosionsproblem entsteht, so daß hier die für die ebene Gleitfläche aus Korrosionsgründen unzulässige Hartverchromung zum Einsatz kommt. Die geschilderten Unterschiede, die z. T. auch schon aus dem Kapitel 4 zu entnehmen sind, dürften ausreichen, um zu begründen, daß für Kalottenlager separate Zulassungsbescheide erstellt wurden. Bei der deutschen Normung wurde Analoges nicht vorgesehen, durchaus aber für die CEN-Lagernorm DIN EN 1337.

Besondere Bestimmungen für Kalottenlager

1 Allgemeines

1.1 Beschreibung, Anwendungsbedingungen

Die Zulassung betrifft Lager für Brücken und Hochbauten, bei denen Verdrehungen und Verschiebungen des Oberbaus durch Gleitbewegungen in einer ebenen und einer gekrümmten Gleitfläche zwischen stählernen Lagerplatten ermöglicht werden.

Gegenstand dieser Zulassung ist das komplette Kalottenlager einschließlich ggf. erforderlicher Führungen, Verankerungsteile, Verbindungsmittel und Futterplatten gemäß den Zeichnungen der Anlage. Alternativ zur Darstellung auf den Anlageblättern dürfen die Lager auch mit untenliegender Gleitplatte verwendet werden (sinnvoll z.B. bei Stahlbrücken). Kalottenlager wirken in der Regel als zweiachsig verschiebbare Punktkipplager. Durch geeignete Maßnahmen (Führungen, Arretierungen) kann die Gleitbewegung eingeschränkt werden und damit aus dem zweiachsig verschiebbaren Lager auch ein einachsig verschiebbares oder ein festes Lager entstehen. Es ist sicherzustellen, daß auch bei solchen Lagern die allseitige Verdrehung nicht behindert wird (vgl. Abschnitt 2.3.3). Die zulässigen Materialpaarungen der an der konvexen Platte (Kalotte) angrenzenden tribologischen Systeme (Gleitflächen) sind Polytetrafluorethylen (PTFE) mit gespeichertem Siliconfett gegen

- austenitischen Stahl für die ebene Gleitfläche und
- Hartchrom für die gekrümmte Gleitfläche.

Für diese Gleitflächen dürfen nur runde PTFE-Platten nach Anlage Blatt 3 verwendet werden.
Kalottenlager, bei denen die Abmessung L_1 bzw. L_2 (vgl. Anlage Blatt 2) 1500 mm überschreitet oder 75 mm unterschreitet, fallen nicht in den Geltungsbereich dieser Zulassung.
Im Hinblick auf die Herstellung der gekrümmten PTFE-Flächen und eine möglichst gleichmäßige Pressungsverteilung im PTFE ist nachfolgende geometrische Bedingung einzuhalten:

$$\frac{R}{L_2} \geq 1{,}5$$

Kalottenlager unterliegen dem Verschleiß. Gemäß DIN 4141, Teil 1, sind daher Möglichkeiten zur Wartung und Erneuerung vorzusehen.

Die für die endgültige Lagerung des Bauwerks bestimmten Kalottenlager dürfen während der Bauphase nicht als Hilfslager (z.B. beim Taktschieben oder Abstapeln von Überbauten) dienen.

Kalottenlager nach dieser Zulassung dürfen Temperaturverläufen ausgesetzt werden, wie sie unter Überbauten klimabedingt in Deutschland auftreten. Ihre Verwendung ist nicht für hochdynamische Beanspruchungen (z.B. Erdbeben) geregelt.

1.2 Hinweise auf Normen und sonstige Regelwerke

Die für die Konstruktion und Anwendung wichtigsten Normen und Richtlinien sind nachstehend aufgeführt; sie sind in der jeweils gültigen Fassung anzuwenden, soweit in dieser Zulassung nichts anderes bestimmt ist.

DIN 1045	Beton- und Stahlbeton; Bemessung und Ausführung
DIN 1055	Lastannahmen für Bauten
DIN 1072	Straßen- und Wegbrücken; Lastannahmen
DIN 1075	Betonbrücken; Bemessungen und Ausführung
DIN 1076	Ingenieurbauwerke im Zuge von Straßen und Wegen; Überwachung und Prüfung
DIN 4141 Teil 1–4	Lager im Bauwesen
DIN 4227 Teil 1	Spannbeton; Bauteile aus Normalbeton mit beschränkter oder voller Vorspannung
DIN 8563 Teil 1–10	Sicherung der Güte von Schweißarbeiten
DIN 18 800 Teil 1 (03.81 und 7	Stahlbauten; Bemessung und Konstruktion; Herstellen, Eignungsnachweise zum Schweißen
DIN 18 809	Stählerne Straßen- und Wegbrücken; Bemessung, Konstruktion, Herstellung
DIN 32 500 Teil 3	Bolzen für Bolzenschweißen mit Hubzündung; Betonanker und Kopfbolzen
DS 804	Vorschrift für Eisenbahnbrücken und sonstige Ingenieurbauwerke (VEI)
ZTV-K	Zusätzliche Technische Vorschriften für Kunstbauten

2 Herstellung

2.1 Grundlagen

Nachfolgende Angaben betreffen die Herstellung des Kalottenlagers. Zusätzlich zu diesen Angaben müssen die in den „Bedingungen für die bauliche Durchbildung und Überwachung (Güteüberwachung) von PTFE-Gleitlagern" festgelegten Anforderungen und Baugrundsätze eingehalten werden (vgl. Abschnitt 4.2).

2.2 Werkstoffe

2.2.1 Stahl

Es dürfen nur Stähle mit einem Abnahmeprüfzeugnis B nach DIN EN 10 204 zum Einsatz gelangen.

Für die Gleitplatte, die PTFE-Aufnahme, die Führungsleisten und die Ankerplatten ist Stahl Fe 360 B oder Fe 510 D1 nach DIN EN 10 025 zu verwenden. Für angeschraubte Führungsleisten darf auch Vergütungsstahl nach DIN EN 10 083, Teil 2, genommen werden.

2.2.2 Austenitischer Stahl

Für Gleitbleche ist nichtrostender Stahl X5 CrNiMo 17 12 2 mit der Werkstoffnummer 1.4401 nach DIN 17 441 zu verwenden.

2.2.3 Überzüge aus Hartchrom

Hartverchromte Gleitflächen müssen aus einem stählernen Grundwerkstoff und einer Hartchromschicht bestehen. Die hartverchromte Gleitfläche darf an keiner Stelle Durchbohrungen, Einkerbungen oder sonstige Unterbrechungen enthalten. Ausbesserungen der Hartchromschicht sind nicht zulässig. Als Grundwerkstoff ist die Stahlsorte Fe 510 D 1 nach DIN EN 10 025 oder vergleichbarer Stahl (z.B. Feinkornbaustahl) zu verwenden.

Die Dicke der Hartchromschicht muß mindestens 100 μm betragen. Der Überzug darf keine durchgehenden Poren und Risse aufweisen.

Die Hartchromschicht ist nicht beständig gegen Chlorionen in saurer Lösung (z.B. in manchen Industriegegenden) und gegen Fluorionen und kann bei Vorhandensein von festen Partikeln in der Luft im Laufe der Zeit beschädigt werden. In solchen Fällen ist zusätzlich zu den Maßnahmen nach Abschnitt 2.4.3 die hartverchromte Fläche auf geeignete Weise zu schützen.

2.2.4 Polytetrafluorethylen

Als Rohmaterial darf nur reines Polytetrafluorethylen (Kurzbezeichnung: PTFE weiß) ohne Zusatz von wiederaufbereitetem Material (Regenerate) oder Füllstoffen verwendet werden. Es darf nur freigesintertes, nicht nachverdichtetes Plattenmaterial, das gemäß Abschnitt 4 beim

Unterlieferanten überwacht wird („Brückenlagerqualität"), für Gleitflächen eingesetzt werden.

2.2.5 Schmierstoff
Als Schmierstoff für Gleitflächen muß Siliconfett eingesetzt werden. Es darf nur Material verwendet werden, das gemäß Abschnitt 4 beim Unterlieferanten überwacht wird („Brückenlagerqualität").

2.3 Konstruktive Durchbildung, Grenzabmessungen, Toleranzen

2.3.1 Gleitplatte
Die Dicke der Gleitplatte muß, bezogen auf die Plattendiagonale D_{LP} mindestens $0,04 \times D_{LB}$ jedoch mindestens 25 mm betragen.

Die größte Unebenheit der Gleitplatte darf $0,0003 \cdot L$ nicht überschreiten. Diese Anforderung muß auf beiden Seiten der Gleitplatte erfüllt sein, wenn Anker- oder Futterplatten anschließen (vgl. Abschnitt 2.3.6), sonst nur auf der Gleitblechseite.

2.3.2 Kalotte und Lagerunterteil
Der obere Rand der Vertiefung (Kammerung) zur Aufnahme einer Platte oder eines Streifens aus PTFE ist scharfkantig auszubilden. Im Bereich des Übergangs von der Wandung zum Boden der Kammerung darf der Radius der Ausrundung 1 mm nicht überschreiten (vgl. Anlage Blatt 3).

Das lichte Maß der Kammerung ist so zu wählen, daß das PTFE-Element planmäßig ohne Spiel – erforderlichenfalls nach vorherigem Abkühlen – eingepaßt werden kann. Ein eventuell bereichsweise vorhandener Spalt zwischen der Wandung der Kammerung und dem PTFE-Element darf die in den „Bedingungen" (vgl. Abschnitt 4.2) genannten Werte nicht überschreiten. Der Rand der PTFE-Aufnahme für die ebene Gleitfläche ist erforderlichenfalls so abzuarbeiten, daß nur eine Einfassung der Kammerung von rd. 10 mm Breite und $3^{+0,1}$ mm Höhe verbleibt (vgl. Anlage Blatt 3).

Ist die Einfassung an keiner Stelle breiter als 15 mm, so kann die Abarbeitung entfallen.

Die kleinste Dicke min t_p des Lagerunterteils muß mindestens 20 mm betragen.

Der ebene Kammerungsboden und die Unterseite des Lagerunterteils einschließlich ggf. daran anschließender Futter- und Ankerplatten müssen ebenfalls die in Abschnitt 2.3.1 genannte Ebenheitsanforderung erfüllen.

Im Bereich der gekrümmten Gleitfläche gilt für lokale Abweichungen von der Kugelform der hartverchromten Oberfläche und des Kammerungsbodens Abschnitt 2.3.1 sinngemäß. Die Qualität der Schmiegung wird außerdem bestimmt von der Größe der ungewollten Abweichung der Kugelradien voneinander. Zur Begrenzung dieser Abweichung gilt für die Differenz Δx aus den gemessenen Stichmaßen der Kugelabschnitte der Kalotte und des Lagerunterteils folgende Bedingung:

$\Delta x \leq 0,18$ mm   für $L_2 \leq 600$ mm
$\Delta x \leq 0,0003 \cdot L_2$ für $L_2 > 600$ mm

2.3.3 Führungen, Arretierungen
Als Materialpaarungen für die Gleitflächen sind bei Führungen PTFE/austenitischer Stahl und bei Arretierungen Stahl/Stahl zulässig. Im erstgenannten Fall sind die PTFE-Streifen im Lagerunterteil oder den Führungsleisten sinngemäß nach Abschnitt 2.3.2 zu kammern und zu verkleben, wobei die Einfassung der Kammerung an den Schmalseiten rd. 10 mm breit sein muß. An den Längsseiten soll die Breite der Einfassung nicht kleiner als 3 mm sein.

Die Gleitflächen der Führungen oder Arretierungen sind geometrisch so auszubilden, daß ein Festfressen bzw. Verklemmen verhindert wird. Die rechnerische Stauchung des PTFE-Streifens, die sich aus der Unparallelität bei Verdrehung um eine horizontale Achse ergibt, darf nicht größer als 0,1 mm sein. Eine Überschreitung dieses Grenzwertes ist durch ein zusätzliches Gelenkstück (Kippleiste) zu vermeiden (vgl. Anlage Blatt 1).

2.3.4 PTFE-Elemente
PTFE-Elemente sind kreisförmige Platten in den horizontalen Gleitflächen nach Abschnitt 1.1 oder Streifen in Führungen.

Die PTFE-Platten dürfen gem. Anlage Blatt 4 aus separat gekammerten Abschnitten zusammengesetzt werden. Dabei darf in der ebenen Gleitfläche eine Unterteilung in maximal vier formgleiche Abschnitte erfolgen. In der gekrümmten Gleitfläche ist bei $L_2 > 1200$ mm eine Unterteilung in zwei konzentrische Abschnitte zulässig, wovon der äußere Abschnitt nochmals in maximal vier formgleiche Unterabschnitte, die stumpf aneinanderstoßen, unterteilt werden darf. Die Kleinstabmessung B des inneren konzentrischen Abschnittes darf 1000 mm, die der übrigen Abschnitte 50 mm nicht unterschreiten. Der Abstand zwischen den Kammerungen darf nicht größer als 20 mm sein.

In PTFE-Platten sind Vertiefungen (Schmiertaschen) gemäß Anlage Blatt 4 zur Schmierstoffspeicherung vorzusehen. Sie dürfen kalt oder warm (bis 200 °C) eingepreßt werden. Bei Pressungen aus ständigen Lasten von weniger als 5 N/mm^2 darf auf Schmiertaschen verzichtet werden.

Die Spalthöhe h des Gleitlagers und die Dicke t der PTFE-Platte (s. Anlage Blatt 2) müssen folgenden Bedingungen entsprechen:

$$h = 1{,}75 + \frac{L_{1(2)}}{1200}$$

$$t \geq 2{,}2 \cdot h$$

Dabei darf h nicht kleiner als 2 mm und t nicht größer als 8 mm sein. Der Toleranzbereich von h darf bei $L_{1(2)} \leq 1200$ mm $\pm 0{,}2$ mm und bei $L_{1(2)} > 1200$ mm $\pm 0{,}3$ mm betragen. Die vorgenannte Bedingung für die Spalthöhe h gilt für das unbelastete, mit Korrosionsschutzbeschichtung versehene Lager.

PTFE-Streifen in Führungen besitzen keine Schmiertaschen, ihre Breite B muß mindestens 15 mm, ihre Dicke t mindestens 5,5 mm und die zugehörige Spalthöhe h = 2,3 ± 0,2 mm betragen.

Das Verhältnis L/B darf nicht größer als 25 sein, wobei L die Länge des Einzelstreifens ist. Erforderlichenfalls sind mehrere, einzeln gekammerte Streifen nach den vorgenannten Grundsätzen anzuordnen.

2.3.5 Gleitblech
Angeschweißte Gleitbleche müssen mindestens 1,5 mm, angeschraubte mindestens 2,5 mm dick sein.

2.3.6 Verankerungen, Lagerplatten, Futterplatten
Zweiachsig verschiebbare Lager brauchen – außer bei Eisenbahnbrücken – nicht in den angrenzenden Bauteilen verankert zu werden.

Sind bei einachsig verschiebbaren Lagern Verankerungen erforderlich (vgl. Abschnitt 3.1.6.5), müssen diese zum Zweck der Auswechselbarkeit des Lagers z. B. an der Gleitplatte lösbar angeschlossen sein. Nicht lösbare Anker (z. B. geschweißte Kopfbolzendübel) sind an einer zusätzlichen Stahlplatte (Ankerplatte) anzuschließen. Die Dicke der Ankerplatten muß, bezogen auf die Plattendiagonale D_{LB} mindestens $0{,}02 \cdot D_{LB}$ jedoch mindestens 18 mm betragen. Futterplatten müssen mindestens 18 mm dick sein.

Die für die Gleitplatte gemäß Abschnitt 2.3.1 vorgeschriebene Ebenheitsanforderung gilt auch für die der Gleitplatte zugewandten Seite der Ankerplatte und der Futterplatten.

2.4 Zusammenbau, Ausstattung

2.4.1 Befestigung des Gleitbleches
Das Gleitblech ist mit der Gleitplatte durch Schweißen mit durchgehender Naht oder Verschrauben mit nichtrostenden Schrauben zu verbinden. Es ist durch geeignete Maßnahmen dafür zu sorgen, daß das Gleitblech an der Gleitplatte ganzflächig anliegt (Vermeidung von Lufteinschluß).

2.4.2 Schmierung
Die Gleitflächen von PTFE-Elementen sind unmittelbar vor dem Zusammenbau des Lagers zu säubern und mit Schmierstoff nach Abschnitt 2.2.5 zu versehen. PTFE-Platten sind so zu schmieren, daß die Schmiertaschen gefüllt sind. PTFE-Streifen in Führungen erhalten eine Anfangsschmierung, indem die Gleitflächen mit einer geringen Schmierstoffmenge eingerieben und der restliche Schmierstoff entfernt wird.

2.4.3 Schutz gegen Korrosion und Verschmutzung
Das Kalottenlager muß entsprechend DIN 4141, Teil 1, Abschnitt 7.4, gegen Korrosion geschützt sein, wobei die Kammerungsoberflächen der PTFE-Aufnahme nur mit der Grundbeschichtung zu versehen sind. Bei angeschraubtem Gleitblech ist auch die Kontaktfläche der Gleitplatte am Gleitblech durch geeignete Maßnahmen ausreichend vor Korrosion zu schützen.

Die Gleitflächen dürfen keinen Anstrich erhalten; sie sind in geeigneter Weise, z. B. durch einen Faltenbalgen in Ziehharmonikaausführung, der parallel unterhalb der Gleitplatte angeordnet ist, gegen Verschmutzung und Beschädigung zu schützen. Der Gleitflächenschutz muß zur Kontrolle und Wartung des Lagers leicht lösbar und problemlos wieder anzubringen sein. Beim Zusammenbau ist darauf zu achten, daß kein Staub und keine Fremdpartikel in die Gleitflächen gelangen.

2.4.4 Verbindung der Lagerteile
Anker- und Futterplatten müssen zur Übertragung von Horizontalkräften miteinander kraftschlüssig und – wenn für die Auswechselbarkeit erforderlich – lösbar verbunden sein.

Sämtliche Lagerteile müssen im Werk zusammengebaut und als eine komplette Lagereinheit ausgeliefert werden. Dabei dürfen Schrauben nur soweit angezogen werden, daß die daraus resultierende Verwölbung der Stahlplatten nicht größer als $0{,}0006 \cdot L_1$ ist. Andernfalls sind Schrauben erst auf der Baustelle nach dem Freisetzen des Überbaus endgültig mit dem ggf. vorgeschriebenen Drehmoment anzuziehen. Solche Lager sind zu markieren.

2.4.5 Voreinstellung
Eine Voreinstellung der Lager ist durch eine Hilfskonstruktion mittels Schraubverbindung unverrückbar und transportsicher so zu fixieren, daß sich die Lager bei Beginn ihrer Funktion in der planmäßigen Lage und Form befinden. Auf dem Lageroberteil ist die Richtung der Vorein-

stellung zum Lagerunterteil durch einen Pfeil zu kennzeichnen.

Hinsichtlich der Änderung der Voreinstellung auf der Baustelle gilt DIN 4141, Teil 4, Abschnitt 4.1.

2.4.6 Anzeigevorrichtung
In Hauptverschieberichtung ist eine Anzeigevorrichtung nach DIN 4141, Teil 1, Abschnitt 7.3, vorzusehen.

2.4.7 Meßstellen
Die gemäß DIN 4141, Teil 1, Abschnitt 7.3, für das Ausrichten des Lagers vorgeschriebene Meßebene (Meßfläche) ist aus nichtrostendem Stahl herzustellen und an der Grundplatte auf der mit dem Typenschild versehenen Seite des Lagers anzuordnen.

Zur Kontrolle der Spalthöhe nach Abschnitt 2.3.4 müssen für die ebene Gleitfläche nach Abschnitt 1.1 in Hauptverschieberichtung je Lagerseite mindestens zwei Meßstellen an der PTFE-Aufnahme markiert werden. An diesen Meßstellen darf die Schichtdicke des Korrosionsschutzes 300 µm nicht überschreiten.

2.4.8 Kennzeichnung
Das Lager ist gemäß DIN 4141, Teil 1, zu kennzeichnen und mit einem Typenschild, das ggf. auf der Seite der Anzeigevorrichtung anzubringen ist, zu versehen. Die Ausführung und die Beschriftung des Typenschildes ist mit der fremdüberwachenden Stelle abzustimmen.

Bezüglich des Überwachungszeichens gilt Teil I, Abschnitt 9 dieses Bescheides.

3. Verwendung

3.1 Statische Nachweise, Bemessung

3.1.1 Allgemeines
Bei der Bemessung des Lagers und der angrenzenden Bauteile sind die aus dem Bauwerk angreifenden Kräfte und Bewegungen infolge äußerer Lasten und Zwängungen sowie sämtliche daraus resultierende Reaktionskräfte des Lagers infolge des Reibungswiderstandes in den Gleitflächen zu berücksichtigen. Zur planmäßigen Aufnahme bzw. Abminderung äußerer horizontaler Lasten darf weder die Reibung in den Gleitflächen noch die Pressung in der gekrümmten Gleitfläche herangezogen werden.

Für die Ermittlung der Bewegungen (Verschiebungen, Verdrehungen) gilt DIN 4141, Teil 1. Soweit für die Bemessung des Lagers maßgebend, sind die Bewegungen nach DIN 4141, Teil 1, Abschnitt 4 und 5 zu vergrößern. Ausgenommen von der Vergrößerung nach DIN 4141, Teil 1, Abschnitt 4.2, sind die aus Schwinden, Kriechen und Temperatur resultierenden Anteile der Bewegungen, sofern diese Einflüsse nach DIN 1072, Abschnitt 6.1, berücksichtigt werden.

3.1.2 Reibungszahlen
Für Materialpaarungen mit PTFE-Platten nach Abschnitt 3.1.4 ist die Reibungszahl in Abhängigkeit von der mittleren Pressung σ_m (N/mm²) wie folgt zu bestimmen:

$$\mu = \frac{1{,}2}{10 + \sigma_m} \geq 0{,}025 \ (0{,}03)$$

Die Reibungszahl wird auf maximal 0,08 begrenzt.

Der Klammerwert gilt für die Bestimmung des Verschiebungswiderstandes. Für Materialpaarungen in den Gleitflächen von Führungen bzw. Arretierungen nach Abschnitt 2.3.3 gelten die folgenden Reibungszahlen:
$\mu = 0{,}08$ für die Materialpaarung PTFE/austenitischer Stahl,
$\mu = 0{,}20$ für die Materialpaarung Stahl/Stahl.

3.1.3 Exzentrizitäten
Reibungswiderstände in den Gleitflächen beim Verdrehen und der verdrehte Zustand des Kalottenlagers verursachen Exzentrizitäten der vertikalen Lagerungskraft F_z. Soweit mehrere Exzentrizitäten im jeweils untersuchten Schnitt (Gleitflächen, Bauwerksanschlüsse) einen Einfluß auf die Beanspruchungen haben, sind diese zu superponieren. Die Exzentrizität ist

– infolge von Reibungswiderständen in den an der Kalotte angrenzenden Gleitflächen:

$$e_1 = \mu \cdot R,$$

– infolge von Reibungswiderständen in den Gleitflächen von Führungen oder Arretierungen:

$$e_2 = \frac{F_{xy}}{F_z} \cdot a,$$

– infolge des verdrehten Zustandes des Kalottenlagers:

$$e_3 = \vartheta \cdot R.$$

Es bedeuten:
μ Reibungszahlen nach Abschnitt 3.1.2
R   Krümmungsradius der Gleitfläche
ϑ Verdrehungswinkel um die horizontalen Achsen
a   Abstand der Gleitfläche in Führungen oder Arretierungen vom Lagerzentrum
F_z, F_{xy} Lagerungskräfte

3.1.4 PTFE-Platten
Platten aus PTFE nach Anlage Blatt 4 sind so zu bemessen, daß die Pressungen die zulässigen Werte nach Tafel 1 nicht überschreiten (Grenzabmessungen siehe Abschnitt 2.3.4).

Für den Nachweis der Pressung gilt die einfache technische Biegelehre ($\sigma = F/A \pm M/W$). Dabei darf die gekrümmte Gleitfläche als ebene Gleitfläche angenommen werden. Als gedrückter Querschnitt gilt die gesamte PTFE-Gleitfläche ohne Abzug der Schmiertaschenflächen.

Es darf keine klaffende Fuge auftreten (Lastfall III).

Tafel 1: Zulässige Pressungen von PTFE-Platten in N/mm²

Lastfall	mittlere Pressung	Randpressung
I	30	40
II	45	60
III	–	> 0

Lastfall I: Eigenlast, Vorspannung, Schwinden, Kriechen, Temperatur, wahrscheinliche Baugrundbewegungen
Lastfall II: Maximalbelastung
Lastfall III: Lastkombination zur Bestimmung der minimalen PTFE-Randpressung

3.1.5 PTFE-Streifen

Streifen aus PTFE in Führungen dürfen nicht zur Übertragung ständiger Lasten dienen. Zwängungen gelten in diesem Zusammenhang nicht als ständige Lasten.

Bei Ermittlung der Pressungen dürfen die normal zur Gleitfläche wirkenden Kräfte mittig angreifend angenommen werden (mittlere Pressung). Die zulässigen Pressungen betragen maximal 45 N/mm², infolge Zwängungen allein 5 N/mm².

Wegen der Mindestabmessungen siehe Abschnitt 2.3.3.

3.1.6 Stählerne Lagerteile

3.1.6.1 Tragsicherheit

Die Tragsicherheit der Stahlteile ist, soweit erforderlich, in jedem Einzelfall gemäß DIN 18800, Teil 1, nachzuweisen.

3.1.6.2 Gleitblech

Länge und Breite des Gleitblechs richten sich nach dem aus der Gesamtheit der Bewegungen resultierenden rechnerischen Verschiebungsweg der Lagerung.

3.1.6.3 Gleitplatte und Lagerunterteil (Lagerplatten)

Die Lagerplatten sind so zu bemessen, daß unter Belastung des Lagers noch ein funktionsgerechter Gleitspalt und eine hinreichend gleichmäßige Verteilung der PTFE-Pressungen gewährleistet sind.

Diese Bedingung ist erfüllt, wenn die auf das Maß $L_{1(2)}$ der PTFE-Platte bezogene maximale Relativverformung Δw der Gleitplatte bzw. des Lagerunterteils nicht größer ist als

$$\text{zul } \Delta w = h \, (0{,}45 - 2\sqrt{h/L_{1(2)}}).$$

Zusätzlich ist nachzuweisen, daß die zugehörige Biegebeanspruchung die Elastizitätsgrenze nicht überschreitet. Dient die Lagerplatte zur Aufnahme von Schnittgrößen aus Führungen, so ist die Tragsicherheit nach Abschnitt 3.1.6.1 nachzuweisen.

Das mechanische Modell für diese Nachweise soll sämtliche die Verformungen nennenswert beeinflussenden Lagerteile und angrenzenden Bauteile mit ihren elastischen Kurz- und Langzeiteigenschaften im Gebrauchszustand berücksichtigen. Dabei sind der Berechnung u. a. folgende Annahmen zugrunde zu legen:

– Zentrische Belastung
– Fiktiver Elastizitätsmodul des PTFE: 400 N/mm²
– Im Falle angrenzender Massivbauteile: Lineare Reduzierung des Elastizitätsmoduls des Betons oder des Mörtels vom Zentrum der Gleitplatte um 20 %.

Die konvexe Platte (Kalotte) darf als starr angenommen werden. Erforderlichenfalls – z. B. bei großen, im Bauzustand nicht abgesteiften Gleitplatten – ist auch der aus der Frischbetonbelastung resultierende Verformungsanteil zu berücksichtigen.

Anstelle eines genauen Verformungsnachweises darf für kreisförmige Lagerplatten, die an Bauteile aus Beton der Festigkeitsklasse B 25 oder höher anschließen, nachstehende Näherungslösung angewendet werden, wobei sich zusätzliche Spannungsnachweise für die Lagerplatten erübrigen, wenn mindestens Beton der Festigkeitsklasse B 35 und Stahl Fe 510 D1 verwendet werden und zul Δw nicht überschritten wird. Werden Werkstoffe niedrigerer Festigkeit verwendet, darf der Nachweis der Spannungen in den Lagerplatten nur dann entfallen, wenn die Relativverformung Δw nachstehende Grenzwerte nicht überschreitet:

$0{,}90 \cdot$ zul Δw bei Verwendung von B 25,
$0{,}67 \cdot$ zul Δw bei Verwendung von Fe 360 B,
$0{,}60 \cdot$ zul Δw bei Verwendung von B 25 und Fe 360 B.

Für Lagerplatten mit Querschnittsschwächungen und für solche, die zur Aufnahme von Schnittgrößen aus Führungen dienen, sind jedoch die Spannungen zum Nachweis des elastischen Zustandes oder der Tragsicherheit zu berechnen (s. o.).

Näherungslösung für den Nachweis der Relativverformung:

$$\Delta w = 0{,}55 \cdot \frac{1}{L_{1(2)}} \cdot K_b \cdot \alpha_b \cdot K_p \cdot \alpha_p$$

mit den Faktoren

$K_b = 1{,}1 + (1{,}7 - 0{,}85 \cdot L_p/L_{1(2)}) \, (2 - L_p/L_o)$
    wenn $L_o \leq L_p \leq 2\, L_o$

$K_b = 1{,}1$ wenn $L_p > 2\, L_o$

$\alpha_b = \dfrac{F_\infty}{E_{b,\infty}} + \dfrac{F_o}{E_{b,o}}$

$K_p = 0{,}30 + 0{,}55 \cdot L_p/L_{1(2)}$

$\alpha_p = \left(\dfrac{L_{1(2)}}{L_{1(2)} + 2 \cdot t_p}\right)^2 \cdot \left(\dfrac{3\, L_o}{L_p}\right)^{0{,}4}$

Es bedeuten
L_o Bezugsdurchmesser = 300 mm
L_p Durchmesser der Lagerplatte
t_p Dicke der Lagerplatte bzw. des Lagerunterteils
     Die konkave Lagerplatte (Lagerunterteil) darf rechnerisch durch eine Platte mit der konstanten Dicke
     $t_p = \min t_p + 0{,}6\,(\max t_p - \min t_p)$ ersetzt werden.
F_o Kurzzeitig wirkende Lasten (Verkehrslasten etc.)
F_∞ Kriecherzeugende Dauerlasten
$E_{b,o}$ Elastizitätsmodul des Betons
$E_{b,\infty}$ Reduzierter Elastizitätsmodul des Betons zur Erfassung des Kriechens unter Dauerlasten F_∞
     ($E_{b,\infty} \simeq \frac{1}{3}\, E_{b,o}$).

Vorstehende Näherungslösung darf auch auf quadratische Lagerplatten mit den Seiten a und rechteckige Lagerplatten mit den Seiten a < b angewendet werden, wenn sie zu kreisförmigen Lagerplatten mit dem Durchmesser $L_p = 1{,}13 \cdot a$ idealisiert werden.

3.1.6.4 Arretierungen
Werden bei unverschiebbaren Lagern die Horizontalkräfte durch ringförmige Arretierungen aufgenommen, darf die Verteilung der Kontaktpressungen parabolisch über den halben Umfang angenommen werden.

3.1.6.5 Verankerung in anschließende Bauteile
Der Nachweis der Verankerung richtet sich nach DIN 4141, Teil 1, Gleichung (3).

Für die Tragfähigkeit und die konstruktive Ausbildung der Verankerungsmittel gelten die entsprechenden Technischen Baubestimmungen oder allgemeinen bauaufsichtlichen Zulassungen.

Bei Verwendung von Kopfbolzen nach DIN 32 500, Teil 3, dürfen als Tragfähigkeit D die Rechenwerte nach Tafel 2 in vorgenannte Gleichung eingesetzt werden, wenn folgende Bedingungen erfüllt sind:

– Die Achsabstände der Kopfbolzen dürfen untereinander in Kraftrichtung nicht kleiner als $5 \cdot d_1$ und quer dazu nicht kleiner als $4 \cdot d_1$ sein.
– Die Kopfbolzen müssen nach dem Schweißen mindestens 90 mm in den bewehrten Beton einbinden.
– Im anzuschließenden Bauteil muß eine oberflächennahe Netzbewehrung aus Betonstahl Ø 12/15 cm, die im Bereich von Bauteilrändern bügelförmig auszubilden ist, vorhanden sein.

Tafel 2: Rechenwerte der Kopfbolzen-Tragfähigkeit D in kN

Betonfestigkeits-klasse	Kopfbolzen-Durchmesser (mm)	
	19,05	22,22
B 25	65	90
B 35	85	105

Die Werte der Tafel 2 gelten nur, wenn nach DIN 1045 nachgewiesen wird, daß bei Versagen des Betons auf Zug ein Ausbrechen des Betons durch eine Betonstahlbewehrung verhindert wird. Dabei ist ein der Bewehrungsführung entsprechendes Stabwerkmodell, bei dem die Druckstreben an den Schweißwülsten ansetzen, zugrunde zu legen. Die infolge der Lagerungskraft F_{xy} im Stabwerkmodell auftretenden Bolzenzugkräfte müssen kleiner sein als die aus der Lagerungskraft F_z resultierenden Bolzendruckkräfte.

Auf den Nachweis der Betonstahlbewehrung darf verzichtet werden, wenn die Abstände der Kopfbolzen zum Rand der zugehörigen Betonkonstruktion in Kraftrichtung nicht kleiner als 700 mm und quer dazu nicht kleiner als 350 mm sind.

Die von den Kopfbolzen ggf. aufzunehmende Schwingbeanspruchung (max S – min S) infolge von nicht vorwiegend ruhender Belastung nach DIN 1055, Teil 3, oder Verkehrsregellasten nach DIN 1072 oder Lastenzügen UIC 71 nach DS 804 darf die Werte ΔS nach Tafel 3 nicht überschreiten.

Tafel 3: Zulässige Schwingbeanspruchung ΔS im Gebrauchszustand (v = 1,0) in kN

	Kopfbolzen-Durchmesser (mm)	
	19,05	22,22
ΔS	20	30

Bei diesem Nachweis darf die Reibung in der Fuge zum anschließenden Bauteil nicht in Rechnung gestellt werden.

3.1.7 Angrenzende Bauteile
Der Lasteinleitungsbereich ist statisch zu untersuchen und erforderlichenfalls bei Massivbauten durch Spaltzugbewehrung oder bei Stahlbauten durch Aussteifungsbleche zu verstärken. Die für die Ermittlung der Vergleichsspannung nach DIN 1075 anzusetzende Teilfläche A_1 darf durch Lastausbreitung innerhalb der Lagerplatten unter 45° bestimmt werden. Zwängungen, die sich aus Lagerwiderständen bei Verschiebungen und Verdrehungen ergeben, sind in den angrenzenden Bauteilen weiter zu verfolgen.

3.2 Einbau, Kontrollen

3.2.1 Unterlagen
Bei Lagerlieferung müssen auf der Baustelle außer dem Zulassungsbescheid die Einbaurichtlinien des Lagerherstellers und der Lagerungs- und Lagerversetzplan gemäß DIN 4141, Teil 2, vorliegen.

3.2.2 Versetzen des Lagers
Beim Einbau der Lager ist DIN 4141, Teil 1 und 4, zu beachten.

Der Einbau des ersten Lagers in ein Bauwerk muß von einer Fachkraft des Lagerherstellers kontrolliert werden.

Das Lager ist gemäß dem Lagerversetzplan an der Meßebene nach Abschnitt 2.4.7 horizontal unter Verwendung eines Meßgerätes mit einer Genauigkeit von mindestens 0,3 ‰ zu justieren.

Nach dem Herstellen der Mörtelfuge darf der an der Meßebene festgestellte Neigungsfehler nicht größer als 3 ‰ sein.

3.2.3 Schweißarbeiten am Lager
Schweißarbeiten am Lager sowie Abbrennen von Schrauben, Haltestäben usw. sind auf der Baustelle nur unter Verantwortung des Lagerherstellers zulässig.

3.2.4 Mörtelfugen
Die Festigkeit des Fugenmörtels muß mindestens der eines Betons der Festigkeitsklasse B 25 entsprechen. Im übrigen gilt DIN 4141, Teil 4.

3.2.5 Protokolle
Das Lagerprotokoll nach DIN 4141, Teil 4, ist zu den Bauakten zu nehmen.

3.2.6 Kontrollen
Nach Funktionsbeginn ist eine Nullmessung gemäß DIN 4141, Teil 4, durchzuführen.

Bei den am fertigen Bauwerk im Gebrauchszustand regelmäßig durchzuführenden Kontrollen der Lager (vgl. z. B. DIN 1076) sind insbesondere die Größe des Gleitspaltes (verbliebene Spalthöhe), dessen Gleichmäßigkeit über den Umfang der PTFE-Scheibe (soweit möglich), der Zustand freiliegender Bereiche der Gleitflächen für vertikale und horizontale Lasten (z. B. Unebenheiten des Gleitblechs, Befestigungsmängel, Korrosionsschäden usw.) und der Verschiebungszustand zu überprüfen und zu protokollieren. Die während der Kontrollen zu messende Lufttemperatur ist ebenfalls zu protokollieren.

Bei einer Spalthöhe > 1 mm ist ein Gleitlager im Hinblick auf horizontale Verschiebbarkeit längerfristig als funktionstüchtig anzusehen. Bei geringerer Spalthöhe sind häufigere Kontrollen vorzunehmen. Dasselbe gilt bei Verwölbungen im Gleitblechbereich in der Größenordnung von mehr als 1 mm.

Wird Kontakt zwischen der stählernen PTFE-Aufnahme und dem Gleitblech festgestellt, gilt das Lager als funktionsuntüchtig.

4 Überwachung

4.1 Allgemeines
Die Einhaltung der in diesem Bescheid festgelegten Anforderungen und Eigenschaften ist in jedem Herstellwerk durch eine Überwachung, bestehend aus Eigen- und Fremdüberwachung, zu prüfen. Für das Verfahren der Überwachung ist DIN 18 200 – Überwachung (Güteüberwachung) von Baustoffen, Bauteilen und Bauarten; Allgemeine Grundsätze – maßgebend, sofern im folgenden nichts anderes bestimmt ist.

Für Umfang, Art und Häufigkeit der Überwachung des Kalottenlagers und seiner Einzelteile gilt Abschnitt 4.2. Einzelheiten der Überwachung des Kippteils sind in DIN 4141 oder den allgemeinen bauaufsichtlichen Zulassungen geregelt. Die Fremdüberwachung ist von einer dafür bauaufsichtlich anerkannten Prüfstelle* auf der Grundlage eines Überwachungsvertrages durchzuführen. Der Überwachungsvertrag be-

(Fortsetzung auf S. 448)

---

* Das Verzeichnis der anerkannten Prüfstellen wird beim Deutschen Institut für Bautechnik geführt.

6.2 Standardtexte der allgemeinen bauaufsichtlichen Zulassungen für Lager

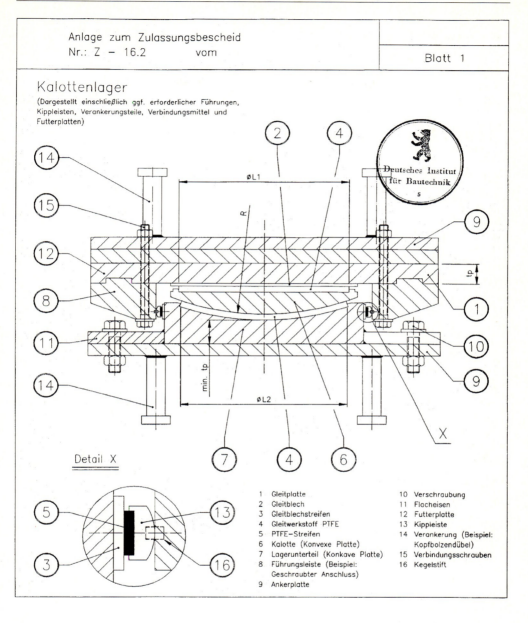

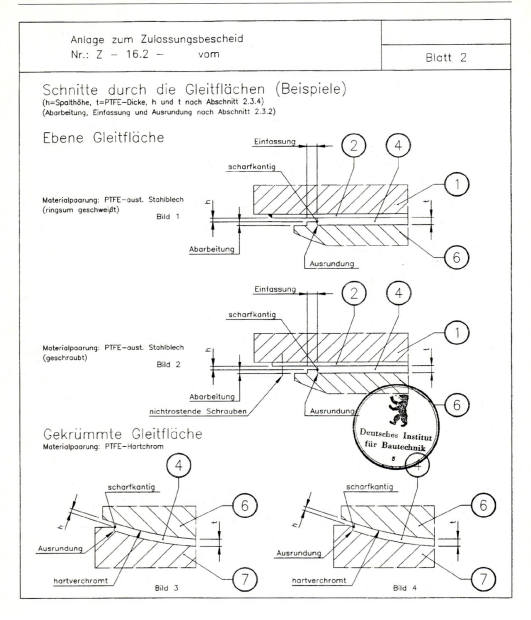

6.2 Standardtexte der allgemeinen bauaufsichtlichen Zulassungen für Lager

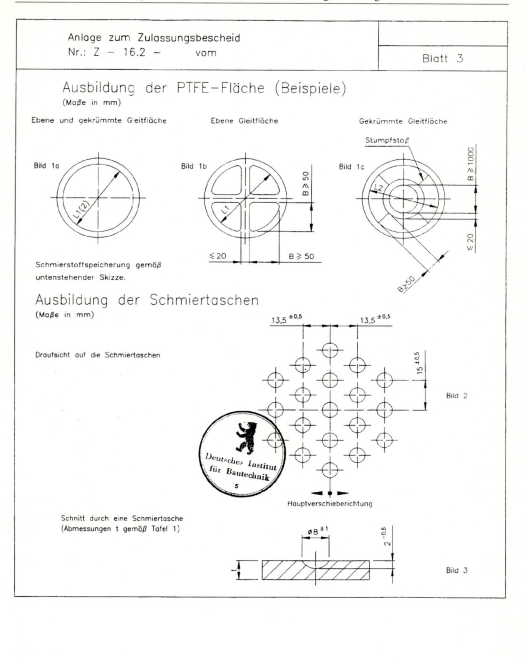

darf der Zustimmung des Deutschen Instituts für Bautechnik.

Eine Kopie des Überwachungsvertrages ist dem Deutschen Institut für Bautechnik und/oder der zuständigen obersten Bauaufsichtsbehörde zu übersenden. Der Überwachungsvertrag muß dem Überwachungsvertrag-Muster in der jeweils gültigen Fassung entsprechen und den Überwachungsgegenstand und die Überwachungsgrundlage eindeutig nennen.

Ein zusammenfassender Bericht über die Eigen- und Fremdüberwachung mit entsprechenden Ergebnissen und deren Bewertung ist von der fremdüberwachenden Stelle spätestens ½ Jahr vor Ablauf der Geltungsdauer des Zulassungsbescheids dem Deutschen Institut für Bautechnik zuzuleiten.

4.2 Überwachungsmodalitäten

Die im Rahmen der Überwachung durchzuführenden Prüfungen sind in den „Bedingungen für die bauliche Durchbildung und Überwachung (Güteüberwachung) von PTFE-Gleitlagern"** festgelegt, soweit nicht die Überwachungsbestimmungen der technischen Baubestimmungen und allgemein bauaufsichtlichen Zulassungen gelten. Außerdem sind in diesen „Bedingungen" Einzelheiten der Werkstoffeigenschaften und der Herstellung geregelt. Die Ergebnisse der Eigenüberwachung sind mindestens 6 Jahre aufzubewahren. Die Fremdüberwachung ist mindestens viermal im Jahr durchzuführen. Lager, bei denen die Abmessung L der PTFE-Platte 1000 mm überschreitet, sind durch die fremdüberwachende Stelle einzeln zu überwachen.

6.2.4 Topflager

Die erste Topflagerzulassung, ausgestellt vor ca. 30 Jahren vom Bundesminister für Verkehr, betraf das Neotopflager mit einer Messingdichtung. Die Weiterentwicklung dieses Lagers betraf hauptsächlich die Dichtung, für die es inzwischen die Varianten Messing, kohlegefülltes PTFE und Kunststoffkette gibt, und das Kissenmaterial: synthetischer Kautschuk und Naturkautschuk. Für jede neue Dichtung und für jedes neue Kissenmaterial sind erneut Zulassungsversuche (s. Abschnitt 7.3) durchzuführen.

** Nicht veröffentlicht, liegt der fremdüberwachenden Stelle und dem Deutschen Institut für Bautechnik vor.

1 Allgemeines

1.1 Beschreibung, Anwendungsbedingungen

Die Zulassung betrifft Punktkipplager, bei denen eine lastübertragende runde Elastomerplatte („Naturkautschuk-Kissen") in einem Stahltopf mit beweglichem Deckel eingeschlossen ist (Topflager). Die Kombination mit einem Gleitteil (Topfgleitlager) bedarf einer gesonderten Zulassung. Gegenstand dieser Zulassung ist das komplette Topflager einschließlich ggf. erforderlicher Verankerungsteile, Verbindungsmittel und Futterplatten gemäß Anlage, Blatt 1 bis 4.

Topflager nach dieser Zulassung dürfen Temperaturverläufen ausgesetzt werden, wie sie unter Brücken klimabedingt in der Bundesrepublik Deutschland auftreten.

Die planmäßige Auflagerverdrehung $\theta_1 + \theta_2$ (vgl. Abschnitt 3.1.2) soll einschließlich der wahrscheinlichen Baugrundbewegung nicht größer als ±0,010, einschließlich der möglichen Baugrundbewegung nicht größer als ±0,013 sein. Der planmäßige Winkel, der die infolge Verkehrsbelastung allein bedingte maximale und minimale Auflagerverdrehung einschließt, darf bei einem Radius der Elastomerplatte von $a \leq 500$ mm den Wert 0,005 und bei $a = 750$ mm den Wert 0,003 nicht überschreiten. Zwischenwerte dürfen durch lineare Interpolation ermittelt werden.

Im Rahmen dieser Zulassung dürfen nur Lager mit einem Radius der Elastomerplatte von $a \leq 750$ mm bedarf der Zustimmung im Einzelfall durch die zuständige oberste Bauaufsichtsbehörde entsprechend den Bauordnungen.

1.2 Hinweise auf Normen und sonstige Regelwerke

Die für die Konstruktion und Anwendung wichtigsten Normen und Vorschriften sind nachstehend aufgeführt; sie sind in der jeweils gültigen Fassung anzuwenden, soweit in dieser Zulassung nichts anderes bestimmt ist.

DIN 1045	Beton- und Stahlbeton; Bemessung und Ausführung
DIN 1055	Lastannahmen für Bauten
DIN 1072	Straßen- und Wegbrücken; Lastannahmen
DIN 1075	Betonbrücken, Bemessung und Ausführung
DIN 1076	Ingenieurwerke im Zuge von Straßen und Wegen; Überwachung und Prüfung
DIN 4141 Teil 1–4	Lager im Bauwesen
DIN 4227 Teil 1	Spannbeton; Bauteile aus Normalbeton mit beschränkter oder voller Vorspannung

DIN 8563 Teil 1–10   Sicherung der Güte von Schweißarbeiten
DIN 18 800   Stahlbauten
Teil 1/03.81   Bemessung und Konstruktion
Teil 7/05.83   Herstellung, Eignungsnachweise zum Schweißen
DIN 18 809   Stählerne Straßen- und Wegrücken; Bemessung, Konstruktion, Herstellung
DIN 32 500 Teil 3   Bolzen für Bolzenschweißen mit Hubzündung; Betonanker und Kopfbolzen
DS 804   Vorschrift für Eisenbahnbrücken und sonstige Ingenieurbauwerke (VEI)

Richtlinien für die Bemessung und Ausführung von Stahlverbundträgern.

2 Herstellung

2.1 Grundlagen

Zusätzlich zu nachfolgenden Angaben müssen die in den „Regelungen für die bauliche Durchbildung und die Überwachung der Herstellung von Topflagern mit PTFE/Kohle-Dichtung festgelegten Anforderungen und Baugrundsätze eingehalten werden (vgl. Abschnitt 4.2).

Die Stahlteile der Lager dürfen nur in Werken geschweißt werden, die die Befähigung zum Schweißen entsprechend DIN 18 800 Teil 7, Abschnitt 6.2 („Großer Nachweis") nachgewiesen haben.

2.2 Werkstoffe

2.2.1 Stahl

Für den Deckel und den Topfring ist mindestens Stahl Fe 510 D1 nach DIN EN 10 025 oder die Stahlgußsorte GS 52 nach DIN 1681 mit einem Abnahmeprüfzeugnis B nach DIN EN 10 204 (s. DIN 50 049) zu verwenden.

2.2.2 Elastomer, Dichtungsmaterial, Schmierstoff

Die Elastomerplatte muß aus dem Elastomer, der zugehörige Dichtungsring aus kohlegefülltem Polytetrafluorethylen (PTFE/Kohle) und der Schmierstoff aus den Fabrikaten „Syntheso 8002" oder „300 mittel" bestehen.

Diese Werkstoffe müssen in Zusammensetzung und Eigenschaften den in Zulassungsversuchen geprüften Materialien entsprechen. Vergleichsmuster mit Angabe der Werkstoffeigenschaften sind bei der fremdüberwachenden Stelle und der Bundesanstalt für Materialprüfung (BAM) hinterlegt. Die Sollwerte der Werkstoffeigenschaften sind in den „Regelungen" festgelegt (vgl. Abschnitt 2.1).

2.3 Konstruktive Durchbildung, Grenzabmessungen, Toleranzen

2.3.1 Lageraufbau

Die Lager müssen aus einem Stahltopf bestehen, der aus einem ebenen Topfboden und einem innenseitig kreisrunden Topfring gebildet wird. Der Topfring und der Topfboden müssen verschweißt oder aus einem Stück gefertigt sein. In dem Topf muß eine kreisförmige Platte aus Elastomer liegen. Der Topf muß durch einen Deckel, der in den Topf paßgerecht hineingreift und sich an die Elastomerplatte anlegt, geschlossen sein. Am Rand der Elastomerplatte vor dem Spalt zwischen Topfdeckel und Topfring muß ein Dichtungsring aus kohlegefülltem PTFE eingelassen sein, der ein Auspressen des Elastomers unter Belastung verhindert.

2.3.2 Elastomerplatte

Die Dicke der fertigen Elastomerplatte muß mindestens 1/15 ihres Durchmessers, mindestens jedoch 16 mm betragen. Der Durchmesser der Elastomerplatte darf höchstens 2‰ kleiner als der Topfdurchmesser sein.

2.3.3. Dichtungsring

Der Querschnitt des in die Elastomerplatte eingelassenen Dichtungsringes muß 8 mm breit und 10 mm hoch sein. Besteht diese Dichtung aus einem offenen Ring, so muß der Stoß gemäß Anlage Blatt 4 ausgebildet sein.

2.3.4 Topf und Deckel

Zur Verringerung der Reibung zwischen der Elastomerplatte und den von ihr berührten Flächen sind die Innenflächen von Topf und Deckel glatt auszubilden. Dabei darf die Rauhtiefe R_z nach DIN 4768 Blatt 1 beim Topfring nicht größer als 6,3 μm, beim Topfboden und beim Deckel nicht größer als 25 μm sein. Die Dicke des Topfbodens muß mindestens 1/50 des Innendurchmessers des Topfringes, jedoch mindestens 12 mm betragen.

2.3.5 Lagerspiel

Für das Spiel zwischen Topf (T) und Topfdeckel (D) gilt:
$a_T - a_D \leq 0{,}4$ mm.

2.3.6 Verankerungen, Ankerplatten

Sind Verankerungen erforderlich (vgl. Abschnitt 3.1.7), müssen diese zum Zweck der Auswechselbarkeit des Lagers lösbar angeschlossen sein. Nicht lösbare Anker (z. B. geschweißte Kopfbolzendübel) sind an einer zusätzlichen Stahlplatte (Ankerplatte) anzuschließen. Die Dicke der Ankerplatten muß mindestens 18 mm betragen.

2.3.7 Schutz gegen Korrosion und Verschmutzung

Das Topflager muß entsprechend DIN 4141 Teil 1, Abschnitt 7.4, beschichtet sein. Zur Vermeidung des Eindringens von Feuchtigkeit und Schmutz ist die Fuge zwischen dem Deckelüberstand und dem Topfring in geeigneter Weise abzudichten (vgl. Anlage).

2.4 Zusammenbau, Ausstattung

2.4.1 Schmierung

Die inneren Wandungen des Topfes, die in den Topf eingreifende Oberfläche des Deckels und die Oberfläche des Dichtungsringes sind mit einem Schmierstoff gemäß Abschnitt 2.2.2 zu versehen.

2.4.2 Kennzeichnung

Das Lager ist gemäß DIN 4141 Teil 1 zu kennzeichnen. Bezüglich des Überwachungszeichens gilt Teil 1, Abschnitt 9 dieses Bescheides.

3 Verwendung

3.1 Statische Nachweise, Bemessung

3.1.1 Allgemeines

Bei der Bemessung nach Abschnitt 3.1.2, 3.1.3 und 3.1.6 sind die planmäßigen Auflagerverdrehungen gemäß DIN 4141 Teil 1, Abschnitt 4.2 mit dem Faktor 1,3 zu vergrößern. Ausgenommen sind davon Verdrehungen infolge von Schwinden, Kriechen und Temperatur, sofern diese Einflüsse nach DIN 1072, Abschnitt 6.1 berücksichtigt werden.

3.1.2 Elastomerplatte

Für die Bemessung der Elastomerplatte ist die mittlere Pressung im Gebrauchszustand maßgebend. Die zulässigen mittleren Elastomerpressungen betragen zul $\sigma_m \leq 30 \, \text{N/mm}^2$.

Zusätzliches Bemessungskriterium ist die aus dem Verdrehungswiderstand der Elastomerplatte resultierende Exentrizität der Schnittgröße F_z, die so zu begrenzen ist, daß keine klaffende Fuge auftritt.

Der Verdrehungswiderstand der Elastomerplatte wird durch das Rückstellmoment ausgedrückt, das mit folgendem empirischen Ansatz zu ermitteln ist

$$M_E = 0{,}188 \cdot a^3 \, (F_0 + F_1 \cdot \theta_1 + F_2 \cdot \theta_2)$$

mit

M_E Rückstellmoment in kNmm
a Radius der Elastomerplatte in mm
θ_1 Auflagerdrehwinkel (Bogenmaß) aus allen Verdrehungen, die nur innerhalb der ersten 5 Jahre auftreten (z. B. Bauzustände, Eigengewicht) sowie aus später langsam ablaufenden Verdrehungen (Restkriechen, Restschwinden, Temperaturschwankungen und langsame Baugrundbewegungen)
θ_2 Auflagerdrehwinkel (Bogenmaß) aus allen Verdrehungen, die bei θ_1 nicht berücksichtigt wurden, insbesondere aus Verkehrslast
F_n Faktoren nach Tafel 1

F_n	Elastomersorte
F_0	
F_1	
F_2	

Tafel 1: Faktoren F_n zur Bestimmung des Rückstellmomentes

Der vorgenannte Ansatz gilt nur im Rahmen der im Abschnitt 1 angegebenen Drehwinkelbegrenzungen und Anwendungsbedingungen.

Verdrehungsanteile θ_1, die bei Temperaturen von $\geq 10\,°\text{C}$ entstehen, dürfen mit dem halben Wert berücksichtigt werden.

3.1.3 Deckel

Das Eingriffsmaß des Deckels in dem Topf und das Maß der Fuge zwischen dem Deckelüberstand und dem Topfring richten sich nach DIN 4141 Teil 1, Abschnitt 5.

Bei der Übertragung einer äußeren Horizontalkraft F_{xy} ist die Pressung der Kontaktfläche des Deckelrandes am Topfring nachzuweisen. Dabei ist anzunehmen, daß sich diese Horizontalkraft über den halben Umfang parabolisch mit max $q_{xy} = 0{,}75 \cdot F_{xy}/a$ verteilt.

Im übrigen darf der Deckel ohne weitere Nachweise nach den konstruktiven Erfordernissen bemessen werden.

3.1.4. Topfring

Der Topfring dient zur Aufnahme des aus der Elastomerplatte angreifenden hydrostatischen Innendruckes und zur Übertragung von äußeren Horizontalkräften.

Bei der Berechnung der für die Bemessung des Topfringes maßgebenden Ringzugkraft darf unter Vernachlässigung der mittragenden Wirkung des Topfbodens näherungsweise angenommen werden:

$$R = \sigma_m \cdot h \cdot a + 0{,}5 \cdot F_{xy}$$

R Ringzugkraft
σ_m mittlere rechnerische Elastomerpressung
h Dicke der Elastomerplatte
a Radius der Elastomerplatte
F_{xy} äußere Horizontalkraft

3.1.5 Anschluß Topfring/Topfboden

Beim Nachweis des Anschlusses des Topfringes am Topfboden genügt es, wenn unter Vernach-

lässigung der Ringtragwirkung des Topfringes folgende Schnittgrößen berücksichtigt werden:
– die Querkraft infolge des hydrostatischen Innendruckes der Elastomerplatte,
– die Querkraft und das zugehörige Moment infolge von Horizontalkräften gemäß Abschnitt 3.1.3.

Diese Schnittgrößen müssen auch vom Topfboden aufgenommen werden können.

3.1.6 Anschließende Bauteile

Anschließende Bauteile sind unter Berücksichtigung des Verdrehungswiderstandes des Lagers zu bemessen. Der Verdrehungswiderstand des Lagers setzt sich zusammen aus dem Rückstellmoment gemäß Abschnitt 3.1.2 und dem unter einer Horizontalkraft F_{xy} infolge Reibung zwischen Deckel und Topfring beim Kippen auftretenden Moment $M_R = 0{,}2 \cdot a \cdot F_{xy}$.

Gemäß DIN 4141 Teil 2, Abschnitt 3.1, ist der Lasteinleitungsbereich statisch zu untersuchen und erforderlichenfalls bei Massivbauten durch Spaltzugbewehrung oder bei Stahlbauten durch Aussteifungsbleche zu verstärken. Die für die Ermittlung der Vergleichsspannung nach DIN 1075 anzusetzende Teilfläche A_1 darf auf der Topfbodenseite mit dem Außendurchmesser des Topfes ermittelt werden.

Eine Zusammendrückung des Lagers unter Belastung (Stützensenkung) braucht bei Plattendicken $h \leq 100$ mm nicht berücksichtigt zu werden.

3.1.7 Verankerung in anschließende Bauteile

Der Nachweis der Verankerung richtet sich nach DIN 4141 Teil 1, Gleichung (3).

Für die Tragfähigkeit und die konstruktive Ausbildung der Verankerungsmittel gelten die entsprechenden Baubestimmungen oder allgemeinen bauaufsichtlichen Zulassungen.

Bei Verwendung von Kopfbolzen nach DIN 32500 Teil 3 dürfen als Tragfähigkeit D die Rechenwerte nach Tafel 2 in vorgenannte Gleichung eingesetzt werden, wenn folgende Bedingungen erfüllt sind:
– Die Achsabstände der Kopfbolzen dürfen untereinander in Kraftrichtung nicht kleiner als $5 \cdot d_1$ und quer dazu nicht kleiner als $4 \cdot d_1$ sein.
– Die Kopfbolzen müssen nach dem Schweißen mindestens 90 mm in den bewehrten Beton einbinden.
– Im anzuschließenden Bauteil muß eine oberflächennahe Netzbewehrung aus Betonstahl ø 12/15 cm, die im Bereich von Bauteilrändern bügelförmig auszubilden ist, vorhanden sein.

Betonfestigkeits-klasse	Kopfbolzen-Durchmesser (mm)	
	19,05	22,22
B 25	65	90
B 35	85	105

Tafel 2: Rechenwerte der Kopfbolzen-Tragfähigkeit D in kN

Die Werke der Tafel 2 gelten nur, wenn nach DIN 1045 nachgewiesen wird, daß bei Versagen des Betons auf Zug ein Ausbrechen des Betons durch eine Betonstahlbewehrung verhindert wird. Dabei ist ein der Bewehrungsführung entsprechendes Stabwerkmodell, bei dem die Druckstreben an den Schweißwülsten ansetzen, zugrunde zu legen. Die infolge der Lagerungskraft F_{xy} im Stabwerkmodell auftretenden Bolzenzugkräfte müssen kleiner sein als die aus der Lagerungskraft F_z resultierenden Bolzendruckkräfte. Auf den Nachweis der Betonstahlbewehrung darf verzichtet werden, wenn die Abstände der Kopfbolzen zum Rand der zugehörigen Betonkonstruktion in Kraftrichtung nicht kleiner als 700 mm und quer dazu nicht kleiner als 350 mm sind.

Die von den Kopfbolzen ggf. aufzunehmende Schwingbeanspruchung (max S – min S) infolge von nicht vorwiegend ruhender Belastung nach DIN 1055 Teil 3 oder Verkehrsregellasten nach DIN 1072 oder Lastenzügen UIC 71 nach DS 804 darf die Werte ΔS nach Tafel 3 nicht überschreiten.

Betonfestigkeits-klasse	Kopfbolzen-Durchmesser (mm)	
	19,05	22,22
ΔS	20	30

Tafel 3: Zulässige Schwingbeanspruchung ΔS im Gebrauchszustand ($\nu = 1{,}0$) in kN

Bei diesem Nachweis darf die Reibung in der Fuge zum anschließenden Bauteil nicht in Rechnung gestellt werden.

3.2 Einbau

Der an den Meßflächen des Lagerunterteils nach dem Versetzen festgestellte Neigungsfehler darf 3‰ nicht überschreiten.

Im übrigen gilt DIN 4141 Teil 4. Das nach dieser Norm gefertigte Lagerprotokoll ist zu den Bauakten zu nehmen.

4 Überwachung

4.1 Allgemeines

Die Einhaltung der in diesem Bescheid festgelegten Anforderungen und Eigenschaften ist in jedem Herstellwerk durch eine Überwachung, bestehend aus Eigen- und Fremdüberwachung, zu prüfen. Für das Verfahren der Überwachung ist DIN 18 200 – Überwachung (Güteüberwachung) von Baustoffen, Bauteilen und Bauarten; Allgemeine Grundsätze – maßgebend, sofern im folgenden nichts anderes betimmt ist.

Für Umfang, Art und Häufigkeit der Überwachung des Topflagers gilt Abschnitt 4.2.

Die Fremdüberwachung ist von einer dafür bauaufsichtlich anerkannten Prüfstelle*) auf der Grundlage eines Überwachungsvertrages durchzuführen. Der Überwachungsvertrag bedarf der Zustimmung des Deutschen Instituts für Bautechnik.

Eine Kopie des Überwachungsvertrages ist dem Deutschen Institut für Bautechnik und der zuständigen obersten Bauaufsichtsbehörde zu übersenden. Der Überwachungsvertrag muß dem Überwachungsvertrags-Muster in der jeweils gültigen Fassung entsprechen und den Überwachungsgegenstand und die Überwachungsgrundlage eindeutig nennen.

Ein zusammenfassender Bericht über die Eigen- und Fremdüberwachung mit entsprechenden Ergebnissen und deren Bewertung ist von der fremdüberwachenden Stelle spätestens ½ Jahr vor Ablauf der Geltungsdauer des Zulassungsbescheids dem Deutschen Institut für Bautechnik zuzuleiten.

4.2 Überwachungsmodalitäten

Die im Rahmen der Überwachung durchzuführenden Prüfungen sind in den „Regelungen für die bauliche Durchbildung und die Überwachung der Herstellung von Topflagern mit PTFE/Kohle-Dichtung*) festgelegt, soweit nicht die Überwachungsregeln der technischen Baubestimmungen und allgemeinen bauaufsichtlichen Zulassungen gelten. Außerdem sind in diesen „Regelungen" Einelheiten der Werkstoffeigenschaften und der Herstellung geregelt.

Die Ergebnisse der Eigenüberwachung sind mindestens 6 Jahre aufzubewahren. Die Fremdüberwachung ist mindestens viermal im Jahr durchzuführen.

---

*) Das Verzeichnis der anerkannten Prüfstellen wird beim Deutschen Institut für Bautechnik geführt.

*) Nicht veröffentlicht, liegt der fremdüberwachenden Stelle und dem Deutschen Institut für Bautechnik vor.

6.2 Standardtexte der allgemeinen bauaufsichtlichen Zulassungen für Lager   453

Anlage zum Zulassungsbescheid Nr. Z-16.3   Blatt 1

Topflager mit PTFE-Kohle-Dichtung (Beispiele)

Dargestellt einschließlich ggf. erforderlicher Verankerungsteile, Verbindungsmittel und Futterplatten

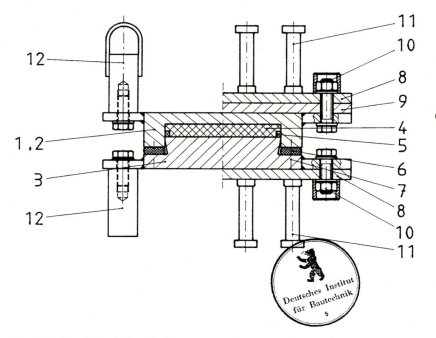

1 Topfboden } Topf (kann auch aus einem Stück
2 Topfring   }   hergestellt sein)
3 Deckplatte
4 Elastomerplatte
5 Dichtungsring
6 Dichtung gegen Verschmutzung
7 Montageschraube (wird durch Kippbewegungen zerstört)
8 Ankerplatte
9 Futterplatte
10 Verschraubung
11 Verankerung: Beispiel Kopfbolzendübel
12 Schraubdolle

Anlage zum Zulassungsbescheid Nr. Z-16.3 — Blatt 2

Topflager-Typen
Positionen gemäß Blatt 1

Topf eckig, einteilig
Topf rund, geschweißt

1, 2 } Topf
4
5
6
7
3

Bemerkung:
Lager kann auch mit oben liegender Deckplatte (Pos.3) eingebaut werden

Deutsches Institut für Bautechnik

Ausbildung des Stoßbereiches des Dichtungsringes

10 ; 8.5 ; 1

Messingwinkel

5 Dichtungsring

23 ; 15 ; 8 ; 4 ; 1 ; 7

7 Wissenschaft und Forschung

7.1 Dissertationen

In den Jahren von 1967 bis 1994 – also innerhalb fast einer Wissenschaftsgeneration – wurde an den westdeutschen Hochschulen einschließlich Westberlin 14 mal zum Dr.-Ing. promoviert mit einem Thema aus dem Bereich Lager. Nachfolgend werden die Zusammenfassungen – z.T. vom jeweiligen Autor etwas aktualisiert – wiedergegeben.

Für den jungen Leser dieses Fachbuches sei darauf hingewiesen, daß auf diesem interessanten Spezialgebiet noch viele Probleme ungelöst sind, die einen hohen Schwierigkeitsgrad aufweisen, so daß sich ein Doktorand daran festbeißen könnte. Als Beispiele seien genannt:

- Optimierung einer Lagerung
- Beanspruchbarkeit und Rückstellmoment bei Topflagern
- Zusammenwirken der verschiedenen Einflüsse (Lasten, Temperaturen) bei einer Talbrücke mit Gleitlagern
- Katastrophenbetrachtungen in Abhängigkeit von der Lagerart.

Die nachfolgenden Zusammenfassungen sind chronologisch geordnet. Für ein genaueres Studium wird, sofern keine andere Angabe erfolgt, auf die nächstgelegene Universitätsbibliothek verwiesen.

Die Themen der 14 Arbeiten lassen sich wie folgt aufteilen:

2 Arbeiten zum Thema Rollenlager
8 Arbeiten zum Thema Gummilager
2 Arbeiten zum Thema Gleitlager
1 Arbeit zum Thema Lagerplatten
1 Arbeit zum Thema Lagerung

Nur 2 Dissertationen (P. Hütten und R. Liermann) sind ausschließlich theoretischer Natur.

Zusammenstellung der „Lagerdoktoren"

Nr. (chronologisch)	Name (alphab. geordnet)	Jahr	Ort	Bereich
6	Bock, M.	1976	Berlin	Gummilager
13	Breitbach, M.	1990	Aachen	Gleitlager
12	Dickerhoff, K.-J.	1985	Karlsruhe	Brückenlager
5	Flohrer, M.	1973	Berlin	Gummilager
1	Hakenjos, V.	1967	Stuttgart	Rollenlager
2	Hütten, P.	1970	Aachen	Brückenlagerung
14	Klöckner, H.	1994	Aachen	Gummilager
7	Lehmann, D.	1976	Berlin	Gummilager
3	Liermann, K.	1972	Braunschweig	Rollenlager
11	Marotzke, Ch.	1983	Berlin	Gummilager
8	Müller, F.	1979	Aachen	Gummilager
10	Richter, K.	1981	Stuttgart	Gleitlager
4	Schorn, H.	1972	Aachen	Gummilager
9	Schrage, J.	1979	Aachen	Gummilager

1. Hakenjos, Volker

Untersuchungen über die Rollreibung bei Stahl im elastisch-plastischen Zustand. Stuttgart 1967.

Veröffentlicht als Heft 67/05 der technisch-wissenschaftlichen Berichte der Staatlichen Materialprüfungsanstalt an der Technischen Hochschule Stuttgart.

Es werden Einrichtungen und Verfahren zur Bestimmung des Verformungs- und Rollreibungsverhaltens zwischen Walzen und ebenen Platten entwickelt. Belegt durch systematische Untersuchungen der Rollreibungseigenschaften verschiedener Stahlpaarungen werden neue Erkenntnisse über die Abhängigkeit der Reibungszahl von der Härte, dem Durchmesser und der Anzahl der Rollbewegungen gewonnen. Mit Zunahme der Hertzschen Pressung steigt die Rollreibungszahl stark an, mit Zunahme der Härte des Materials nimmt sie ab. Die Ergebnisse waren Grundlage für die Zulassung von hochbelastbaren Rollenlagern aus hochfestem Stahl.

Die bis dahin üblichen Annahmen für den Reibungswiderstand von Brücken-Rollenlagern wurden als falsch nachgewiesen.

2. Hütten, Paul

Beitrag zur Berechnung der Lagerverschiebungen gekrümmter, durchlaufender Spannbeton-Balkenbrücken. Aachen 1970.

Es wird ein Berechnungsverfahren entwickelt und an praktischen Beispielen erprobt, mit dem die nach Richtung und Betrag zeitabhängigen Lagerverschiebungen von Spannbetonbrücken verfolgt werden können. Mit dieser Arbeit wird bewiesen, daß solche Brücken – es handelt sich um den „Normalfall" von Betonbrücken! – nicht auf Rollenlagern gelagert werden können.

Die nachfolgende Zusammenfassung wurde aus der 1. Auflage dieses Buches übernommen:

Einleitung

Die Entwicklung des modernen Brückenbaues ist dadurch gekennzeichnet, daß im Gegensatz zu früher die Linienführung der Verkehrswege auch im Bereich eines Geländeübergangs oder einer Kreuzung absolut vorrangig ist, der Brückenzug ist Teil der Straße geworden.

Die für die Herstellung der Überbauten verwendeten Bauverfahren haben dazu beigetragen, mit verhältnismäßig geringem Aufwand und bei ständiger Wiederholung gleicher oder ähnlicher Arbeitsgänge Brücken von großer Länge und Stützweite monolithisch herzustellen.

In diesem Zusammenhang ist in dem vorliegenden Beitrag der Frage nachgegangen worden, wie den verhältnismäßig großen Längenänderungen des über viele Öffnungen fugenlos durchlaufenden Überbaues und den damit zusammenhängenden Horizontalbewegungen an den Stützenköpfen durch Anordnung und Ausrichtung entsprechend beweglicher Lager Rechnung getragen werden kann. Hierbei wurde von einem im Grundriß gekrümmten Brückenbauwerk ausgegangen.

Voraussetzungen

Ursachen für die Lagerverschiebungen

Die gesamte Längenänderung des Überbaues an seiner Unterkante setzt sich zusammen aus einem Anteil, der aus dessen Dehnung in Höhe seiner Schwerachse herrührt, und aus einem Anteil, der durch Biegung hervorgerufen wird. Sind bei vorgespannten Balkenbrücken die Durchbiegungen und damit die durch sie verursachten Anteile im Vergleich zum ersteren verschwindend gering, so resultieren unter der Voraussetzung vollkommen starrer Stützung die zu berücksichtigenden Auflagerverschiebungen aus den durch Temperaturschwankungen verursachten Verformungen, aus einem elastischen Anteil, der unter der Wirkung der Längsvorspannung sogleich nach dem Vorspannen entsteht, und aus einem durch das zeitabhängige Kriechen und Schwinden bedingten Anteil, wenn man die Einflüsse aus Quervorspannung wegen Geringfügigkeit vernachlässigt.

Richtungen der Lagerverschiebungen

Hierbei ist zu unterscheiden zwischen

a) kugelsymmetrischen Verformungszuständen, bei denen die Dehnungen nach allen drei Dimensionen gleich groß sind
b) „gerichteten" Dehnungszuständen, bei denen die Verformungen infolge einachsiger äußerer Beanspruchung vornehmlich in Richtung dieser Beanspruchung erfolgen.

Zu a)
Das Formänderungsverhalten des Betons infolge Temperaturänderung und Schwinden ist durch die erstere Dehnungsart gekennzeichnet. Bei unbehinderter allseitiger Dehnung infolge Schwindens erfolgen die Verschiebungen der einzelnen Punkte des in einem einzigen Bauabschnitt hergestellten Überbaues in Richtung auf den Festpunkt hin, infolge Temperaturänderung sind sie unabhängig von der Art seiner Herstellung zu ihm hin – oder von ihm weggerichtet. Bereits in diesem Zusammenhang erkennt man, daß das bis heute generell benutzte Verfahren zur Festlegung der Verschiebungsrichtungen der beweglichen Lager gekrümmter Brücken, nämlich Ausrichtung auf den Festpunkt hin, bei abschnittsweiser Überbauherstellung für den Lastfall Schwinden nicht mehr zutreffend ist, da die einzelnen Bauabschnitte infolge ihres unterschiedlichen Alters ungleiches Schwindverhalten aufweisen. Das gekrümmte Brückentragwerk wird in diesem Fall zur Ermittlung seiner Lagerverschiebungen durch einen Rost ersetzt, der sich aus dem gekrümmten Längsträger und radial angeordneten Querträgern zusammensetzt.

Zu b)
Die letztere Dehnungsart ist in diesem Zusammenhang kennzeichnend für die Vorspannung und ihren Abfall infolge Kriechens und Schwindens. Die dadurch verursachte Verkürzung des Überbaues vollzieht sich abhängig vom Verlauf der Spannstähle im Grundriß und dem Spannkraftverlauf. Hierdurch bedingt tritt also bei Spannbeton im allgemeinen eine von der für die erstere Dehnungsart charakteristischen Richtung abweichende Bewegungskomponente auf.

Zur Ermittlung dieser Verschiebungen werden folgende Annahmen getroffen:
1. die Querschnitte bleiben eben,
2. die Querschnittsabmessungen sind im Vergleich zur Länge und zum Krümmungsradius der Brückenachse gering.

In Verbindung mit dem zuletzt gekennzeichneten Formänderungsverhalten des Betons führen diese beiden Annahmen schlußfolgernd zur Behandlung des zugrunde liegenden Hohlkasten-Brückenträgers als stabförmiges System.

Die resultierende Lagerverschiebung, herrührend aus Temperaturänderung und Schwinden einerseits sowie aus Vorspannung und ihrem Abfall infolge Kriechens und Schwindens andererseits, ergibt sich aus der vektoriellen Addition der entsprechenden Teilgrößen.

Folgerungen

Lagerart

Die Aufgabe der in einer Richtung beweglichen Lager, sowohl Längenänderungen aus Temperaturschwankungen und Schwinden, elastische und plastische Verkürzungen infolge Vorspannung und ihres Abfalls als auch Auflagerverdrehungen infolge Durchbiegungen gleichzeitig zuzulassen, läßt sich vor allen Dingen bei gekrümmten Brücken mit den üblichen Rollenlagern nicht mehr lösen, da insbesondere hierbei die Lagerausrichtung für Verschiebungen unverträglich ist mit der Auflagerbedingung infolge Verdrehungen.

Lageranordnung und -ausrichtung

Die getroffenen Voraussetzungen lassen die angestrebte zwängungsfreie Überbaubeweglichkeit nur dann zu, wenn mit Ausnahme des Festpunktes und eines hierzu radial angeordneten, auf diesen Bewegungsruhepunkt hin ausgerichteten einachsig verschieblichen Punktkipplagers alle übrigen beliebig vorgegebenen Auflagerungspunkte allseits beweglich angenommen werden.

Andere, für die Ermittlung der Lagerverschiebungen nicht maßgebende Lastfälle lassen allerdings des öfteren eine derartige Lageranordnung mit lediglich diesem einen in einer Richtung beweglichen Lager nicht zu. In diesen Fällen lassen die anhand dieses zugrundegelegten Systems gewonnenen Ergebnisse erkennen, welche der zunächst allseits beweglich angenommenen Lager einachsig verschieblich ausgeführt werden können, ohne dabei wesentliche Zwängungen in Kauf nehmen zu müssen.

Nähere Einzelheiten zu diesem Problem finden sich in [40, 41].

3. Liermann, Kurt

Das Trag- und Verformungsverhalten von Stahlbetonbrückenpfeilern mit Rollenlagern. Braunschweig 1972.

Veröffentlicht auch als Heft 266 des DAStb (Verlag Ernst & Sohn, 1976)

An einem reduzierten System als Ersatz für das aus Pfeilern, Widerlagern und Überbau bestehende statische System einer Brücke wird ein Verfahren zur Ermittlung der Traglast von Pfeilern bestimmt, wenn sich zwischen Pfeiler und Überbau ein Rollenlager befindet.

4. Schorn, Harald

Beitrag zum Verformungsverhalten elastomerer Werkstoffe. Aachen 1972.

Es werden nach Herleitung von ingenieurwissenschaftlichen Voraussetzungen aus physikalischen Grundlagen der Hochpolymerverformung Verformungsphänomene von Elastomerlagern zusammengestellt, die sich aus der Literatur und aus Beobachtungen des Verfassers im Labor und in der Praxis ergeben.

Ihren experimentellen Rückhalt finden Überlegungen und Herleitungen in einem Versuchsprogramm, das die Mischungsart des elastomeren Werkstoffs, die Kontaktflächenbeschaffenheit, die Materialdicke sowie die Probenfläche als Parameter erfaßt.

Die Ergebnisse aus Versuch und Rechnung werden zur Durchführung von Vergleichen mit Methoden der mathematischen Statistik beurteilt.

Die materialprüftechnischen Bedingungen zur praktischen Anwendung einer Verformungsgleichung werden diskutiert. Es wird eine Möglichkeit vorgeschlagen, die bisherige Methodik verbessern zu können, ohne dabei den Aufwand für die Materialprüfung vergrößern zu müssen.

Ausgehend vom bewehrten Lagertyp werden Verformungsvorstellung und Verformungsgleichung auf elastizitätstheoretischer Grundlage entwickelt. Das Verformungsverhalten unbewehrter Elastomerlager wird mit einem Zugspannungszustand im Elastomer bei gleichzeitiger Wirkung von Schubspannungen in den Kontaktflächen erklärt.

Die materialprüftechnischen Bedingungen zur Anwendung der Verformungsgleichung werden diskutiert. Der unvermeidbare materialprüftechnische Aufwand ist wesentlich größer als der beim bewehrten Lagertyp. Da zudem auch der Berechnungsgang für die Verformungen aufwendiger ist, wird ein einfaches, aber nicht allgemein übliches Verfahren der Materialprüfung als Grundlage für Lagerbemessungen vorgeschlagen. Bei diesem Verfahren können in Versuchen an kleinen Proben gemessene Lagerkennwerte auf ein Lager von Originalgröße mittels eines einfachen Modells umgerechnet werden. Die Verwendbarkeit des Modells wird experimentell kontrolliert, indem die Versuchsergebnisse mit Methoden der mathematischen Statistik beurteilt werden.

Auf der Grundlage verformungstheoretischer Vorstellungen von Verformungsvorgängen wird es möglich, das Langzeitverhalten zu bewerten. Dabei können rein empirisch begründete Aussagen der Literatur korrigiert und Widersprüche als scheinbare Widersprüche erkannt werden.

5. Flohrer, Manfred

Der Spannungs- und Verformungszustand zentrisch belasteter Elastomerlager. Berlin 1973.

Die Arbeit enthält theoretische und experimentelle Untersuchungen unter Berücksichtigung der Querdehnungsbehinderung in den Kontaktflächen von Elastomerlagern.

Die theoretischen Untersuchungen wurden auf den für große Verformungen und inkompressible Werkstoffe geltenden Elastizitätsgesetzen aufgebaut. Zur Überprüfung der Ergebnisse wurden für unterschiedliche Kontaktflächen-Strukturen die Lagerverformungen und die Querzugkräfte in Abhängigkeit von der Lagerbelastung gemessen.

6. Bock, Michael

Ein Beitrag zur Berechnung des ebenen Verformungszustandes von Elastomerlagern mit Hilfe der Methode der finiten Elemente (s. auch Die Bautechnik 55 (1978) S. 19–22, 99–102, 190–198, und 56 (1979) S. 163–169), Berlin 1976.

In dieser Arbeit wird der ebene Verformungs- und zugehörige Spannungszustand unbewehrter und bewehrter einschichtiger Elastomerlager berechnet, denen über die obere und untere horizontale Randfläche Verschiebungen eingeprägt werden. Im einzelnen werden die folgenden statischen Lastfälle untersucht:

1) eingeprägte Vertikalverschiebung
2) eingeprägte Drehung
3) eingeprägte Horizontalverschiebung

} der horizontalen Randflächen

Dabei werden, soweit wie statisch möglich, zwei Grenzfälle betrachtet: völlig behinderte und völlig unbehinderte Verschiebungsmöglichkeit in den Kontaktflächen zu den horizontalen Rändern. Unberücksichtigt bleiben Temperatur- und Kriecheinflüsse auf das Tragverhalten des Lagerkörpers.

Im 2. Kapitel werden die für die vorliegende Arbeit benötigten Grundlagen der nichtlinearen Kontinuumsmechanik nach Leigh dargestellt. Es wird mit Hilfe des Prinzips der virtuellen Verschiebungen der Spannungs- und Verformungszustand von elastischen Körpern in allgemeiner Form als nichtlineares Randwertproblem formuliert. Da eine geschlossene Lösung solcher Randwertaufgaben nur in Ausnahmefällen möglich ist, wird im 3. Kapitel kurz die Projektionsmethode als ein Verfahren zur Konstruktion von Näherungslösungen behandelt.

Ausgehend von Oden wird im 4. Kapitel die Methode der finiten Elemente beschrieben. Es wird gezeigt, daß sie mathematisch als eine spezielle Formulierung des im 3. Kapitel vorgestellten Verfahrens gedeutet werden kann.

In den nachfolgenden Kapiteln wird für den Sonderfall des ebenen Verformungszustandes die Randwertaufgabe gelöst. Dazu wird das elastische Verhalten des Lagerwerkstoffes unter der Voraussetzung, daß er auch nach dem Aufeinandervulkanisieren der einzelnen Elastomerschichten isotrop*, inkompressibel und elastisch ist, mit

---
* Anisotropien im Materialverhalten hervorgerufen durch Ungleichmäßigkeiten beim Vulkanisationsvorgang werden dabei vernachlässigt.

einer Materialgleichung 2. Ordnung approximiert. Dieses Stoffgesetz entwickelten Mooney und Rivlin, um die elastischen Eigenschaften des Gummis zu beschreiben. Auf der Basis der Methode der finiten Elemente wird ein Rechenprogramm aufgestellt, mit dem der Spannungs- und Verformungszustand ermittelt werden kann.

Außerdem wird als Maß für die Größe der Beanspruchung des Werkstoffes in jedem Punkt des Kontinuums der Verlauf der im Lagerkörper aufgespeicherten Formänderungsenergie berechnet. Mit Hilfe der Spannungsverläufe können Kennlinien gezeichnet werden, in denen die Rückstellkraft des Lagers in Abhängigkeit von der eingeprägten Verschiebung aufgetragen ist. Man kann daraus das Kraft-Verformungs-Verhalten eines bestimmten Lagerkörpers ablesen. Für den Lastfall „eingeprägte Vertikalverschiebung" werden Kennlinien berechnet, die einen Zusammenhang aufzeigen zwischen der eingeprägten Verschiebung und der dazu erforderlichen Vertikalkraft. Diese berechneten Kennlinien werden mit experimentell ermittelten Kennlinien verglichen. Dieser Vergleich gibt Aufschluß darüber, in welchen Belastungsgrenzen es möglich ist, die Materialkennwerte, die mit Hilfe einfacher Verformungszustände bestimmt wurden, auf andere Belastungsarten zu übertragen bzw. inwieweit es möglich ist, den mechanischen Sachverhalt in dem Lagerkörper mit dem hier entwickelten Berechnungsverfahren zu beschreiben.

7. Lehmann, Dieter

Anwendung der nichtlinearen Elastizitätstheorie und des Mehrstellen-Differenzen-Verfahrens zur Berechnung des ebenen Verformungszustandes von Elastomerlagern*. Berlin, 1976

---

* S. auch Die Bautechnik, Hinweis bei 6. Bock, Michael

In der Dissertation werden der ebene Verformungs- und zugehörige Spanungszustand unbewehrter Elastomer-Lager (inkompressibler, isotroper, elastischer Festkörper) unter ruhender Belastung rechnerisch und experimentell behandelt.

Ausgangspunkt sind die im Rahmen der neueren Kontinuumsmechanik entwickelten nichtlinearen Feldtheorien (siehe z. B. Truesdell und Noll, Handbuch der Physik, III/5).

Die Differentialgleichungen (Feldgleichungen) des Randwertproblems werden vom Gesichtspunkt der Kontinuumsmechanik her exakt formuliert. Das Gleichgewicht wird in der verformten Konfiguration angesetzt. Als Stoffgleichung wird die Materialgleichung des Mooney-Rivlin-Materials verwendet. Sie berücksichtigt die Nichtlinearität in der Geometrie und im Materialgesetz und führt auf ein nichtlineares Randwertproblem.

Es werden zwei verschiedene Differentialgleichungssysteme (I und II) für den ebenen Verformungszustand angegeben, und es wird ihre Äquivalenz nachgewiesen.

Für den Rechteckquerschnitt unter ruhender Vertikalbelastung wird das Randwertproblem rechnerisch gelöst. Die Randbedingungen entsprechen den in der Baupraxis üblichen, d. h., zwei belastete und zwei freie Ränder liegen jeweils gegenüber.

Es werden zwei Lagerungsarten untersucht:

1. Für den Sonderfall der reibungsfreien Lagerung (homogene Deformation) wird die für das Mooney-Rivlin-Material exakte Lösung angegeben.
2. Der Fall der vollständigen Behinderung der Querdehnung an den belasteten Rändern wird mit Hilfe des Mehrstellen-Differenzen-Verfahrens (MD-Verfahrens) untersucht.

Dieser zuletzt genannte Fall bereitet erhebliche Schwierigkeiten. Sie liegen in der numerischen Behandlung der Zwangsbedingung „Inkompressibilität" und in der Singularität für den unbestimmten Druck *p* in den Eckpunkten des Lagers. Das Randwertproblem wird für das Differentialgleichungssystem I innerhalb bestimmter Grenzen mit Hilfe des MD-Verfahrens näherungsweise gelöst. Dabei werden die Einflüsse bestimmter Randbedingungen auf die Gesamtlösung mit Hilfe von vier verschiedenen Gleichungskombinationen abgeschätzt.

Das Differentialgleichungssystem II liefert bisher keine numerisch befriedigende Lösung, da Bedenken bezüglich der Konvergenz dieser Lösung bestehen.

Für die numerische Lösung mit Hilfe des MD-Verfahrens wurde ein Rechenprogramm entwickelt. Der Aufbau des Gleichungssystems wurde dabei weitgehend so schematisiert, daß der Einbau beliebiger Differentialgleichungen in das Gleichungssystem in sehr einfacher Weise möglich ist.

Abschließend werden für ein handelsübliches Elastomer-Lager berechnete Kennlinien mit gemessenen verglichen. Dieser Vergleich liefert eine Abschätzung desjenigen Bereiches, in welchem die Eigenschaften dieser Lager durch die Eigenschaften des Mooney-Rivlin-Materials approximiert werden können. Die für diesen Vergleich erforderlichen Materialkennwerte $\mu = G$ (Schubmodul) und β (Kennwert für Effekte 2. Ordnung) wurden mit Hilfe einachsiger Zugversuche ermittelt. Die Zustäbe für diese Versuche wurden aus dem Lagerkörper herausgearbeitet.

8. Müller, Frank

Zum gummielastischen Verhalten elastomerer Lagerwerkstoffe unter langzeitiger thermischer und mechanischer Beanspruchung. Aachen 1979.

Eine erweiterte Fassung dieser Arbeit wurde als Forschungsbericht des Landes Nordrhein-Westfalen veröffentlicht: FB Nr. 2799 (1979), Westdeutscher Verlag. (Ibac-Nr. F 75).

Zur Bestimmung der Langzeit-Eigenschaften elastomerer Lagerwerkstoffe unter praxisnahen Temperaturbedingungen wurden Kriech- und Relaxationsversuche unter Temperaturwechselbeanspruchung durchgeführt. Die Ergebnisse wurden besonders hinsichtlich des entropieelastischen Werkstoffverhaltens und dessen Einfluß auf den Langzeitverlauf dargestellt.

Untersucht wurden jeweils 3 verschiedene Fabrikate von Chloroprene-Kautschuk und von EPDM.

9. Schrage, Ingo

Über den Bewegungswiderstand von unverankerten Elastomerlagern. Aachen 1979.

Mehrere nationale Baubestimmungen gehen davon aus, daß unverankerte Elastomer-Lager geeignet sind, kurzfristig wirkende Tangentialkräfte aus einem Bauteil in ein anderes zu übertragen. Die dabei zulässigen Beanspruchungen werden in Deutschland durch zwei Bedingungen beschrieben. Eine davon begrenzt die Schiefstellung (Schubkriterium), die andere fordert gewisse Mindestpressungen, um Gleiten zu verhindern (Gleitkriterium). Die Baubestimmungen machen keinen Unterschied zwischen sehr schnellen und sehr langsamen Tangentialkräften. Sie differenzieren weiterhin nicht generell nach den unterschiedlichen Werkstoffen, die in einer Lagerung zusammentreffen können. Bei den Beratungen zur Entwurfsfassung der Norm DIN 4141 für Lager ergab sich der Bedarf, den Sicherheitsspielraum, der in diesen empirischen Festlegungen steckt, durch Versuche im Bauwesen an bewehrten und unbewehrten Elastomer-Lagern unter praxisnahen Bedingungen zu bestimmen.

Untersucht wurde dazu das Reibungsverhalten von drei Elastomer-Typen gegen Betone, Stähle und organische Baustoffe. Als weitere Einflußgrößen werden Lagergeometrie, Pressung und Bewegungsgeschwindigkeit variiert. Die Lager wurden so beansprucht, daß auf jeden Fall ein Durchrutschen erzwungen wurde. Als Ergebnisse wurden Reibkurven, d. h. Darstellungen der Abhängigkeit zwischen Deformations- bzw. Gleitweg und der dazu aufgewendeten Tangentialkraft erhalten.

Bewehrte Elastomer-Lager werden auf rauhen anorganischen Lagerpartnern (Betonen) schon bei geringster Pressung sicher durch Kohäsion am Gleiten gehindert. Der Gummi wird in die Rauheiten und Ungänzen des Lagerpartners gepreßt (Formschluß). Das Einsetzen einer Relativbewegung in der Lagerung ist gleichbedeutend mit einem Abscheren dieser Verbindungen. Bei Überlagerung von Schub- und Reibkurven zeigt sich, daß bereits vorher leichter Schlupf auftritt. Theorien, die die Existenz einer Ruhereibung bei Gummi verneinen, werden dadurch bestätigt.

Auf glatten metallischen Lagerpartnern werden bewehrte Lager durch Adhäsion (Reibungsschluß) am Gleiten gehindert. Diese Bindung ist schwächer als die kohäsive und erlaubt einen allmählichen Übergang zum vollflächigen Gleiten. Sie erlaubt erst mit zunehmender Pressung größere rechnerische Schiefstellungen. Auf glatten organischen Lagepartnern wie Epoxidmörtel oder Rostschutzbeschichtung sind derartige Lager gleitwillig und zeigen ein zufallsabhängiges Verhalten.

Lager unterschiedlicher Herkunft verhalten sich in allen diesen Paarungen nur qualitativ gleichartig, nicht aber in ihrem absoluten Bewegungswiderstand.

Unbewehrte Elastomer-Lager bewegen sich nur bei sehr geringer Pressung durch Gleiten. Bei höherer Pressung erfolgt der Zwängungsabbau zunächst überwiegend durch „Rollen". Der Bewegungsmechanismus erklärt sich aus der Verteilung der Schubspannung und einer lokalen Aufhebung des Reibungsschlusses. Unbewehrte Lager sind (z. Zt. der Berichtserstellung) nicht im vollen Bereich der derzeitigen Baubestimmungen gegen Gleiten abgesichert. Unsicher sind insbesondere geringe Pressungen und langsame Bewegungsvorgänge. Das Gleitkriterium erweist sich fast durchweg als wirkungslos. Das scheint aber kein grundsätzlicher Mangel zu sein: Stoßartige Beanspruchungen (Lastschnittgrößen) werden sehr wohl aufgenommen und einmalige langsame Beanspruchungen z. B. aus Schwinden der angrenzenden Bauteile (Zwangsschnittgrößen) können durch kontrolliertes Rutschen abgebaut werden. Wiederholte größere Bewegungen der angrenzenden Bauteile sind jedoch für ein Lager mit deutlichem Verschleiß verbunden.

Die derzeitigen Baubestimmungen bieten insgesamt eine globale, aber brauchbare Bemessungshilfe bei der „Verankerung" eines unverankerten Elastomer-Lagers durch Reibung. Sie könnten bei bewehrten Lagern auf Beton vermutlich gelockert werden. Für unbewehrte Lager wäre die Neuformulierung des Gleitkriteriums zu empfehlen. Dabei ist die Abhängigkeit von der Geschwindigkeit zu beachten. Eine Vergrößerung der Geschwindigkeit der tangentialen Verschiebung bewirkt einen starken Anstieg der Reibungszahlen.

Im Vergleich zu den sogenannten klassischen Reibungsgesetzen von Coulomb und zu früheren Aussagen über die Gummireibung lassen sich die Ergebnisse der Untersuchungen an Elastomer-Lagern des Bauwesens so zusammenfassen: Der Bewegungswiderstand ist abhängig von Pressung und Bewegungsgeschwindigkeit der angrenzenden Bauteile. Bei höherer Pressung scheint der Zusammenhang zwischen Pressung und Reibungszahl nach Thirion darstellbar zu sein. Im untersuchten Bereich besteht keine Abhängigkeit des Bewegungswiderstandes von Lagergröße, Lagerform und Dauer der Vorspressung. Eine Ruhereibung fehlt bei Elastomer-Lagern, die Grenze zwischen Schlupf und Durchrutschen ist aber zumindest bei Beton als Lagerpartner ausgeprägt. Schließlich wird der Bewegungswiderstand durch die Art der Reibpartner bestimmt. Elastomer-Lager unterschiedlicher Herkunft verhalten sich dabei qualitativ gleichwertig, nicht aber in ihrem absoluten Bewegungswiderstand. (Vgl. auch Abschnitt 7.2.5, Forsch. F88 u. F95)

Abdruck als Forschungsbericht des Landes Nordrhein-Westfalen Nr. 3032 Fachgruppe Bau/Steine/Erden, Westdeutscher Verlag 1981

10. Richter, Klaus

Tribologisches Verhalten von Kunststoffen unter Gleitbeanspruchung bei tiefen und erhöhten Temperaturen. Stuttgart 1981.

Forschung und Entwicklung auf dem Gebiet von Brückenlagern mit Gleitelementen aus Polytetrafluorethylen (PTFE) ebenso wie der zunehmende Einsatz von Kunststoffen im Maschinenbau und in der Feinwerktechnik waren Anlaß für systematische Untersuchungen zum tribologischen Verhalten von Kunststoffen.

Mit dem Ziel, grundsätzliche Zusammenhänge zwischen dem Werkstoffverhalten von Polymeren – hauptsächlich gekennzeichnet durch die visko-elastischen Stoffeigenschaften – und deren tribologischem Verhalten – gekennzeichnet durch Reibungszahl, Verschleißrate und Verschleißerscheinungen – zu erkennen, wurden Modellversuche unter überwiegender Anwendung der Stift(Kunststoff)/Scheibe(austenitischer Stahl)-Methode vor allem mit den strukturell und werkstoffverhaltensmäßig unterschiedlichen teilkristallinen thermoplastischen Kunststoffen Polybutylenterephthalat (PBT) und Polytetrafluorethylen (PTFE) mit und ohne die verstärkenden Stoffe Glas und Graphit vorgenommen. Dabei wurde die Temperatur zwischen $-100\,°C$ und $+200\,°C$ in einem breiten Beanspruchungsfeld (Gleitgeschwindigkeit 1 mm/s bis 210 mm/s und Flächenpressung 3 N/mm^2 bis 30 N/mm^2) variiert.

Im Falle des PTFE werden Ergebnisse aus Betriebsversuchen – Reibungsmessungen an Auflagern einer Straßenbrücke – und Modellagerversuchen – Laboruntersuchungen an Prüfkörpern, herausgearbeitet aus Gleitelementen von Brückenlagern – den Ergebnissen von Grundlagenuntersuchungen gegenübergestellt.

11. Marotzke, Christian

Untersuchung von Werkstoffgesetzen für Elastomere und Lösung von damit zusammenhängenden Randwertproblemen der nichtlinearen finiten Elastizitätstheorie mit Hilfe der Methode der finiten Elemente. Berlin 1983.

Die Arbeit beschäftigt sich mit zwei Themenkreisen. Zum einen wurden verschiedene Werkstoffgesetze für Elastomere im Hinblick auf eine möglichst genaue Beschreibung des Materialverhaltens unter quasistatischer Beanspruchung untersucht, wobei sich die Untersuchung auf den rein elastischen Anteil des Stoffgesetzes beschränkt. Zum anderen wurde ein Beitrag zur Frage nach der Leistungsfähigkeit des Finite-Element-Verfahrens bei der geometrisch und physikalisch nichtlinearen Strukturanalyse geliefert.

Zur Untersuchung der Stoffgesetze wurden einachsige Zug- und Druckversuche durchgeführt. Um den Einfluß der Auswahl der Meßwerte zu erfassen, wurden die Auswertungen für verschiedene Meßwertbereiche durchgeführt. Die so gewonnenen Stoffgesetze wurden anhand von analytisch lösbaren Randwertproblemen auf physikalische Plausibilität überprüft. Ein Teil der Stoffgesetze wurde anhand von komplexen Randwertproblemen hinsichtlich der Güte der Materialbeschreibung überprüft. Hierzu wurden die Randwertprobleme numerisch unter Verwendung eines inkrementellen Finite-Element-Verfahrens gelöst und mit den entsprechenden Versuchsergebnissen verglichen. Darüber hinaus wurden das Tragverhalten von stahlbewehrten Elastomerlagern unter ebenen und räumlichen Verzerrungszuständen numerisch ermittelt sowie experimentell untersucht und die jeweiligen Ergebnisse miteinander verglichen.

Die Untersuchungen ergaben speziell, daß innerhalb der verwendeten Näherungsmethode Approximationen niederer Ordnung verläßlichere Ergebnisse lieferten als solche höherer Ordnung.

12. Dickerhoff, Karl-Josef

Bemessung von Brückenlagern unter Gebrauchslast. Karlsruhe 1985.

Diese Arbeit ist eine Ergänzung von 3 umfangreichen Forschungsvorhaben an der Universität Karlsruhe.

Die häufigen Schäden an den Brücken- und Hochbaulagern und da besonders an den relativ neuen Lagertypen und den angrenzenden Bauteilen haben gezeigt, daß nicht nur Material-, Fertigungs-, Einbau- und Technologie-bezogene Gründe dafür verantwortlich sein können, sondern daß bei bestimmten Schäden offensichtlich bei der Bemessung Fehler dadurch gemacht wurden, daß die Randbedingungen falsch erfaßt oder aber – was leider auch häufig festzustellen ist – daß durch geschicktes Argumentieren bestimmte Nachweise, die in den Zulassungen gefordert werden, erst gar nicht erbracht werden.

Auf der Grundlage der hier abgeleiteten Theorie und mit Hilfe des dazu entwickelten, elektronischen Rechenprogramms war es möglich, einen Bemessungsvorschlag zu erarbeiten, der die Beanspruchungen aller auf dem deutschen Markt handelsüblichen, bauaufsichtlich zugelassenen Lager und der angrenzenden Bauteile realistisch erfaßt und die geforderten Nachweise beinhaltet. Man kann davon ausgehen, daß damit künftig all die nach diesem Verfahren bemessenen Lager und Lasteintragungsbereiche aus statischer und konstruktiver Sicht die geforderten Gebrauchsfähigkeits- und Bruchsicherheitsbedingungen erfüllen werden.

13. Breitbach, Manfred

Tribotechnische Aspekte der Gleitlager-Technologie im Brückenbau. Aachen 1990.

Dieser Abhandlung liegen Ergebnisse von 2 Forschungsvorhaben zugrunde (vgl. Abschnitt 7.2.6.4, 7.2.6.5).

Für die Baupraxis sind die zulässigen Reibungszahlen von Brückengleitlagern als technische Verschleißkenngrößen von vorrangigem Interesse. Die Zulassungs- und Normungspraxis sieht eine Differenzierung der Reibungszahlen zur rechnerischen Ermittlung von Lagerwiderständen, unabhängig vom brückenspezifischen Beanspruchungskollektiv der Gleitlager, nach der mittleren PTFE-Pressung vor. Systemimmanente Verschleißkenngrößen tribologisch beanspruchter Bauteile sind vom spezifischen Beanspruchungskollektiv komplex verknüpfter Einzelparameter abhängig, die Variation oder Substitution einzelner Parameter führt vielfach zu nicht prognostizierbaren Veränderungen im tribologischen Verhalten. Bisherige grundlagenorientierte Reibungsuntersuchungen und Modell-Lager-Reibungsversuche im Rahmen bauaufsichtlicher Zulassungsversuche beschränken sich meist auf relativ einfach aufgebaute ein- oder zweiparametrige Versuche, wobei Art und Größe der variierten Parameter aus empirischen Annahmen resultieren. Ausgehend von einem unbefriedigenden Kenntnisstand über repräsentative Beanspruchungsparameter und einem Sachstandsdefizit über das Langzeitverhalten von Brückengleitlagern im praktischen Betrieb wurden im Rahmen der vorliegenden Arbeit

– Langzeit-in-situ-Messungen an ausgewählten Gleitlagern je einer Stahl-, Spannbeton- und Stahl-Stahlbeton-Verbundbrücke zur Formulierung realer Beanspruchungsparameter unter statistischen Gesichtspunkten

– experimentelle Laboruntersuchungen an ausgebauten Original-Lagern nach langer Betriebsdauer diskutiert. Aus den in-situ-Messungen läßt sich das Spektrum des Beanspruchungskollektives der relevant erscheinenden Parameter

- jährlicher Lagersummenweg
- statistische Verteilung einzelner (kleinster) Lagerverformungen (Verschiebungen, Verdrehungen) und deren Geschwindigkeiten
- Übergangsbereiche zwischen oszillierenden, vermutlich elastischen Polymerverformungen und den Gleitverschiebungen

ableiten. Das gefundene Spektrum der Beanspruchungsparameter in situ weicht maßgeblich von den Versuchsparametern für Modell-Lager-Reibungsversuche zur Ermittlung zulässiger Reibungszahlen ab. Das Reibungsniveau von Gleitlagern nach langer Betriebsdauer liegt bei den (empirisch angenommenen) Versuchsparametern der Modell-Lager-Reibungsversuche und bei normalen Temperaturen unterhalb der zulässigen Rechenwerte, bei Lagertemperaturen von −20 °C ist allerdings nach Betriebszeiten zwischen rd. 10 a und rd. 25 a mit dem Überschreiten der Rechenwerte zu rechnen. Variationen der Einzelparameter, z. B. realistisch höhere Gleitgeschwindigkeiten, führen in Tastversuchen zum deutlichen Überschreiten der Rechenwerte.

Das gefundene Spektrum realer Beanspruchungsparameter von Brückengleitlagern liefert Grundlagen für

- naturwissenschaftlich orientierte Grundlagenuntersuchungen zur Ermittlung verschleißkritischer Zustände in Brückengleitlagern
- die Entwicklung zeitraffender, brückentypspezifischer, betriebsdauerbezogener Versuchskonzepte für Langzeit-Reibungsversuche
- die Entwicklung eines baupraktischen Konzepts (sowie ggf. die Werkstoffoptimierung) zur Ermittlung einer Kennfläche der Reibungszahlen von Brückengleitlagern unter Berücksichtigung bauwerkspezifischer Beanspruchungen und einer planmäßigen Lebensdauer.

14. Klöckner, Henning

Beitrag zur Berechnung von Elastomerlagern auf nachgiebiger Unterlage unter Anwendung der Finite-Elemente-Methode. Aachen 1994.

Elastomerlager sind im allgemeinen Hochbau durch ein breitgefächertes Anwendungsgebiet gekennzeichnet. Die verfügbaren Bemessungsregeln basieren auf einer linearen Elastizitätstheorie 1. Ordnung unter Berücksichtigung der Inkompressibilität des Materials. Elastomere weisen jedoch eine extreme Verformbarkeit und Dehnfähigkeit auf. Aus diesem Grund werden in die Last-Verformungs-Beziehungen korrigierende Koeffizienten, die sogenannten Formfaktoren, eingeführt und mögliche Formgebungen baupraktischer Elastomerlager stark eingeschränkt. Durch die Normung nicht erfaßte Geometrien und Anwendungsfälle bedürfen stets aufwendiger Versuchsreihen zur Verifikation der praktischen Eignung.

Im Hinblick auf eine Erweiterung der Anwendungsmöglichkeiten von Elastomerlagern wird im Rahmen dieser Arbeit der dreidimensionale Spannungs- und Verformungszustand bewehrter und unbewehrter Lagerkörper untersucht. Insbesondere werden eine beliebige Geometrie und die mögliche Nachgiebigkeit der anschließenden Bauteile berücksichtigt.

Die Arbeit wurde veranlaßt durch eine konkrete Forschungsaufgabe, bei der eine spezielle Lagerkonstruktion zu beurteilen war, für deren Beanspruchungszustand die Interaktion mit einer nachgiebigen Anschlußkonstruktion nicht zu vernachlässigen war und insofern keine geeigneten Berechnungsverfahren existierten.

Zur Lösung der vorliegenden Problemstellung wird eine nichtlineare Elastizitätstheorie im Sinne einer vollständigen Theorie 3. Ordnung für ein hyperelastisches, inkompressibles Material unter Berücksichtigung endlicher Verschiebungen, Rotationen und Verzerrungen formuliert. Auf dieser Grundlage wird für die Lösung des Differentialgleichungssystems ein modifiziertes Variationsprinzip unter Verwendung Lagrangescher Multiplikatoren entwickelt und für eine Anwendung in Verbindung mit der Finite-Elemente-Methode aufbereitet. Dabei erweist sich die Totale Lagrange-Darstellung als zweckmäßig. Die Diskretisierung des Berechnungsgebietes erfolgt über dreidimensionale Kontinuumelemente mit quadratischen bis quartischen Interpolationsfunktionen zur Approximation der Verschiebungen und einem linearen Ansatz für den zur Befriedigung der Inkompressibilitätsbedingung erforderlichen hydrostatischen Druck als zusätzlicher unabhängiger Feldvariablen. Zur Berücksichtigung zeitabhängiger Effekte wird ein Ansatz der linearen Viskoelastizitätstheorie vorgestellt.

Zur Beschreibung der Materialeigenschaften existiert eine Vielzahl von Ansätzen. Im Rahmen der Arbeit werden konsistente Approximationen 1. bis 4. Ordnung der allgemeinen Stoffgleichung für ein hyperelastisches Material sowie einige aus der Formänderungsarbeit abgeleitete Ansätze angegeben und hinsichtlich ihrer praktischen Eignung diskutiert. Bei der Formulierung eines geeigneten Materialgesetzes ist dabei insbesondere der Forderung Rechnung zu tragen, daß die materialbeschreibenden Koeffizienten in möglichst einfach durchführbaren Versuchen zu ermitteln sind. Die Implementation des Mooney-Rivlin-Materialgesetzes und des Neo-Hookeschen Materialgesetzes ermöglicht die Gegenüberstellung der Resultate zweier adäquater Stoffgleichungen. Das Materialkriechen kann über eine aus der allgemeinen Stoffgleichung abgeleitete Erweiterung des Mooney-Rivlin-Materialgesetzes um die viskoelastischen Anteile erfaßt werden.

Die Arbeit will dazu beitragen, einen genaueren Einblick in das Last-Verformungs-Verhalten elastomerer Lagerkörper zu gewinnen. Die Leistungsfähigkeit des hierfür entwickelten Berechnungsverfahrens wird anhand einiger Anwendungsbeispiele demonstriert. Es wird gezeigt, daß eine nachgiebige Unterlage bei geeigneter konstruktiver Durchbildung zu einer gleichmäßigeren Pressungsverteilung mit niedrigeren Spannungsspitzen und damit zu geringeren Spalt- und Randzugkräften in den anschließenden Stahlbetonbauteilen führen kann. Sofern die erforderlichen Materialparameter experimentell ermittelt werden, können Versuche mit komplexen Lagergeometrien rechnerisch nachvollzogen werden. Eine Anwendung auf im Rahmen der vorgestellten Anwendungsbeispiele nicht untersuchte Lagertypen wie zum Beispiel Topflager ist ohne weiteres möglich. Eine Einschränkung besteht in der Hinsicht, daß die Reibungsverhältnisse in der Kontaktfuge der näherungsweisen Approximation durch vollständige Querdehnungsbehinderung oder ideale Reibungsfreiheit genügen müssen. Das hier verwendete Berechnungsverfahren erlaubt prinzipiell die Erweiterung um eine Lösung für das allgemeine dreidimensionale Kontaktproblem. Diese Lösung sollte einen nichtlinearen Zusammenhang zwischen dem Reibungskoeffizienten und der flächennormalen Kontaktspannung erlauben. Die korrekte Berücksichtigung der Reibungsverhältnisse in der Kontaktfuge ist nach Auffassung des Verfassers wesentlich für eine zuverlässige Berechnung des Spannungs- und Verformungszustandes für den Fall, daß die Berechnung nicht nur als Nachrechnung von Versuchen eingesetzt werden soll, sondern beabsichtigt wird, aus Kostengründen experimentelle Untersuchungen – zum Beispiel für komplexe Lagergeometrien oder als Extrapolation von Versuchsergebnissen auf wesentlich geänderte Geometrien oder Randbedingungen – durch die numerische Simulation zu ersetzen.

Zur Klärung der Interaktion im Krafteinleitungsbereich anschließender Stahlbetonbauteile unter hohen Pressungen in der Nähe des Bruchzustandes kann die Ergänzung des Berechnungsverfahrens um ein geeignetes Betonmodell einen Beitrag leisten. Zahlreiche auf diesem Gebiet durchgeführte Forschungen haben bislang nicht zu einem befriedigenden Ergebnis geführt. Nach Meinung des Verfassers ist ein lastabhängiger Wechsel des Materialmodells erforderlich, da durch einen dreiaxialen Spannungszustand beanspruchter Beton im Bereich der Bruchlast eine starke Änderung der Materialeigenschaften erfährt.

Der implementierte Algorithmus ist für dynamische Berechnungen vorbereitet. Insofern sind wirklichkeitsnahe Untersuchungen der Dämpfungseigenschaften von Elastomerlagern und eine geschwindigkeitsabhängige Modifikation der Materialparameter zur Erfassung der thermoelastischen und thermo-viskoelastischen Eigenschaften elastomerer Lagerkörper denkbar.

Im Rahmen der Berechnungsbeispiele zeigt sich, daß für bestimmte geometrische Randbedingungen lokal sehr große Verzerrungen auftreten. Die Spannungs-Verzerrungs-Beziehung kann hier durch die verwendeten Materialgesetze nicht mehr genau genug approximiert werden. Insbesondere treten im Zugbereich für Verzerrungen oberhalb von 500 % Versteifungen durch Kristallisation im Elastomer auf, die durch ein Materialgesetz 2. Ordnung nicht wiedergegeben werden können. Materialgesetze höherer Ordnung haben sich andererseits wegen ihrer Sensibilität im Hinblick auf Extrapolationen der aus uniaxialen Versuchen ermittelten Materialparameter auf den dreidimensionalen Spannungs- und Verzerrungszustand als ungeeignet erwiesen. Forschungen mit der Zielsetzung, die Kristallisationsverfestigung in einem Materialgesetz möglichst niedriger Ordnung zu erfassen, können daher zu einer numerischen Stabilisierung des Berechnungsverfahrens im Bereich extremer Verzerrungen beitragen.

7.2 Forschungsberichte

7.2.1 Übersicht

Forschungsarbeiten zu speziellen Themen setzen in aller Regel eine forschungsfördernde Stelle voraus, die Mittel für das benötigte Personal, für den Materialverbrauch und für die Geräte bereitstellt.

Im Baubereich wird das Material häufig von Firmen, die am Forschungsergebnis interessiert sind, bereitgestellt. Die Forschungssituation in Deutschland ist nicht sehr übersichtlich. Für den Bereich Lager, der uns hier nur interessiert, gab es bisher folgende Geldgeber für Forschungen:

– Die bauende Verwaltung (Bundesverkehrsministerium)
– Die Bauaufsicht (Mittel der Bundesländer über das Institut für Bautechnik; früher auch direkt von Nordrhein-Westfalen)
– Industrie und technisch-wissenschaftliche Vereine (Deutscher Beton-Verein; Bundesverband Deutsche Beton- und Fertigteilindustrie; Deutscher Ausschuß für Stahlbeton; Hauptverband der Deutschen Bauindustrie; Verband der Lagerhersteller und Fahrbahnübergänge (VHFL).
– Deutsche Forschungsgemeinschaft (DFG)

Der Abschluß eines Forschungsvorhabens bedeutet nicht zwangsläufig, daß ein Forschungsergebnis vorliegt, mit dem konkret und unmittelbar etwas angefangen werden kann.

Bild 7.1 zeigt eine mögliche Häufigkeitsverteilung hinsichtlich der Brauchbarkeit (Relevanz) der Forschungsberichte allgemein. Die Bilanz wird verbessert, wenn

– Doppelforschungen verhindert werden und

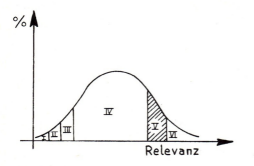

Bild 7.1
Schicksal der Forschungsberichte (im allgemeinen unabhängig vom Forscherschicksal)

– Forschungsaufträge zielgerichtet vergeben werden.

Auf beides wurde, soweit möglich, bei den Forschungen im Zusammenhang mit Brücken- und Hochbaulagern geachtet!

Die nachfolgende Zusammenstellung der Zusammenfassungen der Forschungsergebnisse erhebt nicht den Anspruch auf Vollständigkeit, dürfte aber repräsentativ in bezug auf Deutschland sein.

Die Zusammenstellung erfolgt nach Sachthemen, die chronologisch geordnet werden:

Gleitlager (7.2.2),
Elastomerlager (7.2.3),
Lagerplatten (7.2.4),
Reibung ohne PTFE (7.2.5),
Bauteile und Bauwerke (7.2.6),
Sonderfragen (7.2.7).

Sämtliche Dissertationen des Abschnitts 7.1 sind natürlich ebenfalls Forschungsberichte. In den Fällen, in denen der für den Auftraggeber erstellte Abschlußbericht und die Dissertation sich nur im Deckblatt unterscheiden, erfolgt ein Querverweis.

Die Schadensuntersuchungen, über die in [158], [159] berichtet wird, fallen ebenfalls unter die Rubrik „Forschung". Es sind Eigenforschungen des Bauherrn.

Außer den in diesem Kapitel zusammengestellten Forschungen gibt es noch eine weitere Gruppe von Berichten, die bis zu einem gewissen Grade der Forschung zuzuordnen sind, nämlich die Untersuchungen, die von Zulassungsantragstellern in Auftrag gegeben wurden (Prüfberichte und Gutachten), und die Überwachungsberichte. Da es sich hierbei nicht um öffentlich zugängliche Berichte handelt, ist eine direkte Veröffentlichung nicht möglich. Die indirekte Veröffentlichung erfolgt mit den Zulassungsbescheiden.

Abkürzungen der Forschungsstätten:

HAB Hochschule für Architektur und Bauwesen, Weimar

Ibac Institut für Bauforschung, TH Aachen

IBB Institut für Baustoffkunde und Stahlbetonbau, Universität Braunschweig

IBL Prüfamt für Bau von Landverkehrswegen, München

IMB Institut für Massivbau und Baustofftechnologie, Universität Karlsruhe

MPAS Materialprüfungsanstalt an der Universität Stuttgart

Bei Aktenzeichen des Instituts für Bautechnik wurden nur die letzten Ziffern angegeben.

7.2.2 Gleitlager

7.2.2.1 Untersuchung des Reibungsverhaltens der Paarung PTFE Weiss/Austenitischer Stahl für Brücken-Gleitlager bei großen aufaddierten Gleitwegen in Abhängigkeit von der spezifischen Belastung

Auftraggeber: Bundesminister für Verkehr, Nr. 15.084 R 79 G
Bericht vom 26.10.81 MPAS

Zusammenfassung und Schlußfolgerungen

Die Analyse von Belastungs- und Bewegungsverhältnissen von PTFE-Gleitlagern für Brückenbauwerke hat zu dem Schluß geführt, daß die Ergebnisse bisher vorliegender tribologischer Untersuchungen über aufaddierte Gleitwege bis 5000 m bei rechnerischen Flächenpressungen von 30 N/mm^2 nicht genügend „repräsentativ" sind und Fragen offen lassen. Es sind vielmehr nicht nur wesentlich größere als die bisher untersuchten Gleitwege, sondern auch – zumindest örtlich und zeitlich – höhere Flächenpressungen zu erwarten.

Im Hinblick auf die Beurteilung bereits eingebauter Brückengleitlager hinsichtlich ihrer Lebensdauer bzw. zur Vermeidung von Schäden an zukünftigen Lagerungen von Bauwerken wurde in einer speziellen Versuchseinrichtung ein Dauergleitreibungsversuch über 20 000 m Gleitweg im Temperaturbereich +21 °C bis −35 °C unter einer rechnerischen Flächenpressung von 45 N/mm^2, die der rechnerischen Maximalbelastung (Lastfall II) zugelassener Gleitlager entspricht, etappenweise vorgenommen sowie im Anschluß daran der Einfluß von Pressungsänderung, aber auch die Auswirkung von Bewegungsunterbrechungen unter Last bzw. Teillast untersucht.

Das angewendete Tribosystem (Modellsystem) insbesondere unter Berücksichtigung originalgetreuer Schmierstoffspeicherung gewährleistet trotz der Verkleinerung der Probekörper-Außenabmessungen weitgehende Funktionstreue gegenüber dem Betriebssystem Brückenlager, wobei wegen der relativ hoch angesetzten Flächenpressung von 45 N/mm^2 auch die im Randbereich größerer, aber im Mittel spezifisch niedriger belasteter PTFE-Scheiben infolge Kantenpressung durch Lagerverdrehung auftretenden höheren Pressungen mit erfaßt werden. Zur Beurteilung der Gleitpartner sowie der Schmierstoffveränderung in Abhängigkeit vom aufaddierten Gleitweg wurde der Dauergleitversuch bis 5000 m mit zwei identischen, parallel angeordneten Modellagern vorgenommen und anschließend mit einem Lager unter demselben Beanspruchungskollektiv (wie vorher je Lager) bis 20 000 m weitergeführt. Bei Versuchsunterberechung wurde das Modellager mit Hilfe einer Verspanneinrichtung unter einer vertikalen Teilbelastung entsprechend 10 N/mm^2 Flächenpressung bei Unverrückbarkeit in horizontaler Richtung gehalten. Das Lager war in keiner Phase lastfrei.

Die ermittelte Reibungszahl/Weg-Abhängigkeit der Gleitpaarung PTFE weiß/austenitischer Stahl, geschmiert mit Siliconfett unter Anwendung von Schmierstoffspeicherung, weist im Verlauf der untersuchten 20 000 m Gleitweg in der Hauptsache zwei kennzeichnende Bereiche auf. Bis 10 000 m nimmt die Reibung nahezu linear mit dem Gleitweg zu, wobei die Steigung mit abnehmender Temperatur, verstärkt bei −35 °C, größer wird, und erreicht nach einem Übergangsbereich ab 15 000 m bis zum Versuchsende jeweils temperaturabhängig ein mehr oder weniger konstantes Niveau, das zwischen Werten von knapp über 0,01 (Raumtemperatur) und 0,04 bis 0,05 (−35 °C) liegt. Dabei wird die in allgemeinen bauaufsichtlichen Zulassungen für PTFE-Flächen mit Schmierstoffspeicherung festgelegte Reibungszahl von 0,03 bei einer Flächenpressung $\geq$ 30 N/mm² nach 20 000 m aufaddiertem Gleitweg bei Temperaturen knapp unter −20 °C überschritten, bei der Auslegungstemperatur −35 °C allerdings schon nach einem Gleitweg von 5000 m erreicht.

Unterbrechungen der Relativbewegung unter Last oder Teillast während eines Versuchs können sich je nach deren Dauer sowie in Abhängigkeit von dem zum Zeitpunkt des Stillstandes bereits aufaddierten Gleitweges mehr oder weniger erhöhend nicht nur auf den Wiederanfahrwert, sondern für einen begrenzten Laufweg auch auf das nachfolgende Reibungsniveau auswirken, bevor sich nach einem sogenannten Einlaufvorgang das ursprüngliche Niveau wieder einstellt. Die im Anschluß an den Dauerversuch vorgenommene Variation der Flächenpressung hat die aus Kurzzeitversuchen her bekannte Abhängigkeit, d.h. Zunahme der Reibungszahl mit abnehmender Flächenpressung weitgehend bestätigt.

Aussehen und Abmessungen der Lagerkörper PTFE und Gleitblech sowie die Analyse des in den Schmiertaschen verbliebenen Schmierstoffs nach 5000 m und 20 000 m Gleitweg geben zusätzlich Hinweise zur Erklärung des tribologischen Verhaltens. Vor allem infolge ausgeprägter Wulstbildung und Schmiertaschenverkleinerung hat die Spalthöhe im Lager von 2,2 mm im unbelasteten Zustand auf 1,2 mm bei Versuchsende abgenommen, so daß der Anteil aus Verformung gegenüber dem aus Verschleiß deutlich größer ist. Aus der zunehmenden Verkleinerung der Schmiertaschen ist auch der Verbrauch des anteilig aus Siliconöl und Lithiumseife bestehenden Schmierstoffs während des Versuchs erkennbar. Dabei nimmt verstärkt der Siliconölanteil ab. Der Schmierstoff in den Schmiertaschen besteht bei Versuchsende praktisch ausschließlich aus Lithiumseife. Aufgrund dieser Erkenntnisse vorgenommene Orientierungsversuche (Gleitweg 20 m) mit Modellagern aus PTFE weiß (mit Schmiertaschen) und austenitischem Stahl, die nur mit Lithiumseife geschmiert wurden, haben bestätigt, daß die Seife schmierwirksame Eigenschaften hat, d.h. das Reibungsniveau von ungeschmiertem PTFE deutlich herabsetzt.

Im Zusammenhang mit der Reibungszahl/Weg-Abhängigkeit des Dauergleitreibungsversuchs über 20 000 m aufaddierten Gleitweg liegt der Schluß nahe, daß der Anstieg der Reibungszahlen bis rd. 10 000 m Gleitweg vorwiegend auf den Ölverlust (Ölverbrauch) im Schmierfett zurückzuführen ist, während gegen Versuchsende im Bereich weitgehend konstanter Werte ab rd. 15 000 m Gleitweg das Reibungsverhalten in der Hauptsache durch den jetzt praktisch ölfreien Schmierstoff, d.h. die Lithiumseife, und den in der Gleitfuge vorhandenen Werkstoffübertrag geprägt wird. Dem glänzenden, verhältnismäßig glatten Aussehen der PTFE-Gleitflächen nach zu urteilen, erfolgte offensichtlich kein Aufrauhen (Furchen) der Oberfläche wegen der noch allein vorhandenen Lithiumseife in der Gleitfuge. Die für diesen „Schmierungszustand" ermittelten Reibungszahlen verdeutlichen, daß die Gleitpaarung nach dem vollständigen Verlust des Siliconöls im Schmierstoff Notlaufeigenschaften vermutlich noch solange aufweist, bis auch der Konsistenzgeber Lithiumseife verbraucht ist. Erst dann dürfte sich das endgültige Versagen der Gleitpaarung einstellen, wobei die Reibung, verbunden mit dann kräftigem Anstieg der Verschleißgeschwindigkeit, von der Mischreibung in die Trockenreibung übergeht. Vergleichbare Werte für die ungeschmierte Gleitpaarung PTFE weiß/austenitischer Stahl liegen bereits nach rd. 2 000 m Gleitweg 3- bis 4fach höher als die Reibungszahlen der vorliegenden Untersuchung nach 20 000 m aufaddiertem Gleitweg.

7.2.2.2 Langzeit-Reibungs- und Verschleißversuche mit PTFE-Gleitlagern, Gleitpartner austenitischer Stahl mit unterschiedlichen Gleitflächen

Auftraggeber: Institut für Bautechnik, Berlin, Az. 347/82 lfd. Nr. 16.42
Bericht von 1982 MPAS

Kurzfassung

Im Hinblick auf die Verwendung von austenitischem Stahl X5 CrNiMo 18 10 mit Gleitfläche in Ausführungsart III d (ohne mechanische Nachbehandlung) für Brückengleitlager wurde zur Beurteilung des Langzeitverhaltens und der Lebensdauer ein Dauergleitreibungsversuch mit Modelllagern über rd. 20 000 m Gesamtgleitweg vorgenommen. Das Beanspruchungskollektiv entspricht im wesentlichen dem des Brückenlagers, d.h. langsame und schnelle Hin- und Herbewegungen aus Wärmedehnung und Verkehrsbelastung im Temperaturbereich von +21°C bis −35°C unter einer rechnerischen Flächenpressung von 30 N/mm² gemäß Lastfall I in den Zulassungen für PTFE-Gleitlager.

Die ermittelte Reibungszahl/Gleitweg-Abhängigkeit der Gleitpaarung PTFE weiß/austenitischer Stahl, geschmiert mit Siliconfett unter Anwendung von Schmierstoffspeicherung, läßt erkennen, daß die temperaturabhängige Reibungshöhe offensichtlich durch den gleitwegbedingten Schmierstoffzustand in der Gleitfuge des Lagers wesentlich beeinflußt wird. Mit Ausnahme des starken Anstieges von rd. 0,01 auf über 0,07 bei −35°C nimmt die Reibung infolge Verbrauchs an Siliconöl aus dem Fettgerüst in einer ersten Phase bis rd. 10 000 m Gleitweg nahezu linear mit dem Gleitweg zu, wobei die Steigung mit abnehmender Temperatur verstärkt größer wird. Nach einem Übergangsbereich geringerer Reibungszunahme beginnt sich das Reibungsniveau je nach Temperatur mehr oder weniger zu stabilisieren und erreicht nach 20 000 m Gleitweg eine Reibungszahl von rd. 0,085 in der −35 °C-Phase und knapp unter 0,02 bei +21°C. Die in allgemeinen bauaufsichtlichen Zulassungen für PTFE-Flächen mit Schmierstoffspeicherung festgelegte Reibungszahl von 0,03 für 30 N/mm² Flächenpressung wird nach 20 000 m Gleitweg bei Temperaturen unter 0°C überschritten, bei −35°C jedoch bereits nach einem Gleitweg von 5000 m. Die Spalthöhe im Lager hat während des Versuchs um nahezu 1,2 mm abgenommen, wobei der Verformungsanteil größer als der Verschleißanteil ist.

7.2.2.3 Langzeit-Reibungs- und Verschleißversuche mit PTFE-Gleitlagern, Gleitpartner austenitischer Stahl mit Gleitfläche in Ausführungsart IIIc, mechanisch nachbehandelt

Auftraggeber: Institut für Bautechnik, Berlin, Az. 412/84, lfd. Nr. 16.48
Bericht von 1984 MPAS

Kurzfassung

Im Hinblick auf die Verwendung von austenitischem Stahl X5 CrNiMo 17 12 2 für bauaufsichtlich zugelassene Gleitlager wurde zur Beurteilung des Langzeitverhaltens und der Lebensdauer mit mechanisch nachbehandeltem Gleitblech und Ursprungsoberfläche IIIc ein Dauergleitreibungsversuch in einer speziellen Versuchseinrichtung über rd. 20 000 m Gleitweg im Temperaturbereich von +21 bis −35°C unter einer rechnerischen Flächenpressung von 30 N/mm², die der rechnerischen mittleren Maximalbelastung (Lastfall I) von zugelassenen Gleitlagern entspricht, etappenweise im Vergleich zu einem in gleicher Weise durchgeführten Dauerversuch mit unbehandeltem Gleitblech in Ausführungsart IIId vorgenommen.

Die ermittelte Reibungszahl/Gleitweg-Abhängigkeit der Gleitpaarung PTFE weiß/austenitischer Stahl (Ursprungsoberfläche in Ausführungsart IIIc, Gleitfläche geschliffen und hochglanzpoliert), geschmiert mit Silicofett unter Anwendung von Schmierstoffspeicherung, weist im Verlauf der untersuchten 20 000 m Gleitweg im wesentlichen 3 kennzeichnende Bereiche auf. Nach einer je nach Temperatur von linear bis degressiv verlaufenden Reibungszunahme in Untersuchungsphase I bis 5000 m Gleitweg nimmt die Reibung insbesondere bei tieferen Temperaturen in Untersuchungsphase II und III bis zu einem Gleitweg von 15 000 m deutlich zu, um dann in Versuchsphase IV bis zu 20 000 m Gleitweg praktisch stabilisiert einen nahezu konstanten Wert zu erreichen, der bei −35 °C rd. 0,087 und bei Raumtemperatur rd. 0,015 beträgt. Die in den allgemeinen bauaufsichtlichen Zulassungen festgelegte Reibungszahl von 0,03 für 30 N/mm^2 Flächenpressung wird nach rd. 20 000 m Gleitweg bei Temperaturen zwischen 0 und −10 °C überschritten, bei −35 °C jedoch bereits nach einem Gleitweg zwischen 8000 und 9000 m.

Der in einer vorausgegangenen Untersuchung unter praktisch gleichen Versuchsbedingungen durchgeführte Dauergleitreibungsversuch mit austenitischem Stahl in Ausführungsart IIId – vgl. Abschn. 7.2.2.2 – zeigt ein etwas ungünstigeres Reibungsverhalten.

Im Verlauf des Dauergleitreibungsversuchs über 20 000 m hat das Spaltmaß beim mechanisch nachbehandelten IIIc-Blech um rd. 0,8 mm auf 1,3 mm abgenommen.

7.2.2.4 Gleitlager und Gleitfolien unter Flachdächern

Auftraggeber: der Bundesminister für Raumordnung, Bauwesen und Städtebau, Az. B I 5 – 80 01/6 – 31)
Bericht vom 10. 10. 1980. Ibac F101

Kurzfassung

Die Untersuchungen an marktüblichen, randverklebten Gleitfolien laufen auf eine Prüfung der Reißfestigkeit bzw. der Dehnfähigkeit der angewendeten Klebestreifen hinaus:

Die Anlaufreibung liegt bei Folien im Lieferzustand, die längs zur Randverklebung mit einer mittleren Pressung von 0,09 N/mm^2 geprüft werden, oberhalb von $f_A = 40\%$.

Die Randverklebung ist nach einem Hub von ± 5 mm, ausgehend von einem um 5 mm verschobenen Bewegungsnullpunkt, nur teilweise gerissen.

Der als Anlaufreibung bezeichnete Wert ist weniger auf Reibung der Folien oder Viskosität des Schmierfilms als auf einen Bewegungswiderstand der Randverklebung zurückzuführen.

Bis zu einem summierten Reibweg von 100 m kann bei geschmierten Folien kein Fressen und auch kein Ansteigen der Reibungszahlen festgestellt werden.

Ungeschmierte Folien, die gegen den Beton reiben und somit als verschleißbeanspruchte Trennfolie wirken, ergeben f_A-Werte, die etwas geringer sind als die der Gleitfolien in Originalausführung.

Die PE-Pakete, $d = $ rd. 0,8 mm, verhalten sich bei den untersuchten Verhältnissen wie relativ reibungs- und verschleißarme Trennfolien. Im Vergleich mit den Anlaufwiderständen der randverklebten Gleitfolien muß man feststellen, daß diese zum Teil aufwendigen Erzeugnisse keine Vorteile zu bieten scheinen. PVC-Folien zeigen stärkere Verschleißerscheinungen als PE-Folien.

7.2.2.5 Ermittlung der vorhandenen Reibungszahlen bei PTFE-Gleitlagern nach langer Betriebsdauer

Auftraggeber: Bundesminister für Verkehr, Postfach 20 01 00, 5300 Bonn 2, Az. FE 15, 132 R 83 G
Bericht vom April 1987 Ibac F204

Zusammenfassung

Um Aussagen über die Nutzungsdauer von Brückengleitlagern bzw. über die nach langer Betriebsdauer zu erwartenden Reibungszahlen zu ermöglichen, wurden sieben Kipp-Gleitlager aus sechs zum Teil hochbelasteten Straßenbrücken nach 9- bis 19jähriger Betriebsdauer ausgebaut und in Reibversuchen am ganzen Lager labormäßig untersucht.

Die Lager stammten von vier verschiedenen Herstellern und waren für Lasten zwischen 2000 kN und 5000 kN (200 t und 500 t) vorgesehen. Als Gleitpartner wurden hartverchromter Stahl, austenitischer Stahl und Polyoxymethylen einerseits und PTFE (mit Schmiertaschen von 5 mm und 8 mm Durchmesser sowie kreisförmig angeordneten Schmiernuten) andererseits verwendet. Die Lager waren mit unterschiedlichen Konstruktionen zum Gleitflächenschutz versehen. Sie wurden nach Arretierung von Lageroberteil und -unterteil aus den Brücken ausgebaut und in das Ibac transportiert.

In einer Laborprüfanlage wurden Anfahrreibungszahlen unter ständiger Last und unter der Summe aus ständiger Last und Verkehrslast ermittelt. Die Versuche wurden sowohl bei Raumtemperatur (rd. +20°C) als auch bei tiefer Temperatur (rd. −20°C) mit sinusförmiger Verschiebefunktion bei einer Anfangsgeschwindigkeit von 0,4 mm/s über einen Weg von ± 10 mm gefahren. Die Vorbelastungsdauer lag jeweils bei rd. 20 h.

Obwohl die Anzahl der untersuchten Lager im Verhältnis zu der Gesamtheit der eingebauten Lager außerordentlich klein ist, können zumindest folgende Trendaussagen zum Reibungsverhalten gemacht werden:

- Die Reibungswerte streuen bei niedrigen mittleren Pressungen zwischen den verschiedenen Lagern bzw. Bauwerken relativ stark (bis rd. ± 50 % vom Mittelwert). Die einzelnen Versuchsergebnisse sind dabei gut reproduzierbar.
- Die relativen Streuungen der Reibungswerte verringern sich trotz absolut geringerer Zahlenwerte bei steigenden Pressungen.
- Bei Pressungen oberhalb etwa 30 N/mm^2 ist auch bei niedrigen Lagertemperaturen noch eine ausreichende Sicherheit gegen Erreichen des in den Zulassungen festgelegten Rechenwertes der Reibungszahl vorhanden, sofern die tatsächlichen Anfahrgeschwindigkeiten rd. 0,4 mm/s nicht wesentlich überschreiten. Zu dieser Frage liegen keine näheren Erkenntnisse vor.
- Bei Pressungen unterhalb etwa 30 N/mm^2 und Temperaturen unter −20°C können bei einigen Lagern und Brückentypen die zulassungsgemäßen Rechenwerte der Reibungszahlen überschritten werden (auch bei Verschiebegeschwindigkeiten von nur 0,4 mm/s).

Die Versuche lassen außerdem erkennen, daß Nachschmiereffekte infolge wechselnder Belastungen nicht sehr ausgeprägt sind und nach kurzer Zeit abklingen.

In einigen Versuchsreihen wurde der Einfluß einer dynamischen Vertikallast auf die Anfahrreibungszahl untersucht. Zusammenfassend kann festgestellt werden, daß die Wirkung einer dynamischen Vertikalkraft (vor Beginn einer Lagerverschiebung) die gleichen Effekte hervorruft wie Ruhezeiten unter statischer Last: die Anfahrreibungszahlen steigen vorübergehend an.

Trendmäßig wurde auch der Einfluß der Reibgeschwindigkeit untersucht. Im Bereich von 0,04 mm/s bis rd. 8 mm/s steigen die Anfahrreibungszahlen mit wachsender Geschwindigkeit auf etwa den dreifachen Wert an. Noch höhere Verschiebegeschwindigkeiten sind bei bestimmten Brücken infolge Verkehrsbelastungen möglich. Sie konnten mit der Prüfanlage jedoch nicht erreicht werden.

Nach Abschluß der Reibversuche wurden die Lager geöffnet, fotografisch dokumentiert und in den wichtigsten Verschleißteilen vermessen. Die Messungen der Rauheit der Gleitbleche ergab deutlich erhöhte Kennwerte und Riefenbildungen im Bereich der betriebsmäßig beanspruchten Flächen. Als Ursache der Verschleißerscheinungen werden Metallpartikel vermutet, die im Schmierstoff und in den PTFE-Platten durch Röntgenuntersuchungen nachgewiesen wurden.

7.2.2.6 Untersuchung des Reibungsverhaltens von PTFE bei Variation der Einflußparameter Verschiebegeschwindigkeit, Pressung, Lagergröße, Gesamtweg (Verschleiß), Lageraufbau und Lastexzentrizität

Auftraggeber: Institut für Bautechnik, Berlin, Az. 284/82, lfd. Nr. 16.29
Bericht von 1988 IMB

Zusammenfassung

Geschmierte PTFE-Gleit- und Verformungsgleitlager wurden in zahlreichen Kurz- und Langzeitversuchen bei Variation oben angeführter Einflußparameter und mit der Hauptzielrichtung geprüft, die Abhängigkeit der Reibungszahlen von der Verschiebegeschwindigkeit experimentell zu ermitteln. Begleitende Schubversuche an bewehrten Elastomerlagern unterschiedlicher Steifigkeit sollten über die Geschwindigkeitsabhängigkeit des Schubwiderstandes Auskunft geben.

Die in Tabellen und Diagrammen ausführlich dargestellten Versuchsergebnisse sowie weitere, umfangreiche Auswertungen ergaben folgendes: Die Anfahrreibung geschmierter PTFE-Gleitflächen ist von der Verschiebegeschwindigkeit, Pressung, Temperatur, Lagergröße, Standzeit ohne Gleitbewegung und vom Gesamtgleitweg abhängig. Neben weiteren Einflüssen spielt bei Reibung und Verschleiß auch die Anordnung des Schmiertaschenrasters zur Gleitrichtung und die Größe der Verschiebungsamplitude eine Rolle. Lageraufbau und geringe Lastexzentrizitäten verändern das Reibungsniveau nicht wesentlich. Die Geschwindigkeitsabhängigkeit der Anfahrreibung und des Schubwiderstandes von Elastomerlagern wird durch Erhöhungsfaktoren erfaßt.

Aus den beobachteten, detailliert beschriebenen Verschleißerscheinungen werden Schlußfolgerungen hinsichtlich des tribologischen Verhaltens von Gleit- und Verformungsgleitlagern gezogen. Zur Trendvorhersage einiger wichtiger Einflußgrößen auf die Anfahrreibung werden als Arbeitshypothese analytische Ansätze vorgestellt. Die komplexen Reibungs- und Verschleißvorgänge werden mit Hilfe der Systemanalyse beschrieben. Zur endgültigen Beurteilung des Reibungs- und Verschleißverhaltens geschmierter Gleitlager muß das tatsächlich im Bauwerk auftretende Beanspruchungskollektiv bekannt sein, das jedoch zum Beispiel bei Brückengleitlagern von vielen weiteren Zusatzparametern beeinflußt wird.

7.2.2.7 Untersuchung an Brückengleitlagern unter schmierstofftechnischen Gesichtspunkten

Auftraggeber: Bundesminister für Verkehr
FE-Nr. 15.166 R 87 F
Bericht von 1991 MPAS

Zusammenfassung

Moderne bewegliche Brückenlager sind heute fast ausnahmslos als Gleitlager ausgeführt, wobei PTFE weiß im allgemeinen gegen austenitischen Stahl gleitet. Als Schmierstoff wird lithiumverseiftes Siliconfett verwendet, das infolge der im PTFE eingeprägten Schmiertaschen langzeitig in der Gleitfläche verfügbar ist.

Im vorliegenden Vorhaben wurden Gleitreibungsversuche mit den beiden zugelassenen Schmierfetten bis zu einem Gesamtgleitweg von 16 km und statische Langzeitbelastungsversuche über entsprechend lange Zeiten durchgeführt. Sowohl bei den beiden untersuchten Fetten als auch den verwendeten Gleitwerkstoffen handelte es sich um zugelassene Komponenten. Die Prüfung erfolgte mit Modellagern, wie sie für Zulassungsprüfungen verwendet und auch in dieser Ausführung für zugelassene Brückenlager zum Einsatz kommen.

Bei den Langzeit-Reibungsversuchen hat sich gezeigt, daß, ausgehend von den Randbereichen des Modellagers, Schmierstoff verloren geht und die Schmiertaschen nach und nach durch Kriechprozesse im PTFE zurückgebildet sowie durch Verschleiß des PTFE abgetragen werden. Durch Analysen des Schmiertascheninhaltes wurde nachgewiesen, daß das Seifengerüst Ölbestandteile verliert. Der Fettanteil nimmt infolge Anreicherung von PTFE-Verschleißpartikeln ab, was zu einer Reduktion der Fettmenge mit dem verfügbaren Ölanteil in der Schmiertasche führt. Die Reibungszahl steigt infolgedessen insbesondere im Bereich tiefer Temperaturen an. Im Langzeitversuch hat sich das Siliconfett Syntheso 8002 offenbar aufgrund des höheren Ölanteiles von 83 % im Fett besser verhalten als das Siliconfett 300 mittel mit 63 %.

Bei statisch belasteten Lagerscheiben, denen Temperaturänderungen aufgeprägt wurden, zeigten sich praktisch keine Veränderungen im Schmierfett. Kriechprozesse des PTFE bei 35 °C sind selbst nach 15 Wochen noch nicht völlig abgeschlossen.

Hinsichtlich der Übertragung der Ergebnisse auf die Praxis ist zu berücksichtigen, daß das Modellager den kleinsten heute eingesetzten Lagern entspricht. Da Fettverlust und der daraus resultierende Verschleiß vom Rand her beginnen, beinhalten große Lager gegenüber kleinen Lagern entsprechende Reserven. Der Einsatz solcher Lager im Bereich von +35 °C ist bezüglich des Langzeitkriechens sorgfältig zu überprüfen.

7.2.3 Elastomerlager

7.2.3.1 Langzeitverformungsverhalten elastomerer Werkstoffe für Baulager unter Berücksichtigung des Temperatureinflusses

Forschungsbericht des Landes Nordrhein-Westfalen, Nr. 2799 Fachgruppe Bau/Steine/Erden, Westdeutscher Verlag 1979
Ibac F75, siehe Dissertation Nr. 8 (Müller)

7.2.3.2 Langzeit-Verformungsverhalten druckbeanspruchter Elastomerlager unter Berücksichtigung thermischer Einflüsse

Auftraggeber: Minister für Wissenschaft und Forschung des Landes NRW, 4000 Düsseldorf, Az. II B 5 – FA 8395
Bericht vom 7. 4. 1982 Ibac F121

Zusammenfassung und Folgerungen für die baupraktische Anwendung

Aufgrund von Untersuchungen über das Spannungsverhalten elastomerer Lagerwerkstoffe u. a. bei stationärer Verformung und instationären Temperaturbedingungen hatten sich die Fragen ergeben,

– in welchem Maße sich das für Werkstoffproben festgestellte entropieelastische Spannungsverhalten auch unter praxisnahen Lagerbedingungen auswirkt und
– ob unter diesen Bedingungen sich entropie- und energieelastische Spannungsreaktionen zu bisher unbekannten, kritischen Spannungszuständen überlagern können.

Im Rahmen dieses experimentellen Forschungsvorhabens wurde hauptsächlich die für die Anwendung wichtigere Frage nach kritischen Spannungszuständen unter praxisnahen, instationären Verformungs- und Temperaturbedingungen untersucht.

Die Untersuchungen haben ergeben, daß entropieelastische Spannungsreaktionen

- möglicherweise unter dem Einfluß des zweiaxialen Spannungszustandes in geringerem Maße auftreten als bei oben genannten Werkstoffuntersuchungen und
- unter praxisnahen Lagerbedingungen im kritischen Temperaturbereich ($T \leqq -30\,°C$) eher spannungsmindernd als spannungssteigernd wirken.

Die für die Bemessung maßgebenden Spannungsgrößen beruhen ausschließlich auf dem energieelastischen Spannungsmechanismus und dessen Temperaturabhängigkeit. Wie die hier durchgeführten Versuche gezeigt haben, werden die bei praxisähnlichen Überlagerungen von Verformungs- und Temperaturgradienten entstehenden Spannungen unterhalb des in Kurzzeitversuchen bei konstanter Temperatur erreichbaren Spannungsniveaus bleiben.

7.2.3.3 Versuche zur Spannungsverteilung druckbelasteter Elastomerlager

Auftraggeber: Minister für Wissenschaft und Forschung NRW
Teilbericht vom Oktober 1984 Ibac F 109

1. Vorversuche

Das Querdehnungsverhalten der Elastomerlager und damit die unerwünschten Farbstreifen am Rand sollten durch Anordnung von Zwischenschichten mit hohem oder niedrigem Reibwiderstand beeinflußt werden. Hierzu werden als Zwischenschichten verwendet:

- Sandpapier
- Aluminiumfolie
- Papier mit Talkum.

Die Zwischenschichten wurden zwischen der Druckfolie und dem Elastomer (CR, Spaltmaterial, $d = 15$ mm) eingebracht.

Das Sandpapier und die Aluminiumfolie wurden durch die Querdehnung des Lagers zerrissen bzw. stark deformiert. Das Einbringen einer Talkumschicht brachte die geringste Färbung. Durch das unbehinderte Ausdehnen des Lagers wurden durch Abbau der Schubspannung in Folienebene die unerwünschten Randeffekte vermieden.

2. Versuchsaufbau

Zwischen planparallelen, geschliffenen Druckplatten einer servohydraulischen Prüfmaschine befindet sich (von unten nach oben) das Druckfolienpaar, eine Zwischenlage Papier mit Talkumschicht auf der Oberseite und das Elastomerlager mit ebenfalls einer Talkumschicht auf der Oberseite.

Bei allen Versuchen wurde eine Druckspannung von $\sigma_o = 5$ N/mm^2 auf Proben 100 mm $\times$ 100 mm gebracht. Die Belastungsgeschwindigkeit $\dot\sigma$ betrug rd. 300 N/s, so daß nach rd. 3 Minuten die maximale Druckkraft erreicht wurde. Nach 3 Minuten Halten wurde zügig entlastet.

3. Auswertung

Mit den in der Tabelle 7.1 aufgeführten Lagertypen wurden Druckversuche durchgeführt. Ausgewertet wurden die Folien nach dem in Abschnitt 7.2.4.4 beschriebenen Verfahren. Die Druckverteilungskurven sind in Diagrammen dargestellt. Aus diesen Serien gewonnene Isochromendarstellungen (Isochrome = Linie gleichen Farbniveaus) sind als Bilder angefügt. Isochromen von Noppen- und Flächenlochlagern waren nicht herstellbar.

Tabelle 7.1
Elastomerlager, Daten

Typ Nr.	Bezeichnung	Hersteller	Dicke mm
1	Montagelager, glatt	C.	5
2	Montagelager, glatt	C.	5
3	Noppenlager, 12 mm	A 836	5
4	Noppenlager, 16 mm	A 1083	5
5	Flächenlochlager	A 1083	3
6	Bitrapezlager	A 689	3

4. Diskussion

Die durch ihre Formgebung verschiedenen Lagertypen zeigen jeweils ein charakteristisches Druckspannungs-Verteilungsbild: Die glatten Lager tragen mit einem großen Teil ihrer Fläche mit 6 bis 7 N/mm². Ein hinter dem Rand befindlicher Streifen wird mit einer geringen Druckspannung beaufschlagt (2 N/mm²). Die beiden Noppenlager zeigen zwischen den Noppen Leerflächen, die nicht belastet sind: Die Druckverteilungskurve reicht bis zu 0 N/mm². Der Schwerpunkt des Traganteils liegt bei 5 bis 6 N/mm² bzw. 6 bis 8 N/mm². Seine Lage scheint vom Noppendurchmesser abzuhängen. An den Noppenrändern treten Spannungsspitzen von bis zu 14 N/mm² auf. Das Bitrapezlager zeigt einen kontinuierlichen Verlauf der Druckverteilungskurve, die bei dem niedrigen Wert von 7 N/mm² endet. Das Flächenlochlager zeigt eine ausgezogene Verteilungskurve mit Spitzen bis zu 12 N/mm².

7.2.3.4 Verteilung der Pressung in der Fuge von Elastomer-gelagerten Bauteilen

Auftraggeber: Minister für Stadtentwicklung, Wohnen und Verkehr des Landes Nordrhein-Westfalen, Az. VB1–72.02-Nr. 172/84
Bericht vom 5. 6. 1986 Ibac F 233

Zusammenfassung

Versuchsumfang

Im Kurzzeitversuch wurde die Pressungsverteilung unter 6 verschiedenen Elastomerlagertypen bei mittleren Spannungen σ_{Lm} zwischen 10 und 30 N/mm² ermittelt. Neben den Versuchen mit zentrischer Lasteinleitung wurden einige Versuche auch mit exzentrischer Lasteinleitung gefahren. Bei einem Lager wurden Dicke t und Grundfläche A variiert.

Vergrößerung der Lagerfläche unter Belastung

Durch Überschreiten der aufnehmbaren Schubspannungen zwischen Gummi und Beton vergrößert sich die Lagerfläche bei unbewehrten Elastomerlagern in Abhängigkeit von der Pressung, dem Lagerwerkstoff und der Lagerprofilierung. Hierdurch wird die Spannungsverteilung gleichmäßiger und die örtliche Maximalspannung niedriger.

Bei quadratischen Lagern traten bei mittleren Pressungen von 20 N/mm² Lagerverbreiterungen bis etwa 50 % auf, bei der kleineren Lagerbreite von rechteckigen Lagern bis zu 75 %. Bei kleinen Lagerbänken tritt in diesen Fällen Elastomer aus dem Lagerspalt aus. Die Spannungsverteilungen werden dann in der Regel günstiger als in den Versuchen sein. Eine Abhängigkeit von der Lagerdicke liegt nicht vor.

Örtliche Spannungsmaxima

Die ermittelten Verhältnisse von örtlicher Höchstpressung zu mittlerer Lagerpressung σ_{max}/σ_{Lm} schwanken zwischen 1,2 und 2,6 bei einem planmäßigen Winkel der lagerbegrenzenden Bauteile von $\alpha_{soll} = 0$ und zwischen 1,2 und 3,1 bei $\alpha_{soll} = 0,02$. Deutliche Unterschiede bezüglich des Verhältnisses σ_{max}/σ_{Lm} gibt es in der Gruppe der unbewehrten Elastomerlager bei gleichzeitiger Variation von Werkstoff und Profilierung und auch des Werkstoffes alleine, wobei der härtere Werkstoff ein geringeres Verhältnis σ_{max}/σ_{Lm} und eine gleichmäßigere Spannungsverteilung aufweist.

Sowohl für die untersuchten Lagergrößen als auch Winkel α der lagerbegrenzenden Bauteilflächen zueinander können keine Abhängigkeiten der σ_{max}/σ_{Lm} von der Lagerdicke t festgestellt werden.

Bei unbewehrten Elastomerlagern nimmt das Verhältnis σ_{max}/σ_{Lm} bei steigendem σ_{Lm} stark ab. Für bewehrte Elastomerlager trifft dies wegen der behinderten Lagerdehnung nicht zu. Bewehrte Lager weisen gegenüber allen Formen unbewehrter Lager größere Spannungskonzentrationen in Lagermitte auf. Sie verursachen damit höhere Spaltzugkräfte in den angrenzenden Bauteilen. Die Maximalspannungen bei bewehrten Lagern betragen etwa das 2,0- bis 2,5fache der mittleren Lagerpressung.

Lastexzentrizitäten

Im Falle einer Schiefstellung von $\hat{\alpha} = 0,02$ entsprechen die Höchstpressungen σ_{max} der unbewehrten Elastomerlager zwar denen bei $\hat{\alpha} = 0$, doch liegen diese Spannungsmaxima bei mittleren Werten $\sigma_{Lm} = 20$ N/mm^2 mehr als $0,25 \cdot a$ von der Lagerachse entfernt. Dickere unbewehrte Elastomerlager weisen, wie zu erwarten ist, kleinere σ_{max} und eine kleinere Lastexzentrizität auf.

Die Verhältnisse σ_{max}/σ_{Lm} unter bewehrten Elastomerlagern bei der Schiefstellung $\hat{\alpha} = 0,02$ sind gegenüber denen bei $\hat{\alpha} = 0$ rd. 50 % höher. Die Spannungsmaxima liegen außerhalb eines Bereiches $0,25 \cdot a$ neben der Lagerachse. Die Exzentrizitäten der 30 mm dicken bewehrten Lager sind damit etwa so groß wie die von 10 mm dicken unbewehrten Lagern.

Einfluß von Profilierungen

Profilierungen und Lochungen haben keinen eindeutigen Einfluß auf die Spannungsverteilung. Örtlich ungleichmäßige Spannungsverteilungen treten nicht nur bei profilierten Lagern, sondern auch bei glatten Oberflächen quaderförmiger Lager, wahrscheinlich bedingt durch den Herstellungsprozeß, auf.

7.2.3.5 Dauerstandverhalten hochbelasteter unbewehrter Elastomerlager in Stützenstößen des Betonfertigteilbaues

Auftraggeber: Institut für Bautechnik, Berlin, lfd. Nr. 16.39
Bericht vom 22. 3. 88 Ibac F 179

Zusammenfassung

Einfluß der Elastomerqualitäten auf die Kriechverformung:

Aus den Versuchsergebnissen geht hervor, daß die EPDM-1-Qualität größere Kriechverformungen und Kriechgeschwindigkeiten bei identischer Beanspruchung gegenüber der CR-1-Qualität aufweist. Die Kriechneigung (Kriechanstieg und Kriechverformung) nimmt bei EPDM 1 überproportional mit höherer mittlerer Pressung zu, während bei CR-1-Lagern nur eine geringe Zunahme der Kriechneigung eintritt.

Einfluß der Lagerdicken auf die Kriechverformung:

Das Dauerstandverhalten der 5 mm dicken EPDM-1-Proben erweist sich im Hinblick auf die Kriechverformung, den Zeitpunkt des Kriechanstieges sowie der Schädigung in Abhängigkeit von der Schubspannung und des Endkriechmaßes wesentlich ungünstiger als die 10 mm dicken EPDM-1-Proben. Bei CR 1 kann ein nur geringfügig schlechteres Dauerstandverhalten für die dünneren Lagerproben im Vergleich zu den 10 mm dicken Lagern registriert werden, sie erreichen einen maximalen Schädigungsgrad von < 10 %.

Einfluß des Drehwinkels auf die Kriechverformung:

Entsprechend den diskutierten Ergebnissen ist der Einfluß des zugrundegelegten Drehwinkels $\alpha = 0,3$ t/a auf das Dauerstandverhalten als gering einzustufen. Lediglich bei Versuchen mit EPDM 1 bei hohen Pressungen ($\sigma_m = 60$ N/mm^2) führt die exzentrische Lasteinleitung zu überproportionalem Kriechanstieg.

Einfluß der Lagerfläche auf die Kriechverformung:

Versuche mit einer Lagerfläche von $A = (100 \times 200$ mm$^2)$ weisen gegenüber solchen mit $A = (100 \times 100$ mm$^2)$ ein unwesentlich nachteiligeres Dauerstandverhalten auf, dies gilt auch bei hohen Pressungen.

Schädigungsgrad der Lagerproben:

Die Gefügezerstörung des elastomeren Werkstoffs sowie die damit einhergehende Ablösung der Deckschicht kann lediglich an EPDM-1-Proben registriert werden, und dort mehrheitlich bei 5 mm dicken Lagern. Bei den 5 mm dicken Lagern tritt bei höheren Pressungen fast vollkommene Gefügezerstörung ein. Durch die relativen Gewichtungsfaktoren der Beurteilungskriterien zur Ermittlung des Schädigungsgrades werden die beiden zuletzt genannten Beurteilungskriterien Gefügezerstörung und Ablösen der Deckschicht zusammen mit 70 % berücksichtigt, da sie für die dauerhafte Funktion der Lager von besonderer Bedeutung sind. Die Gefügezerstörung und die damit eingeleitete Ablösung der Deckschicht resultieren aus molekularen Versagensvorgängen, die zunächst zu fortschreitender Mikrorißbildung führen. Dagegen können Risse an den freien Oberflächen infolge der Deformationen bei hohen Pressungen nicht verhindert werden. Die infolge der Auswölbung der freien Seitenflächen hervorgerufenen radialen Zugspannungen werden nach einem Übergangsbereich von den Druckspannungen überlagert. Bei ausreichender Vernetzungsstruktur setzen sich solche Risse infolge der radialen Zugspannungen nicht ins Probeninnere fort. Durch visuelle Bemusterung der CR-1-Proben nach dem Ausbau konnte selbst nach 700tägiger Belastungsdauer kein Fortpflanzen der Risse beobachtet werden (Rißtiefe < 10 % der Kantenlänge). Entsprechend den Gewichtungsfaktoren kann daher ein maximaler Schädigungsgrad von rd. 25 % zur Gewährleistung ausreichender Gebrauchsfähigkeit angesetzt werden.

Die Proben aus den Versuchen mit CR 1 weisen im Mittel, unabhängig von der Lagerdicke und der Schubspannung, einen Schädigungsgrad < 20 % auf. Lagerproben aus EPDM 1 der Dicke $t = 10$ mm erreichen bei Schubspannungen $\tau > 25$ N/mm^2 einen Schädigungsgrad von bis zu 25 %. Für 5 mm dicke EPDM-1-Lager führt bereits eine Schubspannung von 5 N/mm^2 zu diesem Schädigungsgrad.

7.2.3.6 Dauerstandverhalten unbewehrter Elastomerlager

Auftraggeber: Institut für Bautechnik, Berlin, Az. 446/85 lfd. Nr. 16.52
Bericht vom 27. 11. 1990 Ibac F 239

Zusammenfassung

Durch die elastische Verformbarkeit unbewehrter Elastomerlager werden innerhalb bestimmter Grenzen Abweichungen von der Ebenheit und Planparallelität zugehöriger Bauteildruckflächen ohne kritische örtliche Spannungsspitzen ausgeglichen. Die Standardanwendung unbewehrter Elastomerlager regelt DIN 4141, Teil 15. Zugehörige Lagerungen werden in DIN 4141, Teil 3, behandelt. Der Sonderfall der Stützenstöße wird in dem Anwendungsbereich von DIN 4141, Teil 15, ausdrücklich ausgegrenzt.

Bei zweckmäßiger Spalt- und Querzugbewehrung können deutlich höhere Pressungen in der Lagerfuge aufgebracht werden, als die zugehörigen Lagerbeanspruchungen nach der Norm erlauben. Die dauerhafte Lagerfunktion unter ständig hohen Pressungen liegt außerhalb des Erfahrungsbereiches der üblicherweise im bauaufsichtlichen Bereich zugelassenen Chloropren-Kautschuke (CR) und insbesondere der nur fallweise zugelassenen und kostengünstigeren Qualität Ethylen-Propylen-Terpolymere (EPDM).

Die Dauerhaftigkeit der Lagerfunktion wurde im Rahmen des Forschungsvorhabens durch Druckkriechversuche experimentell innerhalb eines nicht vollständigen Faktorversuches unter Variation der Parameter

- Elastomerqualität (6 EPDM, 4 CR)
- Lagerfläche (100 × 100, 100 × 200, 200 × 200) mm²
- Lagerdicke (5, 10) mm
- Drehwinkel (0, 0,3 t/a)
- mittlere Pressung (20, 40, 60, 100) N/mm²

untersucht.

Obwohl die Versuche gezielt höhere Beanspruchungen simulieren, liegen die maximalen rechnerischen Schubspannungen im Bereich der zulässigen Beanspruchungen von DIN 4141 Teil 15 bzw. entsprechender Zulassungen. Die Ergebnisse sind daher innerhalb bestimmter Grenzen auf zulassungs- bzw. normgerechte Lagerungen übertragbar. Aus den Versuchsergebnissen kann für den bauaufsichtlichen Anwendungsbereich solcher Lager gefolgert werden, daß

- CR-Lager bis zu mittleren Pressungen von 20 N/mm² ausreichendes Dauerstandverhalten aufweisen
- EPDM nach derzeitigem Kenntnisstand nicht als Baustoff in DIN 4141, Teil 15, aufgenommen werden kann
- EPDM-Lager innerhalb der Beanspruchungen geltender Zulassungen bis zu mittleren Pressungen von 5 N/mm² ausreichendes Dauerstandverhalten aufweisen
- baupraktische Aussagen über das Dauerstandverhalten von Elastomerlagern erst nach erhöhter Beanspruchung (σ_m = 40, 60 N/mm²), die deutlich länger als 100 Tage einwirkt, gewonnen werden können.

7.2.3.7 Dauerstand-Knickversuche an bewehrten Elastomer-Brückenlagern

Auftraggeber: Lagerhersteller
Bericht vom 20. 11. 76 IBL Nr. 760

Zusammenfassung und Schlußbeurteilung

Die im Rahmen von Stabilitätsuntersuchungen an bewehrten Elastomer-Brückenlagern durchgeführten Versuche mit gleichzeitiger Beanspruchung aus Auflast, Drehwinkel und Schrägstellung haben gezeigt, daß auch im Dauerstandversuch größeren Werte beim Höhen-/Seitenverhältnis zu keinem Versagen führen oder zu Reaktionen, die die Gebrauchstauglichkeit auf längere Sicht einschränken würden.

Die hier untersuchten Lagerproben wurden aus der identischen Elastomer-Mischung sowie nach dem gleichen Vulkanisationsverfahren bereits für das Höhen/Seiten-Verhältnis ⅓ zugelassener Lager gefertigt. Die Ergebnisse der Prüfungen stimmen im Rahmen der bei Versuchen dieser Art möglichen Genauigkeit gut überein. Die entsprechende Erweiterung einer Zulassung konnte von den Prüfergebnissen her befürwortet werden.

7.2.3.8 Ermittlung der Kennwerte an Elastomerlagern eines M-F-Systems nach über 500 × 10⁶ Leistungstonnen

Auftraggeber: BZA – München
Bericht vom 17. 1. 1990 IBL NR. 1314

Bei Masse-Feder-Systemen hängt die langfristige Wirksamkeit weitgehend von der Funktionsfähigkeit der Feder ab. Ein modifizierter Elastomer-Lagertyp, der vor etwa 24 Jahren konzipiert und geprüft wurde, ist inzwischen einer knapp 20jährigen Betriebsbeanspruchung mit über 500 Mio. Lt ausgesetzt gewesen. Vom Bundesbahn-Zentralamt München (BZA) wurde die labormäßige Nachprüfung der Steifigkeitswerte sowie die Untersuchung der noch vorhandenen Dauerfestigkeit der Lager im Hinblick auf eine gesicherte Aussage zur Lebensdauer in Auftrag gegeben.

Die am Prüfamt für Bau von Landverkehrswegen der TU München an drei ausgebauten Lagern durchgeführten Prüfungen lassen im wesentlichen folgende Aussagen zu:

- Es liegt nach mehr als $1{,}5 \times 10^5$ Std. Betriebsbelastungsdauer ein sehr niedriger Kriechbeiwert von ca. 8 % vor. Die Extrapolation von Versuchsergebnissen über zwei logarithmische Dekaden ist demnach bei Elastomeren dieser Qualität zulässig.
- Die vorgefundenen Federsteifigkeiten liegen nach einer Betriebsbeanspruchung von über 500 Mio. Lt nahezu im Bereich der Ausgangsgrößen.
- Für die Schubsteifigkeit gilt die gleiche Feststellung; insbesondere konnte kein Unterschied in den Beanspruchungsrichtungen festgestellt werden.
- Aufgrund der Dauerschwellprüfung kann unter der vorliegenden Betriebsbelastung mit der gleichen Wirksamkeit des Masse-Feder-Systems über mehr als weitere 30 Jahre gerechnet werden.

Insgesamt kann festgestellt werden, daß die Funktionsfähigkeit des Masse-Feder-Systems bei Einbau der hier untersuchten VIALAST-Lager und Einhaltung der vorliegenden Beanspruchungsgrenzen über einen Zeitraum von 50 Jahren vorliegen wird.

7.2.3.9 Über statische und dynamische Steifigkeitsbestimmung sowie Dauerfestigkeitsermittlung an Schwingungslagern mit Schubverformungsbegrenzung für Masse-Feder-Systeme

Auftraggeber: Bilfinger + Berger Bau AG, Niederlassung Bielefeld
Bericht Nr. 1175 vom 31. 7. 1986 IBL

Die als Federelement in einem Stadtbahn-Schallschutz-System vorgesehenen Schwingungslager hatten ein Steifigkeitsverhältnis horizontal zu vertikal von 1 : 10 aufzuweisen. Dies ist bei Verwendung der aufgrund der geforderten Lebensdauer infrage kommenden Elastomere nur durch eine konstruktive Maßnahme – Begrenzung der Schubverformung – am Lageraufbau möglich.

An einer Regelgröße der so konzipierten Schwingungslager waren die statischen und dynamischen Steifigkeitskennwerte zu bestimmen, sowie durch einen zweiaxialen Dauerschwellversuch die zu erwartende Lebensdauer zu beurteilen.

Die wesentlichen Versuchsergebnisse können wie folgt zusammengefaßt werden:
- die geforderte vertikale Steifigkeit von $c_v = 28$ kN/mm $\pm$ 10 % ist mit einem Mittelwert aus acht Proben mit $c_v = 26{,}47$ kN/mm noch sicher innerhalb des Toleranzbereiches. Die niedriger liegende Steifigkeit kommt dem M-F-System (niedrigere Eigenfrequenz) zugute.
- die geforderte horizontale Steifigkeit von $c_h = 2{,}8$ kN/mm $\pm$ 10 % ist mit $c_h = 2{,}72$ kN/mm sehr gut eingehalten.
- der zweiaxiale Dauerschwellversuch über 10,1 Mio. Lastspiele (Ls) vertikal und 2,5 Mio. Ls horizontal wurde ohne relevante Änderung in den Steifigkeitskennwerten bestanden.
- der geforderte mechanische Verlustwinkel von 8 °–10 ° für den Frequenzbereich 2 Hz bis 30 Hz kann als eingehalten bezeichnet werden.

Zusammenfassend kann festgestellt werden, daß die mit der Polychloropren-Mischung CC-AMZ der Gummiwerke Kraiburg hergestellten Schwingungslager mit Schubverformungsbegrenzung die hier vorgegebenen Steifigkeitsanforderungen erfüllen und eine ausreichend lange Lebensdauer in einem M-F-System unter Stadtbahnbeanspruchungen erwarten lassen.

7.2.3.10 Ermittlung von dynamischen Lagerkennwerten für eine Flüssiggasbehälter-Lagerung im Erdbebengebiet

Auftraggeber: Fa. GUMBA GmbH, Grasbrunn
Bericht Nr. 1378 vom 5. 4. 1991 IBL

Für das Konzept einer Erdbebenentkopplung von Flüssiggasbehältern mittels Elastomer-Lager ist die Kenntnis der statischen und dynamischen Steifigkeit weit außerhalb des Normbereiches notwendig.

An Modell-Lagern mit der Shore-Härte 55 °A und mit den Ist-Abmessungen 100 × 100 × 31 mm (Elastomer Schichtstärke 10 mm und zwei ebenfalls 10 mm dicken Deckbleche) wurde versucht, folgende Prüfparameter zu erfassen:

- Anschwingfrequenzen von 0,3 bis 2,0 Hz
- Verformungswege: $\tan \gamma = \pm 1,0$ bis $\pm 2,5$
- Prüftemperaturen: $-5\,°C$ bis $+45\,°C$

Zur Abschätzung der über die Shore-Härte möglichen Beeinflussung des Steifigkeitsniveaus wurde bei Raumtemperatur ein Modell-Lagerpaar mit 35 °A geprüft.

Die wesentlichen Versuchsergebnisse lassen sich wie folgt zusammenfassen:

- Die statische Schubsteifigkeit ist bis zu einem Verformungsbereich von $\tan \gamma = \pm 1,5$ nahezu linear und nimmt ab $\tan \gamma = \pm 2,0$ progressiv zu.
- Die dynamischen Schubsteifigkeiten hängen spürbar vom Verformungsweg und nur wenig von der Anschwingfrequenz ab; der Wert von $1,0\ N/mm^2$ wurde nicht überschritten.
- Die Dämpfung liegt zwischen 15 und 25 %, die Verlustwinkel zwischen 9 und 15 Grad.
- Mit der Mischung mit 35 ° A ist bei RT das Niveau der Schubmoduli nahezu Frequenz-unabhängig und nur etwa halb so hoch wie mit der 55 ° A-Mischung.
- Im Raumtemperatur-Versuch mit dem Verformungsweg von $\tan \gamma p = \pm 2,5$ treten bei der Anschwingfrequenz von 2,2 Hz im Lagerstirnbereich beider Proben Oberflächenrisse auf.

Zusammenfassend kann festgestellt werden, daß von der vorliegenden, DIN-gemäßen Brückenlager-Elastomerqualität die schadfreie Aufnahme von Verformungen bis zu einem Bereich von $\tan \gamma p = \pm 1,5$ unter der Belastungsfrequenz nicht größer als 1 bis 2 Hz erwartet werden kann. Die Prüfungen haben gezeigt, daß die maximalen Steifigkeitswerte nicht bei großen Verformungswegen und Anschwingfrequenzen bis etwa 2 Hz auftreten, sondern bei den Erstbewegungen nach längerer Standzeit ohne Verformung zu erwarten sind.

7.2.3.11 Nachprüfung eines ausgebauten Schwingungslagers und die Ermittlung der Haftgrenze zwischen Schwingungslager und Betonfertigteil

Auftraggeber:
Bundesbahn-Zentralamt München
Bericht Nr. 1360 IBL vom 11. 10. 1990 IBL

Zusammenfassung und Beurteilung

Im Auftrag des BZA-München wurden an einem Schwingungslager, das aus einem Masse-Feder-System der S-Bahnstrecke Harburg-Neugraben wegen Auswanderung einiger Betonfertigteile ausgebaut worden war, die Kennwerte des Lagers nachgeprüft sowie in Schubversuchen mit unterschiedlichen Auflasten und Kontaktflächen ohne und mit Schwingungsanregung die Durchrutsch-Grenzen bzw. der Reibbeiwert ermittelt.

Bei den Kennwerten wurden die ermittelten Größen den Ergebnissen aus den Eignungsprüfungen von 1984 an einem Lager mit identischen Abmessungen gegenübergestellt. Die „Durchrutsch"-Versuche wurden für Schwingungslager erstmals durchgeführt.

Die wesentlichen Ergebnisse lassen sich wie folgt zusammenfassen:

- die statische und dynamische Federsteifigkeit sowie der Schubmodul des ausgebauten Lagers liegt nach ca. 6 Jahren

und einer Betriebsbelastung mit über 40 Mio. Lt noch in dem Bereich, der bei den neuen Lagern als Fertigungstoleranz zugelassen ist.
- bei ordnungsgemäßen Kontaktflächen kann – ohne und mit Schingungsüberlagerung – von einem Mindest-Reibbeiwert von $\mu = 0{,}5$ ausgegangen werden.

Demnach ist für die vorliegende Oberbau-Situation ein „Rutschen" der Betonelemente im Lastfall Eigengewicht sowie Eigengewicht + Verkehrslast auch bei Schwingungsüberlagerung auszuschließen.

Für die Praxis ist sicher von Bedeutung, daß beim Abheben des Fertigteils im Tunnel auf den Deckflächen der freigelegten Lager Sandkörner gefunden wurden, die im Gegensatz zu einer glatten Betonfläche wie „Kugellager" gewirkt haben können. In diesem Fall ist die planmäßige Aufnahme von Schubkräften sicher nicht gewährleistet.

Zusammenfassend kann festgestellt werden, daß die Schwingungslager voll funktionsfähig sind und bei ordnungsgemäßer Bauausführung die auftretenden Beanspruchungen im M-F-System durch sie ohne bleibende Verschiebungen abgetragen werden können.

7.2.3.12 Ermittlung der Abhängigkeit der Dickenänderung von Temperatur und Lagerformat bei bewehrten Elastomerlagern

Auftraggeber: Gumba GmbH
Bericht vom 19. 8. 85 IBL Nr. 1126

An Lagerkörpern extrem unterschiedlichen Volumens wurden lastfreie Temperatur-Verformungsänderungen in einem Bereich von $-15\,°C$ bis $+42\,°C$ untersucht. Wesentliches Ergebnis war, daß unabhängig von Lageraufbau und Struktur (aber exakt nur für die untersuchte CR-Mischung geltend) ein Ausdehnungskoeffizient gefunden wurde, der mit

$\alpha_{Lager} = 45 \cdot 10^{-5}\ [1/\,°K]$

etwa 38mal größer als der von Stahl ist. Durch die Bauweise der bewehrten Elastomerlager wird jede temperaturbedingte Volumenänderung in eine Dicken- bzw. Bauhöhenänderung des Lagers umgesetzt.

7.2.4 Lagerplatten

7.2.4.1 Verformung und Beanspruchung der Gleitplatte von PTFE-Gleitlagern

Auftraggeber: Institut für Bautechnik, Berlin, Az. 532/88, lfd. Nr. 16.71
Bericht vom 29. April 1988, Universität der Bundeswehr, München, Prof. Petersen

Zu diesem Bericht gehören noch folgende Ausarbeitungen aus gleicher Feder:

- Zur Beanspruchung moderner Brückenlager – eine Parameterstudie in Festschrift Joachim Scheer, März 1987
- Vorschlag für eine Δw-Berechnungsanweisung für Gleitplatten mit $t = $ const, 9. Februar 1988, Studie im Auftrag des Instituts für Bautechnik, Berlin
- Berechnung von drei Gleitplatten $t = $ const, 25. Mai 1987, Studie im Auftrag der VHFL
- Erforderliche Dicke von Gleit- und Kalottenlagerplatten, 26. Januar 1987, Studie im Auftrag der VHFL
- Studie zur Ausbildung von Setzungsmulden auf unterschiedlichen Lagerkörpern, vom 14. 12. 87, Auftraggeber: Institut für Bautechnik, Berlin
- Stellungnahme zum Problem des Gleitblechbeulens bei Gleitlagern, vom 15. 9. 88, Auftraggeber: Institut für Bautechnik, Berlin

Kurzfassung zum Forschungsvorhaben

Die Gebrauchstauglichkeit der Gleitplatten moderner Brückenlager (Topflager, Kalottenlager) wird durch die Einhaltung einer vorgeschriebenen zulässigen Relativdurchbiegung Δw zwischen Plattenzentrum und PTFE-Berandung sichergestellt. Der Nachweis vorh $\Delta w \leq$ zul Δw läßt sich nur führen, wenn ein Berechnungsverfahren für vorh Δw unter Gebrauchslast zur Verfügung steht. Dieses muß die Muldenbildung des Beton- und Mörtelunterbaues, die Nachgiebigkeit der PTFE-Lage und die Steifigkeit der Platte erfassen. Ein hierzu erstelltes Rechenprogramm basiert auf dem Modell eines unendlichen Halbraumes und der Theorie der Kreisplatte. Es mußte zunächst anhand von FEM-Berechnungen an realistischen Lagerkörpern geklärt werden, wie realistisch das Halbraum-Rechenmodell die realen Verhältnisse annähert. Es wurde festgestellt, daß in gewissen Fällen eine bis zu 10 % höhere Relativdurchbiegung möglich ist. Mit Hilfe des Rechenprogrammes wurden Parameterstudien durchgeführt und auf dieser Basis für die in der Praxis auftretenden Plattenabmessungen eine Formel abgeleitet, mit deren Hilfe die Relativdurchbiegung vorh Δw (gesplittet in Dauer- und Kurzzeitlast) berechnet werden kann. Durch Vergleich mit dem Ergebnis von Nachrechnungen von an der Uni Karlsruhe durchgeführten Plattenversuchen konnte die Formel zusätzlich abgesichert werden.

7.2.4.2 Untersuchung der zulässigen Lagerplattenbiegung und -verformung, Teil I (runde Platten)

Auftraggeber: Bundesminister für Verkehr
Bericht vom 15. 6. 76 IMB
(siehe auch Dissertation Dickerhoff)

**Wertung der Ergebnisse
Zusammenfassung**

Die Versuche, auf deren Ergebnisse die vorgeschlagene Bemessung beruht, wurden als Kurzzeitversuche im Gebrauchslastbereich mit einem Betonfundament und drei Lagerplatten durchgeführt. Der Einfluß des Betonkriechens und -schwindens konnte dadurch ebensowenig berücksichtigt werden wie das Verhalten von Lagerplatten und Betonfundament im Bruchzustand. Die gemessenen Betondehnungen wurden mit einem konstanten E-Modul und einer Querdehnzahl $\mu = 0$ in Spannungen umgerechnet. Eine räumliche Auswertung war nicht möglich, da bei den zentrischen Versuchen mit Ausnahme des Mittelpunktes die Betondehnungen nur in zwei Richtungen (vertikal und radial) bestimmt wurden. Eine Vergleichsrechnung mit den Meßwerten im Mittelpunkt hat jedoch gezeigt, daß die vereinfachende Annahme $\mu = 0$ bei den vertikalen Betonspannungen – sie stellen eines von drei Bemessungskriterien dar – eine maximale Abweichung von ca. 9 % zur sicheren Seite hin bewirkt. Bei den Horizontalspannungen ergeben sich durch die vereinfachende Berechnung $\sigma = E \cdot \varepsilon$ wesentlich größere Abweichungen. Die Querzugspannungen wurden nicht in die Bemessungstabellen aufgenommen, denn nach DIN 1045 § 17.3.3 sind die erhöhten Teilflächenpressungen nur zulässig, wenn in den angrenzenden Bauteilen die Querzugspannungen durch Bewehrung aufgenommen werden, sie sind also kein unmittelbares Bemessungskriterium.

Zu den Spannungsermittlungen in den Lagerplatten sind zwei Punkte festzuhalten:

a) Der Einfluß von eingefrästen Nuten konnte nur näherungsweise abgeschätzt werden. Bei der Auswertung nach der Theorie der dünnen Platte bewirkt er eine Spannungsänderung zur sicheren Seite hin.

b) Für dicke Platten ergeben sich nach der räumlichen Rechnung unter den Druckstücken Spannungsspitzen, die zum Teil wesentlich über den Spannungen liegen, die sich nach der Theorie der dünnen Platte ergeben (Saint Venantscher Störbereich). Aus diesem Grunde blieb der unter Punkt a) genannte Einfluß der Nut zur sicheren Seite hin unberücksichtigt, um bei Bemessung der Lagerplatten nach der betragsmäßig größten Spannung einen Teil dieser Spitzen abzudecken.

Eine augenscheinliche Beurteilung der freigelegten Mörtelfugen nach den Versuchen ergab eine satte, gleichmäßige Unterstopfung der Lagerplatten. Folglich gilt die vorgeschlagene Bemessung nur unter der Voraussetzung einer gleichmäßigen Unterstopfung. Eingeschlossene Luftblasen oder Wasserlinsen können wesentlich andere Spannungen liefern (zur unsicheren Seite hin).

7.2.4.3 Zulässige Lagerplattenbiegung und -verformung, Teil II (rechteckige Platten)

Auftraggeber: Institut für Bautechnik, Berlin, Az. 114/76, lfd. Nr. 16.6
Bericht vom 30. 6. 78 IMB
(siehe auch Dissertation Dickerhoff)

Zusammenfassung – Wertung – Ausblick

Die Versuche, auf deren Ergebnisse die vorgeschlagene Bemessung beruht, wurden als Kurzzeitversuche im Gebrauchslastbereich mit einem Betonfundament und sechs Lagerplatten durchgeführt. Der Einfluß des Betonkriechens und -schwindens konnte dadurch ebensowenig berücksichtigt werden wie das Verhalten von Lagerplatten und Betonfundament im Bruchzustand. Die gemessenen Betondehnungen wurden über Gleichgewichtsbetrachtungen in den vier verschiedenen Meß-Niveaus, denen der räumliche Spannungszustand und eine Querdehnzahl von $v_B = 0{,}18$ zugrunde lag, in Spannungen umgerechnet. Wegen der Nichtlinearität des σ-ε-Diagramms wurden die Betonspannungen einmal über mittlere Sekantenmoduli und einmal über mittlere Tangentenmoduli berechnet. Dem Bemessungsvorschlag liegen die Spannungen über die mittleren Tangentenmoduli zugrunde. Es war festzustellen, daß bei Laststeigerung offensichtlich eine Spannungsumlagerung von den stark zu den schwächer beanspruchten Stellen stattfand, wodurch die maximale Betonpressung in jedem Fall günstiger, die Lagerplattenbeanspruchung jedoch in all den Fällen, in denen eine Spannungsumlagerung vom Plattenmittelpunkt zu den Plattenrändern stattfand, ungünstiger wurde. Bei der Ermittlung der Spannungsüberschreitungen gegenüber dem konstanten Mittelwert wurde von einer Spannungsausbreitung unter $\tan \alpha = 2 \triangleq \alpha = 63{,}4°$ ausgegangen. Die angegebenen Überschreitungen sind als Mittelwerte aus den vier Meß-Niveaus zu verstehen, wodurch die örtlich gemessenen Spitzen zum Teil um 10–20 % abgemindert wurden.

Die Spannungen der Lagerplatten wurden über den dreiaxialen Spannungszustand berechnet, wobei davon ausgegangen wurde, daß unter den Druckstücken und in der Fuge zwischen Platte und Mörtel die Pressung gleichmäßig verteilt war. Ein Einfluß von Nuten, der besonders bei dicken Platten die Dehnungen zur sicheren Seite hin beeinflußte (ca. 10 % bis 15 %), wurde nicht berücksichtigt.

Über die Oberflächendehnungen konnten mit einem zu diesem Zweck entwickelten Rechenprogramm die Relativverformungen der Lagerplatten berechnet werden. Ein Vergleich mit den Verformungen, die unabhängig davon über bestimmte Meßelemente im Betonkörper zu ermitteln waren, brachte gute bis sehr gute Übereinstimmung.

Die Untersuchung der „zulässigen Lagerplattenbiegung und -verformung" im Gebrauchszustand ist mit diesem Schlußbericht abgeschlossen. Es wurden runde, quadratische und rechteckige Lagerplatten (insgesamt 9 Stück), die mit Druckstücken verschiedener Formen und Materialien belastet wurden, untersucht. Die vorliegenden Versuchsergebnisse im Gebrauchszustand haben gezeigt, daß die zur Zeit übliche Bemessung zum Teil viel zu große Sicherheiten auf der einen, aber auch unzulässig hohe Risiken auf der anderen Seite beinhaltet. Es ist wahrscheinlich, daß das hier entwickelte Meß- und Auswerteverfahren mit einigen Abänderungen auch bei Annäherung an den Bruchzustand noch funktioniert. Deshalb sollten in jedem Fall für einige repräsentative Lagerplatten-Druckstück-Kombinationen Bruchversuche und Dauerstandversuche durchgeführt werden, um den wesentlichen Einfluß der Biegesteifigkeit des Lastplattensystems auf die Bruchlast und auf die Lastumlagerungen bei Dauerbeanspruchung zu untersuchen und die vorliegenden Versuchsergebnisse weiter absichern zu können.

7.2.4.4 Lagerplatten-Bruchversuche

Auftraggeber: Institut für Bautechnik, Berlin Az. 259/80, lfd. Nr. 7.47
Bericht von 1985 IMB
(siehe auch Dissertation Dickerhoff)

Zusammenfassung

Forschungsziel:

Einarbeitung der erreichten Bruchsicherheiten in einen bereits bestehenden Bemessungsvorschlag, der bisher nur den Gebrauchsfähigkeitsnachweis beinhaltete

Problematik:

In letzter Zeit treten immer häufiger Schäden an Brückenlagern und den angrenzenden Bauteilen auf. An diesen Schäden sind vor allem die neueren Lager überproportional stark beteiligt. Die Ergebnisse von zwei bereits abgeschlossenen Forschungsvorhaben wurden zur Ausarbeitung eines Bemessungsvorschlages benutzt, bei dem die im Bauwerk tatsächlich vorhandenen Randbedingungen realistisch erfaßt werden. Damit ist jedoch nur der Nachweis der Gebrauchsfähigkeit des Lagers erbracht. Über den dann noch vorhandenen Sicherheitsabstand gegenüber Versagen des Systems – also Versagen von Lager, Lagerteilen und/oder angrenzendem Bauteil – läßt sich keine Aussage treffen.

Versuchsparameter, Versuchsaufbau, Versuchsdurchführung

Aus der Vielzahl der möglichen Parameterkombinationen wurden typische Lager und Lasteintragungssysteme ausgewählt und bemessen. Die A-Versuche wurden mit großem, die B-Versuche mit relativ geringem Meßaufwand durchgeführt.

Die Lager wurden so bemessen, daß alle geforderten Spannungs- und Verformungsnachweise nach dem bereits erarbeiteten Bemessungsvorschlag erfüllt waren. Zusätzlich wurden für eine bestimmte Last zugelassene Topf- und bewehrte Elastomerlager in die Untersuchung aufgenommen.

Die Bemessung der Betonzylinder erfolgte unter den folgenden Voraussetzungen:

1) Die Spaltzugspannungen sind in erster Näherung dreieckförmig über eine Höhe entsprechend dem Zylinderdurchmesser verteilt.

2) Der Spitzenwert der Spaltzugspannung muß abgedeckt sein.

3) Es gilt die Formel von Mörsch für ebene und doppelt achsensymmetrische bzw. von Bechert für rotationssymmetrische Systeme:

$$Z_{x,y} = 0{,}25 \cdot F_v \cdot (1 - D_1/D)$$
(eben, achsensymmetrisch)
$$Z_r = 0{,}21 \cdot F_v \cdot (1 - D_1/D)$$
(rotationssymmetrisch)

4) Der Wendeldurchmesser und die Ganghöhe dürfen in dem Bereich nach 1) nicht geändert werden. Die Wendelenden sind zu verschweißen, Stöße sind als beidseitige Laschenstöße auszuführen.

5) Die zulässige Stahlspannung des BSt 420/500 wird zur Rissebeschränkung und zur Berücksichtigung einer nicht schlaffen Lasteintragung auf $zul\ \sigma_s = 18\ kN/cm^2$ begrenzt.

6) Die nach DIN 1045 geforderten Maßnahmen zur Knicksicherung der Längsbewehrung sind additiv zu überlagern.

7) Die einzulegende Längsbewehrung entspricht 0,8 % vom statisch erforderlichen Betonquerschnitt.

Während der Versuche wurden außer dem Kolbenvorschub und dem Öldruck (Last) folgende Messungen durchgeführt:

1) Messung der Oberflächendehnungen der Lagerplatten mit Dehnungsmeßstreifen.
2) Bestimmung der Kontaktpressungen mit Druckmeßfolien auf der Basis des Abdruckprinzips. Diese Bilder wurden digitalisiert und durch Grauwertvergleich in Pressungen umgerechnet.
3) Bestimmung des Dehnungsverhaltens des Betonkörpers über Betoninnendehnungsaufnehmer auf der Basis von Dehnungsmeßstreifen.
4) Erfassung der Wendelaufweitung über die Probekörperhöhe mit Hilfe von induktiven Wegaufnehmern.

Versuchsergebnisse

Es ist klar erkennbar, daß die eingelegte Bewehrung in gewissen Grenzen die erreichbare Bruchpressung erhöht. Die Bruchpressungen vor allem bei kleinen Teilflächenverhältnissen (Durchmesserverhältnis D/D_1) nehmen stark ab, wenn die Last nicht eben, sondern über konventionell bemessene Lager eingetragen wird. Bei starrer Lasteintragung wurden um ca. 40 % größere Bruchlasten erreicht, als nach DIN 1045 zu erwarten gewesen wäre.

Die Ergebnisse vergleichbarer Versuche an der TU München zeigen, daß im praxisrelevanten Bereich die Steigerung der bezogenen Bruchpressungen mit guter Näherung proportional zum geometrischen Bewehrungsprozentsatz und unabhängig vom Teilflächenverhältnis ist. Diese und die eigenen Versuche zeigen außerdem, daß der Bruch erst nach langer Vorankündigung erfolgt (Risse bei ca. 1,4facher Gebrauchslast im Kurzzeitversuch).

7.2.5 Reibung ohne PTFE

7.2.5.1 Versuche zur Ermittlung zulässiger Horizontalkräfte bei unverankerten Lagern

Auftraggeber: Institut für Bautechnik, Berlin, Az. 85/76, lfd. Nr. 16.7
Bericht vom 30. 11. 78, Ibac F 88
(siehe auch Dissertation Schrage)

Kurzfassung

An handelsüblichen Lagerpaarungen wurden Reibungsversuche unter weitgehend praxisnahen Bedingungen durchgeführt.

Die dabei ermittelten Reibkurven wurden bilinear ausgeglichen.

Aus den ausgeglichenen Reibungszahlen f_a wurde ein Vorschlag für zul. Zwängungen bei unverankerten Lagern abgeleitet. Dieser Vorschlag berücksichtigt die bei Elastomeren gegebene Abhängigkeit der Reibungszahlen von der Reib- bzw. Deformationsgeschwindigkeit. Die Verringerung der Reibungszahlen bei bauüblichen Geschwindigkeiten gegenüber den Versuchsergebnissen wird durch die Einführung einer Teilsicherheit v_1 berücksichtigt. Die bei allen Lagerfugen gegebenen Unwägbarkeiten in der Bauausführung sollten durch die Teilsicherheit $v_2 = 2$ erfaßt werden.

Danach ergibt sich mit

$$\tau = f_a \cdot \sigma_u$$

$$zul\ \tau = a \cdot \sigma_u$$

$$zul\ \tau = (v_1 \cdot v_2)^{-1} f_a \cdot \sigma_u$$

$v_1 = 1$ bei Elastomeren

σ_u = Kleinste Lagerpressung bei Wechsellast

$$a = (v_1 \cdot v_2)^{-1} f_a$$

folgender Vorschlag für die Faktoren a, die für die Herleitung einer zul. Zwängung aus dem unteren Schwellenwert der Pressung als brauchbar erscheinen:

Lagerpaarung	Pressung in N/mm²		
	0,5	5,0	20,0
CR 1 – Beton	0,25	0,10	0,05
CR 1 – Duromer	0,08	0,03	0,01
CR 1 – Zink	0,10	0,05	0,02
CR 1 – Stahl, walzr.	0,10	0,07	0,03
CR 1 – Anstrich		0,02	
CR 1 – Stahl, CrNi		0,02	
starre Lagerpartner		0,30	

Die angegebenen Faktoren müßten für

CR 2 um 20 … 30 %
EPDM um 50 %
CR 1, CR 2: Polychloropren-Elastomere unterschiedlicher Hersteller (bauaufsichtlich zugelassene Lagertypen)
EPDM: Äthylen-Propylen-Dien-Kautschuk (bauaufsichtlich zugelassener Lagertyp)

verringert werden.

Zwischenwerte sollten zunächst geradlinig eingeschaltet werden. Das ist allerdings im Bereich $0{,}5 \leq \sigma_u \leq 5{,}0$ N/mm² mit einer Verringerung der angesetzten Sicherheiten verbunden.

Das Ergebnis dieses und des nachfolgenden Forschungsvorhabens war Grundlage der entsprechenden Regelung in der Lagernorm.

7.2.5.2 Zulässige Horizontalkräfte bei unverankerten Lagern Zusatzuntersuchungen zum Reibungsverhalten von zinkbeschichteten Lagerbauteilen – F 152 (Ergänzung zu F 88)

Auftraggeber: Institut für Bautechnik, Berlin, Az. 251/80, lfd. Nr. 16.22
Bericht von 1982
(siehe auch Dissertation Schrage)

Das Reibungsverhalten von zinkbeschichteten Stahlblechen wurde untersucht. Derartige Bleche werden z. B. zur Auffütterung von Lagern verwendet. Das Hauptaugenmerk lag auf praxisüblich geschruppten, mit Zinksilikat beschichteten Blechen. Betrachtet wurden weiterhin die Einflußgrößen Pressung und Bewegungsgeschwindigkeit.

Es wurden Anlaufreibungszahlen $0{,}28 \leq f_A \leq 0{,}68$ und Gleitreibungszahlen $0{,}20 \leq f_G \leq 0{,}63$ ermittelt. Eine sichere Zuordnung zu den Einflußgrößen war nicht möglich. Die Proben, $A = 100 \times 100$ mm², wiesen Gestaltabweichungen 1. und 2. Ordnung im 0,1-mm-Bereich auf. Die daraus resultierenden zufallsbedingten Tragbilder begründen die Streuungen der Reibungszahlen. Die Ergebnisse stellen also keine Stoffkennwerte dar, sie sind vielmehr Bauteilkennwerte.

Eine Vergleichbarkeit mit den Verhältnissen bei HV-Verbindungen des Stahlbaus ist wegen des unterschiedlichen Tragbildes nicht gegeben. Für bauaufsichtliche Belange (DIN 4141) muß für gegenwärtig übliche Bauteiloberflächen bei zinkbeschichteten Stahlblechen hinsichtlich zulässiger Horizontalkräfte von $min\ f = 0{,}20$, hinsichtlich möglicher Reaktionskräfte von $max\ f = 0{,}80$ ausgegangen werden.

7.2.5.3 Reibungsverhalten elastomerer Lagerwerkstoffe

Auftraggeber: Der Minister für Wissenschaft und Forschung des Landes NRW Düsseldorf, Institut für Bautechnik, Berlin
Bericht vom Dezember 1980, Ibac F 95
(siehe auch Dissertation Schrage)

Ausgehend von einer Fragestellung der Entwurfsfassung einer Norm für Lager im Hoch- und Industriebau wurden Reibungsversuche an bewehrten und unbewehrten Elastomer-Lagern unter praxisnahen Bedingungen bei zentrischer Pressung durchgeführt.

Als Einflußgrößen wurden Art und Gestalt der sich berührenden Körper sowie Pressung und Bewegungsgeschwindigkeit variiert. Als Zielgröße wurde aus den

Reibkurven eine Aussage über die Zwängungskräfte abgeleitet, die in einer nach derzeitigen bauaufsichtlichen Forderungen ausgeführten unverankerten Lagerung ohne ungehindertes Gleiten aufgenommen werden können. Weiteres siehe Dissertation Schrage (Diss. Nr. 9 im Abschnitt 7.1).

7.2.5.4 Zuverlässigkeitstheoretische Ermittlung der Beanspruchbarkeit der Gleitfuge für den Nachweis der Gleitsicherheit bei Lagern

Auftraggeber: Institut für Bautechnik, Berlin, Gesch.-Z. 655/91, lfd. Nr. 16.83
Bericht vom 5. 9. 91, HAB

Der Nachweis der Gleitsicherheit in Lagerfugen garantiert die Übertragung von Horizontalkräften zwischen Lagerteilen oder zwischen den Lagern und anschließenden Bauteilen durch Reibung und gegebenenfalls zusätzlichen mechanischen Verbindungsmitteln mit einem angemessenen Grad an Sicherheit.

Die für diesen Nachweis im Rahmen der Eurocodes erforderlichen charakteristischen Werte und Teilsicherheitsbeiwerte der Reibungszahlen werden für die Reibpaarungen Stahl/Stahl, Stahl/Beton und Stahl/Holz auf folgendem Weg bereitgestellt.

1. Ermittlung der Verteilungsfunktion und deren Parameter für die Reibungszahlen durch statistische Auswertung der Reibversuche
   für Stahl/Beton
   für Stahl/Stahl und
   für Stahl/Holz.
2. Festlegung der charakteristischen Werte der Reibungszahlen als 5 %-Fraktile.
3. Ermittlung der Verteilungsfunktionen und deren Parameter für die weiteren Basisvariablen der Grenzzustandsgleichung der Gleitsicherheit durch Simulationsrechnung und Literaturanalyse.
4. Festlegung der Sicherheitsklasse für Brücken und Annahme eines Sicherheitsindex β von 4,7.
5. Zuverlässigkeitstheoretische Ermittlung der Teilsicherheitsbeiwerte für die Reibungszahlen der Reibpaarungen Stahl/Stahl und Stahl/Beton.
6. Abschätzung des Teilsicherheitsbeiwertes der Reibungszahl der Reibpaarung Stahl/Holz.

Die Ergebnisse sind in nachfolgender Tabelle zusammengestellt.
Das Vorhaben wurde vom Institut für Bautechnik Berlin gefördert.

Reibpaarung	Verteilungswert	Mittelwert	Variationskoeffizient	charakt. Wert	Teilsicherheitswert
Stahl/Stahl	NV	0,53	0,14	0,4	2,0
Stahl/Beton	NV	0,66	0,0734	0,6	1,2
Stahl/Holz	NV	0,593	0,158	0,35	1,45

7.2.5.5 Horizontalkraftübertragung durch Oberflächenverankerung mit profilierten Blechen bei Brückenlagern

Auftraggeber: Lagerhersteller
Bericht vom 28. 1. 72, IBL Nr. 536

Die Versuche hatten zum Ziel, Größe und Bedingungen festzustellen, unter denen Horizontalkräfte durch profilierte Bleche übertragen werden können. Gegenmaterial der Tränenbleche, auf Stahlplatten geschweißt oder auf Elastomere-Lager vulkanisiert, waren Kunstharz- bzw. Zementmörtelschichten. Ein Verbund in den Berührungsflächen war durch ein Auftragen von Trennmitteln ausgeschlossen und durch Abnahme der einzelnen Versuchsteile kontrolliert.
Im einzelnen lassen sich folgende Aussagen treffen:

– Bei den vorliegenden Versuchskörpern bzw. Fugenmörteln ist eine Schrägstellung der Brückenlager von tan $\gamma = 1,2$

mit Sicherheit erst ab einer Auflast von etwa 25 bis 30 kp/cm² erreichbar.
- Geht die Auflast gegen Null, so tritt bei einer Schubspannung von $\tau \cong 5$ kp/cm² bei Kunstharzmörtel und $\tau \cong 10$ kp/cm² bei Zementmörtel ein Durchrutschen auf. Das Durchrutschen wird durch ein Aufsteigen der Profilbleche aus dem Mörtelbett eingeleitet.
- Die bei dem Kunstharzmörtel festgestellte Fließneigung sollte durch eine entsprechende Abmagerung mit abgestufter Sandkörnung unterbunden werden.
- Ohne verformbare Brückenlager ist die übertragbare Schubspannung proportional der Auflast; geht die Auflast gegen Null, so tritt bei einer Schubspannung von $\tau \cong 16$ kp/cm² ein Durchrutschen auf.

7.2.6 Bauteile und Bauwerke

7.2.6.1 Bewegungs- und Temperaturmessungen an der Tiefpunktverankerung T 2 des Olympia-Schwimmhallendaches

Auftraggeber: Münchner Olympiapark GmbH
Bericht vom August 1977, IBL Nr. 797

Die Bewegungs- und Temperaturmessungen an der Tiefpunktlagerung T 2 des Olympia-Schwimmhallendaches über eine Sommer/Winter/Sommerperiode lassen folgende Aussagen zu:

- die maximale Tag/Nacht-Bewegung des Spannkabelkopfes und somit der NO-FRI-Gleitlager liegt bei knapp 2 mm
- der aufaddierte Jahresgleitweg liegt unter normalem, nicht extremem Temperaturverlauf in der Größenordnung von 1000 mm
- eine überdurchschnittliche Schneelast hatte eine Spannkopfbewegung von ca. 1,5 mm zur Folge
- die Grenzmarken der Spannkopfverschiebung lagen 5,1 mm auseinander;

auf extreme Temperaturverhältnisse extrapoliert, ist hier mit einem Wert von 7,5 mm zu rechnen.

Abschließend kann festgestellt werden, daß der an den verwendeten Gleitlagern versuchstechnisch nachgewiesene und ohne Schädigung ertragene Gesamtgleitweg 1000 m betrug; dies stellt bei der durch die Messung ermittelten Größenordnung der Bewegung eine bei weitem ausreichende Sicherheit dar.

7.2.6.2 Tragverhalten von Auflagern im Stahlbetonfertigteilbau bei Verdrehung und Verschiebung der aufliegenden Fertigteile

Auftraggeber: Bundesministerium für Raumordnung, Bauwesen und Städtebau
Teil 1: Bericht vom Mai 1979, IBB
Az. B II 5 – 80 01 74 – 46
Teil 2: Bericht vom Juni 1983, IBB
Az. B 15 – 80 01 80 – 22

Teil 1:

Das vorliegende Forschungsvorhaben befaßt sich mit Fragen zur Bemessung und Konstruktion von Stahlbeton-Bauteilen in Auflagerbereichen. Die Untersuchungen beschränkten sich weitgehend auf den Einsatz lose verlegter unbewehrter Elastomerlager von Richtlinienqualität. Die Bemessungs- und Konstruktionsvorschläge der nachfolgenden Abschnitte beziehen sich deshalb ausschließlich auf Auflagerkonstruktionen dieser Art.

Die Eignung und Beanspruchbarkeit der Elastomerlager selbst (Belastbarkeit, Alterungsbeständigkeit, Feuerwiderstandsfähigkeit usw.) wird anderorts ausreichend behandelt und ist nicht Thema der vorliegenden Arbeit.

Die Verformungseigenschaften von Elastomerlagern sind – außer von den Abmessungen und vom Lagermaterial – in hohem Maße von der Beschaffenheit der angrenzenden Bauteiloberflächen abhängig. Die vorliegenden Ergebnisse wurden an Versuchskörpern gewonnen, deren Oberfläche glatt abgezogen bzw. in kunststoffbeschichteten Holzschalungen hergestellt wurde.

Die Versuche fanden in Innenräumen bei ca. 20 °C und 50 % Luftfeuchtigkeit statt. Es wurden nur Kurzzeitversuche durchgeführt, da die begrenzten Mittel keine Prüfung des Langzeitverhaltens und des Temperatureinflusses zuließen. Aus demselben Grunde mußte auf Untersuchungen des Einflusses unterschiedlicher Betonoberflächenbeschaffenheiten weitgehend verzichtet werden.

Die Abhängigkeit der Versuchsergebnisse von Maßhaltigkeiten, Materialeigenschaften und Oberflächenbeschaffenheiten bedingten erhebliche Streuungen in den Meßwerten. Dieser Umstand muß bei der Bewertung der gewonnenen Ergebnisse berücksichtigt werden.

Auflagerungen ohne Verwendung von Zwischenlagern sollten nur bei Bauteilen von untergeordneter Bedeutung vorgesehen werden, bei denen nur geringe Verdrehungen und keine Verschiebungen zu erwarten sind und bei denen eventuelle Risse oder Kantenabplatzungen die Gebrauchsfähigkeit und Standsicherheit des Bauwerks nicht beeinträchtigen.

Unbewehrte Elastomerlager verdanken ihre zunehmende Verbreitung im Hoch- und Industriebau – neben ihrer Wirtschaftlichkeit (preisgünstig, einfach zu handhaben) – ihrem dauerhaft elastischen Verhalten:

Begrenzte Horizontalverschiebungen und Verdrehungen in Lagerfugen können aufgenommen werden, kleine örtliche Unebenheiten werden ausgeglichen, und als „Federn" in schwingenden Systemen wirken sie schall- und stoßdämpfend.

Die Besonderheiten im Trag- und Verformungsverhalten zwingen jedoch zu konstruktiven Maßnahmen, die bei Verwendung anderer Lagermaterialien in diesem Maße nicht erforderlich sind. Querzugkräfte nahe unter der Auflagerfläche müssen als Folge der Querdehnungsbehinderung in den Kontaktflächen aufgenommen werden; sie verlangen besondere Sorgfalt zur Sicherung der Kanten. Hierzu sind folgende Empfehlungen zu beachten:

– Kanten sollten grundsätzlich gebrochen hergestellt werden, da so dem Elastomerlager im Falle übermäßigen Ausquellens nur wenig Angriffsfläche im unbewehrten Kantenbereich geboten wird.
– Die Querzugbewehrung sollte nicht tiefer als maximal 30 mm unter der Auflagerfläche liegen.
– Unter dem Lager ist der am Lager angrenzende Bereich bis $r_1 \geq t$, mind. 10 mm durch Bewehrung zu sichern. Das angegebene Maß r_1 gestattet die schadlose Vergrößerung der Aufstandsfläche beim Ausquetschen des Lagers unter Vertikallast und Verdrehung, bei Horizontalverschiebungen und bei ungenauem Lagereinbau.

Für die Bewehrungsführung enthält der Bericht Vorschläge. Sofern die Bewehrung gleichzeitig als Biegezugbewehrung einer Konsole dient, bleibt die zusätzliche Forderung nach einer ausreichenden Endverankerung von diesen Angaben unberührt.

– Starke Bewehrungskonzentrationen nahe der Auflagervorderfläche sind zu vermeiden, da sie den Verbund der Betondeckung an den tragenden Beton schwächen und schalenförmige Ablösungen zur Folge haben können.
– „Paßstäbe" sollten vermieden oder in geeigneter Weise ergänzt werden, da sie häufig zu kurz ausfallen und dann den verlangten Kantenschutz nicht mehr gewährleisten.
– Abgebogene Bewehrungsstäbe aus Stützen-Längsbewehrungen oder aus Konsolen-Biegebewehrungen sind zum Kantenschutz wegen der großen Biegerollenradien und der ungünstigen Verteilung in Auflagerquerrichtung i. a. ungeeignet. Dagegen ermöglichen horizontal liegen-

de Schlaufen oder engmaschige Matten eine wirkungsvolle und zugleich wirtschaftliche Bewehrungsführung.
- Unabhängig von einer Oberflächenbewehrung ist stets auch eine geeignete Spaltzugbewehrung in einem entsprechenden Abstand von der Oberfläche und in einer den Spaltzugkräften angepaßten Größe und Verteilung anzuordnen.

Teil 2:

Die vorliegende Forschungsarbeit ist eine Fortsetzung des Forschungsvorhabens Teil 1 und behandelt sowohl das Trag- und Verformungsverhalten unbewehrter wie auch bewehrter, lose verlegter Elastomerlager. Sie soll damit vor allem zu einer Verbesserung der Konstruktionspraxis von Auflagerungen im Stahlbetonfertigteilbau beitragen. Ausgehend von dieser Zielsetzung wurden Versuche durchgeführt, die im Hinblick auf die untersuchten Lagertypen in folgende zwei Gruppen aufgeteilt werden können:

- Versuche zum Trag- und Verformungsverhalten unbewehrter Elastomerlager
- Versuche zum Trag- und Verformungsverhalten bewehrter Elastomerlager

Das Versuchsprogramm, bei dem unbewehrte Lager eingesetzt wurden, ergänzt die zu Teil 1 durchgeführten Versuche. Aufgrund der Untersuchung der unten aufgeführten Einflüsse werden Vorschläge zur Bemessung unbewehrter Lager gemacht, die die bereits in Teil 1 enthaltenen Vorschläge bestätigen und ergänzen:

- Einfluß hoher Pressungen
- Einfluß der Rauhigkeit der angrenzenden Bauteiloberflächen
- Einfluß zusätzlicher Horizontalbeanspruchung
- Langzeitverhalten
- Einfluß von Mehrfachverdrehungen und -belastungen
- Einfluß der Reihenfolge der Beanspruchungen

Wie aus den Versuchen mit unbewehrten Lagern werden auch aufgrund der Versuche mit bewehrten Lagern Vorschläge für die Stauchungsermittlung, für die Bestimmung der Exzentrizität der resultierenden Lagerkraft und für die Festlegung der ohne Gleitbewegungen aufnehmbaren Horizontalkraft angegeben. Folgende Einflüsse, die im Rahmen des durchgeführten Versuchsprogramms betrachtet wurden, werden dabei berücksichtigt:

- Einfluß zusätzlicher Horizontalkraftbeanspruchung
- Langzeitverhalten
- Einfluß von Mehrfachverdrehungen
- Einfluß der Reihenfolge der Beanspruchungen

Die Auswertung des umfangreichen, zu Teil 1 und zu dieser Arbeit untersuchten Versuchsprogramms erlaubt die Feststellung, daß die Auflagerung mittels elastomerer Werkstoffe insbesondere im Stahlbetonfertigteilbau gegenüber der mittlerweile kaum noch üblichen Anordnung einer Mörtelfuge die optimale Lösung darstellt. Die wesentlichen Vorteile sind dabei in der Abminderung von Spannungsspitzen und der Verringerung der Exzentrizität der resultierenden Lagerkraft gegenüber herkömmlichen Auflagerungen zu sehen. Darüber hinaus kann wegen der einfachen Einbaumöglichkeiten und der sofort vorhandenen vollen Belastbarkeit erheblicher Zeitaufwand bei der Montage von Fertigteilbauten eingespart und damit die Bauzeit insgesamt verkürzt werden. Die besonderen Werkstoffeigenschaften elastomerer Materialien, die durch ein zu den üblichen Baustoffen unterschiedliches Trag- und Verformungsverhalten gekennzeichnet sind, müssen bei der Planung und Konstruktion von Auflagerungen unter Beachtung der konstruktiven Gegebenheiten des jeweiligen Bauwerks jedoch stets berücksichtigt werden, um eine zuverlässige, dauerhafte und damit auch wirtschaftliche Lösung zu erreichen.

7.2.6.3 Stützenstöße im Stahlbeton-Fertigteilbau mit unbewehrten Elastomerlagern

Auftraggeber: Beton-Verein
Bericht vom 27. 11. 81, Ibac 104

Anmerkung: aus diesem Forschungsvorhaben entstand das Heft 339 des Deutschen Ausschusses für Stahlbeton, siehe auch Kapitel 5.

Der Stoß von Stahlbeton-Fertigteilstützen mit Hilfe unbewehrter Elastomerlager ist von erheblichem praktischen Interesse. Bisher fehlten jedoch eindeutige Bemessungsgrundlagen für das Lager und für die angrenzenden Betonquerschnitte.

Die besonderen Verformungseigenschaften gummiartiger Werkstoffe bedingen bestimmte Druck- und Schubspannungsverteilungen in der Kontaktfuge Elastomer-Beton. Hieraus resultieren in Verbindung mit den Reibungsverhältnissen in der Kontaktfuge Zugkräfte in den Stützenenden:

- Spaltzugkräfte aus Teilflächenbelastungen
- Abreißzugkräfte aus exzentrischen Belastungen
- Zugkräfte aus behinderter Querdehnung des Lagers.

Diese Kräfte müssen durch Bügelbewehrung aufgenommen werden. Um den Zusammenhang zwischen diesen Kräften und den maßgebenden Parametern

- mittlere Druckspannung
- Lagergeometrie (Grundfläche, Dicke)
- Lagerverdrehung (Exzentrizität der Belastung)
- Rauheit der Betondruckflächen
- Belastungszeit.

zu erfassen und für ein sicheres, baupraktisch anwendbares Bemessungsverfahren zugänglich zu machen, wurden

- theoretische Betrachtungen
- umfangreiche Versuche

durchgeführt. Die Auswertungen ergaben, daß die meisten Parameter durch Einschränkungen hinsichtlich zulässiger

- Baustoffe
- konstruktiver Freiheiten
- geometrischer Toleranzen

bei der Bemessung vernachlässigt werden können. Das vorgeschlagene Bemessungsverfahren kann daher auf die Berücksichtigung der Einflußgrößen

- Stützenbreite, Lagerbreite
- Stützentiefe, Lagertiefe
- Lagerdicke
- vertikale Gebrauchslast

beschränkt werden. Die Abhängigkeit der Querzugkräfte in den Stützen von diesen Variablen wird in nur zwei einfachen Diagrammen dargestellt.

Neben den Ergebnissen der Versuche im elastischen Verformungsbereich werden Beobachtungen bei Tragfähigkeitsuntersuchungen mitgeteilt. Ferner werden Hinweise gegeben für eine zweckmäßige Ausbildung der Bügelbewehrung an den Stützenenden.

Die Aussagen des Berichtes beziehen sich auf den Stoß von Stahlbeton-Fertigteilstützen und die Auflagerung derartiger Stützen auf geeigneten Fundamenten. Auf die Verhältnisse bei der Auflagerung anderer Fertigteile sind die Angaben nur dann übertragbar, wenn vergleichbare Verhältnisse vorliegen. Hierzu gehören u. a.:

- Lagerabmessungen
- Fertigungs- und Montagetoleranzen der Bauteile (Ebenheit und Planparallelität)
- Bewehrungsführung in den angrenzenden Bauteilen
- Ausschluß von Horizontalkräften.

7.2.6.4 Brückenbewegungen an Stahlbeton- und Spannbetonbrücken
(s. a. Diss. Breitbach)

Auftraggeber: Bundesminister für Verkehr, Az. StB 14/16.57.00/268 T 68, Auftragsdatum 23. 5. 84
Bericht vom 23. 5. 84, Ibac F 195

Die derzeitigen Kenntnisse über die Reibungs- und Verschleißmechanismen im „Tribosystem Brückengleitlager" erlauben keine gesicherten Aussagen über die zu erwartende Betriebsdauer eines Gleitlagers auf der Grundlage der derzeitigen Zulassungsversuche. Kenntnisse über die realen temporären Reibungszahlen und die temporäre Verschleißrate in Abhängigkeit vom Beanspruchungskollektiv sind von erheblichem baupraktischen Interesse:

- zur Optimierung von Lagerkonstruktionen
- zur Reduzierung von Lagerauswechslungen
- zur Optimierung der Wahl bestimmter Lagertypen

bei bestimmten Brückentypen.

Durch in situ-Messungen an einer Spannbetonbrücke (Brohltalbrücke) und einer Verbundbrücke (Eifeltorbrücke) werden die wesentlichen Parameter des Beanspruchungskollektivs von Brückengleitlagern im praktischen Betrieb formuliert. Die Bauwerksuntersuchungen erlauben für die genannten Brückenbauwerke statistisch abgesicherte Daten über die

- Einzelverschiebungen und Auflagerdrehwinkel
- Gleit- und Winkelgeschwindigkeiten
- Lagerlasten in der Gleitebene.

Für die Durchführung der Meßaufgabe mußte eine spezielle Meßeinrichtung (Wegaufnehmersystem, Meßwerterfassung, Meßwertverarbeitung) konzipiert werden, um die zu erwartenden, sehr kleinen und hochfrequenten Lagerverschiebungen registrieren zu können. Gegenüber den Parametern der Zulassungsversuche ist für die Spannbetonbrücke

- die mittlere Lagerverschiebung um 3 Größenordnungen kleiner
- die mittlere Gleitgeschwindigkeit 2fach kleiner
- der mittlere $p \cdot v$-Wert 2fach kleiner.

Der Lagersummenweg infolge Temperatur beträgt rd. 0,3 % des gesamten Lagersummenwegs. Die mittlere Lagerlast infolge Verkehr überschreitet rd. 2,5 % der Lagerlast aus Brückeneigenlast sowohl bei der Brohltalbrücke als auch bei der Eifeltorbrücke nicht.

Die Größe der Beanspruchungsparameter für Zulassungsversuche beruht vorrangig auf empirischen Annahmen und versuchstechnischen Randbedingungen, die mit dem realen tribologischen System nicht übereinstimmen. Zur Ermittlung von Reibungszahlen werden bei den Modellversuchen ausschließlich konstante Prüfparameter verwendet. Im Tribosystem Gleitlager wirken jedoch stochastisch verteilte dynamische Translations-, Rotations- und Vertikalbeanspruchungen koinzident. Überwiegend oszillierende Bewegungen können angenommen werden.

Derzeit existieren jedoch keinerlei Anhaltspunkte über die Einflüsse derartiger Beanspruchungen auf die temporären Reibungszahlen, die Verschleißmechanismen und den temporären Verschleißbetrag, wodurch eine Angabe von realen Reibungszahlen im Bauwerk und der Betriebsdauer derzeit kaum möglich ist. Die in der Praxis zu beobachtenden, sehr unterschiedlichen Lagerlebensdauern finden hierin zumindest zu einem großen Anteil ihre Begründung. Modifizierte Zulassungsversuche unter Berücksichtigung der in diesem Forschungsbericht vorgestellten Versuchsergebnisse zur Klärung derartiger baupraktischer Fragestellungen sind wünschenswert.

7.2.6.5 Brückenbewegungen an Stahlbrücken

Auftraggeber: Institut für Bautechnik, Berlin, Az. 363/83, lfd. Nr. 16.43
Bericht vom 23. 10. 1990, Ibac F 192
(s. a. Diss. Breitbach)

Die derzeitigen Kenntnisse über die Reibungs- und Verschleißmechanismen im

„Tribosystem Brückengleitlager" erlauben keine gesicherten Aussagen über die zu erwartende Betriebsdauer eines Gleitlagers auf der Grundlage der derzeitigen Zulassungversuche. Kenntnisse über die realen temporären Reibungszahlen und die temporäre Verschleißrate in Abhängigkeit vom Beanspruchungskollektiv sind von erheblichem baupraktischen Interesse

– zur Optimierung von Lagerkonstruktionen
– zur Reduzierung von Lagerauswechslungen
– zur Optimierung der Wahl bestimmter Lagertypen

bei bestimmten Brückentypen.

Durch in situ-Messungen an einer Stahlbrücke werden die wesentlichen Parameter des Beanspruchungskollektivs von Brückengleitlagern im praktischen Betrieb formuliert. Die Bauwerksuntersuchungen erlauben für das Brückenbauwerk statistisch abgesicherte Daten über die

– Einzelverschiebungen und Auflagerdrehwinkel
– Gleit- und Winkelgeschwindigkeiten.

Für die Durchführung der Meßaufgabe mußte eine spezielle Meßeinrichtung (Wegaufnehmersystem, Meßwerterfassung, Meßwertverarbeitung) konzipiert werden, um die zu erwartenden, sehr kleinen und hochfrequenten Lagerverschiebungen registrieren zu können. Gegenüber den Parametern der Zulassungsversuche ist für die Stahlbrücke

– die mittlere Lagerverschiebung um 3 Größenordnungen kleiner
– die mittlere Gleitgeschwindigkeit 1,5fach größer.

Der Lagersummenweg infolge Temperatur beträgt rd. 2 % des gesamten Lagersummenwegs.

Im übrigen gilt hier auch die Aussage in den beiden letzten Absätzen aus Bericht über Betonbrücken (Abschn. 7.2.6.4).

7.2.6.6 Untersuchung der Bewegung von Brückenbauwerken infolge Temperatur und Verkehrsbelastung

Auftraggeber: Der Bundesminister für Verkehr, Az. F 15.065 R 78 G
Bericht vom 20. 5. 83, MPAS
(gekürzte Fassung wurde veröffentlicht in Der Stahlbau 1985, S. 55–59, Verfasser Hakenjos, V. et al.)

Zur Abschätzung der Lebensdauer von heute überwiegend eingesetzten PTFE-Gleitlagern mit, experimentell nachgewiesenen bis 20 km, gleitwegabhängiger Reibungshöhe wurden an einer 185 m langen stählernen Straßenbrücke mit einer Verkehrsbelastung von 60 000 Pkw-Einheiten und 500 Straßenbahnen pro Tag kontinuierlich über ein Jahr Wegmessungen vorgenommen. Einzelweggrößen sowohl aus Wärmedehnungen als auch aus verkehrsbedingten Winkeldrehungen des Überbaus wurden induktiv bzw. optoelektronisch erfaßt und nach rechnerischer Aufbereitung zu einem Gesamtgleitweg aufaddiert. Die kurzhubigen, aus Verkehrsbelastung resultierenden Bewegungen bewirken gegenüber der langsamen Kontraktion und Expansion aus Temperatur (10 m/a) den anteilig weit größeren aufaddierten Gleitweg im Lager (150 m/a bei Einzelweggrößen > 0,05 mm), obwohl die tageszeitabhängig unterschiedlich häufig überlagerten Einzelhübe, gemessen an der vorgenannten Amplitude der Überbaugesamtbewegung relativ klein sind. Sie sind demnach als wesentliche Bemessungsgrundlage bei der Auslegung von Gleitlagern mit gleitwegabhängigem Reibungsverhalten zu berücksichtigen. Für die Höhe des insgesamt aufaddierten Gleitweges ist die zugrundegelegte Einzelweggröße von maßgeblicher Bedeutung, was bei reversierenden Gleitweganteilen im $1/10$-mm-Bereich zu erheblichen meßtechnischen Problemen führt.

7.2.6.7 Messungen der Längsbewegung sowie Auflagerverdrehung einer Einfeld-Fachwerkbrücke unter Verkehrsbeanspruchung und Temperatur

Auftraggeber: Oberste Baubehörde Bayern
Bericht vom 15. 10. 77, IBL Nr. 804

Zusammenfassung und Schlußbeurteilung der Meßergebnisse

An einem Einfeld-Fachwerkträger mit 60,3 m lichter Weite mit einem beim Lastenzug S berechneten f/l-Wert von etwa 1/1300 wurden Bewegungs- und Temperaturmessungen durchgeführt mit dem Ziel, den durch die Berechnungsvorschriften gegebenen Grenzwerten die tatsächlichen Größen gegenüberstellen zu können. Der Anteil der Verkehrsbeanspruchung bei Tragsystemen dieser Art wurde durch die Aufnahme von fast 70 Zugfahrten bestimmt; die Langzeitbewegung aus Temperatur, vor allem die hierbei auftretenden End- bzw. Umkehrpunkte wurden über eine Sommer-/Winter-/Sommer-Periode bestimmt.

Die Auswertung der Messungen lassen für diesen vorliegenden Brückentyp folgende Aussagen zu:

- Der gesamte horizontale, aufaddierte Auflagerweg aus Verkehr liegt für eine 60-m-Fachwerkbrücke unter einer tatsächlichen Betriebsbelastung von 50 000 Lt/Tag für eine Lebensdauer von 70 Jahren bei 17 000 m.
- Die Anzahl der vertikalen aufaddierten Verdrehbewegungen unter den Triebfahrzeugen liegt für die gleichen Bedingungen bei $5 \cdot 10^6$, mit einer mittleren Verdrehung um ca. 0,4 ‰; bei Berücksichtigung des dynamischen Anteils und Umrechnung auf die gleiche mittlere Verdrehung ergibt sich ein Wert von knapp $8 \cdot 10^6$.
- Der maximale tägliche Temperaturweg wurde mit ca. 24 mm ermittelt, der mittlere liegt – je nach Jahreszeit – zwischen 2 und 12 mm. Als aufaddierter Temperaturweg über 70 Jahre kann mit einem Wert in der Größenordnung von 300 m gerechnet werden.
- Unter den vorgefundenen Temperaturverhältnissen ergab sich eine Endstellungs-Bewegung von ca. 32 mm; ein Vergleich zu einer „Nullsetzung" bei Bauwerksfertigstellung war nicht mehr möglich.

Eine Übertragung dieser Ergebnisse auf andere Brückenkonstruktionen ist in Grenzen möglich. Wesentlich ist dabei das f/l-Verhältnis, die Kenntnis der unter der Verkehrsbelastung auftretenden Durchbiegung, der Abstand der neutralen Achse vom Auflager sowie das statische System (Balken, Durchlaufträger usw.).

Die Grenzwerte für eine Einfeld-Fachwerkbrücke, bezogen auf eine Verkehrsbeanspruchung von 50 000 Lt täglich, wurden aus den Meßwerten hochgerechnet. Die Ergebnisse liegen für ungünstige Brückenkonstruktionen in einem Bereich, der bei einigen zugelassenen Lagertypen nicht abgedeckt ist.

Für Straßenbrücken kann abgeleitet werden, daß hier infolge der meist größeren Abweichung der tatsächlichen von der rechnerischen Belastung kleinere Bewegungsgrößen auftreten werden; im einzelnen – vor allem die Zuordnung zu den verschiedenen Steifigkeiten der Straßenbrückenkonstruktionen – bedarf dies noch einer Klärung. Es wird vorgeschlagen, hierzu weitere Messungen an einer stählernen Straßenbrücke (orthotrope Fahrbahnplatte) durchzuführen. Neben der Verdrehung und Bewegung des Lagers unter rein zufälliger Verkehrslasteinwirkung sollte dabei auch eine Messung unter einer vorgegebenen Lastzugkombination erfolgen.

7.2.7 Sonderfragen

7.2.7.1 Einfluß der Steifigkeit von Fugenmassen und Fugenfüllstoffen auf die Lagerungsverhältnisse von Bauteilen

Auftraggeber: Institut für Bautechnik, Berlin, Az. 206/79, lfd. Nr. 16.10
Bericht vom 1. 4. 82, Ibac F 123

Ziel der Forschungsarbeit

Rißbildungen in Gebäuden infolge von Zwängungsspannungen (z. B. aus Schwinden, Kriechen, Wärmedehnungen) sind häufig anzutreffende Baufehler. Sie beeinträchtigen nicht nur das äußere Erscheinungsbild, sondern sie können u. a. auch Anlaß sein zu schwerwiegenden Durchfeuchtungen und zu erheblichen Umlagerungen der vorgesehenen statischen Kraftableitung. Die Reparaturen sind schwierig auszuführen, sie können zu sehr hohen Kosten führen.

Ursache der Rißschäden ist in der Regel eine fehlerhafte Lagerung von Bauteilen oder eine ungenügende Trennung von großen Baukörpern durch Fugen.

Stahlbeton-Fertigteile (z. B. Wand- und Fassadenelemente) und Ortbetonbauteile (z. B. Dachplatten) werden in zunehmendem Maße auf spezielle Lagerkonstruktionen gelagert. Hierzu zählen im Hochbau vor allem Elastomerlager und Gleitfolien sowie Ankerkonstruktionen verschiedenster Konstruktionen.

Der entwerfende Ingenieur trennt in diesen Fällen das aufzulagernde Bauteil in horizontaler und vertikaler Richtung durch Fugen von den angrenzenden Bauteilen und bemißt die Lager und Verankerungen nach den auftretenden Kräften und Verformungen. Die tatsächlich auftretenden Kräfte entsprechen jedoch häufig nicht den theoretischen Annahmen, da auch vermeintlich weiche Fugenfüllungen die freie Verformbarkeit nennenswert behindern können und dadurch Kraftumlagerungen hervorrufen, die zu Rißschäden oder sogar zu Beeinträchtigungen der statischen Sicherheit führen können.

In den technischen Unterlagen der Hersteller von Fugenfüllstoffen und den entsprechenden bautechnischen Richtlinien sind neben Angaben über die zulässigen Dauerverformungen und – in Einzelfällen – über bestimmte Verformungsmoduln keine Informationen über die Steifigkeiten zu erhalten. Diese Angaben ermöglichen es dem Ingenieur nicht, eine mit Sicherheit schadensfreie Lagerung zu entwerfen.

Es wurde daher die vorliegende Forschungsarbeit geplant, um Angaben über die Zug-, Druck- und Schubsteifigkeit von üblichen Fugenfüllstoffen, z. B. Polystyrol-Schaumstoffen, Polysulfidkautschuken und anderen Fugenmassen zu ermöglichen. Dem entwerfenden Ingenieur sollen materialtechnische und konstruktive Hinweise gegeben werden, wie er Abweichungen von der idealen, zwängungsfreien Fugenausbildung berücksichtigen kann. Dabei erscheint es zweckmäßig, nur Richtwerte anzugeben, da eine genaue Berücksichtigung der Vielzahl der anzuwenden Materialien, der unterschiedlichen geometrischen Verhältnisse und der Temperaturabhängigkeit der Steifigkeit einer Fuge unangemessen aufwendige Berechnungen erfordern würden.

Hinweis: Das Forschungsergebnis wurde durch Aufnahme in DIN 4141, Teil 3, zum Stand der Technik erklärt.

7.2.7.2 Tragfähigkeit und Zuverlässigkeit von Stahlbetondruckgliedern; vereinfachte Nachweise bei beliebigen Einwirkungen und Randbedingungen

Auftraggeber: Institut für Bautechnik, Berlin, Az. 40/74, lfd. Nr. 2.4

Bericht von 1977, Technische Hochschule Darmstadt
(Mitteilungen aus dem Institut für Massivbau der TH Darmstadt, Heft 28)

Der Einfluß von Systemrandbedingungen und Belastung auf die Tragfähigkeit und Zuverlässigkeit von Stahlbetondruckgliedern kann nur auf der Grundlage einer möglichst strengen und einfachen Beschreibung des Grenzzustandes der Tragfähigkeit beurteilt werden. Eine solche Beschreibung wird im ersten Teil dieser Arbeit vorgestellt.

Wie bei dem üblichen Ersatzstabverfahren werden beliebige Systeme mit beliebigen Einwirkungen auf „Standardsysteme" mit „Standardbelastung" zurückgeführt. Hierzu wird die näherungsweise lineare Verminderung der aufnehmbaren Exzentrizität e einer gegebenen Auflast N_o infolge zusätzlicher Einwirkungen – z. B. einer Horizontalkraft H, verteilter Querlasten c_1 oder eines Temperaturgefälles Δt in den Querschnitten – benutzt.

Mit Hilfe geeigneter Lagerkennwerte lassen sich die zusätzlichen Einwirkungen durch Verformungsunterschiede in verschiedenen Lagern – z. B. Brückenlagern – als zusätzliche Exzentrizitäten und Horizontalkräfte deuten und mit den gleichen linearen Beziehungen beschreiben.

Nahezu alle Einflußgrößen, die die Tragfähigkeit von Stahlbetondruckgliedern bestimmen, sind Zufallsvariablen; sie können mehr oder weniger stark von ihren Sollwerten abweichen. Aus der Literatur können einige Aussagen über die statistischen Verteilungen der geometrischen Größen (Abmessungen, Imperfektionen), der Werkstoffestigkeiten sowie einiger Einwirkungen entnommen werden. Fehlende Verteilungsparameter müssen unter Verwendung des zum Teil spärlichen Datenmaterials geschätzt werden.

Die Zuverlässigkeit der Stahlbetondruckglieder wird gemäß den Prinzipien des Entwurfs einer deutschen Sicherheitsrichtlinie untersucht. Hierbei erweisen sich die hergeleiteten linearen Beziehungen als besonders hilfreich. Die iterative Berechnung optimaler Bemessungswerte für die wesentlichen Zufallsvariablen kann erheblich vereinfacht und die Genauigkeit erhöht werden, wenn der einzige nennenswerte nichtlineare Einfluß, die Auflast N_o, mit ihrem Bemessungswert vorgegeben wird.

Sicherheitselemente für ein optimales Bemessungskonzept können besonders rational und übersichtlich hergeleitet werden, indem ein globaler Widerstand und eine globale Einwirkung definiert werden. Diese Sicherheitselemente werden mit denen des CEB-Model-Code und denen von DIN 1045 verglichen: es zeigt sich eine gute Übereinstimmung. Auch das mittlere Sicherheitsniveau der drei Bemessungskonzepte – gemessen durch den Sicherheitsindex β – ist in den praktisch bedeutsamen Bemessungsbeispielen gleich. Allein das hier vorgestellte Bemessungskonzept bietet aber die Möglichkeit, eine vorgegebene Zuverlässigkeit in allen Bemessungssituationen ohne größere Schwankungen zu erreichen.

7.2.7.3 Temperaturunterschiede an Betonbrücken
Berichte der Bundesanstalt für Straßenwesen, Brücken- und Ingenieurbau, Heft B3

Mit freundlicher Genehmigung des Berichterstellers werden nachfolgend Kurzfassung, Zusammenfassung und einige Anlagen des Berichts wiedergegeben.

Hinzuweisen ist auf folgendes:

Nach DIN 1072 ist für die Lagerbewegung bei Massivbrücken eine fiktive Temperaturspanne von $-40\,°C$ bis $50\,°C$, also insgesamt 90 K anzunehmen.

Die in diesem Bericht in Deutschland zu erwartende Temperaturspanne beträgt – siehe Zusammenfassung – maximal $28 + 40 = 68$ K.

Der Quotient beider Werte – $90:68 = 1,32$ – ist praktisch gleich dem bisher als notwendig angesehenen Teilsicherheitsfaktor zwecks Erfassung dieser Einwirkung, eine erfreuliche Bestätigung der Richtigkeit einer älteren Festlegung.

Die Aussage dieses Berichts wird im übrigen auch bei der europäischen Normung von Brücken und Lagern berücksichtigt.

Kurzfassung

Temperaturunterschiede an Betonbrücken

Der Schlußbericht zum Projekt „Messung von Temperaturunterschieden an Betonbrücken" beendet eine Reihe von bisher vier Berichten über die Belastung von Betonbrücken unterschiedlicher Querschnitte durch Wärmeeinwirkungen. Untersucht wurden Belastungen durch klimatische Einflüsse und durch Wärmeeinleitung beim Einbau bituminöser Fahrbahnbeläge.

Der Bericht erläutert die Ermittlung repräsentativer Bauwerkstemperaturen zur vereinfachten Erfassung verformungswirksamer Temperaturen bei Bauwerksprüfungen. Es werden Möglichkeiten für die Wahl von Ersatzmeßstellen aufgezeigt und Ansätze für die Gewichtung der Meßwerte vorgeschlagen.

Die statistische Auswertung von Langzeitmessungen an sieben Bauwerken führt zu dem Ergebnis, daß längsdehnungswirksame Bauteiltemperaturen mit einfachen Meßmitteln bei akzeptabler Bestimmungsgenauigkeit erfaßt werden können, Eine Vereinfachung der Erfassung von Temperaturunterschieden an Bauwerksteilen erweist sich als teilweise problematisch.

Weiterhin behandelt der Bericht die Ermittlung statistisch abgesicherter Temperaturgrenzwerte an Brückenüberbauten als Beitrag zu der Diskussion über die Bemessung von Brückenlagern. Im Vordergrund steht die Ableitung einer Extremwertprognose für das Gebiet der Bundesrepublik Deutschland aus den Ergebnissen von Langzeitmessungen an mehreren Brückenbauwerken und aus Sammlungen statistischer Daten des Deutschen Wetterdienstes.

Zusammenfassung

Mit dem vorstehenden Schlußbericht wird eine Untersuchungsreihe abgeschlossen, die das Schwerpunktthema „Wärmewirkungen an Betonbrücken" zum Inhalt hat. Neben dem hier behandelten Projekt „Messungen von Temperaturunterschieden an Betonbrücken", zu dem 4 Zwischenberichte über Wärmebelastungen unter klimatischen Einflüssen und beim Einbau von bituminösen Fahrbahnbelägen vorgelegt worden sind, wurden weitere Detailaufgaben im Rahmen der Projekte „Untersuchungen über das Temperatur- und Verformungsverhalten hoher Brückenpfeiler" und „Messung von Einflußparametern zur Ermittlung von Spannungen und Verformungen an Betonbrücken" bearbeitet.

Basierend auf den Meßdatensammlungen zu allen genannten Projekten werden im Schlußbericht zwei Themen behandelt:

– Ermittlung repräsentativer Temperaturen und Temperaturdifferenzen an Brückenbauwerken zur vereinfachten Erfassung verformungswirksamer Bauwerks- bzw. Bauteiltemperaturen zur Anwendung bei Brückenprüfungen
– Ermittlung statistisch abgesicherter Temperaturgrenzwerte an Brückenbauwerken als Beitrag zur Diskussion über die Bemessung von Brückenlagern.

Im ersten Teil des Berichtes werden – am Beispiel von sieben Bauwerken unterschiedlicher Konstruktion – Kriterien für die Auswahl von Ersatzmeßstellen bzw. Meßstellenkombinationen zur Bestimmung repräsentativer Temperaturdaten ermittelt und in teilweise gewichteten Ansätzen zusammengestellt. Dies gilt gleichermaßen für die längsdehnungswirksamen mittleren Bauteiltemperaturen wie auch für die biegungswirksamen Temperaturdifferenzen an Bauwerken bzw. an Bauwerksteilen.

In einer statistischen Auswertung werden die möglichen Ersatzwerte den aus allen Meßwerten im Querschnitt ermittelten Referenzwerten gegenübergestellt. Dieser Vergleich führt zu einer verläßlichen Beurteilung der Bestimmungsgenauigkeit dieser die Referenzwerte je nach Eignung mehr oder weniger gut repräsentierenden Ersatzwerte.

Nach einer Genauigkeitsoptimierung werden daraus für unterschiedliche Querschnittstypen geeignete Ersatzmeßstellen oder Meßstellenkombinationen zusammengestellt.

Es ergeben sich gute Möglichkeiten, längsdehnungswirksame Überbau- oder Bauteiltemperaturen an Platten, Balken und Hohlkästen durch die Messung von Betonoberflächen- oder Lufttemperaturen an geeigneten Meßorten und in geeigneten Meßzeiträumen mit Genauigkeiten um $s = 1\,\text{K}$ (Standardabweichung) – bei sehr dünnen Platten erheblich genauer – zu erfassen. Gleiches gilt für die Erfassung von Temperaturdifferenzen an Hohlkörpern, Bauteilen also, die von innen zu begehen sind. Die Messung von Temperaturdifferenzen an massiven Platten hingegen läßt wegen der Wirkung des Fahrbahnbelages auf die Temperaturverteilung in den Platten bei der Anwendung lediglich zerstörungsfreier Meßmethoden keine zufriedenstellenden Genauigkeiten erwarten.

Ein Vergleich der Referenzwerte für die Temperaturdifferenzen mit der zeitweise gemessenen Globalstrahlung weist zwar eine deutliche Korrelation aus, schließt aber die Globalstrahlung als alleiniges Bestimmungselement für Temperaturdifferenzen wegen großer zu erwartender relativer Restfehler aus.

Den statistischen Auswertungen zum zweiten Berichtsteil liegt ein großer Teil der hier bereits erläuterten und genutzten Meßdaten zugrunde. Aus den Meßergebnissen an drei Brückenbauwerken mit massiven Überbauten (Platten/Plattenbalken) werden Maximalwert- und Minimalwertverteilungen abgeleitet, woraus sich die Grenzwerte für die untersuchten Objekte im jeweiligen Erfassungzeitraum ergeben.

Zur Abschätzung langfristig zu erwartender Extremwerte für das Gebiet der Bundesrepublik Deutschland wird zusätzlich auf Meßdaten des Deutschen Wetterdienstes zurückgegriffen, die den Meteorologischen Jahrbüchern der Jahre 1946 bis 1992 für die Regionen Bonn, München, Berlin und Hamburg entnommen wurden. Die Extremwertbestimmung ergibt die folgende hiernach zu erwartende Spannweite $-28\,°\text{C} < $ mittlere Betontemperatur $ < 40\,°\text{C}$.

7.2.7.4 Karte der tiefsten Tagesmitteltemperaturen LODMAT für Deutschland

Auftraggeber: Deutsches Institut für Bautechnik, Az. 5 – 710/93
Bericht vom November 1993, Universität Stuttgart, Institut für Stahlbau und Holzbau

Anmerkung: Dieses Forschungsvorhaben ist auf den Anwendungsbereich Tankbau ausgerichtet, enthält aber doch eine für den Einsatz von kälteempfindlichen Materialien schlechthin interessante Information.

In Deutschland jedenfalls sind Temperaturen unterhalb von etwa $-25\,°\text{C}$ nicht zu erwarten, in einem großen Teil des nord- und westdeutschen Flachlandes liegt die Grenze bei ca. $-20\,°\text{C}$. Der Bericht wird auszugsweise wiedergegeben.

Ausgangswerte

Ein Zeitraum von 30 Jahren ist zur Berechnung statistisch weitgehend gesicherter Mittelwerte ausreichend, wobei die Mittelwerte aus dem Stichprobenumfang N ermittelt werden und die Stichprobenanzahl ausreichend sein muß. Dies ist zum Beispiel beim Jahresmittel, Monatsmittel, einjähriges Tagesminimum über 30 Jahre gemittelt der Fall, jedoch nicht bei Einzel- oder Extremwerten wie der tiefsten Tagesmitteltemperatur eines Jahres. Denn bei diesen umfaßt der Stichprobenumfang 3 oder 4 Tagesterminwerte, was in statistischem Sinne einen äußerst geringen Stichprobenumfang bedeutet. Außerdem wird aus der Gesamtzahl der gemittelten Werte der tiefste Wert (Extremwert) für den jeweiligen Ort herausgegriffen (räumliche Analyse). Dies hat zusammen mit dem geringen Stichprobenumfang zur Folge, daß bei der aus diesen Extremwerten erstellten Karte die Lage der Isothermen sich bei der Betrachtung eines längeren Zeitraumes als 30 Jahre verschieben kann.

Sollte sich dennoch eine einigermaßen fachlich sinnvolle Verteilung der Temperaturwerte mit einem 30jährigen Zeitraum ergeben, so darf die klimatische Struktur der räumlichen Analyse (die Lage der Isothermen) keine wesentlichen Änderungen beim Übergang von einer 30jährigen Periode zu einer anderen 30jährigen Periode zeigen.

Um abzuschätzen, inwieweit längere Zeiträume von dem gewählten Zeitraum der 30 Jahre abweichen, werden einige längere Reihen von bestimmten Orten der Temperaturzonenkarte des Deutschen Wetterdienstes vergleichend gegenübergestellt (vgl. Tab. 7.2).

Große Abweichungen zwischen der Temperaturzonenkarte und den langjährigen Reihen waren nicht festzustellen (> 2 K).

Zusammenfassung

Ziel dieser Untersuchung war die Erarbeitung einer Karte der tiefsten Tagesmitteltemperaturen eines 30jährigen Zeitraumes. Tagesmitteltemperaturen, die in Deutschland von den Wetterämtern ermittelt werden, sind Kempsche Mittelwerte, sie liegen in der Regel unter dem arithmetischen Mittel und somit auf der sicheren Seite. Eine Temperaturzonenkarte erschien im Hinblick auf die Klasseneinteilung der Stähle bei der Anforderung an die Kerbschlagzähigkeit als zu ungünstig. Es wird deshalb als LODMAT-Karte eine Isothermenkarte vorgeschlagen.

Im Rahmen der Arbeit ergaben sich zwei unterschiedliche Vorschläge solch einer Isothermenkarte (Bilder 7.2 und 7.3).

Tabelle 7.2
Gegenüberstellung der Karte des Deutschen Wetterdienstes und einiger langjähriger Reihen; das Mittel entspricht dem Mittelwert der tiefsten Tagesmitteltemperaturen eines Jahres; s ist die Standardabweichung zu diesem Mittel

Station	Zone nach Karte [°C]	Min. [°C]	(Jahre)	Mittel [°C]	s [K]
Aachen	.... −15	−15,6	(90)	−13,8	1,2
Bremen	−15.... −20	−17,3	(100)	−15,0	1,9
Dresden	−20.... −25	−24,4	(70)	−19,8	3,2
Frankfurt/Main	−15.... −20	−17,9	(100)	−14,8	2,1
Freudenstadt	−20.... −25	−21,1	(40)	−18,6	3,0
Hohenpeissenberg	−25....	−25,4	(100)	−19,5	2,7
Karlsruhe	−15.... −20	−18,5	(100)	−14,8	2,4
München	−20.... −25	−24,0	(100)	−19,1	3,2
Potsdam	−15.... −20	−21,4	(100)	−18,5	2,5

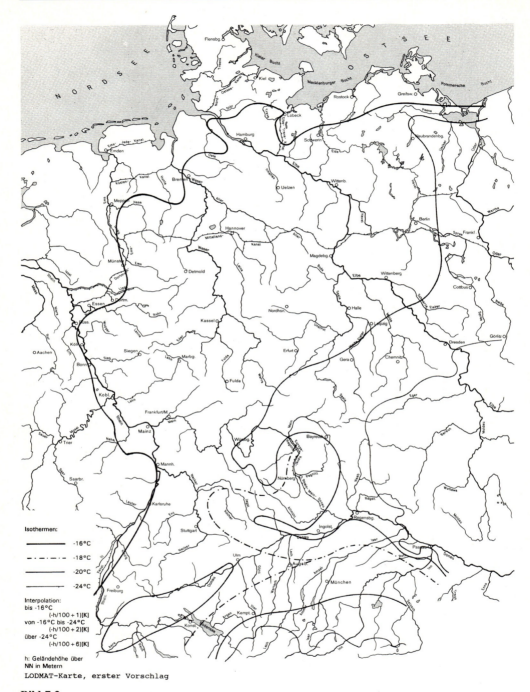

Bild 7.2
LODMAT-Karte, erster Vorschlag; 1:5 000 000
Isothermenkarte mit Ermittlung von Zwischenwerten über die kürzeste Distanz der benachbarten Linien und einem Höhenzuschlag

7.2 Forschungsberichte

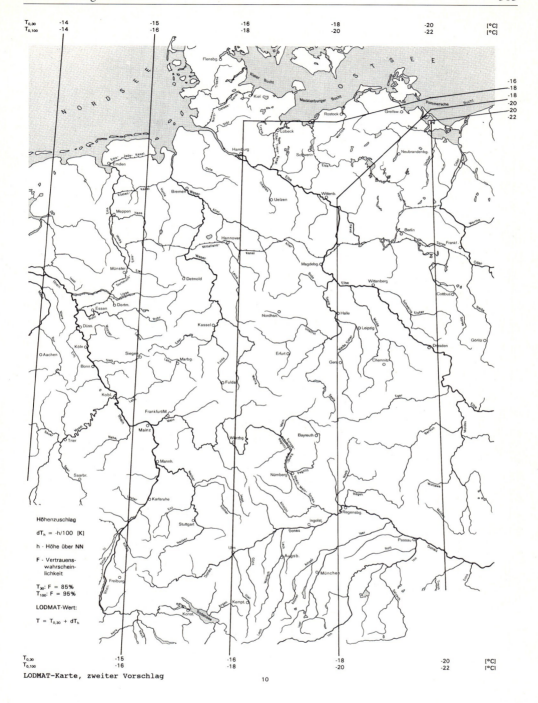

Bild 7.3
LODMAT-Karte, zweiter Vorschlag; 1 : 5 000 000
Linearisierte Isothermenkarte entlang der Längengrade mit Höhenzuschlag

Erster Vorschlag:
Höhenzuschlag zum interpolierten Zwischenwert der Isothermenkarte. h = Geländehöhe über NN

	...–16 °C	–16 °C....–24 °C	–24 °C.....
Interpolation	entfällt	interpol.	entfällt
Höhenzuschlag [K]	(–h/100+1)	(–h/100+2)	(–h/100+6)

Zweiter Vorschlag:
In dieser Darstellung können zudem auch die tiefsten Tagesmittelwerte (TTM) über einen 100jährigen Zeitraum, denen eine Vertrauenswahrscheinlichkeit von 95 % entspricht, mit angegeben werden.

LODMAT-Wert	$= -(0{,}0536\,x^2 - 0{,}323\,x + 14{,}04 + h/100)$	(1a)
TTM-Wert	$= -(x + 8 + h/100)$	(1b)

x – östlicher Längengrad; h = Standorthöhe über NN

Der Vergleich der beiden LODMAT-Karten-Vorschläge erbrachte vor allem Unterschiede in Mecklenburg-Vorpommern. Dies kann durch eine vereinfachte Isothermenführung entlang der Breitengrade im Nord-Osten ausgeglichen werden.

Angleichung des LODMAT-Wertes und des TTM-Wertes:

für den 10.–12. Längengrad und den 53.–54. Breitengrad min [(Längengrad – 10); ((Breitengrad – 53) · 2)]	(2a)
für den 12.–14. Längengrad und den 53.–54,5. Breitengrad min { ((14 – Längengrad) (Breitengrad – 53) · 2); ((Breitengrad – 53) · 2) }	(2b)

Die anderen Abweichungen der beiden Karten voneinander können i. d. Regel vernachlässigt werden. Im Vergleich mit der Temperaturzonenkarte des Deutschen Wetterdienstes sind beide Vorschläge durchschnittlich um 3 K abgemindert. Der zweite Vorschlag hat den Vorteil der eindeutigen Zuordnung von tiefster Tagesmitteltemperatur zum Ort, der einfachen Handhabung und der höheren Vertrauenswahrscheinlichkeit.

Die Vertrauenswahrscheinlichkeit hängt im wesentlichen vom angelegten Temperaturniveau ab. So liegt es beim ersten Vorschlag bei durchschnittlich 88 %, beim zweiten Vorschlag für das 30jährige Niveau bei etwa 90 % und beim 100jährigen Niveau bei über 95 %.

Werden kürzere Zeitintervalle als 30jährige Zeitperioden gewählt, so sollte den Wetterdaten ein mindestens 10jähriger Zeitraum zugrunde liegen, da sonst über die Vertrauenswahrscheinlichkeit der Werte keine Aussage mehr gemacht werden kann.

7.2.7.5 Schäden

Die systematische Untersuchung von Schäden in Bauwerken ist ein eigener Forschungsbereich, der – soweit es die Brücken betrifft – von der Bundesanstalt für Straßenwesen als Einrichtung des öffentlichen Bauherrn finanziert bzw. selbst vorgenommen wird. Eingeschlossen sind dabei auch Lager.

Vorab ist festzustellen, daß

- die Schäden im Laufe der Zeit in Zahl und Ausmaß abnehmen
- verglichen mit anderen spektakulären Fällen des Bauwesens die Bilanz nicht beunruhigend ist.

Über Schäden wird auch in [132], [143], [149], [158] und [159] berichtet, so daß hier eine weitere Darstellung entbehrlich ist.

7.3 Zulassungsversuche

7.3.1 Versuche mit Brückengleitlagern

7.3.1.1 Allgemeines

Infolge technischer und wirtschaftlicher Vorteile hat das Kunststoffgleitlager in Brückenbauwerken die stählernen Rollenlager nahezu verdrängt. Vor allem die Forderung nach mehrachsiger Beweglichkeit hat bei der Lagerung großer, insbesondere gekrümmter und breiter Brücken zur Entwicklung des heutigen Gleitlagers geführt. Dabei werden die vertikalen Lasten und die horizontalen Kräfte über einen bedingt verformungsfähigen und gleitgünstigen Kunststoff möglichst zwängungsfrei und großflächig auf Pfeiler oder Widerlagerbank übertragen.

Als Gleitwerkstoff hat sich der teilkristalline Thermoplast Polytetrafluorethylen (PTFE) als besonders geeignet erwiesen, da dieser Werkstoff neben chemischer Beständigkeit sich vor allem durch ein günstiges Reibungsverhalten und der für ein gleichmäßiges Tragverhalten erforderlichen Verformungsfähigkeit auszeichnet [167], [168]. Als Gegenwerkstoff hat sich der austenitische Stahl 1.4401 und für gekrümmte Flächen hartverchromter Stahl bewährt. Zur Schmierung der Gleitflächen wird lithiumverseiftes Silikonfett verwendet. Ausführung, Überwachung der Herstellung und Verwendung dieser Gleitlager werden in der Bundesrepublik Deutschland durch allgemeine bauaufsichtliche Zulassungen des Deutschen Instituts für Bautechnik in Berlin entsprechend den Landesbauordnungen geregelt.

Die auf ein Brückenlager wirkenden Belastungen hängen im wesentlichen von der Größe und Ausführung des Brückenbauwerkes, von der Position des Lagers im Bauwerk, der Verkehrsbelastung sowie den standortbedingten Wetter- und Klimaverhältnissen ab [124]. Vgl. auch Abschnitt 7.2.6.6

Charakteristisches Merkmal bei Brückenlagern ist (hauptsächlich in Bauwerkslängsachse) die hin- und hergehende Bewegung, wobei vor allem in den Umkehrpunkten mit unterschiedlich langen Stillstandszeiten gerechnet werden muß. Dabei überlagern sich die verhältnismäßig langsam ablaufenden Bewegungen infolge Wärmedehnung des Überbaus sowohl zwischen Tag und Nacht als auch zwischen Sommer und Winter mit den wesentlich schnelleren aus Verkehrsbelastungen resultierenden Bewegungen. Die Belastung ergibt sich als Kollektiv aus ständig wirkenden Lasten (vorwiegend Eigengewicht der Brücke) und überlagerten, nicht ständig wirkenden Lasten (z. B. Verkehrslast und Wind). Für die Lagerbemessung gilt nach den Zulassungsbestimmungen für Gleitlagersysteme als zulässige mittlere Pressung in runden PTFE-Flächen für ständige Lasten (Lastfall I) $p = 30 \text{ N/mm}^2$ und für die Maximalbelastung (Lastfall II) $p = 45 \text{ N/mm}^2$. Die zulässigen Kantenpressungen sind bei runden PTFE-Flächen für den Lastfall I auf $p = 40 \text{ N/mm}^2$ und für den Lastfall II auf $p = 60 \text{ N/mm}^2$ begrenzt.

Im Gegensatz zum Rollreibungsverhalten von stählernen Rollenlagern [33] ist das Reibungs- und Verschleißverhalten von PTFE-Gleitlagern neben einer Reihe von Parametern insbesondere von der spezifischen Belastung, Temperatur, Bewegungsgröße und -form, von dem Gesamtgleitweg sowie von der Gleitgeschwindigkeit abhängig, s. auch Abschnitt 7.1 Nr. 10, Abschnitt 7.2.2.6 und [169] sowie Bild 7.4.

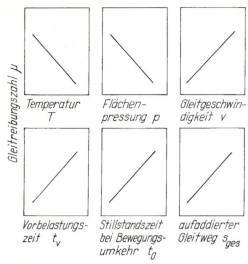

Bild 7.4
Schematische Darstellung wichtiger Einflußgrößen auf das Reibungsverhalten bei geschmierten PTFE-Gleitlagern

Durch Schmierung der Gleitflächen mit integrierter Schmierstoffspeicherung läßt sich die Reibungszahl über relativ lange Gleitwege auf einem sehr niedrigen Niveau halten [167] (vgl. auch Abschn. 7.2.2.3 und 7.1 Nr. 13). Das günstige Reibungsverhalten resultiert daraus, daß eine stoffliche Trennung der Gleitpartner durch den Schmierstoff zumindest örtlich gegeben ist, wodurch infolge verringerter Adhäsion die Reibung gesenkt werden kann. Dies bewirkt gleichzeitig auch einen praktisch verschleißlosen Zustand.

Im Laufe der Betriebszeit werden der Schmierstoff und insbesondere dessen ölige Bestandteile verbraucht. Durch die Zunahme der Festkörperreibung entsteht Verschleiß von PTFE, der den Restschmierstoff eindickt, wodurch sich das Speichervolumen für den Schmierstoff verkleinert, die Reibung ansteigt und sich mit zunehmendem Gleitweg einem nahezu ungeschmierten Zustand nähert, s. auch Abschnitt 7.2.2.7.

Bei einem Versagen der Lager in einem Bauwerk besteht akute Gefahr für die öffentliche Sicherheit und Ordnung. Aus diesem Grund wird staatlicherseits in Deutschland eine laufende Überwachung gefordert. Nach der Bauordnung ist für neue Baustoffe, Bauteile und Bauarten die Brauchbarkeit für den Verwendungszweck nachzuweisen, nach den neuen Bauordnungen gilt gleiches für ungeregelte Bauprodukte. In der Regel sind umfangreiche Grundlagenversuche, d. h. sogenannte Zulassungsversuche erforderlich, um dies zu erbringen. Der Nachweis der Brauchbarkeit für die Komponenten in Brückengleitlagern wird im neuen europäischen Normentwurf voraussichtlich in Langzeitreibungsversuchen bis rd. 10 km Gesamtgleitweg gefordert.

Im folgenden wird ein Überblick über Ergebnisse von Gleitreibungsversuchen und statischen Belastungsversuchen mit freigesintertem PTFE weiß gegeben. Grundlage dafür sind Gleitmaterialien und Schmierstoffe, wie sie den derzeitigen Anforderungen der Zulassungsbedingungen entsprechen.

7.3.1.2 Bewertungskriterien von Gleitlagern

Bei der Durchführung von Reibungs- und Verschleißversuchen im Prüflabor läßt sich bei definiert vorgegebenen Versuchsbedingungen der Reibungswiderstand kontinuierlich und die Verformung der PTFE-Gleitscheibe über die Höhenabnahme während der Stillstandszeiten messen. Nach Versuchsbeendigung können dann an den ausgebauten Lagerteilen über Massenbestimmung der Verschleiß, die Veränderungen im Schmierstoff sowie bleibende Verformungen am PTFE-Gleitelement ermittelt werden. Als weiteres Kriterium kann die topografische Grenzflächenveränderung der Gleitelemente herangezogen werden.

Entsprechendes gilt auch bei den statischen Belastungsversuchen, indem hier die Verformung der PTFE-Scheibe über kontinuierliche Messung des Gleitspaltes in Beziehung zu den Versuchsbedingungen über der Zeit als sog. „Kriechkurve" ermittelt wird. Am ausgebauten Lager lassen sich in entsprechender Weise Veränderungen am Gleitelement und Schmierstoff bestimmen und bewerten.

Sehr eingeschränkt sind dagegen in der Praxis die Prüfmöglichkeiten und damit die Bewertungskriterien beim Gleitteil eines eingebauten Brückenlagers. Hier können nur aus der Gleitspalthöhe im Vergleich mit der Ursprungsspalthöhe aus der Null-Messung Rückschlüsse auf die Integraländerung durch Kriechen und Verschleiß gezogen werden. Dabei kommt erschwerend hinzu, daß Durchbiegung im Lager sowie Setzungen in den angrenzenden Bauwerksflächen dieses Maß erheblich beeinflussen können.

7.3.1.3 Werkstoffe und Schmierstoffe

Für die Untersuchungen wurden Gleitwerkstoffe und Schmierstoffe verwendet, die für die Brückenlagerfertigung freigegeben sind (d. h. Stoffe in sogenannter Brückenlagerqualität) und dem derzeitigen Verarbeitungsstandard entsprechen. Im einzelnen wurden folgende Elemente verwendet:

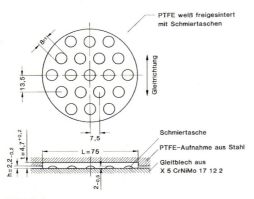

Bild 7.5
Ausführung und Einbau (Kammerung) der PTFE-Modellagerscheibe mit Schmierstoffspeicherung

Grundkörper:
Lagerscheiben aus PTFE weiß freigesintert
güteüberwachte Brückenlagerqualität mit eingeprägten Schmiertaschen (∅ 8–9 mm, 2–0,2 mm tief) versetzt auf jeden 2. Punkt eines rechtwinkligen Rasters mit 7,5 bzw. 13,5 mm Abstand, vgl. Bild 7.5 ohne Schmiertaschen (glatte Gleitflächen)

Gegenkörper:
Gleitbleche aus austenitischem Stahl
Werkstoff X 5 CrNiMo 17 12 2, Werkstoff-Nr. 1.4401
ursprüngliche Oberfläche in Ausführungsart IIIc
Gleitfläche mit mechanisch geführten Maschinen geschliffen und hochglanzpoliert
Rauhtiefe der Gleitfläche $R_{Z\text{-}DIN} \leq 1\ \mu m$

Schmierstoff (Zwischenstoff):
lithiumverseiftes Siliconfett
güteüberwachte Brückenlagerqualität

Die Oberflächen der Proben und Gegenproben wurden unmittelbar vor Versuchsbeginn mit einem Lösungsmittel gründlich gereinigt, anschließend die Schmiertaschen der PTFE-Scheiben mit Siliconfett gefüllt und die Gleitflächen der Gegenkörper mit einem dünnen Schmierfilm versehen.

Für jeden Versuch wurden in der Regel neue Probekörper und neuer Schmierstoff verwendet. Als tragende Fläche wurde die gesamte Gleitfläche der PTFE-Probe ohne Abzug der projizierten Oberfläche der Vertiefungen zur Schmierstoffspeicherung (Schmiertaschen) angesetzt, wie dies auch bei der Auslegung der Brückengleitlager der Fall ist.

7.3.1.4 Gleitreibungsversuche

Prüftechnik

Tribologische Untersuchungen von Gleitwerkstoffen zur Ermittlung von Reibungszahlen werden nach unterschiedlichen Prüfkategorien durchgeführt, vgl. Bild 7.6. Ausgehend von Versuchen mit einfachen (ringförmigen) Probekörpern und einseitig

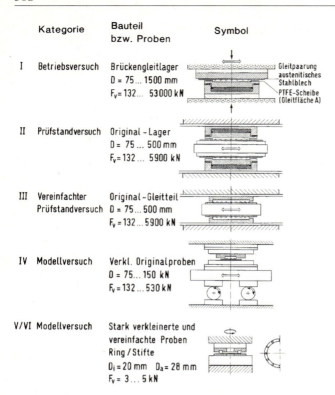

Bild 7.6
Optimierung der Funktion und Lebensdauer von Brückenlagern im Rahmen einer Prüfkette

umlaufender Bewegung, ist die Prüftechnik schrittweise den in einem Brückenlager ablaufenden tribologischen Vorgängen angepaßt worden. Wesentliche Schritte in Richtung praxisnäherer Prüfung bestanden darin, die Bewegungsart von umlaufender in hin- und hergehende Bewegung zu ändern, die Probenflächen zu vergrößern und eine originalgetreue Schmierung (Schmierstoffspeicherung) anzuwenden. Die Auswirkung von Temperaturänderungen auf das Reibungs- und Verschleißverhalten läßt sich praxisorientiert durch Anwendung von Temperaturprogrammen im Bereich von Raumtemperatur bis −35 °C und in neueren Untersuchungen von +35 bis −35 °C erreichen. Als Arbeitshypothese wird im Vergleich zum Betrieb mit dieser Modellager-Prüftechnik durch die weitgehende Funktionstreue eine gute Übertragbarkeit der Versuchsergebnisse erreicht.

Versuchseinrichtung und Versuchsdurchführung

Für Grundlagen- und Zulassungsuntersuchungen sowie Güteüberwachungsversuche mit Gleitwerkstoffen und Schmierfetten von Brücken- und Hochbaulagern wurde in der MPA Stuttgart eine Versuchseinrichtung entwickelt, in der im Modellagerversuch das Reibungs- und Verschleißverhalten unter möglichst praxisnahen Bedingungen geprüft werden kann, vgl. Bild 7.7. Dabei werden die (verhältnismäßig) langsamen Bewegungen eines Bauwerkes infolge Temperatur mit einem Spindeltrieb über den Hub ($s = 10$ mm) mit konstanter Gleitgeschwindigkeit $v = 0,4$ mm/s nachgeahmt. Die schnelleren Bewegungen infolge Verkehrsbelastung werden mit einem Kurbeltrieb vorgenommen, wobei die mittlere Gleitgeschwindigkeit $v_{mittel} = 2$ mm/s und die maximale Gleitgeschwindigkeit $v_{max} =$

7.3 Zulassungsversuche

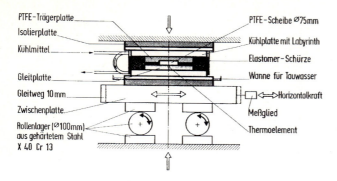

Bild 7.7
Schematische Darstellung der Reibungsprüfanlage zur Durchführung von Modellager-Versuchen

3,5 mm/s beträgt. Beim Spindeltrieb tritt in den Umkehrpunkten der hin- und hergehenden Bewegung durch ein Leerlaufspiel und eine Zeitverzögerung eine Stillstandszeit von $t_o = 12$ s auf. Beim Kurbeltrieb ist die Phase der Bewegungsumkehr ($v = 0$) vergleichsweise kurz. Durch den Aufbau dieser Versuchsanordnung besteht eine kraftschlüssige Verbindung zwischen Antrieb, Meßglied und Gleitfläche.
Der Ein- und Ausbau des Modellagers erfolgt in mittiger Stellung des Lagers und der Prüfmaschine. Mit Hilfe einer Regeleinrichtung wird die Belastung über die Versuchsdauer konstant gehalten. Vor Beginn der ersten Bewegung wird bei allen

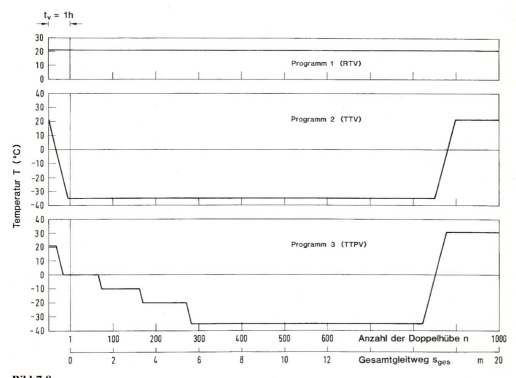

Bild 7.8
Temperaturprogramm bei den Kurzzeitversuchen (Standardversuche) in einem Bereich zwischen −35 und +21°C

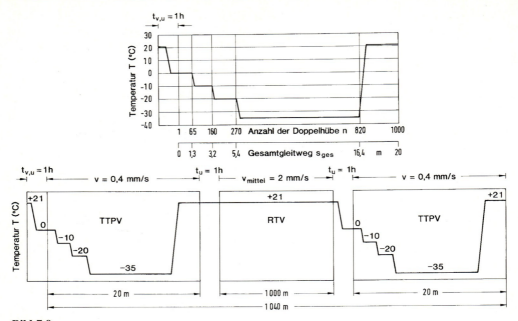

Bild 7.9
Temperaturprogramm bei Langzeitversuchen (Standardversuche) in einem Bereich zwischen −35 und +21 °C

Versuchen eine Vorbelastungszeit $t_v = 1$ h gewählt. Beim Wechsel der Antriebsart bei den Langzeitversuchen bleibt das Lager immer unter Nennlast und es erfolgt eine Bewegungsunterbrechung von $t_u = 1$ h.

Die Versuchslager werden von einem kombinierten Kühl- bzw. Heizaggregat über Temperierplatten auf die vorgegebene Versuchstemperatur gebracht. Der Temperaturverlauf ist für die Kurzzeitversuche (Standardversuche) der Güteüberwachung in Bild 7.8 und für die Langzeitversuche in Bild 7.9 dargestellt. Die Langzeitversuche decken einen Temperaturbereich innerhalb eines Zyklus (1,02 km Gesamtgleitweg) von −35 bis +21 °C ab. Aus anwendungstechnischen Erwägungen wird jedoch in künftigen Eignungsnachweisen die obere Temperatur auf +35 °C ausgedehnt.

Gleitreibungszahlen

Entsprechend der Bewegungsart – hin- und hergehende Bewegung – im Brückenlager wurden die folgenden Reibungskennzahlen gemessen, ausgewertet und bewertet, Bild 7.10.

Statische Gleitreibungszahl μ_A (Haftreibungszahl)

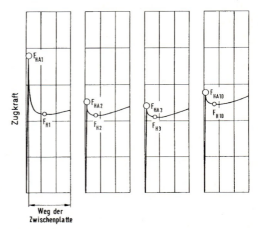

Bild 7.10
Reibungskraftverlauf bei Versuchen mit geschmierten PTFE-Modellagern mit einem Spindelbetrieb

$\mu_A = F_{HA}/F_v$ (F_{HA} Horizontalkraft, F_v vertikale Auflast)

bzw.

μ_{An} für den n-ten Doppelhub

bei Beginn der Relativbewegung bzw. bei Bewegungsumkehr nach Durchlaufen des Leerlaufspiels (Spindeltrieb)

maximale Gleitreibungszahl μ_{max}

$\mu_{max} = F_{Hmax}/F_v$

nach Erreichen der maximalen Gleitgeschwindigkeit (Kurbeltrieb).

Jeweils bestimmten Temperaturen zugeordnete und für diese Temperatur kennzeichnende Reibungszahlen werden als $\mu_{A(T)}$-Werte angegeben. Bei den Temperaturprogramm-Versuchen – durchgeführt mit dem Spindeltrieb – wird die für die jeweilige Temperaturstufe kennzeichnende Reibungszahl als $\mu_{A(T)}$-Wert bezeichnet. Es handelt sich dabei um statische Gleitreibungszahlen, und zwar jeweils um den Maximalwert innerhalb einer Temperaturstufe. Im Gegensatz zum Spindeltrieb ist beim Kurbeltrieb die Phase der Bewegungsumkehr ($v = 0$) sehr viel kürzer, so daß keine ausgeprägte Haftreibung auftritt. Dafür drückt sich im Reibkraftverlauf die Geschwindigkeitsabhängigkeit der Reibungszahl aus, da beim Kurbeltrieb die Geschwindigkeit sinusförmig verläuft. Mit steigender Geschwindigkeit nimmt im weichelastischen Zustand die Reibungszahl zu, vgl. Abschn. 7.1 Nr. 10.

Kurzzeitversuche

Die Untersuchung des Reibungsverhaltens im Kurzzeitversuch erstreckt sich überwiegend auf die Durchführung von Standardversuchen (Güteüberwachungsversuchen) für die Freigabe von PTFE-Material und Schmierstoff (Siliconfett) sowie der jährlichen Überprüfung von Gleitwerkstoffen samt Schmierstoff, die beim Brückenlagerhersteller aus der Fertigung entnommen werden, vgl. Bild 7.11. Aufgrund der Bedeutung des Reibungsverhaltens für den sicheren Einsatz von Brückenlagern haben gemäß den Zulassungsbestimmungen Reibungsprüfungen an Proben aus jeder Charge zu erfolgen.

Von dem relativ hohen 1. Anfahrwert als Folge der Vorbelastungszeit $t_v = 1$ h fällt die Reibung jeweils deutlich ab und steigt dann mit zunehmendem Gesamtgleitweg bei $+21\,°C$ im Raumtemperatur-Versuch nur wenig, bei $-35\,°C$ im Tieftemperatur-Versuch deutlich stärker an. Bei stufenweiser Absenkung der Temperatur nimmt die Reibung entsprechend zu. Mit dem Erwärmen auf $+21\,°C$ stellt sich ein Reibungsniveau ein, das etwa dem entspricht, als wenn der Versuch ausschließlich bei Raumtemperatur durchgeführt worden wäre, Bild 7.11.

Die in den Zulassungsbestimmungen festgelegten Grenzwerte (Reibungszahlen) der oben erwähnten Freigabeversuche werden hier im Beispiel von Bild 7.11 deutlich unterschritten.

		Zulassung	Prüfung
μ_{A1}	bei $+21\,°C$	0,012	0,006
	$0\,°C$	0,018	0,013
	$-35\,°C$	0,035	0,030
$\mu_{A(T)}$	$T = -35\,°C$	0,018	0,013

Die verbreitete Auffassung, daß zur Absicherung der Identität von Gleitwerkstoffen und damit auch für das Reibungsverhalten die Überprüfung der mechanisch-technologischen Kennwerte ausreicht wurde durch die Prüfpraxis widerlegt. So hat sich in einer Vielzahl von Grundlagenuntersuchungen gezeigt, daß zwischen dem Reibungsverhalten und dem mechanisch-technologischen Verhalten kein Zusammenhang besteht, vgl. Bild 7.12.

Für deutsche Lagerhersteller wurden in der Vergangenheit zur Beurteilung des Gleitreibungsverhaltens Versuche mit (ausländischen) nicht überwachten Stoffen durchgeführt. Bild 7.13 zeigt Ergebnisse von Tieftemperaturprogramm-Versuchen mit überwachten [++] und nicht überwachten [+] Elementen, jeweils mit Hart-

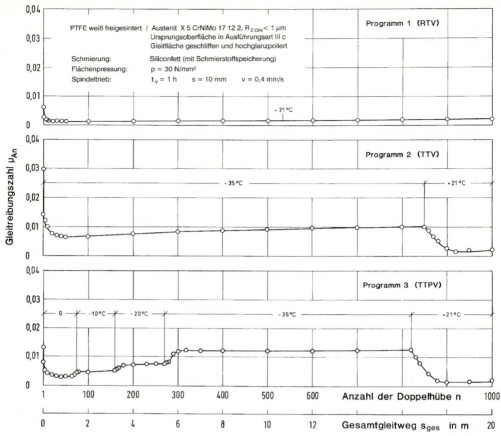

Bild 7.11
Standardversuch zur Freigabe zur Prüfung und Freigabe von Gleitkomponenten für PTFE-Gleitlager

chrom als Gleitpartner. Bei der Paarung mit PTFE weiß und Siliconfett als den nicht überwachten Elementen ergeben sich die höchsten Gleitreibungszahlen. Der Anfahrwert μ_{A1} bei 0°C beträgt über 0,04 und überschreitet damit den zulässigen Höchstwert um mehr als das doppelte. Der für die −35°C-Phase kennzeichnende $\mu_{A(T)}$-Wert liegt mit 0,06 bereits nach einem aufaddierten Gleitweg von 4 m mehr als dreimal so hoch wie der zulässige Höchstwert.

Der Einfluß der Flächenpressung ist im Tieftemperaturprogramm-Versuch (Programm 3, Bild 7.8) bei den spezifischen Belastungen von 5, 30 und 60 N/mm² untersucht worden, Bild 7.14. Die PTFE-Modellager zeigen die von Kunststoffgleitlagern her bekannte Pressungsabhängigkeit der Reibungszahl, d.h., daß mit abnehmender spezifischer Belastung die Reibungszahl ansteigt. Der Temperatureinfluß ist im untersuchten Pressungsbereich ebenso deutlich gegeben.

In den Zulassungsbescheiden der neuen Generation (ab 1993/94) ist die optimale Schmiertaschenanordnung in bezug auf die Hauptgleitrichtung des Lagers vorgeschrieben. Das Reibungsverhalten in beiden extremen Anordnungen, d.h. mit und ohne Schmiertaschenüberdeckung ist mit PTFE-

7.3 Zulassungsversuche

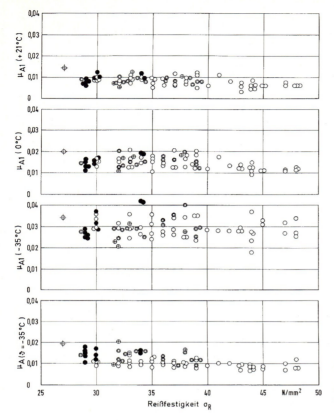

Bild 7.12
Einfluß von PTFE-Werkstoffkennwerten auf das Reibungsverhalten von Modellagern

Modellagern in Bild 7.15 dargestellt. Wie zu erwarten, ergibt sich schon im Verlauf des Kurzzeitprogramm-Versuches zugunsten der Schmiertaschenüberdeckung eine deutliche Differenzierung.

Analysen der Schmiertascheninhalte von PTFE-Modellagern, die nach den Kurzzeitversuchen vorgenommen wurden, ergaben bei den zugelassenen Siliconfetten keine Veränderungen in der Zusammensetzung. Ebenso ist an den Gleitkomponenten der geprüften PTFE-Modellager kein meßbarer Verschleiß aufgetreten.

Langzeitversuche

In Anlehnung an die bisher mit PTFE durchgeführten Grundlagenversuche wurden die Langzeitreibungsversuche so gegliedert, daß zu Versuchsbeginn und nach Abschluß eines jeden Versuchsabschnittes von 1 km Gesamtgleitweg bei Raumtemperatur ein Tieftemperaturprogramm-Versuch von $-35\,°C$ bis $+21\,°C$ (Programm I, Bild 7.9) vorgenommen wurde.

Während der gesamten Langzeitversuche wurde Gleiten ohne jegliche Stick-Slip-Erscheinungen (Ruckgleiten) beobachtet.

Die jeweils kennzeichnenden Reibungszahlen, und zwar die $\mu_{A(T)}$-Werte der Tieftemperaturprogramm-Versuche (Spindeltrieb) und die μ_{max}-Werte der Raumtemperatur-Versuche (Kurbeltrieb) sind in Bild 7.16, 7.17 und 7.20 über den aufaddierten Gleitweg (Gesamtgleitweg) aufgetragen.

Im folgenden sind die Ergebnisse von Langzeitversuchen über jeweils 20 km Gesamtgleitweg bei der Standardbelastung von 30 N/mm² und der erhöhten Pressung von 45 N/mm² mit der zugelassenen Gleit-

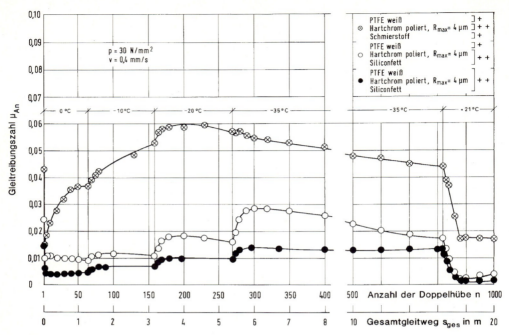

Bild 7.13
Standardversuche mit überwachten und nicht überwachten Gleitelementen für PTFE-Brückengleitlager

paarung für Brückenlager dargestellt, vgl. Abschn. 7.2.2.1 und 7.2.2.3.

Bei der Standardbelastung (30 N/mm²) nimmt mit Ausnahme der starken Reibungszunahme bei −35 °C die Reibung überwiegend linear bis degressiv mit dem Gleitweg zu und erreicht nach rd. 20 km Gesamtgleitweg bei −35 °C einen Wert von nahezu 0,09, vgl. Bild 7.16. Die in den Zulassungen für PTFE-Flächen mit Schmierstoffspeicherung festgelegte Reibungszahl von 0,03 für $p \geq 30$ N/mm² wird nach 8 bis 9 km Gesamtgleitweg erreicht. Trotz der hohen Reibungszahl bei −35 °C kann nicht von einer Gefahr ausgegangen werden, da erst bei Temperaturen unterhalb −10 °C die zulässige Reibungszahl von 0,03 nennenswert überschritten wird.

Bei der erhöhten Flächenpressung von 45 N/mm² zeigt der Reibungsverlauf nach anfänglich steigenden Reibungszahlen bis etwa 10 km zunehmend flachere Reibungskurven, vgl. Bild 7.17. Nach rd. 20 km Gesamtgleitweg liegt bei −35 °C das Reibungsniveau zwischen 0,04 und 0,05. Die festgelegte zulässige Reibungszahl von 0,03 wird damit bei einer Temperatur von −35 °C schon nach einem Gesamtgleitweg von rd. 5 km erreicht. Bis Versuchsende wird die zulässige Reibungszahl nur bei Temperaturen knapp unter −20 °C überschritten.

Die Gleitflächen von Modellagerkörpern sind für einen 16-km-Langzeitversuch 30 N/mm² in Bild 7.18 und für den 20-km-Versuch bei 45 N/mm² in Bild 7.19 fotografisch dargestellt. Die Gleitflächen beider Lager weisen in Bewegungsrichtung verlaufende Verschleiß- bzw. Kratzspuren auf. Die ursprünglich vorhandenen Schmiertaschen haben sich während des Versuchs verkleinert, wobei die Volumenabnahme im Randbereich der Scheiben deutlich stärker in Erscheinung tritt als im mittleren Bereich. Insbesondere bei dem 20-km-Versuch unter erhöhter Pressung hat sich außerhalb der Gleitfläche heraustransportier-

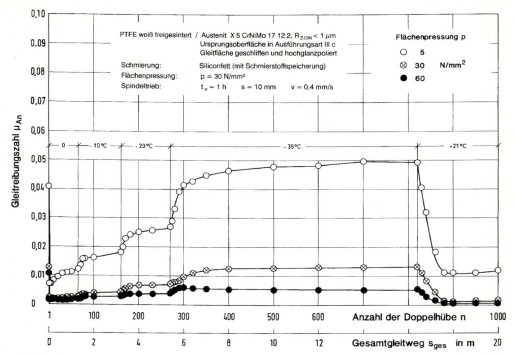

Bild 7.14
Einfluß von Flächenpressung und Temperatur auf die Gleitreibungscharakteristik von PTFE-Modellagern im Standardprogramm-Versuch (Programm 3)

ter PTFE-Verschleiß abgelagert. Die vom PTFE überdeckte innere Fläche weist bei beiden Versuchen Werkstoffübertrag von PTFE auf das Gleitblech auf.

Das Reibungsverhalten von ungeschmierten Modellagern mit einer PTFE-Scheibe und einem PTFE-Streifenpaar ist in Bild 7.20 einander gegenübergestellt. Durch den Trockenlauf, d. h. dem Fehlen jeglicher Schmierung, stellt sich für die Scheibe nach rd. 2 km Gesamtgleitweg bei −35 °C ein Reibungswert von rd. 0,15 und im Raumtemperaturbereich ein Wert von 0,05 bis 0,06 ein. Das Streifenlager erreicht zu Beginn des Versuches nach 1 km einen Höchstwert in der −35 °C-Phase von 0,12 bis 0,13. Bei Raumtemperatur liegt die Reibungshöhe überwiegend im Bereich von 0,06.

Bild 7.21 und 7.22 zeigen die Gleitfläche von Probe und Gegenprobe der beiden ungeschmierten PTFE-Modellager nach über rd. 2 km bzw. 5 km Gesamtgleitweg. In dem von den PTFE-Proben überdeckten Bereich hat überwiegend Werkstoffübertragung von PTFE auf den austenitischen Stahl stattgefunden. Die außerhalb dieser Bereiche sichtbaren dünnen schichtförmigen Verschleißprodukte wurden im Laufe der Hin- und Herbewegung aus der übertragenen PTFE-Schicht gelöst. Durch Auswiegen der PTFE-Scheibe vor und nach dem Versuch konnte als Verschleißmaß eine Dickenabnahme für die PTFE-Scheibe von rd. 90 μm und für die PTFE-Streifen nach 5 km von lediglich rd. 110 μm bestimmt werden.

Wie aus Bild 7.23 und 7.24 zu ersehen ist, bewirkt eine Bewegungsunterbrechung unter vertikaler Last grundsätzlich eine Erhöhung des Reibungswiderstandes bei der ersten Bewegung nach der Stillstandszeit.

Die Reibungszahl nimmt mit zunehmender Unterbrechungszeit lediglich degressiv zu. Im weiteren Verlauf des jeweiligen Versuchs ergibt sich keine wesentliche Veränderung im Reibungsniveau. Das PTFE-Modellager nach rd. 20 km Gesamtgleitweg zeigt deutlich höhere Reibungszahlen als das Lager nach rd. 5 km.

Die Auswirkung der Pressungsänderung auf die Reibungshöhe wurde im Kurzzeitprogramm-Versuch mit Modellagern nach 5 bzw. 20 km Gesamtgleitweg untersucht, vgl. Bild 7.25 und 7.26. Die bekannte Reibungszahl/Pressungsabhängigkeit, d. h. Reibungszunahme bei abnehmender Flächenpressung ist im untersuchten Bereich mehr oder weniger deutlich ausgeprägt. Das Modellager mit 5 km weist gegenüber dem mit rd. 20 km Gesamtgleitweg wesentlich niedrigere Reibungszahlen auf.

Die Untersuchung von Brückengleitlagern im Modellagerversuch unter schmierstofftechnischen Gesichtspunkten hatte neben der Erfassung von Reibung und Verschleiß vor allem zum Ziel, Veränderung am Schmierstoff zu untersuchen und diese möglichst in Relation zur tribologischen Beanspruchung zu setzen, vgl. Abschn. 7.2.2.7. Der heute in Brückengleitlagern zugelassene Schmierstoff ist ein Siliconfett, das aus Siliconöl, einem Konsistenzgeber (Lithiumseife) und Additiven besteht. Neben dem Gleitreibungsverhalten sind hauptsächlich Eigenschaften des Schmierstoffes für die Langzeiteignung wie Konsistenz, Tragfähigkeit und Ölabscheidung von Bedeutung. Die Bestimmung der versuchsbedingten Veränderung des Schmierstoffes läßt sich über geeignete Analysemethoden bestimmen. Dabei kann die Veränderung der Anteile von Lithiumseife und vorhandener PTFE-Verschleißpartikel quantitativ nachgewiesen werden.

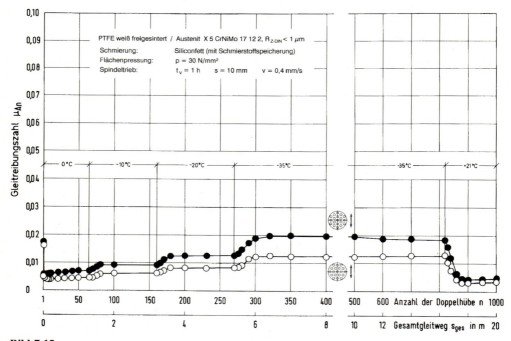

Bild 7.15
Einfluß der Gleitrichtung und Schmiertaschenüberdeckung auf die Gleitreibungscharakteristik von PTFE-Modellagern im Standardprogramm-Versuch (Programm 3)

7.3 Zulassungsversuche

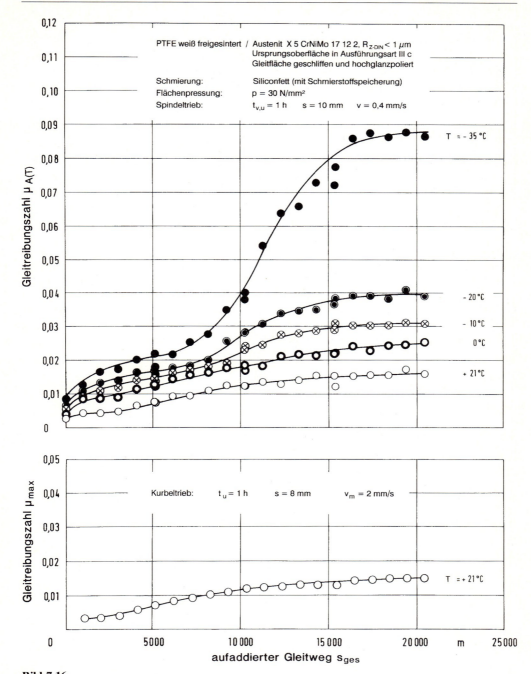

Bild 7.16
Gleitreibungscharakteristik eines mit Siliconfett geschmierten PTFE-Modellagers im Langzeitversuch über rd. 20 km Gesamtgleitweg bei $p = 30$ N/mm^2

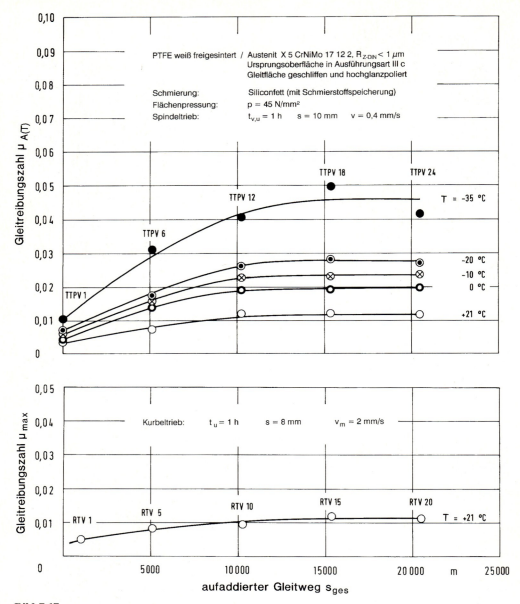

Bild 7.17
Gleitreibungscharakteristik eines mit Siliconfett geschmierten PTFE-Modellagers im Langzeitversuch über rd. 20 km Gesamtgleitweg bei $p = 45$ N/mm^2

Im vorliegenden Beispiel, vgl. Bild 7.27, zeichnet sich der Schmierstoff durch eine geringe Abnahme von Siliconöl aus. Ausgehend von etwa 83 % Ölanteil kann der Restschmierstoff nach 16 km Gesamtgleitweg noch mehr als 50 % Ölanteile aufweisen. Der Gehalt an Lithiumseife verändert sich nur geringfügig. Ebenso ist der PTFE-Verschleiß mit bis zu 20 % als recht niedrig einzuschätzen. Bei einem weiteren geprüf-

7.3 Zulassungsversuche

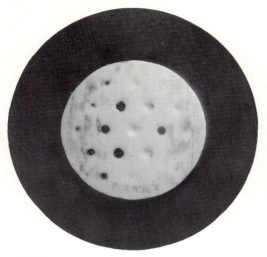

Bild 7.18
Gleitflächen eines mit Siliconfett geschmierten PTFE-Modellagers nach einem Langzeitreibungsversuch über rd. 16 km Gesamtgleitweg bei $p = 30$ N/mm²

ten Siliconfett läßt sich zumindest bei $-35°C$ und $-20°C$ ein eindeutiger Zusammenhang dahingehend erkennen, daß mit der Abnahme von Siliconöl in der Schmiertasche eine Reibungserhöhung verbunden ist, vgl. Bild 7.28.

Außer durch Verschleiß können die Schmiertaschen durch das Fließverhalten von PTFE verkleinert werden, in dem durch den Verbrauch von Schmierstoff PTFE-Material in den Bereich der Schmiertaschen nachfließt, vgl. Bild 7.29.

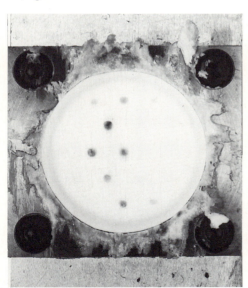
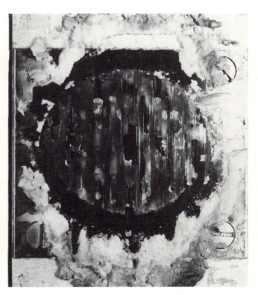

Bild 7.19
Gleitflächen eines mit Siliconfett geschmierten PTFE-Modellagers nach einem Langzeitreibungsversuch über rd. 20 km Gesamtgleitweg bei $p = 45$ N/mm²

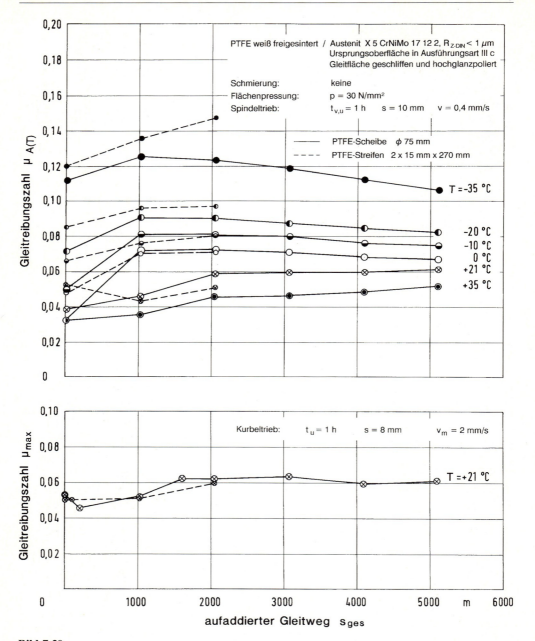

Bild 7.20
Gleitreibungscharakteristik von ungeschmierten Modellagern (PTFE-Scheibe und PTFE-Streifen) im Langzeitversuch über rd. 2 km bzw. rd. 5 km Gesamtgleitweg

7.3 Zulassungsversuche

Bild 7.21
Gleitfläche der ungeschmierten Modellagerkörper nach dem Langzeitreibungsversuch über rd. 2 km Gesamtgleitweg

Mit zunehmendem Gesamtgleitweg nimmt die Schmiertaschentiefe ab, wobei durch die Randeinflüsse dieser Vorgang der Schmiertaschenverkleinerung im Außenbereich deutlich stärker ausgeprägt ist als im Zentrum der PTFE-Scheibe. Durch die während der Versuchsdauer ständig wirkende vertikale Belastung, den überlager-

Bild 7.22
Gleitfläche der ungeschmierten Modellagerkörper nach dem Langzeitreibungsversuch über rd. 5 km Gesamtgleitweg

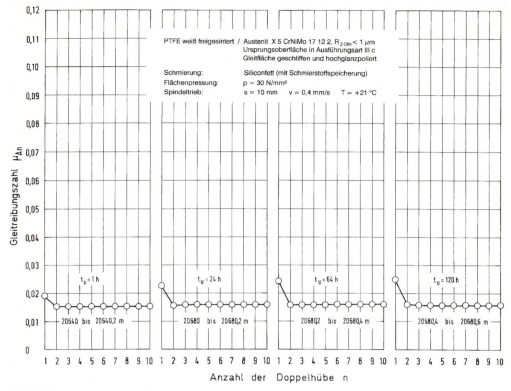

Bild 7.23
Einfluß von Bewegungsunterbrechungen auf die Gleitreibungszahl beim Wiederanfahren mit einem PTFE-Modellager nach rd. 5 km Gesamtgleitweg

ten Horizontalbelastungen aus Reibung und dem Verschleiß nimmt die Zusammendrückung im Verlauf der Belastungszeit zu. So wurde z. B. der PTFE-Überstand eines mit Siliconfett geschmierten Modellagers nach 16 km Gesamtgleitweg um rd. 0,6 mm reduziert, vgl. Bild 7.30.

Untersuchungen an ausgebauten Lagern

Untersuchungen an ausgebauten Lagern sind zur Bestimmung des Lagerzustandes und zur Gewinnung von Erkenntnissen über mögliche Veränderungen bei längeren Betriebszeiten unerläßlich. Die Modelllagerprüfung im Labor stellt ein Ersatzsystem dar, bei dem die Übertragbarkeitskriterien zu prüfen sind, damit dieses System in wesentlichen Punkten mit dem Betriebssystem übereinstimmt.

Im folgenden wird über den Zustand des Gleitteils eines zweiachsig beweglichen Topfgleitlagers nach rd. 11 Jahren Betriebsdauer in einer stark befahrenen Bahnstrecke berichtet.

Die am eingebauten Lager vorgenommenen Messungen ergaben einen Gleitspalt von rd. 1,3 mm. Nach dem Lagerausbau wurde festgestellt, daß die untere Mörtelfuge eine Setzungsmulde aufwies. Der Zustand der oberen Ankerplatte ließ erkennen, daß diese ebenso unter Last in der Mitte nach oben durchgebogen war.

Nach dem Öffnen des Gleitteils zeigte die vom PTFE überdeckte Gleitfläche einen inneren Bereich mit geringer Veränderung der Gleitpartner, und zwar ohne Festkörperkontakt der Gleitpartner sowie einen äußeren relativ kleinen Bereich, in dem das PTFE und der austenitische Stahl starke Gleitriefen aufweisen, vgl. Bild 7.31 bis 7.33. Der Schmierstoff war schwarz gefärbt und von wachsartiger Konsistenz. Aufgrund der sehr geringen Wulstbildung am Rand der PTFE-Scheibe wurde festgestellt, daß das sich mittig ausgebildete Schmierstoffpolster Last mitgetragen hat. Der Schmiertaschenraster der PTFE-Scheibe befand sich in bezug auf die Nachschmierung in der ungünstigsten Lage.

Zur Überprüfung des Reibungs- und Verschleißverhaltens wurden an Modelllagerkörpern aus dem Gleitteil des ausgebauten Lagers Reibungsversuche durchgeführt. Im Langzeitversuch stellte sich verstärkt bei dem Modellager aus dem Außenbereich gegenüber dem zu Beginn durchgeführten Tieftemperaturprogramm-Versuch nach rd. 1000 m aufaddierten Gleitweg in allen Temperaturphasen des Tieftemperaturprogramm-Versuchs eine deutliche Erhöhung der Reibungszahlen ein, vgl. Bild 7.34. Als Größtwert wurde in der −35 °C-Phase für das Modellager eine Reibungszahl von rd. 0,06 gemessen. Im Verlauf des Dauerversuchs haben sich aus der Gleitfuge geringe Mengen loser Verschleißteile und schwarz gefärbter Schmierstoff herausgeschoben und außerhalb der Gleitfläche abgelagert, vgl. Bild 7.35.

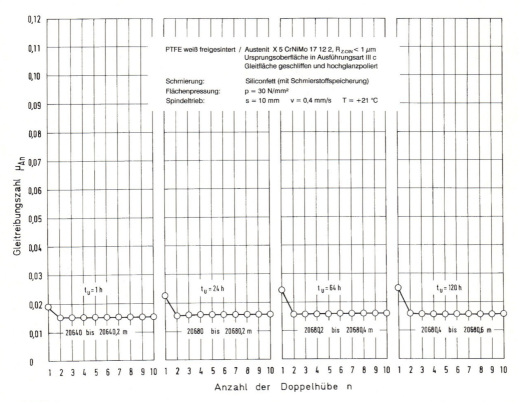

Bild 7.24
Einfluß von Bewegungsunterbrechungen auf die Gleitreibungszahl beim Wiederanfahren mit einem PTFE-Modellager nach rd. 20 km Gesamtgleitweg

7.3.1.5 Statische Belastungsversuche

Durch die Struktur und den Aufbau der Molekülketten weist der thermoplastische Werkstoff PTFE unter Last eine relativ hohe Neigung zum Kriechen und Fließen auf. Kriechkurven aus statischen Belastungsversuchen zeigen, daß die Verformung sich aus einer Überlagerung von elastischer Einfederung und einem plastischen Fließanteil zusammensetzt [168], [169]. PTFE weiß in ungekammerter Form kann deshalb höchstens bis zu einer Flächenbelastung von 7 N/mm² belastet werden. Die Formstabilität läßt sich z.B. durch Zusatz von Füllstoffen wie Kohle, Glasfaser, Metallpulver u.a. deutlich verbessern, was jedoch in der Regel zu höheren Reibungs-

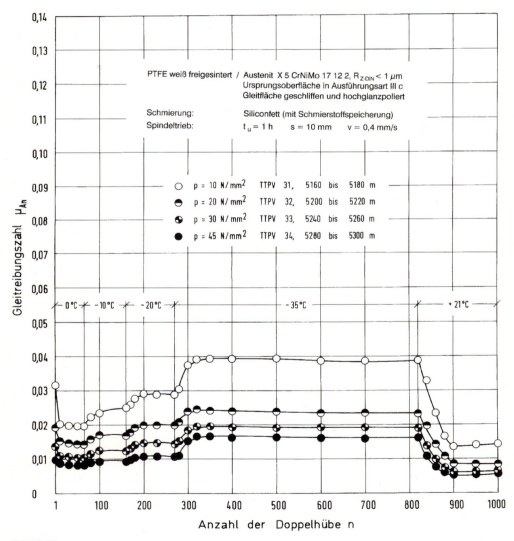

Bild 7.25
Einfluß der spezifischen Belastung und Temperatur auf die Gleitreibungscharakteristik eines PTFE-Modellagers nach rd. 5 km Gesamtgleitweg

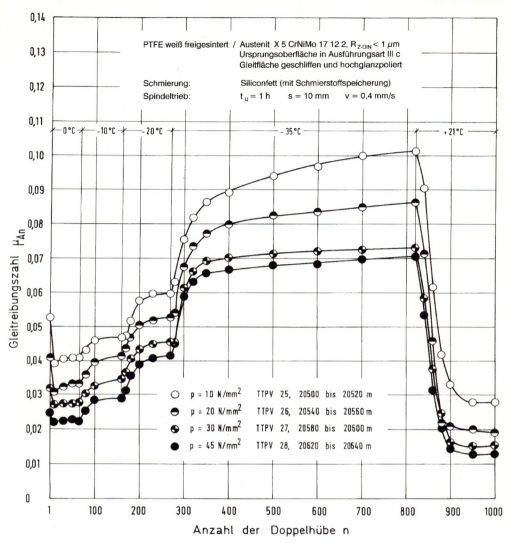

Bild 7.26
Einfluß der spezifischen Belastung der Temperatur auf die Gleitreibungscharakteristik eines PTFE-Modellagers nach rd. 20 km Gesamtgleitweg

zahlen und bei großflächigen Lagern zu einem ungleichmäßigeren Tragbild führt. Durch die konstruktive Maßnahme einer Kammerung der PTFE-Scheibe, in dem diese praktisch spielfrei in eine scharfkantige Stahlfassung eingesenkt wird und die Spalthöhe h (Probenüberstand) kleiner als die Einsenktiefe t_1 ist, kann das Kriechen und Fließen auf ein technisch vertretbares Maß begrenzt werden, vgl. Bild 7.36. Bei normaler Belastung bildet sich dann am überstehenden PTFE im Randbereich ein Wulst aus, der dann zum Stillstand kommt, wenn die aus der vertikalen Auflast resultierenden Verformungskräfte durch die Reaktionskräfte kompensiert werden. Mit der Wulstbildung geht die Abnahme der Spalthöhe einher. In Bild 7.37 sind Ergebnisse

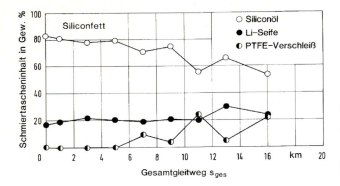

Bild 7.27
Veränderung eines Siliconfettes bzw. des Schmiertascheninhaltes von PTFE-Modellagerscheiben nach Langzeitreibungsversuchen über rd. 16 km Gesamtgleitweg

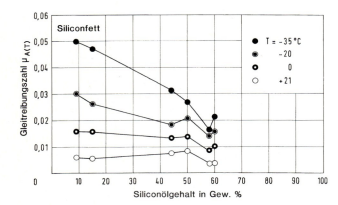

Bild 7.28
Abhängigkeit der Reibungszahl vom Siliconölgehalt des Schmiertascheninhaltes von PTFE-Modellagerscheiben nach Langzeitreibungsversuchen bis rd. 15 km Gesamtgleitweg

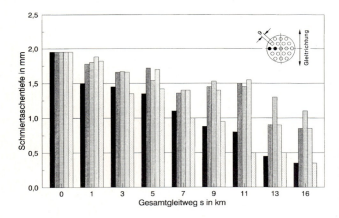

Bild 7.29
Abnahme der Schmiertaschentiefe von PTFE-Modellagerscheiben nach Langzeitreibungsversuchen bis rd. 16 km Gesamtgleitweg

von Verformungsmessungen über jeweils 120 h Versuchsdauer für 3 verschiedene Spalthöhen bei $p = 60$ N/mm² (maximal zulässige Belastung im Randbereich von Brückenlagern) dargestellt. Ausgehend von einer Anfangszusammendrückung, die sich unmittelbar nach Erreichen der Nennlast einstellt, nimmt die Zusammendrückung – abhängig von der Spalthöhe – zu und nähert sich mehr oder weniger einem konstanten Wert.

7.3 Zulassungsversuche

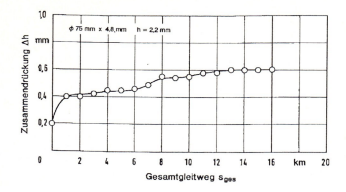

Bild 7.30
Abnahme der Spalthöhe bei einem PTFE-Modellager im Verlauf eines Langzeitreibungsversuchs bis zu rd. 16 km Gesamtgleitweg ($p = 30$ N/mm², $h = 2,2$ mm)

Mit zunehmendem Durchmesser L ist im untersuchten Pressungsbereich eine deutliche Abnahme der Zusammendrückung festzustellen, vgl. Bild 7.38. Unter der Voraussetzung einer Volumenkonstanz des PTFE-Materials und dem Mittragen des Schmierstoffs in den Schmiertaschen resultiert die Höhenabnahme bei kleineren PTFE-Scheiben im wesentlichen aus der Größe bzw. dem Volumen des PTFE-Wulstes. So beträgt z. B. bei der standardisierten Modellagerscheibe mit $L = 75$ mm und $p = 60$ N/mm² die rechnerische Höhenabnahme rd. 0,55 mm von insgesamt rd. 0,9 mm Zusammendrückung, wogegen für den Durchmesser $L = 900$ mm die Höhenabnahme aus dem Wulst etwa eine Zehnerpotenz niedriger liegt. Die Wulstbreite der PTFE-Scheibe ist dagegen praktisch unabhängig vom Durchmesser, vgl. Bild 7.39, und wird von den geometrischen Verhältnissen im Randbereich bestimmt.

Der Einfluß von Probenform, Flächenpressung und Belastungszeit auf die Zusammendrückung ist mit flächengleichen runden, quadratischen, rechteckigen und streifenförmigen Proben in der zusammenfassenden Darstellung in Bild 7.40 wieder-

Bild 7.31
Gleitfläche der PTFE-Scheibe nach dem Öffnen eines zweiachsig verschiebbaren Topflagers nach rd. 11 Jahren Betriebsdauer

Bild 7.32
Gleitfläche des austenitischen Gleitblechs nach dem Öffnen eines zweiachsig verschiebbaren Topflagers nach rd. 11 Jahren Betriebsdauer

Bild 7.33
Gleitfläche des gereinigten austenitischen Gleitblechs eines zweiachsig verschiebbaren Topflagers nach rd. 11 Jahren Betriebsdauer

gegeben. Die Kriechkurven zeigen eindeutig, daß sowohl bei den glatten Proben als auch bei den Proben mit Schmiertaschen die ungünstigsten Werte – und zwar verstärkt mit zunehmender Flächenpressung – sich jeweils bei den streifenförmigen Probekörpern ergeben.

Aufgrund zahlreicher statischer Belastungsversuche mit unterschiedlichem Verhältnis zwischen Einsenkung t_1 und Spalthöhe h wurde der t_1/h-Wert auf mindestens 1,2 festgelegt. Im Pressungsbereich bis 60 N/mm² erbringt ein tieferes Einsenken der PTFE-Scheibe, d. h. die Vergrößerung von t_1/h offensichtlich keine Verbesserung, weder in bezug auf die Zusammendrückung der PTFE-Scheibe noch auf eine Verringerung des PTFE-Wulstes, vgl. Bild 7.41 und 7.42. Im Gegensatz dazu zeigen Versuche

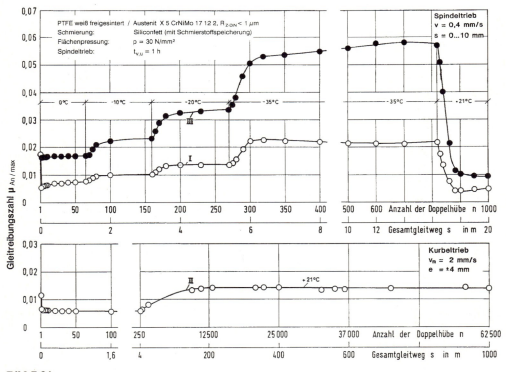

Bild 7.34
Gleitreibungscharakteristik eines PTFE-Modellagers aus dem Außenbereich eines zweiachsig verschiebbaren Topflagers nach rd. 11 Jahren Betriebsdauer im Langzeitversuch über einen zusätzlichen Gesamtgleitweg von rd. 1 km

7.3 Zulassungsversuche

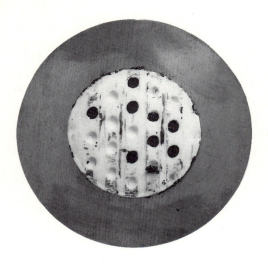

Bild 7.35
Gleitfläche der Modellagerkörper aus PTFE weiß und austenitischem Stahl vom Außenbereich eines zweiachsig verschiebbaren Topflagers nach rd. 11 Jahren Betriebsdauer und einem zusätzlichen Langzeitreibungsversuch über rd. 1 km Gesamtgleitweg

bei der Versagenslast von $p = 90$ N/mm^2 deutlich, daß das Versagen infolge Herausfließen des PTFE-Materials durch Vergrößerung des t_1/h-Wertes gestoppt werden kann, so daß hier tieferes Einsenken der PTFE-Scheibe zu einer Stabilisierung im Kriechprozeß führt, vgl. Bild 7.43 bis 7.45.

Wie an den Versuchskörpern zu sehen ist, erfolgt die Ausbildung des Wulstes nicht konzentrisch. Bemerkenswert ist vor allem die unterseitige Schädigung der PTFE-Scheiben im gekammerten Bereich in Form von Ablösungen. Entsprechend stark ausgeprägte Wulstbildung durch erhöhte

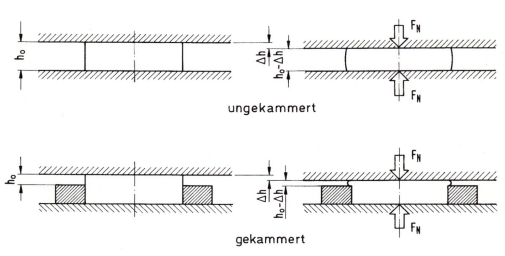

Bild 7.36
Verformungsverhalten von PTFE weiß, freigesintert unter vertikaler Druckbelastung

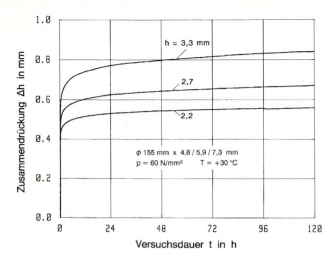

Bild 7.37
Einfluß der Spalthöhe und Belastungszeit auf das Verformungsverhalten (Kriechkurven) von PTFE weiß, freigesintert ($\varnothing$ 155 mm × 4,8/5,9/7,3 mm, geschmiert mit Schmierstoffspeicherung), $p = 60$ N/mm², $T = 30\,°C$

Kantenpressung infolge Hohlliegen des Lagerunterteils ist an der gekrümmten PTFE-Scheibe, die aus dem Lagerunterteil eines Kalottenlagers ausgebaut wurde, zu sehen, vgl. Bild 7.46.

Das Langzeitkriechverhalten von Modellagerscheiben ($L = 75$ mm), und zwar in einem Temperaturbereich zwischen -35 und $+35\,°C$ ist in Bild 7.47 über eine Versuchszeit von 15 Wochen bei zentrischer Belastung unter der Standardbelastung von 30 N/mm² dargestellt. Ausgehend von einer Anfangszusammendrückung nimmt die Zusammendrückung auch bei stufen-

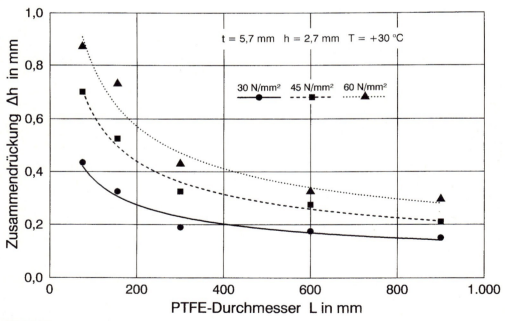

Bild 7.38
Einfluß der Probengröße und Flächenpressung auf die Zusammendrückung von PTFE weiß, freigesintert (geschmiert mit Schmierstoffspeicherung), $T = 30\,°C$, t rd. 48 h

weiser Absenkung der Temperatur trotz Dickenabnahme durch Wärmedehnung und höhere Kriechstabilität zu, vgl. Bild 7.48. Beim Erwärmen auf +35°C kommt etwa bei +27°C die Ausdehnung der Probe zum Stillstand und ein Kriechen des PTFE-Materials setzt bis zum Erreichen der Temperatur von +35°C ein. Die gestrichelte Kurve in Bild 7.48 markiert den Verformungsverlauf, wie er etwa bei Raumtemperatur stattfinden würde. Die zusätzliche Zusammendrückung durch die Erhöhung der Temperatur von +35°C beträgt mehr als 0,1 mm. Im weiteren Verlauf des Versuchs wiederholt sich dieser ausgeprägte Kriechprozeß in den nachfolgenden Temperaturphasen nicht mehr. Nach 15 Wochen wurde bei +21°C eine Zusammendrückung von etwas mehr als 0,4 mm erreicht. Die Zusammendrückung ist in der +35°C-Phase jedoch nicht vollständig zum Stillstand gekommen. Wie Analysenergebnisse von Proben aus den Schmiertaschen gezeigt haben, treten durch die 15-wöchige statische und thermische Belastung im Schmierstoff keine wesentlichen Veränderungen auf.

Bei den Langzeitreibungsversuchen mit den gleichen Temperaturprogrammen über einen Gesamtgleitweg von 15 km (rd. 15 Wochen) wurde eine Zusammendrückung zwischen 0,6 bis 0,7 mm gemessen. Die Differenzbeträge gegenüber der rein statischen Belastung resultieren aus zusätzlicher Verformung infolge Reibungswiderstand und dem Auftreten von PTFE-Verschleiß.

Die Zusammendrückung von PTFE bei zentrischer und exzentrischer Belastung, ist in Abhängigkeit von der Belastungszeit für die verschiedenen Lastfälle dargestellt, Bild 7.49. Wie zu erwarten, nimmt die Verformung mit der Kantenpressung auf der mehr gedrückten Seite deutlich zu. Bei der Exzentrizität $e = L/8$ tritt im rechnerisch nicht belasteten Kantenbereich eine Dickenzunahme der Probe, d. h. negative Zusammendrückung auf. Bild 7.50 zeigt am

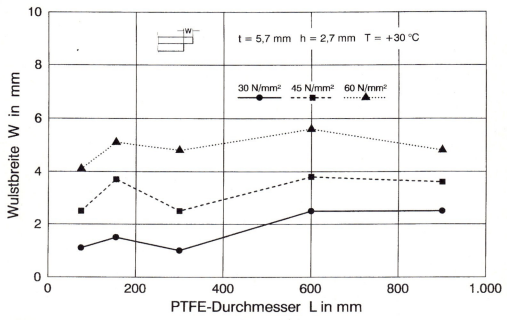

Bild 7.39
Einfluß der Probengröße und Flächenpressung auf die Wulstbreite von PTFE weiß, freigesintert (geschmiert mit Schmierstoffspeicherung), $T = 30°C$, t rd. 48 h

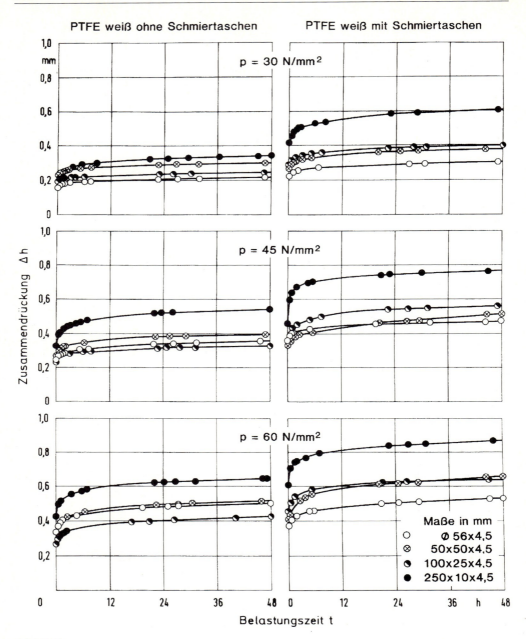

Bild 7.40
Einfluß der Probenform (Formfaktor) auf die Zusammendrückung von PTFE weiß, freigesintert (geschmiert mit und ohne Schmierstoffspeicherung), Raumtemperatur

7.3 Zulassungsversuche

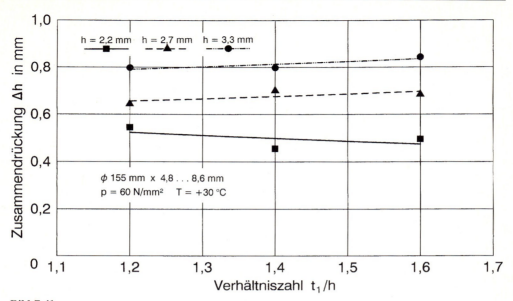

Bild 7.41
Einfluß des Verhältnisses Einsenktiefe zu Spalthöhe (t_1/h) auf die Zusammendrückung von PTFE weiß, freigesintert (⌀ 155 mm × 4,8 ... 8,6 mm, geschmiert mit Schmierstoffspeicherung), $p = 60$ N/mm², $T = 30\,°$C

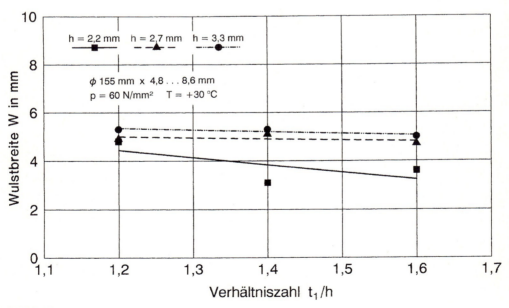

Bild 7.42
Einfluß des Verhältnisses Einsenktiefe zu Spalthöhe (t_1/h) auf die Wulstbildung von PTFE weiß, freigesintert (⌀ 155 mm × 4,8 ... 8,6 mm, geschmiert mit Schmierstoffspeicherung), $p = 60$ N/mm², $T = 30\,°$C

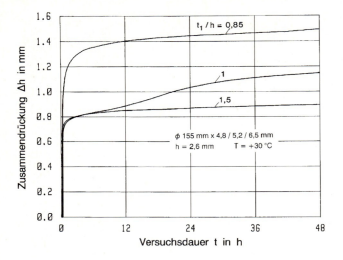

Bild 7.43
Einfluß des Verhältnisses Einsenktiefe zu Spalthöhe (t_1/h) auf die Zusammendrückung von PTFE weiß, freigesintert (⌀ 155 mm × 4,8/5,2/6,4 mm, geschmiert mit Schmierstoffspeicherung) bei $p = 90$ N/mm² (Versagensbereich), $T = 30\,°C$

Querschnitt ausgebauter PTFE-Versuchsproben deutlich die unterschiedliche Ausbildung des PTFE-Wulstes. Bei zentrischer Belastung bildet sich ein relativ kleiner konzentrischer Wulst. Unter exzentrischer Belastung ergibt sich, abhängig von der Größe der Exzentrizität, ein unterschiedlich großer exzentrischer Wulst. Bei $e = L/8$ ist die Wulstbreite auf der mit $p = 90$ N/mm² belasteten Seite nahezu 5mal so groß wie auf der rechnerisch unbelasteten Seite. Bemerkenswert ist, daß auch die „unbelastete" Seite einen Wulst aufweist.

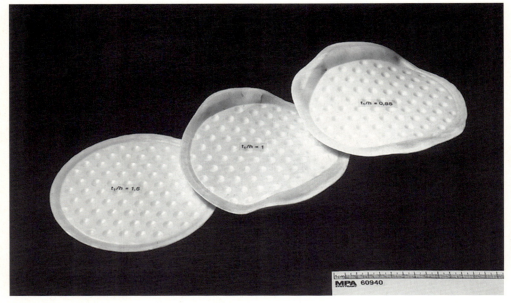

Bild 7.44
Gleitfläche (Oberseite) der Gleitplatten aus PTFE weiß, freigesintert (geschmiert mit Schmierstoffspeicherung) nach dem statischen Belastungsversuch bei $p = 90$ N/mm² (Versagensbereich), vgl. Bild 7.43

7.3 Zulassungsversuche

Bild 7.45
Gekammerter Bereich (Unterseite) der Gleitplatten aus PTFE weiß, freigesintert (geschmiert mit Schmierstoffspeicherung) nach dem statischen Belastungsversuch bei $p = 90$ N/mm² (Versagensbereich), vgl. Bild 7.43

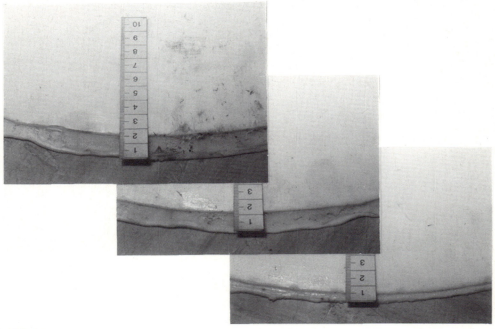

Bild 7.46
Ausgeprägte Wulstbildung an der gekrümmten PTFE-Scheibe des Lagerunterteils eines Kalottenlagers

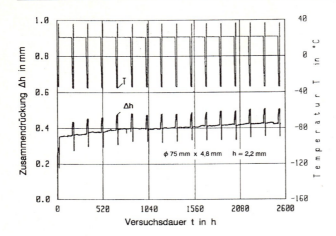

Bild 7.47
Einfluß von Temperatur und Belastungszeit auf die Zusammendrückung von PTFE weiß, freigesintert (⌀ 75 mm × 4,8 mm, geschmiert mit Schmierstoffspeicherung) in einem Temperaturbereich zwischen −35 °C und +35 °C über rd. 15 Wochen bei $p = 30$ N/mm^2

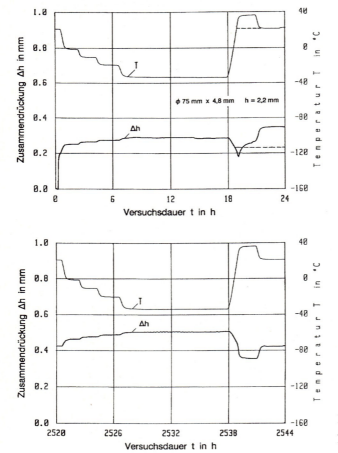

Bild 7.48
Ausschnitt von Bild 7.47, erster und letzter Versuchsabschnitt

7.3 Zulassungsversuche

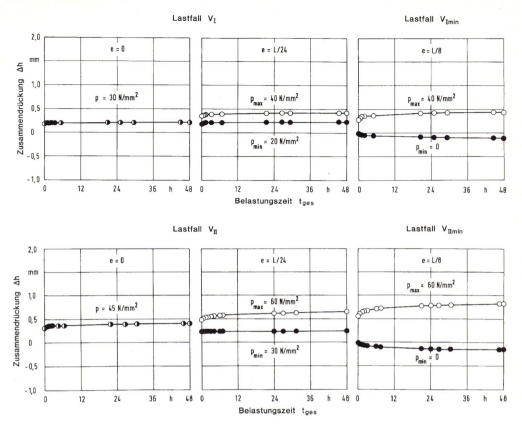

Bild 7.49
Einfluß von Belastung, Exzentrizität und Belastungszeit auf die Zusammendrückung von PTFE weiß, freigesintert (∅ 155 mm × 5,2 mm, geschmiert mit Schmierstoffspeicherung) bei Raumtemperatur

Bild 7.50
Wulstbildung von PTFE weiß, freigesintert (geschmiert mit Schmierstoffspeicherung) nach dem statischen Belastungsversuch bei $p = 45$ N/mm² (mittlere Flächenpressung) und Raumtemperatur

7.3.1.6 Zusammenfassende Bemerkungen

Moderne Brückenlager für größere Verschiebewege sind heute fast ausnahmslos als Gleitlager ausgeführt, wobei in der ebenen Gleitfläche PTFE weiß gegen austenitischen Stahl zum Einsatz kommt. Als Schmierstoff wird lithiumverseiftes Siliconfett verwendet, das infolge der im PTFE eingeprägten Schmiertaschen langzeitig in der Gleitfläche verfügbar ist.

Die Überprüfung des Reibungsverhaltens der stofflichen Komponenten erfolgt in Deutschland im Rahmen der chargenweisen Güteüberwachung in standardisierten Kurzzeitversuchen über einen Gesamtgleitweg von 20 m. Eine Reihe von Langzeitreibungsuntersuchungen über Gesamtgleitwege bis zu 20 km haben gezeigt, daß, ausgehend von den Randbereichen der PTFE-Scheiben ψ, Schmierstoff verbraucht wird und die Schmiertaschen nach und nach durch Kriechprozesse im PTFE zurückgebildet sowie durch Verschleiß des PTFE abgetragen werden. Der Schmiertascheninhalt verändert sich, indem das Seifengerüst Ölbestandteile abgibt und der Schmierstoffanteil durch Anreicherung von PTFE-Verschleiß abnimmt, was zu einer weiteren Reduktion des Schmierstoffes mit dem verfügbaren Ölanteil führt. Die Reibungszahl steigt infolgedessen an, was sich insbesondere im Bereich tiefer Temperaturen auswirkt. Hinsichtlich der Übertragung der Ergebnisse von Reibungsversuchen auf große Lager ist zu berücksichtigen, daß das Modellager mit $L = 75$ mm das kleinste zugelassene Lager darstellt. Da Fettverlust und der daraus resultierende PTFE-Verschleiß vom Rand her beginnen, beinhalten große Lager entsprechende Reserven.

In bezug auf das Kriech- und Fließverhalten des PTFE-Werstoffes ist festzustellen, daß bei sachgerechter Kammerung und Beachtung der vorgegebenen Belastungs- und Temperaturgrenzen ausreichende Sicherheit gegenüber Versagen durch Herausfließen des PTFE-Materials gegeben ist und gegen kurzzeitige Überlastung Reserven vorhanden sind.

7.3.2 Versuche an Topflagern

7.3.2.1 Allgemeines

Zur Überprüfung der Funktionsfähigkeit von Topflagern werden Dauerkipp- und Kurzzeitkippversuche sowie Traglast- und Dauerstandversuche durchgeführt.

Entscheidend für die einwandfreie Funktion eines Topflagers ist die Dichtung, die ein Austreten des Elastomers aus dem Topf wirksam verhindern soll. Im Dauerkippversuch ist daher insbesondere der Verschleiß zu prüfen, der an der Dichtung bei häufig wiederholtem Verdrehen des Lagers (Kippen) infolge der Relativbewegung zwischen Topf und Deckel auftritt.

Zur Festlegung maximaler Kippwinkel infolge Verkehrslasten wurden Berechnungen für übliche Brückenarten und Brückenabmessungen vorgenommen. Bei Straßenverkehr ergaben sich etwa maximale Verdrehungen von 0,001 für Massivbrücken und 0,0015 für Stahlbrücken, während bei Eisenbahnverkehr Werte von 0,0012 für Massivbrücken und 0,005 für Stahlbrücken ermittelt wurden. Im Dauerkippversuch beträgt der Kippwinkel üblicherweise 0,007 ($\pm$ 0,0035).

Die aus Verkehrslasten resultierenden Einzelverschiebungen der Dichtung an der Topfwand addieren sich bei Brücken zu beträchtlichen Gleitwegen auf. Dieser „Gleitweg" hängt daher vor allem von der Verkehrshäufigkeit und der Lebensdauer des Bauwerks ab und ist zur Zeit mit 1000 Meter für Straßenbrücken und 2000 Meter für Eisenbahnbrücken festgelegt. An Bauwerken durchgeführte Messungen ergeben derzeit noch kein einheitliches Bild (s. Abschn. 7.1, Nr. 13). Die unter Verkehr gemessenen maximalen Verdrehungen sind wesentlich kleiner als die rechnerisch ermittelten. Durch die verkehrsbedingte

Häufigkeit der Verdrehungen können jedoch größere Gleitwege als oben angenommen auftreten. Es wird vermutet, daß sehr kleine Kippwinkel einen geringeren Verschleiß verursachen als die im Versuch geprüften. Ein genauerer Nachweis darüber steht allerdings wegen des hohen Kosten- und Zeitaufwandes noch aus.

Das Rückstellmoment eines Topflagers ist eine weitere Größe, die besonders bei Topfgleitlagern für die Bemessung des PTFE-Gleitlagers von Bedeutung ist. Für die experimentelle Ermittlung in Kurzzeitversuchen sind eine Reihe von Parametern maßgebend: Lagergröße, Lagerpressung, Kippwinkel, Anzahl und Geschwindigkeit der Kippungen, Temperatur, Schmierung usw.

In den Traglast- und Dauerstandversuchen wird das Verhalten der Topflager unter dreifacher Gebrauchslast untersucht.

Aus diesen Anforderungen an Topflager wurde ein Versuchsprogramm entwickelt, nach dem alle vom Deutschen Institut für Bautechnik zugelassenen Topflager geprüft wurden. Die Prüfergebnisse zeigen, daß insbesondere mit dem Dauerkippversuch eine Beurteilung unterschiedlicher Dichtungssysteme im Hinblick auf den Verschleiß möglich ist.

Das Versuchsprogramm besteht im wesentlichen aus den nachfolgend aufgeführten Prüfungen:

7.3.2.2 Werkstoffprüfungen

Alle zum Bau eines Topflagers verwendeten Werkstoffe sind zu beschreiben und zu prüfen. Die Prüfung des Stahles erfolgt nach den üblichen Normen. Die Werkstoffeigenschaften des Elastomers werden in Anlehnung an DIN 4141, Teil 140 untersucht.

Die für die Versuche an ganzen Lagern verwendeten Elastomereinlagen werden 7 Tage lang bei 70°C gealtert.

Die Materialeigenschaften der Dichtung (Festigkeit, Reibungs-, Temperatur- und Verschleißverhalten) sind ebenfalls zu prüfen. Für das zur Schmierung verwendete Fett werden Zusammensetzung, Alterung und Verträglichkeit mit Elastomer und Dichtungswerkstoff untersucht.

7.3.2.3 Lagerherstellung

Die für die Funktion des Lagers wesentlichen Abmessungen und Toleranzen sind in einer Kontrollkarte festzuhalten. Die Rauheit der Topfinnenseiten, insbesondere der Topfwand sind zu messen. Diese Werte werden später für die Herstellung der Lager entsprechend der Zulassung vorgeschrieben.

7.3.2.4 Dauerkippversuch (Verschleißtest)

Dieser Versuch dient zur Beurteilung des Verschleißverhaltens und der Dauerhaftigkeit der Dichtung. Folgende Bedingungen sind festgelegt:

Lager geschmiert
Raumtemperatur
Lagerdurchmesser: ≥ 600 mm
Lagerpressung im Versuch: 35 N/mm^2
Kippwinkel: $\pm\,0{,}0035$
Frequenz (Sinus): $\leq 0{,}5$ Hz
mittlere Geschwindigkeit an der Dichtung:
≥ 1 mm/s
Weg der Dichtung an der Topfwand:
1000 m für Straßenbrücken,
2000 m für Eisenbahnbrücken.

Bild 7.51 zeigt den prinzipiellen Versuchsaufbau für Kippversuche [165]. Während des Dauerkippversuches werden die Momenten-Drehwinkeldiagramme in Abhängigkeit vom Gleitweg aufgezeichnet, Bild 7.52. Nach dem Dauerkippversuch wird das Lager geöffnet und insbesondere der Zustand der Dichtung, der Elastomereinlage und der Topfwand auf Abrieb beziehungsweise Verschleiß visuell beurteilt. Bei Dichtungen mit Rechteckquerschnitt kann eine verschleißbedingte Abnahme der Breite von max. 10 % als gerade noch „bestanden" gewertet werden. Elastomer darf durch die Dichtung nicht austreten, außer geringe Mengen pulvriger Bestandteile.

7.3.2.5 Rückstellmomente

Die Rückstellmomente werden an drei Lagergrößen in abgekühltem Zustand und bei Raumtemperatur sowohl an geschmierten als auch ungeschmierten Lagern in Kurzzeitversuchen unter folgenden Bedingungen ermittelt:

Prüftemperatur: $-20\,°C$, $+20\,°C$
Lagerdurchmesser: ca. 300, 450 und 600 mm
Lagerpressung: 30 N/mm^2
Kippwinkel: $\pm\,0{,}01$
Frequenz (sinus):
Lastwechsel   1– 4   0,003 Hz
                  5–20   0,03 Hz
                  21   0,003 Hz

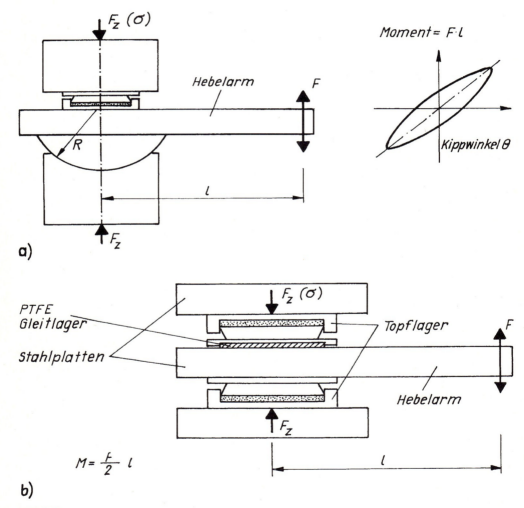

Bild 7.51
Versuchseinrichtungen, Prinzip
a) ein Topflager und ein reibungsarmes Kugellager
b) zwei Topflager, eines kombiniert mit einem PTFE-Gleitlager

7.3 Zulassungsversuche

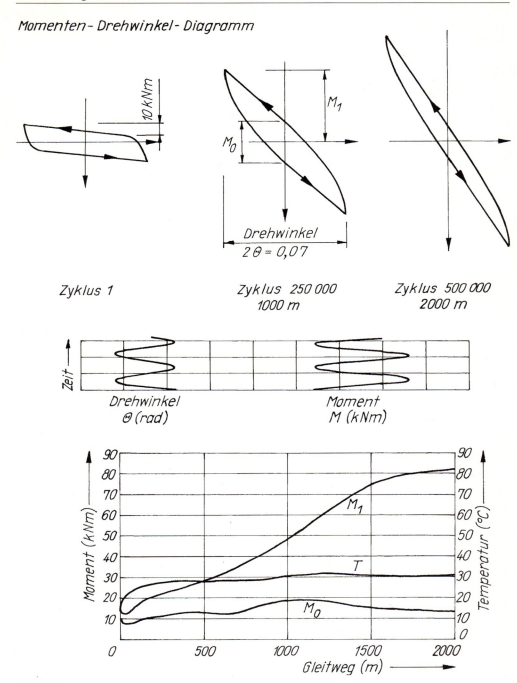

Bild 7.52
Meßergebnisse: Drehwinkel, Rückstellmoment und Temperatur

Zur rechnerischen Ermittlung der Rückstellmomente wird die Formel

$M_E = 0{,}188\, a^3\, (F_0 + F_1 \cdot \theta_1 + F_2 \cdot \theta_2)$

zugrunde gelegt. Diese Formel ist für eine zulässige Lagerpressung von 30 N/mm² gültig.

M_E Rückstellmoment in MNm
a   Radius der Elastomerplatte [hier in m einzusetzen]

Aus den im Versuch bei −20 °C ermittelten Momenten-Drehwinkeldiagrammen werden die Faktoren F_0, F_1 und F_2 nach folgenden Vereinbarungen gemäß Bild 7.53 bestimmt:

Faktor F_0

Der Faktor F_0 wird aus Versuchen an ungeschmierten Lagern ermittelt. Er entspricht der auf den Lagerdurchmesser bezogenen Lastexzentrizität e_0, die sich aus dem Hysteresemoment M_0 beim Nulldurchgang des Drehwinkels ergibt:

$e_0 = \dfrac{M_0}{2} \cdot \dfrac{1}{F_v}$

$F_0 = \dfrac{e_0}{a}$.

Faktor F_1

Entsprechend dem Zulassungstext sind die Winkel θ_1 Auflagerdrehwinkel (Bogenmaß) aus allen Verdrehungen, die nur innerhalb der ersten 5 Jahre auftreten (z.B. Bauzustände, Eigengewicht) sowie aus später langsam ablaufenden Verdrehungen (Restkriechen, Restschwinden, Temperaturschwankungen und langsame Baugrundbewegungen). Der zugehörige Faktor F_1 wird aus den Versuchen an geschmierten Lagern ermittelt, Bild 7.53:

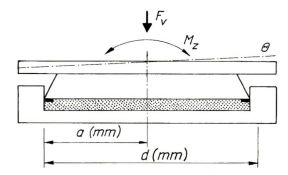

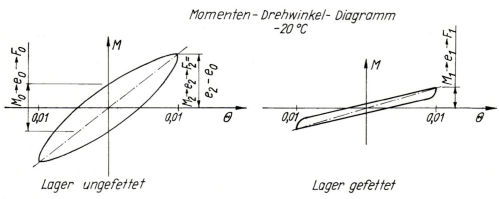

Bild 7.53
Bezeichnungen zur Ermittlung der Faktoren F_0, F_1 und F_2

7.3 Zulassungsversuche

$$e_1 = \frac{M_1}{F_v}$$

$$F_1 = \frac{e_1}{a} \cdot 100$$

Faktor F_2

Die Winkel θ_2 sind Auflagerdrehwinkel (Bogenmaß) aus allen Verdrehungen, die bei θ_1 nicht berücksichtigt wurden, also insbesondere die aus Verkehrslast. Der zugehörige Faktor F_2 wird aus den Momenten-Drehwinkeldiagrammen, die aus den Versuchen mit ungeschmierten Lagern erhalten werden, ebenfalls nach Bild 7.53 bestimmt:

$$e_2 = \frac{M_2}{F_v}$$

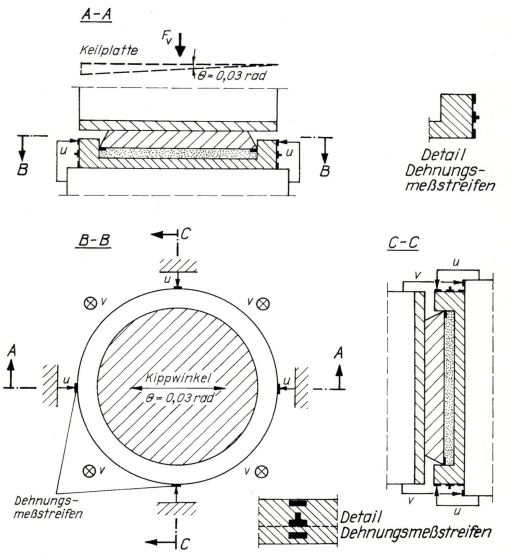

Bild 7.54
Versuchsaufbau und Meßeinrichtungen

$$F_2 = \frac{(e_2 - e_0)}{a} \cdot 100$$

Die in die Formel eingesetzten Faktoren F_0, F_1 und F_2 sind auf- oder abgerundete Mittelwerte aus den drei geprüften Lagergrößen.

7.3.2.6 Traglastversuche

Die „Bruchlasten" von Topflagern betragen, ähnlich wie bei bewehrten Elastomerlagern, ein Vielfaches der Gebrauchslast. Dies führte zur Vereinbarung, Traglastversuche mit der 3fachen zulässigen Last bei Verdrehungen von $\theta = 0$ und $\theta = 0{,}03$ durchzuführen. Zum Nachweis einer ausreichenden Dimensionierung der Stahlteile werden Dehnungen und Verformungen am Topf gemessen, Bild 7.54.

Folgende Versuchsbedingungen sind festgelegt:

Lager geschmiert
Raumtemperatur
Lagerdurchmesser: ca. 300 und 450 mm
Kippwinkel: 0 und 0,03
Pressung: $3{,}0 \cdot \text{zul } \sigma$ (90 N/mm^2)
Belastungsgeschwindigkeit: 0,05 N/mm^2/s
Dehnungs- und Verformungsmessungen am Topf

Nach den Versuchen werden die Lager zur Beurteilung geöffnet und vermessen. Größere Verformungen aus bleibenden Dehnungen dürfen am Topf nicht auftreten.

7.3.2.7 Dauerstandversuch

In diesem Versuch wird ebenfalls bei 3facher zulässiger Last die Standfestigkeit der Dichtung für einen längeren Zeitraum überprüft. Das im allgemeinen vorhandene Spiel zwischen Topf und Deckel wird dabei einseitig zu Null gemacht. Die übrigen Versuchsbedingungen entsprechen denjenigen der Traglastversuche. Die Standzeit der Last beträgt 168 Stunden (7 Tage).

Während dieses Versuches darf kein Elastomer aus dem Lager austreten. Vertikale und horizontale Verformungen müssen während der Versuchszeit zum Stillstand kommen.

7.3.2.8 Zusammenfassung, Ausblick

Die Gebrauchsfähigkeit von Topflagern kann mit den vorgestellten Versuchen zuverlässig beurteilt werden. Es bleiben jedoch Fragen offen wie zum Beispiel der Einfluß von Horizontalkräften, die Haltbarkeit der Dichtung bei großen Gleitwegen (> 2000m) und wirklichkeitsnahen kleinen Kippwinkeln (< 0,0015) aus Verkehrslasten, die Dauerwirksamkeit der Schmierung sowie das Zusammenwirken der Lager mit den anschließenden Bauteilen.

Die für die Kippversuche eingesetzte Prüfeinrichtung [165], mit der vertikale Lasten bis 15 MN und Kippmomente bis 325 kNm aufgebracht werden können, eignet sich auch für die Ermittlung der Rückstellmomente von bewehrten Elastomerlagern, Kalottenlagern und Stahl-Punktkipplagern.

8 Literatur

Im nachfolgenden Abschnitt wird ein Überblick über das z. Z. vorhandene Schrifttum über Lager gegeben. Der Abschnitt 8.1 enthält einige Literaturangaben mit einem Kommentar. Ganz allgemein läßt sich sagen, daß nur wenige Literaturstellen uneingeschränkt verwendbar sind. Die Literaturangaben sind keineswegs vollständig, dürften aber für den deutschsprachigen Raum die aktuellste gegenwärtige Zusammenstellung sein.

8.1 Kurzkommentare zu einigen Veröffentlichungen

8.1.1 Allgemeines

1. Leonhardt und Andrä: Stützungsprobleme der Hochstraßenbrücken. Beton- und Stahlbetonbau 55 (1960), Heft 6.

   In diesem Aufsatz werden insbesondere für gekrümmte Brücken die verschiedenen Lagerungsmöglichkeiten besprochen. Der Aufsatz ist zum Teil veraltet, weil weder PTFE-Lager noch bewehrte Elastomerlager behandelt werden.

2. Hartmann, Friedrich: Stahlbrückenbau. Wien, Schranz, Deuticke 1951, Seite 712 (19. Absatz: Die Lager der Balkenbrücken).

   Diese Veröffentlichung ist zum Teil veraltet. Sie enthält jedoch elementare, allgemein gültige Berechnungsformeln (z. B. für die Hertzsche Pressung) für feste Lager und für Rollenlager aus herkömmlichem Stahl und kann daher für die statische Berechnung und Prüfung solcher Lager von Nutzen sein.

3. Weiprecht, M.: Auflagerung von Brücken. Elsners Taschenbuch für den Bautechnischen Eisenbahndienst 1967, Seite 231 bis 277, Abschnitt E Brücken- und Ingenieurhochbau.

   Dieser Aufsatz kann im Hinblick auf den Anwendungsbereich Brückenbau fast als eine Art Vorläufer dieses Handbuchs betrachtet werden. Es werden bereits alle modernen Lagertypen behandelt, darüber hinaus auch inzwischen ausgestorbene Arten wie z. B. das Neotopfnadellager. In einem Hauptteil wird ein Überblick über die charakteristischen Merkmale der verschiedenen Lager gegeben, in einem Anhang werden die Berechnungsgrundlagen mitgeteilt, ein Anhang I enthält eine Zusammenstellung der wichtigsten Normen und Vorschriften und ein Anhang II enthält Tabellen über Gewicht und Bauhöhe der verschiedenen Lagerarten.

4. Ohne Verfasser: Brückenlager. Beratungsstelle für Stahlverwendung, Düsseldorf, Merkblatt 339, 2. Auflage 1968.

   Auf 22 Seiten werden hier zunächst die funktionellen Aufgaben der Lager erklärt und die klassischen Lagerformen beschrieben sowie die heute kaum noch angewandten Kugel- und Nadellager. Im Abschnitt Neuzeitliche Lagerformen werden dann die Lager der Firmen Kreutz, GHH und DEMAG vorgestellt, anschließend Stelzenlager, Lager aus gepanzertem Beton, Zuglager und Lager für Seiltragwerke. Die Druckschrift ist größtenteils veraltet, ermöglicht aber eine schnelle, wenn auch nicht lückenlose Übersicht über die Brückenlagertechnik.

5. Thul, H.: Brückenlager. Der Stahlbau 38 (1969), Seite 353

   Der Aufsatz enthält einen Überblick über den damaligen technischen Stand der Lagertechnik und die Anwendung im Brückenbau.

6. Sattler, K.: Lehrbuch der Statik, 1. Band, Teil A, Theorie. Springer Verlag, Berlin/Heidelberg/New York, Abschnitt I Allgemeine Grundlagen 1969.

In diesem Abschnitt wird unter Ziffer 4 (Ausbildung der Stützung) eine vierseitige knappe Darstellung der verschiedenen Stützungsmöglichkeiten gegeben. Die Darstellung des Gummilagers fehlt.

7. Bayer, K.: Auflager und Fahrbahnübergänge für Hoch- und Brückenbauten aus Kunststoff. Verein Deutscher Ingenieure VDI im Bildungswerk BV 1596 (Vortragsveröffentlichung).

Der Aufsatz behandelt im ersten Teil Aufbau, Wirkungsweise und Anwendung von bewehrten Elastomerlagern, Neotopflagern und PTFE-Lagern. Es wird auch über den Einsatz von Gleitlagern bei der Auflagerung des IJ-Tunnels, Amsterdam, auf Pfählen berichtet.

8. Ferreira: Terminologie des Hoch- und Brückenbaues. Wilhelm Ernst & Sohn, Berlin/München 1969.

Dieses Buch enthält unter Kapitel IX, 9, folgende Definition:
Auflager: Jeder Balken oder Träger übt durch seine Belastung auf die Auflager Auflagerdrücke aus, denen zur Aufrechterhaltung des Gleichgewichts gleich große Stützkräfte oder Auflagerkräfte oder Auflagerreaktionen oder Auflagerwiderstände entgegenwirken müssen: Wir verstehen also unter Auflagerdrücke die Kraft vom Balken auf die Auflager (Aktion), dagegen unter Auflagerkraft die Gegenkraft des Auflagers auf den Balken (Reaktion).
Die Brückenauflager (Auflager, Brückenlager) dienen zur Übertragung der Auflagerkräfte vom Tragwerk auf die Fundamente und sind so auszubilden und zu bemessen, daß die Kräfte statisch einwandfrei und mit Berücksichtigung der Formänderungen des Tragwerks und der Wärmeschwankungen übertragen werden können.
Die festen und beweglichen Lager der Brückenlängsträger werden als Kipplager eingerichtet, so daß sich der Überbau frei drehen kann. Die festen Lager sind Kipplager, die eine Drehung nur in der Ebene des Trägers ermöglichen. Bei festen Zylinderzapfenkipplagern ist zwischen Kippplatte und Grundplatte ein zylindrischer Zapfen eingelegt (Zentrierzapfen).
In dem festen Linienkipplager faßt die ebene Kippplatte (oben) die zylindrische Wälzfläche der Grundplatte (unten), so daß Abgleiten in der Längsrichtung der Brücke unmöglich ist. Seitliche Ansätze (Knaggen) an der Grundplatte verhindern Querverschiebungen. Schließlich ist das ganze Lager durch einbetonierte Rundstähle (Dollen) auf dem Unterbau festgehalten.
Bewegliche Lager sind solche, die die erforderlichen Verschiebungen bei kleinem Widerstand zulassen. Gleitlager, bei denen zwei Lagerkörper mit gehobelten Flächen aufeinandergleiten. Die Rollenlager bestehen aus Grundplatte, Rollen, Sattelplatte, Mittelteil und Kippplatte (pro Lageroberteil).
Bei größeren Rollendurchmessern kann man die seitlichen Teile der Rollen, die nie zum Abwälzen kommen, weglassen und erhält das Stelzenlager. Bei einem Kugellager sind die Walzen oder Stelzen durch Kugeln ersetzt. Eine weitere Möglichkeit bieten Pendellager, bei denen in der Regel unter jedem Hauptträger Pendelstützen angeordnet sind.

9. Hütte, Schleicher. Die Handbücher des Bauingenieurs enthalten über Lager nur sehr kurze, im großen und ganzen dem heutigen Stand nicht mehr entsprechende Angaben.

10. Marioni, A.: Apparechi di appogio per ponti e strutture, ITEC editrice, Milano, 1983.

Dieses Buch ist eine Darstellung über Lager im Bauwesen in italienischer Sprache. Es enthält noch die Linienlagerung und beschreibt auch die in Deutschland ungebräuchlichen Kalotten- und Zylinderlager, bei denen die äußere Horizontalkraft direkt über die gekrümmte Fläche weitergeleitet wird.

11. Maurer/Rahlwes: Lagerung und Lager von Bauwerken, Betonkalender 1995 Teil II, Ernst & Sohn.

Diese in mehrjährigem Abstand im Betonkalender erscheinende Abhandlung kann als aktuelle Ergänzung des Lagerbuchs angesehen werden.

12. Deinhard, J. M. et al.: Der Schadensfall an der Mainbrücke bei Hochheim. Beton- und Stahlbetonbau 72 (1977) S. 1 bis 7.

Der in diesem Aufsatz geschilderte Schadensfall entstand im Sommer 1973, als ein als Stelzenlager wirkendes, auftraggeschweißtes Rollenlager über den planmäßigen Rollweg hinauslief. Dies führte zur Absenkung des Überbaus um 36 cm, zur Schiefstellung des Pfeilers und – natürlich – zur Zerstörung der Lagerkonstruktion. Aus dem Schadensfall wurden Erkenntnisse gezogen, über die im Aufsatz berichtet wird. Zitat (als Beispiel): „Bei der konstruktiven Ausbildung beweglicher Lager sollte stets darauf geachtet werden, daß der Überbau einer unvorhergesehenen Überschreitung des rechnerisch ermittelten Lagerweges noch verhältnismäßig gefahrlos folgen kann."

13. König, G., Maurer, R., Zichner, T.: Spannbeton: Bewährung im Brückenbau; Analyse von Bauwerksdaten, Schäden und Erhaltungskosten. Springer-Verlag Berlin, Heidelberg, New York, London, Paris, Tokyo 1986.

In diesem Buch wird auch auf Probleme und Schäden im Zusammenhang mit Brückenlagern eingegangen. Es enthält
- eine drastische Darstellung des Schadens an der Brücke Hochheim aus dem Jahre 1973.
Eine Überrollung des planmäßigen Rollwegs führte zur Schiefstellung des Pfeilers und zur Einsenkung des Überbaus, s. auch Nr. 12.
- Korrosion an einem Rollenlager.
Es wird auf notwendige Wartungsmaßnahmen hingewiesen, die ein Stiefkind vieler Brückeneigentümer in aller Welt sind.
- eine Statik über Spannbetonbrücken, in der auch die Veränderung in der Wahl für die beweglichen Lager gezeigt wird. Bis 1964 sind es ausschließlich Rollenlager, die im Verlauf von ca. 30 Jahren von Topf- und Kalottengleitlagern verdrängt wurden. Die Darstellung reicht allerdings nur bis 1980 und faßt jeweils 5-Jahreszeiträume zusammen.
- eine Auswertung von Schadensdaten. Dabei wurden Daten von 2700 Lagern ausgewertet und festgestellt, daß Korrosion ein sehr häufiges Schadensmerkmal ist. Rollenlagerschäden werden u. a. darauf zurückgeführt, daß bei Massivbrücken eine schwellende Beanspruchung bei hoher Mittelspannung in den Rollenlagern auftritt, die eine Materialermüdung bewirkt. Dies führt zu Rißbildungen mit anschließendem Rißwachstum im Bereich von Spannungsspitzen. Wenn diese Argumentation zutrifft, sind auf Dauer auch die sonst als schadenssicher angesehenen duktilen Rollen (Auftragsschweißung auf zähem Grundwerkstoff) rißgefährdet, denn letztlich bedeutet bereits die Berührungslinie bei voll ausgenutzter Hertzscher Pressung wegen der plastischen Verformung eine Kerbe. Solange dieser Einfluß nicht durch Dauerfestigkeitsuntersuchungen abgeklärt ist, bleibt zu befürchten, daß es mit dem Auswechseln der Edelstahlrollen noch lange nicht sein Bewenden hat.
- einen Vergleich der Gefährdung bei gleichartigen Schäden am Durchlaufsystem und am System aneinandergereihter 1-Feld-Brücken. Im letzteren Fall bewirkt das Absenken des Überbaus an jeder Stützstelle durch Zerstörung des Lagers (z. B. Platzen der Rolle eines Rollenlagers) eine Gefahr für Leib und Leben, während bei Durchlaufträgern an den Zwischenstützen nur eine relativ ungefährliche „Delle" entsteht.
- eine Analyse des Finanzbedarfs zur Erhaltung der Brücken. Der Anteil der Kosten für die Lager erreicht dabei kaum 10 % der Gesamtkosten. Es kann angenommen werden, daß mit der Abnahme der Anzahl der Rollenlagerauswechselungen dieser Anteil künftig noch geringer ausfallen wird.
- Kostenangaben für den Austausch der Lager. Die Kosten für den Austausch sind unvergleichlich teurer als der Neupreis für Lager inclusive Einbau. Die Kostenangaben betragen 5000,– DM bis 125 000,– DM je Lager, abhängig vom speziellen Aufwand und auch von der Brückenart (bei Talbrücken ist der Aufwand besonders hoch) und sind bei dieser großen Schwankungsbreite als Richtwerte kaum brauchbar.
Besonders hoch ist der Aufwand natürlich dann, wenn beim Neubau eine mögliche Auswechselung nicht planmäßig vorgesehen wurde (Zugänglichkeit, Pressenansatzpunkte).

8.1.2 Historisch interessantes Schrifttum

1. Leonhardt, F., und Wintergerst, L.: Über die Brauchbarkeit von Bleigelenken. Beton- und Stahlbetonbau 1961, Heft 5, Seite 123 bis 131.

   Der Aufsatz enthält einen auf Versuchsergebnissen und Erfahrungsauswertung basierenden Vorschlag zur Änderung der entsprechenden Vorschrift in DIN 1075.
   Bleilager bzw. Bleigelenke entsprechen nicht mehr dem Stand der Technik und werden daher wohl nur noch ausnahmsweise in einfachen Bauten angewandt. Für solche Fälle gibt der Aufsatz erschöpfende Auskunft.

2. Andrä, W., und Leonhardt, F.: Neue Entwicklungen für Lager von Bauwerken, Gummi- und Gummitopflager. Die Bautechnik 39 (1962), Heft 2, Seite 37 bis 50.

   Dieser Aufsatz, in dem erstmalig zusammenhängend über die neuen Lagerarten und deren Vorteile gegenüber den herkömmlichen stählernen Lagern berichtet wird, war seinerzeit eine der wichtigsten Veröffentlichungen über Lager.

3. Beer, H.: Die Prager Straßenbrücke in Wien, ein neuartiges System für eine sehr schiefe Brücke. Der Bauingenieur 38 (1965), Heft 5, Seite 180 bis 189.

   Es wird gezeigt, wie durch entsprechende Wahl der Überbaukonstruktion vermieden werden kann, daß bei schiefen Brücken in den stumpfen Ecken sehr große Auflagerdrücke und in den spitzen Ecken hohe Zugkräfte an Auflagern entstehen. Die dargestellten Lagerausführungen entsprechen nicht mehr den heute gebräuchlichen. Man sieht u. a., wie ein stählernes Lager aussah, dessen Bewegungsrichtung schräg zur Kippachse verläuft.

4. Weitz, F.-R.: Entwicklungstendenzen des Stahlbrückenbaus am Beispiel der Rheinbrücke Wiesbaden-Schierstein. Der Stahlbau 35 (1966), Seite 289 bis 301.

   Mit einer Gesamtlänge von 1200 m handelt es sich beim Brückenzug Wiesbaden-Schierstein um eine der größten Brücken Deutschlands (Baujahr 1960 bis 1962).
   Obwohl im Grundriß gerade, brachten die großen Bewegungen und die ungewöhnlich hohen Auflagerdrücke besondere Lagerungsprobleme mit sich, die mit den damals vorhandenen Mitteln optimal gelöst wurden. Erstmalig kommen hier bei Auflagerkräften von 2500 Mp Neotopflager und Neotopfnadellager zur Anwendung.

5. Mörsch, E., Bay, H., und Deininger, K.: Brücken aus Stahlbeton und Spannbeton. 2. Band Herstellung und bauliche Einzelheiten, 6. Auflage, Abschnitt G, 15. Lager und Gelenke. Verlag K. Witwer, Stuttgart 1968.

   Von den 37 Seiten dieses Kapitels werden 22 den Gelenken der Brückengewölbe und nur 15 den eigentlichen Lagern gewidmet. Obwohl Gleitlager, Gummilager und auftraggeschweißte Rollenlager) bereits erwähnt werden, ist die Darstellung größtenteils veraltet und reicht allenfalls für eine grobe Orientierung.

6. Grote, J.: Unbewehrte Elastomerlager. Der Bauingenieur 42 (1969), Seite 121.

   Der Aufsatz enthält u. a. einen Vorschlag für die Bemessung unbewehrter Elastomerlager, der Grundlage für die späteren Richtlinien wurde, der Vorläuferin von DIN 4141 Teil 15.

7. Weiteres historisch interessantes Schrifttum:
   Schaper, G.: Bauliche Ausbildung und Gestaltung der stählernen Zwischenstützen stählerner Überbauten. Die Bautechnik 10 (1937), Seite 161.
   Burkhardt, E.: Gepanzerte Betonwälzgelenke, Pendel- und Rollenlager. Die Bautechnik (1939), Seite 230.
   Heesen: Gepanzerte Betonwälzgelenke, Pendel- und Rollenlager. Die Bautechnik (1948), Seite 261.
   Sedyter: Über die Wirkungsweise von Bleigelenken. Beton und Eisen (1926), Seite 29.
   Kollmar: Auflager und Gelenke, Berlin (1919).

8. Schönhöfer: Neugestaltungen auf dem Gebiet des Auflagerbaues und auf verwandten Gebieten. Werner-Verlag, Düsseldorf (1952).

Dieses Buch enthält eine Fülle von konstruktiven Ideen für alle denkbaren Lagerungsprobleme (Stahllager). Leider sind Anwendungsfälle kaum bekannt geworden, da durch die Verwendung von PTFE und Gummi die meisten Ideen Schönhöfers hinfällig wurden.

9. Beyer, E., und Wintergerst, L.: Neue Brückenlager, neue Pfeilerform. Der Bauingenieur 35 (1960), Heft 6, Seite 227 bis 230.

In diesem Aufsatz wird das Gummitopflager der Öffentlichkeit vorgestellt, die Wirkungsweise beschrieben und über Versuche mit diesem Lager berichtet. Unter anderem erfährt man hier auch etwas über die Zusammendrückbarkeit dieser Lager (weniger als 1 mm bei einer Pressung von 400 kp/cm^2 und einer Gummischichtdicke von 30 mm).

10. Eggert, H.: Lager für Brücken und Hochbauten. Der Bauingenieur 53 (1978) S. 161 bis 168.

In diesem Aufsatz wird – 4 Jahre nach Erscheinen der ersten Auflage des Lagerbuches – der aktuelle Stand mitgeteilt. Zu diesem Aufsatz gehört eine Zuschrift von H. Pfohl und eine Erwiderung, veröffentlicht im Jahrgang 54 (1979) S. 200.

8.1.3 Versuchsberichte

1. Suess, K., und Grote, J.: Einige Versuche an Neoprenelagern. Der Bauingenieur 38 (1963), Heft 4, Seite 152 bis 157.

Der Aufsatz berichtet über die Durchführung und Ergebnisse einiger für die Zulassung der bewehrten GUMBA-Elastomerlager erforderlichen Eignungsversuche. Er enthält darüber hinaus grundsätzliche allgemein gültige Angaben, z.B. zur Zunahme des Schubmoduls bei tiefen Temperaturen.

2. Uetz, H., und Hakenjos, V.: Reibungsuntersuchungen mit Polytetrafluoräthylen bei hin- und hergehender Bewegung. Die Bautechnik 44, Heft 5, Seite 159 bis 166.
Uetz, H., und Hakenjos, V.: Gleitreibungs- und Gleitverschleißversuche an Kunststoffen. Kunststoffe, 59. Jahrgang (1969), Heft 3, Seite 161 bis 168.

In den beiden vorgenannten Aufsätzen wird ein Überblick über das Reibungs- und Verschleißverhalten von PTFE bei relativ hohen Belastungen und niedrigen Geschwindigkeiten entsprechend den Anwendungsbedingungen bei Lagern gegeben. Versuche dieser Art, die inzwischen weiter entwickelt wurden (heute ist es möglich, an Probestücken mit originalgetreuen Schmiertaschen Versuche bis −35 °C durchzuführen), waren Grundlage für die allgemeine bauaufsichtliche Zulassung der Gleitlager (vgl. auch Abschn. 7.3 dieses Buches).

3. Sasse, H.-R., und Schorn, H.: Bewehrte Elastomerlager – Stand der Entwicklung. Plastik-Konstruktion (1971), Heft 5, Seite 209 bis 227.

Der Aufsatz enthält neben einem generellen Überblick über die Lager und deren Anwendungsmöglichkeiten Mitteilungen von Versuchsergebnissen aus dem Institut für Bauforschung der Technischen Hochschule Aachen.

8.1.4 Praktische Anwendungen

1. Cichocki, F.: Bremsableitung bei Brücken. Der Bauingenieur 36 (1961), Seite 304 bis 305.

Ein großes Problem beim Entwurf des Lagerungsplans kann die Bremskraftableitung über den Festpunkt der Brücken sein. Der Aufsatz behandelt die Anwendung eines ölhydraulischen Bremslagers bei einer Eisenbahnbrücke über die Drau in Kärnten, mit deren Hilfe die Bremskraft auf zwei Widerlager (und ebenso die Verschiebewege) verteilt wurden.

2. Jörn, R.: Gummi im Bauwesen. Elastische Lagerung einer Pumpenstation. Der Bauingenieur 36 (1961), Heft 4, Seite 137 bis 138.

Es wird berichtet von einer Anwendung von Gummilagern zwecks Erreichung einer niedrigen Eigenfrequenz federnd gelagerter, schwingender Massen. Verwendet wurde Naturkautschuk, der für diesen Zweck gewisse Vorteile gegenüber synthetischen Kautschuk hat, sofern ein einwandfreier Schutz gegen Witterungseinflüsse vorhanden ist. Probleme dieser Art werden im vorliegenden Buch im Abschnitt 3.7 behandelt.

3. Simons, H.-J.: Beitrag zur längsbeweglichen Einspannung von Brückenbauten. Die Bautechnik (1961), Heft 12, Seite 422 bis 433.

Es handelt sich bei dieser kurzen Notiz um einige Vorschläge zur Realisierung einer zug- und druckfesten längsbeweglichen Lagerung mit Hilfe von vertikalen Spanngliedern ohne Verbund und ähnlichem. An anderer Stelle dieses Handbuches wurde bereits darauf hingewiesen, daß nach unserer Auffassung solche Lösungen nicht zweckmäßig sind. Es ist uns auch nichts bekannt über Erfahrungen bzw. über die Bewährung dieser Methoden.

4. Homberg, H., Jäckle, H., und Marx, W.-R.: Einfluß einer elastischen Lagerung auf Biegemomente und Auflagerkräfte schiefwinkeliger Einfeldplatten. Der Bauingenieur 36 (1961), Heft 1, Seite 19 bis 21.

Der Aufsatz berichtet über Modellversuche an einer 4 mm dicken Aluminiumplatte, die zwecks Klärung der zweckmäßigen Vorspannführung und Auflagerung einer sehr schiefwinkeligen Einfeldbrücke erforderlich waren. Die Verfasser kommen zu dem Schluß, daß bei zweckmäßiger Wahl der Quervorspannung ein Abbau der Beanspruchung der Lager in den stumpfen Ecken infolge ständiger Last und durch Verwendung von Elastomerlagern unterschiedlicher Elastizität ein Abbau der Beanspruchungsspitzen infolge Verkehrslast erzielt werden kann.

5. Ernst, H.-J., und Feder, D.: Konstruktion, Berechnung und Modellversuche für einen ungewöhnlichen Spannbetonquerschnitt. Der Bauingenieur 37 (1969), Heft 11, Seite 401 bis 405.

Es wird über die Hochstraße Jan-Wellem-Platz berichtet, eine vielfeldrige, stark gekrümmte und mit einem monolythisch angeschlossenen, ebenfalls mehrfeldrigen, zweigabligen Abzweigstück versehene Straßenbrücke. Die Lagerung erfolgte über Pendelstützen, die in Brückenquerrichtung biegesteif sind. Interessant ist die hier gezeigte Konstruktion eines Gelenkes aus zwei Neotopflagern.

6. Beyer, E., und Ernst, H.-J.: Brücke Jülicher Straße in Düsseldorf. Der Bauingenieur 39 (1964), Heft 12, Seite 409 bis 477.

Wie eine Brücke mit 100 m Mittelspannweite und 1200 Mp Endgewicht mit einer Kraft von nur ca. 60 Mp in Längsrichtung auf die Pfeiler mit Hilfe von Gleitlagern einfacher Bauart geschoben wurde, wird in dieser Veröffentlichung gezeigt.

7. Ohne Verfasser: Auflager aus Teflon. Auszüge aus dem Journal of Teflon 1964, 1965 und 1966, Druckschrift der Du Pont de Nemours International S. A. Geneva, Switzerland.

Diese Firmenschrift enthält als Anwendungsbeispiel für PTFE-Lager zwei Brückenverschiebungen, den Amsterdamer IJ-Tunnel und die Auflagerung einer 1,4 km langen Dampfleitung.

8. Kesper, E.: Die Hochstraße zur König-Wilhelm-Straße in Gelsenkirchen. Der Stahlbau (1965), Heft 2, Seite 44 bis 50.

Mit welch ungewöhnlichen Bedingungen im Bergsenkungsgebiet zu rechnen ist, zeigt dieser Aufsatz. Mit Streckenabsenkungen bis zu insgesamt 2 bis 5 m sind bei der hier überbrückten Strecke zu rechnen. Örtliche Unstetigkeiten im Absinken des Geländes mußten bis zu 20 cm nur an der Stützenlagerung ausgeglichen werden können. Hinzu kommen vermutete horizontale Verschiebungen und Verzerrungen in jeder Richtung von bis zu 1,64 m in 10 Jahren. Für Lagerungsprobleme dieser (ungewöhnlichen) Art wird es keine Patentrezepte geben, und in solchen Fällen muß stets von neuem überlegt werden, wie man mit den verfügbaren Mitteln eine optimale Lösung erreicht.

9. Wittfoht, H.: Die Autobahnbrücke über das Siegtal in Siegen-Eiserfeld. Der Bauingenieur 41 (1966), Heft 10, Seite 393.

In diesem Aufsatz wird u. a. über die Anwendung von Rollenlagern bei einer großen, gekrümmten Talbrücke berichtet. Es handelt sich also hier um ein klassisches Beispiel dafür, wie man es nicht machen soll. Die Lager wurden inzwischen ausgewechselt.

10. Beyer, E., und Thul, H.: Hochstraßen. Betonverlag mbH, Düsseldorf, 2. Auflage (1967).

In diesem Buch wird unter Abschnitt 10.4 (Die Lager der Hochstraßen) über die Anwendung von Neotopflagern, Neotopfgleitlagern und bewehrten Gummilagern berichtet.

11. Faltus, F., und Zeman, J.: Die Bogenbrücke über die Moldau bei Zdakov. Der Stahlbau (1968), Heft 11, Seite 332 bis 339.

Der Bericht handelt über eine der größten Brücken der Tschechoslowakei. Die Lagerungsprobleme bei hohen Bogenbrücken sind besonderer Natur. Ein längsverschiebliches System muß in Querrichtung große Kräfte (Wind) aufnehmen können. Die Lösung erfolgt im vorliegenden Fall mittels eines horizontalen stählernen Pendels. Wegen unsicherem Baugrund wurden verstellbare Kämpferlager (tschechoslowakisches Patent) verwendet. Wegen der Seltenheit von Bauwerken dieser Art geht unser Buch in den Lagerungsbeispielen auf solche Fälle nicht ein, jedoch ist es mittels Führungslager ohne weiteres möglich, dieser Problematik mit modernen Lagern Herr zu werden.

12. Schöttgen und Wintergerst, L.: Die Straßenbrücke über den Rhein bei Maxau, Abschnitt 8. Der Stahlbau (1968), Heft 2, Seite 50 bis 57.

In diesem Aufsatz wird über die Anwendung eines besonders großen Neotopflagers (6800 Mp) für eine Pylonlagerung berichtet.

13. Herzog, M.: Konstruktive Entschärfung des statischen Problems einer sehr schiefen Brücke. Der Bauingenieur 44 (1969), Seite 374 bis 377.

Durch Ausbildung eines querträgerlosen, in Querrichtung also sehr biegeweichen Überbaus wurde bei einer extrem schiefen Brücke die sonst vorhandene Lastkonzentration auf einige wenige Lager vermieden, ein Beispiel für eine fachgerechte Lagerung einer mehrfeldrigen schiefen Brücke.

14. Heil, L., und Mayer, L.: Der Bau der Pfädchensgraben- und Tiefenbachtalbrücke im Zuge der neuen, linksrheinischen Autobahn Krefeld-Ludwigshafen. Der Bauingenieur 44 (1969), Heft 3, Seite 73 bis 80.

Der Aufsatz berichtet über zwei gekrümmte große Talbrücken, die wegen der unsicheren Baugrundverhältnisse für vertikale Lasten als Kette statisch bestimmter gelagerter Einzelbalken (17 · 53 m) ausgebildet wurden. Als Lager wurden Elastomerlager gewählt. Für horizontale Lasten (Bremsen, Wind) bildeten die Lager zusammen mit dem Überbau eine Federgelenkkette, was sich statisch günstig auswirkte, weil die hohen Pfeiler, nach Theorie 2. Ordnung berechnet, entlastet wurden. Ein besonders gutes Anwendungsbeispiel für eine fachgerechte Lösung eines schwierigen Lagerungsproblems.

15. Sasse, H. R., und Schorn, H.: Hochbelastbare, unbewehrte Elastomerlager im Betonfertigteilbau. Eigenschaften und Anwendung. Der Plastverarbeiter (1970), Heft 5.

In diesem Aufsatz werden u. a. Erkenntnisse aus Versuchsreihen (im Institut für Bauforschung der Technischen Hochschule Aachen) mitgeteilt und über die Anwendung von unbewehrten Elastomerlagern beim Neubau der Universität Bochum berichtet.

16. Idelberger, K.: Autobahnbrücke über rollende Eisenbahn lanciert. Der Stahlbau (1971), Seite 946.

Dieser kurze Bericht enthält (als seltene Ausnahme für einen Aufsatz über Brücken) einen Lagerungsplan. Der Leser möge selbst nachprüfen, inwieweit dieser Lagerungsplan nicht ganz mit den in diesem Buch entwickelten Vorstellungen übereinstimmt.

17. Leonhardt, F., und Baur, W.: Erfahrungen mit Taktschiebeverfahren im Brücken- und Hochbau. Beton- und Stahlbetonbau 66 (1971), Seite 161 bis 167.

In diesem Aufsatz wird über den Einsatz von Gleitlagern bei Verschiebevorgängen (Brücken, Krankenhaus) berichtet.

18. Joas, H., Heine, E., Petruschke, H., und Hofmeister K.: Fugenlose gekrümmte Eisenbahnbrücke über die Heidemannstraße in München. Straße Brücke Tunnel (1971), Heft 4, Seite 12 bis 99.

Dieser Aufsatz ist von der Lagerung her deshalb interessant, weil hier am Beispiel einer s-förmig gekrümmten, 435 m langen Brücke die Ermittlung der Verschiebewege und Verschieberichtung gezeigt wird.

19. Wagner, P.: Die Innbrücke Kiefersfelden. Der Stahlbau 38 (1969), Heft 9, Seite 257.

In diesem Aufsatz wird im Abschnitt 3.4 über die Lagerung einer extrem schiefgelagerten Stahlbrücke mit offenem Querschnitt berichtet. Die im Prinzip vorbildliche Lagerung der 3feldrigen, 2stegigen Brücke erfolgt für vertikale Lasten über 4 allseitig bewegliche Lager (auf den Widerlagern) und einem festen und einem in Brückenlängsrichtung einseitig beweglichen Punktkipplager (auf dem Strompfeiler) sowie über je ein Führungslager (dort Windlager genannt) zur anteiligen Aufnahme der Windlasten. Beim Führungslager gleitet Stahl auf Stahl, eine nicht ganz zeitgemäße Lösung.

Interessant ist dort übrigens die Feststellung, daß die Querschnittsverwölbung maßgebenden Einfluß auf die Bestimmung des Verschiebeweges des längsbeweglichen Lagers auf dem Strompfeiler hat, ein Grund, weshalb ganz allgemein unter Hauptträgern einer Brücke mit offenem Querschnitt unabhängig von der Anzahl der Hauptträger nur ein in Längsrichtung unverschiebliches Lager angeordnet werden darf.

20. Beyer, E., und Eisermann, G.: Nachstellbare Brückenlager; Erfahrungen beim Bauvorhaben Düsseldorf-Hauptbahnhof. beton 5/1983, S. 163 bis 169.

Dieser Aufsatz beschreibt den praktischen Einsatz von injizierbaren Neotopflagern. Injektionsmaterial ist Silopren, ein flüssiger Silikon-Kautschuk. Anhebungen bis zu 50 mm sind damit möglich. Für solche Lager gibt es inzwischen auch eine Zulassung, s. Kap. 6.

Zu kritisieren ist, daß bei den beschriebenen Brückenlagern querbewegliche Lager verwendet wurden, die gem. Darlegung in Kap. 2 und auch nach DIN 4141, Teil 1, Ausgabe September 84, nicht eingesetzt werden sollten.

21. R. Saul/P. Lustgarten/K.-D. Rinne/M. Aschrafi: Verbundbrücke mit Rekordspannweite. Stahlbau 61 (1992) Seite 1 bis 4.

In diesem Aufsatz wird über eine 5-feldrige Verbundträgerbrücke mit kombinierter Belastung (Straße und Eisenbahn) mit einer Spannweite von 214 m in der Hauptöffnung berichtet, wobei 3 Dinge bemerkenswert sind:
– Gegen Erdbeben wurde eine Sollbruchstelle eingebaut. Nach einem entsprechenden Erdbeben ist die Bremslastaufnahme bis zur (eingeplanten) Reparatur zerstört, die Brücke „schwebt" in diesem Zustand auf Verformungslagern ohne konstruktiven Festpunkt.
– Während sich in den äußeren Pfeilerachsen unter jedem der 3 Hauptträger ein (Verformungsgleit-)Lager befindet, wurden zur Aufnahme der Last über den Strompfeilern jeweils 17 Verformungslager mit der maximalen Regellagergröße 900 × 900 mm benötigt. Bei einer Untergurtbreite von 20 m bedeutet dies praktisch eine Linienlagerung, was auch konsequenterweise in der Lagerplan-Darstellung symbolhaft berücksichtigt wurde (ein schmales Rechteck statt 17 Quadrate nebeneinander).
Diese Lösung zeigt, daß die Lasthöhe allein noch kein Entscheidungskriterium für oder gegen den Einsatz von Verformungslagern sein muß.
– Über den Pfeilern, die den Strompfeilern benachbart sind, wurden Sicherungen gegen Abheben als Folge der ungleichen Stützweiten notwendig. Die Sicherung erfolgt durch vorgespannte Zugglieder.
Solche Lösungen sind problematisch – die Zugglieder müssen ja jede Horizontalbewegung mitmachen und werden, auch wenn sie nur für einen seltenen Lastfall vorgesehen sind, wechselnder Beanspruchung ausgesetzt.

22. a) Pfefferkorn, W.: Konstruktive Planungsgrundsätze für Dachdecken

und ihre Unterkonstruktionen. Das Baugewerbe 1973, Hefte 18, 19, 20, 21.

b) Pfefferkorn, W.: Dachdecken und Mauerwerk. Verlagsgesellschaft Rudolf Müller, Köln-Braunsfeld, 1980.

c) Pfefferkorn/Steinhilber: Ausgedehnte fugenlose Stahlbetonbauten; Beton-Verlag Düsseldorf 1990.

Pfefferkorn hat sich mit dem Problem Rißbildung im Stahlbeton über 2 Jahrzehnte auseinandergesetzt und erfolgreich Konzepte praktisch angewandt, Schlußfolgerungen gezogen und sie der Fachwelt in leicht verständlicher Form anhand realer, praktischer Beispiele mitgeteilt. Die umfassende Darstellung war mit ein Grund, in diesem Buch für den Bereich Hochbau nicht über das in der ersten Auflage dargestellte hinauszugehen. Eigene Abhandlungen erübrigen sich, wenn an anderer Stelle aus berufenerer Feder alles gesagt wurde.

23. Krumm, R. et al.: Lagerauswechselung an der Talbrücke Brunsbecke (A 45). Stahlbau 62 (1993) S. 231 bis 239.

Diese Abhandlung befaßt sich mit dem derzeit häufiger zu bewältigenden Problem, eine nicht mehr intakte Rollenlagerung durch Austausch der Rollenlager gegen andere Lager zu modernisieren.

Die statischen Verhältnisse der stählernen Überbaukonstruktion zwangen in diesem Fall den Ersatz der Rollenlager durch Liniengleitlager, eine Punktkippung in Querrichtung hätte eine kostenträchtige Verstärkung des Überbaus zur Folge gehabt.

Exemplarisch wird somit gezeigt, daß unzureichende Lagerung – siehe Kap. 2 – selbst bei vorhandener Ausbaubarkeit der Lager bisweilen kaum zufriedenstellend reparabel ist.

8.1.5 Berechnung. Statik

1. Ernst, H.-J.: Die Aufstelltemperatur in der Statik. Der Bauingenieur 37 (1962), Heft 9.

In diesem Aufsatz wird von Messungen an einer Spannbetonhochstraße (Jan-Wellem-Platz in Düsseldorf) berichtet, aus denen zu schließen ist, daß bei Massivbrücken mit dickwandigem Querschnitt oder mit Hohlquerschnitt eine Aufstelltemperatur unabhängig von der Witterung von ca. 25°C anzunehmen ist. Es wird auf die Konsequenzen aufmerksam gemacht, die sich ergeben, wenn man sich auf die angenommene Aufstelltemperatur verläßt und die wirkliche Aufstelltemperatur unberücksichtigt läßt. Der Vorschlag, die unberücksichtigte Temperaturdifferenz als Hauptlast zu behandeln, wird im allgemeinen nicht befolgt. (Nach DIN 1045 neu kann sogar für Zwangskräfte die Sicherheit 1 angesetzt werden.)

2. Bechert, H.: Zur Berechnung gekrümmter einfeldriger Brücken. Beton- und Stahlbetonbau (1963), Heft 12, Seite 279 bis 284.

In dieser Veröffentlichung wird u. a. gezeigt, wie man bei gekrümmten Brücken mit Kastenquerschnitt durch die relativ simple Maßnahme einer nicht symmetrischen Auflagerung auf der Auflagerbank die Torsionsmomente im Überbau erheblich reduzieren kann.

3. Shen, M. K.: Über die Lösung des Balkens mit unverschieblichen Auflagern, Der Bauingenieur 39 (1964), Seite 100.

Die Notwendigkeit, die Summe aus Bremskraft und Widerstand der beweglichen Lager in die Unterbauten abzuleiten, zwingt bei großen Talbrücken dazu, mehrere Festpunktpfeiler hintereinander anzuordnen. Wir haben dann in einem Teilbereich der Brücke – nämlich zwischen den äußeren Festpunkten – den Fall eines Balkens mit quasi festen Lagern. Mit Hilfe des Aufsatzes von Shen ist es möglich, die Horizontalkraft im Überbau, die jetzt zusätzlich wirkt und über Lager und Pfeiler aufgenommen werden muß, schnell abzuschätzen. Nur bei sehr schlanken Brücken mit kompakten Festpunktpfeilern werden sich hier nennenswerte Beträge ergeben.

4. Topaloff, B.: Gummilager für Brücken – Berechnung und Anwendung. Der Bauingenieur 39 (1964), Seite 50 bis 64.

Mit diesem Aufsatz wird erstmalig eine Elastizitätstheorie für Gummilager veröffentlicht. Der Aufsatz ist daher von fundamen-

taler Bedeutung für das Verständnis des Kräftespiels in einem Gummilager. Die strenge Theorie basiert auf folgenden Annahmen:
1. konstanter Elastizitätsmodul
2. konstantes Volumen
3. Deformation klein im Vergleich zu den Abmessungen
4. Hydrostatischer Druckzustand
5. Bestimmte Annahmen über das Verhältnis der Schubspannungen bzw. deren Ableitungen untereinander.

Die Annahmen Nr. 1 und Nr. 3 sind für Gummi eine recht grobe Näherung, aber strengere Theorien führen zu erheblich komplizierteren, kaum noch lösbaren Gleichungen (s. auch Abschn. 4 dieses Buches). Topaloff macht in diesem Aufsatz außerdem Vorschläge für Gummilager mit gekrümmten Flächen (für Pendelstützen z. B.) und für eine Verbindung Gummilager mit Rollenlager. Zur Verbindung von Rollenlagern mit Gummilagern ist zu bemerken, daß nur bei kurzen Rollen und bei sorgfältiger Ausbildung fachgerechte Lagerungen erreichbar scheinen.

5. Massonnet: Zuschrift zu B. Topaloff, Gummilager für Brücken. Der Bauingenieur 39 (1964), Seite 428.

Massonnet zeigt, daß sich Topaloffs strenge Theorie durch eine Analogiebetrachtung auf das Problem der belasteten Membrane oder der Saint-Venantsche Torsion zurückführen läßt, und gibt einige so gefundene Vereinfachungen für die Topaloffschen Formeln an. Diese Notiz ist bei Verwendung von Sonderkonstruktionen (z. B. Gummilager mit dreieckförmigem Grundriß) anwendbar.

6. Leonhardt, F., und Reimann, H.: Betongelenke, Versuchsbericht, Vorschläge zur Bemessung und konstruktiven Ausbildung. DAfStb, Heft 175. Verlag Ernst & Sohn (1966).
Leonhardt, F., und Reimann, H.: Betongelenke. Der Bauingenieur 41 (1966), Seite 49.

Die vorgenannten beiden Aufsätze sowie ein weiter unten genannter Aufsatz sind die einzigen Bemessungsgrundlagen – mangels normierter Regeln – für diese Alternative zu den Kipplagern.

7. Zederbaum, J.: Die Horizontalsteifigkeit eines Brückensystems. Der Bauingenieur 41 (1966), Seite 14.

In diesem Aufsatz, der hauptsächlich für gummigelagerte Brücken gedacht ist, für alle anderen Lagerungsarten aber ebenfalls brauchbar ist, wird gezeigt, wie man unter Einbeziehung der Horizontalsteifigkeiten des Lagers, des Pfeilers und des Fundaments bei Zwangsverformungen die „genaue" Verteilung der Rückstellkräfte, bei äußeren Kräften die Verschiebewege ermittelt. U. a. wird hierbei die Lage des Festpunktes ermittelt, die ja nur bei starrer Lagerung des festen Lagers (z. B. auf unbeweglichem Widerlager) von vornherein feststeht. Das Rechenverfahren ist einfach und sollte bei größeren Bauvorhaben stets angewandt werden. Die Steifigkeitskennwerte der Materialien (Elastizitätsmodul des Betons, Schubmodul des Gummis, Bettungsziffer des Bodens) spielen eine maßgebliche Rolle und sind daher stets sorgfältig vorab zu ermitteln (s. auch Abschn. 1.1 dieses Buches).

8. Zederbaum, J.: Die Horizontalsteifigkeit einer Deckenreihe auf nachgiebigen Lagern. Die Bautechnik (1967), Heft 7, Seite 239 bis 246.

Der Aufsatz behandelt die Aufnahme von Horizontalkräften (z. B. Bremskräften) in einem Rahmensystem (z. B. einer Brücke), wenn die Auflagerung des Überbaues auf den Stützen auf Elastomerlagern erfolgt und – was bei Fertigteilbauten interessant sein kann – Teile des Überbaus mit dem übrigen Überbau ebenfalls durch Elastomerlager verbunden sind. Es werden verschiedene Rechenverfahren beschrieben. Stabilitätsprobleme sowie Relaxation und Kriechen werden nicht behandelt, da die äußere (kurzzeitig wirkende) Horizontalkraft die einzige Belastung ist. Es wird also nur ein – allerdings sehr wichtiger – Teilaspekt bei der Berechnung eines nur auf Elastomerlagern ruhenden Bauwerks behandelt.

9. Mönnig, E., und Netzel, D.: Zur Bemessung von Betongelenken. Der Bauingenieur 44 (1969), Seite 433 bis 439.

Die in den Veröffentlichungen von Leonhardt und Reimann angegebenen Bemessungsregeln werden in diesem Aufsatz noch etwas vereinfacht und durch Ergebnisse von

Großversuchen bestätigt. Es werden auch Regeln für allseits kippbare Betongelenke angegeben.

10. Steinhardt, O., und Schulz, U.: Zur örtlichen Stegbeanspruchung belasteter Kranbahnträger bei Verwendung elastisch gebetteter Kranschienen. Der Bauingenieur 44 (1969), Heft 8, Seite 293 bis 296.

In der Regel wird bei Elastomerlagern mit einer konstanten Pressungsverteilung über und unter den Lagern gerechnet. In ungewöhnlichen Fällen, z.B. bei Verwendung großer Elastomerlager bei dünnwandigen Stahlbrücken, kann diese Annahme evtl. nicht mehr gerechtfertigt sein. Weil in solchen Fällen analoge Probleme auftreten, wurde dieser Aufsatz in die Literatursammlung mit aufgenommen.

11. Tathoff, H.: Lagerplatte auf elastischer Bettung. Die Bautechnik (1970), Seite 61/62.

Für eine Linienlagerung, wie sie bei Lagerplatten von Rollenlagern vorkommen, wird in diesem Aufsatz die Druckverteilung unter der Lagerplatte bestimmt in Abhängigkeit vom Elastizitätsmodul des Betons in der Mörtelfuge. Sofern hierfür zuverlässige Werte bekannt sind, kann dieser Aufsatz eine willkommene Hilfe zwecks Verringerung der Lagerplattendicke sein, da die (nach Zulassung vorgeschriebene) Annahme einer gleichmäßigen Pressung für die Platte ungünstiger ist. Zu beachten ist jedoch, daß für die Spaltzugbeanspruchung die Verhältnisse ungünstiger werden, was konsequenterweise zu berücksichtigen wäre.

12. Herzog, M.: Der Einfluß der Vorspannung auf die Lagerkräfte schiefer Platten. Der Bauingenieur 45 (1970), Heft 8, Seite 287/288.

Es wird am Beispiel einer Einfeld- und einer Zweifeldplatte gezeigt, daß zur Vermeidung von Lagerschäden eine genaue Ermittlung der Lagerkräfte bei schiefen Platten unter Einbeziehung der Wirkung der Vorspannung unumgänglich ist.

13. Zies, K.-W.: Stabilität von Stützen mit Rollenlagern. Beton- und Stahlbetonbau 65 (1970), Seite 297.

Der Ansatz Stützenhöhe = halbe Knicklänge kann bei Rollenlager zu ungünstig oder zu günstig sein. Der Aufsatz zeigt, wie – unter Einbeziehung der elastischen Bettung des Bodens – die Stabilität solcher Stützen genau untersucht werden kann und gibt auch vereinfachte Formeln an (vgl. auch Abschn. 3.5 dieses Buches).

14. Rieckmann, H.-P.: Einfluß der Lagerkonstruktion auf die Knicklänge von Pfeilern. Straße Brücke Tunnel (1970), Seite 36 bis 42 und Seite 270 bis 272.

Bei knickgefährdeten Pfeilern ist eine genaue Untersuchung nur möglich unter Einbeziehung der Eigenschaften der verwendeten Lagerarten. In dem Aufsatz wird die Knicklängenbestimmung für Rollenlager, Topflager und Gummilager gezeigt und auf die Methode bei anderen Lagerarten verwiesen. Es wird mit starrem Untergrund gerechnet. (In Abweichung zum vorgenannten Aufsatz von K.-W. Zies.) Es zeigt sich, daß die Verdrehsteifigkeit von Topflagern und von bewehrten Gummilagern vernachlässigt werden kann und daß mit den üblichen Näherungsannahmen bei Verwendung von Gleit- und Rollenlagern zu große, bei Verwendung von festen Lagern zu kleine Knicklängen angenommen werden (vgl. auch Abschn. 3.5 dieses Buches).

15. Eggert, H.: Bauwerksicherheit bei Verwendung von Rollen- und Gleitlagern. Straße Brücke Tunnel (1971), Heft 3, Seite 71.

In diesem Aufsatz wird auf die Problematik der Festlegung der Sicherheiten im Bauwerk bei Verwendung von beweglichen Lagern hingewiesen, wenn die Abhängigkeit der Horizontalkräfte von den Vertikalkräften nicht beachtet wird. Für den Fall der Rollenlager ist die Berücksichtigung dieser Abhängigkeit ein Gebot der Sicherheit, bei Gleitlagern ist die Berücksichtigung ein Gebot der Wirtschaftlichkeit.

16. Resinger, F.: Längszwängungen – eine Ursache von Brückenlagerschäden. Der Bauingenieur 46 (1971), Seite 334.

Der Aufsatz enthält die Untersuchung von Längszwängungen, wenn – wie meist üblich – eine Einfeldstahlbrücke nur ein allseits bewegliches, ein festes und zwei orthogonal zueinander einseitig bewegliche Lager erhält. Es zeigt sich, daß die bei solcher Lagerung vorhandenen Horizontalkräfte (infolge Drehbehinderung) in den Lagern ein Mehrfaches der Bremskräfte betragen können und daß – insbesondere bei offenen Querschnitten – die notwendigen Verschiebewege für eine zwängungsfreie Lagerung viel zu hoch sind, als daß sie vom Lagerspiel aufgenommen werden könnten. Auch bei einer sachgemäßen Lagerung sind die Gedankengänge interessant im Hinblick auf die Ermittlung der Verschiebewege (auch bei dünnwandigen, offenen Betonquerschnitten).

17. Albrecht, R.: Zur Anwendung und Berechnung von Gummilagern. Der Deutsche Baumeister (1969), Heft 4, Seite 326, und Heft 6, Seite 563.

Dieser Aufsatz enthält ein komplettes Berechnungsbeispiel für ein Gummilager. Grundlage hierfür ist die nicht mehr gültige Zulassung von Gummilagern durch Runderlaß des Bundesministers für Verkehr. Der Aufsatz ist somit bereits veraltet.

18. Hütten, P.: Ermittlung der Lagerverschiebungen im Grundriß gekrümmter, durchlaufender Spannbeton-Balkenbrücken unter besonderer Berücksichtigung der abschnittsweisen Herstellung des Überbaus. Hirschfeld-Festschrift, Konstruktiver Ingenieurbau, Seite 342. Werner-Verlag, Düsseldorf (1967).

Dieser Aufsatz enthält die Grundgleichungen für die Ermittlung der Verschiebewege mit dem zusätzlichen Ziel, beim Einbau von Rollenlagern die zweckmäßigste Stellung der Rolle zu ermitteln. Die eigentliche Konsequenz der im übrigen richtigen Ansätze dieser Arbeit sollte allerdings lauten, daß bei gekrümmten Spannbeton-Brücken Rollenlager unzweckmäßig sind. Diese Konsequenz wird vom Verfasser erst später in seiner Dissertation gezogen (vgl. Abschnitt 7.1).

19. Kauschke, W.: Entwicklungsstand der Gleitlagertechnik für Brückenbauwerke in der Bundesrepublik Deutschland. Der Bauingenieur 64 (1989), S. 109 bis 120.

Der Aufsatz beschreibt den aktuellen Stand der Technik mit den vier unterschiedlichen Grundtypen des Kippteils (stählernes Punktkipplager, Topflager, Kalottenlager, Verformungslager), setzt sich kritisch mit den derzeitigen Regeln auseinander mit Hinweisen zur Verbesserung und teilt auch neuere Ergebnisse aus Laborversuchen mit.

20. Pfohl, H.: Reaktionskraft am Festpunkt von Brücken aus Bremslast und Bewegungswiderständen der Lager. Bauingenieur 58 (1983), S. 453 bis 457.

In diesem Aufsatz wird eine grundsätzliche Überlegung mitgeteilt, die letztlich zur Schlußfolgerung führt, daß – wenn der Festpunkt eine elastische Nachgiebigkeit besitzt – eine volle Addition von Bremslasten und Bewegungswiderständen nicht möglich ist. Resultat der Überlegungen war eine entsprechende Regelung in DIN 1072, nach der ein genauer Nachweis der Überlagerung für ein konkretes Bauwerk zulässig ist.

8.2 Zitierte Literaturstellen

[1] Albrecht, R.: Zur Anwendung und Berechnung von Gummilagern. Der Deutsche Baumeister 1969, Heft 4, Seite 326, und Heft 6, Seite 563.

[2] Andrä, Beyer, Wintergerst: Versuche und Erfahrungen mit neuen Kipp- und Gleitlagern. Der Bauingenieur 5 (1962).

[3] Andrä, W. und Leonhardt, F.: Neue Entwicklungen für Lager von Bauwerken, Gummi- und Gummitopflager. Die Bautechnik 39 (1969), Heft 2, Seite 37 bis 50.

[4] Basler + Witta: Verbindungen in der Vorfabrikation. Technische Forschungs- und Beratungsstelle der Schweizerischen Zementindustrie (1966).

[5] Bayer, K.: Auflager und Fahrbahnübergänge für Hoch- und Brückenbauten aus Kunststoff. Verein Deutscher Ingenieure VDI im Bildungswerk BV 1596 (Vortragsveröffentlichung).

[6] Bechert, H.: Zur Berechnung gekrümmter einfeldriger Brücken. Beton- und Stahlbetonbau 1963, Heft 12, Seite 279 bis 284.

[7] Beck, H. und Schack, R.: Bauen mit Beton- und Stahlbetonfertigteilen. Beton-Kalender 1972, Teil 11, Seite 177.

[8] Beer, H.: Die Prager Straßenbrücke in Wien, ein neuartiges System für eine sehr schiefe Brücke. Der Bauingenieur 38 (1965), Heft 5, Seite 180 bis 189.

[9] Beyer, E. und Ernst, H.-J.: Brücke Jülicher Straße in Düsseldorf. Der Bauingenieur 39 (1964), Heft 12, Seite 409 bis 477.

[10] Beyer, E. und Thul, H.: Hochstraßen. 2. Auflage. Betonverlag mbH, Düsseldorf 1967.

[11] Beyer, E. und Wintergerst, L.: Neue Brückenlager, neue Pfeilerform. Der Bauingenieur 35 (1960), Heft 6, Seite 227 bis 230.

[12] Eggert, H.: Brückenlager. Die Bautechnik 50 (1973), S. 143/144.

[13] Bobran, H. W.: Handbuch der Bauphysik, Seite 151. Ullstein 1967.

[14] Bub, H.: Das neue Institut für Bautechnik. Straße und Autobahn, Band 20 (1969), Seite 189.

[15] Burkhardt, E.: Gepanzerte Betonwälzgelenke, Pendel- und Rollenlager. Die Bautechnik 17 (1939), Seite 230.

[16] Cardillo, R. und Kruse, D.: Paper (61/WA–335) ASME (1961).

[17] Cichocki, F.: Bremsableitung bei Brücken. Der Bauingenieur 36 (1961), Seite 304 bis 305.

[18] Clark, E. und Moutrop, K.: Load Deformation Characteristics of Elastomer Bridge Bearing Pads. University of Rhode Island, May 1962.

[19] Desmonsablon, Philippe: Le calcul des piles déformables avec appuis en caoutchouc. Annales des Ponts et Chaussées, Paris 4/1960.

[20] Eggert, H.: Bauwerksicherheit bei Verwendung von Rollen- und Gleitlagern. Straße Brücke Tunnel 1971, Heft 3, Seite 71.

[21] Eggert, H.: Die baurechtliche Situation bei Lagern für Brücken und Hochbauten. Der Stahlbau 39 (1970), Heft 6, Seite 189.

[22] Einsfeld, U.: Erläuterungen zu den Richtlinien von unbewehrten Elastomerlagern. Mitteilungen Institut für Bautechnik 6/1972.

[23] Ernst, H.-J. und Feder, D.: Konstruktion, Berechnung und Modellversuche für einen ungewöhnlichen Spannbetonquerschnitt. Der Bauingenieur 37 (1962), Heft 11, Seite 401 bis 405.

[24] Ernst, H.-J.: Die Aufstelltemperatur in der Statik. Der Bauingenieur 37 (1962), Heft 9.

[25] Faltus, F. und Zeman, J.: Die Bogenbrücke über die Moldau bei Zdakov. Der Stahlbau 1968, Heft 11, Seite 332 bis 339.

[26] Ferreira: Terminologie des Hoch- und Brückenbaues. Wilhelm Ernst & Sohn, Berlin/München 1969.

[27] Flohrer, M.: Untersuchungen über die Eignung unbewehrter Elastomerlager als Baulager. Betonsteinzeitung 11/1971.

[28] Franz: Gummilager für Brücken. VDI-Zeitschrift, Bd. 101/1959, Nr. 12, Seite 471 bis 478.

[29] Gent, A.: Rubber Bearings for Bridges. Rubber Journal and International Plastics 1959.

[30] Grote, J.: Neoprenelager – einige grundsätzliche Erwägungen. Kunststoffe im Bau 7/1968.

[31] Grote, J.: Unbewehrte Elastomerlager. Der Bauingenieur 44 (1969), Seite 121.

[32] Grote, J.: Vermeidung von Rissen und Dehnungsschäden durch gummielastische Lagerungen. Kunststoffe im Bau 11/1968.

[33] Hakenjos, V: Untersuchungen über die Rollreibung bei Stahl im elastisch-plastischen Zustand. Technisch-Wissenschaftliche Berichte der Staatlichen Materialprüfungsanstalt an der Technischen Hochschule Stuttgart 1967, Heft 67/05.

[34] Hartmann, Friedrich: Stahlbrückenbau, Wien, Schranz, Deuticke 1951, Seite 712 (19. Absatz: Die Lager der Balkenbrücken).

[35] Heesen: Gepanzerte Betonwälzgelenke, Pendel- und Rollenlager. Die Bautechnik, Jahrgang 25 (1948), Seite 261.

[36] Heil, L. und Mayer, L.: Der Bau der Pfälzchensgraben- und Tiefenbachtalbrücke im Zuge der neuen linksrheinischen Autobahn Krefeld–Ludwigshafen. Der Bauingenieur 44 (1969), Heft 3, Seite 73 bis 80.

[37] Herzog, M.: Der Einfluß der Vorspannung auf die Lagerkräfte schiefer Platten. Der Bauingenieur 45 (1970), Heft 8, Seite 287/288.

[38] Herzog, M.: Konstruktive Entschärfung des statischen Problems einer sehr schiefen Brücke. Der Bauingenieur 44 (1969), Seite 374 bis 377.

[39] Homberg, H., Jäckle, H. und Marx, W. R.: Einfluß einer elastischen Lagerung auf Biegemomente und Auflagerkräfte schiefwinkeliger Einfeldplatten. Der Bauingenieur 36 (1961), Heft 1, Seite 19 bis 21.

[40] Hütten, P.: Beitrag zur Berechnung der Lagerverschiebungen gekrümmter, durchlaufender Spannbeton-Balkenbrücken. Dissertation TH Aachen 1970.

[41] Hütten, P.: Ermittlung der Lagerverschiebungen im Grundriß gekrümmter, durchlaufender Spannbeton-Balkenbrücken unter besonderer Berücksichtigung der abschnittsweisen Herstellung des Überbaus. Hirschfeld-Festschrift, Konstruktiver Ingenieurbau, S. 342. Werner-Verlag, Düsseldorf 1967.

[42] Idelberger, K.: Autobahnbrücke über rollende Eisenbahn lanciert. Der Stahlbau 1971, Seite 246.

[43] Joas, H., Heine, E., Petruschke, H. und Hofmeister, K.: Fugenlose gekrümmte Eisenbahnbrücke über die Heidemannstraße in München. Straße Brücke Tunnel 1971, Heft 4, Seite 12 bis 99.

[44] Jörn, R.: Gummi im Bauwesen. Elastische Lagerung einer Pumpenstation. Der Bauingenieur 36 (1961), Heft 4, Seite 137/138.

[45] Keen: Creep of Neoprene in Shear Under Static Conditions, Ten Years, Transactions of the ASME, Juli 1953.

[46] Kesper, E.: Die Hochstraße zur König-Wilhelm-Straße in Gelsenkirchen. Der Stahlbau 1965, Heft 2, Seite 44 bis 50.

[47] Kilcher, F.: Die Auflagerung von Decken im Hochbau. Schweizerische Bauzeitung 89 (1971).

[48] Kollmar: Auflager und Gelenke, Berlin 1919.

[49] Kordina, K. und Quast, U.: Bemessung von schlanken Bauteilen – Knicksicherheitsnachweis. Beton-Kalender 1972. Wilhelm Ernst & Sohn, Berlin/München/Düsseldorf 1972.

[50] Leonhardt und Andrä: Stützungsprobleme der Hochstraßenbrücken. Beton- und Stahlbetonbau 55 (1960), Heft 6.

[51] Leonhardt, F. und Baur, W.: Erfahrungen mit Taktschiebeverfahren im Brücken- und Hochbau. Beton- und Stahlbetonbau 66 (1971), Seite 161 bis 167.

[52] Leonhardt, F. und Reimann, H.: Betongelenke, Versuchsbericht, Vorschläge zur Bemessung und konstruktiven Ausbildung. DAfStb, Heft 175. Berlin: Verlag Ernst & Sohn 1966, und

Leonhardt, F. und Reimann, H.: Betongelenke. Der Bauingenieur 41 (1966), Seite 49.

[53] Leonhardt, F. und Wintergerst, L.: Über die Brauchbarkeit von Bleigelenken. Beton- und Stahlbetonbau 1961, Heft 5, Seite 123 bis 131.
[54] Locher, F. und Sprung, S.: Einwirkung von salzsäurehaltigen PVC-Brandgasen auf Beton. Beton, Herstellung, Verwendung 20 (1970), Heft 2/3.
[55] Luchner, H.: Stabilitätsberechnung hoher Brückenpfeiler am Beispiel der Siegtalbrücke Eiserfeld. Beton- und Stahlbeton 1967, Heft 2.
[56] Maguire, C. und Assoc.: Elastomeric Bridge Bearings Pads 1959.
[57] Massonnet: Zuschrift zu B. Topaloff, Gummilager für Brücken. Der Bauingenieur 39 (1964), Seite 428.
[58] Mönnig, E. und Netzel, D.: Zur Bemessung von Betongelenken. Der Bauingenieur 44 (1969), Seite 433 bis 439.
[59] Mörsch, E., Bay, H. und Deininger, K.: Brücken aus Stahlbeton und Spannbeton, 2. Band, Herstellung und bauliche Einzelheiten, 6. Auflage, Abschnitt G, 15. Lager und Gelenke. Verlag K. Witwer, Stuttgart 1968.
[60] Morton, M.: Rubber Technology. Reinhold Publishing Co. 1959.
[61] Mullins, L.: Softening of Rubber by Deformation. Rubber Chemistry and Technology (Feb. 1969).
[62] Nordlin, E., Stoker, S. and Trinble, R.: Laboratory and Field Performance of Elastomeric Bridge Bearing Pads, Highway Research Board (1968).
[63] Overbeck, W.: Biocide Zusätze zu Kautschuk und Kunststoffen, Gummi, Asbest, Kunststoffe (1963).
[64] Pare u. Keiner: Elastomeric Bridge Bearings. Highway Research Board Bull 242, 1960.
[65] Payne u. Scott: Engeneering Design with Rubber
[66] Pflüger, A.: Stabilitätsprobleme der Elastostatik. 2. Auflage. Springer-Verlag, Berlin 1964.
[67] Radebach, A. und Graser, E.: Auflagerschäden an Zwischendecken. Bauplanung – Bautechnik 8/1971.
[68] Rausch, E.: Maschinenfundamente, VDI-Verlag, Düsseldorf 1959.
[69] Rejcha, C.: Design of Elastomer Bearings. Journal of Prestressed Concrete Institute Oct. 1964, Vol. 9, Nr. 5.
[70] Resinger, F.: Längszwängungen – eine Ursache von Brückenlagerschäden. Der Bauingenieur 46 (1971), Seite 334.
[71] Rieckmann, H.-P.: Berechnung der Knicklängen einer gekoppelten Stützenreihe. Straße Brücke Tunnel 1971, Heft 7.
[72] Rieckmann, H.-P.: Einfluß der Lagerkonstruktion auf die Knicklänge von Pfeilern. Straße Brücke Tunnel 1970, Seite 36 bis 42 und Seite 270 bis 272.
[73] Sasse, H. R. und Schorn, H.: Hochbelastbare, unbewehrte Elastomerlager im Betonfertigteilbau, Eigenschaften und Anwendung. Der Plastverarbeiter 1970, Heft 5.
[74] Sasse, H.-R. und Schorn, H.: Bewehrte Elastomerlager – Stand der Entwicklung. Plastik-Konstruktion 1971, Heft 5, Seite 209 bis 227.
[75] Sattler, K.: Betrachtungen über neuere Verdübelungen im Verbundbau. Der Bauingenieur 1/1962.
[76] Sattler, K.: Lehrbuch der Statik, 1. Band, Teil A, Theorie Abschnitt I Allgemeine Grundlagen. Springer-Verlag, Berlin/Heidelberg/New York 1969.
[77] Schaper, G.: Bauliche Ausbildung und Gestaltung der stählernen Zwischenstützen stählerner Überbauten. Die Bautechnik 10 (1937), Seite 161.
[78] Schleicher, F.: Stabilitätsfälle. Taschenbuch für Bauingenieure. Springer-Verlag, Berlin/Göttingen/Heidelberg 1955.

[79] Schönhöfer: Neugestaltungen auf dem Gebiet des Auflagerbaues und auf verwandten Gebieten. Werner-Verlag, Düsseldorf 1952.

[80] Schöttgen und Wintergerst, L.: Die Straßenbrücke über den Rhein bei Maxau, Abschnitt 8. Der Stahlbau 1968, Heft 2, Seite 50 bis 57.

[81] Sedyter: Über die Wirkungsweise von Bleigelenken. Beton und Eisen 1926, Seite 29.

[82] Shen, M. K.: Über die Lösung des Balkens mit unverschieblichen Auflagern. Der Bauingenieur 39 (1964), Seite 100.

[83] Simons; H.-J.: Beitrag zur längsbeweglichen Einspannung von Brückenbauten. Die Bautechnik 1961, Heft 12, Seite 422 bis 433.

[84] Steinhardt, O. und Schulz, U.: Zur örtlichen Stegbeanspruchung belasteter Kranbahnträger bei Verwendung elastisch gebetteter Kranschienen. Der Bauingenieur 44 (1969), Heft 8, Seite 293 bis 296.

[85] Suess, K. und Grote, J.: Einige Versuche an Neoprenelagern. Der Bauingenieur 38 (1963), Heft 4, Seite 152 bis 157.

[86] Szabó, I.: Höhere Technische Mechanik. 2. Auflage Berlin: Springer-Verlag 1956.

[87] Tathoff, H.: Lagerplatte auf elastischer Bettung. Die Bautechnik 1970, Seite 61/62.

[88] Teichmann, A.: Statik der Baukonstruktionen. Sammlung Göschen, Band 122. Walter de Gruyter-Verlag, Berlin 1958.

[89] Thielker, E.: Elastomeric Bearing Pads and Their Application in Structures, Paper 207 of Leap Conference (1964).

[90] Thul, H.: Brückenlager. Der Stahlbau 38 (1969), Seite 353.

[91] Topaloff, B.: Gummilager für Brücken – Berechnung und Anwendung. Der Bauingenieur 39 (1964), Seite 50 bis 64.

[92] Topaloff, B.: Gummilager für Brücken. Beton- und Stahlbetonbau 54 (1959), Heft 9.

[93] Uetz, H. und Breckel, H.: Reibungs- und Verschleißversuche mit Teflon. Sonderheft der Staatl. Materialprüfungsanstalt an der TH Stuttgart, 7. 12. 1964, Seite 67/76.

[94] Uetz, H. und Hakenjos, V.: Reibungsuntersuchungen mit Polytetrafluoräthylen bei hin- und hergehender Bewegung. Die Bautechnik 44 (1967), Heft 5, Seite 159 bis 166.

[95] Uetz, H. und Hakenjos, V.: Gleitreibungs- und Gleitverschleißversuche an Kunststoffen. Kunststoffe, 59. Jahrgang 1969, Heft 3, Seite 161 bis 168.

[96] Wagner, P.: Die Innbrücke Kiefersfelden. Der Stahlbau 38 (1969), Heft 9, Seite 257.

[97] Weiprecht, M.: Auflagerung von Brücken. Elsners Taschenbuch für den Bautechnischen Eisenbahndienst, 1967, Seite 231 bis 277, Abschnitt E Brücken- und Ingenieurhochbau.

[98] Weitz, F.-R.: Entwicklungstendenzen des Stahlbrückenbaus am Beispiel der Rheinbrücke Wiesbaden-Schierstein. Der Stahlbau 35 (1966), Seite 289 bis 301.

[99] Wittfoht, H.: Die Autobahnbrücke über das Siegtal in Siegen-Eiserfeld. Der Bauingenieur 41 (1966), Heft 10, Seite 393.

[100] Zederbaum, J.: Die Horizontalsteifigkeit einer Deckenreihe auf nachgiebigen Lagern. Die Bautechnik 1967, Heft 7, Seite 239 bis 246.

[101] Zederbaum, S.: Die Horizontalsteifigkeit eines Brückensystems. Der Bauingenieur 41 (1966), Seite 14.

[102] Zies, K.-W.: Stabilität von Stützen mit Rollenlagern. Beton- und Stahlbetonbau 65 (1970), Seite 297.

[103] AASHO-Standard: American Association of State Highway Officials (1961–1969).

[104] BAZ. Sammlung bauaufsichtlicher Zulassungen, Erich Schmidt Verlag, Berlin/Bielefeld.

[105] Bemessung von Beton- und Stahlbetonbauteilen. Deutscher Ausschuß für Stahlbeton, Heft 220. Verlag Ernst & Sohn, Berlin 1972.

[106] Bundesanstalt für Materialprüfung, Berlin: Kurzberichte Bauforschung 13 (1972), Nr. 8.

[107] Die Gummilager unter dem Albany Court Gebäude. Schweizer Baublatt (Sept. 1969).

[108] Dupont de Nemours Co.: Design of Neoprene Bridge Bearing Pads, Wilmington (1959).

[109] Fachkommission: Feststellung, Beurteilung und Ausbesserung von Gebäudeschäden durch PVC-Brandgase. Beton, Herstellung, Verwendung 21 (1971), Heft 9.

[110] General Tire and Rubber Co.: Report 459 (1962).

[111] Goodyear Tire and Rubber Co.: Handbook of Molded an Extruded Rubber Acron/Ohio

[112] Italienische Norm CNR-UNI 10018–68 für Gummilager.

[113] Laboratoire de Recherches et de Contrôle du Caoutchouc: Caractéristiques en Compression des Vulcanisats. Bulletin No. 80, Paris (1969).

[114] Ministère des Travaux Publics: Note Technique 67–1, Paris (1967).

[115] Ministry of Transport: Provisional Rules for the Use of Rubber Bearings in Highway Bridges, Memo. 802, London (1962).

[116] Mitteilungen, Institut für Bautechnik, 1970, Heft 2 und 4, und 1971, Heft 4 und 6.

[117] Ohne Verfasser. Auflager aus Teflon. Auszüge aus dem Journal of Teflon 1964, 1965 und 1966, Druckschrift der Du Pont de Nemours International S.A. Geneva, Switzerland.

[118] Ohne Verfasser. Brückenlager. Beratungsstelle für Stahlverwendung, Düsseldorf, Merkblatt 339, 2. Auflage 1968.

[119] ORE Office de Recherches et d'Essais: Verwendung von Gummi für Brückenlager, Frage D 60, Utrecht (1962, 1964, 1965).

[120] Deutscher Beton-Verein, Sicherheit von Betonbauten. Beiträge von K. Rahlwes, H. Eggert und W. Steffen.

[121] Wiedemann, L.: Zusätzliche Richtlinien für Lager im Brücken- und Hochbau. Mitteilungen Institut für Bautechnik 3/1973, S. 73. Verlag Ernst & Sohn.

[122] Eggert; Vorlesungen über Lager im Bauwesen. Wilhelm Ernst & Sohn 1980/1981.

[123] Schäffler, Th. und Sonne, Ed.: Brückenbau. Handbuch der Ingenieurwissenschaften II. Band. Zweite Abteilung. Leipzig, Verlag von Wilhelm Engelmann 1882. (Zitiert wurde aus § 61).

[124] Kauschke, W.: Entwicklungsstand der Gleitlagertechnik für Brückenbauwerke in der Bundesrepublik Deutschland. Bauingenieur 64 (1989), Seite 109 bis 120.

[125] Plagemann, W.: Die Tatsumi-Hochstraße in Tokio. Der Bauingenieur 58 (1983), Seite 221/222.

[126] Battermann/Köhler: Elastomere Federung, Elastische Lagerungen. W. Ernst & Sohn, Berlin, München 1982.

[127] Gerb: Schwingungsisolierungen. Berlin, 9. Auflage 1992, Eigenverlag (gegen Schutzgebühr erhältlich).

[128] Pfefferkorn, W.: Dachdecken und Mauerwerk. Verlagsgesellschaft Rudolf Müller GmbH, Köln-Braunsfeld 1980.

[129] Pfefferkorn/Steinhilber: Ausgedehnte fugenlose Stahlbetonbauten. Beton-Verlag Düsseldorf 1990.

[130] Grote, J. und Kreuzinger, H.: Pendelstützen mit Elastomerlagern. Der Bauingenieur 53 (1978), Seite 63/64.

[131] Kanning, W.: Elastomer-Lager für Pendelstützen – Einfluß der Lager auf die Beanspruchung der Stützen. Der Bauingenieur 55 (1980), Seite 455.

[132] Maurer/Rahlwes: Lagerung und Lager von Bauwerken. Betonkalender 1995, Ernst & Sohn, Teil II.

[133] N. N., Erdbebensicher Bauen, Planungshilfe für Bauherren, Architekten und Ingenieure, Informationsschrift der Landesregierung Baden-Württemberg, Stuttgart, Innenministerium, Referat Bautechnik (ohne Angabe des Erscheinungsjahres; ca. 1985).

[134] Poscanschi, A.: Erdbebensicherung von Bauwerken durch anpassungsfähige Schwingungsisolatoren. Bauingenieur 58 (1983), Seite 213 ff.

[135] Breitbach, M.: Tribotechnische Aspekte der Gleitlager-Technologie im Brückenbau. Dissertation TH Aachen 1990.

[136] Weihermüller, H. und Knöppler, K.: Lagerreibung beim Stabilitätsnachweis von Brückenpfeilern. Bauingenieur 55 (1980), Seite 285 bis 288.

[137] Andrä, W.: Der heutige Entwicklungsstand des Topflagers und seine Weiterentwicklung zum Hublager. Bautechnik (1984), Seite 222 bis 230.

[138] Krumm, R. et al.: Lagerauswechselung an der Talbrücke Brunsbecke (A 45). Stahlbau 62 (1993), Heft 8, Seite 231 ff.

[139] Eggert, H.: Regelwerke im Stahlbau. Stahlbau Handbuch Band 1 Teil A, Abschnitt 9.1. Stahlbau Verlagsgesellschaft Köln 1993.

[140] Eggert, H.: 7 Grundsätze bei der Lagerung von Brücken. 9. IVBH-Kongreß Amsterdam 1972, Schlußbericht. Internationale Vereinigung für Brückenbau und Hochbau, Zürich, Schweiz.

[141] Eggert, H.: Lager im Bauwesen, Anmerkungen zur Herausgabe der Normenreihe DIN 4141. Beton- und Stahlbetonbau 1986, Seite 3 ff., Ernst & Sohn, Berlin.

[142] Lager im Bauwesen – Eine Normenreihe für die Herstellung und Anwendung bei Brücken und im Hochbau. Komm. Techn. Baubest. 1. Lieferung 1992. Rudolf Müller, Köln.

[143] Deinhard, J. M., Kordina, K., Mozahn, R., Storkebaum, K.-H.: Der Schadensfall an der Mainbrücke bei Hochheim. Beton – Stahlbetonbau, 72 (1977), Seite 1 bis 7.

[144] Eggert, H. und Wiedemann, L.: Nutzungsgerechte Lagerung von Stahl- und Verbundbrücken und unterhaltungsgerechte Konstruktion von Brückenlagern. IVBH Symposium Dresden 1975. Vorbericht.

[145] Eggert, H.: Lager für Brücken und Hochbauten. Bauingenieur 53 (1978), Seite 161 bis 168, und Zuschrift 54 (1979), Seite 200.

[146] Saul, R. et al.: Die neue Galata-Brücke in Istanbul. Bauingenieur 67 (1992), Seite 433 bis 444, und 68 (1993), Seite 43 bis 51.

[147] Saul, R.: Die Brücke „La Cartuja" für die Expo 92 in Sevilla. Stahlbau 59 (1990), Seite 33 bis 38.

[148] Saul, R.: Verbundbrücke mit Rekordspannweite. Stahlbau 61 (1992), Seite 1 bis 4.

[149] König, G. et al.: Spannbeton: Bewährung im Brückenbau. Analyse von Bauwerksdaten, Schäden und Erhaltungskosten. Springer-Verlag Berlin, Heidelberg, New York, London, Paris, Tokio 1986.

[150] Pfohl, H.: Reaktionskraft am Festpunkt von Brücken aus Bremslast und Bewegungswiderständen der Lager. Bauingenieur 58 (1983), Seite 453 bis 457.

[151] Eggert, H. und Hakenjos, V.: Die Wirkungsweise von Kalottenlagern. Der Bauingenieur 49 (1974), Heft 3, Seite 93/94.

[152] Lehmann, Dieter: Beiträge zur Berechnung der Elastomerlager. Die Bautechnik I (1978), Seite 19 bis 22, II (1978), Seite 99 bis 102, III (1978), Seite 190 bis 198, IV (1979), Seite 163 bis 169.

[153] Kordina, K. und Nölting, D.: Zur Auflagerung von Stahlbetonteilen mittels unbewehrter Elastomerlager. Der Bauingenieur 56 (1981), Seite 41 bis 44.

[154] Kordina, K. und Osterath, H.-H.: Zur Auflagerung von Stahlbetonbauteilen mittels unbewehrter und bewehrter Elastomerlager. Der Bauingenieur 59 (1984), Seite 461 bis 466.

[155] Kessler, E. und Schwerm, D.: Unebenheiten und Schiefwinkligkeiten der Auflagerflächen für Elastomerlager bei Stahlbetonfertigteilen. Fertigteilbau-forum 13/83, Seite 1 bis 5 (Betonwerk + Fertigteil-Technik).

[156] Kessler, E.: Die Anwendung unbewehrter Elastomerlager. Betonwerk + Fertigteil-Technik, Heft 6 (1987), Seite 419 bis 429.

[157] Battermann, W.: Elastische Lagerung großvolumiger Behälter. Die Bautechnik, Heft 9 (1983), Seite 310 bis 314.

[158] Bundesminister für Verkehr: Schäden an Brücken und anderen Ingenieurbauwerken. Dokumentation 1982. Verkehrsblatt-Verlag, Dortmund.

[159] Bundesminister für Verkehr: Bericht über Schäden an Bauwerken der Bundesverkehrswege. Januar 1984. Eigenverlag BMV.

[160] Beyer, E. und Eisermann, G.: Nachstellbare Brückenlager. Erfahrungen beim Bauvorhaben Düsseldorf-Hauptbahnhof. beton 5/1983.

[161] Beratungsstelle für Stahlverwendung, Düsseldorf. Merkblatt 302, Sicherungen für Schraubenverbindungen, 1983.

[162] Dickerhoff, K. J.: Bemessung von Brückenlagern unter Gebrauchslast. Dissertation Universität Karlsruhe 1985.

[163] Petersen, Chr.: Zur Beanspruchung moderner Brückenlager. Festschrift J. Scheer, März 1987.

[164] Fischer, M. und Wenk, P.: Zur Frage der Abhängigkeit der Kehlnahtdicke von Blechdicke beim Verschweißen von Baustählen. Stahlbau 54 (1985), Seiten 239 bis 242.

[165] Hehn, K.-H.: Prüfeinrichtung zur Untersuchung von Lagern. VDI-Z 118 (1976), Seite 114 bis 118.

[166] N.N., Sanierung der Kölnbreinsperre, Projektierung und Ausführung. 1. Auflage Mai 1991. Herausgeber: Österreichische Draukraftwerke AG.

[167] Hakenjos, V., und Richter, K.: Dauergleitreibungsverhalten der Gleitpaarung PTFE weiß / Austenitischer Stahl für Lager im Brückenbau. Straße, Brücke, Tunnel 11 (1975), Seite 294 bis 297.

[168] Uetz, H. und Wiedemeyer, J.: Tribologie der Polymere. Carl Hanser Verlag München Wien, 1985.

[169] Wiedemeyer, J.: Deutung des tribologischen Verhaltens ungeschmierter Thermoplaste auf der Basis von Modellrechnungen sowie experimentellen Ergebnissen. Diss. Universität Stuttgart 1985. (Fortschr.-Bericht VDI-Zeitschrift Reihe 5, Nr. 96).

[170] Rechenberg, I.: Evolutionsstrategien, Bibl. Inst., Mannheim (1973).

[171] DIBt, Mitteilungen 1995, Heft 1.

9 Glossar

Zusammenstellung und Definition von Begriffen (ca. 350 Stichwörter)

Aufgenommen wurden neben ungeläufigen Spezialwörtern solche Begriffe, die einer Eingrenzung (Definition) bedürfen, um im Zusammenhang mit dem Thema dieses Buches richtig verstanden zu werden.
    Wörter, die ohne Erläuterung verständlich sind, gehören nicht zum Glossar.
    Bestimmte und unbestimmte Artikel wurden, soweit ohne Informationsverlust möglich, weggelassen.
    Bei der in Klammern angegebenen englischen Übersetzung wurde im Zweifelsfall der in diesem Fachgebiet übliche Begriff angegeben.

Begriff	Synonym/Erklärung
Abdichtung (sealing)	Mechanischer Schutz eines Lagers gegen Verschmutzung
Abrieb (abrasion)	Verschleiß
Abrollen (roll off)	Rollbewegung über den planmäßigen Rollweg hinaus
Absenken (lower)	Planmäßige Verringerung der Höhenlage eines Bauteils
allseitig beweglich (movable on all sides)	Verschiebungsmöglichkeit in der Ebene x-y
allseitig verdrehbar (twistable on all sides)	Verdrehungsmöglichkeit um die Achsen x, y, z
Alterung (weathering)	Veränderung durch Umwelteinflüsse wie UV-Strahlung und Ozon
anerkannt (recognized)	Nachprüfbar von einer Institution listenmäßig erfaßt
allgemein anerkannt (accepted)	Nur indirekt nachprüfbar: wenn während einer öffentlich bekanntgegebenen Frist oder über einen sehr langen Zeitraum keine Einwände vorlagen
Anfahrreibung (Haftreibung) (stick-friction)	Reibung zu Beginn der Gleitbewegung, die als Schwellenwert zu überwinden ist

Begriff	Synonym/Erklärung
Anfahrreibungszahl (value of stick-friction)	Quotient aus der Reibungskraft zu Beginn der Gleitbewegung und der Lagerlast normal zur → Gleitfläche, Reibung und Haftung
Auflagerdrehwinkel (angle of bearing-rotation)	Relativverdrehung des Überbaus gegenüber dem Unterbau (→ Lagerverdrehung)
Anheben (jacking up)	Gegenteil von Absenken
Ankerplatten (anchoring plates)	Stahlbleche, die an das Lager anschließen und im anschließenden Beton verankert sind
Anpassungssetzung (shake down)	Toleranzausgleich durch einmaliges Nachgeben
Anzeigevorrichtung (indikator)	Zeiger und Skala an einem Lager, um die Bewegung erkennen zu können
Arretierung (arrest)	genaue Einstellung (z. B. Voreinstellung der Gleitplatte) mit Hilfe von Schrauben
Auflager (bearing)	Lager, siehe dort
Aufstelltemperatur (temperature of manufactoring)	Bauwerkstemperatur, bei der das Bauwerk auf die Lager gesetzt wird (wird meist mit +10°C angenommen)
Ausblühungen (efflorescence)	Wandern von Stoffen im Innern eines Körpers nach außen (Ausscheiden von Salzen)
Ausblutung (bleeding)	Separierung der flüssigen von den festen Bestandteilen beim Schmiermittel (Silikon)
Ausdehnung (expansion)	Längenänderung
Ausschreibung (invitation to bid)	Aufforderung an einen beschränkten oder nicht beschränkten Personenkreis, Angebote abzugeben
äußere Lasten (external loads)	Lasten, die unabhängig vom Zustand und von der Beanspruchung des Bauwerks vorhanden sind wie z. B. Eigenlast, Verkehrslast, Wind
Aussteifung (installing stiffnes)	Temporäre oder auf Dauer vorgesehene Maßnahme, um im Bereich konzentrierter Beanspruchung eine hohe Stabilität zu erreichen
Auswechselbarkeit (interchangeability)	Planmäßig vorgesehene Möglichkeit, unbrauchbar gewordene Teile gegen brauchbare auszutauschen
Balken (beam)	Stabartiges Tragteil (2 Abmessungen klein gegenüber einer dritten), das hauptsächlich Querkraftbiegung aufnimmt
Bauaufsicht (construction supervising body)	Behördenstruktur mit Polizeifunktion im Baubereich

9 Glossar

Begriff	Synonym/Erklärung
Bauende Verwaltung (builder-owner authority)	Im engeren Sinne die Behörden, die gleichzeitig Bauherr und Bauaufsicht sind: Bundesbahn (vor der Privatisierung), Bundesverkehrsministerium und die sog. Auftragsverwaltungen der Länder (Straßenneubauämter der Länder, Landschaftsverbände u. ä.). Die kommunalen Bauämter unterstehen im allgemeinen der verwaltungsmäßig getrennten Bauaufsicht und werden deshalb meist nicht dazu gezählt
Baugrund (building plot)	Der Teil der Erdoberfläche, auf dem gebaut wird
Bauordnungen (building laws)	Landesgesetze in der Bundesrepublik Deutschland, in denen das Baurecht, soweit es Landesrecht ist, festgelegt wurde
Baupolizeirecht (building regulations)	Bauordnungsrecht, Bestandteil der Bauordnungen
Baurecht (building law)	Bauordnungsrecht zuzüglich weiterer Baurechtsbereiche
Bauwerk (structure)	Planmäßig für bestimmte Funktionen erstelltes Gebilde, das dauerhaft mit der Erdoberfläche verbunden ist
Bauzustand (in situ)	Zwischenzustand nach Baubeginn und vor Inbetriebnahme. In aller Regel der gefährlichste Zustand überhaupt mit den meisten Unfällen, Einstürzen, Toten
Bearbeitungsunterlagen (treatment papers)	Statik, Zeichnungen und wesentliche Quellen und Regelwerke, die benötigt wurden
Beanspruchbarkeit (resistance)	Grenzwert für die Beanspruchung einer Konstruktion
Beanspruchung (stressing)	Aus Einwirkungen abgeleitete Größe (Schnittgröße; Spannung) zur Beurteilung der Tragfähigkeit
Belastung (leading)	Spezielle Form der Beanspruchung
Bemessung (design)	Festlegung, wie groß etwas sein muß, und aus welchem Stoff es hergestellt werden soll
Berechnung (design; calculation)	Statik, statische Berechnung
Besondere Bestimmungen (special rules)	Individuelle Regeln für einen Zulassungsgegenstand
Betongelenk (concrete hinge)	Einschnürung einer Stütze aus Beton zwecks Erzielung eines Biegemomentennullpunktes
Betonpressung (concrete pressure)	Mittlerer Druck in einer Auflagerfuge aus Beton
Bewährung (qualifying)	Ein Rechtsbegriff, kann nur indirekt nachgewiesen werden
bewehrtes Elastomerlager (laminated bearing)	→ Elastomerlager mit → Bewehrungseinlagen

Begriff	Synonym/Erklärung
bewegliches Lager (movable bearing)	Siehe Lager
Bewegungsnullpunkt (zeropoint of movement)	Festpunkt
Bewehrungseinlagen (reinforcing plates)	Einvulkanisierte Stahlplatten in einem bewehrten Elastomerlager
bleibende Verformung (permanent deformation)	Verformungsrest nach Entlastung
Bleilager (lead bearing)	Siehe Lager
Bremskräfte (brake forces)	Beschleunigungs- und Verzögerungskräfte, hervorgerufen durch den Verkehr auf der Brücke
Bruchdehnung (elongation at fracture)	Kennzeichnet die Duktilität eines Werkstoffs, eine genormte Meßgröße: der Quotient aus der Verlängerung beim Bruch und der ursprünglichen Länge des genormten Probekörpers
Bruchlast (breaking load)	Last, bei der eine Gefügetrennung erfolgt ist
Bruchsicherheit (safety against breaking)	Gewißheit, daß die Bruchlast von der vorhandenen Last nicht erreicht wird, ausgedrückt durch das Verhältnis der ersteren zur letzteren
Brückenlagerung (bridge mounting)	Im engeren Sinn die Lagerung eines Brücken-Überbaus auf den Unterbauten
Bundesminister für Verkehr (federal ministry of traffic)	Eine Behörde, die u. a. zuständig ist für die Bekanntgabe der Regeln im Bereich der bundeseigenen Verkehrsbauten und in deren Auftrag Bundesstraßen gebaut werden
Chloropren-Kautschuk (chloropren-rubber)	Werkstoff für Verformungslager, siehe Lager
Dauerversuche (fatigue tests)	Versuche, mit denen häufige Lastwiederholungen simuliert werden
Dauerschmierung (permanent greasing)	Gleitlagerschmierung durch Schmiertaschen; in Abhängigkeit von der Bauwerkskonstruktion unterschiedlich lange wirksam
Deckschicht (covering layer)	Bei unverankerten bewehrten Elastomerlagern die äußerste, nur ca. 2,5 mm dicke Gummischicht
Deformationswiderstand (resistance of deformation)	Federkennzahl, wenn das Zwischenbauteil Elastomerlager als Feder aufgefaßt wird
Dichtung (tamping)	Mechanischer Abschluß von Gefäßen und Leitungen gegenüber beweglichen Teilen; werden für Topflager benötigt (zwischen Deckel und Topf), bei runden Lagern als Dichtungsringe

9 Glossar

Begriff	Synonym/Erklärung
Dickentoleranzen (tolerance of thickness)	Zulässige Abweichungen von einem festgelegten Wert für die Dicke; für Bleche, Gummischichten und PTFE-Scheiben geregelt, unterliegen der Fertigungskontrolle
DIN (German Institut for standards)	Abkürzung für **D**eutsches **I**nstitut für **N**ormung, Hauptsitz in Berlin mit einigen Außenstellen
Dollen (pin)	Einfache zylindrische Vollstahldübel zwecks Lagesicherung eines Lagers, zur planmäßigen Aufnahme von Horizontalkräften ohne zusätzliche Maßnahmen ungeeignet!
Drehpunkt (centre of rotation; pivot)	Nullpunkt der Translation des Überbaus in der aus den Lagern gebildeten Ebene; als Momentan-Zentrum der Bewegungen eine fiktive, einwirkungsabhängige Größe, bei nur einem festen Lager der konstruktiv festgelegte „Festpunkt" der Konstruktion
Drehwinkel (angle of rotation)	Verdrehungsdifferenz zwischen den durch ein Lager verbundenen Teilen; Größenordnung: ‰
Druckverformung (compressive deformation)	Verkürzung eines gedrückten Gegenstandes gegenüber dem unbelasteten Zustand; ist bei Lagern unter den zu erwartenden Lasten sehr klein, bei Verformungslagern größer als bei anderen Lagern
Druckverformungsrest (residual compressive deformation)	Genormter Prüfwert für kleine Probestücke von Elastomer, siehe DIN 53517
Durchlaufträger (continuous beam)	Balken auf mehr als 2 Stützen ohne Gelenke
ebene Gleitflächen (plane sliding surface)	(Theoretische) Voraussetzung für Gleitlager. Die tatsächlichen Abweichungen von der Ebene müssen eng begrenzt werden
Edelstahl (high-grade steel; stainless steel)	Unscharfe Bezeichnung für einen hochlegierten Stahl. Gemeint ist im Brückenlagerbau in aller Regel nichtrostender Stahl nach DIN 17440 und DIN 17441
Eignung (suitability)	Amtlich festgestellte Eigenschaft z.B. des Herstellerwerks; wird für bestimmte Fertigungsschritte wie z.B. Schweißen festgestellt und bescheinigt, für einen Gegenstand auch durch einen Zulassungsbescheid
Einbau (installation)	Geregelter Vorgang nach DIN 4141, Teil 4 (Einbaurichtlinien)
Einbaurichtung (direction of installation)	Von der späteren Funktion bestimmte notwendige Lage im Grundriß; muß auf dem Lager angegeben werden und aus dem Lagerversetzplan hervorgehen
Einbautoleranzen (tolerances of installation)	Zulässige Abweichungen beim Einbau von der planmäßigen Lage; müssen festgelegt und kontrolliert werden (DIN 4141, Teil 4)

Begriff	Synonym/Erklärung
Einfeldbrücke (single-span bridge)	Balkenbrücke auf 4 Lagern (statisch unbestimmt gelagert!)
Einfeldträger (single-span girder)	Neben dem Kragarm das einfachste Element der Balkenstatik (statisch bestimmt!)
Einführungserlaß (introdiction with an enactment)	Mitteilung der oberen Instanz (Baubehörde) an die untere – veröffentlicht im Amtsblatt – über die Zulässigkeit (Einführung) einer neuen Regel
Einspannung (fixed support)	„Gegensatz" zur gelenkigen Lagerung. „Volle" Einspannung ist praktisch genau so unmöglich wie das ideale Gelenk
Einwirkung (action)	Beanspruchungsrelevante Größe, z. B. Belastung, Temperatur
Eisenbahnbrücken (railway bridges)	Brücken mit Schienenfahrzeugen; unterscheiden sich von Straßenbrücken vor allem durch den wesentlich höheren Anteil der Beanspruchung aus der Verkehrslast an der Gesamtbeanspruchung
elastische Verschiebung, elastische Verformung (elastic deformation)	Verschiebung (Verformung), die nach Entlastung zu Null wird
Elastizität (elasticity)	Eigenschaft fester Körper, nach Verschwinden einer formverändernden Kraft ihre ursprüngliche Gestalt wieder einzunehmen; ist durch den E-Modul gekennzeichnet und beim Gummi um Größenordnungen „kleiner" als beim Stahl
Elastizitätstheorie (theory of elasticity)	Theorie, nach der Spannungen und Verformungen elastischer Körper ermittelt werden; setzt lineare Elastizität (konstanten E-Modul) voraus und ist deshalb bei Anwendung auf reale Stoffe stets nur näherungsweise gültig
Elastomerlager (elastomeric bearing)	Verformungslager; siehe Lager
Elastomer-Gleitlager (elastomer sliding bearings)	Verformungsgleitlager; siehe Lager
Elastomerpressung (elastomer pressure)	Gemittelter Auflagerdruck in der Elastomerfuge
Endauflager (end support)	Lager, die auf dem Widerlager angeordnet werden. Sie haben im Vergleich zu den Mittelauflagern ein ungünstigeres Verhältnis zwischen kleinster Auflast und zugehöriger maximaler H-Kraft
Endtangentendrehwinkel (rotation of end support)	Verdrehung des Endauflagers, gemessen in Bogenmaß
Entropie-Elastizität (entropy-elasticity)	Ein nur mit Kenntnissen der Wärmelehre verständlicher Effekt bei Belastung und Temperaturänderung des Elastomers

Begriff	Synonym/Erklärung
Entwurf (project)	Gedankliche Vorwegnahme eines geplanten Zustands*; ist auch für die Brückenlagerung unverzichtbar
Ersatzlasten für Anprall (equivalent loads for impact loading)	Hilfsannahmen für katastrophale Ereignisse zur Vermeidung einer unangemessen aufwendigen dynamischen Untersuchung
Erstbelastung (first loading)	Belastung eines Lagers unmittelbar nach Inbetriebnahme; sollte protokollarisch festgehalten werden (DIN 4141, Teil 4)
Exzentrizität (eccentricity)	Abweichung der Lage der Auflast von der Lagerachse, setzt sich zusammen aus einer Anfangsexzentrizität und dem Quotienten aus Rückstellmoment und Auflast
Fachkommission Baunormung (experts commission for building standards)	Ein aus Vertretern der deutschen Bundesländer und des Bundes zusammengesetztes Gremium, das u. a. über die bauaufsichtliche Einführung von Regelwerken (z. B. Normen) entscheidet
Faltenbalg (folded hide)	Schutzvorrichtung für Gleitlager
Federkennlinie, Federkennwert (characteristic of spring)	Angaben zur Beschreibung der statischen Eigenschaft von Lagern
fehlerhafter Einbau (mistake in the installation)	Lagereinbau, bei dem gegen die Vorschriften des Lagerversetzplans verstoßen wurde
Ferroxyl-Test (dto.)	Prüfmethode, mit der die Qualität einer Chromschicht auf einer Stahlplatte geprüft wird
Fertigteilkonstruktion (pre-fabricated member)	Baukonstruktionen, deren Elemente so weit im Werk vorgefertigt werden, daß auf der Baustelle nur noch Verbindungen hergestellt und Fugen geschlossen werden müssen. Im Stahlbetonbau entfällt dann die Herstellung des Betons auf der Baustelle. Die Zwischenschaltung von unbewehrten Lagern in den Stößen von Stahlbetonfertigteilkonstruktionen gehört zum Stand der Technik
Fertigungstoleranz (tolerance of manufacture)	Maß, das als maximale Herstellungsungenauigkeit „toleriert" wird
festes Lager (fixed bearing)	Lager, das in der Lagerungsebene Kräfte in beliebiger Richtung vom Überbau in den Unterbau leiten kann, ohne daß eine Verformung in der Ebene erfolgt (s. a. Lager)
Festhaltedollen (pin)	Zentrisch angeordneter Stahldübel bei Gummilagern

---

* Allgemeine Definition nach Tausky: skizzenhafte Abfassung eines Schriftstücks (oder Studie zu einem Kunstwerk) im Hinblick auf die weitere Ausarbeitung

Begriff	Synonym/Erklärung
Festhaltekonstruktion (restraining device)	Zusatzeinrichtung bei Verformungslagern, um Schubverformungen zu begrenzen
Festpunkt (fix-point)	Ruhepunkt einer sich verformenden Konstruktion
Fett für Lager (grease for bearings)	Schmiermittel für Gleitlager (Silikonfett) und für Topflager (Nyhalup), um Rückstellkräfte und -momente zu reduzieren
Fixzone (fixe-region)	Lagerungsbegriff im Hochbau: der Bereich, der als unverformbar anzunehmen ist, speziell der Kernbereich (Fahrstuhl, Treppenhaus)
Fixpunktlager (fixe-point-bearing)	Horizontalkraftlager, mit dem ein Festpunkt realisiert wird; siehe Lager
Flugrost (drifting rust)	Eine scheinbar verrostete Metallfläche aus folgender Ursache: in der Luft befindliche Eisenpartikel, die sich auf Metalloberflächen – z.B. Gleitbleche aus nichtrostendem Stahl – absetzen, wodurch sich Lokalelemente bilden, die zum Oxidieren der Eisenpartikel führen
Formfaktor (shape factor)	Verhältnis von gedrückter zur freien Oberfläche bei Elastomerlagern
Fuge (joint)	Stoßstelle zwischen 2 Bauwerksteilen
Fugenpressung (joint pressure)	Quotient aus der Fugenschnittgröße „Normalkraft" und der für die Normalkraftübertragung zur Verfügung stehenden Fläche
Führungsflächen (guide surfaces)	Paarweise vorhandene Gleitflächen zwecks Einschränkung der Bewegung auf eine planmäßig vorgegebene Richtung
Führungskräfte (guide forces)	Schnittkräfte in der Führungsfläche
Führungslager (guide bearing)	Horizontalkraftlager, das nur Führungskräfte überträgt
Führungsleiste (guide strip)	Konstruktives Lagerelement, an dem Gleitwerkstoffe befestigt sind, deren Oberfläche die Führungsfläche bilden
Gegenwerkstoff (counter-material)	Ein Gleitpartner. Er muß härter sein als der Gleitwerkstoff. Üblich sind austenitisches Stahlblech und Hartchrom
gekrümmte Brücke (curved bridge)	Brücke, deren Überbau im Grundriß gekrümmt ist
Gleitfläche (sliding surface)	Ebene (Gleitebene) oder konstant gekrümmte Oberfläche des Gegenwerkstoffs; geometrischer Ort der Reibungsfläche
Gleitflächenschutz (sliding surface protection)	Zusatzeinrichtung zur Verhinderung der Verschmutzung der Gleitfläche, z.B. ein Faltenbalg
Gleitlager (sliding bearing)	Lager, bei dem mindestens eine Relativbewegung der verbundenen Bauteile durch Gleiten ermöglicht wird. S. auch Lager

Begriff	Synonym/Erklärung
Gleitpartner (members of sliding)	Sammelbegriff für Gleitwerkstoff, Gegenwerkstoff und Schmierstoff
Gleitreibung (sliding-friction)	Durch Relativverschiebung von Grenzflächen verursachte Reibung. Siehe Reibung und Haftung
Gleitreibungswiderstand (resistance of sliding-friction)	Produkt aus Reibungszahl und Last normal zur Lagerfuge
Gleitweg (sliding distance)	Relativbewegung zwischen Gleitwerkstoff und Gegenwerkstoff
Gleitwegcharakteristik (sliding distance program)	Hypothetisch angenommener Wechsel von langsamer und schneller Bewegung und wechselnder Temperatur zwecks Simulation der Realität
Gleitwegsumme, Gleitbewegungssumme (the sum of sliding distance)	Aufsummierter Gleitweg in einem Gleitlager
Gleitwerkstoff (sliding material)	PTFE = Polytetrafluorethylen oder (für Führungsflächen) Mehrschicht-Werkstoff P1 nach DIN 1494, Teil 4
Gummilager (rubber bearing)	Synonym für Verformungslager, s. Lager
Gummitopflager (rubber pot bearing)	Synonym für Topflager, s. Lager
Güteüberwachung (production control)	Synonym für die Werksüberwachung, siehe Überwachung
Haftreibung, Haftung (adhesive friction, adhesion)	Siehe Reibung und Haftung
Hartchrom (hard chrome)	Auf elektrolytischem Weg als 3-fache dünne Schicht auf stählernem Grundmaterial aufgebrachte Chromschicht (s. Gegenwerkstoff)
Härte (hardness)	Oberflächenmerkmal, das nur einen groben Schluß zuläßt auf das innere Gefüge eines Festkörpers
Hauptverschiebungsrichtung (main movement)	Bei geraden Brücken: Brückenlängsrichtung (x-Achse). In anderen Fällen ist diese Richtung (= Lage der x-Achse) speziell zu definieren
Hertzsche Pressung (pressure of Hertz)	Rechenwert, der die Bewertung von Lastkonzentrationen zwischen gekrümmten Flächen ermöglicht
Hochbauten (buildings)	Bauwerke, die im wesentlichen über das Gelände hinausragen, ohne Brückenbauten. Im engeren Sinne: Häuser
Höhenverstellbarkeit (possibility for vertical lift)	Einrichtung bei Lagern für Brücken mit zu erwartenden Bodenbewegungen (z. B. durch Bergbau)
Hookesches Gesetz (hookes law)	Kein Gesetz, sondern die Annahme linearer Beziehungen zwischen Spannungen und Dehnungen

Begriff	Synonym/Erklärung
horizontale Lasten (horizontal loads)	Im allgemeinen die Windlasten und die Bremslasten
Horizontalkraftlager (bearings for horizontal loads)	Ein Lager, das ausschließlich horizontale Lasten aufnehmen kann (Fixpunktlager, Führungslager)
HV-Verbindungen (friction-type connection)	Verbindungen mit hochfesten, vorgespannten Schrauben
Hysterese (hysteresis)	Bei mehrmaliger Be- und Entlastung im Last-Verformungsdiagramm von den Be- und Entlastungskurven eingeschlossene Fläche
Industrieatmosphäre (industrial atmosphere)	Begriff der Korrosionsbelastung. Sie ist korrosiver als Landluft und kann jederzeit und überall durch Erschließung neuer Industriezweige entstehen
Industriebauten (industrial buildings)	Hochbauten bzw. bauliche Anlagen zu industriellen Zwecken: Behälter, Türme, Krananlagen
Inkompressibilität (incompressibility)	Volumenkonstanz bei Belastung, eine der wesentlichen Eigenschaften von Gummi
Innenzapfen (pin)	Siehe Dollen
Inspektion (inspection)	Untersuchung einer Konstruktion in regelmäßigen Abständen. Beim fertigen Bauwerk unverzichtbar (s. DIN 1076)
Institut für Bautechnik	Frühere Bezeichnung für Deutsches Institut für Bautechnik, Sitz: Berlin
Jahreszeitliche Verschiebung (annual displacement)	Maximale Bewegungsspanne innerhalb eines Jahres zwischen Überbau und Unterbau; wird nach vorhandenen Regelwerken (DIN 1072) zur sicheren Seite abgeschätzt zwecks Bemessung der Gleitplattenlänge
Joule-Effekt (joule-effect)	→ Entropie-Elastizität
Kalottenlager (spherical bearing)	Gleitlager, bei dem die Verdrehung über eine kalottenförmig gekrümmte Gleitfläche erfolgt; siehe auch Lager
Kammerung (chambering)	„Einschluß" einer PTFE-Platte. Die Platten werden in eine Vertiefung, die etwa der halben Plattendicke entspricht, in eine Stahlplatte, der PTFE-Aufnahme, eingepaßt und sind dann „gekammert".
Kämpfergelenke (springing hinge)	Fußgelenke bei Bogenbrücken
Kantenpressung (edge-pressure)	Pressung am Rand einer Fuge, entsteht rechnerisch durch Überlagerung von Normalkraft und Biegung
Katastrophenbelastung (emergency load)	Eine nicht planmäßige Belastung. Das Verhalten des Bauwerks unter dieser Einwirkung wird mit Robustheit bezeichnet

9 Glossar

Begriff	Synonym/Erklärung
Kennzeichnung (marking)	Eine bei Lagern unverzichtbare Maßnahme zwecks Identifizierbarkeit
Kernfläche (root area)	Der mittlere Bereich, in dem sich eine Last befinden muß, wenn keine klaffende Fuge auftreten soll
Kipplager (rocker bearing)	Lager, das Verdrehungen (Kippungen) zwischen den mit dem Lager verbundenen Bauwerksteilen ermöglicht. S. auch Lager
kippweiches Elastomerlager (rubber bearing with low rotation resistance)	Lager, das bei sonst fast unveränderten Eigenschaften erheblich reduzierte Rückstellmomente gegenüber normalen bewehrten Elastomerlagern hat
Kirschkerneffekt (cherry stone effect)	Ein Effekt bei Gummilagern: bei großen Verdrehungen und kleiner Reibungszahl zwischen Gummi und dem anschließenden Baustoff fliegt das Lager bei Belastung wie ein Geschoß aus seiner Lage
Kissen (pillow)	Inhalt eines Topflagers (aus Gummi); siehe Lager
klaffende Fuge (gaping joint)	Zustand im Fugenbereich infolge zu großer Exzentrizität; ist unzulässig in Gleitfugen unter 1-fachen Einwirkungen, welche häufig als „Gebrauchslasten" bezeichnet werden
Kleben (sticking)	Im Bauwesen nur mit Einschränkungen anwendbare Verbindungsart. Sie unterscheidet sich vom Vulkanisieren wie Löten vom Schweißen und ist nur in Sonderfällen unter besonderen Bedingungen zulässig
Knicken (buckling)	Versagensform bei druckbelasteten Stäben. Sie kann auch bei zu hohen Elastomerlagern auftreten
Kompressionsmodul (modulus of compression)	Maß für die Zusammendrückbarkeit eines Stoffes; kann bei Elastomerlagern für Bauzwecke als unendlich angenommen werden
Konsistenz (consistency)	Widerstand, den ein weicher Stoff (Schmierfett) einer Verformung entgegensetzt
Kopfbolzen (stud shear connector)	Heute übliches Verankerungsmittel im Beton für eine Stahlplatte
Korrosionsschutz (protection against corrosion)	Notwendige Konservierungsmaßnahme von Oberflächen aus Stahl. Betrifft nur alle sichtbaren und nur wenige cm im Beton liegenden Teile von niedrig legiertem Stahl
Kriechen (creep)	Verformungszunahme bei Langzeitbelastung; erfolgt bei Elastomer wesentlich schneller als beim Beton mit einer erheblich kleineren Kriechzahl. Kriechen von PTFE wird durch Einlassen der PTFE-Platte ausgeschlossen
Kristallisation (crystallization)	Gefügeänderung bei Flüssigkeiten und amorphen Stoffen. Beim Gummi führt sie zur Versteifung. Ursachen: große Dehnung, schnelle Belastung, Temperaturabfall. Sie ist reversibel

Begriff	Synonym/Erklärung
Kugellager (ball bearing)	Lager, die Translation in allen Richtungen durch Abwälzung ermöglichen. Sie werden für kleinere Lasten und Bewegungen auch im Bauwesen (selten) verwendet
Kurbelbetrieb (crank mechanism)	Bewegungseinrichtung im Labor, dient bei Gleitversuchen zur Nachahmung schneller Bewegungen (Straßenverkehr)
Kurzzeitkippversuch (short-time rotation test)	Simulation der Verdrehungen bei Verkehrsbelastung im Labor
Lager (bearing)	Separat gefertigtes Bauteil, um Zwischenbedingungen in Baukonstruktionen zu realisieren. Die Artbezeichnungen sind funktions- oder werkstoffbezogen. Beispiele:
Kipplager (rocker bearing)	Ein Lager, bei dem Ober- und Unterteil sich gegenseitig verdrehen können, z.B. Stahlplatten, von denen mindestens eine konvex gekrümmte Außenfläche hat, die sich in einem Punkt (Punktkipplager) oder einer Geraden (Linienkipplager) berühren und deren Verdrehung durch Abrollen aufeinander ermöglicht wird. Es kann als Kippleiste/Kippplatte Teil eines beweglichen Lagers sein und auch als festes Lager gebaut werden. Auch Elastomerlager und Topflager gehören hierzu.
Gleitlager (sliding bearing)	Ein Lager, bei dem die Bewegungen durch Gleiten (Rutschen) zweier Flächen gegeneinander erfolgen. Es kann als bewegliches Lager in Kombination mit einem stählernen Kipplager, Topflager, Elastomerlager oder als bewegliches und als festes Kalottenlager gebaut werden.
Topflager (pot bearing)	Ein Lager für Kippbewegungen, also ein Kipplager, wie bereits definiert, bei dem die Last vom Überbau zum Unterbau über einen Stahltopf geleitet wird, in dem sich bei modernen Lagern Elastomer (in früheren Zeiten Sand) befindet. Die Kippbewegung (Verdrehung zwischen Deckel und Topf) bewirkt eine innere Verschiebung der Topffüllung. Topflager werden als feste Lager und als bewegliche Lager (Gleitlager und früher auch Nadellager) gebaut.
Kalottenlager (spherical bearing)	Ein Gleitlager, bei dem die Kippung durch Gleiten über eine gekrümmte Fläche (Kalotte) erfolgt. Wird als festes Lager und als bewegliches Lager gebaut.
Feste Lager (fixed bearing)	Drucklager, die als Bewegung nur Verdrehungen (Rotation) ermöglichen.
Bewegliche Lager (movable bearing)	Lager, die als Bewegungen Verschiebungen (Translation) zwischen zwei Bauteilen durch Rollen oder Gleiten ermöglichen; einseitig bewegliche Lager: Lager, die in einer Richtung feste Lager, rechtwinklig dazu Bewegungslager sind. Diese Lager haben stets auch eine Rotationsmöglichkeit.

9 Glossar

Begriff	Synonym/Erklärung
Verformungslager (deformation bearing)	Lager, die Bewegungen (Verdrehungen und Verschiebungen) durch Verformungen des Lagermaterials (hier stets Gummi) ermöglichen. Andere Bezeichnungen: Elastomerlager; Gummilager
Horizontalkraftlager (thrust bearing)	Feste und bewegliche Lager zur ausschließlichen Aufnahme von Horizontalkräften (Fixpunktlager, Führungslager).
Rollenlager (roller bearing)	Ein Lager, dessen Beweglichkeit durch das Einschalten von Rollen zwischen Überbau und Unterbau ermöglicht wird. Wird nur eine Rolle verwandt (Ein-Rollen-Lager), so ist eine Verschiebung nur in einer Richtung und eine Verdrehung nur um die Rollenachse möglich. Werden mehrere Rollen hintereinander angeordnet, so ist zusätzlich eine Einrichtung für die Kippbewegung erforderlich (Kipp-Leiste oder Kipp-Platte). Eine Verschiebung in zwei Richtungen ist nur möglich durch Anordnung von zwei übereinander angeordnete Lagen. Rollenlager sind stets bewegliche Lager. Rollenlager sind veraltete Technik, sie entsprechen nicht mehr den Anforderungen an eine zwängungsarme Lagerung und werden deshalb in diesem Buch nicht behandelt.
Stelzenlager (link bearing)	sind zwar billiger als Rollenlager, aber noch weniger als jene geeignet. Es sind Rollenlager, bei denen aus Gründen der Materialersparnis und auch aus Platzgründen die seitlichen, für die Rollbewegung nicht benötigten Teile abgeschnitten sind. Sie sind gefährlich, denn die Brücke stürzt ein, wenn der Rollweg unterschätzt wurde. Sie besitzen nicht die nach der Bauproduktenrichtlinie geforderte Robustheit.
Nadellager (needle bearing)	sind ein- oder zweilagige Rollenlager mit einer größeren Anzahl dünner Rollen, die direkt nebeneinander in einem Führungskasten (evtl. mit Ölfüllung) liegen. (Veraltet!)
Stahllager (steel bearing)	Ein Lager, bei dem die kraftübertragenden Teile aus Stahl bestehen (Punktkipplager, Linienkipplager, Rollenlager). Als Gleitlager (Stahl auf Stahl) nur für untergeordnete, temporäre Zwecke geeignet!
PTFE-Lager (PTFE-bearing)	Ein Gleitlager, bei dem der eine Gleitpartner aus PTFE (Polytetrafluorethylen) besteht.
Elastomerlager (Gummilager): (elastomeric bearing, rubber bearing)	Ein Lager, bei dem wesentliche Teile aus Elastomer bestehen. Sie werden als feste Lager (Elastomerlager mit Festhaltekonstruktion), als Verformungslager (bewehrte und unbewehrte Elastomerlager) und als bewegliche Lager (Verformungs-Gleitlager) gebaut. Das für diese Lager verwendete Elastomer ist Chloroprenkautschuk oder Naturkautschuk. In diesem Buch wird statt Elastomer aus Gründen der Anschaulichkeit der technisch weniger korrekte Ausdruck Gummi gleichbedeutend verwendet. Topflager werden mangels Notwendigkeit nicht als Elastomerlager bezeichnet.

Begriff	Synonym/Erklärung
Bleilager (lead bearing)	Kipplager, bei dem die kraftübertragenden Teile aus Hartblei bestehen. (Veraltet, nicht Gegenstand dieses Buches!)
Lagerfuge (grouting space)	Fuge zwischen der unteren Lagerplatte und der Unterkonstruktion
Lagerkorrektur (correction of bearing)	Korrektur der Anfangsstellung der beweglichen Teile; sollte nur vom Lagerhersteller vorgenommen werden
Lagerkräfte (grouting space forces)	Schnittkräfte in der Lagerfuge
Lagerspiel (bearing clearance)	Unvermeidliche Maßdifferenz zwischen gegenseitig beweglichen Lagerteilen; soll möglichst klein sein
Lagerung (mounting; bearing system)	Sammelbegriff für alle baulichen Maßnahmen zur Verwirklichung von Randbedingungen
Lagerungskennzahl (member of the bearing system)	Hilfsmittel für die Wahl der richtigen Lager
Lagerungsplan (drawing of the bearing system)	Zeichnerische Darstellung der Lagerung
Lagerbewegung (bearing movement) -verdrehung (bearing rotation) -verschiebung (bearing translation)	Bewegungen zwischen den angeschlossenen Bauwerksteilen (durch Gleiten, Rollen oder Verformen)
Lagerversetzplan (bearing installation map)	Plan, der angibt, wo und wie welches Lager hingehört
Lagerwiderstand (bearing resistance)	Widerstand eines Lagers gegen Bewegungsdifferenzen zwischen oberer und unterer Lagerplatte
Lagesicherheit (safety against static equilibrium)	Sicherheit gegen – Umkippen – Abheben – Wegrutschen (Gleiten) eines Baukörpers; wird mit Teilsicherheitsbeiwerten nachgewiesen
Längsbewegung (longitudinal moving) -verdrehung (longitudinal rotation) -verschiebung (longitudinal translation)	Bewegungen in Brückenlängsrichtung

Begriff	Synonym/Erklärung
Längsrichtung (longitudinal direction)	Bei Brücken die x-Richtung; siehe auch Hauptverschiebungsrichtung
Lochleibung (intrados)	Gedrückter Teil der Wandung bei Schraubverbindungen, früher auch bei Nietverbindungen
Messingdichtung (brass-tamping)	Älteste Dichtungsart bei Topflagern
Meßstellen (reference points)	Notwendige Einrichtungen bei allen Bewegungslagern, um vor und nach dem Einbau und evtl. bei späteren Inspektionen die Lageabweichung gegenüber einer horizontalen Ebene feststellen zu können
Mindestdicke (minimum thickness)	Unabhängig von der Bemessung festgelegte untere Maßbegrenzung; ist zu beachten bei Lagerplatten, Topfdeckeln, -böden, PTFE-Scheiben, Gleitblechen, Elastomerlagern
Mindestpressung (minimum pressure)	Forderung an die Lagerfuge, um ohne Verankerung die Lagestabilität zu sichern; muß z. B. bei Elastomerlagern vorhanden sein, wenn keine verankerten Lager gewählt werden
Montagelager (installation bearing)	Mit nur einer Stahlplatte bewehrte Elastomerlager für den Fertigteilbau
Mullins-Effekt (Mullins Effect)	Abweichung zwischen erster und zweiter Belastung bei der Last-Verformungs-Kurve von Elastomerlagern
Musterbauordnung (Model of building laws)	Der (fortgeschriebene) Entwurf für die Bauordnungen der Bundesländer
Nachschmierung (second grease)	Wunschtraum der Brückeneigentümer. Bisher ist es jedoch nicht gelungen, analog zum Maschinenbaulager Gleitlager so auszubilden, daß statt Anhebung und Auswechselung eine Nachschmierung unter Last möglich ist
Nachstellen (readjustment)	Siehe Lagerkorrektur
Naturkautschuk (nature rubber)	Alternative zu Chloroprene-Kautschuk
Neoprene (dto.)	Spezielle Markenbezeichnung für Chloroprene-Kautschuk
Neotopflager (dto.)	Markenbezeichnung für das erste – von der Maschinenfabrik Eßlingen a. Neckar entwickelte – Topflager mit Gummi als Topfinhalt
Nettodicke (net thickness)	Summe aller Gummischichtdicken beim bewehrten Elastomerlager
Nichtrostender Stahl (stainless steel)	Normenbezeichnung für eine der Metallegierungen nach DIN 17440 und DIN 17441
Normen (standards)	Im engeren Sinne die von den Normenorganisationen erstellten Regelwerke: DIN (D), BSI (GB) usw.

Begriff	Synonym/Erklärung
Nyhalub (dto.)	Markenbezeichnung für ein Schmiermittel für die Innenwände von Topflagern
Oberflächenhärte (surface hardness)	Siehe Härte
Ofenalterung (furnace aging)	Künstliche Alterung von Gummi nach DIN 53508
Ölabscheidung (oil elimination)	Separierung der Bestandteile bei ölhaltigen Schmiermitteln, irreversibler Vorgang bei Gleitlagern
Ozonbeständigkeit (ozon resistance)	Neben der UV-Beständigkeit eine Forderung an die Dauerhaftigkeit von Stoffen, die der Umwelt ausgesetzt sind; muß bei Elastomerlagern im Rahmen der Güteüberwachung nachgewiesen werden
Parabolische Pressungsverteilung (parabolic pressure)	Annahme für die Druckverteilung bei Elastomerlager-Fugen
Pendel (pendulum support)	Eine Stütze, an deren Enden Kipplager angeordnet sind
Polstrahllagerung (polar radiation bearing system)	Lagerungskonzeption bei Brücken; liegt vor, wenn die Lagerbewegungen zum Festpunkt (Pol) ausgerichtet sind. (Alternative: Tangentiallagerung)
POM (dto.)	Polyoxymethylen, ein Azetalharz mit hoher Druckfestigkeit
Presse (press)	Gerät zum späteren Anheben des Brückenüberbaus; muß bereits bei der Bauwerksbemessung berücksichtigt werden
Pressung (pressure)	Synonym für Druckverteilung
primäre Kräfte (primary forces)	Die am unverformten Bauwerk vorhandenen Kräfte (Kräfte nach Theorie 1. Ordnung)
PTFE (dto.)	Polytetrafluorethylen; ein Gleitwerkstoff; s. auch Teflon
Punktkipplager (point rocker bearing)	Siehe Lager
querbewegliches Lager (lateral movable bearing)	Lager mit Bewegungsmöglichkeit in y-Richtung; sollte bei Brücken nach Möglichkeit nicht verwendet werden
Querbewegung (lateral movement) -verdrehung (lateral rotation) -verschiebung (lateral translation)	Brückenbewegungen in y-Richtung

Begriff	Synonym/Erklärung
Querrichtung (lateral direction)	bei Brücken die Y-Richtung
querträgerloser Überbau (superstructure without cross beam)	Brückengestaltung, die für die Herstellung Vorteile brachte; wird heute als Fehlentwicklung des Brückenbaus angesehen
Querzugspannung (lateral tensile stress)	Synonym für Spaltzugspannung
Randspannung (edge stress)	In der Fuge Synonym für Kantenpressung
Rauhtiefe (roughness)	Genormtes Maß für die Glattheit einer Oberfläche, Maßeinheit R_t
Raumtemperatur (ambient temperature)	+ 21 °C
Regel der Baukunst Regel der Bautechnik (accepted rules of good engineering practice)	Rechtlicher Begriff. In den Regelwerken (Normen, Richtlinien) wird nur ein Teil davon festgehalten
Regellager (standard bearing)	Lager gem. vorgegebener Tabelle, speziell in der Norm für Elastomerlager
Regenwurmeffekt (earthworm effect)	Kriechbewegung bei unbewehrten Elastomerlagern unter Wechselbeanspruchung; Ursache für Einsatzverbot bei Brücken
Reibung und Haftung (friction and adhesion)	Begriffe, die das Verhalten von Grenzflächen fester Körper betreffen. Siehe DIN 50281. Zu unterscheiden sind Reibung, Haftreibung und Haftung
Reibungscharakteristik (diagram of friction)	Kraft-Weg-Diagramm beim Reibungsvorgang
Reibungszahl (friction coefficient)	Siehe Reibung und Haftung
Relativverschiebung (relative displacement)	Differenz zwischen zwei Verschiebungen
Relaxation (dto.)	Spannungsabbau im Laufe der Zeit, erfolgt beim Elastomer schneller als beim Beton, vgl. auch Kriechen
Richtlinien (code of practice)	Vorläufer normativer Regeln
Ringanker, -balken (ring anchor; ring beam)	In Deutschland gebräuchlicher, nach Kilcher aber unzweckmäßiger oberer Abschluß bei Mauerwerksbauten
Risse, sichtbare (visible cracks)	Unansehnliche Erscheinung bei Bauwerken, sind bei richtiger Lagerung und Sorgfalt beim Bauen weitgehend vermeidbar
Robustheit	Siehe Katastrophenbelastung

Begriff	Synonym/Erklärung
Rollenlager (roller bearing)	Siehe Lager
Rotation (dto.)	Synonym für Verdrehung
Rückstellkraft (resistant-force) -moment (-moment)	Reaktionskraft, -moment bei der Lagerbewegung
Runderlasse (circular notices)	Amtliche Mitteilungen einer oberen Behörde an die nachgeordneten Behörden
Rutschsicherung (security measure against slipping)	Synonym für Verankerung bei Elastomerlagern
Sachverständigenausschuß (experts group)	Ein Gremium von Fachleuten, die beratend bei einer behördlichen Entscheidung mitwirken
Schadensfälle (damages)	Nichthinnehmbarer Mangel bei Bauwerken; sind im Bereich Lager selten und fast immer vermeidbar
Schaumstoffe (cellular material)	Material zum temporären Ausfüllen von Zwischenräumen; sind als Bauhilfsmaßnahmen vor Inbetriebnahme des Bauwerks zu entfernen
schiefe Brücken (skew bridges)	Brücken, deren Überbauten schiefwinklig sind
Schlupf (slip)	Unbeabsichtigte kleine Bewegung zwischen Elastomerlagern und anschließendem Baustoff; wird bei Einhaltung der Regel auf ein Minimum begrenzt
Schmiermittelspeicherung -stoffspeicherung (depositing lubricant)	Maßnahme bei Gleitlagern in der horizontalen Gleitfuge, um Trockenlauf zu verhindern
Schmierstoff (lubricant)	Für Gleitlager: Silikonfett, für Topflager: Nyhalub oder Silikonfett
Schmiertaschen (lubrication cavities)	Vorrichtung für die Schmierstoffspeicherung
Schmierung der Gleitflächen (lubricating of the sliding surface)	Maßnahme im Werk vor dem Zusammenbau
Schrägstellung, Schiefstellung, Schubverformung (shear deformation)	Zustand bei Elastomerlagern bei Beanspruchung in der Lagerebene

9 Glossar

Begriff	Synonym/Erklärung
Schubbeanspruchung (shear action)	Ursache (bei Elastomerlagern) für die Schrägstellung; ermöglicht Relativverschiebung zwischen den angeschlossenen Bauwerksteilen
Schubbruchversuch (shear resistance crash test)	Prüfung im Rahmen der Werksüberwachung von bewehrten Elastomerlagern, um die ausreichende Verbundfestigkeit zwischen Gummi und Stahl festzustellen
Schubknicken (shear buckling)	Siehe Knicken
Schubmodul (shear modulus)	Maßgebende Werkstoffeigenschaft bei Elastomerlagern
Schubverankerung (shear anchorage)	Notwendige Maßnahme bei Lagern, wenn die Kräfte in Lagerebene nicht durch Reibung aufgenommen werden können
Schubverformung (shear deformation)	S. Schrägstellung
Schubversuch (shear test)	Eignungsversuch bei Elastomerlagern; dient zur Prüfung des Schubmoduls
Schwinden (shrinkage)	Ein einmaliger irreversibler Vorgang bei Beton; entspricht in der Wirkung einer Abkühlung
sekundäre Kräfte (secundary forces)	Kräfte, die durch Verformungen und Bewegungen entstehen (Theorie II. Ordnung und Reibung)
Silikonfett (silicon grease)	S. Schmierfett
Sonderkonstruktionen (special construction)	Konstruktionen, die von der Ausschreibung nicht erfaßt werden
Spalthöhe (gap value)	Ein Maß bei Gleitlagern
Spannungen (stresses)	Ein zu (realen) Verzerrungen in einem beanspruchten Körper proportionaler (fiktiver) Wert
Spiel (clearance)	Bewegungsmöglichkeit von einer Extremlage in eine andere
Spindelbetrieb (spindle)	Bewegungseinrichtung im Labor, dient der Nachahmung langsamer Bewegungen bei Gleitreibungsversuchen
Stabilitätsnachweis (buckling analysis)	Nachweis der Standsicherheit bei druckbelasteten Stäben; bei Unterbauten erfordert er Einbeziehung der Lager als Randbedingung
Stahlbetongelenk (steel concrete hinge)	Einschnürung in einer Stahlbetonkonstruktion; gilt nicht als Lager, wirkt jedoch wie ein Kipplager
Setzungseinflüsse (settlement influences)	Einflüsse aus dem Baugrund; sind, soweit vorhersehbar, bei der Lagerung zu berücksichtigen
Shore-Härte (shore hardness)	Härtemaß bei Gummioberflächen
Sicherheit (safety)	Die Gewißheit, daß keine Gefahr droht

Begriff	Synonym/Erklärung
Sicherheitsbeiwerte (safety factors)	Zahlenwerte, mit denen Einwirkungen multipliziert werden oder durch die Festigkeitswerte dividiert werden, bevor mit ihnen der statische Nachweis erfolgt
Sicherheitszuschläge (safety provisions)	Additive Werte bei der Bemessung. Sie können z. B. bei Festlegung von Abmessungen sinnvoller als Sicherheitsbeiwerte sein
Sicherung (security equipment)	Maßnahme gegen nicht kalkulierbare Einflüsse
Stahlbrücke (steel bridge)	Brücke mit einem stählernem Überbau
Stahleinlagen (steel plates)	Bei Elastomerlagern: dünne, einvulkanisierte Stahlplatten
Stahllager (steel bearing)	Siehe Lager
ständige Horizontalkräfte (permanent horizontal loads)	Horizontalkräfte aus den Ursachen Eigengewicht oder Erddruck. Sie sollen auf Führungen und in der Ebene der Elastomerlager planmäßig nicht auftreten: die Lager sollen normal zur Resultierenden der ständigen Lasten (= meist horizontal) eingebaut werden
Stelzenlager (link bearing)	Siehe Lager
Stoßbelastung (impact loading)	Kurzfristige Belastung; wird von Gummilagern mit einem höheren G-Modul als bei statischer Belastung aufgenommen
Stürze (lintel beams)	Kurze Balken über Tür- und Fensteröffnungen
Taktschiebeverfahren (tact push proceeding)	Moderne Brückenbautechnik, bei der temporäre Gleitlager benötigt werden
Tangential-Lagerung (tangential bearing concept)	Lagerungskonzeption bei Brücken; liegt vor, wenn die Lagerbewegungen, bezogen auf die Mittellinie des Überbaus, tangential möglich sind (Alternative: Polstahllagerung)
Teflon (dto.)	Handelsname eines Herstellers für PTFE
Teilflächenbelastung, -pressung (partial pressure)	spezielle Annahme für den Nachweis der Aufnahme exzentrischer Lasten in einer Stahlbetonfuge
Temperaturänderung (temperature changing)	Kriterium bei der Bemessung von Gleitplatten; erfolgt im Bauwerk – abhängig vom Baustoff – langsamer als in der Luft
Temperaturbewegungen (temperature moving)	Eine Folge der Temperaturänderung
Temperaturzwängungskräfte (temperature forces)	Folge ungleichmäßiger Temperaturverteilung bei zwängungsfreier Lagerung

9 Glossar

Begriff	Synonym/Erklärung
Thermoplast (dto.)	Kunststoff, der beim Erwärmen weich wird, z. B. PTFE
Tieftemperatur-Versuch (low temperature test)	Gleitreibungsversuch bei −35 °C
Topflager (pot bearing)	Kipplager, bei dem ein Topfdeckel sich gegenüber einem mit Gummi gefüllten Topf verdreht. Siehe auch Lager
Topfring (pot ring)	Wandung des Topfes beim Topflager
Topfdichtung (pot washer)	Ringförmige Sicherung gegen das Austreten des Topfinhaltes bei Topflagern
Torsion im Überbau (torsion in the superstructures)	Verformung infolge unsymmetrischer Belastung; sollte mindestens qualitativ als Verdrehmöglichkeit um die z-Achse bei allen Lagern berücksichtigt werden
Translation (dto.)	Synonym für Verschiebung (zwischen Überbau und Unterbau)
Traganteil (contact area)	Tatsächlicher (bezogener) Kontaktanteil an einer gedrückten Fläche, beträgt auch bei glatten Flächen nur wenige Prozent
Trennfugen (construction joints)	Planmäßige Zwischenräume; siehe Schaumstoffe
Treppenhausschächte (staircase shaft)	Fixzonen im Hochbau
Tribologie (tribology)	Wissenschaft von der Reibung; Gleitlagertechnik ist ein Spezialfall dieser Disziplin
Trockenlauf (friction without lubricant)	Zustand, wenn bei Gleitlagern das Schmiermittel verbraucht ist
Tunnelbau (tunnel construction)	Sonderbereich des Tiefbaus, der in diesem Buch unberücksichtigt bleiben muß
Überbau (superstructures)	Der oberhalb der Lagerebene befindliche Teil des Bauwerks
Überwachung (control)	Es ist zu unterscheiden – die Werksüberwachung bei der Herstellung der Lager (Ü-Zeichen) – die Baustellenüberwachung beim Herstellen des Bauwerks (örtliche Bauaufsicht) und – die Zustandsüberwachung des in Benutzung befindlichen Bauwerks (DIN 1076 für Brücken)
Unterbauten (substructure)	Die unterhalb der Lagerebene befindlichen Teile des Bauwerks
Unterstopfung (filling)	Eine (weniger gute) Methode, den Zwischenraum zwischen unterer Lagerplatte und Unterbau mit Beton zu füllen
UV-Beständigkeit (ultraviolett resistance)	Analog Ozonbeständigkeit (s. d.)

Begriff	Synonym/Erklärung
Verankerung (anchorage)	Maßnahme der Lagesicherheit; sie ist bei Lagern notwendig, wenn der Reibungswiderstand unzureichend ist zur Aufnahme der Kräfte in Lagerebene, bei Gummilagern, wenn eine Mindestpressung unterschritten ist.
Verdrehung; Verschiebung (rotation; translation)	S. Lagerbewegung
Verformung (deformation)	– Bei Gummilagern: s. Lagerbewegung – bei Gleitlager-Platten: die Biegeverformung; sie muß mit Rücksicht auf die dünnen PTFE-Platten beschränkt werden – bei Brücken: Ursache für die Bewegungen an Lagern und Fahrbahnübergängen
Verformungsbauteile (deformation structural member)	Bauteile, deren Verformung bei der statischen Berechnung zu berücksichtigen ist (Gegenteil: starre Bauteile wie z. B. Widerlager und Strompfeiler)
Verformungslager (deformation bearing)	Synonym für Elastomerlager, siehe auch Lager
Verformungs-Gleitlager (deformation sliding bearing)	Kombination eines Gleitteils mit einem Verformungslager
Vergleichsradius (reference radius)	Fiktiver Wert bei der Ermittlung von Hertzschen Pressungen zwischen 2 gekrümmten Bauteilen
Verkantung (edge failure)	Zustand eines Fundaments eines Pfeilers infolge Baugrundbewegung; erfordert am Pfeilerkopf einen entsprechenden Zuschlag bei der Bemessung der Gleitplatte!
Verkehrsbelastung (traffic load)	Belastung durch Straßen- oder Schienenfahrzeuge
Verkehrsschwingungen (traffic ascillation)	Die kleinen Gleitbewegungen infolge Fahrzeugverkehr auf der Brücke: in der jeweiligen Größe für die Gleitplattenbemessung vernachlässigbar, für den Verschleiß jedoch entscheidend (hohe Gleitwegsumme)
Verschleiß (wear)	Bei Gleitlagern: Abrieb von PTFE; ist prinzipiell unvermeidbar und ein Grund für die Forderung der Auswechselbarkeit
Verschmutzung (dirt)	Umwelteinfluß; wirkt bei Gleitflächen prinzipiell gleitreibungszahlerhöhend, so daß ein Gleitflächenschutz erforderlich ist
Versteifung (stiffening)	Siehe Kristallisation
Vierpunktlagerung (4-point bearing system)	Reguläre Lagerung einer 1-Feld-Brücke; erfordert nach heutigen Vorstellungen 2 allseitig bewegliche Lager, falls nicht Verformungslager eingesetzt werden

Begriff	Synonym/Erklärung
Voreinstellung (pre-adjustment)	Platz- und kostensparende Maßnahme bei Lagern; berücksichtigt bei Bewegungslagern die einsinnigen Bewegungen (Schwinden, Kriechen) vorab, was zur Folge hat, daß die Lager unsymmetrisch sind
Vorschriften (rules)	Gesetze und Erlasse; sind begrifflich zu trennen von Normen, Richtlinien, Empfehlungen
Vulkanisation (dto.)	Vernetzungsvorgang unter Wärme bei Gummi
Wärmeausdehnungskoeffizient (coefficient of expansion)	Maß für die Volumenzunahme bei Erwärmung; liegt bei Gummi 20 mal so hoch wie bei Beton und Stahl
Wasserbau (hydraulic engeneering)	Ein Baubereich, der in diesem Buch nicht behandelt wird
Wartung (maintenance)	Anläßlich der Inspektion durchzuführende kleine Reparaturen zwecks Verhinderung größerer Schäden; ist unabdingbar für eingebaute Lager
Wechselbeanspruchung (reversal stressing)	Beanspruchung mit häufigem Vorzeichenwechsel; ist bei Brückenlagern aus der Einwirkung „Verdrehung" zu erwarten und wird deshalb bei Elastomerlagern und bei Topflagern im Versuch simuliert
wirtschaftlichste Lagerung (most economic bearing system)	Kostengünstigste Lagerung ohne technische Nachteile gegenüber teureren Lösungen; muß mangels Optimierungsstrategie durch Probieren ermittelt werden
Wulstbildung (coming into a bulg; stuffing)	Plastische Verformung am Rand der PTFE-Platten bei Belastung
Young-Modul (dto.)	Tangente am Ursprung der Spannungsdehnungslinie (z. B. bei Gummilagern); Synonym für E-Modul, s. Elastizität
Zugbeanspruchbarkeit (tension resistance)	Stoffeigenschaft von Metall und Holz; ist bei Gummilagern bei entsprechender Verankerung ebenfalls vorhanden
Zugfestigkeit (tension strength)	An Normproben festgestellte Eigenschaft; (Elastomer: DIN 53504)
Zuglager (tension bearing)	Lager, die bei möglichen Lastfällen Zugkräfte erhalten; sind problematisch und sollten für normale Brücken vermieden werden (Dauerbaustellen!)

Begriff	Synonym/Erklärung
Zulassungen (approvals)	Baubestimmungen für ein spezielles Produkt, dessen Eignung nachgewiesen wurde. In Deutschland: allgemeine bauaufsichtliche Zulassungen des Deutschen Instituts für Bautechnik. Künftig in Europa: European Technical Approval (ETA)
Zulassungsversuche (approval tests)	Eignungsversuche für einen Gegenstand, um dafür eine Zulassung zu erhalten
Zwängungen (restraints)	Zustände im Bauwerk, wenn Dehnungen (Kriechen, Schwinden, Temperatur) behindert werden
zwängungsfreie Lagerung (bearing system without restraint)	Lagerung, die für horizontale Einwirkungen statisch bestimmt ist
zwängungsarme Lagerung (bearing system with less restraint)	Lagerung, die nach zu erwartenden Bewegungen ausgerichtet wurde

10 Stichwortverzeichnis

Abbindetemperatur 55
Abheben 76, 362
Abminderung von Spannungsspitzen 492
Absperrwerk 82
Achsenrichtung 2
Adhäsion 462
allgemeiner Spannungsnachweis 126
Anfangsmoment 15
Anfangszusammendrückung 526
Anschlag 19
Anschlag-Konstruktionen 139
Antwortspektrum 114
aufaddierte Gleitwege 469
Auflagerdrehwinkel 13, 542
Auflagerverdrehung 496
Auflagerverdrehung unbewehrter Elastomerlager 218
Auflagerverdrehungen 209
Aufnahme der Schubspannungen 212
Ausführungsart IIIc, IIId 471
ausgebautes Lager 522
Ausschreibung 43
Auswechseln 78

Balkenbrücke 67
Balkenfaser 72
bauaufsichtliches Prüfzeugnis 63
Baugrunduntersuchung 40
Baugrundverhältnisse 28
Bauwerks-Überwachung 386
Bauwerksbeispiel 22
Bauwerkstemperatur 11
Beanspruchungskollektiv 495
Bemessung auf Zug 235
Bemessung bewehrter Elastomerlager 222, 228, f.f.
Bemessung unbewehrter Elastomerlager 221

Bergbau 40
Beton-Ersatzfläche 130
Betonbrücken 383, 498
Betonfugen 129
Betongelenk 3
Betriebsfestigkeitsnachweis 127
Betriebsschwingung 104
Betriebszeit 506
Bewegungsgeschwindigkeit 61
Bewegungslager 8
Bewegungsmöglichkeiten 126
Bewegungsnullpunkt 59
Bewegungsrichtung 29
Bewegungsumkehr 78
Bewegungsunterbrechung 523
Bewegungswiderstand 461
Bewehrungskonzentration 491
Bleilager 55
Bodenbewegung 111
Bogenbrücke 66
Brandschutz 202
Bremslast 21
Bruchsicherheitsbedingung 464
Brückenbewegung 493
Brückenbewegungen an Stahlbrücken 494
Brückenlängsrichtung 70, 86
Brückenquerrichtung 73, 87
Bügelbewehrung 493

Dachpappe 54
Dämmungseinbruch 100
Dämpfung 96
Dämpfungswiderstand 102, 103
Dauerkippversuch 539
Dauerstandversuch 544
Deckenauflager 57
Dickenänderung 483

DIN 245
Drehpunkt der festen Lager 138
dreidimensionales Kontaktproblem 466
Dreifeldträger 70
Druckbeanspruchung unbew. Elastomerlager 215
Druckkriechversuch 479
Drucklager für Horizontalkräfte 60
Druckverformung 207
Druckverteilungskurve 476
DS 804 391
Durchrutschen 490

Eigenschwingung 99
Einfluß der Probengröße 531
Einrollenlager 43
Eisenbahnbrücke 73
elastische Verformung 12
Elastizitätsmodul 192
Elastomerlager 459
EN 245
Endtangentendrehwinkel 67
Entropie-Elastizität 178
Erdbeben-Sicherung 42
Erdbebenbeanspruchung 116
Erdbebenentkoppelung 482
Erdbebenisolierung 113
Erdbebensicherung 104
Erregerfrequenz 95
Erschütterungsisolierung 104
Erschütterungsschutz 116
Erschütterungswert 106
europäische Lagernorm 36

Fachwerkbrücke 496
Fahrbahnübergang 29
Federcharakteristik 18
Federelement 97, 112
Fertigteil-Pl-Platten 242
Fertigteilstütze 493
festes Lager 21
Festhaltekonstruktion 26, 36
Festpunkt 9, 71, 92
Fixzone 59
Flachdach 49, 472
Flachdachbauten 80
Flugzeugabsturz 116
Formstabilität 524

Frankreich 412
Fugenfüllstoff 497
Fugenmasse 497
Führungslager 40
Füllstoff 524
Funktion und Verschleiß 138

Garagendach 50
gekrümmte Brücke 89
Gesamtsystem 91
Gewebebauplatte 97
Gleitflächenschutz 387
Gleitfuge 1
Gleitkomponente 513
Gleitlager-System 155
Gleitplatte unter Stahlbetonkonstruktionen 157
Gleitplatte unter Stahlkonstruktionen 159
Gleitreibungscharakteristik 517, 518, 520, f.f.
Gleitreibungsversuch 506
Gleitsicherheit 69, 132, 489
Gleitsicherheitsnachweis 362
Grenzbetrachtung 80
Großbritannien 403
Großbrückenbau 39
große Horizontalkräfte 135
große Verzerrungen 467
Großleitungsbau 48
Grundnorm 246
Grundrißsymbol 14
GV- und GVP-Verbindungen 128

Hafenbau 81
Haftgrenze 482
Haftreibung 198
Haftreibungswiderstand 186
Hängebrücke 66
Hertzsche Pressung 141
Hierarchie 245
Hochbau 81, 401
Hochhauskern 81
Horizontalfuge 50
Horizontalkraftlager 40
Horizontalkraftübertragung 489
HV-Schrauben 128
Hybridlager 179
Impedanzsprung 99, 100

instationäre Verformung 189
ISO-Norm 245
Isolierelement 94
Isothermenkarte 502, 503
Italien 404

Joule-Effekt 178, 187

Kalottenlager 160
kippweiche Elastomerlager 237
Kirschkerneffekt 201
Knicklänge 82, 85, 86
Knicklängenberechnung 85
Knicksicherheit 85, 383
Knicksicherheitsnachweis 87
Knickversuch 480
Kolbenmaschine 104
Konsistenzgeber 516
konstruktive Plattendicke 127
Kontrollkarte 539
konzentrierte Wulst 534
Konzept „Globalfaktor" 121
Konzept „Teilsicherheitsbeiwerte" 122
Konzept „Zulässige Spannungen" 121
Körperschalldämmung 97, 98
Körperschallübertragung 104
Korrektureinrichtung 41
Korrosionsschutz-Systeme 136
Kraftgrößenverfahren 9
Kriechen 70
Kriechen bei konst. Schubpannung 194
Kriechen und Relaxation 193
Kriechen unter konstanter Druck-
   spannung 195
Kriechkurve 530
Kriechprozeß 529
Kriechverformung 12
Kugelgasbehälter 48
Kugellager 244
Kunststoffolie 54
Kurbeltrieb 511

Laborwert 77
Lagekorrektur 11
Lager-Ersatzfläche 130
Lagerbewegung 71, 75
Lagernorm 246
Lagerplatten 127

Lagerplatten-Bruchversuch 486
Lagerplattenbiegung 484, 485
Lagerreibungskraft 93
Lagerspiel 22
Lagerstellungsanzeige 387
Lagerungseigenfrequenz 102
Lagerungsfrequenz 95, 118
Lagerungsklasse 62
Lagerungsplan 48
Lagerverschiebung 456
Lagesicherheit 75
Lagesicherheitsnachweis 75, 361
lange Betriebsdauer 472
Längenänderung 71
Längsbewegung 496
Langzeit-in-situ-Messung 464
Langzeitbelastungsversuch 474
Langzeitkriechverhalten 530
Langzeitversuch 517, 518, 520, 528
Lastabtragung 69
Leitung 45
Linienkipplager 6, 24
Lochung 478
LODMAT 500
Lufttemperatur 1

Masse-Feder-System (MFS) 41, 481
Mauerwerksriß 57
maximaler Kippwinkel 538
Maxwell-Modell 103
mechanische Werkstoffeigenschaften 126
mehrere Lager einer Auflagerbank 137
Meßvorrichtung 41
Mindestbewegungen 125
Modellager-Prüftechnik 508
molekulare Zusammenhänge 197
Momenten-Drehwinkeldiagramm 543
Mooney-Rivlin-Material 460
Mullins Effekt 184

nachgiebige Unterlage 465
Nachschmierung 79
Nadellager 6
Nebenschnittgröße 68
nichtlineare Kontinuumsmechanik 459
nichtlineare Strukturanalyse 463
Niederlande 402
Normensituation im Ausland 402

ORE-Bericht 36
ORE-Formel 80
örtliches Spannungsmaximum 477
örtliche Unebenheiten 491

Pare-Keiner 197
Pendel 6
Pendelstütze 13, 34
Pfeilergruppe 89
Pfeilerkopf 71, 92
Pfeilerkrümmung 78
Phasenwinkel 102
planmäßige Kräfte 74
Plattenlager 213
Polstrahl-Lagerung 28
Pressungsverteilung 477
Profilierung 478
Protokoll 44
Prüfkategorie 507
Prüfkette 508
PTFE-Aufnahme mit Außenführung 161
PTFE-Aufnahme mit Innenführung 162
PTFE-Wulst 527
Punktkipp-Gleitlager 161

querbewegliches Lager 21
Quervorspannen 24

Randbedingung 83
Raumtemperaturbereich 515
Rechenwert 126
Regellagergröße 246
Reibungserhöhung 519
Reibungsgesetz 462
Reibungsverhalten 488
Reibungswiderstand 61
Relativdurchbiegung 484
Relaxationsfaktor 187
Resonanzzone 103
Restschmierstoff 518
Ringanker 50, 59
Ringbehälter 45
Ritzsches Verfahren 87
Robustheit 8
Rohrbrücke 48
Rohrleitungsschwingung 104
Rollenlager 6
Rollreibung 456

Rückstellmoment 16, 65, 143, 540
Ruhepunkt 10

Sanierung 32
Schäden 504
Schallschutz-System 481
Schaumstoff 54
Schlupf unbewehrter Elastomerlager 219
Schmiertascheninhalt 526
Schmiertaschentiefe 526
Schmiertaschenverkleinerung 521
Schmierung 79
Schraubendruckfeder 96, 98
Schraubverbindungen 127
Schubbeanspruchung unbew. Elastomerlager 219
Schubmodul 182
Schubverformungen 211
Schweißhilfstoffe 125
Schweißverbindungen 129
Schweißzusätze 125
Schweiz 404
schwimmende Lagerung 25
Schwindmaß 57
Schwingungsisolierung 42, 107
Schwingungslager 481, 482
Schwingungsschutz 93
schwingungstechnische Eigenschaften 205
Schwingungsübertragung 94
Seilschwingung 104
senkrechte Bewegungsfuge 50
Setzung 52
Setzungsausgleich 104, 110
Sicherheitsbetrachtung 77
Sicherheitsklasse 489
Silo 45
Sonderkonstruktion 44
Spalthöhe h 154
Spannbetonbrücke 456, 494
Spindeltrieb 509, 511
Stabilität 82
Stabilitätsverhalten 193, 220
Stahbetondruckglieder 497
Stahlbeton-Fertigteilbau 356, 490, 492
Stahlbetonbrückenpfeiler 458
Stahlbrücke 24, 372
Stahldollen 55
Stahlfeder 100

Stahlfederelement 101
Stahlfugen 131
Stahlguß 122
Stand der Technik 247
Standardbelastung 514
statischer Nachweis 126
Stauchung 242
Stauchungsdifferenz 52
Steifigkeit 497
Stelzenlager 6
Stillstandszeit 506
Stützenstöße 356, 478, 493

Tagesmitteltemperatur 500
Talbrücke 70
Tangential-Lagerung 30
Tankbau 45
Teilflächenpressung 383
Temperaturbewegungen 11, 190
Temperaturgefälle 78
Temperaturmessung 490
Temperaturunterschiede 498
Temperaturwechselbeanspruchung 461
Temperaturzyklus 11
Theorie II. Ordnung 91
Theorie von Topaloff 16
thermische Eigenschaften 204
thermische Einflüsse 475
Tiefbau 81
Tieftemperaturprogramm 512, 513
Topf-Gleitlager 160
Topf-Verformungs-Gleitlager 27
Topf-Verformungslager 151
Topflager-Dichtung 143
Traglast von Pfeilern 458
Traglastversuch 544
tribolische Aspekte 464
tribolisches Verhalten 463
Tribosystem 494
Tschechische Republik 414
Tunnelbau 81
Typisierung von Brückenlagern 246

Überbaugesamtbewegung 495
übertragbare Kräfte 128
Umkippen 56, 76, 362
unbewehrte Elastomerlager im Fertigteilbau 238

unbewehrtes Elastomerlager 214
unerwünschte Kräfte 74
unverankertes Lager 487
Ursprungsspalthöhe 507

Verbindungsmittel 123
verformbares Bauteil 35
Verformungs-Gleitlager 161
Verformungs-Richtung der PTFE-Aufnahmen 160
Verformungslager mit Festhaltekonstruktionen 149
Verformungsverhalten elastomerer Werkstoffe 458
Verschiebegeschwindigkeit 474
Verschiebungswege 9
Verschleißmechanismus 494
Verschleißteil 523
Verschleißversuch 471
Versuche an Topflagern 538
Versuchstemperatur 510
VISCO-Dämpfer 101
Volumenabnahme 514
voreingestellte Elastomerlager 236
Vorschrift 245
Vulkanisationsprozeß 180

Wahrscheinlichkeitsüberlegung 77
Walzstahl 122
Wärmedehnung 495
Wärmeleitung 180
Wasseraufnahme 203
Wasserbau 81
Wasserfilm in der Reibfläche 199
Windlast 73
Wulstbildung 525, 529

Zapfenlager 150
Zugbeanspruchungen 128
zulässige Horizontalkraft 488
Zulassungen 156
Zulassungsversuch 505
Zusammendrückung von PTFE 536
zwängungsarm 24
Zwängungsspannung 49
Zwischenbedingung 83
Zwischenmasse 100

Anzeigenteil

GUMBA · Gummi im Bauwesen GmbH · Möschenfelder Straße 16 · 85630 Grasbrunn/München · Telefon (089) 4 61 01-0 · Telefax (089) 4 61 01-13

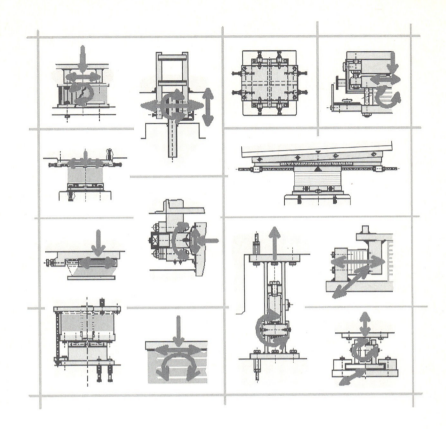

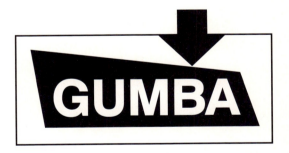

**Lagerung von Brücken- und Ingenieurbauten
Erschütterungsschutz
Hochbaulager
Projektierung und Brückenlagersanierung**

CALENBERG INGENIEURE
planmäßig elastisch lagern GmbH

Elastomerfedern zur statischen und dynamischen Bauteillagerung
Erschütterungsschutz
Körperschallschutz

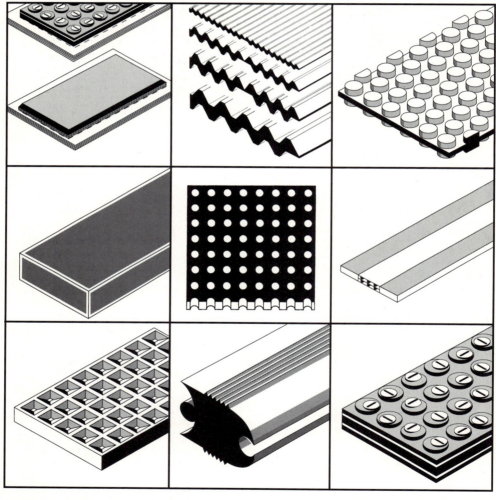

Calenberg Ingenieure, planmäßig elastisch lagern GmbH
Am Knübel 2-4, D-31020 Salzhemmendorf
Telefon 0 51 53/94 00-0   Telefax 0 51 53/94 00-49

Brücken verbinden Menschen – weltweit

Seit mehr als 30 Jahren gehört mageba zu den führenden Herstellern von Brückenlagern und Fahrbahnübergängen. Vertretungen in über 20 Ländern garantieren weltweit eine schnelle und fachkundige Bedienung unserer anspruchsvollen Kundschaft. Hohe Investitionen in Forschung und Entwicklung in Zusammenarbeit mit Prüfanstalten und Universitäten gewährleisten den hohen Qualitätsstandard von mageba-Produkten, was sich auch in der Zertifizierung nach ISO 9001/EN 29001 widerspiegelt.

All diese Gründe haben dazu beigetragen, dass mageba zum Lieferanten von Brückenlagern und Fahrbahnübergängen für die 6,6 km lange Storebaelt Westbrücke in Dänemark beauftragt wurde.

mageba – Qualität und Dauerhaftigkeit

Auflager

Dehnfugen

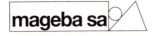

mageba sa
Solistrasse 68
8180 Bülach
Schweiz

mageba gmbh
Seglerweg 1
6972 Fussach
Österreich

mageba gmbh
Vogelsang 1
37170 Uslar
Deutschland

Beton-Kalender 1996

Taschenbuch für Beton-, Stahlbeton- und Spannbetonbau sowie die verwandten Fächer

Schriftleitung Josef Eibl
85. Jahrgang 1996.
Teil I und II zusammen ca. 1600 Seiten mit zahlreichen Abbildungen und Tabellen.
Format: 14,8 x 21 cm.
Ln. DM 206,-/öS 1607,-/sFr 196,-
ISBN 3-433-01416-7

Der Beton-Kalender 1996 enthält drei vollständig neue Beiträge zu den Themen "Feuchteschutz", "Hochleistungsbeton" und "Geklebte Bewehrung für die Verstärkung von Betonbauten". Für den Wärmeschutz wurde als neuer Autor Prof. Dr.-Ing. H. Ehm gewonnen. Im Beitrag "Bestimmungen" erscheint in diesem Jahrgang erstmalig der EC2 1-4 Leichtbeton und EC2 1-6 unbewehrter Beton. Der Beitrag "Gerüste" erschien zuletzt 1990 und liegt in der neuen Ausgabe in überarbeiteter Form vor. Dies gilt auch für den Beitrag "Finite Elemente im Stahlbeton", der 1992 zuletzt erschien sowie für den Beitrag "Wasserundurchlässige Baukörper aus Beton", der 1986 erschien. Damit bietet die neue Ausgabe des Beton-Kalenders wieder ein breites Angebot an Arbeitshilfen für den täglichen Einsatz im Büro.

Ernst & Sohn
Verlag für Architektur
und technische Wissenschaften GmbH
Mühlenstraße 33-34, 13187 Berlin
Tel. (030) 478 89-284
Fax (030) 478 89-240
Ein Unternehmen der VCH-Verlagsgruppe

Ernst & Sohn

T&N Bearings Group

Bauwerksauflager und Dehnfugen für Brücken und Hochbauten – Neubau und Sanierung – weltweit

Bauwerksauflager
- Topfgleitlager
- Kalottengleitlager
- Punktkipplager
- Verformungsgleitlager
- Rollenlager
- Sonderlager

Dehnfugenkonstruktionen
Wasserdichte Lamellen-, Teppich-, Rollverschluß- und Sonder-Dehnfugenkonstruktionen

GLACIER GMBH – SOLLINGER HÜTTE

Postfach 1153
D-37162 Uslar, Germany

Tel. 0 55 71/30 50
Fax 0 55 71/3 05 20

ALGA SPA
✉ Via Olona, 12
20123 Milano - Italy
☎ +39·2·48569.1
Fax +39·2·48569.245

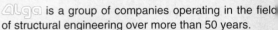

alga is a group of companies operating in the field of structural engineering over more than 50 years.
Alga designes, manufactures and installs structural and aseismic devices such as:
• bridge bearings • road expansion joints
• high damping rubber bearings • hysteretic dampers
• oil-hydraulic shock transmission units
• post-tensioning systems • stay cables.
Design, production and installation are performed in compliance with a quality system, according to ISO 9001 - EN 29001.
Alga solves every kind of problems related to structural devices, including seismic retrofitting of existing structures: bridges, historical buildings, etc.

REALIZZAZIONE UFFICIO TECNICO ALGA

MAURER SÖHNE

Frankfurter Ring 193 - 80807 München - Tel.: 089 / 32394-0 - Fax 089 / 32394-329
Westfalendamm 87 - 44141 Dortmund - Tel.: 0231 / 43401-0 - Fax 0231 / 43401-11
Kamenzer Str. 4 - 6 - 02994 Bernsdorf - Tel.: 035723 / 237-0 - Fax 035723 / 237-20

MAINBRÜCKE NANTENBACH
Kalottenlager, 84000 kN Auflast

MAURER-Brückenlager
- Kalottenlager
- Topflager
- Verformungsgleitlager
- Verformungslager
- Stahllager
- Sonderlager
  -Druck-Zug Lager
  -Führungslager

MAURER-Übergangskonstruktionen
- Trägerrost-Dehnfugen
- Schwenktraversen-Dehnfugen
- Kompakt-Dehnfugen
- Betoflex-Dehnfugen
- Bundesbahn-Dehnfugen
- Elastoblock-Dehnfugen

Mauerwerk-Kalender 1995

Schriftleitung Peter Funk
21. Jahrgang 1996.
Ca. 850 Seiten mit zahlreichen Abbildungen und Tabellen. Format: 14,8 x 21 cm.
Ln. DM 168,-/öS 1310,-/sFr 160,-
ISBN 3-433-01433-7

Neben den aktualisierten werden im Mauerwerk-Kalender 1996 sieben neue Beiträge veröffentlicht.
- Norm-Entwürfe und Normungsvorhaben auf dem Gebiet des Mauerwerkbaues
- Auswirkungen verschiedener Formen von Probekörpern zur Prüfung der Druckfestigkeit von Mauerwerk
- Untersuchungen zur vertikalen Traglast von mehrseitig gehaltenen gemauerten Wänden unter Berücksichtigung der Biegezugfestigkeit des Mauerwerks
- Vermeidung von schädlichen Rissen in Mauerwerksbauten
- Rissbreitenbeschränkung durch Lagerfugenbewehrung in Mauerwerkbauteilen
- Mauerwerk mit Dünnbettmörtel - Festigkeits- und Verformungseigenschaften
- Werkmörtel für den Mauerwerksbau

Damit ist die neue Ausgabe des Mauerwerk-Kalenders wieder ein aktuelles und unverzichtbares Hilfsmittel für die Praxis.

Ernst & Sohn
Verlag für Architektur
und technische Wissenschaften GmbH
Mühlenstraße 33-34, 13187 Berlin
Tel. (030) 478 89-284
Fax (030) 478 89-240
Ein Unternehmen der VCH-Verlagsgruppe

Ernst & Sohn

Geräte und Instrumente für die Bauwerksdiagnose.

Auflager und Fugenkonstruktionen für den Hoch-, Tief- und Brückenbau.

1 PROFOMETER 3
  Bewehrungssucher
2 SCHMIDT Betonprüfhammer
3 DIGI-SCHMIDT Betonprüfer
4 CANIN Corrosion Analysing
  Instrument
5 DYNA Haftprüfer
6 DYNA Ausziehprüfer
  für Bolzen und Dübel

PROCEQ SA
Riesbachstrasse 57
CH-8034 Zürich

Tel. 01 / 383 78 00
Fax 01 / 383 99 14

ISO 9001

proceq

WILFRIED BECKER GMBH
Elastomer Service Zentrale · Weilerhöfe 1, 41564 Kaarst-Büttgen

Telefon (0 21 31) 51 01 87, 51 16 74 und 51 10 36 · Telefax (0 21 31) 51 12 57

Ihr kompetenter Partner für die Lagerung von Bauteilen

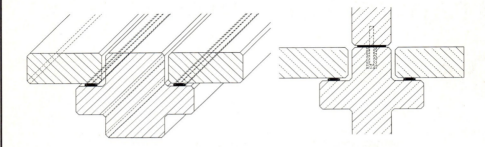

Im Dienste unserer Kunden immer einen Schritt voraus

Der ESZ Gleitlagerschlauch

das erste geschlossene Linien-Gleitlagersystem, welches die Funktionen Druckausgleich und Gleiten in einem Bauelement vereint.

Der ESZ Baulager Typ 200

das erste unbewehrte Baulager mit einem ingenieurmäßigen Bemessungskonzept für Belastung, Verdrehung und Verschiebung.

Auflager für Brücken und Hochbauten.
Fahrbahnübergänge und Dehnfugen.
Hubpressen für Tragwerkshebungen.

Die Alternative.

REISNER & WOLFF ENGINEERING

A-4600 WELS-ÖSTERREICH, OBERHART 61
TEL.: 0043 7242 46991, FAX: 0043 7242 46994
IN KOOPERATION MIT SHW UND FREYSSINET

Fordern Sie unsere ausführlichen technischen Unterlagen an !

ELASTOMERLAGER und **NEOTOPF** ®-lager
MULTIFLEX ®-und **3W** ®-Übergänge
NEOHUB ®-PRESSEN (die leichtesten der Welt)

QUALITÄTSPRODUKTE

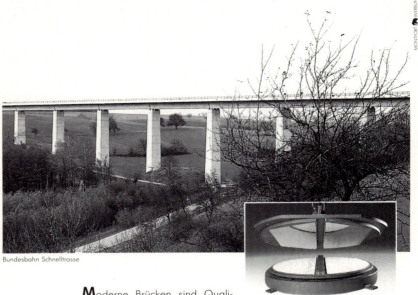

Bundesbahn Schnelltrasse

Das SHW Neotopf Lager

Der SHW Multiflex Übergang

Moderne Brücken sind Qualitätsprodukte bis ins Detail. Tragende Details kommen in vielen Fällen von SHW: Brückenlager, Fahrbahnübergänge, Fugenabdeckungen und Ölstoßdämpfer — in höchster Qualität, auf jede Belastung „zugeschnitten".

Informationsmaterial senden wir Ihnen gerne zu.

SHW
Brückentechnik GmbH
P. O. Box 429
D-73705 Esslingen/N
Tel. (07 11) 9 39 36-0
Telex 07 256 436 shwe d
Fax (07 11) 3 18 04 38